- 총 26회분 기출문제 반영
- 문제 아래 해설 후 페이지 하단에 정답 제시하여 빠른 학습 가능
- 최근 변경 법규 반영 해설

2026 최신판

양재호의 교통기사 필기 기출편

교통공학박사 **양재호** 지음

이 책의 구성

- 2014년 기출문제 정답 및 해설
- 2015년 기출문제 정답 및 해설
- 2016년 기출문제 정답 및 해설
- 2017년 기출문제 정답 및 해설
- 2018년 기출문제 정답 및 해설
- 2019년 기출문제 정답 및 해설
- 2020년 기출문제 정답 및 해설
- 2021년 기출문제 정답 및 해설
- 2022년 1, 2회 기출문제 정답 및 해설

동영상 강의
TransEdu www.transedu.net

인터넷 카페
NAVER 도시교통인의모임 ▼ 검색

동영상 강의

인터넷 카페

TranBooks

이 책의 특징

양재호의 교통기사 기출편은 아래와 같은 특징을 가지고 있습니다.

◉ 최근 9개년 기출문제 총망라
2014년부터 2022년까지 총 26회차 3,120문항에 이르는 문제들을 회차별로 정리하였고, 상세한 해설을 달아 이론편에서 학습한 내용을 점검하고 보완할 수 있도록 하였습니다

◉ 문제 + 해설로 재편집
기존 문제 따로, 해설 따로 구분된 편집 방식이 학습하기 불편하다는 수험생들의 의견을 적극 수렴하여 각 문제 바로 밑에 해설을 넣고, 페이지 하단에 답안을 넣어 즉각적인 학습이 가능하도록 재편집하였습니다. 수험생 여러분의 보다 쉬운 학습에 도움이 되리라 확신합니다. 앞으로도 수험생 여러분의 의견에 지속적으로 귀 기울여 수험생 친화적인 교재로 발전해 나갈 것을 약속드립니다.

◉ 동영상강의 선택 가능
트랜스에듀 교통기사 동영상강의를 통해 대한민국 유일의 양재호 박사 저자 직강 강의를 수강하실 수 있습니다. 동영상강의는 본 교재를 기초로 하여 촬영된 것이므로 전체적으로 강의를 수강한 후 학습을 진행하시면 획기적으로 빠르고 쉽게 자격증을 취득하실 수 있을 것입니다.
http://transedu.net

◉ 커뮤니티 카페 운영
네이버 카페" 도시교통인의모임"에서 교재의 최신 정오표도 올려드리고, 궁금한 문제를 올려 회원간 질의 응답 및 토의를 진행하고 있습니다. 학습에 큰 도움이 되시리라 믿습니다.
https://cafe.naver.com/trafficengineer

위와 같은 개정 과정들을 통해 보다 정확도 높고 쉽게 이해할 수 있는 교재로 거듭나게 됨을 기쁘게 생각합니다. 본 교재와 교통기사 이론편의 병행 활용을 통해 수험생 여러분의 학습시간 절약과 함께 합격 확률을 급격히 높이게 될 수 있으리라 확신합니다.
아무쪼록 양재호의 교통기사 교재를 학습하시는 모든 분들께 합격의 영광이 함께하시기를 간절히 기원드립니다.

감사합니다.

교통공학박사 **양재호** 드림

저자의 글

이번 교통기사 최신판은 그 동안 느꼈던 부족한 부분을 대폭 보완, 수정하여 출간하게 되었습니다. 보다 자세하고 정교한 내용으로 수험생 여러분께 도움을 드릴 수 있게 되어 기쁘게 생각합니다.

이번 최신판은 그 동안 발견된 오류를 모두 수정하고, 최신 법규 변경사항을 반영함으로써 수험생 여러분들이 보다 쉽게 합격하실 수 있도록 성심껏 준비한 야심작입니다.

이 책이 나오기까지 도움을 주신 분들이 많습니다. 책 출간의 순간까지 함께 고민하고 애써주신 트랜북스 출판사 관계자 여러분께 진심으로 감사의 말씀을 드립니다.

저자 **양 재 호**

교통기사 필기

자격시험 안내

- ■ 자격명 : 교통기사
- ■ 영문명 : Engineer Transportation
- ■ 관련부처 : 국토교통부
- ■ 시행기관 : 한국산업인력공단

2025년 교통기사 시험일정

회별	필기시험			응시자격 서류제출 (필기시험 합격자결정)	실기 시험		
	원서접수 인터넷	시험 시행	합격(예정)자 발표		원서접수 인터넷	시험 시행	합격자 발표
제1회	1.13~1.16 빈자리접수 : 2.1~2.2	2.7 ~3.4	3.12	3.24~3.27 빈자리접수 : 4.13~4.14	4.19~5.09	06.13	06.18
제2회	4.14~4.17 빈자리접수 : 5.4~5.5	5.10 ~5.30	6.11	6.23~6.26 빈자리접수 : 7.13~7.14	7.19~8.06	09.12	09.10
제3회	7.21~7.24 빈자리접수 : 8.3~8.4	8.9 ~9.1	9.10	9.22~9.25	11.1~11.21	12.24	12.11

※ 원서접수시간은 원서접수 첫날 09:00부터 마지막 날 18:00까지임.
※ 필기시험 합격예정자 및 최종합격자 발표시간은 해당 발표일 09:00임.
※ 시험 일정은 종목별, 지역별로 상이할수 있음
[접수 일정 전에 공지되는해당 회별 수험자 안내(Q-net 공지사항 게시)] 참조 필수

시험수수료

- 필기 : 19,400원
- 실기 : 22,600원

교통 기사 필기

출제경향 : 필답형 실기시험
1. 출제기준 : 필기출제기준 · 실기출제기준 참고
2. 취득방법
   ① 시행처 : 한국산업인력공단
   ② 관련학과 : 대학의 교통공학, 도시공학, 도시계획공학 관련학과
   ③ 시험과목
      - 필기 : 1. 교통계획   2. 교통공학   3. 교통시설
             4. 도시계획개론 5. 교통관계법규 6. 교통안전
      - 실기 : 교통운영 및 관리
   ④ 검정방법
      - 필기 : 객관식 4지 택일형, 과목당 20문항(과목당 30분)
      - 실기 : 필답형(2시간 30분)
   ⑤ 합격기준
      - 필기 : 100점을 만점으로 하여 과목당 40점 이상, 전 과목 평균 60점 이상
      - 실기 : 100점을 만점으로 하여 60점 이상

기본정보

개요
원활한 자동차의 흐름, 효율적인 교통망 체계의 구성, 안전하고 편리한 교통수단의 개발 보급 및 교통체계의 최적 운영관리는 건강한 국가와 도시의 기초이다. 이에 따라 폭증하는 교통문제를 해결하기 위하여 교통시스템에 대한 투자효율을 높이고 도시지역의 급격한 인구증가에 따른 교통수요의 만족도와 도시와 농촌의 불균형적 발전문제를 해결하기 위한 교통분야의 전문기술인력을 양성하기 위해 도입

변천과정

1987.07.01. 대통령령 제12195호	1998.05.09. 대통령령 제15794호 ~ 현재
교통기사 1급	교통기사

수행직무
교통공학적인 측면에서 도로상의 교통량을 추정하고 도로의 용량, 정지 및 추월 시기 등의 조사 및 도로의 경제성 분석을 토대로 원활한 교통소통이 이루어질 수 있도록 도로를 설계하고 통행분포 및 교통배분과 배분된 교통의 노선별 선정 등에 관한 제반 업무 수행

실시기관 홈페이지
http://www.q-net.or.kr

실시기관명
한국산업인력공단

교통기사 필기

진로와 전망
- 관련 정부 부처, 관공서 교통담당, 교통안전 지도원, 교통관리자, 교통관련 정부투자기관, 학계 및 교통관련 연구기관 등으로 진출할 수 있다. 「건설기술관리법」에 의 한 감리전문회사의 감리원으로 고용될 수 있다.
- 다양한 교통수단, ITS 기술 발전 등 장기적인 안목에서 교통량을 예측하고 효율적인 소통이 이루어지도록 도로교통 체계를 구축하기 위한 전문적인 지식과 풍부한 경험을 갖춘 교통분야 기술 인력이 지속적으로 필요할 전망이다.

검정현황

연도	필기			실기		
	응시	합격	합격률(%)	응시	합격	합격률(%)
2024	1,008	536	53.2	759	313	41.2
2023	1,151	660	57.3	848	562	66.3
2022	922	522	56.6	823	335	40.7
2021	1,055	592	56.1	875	397	45.4
2020	890	569	63.9	968	510	52.7
2019	833	515	61.8	1,052	311	29.6
2018	863	475	55.0	1,121	192	17.1
2017	849	481	56.7	1,101	132	12.0
2016	862	503	58.4	877	267	30.4
2015	872	412	47.3	679	200	29.5
2014	817	397	48.6	690	322	46.7
2013	805	454	56.4	684	128	18.7
2012	767	447	58.3	690	245	35.5
2011	845	458	54.2	791	175	22.1
2010	1,004	535	53.3	1,078	143	13.3
2009	1,065	603	56.6	1,204	69	5.7
2008	1,175	556	47.3	958	257	26.8
2007	1,135	652	57.4	910	331	36.4
2006	1,043	544	52.2	924	318	34.4
2005	904	484	53.5	839	230	27.4
2004	1,037	488	47.1	701	285	40.7
2003	825	335	40.6	694	271	39.0
2002	941	331	35.2	623	177	28.4
2001	1,015	331	32.6	606	121	20.0
1988~2000	8,116	2,653	32.7	4,809	1,253	26.1
소계	30,799	14,533	47.2	25,304	7,544	29.8

교통 기사 필기

필기시험 원서접수
- 접수기간 내에 인터넷을 이용하여 원서접수
- 큐넷 비회원의 경우 우선 회원가입(필히 사진등록)
- 지역에 상관없이 원하는 시험장 선택 가능

수험사항 통보
- 수험일시와 장소는 접수 즉시 통보됨
- 본인이 신청한 수험장소와 종목의 수험표 기재사항과 일치 여부 확인

필기시험 시험일 유의사항
- 입실시간 미준수 시 시험응시 불가
- 수험표, 신분증, 필기구(흑색 사인펜 등) 지참

합격자 발표
인터넷 게시 공고, ARS를 통한 확인(단, CBT 시험은 인터넷 게시 공고)

응시자격 서류심사
대상 : 기술사, 기능장, 기사, 산업기사, 전문사무 분야 중 응시자격 제한 종목(교통기사 해당)

- 응시자격서류 제출기한 내(토, 일, 공휴일 제외)에 소정의 응시자격서류(졸업증명서, 공단 소정 경력증명서 등)를 제출하지 아니할 경우에는 필기시험 합격예정이 무효됩니다.
- 응시자격서류를 제출하여 합격처리된 사람에 한하여 실기접수가 가능함.
- 온라인 응시자격서류제출은 필기시험 원서접수일부터 합격자발표일 +7일까지 가능

차 례

기출문제 및 해설

2014년 1회 ············· 11	2019년 1회 ············· 322
2014년 2회 ············· 31	2019년 2회 ············· 343
2014년 4회 ············· 51	2019년 4회 ············· 363
2015년 1회 ············· 72	2020년 1·2회 ············· 385
2015년 2회 ············· 91	2020년 3회 ············· 405
2015년 4회 ············· 110	2020년 4회 ············· 425
2016년 1회 ············· 129	2021년 1회 ············· 445
2016년 2회 ············· 150	2021년 2회 ············· 466
2016년 4회 ············· 172	2021년 4회 ············· 487
2017년 1회 ············· 193	2022년 1회 ············· 508
2017년 2회 ············· 213	2022년 2회 ············· 528
2017년 4회 ············· 235	
2018년 1회 ············· 257	
2018년 2회 ············· 280	
2018년 4회 ············· 301	

2014년~2022년 기출문제

2014년 1회 기출문제 및 해설
2014년 2회 기출문제 및 해설
2014년 4회 기출문제 및 해설
2015년 1회 기출문제 및 해설
2015년 2회 기출문제 및 해설
2015년 4회 기출문제 및 해설
2016년 1회 기출문제 및 해설
2016년 2회 기출문제 및 해설
2016년 4회 기출문제 및 해설
2017년 1회 기출문제 및 해설
2017년 2회 기출문제 및 해설
2017년 4회 기출문제 및 해설
2018년 1회 기출문제 및 해설
2018년 2회 기출문제 및 해설
2018년 4회 기출문제 및 해설
2019년 1회 기출문제 및 해설
2019년 2회 기출문제 및 해설
2019년 4회 기출문제 및 해설
2020년 1·2회 기출문제 및 해설
2020년 3회 기출문제 및 해설
2020년 4회 기출문제 및 해설
2021년 1회 기출문제 및 해설
2021년 2회 기출문제 및 해설
2021년 4회 기출문제 및 해설
2022년 1회 기출문제 및 해설
2022년 2회 기출문제 및 해설

1회 2014년 기출문제

제1과목 교통계획

01 버스회사 운영체계에서 공영버스와 민영버스에 관한 설명 중 틀린 것은?

① 승객수요가 많지 않은 지역의 균형잡힌 서비스 공급은 공영버스가 좋다.
② 승객의 편리성과 안전성은 민영버스가 좋다.
③ 공영버스는 정치적 간섭을 받는다.
④ 비용 측면에서 공영회사가 민영회사보다 비효율적이다.

해설
공영회사보다 민영회사가 탄력적 운영이 가능하다.

02 다승객차량인 버스에 통행우선권을 부여하여 버스 통행로를 개선하기 위한 정책으로 거리가 먼 것은?

① 버스우선차로
② 버스전용차로
③ 버스우선신호
④ 버스정보시스템

해설
- 버스우선차로 : 버스의 정시 통행 확보를 위하여 구간 또는 시간대를 한정하여 버스 우선으로 지정한 차로를 말한다.
- 버스우선신호(BSP ; Bus Signal Priority) : 신호교차로 내에서 버스와 버스로 인한 지체를 최소화하기 위한 신호운영기법을 말한다. 신호교차로의 신호운영계획을 버스가 통과하는 동안만 버스 우선으로 변경하여 우선권을 부여하는 기법이다.
- 버스전용차로 : 특정 규제나 노면표시 등으로 노선버스 등이 독점하여 사용할 수 있는 차로를 말한다. 버스전용차로로 통행할 수 있는 차 외에는 통행할 수 없게 하고 있다.

03 다음 중 ITS의 목적으로 가장 거리가 먼 것은?

① 도로의 교통안전을 도모하기 위하여
② 도로 이용의 효율성을 제고하기 위하여
③ 대중교통정보를 효과적으로 제공하기 위하여
④ 향후 통행·도착량의 증가를 정확히 예측하기 위하여

해설
ITS(지능형교통시스템)
교통, 전자, 통신, 제어 등 첨단기술을 도로, 차량, 화물 등 교통체계의 구성요소에 적용하여 실시간 교통정보를 수집·관리·제공함으로써 교통시설의 이용효율을 극대화하고 교통이용편의와 교통안전을 제고하며, 에너지 절감 등 환경 친화적인 교통체계를 구현하는 21세기형 교통체계를 말한다.

04 한 통근자가 직장에 가기 위하여 집에서 택시로 지하철역까지 간 후 지하철로 갈아타고 직장에 도착한 경우 목적통행 수는?

① 1 ② 2 ③ 3 ④ 4

해설
목적통행
- 통행목적에 따라 분류되는 통행의 한 형태로 수단통행에 대한 용어이다.
- 일반적으로 도시교통에 있어서는 출근, 업무, 친교, 쇼핑 등을 목적통행으로 분류한다.

05 다음 중 단기교통계획의 특성으로 적합한 것은?

① 다수의 대안
② 유사한 대안
③ 시설지향적
④ 자본집약적

해설
단기·장기교통계획 특성 비교

구분	단기	장기
대안의 개수	다수	소수
교통수요	변화	고정
비용	낮음 (저투자비용)	높음 (자본집약적)
지향적	서비스	시설

06 다음 중 자료수집의 용이성과 자료분석의 편의성을 위한 교통존(Traffic Zone)의 설정기준에 적합하지 않은 것은?

① 각 존은 가급적 동질적인 토지 이용이 포함되도록 한다.
② 행정구역을 가급적 일치시킨다.
③ 간선도로가 가급적 존의 경계선과 일치하도록 한다.
④ 정밀한 분석을 위해 가급적 존을 크게 한다.

해설
존 설정기준
1. 가급적 동질적인 토지이용
2. 가급적 행정구역과 일치
3. 가급적 간선도로가 존 경계선과 일치하도록 한다.
4. 소규모도시는 한 존당 1,000~3,000명, 대도시는 한 존당 5,000~10,000명 포함

정답 01 ② 02 ④ 03 ④ 04 ① 05 ① 06 ④

07 교통대안들을 평가하기 위한 방법으로 효율(Efficiency)평가방법과 효과(Effectiveness) 평가방법이 있다. 다음 중 두 범주의 방법론이 옳게 연결된 것은?

① 효과평가방법 : B/C 분석
② 효과평가방법 : 순현재가치법
③ 효율평가방법 : 순위기법
④ 효율평가방법 : 수익율법

[해설]
- B/C, 수익률법은 비율로 경제성을 판단하므로 효율평가방법이다.
- 순현재가치법은 금액의 +, - 로 경제성을 판단하므로 정량적 방법이다.
- 순현재가치법으로 효과가 얼마나 있는지는 알 수 없다.
- 순위기법도 순위가 1순위이면 2순위보다 2배 효과가 있다고 볼 수 없으므로 효과평가라고도 볼 수 없고, 효율평가라고도 볼 수 없다.

08 교통계획과정에서 통행발생(Trip Generation) 추정 시 기본 입력자료가 아닌 것은?

① 승용차 대수
② 통행시간 가치
③ 총 시설의 연상면적
④ 인구수

[해설]
통행발생량에 영향을 주는 요소
- 입지 : 인구밀도, 토지이용
- 경제 : 가구당 차량보유대수와 고용자 수, 소득, 구성원 수, 가구 생애주기, 가장의 연령
- 교통체계 : 대중교통의 접근성, 네트워크의 혼잡 정도

09 시간가치는 교통시설 투자의 타당성 분석에서 매우 중요하다. 다음 중 시간가치를 산출할 때 사용되는 것은?

① 교통비용
② 개인임금
③ 기회비용
④ 여가비용

[해설]
통행시간가치(Value of Travel Time)
교통서비스를 이용하는 사람이 통행할 때, 통행시간을 단축하기 위하여 지불하고자 하는 금전적 가치를 말한다. 이러한 통행시간 가치는 평균통행시간 절감 또는 한계 통행시간 절감, 통행목적, 교통수단 등에 따라 상이한 값을 가질 수 있는 상황을 모두 포함한다. 가치 자체가 기회비용을 의미하고, 가치를 산출하는 방법으로 통상임금률법을 사용한다.

10 통행발생단계에서 사용되는 모형 중 유출, 유입 통행량과 해당 지역의 특성을 나타내는 여러 지표 간의 상관관계를 구하여 목표연도의 통행량을 예측하는 방법은?

① 성장률법
② 프라타법
③ 원단위법
④ 중력모형법

[해설]
통행발생(Trip Generation) 모형
- 증감률법 • 회귀분석법 • 카테고리분석법
- 원단위법 : 유출, 유입 통행량과 해당 지역의 특성을 나타내는 여러 지표 간의 상관관계를 구하여 목표연도의 통행량을 예측하는 방법

11 교통계획을 수립할 때 통행분포 단계에서 사용되는 모형이 아닌 것은?

① 성장인자모형
② 중력모형
③ 교차분류분석 모형
④ 간섭기회 모형

[해설]
통행분포 단계에서 사용되는 모형

통행분포 (배분, 배정) Trip Distribution	성장인자모형	균일성장인자
		평균성장인자
		Frata
		Detroit
	중력모형	총량제약
		유출제약
		유입제약
		이중제약
	간섭기회모형	–
	엔트로피 극대화 모형	–

12 다음 중 공영버스회사에 대한 설명으로 거리가 먼 것은?

① 공영버스회사의 운행비용은 민영회사보다 적게 든다.
② 공영버스회사는 공공성에 입각하여 버스를 운행하므로 민영회사보다 다양한 서비스 여건이 형성될 수 있다.
③ 단일의 공영회사가 많은 소규모 민영회사보다 훨씬 더 효과적으로 도시전역에 걸쳐 서비스를 공급해 줄 수 있다.
④ 공영회사에 대한 정치적·행정적 간섭이 있을 수 있다.

정답 07 ④ 08 ② 09 ② 10 ③ 11 ③ 12 ①

해설
민영버스회사는 운영비용을 최소화하여 이윤을 극대화하는 것이 경영목표이므로 민영버스회사의 운영비용이 공영회사의 운영비용보다 적은 경우가 대부분이다.

13 경전철(LRT)이 지하철에 비해 월등히 우세한 요인은?

① 속도 ② 건설비
③ 안정성 ④ 운영비

해설
경전철의 일반적인 특성
• 차량의 중량이 가볍다.
• 승객 승·하차대가 낮아 승·하차가 편리하다.
• 도로상 운행이 가능하다.(다른 차량과 분리되거나 또는 분리되지 않고 공동이용 가능)
• 건설비가 상대적으로 저렴하다.

14 통행배정방법 중 용량제약(Capacity Constraint) 방식을 사용하지 않는 것은?

① 분할배정법(Incremental Assignment)
② 반복배정법(Iterative Assignment)
③ 전량배정법(All - or - nothing Assignment)
④ 평행배정법(Equilibrium Assignment)

해설
전량배정법(All - or - nothing Assignment)은 한 경로에 모든 통행량을 보내는 방법이므로, 용량과는 상관없는 방식이다.

15 교통수단선택(Modal Split) 과정에서 사용되는 방법이 아닌 것은?

① 프로빗(Probit) 모형
② 로짓(Logit) 모형
③ 판별분석(Discriminant) 모형
④ 중력(Gravity) 모형

해설
중력(Gravity) 모형은 통행분포모형이다.

수단선택(분담) Modal Split	통행단	전환곡선
		회귀분석
	통행교차	전환곡선
		회귀분석
	확률선택모형	-

16 어느 대중교통 수단의 수요 탄력성(e)이 0<e<1인 경우, 요금 인상이 전체 수입에 미치는 효과는?

① 요금 인상 후 전체 수입은 증가한다.
② 요금 인상 후 전체 수입은 감소한다.
③ 요금 인상 정도에 관계없이 전체 수입은 변화가 없다.
④ 요금 인상 정도에 따라 전체 수입은 증가·감소한다.

해설
비탄력인 경우 요금의 변화에 따라 수입이 변화한다.
수요탄력성 경우의 수

Case	e값	탄력성
1	e = 0	완전비탄력
2	0 < e < 1	비탄력
3	e = 1	단위탄력
4	1 < e < ∞	탄력
5	e = ∞	완전탄력

17 평균 운행속도 25km/h로 총 노선거리를 30km를 운행하며 배차간격이 5분인 버스가 있다. 이때 필요한 최소 차량규모는?

① 15대 ② 17대
③ 19대 ④ 21대

해설
$$n = \frac{120 \cdot N \cdot L}{h \cdot v} = \frac{120 \times 1 \times 15}{5 \times 25} = 14.4$$
총 노선거리가 30km이므로 편도 노선연장 L은 15km이다. 공식에 넣으면 단위는 자동으로 정렬된다. 차량 대수는 소수점으로 존재할 수 없으므로 14.4대를 올림하여 15대를 적용하면 된다.

18 교통존 설정(Zoning)의 3대 원칙이 아닌 것은?

① 사회·경제적 특성이 균일한 Zone
② 단일중심을 가지는 Zone
③ 인구 및 통행량이 비슷한 Zone
④ 중심이 안정되는 삼각형에 가까운 Zone

해설
중심이 안정되는 존은 원형에 가까운 존이다.

정답 13 ② 14 ③ 15 ④ 16 ① 17 ① 18 ④

19 10km의 노선을 운행하는 버스가 터미널과 버스정류장에서 소요되는 시간을 포함하여 시간당 평균 25km의 속도로 운행한다면 왕복 운행 시간은?

① 44분 ② 46분
③ 48분 ④ 50분

해 설

- 거리 : 10km의 노선을 왕복운행하므로 운행거리는 20km이다.
- 속도 : 시간당 평균 25km로 주어졌다.

$$\frac{20km}{25km/h} = 0.8시간 = 0.8 \times 1시간 = 0.8 \times 60분 = 48분$$

20 다음 중 노드(Node)에 대한 설명으로 틀린 것은?

① 버스정류장을 표현할 수 있다.
② 회전제약을 할 수 있다.
③ 용량을 표현할 수 있다.
④ 존 센트로이드를 표현할 수 있다.

해 설

용량을 표현할 수 있는 것은 링크(Link)이다.

제2과목 교통공학

21 도로 서비스 수준의 등급 중 용량상태에 해당하는 것은?

① B ② C
③ D ④ E

해 설

도로 서비스 수준의 등급 중 용량상태란 일반적으로 E수준과 F수준의 경계를 의미한다.

22 신호교차로에서 신호시간 결정 시 최소녹색시간을 결정하는 요소는?

① 해당 접근로의 차량교통량
② 가로지르는 접근로의 차량교통량
③ 해당 접근로의 보행교통량
④ 해당 접근로의 횡단보행시간

해 설

차량 최소녹색시간 = 보행자 최소녹색시간 - 황색시간

$$G_c = G_p - Y = t + \frac{L}{v} - Y = 1.7 \times \left(\frac{n}{W}\right) + \frac{L}{v} - Y$$

여기서, G_c : 차량 최소녹색시간,
G_p : 보행자 최소녹색시간,
Y : 황색시간

공식을 자세히 확인해 보면, 최소녹색시간을 결정하는 요소에는 최소초기녹색시간(보행자 Start-up time)과 보행자 횡단시간이 주요한 변수임을 알 수 있다. 따라서 보기 중 해당 사항은 ④ 해당 접근로의 횡단보행시간이 된다.

23 다음 중 Car-Following 모형에서 운전자의 가·감속에 영향을 미치는 요소에 포함되지 않은 것은?

① 앞차와의 속도차 ② 반응민감도
③ 앞차와의 간격 ④ 차체의 크기

해 설

속도의 차이, 반응시간에 따른 민감도, 앞차와의 간격을 의미하는 차두거리가 추종모형공식에서 사용되고 있으나 차체의 크기는 계산에 반영되지 않는다.

24 신호교차로 용량분석의 이상적인 조건에 대한 설명 중 틀린 것은?

① 차로폭은 2.5m 이상
② 교통류는 직진이며, 모두 승용차로 구성
③ 접근부 정지선 상류부 60m 이내 진출입 차량 없음
④ 접근부 정지선 상류부 75m 이내 노상주정차시설 없음

해 설

차로폭은 3.0m 이상 확보되어야 한다.

25 단위시간 동안에 한 지점을 통과하는 교통량을 Q(대/시), 차량의 속도를 V, 차량의 밀도를 D(대/km)라 할 때, $V-D$와 $Q-D$의 그래프로 옳은 것은?

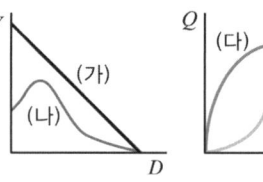

① (나), (다) ② (가), (라)
③ (가), (다) ④ (나), (라)

해 설

교통량, 속도, 밀도 그래프

구분	해설
교통량(q) - 밀도(k)	밀도가 0인 경우는 두 가지이다. 교통량이 한 대도 없어서 밀도가 0인 경우와, 차가 한 대도 움직이지 못할 정도로 꽉 차서 움직임이 없는 것처럼 나타남으로써 밀도가 0인 경우를 들 수 있다. 교통량이 점점 증가할수록 밀도도 증가하다가, 임계밀도에서 최대교통량을 나타내게 되고 임계밀도를 넘어서서 혼잡밀도에 도달할 때까지 교통량은 감소하게 된다.
속도(u) - 밀도(k)	속도가 빠르다는 것은 도로에 교통량이 별로 없어 속도를 잘 낼 수 있는, 즉 밀도가 낮다는 것을 의미하고, 속도가 느리다는 것은 도로에 교통량이 많아 속도를 잘 낼 수 없는, 즉 밀도가 높다는 것을 의미한다. 따라서 속도와 밀도는 반비례관계 그래프가 나타나게 된다.
속도(u) - 교통량(q)	속도가 빠르다는 것은 교통량이 별로 없다는 것을 의미하고, 속도가 느리다는 것은 교통량이 많다는 것을 의미한다. 최대교통류율이 낮아져서 임계속도를 넘어서면 교통량은 다시 감소하게 된다.

26 다음 중 교통량을 조사하여 얻은 결과를 검증하기 위해 실시하는 방법은 무엇인가?

① 스크린라인 조사 ② 폐쇄선 조사
③ 차량번호판 조사 ④ 노측면접 조사

해 설

② Cordon line 조사라고도 한다.
③, ④는 교통량조사기법 중 하나이다.

27 PHF(Peak Hour Factor)에 대한 설명으로 틀린 것은?

① PHF란 15분 첨두유율을 한 시간 단위로 나타낸 값에 대한 한 시간 교통량이다.
② PHF 값은 항상 1.0보다 작다.
③ PHF 값은 하루 중의 교통량 변화를 알기 위해 계산된다.
④ PHF 값은 도로용량을 분석할 때 이용된다.

해 설

가장 많은 15분 교통량에 4를 곱해 60분간 조사한 것처럼 분모를 만들고, 1시간 동안 실제로 조사된 교통량을 분자에 놓고 계산하므로 항상 1.0보다 작은 값을 갖는다. PHF 값은 도로용량분석을 통한 서비스 수준 산정 시 기초자료가 된다.

28 다음 중 도심부 신호교차로의 서비스 수준을 분석할 때 고려하는 지체가 아닌 것은?

① 균일지체 ② 증분지체
③ 추가지체 ④ 상관지체

해 설

차량당 제어지체는 균일, 증분, 추가지체의 합으로 구성된다.

29 운전자의 인지 – 반응 과정(PIEV 과정)을 순서대로 바르게 나열한 것은?

① 추측 – 지각 – 식별 – 행동판단
② 지각 – 식별 – 추측 – 행동판단
③ 지각 – 식별 – 행동판단 – 행동 및 반응
④ 식별 – 지각 – 행동판단 – 행동 및 반응

해 설

인지 – 반응과정의 순서를 찾는 문제이므로 추측은 들어있어서는 안 된다. 식별과 지각 중 먼저 수행되어야 할 것, 즉 무엇이 있는지와 있는 것이 무엇인지 알아보는 것 중 우선되어야 할 것은 당연히 무엇이 있는지 지각하는 일일 것이다. 따라서 정답은 ③이다.

30 일방 통행제의 장점이 아닌 것은?

① 평균통행속도 증가 ② 통행거리 감소
③ 용량 증대 ④ 안전성 향상

해 설

①, ③, ④는 일방통행의 대표적 장점이다. ② 통행거리는 오히려 증가한다. 좌회전으로 처리될 수 있는 교통이 P턴으로 대체되는 등의 문제가 발생하는 것이 대표적인 예이다.

31 다음 그림은 Greenshields의 속도 – 밀도 모형에서 유도된 교통량(Q)과 밀도(K)의 관계를 나타낸 것이다. 관계식으로 옳은 것은?(단, u_f = 자유류의 속도)

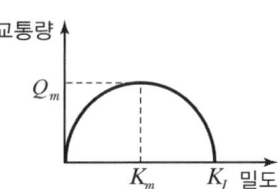

① $Q = u_f \left\{ 1 - \left(\dfrac{K_j}{2K} \right) \right\}$

② $Q = u_f \left\{ K - \left(\dfrac{K^2}{K_j} \right) \right\}$

③ $Q = K_m \left(\dfrac{u_f}{K_j} \right)$

④ $Q = u_f \left\{ 1 - \left(\dfrac{K_m}{K_j} \right) \right\}$

> **해 설**
> Greenshields 모형에서는 $u = u_f \left(1 - \dfrac{k}{k_j} \right)$ 를 적용한다.
> 이를 $q = u \cdot k$의 u에 대입하여 풀면
> $q = u \cdot k = u_f \left(1 - \dfrac{k}{k_j} \right) \cdot k = u_f \left(k - \dfrac{k^2}{k_j} \right)$ 가 된다.

32 어느 신호교차로의 한 차로군의 교통량은 1,250vph, PHF는 0.80, f_{HV}는 0.77, f_W는 0.95이다. 서비스 수준 분석을 위하여 고려되는 첨두시간 교통류율은 얼마인가?

① 1,000vph   ② 1,188vph
③ 1,563vph   ④ 1,623vph

> **해 설**
> $\dfrac{1,250}{0.8} = 1,562.5$ ∴ 1,563vph

33 지점속도 조사 시 허용오차의 한계는 3km/h, 표준편차는 8km/h일 때 95%의 신뢰수준을 만족시킬 수 있는 최소 표본 수는?

① 28대   ② 30대
③ 32대   ④ 34대

> **해 설**
> $N = \left(\dfrac{K \times S}{E} \right) = \left(\dfrac{2 \times 8}{3} \right)^2 = 28.44$

34 다음 중 도로의 기능별 분류에 속하지 않는 것은?

① 집산도로   ② 국지도로
③ 보조간선도로   ④ 지방도로

> **해 설**
> 지방도로는 도로법상 도로의 종류를 구별하는 경우에 사용하는 분류이다.

35 교통류 차두시간 및 차량도착 특성의 확률분포에 대한 설명 중 옳은 것은?

① 교통량 계수기간 동안 교통량의 변화가 거의 없을 것으로 예상되는 경우 음이항분포가 사용된다.
② 얼랑(Erlang) 분포에서는 차두시간이 최소허용시간보다 작을 확률이 0이 아닌 아주 작은 값을 갖는다고 본다.
③ 분산/평균비가 1.0보다 현저히 작을 때 음이항분포를 사용하면 좋다.
④ 분산/평균비가 1.0 정도이고 교통량이 적은 교통류에 이항분포를 사용하면 잘 맞는다.

> **해 설**
> 얼랑(Erlang) 분포에서는 차두시간이 최소허용시간보다 작을 확률이 0이 아닌 아주 작은 값을 갖는다고 보기 때문에 좀 더 현실적인 경우가 있다.

36 고속도로 3km 구간에서 다음 표와 같이 6대의 차량에 대해 여행시간(Travel Time)을 측정하였다. 여기서 공간평균속도(Space Mean Speed)는?

차량 No.	1	2	3	4	5	6
여행시간(분)	2.1	2.4	2.4	2.8	2.2	2.6

① 69.7km/h   ② 74.5km/h
③ 77.9km/h   ④ 80.0km/h

> **해 설**
> 먼저 분 단위를 시간 단위로 바꾸고 각각의 합을 구해 총 주행거리를 총 시간으로 나누어 주면 공간평균속도를 구할 수 있다.
>
> | 차량 No. | 1 | 2 | 3 | 4 | 5 | 6 | 계 |
> |---|---|---|---|---|---|---|---|
> | 여행시간(분) | 2.1 | 2.4 | 2.4 | 2.8 | 2.2 | 2.6 | 14.5 |
> | 여행시간(시간) | 0.035 | 0.04 | 0.04 | 0.047 | 0.037 | 0.043 | 0.242 |
> | 총주행거리(km) | 3 | 3 | 3 | 3 | 3 | 3 | 18 |
> | 공간평균속도(km/h) | | | | | | | 74.38 |

정답 32 ③   33 ①   34 ④   35 ②   36 ②

37 TSM의 특징 또는 기본요건이라 볼 수 없는 것은?

① 투자 및 운영비용이 저렴할 것
② 다양한 수단, 도로망, 선형 대안을 제시할 것
③ 계획과 시행이 단기적일 것
④ 기존 시설을 최대한 이용할 것

해설
다양한 수단, 도로망과 선형 대안을 제시하는 것은 장기 교통정책에 해당한다.

38 50m의 간격으로 검지기를 설치하여 차량속도를 측정하고자 한다. 두 지점을 통과하는 시간을 초라고 할 때 시속(km/h)으로 환산하기 위한 공식으로 □ 안에 적절한 값은?

□ ÷ △t = Km/h

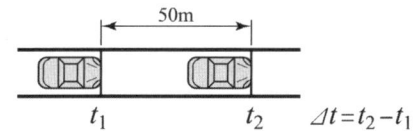

① 60
② 90
③ 120
④ 180

해설
$\dfrac{50m}{\Delta t초} = \dfrac{km}{h} = \dfrac{1,000m}{3,600초}$, $\dfrac{50m}{\Delta t초} \cdot \dfrac{3,600초}{1,000m} = \dfrac{m}{초}$

$50m \cdot \dfrac{3,600초}{1,000m} \div \Delta t초 = \dfrac{m}{초}$, $180 \div \Delta t초 = \dfrac{m}{초}$

39 신호 교차로에서 유효녹색시간을 결정하는 식은?

① 녹색시간 - 황색시간 - 총 손실시간
② 녹색시간 + 황색시간 - 총 손실시간
③ 녹색시간 - 총 손실시간
④ 녹색시간 + 황색시간

해설
유효녹색시간은 녹색시간과 황색시간의 합에서 출발손실시간과 소거손실시간을 뺀 시간이다.

40 시간평균속도 $\overline{V}_t$, 공간평균속도 $\overline{V}_s$, 공간평균속도의 표준편차 σ_s의 관계를 바르게 나타낸 것은?

① $\overline{V}_s = \overline{V}_t - \dfrac{\sigma_s^2}{\overline{V}_s}$
② $\overline{V}_t = \dfrac{\overline{V}_t}{\overline{V}_s} + \sigma_s^2$
③ $\overline{V}_s = \dfrac{\overline{V}_t}{\overline{V}_s} + \sigma_s^2$
④ $\overline{V}_s = \overline{V}_t + \dfrac{\sigma_s^2}{\overline{V}_s}$

해설
시간평균속도는 지점속도의 산술평균이며, 공간평균속도는 구간거리가 고려된 조화평균이다.

제3과목 교통시설

41 평형주차형식 외의 경우 주차단위구획의 최소치수가 잘못된 것은?

① 경형은 너비 2.0m, 길이 3.6m
② 일반형은 너비 2.3m, 길이 5.0m
③ 확장형은 너비 2.5m, 길이 5.0m
④ 장애인전용은 너비 3.3m, 길이 5.0m

해설
확장형은 길이 5.1미터 이상이다.
평행주차형식 외의 경우 주차단위구획의 최소치수

구분	너비	길이
경형	2.0미터 이상	3.6미터 이상
일반형	2.3미터 이상	5.0미터 이상
확장형	2.5미터 이상	5.1미터 이상
장애인전용	3.3미터 이상	5.0미터 이상
이륜자동차전용	1.0미터 이상	2.3미터 이상

42 교차로 접근 85% 주행속도가 60km/h일 때 신호등 최소 인지거리는?

① 65m
② 110m
③ 135m
④ 170m

해 설

85% 속도가 60km/h이면 최대 주행속도는 약 71km/h이다. 다음 표를 활용하여 보간법으로 계산하면 최소가시거리 약 110.57m을 얻을 수 있다. 68 : 105.9 = 71 : x

설계 속도 (km/h)	주행 속도 (km/h)	f	$0.694V$	$\dfrac{V^2}{254f}$	주행 속도에 의한 정지 시거(m)	정지시거 채택 (m)
120	102	0.29	70.8	141.2	212.0	225
110	93.5	0.29	64.9	118.7	183.6	195
100	85	0.30	59.0	94.8	153.8	170
90	76.5	0.30	53.1	76.8	129.9	145
80	**68**	0.31	47.2	58.7	**105.9**	**120**
70	63	0.32	43.7	48.8	92.5	100
60	54	0.33	37.5	34.8	72.3	80
50	45	0.36	31.2	22.1	53.3	60
40	36	0.40	25.0	12.8	37.8	45
30	30	0.44	20.8	8.1	28.9	30
20	20	0.44	13.9	3.6	17.5	20

※ 발표된 답은 ②이나, 법규 변경으로 답이 없다.

43 다음 중 버스정류장(Bus Bay)을 설계할 때 고려할 사항과 가장 관계가 먼 것은?

① 종단선형 ② 차로의 수
③ 감속차로의 길이 ④ 가속차로의 길이

해 설

버스정류장 설계 시 고려사항
- 종단경사(2% 이하)
- 가감속차로
- 변이구간의 길이
- 정차로 길이
- 정류장 길이
- 엇갈림 길이

44 도로의 평면곡선의 종류가 아닌 것은?

① 복합곡선 ② 배향곡선
③ 완화곡선 ④ 오목곡선

해 설

평면선형의 구성요소
직선, 원곡선(단원, 복합, 배향), 완화곡선

45 설계기준 자동차의 종류별 제원 중 대형자동차의 길이는 얼마인가?

① 6.5m ② 11.2m
③ 13.0m ④ 16.7m

해 설

설계기준자동차의 종류별 제원

자동차 종류	길이(미터)
승용자동차	4.7
소형자동차	6.0
대형자동차	13.0
세미 트레일러	16.7

46 평탄지도로에서 80km/h로 주행하는 차량의 최소정지시거는?(단, 마찰계수 = 0.4, 종단구배 = 3%, 인지반응시간 2초)

① 약 94m ② 약 104m
③ 약 114m ④ 약 124m

해 설

$$MSSD = \dfrac{2.0 \cdot 80}{3.6} + \dfrac{80^2}{254(0.4+0.03)}$$
$$= 44.44 + 58.60 = 103.04$$

47 교차로의 설계원리 중 타당하지 않은 것은?

① 상충지점 수를 늘린다.
② 상대속도를 줄인다.
③ 회전교통 경로를 마련한다.
④ 연속된 상충지점을 격리시킨다.

해 설

상충지점 수는 최소화하는 것이 좋다.

48 다음 중 길어깨 설치의 목적과 가장 관계가 먼 것은?

① 고장차를 본선차도로부터 대피시킨다.
② 측방여유폭으로서 교통의 안전성에 기여한다.
③ 노상시설을 설치하는 공간이 된다.
④ 횡단보행자에게 공간을 확보해 준다.

해 설

길어깨는 보도가 없는 도로에서 통행장소를 제공하는 것이다. 횡단보행자의 공간(특히 대기 등)을 확보하는 기능은 교통섬이 더 밀접한 관련이 있다.

정답 43 ② 44 ④ 45 ③ 46 ② 47 ① 48 ④

49 다음 중 평행주차방식에 비하여 각도주차방식이 갖는 일반적인 특징으로 틀린 것은?
① 연석 길이당 주차 가능 대수는 평행주차방식보다 많다.
② 통과교통에 장애를 주는 면적이 크다.
③ 저속차량이 많이 이용하는 부도로에 적합하다.
④ 평행주차방식에 비해 주차 대수가 적다.

해설
주차 대수는 평행주차가 가장 적다.

50 도로의 기능에 관한 설명 중 옳은 것은?
① 주간선도로의 주기능은 접근성이다.
② 집산도로는 이동성보다 접근성이 더 큰 도로다.
③ 보조간선도로의 주기능은 접근성이다.
④ 국지도로의 주기능은 이동성이다.

해설
주간선도로에서 국지도로로 갈수록 접근성이 증가한다. 간선도로는 이동성, 집산 및 국지도로는 접근성에 더 큰 목적을 가진 도로이다.

51 평면교차로 간의 최소 간격을 결정하는 데 고려하여야 하는 사항이 아닌 것은?
① 교차로 통과속도
② 차로 변경에 필요한 길이
③ 대기차량 및 회전차로의 길이
④ 다음 교차로에 대한 인지성

해설
교차로 통과속도가 아닌 설계속도가 고려되어야 한다.

52 도시지역 일반도로의 설계속도가 70km/h 이상이고 80km/h 미만인 경우 차로의 최소 폭 기준은 얼마인가?
① 2.75m 이상   ② 3.00m 이상
③ 3.25m 이상   ④ 3.50m 이상

해설
70km/h 이상 80km/h 미만 도시지역 일반도로의 최소폭은 3.25m이다.

설계속도 (km/h)	차로의 최소폭(m)		
	지방지역	도시지역	소형차도로
100 이상	3.5	3.5	3.25
80 이상	3.5	3.25	3.25
70 이상	3.25	3.25	3.0
60 이상	3.25	3.0	3.0
60 미만	3.0	3.0	3.0

53 지방지역 고속도로에서 평지 및 산지의 일반적인 설계속도는?
① 평지 80km/h, 산지 60km/h
② 평지 100km/h, 산지 80km/h
③ 평지 120km/h, 산지 100km/h
④ 평지 140km/h, 산지 120km/h

해설
지방지역 고속도로 - 평지는 120km/h, 산지는 100km/h

54 다음 설명 중 조명의 이점이 아닌 것은?
① 용량을 어느 정도 증대시킨다.
② 상가지역을 활성화시킨다.
③ 교통류를 질서 있게 이동시킨다.
④ 교차로, 인터체인지, 엇갈림지역의 운영을 개선한다.

해설
용량 증대, 상가 활성화, 교통운영 개선 등의 효과를 얻을 수 있지만, 교통류를 질서 있게 이동시키려면 별도의 운영기법이 필요하며, 조명만으로는 부족하다.

55 교통안전표시판 설치 시 도로교통의 안전을 위하여 자전거 통행금지 표지판을 설치하려고 한다. 이때 적절한 표지판의 종류는?
① 주의표지   ② 규제표지
③ 지시표지   ④ 보조표지

해설
금지의 의미를 나타내는 표지판은 규제표지이다.

정답 49 ④ 50 ② 51 ① 52 ③ 53 ③ 54 ③ 55 ②

56 평면교차로에서 도류화 설계를 위한 기본원칙에 대한 설명 중 틀린 것은?

① 회전차량의 대기장소는 직진교통으로부터 잘 보이는 곳에 위치해야 한다.
② 운전자의 인지성 확보를 위해 교통섬 내에 식수 등을 하도록 한다.
③ 필요 이상의 교통섬을 설치하는 것은 피해야 하며, 원칙적으로 도류화가 필요하더라도 좁은 면적에서는 이를 피해야 한다.
④ 운전자가 한 번에 한 가지 이상의 의사결정을 하지 않도록 해야 한다.

> **[해 설]**
> 인지성 확보에 식수(나무를 심는 것)가 도움이 되기는 어렵다.

57 좌회전 차로의 기능에 해당하지 않는 것은?

① 좌회전 차량의 원활한 감속을 유도
② 좌회전 차량의 대기공간 확보로 교통신호 운영의 합리화 도모
③ 좌회전 차량을 직진 차량과 분리함으로써 직진 차량에 대한 영향 최소화
④ 교차로 신호현시 축소로 용량 증대

> **[해 설]**
> ④ 별도의 좌회전 현시가 추가되므로 신호현시가 늘어나게 된다.

58 옥내 주차장의 설계에 관한 설명 중 틀린 것은?

① 주변도로의 교통소통에 영향을 주지 않는다.
② 토지가격이 높은 도심지역에 주로 설치된다.
③ 램프식, 경사바닥식, 기계식으로 구분할 수 있다.
④ 기계식은 램프와 통로가 불필요하다.

> **[해 설]**
> 옥내주차장의 면수에 따라 주변도로의 교통소통이 영향을 받는다. 교통영향분석·개선대책 수립 시에도 심의 항목 중 주차가 별도로 있을 정도로 주차는 주변교통소통에 영향을 주는 주된 요소라 할 수 있다.

59 버스의 최대운행속도가 60km/h, 정류장당 승객 수가 2명, 탑승소요시간이 2초일 경우, 버스 정류장의 적정 간격은 얼마인가?(단, 차량가속도는 $2.5m/s^2$, 차량감속도는 $0.5m/s^2$, 최적 재차인원에 의한 방법 적용)

① 536m ② 668m
③ 736m ④ 864m

> **[해 설]**
> 점유시간 = 감속소거시간 + 정차시간 + 가속소거시간
> 1) 감속소거시간 = $\frac{운행속도(m/s)}{감속도(m/s^2)} = \frac{v}{\alpha}$
>   = $\frac{16.67m/s}{0.5m/s^2}$ = 33.34초
> 2) 정차시간 = 승객 수 × 승객당 탑승소요시간
>   = 승객 수 2명, 승객당 탑승소요시간 2초
>   = 2 × 2 = 4초
> 3) 가속소거시간 = $\frac{운행속도(m/s)}{가속도(m/s^2)} = \frac{v}{\alpha}$
>   = $\frac{16.67m/s}{2.5m/s^2}$ = 6.66초
>   (운행속도 60km/h = 16.67m/s)
> 총 점유시간 = 1)+2)+3) = 33.34+4+6.66 = 44초
> 뒷차가 앞차에 부딪히지 않을 최소거리
> = 버스정류장 최소간격 = 운행속도 × 점유시간
> = 16.67 × 44 = 733.48m

60 설계속도가 120km/h인 도로의 평면곡선부에서 완화곡선 길이의 규정값은 얼마인가?

① 70m ② 60m
③ 50m ④ 40m

> **[해 설]**
> 도로의 구조·시설기준에 관한 규칙 제23조(완화곡선 및 완화구간) 완화곡선의 길이는 설계속도에 따라 다음 표의 값 이상으로 하여야 한다.
>
> | 설계속도(km/h) | 완화곡선의 최소 길이(m) |
> |---|---|
> | 120 | 70 |
> | 110 | 65 |
> | 100 | 60 |
> | 90 | 55 |
> | 80 | 50 |
> | 70 | 40 |
> | 60 | 35 |

정답 56 ② 57 ④ 58 ① 59 ③ 60 ①

제4과목 도시계획개론

61 버제스(Burgess)의 동심원이론에서 제4권역에 해당하는 토지이용은?

① 점이지대 ② 노동자주택지대
③ 고급주택지대 ④ 공업지대

해설
- 1권역 : 중심업무지구(금융, 상업)
- 2권역 : 점이지대(상업, 주택, 경공업 혼재)
- 3권역 : 저급, 중산층 주택지구
- 4권역 : 고급 주택지구
- 5권역 : 통근권

62 가도시화 현상에 대한 설명으로 가장 옳은 것은?

① 도시의 부양능력에 비해 지나치게 많은 인구가 도시에 집중하여 인구만 비대해진 도시화 현상
② 몇 개의 대도시와 그 주변 도시들이 융합되는 도시화 현상
③ 낙후지역의 효과적인 개발을 위해 잠재력이 큰 지점이나 지방도시에 대한 집중 투자로 발생하는 도시화 현상
④ 대도시 중심부의 기능이 약화되어 도시의 공간구조가 도시 주변 지역 중심으로 바뀌는 현상

해설
② 연담도시(連膽都市, Conurbation)에 대한 설명이다.

63 도시의 경제·사회·문화적인 특성을 살려 개성 있고 지속 가능한 발전을 촉진하기 위하여 경관, 생태, 정보통신, 과학, 문화, 관광 등의 분야별로 국토교통부장관이 지정할 수 있는 도시계획 관련 사항은?

① 도시·군 기본계획 ② 지구단위계획
③ 시범도시지정 ④ 도시·군계획시설사업

해설
국토의 계획 및 이용에 관한 법률 제127조(시범도시의 지정·지원)
- 국토교통부장관은 도시의 경제·사회·문화적인 특성을 살려 개성 있고 지속 가능한 발전을 촉진하기 위하여 필요하면 직접 또는 관계 중앙행정기관의 장이나 시·도지사의 요청에 의하여 경관, 생태, 정보통신, 과학, 문화, 관광, 그 밖에 대통령령으로 정하는 분야별로 시범도시를 지정할 수 있다.

64 국토의 토지 이용 실태 및 특성, 장래 토지 이용 방향, 지역 간 균형발전 등을 고려하여 구분한 용도지역의 유형에 해당하지 않는 것은?

① 자연지역 ② 주거지역
③ 상업지역 ④ 공업지역

해설
②, ③, ④는 도시지역의 세부구분에 해당한다.

65 『진화하는 도시(Cities in Evolution)』를 저술하였으며, 공업도시에서 생기는 문제의 해결을 생물학적 방법으로 설명하고 도시인구, 고용, 생활 등의 조사와 이에 대한 분석으로 과학적인 도시계획기술의 발전 필요성을 주장한 학자는?

① Raymond Unwin ② Tony Garnier
③ Clarence Stein ④ Patrick Geddes

해설
패트릭 게데스(Patric Geddes)에 대한 설명이다.

66 경제기반이론(Economic Base Theory)에서 기간산업(Basic Industry)을 판별하는 방법으로 가장 보편적인 것은?

① 지역승수(Regional Multiplier)
② 입지상(Location Quotient)
③ 최대고용요구량법
④ 산업연관표(input - output Table)

해설
경제기반이론(Economic Base Theory)에서 기간산업(Basic Industry)을 판별하는 방법 중 입지상법은 생산량과 소득의 대비로서 분류, 가장 보편적으로 활용되는 방법이다.

67 케빈 린치(Kevin Lynch)가 주장한 도시 경관 이미지의 구성요소에 해당하지 않는 것은?

① 통로(Path) ② 경계(Edge)
③ 상징물(Landmark) ④ 광장(Open Space)

해설
케빈 린치의 도시경관 이미지 5대 요소 : 경계(Edge), 랜드마크(Landmark), 도로(Path), 결절점(Node), 지역(District)

정답 61 ③ 62 ① 63 ③ 64 ① 65 ④ 66 ② 67 ④

68 수도권의 인구와 산업을 적정하게 배치하기 위하여 구분한 권역에 해당하지 않는 것은?

① 과밀억제권역　② 성장관리권역
③ 자연보전권역　④ 개발제한권역

해 설
④ 개발제한권역이라는 용어 자체가 없다.

69 대지면적에 대한 건축면적의 비율로, 거주 환경의 쾌적성과 안전성 등의 확보를 위한 공지의 조성을 목적으로 하는 토지이용규제 수단은?

① 공지율　② 건폐율
③ 도로율　④ 환지율

해 설
건축법 제55조(건축물의 건폐율)
대지면적에 대한 건축면적(대지에 건축물이 둘 이상 있는 경우에는 이들 건축면적의 합계로 한다)의 비율(이하 "건폐율"이라 한다)의 최대한도는 「국토의 계획 및 이용에 관한 법률」 제77조에 따른 건폐율의 기준에 따른다.

70 도시의 계획유형과 사례 도시 연결이 틀린 것은?

① 저탄소 녹색도시 - 스웨덴의 함마르뷔(Hammarby)
② 전원도시 - 영국의 레치워스(Letchworth)
③ 건강도시 - 타이완의 타이난(Tainan)
④ 창조도시 - 핀란드의 비키(Viki)

해 설
④ 핀란드의 비키는 친환경 대표도시이다.

71 Hook 신도시계획의 네 가지 기본 요소로 틀린 것은?

① 자동차와 보행자를 분리하는 도로망 체계
② 시가화 지역과 농촌 지역의 통합 시도
③ 도시성(Urbanity)의 향상
④ 도시 인구 구성의 균형

해 설
Hook 신도시 계획안
• 런던 남서측의 상대적 미개발을 극복하기 위해 1961년 런던청에 의해 수립된 개발계획
• 실제 시행된 사례는 아님
• 기존 신도시 계획에 비해 체계적인 계획으로 평가받으며 현대 신도시계획의 기준이 됨
• 목표 : 자족성을 가진 도시의 형성, 다양한 산업 및 직장의 구성을 통해 각 계층의 사회적 융합을 도모하는 것이다.
• 주안점
　- 중심지역 중앙에 보행자 쇼핑몰 형성
　- 도심 거주자를 위한 보행자 데크와 그 아래 800여대 이상의 주차시설 제공
　- 보차 분리를 통한 보행체계를 도입하여 중심지역까지 이어지는 녹도를 따라 놀이터, 쇼핑 및 서비스시설, 초등학교를 배치함. 주 보행체계는 도로와 수직분리를 통해 엄격한 보차분리를 실현함
　- 각 가구당 1대의 승용차 보유를 가정하여 도로 및 주차시설 계획

72 기능에 따른 도로의 종류와 배치 간격 기준이 틀린 것은?

① 주간선도로와 주간선도로 : 1,000m 내외
② 주간선도로와 보조간선도로 : 500m 내외
③ 보조간선도로와 집산도로 : 250m 내외
④ 국지도로 간 : 가구의 긴 변 사이 200~250m 내외, 가구의 짧은 변 사이 120~150m 내외

해 설
도시·군계획시설의 결정·구조 및 설치기준에 관한 규칙 제10조(도로의 일반적 결정기준) 제3항 라목에서는 국지도로 간 가구의 긴 변 사이는 25~60미터, 짧은 변 사이는 90~150미터 내외로 배치하도록 규정하고 있다.

73 기준연도의 인구와 출생률, 사망률 및 인구이동 등의 변화요인을 고려하여 장래의 인구를 추정하는 요소모형은?

① 등차급수법　② 집단생잔법
③ 비교유추법　④ 최소자승법

해 설
② 집단생잔법(Cohort Survival Method) : 기준연도의 인구와 출생률과 사망률 및 인구이동 등의 인구변화요인을 고려하여 장래인구를 추정하는 방법

74 토지이용계획의 수립 시 이용하는 정성적(定性的)인 예측변수가 아닌 것은?

① 토지의 생산성 및 산업별 생산액
② 생활양식의 변화 추이
③ 산업입지의 형태
④ 기술 및 사회 가치관의 변화

해설
① 생산성 및 생산액은 정량화가 가능한 예측변수이다.

75 현재 인구가 50만 명인 도시가 있다. 과거인구추세에 의한 평균 인구증가율이 3%일 때, 등비급수법에 의해 추정한 20년 후의 인구는?

① 약 70만 명
② 약 90만 명
③ 약 110만 명
④ 약 130만 명

해설
$P_n = P_o(1+r)^n = 500,000(1+0.03)^{20}$
$= 903,055 ≒ 약 90만명$

76 보행으로 중심부와 연결이 가능하며, 초등학교, 상가 등의 공동서비스 시설을 공유하는 규모로서 주민 간의 동질성이 강조되는 주거단지 계획의 기본적인 공간범위는?

① 인보구
② 근린분구
③ 근린주구
④ 지역공동체

해설
① 인보구 : 주택단지의 최소단위. 15~20호 정도의 넓이를 가진 생활구역을 의미함
② 근린분구 : 근린지구를 구성하는 어린이 공원과 근린센터를 중심으로 하는 주택지 단위
④ 지역공동체 : 일정한 지역을 기본 단위로 하여 사람들이 사회를 구성하고, 그 사회를 생활의 기반으로 하여 생존해가는 과정에서 그 지역을 단위로 하는 집단을 의미함

77 1958년 네덜란드 헤이그에서 열린 도시재개발에 관한 제1회 국제세미나에서 광의의 개념으로 도시재개발을 분류한 것으로 틀린 것은?

① 철거재개발
② 수복재개발
③ 보전재개발
④ 개량재개발

해설
네덜란드 헤이그 국제세미나에서 정의한 도시재개발
• 정의 : 현대사회에서 적응이 불가한 도시를 도시기능과 환경개선의 계획적 의도를 가지고 재개발하는 것
• 종류 : 철거재개발, 수복재개발, 보전재개발

78 인구 100만 이상의 대도시 계획에 적합하며, 횡적인 연결은 환상선으로, 도심부와 교외 및 외곽은 방사선으로 연결하는 형태로 파리, 모스크바가 대표적인 가로망 구성 형태는?

① 대각선삽입형
② 방사형
③ 방사환상형
④ 격자형

해설
프랑스 파리, 러시아 모스크바, 독일 칼스루는 대표적인 방사환상형 가로망 구성 형태를 가진 도시이다.

79 몇 개의 대도시와 그 주변 지역의 도시들이 서로 연담화하여 공간적으로 융합된 지역으로 고트만(J. Gottmann)에 의해 제시된 개념은?

① 거대도시(Megalopolis)
② 가상도시(Virtual City)
③ 도시지역(Urban Region)
④ 위성도시(Satellite City)

해설
고트만의 거대도시
미 동해안의 연속된 도시화지대(뉴햄프셔주 남부로부터 버지니아주의 노퍽에 이르는 960km에 걸쳐 전개되는 연담도시)를 초거대도시(메갈로폴리스)라는 이름으로 명명하였다.

80 레드번(Radburn) 계획의 내용과 거리가 먼 것은?

① 슈퍼블록(superblock)
② 수평적인 보·차 통합 보도망 형성
③ 쿨데삭(cul - de - sac)형 세가로망
④ 라이트(H. Wright)와 스타인(C. Stein)

해설
② 래드번 제2원칙 : 입체적인 보차 보도망 형성

제5과목 교통관계법규

81 다음 중 도로교통법상 '차'에 해당하지 않는 것은?

① 자전거
② 건설기계
③ 전동휠체어
④ 원동기장치자전거

정답 75 ② 76 ③ 77 ④ 78 ③ 79 ① 80 ② 81 ③

해 설
보행보조용 의자차에 속하는 전동휠체어는 도로교통법상 차에 해당하지 않는다.

82 도로교통법에 따른 자동차 등의 운행속도에 관한 기준으로 옳은 것은?

① 편도 2차로 이상의 일반도로에서 자동차 등의 운행속도는 매시 80km 이내이다.
② 일반도로에서는 매시 50km 이내로 운행하여야 한다.
③ 자동차전용도로는 매시 80km의 최고속도만 규정하고 있다.
④ 자동차 등의 도로 통행 속도는 국토교통부령으로 정한다.

해 설
① 도로교통법 시행규칙 제19조 제1항 1목 : 편도 2차로 이상의 도로에서는 매시 80킬로미터 이내
② 도로교통법 시행규칙 제19조 제1항 1목 : 일반도로(고속도로 및 자동차전용도로 외의 모든 도로를 말한다)에서는 매시 60킬로미터 이내
③ 도로교통법 시행규칙 제19조 제1항 2목 : 자동차전용도로에서의 최고속도는 매시 90킬로미터, 최저속도는 매시 30킬로미터
④ 도로교통법 제17조 제1항 : 자동차 등의 도로 통행 속도는 안전행정부령으로 정한다.

83 도로법에 의한 도로의 종류와 등급 분류에 해당되지 않는 것은?

① 특별시도·광역시도   ② 고속국도
③ 일반국도   ④ 간선도로

해 설
간선도로는 도로를 기능별로 구분하는 경우에 사용하는 분류이다.

84 주차장법상 주차장의 정의에 따른 종류에 해당되는 것은?

① 공용주차장   ② 유료주차장
③ 사설주차장   ④ 노외주차장

해 설
주차장이라 함은 노상·노외·부설 주차장을 말하는 것이다.

85 안전표지의 바탕·테두리·문자와 기호의 색채에 대한 일반 기준이 틀린 것은?

① 규제표지 중 주차금지표지의 바탕은 청색으로 하고, 문자 및 기호는 백색으로 한다.
② 지시표지 중 일방통행표지의 기호 부분은 청색 바탕에 백색 기호로 한다.
③ 보조표지 중 어린이보호구역표지의 바탕은 황색으로 한다.
④ 규제표지 중 진입금지표지의 바탕색은 황색으로, 문자 및 기호는 적색으로 한다.

해 설
규제표지 중 정차·주차금지표지 및 주차금지표지의 바탕은 청색으로 하고, 진입금지표지 및 일시정지표지의 바탕은 적색으로, 문자 및 기호는 백색으로 한다.

86 도시교통정비촉진법령에 의한 교통혼잡 특별관리구역 또는 교통혼잡 특별관리시설물의 지정 기준이 옳지 않은 것은?(단, 혼잡시간대란 일정한 구역을 둘러싼 편도 3차로 이상 도로 중 적어도 1개 이상의 도로의 시간대별 평균 통행속도가 시속 10km 미만인 상태이다.)

① 혼잡시간대가 토·일요일과 공휴일을 제외한 평일 평균 하루 3회 이상 발생할 것
② 시설물이 유발하는 교통량으로 인하여 해당 시설물의 주출입구에 접한 도로의 혼잡시간대가 시설물이 유발하는 교통량이 토·일요일과 공휴일을 포함한 주 중 가장 많은 날을 기준으로 하루 3회 이상 발생할 것
③ 혼잡시간대에 해당도로를 통하여 해당 시설물로 진입하거나 진출하는 교통량이 그 도로 한쪽 방향 교통량의 10% 이상일 것
④ 혼잡시간대에 교통혼잡 특별관리구역으로 진입하거나 진출하는 교통량이 해당 도로 한쪽 방향 교통량의 10% 이상을 차지할 것

해 설
도시교통정비촉진법 시행령 제30조(교통혼잡 특별관리구역 등의 지정기준)
① 시장이 일정한 구역과 그 주변영향권을 법 제42조 제1항에 따라 교통혼잡 특별관리구역(이하 "특별관리구역"이라 한다)으로 지정하는 경우, 그 지정기준은 다음 각 호와 같다.

1. 일정한 구역을 둘러싼 편도 3차로 이상 도로 중 적어도 1개 이상 도로의 시간대별 평균 통행속도가 시속 10킬로미터 미만인 상태(이하 "혼잡시간대"라 한다)가 토·일요일과 공휴일을 제외한 평일 평균 하루 3회 이상 발생할 것
2. 혼잡시간대에 그 구역으로 진입하거나 진출하는 교통량이 해당 도로 한쪽 방향 교통량의 15퍼센트 이상을 차지할 것

② 시장이 법 제42조 제2항에 따라 일정 시설물을 교통혼잡 특별관리시설물(이하 "특별관리시설물"이라 한다)로 지정하는 경우, 그 지정기준은 다음 각 호와 같다.
1. 시설물이 유발하는 교통량으로 인하여 해당 시설물의 주출입구에 접한 도로의 혼잡시간대가 시설물이 유발하는 교통량이 토·일요일과 공휴일을 포함한 주 중 가장 많은 날을 기준으로 하루 3회 이상 발생할 것
2. 혼잡시간대에 해당 도로를 통하여 해당 시설물로 진입하거나 진출하는 교통량이 그 도로 한쪽 방향 교통량의 10퍼센트 이상일 것

87 국토교통부장관은 국가교통안전기본계획의 수립 또는 변경을 위한 지침을 작성하여 언제까지 지정행정기관의 장에게 통보하여야 하는가?

① 계획연도 시작 전년도 6월 말까지
② 계획연도 시작 전전년도 6월 말까지
③ 계획연도 시작 전년도 10월 말까지
④ 계획연도 시작 전전년도 10월 말까지

해설
교통안전법 시행령 제10조(국가교통안전기본계획의 수립)
① 법 제15조 제3항에 따라 국토교통부장관은 국가교통안전기본계획의 수립 또는 변경을 위한 지침(이하 이 조에서 "수립지침"이라 한다)을 작성하여 계획연도 시작 전전년도 6월 말까지 지정행정기관의 장에게 통보하여야 한다.

88 지방자치단체가 도로 관리청인 도로 중 대도시권의 주요 간선도로로서 도시권의 교통혼잡을 개선하고 물류의 흐름을 원활하게 하기 위하여 개선이 필요한 구간을 무엇이라 하며, 각 권역별 개선사업계획을 수립하여야 하는 기간은 얼마인가?

① 권역별 교통혼잡도로, 3년
② 대도시권 교통혼잡도로, 5년
③ 대도시권 교통혼잡도로, 3년
④ 권역별 교통혼잡도로, 5년

해설
도로법 제23조의2(대도시권 교통혼잡도로 개선)
① 국토교통부장관은 지방자치단체가 도로 관리청인 도로 중 대도시권의 주요 간선도로로서 도시권의 교통혼잡을 개선하고 물류의 흐름을 원활하게 하기 위하여 개선이 필요한 구간(이하 "대도시권 교통혼잡도로"라 한다)에 대하여 각 권역별로 5년마다 개선사업계획을 수립하여야 한다.

89 시장이 혼잡통행료 부과지역을 지정하고자 할 때 고려하여야 할 사항이 아닌 것은?

① 우회도로의 확보
② 대체교통수단의 확충
③ 인근지역의 주차시설 확충
④ 교통지체를 최소화할 수 있는 징수방식

해설
③ 해당 지역의 혼잡을 최소화하기 위한 정책인데, 주차장을 확충하게 되면 수요가 증가하게 되어 혼잡을 가중시키게 된다.

90 다음 중 도로교통법상의 정차에 해당하는 것은?

① 화물을 싣기 위해 계속 정지하여 있는 상태
② 운전자가 5분을 초과하지 아니하고 차를 정지시키는 것으로서 주차 외의 정지상태
③ 차의 운전자가 그 차의 바퀴를 일시적으로 완전히 정지시키는 것
④ 운전자가 차를 즉시 정지시킬 수 있는 정도의 느린 속도로 진행하는 것

해설
도로교통법 제2조(정의)
25. "정차"란 운전자가 5분을 초과하지 아니하고 차를 정지시키는 것으로서 주차 외의 정지 상태를 말한다.

91 교통안전에 관한 주요 정책과 국가교통안전기본계획 등을 심의하는 기관은?

① 국가교통안전정책심의회
② 중앙교통위원회
③ 국가교통위원회
④ 교통안전위원회

해설
교통안전법 제12조(교통안전에 관한 주요 정책 등 심의)
교통안전에 관한 주요 정책과 제15조에 따른 국가교통안전기본계획 등은 「국가통합교통체계효율화법」 제106조에 따른 국가교통위원회(이하 "국가교통위원회"라 한다)에서 심의한다.

정답 87 ② 88 ② 89 ③ 90 ② 91 ③

92. 도로교통법에 따른 안전표지의 종류가 아닌 것은?

① 주의표지
② 위험표지
③ 보조표지
④ 지시표지

해설
안전표지는 교통안전에 필요한 주의·규제·지시 등을 표시하는 표지판이나 도로의 바닥에 표시하는 기호·문자 또는 선 등을 말한다.

93. 다음 중 도로법상 도로의 부속물에 해당하지 않는 것은?

① 도로원표, 이정표, 수선 담당 구역표
② 도로와 서로 그 효용을 함께하는 제방, 호안, 횡단도로
③ 도로의 방호울타리, 가로수 또는 가로등으로서 도로관리청이 설치한 것
④ 도로에 연접하는 자동차 주차장 및 도로 수선용 재료 적치장과 이들 시설을 종합적으로 관리하는 도로관리 사업소로서 도로 관리청이 설치한 것

해설
도로법 제2조(정의)
4. "도로의 부속물"이란 도로 구조의 보전과 안전하고 원활한 도로교통의 확보, 그 밖에 도로의 관리에 필요한 시설 또는 공작물로서 다음 각 목의 어느 하나에 해당하는 것을 말한다.
가. 도로 원표(元標), 이정표, 수선 담당 구역표, 도로 경계표와 도로표지
나. 도로의 방호(防護) 울타리, 가로수 또는 가로등으로서 도로 관리청이 설치한 것
다. 도로에 연접(連接)하는 자동차 주차장 및 도로 수선용 재료 적치장과 이들 시설을 종합적으로 관리하는 도로관리 사업소로서 도로 관리청이 설치한 것
라. 도로에 관한 정보 제공 장치, 기상 관측 장치 또는 긴급 연락시설로서 도로 관리청이 설치한 것
마. 그 밖에 대통령령으로 정한 것

94. 도시교통의 원활한 소통과 교통편의의 증진을 위하여 도시교통정비지역으로 지정·고시할 수 있는 기준은?(단, 도농복합형태의 시의 경우는 고려하지 않는다.)

① 인구 5만 명 이상의 도시
② 인구 10만 명 이상의 도시
③ 인구 15만 명 이상의 도시
④ 인구 20만 명 이상의 도시

해설
도시교통정비촉진법 제3조(도시교통정비지역의 지정·고시)
① 국토교통부장관은 도시교통의 원활한 소통과 교통편의의 증진을 위하여 다음 각 호의 지역을 도시교통정비지역으로 지정·고시할 수 있다.
1. 인구 10만 명 이상의 도시(도농복합형태의 시는 읍·면 지역을 제외한 지역의 인구가 10만 명 이상인 경우를 말한다)

95. 도시교통정비지역에서 교통유발부담금의 부과 대상 시설물은 해당 시설물의 각층 바닥 면적을 합한 면적이 최소 얼마 이상인 시설물로 하는가? (단, 부과대상 시설물이 주택법에 따른 주택단지에 위치한 시설물로서 도로변에 위치하지 아니한 시설물인 경우는 고려하지 않는다.)

① 1,000m²
② 2,000m²
③ 3,000m²
④ 4,000m²

해설
도시교통정비촉진법 시행령 제16조(교통유발부담금의 부과대상)
① 법 제36조 제2항에서 "대통령령으로 정하는 규모 이상의 것"이란 해당 시설물의 각 층 바닥면적을 합한 면적이 1천제곱미터 이상인 시설물을 말한다. 다만, 법 제36조 제2항에 따른 교통유발부담금(이하 "부담금"이라 한다)의 부과대상 시설물이 「주택법」 제2조 제6호에 따른 주택단지에 위치한 시설물로서 도로(같은 법 제2조 제8호 가목에 따른 주택단지의 도로는 제외한다)변에 위치하지 아니한 시설물인 경우에는 그 시설물의 각층 바닥면적을 합한 면적이 3천 제곱미터 이상인 경우로 한다.

96. 도로법상 관리청은 도로 구조의 손궤 방지, 미관 보존 또는 교통에 대한 위험을 방지하기 위하여 도로경계선으로부터 얼마를 초과하지 아니하는 범위에서 대통령령으로 정하는 바에 따라 접도구역으로 지정할 수 있는가?

① 10m
② 15m
③ 20m
④ 30m

해설
도로법 제49조(접도구역의 지정 등)
① 관리청은 도로 구조의 손궤 방지, 미관 보존 또는 교통에 대한 위험을 방지하기 위하여 도로경계선으로부터 20미터를 초과하지 아니하는 범위에서 대통령령으로 정하는 바에 따라 접도구역(接道區域)으로 지정할 수 있다.

정답 92 ② 93 ② 94 ② 95 ① 96 ③

97 주차장법상 노상주차장의 주차대수 규모가 얼마 이상인 경우 장애인 전용주차구획을 한 면 이상 설치하여야 하는가?

① 10대 ② 15대 ③ 20대 ④ 30대

해 설
20대당 1대이던 장애인 전용주차구획이 2014. 2. 6 개정되어 20~50대 미만인 경우 한 면 이상, 50대 이상인 경우 주차대수의 2~4% 범위에서 조례로 정하는 비율 이상 정할 수 있도록 개정되었다. (개정사항 시행 2015. 2. 7부터)

98 도시교통정비 기본계획의 수립 시 부문별 계획에 포함되어야 할 내용과 가장 거리가 먼 것은?

① 교통시설의 개선
② 대중교통체계의 개선
③ 환경친화적 교통체계의 구축
④ 교통유발부담금의 부과 및 징수

해 설
도시교통정비 촉진법 제5조(도시교통정비 기본계획의 수립)
2. 다음 사항이 포함되는 부문별 계획
  가. 유출입(流出入) 교통대책 및 도로·철도·도시철도 등 광역교통체계의 개선
  나. 교통시설의 개선
  다. 대중교통체계의 개선
  라. 교통체계 관리 및 교통소통의 개선
  마. 주차장의 건설 및 운영
  바. 자전거 이용시설의 확충
  사. 환경친화적 교통체계의 구축

99 다음 ( ) 안에 들어갈 내용으로 옳은 것은?

도시교통정비촉진법상 도시교통정비지역 또는 도시교통정비지역의 교통권역에서 도시의 개발, 산업입지와 산업단지의 조성, 에너지 개발, 항만의 건설, 도로의 건설 등 대상 사업을 하려는 자(국가와 지방자치단체를 포함)는 ( )을(를) 수립하여야 한다.

① 환경영향평가
② 도시교통정비 중기계획
③ 교통영향분석·개선대책
④ 타당성 평가

해 설
도시교통정비 촉진법 제15조(교통영향평가의 실시 대상)
① 도시교통정비지역 또는 도시교통정비지역의 교통권역에서 다음 각 호의 사업(이하 "대상사업"이라 한다)을 하려는 자(국가와 지방자치단체를 포함하며, 이하 "사업자"라 한다)는 교통영향평가를 실시해야 한다.

100 주차장법규상 지하식 또는 건축물식 노외주차장의 차로기준이 옳은 것은?

① 높이는 주차바닥면으로부터 2.5m 이상이어야 한다.
② 곡선 부분은 자동차가 4m 이상의 내변반경으로 회전할 수 있도록 하여야 한다.
③ 경사로의 종단경사도는 직선 부분에서는 17%, 곡선 부분에서는 14%를 초과하여서는 아니 된다.
④ 주차대수 규모가 50대 이상인 경우의 경사로는 너비 5m 이상인 2차로를 확보하거나 진·출입차로를 통합하여야 한다.

해 설
① 2.3m 이상 ② 6m 이상 ④ 6m 이상

제6과목 교통안전

101 교통사고의 유발요인을 인적 요인, 차량 요인, 환경적 요인으로 구분하였을 때, 다음 중 환경적 요인에 해당하지 않는 것은?

① 운전습관 ② 교통조건
③ 도로상태 ④ 자연환경

해 설
① 운전자의 숙달 정도 및 운전습관은 인적 요인에 해당한다.

102 교통안전표지 중 정주식 표지의 적정 설치높이는?

① 10~40cm ② 50~80cm
③ 100~210cm ④ 450~500cm

해 설
교통안전표지설치관리 매뉴얼(2011.12)
교통안전표지의 설치높이는 지주형태 및 표지의 종류별로 다음과 같다.
• 정주식 : 표지의 종류별로 다음과 같이 100~210cm로 한다.

정답 97 ③ 98 ④ 99 ③ 100 ③ 101 ① 102 ③

- 주의표지, 규제표지 : 100~210cm
- 지시표지, 보조표지 : 100cm 이상

103 다음 중 전체 사고 건수에 대한 비율이 가장 높은 사고유발 인자는?

① 차량요인　　② 도로요인
③ 인적 요인　　④ 환경요인

해설
전체 사고 건수에 대한 비율이 가장 높은 사고유발 인자는 인적 요인이다.

104 다음 중 교통사고 현장에 나타나 있는 요마크(Yaw mark)로부터 차량의 속도를 추정할 때 사용되지 않는 항목은?

① 요마크의 길이　　② 타이어-노면의 마찰계수
③ 노면의 횡단경사　　④ 요마크의 곡선반경

해설
요마크로부터 차량의 속도 추정 - 곡선반경 사용(스키드마크는 길이를 사용함)

$m \cdot \dfrac{V^2}{R} = m \cdot g(f \pm i), \quad V = \sqrt{127r(f \pm i)}$

여기서, m : 차량의 질량
V : 차량 제동시 임계속도(km/h)
r : 곡선반경(m)
g : 중력가속도(9.8m/s²)
f : 측방향 마찰계수
i : 횡단경사(=편경사)

105 차량이 하루에 18,600대가 통행하는 자동차 전용도로의 300m 구간에서 3년간 교통사고가 27건 발생하였을 때 연간 통행량 1억 대·km당 사고건수는?

① 약 221건　　② 약 442건
③ 약 663건　　④ 약 1,326건

해설
사고율
$= \dfrac{\text{교통사고건수} \times 100,000,000}{\text{일평균교통량(ADT)} \times \text{조사기간일수} \times \text{도로구간길이(km)}}$
$= \dfrac{27 \times 100,000,000}{18,600 \times 365 \times 3 \times 0.3} = 441.89$

106 교통사고가 다발하는 단로부(mid-block)에서 보행자 횡단에 의한 사고를 개선하기 위한 대책으로 거리가 먼 것은?

① 차로폭의 재조정
② 입체횡단시설 설치
③ 횡단보도 예고표지 신설
④ 마찰계수가 높은 노면포장

해설
단로부(mid-block)에서 보행자 횡단에 의한 사고를 개선하기 위한 대책으로는 입체횡단시설 설치, 횡단보도 예고표지 신설, 마찰계수가 높은 노면포장 등이 있다.

107 한 차량이 60m 거리를 미끄러져 주차한 차량과 충돌하였으며 충돌 후 두 차량이 함께 20m를 미끄러져 정지하였다. 양 차량의 무게가 동일할 때 주행차량의 초기속도는?(단, 마찰계수는 0.5로 가정한다.)

① 130.1km/h　　② 133.3km/h
③ 139.3km/h　　④ 145.1km/h

해설
에너지 보존법칙에 의해
$\dfrac{1}{2}(2m)v^2 = 2m \cdot 0.5 \cdot 9.8 \cdot 20$
$v = \sqrt{2 \cdot 0.5 \cdot 9.8 \cdot 20} = 14\text{m/s}$

운동량 보존법칙에 의해
$mv_1 + mv_2 = 2mv_f$
$v_1 = 2v_f = 28\text{m/s}$

에너지 보존법칙에 의해
$\dfrac{1}{2}2mv_0^2 = \mu \cdot m \cdot g \cdot d + mv_1^2$
여기서, μ : 마찰계수,
g : 9.8m/s
d : 최소미끄럼거리(m)
$v = \sqrt{2 \cdot \mu \cdot g \cdot d + v_1^2}$
$v = \sqrt{2 \cdot 0.5 \cdot 9.8 \cdot 60 + 28^2}$
$v_0 = 37.04\text{m/s}$
$V_0 = 133.3\text{km/h}$

108 자동차 타이어의 트레드(Tread)에 대한 설명으로 틀린 것은?

① 타이어가 옆으로 흔들리는 것을 방지
② 타이어 내부에서 발생하는 열을 방산
③ 차량의 목적에 알맞은 구동력, 선회성 확보
④ 자동차의 진행방향을 임의로 바꿀 수 있는 장치

해 설

타이어 트레드(Tire Tread)
- 노면을 밟는 바퀴의 접지면을 의미하는 타이어의 무늬(패턴)
- 좌우 흔들림을 잡아주고 충격 흡수
- 면적을 크게 하여 타이어 내부에서 발생하는 열을 방산
- 빗길주행 시 효과적인 배수역할을 하여 수막현상을 억제
- 타이어 트레드가 강할수록 성능은 좋아지지만 승차감은 떨어짐

109 다음 중 교차로 교통사고로 간주되지 않는 것은?

① 교차로 내에서의 교통사고
② 교차로 접근로에서 좌회전하기 위한 차선변경 중 교통사고
③ 교차로 접근로에서 우회전하기 위한 차선변경 중 교통사고
④ 건물 유출입로의 교차부에서 발생한 교통사고

해 설

④ 건물 유출입로는 'Driveway'라고 부르며 교차로(Intersection)와는 다른 장소이다.

110 지하횡단보도를 계획하는 경우와 가장 거리가 먼 것은?

① 도시 미관을 해칠 우려가 있는 경우
② 횡단보도육교에 비하여 공사비·공법 등이 유리한 경우
③ 지장물로 인해 육교의 높이가 너무 높아 그 이용이 곤란한 경우
④ 횡단 보행자가 극히 적은 공원 등의 경우

해 설

④ 보행자버튼식 신호기를 설치하거나 횡단보도의 설치가 필요 없는 경우

111 다음 중 충격흡수시설의 주된 설치장소로 볼 수 없는 것은?

① 터널 및 지하차도 입구   ② 연결로 출구 분기점
③ 교통섬 주변   ④ 요금소 전면

해 설

충격흡수시설 주요 설치장소 : 터널 및 지하차도 입구, 연결로 출구 분기점, 요금소 전면

112 중앙분리대를 설치하여 많이 감소시킬 수 있는 사고의 유형은?

① 측면충돌사고   ② 추돌사고
③ 정면충돌사고   ④ 전복사고

해 설

③ 정면충돌사고의 예방은 중앙분리대의 주된 기능 중 하나이다.

113 다음 중 교통안전표지의 설치방법이 아닌 것은?

① 정주식   ② 문형식
③ 부착식   ④ 현수식

해 설

교통안전표지의 설치방법에는 정주식, 문형식, 부착식이 있다.

114 다음 중 치사율을 올바르게 나타낸 식은?

① $\dfrac{\text{사망자 수}}{\text{부상자 수}} \times 100(\%)$

② $\dfrac{\text{사망자 수}}{\text{사고 건수}} \times 100(\%)$

③ $\dfrac{\text{사망자 수}}{\text{인명사고 건수}} \times 100(\%)$

④ $\dfrac{\text{부상자 수}}{\text{사고 건수}} \times 100(\%)$

해 설

치사율 $= \dfrac{\text{사망자 수}}{\text{사고 건수}} \times 100(\%)$

115 중량이 2,000kg인 차량이 시속 30km로 달리다가 정차 중인 1,000kg 중량의 차량과 충돌하여 얼마의 거리를 밀고나가 정차하였다면 충돌 직후의 속도는 얼마인가?

① 5km/h   ② 10km/h
③ 15km/h   ④ 20km/h

정답 109 ④ 110 ④ 111 ③ 112 ③ 113 ④ 114 ② 115 ④

해 설

$$m_1V_1 + m_2V_2 = (m_1+m_2)V$$

$$V = \frac{m_1V_1 + m_2V_2}{(m_1+m_2)}$$

$$= \frac{2,000 \times 30 \text{km/h}}{2,000+1,000} = \frac{60,000}{3,000} \text{km/h} = 20\text{km/h}$$

116 교차로에서 좌회전 교통량이 많아 발생하는 좌회전 충돌사고를 방지하기 위한 대책으로 거리가 먼 것은?

① 교차로의 도류화 ② 교차로 내부공간 확대
③ 좌회전 신호 현시 ④ 회전 유도차선 표시

해 설
② 공간이 확대된다고 해서 직접적으로 사고가 줄어드는 것은 아니다.

117 어떤 차량이 노면 마찰계수가 0.7인 평탄한 도로에서 앞 차량과의 추돌을 피하기 위해 급정거하여 15.5m를 미끄러진 후 정지하였을 때 이 차량의 미끄러지기 전의 속도는 얼마인가?

① 42.3km/h ② 52.5km/h
③ 59.4km/h ④ 60.9km/h

해 설
$$V = \sqrt{254(f+i) \cdot l} = \sqrt{254(0.7+0) \cdot 15.5} = 52.5$$

118 교통사고의 특성에 관한 설명 중 틀린 것은?

① 평면 곡선부가 종단경사와 중복되는 곳은 사고 위험성이 크다.
② 차로 폭을 확장했을 때 사고율이 감소한다.
③ 하향경사에서 상향경사보다 대형교통사고가 많이 발생한다.
④ 인터체인지에서 램프의 사고율은 주도로나 램프의 교통량에 가장 크게 영향을 받는다.

해 설
① 평면 곡선부에 종단경사까지 있으면 기하구조가 불안정하여 사고위험성이 높아진다.
② 차로폭과 사고율은 밀접한 관련이 있다.
③ 내리막에서는 차량의 제어가 오르막보다 어려우므로 사고 발생 확률이 높고 사고의 크기 또한 대형사고가 발생할 확률이 높다.
④ 교통량도 영향을 주지만 가장 큰 것은 기하구조와 속도차이다.

119 세 갈래 교차로와 네 갈래 교차로는 각각 몇 개의 교차상충지점을 가지는가?

① 3개, 8개 ② 3개, 16개
③ 4개, 16개 ④ 9개, 32개

해 설
상충 유형별 상충 개수

갈래 수	교차상충	합류상충	분류상충	계
3	3	3	3	9
4	16	8	8	32

120 교통사고 대책대안의 검토절차로 옳은 것은?

① 현장확인 및 검토 - 교통운영의 기본요건 검토 - 빈발하는 사고유형에 새로운 대책의 적용 검토 - 대책대안들의 비교검토
② 대책대안들의 비교검토 - 교통운영의 기본요건 검토 - 빈발하는 사고유형에 새로운 대책의 적용 검토 - 현장확인 및 검토
③ 교통운영의 기본요건 검토 - 빈발하는 사고유형에 새로운 대책의 적용검토 - 현장확인 및 검토 - 대책대안들의 비교검토
④ 빈발하는 사고유형에 새로운 대책의 적용검토 - 현장확인 및 검토 - 대책대안들의 비교검토 - 교통운영의 기본요건 검토

해 설
교통사고 대책대안의 검토절차
• 현장확인 및 검토
• 교통운영의 기본요건 검토
• 빈발하는 사고유형에 새로운 대책의 적용 검토
• 대책대안들의 비교검토

2회 2014년 기출문제

제1과목 교통계획

01 교통수요관리방안(TDM)으로 적합하지 않은 것은?
① 근무스케줄 단축
② 주차공간 공급 확대
③ 출·퇴근 시간 조정
④ 도심통행료 부과

해 설
교통수요를 관리한다는 것은 수요의 폭발적 증가를 막거나 줄인다는 것을 의미한다. 수요의 발생을 위해서는 굳이 노력하지 않아도 되므로 주차공간 공급 확대는 적합하지 않다.

02 P요소법에 대한 설명으로 틀린 것은?
① 차량의 평균승차인원을 고려하여 주차수요를 추정한다.
② 주차수요결정에 필요한 각종 요소를 얻을 수 있는 경우 적합한 방법이다.
③ 원단위법에 비하여 여러 가지 지역 특성을 포괄적으로 고려하지 못하는 단점이 있다.
④ 지구나 도심지와 같은 특정한 장소의 주차수요 예측에 적합하다.

해 설
P요소법은 원단위법에 비해 여러 가지 포괄적 특성을 고려할 수 있는 수요예측기법이라는 것이 장점이다.

03 단기교통계획에 비하여 장기교통계획이 갖는 특징으로 옳은 것은?
① 시설지향적
② 저자본비용
③ 다수의 대안
④ 서비스 지향적

해 설
장기교통계획은 소수의 대안, 자본집약적, 시설지향적 특징을 갖는다.

04 폐쇄선 설정 시 고려할 사항이 아닌 것은?
① 폐쇄선을 횡단하는 도로는 가능한 많아야 한다.
② 가급적 행정구역 경계선과 일치시킨다.
③ 도시 주변의 장래 도시화 지역은 가급적 폐쇄선 내에 포함시킨다.
④ 주변에 동이 위치하면 폐쇄선 내에 포함하도록 한다.

해 설
교통조사 시 조사대상지역 밖에 출발지 또는 목적지를 가진 통행을 조사하는 방법인 폐쇄선 조사는 가능한 한 횡단하는 도로가 적어야 정확도가 높아진다.

05 현재 교통망의 문제 지점 또는 지역을 진단하고 도로의 시설, 확장 등 교통시설 건설사업의 타당성과 우선순위 등을 결정하는 데 가장 중요한 근거가 되는 것은?
① 통행발생량
② 노선배정교통량
③ 교통수단분담률
④ 교통존 간 통행분포량

해 설
도로를 확장해야 할지 말아야 할지를 결정하는 기준이 되는 것은 당연히 교통량이다.

06 교통대안의 경제성 분석 시 고려할 요소로 가장 거리가 먼 것은?
① 소비자잉여
② 고용률
③ 할인율
④ 자본의 소요 규모

해 설
경제성 분석의 고려요소 중 고용률은 포함되지 않는다.

07 다음 중 통행분포(Trip Distribution)단계에 사용하는 모형은?
① 회귀분석모형
② 중력모형
③ 로짓모형
④ 전량배분모형

해 설
통행분포단계에서 사용되는 대표적인 모형은 중력모형이다. 그 외 성장인자, 간섭기회, 엔트로피 극대화 모형이 통행분포 단계에서 사용된다. 회귀분석은 통행발생, 전량배분모형은 통행배정에서 사용된다. 로짓은 확률선택모형에서 사용되는 기법이다.

08 교통의 공간적 분류에서 국가교통의 교통체계에 해당하지 않는 것은?
① 고속도로
② 철도
③ 항만
④ 간선도로

정답 01 ② 02 ③ 03 ① 04 ① 05 ② 06 ② 07 ② 08 ④

> **해 설**
> 국가통합교통체계효율화법 제2조에 의거 국가기간교통시설은 고속국도 및 일반국도, 고속철도, 광역철도 및 일반철도, 공항, 무역항, 그밖에 대통령령으로 정하는 교통시설이 이에 해당한다.

09 승용차(A)와 버스(B)의 효용함수 값이 각각 $V_A = -5.545$, $V_B = -4.874$일 때, 로짓모형에 의한 두 수단의 선택확률이 모두 옳은 것은?

① P(A) = 0.3521, P(B) = 0.6479
② P(A) = 0.3212, P(B) = 0.6788
③ P(A) = 0.3383, P(B) = 0.6617
④ P(A) = 0.4137, P(B) = 0.5863

> **해 설**
> - 승용차(A)의 효용함수 : $U_A = -5.545$
> - 버스의 효용 : $U_B = -4.874$
> - 승용차 선택확률 : $P(A) = \dfrac{e^{-5.545}}{e^{-5.545}+e^{-4.874}} = 0.3383$
> - 버스 선택확률 : $P(B) = \dfrac{e^{-4.874}}{e^{-5.545}+e^{-4.874}} = 0.6617$
> - 버스 선택확률 : P(A) = 33.83%
> - 지하철 선택확률 : P(B) = 66.17%

10 지하철 요금과 승객 수요 간의 수요탄력성이 −1.50이다. 지하철 요금이 1,200원으로 인상될 경우 승객 수요는 어떻게 변하는가?(단, 현재 지하철 요금은 1,000원, 승객 수요는 10만 명이다.)

① 8.5만명으로 감소한다.
② 8만명으로 감소한다.
③ 7만명으로 감소한다.
④ 6.5만명으로 감소한다.

> **해 설**
> $e = \dfrac{\frac{\partial V}{V_0}}{\frac{\partial P}{P_0}} = \dfrac{\frac{x}{100,000}}{\frac{200}{1,000}} = -1.5$
> $x = \dfrac{-1.5 \times 200 \times 100,000}{1,000} = 30,000$
> 3만명 줄어들게 되어 7만명으로 감소하게 된다.

11 중력모형(Gravity Model)의 특징으로 틀린 것은?

① 대상 지역에 하나의 평균적 교통패턴을 적용한다.
② 교통시설 정비 등에 의한 존 간의 소요시간 변화에 대하여 민감하게 대응할 수 있다.
③ 개인의 행태적(Behavioral) 특성을 고려한다.
④ 장래 주어진 발생, 집중량에 일치시키기 위해 성장률법을 사용하여 반복계산을 하여야 한다.

> **해 설**
> ③ 개인의 행태적 특성을 고려하는 것은 개별행태모형의 특징이다.

12 과거추세연장법에 의한 교통수요 예측에 대한 설명으로 틀린 것은?

① 분석이 간단하다.
② 수요에 미치는 영향을 변수에 내재시킬 수 없는 단점이 있다.
③ 자료의 편차가 클 경우 장래 예측이 과다 추정될 수 있다.
④ 과거의 추세에 의해 추정되기 때문에 수요예측이 분석가마다 동일하다.

> **해 설**
> ④ 과거의 추세에 의해 추정되므로, 분석가의 수완이 개입되어 분석가마다 다른 예측치가 도출될 수 있다.

13 대중교통의 일반적인 특성으로 틀린 것은?

① 수송이 대량·집약적이고 비용이 저렴한 편이다.
② 수송 경로의 유동성이 크다.
③ 불특정 다수의 수송에 용이하다.
④ 환경오염이 비교적 적다.

> **해 설**
> 대중교통은 한 번 정해지면 그 경로를 변경하기가 힘들다.

14 1970년대 초 새티(Satty)에 의해 개발된 의사결정법으로 의사결정의 목표나 평가 기준이 다양하고 다수이며 복잡한 경우에 상호연계성이 적은 배타적 대안을 체계적으로 평가할 수 있는 것은?

① 비용·효과분석법
② 비용·편익분석법
③ 목표성취 행렬분석법
④ 계층화 분석법

정답 09 ③ 10 ③ 11 ③ 12 ④ 13 ② 14 ④

> [해 설]
> 계층화 분석법(AHP ; Analytic Hierarchy Process)에 관한 설명이다.

15 교통계획을 위한 현황자료 조사에서 인구, 소득, 자동차 보유대수, 직업별 고용자 수, 학생 수 등 사회경제지표의 주요 용도로 가장 거리가 먼 것은?

① 교통투자사업의 재원 확보 평가지표로 활용
② 통행조사에서 나타난 통행 발생의 설명변수로 활용
③ 가구면접 조사 표본을 분석, 지구 전체에 대해 전수화시키는 경우 총량지표로 활용
④ 토지이용계획안의 수립, 인구와 고용기회를 분포시키는 기초자료로 활용

> [해 설]
> ① 사회경제지표를 재원확보와 관련한 평가지표로 활용하기는 어렵다.

16 교통존(Zone)의 설정 시 고려할 사항으로 틀린 것은?

① 행정구역과 가급적 일치시킨다.
② 간선도로가 가급적 존 경계선과 일치하도록 한다.
③ 존을 크게 하면 조사의 정밀도는 저하되지만 조사비용과 분석시간을 줄일 수 있다.
④ 각 존은 가급적 다양한 토지이용이 포함되도록 한다.

> [해 설]
> 교통존은 동질의 토지이용을 기초로 해야 한다.

17 개별행태모형에 대한 설명으로 틀린 것은?

① 개인의 통행 행태 관련 자료를 활용한다.
② 타 존에 적용이 가능하다.
③ 모델의 구조는 결정적 모형이다.
④ 수요추정과정의 통합이 가능하다.

> [해 설]
> 개별행태모형은 대표적인 확률론적 모형이다.

18 내부수익률(IRR)을 이용한 경제성 분석법에 대한 설명으로 옳은 것은?

① 다른 대안과의 사업성을 비교하기 어렵다.
② 해당 사업의 수익성을 측정할 수 없다.
③ 평가과정과 결과를 이해하기 어렵다.
④ 사업의 절대적인 규모를 고려하지 못한다.

> [해 설]
> IRR은 비율로 나타나므로, 절대적인 규모를 표현하기 어렵다.

19 화물교통조사의 내용이 아닌 것은?

① 물류시설의 조사
② 화물 유동량 조사
③ 화물 차량 동행인 조사
④ 화물 차량 운행실태 조사

> [해 설]
> 화물교통조사에는 물류시설, 화물 유동량, 차량 운행실태 조사가 포함된다.

20 대중교통수단의 여러 가지 비용에 대한 아래 그림에서 ㉠, ㉡, ㉢의 내용이 모두 옳은 것은?

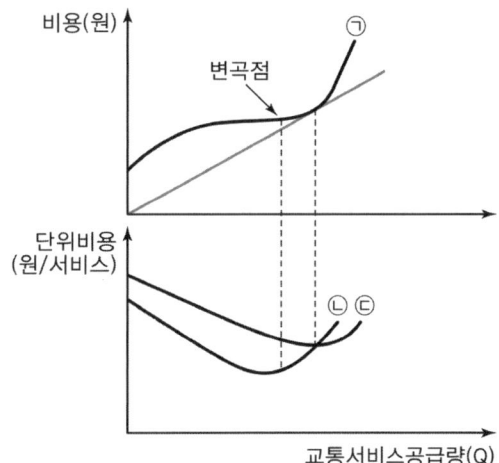

① ㉠ : 총비용, ㉡ : 한계비용, ㉢ : 평균비용
② ㉠ : 총비용, ㉡ : 평균비용, ㉢ : 한계비용
③ ㉠ : 평균비용, ㉡ : 총비용, ㉢ : 한계비용
④ ㉠ : 평균비용, ㉡ : 한계비용, ㉢ : 총비용

해설

비용함수 그래프에 있는 곡선이 총비용, 단위비용 중 평균비용곡선보다 대부분 낮은 곳에 위치하는 곡선이 한계비용곡선이다. 한계비용이 평균비용보다 크게 되면 총비용이 급격히 상승하게 되고, 총비용의 변곡점이 곧 한계비용의 최저점이 된다.

제2과목 교통공학

21 다음 중 고속도로 엇갈림 구간(Weaving Area)의 교통특성에 영향을 미치는 도로 기하구조 요소에 해당하지 않는 것은?

① 엇갈림 구간의 길이
② 엇갈림 구간의 형태
③ 엇갈림 구간의 폭(차로 수)
④ 엇갈림 구간의 설계속도

해설

엇갈림 구간은 길이와 형태, 폭이 그 특성에 영향을 미친다.

22 어느 교통류는 속도와 밀도가 $u = 40.0 - 0.25k$의 관계를 가진다. 이 교통류의 임계밀도, 임계속도, 용량은 얼마인가?

① 임계밀도 : 70vpk, 임계속도 : 20kph, 용량 : 1,400vph
② 임계밀도 : 80vpk, 임계속도 : 20kph, 용량 : 1,600vph
③ 임계밀도 : 70vpk, 임계속도 : 25kph, 용량 : 1,750vph
④ 임계밀도 : 80vpk, 임계속도 : 25kph, 용량 : 2,000vph

해설

$u = 40.0 - 0.25k$ 일 때
$q = u^k$ ·········(1)
$u = 40 - 0.25k$ ·········(2)
$q = (40 - 0.25k)k$
$q = 40k - 0.25k^2$

k에 관해 미분하면 임계밀도 k_m을 계산할 수 있다.

$\dfrac{dq}{dk} = 40 - 0.5k = 0$

$k = \dfrac{40}{0.5} = 80 = k_{max}$ (veh/km)

k가 80일 때 $u_{max} = 40 - 0.25(80) = 20$km/h

$Q_{max} = u_{max} \times k_{max} = 20 \times 80 = 1,600$veh/km

23 다음 중에서 일방통행제의 단점인 것은?

① 사고 증가
② 주행거리의 증가
③ 상충이동류 증가
④ 신호시간 조절의 어려움

해설

일방통행제의 단점은 통행거리 증가, 교통통제설비 증가, 익숙하지 못한 운전자 혼란 증가, 보행자 안전성 저하 가능, 초기에는 금지된 통행방향의 상업 활동감소 우려 등이다.

24 도시부 2차로 국도에서 평균지점속도조사를 계획하고자 한다. 95% 신뢰수준에서 허용오차를 2km/h가 되게 할 때 필요한 표본 수는? (단, 도시부 2차로 국도에서 지점속도의 표준편차는 7.7km/h, 95% 신뢰수준계수 값은 1.96으로 한다.)

① 52대   ② 57대
③ 62대   ④ 67대

해설

$N = \left(\dfrac{K \times S}{E}\right)^2 = \left(\dfrac{1.96 \times 7.7}{2}\right)^2 = 56.942 ≒ 57$대

25 다음 중 감응식 신호에 대한 설명으로 옳지 않은 것은?

① 정주기식 신호보다 주변 교차로와의 연동이 용이하다.
② 경우에 따라 도착 교통이 없는 현시는 생략될 수도 있다.
③ 완전감응식과 반감응식이 있다.
④ 일반적으로 교통량의 변동이 심한 독립교차로에서 사용하면 차량의 지체를 줄여주는 효과가 있다.

해설

① 연동에 유리한 신호는 정주기식 신호이다.

정답 21 ④ 22 ② 23 ② 24 ② 25 ①

26 어느 신호교차로에서 다음 표와 같이 15분 간격으로 두 시간 동안 교통량 조사를 실시하였다. 이 신호교차로의 첨두시간계수(PHF)는?

시간	교통량(대)
18 : 00~18 : 15	1,000
18 : 15~18 : 30	1,000
18 : 30~18 : 45	1,300
18 : 45~19 : 00	1,000
19 : 00~19 : 15	900
19 : 15~19 : 30	1,300
19 : 30~19 : 45	1,000
19 : 45~20 : 00	1,000

① 0.83 ② 0.85
③ 0.87 ④ 0.90

해 설
$PHF = \dfrac{V_{60분}}{V_{15분} \times 4}, \dfrac{4,500}{1,300 \times 4} = 0.865$ ∴ 0.87

27 기종점 조사의 분석결과에 대한 정확성 검토를 위하여 일반적으로 많이 사용되는 조사방법은?

① 폐쇄선 조사 ② 스크린라인 조사
③ 교차로 조사 ④ 간선도로 조사

해 설
스크린라인 조사는 사후 보완조사, 검토조사 등에 사용된다.

28 외부로부터의 자극에 대한 운전자의 반응에 관한 PIEV이론에서 I에 해당하는 것은?

① 식별 ② 감지 ③ 판단 ④ 반응

해 설
- P(Perception, 지각) : 감각 후 뇌로 전달되는 과정
- I(Identification, 식별) : 뇌가 정보를 구분하는 과정
- E(Emotion, 행동판단) : 뇌가 행동을 선택하는 과정
- V(Volition, 반응) : 선택한 행동을 수행하는 과정

29 다음 중 나머지 세 가지와 의미가 다른 하나는?

① PIEV 시간 ② 공주시간
③ 지각반응시간 ④ 행동판단시간

해 설
행동판단시간은 PIEV 중 E에 해당하는 시간이다.

30 20/20의 시력을 가진 운전자가 80m의 거리에서 글자의 크기가 15cm인 교통표지판을 읽을 수 있다면 20/50의 시력을 가진 운전자가 글자크기가 동일한 표지판을 읽기 위해 필요한 거리는?

① 16m ② 32m ③ 40m ④ 48m

해 설
20/20이 80m이라면, 20/50은 32m이다. 비례식으로 풀면 간단히 해결된다.

31 3km의 도로구간을 주행한 차량 3대의 주행속도와 시간이 아래 표와 같을 때, 3대의 공간평균속도는 얼마인가?

구분	차량 1	차량 2	차량 3
주행속도	60km/h	30km/h	15km/h
시간	3분	6분	12분

① 25.7km/h ② 28.3km/h
③ 33.5km/h ④ 35.0km/h

해 설
$\overline{u_s} = \dfrac{d}{t} = \dfrac{d}{\dfrac{1}{N}\sum_{i=1}^{N}\dfrac{d}{u_i}} = \dfrac{N}{\sum_{i=1}^{N}\dfrac{1}{u_i}}$

$= \dfrac{3}{\left(\dfrac{1}{60} + \dfrac{1}{30} + \dfrac{1}{15}\right)} = 25.714$

32 도로의 한 지점에서 루프검지기를 사용하면 밀도를 직접 측정할 수 없다. 이를 대신하기 위하여 측정하는 변수는?

① 차간간격(Gap)
② 포화도비
③ 차두간격(Headway)
④ 점유율(Occupancy)

해 설
점유율을 알면 밀도를 구할 수 있다.

정답 26 ③ 27 ② 28 ① 29 ④ 30 ② 31 ① 32 ④

33 신호교차로에서 주기를 결정할 때 고려해야 할 요소가 아닌 것은?

① 밀도
② 교통량
③ 보행자 횡단시간
④ 첨두시간계수

> **해설**
> 신호교차로 주기 결정 시에는 교통량과 보행자 횡단시간, 첨두시간계수를 고려해야 한다.

34 다음 중 지점속도(Spot Speed)의 조사를 통하여 분석할 수 없는 것은?

① 제한속도의 설정
② 교통표지판의 위치 설정
③ 사고와 속도의 관계분석
④ 구간 교통정체 평가분석

> **해설**
> 구간 교통정체 평가분석을 위해서는 공간평균속도가 필요하다.

35 다음의 교통신호와 관련된 용어에 대한 설명으로 옳지 않은 것은?

① 신호주기 : 교차로 신호등에서 녹색 신호가 켜진 후 다음 녹색 신호가 켜지기까지의 시간
② 현시 : 교차로에서 동시에 통행할 수 있도록 각 방향 교통류에 부여되는 통행권
③ 분할비 : 한 현시 내에서 유효 녹색시간이 차지하는 비율
④ 출발지체시간 : 신호가 적색에서 녹색으로 바뀐 후 첫 번째 차량이 교차로를 통과하기까지의 손실시간

> **해설**
> 분할비(Split)란, 1주기 동안 각 현시가 차지하는 시간의 비율을 말한다.

36 주기가 100초이며 4현시로 운영되는 신호교차로가 있다. 동서도로의 직진 및 좌회전의 황색신호 3.0초, 남북도로의 직진 및 좌회전의 황색신호는 4.0초이다. 이 교차로의 한시간당 유효녹색시간은 얼마인가?(단, 모든 도로의 출발지연시간 0.2초, 소거손실시간 0.1초이다.)

① 2,980.8초
② 3,009.6초
③ 3,052.8초
④ 3,556.8초

> **해설**
> 유효녹색시간 = 녹색시간 + 황색시간 − 출발지연시간 − 소거손실시간
> 1, 2, 3, 4현시 : (25 − 0.2 − 0.1) = 24.7
> 24.7×4초/주기 = 98.8초/주기
> 98.8초/주기×36주기 = 3,556.8초

37 도로교통용량 산정의 변수 중 중차량 보정계수공식으로 맞는 것은?(단, P_t : 화물차의 구성비율, P_b : 버스의 구성비율, E_t : 화물차의 승용차 환산계수, E_b : 버스의 승용차 환산계수)

① $\dfrac{1}{[1+P_t(E_t-1)+P_b(E_b-1)]}$

② $\dfrac{1}{[P_t(E_t-1)+P_b(E_b-1)]}$

③ $\dfrac{1}{[1+P_t(E_t-1)+P_b(E_b-1)-1]}$

④ $\dfrac{1}{[1+P_t(E_t-1)\times P_b(E_b-1)]}$

> **해설**
> f_{HV} : 중차량보정계수
> $= \dfrac{1}{[1+P_t(E_t-1)+P_b(E_b-1)]}$

38 고속도로 기본구간의 이상적인 조건에 해당하지 않는 것은?

① 승용차로만 구성된 교통류
② 차로폭 3.5m 이상
③ 측방여유폭 1m 이상
④ 평지

> **해설**
> 고속도로 기본구간의 이상적인 조건은 차로폭 3.5m 이상, 측방여유폭 1.5m 이상, 승용차만으로 구성된 교통류, 평지이다.

39 다음 중 교통량(Q), 교통밀도(k), 공간평균속도(v)의 관계식으로 옳은 것은?

① $q = \dfrac{1}{k}$
② $q = k \times v$
③ $q = \dfrac{k}{v}$
④ $v = (k \times v)^2$

정답 33 ① 34 ④ 35 ③ 36 ④ 37 ① 38 ③ 39 ②

해설
$q = k \times v = u \times k$

40 다음 중 대기행렬이론에서의 단일 서비스시스템에 대한 설명으로 옳지 않은 것은?

① 시스템 내의 평균차량대수는 서비스를 받고 있는 평균차량대수의 값과 같다.
② 평균대기행렬 길이는 시스템 내의 평균차량대수에서 서비스를 받고 있는 차량의 평균대수를 뺀 값이다.
③ 시스템 내에 차량이 한 대도 없을 확률은 $(1-\rho)$ (ρ = 교통강도 또는 이용계수)와 같다.
④ 시스템 내의 평균체류시간은 평균대기시간과 평균서비스 시간을 합한 값과 같다.

해설
단일서비스시스템
시스템 내 평균 차량대수 $E_{(n)} = \dfrac{\rho}{1-\rho} = \dfrac{1}{\mu-\lambda}$
여기서, λ : 평균도착률, μ : 서비스율
ρ : 이용계수 $\left(=\dfrac{\lambda}{\mu}\right)$

제3과목 교통시설

41 평면교차로에서 좌회전 차로를 설치하고자 할 때 차로 테이퍼에 관한 설명으로 옳지 않은 것은?

① 차로 테이퍼는 좌회전 교통류를 직진차로에서 좌회전 차로로 유도하는 기능을 갖는다.
② 테이퍼 설치 시에는 좌회전 차량이 좌회전 차로로 진입할 때 갑작스러운 차로변경을 유발하지 않도록 하여야 한다.
③ 테이퍼 설치 시에는 좌회전 차량이 좌회전 차로로 진입할 때 무리한 감속을 유발하지 않도록 하여야 한다.
④ 가급적 테이퍼를 완만하게 하여 운전자들이 직진차로와의 차이를 느끼지 않도록 하여야 한다.

해설
직진차로와의 차이를 느껴 좌회전 차로로의 진입을 인지하여야 한다.

42 등화를 횡으로 배열한 4색 신호등의 배열순서는?

① 좌로부터 적색, 황색, 녹색, 녹색 화살표
② 좌로부터 적색, 황색, 녹색 화살표, 녹색
③ 우로부터 적색, 황색, 녹색, 녹색 화살표
④ 우로부터 적색, 황색, 녹색 화살표, 녹색

해설
4색 신호등은 적 - 황 - 녹화 - 녹 순서로 배열되어 있다.

43 다음은 비상주차대의 설치위치에 대한 내용이다. ( ) 안에 들어갈 내용을 순서대로 나열한 것은?

비상주차대는 운전자의 시야에 항상 ( ) 이상이 위치해야 한다. 또한 장대교, 터널 등에서 길어깨 폭이 ( ) 미만이고 구조물의 길이가 1,000m 이상일 경우에는 구조물 중간에 최소 ( )간격으로 비상주차대를 설치할 필요가 있다.

① 1개소, 2.0m, 750m
② 1개소, 2.0m, 500m
③ 1개소, 1.5m, 750m
④ 2개소, 1.5m, 500m

해설
도로의 구조·시설기준에 관한 규칙
비상주차대는 운전자의 시야에 항상 1개소 이상이 위치해야 한다. 또한, 장대교, 터널 등에서 길어깨 폭이 2.0m 미만이고, 구조물의 길이가 1,000m 이상일 경우에는 구조물 중간에 최소 750m 간격으로 비상주차대를 설치할 필요가 있다.

44 클로버형 인터체인지의 특징으로 볼 수 없는 것은?

① 소수의 교차상충이 발생한다.
② 각 직진도로는 인터체인지 지역 내에서 두 개의 입구와 두 개의 출구를 가진다.
③ 운행거리 및 운행비용이 커진다.
④ 교차점 직전의 출구와 교차점 직후의 입구 사이에 엇갈림 구간이 생긴다.

해설
클로버형 인터체인지는 시공이 용이하고 용량이 증대되는 장점이 있고, 교차로 소요면적이 과다하며 엇갈림현상이 발생하는 단점이 있다. 입체교차에서는 교차상충이 발생하기 어렵다.

정답 40 ① 41 ④ 42 ② 43 ① 44 ①

45 도로의 차로 수를 결정하는 요인으로 옳지 않은 것은?

① 설계시간교통량
② 교통량의 방향별 분포
③ 설계속도
④ 첨두시간계수

> **해 설**
> $$PDDHV = \frac{DDHV}{PHF} = \frac{AADT \times K \times D}{PHF}$$

46 도로의 횡단구성 요소 중 차도부에 해당하지 않는 것은?

① 길어깨
② 중앙분리대
③ 측대
④ 자전거도

> **해 설**
> 차도부에는 길어깨, 차도, 중앙분리대, 측대가 포함된다.

47 버스의 운행정보가 아래와 같을 때, 다음 중 최적 재차인원에 의한 버스 정류장의 적정 간격은?

- 버스의 최대운행속도 : 16.7m/sec
- 차량가속도 : 2.0m/sec²
- 차량감속도 : 0.5m/sec²
- 정류장당 승객 수 : 3명
- 승객 1인당 버스 탑승 소요시간 : 3초

① 947.5m
② 847.5m
③ 747.5m
④ 647.5m

> **해 설**
> 점유시간 = 감속소거시간 + 정차시간 + 가속소거시간
> 1) 감속소거시간 = $\frac{운행속도(m/s)}{감속도(m/s^2)} = \frac{v}{a}$
>   = $\frac{16.67m/s}{0.5m/s^2}$ = 33.34초
> 2) 정차시간 = 승객수 × 승객당 탑승소요시간
>   = 승객수 3명 × 승객당 탑승소요시간 3초
>   = 3 × 3 = 9초
> 3) 가속소거시간 = $\frac{운행속도(m/s)}{가속도(m/s^2)} = \frac{v}{a}$
>   = $\frac{16.67m/s}{2.0m/s^2}$ = 8.335초
> - 총 점유시간 = 33.34 + 9 + 8.335 = 50.675초
> - 뒤차가 앞차에 부딪히지 않을 최소거리
>   = 버스정류장 최소간격
>   = 운행속도 × 점유시간
>   = 16.7 × 50.675 = 846.2725m

48 도로의 표시에서 황색 실선에 대한 설명으로 옳지 않은 것은?

① 이 선을 통과할 수 없다.
② 추월 시 교통에 지장이 없으면 통과할 수 있다.
③ 중앙분리선을 나타낼 때 쓰는 형태이다.
④ 너비는 15~20cm이다.

> **해 설**
> 도로교통법 시행규칙 별표 6
> 황색 실선은 차마가 넘어갈 수 없음을 표시하는 것이다.

49 도로의 설계속도에 따른 차도의 최소 평면곡선반지름으로 옳은 것은?(단, 편경사가 6%인 경우이다.)

① 설계속도 120km/h, 최소평면곡선반지름 640m
② 설계속도 100km/h, 최소평면곡선반지름 460m
③ 설계속도 80km/h, 최소평면곡선반지름 380m
④ 설계속도 60km/h, 최소평면곡선반지름 200m

> **해 설**
> $$r = \frac{V^2}{127(i+f)}$$
> 도로의 구조시설기준에 관한 규칙 해설에서 설계속도 100km/h일 때 미끄럼 마찰계수는 0.11을 쓰게 되어 있고, 계산하면 463m가 나와서 460m로 규정하고 있다. 따라서 460m가 정답이다.

50 다음 중 평면교차로 설계의 기본원리로 옳지 않은 것은?

① 엇갈림 교차나 굴절교차 등의 변형교차는 피해야 한다.
② 교차로의 면적은 너무 넓지 않게 가능한 최소로 한다.
③ 상충이 발생하는 교통류 간의 상대속도를 크게 한다.
④ 교통 특성이 서로 다른 교통류는 분리시켜야 한다.

> **해 설**
> 상대속도 차이가 가급적 적어야 안전하다.

51 설계속도가 80km/h인 평지도로에서 노면과 타이어의 종방향 마찰계수가 0.27일 때, 최소정지시거는?(단, 운전자 반응시간은 2.5초 이다.)

① 66m ② 93m ③ 107m ④ 149m

해설
$$mssd = \frac{V}{3.6} \cdot t + \frac{V^2}{254(f \pm g)}$$
$$= \frac{2.5 \cdot 80}{3.6} + \frac{80^2}{254(0.27+0)} = 148.88$$

52 휴게시설을 설치할 때, 모든 휴게시설 상호간의 표준 배치간격은?

① 10km ② 15km ③ 25km ④ 30km

해설
모든 휴게시설 상호 간의 표준배치간격은 15km이며, 고속국도인 경우 25km이다.

53 평면교차로의 종류가 아닌 것은?

① Y형 교차로 ② T형 교차로
③ 회전 교차로 ④ 다이아몬드형 교차로

해설
다이아몬드형은 대표적인 입체교차의 종류이다.

54 다음 중 자전거도로에 대한 설명으로 옳지 않은 것은?

① 자전거도로는 자전거전용도로, 자전거·보행자 겸용도로, 자전거·자동차 겸용도로 등으로 구분된다.
② 자전거와 보행자의 분리 판단기준은 자전거교통량이 80대/시(약 700대/일)이다.
③ 자전거도로의 포장면은 교차로와의 사이에 턱이 없게 설치하고, 접속 경사는 13% 이상이 되도록 설치한다.
④ 자전거·자동차 겸용도로는 자전거 외에 자동차도 일시 통행할 수 있도록 차도에 노면표시로 구분하여 설치된 자전거도로이다.

해설
5%를 초과하는 오르막경사는 자전거운전자에게는 바람직하지 않다.

55 어느 주차장의 주차첨두시간 동안의 주차수요는 98대, 평균주차시간은 1.32시간으로 추정된다. 주차첨두시간의 평균점유율을 0.85로 할 때 소요 주차면 수는?(단, 주차첨두시간은 11 : 00~14 : 00이다.)

① 41면 ② 45면 ③ 48면 ④ 51면

해설
$$C = \frac{VD}{HO} = \frac{(98 \times 1.32)}{(3 \times 0.85)} = 50.73, \ 51면$$

56 비신호 교차로의 경우 좌회전 차로의 대기차량을 위한 길이의 기준으로 옳은 것은?

① 첨두시간 평균 1분간 도착하는 좌회전 교통량
② 첨두시간 평균 2분간 도착하는 좌회전 교통량
③ 첨두시간 평균 3분간 도착하는 좌회전 교통량
④ 첨두시간 평균 5분간 도착하는 좌회전 교통량

해설
신호교차로는 1분, 비신호교차로는 2분

57 다음 중 입체교차의 연결로 설계 시 유출입 유형을 일관성 있게 계획할 때의 장점으로 가장 거리가 먼 것은?

① 차로 변경을 줄인다.
② 직진교통과의 마찰을 줄인다.
③ 과속운전을 줄인다.
④ 운전자의 혼란을 줄인다.

해설
도로 선형에 익숙해지므로 속도는 빨라질 수 있다.

58 다음 중 도로의 최소 곡선반경(R)을 구하는 식으로 바른 것은?(단, f = 마찰계수, e = 편경사, V = 설계속도)

① $R = \dfrac{V^2}{127(e+f)}$ ② $R = \dfrac{V+1}{127(e+f)}$
③ $R = \dfrac{V}{127(e+f)}$ ④ $R = \dfrac{V^2}{127(e \times f)}$

정답 51 ④ 52 ② 53 ④ 54 ③ 55 ④ 56 ② 57 ③ 58 ①

[해설]

$$r = \frac{V^2}{127(e+f)}$$

59 다음 중 도로 설계 시 환경시설대의 설치기준에 맞는 것은?

① 일반평면도로에서는 도로의 양측 차도 끝에서 폭 15m의 환경시설대를 설치한다.
② 고가도로에서는 환경시설대를 설치하지 아니한다.
③ 자동차전용도로에서는 도로의 양측 차도 끝에서 폭 20m의 환경시설대를 설치한다.
④ 도로 주변 건축물이 높게 지어져 차음효과가 있거나, 지가가 높은 경우 환경시설대의 폭을 5m 정도로 축소할 수 있다.

[해설]
일반평면도로 및 고가도로에서는 도로 주변의 생활환경을 보전하기 위하여 차도와 거리를 두어 거리감쇄 효과를 고려하여 도로의 양측 끝에서 폭 10m 정도의 환경시설대를 설치하는 것이 바람직하다. 도로 주변 건축물이 높게 지어져 차음효과가 있거나, 아니면 도시지역으로서 용지 취득이 어렵거나 지가가 높아 경제성이 문제될 경우에는 환경시설대의 폭을 10m 정도로 축소할 수 있다.

60 도시고속도로의 중앙분리대 설치 시 최소 폭은?

① 1.5m ② 2.0m ③ 2.5m ④ 3.0m

[해설]
도시고속도로의 중앙분리대 최소폭은 2.0m, 일반도로는 1.0m이다.

제4과목 도시계획개론

61 다음 중 근린주구를 물리적 계획의 기본단위로 하여 주구 내의 생활안정을 유지하고 편리성과 쾌적성을 확보하기 위한 6가지 계획원리를 제시한 사람은?

① 하워드(E. Howard)
② 페리(C.A. Perry)
③ 르코르뷔지에(Le Corbusier)
④ 랑팡(P.C. L'Enfant)

[해설]
페리의 근린주구(Neighborhood Unit)는 도시계획 접근 기준의 하나로, 어린이들이 도로를 가로지르지 않고 안전하게 초등학교에 통학할 수 있는 초등학교 도보권(徒步權)을 기준으로 설정되는 단위 주거구역을 말한다. 자연적인 근린사회에 기초를 두고 주거환경의 체계적 조직화로 이루어진 주거구에 대한 계획단위로 가구 약 2천 호, 100ha의 범위로서 초등학교를 중심으로 한다.

62 다음 중 보행자전용도로에 대한 설명으로 옳지 않은 것은?

① 보행자의 안전과 자동차의 원활한 주행을 도모하기 위해서 보행자만의 교통에 제공되는 도로를 말한다.
② 보행자전용도로를 통하여 보행자를 자동차의 소음과 배기가스 등에서 보호할 수 있다.
③ 보행자전용도로는 주거단지 내에서 발생하는 각종 생활동선의 수요를 충족시킨다.
④ 보행자전용도로는 일반 도로를 통하여 인식되는 도시구조와 질서를 약화시킨다.

[해설]
보행자전용도로는 일반 도로를 통하여 인식되는 도시구조와 질서를 강화시킨다.

63 다음 중 도시의 확산현상과 가장 관계가 먼 것은?

① 토지 지가의 상승 현상
② 주택 수요 증가
③ 도심의 개발한계
④ 토지의 입체적 고밀도 이용

[해설]
도시의 확산은 토지지가의 상승, 주택수요 증가, 도심의 개발한계와 관계가 있다.

64 현재 인구 150만의 도시가 있다. 연평균 증가율이 4%일 때, 등차급수에 의한 5년 후의 추정인구는?

① 156만 명 ② 172만 명
③ 180만 명 ④ 206만 명

[해설]
$P_n = P_o(1+rn) = 1{,}500{,}000(1+0.04 \times 5) = 1{,}800{,}000$명

정답 59 ③ 60 ② 61 ② 62 ④ 63 ④ 64 ③

65 다음 중 공동구의 설치 목적과 거리가 먼 것은?

① 도시미관의 보호
② 방재능률의 향상
③ 수자원의 보호
④ 도로교통의 원활화

[해설] 공동구란, 전기·가스·수도 등의 공급설비, 통신시설, 하수도시설 등 지하매설물을 공동 수용함으로써 미관의 개선, 도로구조의 보전 및 교통의 원활한 소통을 위하여 지하에 설치하는 시설물을 말한다.

66 다음의 도시계획역사에 관한 서술 중 사실과 가장 다른 것은?

① 하워드의 전원도시 계획안은 방사환상형의 시가지 패턴을 가지고 있다.
② 하워드의 전원도시 개념은 후에 근린주구이론에 밑거름이 된다.
③ 위성도시의 개념은 중심도시로부터 지리적으로 분리되고 경제적으로 연결된 독립도시이다.
④ 도시미화운동은 유럽의 도시계획에 가장 많은 영향을 미쳤고 문화적이고 예술

[해설] 하워드의 전원도시 개념은 후에 근린주구이론에 근거가 되었고, 전원도시 계획안은 방사환상형의 시가지 패턴을 가지고 있었다. 위성도시란 중심도시로부터 지리적으로 분리되고 경제적으로 연결된 독립도시를 말한다.

67 다음 중 지역의 경제활동 예측모형인 경제기반모형에 대한 설명으로 옳은 것은?

① 지역의 산업은 기반부문과 비기반부문으로 구성되며 기반부문은 수입산업, 비기반부문은 수출산업으로 분류한다.
② 경제성장요인을 체계적으로 분류하여 성장요인이 지역경제에 미치는 영향을 분석한다.
③ 입지계수(LQ)가 1인 산업의 생산품이나 서비스는 지역의 수요만을 충당하는 사업으로 볼 수 있다.
④ 어떤 산업의 생산량은 다른 산업을 위한 상품과 최종 소비하는 생산물의 합과 동일하다.

[해설] 경제기반모형이란 해당 지역에서 지역경제에 큰 영향을 미치는 "산업"으로 재화나 용역을 도시의 경제권 밖으로 수출하는 경제활동을 의미하거나 지역사회의 외부로부터 소비자에게 판매하는 활동에 관한 이론을 말한다. 분석에 필요한 자료 획득이 용이하고 단순하여 이해가 쉽다. 입지계수(LQ)가 1인 산업의 생산품이나 서비스는 지역의 수요만을 충당하는 사업으로 볼 수 있다.

68 다음 중 국토의 계획 및 이용에 관한 법률상 원칙적으로 관할 구역에 대한 도시·군기본계획의 수립권자는?

① 특별시장·광역시장·특별자치시장·특별자치도지사·시장 또는 군수
② 국토교통부장관
③ 중앙도시계획위원회
④ 지방의회

[해설] 도시·군 기본계획은 특별시·광역시·특별자치시·특별자치도·시 또는 군의 관할 구역에 대하여 기본적인 공간구조와 장기발전방향을 제시하는 종합계획으로서 도시·군관리계획 수립의 지침이 되는 계획을 말한다. 따라서 특별시장·광역시장·특별자치시장·특별자치도지사·시장 또는 군수가 해당 계획의 수립권자가 된다.

69 다음은 일반적인 계획과정의 행위 목록이다. 계획과정을 계획단계별로 올바르게 열거한 것은?

⊙ 목표의 설정
ⓒ 대안의 설명 및 평가
ⓒ 상황의 분석 및 미래의 예측
ⓔ 집행

① ⊙-ⓒ-ⓒ-ⓔ
② ⊙-ⓒ-ⓒ-ⓔ
③ ⓒ-⊙-ⓒ-ⓔ
④ ⓒ-ⓒ-⊙-ⓔ

[해설] 도시계획은 목표의 설정, 상황의 분석 및 미래의 예측, 대안의 설정 및 평가, 집행의 순서로 이루어진다.

70 다음의 도로의 기능 분류에서 근린주구생활권의 골격을 형성하는 도로는?

① 간선도로
② 보조간선도로
③ 집산도로
④ 국지도로

[해설] 집산도로는 근린주거구역의 교통을 보조간선도로에 연결하여 근린주거구역 내 교통의 집산기능을 하는 도로로서 근린주거구역의 내부를 구획하는 도로이다.

정답 65 ③ 66 ④ 67 ③ 68 ① 69 ② 70 ③

71 다음 중 도시·군계획시설의 결정·구조 및 설치기준에 관한 규칙에 따른 교통시설로서 도로의 종류에 대한 설명으로 옳지 않은 것은?

① 도로의 규모별 구분으로서 고속국도, 일반국도, 특별시도·광역시도, 지방도, 시도, 군도, 구도가 있다.
② 도로의 사용 및 형태별 구분으로서 일반도로, 자동차전용도로, 보행자전용도로, 보행자우선도로, 자전거전용도로, 고가도로, 지하도로가 있다.
③ 특수도로는 보행자전용도로·자전거전용도로 등 자동차 외의 교통에 전용되는 도로를 의미한다.
④ 도로의 기능과 규모별 구분은 도로의 체계를 구성하는데 밀접하게 연관되어 있으며 높은 위계의 도로에 대해서는 큰 규모의 도로가 지정된다.

해 설
도로는 규모별로 구분하면 광로, 대로, 중로, 소로로 구분할 수 있다.

72 다음 중 도시·군관리계획으로 반드시 결정할 사항과 가장 거리가 먼 것은?

① 개발제한구역 또는 시가화조정구역 지정에 관한 계획
② 도시개발사업 또는 정비사업에 관한 계획
③ 지구단위계획구역의 지정 또는 변경에 관한 계획과 지구단위계획
④ 환경의 보전 및 관리에 관한 계획

해 설
환경의 보전 및 관리에 관한 계획은 도시·군기본계획의 내용에 포함되어야 한다.

73 다음 중 도시계획 과정에서의 주민참여에 대한 설명으로 옳지 않은 것은?

① 도시계획의 입안 및 집행에 지역주민이 직접·간접적으로 참여할 수 있다.
② 폐쇄적인 계획의 추진에서 발생하기 쉬운 오류와 저항을 사전에 예방할 수 있다.
③ 주민참여는 개발에 의한 이익을 균등 배분하기 위함이다.
④ 주민의 의사와 욕구를 개발목표에 맞추어 구체화시킴으로써 도시행정의 능률적인 수행을 도모할 수 있다.

해 설
도시계획 과정에서의 주민참여는 도시계획의 입안 및 집행에 지역주민이 직접·간접적으로 참여하여 폐쇄적인 계획의 추진에서 발생하기 쉬운 오류와 저항을 사전에 예방하고 주민의 의사와 욕구를 개발목표에 맞추어 구체화시킴으로써 도시행정의 능률적인 수행을 도모할 수 있는 장점이 있다.

74 광역도시계획의 내용과 가장 거리가 먼 것은?

① 광역계획권의 공간적 범위와 개발에 관한 사항
② 광역계획권의 녹지관리체계와 환경보전에 관한 사항
③ 광역시설의 배치·규모·설치에 관한 사항
④ 광역계획권의 문화·여가공간 및 방재에 관한 사항

해 설
국토의 계획 및 이용에 관한 법률 제12조(광역도시계획의 내용)
① 광역도시계획에는 다음 각 호의 사항 중 그 광역계획권의 지정목적을 이루는 데 필요한 사항에 대한 정책 방향이 포함되어야 한다.
 1. 광역계획권의 공간 구조와 기능 분담에 관한 사항
 2. 광역계획권의 녹지관리체계와 환경 보전에 관한 사항
 3. 광역시설의 배치·규모·설치에 관한 사항
 4. 경관계획에 관한 사항

75 다음 중 도시교통의 특성과 거리가 먼 내용은?

① 통행목적을 달성하기 위해 도시 간을 연결해 주는 중장거리 교통이다.
② 대중교통육성 등을 통한 대량 수송을 필요로 한다.
③ 하루 중 오전과 오후 2회에 걸쳐 첨두현상이 발생한다.
④ 도심지와 같은 특정지역에 통행이 집중된다.

해 설
도시교통은 대중교통육성 등을 통한 대량 수송을 필요로 하고, 하루 중 오전과 오후 2회에 걸쳐 첨두현상이 발생하며 도심지와 같은 특정지역에 통행이 집중되는 특징이 있다.

76 다음 중 국토의 계획 및 이용에 관한 법률상 도시지역과 그 주변지역의 무질서한 시가화를 방지하고, 계획적·단계적인 개발을 도모할 필요가 있다고 인정되어 도시·군관리계획으로 결정하는 구역은?

① 개발제한구역
② 특정시설제한구역
③ 시가화조정구역
④ 지구단위계획구역

해 설
시가화조정구역이란 도시지역과 그 주변지역의 무질서한 시가화를 방지하고 계획적·단계적인 개발을 도모하기 위하여 대통령령

으로 정하는 기간 동안 시가화를 유보할 필요가 있다고 인정되는 구역을 말한다.

77 도시의 공간구조론 중 동심원 이론을 발표한 학자는?
① H. Hoyt
② E.W. Burgess
③ R.E. Dicknson
④ C.D. Harris

해설
버제스(E.W. Burgess)의 동심원이론은 1925년 시카고를 대상으로 도시 내부구조를 정의한 이론으로 1권역은 중심업무지구(금융, 상업), 2권역은 점이지대(상업, 주택, 경공업 혼재), 3권역은 저급, 중산층 주택지구, 4권역은 고급 주택지구, 5권역은 통근권으로 정해지며, 각 지대의 거주자들은 보다 좋은 권역으로 이주하려는 경향을 갖는다는 이론이다.

78 용도지구에서 고도지구를 지정하는 이유는?
① 건폐율의 규제
② 건축물의 높이제한
③ 건축물의 용도제한
④ 상업 및 업무지구 조성

해설
고도지구란 쾌적한 환경 조성 및 토지의 효율적 이용을 위하여 건축물 높이의 최저한도 또는 최고한도를 규제할 필요가 있는 지구를 말한다.

79 환지방식에 의한 도시개발사업을 시행할 경우, 일정한 토지를 환지로 정하지 아니하고 보류지로 정하여 그중 일부를 체비지로 정하는 가장 직접적인 목적은?
① 공공시설 용지를 확보하기 위하여
② 사업에 필요한 경비를 충당하기 위하여
③ 생활환경을 위한 공지 확보를 위하여
④ 장래의 토지수요에 적응할 수 있는 토지확보를 위하여

해설
아디케스법은 1902년 독일에서 제정된 토지구획정리사업에 관한 법률로 환지(換地)제도(TDR ; Transfer of Development Rights) 개념이 도입된 것이 특징이다.

80 토지이용계획에 있어서 순밀도에 대한 설명으로 맞는 것은?
① 거주인구/주택부지
② 거주인구/(택지+공공, 공익시설용지)
③ 거주인구/(택지+공공, 공익시설용지+농림지)
④ 거주인구/지구총면적

해설
순밀도 = 거주인구/주택부지
순밀도를 알아보는 이유는 전체 주택 부지에 몇 명의 인구가 있는지 확인하기 위함이다.

제5과목 도시계획개론

81 주차장법에 따른 기계식 주차장치의 안전기준으로 틀린 것은?
① 기계식 주차장치 출입구의 크기는 대형 기계식 주차장의 경우 너비 2.4m 이상, 높이 1.9m 이상으로 하여야 한다.
② 주차구획의 크기는 대형 기계식 주차장의 경우에는 너비 2.3m 이상, 높이 1.9m 이상, 길이 5.3m 이상으로 하여야 한다.
③ 운반기의 크기는 자동차가 들어가는 바닥의 너비를 대형 기계식 주차장의 경우 1.95m 이상으로 하여야 한다.
④ 기계식 주차장치 안에서 자동차를 입출고하는 사람이 출입하는 통로의 너비는 0.5m 이상, 높이는 1.6m 이상으로 하여야 한다.

해설
기계식주차장치 안에서 자동차를 입출고하는 사람이 출입하는 통로의 크기는 너비 50센티미터 이상, 높이 1.8미터 이상으로 하여야 한다.

82 도시교통정비 기본계획을 수립할 때 주차장의 건설 및 운영에 관한 계획에 포함될 사항이 아닌 것은?
① 주차시설 및 주차실태의 조사·분석
② 주차수요예측 및 공급계획
③ 주차장 설계방안
④ 주차관리 정책방향

해설
주차장의 건설 및 운영에 관한 계획에는 다음 각 호의 사항이

정답 77 ② 78 ② 79 ② 80 ① 81 ④ 82 ③

포함되어야 한다.
1. 주차시설 및 주차 실태의 조사·분석
2. 주차수요 예측 및 공급계획
3. 주차관리 정책방향
4. 그 밖에 주차장을 효율적으로 운영하기 위하여 필요한 사항

통체계의 개선
나. 교통시설의 개선
다. 대중교통체계의 개선
라. 교통체계 관리 및 교통소통의 개선
마. 주차장의 건설 및 운영
바. 자전거 이용시설의 확충
사. 환경친화적 교통체계의 구축

83. 주차장법령상 "주차전용건축물"이라 함은 건축물의 연면적 중 주차장으로 사용되는 부분의 비율 기준이 얼마 이상인 것을 말하는가?

① 80% 이상 ② 85% 이상
③ 90% 이상 ④ 95% 이상

해설
주차장법 시행령 제1조의2(주차전용건축물의 주차면적비율)
① 「주차장법」(이하 "법"이라 한다) 제2조 제11호에서 "대통령령으로 정하는 비율 이상이 주차장으로 사용되는 건축물"이란 건축물의 연면적 중 주차장으로 사용되는 부분의 비율이 95퍼센트 이상인 것을 말한다.

84. 도로굴착에 관한 사항을 심의·조정하기 위하여 설치하는 도로관리심의회에 대한 설명 중 틀린 것은?

① 고속국도와 일반국도에만 설치한다.
② 도로굴착공사의 시행에 따른 도로시설의 안전대책을 심의·조정한다.
③ 주요 지하매설물의 안전대책을 심의·조정한다.
④ 일반국도의 위원장은 지방국토관리청장이 된다.

해설
관리심의회는 고속국도, 일반국도, 특별시도·광역시도·지방도, 시도·군도·구도 모두에 설치되어 운영된다.

85. 도시교통정비촉진법에 의한 연차별 시행계획에 포함되지 않는 것은?

① 교통안전시설의 확충계획
② 교차로의 평면화 계획
③ 역세권 주차장 등 환승시설의 확충
④ 대중교통운행체계의 개선

해설
도시교통정비촉진법에 의한 연차별 시행계획에 포함되는 내용은 아래와 같다.
가. 유출입(流出入) 교통대책 및 도로·철도·도시철도 등 광역교

86. 다음 중 주차금지 장소의 기준으로 옳은 것은?

① 소화용 방화물통으로부터 5m 이내의 곳
② 화재경보기로부터 5m 이내의 곳
③ 소방용 기계·기구가 설치된 곳으로부터 3m 이내의 곳
④ 도로공사를 하고 있는 경우에는 그 공사구역의 양쪽 가장자리로부터 3m 이내의 곳

해설
주차가 금지되는 곳은 터널 안 및 다리 위, 화재경보기로부터 3미터 이내인 곳과 다음 각 목의 곳으로부터 5미터 이내인 곳이다.
가. 소방용 기계·기구가 설치된 곳
나. 소방용 방화(防火) 물통
다. 소화전(消火栓) 또는 소화용 방화 물통의 흡수구나 흡수관(吸水管)을 넣는 구멍
라. 도로공사를 하고 있는 경우에는 그 공사 구역의 양쪽 가장자리

87. 다음 중 국토교통부장관이 도시교통정비지역으로 지정·고시할 수 있는 대상 지역 기준은?

① 인구 50만 명 이상의 도시
② 인구 25만 명 이상의 도시
③ 인구 20만 명 이상의 도시
④ 인구 10만 명 이상의 도시

해설
도시교통정비촉진법 제3조(도시교통정비지역의 지정·고시)에 의거 국토교통부장관은 도시교통의 원활한 소통과 교통편의의 증진을 위하여 인구 10만 명 이상의 도시(도농복합형태의 시는 읍·면지역을 제외한 지역의 인구가 10만명 이상인 경우를 말한다) 지역을 도시교통정비지역으로 지정·고시할 수 있다.

88. 국토교통부장관은 복합환승센터의 체계적인 개발을 촉진하기 위하여 복합환승센터 개발 기본계획을 국가교통위원회의 심의를 거쳐 수립하여야 하는데 이때 수립주기로 옳은 것은?

① 3년 ② 5년 ③ 10년 ④ 20년

정답 83 ④ 84 ① 85 ② 86 ① 87 ④ 88 ②

> **[해설]**
> 국가통합교통체계효율화법 제44조(복합환승센터 개발 기본계획)에 의거 국토교통부장관은 복합환승센터의 체계적인 개발을 촉진하기 위하여 5년 단위로 복합환승센터 개발 기본계획을 국가교통위원회의 심의를 거쳐 수립하여야 한다.

89 부설주차장의 설치대상 시설물이 숙박시설인 경우 부설주차장 설치기준은?

① 시설면적 100m²당 1대
② 시설면적 150m²당 1대
③ 시설면적 200m²당 1대
④ 시설면적 300m²당 1대

> **[해설]**
> 주차장법 시행령 별표 1에 의거 숙박시설은 시설면적 200m²당 1대(시설면적/200m²)의 부설주차장을 설치하여야 한다.

90 복합환승센터 개발계획의 평가지표가 아닌 것은?

① 교통수단 이용객 수
② 연계교통망 수준
③ 환승 편의시설 계획 수준
④ 지방자치단체의 추진의지

> **[해설]**
> 복합환승센터 개발계획의 평가지표는 국가통합교통체계효율화법 시행규칙 별표 4. 복합환승센터 계획 단계별 평가 지표에 의거 아래와 같다.
> 가. 교통수단 이용객 수
> 나. 총 환승저항 크기
> 다. 연계교통망 수준
> 라. 연계교통체계 구상 정도
> 마. 내부시설 배치기준 중 제1경로 계획 수준
> 바. 환승 편의시설 계획 수준
> 사. 통합환승시스템 구상
> 아. 사업의 타당성

91 다음 중 도로를 횡단하는 보행자나 통행하는 차마의 안전을 위하여 안전표지나 이와 비슷한 인공구조물로 표시한 도로의 부분을 뜻하는 용어는?

① 보도
② 횡단보도
③ 안전지대
④ 길가장자리구역

> **[해설]**
> 도로교통법 제2조(정의)에 의거 "안전지대"란 도로를 횡단하는 보행자나 통행하는 차마의 안전을 위하여 안전표지나 이와 비슷한 인공구조물로 표시한 도로의 부분을 말한다.

92 도로관리청은 그 소관 도로의 장기적인 정비방향을 제시하는 도로정비 기본계획을 몇 년 단위로 수립하여야 하는가?

① 5년 ② 10년 ③ 15년 ④ 20년

> **[해설]**
> 도로법 제22조(도로정비 기본계획의 수립)에 의거 도로의 관리청은 10년 단위로 그 소관 도로의 장기적인 정비방향을 제시하는 도로정비 기본계획(이하 "기본계획"이라 한다)을 수립하여야 한다.

93 다음 중 도로법에 따른 "도로의 부속물"에 해당하지 않는 것은?

① 교량 및 터널
② 지하도 또는 육교
③ 도로의 방호울타리
④ 도로표지 및 도로원표

> **[해설]**
> 도로법 제2조(정의)에 의거 "도로의 부속물"이란 도로 구조의 보전과 안전하고 원활한 도로교통의 확보, 그 밖에 도로의 관리에 필요한 시설 또는 공작물로서 다음 각 목의 어느 하나에 해당하는 것을 말한다.
> 가. 도로 원표(元標), 이정표, 수선 담당 구역표, 도로 경계표와 도로표지
> 나. 도로의 방호(防護) 울타리, 가로수 또는 가로등으로서 도로관리청이 설치한 것
> 다. 도로에 연접(連接)하는 자동차 주차장 및 도로 수선용 재료 적치장과 이들 시설을 종합적으로 관리하는 도로관리사업소로서 도로 관리청이 설치한 것
> 라. 도로에 관한 정보 제공 장치, 기상 관측 장치 또는 긴급 연락시설로서 도로 관리청이 설치한 것
> 마. 그 밖에 대통령령으로 정한 것

94 운행상의 안전기준 중 화물차의 적재용량에 관한 설명으로 틀린 것은?

① 길이는 자동차 길이의 1/10을 더한 길이 이내
② 너비는 자동차의 후사경으로 뒤쪽을 확인할 수 있는 범위
③ 중량은 적재용량의 120% 이내
④ 높이는 지상으로부터 4.0m의 높이 이내

> **[해설]**
> 도로교통법 시행령 제22조(운행상의 안전기준)에 의거 화물자동차의 적재중량은 구조 및 성능에 따르는 적재중량의 110퍼센트 이내여야 한다.

정답 89 ③ 90 ④ 91 ③ 92 ② 93 ① 94 ③

95. 공공기관의 장이 소관 업무를 수행하기 위해 국가통합교통체계효율화법에서 규정한 교통조사를 시행할 때, 국토교통부 장관에게 통보하여야 하는 날은 조사 완료 후 며칠 이내인가?

① 15일 이내　② 30일 이내
③ 45일 이내　④ 60일 이내

해 설
국가통합교통체계효율화법 제16조(개별교통조사의 협의 등)에 의거 공공기관의 장은 개별교통조사를 완료하였을 때에는 완료한 날부터 30일 이내에 국토교통부장관에게 그 결과를 통보하여야 한다.

96. 도로교통법상 교통안전 표지 중 어린이 보호표지는 어린이 보호지점 또는 구역의 어느 정도 전에 설치하도록 규정하고 있는가?

① 20~50m　② 30~50m
③ 50~100m　④ 50~200m

해 설
도로교통법 시행규칙 별표 6. 안전표지의 종류, 만드는 방식, 설치하는 장소·기준 및 표시하는 뜻에 의거 어린이 보호지점 또는 구역 전 50미터 내지 200미터의 도로우측에 설치하여야 한다.

97. 주의표지 중 교차로표지의 설치 기준에 대한 설명으로 옳은 것은?

① 도로에서 속도를 낼 수 없는 교차로에 설치하여야 한다.
② 주행속도가 높은 구간에는 적당한 간격으로 중복 설치하여야 한다.
③ 교차로 전 30미터 내지 120미터에 설치하여야 한다.
④ 차량 진행방향의 도로 중앙에 설치하는 것을 원칙으로 한다.

해 설
도로교통법 별표 6. 안전표지의 종류, 만드는 방식, 설치하는 장소·기준 및 표시하는 뜻에 의거 교차로 전 30미터 내지 120미터의 도로 우측에 설치하여야 한다.

98. 다음 빈칸에 들어갈 말로 옳은 것은?

> 정차라 함은 운전자가 (　)을 초과하지 아니하고 차를 정지시키는 것으로서 주차 외의 정지상태를 말한다.

① 1분　② 3분　③ 5분　④ 10분

해 설
도로교통법 제2조(정의)에 의거 "정차"란 운전자가 5분을 초과하지 아니하고 차를 정지시키는 것으로서 주차 외의 정지 상태를 말한다.

99. 도로교통법에서 정의하고 있는 고속도로의 개념으로 옳은 것은?

① 통행료를 지불해야 다닐 수 있는 도로
② 승합, 승용 및 원동기장치 자전거만 다닐 수 있는 도로
③ 자동차의 고속 운행에만 사용하기 위하여 지정된 도로
④ 주행속도의 제한이 없는 도로

해 설
도로교통법 제2조(정의)에 의거 "고속도로"란 자동차의 고속 운행에만 사용하기 위하여 지정된 도로를 말한다.

100. 도로교통법상 자동차의 안전거리란?

① 앞차를 안전하게 추월할 수 있는 거리
② 앞차가 갑자기 정지할 때 충돌을 피할 수 있는 거리
③ 앞차의 진행방향을 확인할 수 있는 거리
④ 앞차와 뒤차 사이에 끼어들 수 없는 거리

해 설
도로교통법 제19조(안전거리 확보 등)에 의거 모든 차의 운전자는 같은 방향으로 가고 있는 앞차의 뒤를 따르는 경우에는 앞차가 갑자기 정지하게 되는 경우 그 앞차와의 충돌을 피할 수 있는 필요한 거리를 확보하여야 한다.

제6과목 교통안전

101. 다음의 교통안전대책 중 안전과 이동성이 상충되는 것은?

① 안전띠　② 충격흡수식 지주
③ 과속방지턱　④ ABS

해 설
교통안전대책 중 이동성과 상충되는 것은 속도제한, 과속방지턱, 교통진정, 접근을 제한하는 가로배치 등이며, 이동성과 상충되지 않는 것은 안전벨트, 에어백, 충격완화시설, 비상서비스 개선, 이륜차 헬멧 착용, 운전면허 연령제한 등이다.

정답　95 ②　96 ④　97 ③　98 ③　99 ③　100 ②　101 ③

102 교통사고 유발요인의 분류와 이에 속하는 요인이 잘못 짝지어진 것은?

① 인적 요인 - 운전자의 적성 또는 운전습관
② 도로요인 - 도로폭 또는 종단경사
③ 차량요인 - 차량구조장치 또는 부속품
④ 환경요인 - 음주 또는 약물 복용

해설
교통사고의 원인 중 인적 요인은 정신적 조건, 감각적 조건, 육체적 조건, 운전자 숙의 정도 및 운전습관이고, 차량요인은 성능 및 결함이며 환경요인은 도로, 자연, 교통, 사회 등이다.

103 교통사고의 노출도(Exposure Rate)를 설명하는 변수로 일반적으로 활용되지 않는 것은?

① 교통량
② 학생 수
③ 도로연장
④ 인구

해설
교통사고의 노출도(Exposure rate)를 설명하는 변수는 교통량과 도로연장, 인구이다.

104 도로표지의 설치장소 선택 시 고려할 내용으로 가장 거리가 먼 것은?

① 도로 이용자의 행동특성을 고려하여야 한다.
② 도로 이용자가 충분히 읽을 수 있도록 시야가 좋은 곳에 설치하여야 한다.
③ 도로점유율에 의해 도로표지의 시인성이 방해받지 않는 곳에 설치하여야 한다.
④ 장래 교통량이 많을 것으로 예상되는 지점에 우선 설치하여야 한다.

해설
도로표지의 설치 기준 및 고려사항은 아래와 같다.
- 도로 이용자의 행동특성을 고려하여야 한다.
- 도로 이용자가 충분히 읽을 수 있도록 시야가 좋은 곳에 설치하여야 한다.
- 도로점유물에 의해 도로표지의 시인성이 방해받지 않는 곳에 설치하여야 한다.
- 도로이용자가 행동방향을 결정할 수 있는 거리에서 읽을 수 있는 크기이어야 한다.
- 도로이용자의 주의를 끌 수 있도록 뚜렷해야 한다.
- 글자·기호는 밤에도 잘 읽을 수 있도록 재귀반사되어야 한다.

105 OECD가 요약한 교통안전의 진보단계 중 "모든 사고에 있어 특정 사건은 부분적으로 그에 앞선 행동 또는 환경의 결과다."라는 전제하에 도로외상을 유발하는 과정을 통하여 결정적인 선 또는 경로를 찾는 방법을 개발하고자 한 것은?

① 다원인 동적 체계접근
② 다원인 정적 체계접근
③ 다원인 기회현상 접근
④ 단일원인 사고경향 접근

해설
다원인 동적 체계접근
OECD가 요약한 교통안전의 진보단계 중 "모든 사고에 있어 특정 사건은 부분적으로 그에 앞선 행동 또는 환경의 결과다."라는 전제하에 도로외상을 유발하는 과정을 통하여 결정적인 선 또는 경로를 찾는 방법을 개발하고자 한 것을 말한다.

106 교통안전전략으로서 노출통제에 해당하는 것은?

① 재택근무
② 운전자교육
③ 가로 조명 증설
④ 속도 제한

해설
통안전전략 중 노출통제는 재택근무이며, 부상통제는 자동차의 문잠금장치, 자동차의 에너지 흡수 조향장치대, 자동차의 부드러운 내부설비 등이다.

107 승용차가 3% 경사의 오르막길에서 급제동하였더니 제동거리 20m로 정차하였다. 이 차량의 급제동 직전의 속도는 약 얼마인가?($f = 0.7$)

① 61km/h
② 73km/h
③ 82km/h
④ 98km/h

해설
$$d = \frac{|V_2^2 - V_1^2|}{254(e+f)}, \quad 20m = \frac{|0_2^2 - V_1^2|}{254(0.03+0.7)},$$
$$V_1 = \sqrt{20 \times 254 \times (0.03+0.7)}$$
$$V_1 = 60.90 km/h, \therefore 약 61km/h$$

정답 102 ④ 103 ② 104 ④ 105 ① 106 ① 107 ①

108 어느 차량이 급정지할 때 운전자의 핸들 조향에 의해 측방으로 쏠리면서 도로 위에 미끄러져 요마크(Yawmark)를 형성하였다. 도로는 평지이고 타이어와 노면의 횡방향 마찰계수는 0.3, 요마크의 곡선반경이 100m이면 차량이 미끄러질 때의 속도는 약 얼마인가?

① 62km/h ② 72km/h
③ 82km/h ④ 92km/h

해 설

$V = \sqrt{127r(f \pm i)}$, $\sqrt{127 \times 100(0.3)} = 61.73$, ∴62km/h

109 노변방호책의 설계 시 고려사항이 아닌 것은?

① 차량의 경로나 정지한 지점이 인접 차선을 침범하여도 상관없다.
② 형태를 유지하면서 차량의 감속을 최대한 유도하여야 한다.
③ 차량이 관통하거나 튀어오르지 않고 차량의 방향을 수정해야 한나.
④ 차량이 걸려 전도하거나 급격한 감속, 튕겨나감, 구름을 일으키지 않아야 한다.

해 설

방호울타리란 주행 중 정상적인 주행경로를 벗어난 차량이 길 밖, 대향차로 또는 보도 등으로 이탈하는 것을 방지하는 동시에 탑승자의 상해 및 차량의 파손을 최소한도로 줄이고 차량을 정상 진행 방향으로 복귀시키는 것을 주목적으로 하며, 부수적으로는 운전자의 시선을 유도하고 보행자의 무단횡단을 억제하는 등의 기능을 갖는 시설이다.

110 도로안전진단(Road Safety Audit)에 대한 설명이 틀린 것은?

① 도로의 설계 및 건설단계에서 도로사업의 안전성을 평가하여 잠재적 위험요인을 찾아내고 이를 제거하거나 완화하기 위해 실시되고 있다.
② 도로안전진단의 주체는 도로의 계획, 설계 및 운영과 관련이 없는 독립적인 사람이어야 한다.
③ 도로안전진단제도는 미국에서 처음 시작되었다.
④ 계획, 시공, 운영 단계까지 모든 단계에 적용될 수 있다.

해 설

도로안전진단(Road Safety Audit)은 도로의 설계 및 건설단계에서 도로사업의 안전성을 평가하여 잠재적 위험요인을 찾아내고 이를 제거하거나 완화하기 위해 실시되고 있다. 도로안전진단의 주체는 도로의 계획, 설계 및 운영과 관련이 없는 독립적인 사람이어야 하며 계획, 시공, 운영 단계까지 모든 단계에 적용될 수 있다.

111 위험지점의 선정방법 중 사고율법(Accident Rate Method)의 적용에 필요하지 않은 자료는?

① 기간 ② 구간거리
③ 교통량 ④ 도로의 유형

해 설

사고다발지점 선정방법 중 일정 구간 내의 교통사고율에 의한 방법은 아래와 같다.

$AR = \dfrac{N \times 1,000,000}{356 \times Y \times AADT}$

여기서, AR : 100만 진입차량당 사고율, N : 교통사고건수
Y : 연수, $AADT$: 연평균일교통량

112 사고지점도에 관한 설명으로 틀린 것은?

① 사고가 집중적으로 발생하는 지점의 신속한 시각적 색인을 제공한다.
② 사고건수 대신 사상자 수를 나타내는 것이 일반적이다.
③ 범례는 가능한 한 단순해야 한다.
④ 지도상에 핀, 색종이를 붙이거나 표시하여 사고지점을 나타낸다.

해 설

사고지점지도(Spot map)에 관한 설명은 아래와 같다.
• 사고의 집중정도를 지도상에 표현한다.
• 지도상에 핀, 색종이를 붙이거나 표시하여 사고지점을 나타낸다.
• 사고 지점을 사고의 종류와 치사율에 따라 색깔과 크기로 구분한다.
• 상이한 모양, 크기 또는 색채가 사고의 유형이나 정도를 나타내는 데 사용된다.
• 사고가 집중적으로 발생하는 지점의 신속한 시각적 색인을 제공한다.
• 범례는 가능한 한 단순해야 한다.
• 사고 지점도는 통산 연 단위로 관리된다.
• 지방부에서는 축척 1 : 50,000의 지도가 일반적으로 사용된다.
• 다수의 희생자(사망 또는 부상)를 포함하는 대형사고에 의한 왜곡을 피하기 위하여 희생자 수 대신 사고건수를 나타내는 것이 일반적이다.

113
구간거리가 12km이고 편도 4차로인 고속도로에서 1년간 사망사고 3건, 부상사고 12건, 대물피해사고가 20건이 발생하였다. 이 구간의 일평균교통량이 20,000대일 때 교통사고 피해 정도에 의한 사고율은 얼마인가?(단, 사고 유형별 환산계수는 사망사고 = 20, 부상사고 = 5, 대물피해사고 = 1로 한다.)

① 약 0.77   ② 약 1.60   ③ 약 3.09   ④ 약 6.18

해설

$$EPDO = \frac{(\Sigma \text{피해건수}) \times 10^6}{ADT \times 365 \times \text{연수} \times \text{구간길이}}$$

$$= \frac{140 \times 10^6}{20,000 \times 365 \times 1 \times 12} = 1.598 \quad \therefore \text{약} 1.60$$

114
교통안전개선사업에 대한 사후 평가의 목적으로 가장 거리가 먼 것은?

① 개선사업 시행 후 사고 가능성이 높아지는 경우 이에 대해 신속한 조치를 취하기 위해 실시한다.
② 개선사업에 따라 얼마나 많은 통행 교통량의 변화를 유발할 수 있는지를 추측하기 위해 실시한다.
③ 개선사업의 효과가 시간의 변화에 따라 안정적인지의 여부를 파악하기 위해 실시한다.
④ 개선사업의 초기에 설정한 목적을 달성하고 있는지를 평가하기 위해 실시한다.

해설

교통안전개선사업에 대한 사후 평가는 개선사업 시행 후 사고 가능성이 높아지는 경우 이에 대해 신속한 조치를 취하기 위해 실시한다. 또한 개선사업의 효과가 시간의 변화에 따라 안정적인지의 여부를 파악하기 위해 실시하기도 하며 사업의 초기에 설정한 목적을 달성하고 있는지를 평가하기 위해 실시한다.

115
운전자들에게 필요한 정보를 올바른 방법으로 제공하여 운전자들이 충돌을 피할 수 있게 해야 한다는 개념의 'Positive Guidance'의 주요 고려 개념 중 하나인 운전자의 기대심리에 대한 설명으로 틀린 것은?

① 차가 계속 일정한 속도로 움직일 것이라는 계속성의 기대
② 과거에 일어나지 않은 일은 계속 일어나지 않을 것이라는 기대
③ 일시적·간헐적으로 어떤 사건이 일어날 것이라는 기대
④ 어떠한 상황에서든 과거로 회귀한다는 기대

해설

Positive Guidance에서 주장하는 운전자의 기대심리는 차가 계속 일정한 속도로 움직일 것이라는 계속성, 과거에 일어나지 않은 일은 계속 일어나지 않을 것이라는 기대, 일시적·간헐적으로 어떤 사건이 일어날 것이라는 기대이다.

116
각 지점의 사고율을 산정하고, 그 지점의 사고율이 유사한 조건을 갖는 도로에 대한 사고율보다 현저히 높은지의 여부를 검토하기 위한 분석방법은?

① 교통사고건수법
② 통계적 교통사고율법
③ 교통사고 현황판법
④ 교통사고 피해정도법

해설

통계적 교통사고율법
각 지점의 사고율을 산정하고, 그 지점의 사고율이 유사한 조건을 갖는 도로에 대한 사고율보다 현저히 높은지의 여부를 검토하기 위한 분석방법

117
선형불량이 원인이 된 사고의 개선 대책이 아닌 것은?

① 커브예고표지 설치   ② 시선유도표지 설치
③ 도로의 재설계   ④ 긴급제동시설 설치

해설

긴급제동시설은 도로의 선형보다는 차량의 원인(예 : 베이퍼록 현상) 발생 시 긴급히 대처하기 위한 방안으로 고안된 시설이다.

118
도로교통조건과 사고에 대한 설명이 틀린 것은?

① 평균일교통량(ADT)과 사고율과는 밀접한 관계가 있다.
② 교통류 내의 차종구성에서 대형 차량이 많으면 사고율이 높다.
③ 일방통행도로의 사고율은 양방통행도로보다 높다.
④ 차량 간의 속도 분포가 크면 사고율이 높다.

해설

일방통행도로의 사고율이 양방통행도로보다 낮다.

정답 113 ② 114 ② 115 ④ 116 ② 117 ④ 118 ③

119 교통사고 예방과 피해 감소를 위한 각종 대책으로 대별되는 3E에 해당하지 않는 분야는?

① 공학(Engineering)
② 환경(Environment)
③ 규제(Enforcement)
④ 교육(Education)

해 설

교통안전 3E는 아래와 같다.
- Education(교육) : 운전자교육, 미디어 홍보
- Engineering(공학) : 사고조사 및 분석, 시설정비, 차량안전도 개선
- Enforcement(규제) : 속도, 안전띠, 음주

120 35km의 도로 구간에서 1년 동안 50건의 교통사고가 발생하였다. 일평균교통량이 6,000대, 총 사고건수 중 5%가 치명적 사고이었다면 차량 1억 대·km당 치명적 사고 발생률은?

① 32.6건 ② 24.6건
③ 2.46건 ④ 3.26건

해 설

사고율

$= \dfrac{\text{교통사고건수} \times 100,000,000}{\text{일평균교통량(ADT)} \times \text{조사기간일수} \times \text{도로구간길이(km)}}$

$= \dfrac{50 \times 0.05 \times 100,000,000}{6,000\text{대} \times 365 \times 3.5\text{km}} = 3.2616$ ∴ 약 3.26건

정답 119 ② 120 ④

4회 2014년 기출문제

제1과목 교통계획

01 어느 도심지의 주차요금에 대한 수요탄력치가 −0.2이며, 이 지역의 피크 한 시간당 주차요금이 3,000원일 때 주차수요는 10,000대가 된다. 주차요금이 25% 인상될 때 수요의 감소량은 얼마인가?

① 250대 ② 500대
③ 750대 ④ 1,000대

해설

$$e = \frac{\frac{\partial V}{V_0}}{\frac{\partial P}{P_0}} = \frac{\triangle V}{\triangle P} \cdot \frac{P}{V}, \quad -0.2 = \frac{\frac{x}{10,000}}{\frac{750}{3,000}} = -1.5$$

02 다음 공식 중 내부수익률(r)을 나타내는 것은? (단, B_t = t년도의 편익, C_t = t년도의 비용임)

① $\sum_{t=0}^{n} \frac{B_t}{(1+r)^t} = \sum_{t=0}^{n} \frac{C_t}{(1+r)^t}$

② $\sum_{t=0}^{n} B_t(1+r)^t = \sum_{t=0}^{n} C_t(1+r)^t$

③ $\sum_{t=0}^{n} \frac{B_t}{(1+rt)} = \sum_{t=0}^{n} \frac{C_t}{(1+rt)}$

④ $\sum_{t=0}^{n} B_t(1+rt) = \sum_{t=0}^{n} C_t(1+rt)$

해설

$$\sum_{t=0}^{n} \frac{B_t}{(1+r)^t} = \sum_{t=0}^{n} \frac{C_t}{(1+r)^t}$$

사업의 순현재가치를 0, B/C를 1로 만드는 할인율을 찾아서 사회적 할인율보다 높으면 타당성이 있다고 판단하는 기법. 수익률 예측이 바로 가능하다는 장점과 사업의 크기를 예측할 수 없는 단점이 있다.

03 다음 중 도심의 교통수요 관리 정책으로 적합하지 않은 것은?

① 대중교통수단 육성   ② 주차 금지구역 확대
③ 보행자 전용도로 건설 ④ 차량등록세 감축

해설

통행 발생 차단을 위한 대표적인 기법에 조세정책(고액의 차량등록세, 차량구입세, 고율의 보험료)이 있다.

04 버스의 통행비용에 대한 승객수요를 조사한 결과 다음과 같은 수요모형을 도출했다고 한다. 버스의 통행비용 탄력성(직접수요탄력성)은? (단, V = 버스의 승객수요(인), P = 버스의 통행비용(원))

$$V = 50P^{-0.4}$$

① 0.6   ② 0.4
③ −0.4 ④ −0.6

해설

$$e = \frac{\frac{\partial V}{V_0}}{\frac{\partial P}{P_0}} = \frac{\triangle V}{\triangle P} \cdot \frac{P}{V} = \frac{-20}{50} = -0.4$$

05 교통사업 평가 시 고려되는 차량운행비(Vehicle Operating Cost) 중 고정비(Fixed Cost)가 아닌 것은?

① 운전사 임금 ② 보험료
③ 세금   ④ 연료비

해설

연료비는 대표적인 변동비이다.

06 다음 중 장기교통계획의 특징이 아닌 것은?

① 소수의 대안   ② 서비스 지향적
③ 교통수요가 고정 ④ 자본집약적 사업

해설

단기·장기교통계획 특성비교

구분	단기	장기
대안의 개수	다수	소수
교통수요	변화	고정
비용	낮음(저투자비용)	높음(자본집약적)
지향적	서비스	시설

정답 01 ② 02 ① 03 ④ 04 ③ 05 ④ 06 ②

07 다음 중 폐쇄선(Cordon Line)조사에 대한 설명으로 옳지 않은 것은?

① 운전자와 동승자의 통행목적 및 행선지를 조사한다.
② 위성도시나 장래 도시화 지역 등은 가급적 폐쇄선 내에 포함시킨다.
③ 오전 및 오후의 첨두시간에 조사를 실시한다.
④ 경계선을 통과하는 도로나 철도 등이 가급적 최소가 되게 경계선을 설정한다.

해 설
폐쇄선(Cordon line) 조사는 교통 조사 시 조사대상지역 밖에 출발지 또는 목적지를 가진 통행을 조사하는 방법이다. 첨두시간 외의 시간도 조사시간에 포함되어야 한다.

08 제시된 지역 간 교통수단 중 최종 목적지로의 접근성(accessibility)이 가장 우수한 교통수단은?

① 고속버스   ② 철도
③ 자가용 승용차   ④ 비행기

해 설
접근성 순위 : 자가용 〉 고속버스 〉 철도 〉 비행기

09 사람통행 실태조사 결과를 검증하거나 보완하기 위해 실시하는 방법으로, 보통 남북선과 동서선을 간선도로상에 그어 이 선상에 위치한 교차로를 통과하는 차량을 조사하는 방법은?

① 폐쇄선 조사   ② 노측면접 조사
③ 스크린라인 조사   ④ 차량번호판 조사

해 설
스크린라인(Screen line) 조사는 검사선 조사라고도 하며, 조사지역 내 조사된 교통량의 정밀도를 점검하고 수정·보완하기 위해 시행한다.

10 중복산정을 피하기 위해서 경제성 평가에서 항시 제외되는 비용 항목은?

① 주차료   ② 통행료
③ 휘발유세   ④ 건설비

해 설
국가가 주관하는 사업의 경제성 평가에서 국가가 거둬들이는 세금은 이미 수입으로 잡혀있는 상태인데, 이 수입을 비용으로 처리하게 되면 회계처리 시 이중계상의 문제가 발생하게 된다. 따라서 휘발유세는 경제성 평가에서 제외되어야 한다.

11 다음 중 격자형 노선망에 비해 방사형 대중교통 노선망(Radial Transit Line)이 갖는 단점으로 옳은 것은?

① 노선의 도심 집중으로 교통혼잡을 야기할 수 있다.
② 잦은 환승으로 인한 승객의 불편과 대기시간의 증가를 가져온다.
③ 노선망이 복잡하여 이용자에게 혼란을 초래한다.
④ 외곽으로부터 도심까지의 통행거리가 상대적으로 길다.

해 설
거미줄처럼 생긴 방사형 노선망은 교통량이 중심으로 집중되는 단점을 갖는다.

12 가정기반통행의 설명변수로 적합하지 않은 것은?

① 자동차 보유대수   ② 가구소득
③ CBD로부터의 거리   ④ 고용인구

해 설
가정기반통행의 설명변수는 승용차 보유대수, 가구 전체의 소득 수준, CBD로부터의 거리 등이다.

13 교통수단 선택시 로짓(Logit) 모형을 이용하여 경전철, 버스, 지하철의 효용함수값을 다음과 같이 구했다.

$$V_{경전철} = -0.56, \quad V_{버스} = -1.29$$
$$V_{지하철} = -0.31$$

경전철의 수단 선택확률을 구하면?

① 0.3500   ② 0.3615
③ 0.2593   ④ 0.2500

해 설
$$P_{(경전철)} = \frac{e^{-0.56}}{e^{-0.56} + e^{-1.29} + e^{-0.31}} = 0.3615$$

정답 07 ③ 08 ③ 09 ③ 10 ③ 11 ① 12 ④ 13 ②

14 다음 중 교통계획의 기능 및 역할로 옳지 않은 것은?

① 장기적인 교통계획의 목표를 설정해 준다.
② 교통정책의 목표를 제시한다.
③ 투자의 우선순위를 설정해 준다.
④ 즉흥적이고 신속한 교통계획을 집행할 수 있다.

> **해 설**
> 계획을 수립하는 이유는 신중하고 체계적인 집행을 위해서이다.

15 광역철도의 요건으로 옳지 않은 것은?

① 「대도시권 광역교통관리에 관한 특별법」에서 정의하고 있다.
② 표정속도가 60km/h 이상인 철도를 말한다.
③ 둘 이상의 시·도에 걸쳐 운행되는 도시철도 또는 철도.
④ 수도권은 전체 구간이 강남역을 중심으로 반지름 40km 이내이어야 한다.

> **해 설**
> 대도시권 광역교통관리에 관한 특별법 시행령 제4조(광역철도)
> 3. 표정속도(표정속도, 출발역에서 종착역까지의 거리를 중간역 정차 시간이 포함된 전 소요시간으로 나눈 속도를 말한다)가 시속 50킬로미터(도시철도를 연장하는 광역철도의 경우에는 시속 40킬로미터) 이상일 것

16 통행배정모형 중 확률모형에 대한 설명으로 옳은 것은?

① 교통량이 산정된 확률을 토대로 배분되기 때문에 배정과정이 매우 단순하다.
② 대개의 경우 초기 설정된 통행비용을 토대로 경로선택 확률을 산정하기 때문에 도로용량에 대한 고려가 충분하다.
③ 대안적 경로를 선정하기 위한 객관적 척도나 알고리즘이 우수하다.
④ 확률모형에는 확률적 다이내믹 모델, 이용자 평형 다이내믹 모델 등이 있다.

> **해 설**
> 배정과정이 단순한 것이 확률모형의 장점이다.

17 다음의 교통수요 추정방법 중 직접수요추정모형(Direct Demand Model)에 해당하지 않는 것은?

① Baumol - Quandt 모형
② McLynn 모형
③ Kraft - SARC 모형
④ Wilson 모형

> **해 설**
> 직접수요모형은 4단계 예측과정을 거치지 않고 하나의 모형만을 사용하여 예측하는 방법을 말한다. 미국 북동교통축 프로젝트에서 개발된 모형이 McLynn 모형, Kraft - SARC 모형이고, 캘리포니아에서 개발된 모형이 Baumol - Quandt 모형이다.

18 다음 중 교통정책 대안의 평가과정으로 옳은 것은?

① 대안 작성 - 경제성 평가 - 영향분석 - 종합평가 - 최적대안 선정
② 대안 작성 - 영향분석 - 종합평가 - 경제성 평가 - 최적대안 선정
③ 영향분석 - 대안 선정 - 경제성 평가 - 종합평가 - 최적대안 선정
④ 대안 작성 - 영향분석 - 경제성 평가 - 종합평가 - 최적대안 선정

> **해 설**
> 교통정책 대안의 평가과정
> 대안작성 - 영향분석 - 경제성 평가 - 종합평가 - 최적대안 선정

19 지하철과 비교한 경전철(LRT)의 특성으로 옳은 것은?

① 소음이 매우 심하다.   ② 수송용량이 많다.
③ 건설비용이 저렴하다. ④ 주행속도가 빠르다.

> **해 설**
> 경전철의 일반적인 특성
> • 차량의 중량이 가볍다.
> • 승객 승·하차대가 낮아 승·하차가 편리하다.
> • 도로상 운행이 가능하다. (다른 차량과 분리되거나 또는 분리되지 않고 공동이용 가능)
> • 건설비가 상대적으로 저렴하다.

20 통행분포방법 중 성장률법에 대한 설명으로 옳은 것은?

① 균일성장률법은 평균성장률법보다 훨씬 정밀한 접근방법이다.
② 평균성장률법은 예측된 장래의 통행량을 현재의 통행량으로 나눈 값을 현재의 통행량에 곱하여 장래의 통행분포량을 추정하는 방법이다.
③ 통행분포방법 가운데 이해하기 쉽고, 적용이 용이한 방법으로 프라타법, 퍼네스법, 반복배분법, 분할배분법 등이 있다.

정답 14 ④ 15 ② 16 ① 17 ④ 18 ④ 19 ③ 20 ④

④ 현재 통행자의 통행형태가 장래에도 똑같다는 가정에서 출발하므로 사회·경제활동이 급격히 변하는 지역에서는 그 적합성이 떨어진다.

해설
④ 성장률법은 급변하는 지역에 잘 맞지 않는다.

제2과목 교통공학

21 다음 중 일정 구간에서 시험차량을 구간의 다른 차량과 균형을 유지하면서 운행하며 주행시간을 기록하는 방법은?

① 평균속도 운행법
② 주행차량 이용법
③ 번호판 판독법
④ 교통류 적응운행법

해설
교통류 적응운행법
일정 구간에서 시험차량을 구간의 다른 차량과 균형을 유지하면서 운행하며 주행시간을 기록하는 방법

22 어느 신호 교차로에서 보행자 횡단시간이 14초이고 차량의 황색신호가 4초일 때 보행자 횡단 방향과 같은 방향의 차량의 최소 녹색시간은 얼마인가?(단, 보행자 신호등이 있는 경우이며 횡단 보행자가 주기당 10명 이상이라고 가정한다.)

① 16초   ② 17초   ③ 18초   ④ 19초

해설
보행자 횡단방향과 같은 방향의 차량의 최소 녹색시간 = 최소 보행자신호시간(G_p)
• 최소 보행자신호시간 = 최소초기녹색시간 + 점멸녹색시간
• 최소 초기녹색시간 : 보행자군이 횡단보도로 모두 내려올 때까지의 시간으로, 횡단보행자의 수가 10명 미만이면 4초, 그 이상이면 7초를 사용한다.
• 점멸녹색시간 : 보행자횡단시간 − 차량용 황색시간
• 10명 이상이므로 최소초기녹색시간은 7초
• 점멸녹색시간은 14초 − 4초 = 10초
∴ 10 + 7 = 17초

23 교차로의 각 방향별 교통통제를 아래 그림과 같이 하고자 할 때, 최소 신호현시 수는 얼마인가?

① 2현시
② 3현시
③ 4현시
④ 6현시

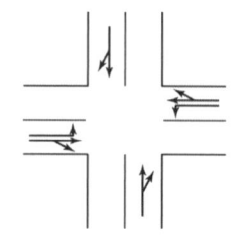

해설

case	1현시 (NS bound)	2현시 (WE bound)	2현시 (WE bound)
1	↓↑	←→	↵↰
2	↓↑	⊥	↶

24 다음 중 유효 녹색시간을 정확하게 설명한 것은?

① 녹색시간 + 황색시간 + 출발손실시간 − 소거손실시간
② 녹색시간 − 황색시간 + 출발손실시간 + 소거손실시간
③ 녹색시간 + 황색시간 − 출발손실시간 − 소거손실시간
④ 녹색시간 − 황색시간 + 출발손실시간 − 소거손실시간

해설
유효녹색시간 = 녹색시간 + 황색시간 − 출발손실시간 − 소거손실시간

25 다음 중 전통적인 추종이론 모형에서 운전자의 가·감속에 영향을 미치는 요소로 가장 거리가 먼 것은?

① 앞차와의 속도차   ② 앞차와의 간격
③ 반응 민감도   ④ 차체의 크기

해설
추종이론(Car following Theory)은 자극 − 반응의 관계로부터 유추된 이론으로 뒤따르는 운전자(추종운전자)는 시간 t일 때 자극의 크기에 비례하여 가속 혹은 감속을 하되 그 반응 시간은 T만큼 지체시간을 갖는다는 이론에 근거한 이론이다. 추돌이 일어나지 않기 위한 시간 t에서의 차두거리를 계산하는 경우에 사용된다. 추종운전자는 시간 t에서 자극의 크기에 비례하여 가·감속을 하게 되고, 반응시간은 T만큼의 지체시간을 갖게 된다.
• 운전자의 반응시간$(t + T)$ = 민감도(α) × 자극(t)

26 교통량이 13대/분, 차량의 평균공간 속도가 1.25km/분일 때, 차량밀도는?

① 0.9대/km   ② 5.2대/km
③ 10.4대/km ④ 16.2대/km

해설

$q = u \cdot k, \quad k = \dfrac{q}{u} = \dfrac{13}{1.25} = 10.4$

27 Webster의 최적신호주기 산출공식에 포함되지 않는 것은?

① 손실시간 ② 포화 교통량
③ 접근로 교통량 ④ 서비스 수준

해설

$C_p = \dfrac{1.5l + 5}{1 - \sum_{i=1}^{n} y_i}$

C_p : 최적신호주기(초), l : 주기당 총 손실시간(초) (=현시당 손실시간의 합), n : 주기당 현시의 수,
y_i : 포화도 = $\dfrac{\text{현시 } i\text{의 최대교통량}}{\text{현시 } i\text{의 포화교통량}}$

28 중량이 1,000kg이고 전체 단면이 3m²인 차량이 양호한 상태의 노면을 60km/h의 일정한 속도로 달리다가 제동을 하여 감속하였다. 제동 시 타이어와 노면의 마찰계수가 0.5라고 할 때, 다음의 설명 중 옳지 않은 것은?

① 주행저항이 고려된 초기 감속도는 약 -5.14m/s^2이다.
② 0~1초 사이의 감속도가 일정하다고 가정할 때 감속 1초 후의 속도는 약 41.5kph, 감속도는 -5.08m/s^2이다.
③ 최초 감속 후 1초 동안 주행거리는 약 14.1m 이다.
④ 마찰계수가 0.25인 감속 시, 주행저항이 고려된 초기감속도는 -2.57m/s^2이다.

해설

1) 초기 감속도
$R_r = 0.013W = 0.013 \times 1,000 = 13\text{Kg}$
$R_a = 0.0011AV^2 = 0.0011 \times 3 \times 60^2 = 11.88\text{Kg}$
$F = f \cdot W = 0.5 \cdot 1,000 = 500\text{Kg}$
$-500 = \dfrac{1,000a}{9.8} + 13 + 11.8 = -5.14\text{m/s}^2$

2) 감속 1초 후 속도
$60 - 5.14 \times 3.6 = 41.496\text{Km/h} ≒ 41.5\text{Km/h}$
감속 1초 후 감속도
$R_a = 0.0011 \times 3 \times 41.5^2 = 5.68\text{Kg}$
$-500 = \dfrac{1,000a}{9.8} + 13 + 5.68$

$a = -5.083 ≒ -5.08\text{m/s}^2$

3) 최초 감속 후 1초 동안의 주행거리
$d = v_0 t + \dfrac{1}{2}at^2 = \dfrac{60}{3.6} \times 1 + \dfrac{1}{2}(-5.08) \times 1^2$
$= 14.12\text{m} ≒ 14.1\text{m}$

4) 마찰계수가 0.25인 감속 시, 주행저항이 고려된 초기감속도
$R_r = 0.013W = 0.013 \times 1,000 = 13\text{Kg}$
$R_a = 0.0011AV^2 = 0.0011 \times 3 \times 60^2 = 11.88\text{Kg}$
$F = f \cdot W = 0.25 \cdot 1,000 = 250\text{Kg}$
$-250 = \dfrac{1,000a}{9.8} + 13 + 11.8 = -2.69\text{m/s}^2$

29 어느 도로의 첨두시간 교통량이 1,500대/시간이고, 첨두시간 중 15분 최대교통량이 450대일 때, 첨두시간계수(PHF)는?

① 0.78 ② 0.83
③ 0.89 ④ 0.93

해설

$PHF = \dfrac{V_{60분}}{V_{15분} \times 4} = \dfrac{1,500}{450 \times 4} = 0.83$

30 차량속도의 변화에 따라 미끄럼 마찰계수의 변동폭이 가장 큰 노면 및 타이어 상태에 해당하는 것은?

① 습윤 - 마모된 타이어 ② 건조 - 양호한 타이어
③ 건조 - 마모된 타이어 ④ 습윤 - 양호한 타이어

해설

차량 속도의 변화에 따른 마찰 변동폭은 습윤이 건조보다 크고, 마모된 타이어가 양호한 타이어보다 크다.

31 다음 중 교통류 내에서 합리적인 속도의 최대값을 나타내며, 현장의 도로조건에 적합한 교통운행 계획을 세우는 기준속도는 무엇인가?

① 15% 속도 ② 50% 속도
③ 85% 속도 ④ 100% 속도

해설

85% 속도(85 percentile speed)는 교통류 내에서 안전운전에 필요한 합리적 속도의 최대값을 나타내는 속도로 도로안전도 평가의 기초가 되고, 제한속도 규정과 현장 도로조건에 적합한 운영계획 수립 시 활용된다.

정답 27 ④ 28 ④ 29 ② 30 ① 31 ③

32. 임의로 도착하는 차량 간의 간격을 계산할 때 이용되는 확률분포 모형은?

① 음지수분포
② 음이항분포
③ 정규분포
④ 감마분포

해설

임의로 도착하는 차량 간의 간격을 계산할 때 음지수분포(Negative Exponential Distribution)를 사용한다.

음지수분포 식 : $f(t) = \dfrac{1}{\mu} e^{-\dfrac{t}{\mu}}$

33. 다음 중 차량속도조사 시 유의사항에 해당하지 않는 것은?

① 모든 표본은 임의로 추출하되 전체 교통류를 대표할 수 있어야 한다.
② 운전자에게 조사장비가 노출되지 않도록 한다.
③ 차량군에서 마지막으로 주행하는 차량을 표본으로 선정한다.
④ 대형차량의 혼입률을 고려하여 대형차량의 표본을 조사한다.

해설

차량속도조사 시 유의하여야 할 사항은 아래와 같다.
- 장비와 관찰자는 운전자에게 보이지 않도록 한다.
- 가능하면 충분한 수의 표본을 수집하도록 한다.
- 표본 추출 시 표본의 임의성을 확보하도록 하여야 한다.
- 속도를 현장에서 측정하는 방법은 조사인력과 시간 및 교통류의 방해 여부를 고려해서 결정하여야 한다.

34. 고속도로의 연결로 – 연결로 엇갈림 구간을 계획하고 설계할 때 이 구간의 최소길이는 얼마인가?

① 150m
② 200m
③ 250m
④ 300m

해설

연결로 – 연결로 엇갈림구간의 최소길이는 150m이다.

35. 지방부 2차로의 어떤 구간에서의 지점 속도를 조사할 때 필요한 최소 표본 크기는?(단, 지방부 2차로 도로의 속도 표준편차 = 8.5km/h, 허용오차 = ±2km/h, 신뢰수준 95%에서의 값 = 1.96)

① 43개
② 52개
③ 61개
④ 70개

해설

$$n \geq \left(\dfrac{Z_{\frac{a}{2}} \times \sigma}{\varepsilon}\right)^2$$

여기서, n : 표본의 크기, Z : 표준화 변수, α : 신뢰구간, σ : 모집단의 표준편차, ε : 최대허용오차

$$n \geq \left(\dfrac{Z_{\frac{a}{2}} \times \sigma}{\varepsilon}\right)^2 = \left(\dfrac{1.96 \times 8.5}{3}\right)^2 = 69.39 ≒ 70$$

36. 다음 중 일련의 신호교차로에서의 교통흐름을 나타내는 시공도(Time – space Diagram)에서 관측할 수 있는 것으로만 나열한 것은?

① 차량진행대폭(Bandwidth), 차량통행시간(Travel Rime), 신호옵셋(Offset)
② 차량통행시간(Travel Rime), 신호옵셋(Offset), 차량자유속도(Free - Flow Speed)
③ 신호옵셋(Offset), 차량자유속도(Free - Flow Speed), 차량진행대폭(Bandwidth)
④ 차량자유속도(Free - Flow Speed), 차량진행대폭(Bandwidth), 차량통행시간(Travel Rime)

해설

시공도에서는 차량 진행대폭, 차량통행시간, 옵셋 등을 알 수가 있다.

37. 교차로의 신호운영 방법 중 좌회전과 직진의 동시신호와 분리신호에 대한 설명이 옳지 않은 것은?

① 동시신호로 할 경우 차선을 공유할 수 있다.
② 원칙적으로 교차로 용량에는 큰 차이가 없다.
③ 동시신호는 좌회전 교통량이 직진에 비해 현저히 적을 때 유리하다.
④ 분리신호와 동시신호는 교차로와 교통특성에 따라 선택한다.

해설

동시신호는 좌회전교통량과 직진이 비슷할 때 사용한다.

정답 32 ① 33 ③ 34 ① 35 ④ 36 ① 37 ③

38 신호교차로에서 정지선을 통과하는 차량들간의 차두간격을 측정하여 그 값들을 다음 표에서 보여주고 있다. 이와 같은 상황의 교차로에서 출발손실시간(Start-up Lost Time)은?

대기행렬 위치	차두간격(초)
1	2.8
2	2.5
3	2.2
4	2.0
5	1.8
6	1.8

① 1.8초 ② 2.3초
③ 2.5초 ④ 2.8초

[해설]
출발손실시간 = (2.8 - 1.8) + (2.5 - 1.8) + (2.2 - 1.8) + (2.0 - 1.8) = 2.3

39 주차요금을 내기 위해 무작위로 도착하는 차량의 평균도착시간 간격이 60초이고, 요금징수시간은 평균 18초인 음지수분포를 갖는다. 도착차량이 대기해야 할 확률은 얼마인가?

① 0.1 ② 0.3
③ 0.5 ④ 0.7

[해설]
$$P_{(h<18)} = \int_0^{18} \frac{1}{60} e^{-\frac{18}{70}} dt = 0.3$$

40 다음 중 접근지체(Approach Delay)를 구성하는 요소로 분류되지 않는 지체는?

① 정지지체(Stopped Delay)
② 대기행렬지체(Queue Delay)
③ 가속지체(Acceleration Delay)
④ 감속지체(Deceleration Delay)

[해설]
접근지체는 감속, 정지, 가속지체로 이루어진다.

제3과목 교통시설

41 설계속도가 60km/h이고 평지인 도시부 신호교차로에서의 최소정지시거는 얼마인가?(단, 인지반응시간은 2.5초, 노면마찰계수는 0.4이다.)

① 77m ② 88m
③ 103m ④ 118m

[해설]
$$MSSD = \frac{t_r \cdot V}{3.6} + \frac{V^2}{254(f \pm s)}$$
$$= \frac{2.5 \cdot 60}{3.6} + \frac{60^2}{254(0.4 \pm 0)} = 77.1$$

42 용어에 대한 설명으로 옳지 않은 것은?

① 편경사란 도로의 진행 방향 중심선의 길이에 대한 높이의 변화 비율을 말한다.
② 길어깨란 도로를 보호하고 비상시에 이용하기 위하여 차도에 접속하여 설치하는 도로의 부분을 말한다.
③ 회전차로란 자동차가 우회전, 좌회전 또는 유턴을 할 수 있도록 직진하는 차로와 분리하여 설치하는 차로를 말한다.
④ 연결로란 입체도로에서 서로 교차하는 도로를 연결하거나 서로 높이가 다른 도로를 연결하여 주는 도로를 말한다.

[해설]
편경사란 주행차량에 미치는 원심력의 영향을 줄이기 위하여 평면곡선의 전장에 걸쳐서 차도의 횡단면에 있는 곡선의 안쪽으로 낮은 구배, 바깥쪽으로 높은 구배를 설치하는 것을 말한다.

43 네 갈래 교차 인터체인지의 대표적 형식 중 하나로 용지가 적게 들고 교통의 우회거리도 짧아 경제적이지만 접속도로와의 연결로 접속부분에서 생기는 교차부의 도로교통용량이 작아지는 결점이 있는 불완전 입체교차형은?

① 불완전 클로버형 ② 준직결형
③ 트럼펫형(네 갈래) ④ 다이아몬드형

해설
네 갈래 교차 인터체인지의 대표적 형식 중 하나로 용지가 적게 들고 교통의 우회거리도 짧아 경제적이지만 접속도로와의 연결로 접속부분에서 생기는 교차부의 도로교통용량이 작아지는 결점이 있다.

44 차로의 분리를 위한 중앙선의 표시 또는 중앙분리대의 설치에 관한 설명으로 옳지 않은 것은?

① 중앙분리대에 설치하는 측대의 폭은 설계속도가 80km/h 이상인 경우 0.5m 이상으로 하고, 80km/h 미만인 경우 0.25m 이상으로 한다.
② 도시고속도로의 경우 중앙분리대의 폭은 최소 2.0m 이상으로 한다.
③ 중앙분리대 내에는 시설물을 설치할 수 있다.
④ 차로를 왕복 방향별로 분리하기 위하여 중앙선을 두 줄로 표시하는 경우 각 중앙선의 중심 사이의 간격은 0.25m 이상으로 한다.

해설
도로의 구조·시설기준에 관한 규칙 제11조(차로의 분리 등) 차로를 왕복 방향별로 분리하기 위하여 중앙선을 두 줄로 표시하는 경우 각 중앙선의 중심 사이의 간격은 0.5미터 이상으로 한다.

45 도로의 기능에 따른 접근관리기법으로 옳지 않은 것은?

① 고속도로 주변에서는 신호교차로의 위치를 가능한 멀리 한다.
② 국지도로는 주요 기능인 이동성을 고려하여 접근 관리한다.
③ 집산도로는 간선도로보다 기능적으로 낮은 도로이므로 간선도로에 대한 접속 요구가 높다.
④ 간선도로는 주변 도로에서의 직접 접속을 최대한 억제한다.

해설
국지도로의 주요 기능은 접근성이다.

46 설계속도가 80km/h인 곡선부에서 횡방향 미끄럼마찰계수가 0.12, 편경사가 6%인 구간에 적용할 수 있는 최소 평면곡선 반지름은?

① 70m ② 185m
③ 280m ④ 315m

해설
$$r = \frac{V^2}{127(i+f)} = \frac{80^2}{127(0.06+0.12)} = 297.97 \fallingdotseq 280\text{m}$$

47 좌회전 차로에 대한 설명으로 옳지 않은 것은?

① 폭이 넓은 중앙분리대를 이용하여 좌회전 차로를 설치하는 경우는 접근로 테이퍼가 필요 없게 된다.
② 설계요소로는 차로 폭, 접근로 테이퍼, 차로 테이퍼, 유출 테이퍼, 좌회전 차로 등으로 구성된다.
③ 교차로에서 좌회전 차로가 필요한 경우에는 직진 차로와 통합하여 설치하여야 한다.
④ 차로 테이퍼는 좌회전 교통류를 직진차로에서 좌회전 차로로 유도하는 기능을 갖는다.

해설
평면교차로 설계 원칙상 서로 다른 교통류는 분리하여야 한다.

48 사색등화로 표시되는 신호등의 배열 순서가 옳은 것은?

① 좌로부터 적색, 황색, 녹색, 녹색 화살표
② 우로부터 적색, 황색, 녹색, 녹색 화살표
③ 좌로부터 적색, 황색, 녹색 화살표, 녹색
④ 우로부터 적색, 황색, 녹색 화살표, 녹색

해설
좌측부터 적색, 황색, 녹색 화살표, 녹색

49 공동구의 설치 효과로 옳지 않은 것은?

① 각종 지하매설물 전용공사에 의한 반복된 노면굴착이 배제되어 원활한 교통소통과 교통사고 감소에 기여한다.
② 반복된 노면 굴착 및 복구에 따른 경제적 손해와 노면의 지지력 손상을 배제할 수 있다.
③ 각종 지하 매설물이 정비되고 합리적인 이용으로 점용 단면에 대한 수용용량이 감소한다.
④ 노상의 점용물건이 지하에 수용되어 도로교통 및 도시미관에 유리하다.

정답 44 ④ 45 ② 46 ③ 47 ③ 48 ③ 49 ③

해설
공동구란 전기·가스·수도 등의 공급설비, 통신시설, 하수도시설 등 지하매설물을 공동 수용함으로써 미관의 개선, 도로구조의 보전 및 교통의 원활한 소통을 위하여 지하에 설치하는 시설물을 말한다. 따라서 점용 단면에 대한 수용용량이 증가하는 효과가 있다.

50 다음 평면교차로의 상충 유형을 바르게 나타낸 것은?

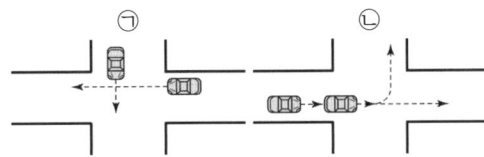

① ㉠ 교차상충, ㉡ 엇갈림 상충
② ㉠ 교차상충, ㉡ 분류상충
③ ㉠ 합류상충, ㉡ 엇갈림 상충
④ ㉠ 합류상충, ㉡ 분류상충

해설
평면교차로의 상충은 분류, 합류, 교차상충으로 구분된다.

51 도로의 구분에 따른 설계기준자동차가 아닌 것은?
① 트레일러   ② 세미트레일러
③ 대형자동차   ④ 승용자동차

해설
트레일러는 사용하지 않으며, 도로의 구분에 따른 우리나라 설계기준자동차는 아래와 같다.

도로의 구분	설계기준자동차
고속도로 및 주간선도로	세미트레일러
보조간선도로 및 집산도로	세미트레일러 또는 대형자동차
국지도로	대형자동차 또는 승용자동차

52 보도의 설치 기준과 관련하여 (   ) 안에 들어갈 말이 모두 옳은 것은?

차도와 보도를 구분하는 경우에, 차도에 접하여 연석을 설치하는 때에 그 높이는 (㉠) 이하로 한다. 보도의 유효폭은 보행자의 통행량과 주변 토지 이용상황을 고려하여 결정하되, 최소 (㉡) 이상으로 하여야 한다.

① ㉠ 20cm, ㉡ 1.5m
② ㉠ 20cm, ㉡ 2.0m
③ ㉠ 25cm, ㉡ 1.5m
④ ㉠ 25cm, ㉡ 2.0m

해설
도로의 구조·시설기준에 관한 규칙 제16조(보도)
1. 차도에 접하여 연석을 설치하는 경우 그 높이는 25센티미터 이하로 할 것
③ 보도의 유효폭은 보행자의 통행량과 주변 토지 이용 상황을 고려하여 결정하되, 최소 2미터 이상으로 하여야 한다.

53 도로 및 교통 조건이 아래와 같은 지방지역 고속도로의 교통량 대 용량비(V_p/C)는?

- 설계속도 100kph일 때 용량 C_j = 2,200
- 양방향 4차로
- f_w = 0.98, f_{HV} = 0.71
- 첨두시간계수(PHF) 0.95
- 첨두시간 교통량 2,000vph(일방향)

① 0.57   ② 0.69   ③ 0.74   ④ 0.85

해설
$$V/C = \frac{SF}{C \times N \times f_w \times f_{HV}}$$
$$= \frac{(2,000/0.95)}{(2,200 \times 2 \times 0.98 \times 0.71)} = 0.687 ≒ 0.69$$

54 인터체인지의 연결로 형식 중 루프(loop)연결로에 대한 설명으로 옳지 않은 것은?
① 새로운 입체교차 구조물을 설치하지 않고 접속이 가능하다.
② 원곡선 반지름에 제약이 있어 주행 시 속도가 저하된다.
③ 용량이 작으므로 이용 교통량이 적은 곳에 적합하다.
④ 주행궤적이 목적방향과 크게 어긋나지 않는다.

해설
주행궤적이 목적방향과 달라 혼란생길 수 있는 단점이 있다.

55 과속방지시설의 설치장소에 관한 설명으로 옳지 않은 것은?
① 학교 앞, 어린이 보호구역 등 차량의 통행속도를 저속으로 규제할 필요가 있는 구간에 설치한다.
② 보·차도 구분이 없는 도로로서 보행자가 많아 교통사고의 위험이 있다고 판단되는 도로에 설치한다.
③ 도로의 굴곡부나 곡선반경이 작은 곳, 또는 시거가 불량한 교차로 등에 설치한다.

정답 50 ② 51 ① 52 ④ 53 ② 54 ④ 55 ③

④ 자동차의 통행속도를 30km/h 이하로 제한할 필요가 있다고 인정되는 도로에 설치한다.

> **해 설**
> 도로의 굴곡부나 곡선반경이 작은 곳 또는 시거가 불량한 교차로 등에 설치하면 갑작스런 주행행태가 유발되어 오히려 사고발생 확률이 높아진다.

56 차도 오른쪽 길어깨의 최소 폭 기준이 옳지 않은 것은?(단, 일반 도로는 설계속도가 60km/h 미만인 경우로 한다.)

① 지방지역 일반도로 : 1.00m 이상
② 지방지역 고속도로 : 3.00m 이상
③ 도시지역 일반도로 : 0.75m 이상
④ 도시지역 고속도로 : 2.50m 이상

> **해 설**
> 도시지역 고속도로는 2.00m 이상이다.
>
> | 도로의 구분 | | 차도 오른쪽 길어깨의 최소 폭(미터) | | |
> |---|---|---|---|---|
> | | | 지방지역 | 도시지역 | 소형차도로 |
> | 고속도로 | | 3.00 | 2.00 | 2.00 |
> | 일반도로 | 설계속도 (킬로미터/시간) 80 이상 | 3.5 | 3.25 | 3.25 |
> | | 60 이상 80 미만 | 1.50 | 1.00 | 0.75 |
> | | 60 미만 | 1.00 | 0.75 | 0.75 |

57 도시지역 고속도로의 설계속도 기준으로 옳은 것은?

① 120km/h 이상   ② 115km/h 이상
③ 110km/h 이상   ④ 100km/h 이상

> **해 설**
> 도시지역 고속도로의 설계속도는 100 km/h 이상이다.
>
> | 도로의 구분 | | 설계속도(km/h) | | |
> |---|---|---|---|---|
> | | | 지방지역 | | 도시지역 |
> | | | 평지 | 산지 | |
> | 고속도로 | | 120 | 100 | 100 |
> | 일반도로 | 주간선도로 | 80 | 60 | 80 |
> | | 보조간선도로 | 70 | 50 | 60 |
> | | 집산도로 | 60 | 40 | 50 |
> | | 국지도로 | 50 | 40 | 40 |

58 도류화(Channelization)의 목적이 아닌 것은?

① 자동차가 합류, 분류 및 교차하는 위치와 각도를 조정한다.
② 자동차가 진행해야 할 경로를 명확히 제공한다.
③ 보행자 안전지대를 설치하기 위한 장소를 제공한다.
④ 도로면 우수의 배수를 신속하게 한다.

> **해 설**
> 배수는 편경사의 설치와 관련이 있다.

59 오르막차로 설치 지침에 대한 설명으로 옳지 않은 것은?

① 종단경사가 있는 구간에서 자동차의 오르막 능력 등을 검토하여 필요하다고 인정되는 경우에는 오르막차로를 설치하는 것이 원칙이다.
② 오르막차로의 폭은 본선의 차로폭보다 1.2배 넓게 설치하여야 한다.
③ 설계속도가 40km/h 이하인 경우에는 오르막차로를 설치하지 아니할 수 있다.
④ 일반적으로 오르막차로의 설치 시 도로용량, 경제성, 교통안전과 관련한 사항에 유의하여야 한다.

> **해 설**
> ② 오르막차로의 폭은 본선의 차로폭과 같게 설치하여야 한다.

60 차도의 진행방향에 대하여 설계기준 자동차 길이의 반 정도만 여유가 있으면 주차할 수 있고, 주차를 하는 자동차가 동시에 움직일 경우에는 각 자동차 간격을 줄일 수 있는 이점이 있는 주차방식은?

① 30° 주차방식   ② 60° 주차방식
③ 90° 주차방식   ④ 평행주차방식

> **해 설**
> 평행주차방식은 차도의 진행방향에 대하여 설계기준 자동차 길이의 반 정도만 여유가 있으면 주차할 수 있고, 주차를 하는 자동차가 동시에 움직일 경우에는 각 자동차 간격을 줄일 수 있는 이점이 있는 주차방식이다.

정답 56 ④   57 ④   58 ④   59 ②   60 ④

제4과목 도시계획개론

61 국토의 계획 및 이용에 관한 법령상 기반시설의 분류에 해당하지 않는 것은?

① 보건위생시설　② 환경경관시설
③ 공공문화체육시설　④ 공간시설

해설
국토의 계획 및 이용에 관한 법률 제2조(정의)
6. "기반시설"이란 다음 각 목의 시설로서 대통령령으로 정하는 시설을 말한다.
가. 도로·철도·항만·공항·주차장 등 교통시설
나. 광장·공원·녹지 등 공간시설
다. 유통업무설비, 수도·전기·가스공급설비, 방송·통신시설, 공동구 등 유통·공급시설
라. 학교·운동장·공공청사·문화시설 및 공공필요성이 인정되는 체육시설 등 공공·문화체육시설
마. 하천·유수지(遊水池)·방화설비 등 방재시설
바. 화장시설·공동묘지·봉안시설 등 보건위생시설
사. 하수도·폐기물처리시설 등 환경기초시설

62 문화재, 중요 시설물 및 문화적·생태적으로 보존 가치가 큰 지역의 보호와 보존을 위하여 지정하는 용도지구는?

① 보존지구　② 미관지구
③ 방재지구　④ 경관지구

해설
국토의 계획 및 이용에 관한 법률 제37조(용도지구의 지정)
6. 보존지구 : 문화재, 중요 시설물 및 문화적·생태적으로 보존가치가 큰 지역의 보호와 보존을 위하여 필요한 지구
⇒ 법 개정으로 '보존지구'에서 '보호지구'로 용어가 변경되었다.(2017.12.29부)

63 도시개발사업의 시행 방식 중 '수용 및 사용방식'의 장점이 아닌 것은?

① 보상 과정에서의 민원 발생이 적다.
② 기반시설의 확보가 용이하다.
③ 공사기간의 단축 및 대규모 개발이 가능하다.
④ 공공성을 확보하며 일괄 시행이 가능하다.

해설
도시개발사업의 시행방식 중 '수용 및 사용방식'은 기반시설의 확보 용이 및 공사기간의 단축, 대규모 개발이 가능하며 공공성을 확보하고, 일괄 시행이 가능하다는 장점이 있다.

64 다음 중 건폐율의 정의로 옳은 것은?

① 대지면적에 대한 연면적의 비율
② 대지면적에 대한 공지면적의 비율
③ 건축면적에 대한 연면적의 비율
④ 대지면적에 대한 건축면적의 비율

해설
건축법 제55조(건축물의 건폐율)
대지면적에 대한 건축면적(대지에 건축물이 둘 이상 있는 경우에는 이들 건축면적의 합계로 한다)의 비율(이하 "건폐율"이라 한다)의 최대한도는 「국토의 계획 및 이용에 관한 법률」 제77조의 건폐율의 기준에 따른다. 다만, 이 법에서 기준을 완화하거나 강화하여 적용하도록 규정한 경우에는 그에 따른다.

65 비교유추에 의한 인구추정방법에 대한 설명이 틀린 것은?

① 과거추세연장법에 의한 장래인구 예측이 어려울 때 적용할 수 있다.
② 비교대상 도시는 가능한 인구 규모가 계획 대상 도시보다 다소 작은 도시를 말한다.
③ 연구대상 도시와 성격이 아주 유사하면서 앞서 성장하거나 쇠퇴한 도시가 있는 경우 유용할 수 있다.
④ 유사한 배경을 갖고 있는 도시의 인구 성장 과정을 적용하는 방식이다.

해설
비교대상 도시는 가능한 인구 규모가 계획대상 도시와 비슷해야 한다.

66 래드번(Radburn) 계획의 특징으로 옳은 것은?

① 영국에서 시작된 신도시 건설 사업이다.
② 환상의 그린벨트 외곽에 신도시를 건설하는 계획이다.
③ 개발이익의 사회환원을 중시하였다.
④ 보행자와 자동차 교통을 분리하였다.

해설
1928년 뉴욕시 주택공사가 뉴욕에서 24km 떨어진 뉴저지에 420ha 규모의 새로운 대규모 주택단지를 개발했다. 라이트와 스타인에 의해 계획된 이 도시는 래드번이라고 불렸고 12~20ha의 슈퍼블록(Super Block)을 채택하여 격자형 도로의 불필요한 도로 증가와 통과교통 및 단조로운 외부공간 형성을 배제하였다. 또한 아래의 5가지 기본원리를 갖는다.
• 자동차 통과교통의 배제를 위한 슈퍼블록 구성
• 기능에 따른 4가지 종류의 도로구분
• 보도망의 형성 및 보도와 차도의 입체적 분리
• 쿨데삭(Cul-de-sac)형의 세가로망 구성에 의해 주택의 거실을 보도, 정원 방향으로 배치
• 주택단지 어디로나 통할 수 있는 공동의 오픈스페이스 조성

정답 61 ② 62 ① 63 ① 64 ④ 65 ② 66 ④

67 르코르뷔지에가 주장한 '도시계획 4원칙'과 가장 거리가 먼 것은?

① 도시 중심지구의 과밀을 완화하여 혼잡을 구제할 것
② 거주밀도를 낮출 것
③ 교통기관을 도시에 집중시켜 교통수단을 늘릴 것
④ 수목면적을 넓혀 충분한 공지와 공원을 확보할 것

해설
르코르뷔지에는 페트릭 게데스가 구분한 도시활동의 3대 요소인 생활, 생산, 위락에 교통을 추가하여 도시활동을 4가지 기본요소로 구분하였다. 거주밀도가 낮아지면 이동거리가 길어져 생활이 불편해지므로 르코르뷔지에의 도시계획 4원칙과는 거리가 멀어지게 된다.

68 지리정보시스템(GIS)을 이용한 조사·분석에서 점(Point)자료에 대한 공간분석 내용에 해당하지 않는 것은?

① 공간적 질의(Spatial Query)
② 근린성 분석(Proxiral Analysis)
③ 네트워크 분석(Network Analysis)
④ 지리적 처리(Geocoding)

해설
지리정보시스템(GIS)을 이용한 조사·분석에서 점(Point)자료에 대한 공간분석 내용은 공간적 질의, 근린성 분석, 지리적 처리이다.

69 호이트(Hoyt)의 선형지대이론에서 나타나지 않는 것은?

① 중심업무지구
② 주변업무지구
③ 고급주택지구
④ 도매·경공업지구

해설
선형이론에는 주변업무지구는 나타나지 않는다.

70 Perry가 주장한 근린주구(Neighborhood unit)에 대한 설명으로 틀린 것은?

① 근린주구의 반경은 약 400m 정도로 계획한다.
② 4면의 간선도로에 의해 구획된다.
③ 중앙에는 중심 공원과 교차 도로를 배치한다.
④ 주민에게 적절한 서비스를 제공하는 상업지구가 주거지 또는 교통의 결절점 부근에 설치되어야 한다.

해설
페리의 근린주구(Neighborhood Unit)는 도시계획 접근 기준의 하나로, 어린이들이 도로를 가로지르지 않고 안전하게 초등학교에 통학할 수 있는 초등학교 도보권(徒步權)을 기준으로 설정되는 단위 주거구역을 말한다. 자연적인 근린사회에 기초를 두고 주거환경의 체계적 조직화로 이루어진 주거구에 대한 계획단위로 가구 약 2천호, 100ha의 범위로서 초등학교를 중심으로 한다.

71 도시계획에 있어서 주민참여의 역할로 거리가 먼 것은?

① 자원배분의 경제성을 극대화할 수 있다.
② 지역의 관리, 주민의 자발성에 의하여 사업에 대한 발전성과 지속성 유지가 용이해진다.
③ 효율성 있는 사업 추진을 가능하게 한다.
④ 계획에 관련된 사람들에게 정보를 제공하여 사안이나 대안에 대한 이해를 도와준다.

해설
도시계획 과정에서의 주민참여는 도시계획의 입안 및 집행에 지역주민이 직접·간접적으로 참여할 수 있다는 것과 폐쇄적인 계획의 추진에서 발생하기 쉬운 오류와 저항을 사전에 예방할 수 있다는 점, 주민의 의사와 욕구를 개발목표에 맞추어 구체화시킴으로써 도시행정의 능률적인 수행을 도모할 수 있다는 장점이 있다.

72 산업별 종사자 수가 아래와 같을 때, 입지계수에 의한 J도시의 기반 산업은?

산업구분	전국(명)	J도시(명)
1차	3,000	50
2차	6,000	250
3차	10,000	600
4차	1,000	100
계	20,000	1,000

① 1차 및 3차 산업
② 1차 및 2차 산업
③ 2차 및 3차 산업
④ 3차 및 4차 산업

해설
산업구분별 종사자 수의 비율을 계산해보면 해당 도시의 기반산업을 알 수 있다.

산업구분	전국(명)	J도시(명)	비율
1차	3,000	50	0.016
2차	6,000	250	0.042
3차	10,000	600	0.06
4차	1,000	100	0.1
계	20,000	1,000	0.05

정답 67 ② 68 ③ 69 ② 70 ③ 71 ① 72 ④

73 도시구성의 양단부가 개방적이며 산간지대의 도시구성에 적합하고 특히 공업도시에 적합한 도시구성 형태는?

① 대상형(선형) ② 방사형
③ 방사환상형 ④ 격자형

[해설]
대상형(帶狀型) 도시는 도시구성의 양단부가 개방적이며 산간지대의 도시구성에 적합하고 특히 공업도시에 적합한 도시구성 형태이며, 대상형(선형) 대표도시는 스페인 마드리드, 러시아 스탈린그라드, 마산 등이 있다.

74 도시·군계획시설로서 도로의 배치간격 기준이 틀린 것은?

① 주간선도로와 주간선도로의 배치간격 : 700m 내외
② 주간선도로와 보조간선도로의 배치간격 : 500m 내외
③ 보조간선도로와 집산도로의 배치간격 : 250m 내외
④ 국지도로 간의 배치간격 : 가구의 짧은 변 사이의 배치간격은 90m 내지 150m 내외, 가구의 긴 변 사이의 배치간격은 25m 내지 60m 내외

[해설]
도시·군계획시설의 결정·구조 및 설치기준에 관한 규칙 제10조 (도로의 일반적 결정기준)
가. 주간선도로와 주간선도로의 배치간격 : 1천 미터 내외
나. 주간선도로와 보조간선도로의 배치간격 : 500미터 내외
다. 보조간선도로와 집산도로의 배치간격 : 250미터 내외
라. 국지도로 간의 배치간격 : 가구의 짧은 변 사이의 배치간격은 90미터 내지 150미터 내외, 가구의 긴 변 사이의 배치간격은 25미터 내지 60미터 내외

75 도시 및 주거환경정비법에 따라 정비기반시설이 열악하고 노후·불량건축물이 밀집한 지역에서 주거환경을 개선하기 위하여 시행하는 것은?

① 주거환경개선사업 ② 주택재개발사업
③ 주택재건축사업 ④ 도시환경정비사업

[해설]
도시 및 주거환경정비법 제2조(정의) 제2항 나목
주택재개발사업 : 정비기반시설이 열악하고 노후·불량건축물이 밀집한 지역에서 주거환경을 개선하기 위하여 시행하는 사업 (※ 주거환경개선사업, 주택재개발사업, 주택재건축사업, 도시환경정비사업, 주거환경관리사업, 가로주택정비사업으로 구분하던 정비사업을 2017.08.09. 법 개정을 통해 주거환경개선사업, 재개발사업, 재건축사업으로만 구분하게 변경되었다. (2018.02.09. 시행)

76 도로망의 구성형태와 대표도시의 연결이 옳은 것은?

① 격자형 - 칼스루헤(Karlsruhe)
② 방사환상형 - 모스크바(Moscov)
③ 대각선삽입형 - 파리(Paris)
④ 방사형 - 뉴욕(New York)

[해설]
- 격자형 : 미국 뉴욕, 미국 필라델피아
- 대각선삽입 격자형 : 미국 워싱턴DC
- 방사환상형 : 프랑스 파리, 러시아 모스크바, 독일 칼스루
- 방사환상형, 혼합형 : 영국 런던
- 대상형(帶狀型) : 스페인 마드리드, 러시아 스탈린그라드, 마산

77 도시계획 과정에서 여러 종류의 변수들이 서로 어떤 관계를 갖는지 분석하는 방법이 틀린 것은?

① 두 변수의 관계가 얼마나 밀접한가를 측정하기 위해 산포도분석을 시행한다.
② 다중회귀분석은 하나의 종속변수와 여러 개의 독립변수 사이의 관계를 추정할 수 있다.
③ 회귀분석은 둘 또는 그 이상의 변수들간에 존재하는 관련성을 분석하기 위해 시행한다.
④ 추정된 회귀 모형이 표본자료를 얼마나 잘 설명하는가는 결정계수로 파악한다.

[해설]
- 다중회귀분석 : 하나의 종속변수와 여러 개의 독립변수 사이의 관계를 추정
- 회귀분석 : 둘 또는 그 이상의 변수들간에 존재하는 관련성을 분석하기 위해 시행
- 결정계수 : 추정된 회귀 모형이 표본자료를 얼마나 잘 설명하는가를 파악

78 도시·군관리계획은 몇 년마다 그 타당성 여부를 전반적으로 재검토하여 정비하여야 하는가?

① 1년 ② 5년 ③ 10년 ④ 15년

[해설]
국토의 계획 및 이용에 관한 법률 제23조(도시·군기본계획의 정비)
① 특별시장·광역시장·특별자치시장·특별자치도지사·시장 또는 군수는 5년마다 관할 구역의 도시·군기본계획에 대하여 그 타당성 여부를 전반적으로 재검토하여 정비하여야 한다.

정답 73 ① 74 ① 75 ② 76 ② 77 ① 78 ②

79 토지이용계획의 목표 설정 시 고려해야 할 일반적인 사항이 아닌 것은?

① 쾌적하고 건강한 생활을 영위하는 데 필요한 조건을 갖추어야 한다.
② 다양한 주생활에 필요한 제반기능을 충족시켜야 한다.
③ 단지 간 계층별 독립성을 통한 프라이버시의 제고를 모색해야 한다.
④ 개발과 환경의 질적 수준을 동시에 고려해야 한다.

해 설
계층별 독립은 분화를 촉진시킬 우려가 있다.

80 집적의 불이익이 집적의 이익보다 커지는 도시화 단계는?

① 집중적 도시화   ② 분산적 도시화
③ 역도시화   ④ 교외화

해 설
③ 역도시화 : 집적의 불이익이 집적의 이익보다 커지는 도시화 단계

제5과목 도시계획개론

81 다음의 주차장 수급실태 조사에 대한 설명 중 옳지 않은 것은?

① 아파트단지와 단독주택단지가 혼재된 지역의 경우에는 주차시설수급의 적정성, 지역적 특성 등을 고려하여 동일한 특성을 가진 지역별로 조사구역을 설정한다.
② 실태조사의 주기는 3년으로 한다.
③ 원형 형태로 조사구역을 설정하되 조사구역 바깥 경계선의 최대거리가 400미터를 넘지 아니하도록 한다.
④ 시장·군수 또는 구청장은 설정된 조사구역별로 주차수요조사와 주차시설 현황조사로 구분하여 실태조사를 하여야 한다.

해 설
주차장법 시행규칙 제1조의2(실태조사 방법 등)
1. 사각형 또는 삼각형 형태로 조사구역을 설정하되 조사구역 바깥 경계선의 최대거리가 300미터를 넘지 아니하도록 한다.

82 교통안전법상 국가교통안전기본계획에 포함될 사항으로 가장 거리가 먼 것은?

① 교통안전시설의 정비·확충에 관한 계획
② 육상·해상·항공교통 등 부문별 교통사고의 발생 현황과 원인의 분석
③ 교통안전지식의 보급 및 교통문화 향상목표
④ 대중교통체계의 개선에 관한 계획

해 설
교통안전법 제15조(국가교통안전기본계획)
② 국가교통안전기본계획에는 다음 각 호의 사항이 포함되어야 한다.
1. 교통안전에 관한 중·장기 종합정책방향
2. 육상교통·해상교통·항공교통 등 부문별 교통사고의 발생현황과 원인의 분석
3. 교통수단·교통시설별 교통사고 감소목표
4. 교통안전지식의 보급 및 교통문화 향상목표
5. 교통안전정책의 추진성과에 대한 분석·평가
6. 교통안전정책의 목표달성을 위한 부문별 추진전략
7. 부문별·기관별·연차별 세부 추진계획 및 투자계획
8. 교통안전표지·교통관제시설·항행안전시설 등 교통안전시설의 정비·확충에 관한 계획
9. 교통안전 전문인력의 양성
10. 교통안전과 관련된 투자사업계획 및 우선순위
11. 지정행정기관별 교통안전대책에 대한 연계와 집행력 보완방안
12. 그 밖에 교통안전수준의 향상을 위한 교통안전시책에 관한 사항

83 다음 중 주차장법상 용어의 정의가 옳지 않은 것은?

① 노상주차장 : 도로의 노면 또는 교차점 광장을 제외한 교통광장의 일정한 구역에 설치된 주차장으로서 일반의 이용에 제공되는 것
② 기계식 주차장 : 기계식 주차장치를 설치한 노외주차장 및 부설주차장
③ 주차단위구획 : 자동차 1대를 주차할 수 있는 구획
④ 기계식 주차장치 보수업 : 기계식 주차장치의 고장을 수리하거나 고장을 예방하기 위하여 정비를 하는 사업

해 설
주차장법 제2조(정의) 제1항 가목
노상주차장(路上駐車場) : 도로의 노면 또는 교통광장(교차점광장만 해당한다. 이하 같다)의 일정한 구역에 설치된 주차장으로서 일반(一般)의 이용에 제공되는 것

84 다음 중 도로교통법에 따른 교통안전표지에 관한 설명으로 옳지 않은 것은?

① 주의표지는 도로 또는 그 부근에 위험물이 있는 경우 필요한 안전조치를 할 수 있도록 알리는 표지이다.
② 규제표지는 각종 제한·금지 등의 규제를 알리는 표지이다.
③ 보조표지는 주의표지, 규제표지 또는 지시표지의 주기능을 보충하는 기능을 갖는다.
④ 노면표시는 도로의 통행방법, 통행구분에 대한 지시를 도로사용자가 따르도록 알리는 표지이다.

해 설
도로교통법 시행규칙 제8조(안전표지)
5. 노면표시 : 도로교통의 안전을 위하여 각종 주의·규제·지시 등의 내용을 노면에 기호·문자 또는 선으로 도로사용자에게 알리는 표지

85 현행 주차장법상 위락시설의 부설주차장 설치기준으로 옳은 것은?

① 시설면적 50m²당 1대　② 시설면적 100m²당 1대
③ 시설면적 120m²당 1대　④ 시설면적 200m²당 1대

해 설
주차장법 시행령 별표1 부설주차장의 설치대상 시설물 종류 및 설치기준

시설물	설치기준
1. 위락시설	시설면적 100m²당 1대 (시설면적/100m²)

86 국가통합교통체계효율화법에 규정하고 있는 국가기간교통망계획에 포함되어야 하는 사항이 아닌 것은?

① 교통여건의 전망과 교통수요 예측
② 목표와 단계별 추진전략
③ 도시교통소통 해소를 위한 도시교통정비계획
④ 교통시설의 신설, 확장, 정비사업 및 연계수송체계

해 설
국가통합교통체계효율화법 제4조(국가기간교통망계획의 수립 등)
국가기간교통망계획에는 다음 각 호의 사항이 포함되어야 한다.
1. 교통 여건의 전망과 교통 수요의 예측
2. 종합적인 교통정책 및 교통시설투자의 방향
3. 국가기간교통망 구축의 목표와 단계별 추진전략
4. 국가기간교통시설의 신설·확장 또는 정비사업(이하 "국가기간교통시설 개발사업"이라 한다) 및 연계수송체계
5. 국가기간교통시설 개발사업에 필요한 재원 확보의 기본 방향과 투자의 개략적인 우선순위
6. 교통기술의 개발 및 활용
7. 국가기간교통망과 다른 나라 교통망 간의 연계운영·개발 및 협력
8. 그 밖에 교통체계의 개선에 관한 사항

87 자동차의 운행속도에 대한 규정 중 옳은 것은?

① 자동차전용도로의 최저속도는 매시 30킬로미터, 최고속도는 매시 90킬로미터
② 일반도로에서는 매시 90킬로미터 이내
③ 편도 1차로 고속도로의 최저속도는 매시 30킬로미터, 최고속도는 매시 80킬로미터
④ 편도 2차로 이상 고속도로의 최저속도는 매시 40킬로미터, 최고속도는 매시 100킬로미터

해 설
도로교통법 시행규칙 제19조(자동차 등의 속도)
① 법 제17조제1항에 따른 자동차 등의 운행속도는 다음 각 호와 같다.
2. 자동차전용도로에서의 최고속도는 매시 90킬로미터, 최저속도는 매시 30킬로미터

88 다음 중 정차가 금지되는 곳이 아닌 것은?

① 교차로·횡단보도 또는 건널목
② 소방용 기구가 설치된 곳으로부터 5m 이내의 곳
③ 교차로의 가장자리로부터 5m 이내의 곳
④ 안전지대의 사방으로부터 각각 10m 이내의 곳

해 설
도로교통법 제32조(정차 및 주차의 금지)
모든 차의 운전자는 다음 각 호의 어느 하나에 해당하는 곳에서는 차를 정차하거나 주차하여서는 아니 된다. 다만, 이 법이나 이 법에 따른 명령 또는 경찰공무원의 지시를 따르는 경우와 위험방지를 위하여 일시정지하는 경우에는 그러하지 아니하다.
1. 교차로·횡단보도·건널목이나 보도와 차도가 구분된 도로의 보도(「주차장법」에 따라 차도와 보도에 걸쳐서 설치된 노상주차장은 제외한다)
2. 교차로의 가장자리나 도로의 모퉁이로부터 5미터 이내인 곳
3. 안전지대가 설치된 도로에서는 그 안전지대의 사방으로부터 각각 10미터 이내인 곳
4. 버스여객자동차의 정류지(停留地)임을 표시하는 기둥이나 표지판 또는 선이 설치된 곳으로부터 10미터 이내인 곳. 다만, 버스여객자동차의 운전자가 그 버스여객자동차의 운행시간 중에 운행노선에 따르는 정류장에서 승객을 태

정답　84 ④　85 ②　86 ③　87 ①　88 ②

우거나 내리기 위하여 차를 정차하거나 주차하는 경우에는 그러하지 아니하다.
5. 건널목의 가장자리 또는 횡단보도로부터 10미터 이내인 곳
6. 시·도경찰청장이 도로에서의 위험을 방지하고 교통의 안전과 원활한 소통을 확보하기 위하여 필요하다고 인정하여 지정한 곳

89 다음 중 도시교통정비 촉진법의 목적과 가장 거리가 먼 것은?

① 교통시설의 정비 촉진
② 교통수단과 교통체계의 효율적인 운영·관리
③ 도시교통의 원활한 소통과 교통편의 증진
④ 도로의 개설, 확장 및 포장과 보전에 관한 사항 규정

해설
도시교통정비촉진법 제1조(목적)
이 법은 교통시설의 정비를 촉진하고 교통수단과 교통체계를 효율적으로 운영·관리하여 도시교통의 원활한 소통과 교통편의 증진에 이바지함을 목적으로 한다.

90 대통령령으로 정하는 규모 이상의 광역복합환승센터란 건축연면적이 얼마 이상인 복합환승센터를 말하는가?

① 10만 제곱미터   ② 20만 제곱미터
③ 30만 제곱미터   ④ 50만 제곱미터

해설
국가통합교통체계효율화법 시행령 제39조(일정 규모 이상의 광역복합환승센터)
법 제45조 제1항 제2호 단서에서 "대통령령으로 정하는 규모 이상의 광역복합환승센터"란 건축연면적이 30만제곱미터 이상인 복합환승센터를 말한다.

91 도로교통법상의 용어 정의로 옳지 않은 것은?

① "길가장자리구역"이란 보도와 차도가 구분된 도로에서 차량운전자의 안전을 확보하기 위하여 안전표지 등으로 그 경계를 표시한 부분을 말한다.
② "안전표지"란 교통의 안전에 필요한 주의·규제·지시 등을 표시하는 표지판이나 도로의 바닥에 표시하는 기호·문자 또는 선 등을 말한다.
③ "정차"란 운전자가 5분을 초과하지 아니하고 차를 정지시키는 것으로서 주차 외의 정지상태를 말한다.
④ "안전지대"란 도로를 횡단하는 보행자나 통행하는 차마의 안전을 위하여 안전표지나 그와 비슷한 인공구조물로 표시한 도로의 부분을 말한다.

해설
도로교통법 제2조(정의)
11. "길가장자리구역"이란 보도와 차도가 구분되지 아니한 도로에서 보행자의 안전을 확보하기 위하여 안전표지 등으로 경계를 표시한 도로의 가장자리 부분을 말한다.

92 도로교통법상 모든 차의 운전자가 서행하여야 하는 곳에 해당하지 않는 것은?

① 교통정리를 하고 있지 아니하는 교차로
② 도로가 구부러진 부근
③ 가파른 비탈길의 오르막
④ 비탈길의 고갯마루 부근

해설
도로교통법 제31조(서행 또는 일시정지할 장소)
① 모든 차의 운전자는 다음 각 호의 어느 하나에 해당하는 곳에서는 서행하여야 한다.
1. 교통정리를 하고 있지 아니하는 교차로
2. 도로가 구부러진 부근   3. 비탈길의 고갯마루 부근
4. 가파른 비탈길의 내리막
5. 시·도경찰청장이 도로에서의 위험을 방지하고 교통의 안전과 원활한 소통을 확보하기 위하여 필요하다고 인정하여 안전표지로 지정한 곳

93 주차장 설비기준에 대한 설명으로 옳지 않은 것은?

① 노외주차장을 설치하는 경우에는 관할 경찰서장의 의견을 들어야 한다.
② 주차장의 구조·설비기준 등에 관하여 필요한 사항을 해당 지방자치단체의 조례로 법령과 달리 정할 수 있다.
③ 경형자동차에 대하여는 전용주차구획을 일정 비율 이상 정할 수 있다.
④ 노외주차장을 설치하는 경우에는 도시·군관리계획과 도시교통정비촉진법에 따른 도시교통정비기본계획에 따라야 한다.

해설
노상주차장을 설치하는 경우에는 미리 관할 경찰서장의 의견을 들어야 한다.

정답 89 ④ 90 ③ 91 ① 92 ③ 93 ①

94 도로법에서 제시한 도로의 등급을 높은 순위부터 나열한 것은?

① 고속국도 - 일반국도 - 특별시도·광역시도 - 지방도
② 고속국도 - 특별시도·광역시도 - 일반국도 - 지방도
③ 고속국도 - 특별시도·광역시도 - 지방도 - 일반국도
④ 고속국도 - 일반국도 - 지방도 - 특별시도·광역시도

해 설
도로의 등급별 순위
고속국도 - 일반국도 - 특별시도·광역시도 - 지방도

95 다음 (   ) 안에 들어갈 말로 옳은 것은?

"도로관리청 그 밖의 공사시행청의 명령에 따라 도로를 파괴하거나 뚫는 등 공사를 하고자 하는 사람은 (   ) 이전에 그 일시, 공사구간, 공사기간 및 시행방법, 그 밖에 필요한 사항을 관할 경찰서장에게 신고하여야 한다."

① 10일   ② 7일   ③ 5일   ④ 3일

해 설
도로교통법 제69조(도로공사의 신고 및 안전조치 등)
① 도로관리청 또는 공사시행청의 명령에 따라 도로를 파거나 뚫는 등 공사를 하려는 사람(이하 이 조에서 "공사시행자"라 한다)은 공사시행 3일 전에 그 일시, 공사구간, 공사기간 및 시행방법, 그 밖에 필요한 사항을 관할 경찰서장에게 신고하여야 한다.

96 국가통합교통체계효율화법에서 정의하는 복합환승센터의 종류로 옳지 않은 것은?

① 국가기간복합환승센터   ② 광역복합환승센터
③ 일반복합환승센터   ④ 지능형복합환승센터

해 설
국가통합교통체계효율화법 제45조(복합환승센터의 지정)
① 국토교통부장관 또는 시·도지사는 교통수단 간 원활한 환승을 지원하기 위하여 다음 각 호의 구분에 따라 복합환승센터를 지정하여 체계적으로 개발하고 관리하여야 한다.
1. 국가기간복합환승센터 : 국토교통부장관이 지정
2. 광역복합환승센터 : 시·도지사가 국토교통부장관의 승인을 받아 지정. 다만, 대통령령으로 정하는 규모 이상의 광역복합환승센터를 지정하려는 경우에는 국가교통위원회의 심의를 거친 후 국토교통부장관의 승인을 받아야 한다.
3. 일반복합환승센터 : 시·도지사가 지정

97 국가통합교통체계효율화법에 포함되어 있는 지능형 교통체계기본계획에 대한 설명 중 옳지 않은 것은?

① 국가 차원의 지능형교통체계기본계획은 10년 단위로 수립하여야 한다.
② 지능형교통체계의 여건 변화를 고려하여 2년마다 기본계획을 전반적으로 재검토하고 필요시 정비한다.
③ 도지사, 시장, 군수는 해당 지역의 지능형교통체계에 관한 기본계획을 수립한다.
④ 지능형교통체계의 교통분야는 자동차·도로분야, 철도분야, 해상분야, 항공분야가 해당된다.

해 설
국가통합교통체계효율화법 제73조(지능형교통체계기본계획의 수립 등)
③ 국토교통부장관은 지능형교통체계 여건 변화를 고려하여 5년마다 지능형교통체계기본계획을 전반적으로 재검토하고 필요한 경우 그 내용을 정비하여야 한다.

98 도로교통법시행규칙상 신호기가 표시하는 신호의 종류 중 적색의 등화에 대한 설명으로 옳지 않은 것은?

① 차마는 신호에 따라 진행하는 다른 차마의 교통을 방해하지 아니하고 우회전할 수 있다.
② 차마는 정지선, 횡단보도 및 교차로의 직전에서 정지하여야 한다.
③ 보행자는 횡단하여서는 아니 된다.
④ 차마는 정지선이나 횡단보도, 교차로의 직전에 일시 정지한 후 다른 교통에 주의하면서 진행할 수 있다.

해 설
도로교통법 시행규칙 [별표 2] 신호기가 표시하는 신호의 종류 및 신호의 뜻
적색 등화의 점멸 : 차마는 정지선이나 횡단보도가 있을 때에는 그 직전이나 교차로의 직전에 일시정지한 후 다른 교통에 주의하면서 진행할 수 있다.

99 다음 중 도로법에 따른 자동차 전용도로에 대한 설명으로 옳지 않은 것은?

① 관리청은 교통이 현저히 폭주하여 차량의 능률적인 운행에 지장이 있는 도로(고속국도 포함)에 대

하여 자동차 전용도로를 지정할 수 있다.
② 자동차 전용도로를 지정함에 있어서 도로의 관리청이 국토교통부 장관이면 경찰청장의 의견을 들어야 한다.
③ 자동차 전용도로를 지정할 때에는 해당 구간을 연결하는 일반 교통용의 다른 도로가 있어야 한다.
④ 자동차 전용도로를 지정하고자 하는 도로에 둘 이상의 관리청이 있으면 관계되는 관리청이 공동으로 지정하여야 한다.

해 설

도로법 제48조(자동차전용도로의 지정)
① 도로관리청은 다음 각 호의 어느 하나에 해당하는 경우에는 대통령령으로 정하는 바에 따라 자동차전용도로 또는 전용구역(이하 "자동차전용도로"라 한다)을 지정할 수 있다. 이 경우 자동차전용도로로 지정하려는 도로에 둘 이상의 도로관리청이 있으면 관계되는 도로관리청이 공동으로 자동차전용도로를 지정하여야 한다.
 1. 도로의 교통량이 현저히 증가하여 차량(「자동차관리법」 제2조 제1호에 따른 자동차와 「건설기계관리법」 제2조 제1항 제1호에 따른 건설기계를 말한다. 이하 같다)의 능률적인 운행에 지장이 있는 경우

100 복합환승센터 개발계획의 변경 시 대통령령으로 정하는 중요 사항에 대한 설명으로 옳지 않은 것은?

① 복합환승센터의 사업시행자 또는 지정 목적을 변경하려는 경우
② 복합환승센터 지정 면적의 100분의 10 이상을 변경하려는 경우
③ 복합환승센터 건축연면적의 100분의 20 이상을 변경하거나 복합환승센터 시설용지의 용도를 변경하려는 경우
④ 복합환승센터의 연계교통시설을 위한 계획 및 환승시설의 위치·규모 등을 변경하려는 경우

해 설

국가통합교통체계효율화법 시행령 제40조(복합환승센터개발계획의 변경)
법 제45조 제2항 후단 및 같은 조 제5항에서 "대통령령으로 정하는 중요 사항을 변경하려는 경우"란 각각 다음 각 호의 어느 하나에 해당하는 경우를 말한다.
1. 복합환승센터의 사업시행자 또는 지정 목적을 변경하려는 경우
2. 복합환승센터 지정 면적의 100분의 10 이상을 변경하려는 경우
3. 복합환승센터 건축연면적의 100분의 10 이상을 변경하거나 복합환승센터 시설용지의 용도를 변경하려는 경우
4. 복합환승센터의 연계교통시설을 위한 계획 및 환승시설의 위치·규모 등을 변경하려는 경우

제6과목 교통안전

101 교통사고의 정의를 올바르게 기술한 것은?

① 차량이 교통으로 인하여 사람을 사상하였거나 물건을 손괴한 사고
② 차량이 교통으로 인하여 사람만을 사상한 사고
③ 차량이 교통으로 인하여 물건만을 손괴한 사고
④ 차량이 교통으로 인하여 차량만을 파손한 사고

해 설

교통사고란 차량이 교통으로 인하여 사람을 사상하였거나 물건을 손괴한 사고를 말한다.

102 도로를 주행하다가 갑자기 터널에 들어가면 눈이 적응하기 위해서 약간의 시간이 소요된다. 이렇게 밝은 곳에서 어두운 곳으로 이동할 때 일어나는 현상을 무엇이라 하는가?

① 암순응 ② 명순응
③ 인지한계 ④ 착시현상

해 설

명순응은 어두운 터널에서 바깥의 밝은 곳으로 나올 때 눈이 잠시 동안 부셨다가 회복되는 현상이고, 암순응은 밝은 곳에서 어두운 터널 등으로 이동할 때 눈이 적응하기 위해서 약간의 시간이 소요되는 현상이다.

103 교통사고조사에서 어느 교통사고 현장의 차량 스키드마크를 측정한 결과 길이가 15m였다. 사고 현장은 평지이고 타이어와 노면의 마찰계수가 0.8이라고 할 때 차량의 제동직전 주행속도는?

① 50km/h ② 55km/h
③ 60km/h ④ 65km/h

해 설

$$d = \frac{|V_2^2 - V_1^2|}{254(e+f)} = \frac{|0 - V_1^2|}{254(0+0.8)} = 15$$

$$V_1 = \sqrt{15 \times 254 \times 0.8} = 55.21 km/h$$

104 중앙분리대를 설치하는 경우에 가장 효율적으로 예방될 수 있는 사고 유형은?

① 추돌사고 ② 접촉사고
③ 정면충돌사고 ④ 이탈사고

해설
중앙분리대는 정면충돌사고 예방을 위한 가장 효율적인 대안이다.

105 다음 그림과 같이 바퀴가 구르면서 동시에 핸들의 조향에 의하여 차량이 측방향으로 쏠리면서 생기는 타이어 마크(Tire Mark)를 무엇이라 하는가?

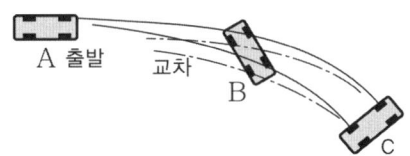

① 스커프마크(Scuff mark)
② 롤링마크(Rolling mark)
③ 임프린트(Imprint)
④ 요마크(Yaw mark)

해설
요마크(Yaw mark)
바퀴가 구르면서 동시에 핸들의 조향에 의하여 차량이 측방향으로 쏠리면서 생기는 타이어 마크(Tire Mark)를 말한다.

106 도로 밖으로 추락한 자동차의 추락 직전 도로를 달리던 속도를 구하려고 한다. 공기 저항을 무시할 때 다음의 자료 중 필요하지 않은 것은?

① 추락 시 비행 수평이동거리
② 추락한 높이
③ 추락하기 직전 노면의 경사
④ 추락지점의 기후 조건

해설
속도를 계산하는 데 기후조건은 필요치 않다.

107 곡선반경 150m인 도로 구간에서 차량이 횡방향으로 미끄러져 전복되는 사고가 발생하였다. 이 차량의 횡미끄럼 직전의 주행속도는 얼마인가? (단, 편경사는 4%, 횡방향 마찰계수는 0.4이다.)

① 75.6km/h ② 87.4km/h
③ 91.6km/h ④ 96.7km/h

해설
$$r = \frac{V^2}{127(i+f)}$$
$$V = \sqrt{r \times 127(i \pm f)} = \sqrt{150 \times 127(0.04+0.4)}$$
$$= 91.55 \text{km/h}$$

108 다음 중 원호형 과속방지턱의 표준 설치규격은?

① 폭 : 2m, 높이 : 10cm
② 폭 : 2m, 높이 : 5cm
③ 폭 : 3.6m, 높이 : 10cm
④ 폭 : 3.6m, 높이 : 5cm

해설
원호형 과속방지턱의 표준 설치규격은 폭 3.6m, 높이 10cm이다.

109 다음 중 ( ) 안에 들어갈 말로 옳은 것은?

> 정지시거란 운전자가 같은 차로 위에 있는 고장차 등의 장애물을 인지하고 안전하게 정지하기 위하여 필요한 거리로서 차로 중심선 위의 ( )미터 높이에서 그 차로의 중심선에 있는 높이 15센티미터의 물체의 맨 윗부분을 볼 수 있는 거리를 그 차로의 중심선에 따라 측정한 길이를 말한다.

① 1.5 ② 1.2 ③ 1.0 ④ 0.8

해설
정지시거란 운전자가 같은 차로 위에 있는 고장차 등의 장애물을 인지하고 안전하게 정지하기 위하여 필요한 거리로서 차로 중심선 위의 1.0미터 높이에서 그 차로의 중심선에 있는 높이 15센티미터의 물체의 맨 윗부분을 볼 수 있는 거리를 그 차로의 중심선에 따라 측정한 길이를 말한다.

110 다음 중 교차로 사고분석에 주로 사용되는 교통사고율은?

① 차량 10,000대당 사고
② 진입차량 100만 대당 사고
③ 인구 10만 명당 사고
④ 통행량 1억대·km당 사고

> **해 설**
> 교차로 사고분석에는 진입차량 100만 대당 사고가 주로 사용된다.

111 다음 중 충격완화시설을 설치할 때 설치조건의 순위가 가장 낮은 곳은?

① 차량의 속도가 높은 곳　② 사고건수가 많은 곳
③ 교통량이 많은 곳　　　④ 조명도가 낮은 곳

> **해 설**
> 충격완화시설을 설치할 때는 차량의 속도가 높고, 사고건수와 교통량이 많은 곳을 우선하여 설치하여야 한다.

112 다음 중 일반적으로 교통사고조사에서 최초접촉지점(First Contact Point)을 판정할 때에 필요한 사항과 가장 거리가 먼 것은?

① 스키드마크가 변형된 위치
② 차체의 파손 위치
③ 패인 자국의 위치
④ 스패터(spatter)의 위치

> **해 설**
> 최초접촉지점(first contact Point)을 판정할 때에 필요한 사항
> • 스키드마크가 변형된 위치
> • 패인 자국의 위치
> • 스패터(spatter)의 위치
> ※ 스패터 : 충격으로 발생되는 차체의 파편

113 교차로에서 시거 불량에 의한 교통사고의 방지대책으로 가장 거리가 먼 것은?

① 차로폭 확장　　② 장애물 제거
③ 일단정지표지 설치　④ 예고표지의 설치

> **해 설**
> 시거 불량에 의한 개선사항은 장애물 제거, 시선이 다른 곳에 가지 않도록 유도표지 설치, 잘 보이도록 밝게 가로조명 개선 등이며, 차로폭의 확장은 거리가 멀다.

114 어느 도로의 2.5km 구간의 일 교통량이 3,000대이며, 이와 유사한 구간에서의 연평균 사고율이 3.3건/백만대·km(MVK)일 때 이 구간에서의 한계사고율은 얼마인가?(단, 95% 신뢰수준

에서의 값은 1.645이다.)

① 약 5.03건/MVK　② 약 5.29건/MVK
③ 약 5.58건/MVK　④ 약 5.91건/MVK

> **해 설**
> $$M = \frac{ADT \times 365 \times 구간길이}{1,000,000}$$
> $$= \frac{3,000 \times 365 \times 2.5}{1,000,000} = 2.7375$$
> $$R_c = R_a + k\sqrt{\frac{R_a}{M}} + \frac{1}{2M}$$
> $$= 3.3 + 1.645\sqrt{\frac{3.3}{2.7375}} + \frac{1}{2 \times 2.7375} = 5.29$$

115 한 차량이 30m 거리를 미끄러져 주차한 차량과 충돌하였으며 충돌 후 두 차량이 함께 10m를 미끄러져 정지하였다. 두 차량의 무게가 동일할 때 주행차량의 초기속도는 얼마인가?(단, 마찰계수는 0.5이다.)

① 85.8km/h　② 87.3km/h
③ 91.1km/h　④ 94.3km/h

> **해 설**
> $$v = \sqrt{254(f+i) \times \left(10\left(\frac{1+1}{1}\right)^2 + 30\right)} = 94.29$$

116 주차와 교통사고와의 상관관계에 대한 설명 중 옳은 것은?

① 노상주차를 금지하면 사고율이 높아진다.
② 각도주차보다 평행주차의 사고율이 낮다.
③ 교차로 부근의 주차로 인한 사고위험이 낮다.
④ 속도와 교통량은 주차사고와 관련이 없다.

> **해 설**
> 각도주차는 전방진입, 후방진출방식이므로 추돌 및 접촉사고의 발생확률이 평행주차보다 높다.

117 지방부 도로의 안전조치 중 비용-효과성과 안전효율성을 동시에 높게 만족시키는 조치와 거리가 먼 것은?

① 차로폭 확장　② 야광안내지주
③ 사고지점 재포장　④ 유도표시

정답　111 ④　112 ②　113 ①　114 ②　115 ④　116 ②　117 ①

> **해설**
> 도로 안전조치 중 가장 많은 비용이 소요되는 것이 차로폭 확장이다. 도로의 안전조치 중 비용-효과성과 안전효율성을 동시에 높게 만족시키는 조치는 야광안내지주, 사고지점 재포장, 유도표시, 회전차로, 사고지점의 재포장, 부러지는 지주 등이 있다.

118 다음 중 교통사고분석기법에서 원인분석 과정이 옳게 나열된 것은?

> 가. 자료 정리
> 나. 충돌도 및 현황도 작성
> 다. 현장조사
> 라. 문제점 파악

① 나-가-다-라 ② 다-가-라-나
③ 가-나-다-라 ④ 나-가-라-다

> **해설**
> 교통사고 원인은 자료 정리 - 충돌도 및 현황도 작성 - 현장조사 - 문제점 파악 순으로 분석한다.

119 사고의 원인을 찾아내어 그에 대한 대책을 수립할 목적으로 교통사고의 특성을 분석한 내용 중 가장 적절한 것은?

① 여자 운전자와 남자 운전자의 사고건수를 비교한다.
② 도로 연장 1km당 사고건수를 비교한다.
③ 인접 국가의 차량 1만 대당 사고율과 비교한다.
④ 도로의 종류별 평균교통량에 대한 사고율을 비교한다.

> **해설**
> 도로의 종류별 평균교통량에 대한 사고율을 비교하는 방법이 가장 객관적이고 합리적인 특성분석 방법이다.

120 다음 중 충돌도(Collision Diagram)에 관한 설명으로 옳지 않은 것은?

① 요구되는 예방책을 결정하기 위한 사고의 패턴을 파악하기 위하여 사용한다.
② 사고다발지점의 물리적 현황을 나타낸다.
③ 화살표와 기호로 사고에 관련된 차량이나 보행자의 경로, 사고의 유형 및 정도를 도식적으로 나타낸다.
④ 보통은 축척을 무시하고 작도된다.

> **해설**
> 충돌도가 반드시 사고다발지점만을 나타내는 것은 아니다.

정답 118 ③ 119 ④ 120 ②

1회 2015년 기출문제

제1과목 교통계획

01 통행분포(Trip Distribution) 단계에서 교통량 추정에 사용되는 디트로이트 방법, 프라타 방법은 주로 어떤 경우에 사용되는가?
① 교통 패턴의 변화가 큰 경우
② 교통 패턴의 변화가 작은 경우
③ 사회·경제활동의 변화가 큰 경우
④ 장래에 교통 여건의 변화가 큰 경우

해설
4단계 수요추정모형은 교통패턴의 변화가 작아야 잘 맞는 모형이다.

02 도시지역 전체를 대상으로 하는 통행실태 조사 시 교통지구(Traffic Zone)의 설정에 관한 설명으로 옳은 것은?
① 교통지구 내의 균질성을 유지하기 위해 내부의 사회·경제적 요인의 특성을 균일하게 유지하고 형태는 가능한 한 공간적으로 길게 늘여져 있어야 한다.
② 지구의 구분은 가능하면 통행의 발생, 교통류의 흐름에 따라 구분하고 강, 산 등의 자연 경계물을 활용하되 인위적인 행정구역 단위는 고려하지 않는다.
③ 일반적으로 도심지역의 교통지구 크기는 작고, 인구 밀도가 낮은 외곽 지역은 큰 교통지구를 갖는다.
④ 조사지역에 대한 교통지구의 수는 교통지구의 크기에 상관없이 인접한 조사지역과 교통지구의 수가 동일하다.

해설
교통지구 설정은 인구밀도가 높은 도심지역은 작고 정교하게, 인구밀도가 낮은 외곽지역은 크고 넓게 해야 한다.

03 다음 중 노드(Node)에 대한 설명으로 틀린 것은?
① 도로구간에서 도로 특성이 변화하는 지점을 나타낸다.
② 회전제약을 할 수 있다.
③ 용량을 표현할 수 있다.
④ 존 센트로이드(Zone Centroid)를 표현할 수 있다.

해설
용량을 표현할 수 있는 것은 링크(Link)이다.

04 지능형 교통체계의 서비스 분야에서 교통수요분석이 가장 많이 활용되는 분야는?
① 첨단교통관리체계(Advanced Traffic Management Systems)
② 첨단교통정보체계(Advanced Traveler Information Systems)
③ 첨단차량제어체계(Advanced Vehicle Control Systems)
④ 사업용 차량운영체계(Commercial Vehicle Operations)

해설
교통수요의 예측은 첨단교통정보를 제공하기 위해 우선적으로 고려되어야 할 사항이다.

05 첨단교통체계 (ITS)에서 목표로 하는 각종 사용자 서비스를 통합적으로 구현하기 위하여 시스템의 기능적/비기능적 사항과 물리적 구성장치, 정보흐름 등을 정의하는 것은?
① ITS 아키텍처
② ITS 프레임
③ ITS 표준
④ ITS 서브시스템

해설
ITS 아키텍처의 정의이다.

06 수단분담률이 교통수단의 특성에 따라 통행자가 선택하는 것이 아니라 사회·경제적 변수에 따라 선택 패턴이 결정된다는 전제에서 출발하여 대중교통 서비스율이 낮고 혼잡이 적은 단기예측에 유리한 것은?
① 통행단모형
② UMODEL형
③ LMTA모형
④ 통행교차모형

해설
외적 요인이 많이 작용하지 않고, 기간이 짧을수록 잘 맞는 예측모형은 통행단모형이다.

07 다음 중 사람통행실태 조사방법으로 옳지 않은 것은?
① 스크린라인조사
② 폐쇄선조사
③ 가구방문조사
④ 주행조사

정답 01 ② 02 ③ 03 ③ 04 ② 05 ① 06 ① 07 ④

해설
사람통행실태 조사방법에는 가로변 면담조사, 운전자 우편설문조사, 가구방문조사, 스크린라인조사, 폐쇄선조사 등이 있다.

08 경제성 분석에 사용되는 순현재가치(NPV)분석법에 대한 설명으로 옳지 않은 것은?

① 교통사업의 경제성 분석 시 보편적으로 사용
② 편익을 비용으로 나눈 비율의 결과가 가장 큰 대안을 선택하는 방법
③ 할인율을 적용하여 장래의 비용, 편익을 현재 가치화
④ 대안 선택에 있어서 정확한 기준을 제시하고 다른 대안과 비교하기 용이

해설
편익 - 비용 - 비율을 이용하는 방법은 B/C 분석법이다.

09 다음 중 4단계 수요추정법의 특징으로 옳지 않은 것은?

① 각 단계별로 결과에 대한 검증을 거치므로 현실 묘사가 가능하다.
② 통행 패턴의 변화가 급격하지 않은 경우 설명력이 뛰어나다.
③ 계획가의 주관을 배제하고 객관적 추정이 가능하다.
④ 단계별로 적절한 모형의 선택이 가능하다.

해설
4단계 수요추정법의 단점은 계획가의 주관이 개입된다는 점이다.

10 어느 도심지의 첨두 한 시간당 주차요금이 3,000원 일 때 주차수요는 10,000대이다. 주차요금이 25% 인상될 때 수요의 감소량이 500대라면, 이 도시의 주차요금에 대한 수요탄력치는 얼마인가?

① -0.1
② -0.2
③ -0.3
④ -0.4

해설
$$e = \frac{\frac{\partial V}{V_0}}{\frac{\partial P}{P_0}} = \frac{\triangle V}{\triangle P} \cdot \frac{P}{V}, \quad e = \frac{\frac{-500}{10,000}}{\frac{750}{3,000}} = -0.2$$

11 과거추세 연장법으로 장래의 사회·경제지표를 예측할 경우 사용되지 않는 방법은?

① 곰페르츠모형식
② 로지스틱모형식
③ 대수곡선식
④ 중력모형식

해설
과거추세 연장법은 개략적 추정방법이므로 중력모형식은 사용되지 않는다.

12 다음 중 ITS(Intelligent Transportation Systems)의 목적 및 개발배경으로 옳지 않은 것은?

① 도로 이용의 효율성을 제고하기 위하여
② 도로의 교통안전을 도모하기 위하여
③ 저공해·무인운전차량 등 새로운 교통기술의 개발 및 보급을 위하여
④ 통행 발생량과 도착량을 정확하게 예측하기 위하여

해설
ITS의 목적은 기존 교통의 효율성과 안전성 향상, 새로운 기술의 개발 및 보급에 있다. 발생량과 도착량의 정확한 예측을 위해 ITS를 개발하는 것은 아니다.

13 택시요금의 변화에 따라 버스 수요의 변화정도를 설명하는 개념은?

① 가격탄력성
② 교차탄력성
③ 공급탄력성
④ 소득탄력성

해설
요금과 수요가 동시에 변화하는 정도를 설명하는 것은 교차탄력성의 개념이다.

14 보행자 서비스 수준에 대한 설명으로 옳은 것은?

① 서비스 수준 A는 보행교통류율(인/분/m)이 10 이하이고 보행속도를 자유롭게 선택 가능한 상태
② 서비스 수준 C는 보행교통류율(인/분/m)이 42 이하이고 정상적인 속도로 보행 가능한 상태
③ 서비스 수준 D는 보행교통류율(인/분/m)이 60 이하이고 타 보행자 앞지르기 시 약간 마찰이 있는 상태
④ 서비스 수준 E는 보행교통류율(인/분/m)이 106 이하이고 평소 보행속도로 걸을 수 없는 상태

정답 08 ② 09 ③ 10 ② 11 ④ 12 ④ 13 ② 14 ④

> **해설**
> 서비스 수준 E는 보행교통류율이 106(인/분/m) 이하인 경우이다. A는 20 이하, B는 32 이하, C는 46 이하, D는 70 이하인 경우이다.

15 다음 중 일반 시내도로상에 버스 우선기법을 도입할 시 나타날 수 있는 효과와 가장 관계가 먼 것은?

① 시설 비용 감소　② 정시성 확보
③ 신속성 증가　　④ 버스 운행비용 감소

> **해설**
> 버스 우선기법을 사용하면 정시성과 신속성이 확보되고 버스 운행비용은 감소시킬 수 있지만 추가적인 시설비용이 투자되는 것을 피할 수 없다.

16 다음 중 교통수단 선택을 예측하는 데 사용되는 모형이 아닌 것은?

① 통행단모형　　② 로짓모형
③ 통행교차모형　④ 간섭기회모형

> **해설**
> 간섭기회모형은 통행분포 단계에서 사용되는 모형이다.

17 어느 노선의 용량이 시간당 7,000대이고 자유통행시간이 1시간 30분이다. 통행량이 10,000대일 경우 통행시간을 통행량−속도 함수식인 BPR식을 이용하여 계산한 값으로 옳은 것은?

① 약 1.57시간　② 약 2.14시간
③ 약 2.44시간　④ 약 3.25시간

> **해설**
> $$T = T_0 \left[1 + 0.15\left(\frac{V}{C}\right)^4\right] = 1.5\left[1 + 0.15\left(\frac{10,000}{7,000}\right)^4\right]$$
> $$= 2.437 ≒ 2.44\text{시간}$$

18 공공자원의 사회적 기회비용에 적절한 용어는?

① 잠재가격　② 인플레이션
③ 소비자 잉여　④ 할인율

> **해설**
> 잠재가격이란 재화의 가격이 그 재화의 기회비용을 정확하게 반영하는 가격을 의미하는 것으로 공공자원의 사회적 기회비용 산정 시에도 사용된다.

19 다음 중 모노레일(Monorail)이 지하철보다 유리한 점으로 옳지 않은 것은?

① 동일 수송능력을 기준으로 건설비가 싸다.
② 공사기간이 짧다.
③ 승강장 길이에 제한이 없다.
④ 전망 및 통풍이 좋다.

> **해설**
> 모노레일은 고가로 설치되는 경우가 대부분이어서 상대적으로 승강장 길이에 제한이 심하다.

20 다음 중 장·단기 교통계획에 대한 설명으로 옳은 것은?

① 단기교통계획은 자본집약적이고 장기교통계획은 저자본 비용을 추구한다.
② 단기교통계획은 소수의 대안을 추구하고 장기교통계획은 다수의 대안을 추구한다.
③ 단기교통계획은 서비스 지향적이고 장기교통계획은 시설 지향적이다.
④ 단기교통계획은 교통수요가 비교적 고정된 경우, 장기 교통계획은 교통수요가 변화 가능한 경우에 적용한다.

> **해설**
> 단기는 저자본, 서비스 지향적, 다수 대안 추구, 수요의 변화가 심한 경우 사용되고, 장기는 자본집약, 시설 지향적, 소수 대안 추구, 수요가 비교적 고정된 경우에 적용된다.

제2과목 교통공학

21 다음은 녹색시간 동안에 방출되는 용량이 한 주기 동안의 도착량보다 많은 경우, 신호 교차로에서의 대기행렬모형이다. 정지하는 차량의 비율(P_s)을 옳게 나타낸 것은? (단, r : 유효적색시간(초), g : 유효녹색시간(초), q : 한 접근로의 평균 도착교통류율(pcu/초), t_0 : 녹색신호의 시작에서부터 대기행렬이 완전히 소멸되는 시간(초))

정답　15 ①　16 ④　17 ③　18 ①　19 ③　20 ③　21 ③

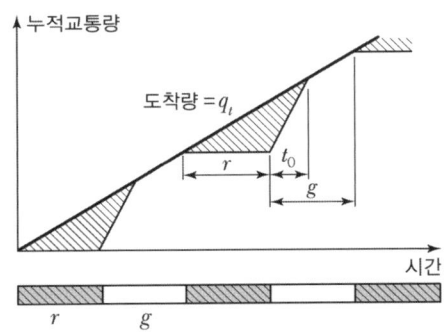

① $P_S = \dfrac{qr}{2}(r+t_0)$ ② $P_S = \dfrac{r^2}{2q(1-r)}$

③ $P_S = \dfrac{q(r+t_0)}{q(r+g)}$ ④ $P_S = \dfrac{r+t_0}{2}$

> 해 설
>
> 대기행렬이론에서 정지하는 차량의 비율은
> $P_s = \dfrac{q(r+t_0)}{q(r+g)}$ 로 계산한다.

22 구간별 교통류의 상태가 아래와 같을 때, 그 경계면 AA에서 후방 충격파의 속도는?

```
교통량 : 1,100대/시     A   교통량 : 800대/시
밀도 : 100대/km             밀도 : 20대/km
                        A   교통류 방향
```

① 3.75km/시   ② 4.00km/시
③ 5.43km/시   ④ 7.25km/시

> 해 설
>
> 충격파의 속도는 $W_{AB} = \dfrac{q_A - q_B}{k_A - k_B}$ 이므로
> $W_{AB} = \dfrac{(800-1,100)대/시}{(20-100)}$

23 정주기식(Pretimed Control) 신호로 운영되는 신호교차로의 교통조건이 다음과 같을 때, 해당 이동류의 포화도(V/C)는 얼마인가?

- 주기길이 : 120초
- 해당 이동류의 평균 유효녹색시간 : 40초
- 1번의 녹색시간에 교차로를 통과한 차량
  : 평균 18대/차로
- 포화교통류율 : 2,000대/시

① 0.81 ② 0.63 ③ 0.49 ④ 0.27

> 해 설
>
> 포화도 $= \dfrac{교통량비(V/S)}{주기당 녹색시간비(g/C)} = \dfrac{\left(\dfrac{18 \times 30}{2,000}\right)}{\left(\dfrac{40}{120}\right)} = 0.81$

24 신호교차로에서 교통량이 800대/시인 좌회전 이동류의 중차량 구성비가 15%이고 중차량 승용차 환산계수가 1.8일 때 보정교통량은 약 얼마인가?

① 687pcph   ② 896pcph
③ 920pcph   ④ 1,016pcph

> 해 설
>
> $800 \times \dfrac{15}{100} \times 1.8 + 800 \times \dfrac{85}{100} = 896\text{pcph}$

25 교통류의 특성에 대한 다음 설명 중 옳은 것은? (단, 교통류는 Greenshield 모형을 따른다고 가정한다.)

① 임의의 교통류율에 대응하는 밀도는 하나만 존재한다.
② 임의의 교통류율에 대응하는 속도는 하나만 존재한다.
③ 임의의 속도에 대응하는 밀도는 하나만 존재한다.
④ 밀도가 높으면 교통류율은 커진다.

> 해 설
>
> 그린쉴드 모형에서는 임의속도에 대응하는 밀도는 하나뿐이다.

26 현장 관측자료를 이용한 속도와 밀도의 관계가 아래와 같을 때, 다음 설명 중 옳지 않은 것은?

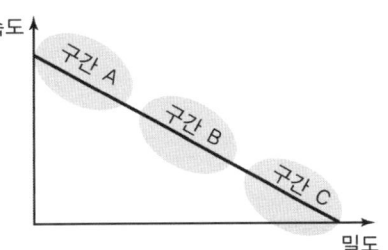

① 구간 A는 차량의 움직임이 상당히 자유로운 영역이다.
② 구간 B는 차량이 증가하면서 속도가 줄어드는 영역이다.
③ 구간 C는 Jam Density가 관측되는 구간이다.
④ 용량은 구간 C에서 주로 관측된다.

정답 22 ① 23 ① 24 ② 25 ③ 26 ④

> **해설**
> 구간 C에서는 일반적으로 서비스 수준 D 상태가 관측된다. 용량은 서비스 수준 E와 F 사이에서 관측된다.

27 어떤 신호 교차로의 각 현시에 대한 V/C 값이 아래 표와 같을 때, 지체를 최소로 하는 최적주기는?(단, 총 손실시간은 12초이며, Webster방법에 의한다.)

현시 1	현시 2	현시 3	현시 4
0.036 / 0.045	0.312 / 0.223	0.019 / 0.093	0.253 / 0.244

① 65초   ② 78초   ③ 95초   ④ 102초

> **해설**
> $$C = \frac{1.5l + 5}{1 - \sum_{i=1}^{n} x_i} = \frac{1.5(12) + 5}{1 - (0.045 + 0.312 + 0.093 + 0.253)}$$
> $$= 77.44$$

28 임의도착 교통량이 시간당 600대이다. 30초 동안 4대가 도착할 확률은?(단, 도착분포는 포아송 분포로 가정한다.)

① 0.125   ② 0.141   ③ 0.163   ④ 0.175

> **해설**
> 평균$(m) = \frac{600}{3,600} \times 1$대/6초 = 5대/30초
> $P_{(x)} = \frac{m^x \times e^{-m}}{x!}$, $P_{(4)} = \frac{5^4 \times e^{-5}}{4!} = 0.175$

29 고속도로 기본구간의 이상적인 조건(Ideal Condition) 기준으로 옳지 않은 것은?

① 승용차로만 구성된 교통류
② 측방여유폭 1.5m 이상
③ 차로폭 3m 이상
④ 평지

> **해설**
> 고속도로는 차로폭 3.5m 이상이 이상적인 조건이다. 신호교차로의 이상적인 차로폭이 3.0m이다.

30 신호교차로에 관한 용어의 설명으로 옳지 않은 것은?

① 임계차로군(Critical Land Group) : 주어진 신호현시 동안 가장 큰 포화도(V/C비)를 갖는 차로군
② 제어지체(Control Delay) : 신호제어로 인해 차로군이 속도를 줄이거나 정지함에 따른 지체
③ 진행연장시간(End Lag) : 황색 신호가 켜지면 교차로 안이나 가까이에서 진행하던 차량은 정지선에 급정거할 수 없으므로 황색신호의 일부분을 녹색 신호처럼 불가피하게 이용하는 시간
④ 양방 보호좌회전 신호(Dual Left Turn Protected) : 서로 마주보는 접근로의 좌회전이 동일 현시에 진행되는 신호

> **해설**
> 임계차로군이란 주어진 신호현시 동안 가장 큰 교통량비 값을 갖는 차로군을 말한다.

31 운전자가 실제로 느끼는 속도이며 속도규제 및 단속, 신호기 설치위치 선정, 신호시간 계산, 사고분석 등에 이용되는 속도는?

① 주행속도   ② 자유속도
③ 설계속도   ④ 지점속도

> **해설**
> 지점속도의 정의를 묻는 문제이다.

32 속도와 교통량에 대한 설명으로 옳지 않은 것은?

① 도로의 일정 구간을 주행하는 차량들의 평균속도를 구간 거리를 고려하여 산출하는 것을 공간평균속도라고 한다.
② 교통의 흐름이 전혀 변하지 않는 경우를 제외하고 공간평균속도는 항상 시간평균속도보다 높은 값을 나타낸다.
③ 교통량은 단위시간당 도로의 한 지점 또는 한 구간을 통과한 차량대수로 나타낼 수 있다.
④ 한 교통류 내에서 속도의 분산이 큰 경우에는, 교통류 내 각 차량들의 속도의 변화가 크다는 것을 의미한다.

> **해설**
> 공간평균속도는 시간평균속도보다 항상 작거나 같다.

정답 27 ② 28 ④ 29 ③ 30 ① 31 ④ 32 ②

33 교통류 특성의 확률분포에 대한 설명으로 옳지 않은 것은?

① 교통공학에서 사용되는 확률분포는 일반적으로 계수분포(Counting Distribution)와 간격분포(Gap Distribution)로 대별된다.
② 계수분포 중 교통공학에서 많이 이용되는 것은 포아송 분포, 이항분포, 음이항분포, 기하분포, 다항분포, 초기하분포 등이 있다.
③ 간격분포는 연속형 변수로 나타내며 대표적으로 음지수분포, 편의된 음지수분포, 얼랑(Erlang) 분포가 있다.
④ 이항분포는 (시행횟수) 값과 (확률) 값이 매우 큰 어떤 값을 가질 때 를 평균으로 하는 포아송 분포로 근사화시킬 수 있다.

해설
이항분포는 n(시행횟수) 값이 매우 크고, p(확률) 값이 매우 작은 어떤 값을 가질 때 np를 평균으로 하는 포아송 분포로 근사화 시킬 수 있다.

34 임계밀도(Critical Density) 상태 때의 교통량은?

① 0이다.
② 최대 교통용량이다.
③ 최대 교통용량의 1/2이다.
④ 알 수 없다.

해설
임계밀도란 어떤 도로구간에 있어서 그 교통용량이 산출될 때의 교통밀도를 말한다. 따라서 임계밀도 상태의 교통량은 최대 교통용량을 나타낸다.

35 차량운전시 외부 자극에 대한 운전자의 신체적 반응 과정인 PIEV 과정의 요소가 아닌 것은?

① 지각(Perception) ② 경험(Experience)
③ 식별(Intellection) ④ 반응(Volition)

해설
PIEV 과정은 지각 – 식별 – 행동판단(Emotion) – 반응으로 이루어진다.

36 어느 도로의 개선사업을 시행하기 전·후의 현장 관측자료가 아래와 같을 때, 속도 감소 효과 여부를 검정한 결과가 옳은 것은?(단, $\alpha = 0.05$)

구분	조사차량대수 (대)	평균속도 (Km/h)	표준편차 (Km/h)
시행 전	300	67.4	5.2
시행 후	400	65.5	4.3

① 속도 감소 효과가 있다.
② 속도 증가 효과가 있다.
③ 속도 감소 효과를 판단할 수 없다.
④ 속도 감소 효과가 없다.

해설
$$Sd = \sqrt{\frac{S_1^2}{n_1} + \frac{S_2^2}{n_2}} = \sqrt{\frac{5.2^2}{300} + \frac{4.3^2}{400}} = 0.369$$

$$\frac{|U_2 - U_1|}{Z} = \frac{|65.6 - 67.4|}{1.96} = 0.969$$

$\frac{|U_2 - U_1|}{Z} > Sd$ 이므로 도로개선으로 인한 속도 감소효과가 존재한다.

37 완전 감응 신호기(Full-actuated Signal)의 기본적인 운영방식에 대한 설명으로 옳지 않은 것은?

① 모든 접근로에 검지기를 설치한다.
② 어느 도로에도 콜(Call)이 없으면 현재의 현시가 그대로 지속된다.
③ 일반적으로 부도로 교통량이 주 도로 교통량의 20%보다 적을 때 사용한다.
④ 각 현시 끝에는 정해진 황색 신호가 따른다.

해설
완전 감응 신호기는 전체적으로 교통량이 비교적 적고 각 접근로 간 교통량의 변동이 심한 독립 교차로에 적절한 제어방법이다.

38 교차로의 차량당 평균지체도를 산정하기 위하여 10초 간격으로 교차로 접근로에 정지한 차량을 조사한 결과 5분 동안 통과한 170대 중 136대의 차량이 정지하였을 때, 접근차량당 평균 지체도는?

① 6초 ② 8초
③ 12초 ④ 30초

해설
총 정지지체 = 136대 × 10초 = 1,360 대·초
정지차량당 평균 정지지체 = 1,360대·초/170대 = 8초

정답 33 ④ 34 ② 35 ② 36 ① 37 ③ 38 ②

39 노면의 마찰계수에 관한 설명으로 옳지 않은 것은?

① 노면이 습윤할 때보다 건조할 때의 마찰계수가 크다.
② 마모된 타이어보다 양호한 타이어의 마찰계수가 크다.
③ 차량의 규모와 중량분포에 따른 마찰계수의 변화는 없다.
④ 속도가 같은 경우 노면상태에 따른 최대마찰계수는 같다.

해 설
속도가 같다고 해서 노면상태에 따른 최대마찰계수가 늘 같은 것만은 아니다.

40 다음 중 교통신호 운영의 장점으로 가장 거리가 먼 것은?

① 질서 있는 교통류의 이동이 가능하다.
② 교통신호의 적절한 배치와 관리를 통해 교차로의 용량을 증대시킬 수 있다.
③ 교통사고 유형 중 추돌사고가 감소된다.
④ 인접교차로를 연동시켜 일정한 속도로 긴 구간을 연속 진행시킬 수 있다.

해 설
교통신호운영의 단점 중 하나는 감속 – 정지 – 출발 등의 조작에 따른 추돌사고의 위험이 증가한다는 것이다.

제3과목 교통시설

41 평면교차로 설계의 기본 원칙에 대한 설명으로 옳지 않은 것은?

① 교차각은 되도록 직각에 가깝게 한다.
② 네 갈래 이상의 여러 갈래 교차로를 설치하여서는 안 된다.
③ 엇갈림 교차, 굴절 교차 등의 변형교차는 피해야 한다.
④ 교차로의 기하구조와 교통관제방법이 조화를 이루도록 한다.

해 설
평면교차로 설계 시에는 다섯 갈래 이상의 여러 갈래 교차로의 설치를 지양한다.

42 평면교차로에서의 도류화 설계를 위한 기본원칙으로 옳지 않은 것은?

① 곡선부는 적절한 곡선반지름과 폭을 가져야 한다.
② 운전자가 한번에 한 가지 이상의 의사결정을 하지 않도록 해야 한다.
③ 교통제어시설은 교통섬과 분리하여 설계하여야 한다.
④ 속도와 경로를 점진적으로 변화시킬 수 있도록 접근로의 단부를 처리해야 한다.

해 설
필수적인 교통통제설비의 위치는 도류화의 일부분으로 생각하여 교통섬을 설계해야 한다.

43 회전교차로 설치를 위한 여건을 고려할 때 설치가 부적절한 조건이 아닌 경우는?

① 총 진입 교통량이 하루 4만 대를 초과하는 경우
② 시야 확보가 어려운 경우
③ 오전, 오후 첨두현상이 심한 경우
④ 긴급자동차의 우선통과가 보장되어야 할 경우

해 설
첨두현상의 정도가 아닌 가변차로 운영 여부에 따라 회전교차로의 설치의 부적절 여부가 판단된다.

44 아래 그림과 같이 +3%의 경사와 –3%의 경사인 두 지점 사이에 500m 길이의 종단곡선을 설치한 경우, 종단경사 변화량에 대한 종단곡선 길이의 비는?

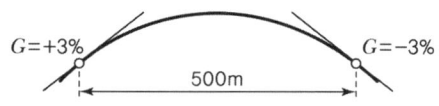

① 97.2m/%   ② 83.3m/%
③ 62.7m/%   ④ 50.4m/%

해 설
종단경사 변화량에 대한 종단곡선 길이의 비를 계산하는 문제이다.
$$\frac{L}{G_1 - G_2} = \frac{500\text{m}}{3-(-3)\%} = 83.3\text{m}/\%$$

45 앞지르기시거를 계산하기 위한 가정으로 옳지 않은 것은?

① 앞지르기 당하는 자동차는 일정한 속도로 주행한다.
② 앞지르기하는 자동차는 앞지르기를 하기 전까지 앞지르기 당하는 자동차보다 빠른 속도로 주행한다.
③ 앞지르기가 가능하다는 것을 인지한다.
④ 마주 오는 자동차가 설계속도로 주행하는 것으로 하고 앞지르기가 완료되었을 때, 대향자동차와 앞지르기한 자동차 사이에는 적절한 여유거리가 있으며 서로 엇갈려 지나간다.

해설
앞지르기하는 자동차는 앞지르기를 하기 전까지 앞지르기를 하기 위한 기회를 찾으면서 앞지르기 당하는 자동차와 같은 속도로 안전거리를 유지하면서 앞차를 따른다.

46 계획연면적이 6,000m²인 신축 근린생활시설의 첨두 시 주차 발생량이 1,000m²당 6.3대 일 때, 이 근린생활시설의 주차수요는?(단, 주차효율은 80.5%이다.)

① 53대
② 47대
③ 38대
④ 31대

해설
$$P = \frac{U \cdot F}{1,000e} = \frac{6.3 \cdot 6,000}{1,000 \cdot 0.805} = 46.96, \therefore 47대$$

47 신호등의 설치에 대한 설명으로 잘못된 것은?

① 진행방향의 교통상황과 신호지시를 동시에 볼 수 있도록 고려한다.
② 신호등면은 진행방향으로부터 좌우 각각 40° 범위 내에 위치해야 한다.
③ 현장 여건을 고려하여 교차로 건너편에 신호등을 추가로 설치할 수 있다.
④ 신호등면의 설치높이는 측주식의 횡형, 현수식, 문형식 등은 신호등면의 하단이 차도의 노면으로부터 수직으로 4.5m 이상의 높이에 위치하는 것이 원칙이다.

해설
신호등면은 진행방향으로부터 좌우 각각 20도 범위 내에 있어야 한다.

48 다음 중 차량 1대당 주차 소요면적이 가장 큰 각도주차 형식은? (단, 소형차를 기준으로 함)

① 30° 전진주차
② 45° 전진주차
③ 60° 전진주차
④ 90° 전진주차

해설
전진주차방법만 채용되고, 차로폭은 작아도 되나 차로 진행방향으로 긴 주차폭이 필요하며, 1대당 주차 소요 면적이 최대인 주차방식은 30° 전진주차이다.

49 고속도로에서 교통처리 및 교통운영에 필요한 인터체인지의 최소간격은?

① 2km
② 4km
③ 6km
④ 8km

해설
교통처리 및 교통운영에 필요한 인터체인지의 상호 간 최소간격은 2km이다. 지방지역의 경우 인터체인지 상호 간 3km의 간격이 필요하다.

50 다음 중 우리나라 경찰청에서 분류한 교통안전표지의 종류가 아닌 것은?

① 규제표지
② 지시표지
③ 정보표지
④ 주의표지

해설
우리나라 경찰청에서 분류한 교통안전표지는 주의, 규제, 지시, 보조표지와 노면표시이다.

51 비상주차대에 대한 설명으로 옳지 않은 것은?

① 비상주차대의 폭은 3.0m로 하고 측대가 있는 경우에는 측대를 포함한 폭으로 하며, 소형자동차도로인 경우에는 2.5m로 축소할 수 있다.
② 고속도로에서의 비상주차대의 설치간격은 750m를 표준으로 한다.
③ 비상주차대의 설치간격 결정 시에는 고장차가 그대로의 상태로 주행할 수 있을 것인가 또는 인력으로 밀어 대피시킬 것인가를 감안하여 가능한 거리를 판단해야 한다.
④ 도시고속도로, 주간선도로로서 우측 길어깨의 폭원이 3.0m 미만일 경우에는 계획교통량이 적은 경우를 제외하고 비상주차대를 설치해야 한다.

정답 45 ② 46 ② 47 ② 48 ① 49 ① 50 ③ 51 ④

> **해설**
> 도시고속국도, 주간선도로로서 우측 길어깨의 폭원이 2.0m 미만일 경우에는 계획교통량이 적은 경우를 제외하고 비상주차대를 설치해야 한다.

52 어느 건물의 주차용량이 50대, 주차이용 대수가 330대, 주차효율은 0.92이며, 주차장이 하루 18시간 개방된다고 할 때, 평균 주차시간은?

① 3.5시간 ② 3.2시간
③ 2.8시간 ④ 2.5시간

> **해설**
> $L = VD = CHO$, $D = \dfrac{CHO}{V} = \dfrac{50 \cdot 18 \cdot 0.92}{330} = 2.509$
> ∴ 약 2.5시간

53 도로의 직선부와 원곡선부 사이에 완화곡선으로 클로소이드(Clothoid) 곡선을 사용하는 경우, 클로소이드 파라미터(A)는 안전을 고려하여 일정한 값 사이로 설계해야 하는데, 만약 원곡선 반경이 400m인 원곡선부와 접속되는 클로소이드 파라미터의 최댓값은?

① 133m ② 200m
③ 400m ④ 600m

> **해설**
> 클로소이드 파라미터는 원곡선 반경값을 넘을 수 없다.

54 도로의 선형에 대한 설명으로 옳지 않은 것은?

① 자동차 주행 시 안전하고 쾌적성을 유지하도록 설계한다.
② 선형 설계 시 최대한 지형에 맞추어 하고 설계속도는 고려하지 않아도 된다.
③ 자연적·사회적 조건에 적합하고 경제적 타당성을 갖도록 설계한다.
④ 운전자의 시각이나 심리적인 면에서 양호하게 설계한다.

> **해설**
> 도로의 선형 설계 시 최우선적으로 고려해야 할 설계요소는 설계속도이다.

55 공동구의 설치에 관한 설명으로 옳지 않은 것은?

① 노상의 점용물건이 지하에 수용되어 도로교통 및 도시 미관에 유리하다.
② 반복된 노면굴착 및 복구에 따른 경제적 손해와 노면의 지지력에 손상을 입힌다.
③ 각종 지하매설물이 정비되고 합리적인 이용을 기대할 수 있으며, 따라서 점용단면에 대한 수용 용량이 증대된다.
④ 태풍, 화재, 지진 등 각종 재난 상황 발생 시 매설된 기반시설의 피해를 최소화하고 효과적인 관리가 가능하다.

> **해설**
> 공동구의 장점은 반복된 노면굴착 및 복구에 따른 경제적 손해와 노면의 지지력 손상을 배제할 수 있다는 것이다.

56 다음 중 교통섬의 설치 효과로 옳지 않은 것은?

① 도류로를 명시하여 교통의 흐름을 정비한다.
② 보행사를 위한 안전섬의 역할을 할 수 있다.
③ 교차로 관련 부대 시설의 설치 장소를 제공한다.
④ 차량 정지선의 위치를 후진시킬 수 있다.

> **해설**
> 교통섬의 설치로 차량 정지선의 위치를 전진시킬 수 있다.

57 설계속도를 설명한 것으로 옳지 않은 것은?

① 자유속도에서 교통류 내의 내부마찰과 도로변 마찰로 인한 지체를 감안한 속도이다.
② 차량의 주행에 영향을 미치는 도로의 물리적 형상을 상호 관련시키기 위해 선택된 속도이다.
③ 운전자들이 쾌적성을 잃지 않고 유지할 수 있는 속도이다.
④ 도로의 기하구조를 결정하는 데 기본이 된다.

> **해설**
> 도로의 기하구조를 결정하는 데 기본이 되며 운전자들이 쾌적성을 잃지 않고 유지할 수 있는 속도가 설계속도이다. 설계속도는 차량의 주행에 영향을 미치는 도로의 물리적 형상을 상호 관련시키기 위해 선택하는 속도이기도 하다.

정답 52 ④ 53 ③ 54 ② 55 ② 56 ④ 57 ①

58 다른 도로와의 연결에 의한 변속차로 설치에 대한 설명으로 잘못된 것은?

① 변속차로는 2.75m 이상의 폭으로 설치한다.
② 차량의 진입과 진출을 원활하게 유도할 수 있도록 노면표시를 하여야 한다.
③ 성토 또는 절토부의 비탈면 경사는 접속되는 도로와 동일하거나 완만하게 설치한다.
④ 테이퍼와 사업부지에 접하는 변속차로의 접속부는 최소 곡선반경 15m 이상의 곡선반경으로 설치한다.

해설
변속차로는 3.25m 이상의 폭으로 설치한다.

59 과속 방지시설에 대한 설명으로 옳지 않은 것은?

① 저속 주행을 유도하기 위한 교통정온화 기법에 해당한다.
② 속도를 30km/h 이하로 제한할 필요가 있는 도로에 설치한다.
③ 높은 노면마찰계수로 인해 노면 포장과 다른 재료로 설치한다.
④ 과속방지턱은 필요하다고 판단되는 장소에 최소로 설치한다.

해설
과속 방지시설은 도로의 노면 포장재료와 동일한 재료로서 노면과 일체가 되도록 설치함을 원칙으로 한다.

60 다음 중 시거에 의한 종단곡선의 최소길이를 산정할 때 오목곡선의 경우, 시거(S)가 종단곡선의 길이(L)보다 짧을 때의 산정 공식으로 옳은 것은?(단, A : 종단경사의 변화량(%)임)

① $L_{min} = \dfrac{S^2 A}{120 - 3.5S}$
② $L_{min} = \dfrac{S^2 A}{120 + 3.5S}$
③ $L_{min} = 2S + \dfrac{120 + 3.5S}{A}$
④ $L_{min} = 2S - \dfrac{120 + 3.5S}{A}$

해설
$L_{min} = \dfrac{S^2 A}{120 + 3.5S}$

제4과목 도시계획개론

61 1920~1940년대에 걸쳐 미국의 버제스, 호이트, 해리스 등에 의하여 주창된 도시의 공간 내부 구조이론이 아닌 것은?

① 동심원이론 ② 선형이론
③ 원형이론 ④ 다핵심이론

해설
도시공간 내부구조이론 : 동심원이론, 선형이론, 다핵심이론

62 다음 중 케빈 린치(Kevin Lynch)가 제시한 도시의 이미지(The of the City)를 구성하는 5가지 요소에 해당하지 않는 것은?

① 도로(Path)
② 기념적 건물(Landmark)
③ 공간(Space)
④ 지구(District)

해설
케빈 린치 도시경관 이미지 5대 요소 : 경계(Edge), 상징물(Landmark), 도로(Path), 결절점(Node), 지역(District)

63 다음 중 앙케이트를 반복 실시하여 여러 차례의 견을 수렴한 후 그 결과를 종합하여 미래의 예측에 접근하는 도시조사 방법은?

① 적응계획(Adaptive Planning)
② 델파이법(Delphi Method)
③ 잠재력 분석(SWOT Analysis)
④ 배분적 계획(Allocative Planning)

해설
델파이법의 정의를 묻는 문제이다.

64 도시·군관리계획의 입안에 관하여 주민의 의견을 청취하고자 하는 때에는 도시·군관리계획안을 최소 며칠 이상 일반이 열람할 수 있도록 하여야 하는가?

① 7일 ② 14일 ③ 20일 ④ 30일

정답 58 ① 59 ③ 60 ② 61 ③ 62 ③ 63 ② 64 ②

해 설
국토의 계획 및 이용에 관한 법률 시행령 제22조(주민 및 지방의회 의견청취) ②항 2목 조항에 의거 14일 이상의 기간 동안 일반인이 열람할 수 있도록 해야 한다.

65 다음의 설명에 공통으로 해당하는 용어는?

- 그리스의 도시계획가 독시아디스(C.A. Doxiadis)가 인구규모에 따라 분류한 유형 중, 인구규모 1억명에 해당하는 것
- 프랑스의 지리학자 고트만(J. Gottmann)이 미국 동북부 대서양 연안지대에 전개되는 연담도시형의 대규모 대도시군을 일컫는 말

① 에쿠메노폴리스 ② 메트로폴리스
③ 메갈로폴리스 ④ 다이애나폴리스

해 설
독시아디스의 메갈로폴리스에 대한 설명이다.

66 다음 중 도시·군관리계획에 포함되지 않는 것은?

① 용도지역·용도지구의 지정 또는 변경에 관한 계획
② 지구단위계획의 지정 또는 변경에 관한 계획
③ 도시개발사업이나 정비사업에 관한 계획
④ 주택개발 및 촉진에 관한 계획

해 설
도시·군 관리계획에는 용도지역·용도지구의 지정 또는 변경, 개발제한구역, 도시자연공원구역, 시가화조정구역, 수산자원보호구역의 지정 또는 변경, 기반시설의 설치·정비 또는 개량, 도시개발사업이나 정비사업, 지구단위계획구역의 지정 또는 변경과 지구단위계획, 입지규제최소구역의 지정 또는 변경에 관한 계획과 입지규제최소구역계획이 포함된다.

67 다음 중 도시를 구성하는 유기적 요소가 모두 옳은 것은?

① 시민, 활동, 토지 및 시설
② 주택, 밀도, 인구 및 동선
③ 활동, 공간, 토지이용 및 교통
④ 인구, 토지이용, 교통

해 설
도시의 구성요소는 시민, 활동, 토지 및 시설이다.

68 국토의 계획 및 이용에 관한 법률에서 규정하는 개발행위에 해당하지 않는 것은?

① 건축물의 건축 또는 공작물의 설치
② 경작을 위한 토지의 형질 변경
③ 토석의 채취
④ 녹지지역·관리지역 또는 자연환경보전지역에 물건을 1개월 이상 쌓아놓는 행위

해 설
국토의 계획 및 이용에 관한 법률 제56조(개발행위의 허가)에 의거 경작을 위한 토지의 형질 변경은 개발행위에서 제외된다.

69 다음 중 고대 그리스 도시의 특징으로 옳지 않은 것은?

① 도시의 중간 지점에 아고라를 배치하였다.
② 히포다모스에 의해 격자형 가로망체계가 신도시 건설에 적용되었다.
③ 많은 시민이 평등한 입장에서 만든 시민의 도시였다.
④ 포럼을 중심으로 사원, 극장, 공중목욕탕을 배치하였다.

해 설
포럼은 로마시대 도시의 중심지를 말한다.

70 주제공원의 종류와 내용으로 옳지 않은 것은?

① 역사공원 – 도시의 역사적 장소나 시설물, 유적·유물 등을 활용하여 설치하는 공원
② 수변공원 – 수변공간을 활용하여 도시민의 여가·휴식을 목적으로 설치하는 공원
③ 문화공원 – 근린거주자의 보건·휴양 및 정서생활의 향상에 기여함을 목적으로 설치된 공원
④ 체육공원 – 체육활동을 통하여 건전한 신체와 정신을 배양함을 목적으로 설치하는 공원

해 설
문화공원은 도시의 각종 문화적 특징을 활용하여 도시민의 휴식·교육을 목적으로 설치하는 공원이다. 근린거주자의 보건·휴양 및 정서생활의 향상에 기여함을 목적으로 설치된 공원은 근린공원이다.

정답 65 ③ 66 ④ 67 ① 68 ② 69 ④ 70 ③

71 도시개발구역의 지정대상지역과 규모의 기준이 옳은 것은?

① 주거지역 - 2만 이상
② 상업지역 - 3만 이상
③ 공업지역 - 3만 이상
④ 도시지역 외 지역 - 10만 이상

해 설
도시개발법에 의한 도시개발구역의 지정시 대상지역의 규모의 기준은 아래와 같다.
- 주거·상업, 자연·생산녹지(생산녹지지역이 도시개발구역 면적의 30% 이하인 경우) = 1만m²
- 공업지역 = 3만m²
- 도시지역 밖 = 30만m² 이상(단, 공동주택 중 아파트·연립주택의 건설계획이 포함되는 경우 20만m² 이상 - 관할 교육청의 동의, 4차로 이상의 도로 설치 필요)

72 다음 호이트(Hoyt)의 선형이론에서 "4"에 해당하는 토지이용은?

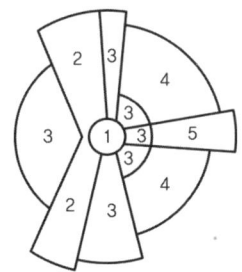

① 중심지역
② 도매 및 경공업지역
③ 중산층 주거지역
④ 저소득층 주거지역

해 설
- 1 : 중심업무지구
- 2 : 도매·경공업 지구
- 3 : 저급 주택지구
- 4 : 중산층 주택지구
- 5 : 고급 주택지구

73 장래의 도시인구를 예측하는 데 있어서 과거추세에 의한 예측방법이 아닌 것은?

① 등차급수법
② 최소자승법
③ 집단생잔법
④ 지수함수법

해 설
집단생잔법(Cohort Survival Method)은 기준연도의 인구와 출생률과 사망률 및 인구이동 등의 인구변화요인을 고려하여 장래 인구를 추정하는 방법이다.

74 토지이용계획의 지역별 건축물의 형태 및 규모 규제에 해당되지 않는 것은?

① 건폐율
② 공개공지
③ 용적률
④ 대지의 분할 제한

해 설
공개공지는 규제사항에 해당하지 않는다.

75 도시지역과 그 주변지역의 무질서한 시가화를 방지하고, 계획적·단계적인 개발을 도모하기 위하여 일정기간 시가화를 유보하고자 지정하는 구역은?

① 시가화 유보구역
② 시가화 정비구역
③ 시가화 조정구역
④ 시가화 유도구역

해 설
시가화 조정구역의 정의를 묻는 문제이다.

76 다음 중 상업지역의 종류가 아닌 것은?

① 준상업지역
② 중심상업지역
③ 유통상업지역
④ 근린상업지역

해 설
상업지역은 중심, 일반, 근린, 유통상업지역으로 세분된다.

77 주택단지의 토지이용비율을 주택용지 70%, 교통용지 15%, 그리고 공원 녹지 등 기타 용지 15%로 계획하였다. 이 주택단지의 총 인구밀도를 175인/ha로 계획한다면 주택용지에 대한 순 인구밀도는?

① 140인/ha
② 175인/ha
③ 200인/ha
④ 250인/ha

해 설
$$\text{순인구밀도} = \frac{\text{거주인구}}{\text{주택부지}} = \frac{175}{0.7} = 250\text{인/ha}$$

정답 71 ③ 72 ③ 73 ③ 74 ② 75 ③ 76 ① 77 ④

78 단독주택 및 다세대주택 등이 밀집한 지역에서 정비기반시설과 공동이용시설의 확충을 통하여 주거환경을 보전·정비·개량하기 위하여 시행하는 사업은?

① 주거환경개선사업 ② 주거환경정비사업
③ 주거환경관리사업 ④ 도시환경정비사업

해설
도시 및 주거환경정비법에 의한 주거환경관리사업의 정의를 묻는 문제이다.

79 도시의 시설과 토지의 물리적 계획의 3대 요소 중 도시의 내·외부 간, 도시 내 각 지역 간 또는 도시 중요시설 상호 간의 인구와 물자 유통의 체계를 뜻하는 것은?

① 배치 ② 밀도 ③ 분산 ④ 동선

해설
동선은 인구와 물자 유통의 체계를 의미한다.

80 도시·군계획시설의 결정·구조 및 설치기준에 관한 규칙에 따른 용도지역별 도로율이 옳지 않은 것은?

① 주거지역 : 20퍼센트 이상 30퍼센트 미만
② 상업지역 : 25퍼센트 이상 35퍼센트 미만
③ 공업지역 : 10퍼센트 이상 20퍼센트 미만
④ 녹지지역 : 5퍼센트 이상 10퍼센트 미만

해설
녹지지역은 도로율 기준이 없다.

제5과목 교통관계법규

81 부설주차장 설치의무가 면제되는 주차대수는?

① 400대 이하 ② 300대 이하
③ 200대 이하 ④ 100대 이하

해설
주차장법 시행령 제8조에 의거 300대 이하인 경우 부설주차장 설치의무가 면제된다.

82 교통 분야별 지능형교통체계의 계획은 몇 년의 범위에서 수립하여야 하는가?

① 10년 ② 7년
③ 5년   ④ 3년

해설
국가통합교통체계효율화법 제73조 제3항에 의거 국토교통부장관은 지능형 교통체계 여건 변화를 고려하여 5년마다 지능형 교통체계 기본계획을 전반적으로 재검토하고 필요한 경우 그 내용을 정비하여야 한다. 수립의 범위는 10년이다.

83 국가통합교통체계효율화법에서 규정하는 타당성 평가에 관한 설명으로 옳지 않은 것은?

① 사업 시행자는 사업의 시작 전에 투자평가지침에 따라 사업의 타당성을 평가하여야 한다.
② 국토교통부장관은 대통령령으로 정하는 바에 따라 투자평가지침을 작성하여 고시하여야 한다.
③ 사업 시행자는 타당성 평가 실시 결과와 예비타당성 조사 실시 결과 간 현저한 차이가 발생한 경우에는 국토교통부장관과 협의를 거쳐 관계 행정기관의 장에게 필요한 조치를 할 것을 요청 할 수 있다.
④ 공공교통시설 개발사업과 민간투자사업 모두 타당성 평가서를 국토교통부장관에게 제출하여야 한다.

해설
민간투자사업은 사회기반시설에 대한 민간투자법에 따른 주무관청에 타당성 평가서를 제출한다.

84 도로교통법상 횡단보도가 있는 도로 중 횡단보도 주의표지를 설치해야 하는 경우가 아닌 것은?

① 포장도로의 교차로에 신호기가 있을 때
② 포장도로의 단일로에 신호기가 없을 때
③ 비포장도로의 교차로에 신호기가 있을 때
④ 비포장도로의 단일로에 신호기가 없을 때

해설
횡단보도 주의표지는 포장도로의 교차로, 단일로에 신호기가 없을 때, 비포장도로의 교차로 또는 단일로, 횡단보도 전 50m 내지 120m의 도로 우측에 설치한다.

정답 78 ③ 79 ④ 80 ④ 81 ② 82 ① 83 ④ 84 ①

85 다음 중 시·군·구 교통안전정책심의위원회에 관한 설명으로 옳지 않은 것은?

① 위원장은 시·도지사가 된다.
② 구성 및 운영 등에 관하여 필요한 사항은 대통령령으로 정하는 바에 따라 당해 지방자치단체의 조례로 정한다.
③ 지역별 교통안전에 관한 주요 정책을 심의한다.
④ 지역교통안전기본계획에 대한 심의를 담당한다.

해 설
위원장은 시장·군수·구청장이 된다.

86 국가통합교통체계효율화법에서 대통령령으로 정하는 대규모 개발사업의 범위와 면적에 대한 설명으로 옳지 않은 것은?

① 택지 개발사업 : 100만 제곱미터 이상
② 도시 개발사업 : 100만 제곱미터 이상
③ 역세권 개발사업 : 100만 제곱미터 이상
④ 기업도시 개발사업 : 100만 제곱미터 이상

해 설
역세권 개발사업의 경우에는 그 사업시행지역의 면적에 관계없이 대규모 개발사업에 해당된다.

87 도로법상 고속국도에 대한 도로관리청은?

① 해당 도지사 또는 시장   ② 국토교통부장관
③ 국민안전처장관   ④ 경찰청장

해 설
고속국도의 관리청은 국토교통부장관이다.

88 다음 중 도로법에 따른 "지방도"에 해당하지 않는 것은?

① 시청 또는 군청 소재지를 서로 연결하는 도로
② 도청 소재지에서 시청 또는 군청 소재지에 이르는 도로
③ 군청 소재지에서 읍사무소 또는 면사무소 소재지에 이르는 도로
④ 도 내의 역에서 이들과 밀접한 관계가 있는 고속국도·일반국도를 연결하는 도로

해 설
지방도란 시청 또는 군청 소재지를 서로 연결하거나, 도 내의 역에서 이들과 밀접한 관계가 있는 고속국도·일반국도를 연결하거나, 도청 소재지에서 시청 또는 군청 소재지에 이르는 도로를 말한다.

89 대도시권 교통혼잡도로 개선사업계획에 포함되어야 하는 내용이 아닌 것은?

① 월별 개선사업 계획
② 개선사업의 시행에 필요한 재원의 조달방안
③ 개선사업의 시행을 위한 총 투자규모
④ 개선사업 시행주체

해 설
대도시권 교통혼잡도로 개선사업계획에는 연차별 개선사업계획이 포함되어야 한다.

90 도로교통법에 명시된 운행상의 안전기준으로 옳지 않은 것은?

① 자동차(고속버스 운송사업용 자동차 및 화물자동차 제외)의 승차인원은 승차정원의 110% 이내
② 고속도로에서 자동차(고속버스 운송사업용 자동차 및 화물자동차 제외)의 승차인원은 승차정원의 105% 이내
③ 화물자동차의 적재중량은 구조 및 성능에 따르는 적재 중량의 110% 이내
④ 화물자동차의 적재높이는 지상으로부터 4m의 높이 이내(단, 도로구조의 보전과 통행의 안전에 지장이 없다고 인정하여 고시한 도로노선의 경우는 제외)

해 설
고속도로에서는 승차정원을 넘어서 운행할 수 없다.

91 다음 중 차로와 차로를 구분하기 위하여 그 경계지점을 안전표지로 표시한 선을 의미하는 것은?

① 연석선   ② 중앙선
③ 차선   ④ 경계선

해 설
"차선"이란 차로와 차로를 구분하기 위하여 그 경계지점을 안전표지로 표시한 선을 말한다.

정답 85 ① 86 ③ 87 ② 88 ③ 89 ① 90 ② 91 ③

92 다음 중 도로교통법에 따른 횡단보도의 용어 정의로 가장 알맞은 것은?
① 보행자가 도로를 횡단할 수 있도록 안전표지로 표시한 도로의 부분이다.
② 차도와 보도가 서로 교차하는 도로의 부분이다.
③ 도로를 횡단하는 보행자나 통행하는 차마의 안전을 위하여 안전표지나 이와 비슷한 인공구조물로 표시한 도로의 부분이다.
④ 보도와 차도가 구분되지 아니한 도로에서 보행자의 안전을 확보하기 위하여 안전표지 등으로 경계를 표시한 도로의 가장자리 부분이다.

해설
"횡단보도"란 보행자가 도로를 횡단할 수 있도록 안전표지로 표시한 도로의 부분을 말한다.

93 주차장법상 의료시설인 종합병원 부설주차장의 설치기준은?
① 시설면적 80m²당 1대
② 시설면적 100m²당 1대
③ 시설면적 150m²당 1대
④ 시설면적 180m²당 1대

해설
의료시설의 부설주차장 설치기준은 시설면적 150㎡당 1대이다.

94 다음 중 주차장법에 따른 지하식 또는 건축물식 노외주차장의 차로 기준에 대한 설명으로 옳지 않은 것은? (단, 자동차용 승강기로 운반된 자동차가 주차구획까지 자주식으로 들어가는 노외주차장의 경우는 고려하지 않음)
① 높이는 주차바닥면으로부터 2.3m 이상으로 하여야 한다.
② 곡선 부분은 자동차가 6m(같은 경사로를 이용하는 주차장의 총주차대수가 50대 이하인 경우에는 5m) 이상의 내변반경으로 회전이 가능하도록 하여야 한다.
③ 경사로의 종단경사도는 직선부분에서는 17%, 곡선부분에서는 14%를 초과하여서는 아니 된다.
④ 주차대수규모가 50대 이상인 경우의 경사로는 너비 6m 이상인 2차선의 차로를 확보하거나 진입차로와 진출차로를 통합하여야 한다.

해설
주차대수규모가 50대 이상인 경우의 경사로는 너비 6m 이상인 2차로를 확보하거나 진입차로와 진출차로를 분리하여야 한다.

95 도시교통정비촉진법상 국토교통부장관이 도시교통정비지역으로 지정·고시할 수 있는 인구 규모 기준은? (단, 도농복합형태의 시의 경우는 고려하지 않는다.)
① 인구 5만 명 이상의 도시
② 인구 10만 명 이상의 도시
③ 인구 15만 명 이상의 도시
④ 인구 20만 명 이상의 도시

해설
국토교통부장관은 도시교통의 원활한 소통과 교통편의의 증진을 위하여 인구 10만 명 이상의 도시(도농복합형태의 시는 읍·면지역을 제외한 지역의 인구가 10만 명 이상인 경우를 말한다)를 도시교통정비지역으로 지정·고시할 수 있다.

96 다음 중 모든 차의 운전자가 다른 차를 앞지르지 못하는 장소에 해당하지 않는 것은?
① 교차로
② 도로의 구부러진 곳
③ 비탈길의 고갯마루 부근
④ 비탈길의 오르막

해설
교차로, 도로의 구부러진 곳, 비탈길의 고갯마루 부근 또는 가파른 비탈길의 내리막에서는 앞지르기가 금지되어있다.

97 도로법에 명시된 고속국도에 관한 설명으로 옳지 않은 것은?
① 고속도로의 입구에 고속국도의 통행을 금지하거나 제한하는 대상 등을 구체적으로 밝힌 도로표지를 설치하여야 한다.
② 고속국도는 도로교통망의 중요한 축을 이루며 주요 도시를 연결하는 도로로서 자동차 전용의 고속교통에 사용되는 도로이다.
③ 고속국도에서는 자동차만을 사용해서 통행하거나 출입하여야 한다.
④ 고속국도와 다른 도로·철도·궤도를 교차시키려는 경우에는 특별한 사유가 없으면 평면교차시설로 하여야 한다.

정답 92 ① 93 ③ 94 ④ 95 ② 96 ④ 97 ④

해설
고속국도, 자동차전용도로 또는 대통령령으로 정하는 도로와 다른 도로, 철도, 궤도, 교통용으로 사용하는 통로나 그 밖의 시설을 교차시키려는 경우에는 특별한 사유가 없으면 입체교차시설로 하여야 한다.

98 다음 중 도로교통법상 비보호좌회전에 대한 설명으로 가장 알맞은 것은?

① 좌회전이 항상 허용된다.
② 좌회전 차량에 대한 보호를 받지 못하므로 좌회전이 항상 불가하다.
③ 비보호좌회전으로 교통사고가 발생하면 비보호좌회전을 하는 자의 책임이 크다.
④ 적색 신호 시 반대방면에서 오는 차량에 방해를 주지 않을 때 좌회전을 할 수 있다.

해설
적색신호시 좌회전은 신호위반이다.

99 다음 중 도로교통법상 차마의 운전자가 도로의 중앙이나 좌측을 통행할 수 있는 경우는?

① 교차로에서 우회전할 때
② U턴하려 할 때
③ 도로가 일방통행일 때
④ 차로변경을 할 때

해설
도로교통법상 차마의 운전자가 도로의 좌측을 통행할 수 있는 경우는 도로가 일방통행인 경우, 도로의 파손, 도로공사나 그 밖의 장애 등으로 도로의 우측 부분을 통행할 수 없는 경우, 도로 우측 부분의 폭이 차마의 통행에 충분하지 아니한 경우, 가파른 비탈길의 구부러진 곳에서 교통의 위험을 방지하기 위하여 지방경찰청장이 필요하다고 인정하여 구간 및 통행방법을 지정하고 있는 경우에 그 지정에 따라 통행하는 경우이다. 도로 우측 부분의 폭이 6미터가 되지 아니하는 도로에서 다른 차를 앞지르는 것도 가능하나 이 경우 도로의 좌측 부분을 확인할 수 없는 경우, 반대방향의 교통을 방해할 우려가 있는 경우, 안전표지 등으로 앞지르기를 금지하거나 제한하고 있는 경우에는 불가하다.

100 도로법에서 정한 도로 등급의 순서로 옳은 것은?

① 고속국도 - 일반국도 - 지방도 - 특별시도
② 고속국도 - 일반국도 - 특별시도 - 지방도
③ 특별시도 - 고속국도 - 일반국도 - 지방도
④ 고속국도 - 특별시도 - 일반국도 - 지방도

해설
도로법에서 정한 도로의 등급은 고속국도 - 일반국도 - 특별시도·광역시도 - 지방도 - 시도 - 군도 - 구도 순이다.

제6과목 교통안전

101 다음 중 야간사고가 많이 발생하는 지점에 대한 개선대책으로 가장 거리가 먼 것은?

① 가로조명 설치
② 반사도가 높은 특수노면표지 설치
③ 미끄럼 방지 노면포장
④ 시선유도표지 설치

해설
야간사고 예방을 위해 개선해야 할 것은 빛의 확보를 통한 시인성의 증대이다. 미끄럼 방지 포장은 직접적인 개선대책에 해당하지 않는다.

102 다음 중 운전자가 위험상태를 발견하고 브레이크를 밟아야겠다고 판단하면서부터 브레이크 페달을 밟아 브레이크가 작동하기까지 주행한 거리는?

① 주행거리   ② 공주거리
③ 제동거리   ④ 정지거리

해설
공주거리란 운전자가 위험한 상태를 발견하고 브레이크를 밟아야겠다고 판단하면서부터 브레이크 페달을 밟아 브레이크가 작동하기까지 주행한 거리를 말한다. 제동거리란 브레이크가 작동하기 시작하여 완전히 정지하기까지 소요된 거리를 말한다. 정지거리는 공주거리와 제동거리의 합이다.

103 인터체인지 램프의 사고율과 가장 관계가 먼 것은?

① 기하설계요소
② 주 도로의 평면 및 종단 선형과의 관계
③ 램프의 위치
④ 램프의 교통량

해설
램프에서 사고를 발생시키는 직접적 원인은 기하구조, 선형, 위치 등이다.

104 일평균교통량이 20,000대이고 연간 사고건수가 20건인 A교차로에 교통사고 감소계수가 0.3인 안전개선사업을 시행할 경우, A교차로의 연간 예상사고건수는? (단, 개선사업 시행 후 A교차로의 일평균교통량은 25,000대로 가정한다.)

① 1.2건 ② 7.5건
③ 12.0건 ④ 17.5건

해설
$20,000 : 20 = 25,000 : \dfrac{x}{0.3}$, ∴ $x = 7.5$

105 다음 중 상충조사(Conflict Studies)의 목적이 아닌 것은?

① 교통사고로 인한 소통 문제구간을 파악하기 위해 실시한다.
② 상충을 이용하여 사고의 위험성을 평가하기 위해 실시한다.
③ 사전·사후조사를 통한 교통안전개선사업의 효과를 분석하기 위해 실시한다.
④ 도로 문제지점에서의 기하설계요소를 평가하기 위해 실시한다.

해설
상충조사는 지점조사이므로 구간의 문제를 파악하기는 어렵다.

106 다음 중 노변방호책의 설계 기준으로 옳지 않은 것은?

① 차량을 관통하거나 튀어오르게 하지 않고 차량의 방향을 수정해야 한다.
② 차량이 걸려 전도하거나 튕겨나가지 않아야 한다.
③ 차량의 경로나 정지한 지점이 인접차로를 침범하지 않아야 한다.
④ 차량이 충돌과 동시에 정지할 수 있도록 하여야 한다.

해설
충돌 즉시 정지하면 운동량이 일순간에 모두 탑승자에게 전달되므로 서서히 정지하도록 하여야 한다.

107 주행 중이던 A차량이 주차해 있던 B차량과 충돌하여 15m를 함께 미끄러져 정지하였다. A와 B차량의 무게가 각각 1,000kg, 900kg일 때, A차량의 충돌 전 초기 속도는? (단, 마찰계수는 0.7이며, 경사는 없고 완전비탄성 충돌이라고 가정한다.)

① 약 71.5km/h ② 약 82.6km/h
③ 약 89.5km/h ④ 약 98.1km/h

해설
$$v_1 = \sqrt{254f\left[S_2\left(\dfrac{W_A + W_B}{W_A}\right)^2 + S_1\right]}$$
$$= \sqrt{254 \times 0.7\left[15\left(\dfrac{1,000+900}{1,000}\right)^2 + 0\right]}$$
$$= 98.12 km/h$$

108 야간운행 중 마주오는 차량의 전조등 불빛으로 인해 순간적으로 보행자나 장애물이 보이지 않는 현상을 무엇이라 하는가?

① 암순응 현상 ② 증발 현상
③ 암조 현상 ④ 현혹 현상

해설
증발 현상의 정의를 묻는 문제이다. 현혹 현상은 야간운행 중 마주오는 차량의 전조등 불빛으로 인한 눈부심으로 잠시 동안 시력을 상실하는 현상을 말한다.

109 다음 중 사고 방지를 주요 목적으로 하는 교통규제 사항은?

① 무단횡단 금지 ② 일방통행
③ 자동차 전용도로 ④ 자동차 요일제

해설
일방통행, 자동차 전용도로, 자동차 요일제 등은 원활한 교통을 위한 교통규제 사항이다.

110 다음 중 방호울타리의 기능이 아닌 것은?

① 보행자 또는 도로변의 주요 시설을 안전하게 보호한다.
② 충돌한 차를 정상적인 진행 방향으로 복귀시킨다.
③ 도로 끝 및 도로 선형을 명시한다.
④ 운전자의 시선을 유도한다.

해설
방호울타리는 보행자와 주요 시설을 보호하고 운전자의 시선을 유도하는 역할을 하며, 차량의 이탈 방지와 진행방향 복귀를 목적으로 하는 시설이다.

111 충돌도(Collision Diagram)에서 다음 그림이 뜻하는 것은?

$$\xrightarrow{\quad 3-10 \ \ 3A \ \ RW \quad}$$

① 3월 10일 오전 3시 비오고 습윤 상태 도로에서의 추돌사고
② 3월 10일 오후 3시 맑고 건조한 상태 도로에서의 추돌사고
③ 3월 10일 오전 3시 비오고 습윤 상태 도로에서의 측면충돌사고
④ 3월 10일 오전 3시 비오고 빙판 상태 도로에서의 측면충돌사고

해설
3-10은 3월 10일, 3A는 오전 3시(3 AM), RW는 Rain Wet (비오고 습윤)을 의미하며, 화살표는 진행방향으로 두 개가 만나고 있으므로 추돌을 의미한다.

112 교통사고 현장에 나타난 스키드 마크(Skid Mark)의 길이가 12m일 때, 사고차량의 제동 직전 주행속도는? (단, 사고현장은 평지이고 타이어와 노면의 마찰계수는 0.8이다.)

① 약 44km/h   ② 약 49km/h
③ 약 54km/h   ④ 약 59km/h

해설
$V = \sqrt{254(f+i)l} = \sqrt{254(0.8+0) \cdot 12} = 49.38 \text{km/h}$

113 연평균 5건의 교통사고가 발생하는 한 교차로에 1년 동안 3건 이상의 교통사고 발생할 확률은? (단, 일정기간 동안의 교통사고가 발생할 확률은 포아송 분포를 따르는 것으로 가정한다.)

① 약 65.5%   ② 약 76.5%
③ 약 87.5%   ④ 약 98.5%

해설
1년 동안 3건 이상의 교통사고가 발생할 확률
$= 1 - P_{(0)} - P_{(1)} - P_{(2)}$
평균$(m) = 5$, $P_{(x)} = \dfrac{m^x \times e^{-m}}{x!}$,

$P_{(0)} = \dfrac{5^0 \times e^{-5}}{0!} = 0.0067$, $P_{(1)} = \dfrac{5^1 \times e^{-5}}{1!} = 0.0337$

$P_{(2)} = \dfrac{5^2 \times e^{-5}}{2!} = 0.0842$

$= 1 - 0.0067 - 0.0337 - 0.0842$
$= 0.8754$, ∴ 87.54%

114 교통사고 분석에서 사용하는 용어에 대한 설명으로 옳지 않은 것은?

① 사고 100건당 사망자 수를 치사율이라고 한다.
② 전체 사상자(사망자+부상자)에서 사망자가 차지하는 비율을 사망률이라고 한다.
③ 교통사고로 인하여 30일 이내에 사망한 경우 사망사고에 해당한다.
④ 교통사고로 인하여 2주 이상의 치료를 요하는 부상을 입은 경우 중상사고에 해당된다.

해설
중상이란 3주 이상의 치료를 요하는 부상을 입은 경우를 말한다.

115 보행자의 안전한 도로 횡단을 위한 시설인 횡단보도의 설치 원칙이 아닌 것은?

① 운전자가 식별하기 쉬운 위치에 설치한다.
② 횡단거리를 최소화할 수 있는 위치에 선정한다.
③ 횡단보도는 항상 차로와 직각으로 설치하여야 한다.
④ 폭은 보행자, 교통량, 신호시간 등을 고려하되 최소치를 4.0m로 한다.

해설
횡단거리는 최소화해야 하지만 반드시 직각으로 설치할 필요는 없다.

116 정지하고 있던 차량이 3m/s²으로 가속하여 72km/h에 도달하기까지 소요되는 시간은?

① 약 5.8초   ② 약 6.7초
③ 약 7.6초   ④ 약 8.5초

해설
$t = \dfrac{(V-V_0)}{a} = \dfrac{(72/3.6-0)}{3} = 6.7$

정답 111 ① 112 ② 113 ③ 114 ④ 115 ③ 116 ②

117 교통사고 예방 또는 피해를 경감시키기 위한 각종 대책을 3E라고 구분하여 분류하는데 다음 중 이와 관련이 없는 것은?

① 시설(Engineering)   ② 규제(Enforcement)
③ 교육(Education)   ④ 환경(Environment)

해설
교통사고 예방의 3E는 교육(Education), 규제(Enforcement), 공학(시설, Engineering)이다.

118 운전자의 정보처리과정을 바르게 연결한 것은?

① 발견 - 의사결정 - 반응 - 인식
② 인식 - 발견 - 의사결정 - 반응
③ 인식 - 발견 - 반응 - 의사결정
④ 발견 - 인식 - 의사결정 - 반응

해설
운전자의 정보처리과정 순서는 발견 - 인식 - 의사결정 - 반응 순이다.

119 안정성 측면에서 일방통행도로의 특징에 대한 설명으로 옳지 않은 것은?

① 정면충돌사고는 방지하기 어려우나 측면충돌과 같은 대형 사고를 방지할 수 있다.
② 교차로에서의 상충지점 수가 적다.
③ 회전차량을 추월할 수 있으므로 추돌사고의 가능성이 줄어든다.
④ 신호시간을 연속 진행에 맞출 수 있으므로 정지수를 줄이고 차량군을 형성하여 교차로를 통과함으로써 횡단보행자나 횡단교통을 위한 시간간격을 마련할 수 있다.

해설
일방통행도로는 대향차량이 없기 때문에 정면충돌사고의 원인 자체가 원천 차단된다.

120 요 마크(Yaw Mark)를 이용한 차량의 제동 시 속도 추정 공식에서 이용하는 요소가 아닌 것은?

① 경사
② 타이어와 노면의 마찰계수
③ 사고차량의 중량
④ 요 마크의 곡선 반경

해설
$$V = \sqrt{127r(f \pm i)}$$
여기서, V : 차량의 제동 시 속도, f : 타이어와 노면의 마찰계수, i : 경사, r : 요마크의 곡선반경

2회 2015년 기출문제

제1과목 교통계획

01 다음의 경전철(LRT)에 대한 설명 중 옳지 않은 것은?
① 승객 승·하차대가 낮아 승·하차 시 편리하다.
② 도로상을 운행할 수 없다.
③ 시간당 수송량은 지하철보다 작다.
④ 무인으로 자동운전이 가능한 시스템이다.

해설
경전철은 차량의 중량이 가볍고 승객 승·하차대가 낮아 승·하차가 편리하며 도로상 운행이 가능하다는 특성이 있다.

02 지하철의 요금이 1,200원일 때 승객수요는 8,000명이다. 수요탄력성이 −1.5일 때, 지하철 요금이 1,300원으로 인상되는 경우의 수요는 얼마인가?
① 7,000명 ② 6,000명
③ 5,500명 ④ 4,500명

해설
$$e = \frac{\frac{\partial V}{V_0}}{\frac{\partial P}{P_0}} = \frac{\Delta V}{\Delta P} \cdot \frac{P}{V}, \quad e = \frac{\frac{-x}{8,000}}{\frac{100}{1,200}} = 1.5$$
$$x = \left(-1.5 \times \frac{100}{1,200}\right) \times 8,000 = -1,000$$
기존 수요가 8,000명이었고 변화되는 수요가 −1,000명이므로 최종 수요는 7,000명이 된다.

03 국도의 노선을 계획할 때의 구분으로 국도Ⅲ에 대한 설명으로 옳은 것은?
① 자동차전용도로로 지정되었거나 예정인 국도
② 지역 간 기능이 약하여 국도Ⅰ을 보조하는 국도
③ 지역 간 간선도로 기능 강화가 요구되는 국도
④ 계획목표연도에 2차로 운영으로 도로의 기능 및 용량을 확보할 수 있는 국도

해설
지역 간 기능이 약하여 국도 Ⅰ과 Ⅱ를 보조하는 국도를 국도 Ⅲ이라 한다.

04 교통사업의 경제성 분석 시의 고려사항 중 공공자원의 사회적 기회비용을 의미하는 것은?
① 소비자잉여 ② 잠재가격
③ 할인율 ④ 인플레이션

해설
잠재가격의 용도에 대한 문제이다.

05 다음 중 4단계 교통수요추정방법에 대한 설명으로 옳지 않은 것은?
① 계획가나 분석가의 주관이 작용할 때도 있다.
② 총체적 자료에 의존하기 때문에 통행자의 총체적·평균적 특성만 산출될 뿐 행태적 측면은 거의 무시된다.
③ 현재의 교통 여건을 지배하고 있는 교통체계의 메커니즘이 장래에는 변한다고 가정한다.
④ 단계별로 적절한 모형의 선택이 가능하다.

해설
4단계 수요추정법은 교통체계 메커니즘이 미래에도 지속될 것이라는 가정하에 분석하는 기법이다.

06 승용차, 버스, 지하철의 효용함수값이 각각 −1.0, −1.5, −1.5일 때, 로짓 모형에 의한 승용차의 선택확률은?
① 약 52.1% ② 약 45.2%
③ 약 36.1% ④ 약 27.4%

해설
로짓 모형 계산에 의한 승용차의 선택확률
㉠ 승용차의 효용 : $U_p = -1.7$
㉡ 버스의 효용 : $U_b = -0.75$
㉢ 지하철의 효용 : $U_s = -0.57$
㉣ 승용차 선택확률 : $P_{(p)} = \frac{e^{-1.0}}{e^{-1.0} + e^{-1.5} + e^{-1.5}} = 0.4519$
∴ 약 45.2%

07 교통비용과 교통량의 관계를 나타내는 수요곡선이 그림과 같을 때 기존 시설에 의한 교통비용은 C_1, 교통량은 Q_1이고 교통시설을 개선한 후의 교통비용은 C_2, 교통량 Q_2이 이면 소비자 잉여의

정답 01 ② 02 ① 03 ② 04 ② 05 ③ 06 ② 07 ①

증가분은?(단, 보기의 빗금 친 부분이 소비자 잉여의 증가분을 말한다.)

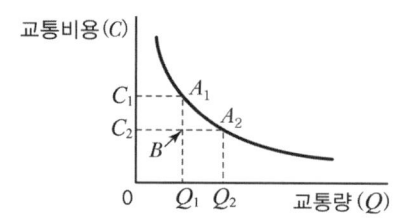

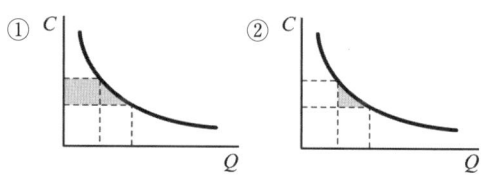

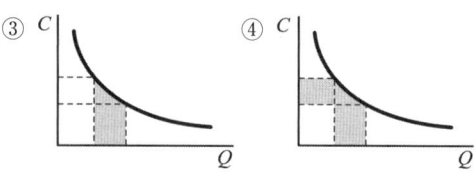

해 설
기존 수요량과 나중 수요량의 합에 비용의 변화량을 곱하고 2로 나누어주면 사다리꼴의 면적으로 소비자 잉여를 구할 수 있다.

08 어느 주차장의 평균 주차시간은 1.5시간이다. 한 대의 차량이 도착했을 때 이 차량이 1시간 미만 동안 주차할 확률은?(단, 주차시간의 분포는 음지수분포를 따른다.)

① 33.3%   ② 39.3%
③ 42.3%   ④ 48.3%

해 설
$\lambda = \dfrac{1}{1.5}, P_{(h<1)} = \int_0^1 \dfrac{1}{1.5} \cdot e^{-\frac{t}{1.5}} dt = 0.48$

09 하나의 통행(Trip)에는 몇 개의 통행단(Trip end)이 존재하는가?

① 1개   ② 2개
③ 3개   ④ 4개

해 설
하나의 통행의 양 끝단을 말하며, 한 통행당 2개의 통행단이 존재한다.

10 교통체계관리(TSM) 기법 중 수요와 공급을 동시에 감소시키는 기법은?

① 승용차 공동이용
② 기존차로 활용 버스전용차로제
③ 노상주차 제한
④ Park & Ride

해 설
기존차로를 활용한 버스전용차로제는 기존에 공급되던 도로중 한 차로를 없애는 것이므로 공급감소 기법에 해당하고, 동시에 승용차의 이용을 제한하게 되므로 수요감소 기법에도 해당한다.

11 전국 도로망의 주 골격을 형성하며, 도로법에 따른 도로의 종류 중 특별시도·광역시도, 일반국도에 상응하는 것은?

① 주간선도로   ② 집산도로
③ 국지도로   ④ 보조간선도로

해 설
전국 도로망의 주 골격을 형성하는 도로는 주간선도로이다.

12 다음 중 차량 번호판 조사의 내용으로 옳지 않은 것은?

① 차량의 차종   ② 차량의 번호
③ 차량의 통행목적   ④ 차량의 통과시각

해 설
단순히 차량의 번호판을 조사하는 것만으로는 차량의 통행목적을 알 수 없다.

13 어느 쇼핑센터의 주차발생량이 4.65(대 / 1,000 m²), 주차이용효율(e)은 80.5%이며 건물의 연면적이 22,350m²일 때, 3년 후의 주차수요는? (단, 주차 발생량은 연평균 5%씩 등비급수로 증가한다.)

① 약 97대   ② 약 130대
③ 약 150대   ④ 약 157대

해 설
$P = \dfrac{U \cdot F}{1,000 \cdot e} = \dfrac{4.65 \cdot 22,350}{1,000 \cdot 0.805} = 129.10$대/시
129.10대/시 $\times 1.05^3 = 149.45$
∴ 150대/시

14 대중교통카드 자료를 이용하여 바로 얻을 수 있는 정보가 아닌 것은?

① 환승횟수 ② 이용 교통수단
③ 승차일시 ④ 이동경로

해설
이동경로의 정확한 예측은 데이터 그 자체만으로는 확인하기 어렵다.

15 대중교통 네트워크의 구성요소에 대한 설명 중 잘못된 것은?

① 대중교통수단은 일반적으로 버스, 철도, 보조교통수단(도보 등)을 의미한다.
② 버스정류장, 철도역 등은 노드로 표현되고 노선(Route)을 구성하는 필수요소이다.
③ 대중교통 네트워크의 링크는 노선을 구성하는 기본 요소가 된다.
④ 노선은 노선에 포함된 링크를 연결하고 모든 링크를 포함한다.

해설
노선은 노선에 포함된 노드(Node)를 연결하고 모든 링크를 포함한다.

16 교통계획을 기간에 따라 단기교통계획과 장기교통계획으로 분류할 경우 설명이 옳은 것은?

① 단기교통계획은 단일 교통수단을 위주로 고려하고, 장기교통계획은 여러 교통수단을 동시에 고려한다.
② 단기교통계획은 시설 지향적이고, 장기교통계획은 서비스 지향적이다.
③ 장기교통계획은 단기교통계획보다 다수의 대안과 서로 다른 대안을 고려한다.
④ 단기교통계획은 교통수요의 변화가 가능하지만 장기교통계획은 교통수요가 비교적 고정된다.

해설
교통수요는 단기는 변화하고 장기는 비교적 고정된다.

17 다음 중 4단계 수요추정모형의 통행분포(Trip Distribution) 단계에서 사용하는 모형은?

① 중력모형 ② 카테고리 분석법
③ 용량제약법 ④ 전량배분모형

해설
통행분포 단계에서는 성장인자모형, 중력모형, 간섭기회모형, 엔트로피 극대화 모형이 사용된다.

18 다음 중 노외주차시설이 아닌 것은?

① 옥내주차장 ② 평면주차장
③ 도로변 주차장 ④ 기계식 옥내주차장

해설
도로변 주차장은 노상주차장에 해당한다.

19 통행자가 여러 가지 선택대안 중 하나의 대안을 선택할 때 실제 통행자의 행태에 대한 만족도를 기준으로 대안 선택 확률을 추정하는 방법은 무엇인가?

① 4단계 추정법 ② 직접수요추정법
③ 개별형태모형 ④ 통행교차모형

해설
개별행태모형은 통행자의 행태에 대한 만족도를 기준으로 효용에 근거하여 경로를 선택할 확률을 추정하는 모형이다.

20 사업의 경제성을 가늠하는 척도 중 하나인 순 현재가치(NPV)에 대한 설명으로 옳은 것은?

① 현재가치로 환산된 장래의 연도별 편익의 합계에서 현재가치로 환산된 장래의 연도별 비용의 합계를 뺀 값이다.
② 현재가치로 환산된 장래의 연도별 편익의 합계와 현재가치로 합산된 장래의 연도별 비용의 합계를 합한 값이다.
③ 현재가치로 환산된 장래의 연도별 편익의 합계를 현재가치로 환산된 장래의 연도별 비용의 합계로 나눈 값이다.
④ 현재가치로 환산된 장래의 연도별 비용의 합계를 현재가치로 환산된 장래의 연도별 편익의 합계로 나눈 값이다.

정답 14 ④ 15 ④ 16 ④ 17 ① 18 ③ 19 ③ 20 ①

> **해설**
> NPV는 순현재가치(Net Present Value)의 뜻으로 현재가치로 환산된 장래의 연도별 편익의 합계에서 현재가치로 환산된 장래의 연도별 비용의 합계를 뺀 값이다.

제2과목 교통공학

21 어느 도로의 제한 속도를 재검증하기 위하여 속도조사를 실시하려고 한다. 속도의 표준편차를 15km/h로 하고 허용오차를 2km/h로 하고자 할 때 필요한 표본 수는?(단 신뢰도는 95%이다.)

① 217대
② 236대
③ 278대
④ 293대

> **해설**
> $$n \geq \frac{Z_{\frac{a}{2}}^2 \times \sigma^2}{c^2}, \quad n \geq \left(\frac{1.96 \times 15}{2}\right)^2, n \geq 216.09, \therefore 217대$$

22 유효녹색시간을 산정하는 공식의 빈칸에 들어갈 용어가 옳은 것은?

```
유효녹색시간
= 녹색시간 - (A) + (B)
= 녹색시간 + 황색시간 - (A) - (C)
```

① A : 출발지연시간, B : 진행연장시간, C : 소거손실시간
② A : 출발지연시간, B : 소거손실시간, C : 진행연장시간
③ A : 진행연장시간, B : 출발지연시간, C : 소거손실시간
④ A : 진행연장시간, B : 소거손실시간, C : 출발지연시간

> **해설**
> 유효녹색시간 = 녹색시간 - 출발지연시간 + 진행연장시간
> = 녹색시간 + 황색시간 - 출발손실시간 - 소거손실시간

23 다음 중 신호연동을 산정하기 위한 시공도의 작성에서 반드시 필요한 요소가 아닌 것은?

① 차량 속도
② 신호 시간
③ 교차로 간격
④ 차량 길이

> **해설**
> 시공도 작성 시에는 시간과 공간에 관련된 정보, 즉 신호시간과 교차로 간격, 속도(거리/시간) 등이 나타나야 한다. 차량의 길이는 직접적인 요소가 아니다.

24 다음 중 차량추종이론(Car-Following)에 관한 설명으로 가장 거리가 먼 것은?

① 반응시간은 운전자의 민감도에 의해 결정된다.
② 고속도로에서 후미차량이 앞 차량과 유사한 움직임을 보이는 것을 설명하는 데 활용될 수 있다.
③ 민감도가 지나치게 크면 교통류의 불안요소가 커지는 것이 일반적이다.
④ 추종이론은 거시적 관점에서 차량의 움직임을 설명하는 교통류 이론이다.

> **해설**
> 추종이론은 대표적인 미시적 이론이다.

25 시간평균속도와 공간평균속도에 대한 설명 중 옳은 것은?

① 시간평균속도는 도로 구간의 길이와 관련된 속도로 교통류 분석 시 주로 이용되며, 공간평균속도는 속도분석, 교통사고 분석 시 주로 이용된다.
② 공간평균속도는 일정 시간 동안 도로의 한 지점을 통과하는 모든 차량의 평균속도이다.
③ 공간평균속도는 속도의 산술평균값이며 시간평균속도는 속도의 조화평균값이다.
④ 교통의 흐름이 전혀 변화하지 않는 경우를 제외하고 공간평균속도는 항상 시간평균속도보다 낮은 값을 나타낸다.

> **해설**
> $\overline{u_t} = \overline{u_s} + \frac{\sigma_s^2}{u_s}$ 관계를 가지므로 공간평균속도는 교통의 흐름이 전혀 변화하지 않는 경우를 제외하고 항상 시간평균속도보다 낮은 값을 나타낸다.

정답 21 ① 22 ① 23 ④ 24 ④ 25 ④

26 속도조사의 목적으로 가장 거리가 먼 것은?
① 전후 조사를 통한 교통개선사업의 효과 평가
② 적절한 교통규제 및 제어시설의 결정
③ 통행수단과 통행조건에 따른 교차로 기하설계 평가
④ 차종별 속도평균, 속도변화추이 등의 판단 자료

해설
통행수단과 조건에 따른 기하설계 평가를 위해서 반드시 속도를 조사할 필요는 없다.

27 3현시로 운영되는 신호교차로의 교통량 및 포화교통류율이 아래와 같을 때 웹스터(Webster) 방법에 의한 최적신호주기는?(단, 각 현시별 총 손실시간은 3초이며 계산한 신호 주기를 5초 단위로 올림한다.)

구분	임계방향별 움직임(대/시)	
	교통량	포화교통류율
1현시	450	1,800
2현시	900	3,600
3현시	540	1,800

① 90초 ② 95초 ③ 100초 ④ 105초

해설
$$C = \frac{1.5l + 5}{1 - \sum_{i=1}^{n} x_i} = \frac{1.5 \times 9 + 5}{1 - \left(\frac{480}{1,800} + \frac{900}{3,600} + \frac{540}{1,800}\right)} = 92.5$$
∴ 5초 단위 올림하므로 95초

28 연속진행시스템 중간의 두 교차로의 거리가 400m이다. 계획연동속도가 50km/h이며, 하류부 교차로에 이미 도착해 있는 차량대수가 차로당 평균 10대일 때, 연속진행을 위한 적절한 옵셋(offset)은 얼마인가?(단, 차량당 방출 차두시간은 1.63초로 가정)

① 8.3초 ② 12.5초
③ 27.2초 ④ 28.8초

해설
$$\frac{400}{50/3.6} - 1.63 \times 10 = 12.5초$$

29 어느 신호교차로에서 15분 간격으로 교통량을 조사한 결과가 아래와 같을 때 첨두시간계수(PHF)는?

시간	교통량(대)	시간	교통량(대)
7:00 - 7:15	1,200	7:45 - 8:00	900
7:15 - 7:30	800	8:00 - 8:15	1,150
7:30 - 7:45	1,100	8:15 - 8:30	1,100

① 0.83 ② 0.86
③ 0.92 ④ 0.95

해설
$$PHF = \frac{V_{60분}}{4 \times V_{15분}} = \frac{4,250}{4 \times 1,150} = 0.92$$

30 다음 중 교통류의 충격파에 대한 설명으로 옳지 않은 것은?
① 충격파는 상류, 하류 측으로 이동하거나 정지할 수 있다.
② 두 교통류 간에서 발생하는 충격파의 속도는 교통류율 차이를 점유율 차이로 나눈 값이다.
③ 저속 차량에 의하여 충격파가 발생할 수 있다.
④ 유체역학적 원리에서 나온 개념이다.

해설
두 교통류 간에서 발생하는 충격파의 속도는 교통량의 차이를 밀도의 차이로 나눈 값이다.

31 자료 수집결과 도로상 교통류의 속도(V)와 밀도(k)의 관계가 $V = 60 - 0.25k$로 밝혀졌을 때, 혼잡밀도는?

① 240대/km ② 2,400대/km
③ 200대/km ④ 2,000대/km

해설
$q = u \cdot k$ ......(1), $V = 60 - 0.25k$ ......(2)
$q = (60 - 0.25k)k$, $q = 60k - 0.25k^2$
k에 관해 미분하면 임계밀도 k_m을 계산할 수 있다.
$$\frac{dq}{dk} = 60 - 0.5k = 0, \quad k = \frac{60}{0.5} = 120 = k_{max} \text{ (veh/km)}$$
그린쉴드의 공식을 따르는 경우 임계밀도는 혼잡밀도의 1/2 값을 가지므로 혼잡밀도 $K_j = 2K_m = 2 \times 120 = 240$대/km

32 도로용량 분석 시 고속도로 구성요소가 아닌 것은?

① 기본구간
② 인터체인지
③ 엇갈림 구간
④ 연결로 및 연결로 접속부

해설
도로용량 분석을 위해 고속도로를 구성요소별로 분류하면 기본 구간, 엇갈림 구간, 연결로 및 연결로 접속부로 분류할 수 있다.

33 고속도로 기본 구간의 이상적인 조건이 아닌 것은?

① 차로폭 3.0m 이상
② 측방 여유폭 1.5m 이상
③ 승용차만으로 구성된 교통류
④ 평지

해설
고속도로는 차로폭 3.5m 이상이 이상적인 조건이다. 신호교차로의 이상적인 차로폭이 3.0m이다.

34 단속교통류의 지체에 관한 설명으로 옳지 않은 것은?

① 접근지체는 감속지체, 정지지체, 가속지체를 합한 것이다.
② 신호교차로의 지체는 접근교통량에 가장 큰 영향을 받는다.
③ 평균 접근지체시간은 신호교차로의 서비스수준을 평가하는 데 사용되는 가장 좋은 효과척도이다.
④ 어느 접근로의 평균 접근지체는 그 접근로의 총 접근지체를 같은 시간 동안 그 접근로로 진입하는 총 교통량으로 나눈 값이다.

해설
신호교차로의 지체는 신호등에 의해 가장 큰 영향을 받는다.

35 모든 방향의 도로 폭이 20m인 교차로에서 한 접근로에서의 적정 황색 시간은 몇 초인가?(단, 접근속도는 50km/h, 접근감속도는 4.5m/s², 운전자 반응시간은 1초, 차량의 길이는 5m)

① 2.8초
② 3.3초
③ 4.4초
④ 7.1초

해설
$$y = t + \frac{v}{2a} + \frac{w+l}{v}, \quad y = 1 + \frac{50/3.6}{2 \times 4.5} + \frac{20+5}{50/3.6} = 4.343$$

36 신호교차로 감응신호 제어 시 기대할 수 없는 기능은 무엇인가?

① 실시간 녹색시간 조절
② 실시간 현시 생략
③ 실시간 현시순서 조절
④ 실시간 주기길이 조절

해설
감응신호제어기법으로 녹색시간 조절, 현시 생략, 주기길이 조절이 가능하다.

37 어느 고속도로 기본구간이 승용차 70%, 트럭 20%, 버스 10%의 구성비를 나타내며, 트럭과 버스의 승용차 환산계수가 각각 4.0과 3.0일 때, 중차량보정계수(f_{HV})는?(단, 일반지형, 평지)

① 0.36
② 0.46
③ 0.56
④ 0.66

해설
$$f_{HV} = \frac{1}{[1 + P_{T1}(E_{T1} - 1) + P_{T2}(E_{T2} - 1) + P_{T3}(E_{T3} - 1)]}$$
$$= \frac{1}{[1 + 0.2(4-1) + 0.1(3-1)]} = 0.555$$

38 가변차로제의 장점이 아닌 것은?

① 설치 및 운영이 간단하다.
② 기존 도로를 효율적으로 활용한다.
③ 일방통행제와 대비할 때 우회도로를 필요로 하지 않는다.
④ 필요한 시간대에 필요한 방향으로 용량을 추가로 배정할 수 있다.

해설
가변차로제는 설치 및 운영이 복잡한 단점이 있다.

39 다음 중 간선도로 연동신호의 운영방법에 해당하지 않는 것은?

① 동시시스템(Simultaneous System)
② 교호시스템(Alternate System)
③ 연속진행시스템(Progression System)
④ 대응시스템(Responsive System)

해설
연동신호 운영방법에는 동시, 교호, 연속진행이 있다.

40 고속도로 일정 구간에서의 평균 차두간격이 1.8초이고 속도가 40km/h 일 때 해당 구간의 밀도는?

① 40대/km   ② 45대/km
③ 50대/km   ④ 55대/km

해설
$\frac{3,600초}{1.8초/대} = 2,000대/h$, $q = 2,000대/시$, $u = 40km/h$
$k = \frac{q}{u} = \frac{2,000대/시}{40km/시} = 50대/km$

제3과목 교통시설

41 다음 중 도로의 설계속도, 곡선반지름, 편경사의 관계를 바르게 설명한 것은?

① 설계속도가 큰 도로는 곡선반지름에 관계없이 더 큰 편경사를 가져야 한다.
② 편경사는 곡선반지름이 클수록 더 큰 값을 가져야 한다.
③ 도로의 곡선반지름은 설계속도의 제곱에 정비례한다.
④ 도로의 곡선반지름은 편경사와 설계속도에 반비례한다.

해설
$r = \frac{V^2}{127(i+f)}$, 곡선반지름 r은 설계속도 v의 제곱에 정비례

42 교통량이 적은 가로변에 길이 120m에 걸쳐서 평행식 노상주차장을 설치하려 한다. 몇 대가 주차 가능한가?(단, 120m 중에 횡단보도 등 노상주차장이 단절되는 부분이 없는 것으로 가정한다.)

① 12대   ② 15대   ③ 18대   ④ 20대

해설
평행주차시 일반형 최소치수는 길이 6.0m이므로 120m 구간에 설치하면 20대의 주차가 가능해진다.

43 아스팔트 포장의 감온성(Temperature Susceptibility)에 관한 설명으로 옳지 않은 것은?

① 아스팔트의 점성이 온도에 따라 변화하는 것을 말한다.
② 여름에 바퀴 자국 패임의 가능성이 커지며, 겨울철에 균열의 가능성이 커진다.
③ 감온성을 줄이기 위해서는 비교적 점도가 큰 아스팔트를 쓰는 것이 좋다.
④ 근래 많이 사용되는 개질 아스팔트 중에는 아스팔트의 감온성을 줄이기 위한 것들이 많다.

해설
아스팔트의 점성이 온도에 따라 변하는 특성을 감온성이라 한다. 따라서 감온성을 줄이기 위해서는 점도가 낮은 아스팔트를 사용해야 한다.

44 횡단 보도육교의 기준에 관한 설명으로 잘못된 것은?

① 난간의 높이는 1.0m 이상, 폭은 0.1m 이상이어야 한다.
② 경사도는 계단인 경우 30%(높이/밑변) 이하여야 한다.
③ 보도육교의 높이가 3m를 초과할 경우 계단참을 설치해야 한다.
④ 단의 높이와 너비에 대한 표준은 단높이 15cm, 단너비 30cm이다.

해설
경사도는 계단인 경우 50%(높이/밑변) 이하여야 한다.

정답 39 ④ 40 ③ 41 ③ 42 ④ 43 ③ 44 ②

45 도로의 부대시설 중 체인탈착장의 설계 시 유의사항에 대한 설명으로 옳지 않은 것은?

① 체인탈착장에는 조명설비를 설치한다.
② 체인탈착장으로 사용되는 부분은 포장을 하고, 교통섬을 설치하는 것이 원칙이다.
③ 주차면은 보통의 주차면보다 50cm 정도 넓게 하는 것이 바람직하다.
④ 체인탈착장의 경사는 주차 자동차의 종방향으로 2% 이하, 횡방향으로 3% 이하로 하고 배수에 충분한 주의를 기울여야 한다.

해설 체인탈착장으로 사용되는 부분은 포장을 하고, 교통섬은 원칙적으로 설치하지 않는다.

46 우회전 차로의 설치 효과로 틀린 것은?

① 정지선을 전진시킬 수 있다.
② 도로교통용량을 감소시킨다.
③ 예각의 우회전을 용이하게 한다.
④ 식시 교통의 혼란이 감소된다.

해설 우회전차로의 설치로 도로교통용량 증대 효과를 얻을 수 있다.

47 지방지역 고속도로의 평지 및 산지의 설계속도는 최소 얼마 이상으로 하는가?

① 산지 60km/h, 평지 80km/h
② 산지 80km/h, 평지 100km/h
③ 산지 100km/h, 평지 120km/h
④ 산지 120km/h, 평지 140km/h

해설 설계속도의 최소값 : 평지는 120km/h, 산지는 100km/h

48 인터체인지의 형식에 대한 설명으로 맞는 것은?

① 불완전 입체교차형은 평면 교차하는 교통동선을 2개소 이상 포함한 형식이다.
② 트럼펫형 입체교차로와 클로버형 입체교차로는 불완전 입체교차형이다.
③ 완전 입체교차형은 평면교차를 포함하지 않고 각 연결로가 독립하고 있는 인터체인지이다.
④ 로터리 입체교차는 연결로를 2개 이상, 차도를 부분적으로 겹쳐서 엇갈림을 수반하지 않는 형식이다.

해설 완전 입체교차형은 평면교차가 없고 교차하는 모든 방향의 도로가 접속 연결로를 갖는 교차방식이다.

49 평면교차로와 그 접속기준에 대한 내용이 옳은 것은?

① 교차하는 도로의 교차각은 45° 이상이 되도록 한다.
② 교차로에서 좌회전 차로가 필요한 경우에는 직진 차로와 통합하여 설치하여야 한다.
③ 평면으로 교차하거나 접속하는 구간에 설치하는 변속차로에 관한 사항은 관할 경찰청장이 정한다.
④ 교차로의 종단경사는 3% 이하이어야 한다.

해설 도로의 교차각은 75°~105°, 변속차로에 관한 사항은 해당 도로 관리주체의 장이 정하고 좌회전 차로는 직진 차로와 분리하여 설치하여야 한다.

50 도로를 설계할 때 설계기준 자동차의 종류가 아닌 것은?

① 소형 자동차
② 중형 자동차
③ 세미트레일러
④ 승용 자동차

해설 설계기준 자동차는 승용, 소형, 대형, 세미트레일러이다.

51 아래와 같은 교통조건을 고려하여 도로를 건설하고자 할 때 필요한 일방향 차로 수는 얼마인가?

- 설계시간 교통량 : 2,100대/시
- 설계서비스 교통량 : 700대/시
- 교통용량 : 2,200대/시/차로/일방향

① 1차로
② 2차로
③ 3차로
④ 4차로

해설
$$N = \frac{수요\ 교통량}{서비스\ 교통량} = \frac{PDDHV}{SF_i} = \frac{2,100}{700} = 3$$

정답 45 ② 46 ② 47 ③ 48 ③ 49 ④ 50 ② 51 ③

52 회전교차로(Roundabout)에 관한 설명 중 옳지 않은 것은?

① 회전교차로의 진입차량이 회전차량보다 통행우선권을 갖는다.
② 일반적인 평면교차로에 비해 상충지점 수가 적다.
③ 자동차는 교차로 중앙의 원형 교통섬을 우회하여 교차로를 통과한다.
④ 신호교차로에 비해 유지·관리의 부담이 적다.

해설
회전교차로는 회전차량이 진입차량보다 먼저 통행우선권을 갖는다.

53 설계속도가 60km/h 이상인 일반도로 1개 차로의 최소폭은 약 얼마인가?

① 3.0~3.5m
② 2.5~3.0m
③ 2.0~2.5m
④ 1.5~2.0m

해설
설계속도 60km/h 이상인 일반도로는 최소 3.0m부터 3.25의 차로폭을 확보하여야 한다. 문제에서 60km/h 이상이라고 하였으므로 시속 70, 80인 경우도 포함하면 3.0~3.5m가 된다.

54 교량 등의 도로구조물 설계 시 고려사항으로 옳지 않은 것은?

① 설계속도
② 설계하중
③ 내진성
④ 내풍안전성

해설
교량계획 시 고려사항은 설계하중, 내진성, 내풍안전성, 수해내구성, 다리 밑 공간이다.

55 평면교차로에 있어서 도류화의 설치목적이 아닌 것은?

① 보행자 안전지대를 설치하기 위한 장소를 제공한다.
② 교통제어시설을 잘 보이는 곳에 설치하기 위한 장소를 제공한다.
③ 교차로 면적을 넓혀 차량 간 상충면적을 줄인다.
④ 차량의 통행속도를 안전한 정도로 통제한다.

해설
교차로 면적을 최소화하여 차량 간 상충면적을 줄여야 한다.

56 도시지역의 일반도로에 설치하는 중앙분리대의 최소폭 기준은?(단, 자동차 전용도로의 경우는 고려하지 않는다.)

① 1.0m
② 1.5m
③ 2.0m
④ 3.0m

해설
도시지역 일반도로의 중앙분리대 최소폭은 1.0m이다.

57 다음은 어떤 형식의 좌회전 연결로를 나타낸 것인가?

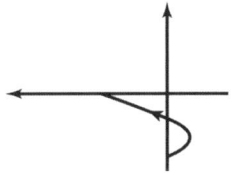

① 준직결식
② 직접연결식
③ 루프식
④ 4분원식

해설
문제의 그림은 좌회전 준직결 연결로 중에서 진행방향 우측으로 유출되어 진행방향 좌측으로 유입되는 방식이다.

58 보호 길어깨의 폭은 얼마를 표준으로 하는가?

① 0.5m
② 1.0m
③ 1.5m
④ 2.0m

해설
보호 길어깨의 표준 폭원은 0.5m이다.

59 다음 중 설계속도와 가장 관계가 먼 것은?

① 시거
② 편경사
③ 차선
④ 곡선반지름

해설
설계속도가 산정식에 포함되지 않는 것은 차선뿐이다.

정답 52 ① 53 ① 54 ① 55 ③ 56 ① 57 ① 58 ① 59 ③

60 다음 중 고속도로 엇갈림(Weaving) 구간에 관한 설명으로 옳지 않은 것은?
   ① 엇갈림 구간의 형태는 엇갈림을 하는 차량이 차로를 변경해야 하는 최소 횟수와 출입지점의 위치에 따라 여러 가지 형태가 생긴다.
   ② 엇갈림 구간의 길이는 엇갈림 구간 진입로와 본선이 만나는 지점에서 진출로 시작 부분까지의 거리로 한다.
   ③ 본선 - 연결로 엇갈림 형태는 각각의 엇갈림 차량들이 원하는 방향으로 주행하기 위하여 반드시 한 번의 차로 변경을 해야 하는 구간을 말한다.
   ④ 엇갈림 구간의 길이는 본선 - 연결로 엇갈림 구간의 경우 최소 150m를 넘게 하는 것이 통행 안전상 바람직하다.

   해설
   본선 - 연결로 엇갈림 구간은 200m, 연결로 - 연결로 엇갈림 구간은 150m를 그 최소길이로 한다.

제4과목 도시계획개론

61 도시계획과정에서 비용편익분석 또는 비용효과분석을 시행하는 단계는?
   ① 목표의 설정
   ② 상황의 분석 및 미래의 예측
   ③ 대안의 선정 및 평가
   ④ 집행

   해설
   비용편익 혹은 비용효과분석을 하는 이유는 대안을 선정하고 선정한 대안의 적정성을 판단하고 평가하기 위함이다.

62 도로구간에서 직선부와 곡선부를 원활하게 연결하기 위한 곡선은?
   ① 완화곡선   ② 배향곡선
   ③ 복합곡선   ④ 산형곡선

   해설
   도로구간에서 직선부와 곡선부를 원활하게 연결하기 위해 삽입하는 곡선을 완화곡선이라 한다.

63 인구밀도가 400인/ha이 되는 500세대 아파트 단지를 건설하려면 필요한 토지 규모는 얼마인가?(단, 1세대는 4인으로 구성)
   ① 2ha   ② 3ha   ③ 4ha   ④ 5ha

   해설
   $$\text{토지 규모} = \frac{\text{예측된 인구(인)}}{\text{인구밀도(인/ha)}} = \frac{500 \times 4}{400} = 5\text{ha}$$

64 우리나라의 국토 및 도시계획 관련 법률을 먼저 제정된 순서로 바르게 나열한 것은?
   ① 주택건설촉진법 - 수도권정비계획법 - 택지개발촉진법 - 도시개발법
   ② 주택건설촉진법 - 택지개발촉진법 - 수도권정비계획법 - 도시개발법
   ③ 택지개발촉진법 - 주택건설촉진법 - 수도권정비계획법 - 도시개발법
   ④ 택지개발촉진법 - 주택건설촉진법 - 도시개발법 - 수도권정비계획법

   해설
   주택건설촉진법(1972년 12월 30일), 택지개발촉진법(1980년 12월 31일), 수도권정비계획법(1982년 12월 31일), 도시개발법(2000년 1월 28일) 순이다.

65 어니스트 버지스(Ernest W. Burgess)의 동심원 지대이론에 나타나지 않는 지대는?
   ① 점이지대   ② 공업지대
   ③ 통근자지대   ④ CBD

   해설
   동심원 이론에서는 1권역 : 중심업무지구, 2권역 : 점이지대, 3권역 : 저급, 중산층 주택지구, 4권역 : 고급 주택지구, 5권역 : 통근권이 나타난다.

66 4단계 교통수요추정 과정의 순서로 옳은 것은?
   ① 통행발생 - 수단선택 - 통행분포 - 통행배분
   ② 통행배분 - 수단선택 - 통행분포 - 통행발생
   ③ 통행발생 - 통행분포 - 수단선택 - 통행배분
   ④ 통행분포 - 통행발생 - 수단선택 - 통행배분

정답 60 ④ 61 ③ 62 ① 63 ④ 64 ② 65 ② 66 ③

> **해설**
> 4단계 교통수요추정 과정은 발생, 분포, 수단선택, 배분 순이다.

67 우리나라 국토계획(1~4차)의 기본목표로 가장 거리가 먼 것은?

① 제1차 국토계획(1972~1981) : 국토이용관리의 효율화
② 제2차 국토계획(1982~1991) : 지방분산형 국토 골격의 형성
③ 제3차 국토계획(1992~2001) : 통일에 대비한 기반의 조성
④ 제4차 국토계획(2000~2020) : 더불어 잘 사는 균형국토

> **해설**
> 제2차 국토계획에서는 국토의 균형적인 발전과 국민복지 향상을 기본목표로 삼았다.

68 기존의 도로를 확장하는 경우에 고려할 사항으로 옳지 않은 것은?

① 기존의 도로 주변토지의 이용효율을 고려한다.
② 공사의 난이도를 고려한다.
③ 기존 도로의 선형을 고려한다.
④ 가급적 기존의 도로 양쪽 방향으로 확장한다.

> **해설**
> 기존 도로를 확장하는 경우에는 원칙적으로 한쪽 방향으로 확장한다.

69 다음 중 서구도시의 시대별 토지이용을 결정하는 주요 요인의 연결이 옳지 않은 것은?

① 선사시대 - 공동체적 요인
② 고대 - 권력적 요인
③ 중세 - 공동체적 요인
④ 근세 - 권력적 요인

> **해설**
> 서구도시의 시대별 토지이용은 고대 - 권력, 중세 - 공동체, 근세에 다시 권력요인으로 변경되었다. 선사시대에는 자연적 조건이 토지이용결정의 주요한 요인으로 작용하였다.

70 일반주거지역을 1종, 2종, 3종으로 세분화할 경우, 2종 일반주거지역에 해당하는 주거지역의 특성은?

① 저층주택을 중심으로 편리한 주거환경을 조성하기 위하여 필요한 지역
② 중·고층주택을 중심으로 편리한 주거환경을 조성하기 위하여 필요한 지역
③ 간선도로변을 중심으로 편리한 주거환경을 조성하기 위하여 필요한 지역
④ 중층주택을 중심으로 편리한 주거환경을 조성하기 위하여 필요한 지역

> **해설**
> 제2종 일반주거지역은 중층주택을 중심으로 편리한 주거환경을 조성하기 위하여 필요한 지역이다.

71 개발밀도관리구역의 지정기준이 틀린 것은?

① 당해 지역의 도로율이 국토교통부령이 정하는 용도지역별 도로율에 20% 이상 미달하는 지역
② 향후 2년 이내에 당해 지역의 수도에 대한 수요량이 수도시설의 시설용량을 초과할 것으로 예상되는 지역
③ 향후 2년 이내에 당해 지역의 하수발생량이 하수시설의 시설용량을 초과할 것으로 예상되는 지역
④ 향후 2년 이내에 당해 지역의 학생 수가 학교 수용능력을 30%이상 초과할 것으로 예상되는 지역

> **해설**
> 향후 2년 이내에 당해 지역의 학생 수가 학교수용능력을 20% 이상 초과할 것으로 예상되는 지역을 기준으로 한다.

72 가로망의 구성형태 중 인구 100만 이상의 대도시 계획에 적합하고 횡적인 연결은 환상선으로, 도심부와 교외 및 외곽은 방사선으로 연결하며 도쿄, 파리에 이용한 방법은?

① 방사환상형   ② 혼합형
③ 대각선삽입형 ④ 방사형

> **해설**
> 방사환상형 가로망은 파리, 모스크바, 도쿄 등이 해당한다.

정답 67 ② 68 ④ 69 ① 70 ④ 71 ④ 72 ①

73. 다음 중 토지·건축 관련 행정자료에 포함되지 않는 것은?

① 산업총조사
② 토지이용계획확인서
③ 토지특성조사표
④ 재산세 과세대상

해설
토지·건축 관련 행정자료인 토지, 재산세 등과 관련 없는 것은 산업총조사 자료이다.

74. 다음 중 선형체계와 비슷하나 보행자 전용도로를 축으로 놀이터, 공원, 집회소 등이 배치되어 기본 주 동선을 유지하면서 외부공간을 체계적으로 구성할 수 있는 보행자 전용도로의 구성 형식은?

① 평행형 체계(Parallel System)
② 포도송이형 체계(Cluster System)
③ 망상형 체계(Network System)
④ 입체형 체계(Spatial System)

해설
포도송이형 체계의 정의를 묻는 문제이다.

75. 다음 중 도로율 최소 기준이 가장 높은 용도지역은?(단, 도시·군계획시설의 결정·구조 및 설치기준에 관한 규칙에 따른다.)

① 주거지역
② 상업지역
③ 공업지역
④ 녹지지역

해설
용도지역별 도로율 최소기준은 주거 20%, 상업 25%, 공업 10%이다.

76. 허드슨(Hudson)은 계획이론의 발전과 변화과정을 종합하여 계획을 분류했는데 다음 중 가장 거리가 먼 것은?

① 종합적 계획
② 절차적 계획
③ 교류적 계획
④ 급진적 계획

해설
허드슨은 계획이론의 발전과 변화과정을 종합적 계획, 점진적 계획, 급진적 계획, 옹호적 계획, 교류적 계획으로 분류하였다.

77. 가구 내부의 국지도로망 구성형식 중 막다른 도로의 형태로 통과교통이 최대한 배제되고 부정형적인 지형에도 적용이 용이하며 주거환경의 쾌적성과 안정성을 모두 확보할 수 있는 것은?

① 격자형
② T자형
③ 쿨데삭형
④ 루프형

해설
쿨데삭(Cul-de-sac)형의 정의를 묻는 문제이다.

78. 인간정주사회의 구성요소를 인간, 사회, 자연, 네트워크 구조물의 다섯 가지로 제시하고 인간정주공간을 15개의 단위로 구분하여 설명한 학자는?

① 로버트 오웬
② 제임스실크 버킹검
③ 아디케스
④ 독시아디스

해설
지리적·공간적 차원으로서 인간정주사회의 최소 단위인 하나의 인간에서 출발하여 구성요소를 인간, 사회, 자연, 네트워크 구조물의 다섯 가지로 제시하고 15단계의 공간단위로 분류한 학자는 독시아디스(C.A. Doxiadis)이다.

79. 다음 중 도로에 대한 설명으로 옳지 않은 것은?

① 도로는 망으로 구성됨으로써 지역과 시설을 연계한다.
② 가구(街區)나 근린주구 등의 도시공간을 구획한다.
③ 도로는 위계와 기능에 따라 계층적 구조를 갖는다.
④ 도시환경 정비에 있어 위생시설로써 중요하다.

해설
도로는 위생시설은 아니다.

80. 다음 중 초등학교를 중심으로 하며, 어린이공원, 소운동장, 우체국, 동사무소 등이 배치되는 일상생활권에 해당하는 근린생활권의 위계는?

① 인보구
② 유보구역
③ 근린주구
④ 근린분구

해설
어린이들이 도로를 가로지르지 않고 안전하게 초등학교를 통학할 수 있는 초등학교 도보권(徒步權)을 기준으로 설정되는 단위 주거구역으로 어린이공원, 소운동장, 우체국, 동사무소 등이 배치되는 생활권을 근린주구라 한다.

정답 73 ① 74 ② 75 ② 76 ② 77 ③ 78 ④ 79 ④ 80 ③

제5과목 교통관계법규

81 도로의 설계속도가 20km/h 미만인 경우, 오르막 또는 내리막 경사 주의표지를 설치할 수 있는 경사도의 한계치는 몇 %인가?

① 10% ② 9% ③ 8% ④ 7%

[해설] 20km/h 미만인 경우는 10%를 한계치로 한다.

82 국가통합교통체계효율화법 시행규칙에서 제시하고 있는 타당성 평가 대상사업에서 제외하는 경우에 대한 설명으로 옳지 않은 것은?

① 교통시설의 유지·보수 등 기존 시설의 효율증진을 위한 단순개량과 보수
② 재해예방·복구지원 등 시급히 추진할 필요가 있는 사업
③ 국가교통위원회 심의를 거쳐 국토교통부장관이 평가대상에서 제외하는 것이 타당하다고 인정한 사업
④ 총 사업비 300억 원 이상인 공공교통시설 개발사업

[해설] 단순히 총 사업비 300억 이상인 공공교통시설 개발사업은 타당성 평가 대상사업에 해당한다.

83 다음 중 도로교통법상 원칙적으로 도로를 횡단하는 보행자의 안전을 위하여 횡단보도를 설치할 수 있는 자는?

① 시장 또는 군수 ② 국토교통부장관
③ 지방경찰청장 ④ 지역도로 관리청장

[해설] 도로교통법상 횡단보도의 설치권자는 지방경찰청장이다.

84 국가통합교통체계효율화법에 있는 국가교통조사에 관한 설명 중 옳지 않은 것은?

① 국가교통조사계획은 5년 단위로 국가교통위원회의 심의를 거쳐 수립하여야 한다.
② 국가교통조사의 목적은 국가교통정책을 합리적으로 수립·시행하기 위함이다.
③ 국가교통조사 시 소속 공무원은 타인 소유의 토지를 임의로 사용·출입할 수 있다.
④ 국토교통부장관은 국가교통조사를 위해 공공기관의 장에 대하여 필요한 자료의 제출을 요청할 수 있다.

[해설] 국가교통조사 시 소속 공무원은 교통시설 외 타인 소유의 토지 등을 출입 또는 사용할 수 있지만, 토지 소유자·점유자 또는 관리자의 동의를 받은 경우에 한한다.

85 도로교통법상 긴급 시 긴급자동차의 통행에 관한 설명 중 옳지 않은 것은?

① 긴급자동차의 운전자는 교통의 안전에 특히 주의하면서 통행하여야 한다.
② 긴급자동차의 경우에도 도로 통행 제한속도는 준수하여야 한다.
③ 법에 따라 정지하여야 하는 경우에도 불구하고 긴급하고 부득이한 경우에는 정지하지 아니할 수 있다.
④ 모든 차의 운전자는 교차로에서 긴급자동차가 접근하는 경우에 교차로를 피하여 도로의 우측 가장자리에 일시정지하여야 한다.

[해설] 긴급자동차는 긴급자동차에 대하여 속도를 제한한 경우를 제외하고 속도제한을 적용받지 않는다.

86 도로교통법상 노면 표시 중 중앙선 표시는 차도 폭이 최소 몇 m 이상인 도로에 설치하는가?

① 12m ② 10m
③ 8m ④ 6m

[해설] 도로교통법 시행규칙 별표 6에 따라 중앙선 표시는 차도 폭 6미터 이상인 도로에 설치한다.

87 도로법령에 따른 서울특별시 도로원표의 위치는?

① 숭례문 광장의 중앙 ② 시청 앞 광장의 중앙
③ 서울역 광장의 중앙 ④ 광화문 광장의 중앙

정답 81 ① 82 ④ 83 ③ 84 ③ 85 ② 86 ④ 87 ④

> **해 설**
> 도로법 제50조에 따라 서울특별시의 도로원표는 서울특별시장이 설치·관리하며, 그 위치는 광화문 광장의 중앙으로 한다.

88 도로의 관리청은 도로경계선으로부터 얼마를 초과하지 아니하는 범위 안에서 접도구역을 지정할 수 있는가?(단, 고속국도 제외)

① 50m ② 40m ③ 30m ④ 20m

> **해 설**
> 도로법 제49조(접도구역의 지정 등)에 따라 관리청은 도로 구조의 손궤 방지, 미관 보존 또는 교통에 대한 위험을 방지하기 위하여 도로경계선으로부터 20미터를 초과하지 아니하는 범위에서 대통령령으로 정하는 바에 따라 접도구역(接道區域)으로 지정할 수 있다.

89 교통에 방해되어 제거한 인공구조물 등을 보관한 때에는 보관한 날부터 며칠간 그 경찰서의 게시판에 공고하여야 하는가?

① 5일 ② 10일 ③ 14일 ④ 30일

> **해 설**
> 도로교통법 시행령 제34조(인공구조물 등의 보관 등)에 따라 경찰서장은 스스로 제거한 인공구조물 등이나 그 매각대금을 보관하는 경우에는 이를 보관한 날부터 14일간 그 경찰서의 게시판에 공고하고, 행정자치부령으로 정하는 바에 따라 열람부를 작성·비치하여 관계자가 열람할 수 있도록 하여야 한다.

90 교통안전법상 국토교통부장관은 국가의 전반적인 교통안전수준의 향상을 위하여 교통안전에 관한 기본계획을 몇 년 단위로 수립하여야 하는가?

① 1년 ② 3년 ③ 5년 ④ 10년

> **해 설**
> 교통안전법 제15조(국가교통안전기본계획)에 의거 국토교통부장관은 국가의 전반적인 교통안전수준의 향상을 도모하기 위하여 교통안전에 관한 기본계획을 5년 단위로 수립하여야 한다.

91 도로교통법상 차로에 관한 설명으로 옳은 것은?

① 차로의 순위는 도로의 우측부터 1차로로 한다.
② 차로 수에 따라 통행차량의 종별이 지정된다.
③ 1차로는 완속 주행차로이다.
④ 우측 차로는 앞지르기 차로로 통용된다.

> **해 설**
> 도로교통법 시행규칙 제16조(차로에 따른 통행구분)에 따르면 차로 수에 따라 통행차의 기준이 별표로 정해져 있음을 알 수 있다.

92 노외주차장에서의 주차행위제한 대상에 포함되지 않는 행위는?

① 하역주차구획에 화물자동차를 주차하는 경우
② 정당한 사유 없이 주차요금을 납부하지 아니하고 주차하는 경우
③ 주차장의 지정된 주차구획 외의 곳에 주차하는 경우
④ 주차장을 주차장 외의 목적으로 이용하는 경우

> **해 설**
> 화물을 내리기 위해 하역주차구획에 화물자동차가 주차하는 것은 제한대상에 포함되지 않는다.

93 국가통합교통체계효율화법에 규정하고 있는 타당성 평가 대행자의 준수사항에 대한 설명 중 옳지 않은 것은?

① 타당성 평가의 주요 내용을 무단으로 복제하여 작성하여서는 아니 된다.
② 작성의 기초가 되는 자료를 거짓으로 작성하면 아니 된다.
③ 교통조사지침과 투자평가지침의 내용과 다르게 조사, 분석하거나 예측할 수 있다.
④ 국가교통 데이터베이스와 국가교통조사서를 기초자료로 교통수요를 예측하여야 한다.

> **해 설**
> 국가통합교통체계효율화법 제23조(평가대행자의 준수사항)에 의거 교통조사지침 또는 투자평가지침의 내용과 다르게 교통 수요를 조사·분석하거나 예측하여서는 아니 된다.

94 교통행정기관이 운행기록장치 장착의무자 및 차량운전자로부터 제출받은 운행기록을 점검·분석하여 운행기록장치 장착의무자 및 차량운전자에게 취할 수 있는 조치 사항이 아닌 것은?

① 교통안전점검의 실시
② 허가·등록의 취소
③ 교통수단 개선 권고
④ 교통수단운영체계 개선 권고

> **[해설]**
> 교통안전법 제55조(운행기록장치의 장착 및 운행기록의 활용 등)에 의거 교통행정기관은 교통안전점검의 실시나 교통수단 및 교통수단운영체계의 개선 권고 조치를 제외하고는 분석결과를 이용하여 운행기록장치 장착의무자 및 차량운전자에게 이 법 또는 다른 법률에 따른 허가·등록의 취소 등 어떠한 불리한 제재나 처벌을 하여서는 아니 된다.

95 도시교통정비 기본계획에 포함해야 할 사항이 아닌 것은?

① 자전거 이용시설의 확충
② 유출입 교통대책
③ 교통체계 관리 및 교통 소통의 개선
④ 교통의식의 개선

> **[해설]**
> 도시교통정비 기본계획에는 다음 각 호의 사항이 포함되어야 한다.
>   2. 다음 사항이 포함되는 부문별 계획
>   가. 유출입(流出入) 교통대책 및 도로·철도·도시철도 등 광역교통체계의 개선
>   라. 교통체계 관리 및 교통소통의 개선
>   바. 자전거 이용시설의 확충

96 다음 중 교통유발부담금의 부과대상 시설물 기준이 옳은 것은?(단, 주택법의 규정에 따른 주택단지에 위치한 시설물로서 도로변에 위치하지 아니한 시설물인 경우는 고려하지 않음)

① 해당 시설물의 각 층 바닥면적을 합한 면적이 1,000m² 이상인 시설물
② 해당 시설물의 각 층 바닥면적을 합한 면적이 1,500m² 이상인 시설물
③ 해당 시설물의 각 층 바닥면적을 합한 면적이 2,000m² 이상인 시설물
④ 해당 시설물의 각 층 바닥면적을 합한 면적이 3,000m² 이상인 시설물

> **[해설]**
> 도시교통정비촉진법 시행령 제16조(교통유발부담금의 부과대상)에 의거 해당 시설물의 각 층 바닥면적을 합한 면적이 1천 제곱미터 이상인 시설물을 말한다.

97 다음 중 교통안전관리자의 종류에 해당하지 않는 것은?

① 도로교통안전관리자
② 선박교통안전관리자
③ 항공교통안전관리자
④ 삭도교통안전관리자

> **[해설]**
> 교통안전관리자는 도로, 철도, 항공, 항만, 삭도교통안전관리자로 구분된다.

98 다음 중 도로교통법상 모든 차의 운전자가 서행하여야 하는 장소에 해당하지 않는 것은?

① 터널 내부
② 교통정리를 하고 있지 아니하는 교차로
③ 도로가 구부러진 부근
④ 비탈길의 고갯마루 부근

> **[해설]**
> 도로교통법 제31조(서행 또는 일시정지할 장소)에 의거 교통정리를 하고 있지 아니하는 교차로, 도로가 구부러진 부근, 비탈길의 고갯마루 부근, 가파른 비탈길의 내리막에서는 서행하여야 한다.

99 다음 중 도로법상 지방도라고 볼 수 없는 것은?

① 도청 소재지로부터 시청 또는 군청 소재지에 이르는 도로
② 특별자치도에 있거나 이와 밀접한 관계가 있는 공항·항만·역을 연결하는 도로
③ 시청 또는 군청 소재지를 연결하는 도로
④ 읍사무소 또는 면사무소 소재지를 연결하는 도로

> **[해설]**
> 도로법 제17조(군도의 지정·고시)에 의거 군청 소재지에서 읍사무소 또는 면사무소 소재지에 이르는 도로, 읍사무소 또는 면사무소 소재지를 연결하는 도로, 군의 개발을 위하여 특히 중요한 도로를 군도라 한다.

정답 95 ④ 96 ① 97 ② 98 ① 99 ④

100 도시교통의 원활한 소통과 교통편의 증진을 위해 지정하는 교통혼잡 특별관리구역과 교통혼잡 특별관리시설물의 지정기준으로 옳지 않은 것은? (단, "혼잡시간대"란 일정한 구역을 둘러싼 편도 3차로 이상 도로 중 적어도 1개 이상 도로의 시간대별 평균 통행 속도가 시속 10km 미만인 상태를 뜻한다.)

① 혼잡시간대가 토·일요일과 공휴일을 제외한 평일 평균 하루 3회 이상 발생할 경우 교통혼잡 특별관리구역으로 지정한다.
② 혼잡시간대에 그 구역으로 진입 또는 진출하는 교통량이 해당 도로 한쪽 방향 교통량의 15퍼센트 이상을 차지할 경우 교통혼잡 특별관리구역으로 지정한다.
③ 시설물이 유발하는 교통량으로 인하여 해당 시설물의 주 출입구에 접한 도로의 혼잡시간대가 시설물이 유발하는 교통량이 토·일요일과 공휴일을 포함한 주중 가장 많은 날을 기준으로 하루 3회 이상 발생할 경우 교통혼잡 특별관리시설물로 지정한다.
④ 혼잡시간대에 해당 도로를 통하여 당해 시설물로 진입 또는 진출하는 교통량이 그 도로 한쪽 방향 교통량의 15퍼센트 이상일 경우 교통혼잡 특별관리시설물로 지정한다.

해 설
교통혼잡 특별관리시설물은 혼잡시간대에 해당 도로를 통하여 해당 시설물로 진입하거나 진출하는 교통량이 그 도로 한쪽 방향 교통량의 10퍼센트 이상인 경우이다.

제6과목 교통안전

101 다음 중 도로 운영과 사고에 관한 설명으로 옳지 않은 것은?

① 교차로 부근에 주차를 하면 사고가 많아진다.
② 노상주차를 금지하면 사고가 줄어든다.
③ 주 교통류의 출입이 특정 지점에서만 허용되는 완전출입제한은 교통사고 감소에 효과적이다.
④ 일방통행도로는 대향교통이 없으므로 정면충돌사고는 없지만 측면충돌사고가 많다.

해 설
일방통행도로는 후방추돌사고가 많다.

102 다음 중 차량이 평면곡선부를 주행할 때 곡선부 바깥쪽으로 원심력이 작용하여 차량이 도로 밖으로 이탈하는 것을 막기 위하여 도로의 설계 시 반영하는 요소는?

① 최소정지시거 ② 도로의 확폭
③ 충격흡수시설 ④ 편경사

해 설
차량이 평면곡선부를 주행할 때 곡선부 바깥쪽으로 원심력이 작용하여 차량이 도로 밖으로 이탈하는 것을 막기 위하여 도로의 설계 시 반영하는 것을 편경사라 한다.

103 다음 중 도로 상에 나타난 스키드 마크(Skid Mark)로부터 차량의 제동 시 속도를 추정하기 위한 요인으로 가장 거리가 먼 것은?

① 스키드 마크의 길이
② 교통류율
③ 타이어와 노면의 마찰계수
④ 노면의 종단경사

해 설
차량의 제동 시 초기 속도 산출은 의 공식에 의한다. 따라서 영향을 미치는 요인은 마찰계수, 종단경사, 스키드 마크의 길이이다. 교통류율은 관계가 없다.

104 다음 중 야간에 발생하는 교통사고를 감소시키기 위한 안전대책으로 가장 거리가 먼 내용은?

① 조명시설의 신설 또는 증설
② 차로 폭의 재조정
③ 곡선부의 시선유도표지 설치
④ 주의표지 설치

해 설
야간사고 예방을 위해 개선해야 할 것은 빛의 확보를 통한 시인성과 주의력의 증대이다. 노면 재포장 또는 차로폭 재조정은 야간사고 감소를 위한 직접적인 대책으로 보기 어렵다.

정답 100 ④ 101 ④ 102 ④ 103 ② 104 ②

105 교차로의 일반적인 교통사고 특성에 대한 설명 중 옳지 않은 것은?

① 3지 교차로가 4지 교차로보다 사고율이 낮다.
② 교통량이 많을수록 사고율이 낮다.
③ 좌회전 교통량이 많을수록 사고율이 높다.
④ 비보호좌회전이 보호좌회전보다 사고율이 높다.

해 설
좌회전 교통량보다 부도로와 주도로가 교차하는 곳에서 부도로의 교통량에 의해 크게 영향을 받는다.

106 다음 중 현황도의 내용에 포함되지 않는 것은?

① 신호현시 ② 주변의 토지이용현황
③ 운전자 연령 ④ 시야 장애물

해 설
현황도 내용에 운전자 연령은 포함되지 않는다.

107 교통안전 개선사업의 효과 측정을 위한 평가과정은 다음 순서와 같다. 여기서 "유의성 검정"은 어느 위치에 들어가야 하는가?

㉠ 평가계획 수립	㉡ 자료의 수집
㉢ 효과척도 비교	㉣ 경제성 분석
㉤ 평가서류 작성	

① ㉠과 ㉡ 사이 ② ㉡과 ㉢ 사이
③ ㉢과 ㉣ 사이 ④ ㉣과 ㉤ 사이

해 설
유의성 검정은 효과척도를 적용한 통계적 검증 등의 효과 유무를 검증하는 데 사용한다. 유의한 것으로 판명되면 경제성 분석을 수행한다.

108 위험지점의 개선으로 얻게 되는 2차 편익으로 가장 거리가 먼 것은?

① 차량 혼잡의 감소
② 개선된 차도 및 노변의 기하구조
③ 운행속도의 적정화
④ 교통량 감소

해 설
위험지점을 개선한다고 해서 교통량이 감소되지는 않는다.

109 교차로에서의 사고를 방지하기 위한 통행권 확립 방안에 해당되지 않는 것은?

① 신호등 ② 양보표지
③ 일시정지표지 ④ 제한속도표지

해 설
속도를 제한하는 것으로 통행권을 확립할 수는 없다.

110 도로를 주행하다 급정거한 차량의 활주흔을 조사한 결과 15m가 나타난 다음 2m 지나서 다시 5m가 계속되었다. 이 차량의 제동 전 초기속도는 얼마인가?(단, 타이어-노면 마찰계수는 0.7이며, 평탄구간이다.)

① 57.63km/h ② 58.63km/h
③ 59.63km/h ④ 60.63km/h

해 설
$$V = \sqrt{254(f+i)l} = \sqrt{254(0.7+0) \times 20} = 59.63 km/h$$

111 다음 중 사고충돌도의 표시기호에 대한 설명으로 옳지 않은 것은?

① ⟶ : 차량의 경로
② ⤴ : 전복한 차량
③ →⊢ : 추돌사고
④ ☐ : 주차차량

해 설
☐는 고정물체를 의미한다.

112 방호책의 효과에 관련된 설명으로 옳지 않은 것은?

① 주행차량의 도로 이탈을 방지한다.
② 도로 이탈 차량의 진행방향을 복원시킨다.
③ 운전자의 시선을 유도한다.
④ 횡단하는 보행자를 보호한다.

해 설
방호책은 운전자의 시선을 유도하고 차량의 진행방향 복원과 도로 이탈 등을 방지하는 역할을 한다. 횡단하는 보행자는 별도의 보호시설이 필요하다.

정답 105 ③ 106 ③ 107 ③ 108 ④ 109 ④ 110 ③ 111 ④ 112 ④

113 다음 중 도로의 횡단면과 사고에 대한 일반적인 설명으로 옳지 않은 것은?

① 노면의 마찰계수가 작을수록 사고율이 낮다.
② 차로폭이 넓은 도로가 그렇지 않은 도로보다 사고율이 낮다.
③ 차도와 길어깨를 구획하는 노면표시를 하면 사고가 감소한다.
④ 억제형이나 방책형의 중앙분리대를 설치할 경우 중앙분리대를 설치하지 않을 때에 비해 사고율이 그다지 감소하지 않는다.

해 설
마찰계수는 작을수록 미끄러운 것이므로 작을수록 사고율이 높아지는 상관관계를 갖는다.

114 일반적인 교차로의 사고 방지대책이 아닌 것은?

① 좌회전 전용차로를 설치한다.
② 횡단보도와 정지선 간의 간격을 좁혀서 차량 통행시간을 줄인다.
③ 입체분리시설(육교 및 지하도)을 설치한다.
④ 필요한 지점에 차량 및 보행자 신호기를 설치한다.

해 설
횡단보도와 정지선의 간격이 넓을수록 보행자 교통안전 확보에 유리하다.

115 다음 중 교통사고 발생을 억제시키는 조치는?

① 비신호 교차로에 점멸등 설치
② 위험지역에 가드 레일(Guard Rail) 설치
③ 충격흡수시설 설치
④ 운전자용 에어백

해 설
사고를 미연에 방지하기 위한 조치는 점멸등 설치이다.

116 한 차량이 도로를 벗어나 높이 5m의 언덕 아래로 추락하였다. 도로의 끝으로부터 추락한 차량까지의 거리가 10m라면 초기 속도는 얼마인가?

① 34.1km/h   ② 35.6km/h
③ 37.1km/h   ④ 38.6km/h

해 설
1) 추락 시간$(t) = \sqrt{\dfrac{2h}{g}}$ 초 $= \sqrt{\dfrac{2 \times 5}{9.8}}$ 초 $= 1.0102$초
2) 추락순간속도$(U) = \dfrac{d}{t} = \dfrac{10}{1.0102} = 9.899$m/s
$= 35.64$km/h

117 아스팔트로 포장된 5% 경사의 오르막길을 72km/h의 속도로 달리던 자동차가 위험을 인지하고 급제동할 경우 충돌 없이 안전하게 정지하기 위하여 필요한 최소 거리는 약 얼마인가?(단, 노면과 타이어 간의 마찰계수는 0.8, 인지반응시간은 1초로 한다.)

① 35m   ② 44m
③ 56m   ④ 62m

해 설
$$mssd = \dfrac{V}{3.6} \cdot t + \dfrac{V^2}{254(f \pm g)}$$
$$= \dfrac{72}{3.6} \times 1 + \dfrac{72^2}{254(0.8 \pm 0.05)} = 44.01\text{m}$$

118 다음 중 차량의 미끄럼 흔적에 대한 설명 중 옳지 않은 것은?

① 양 후륜의 미끄럼 흔적들 모두가 전륜의 미끄럼 흔적을 벗어나지 않으면 직선미끄럼으로 간주한다.
② 직선미끄럼 거리는 당해 차량의 모든 바퀴들의 미끄럼 흔적 중 가장 긴 미끄럼 길이로 한다.
③ 두 개의 타이어를 가진 바퀴의 미끄럼 거리는 두 타이어의 미끄럼 흔적의 평균거리로 한다.
④ 양 후륜의 미끄럼 흔적들이 전륜의 미끄럼흔적의 어느 한쪽을 벗어나면 곡선의 미끄럼으로 간주한다.

해 설
두 개의 타이어를 가진 바퀴의 미끄럼 거리는 두 타이어의 미끄럼 흔적 중 가장 긴 거리로 한다.

119 제한된 시거에 의해 발생하는 비신호 교차로에서의 직각 충돌에 대한 일반적 예방책으로 적절하지 않은 것은?

① 가각주차 제한
② 가로조명 개선
③ 횡단보도 설치
④ 시야장애물 제거

해 설
횡단보도를 설치하는 것은 제한된 시거에 의해 발생하는 차량의 직각충돌을 방지하기 위한 예방책이 될 수 없다.

120 다음 중 교통사고 자료의 수집 시 일반적인 고려사항에 대한 설명으로 적절하지 않은 것은?

① 교통사고의 발생장소에 대한 위치정보는 X·Y 좌표를 이용하는 것보다 주소체계를 활용하여 기입하는 것이 향후 교통사고 자료를 활용할 때 더욱 편리하다.
② 교통사고조사 양식은 가급적 코드화시켜 조사자에 따라 내용이 달라질 수 있는 여지를 줄이는 것이 좋다.
③ 도로교통사고 조사양식은 주기적으로 그 타당성을 검토하는 것이 바람직하다.
④ 도로교통사고 자료는 가급적 지리정보체계(GIS)를 통해 관리하여 향후 활용성을 높이는 것이 바람직하다.

해 설
주소체계보다 X·Y 좌표를 이용하는 것이 보다 정확하고 편리하다.

4회 2015년 기출문제

제1과목 교통계획

01 다음 중 통행수요를 예측하기 위한 비집계모형(Disaggregate Model)의 장점이 아닌 것은?

① 존 단위로 집계된 가구면접 O-D 자료를 이용하여 평균값을 예측하는 데 유용하다.
② 집계모형에서 다루기 어려운 비선형 관계를 나타낼 수 있다.
③ 효율적으로 점검하고 수정할 수 있다.
④ 자료를 더욱 신속하게 평가하고 분석할 수 있다.

해설
O-D자료를 사용하여 예측하는 것은 집계모형의 특징이다. 비집계모형은 존 단위 정보를 사용하지 않는다.

02 지하철 요금과 승객 수요 간의 그래프가 다음과 같을 경우 요금이 200원에서 250원으로 오를 때 승객 수요 탄력성은?

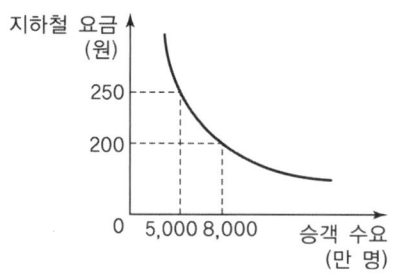

① -0.01 ② -0.5 ③ -1.0 ④ -1.5

해설
$$e = \frac{\frac{\partial V}{V_0}}{\frac{\partial P}{P_0}} = \frac{\frac{-3,000}{8,000}}{\frac{50}{200}} = -1.5$$

03 도로사업 시행으로 초기 연도(2011년)에만 사업비가 6억 원이 투입되었고 2012년에 1억 원, 2013년에 3억 원, 2014년에 3억 원의 편익이 발생하였을 때 3년간의 편익/비용비(B/C)로 옳은 것은?(단, 할인율은 4.5%이다.)

① 약 0.85 ② 약 1.06
③ 약 1.17 ④ 약 1.20

해설
$$B/C = \frac{\frac{1}{(1.045)^1} + \frac{3}{(1.045)^2} + \frac{3}{(1.045)^3}}{6}$$
$$= 1.056 , \therefore 약 1.06$$

04 다음 중 준대중교통수단(Para-Transit)에 대한 설명으로 옳지 않은 것은?

① 대중교통수단과 달리 이용자보다 공급자의 선택에 의해 서비스를 제공한다.
② 특정한 노선을 갖지 않고 이용자의 요구에 따라 운행된다.
③ 일정한 배차간격을 갖고 있지 않을 수도 있다.
④ 요금과 같이 일정한 규정을 만족시키는 모든 이용자는 항상 이용이 가능하다.

해설
준대중교통수단은 이용자의 선택에 의해 서비스를 제공하는 특성이 있다.

05 다음 중 교통의 기능으로 옳지 않은 것은?

① 유사시 국가 방위에 중요한 역할을 한다.
② 도시화를 촉진시키고 대도시와 주변 도시를 유기적으로 연결시킨다.
③ 사람 및 재화의 이동을 촉진시켜 지역의 균형발전에 기여한다.
④ 생산성을 감소시키고, 생산비를 증가시켜 산업활동을 촉진시킨다.

해설
교통은 생산성을 증대시키고 생산비를 감소시켜 산업활동을 촉진시키는 기능을 한다.

06 다음 중 통행분포(Trip Distribution) 단계에서 사용하는 모형이 아닌 것은?

① 균일성장률법 ② 중력모형법
③ 증감률법 ④ 간섭기회모형

해설
통행분포 단계에서는 성장인자모형, 중력모형, 간섭기회모형, 엔트로피 극대화 모형이 사용된다.

정답 01 ① 02 ④ 03 ② 04 ① 05 ④ 06 ③

07 연평균 일교통량(AADT;Annual Average Daily Traffic)에 관한 설명으로 옳은 것은?

① 1년간 총 통과차량 수로, 한 지역의 연간 통행량 산출에 사용된다.
② 첨두 시 동안의 교통량의 변화, 교통용량의 한계 산출에 사용된다.
③ 도로의 현재 통행 수요 파악, 차로 수 결정, 간선도로 체계의 개발에 사용된다.
④ 첨두 시의 첨두길이 및 첨두 정도 판단, 교통제어 방법 결정에 사용된다.

해설
연평균 일교통량을 산출하는 목적은 수요파악을 통한 차로 수 결정, 도로 개발을 위해서이다.

08 다음 중 교통의 분류와 그 특성에 대한 설명으로 옳지 않은 것은?

① 교통을 크게 공간과 수단으로 구분할 때, 공간적 분류는 교통이 일어나는 지역적 규모에 따라 분류하는 것이다.
② 공간적 분류에 의한 지역교통은 도시 내 교통의 효율성 증진을 목표로 도시 경제활동을 위한 교통서비스로서 단거리 이동이 많은 특성을 갖는다.
③ 지구교통은 안전하고 쾌적한 보행자 공간의 확보와 대중교통체계의 접근성 확보를 목표로 하여, 보행교통지구 내의 교통을 처리하는 특성을 갖는다.
④ 교통수단에 의한 분류는 승객이나 화물이 이용하는 교통수단을 유형별로 분류하는 방법으로 개인교통수단, 대중교통수단, 화물교통수단, 보행교통수단 등 다양한 분류가 가능하다.

해설
공간적 분류에 의한 지역교통은 장거리 이동이 많은 특성을 나타낸다.

09 TSM(Transportation System Management) 기법에서 교통수요를 억제시키는 방법으로 적합하지 않은 것은?

① 주차제한구역 확대
② 버스전용차로 설치
③ 가변차로제 실시
④ 자동차 통행제한구역 설치

해설
가변차로제를 실시하면 승용차 통행이 원활해지므로 수요가 더 증가하게 된다.

10 국가 ITS 아키텍처에서 정의하고 있는 우리나라의 ITS 7개 개발 분야가 아닌 것은?

① 교통관리 최적화 서비스
② 전자지불 처리 서비스
③ 대중교통 서비스
④ 저공해 차량 서비스

해설
국가 ITS 7개 개발분야는 교통관리 최적화, 전자지불 처리, 교통정보 유통 활성화, 여행정보 고급화, 대중교통 활성화, 화물운송 효율화, 차량 및 도로 첨단화이다.

11 기존의 버스전용차로로 이용되던 시설을 버스를 포함하는 다인승차로(HOV Lane)로 전환 시 나타날 수 있는 변화가 아닌 것은?

① 다인승 차량 승객의 통행시간 감소
② 기존 버스노선의 승객 증가
③ 다인승 차로 주변 도로 정체 완화
④ 기존 버스노선 운행 효율성 감소

해설
버스전용도로에서 다인승 차로로 전환하면 버스전용차로에 버스 이외의 차들이 통행할 수 있게 되므로 기존 버스노선 승객들은 이용을 꺼리게 된다.

12 도시가로망 계획 시 도로의 기능별 체계상 접속 순서가 가장 올바른 것은?

① 국지도로 – 집산도로 – 보조간선도로 – 주간선도로 – 도시고속도로
② 집산도로 – 국지도로 – 보조간선도로 – 주간선도로 – 도시고속도로
③ 집산도로 – 국지도로 – 주간선도로 – 보조간선도로 – 도시고속도로
④ 국지도로 – 보조간선도로 – 주간선도로 – 집산도로 – 도시고속도로

해설
도로의 기능별 분류를 위계가 낮은 것부터 분류하면 국지 – 집산 – 보조간선 – 주간선 – 도시고속도로 순이다.

정답 07 ③ 08 ② 09 ③ 10 ④ 11 ② 12 ①

13 다음 중 중력모형의 일반적인 특징으로 옳은 것은?

① 완전한 기종점(O - D) 표가 필요하다.
② 존 간 소요시간은 하나의 소요시간을 사용한다.
③ 기종점 교통량은 경제활동의 거리에 비례한다.
④ 타 방법에 비해 계산이 용이하다.

> **해 설**
> 중력모형은 장기전 예측에 유리하고 존 간 소요시간은 하나의 소요시간을 사용하는 특징이 있다.

14 3개 링크의 BPR 식이 다음과 같고, 용량제약배분모형으로 총 통행량($x_1 + x_2 + x_3 = 10$ 통행)을 배분하고자 한다. 초기에 10통행이 통행시간이 가장 짧은 링크 ⓐ에 배분된 후, 링크 ⓐ의 통행시간(, 초)은 어떻게 변화되는가?

[링크별 BPR 식]
링크 ⓐ $T_1 = 10 \times [1 + 0.15(x_1/2)^4]$
링크 ⓑ $T_2 = 20 \times [1 + 0.15(x_1/4)^4]$
링크 ⓒ $T_3 = 10 \times [1 + 0.15(x_1/4)^4]$

회수별 계산	링크 ⓐ	링크 ⓑ	링크 ⓒ
initial	$t_1^0 = 10$ $x_1^0 = 10$	$t_2^0 = 20$ $x_2^0 = 20$	$t_2^0 = 25$ $x_3^0 = 0$
1 Update	$t_1^0 = (\ \ )$ $x_1^0 = 10$	$t_2^0 = 20$ $x_2^1 = 10$	$t_3^1 = 20$ $x_3^1 = 0$

① 947.5초　② 647.5초
③ 473.5초　④ 10초

> **해 설**
> $T_1 = 10 \times [1 + 0.15(x_1/2)^4]$ 이므로
> $= 10 \times [1 + 0.15(10/2)^4] = 947.5$초이다.

15 다음 중 회귀분석모형의 적정성(유효성 및 합리성)을 검토하기 위하여 사용하는 일반적인 척도에 해당하지 않는 것은?

① 결정계수(R^2)의 값　② t - 검증값
③ F - 검증값　④ 탄력성(e)의 값

> **해 설**
> 탄력성은 회귀분석모형의 적정성 검증척도와 상관이 없다.

16 직장인 A가 하루 동안 발생시킨 목적통행 수는 얼마인가?

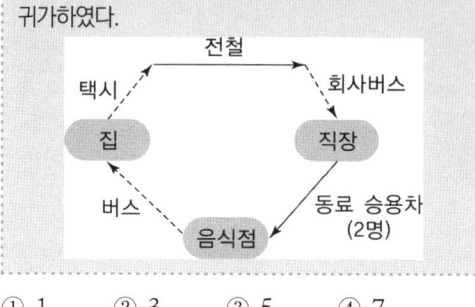

① 1　② 3　③ 5　④ 7

> **해 설**
> 집 – 직장이 한 목적통행, 직장 – 음식점이 한 목적통행, 음식점 – 집이 한 목적통행으로 총 3 목적통행을 발생시켰다.

17 교통수요관리(TDM) 기법 중 교통수단의 전환을 유도하는 정책과 가장 거리가 먼 것은?

① 버스전용차로제
② 자전거 전용도로 확보
③ 교통유발부담금제도 강화
④ 교통방송을 통한 통행노선의 전환

> **해 설**
> 통행노선의 전환 정책으로는 수단을 전환시키지는 못한다.

18 새로운 교통수단의 도입에 따른 교통선호특성을 파악하기 위하여 설정된 가상적인 상황에 대하여 조사하는 방법을 무엇이라 하는가?

① 패널(Panel) 조사
② SP(Stated Preference) 조사
③ RP(Revealed Preference) 조사
④ 활동일지(Activity Daily) 조사

정답 13 ②　14 ①　15 ④　16 ②　17 ④　18 ②

> **해설**
> Stated Preference 조사는 가상적인 상황에 대한 조사라는 뜻이다. 이를 줄여 SP 조사라 부른다.

19 어느 지하철 노선이 차량 10량 편성의 열차가 정차할 수 있는 시설로 건설되었다. 열차의 최소차두간격(Headway)이 3분이고 입석을 포함하여 차량당 400명이 승차할 수 있다고 할 때 이 지하철 노선의 한 시간당 최대 수송용량은 얼마인가?

① 40,000명/시 ② 60,000명/시
③ 80,000명/시 ④ 100,000명/시

> **해설**
> 차량 10량 1편성, 최소차두간격 3분이므로 1시간에 20번 운행, 1번 운행 시 400명 승차하므로 (10량/회)×(400명/량)×(20회/시)=80,000명/시

20 교통계획 과정에서 승객이나 화물이동의 흐름을 분석하고 추정하기 위한 단위지역인 교통 존(Traffic Zone)의 설정기준으로 옳은 것은?

① 가급적 다양한 토지이용이 포함되도록 한다.
② 소규모 도시의 주거지역은 대게 10,000명 정도가 포함되도록 설정한다.
③ 주요 간선도로는 될 수 있는 한 존 경계선과 일치하지 않도록 해야 한다.
④ 행정구역과 가급적 일치시킨다.

> **해설**
> 가급적 동질의 토지이용, 주요 간선도로는 경계선과 일치시키고, 소규모는 1,000~3,000명을 기준으로 한다.

제2과목 교통공학

21 신호교차로 감응신호제어(Actuated Signal Control) 시스템으로 기대할 수 없는 기능은 무엇인가?

① 실시간 녹색시간 조절 ② 실시간 현시 생략
③ 실시간 현시순서 조절 ④ 실시간 주기길이 조절

> **해설**
> 감응신호제어기법으로 녹색시간 조절, 현시 생략, 주기길이 조절이 가능하다.

22 오전 첨두시인 08:00~09:00의 교통량을 15분 단위로 조사한 결과가 각각 1,354대, 1,427대, 1,319대, 1,640대라고 할 경우 첨두시간계수(PHF)는 얼마인가?

① 0.846 ② 0.875
③ 0.933 ④ 1.088

> **해설**
> $$PHF = \frac{1.354 + 1.427 + 1.319 + 1.640}{1.640 \times 4}$$
> $$= \frac{5.740}{6.560 \times 4} = 0.875$$

23 다음 중 고정식 신호기(Pretimed Signal)에 비해 감응식 신호기(Traffic Actuated Signal)가 갖는 장점에 해당하는 것은?

① 인접한 교차로 간의 연동이 용이하다.
② 구조가 간단하고 설치비용이 저렴한 편이다.
③ 교통량의 시간대별 변동이 클 경우 용이하다.
④ 보행자 교통량이 일정하고 많은 곳에서 용이하다.

> **해설**
> 교통량의 변동이 크면 감응식 신호기의 경우 유연한 대처가 가능하다.

24 용량에 관한 설명으로 옳지 않은 것은?

① 용량을 분석하는 목적은 도로를 효율적으로 이용하고 도로투자를 적절히 하도록 하는 데 있다.
② 용량 분석의 대상이 되는 도로의 경우에는 접근기능이 이동기능보다 더 중요하다고 할 수 있다.
③ 용량을 분석하는 데는 해당 도로의 통행속도, 통행시간, 통행 자유도, 안락감 등 서비스 수준 개념을 이용한다.
④ 용량 분석은 크게 두 가지 연속되는 절차를 통해 수행하는데, 그 첫 번째 절차는 주어진 도로가 수용할 수 있는 최대 교통량을 추정하는 것이다.

정답 19 ③ 20 ④ 21 ③ 22 ② 23 ③ 24 ②

해설
용량이 분석의 대상이 된다는 것은 이동의 기능이 더 크다는 것을 의미한다.

25 신호교차로의 용량분석에서 포화도(Degree of Saturation)를 나타내는 식으로 옳은 것은?(단, C = 주기의 길이, v = 교통수요, S = 포화교통류율, g = 유효녹색시간)

① $\dfrac{SC}{vg}$ ② $\dfrac{Sg}{vC}$
③ $\dfrac{vg}{SC}$ ④ $\dfrac{vC}{Sg}$

해설
포화도 = $\dfrac{\text{교통량비}(v/S)}{\text{주기당 녹색시간비}(g/C)}$ 이므로 $\dfrac{vC}{Sg}$ 가 된다.

26 특정 도로에서의 평균 지점속도를 측정하고자 한다. 95% 신뢰수준에서 허용오차 ±3km/h가 되게 하려면 표본 수는 얼마이어야 하는가?(단, 해당 지점속도의 표준편차는 8km/h 이다.)

① 13개 ② 28개
③ 56개 ④ 69개

해설
$n \geq \left(\dfrac{Z_{\frac{a}{2}} \times \sigma}{\epsilon}\right)^2 = \left(\dfrac{1.96 \times 8}{3}\right)^2 = 27.31 \quad \therefore 28$

27 다음 중 보행자 횡단시간의 결정요소가 아닌 것은?

① 교차로의 폭원 ② 횡단 보행자 수
③ 보행자의 속도 ④ 도로의 교통량

해설
보행자의 속도와 횡단보도의 길이(= 교차로의 폭원)를 가지고 보행자 횡단시간이 결정되며, 횡단보행자의 수가 많으면 진입시간이 늦춰지는 만큼 보행자 횡단시간을 늘려줘야 한다. 교통량과는 관계가 없다.

28 다음 중 차량이 움직이는 데 발생하는 엔진 외부저항, 즉 주행저항에 속하는 것을 모두 고른 것은?

ⓐ 구름저항(Rolling Resistance)
ⓑ 공기저항(Air Resistance)
ⓒ 경사저항(Grade Resistance)
ⓓ 곡선저항(Curve Resistance)

① ⓐ, ⓑ ② ⓐ, ⓑ, ⓒ
③ ⓑ, ⓒ, ⓓ ④ ⓐ, ⓑ, ⓒ, ⓓ

해설
주행저항은 구름, 공기, 경사, 곡선저항을 말한다.

29 신호교차로에서 사용되는 효과척도(MOE)는?

① v/c 비 ② 평균 통행속도
③ 밀도 ④ 평균 제어지체

해설
신호교차로는 신호제어기에 의해 발생되는 지체, 즉 평균 제어지체를 MOE로 사용한다.

30 출발하는 차량의 속도가 55km/h이고 차량의 자유속도가 70km/h일 경우 충격파의 속도는?

① 25km/h ② 15km/h
③ -15km/h ④ 25km/h

해설
속도의 차이만큼 충격파의 속도가 발생된다.
55 - 70 = -15km/시간

31 어느 대기행렬시스템의 특성을 'M/D/1'으로 표현한 경우 이 시스템에 대한 설명이 옳은 것은?

① 도착확률분포 : Random, 서비스율 : Deterministic, 서비스 기관의 수 : 1개소
② 도착확률분포 : Deterministic, 서비스율 : Random, 서비스 기관의 수 : 1개소
③ 도착률 : Deterministic, 대기행렬상태 : Random, 서비스 기관의 수 : 1개소
④ 도착률 : Random, 대기행렬상태 : Drive through, 서비스 기관의 수 : 1개소

해설
M/D/1 도착확률분포 : 무작위,
서비스율 : 고정(결정),
서비스 기관의 수 : 1개소

정답 25 ④ 26 ② 27 ④ 28 ④ 29 ④ 30 ③ 31 ①

32 어느 교차로의 임의의 접근로에서 도착교통량이 시간당 600대이다. 도착하는 자동차 대수가 포아송(Poisson) 분포를 따른다고 가정할 때, 30초 동안에 6대가 도착할 확률은 얼마인가?

① 0.127
② 0.146
③ 0.175
④ 0.188

해 설

평균$(m) = \dfrac{600}{3,600} \times 1$대/6초 $= 5$대/30초

$P_{(x)} = \dfrac{m^x \times e^{-m}}{x!}$, $P_{(4)} = \dfrac{5^6 \times e^{-5}}{6!} = 0.146$

33 다음 그림 중 교통밀도(K)와 교통량(Q)의 관계를 옳게 나타낸 것은?

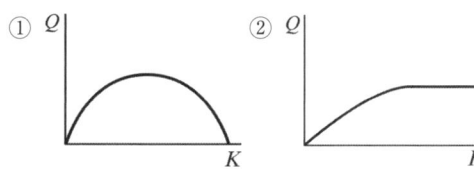

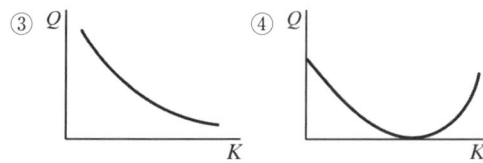

해 설

Q-K 곡선에 대한 문제이다. 교통량이 최대지점일 때 임계밀도가 되는 그래프를 찾으면 된다.

34 다음 중 설계시간계수(K)에 대한 설명으로 옳지 않은 것은?

① 일반적으로 AADT가 큰 도로에서는 비교적 낮다.
② 설계시간 교통량(DHV)은 계획목표연도의 연평균 일교통량(AADT)에 설계시간계수(K)를 곱하여 산출한다.
③ 일반적으로 지방지역 도로가 도시지역 도로보다 높은 값을 가진다.
④ 설계시간계수(K)가 클수록 교통량의 변화가 적다.

해 설

설계시간계수는 작을수록 교통량의 변화가 적다.

35 다음 중 일정 시간 동안 도로의 한 구간을 차지하는 모든 차량의 평균 속도로, 속도의 조화 평균값으로 나타내며 교통류의 분석에 이용되는 것은?

① 공간평균속도
② 설계속도
③ 시간평균속도
④ 자유속도

해 설

공간평균속도는 일정 시간 동안 도로의 한 구간을 차지하는 모든 차량의 평균속도로, 속도의 조화 평균값으로 나타내며 교통류의 분석에 이용된다.

36 운전자에 대한 일반적인 설명으로 옳지 않은 것은?

① 운전자는 속도가 증가하면 주변을 볼 수 있는 시야가 줄어든다.
② 운전자는 앞차의 가·감속에 반응하며 운전을 하게 된다.
③ 운전자는 연령이 증가하면서 시각능력이 떨어지고 평균 반응시간이 줄어드는 경향이 있다.
④ 운전자가 도로 상의 낙하물을 보고 행동을 하는 과정은 지각, 인지, 판단, 반응으로 구분하여 볼 수 있다.

해 설

운전자는 연령이 증가하면서 시각능력이 떨어지고 평균 반응시간이 늘어나는 경향이 있다.

37 다음 중 교통량 조사방법으로 거리가 먼 것은?

① 사진측량법
② 루프검지기 조사
③ 주행차량이용법
④ 가구방문 통행조사

해 설

가구방문 통행조사로 도로 상의 교통량을 알 수는 없다.

38 다음 중 속도조사 지점에서의 유의사항으로 옳지 않은 것은?

① 속도조사 지점에서 구경꾼이 모여들지 않도록 한다.
② 속도조사에 이용되는 장비는 접근하는 운전자에게 보이지 않도록 해야 한다.
③ 주로 속도가 높은 차량을 조사 대상으로 한다.
④ 관찰자가 운전자의 시선을 끌지 않도록 한다.

정답 32 ② 33 ① 34 ④ 35 ① 36 ③ 37 ④ 38 ③

> **해 설**
> 속도조사는 전체적인 차량이 조사되도록 해야 한다.

39 어느 교차로 접근로의 녹색시간이 60초, 황색시간이 4초, 출발손실시간이 2초, 진행연장시간이 1.5초, 소거손실시간이 2.5초일 때 유효녹색시간은 얼마인가?

① 59.5초 ② 60.5초
③ 62초   ④ 64초

> **해 설**
> 유효녹색시간 = 녹색시간 + 황색시간 - 출발손실시간 - 소거손실시간 = 60 + 4 - 2 - 2.5 = 59.5초

40 어떤 도로의 3km 구간에서 이동차량방법(Moving Vehicle Method)으로 측정한 결과 B차가 주행하면서 만난 반대방향 차량대수가 60대, A차가 추월한 차량이 4대, 추월당한 차량이 4대, A차의 통행시간이 5분, B차의 통행시간이 4분이라고 한다. A차가 달리는 방향의 평균 교통량은 몇(대/시)인가?

① 200대/시 ② 300대/시
③ 400대/시 ④ 500대/시

> **해 설**
> $V_n = \dfrac{60(M+O-P)}{T_n + T_s} = \dfrac{60(60+4-4)}{5+4} = 400$대/시
> 여기서, M : 주행방향 반대방향에서 만난 차량 수
> O : 시험차량을 추월한 차량 수(대)
> P : 시험차량이 추월한 차량 수(대)
> T_n : n 방향 운행 시 운행시간
> T_s : s 방향 운행 시 운행시간

제3과목 교통시설

41 다음 중 도시지역 차도의 평면곡선부 최대 편경사 기준으로 옳은 것은?

① 4% 이하   ② 6% 이하
③ 8% 이하   ④ 10% 이하

> **해 설**
> 도시지역 차도의 최대 편경사는 6%이다.

42 다음 중 도로의 구분에 따른 설계기준 자동차의 연결이 옳은 것은?(단, 우회할 수 있는 도로가 있는 경우는 고려하지 않는다.)

① 고속도로 - 대형 자동차
② 주간선도로 - 세미트레일러
③ 보조간선도로 - 승용자동차
④ 집산도로 - 승용자동차

> **해 설**
> 고속도로 및 주간선도로는 세미트레일러, 보조간선도로 및 집산도로는 세미트레일러 혹은 대형 자동차이다.

43 다음 중 차로폭은 작아도 되나 차로 진행방향으로 긴 주차폭이 필요하며, 1대당 주차소요면적이 최대인 주차형식은?

① 90° 후진주차   ② 60° 후진주차
③ 45° 후신주차   ④ 30° 후진주차

> **해 설**
> 30° 후진주차의 특징에 대한 설명이다. 면적의 효율성은 떨어지나 주차하기 용이한 방법이다.

44 주도로 및 부도로의 접근로 차로 수가 각각 2 이상일 때, 교통신호기를 설치하는 차량 교통량 기준으로 옳은 것은?(단, 평일 교통량이 기준을 초과하는 시간이 8시간 이상(연속적 8시간이 아니어도 됨)이라고 본다.)

① 주도로 교통량(양방향) 400대/시간, 부도로 교통량(교통량이 많은 쪽) 150대/시간
② 주도로 교통량(양방향) 600대/시간, 부도로 교통량(교통량이 많은 쪽) 200대/시간
③ 주도로 교통량(양방향) 800대/시간, 부도로 교통량(교통량이 많은 쪽) 250대/시간
④ 주도로 교통량(양방향) 1,000대/시간, 부도로 교통량(교통량이 많은 쪽) 300대/시간

> **해 설**
> 주도로 및 부도로의 접근로 차로 수가 각각 2 이상이므로 주도로는 600대/시간, 부도로는 200대/시간이 기준이다.

45 2차로 도로에서 앞지르기시거가 확보되지 아니하는 구간으로서 교통용량 및 안전성 등을 검토하여 필요하다고 인정되는 경우에 저속자동차가 다른 자동차에게 통행을 양보할 수 있도록 설치하는 것은?

① 대피차로　　② 길어깨
③ 양보차로　　④ 측도

해설
양보차로의 정의를 묻는 문제로, 저속자동차가 양보하는 개념을 가진 차로가 양보차로이다.

46 완전 클로버형 인터체인지의 단점이 아닌 것은?

① 구조물이 복잡하고 많이 설치해야 한다.
② 용지면적이 과다 소요된다.
③ 엇갈림 현상이 발생한다.
④ 교통 용량이 저하한다.

해설
구조물이 복잡하고 많이 설치해야 해서 미관상 좋지 않은 것은 직결형의 단점이다.

47 70km/h로 주행하는 차량의 정지시거는 얼마인가?(단, 편경사는 0.05, 반응시간은 2.5초, 마찰계수는 0.31이다.)

① 약 96m　　② 약 102m
③ 약 115m　　④ 약 127m

해설
$$mssd = \frac{t_r \cdot V}{3.6} + \frac{V^2}{254(f \pm s)}$$
$$= \frac{2.5 \cdot 70}{3.6} + \frac{70^2}{254(0.31 \pm 0.05)} = 102.20$$

48 시멘트 콘크리트 포장의 특징이라고 할 수 없는 것은?

① 아스팔트 포장보다 일반적으로 초기 건설비는 고가이다.
② 절토부와 성토부의 연결지점, 즉 부동침하 구간에 적합하다.
③ 양생기간이 길다.
④ 아스팔트 포장에 비해 소음이 크다.

해설
부등침하 구간에 콘크리트 포장을 하면 균열이 생길 가능성이 크므로 가급적 사용하지 않는 것이 좋다.

49 고속도로에서의 비상주차대 설치간격으로 옳은 것은?

① 250m　　② 300m
③ 500m　　④ 750m

해설
고속도로와 일반도로 모두 비상주차대는 750m를 그 설치간격으로 한다.

50 연결로 형식 중 교통용량이 가장 적은 형식은?

① 우직결연결로　　② 준직결연결로
③ 좌직결연결로　　④ 루프 연결로

해설
연결로의 다양한 형식 중 루프 연결로가 가장 용량이 적다.

51 중앙분리대의 설치에 대한 설명이 옳지 않은 것은?

① 차로를 왕복 방향별로 분리하기 위해 중앙선을 두 줄로 표시하는 경우 각 중앙선의 중심 사이의 간격을 0.5m 이상으로 한다.
② 중앙분리대는 도로 중심선 측의 교통마찰을 감소시켜 용량을 증대시키는 효과가 있다.
③ 설계속도가 시속 90km인 도로에서는 중앙분리대에 폭 0.5m의 측대를 설치해야 한다.
④ 중앙분리대 내에는 시설물을 설치할 수 없다.

해설
중앙분리대는 내부에 시설물 설치가 가능하여 도로표지, 기타 교통관제시설 등을 설치할 수 있는 장소로 제공된다.

52 다음 중 고속도로에서의 일반 휴게소 상호 간 표준배치간격으로 가장 바람직한 것은?

① 15km　　② 25km
③ 50km　　④ 75km

해설
휴게소 상호 간 배치간격은 50km가 표준이다.

정답　45 ③　46 ①　47 ②　48 ②　49 ④　50 ④　51 ④　52 ③

53 다음 중 도로와 철도의 교차에서 예외적으로 평면교차를 검토할 수 있는 경우로 옳지 않은 것은?

① 당해 도로의 교통량 또는 당해 철도의 운전횟수가 현저하게 적은 경우
② 입체교차로가 연속되는 경우
③ 입체교차를 함으로써 도로의 이용이 장애를 받는 경우
④ 입체교차 공사에 소요되는 비용이 입체교차화에 의해 생기는 이익을 훨씬 초과하는 경우

해설
입체교차가 연속되는 것은 평면교차 검토사유에 해당하지 않는다.

54 어느 도로의 설계속도가 100km/h일 때, 안전한 주행을 위한 최소평면곡선 반지름값은?(단, 편경사 0.08, 횡방향 미끄럼 마찰계수 0.25)

① 약 313m ② 약 245m
③ 약 239m ④ 약 213m

해설
$$r = \frac{V^2}{127(i+f)} = \frac{100^2}{127(0.08+0.25)} = 238.61$$

55 도로의 시거에 관한 설명 중 옳은 것은?

① 시거는 차로중심선을 따라 측정한다.
② 앞지르기시거를 측정하기 위한 기준으로서 운전자의 눈높이를 1.5m로 하며 맞은 편에서 오는 차량의 높이를 1.8m로 한다.
③ 일반적으로 피주시거가 정지시거보다 짧다.
④ 일반적으로 정지시거가 앞지르기시거보다 길다.

해설
시거는 차로 중심선을 따라 측정한다.

56 교차로의 보행자 시설 설계 시 고려할 사항으로 옳은 것은?

① 보행자의 안전을 위해 가능하면 육교나 지하도 시설을 많이 설치하는 것이 좋다.
② 교통량이 많은 도로를 횡단하는 보행자의 수는 많을수록 좋다.
③ 회전교통이 적은 도로와 교차하는 도로에서 보행자 문제를 해결하기 위한 가장 보편적인 방법은 노면횡단보도이다.
④ 아주 넓은 도로라도 보행자 신호등은 중앙분리대에까지 설치할 필요는 없다.

해설
① 보행자의 안전을 위하는 것은 좋으나, 육교나 지하차도를 많이 설치할 경우 동선이 길어져 보행자들이 불편을 겪을 수 있다.
② 교통량이 많은 도로를 횡단하는 보행자의 수를 줄일수록 사고 확률을 감소시킬 수 있다.
④ 도로가 넓을 경우 중앙분리대 위치에 보행자 신호등을 설치하여야 한다.

57 다음의 공동구에 관한 설명 중 옳지 않은 것은?

① 각종 재난상황 발생 시 매설된 기반시설의 피해가 증폭될 수 있다.
② 반복된 노면굴착이 방지된다.
③ 원활한 교통소통에 기여한다.
④ 도시 미관에 도움이 된다.

해설
태풍, 화재, 지진 등 각종 재난 상황 발생 시 매설된 기반시설의 피해를 최소화하고 효과적인 관리가 가능하다.

58 다음 중 도로의 선형 설계 시 고려할 사항으로 옳지 않은 것은?

① 운전자의 시각 및 심리적인 측면에서 보아 양호한 것이어야 한다.
② 도로환경 및 주위경관과의 조화와 융합이 취해져 있어야 한다.
③ 평면선형과 종단선형은 가급적 별개로 설계한다.
④ 자동차의 주행역학적인 측면에서 안전하고 쾌적하며, 운전경비 측면에서 경제성을 갖추도록 한다.

해설
평면선형과 종단선형은 조화를 이루어야 한다.

59 다음 중 측도에 대한 설명으로 옳지 않은 것은?

① 도로의 구조가 성토와 절토로 이루어져 본 도로와 고저차가 있어 자동차가 주변으로 출입이 불가능한 경우에 설치한다.
② 고속도로가 지방지역을 통과할 경우에는 교통의 분산이나 합류의 목적으로 측도를 설치하는 것이

바람직하다.
③ 고속도로의 경우는 측도를 일방통행으로 운영하는 것이 토지 이용의 효율을 높일 수 있다.
④ 계획교통량이 비교적 많은 4차로 이상의 고속도로 또는 간선도로에서 필요에 따라 설치한다.

> **해설**
> 고속도로가 도시지역을 통과할 경우에는 교통의 분산이나 합류의 목적으로 측도를 설치하는 것이 바람직하다.

60 등화를 횡으로 배열한 4색 신호등의 배열순서가 옳은 것은?

① 좌로부터 적색, 황색, 녹색, 녹색 화살표
② 우로부터 적색, 황색, 녹색, 녹색 화살표
③ 좌로부터 적색, 황색, 녹색 화살표, 녹색
④ 우로부터 적색, 황색, 녹색 화살표, 녹색

> **해설**
> 등화를 횡으로 배열한 경우 배열 순서는 좌로부터 적색, 황색, 녹색 화살표, 녹색순이다.

제4과목 도시계획개론

61 주택재개발사업에 대한 설명으로 옳은 것은?

① 도시저소득주민이 집단으로 거주하는 지역으로서 정비기반시설이 극히 열악하고 노후·불량 건축물이 과도하게 밀집한 지역에서 주거환경을 개선하기 위하여 시행하는 사업
② 정비기반시설이 열악하고 노후·불량건축물이 밀집한 지역에서 주거환경을 개선하기 위하여 시행하는 사업
③ 정비기반시설은 양호하나 노후·불량건축물이 밀집한 지역에서 주거환경을 개선하기 위하여 시행하는 사업
④ 토지의 효율적 이용과 도심 또는 부도심 등 도시기능의 회복이나 상권 활성화 등이 필요한 지역에서 도시환경을 개선하기 위하여 시행하는 사업

> **해설**
> 주택재개발사업이란 정비기반시설이 열악하고 노후·불량 건축물이 밀집한 지역에서 주거환경을 개선하기 위하여 시행하는 사업을 말한다.
> 2017. 2. 8 부로 법이 개정되어 정비사업의 유형으로 주거환경개선사업과 주거환경관리사업을 통합하여 '주거환경개선사업'으로 하고, 주택재개발사업과 도시환경정비사업을 통합하여 '재개발사업'으로 하였다.

62 다음의 도시계획 이론 중 허드슨(Hudson)의 분류에 해당하지 않는 것은?

① 점진적 계획   ② 급진적 계획
③ 낭만주의적 계획 ④ 옹호적 계획

> **해설**
> 허드슨은 도시계획을 종합적, 점진적, 급진적, 옹호적 계획으로 분류하였다.

63 근린주구이론을 바탕으로 개발한 자동차시대의 도시(Town of Motor Age)라고 불린 곳은?

① 훅(Hook)   ② 할로(Harlow)
③ 웰린(Welwyn) ④ 래드번(Radbun)

> **해설**
> 래드번은 자동차시대의 도시라고도 불리웠다.

64 다음 중 도시·군계획시설로서의 보행자전용도로의 구조 및 설치기준에 대한 설명으로 옳지 않은 것은?

① 보행자전용도로와 주간선도로가 교차하는 곳은 입체교차시설을 설치하고 보행자우선구조로 한다.
② 필요시에는 보행자전용도로와 자전거도로를 함께 설치하여 보행과 자전거 통행을 병행할 수 있도록 한다.
③ 차도와 접하거나 해변·절벽 등 위험성이 있는 지역에 위치하는 경우에는 안전보호시설을 설치한다.
④ 공공청사·문화시설 등이 보행자전용도로와 연접된 경우에는 이를 공간과 분리시켜 독립된 보행공간이 조성되도록 한다.

> **해설**
> 보행네트워크 형성을 위하여 공원·녹지·학교·공공청사 및 문화시설 등과 원활하게 연결되도록 하여야 한다.

65 영국에서 전원도시의 성공으로 세계 각국에 영향을 주어 각지에 건설된 전원교외(Garden Suburbs)에 대한 내용과 가장 거리가 먼 것은?

① 대도시의 교외에 위치하면서 충분한 공지나 공공시설을 갖추고 있다.
② 거주자의 대부분이 버스나 고속철도에 의해 대도시로 통하는 일종의 교외 주택지이다.
③ 각 세대는 자기의 주택과 정원을 가지고 건폐율은 20%를 초과하지 못하도록 하였다.
④ 영국에서의 전원교외로는 햄프스테드(Hamp-Stead) 및 위젠쇼(Wythenshawe)가 유명하다.

해설 전원교외인 햄스테드 전원교외지 특별법에 따르면 밀도는 에이커당 8호 이상 되어서는 안 되고 최대 12호까지 할 수 있다는 조항이 있었다.

66 대도시 주거지역에서 간선도로(4차로 이상)의 밀도로 가장 적합한 것은?

① 2~4km/km² ② 4~8km/km²
③ 5~10km/km² ④ 12~15km/km²

해설 간선도로의 밀도는 대도시 주거지역의 경우 2~4km/km²이다.

67 국토의 계획 및 이용에 관한 법령에 따른 용도지구 중에서 보존지구에 해당되지 않는 것은?

① 자연보존지구 ② 생태계보존지구
③ 중요시설물보존지구 ④ 역사문화환경보존지구

해설 보존지구는 역사문화환경보존지구, 중요시설물보존지구, 생태계보존지구로 구분된다.

68 다음 중 아디케스(Adickes)법에 의하여 세계 최초로 환지방식에 의한 도시개발사업을 실시한 나라는?

① 프랑스 ② 독일
③ 오스트리아 ④ 스위스

해설 아디케스법은 1902년 독일에서 시행된 법이다.

69 공업지역의 입지조건으로 옳은 것은?

① 지형적 조건은 경사도가 10% 이상인 지역
② 생산요소에 있어 충분한 용수, 전력 등의 공급이 가능한 지역
③ 도시 내 간선교통시설과 연계되지 않는 지역
④ 장래 시가화 구역의 확장에 지장을 초래하는 지역

해설 경사도는 5% 이하, 간선교통시설과 연계되고 장래 시가화구역 확장에 지장이 없는 지역이어야 한다.

70 다음 중 개발여건에 따른 입지분석 항목으로 가장 거리가 먼 것은?

① 정치적 여건 ② 물리적 여건
③ 법적·제도적 여건 ④ 경제적 여건

해설 물리적 여건, 법적·제도적 여건, 경제적 여건 등이 고려되어야 한다.

71 도로의 규모별 구분 중 광로는 최소 폭 몇 m 이상의 도로를 지칭하는 것인가?

① 30m ② 40m ③ 50m ④ 60m

해설 광로는 1류가 폭 70미터 이상인 도로, 2류가 폭 50미터 이상 70미터 미만인 도로, 3류가 폭 40미터 이상 50미터 미만인 도로를 말한다.

72 도시계획 수립과정의 단계로 옳은 것은?

① 목표의 설정 → 상황의 분석 및 미래의 예측 → 대안의 설정 및 평가 → 집행
② 목표의 설정 → 대안의 설정 및 평가 → 집행 → 상황의 분석 및 미래의 예측
③ 목표의 설정 → 집행 → 대안의 설정 및 평가 → 상황의 분석 및 미래의 예측
④ 목표의 설정 → 대안의 설정 및 평가 → 상황의 분석 및 미래의 예측 → 집행

해설 도시계획 단계는 목표의 설정 → 상황의 분석 및 미래의 예측 → 대안의 설정 및 평가 → 집행 순이다.

정답 65 ③ 66 ① 67 ① 68 ② 69 ② 70 ① 71 ② 72 ①

73 다음 중 생활권 계획에 대한 설명으로 옳지 않은 것은?

① 1차 생활권은 주로 자동차로 가까이 이동할 수 있는 범위로, 초등학교 및 중학교 1개가 유지되는 규모이다.
② 일반적으로 생활권의 위계는 도시의 규모와 서비스 수준 등에 의한 각종 생활편익시설의 종류와 규모에 따라 구분된다.
③ 2차 생활권은 보통 중·고등학교의 통학권 정도의 규모로, 지역 중심지로서의 역할을 담당하도록 한다.
④ 3차 생활권은 대도시 규모의 생활권으로 하나의 완결된 공간적 체계이며, 하나의 도시에서 필요한 모든 시설이 입지한다.

해설
1차 생활권은 기초생활권으로도 불리우며 인간정주의 기본적인 공간단위이다. 초등학교 및 중학교 학군이 유지되는 규모이며 도보를 중심으로 이동되는 단위이다. 자동차로 이동하는 단위는 아니다.

74 다음 중 도시·군기본계획에 대한 설명으로 옳은 것은?

① 도시개발사업의 시행을 위한 집행계획이다.
② 개별 시민의 건축행위에 대한 법적 구속력을 규정한다.
③ 장기적·종합적 계획이며 지침 제시적 계획이다.
④ 도시·군계획과 도시·군관리계획의 상위계획에 해당한다.

해설
도시·군기본계획은 장기적·종합적 계획이며 지침제시적 계획이다.

75 다음 중 그리스의 도시인 밀레투스(Miletus)의 특징에 해당하지 않는 것은?

① 격자형 가로망의 개념이 도입되었다.
② 광장(Agora)은 남쪽과 북쪽에 두 개가 존재하였다.
③ 도시 전체 지역을 도심·상업·종교지역으로 구분하였다.
④ 하수도 시설이 미비하여 공중위생시설이 불량하였다.

해설
밀레투스는 당시 세계 최대규모의 공중목욕탕이 있을 정도로 하수도 시설이 좋았던 도시였다.

76 다음 중 도시미화운동을 최초로 시행한 도시는?

① Madrid ② New York
③ Chicago ④ Letchworth

해설
도시미화운동의 시초 도시는 시카고이다.

77 공간계획 수립을 위한 장래 인구추정 과정에서 고려하여야 할 요소로 가장 거리가 먼 것은?

① 인구의 분포 ② 인구의 규모
③ 인구의 구성 ④ 인구의 출신지

해설
인구추정 과정에서 인구의 출신지는 크게 고려해야 할 요소가 아니다.

78 도로의 사용 및 형태별 구분에 따른 설명으로 옳지 않은 것은?

① 보행자전용도로 : 폭 1.5미터 이상의 도로로서 보행자의 안전하고 편리한 통행을 위하여 설치하는 도로
② 보행자우선도로 : 폭 10미터 미만의 도로로서 보행자와 차량이 혼합하여 이용하되 보행자의 안전과 편의를 우선적으로 고려하여 설치하는 도로
③ 자전거전용도로 : 하나의 차로를 기준으로 폭 1.0미터 이상의 도로로서 자전거의 통행을 위하여 설치하는 도로
④ 일반도로 : 폭 4m 이상의 도로로서 통상의 교통소통을 위하여 설치되는 도로

해설
자전거전용도로는 하나의 차로를 기준으로 폭 1.5미터(지역 상황 등에 따라 부득이하다고 인정되는 경우에는 1.2미터) 이상의 도로로서 자전거의 통행을 위하여 설치하는 도로를 말한다.

79 E. Howard가 제안한 전원도시의 계획지침으로 적합하지 않은 것은?

① 인구 규모를 3~5만 명으로 한다.
② 도시 주변에 넓은 공업지대를 확보한다.
③ 시가지에는 충분한 오픈 스페이스를 확보한다.
④ 계획집행의 철저를 기하기 위해 토지를 공유화한다.

정답 73 ① 74 ③ 75 ④ 76 ③ 77 ④ 78 ③ 79 ②

> **해설**
> 전원도시는 도시 주변에 넓은 농업지대 확보를 통한 오픈 스페이스(Open Space)를 조성한다.

80 도시계획에 있어서의 계획인구를 산정하기 위한 방법 중에서 과거 인구의 추세에 의한 예측방법이 아닌 것은?

① 최소자승법 ② 등차급수법
③ 로지스틱 곡선법 ④ 비교유추법

> **해설**
> 비교유추법은 추세를 근거로 하는 예측기법이 아니다.

제5과목 교통관계법규

81 다음 중 도로법에 따른 도로의 종류에 해당하지 않는 것은?

① 고속국도 ② 지방도
③ 간선도로 ④ 구도

> **해설**
> 도로법에 규정된 도로의 종류는 고속국도, 일반국도, 특별시도(特別市道), 광역시도(廣域市道), 지방도, 시도(市道), 군도(郡道), 구도(區道)이다.

82 주차장법상 도로의 노면 및 교통광장 외의 장소에 설치된 주차장으로서 일반의 이용에 제공되는 것은?

① 노상주차장 ② 부설주차장
③ 노외주차장 ④ 전용주차장

> **해설**
> 노외주차장(路外駐車場)이란 도로의 노면 및 교통광장 외의 장소에 설치된 주차장으로서 일반의 이용에 제공되는 것을 말한다.

83 다음 중 교통안전관리자에 해당하지 않는 자는?

① 궤도교통안전관리자 ② 항만교통안전관리자
③ 도로교통안전관리자 ④ 삭도교통안전관리자

> **해설**
> 교통안전법 시행령 제44조(교통안전관리자의 종류 및 직무 등)에 따라 교통안전관리자는 도로, 철도, 항공, 항만, 삭도교통안전관리자로 구분된다.

84 도로법에 따라 도로 구조의 파손 방지, 미관 훼손 또는 교통에 대한 위험 방지를 위하여 필요한 경우 도로경계선으로부터 20m를 초과하지 아니하는 범위에서 대통령령이 정하는 바에 따라 지정하는 것은?

① 접도구역 ② 연도구역
③ 고속교통구역 ④ 자동차 전용구역

> **해설**
> 도로법 제49조(접도구역의 지정 등)에 따라 관리청은 도로 구조의 손궤 방지, 미관 보존 또는 교통에 대한 위험을 방지하기 위하여 도로경계선으로부터 20미터를 초과하지 아니하는 범위에서 대통령령으로 정하는 바에 따라 접도구역(接道區域)으로 지정할 수 있다.

85 국가교통조사의 실시에 대한 설명으로 틀린 것은?

① 정기조사는 전국을 대상으로 4년마다 실시한다.
② 교통수단별 및 교통시설별 운행노선, 교통량, 주행거리 등 공급·운영 실태가 포함되어야 한다.
③ 교통물류활동으로 발생하는 교통혼잡, 교통사고, 환경오염, 온실가스 배출 등 교통 관련 사회적 외부비용이 포함되어야 한다.
④ 교통수단별 온실가스 배출량 조사 내용이 포함되어야 한다.

> **해설**
> 국가통합교통체계효율화법 제12조(국가교통조사)에 의거 국토교통부장관은 국가교통조사 및 제16조 제1항에 따른 개별교통조사의 중복을 방지하는 등 효율적인 교통조사의 시행과 조사 결과의 공동 활용 등을 위하여 5년 단위로 국가교통조사의 목표 및 전략, 세부 조사의 내용 및 방법 등에 관한 국가교통조사계획을 국가교통위원회의 심의를 거쳐 수립하여야 한다.

86 국가통합교통체계효율화법상 공공교통시설 개발사업의 타당성 평가서를 부실하게 작성한 평가대행자에게는 얼마의 과태료를 부과하여야 하는가?

① 500만 원 이하 ② 1,000만 원 이하
③ 2,000만 원 이하 ④ 5,000만 원 이하

정답 80 ④ 81 ③ 82 ③ 83 ① 84 ① 85 ① 86 ②

해설
국가통합교통체계효율화법 제23조(평가대행자의 준수사항)를 위반하여 타당성 평가서를 부실하게 작성한 평가대행자에게는 1천만 원 이하의 과태료를 부과한다.

87 도로교통법상 횡단보도표지는 횡단보도 전 몇 미터의 도로 우측에 설치해야 하는가?

① 30~100m ② 50~120m
③ 80~150m ④ 80~200m

해설
횡단보도 표지는 횡단보도가 있는 도로로서 포장도로의 교차로에 신호기가 없을 때, 포장도로의 단일로에 신호기가 없을 때, 비포장도로의 교차로 또는 단일로(신호기 유무에 관계없이 설치한다), 횡단보도 전 50~120미터의 도로 우측에 설치한다.

88 안전표지의 크기는 교통상황에 따라 기본규격보다 확대 또는 축소할 수 있다. 다음 중 고속도로(자동차전용도로 포함)의 경우 규정된 확대비율에 해당하지 않는 것은?

① 1.3배 ② 1.5배
③ 2배 ④ 2.5배

해설
도로교통법 시행규칙 별표 6 안전표지의 종류, 만드는 방식, 설치하는 장소·기준 및 표시하는 뜻(제8조 제2항 및 제11조 제1호 관련)에 의거 고속도로(자동차전용도로 포함) 안전표지의 크기는 1.5배, 2배, 2.5배로 확대할 수 있다.

89 국가통합교통체계효율화법에 따라 국가교통위원회에서 심의하여 수립 및 변경하는 계획이 아닌 것은?

① 대규모 택지개발사업 교통개선계획
② 국가기간 교통망계획
③ 국가교통조사계획
④ 중기 연계교통체계 구축계획

해설
국가교통위원회는 국가기간 교통망계획의 수립 및 변경, 제12조 제2항에 따른 국가교통조사계획의 수립 및 변경, 중기 연계교통체계 구축계획의 수립 및 변경을 포함하여 총 17개의 사항을 심의한다.

90 국토교통부장관이 도시교통의 원활한 소통과 교통편의 증진을 위하여 도시교통정비지역으로 지정·고시할 수 있는 도시의 인구 기준은?(단, 도농복합형태의 시의 경우는 고려하지 않음)

① 8만 명 이상 ② 10만 명 이상
③ 15만 명 이상 ④ 20만 명 이상

해설
국토교통부장관은 도시교통의 원활한 소통과 교통편의 증진을 위하여 인구 10만 명 이상의 도시(도농복합형태의 시는 읍·면지역을 제외한 지역의 인구가 10만 명 이상인 경우를 말한다.)를 도시교통정비지역으로 지정·고시할 수 있다.

91 도시교통정비촉진법에 따른 교통수요관리의 시행 내용에 해당하지 않는 것은?

① 승용차 부제에 관한 사항
② 혼잡통행료의 부과·징수에 관한 사항
③ 자동차의 운행 제한에 관한 사항
④ 광역교통시설 부담금에 관한 사항

해설
도시교통정비촉진법 제33조(교통수요관리의 시행)에 의거 자동차의 운행제한에 관한 사항, 승용차 부제에 관한 사항, 혼잡통행료의 부과·징수에 관한 사항 등 총 8가지 관리방안으로 교통수요관리를 시행한다.

92 국가교통안전기본계획에 관한 다음 설명 중 옳지 않은 것은?

① 정부가 수립하는 계획이다.
② 교통안전에 관한 중·장기 종합정책방향이 포함되어야 한다.
③ 교통안전 정책심의위원회의 심의를 거친 후 바로 공고하여야 한다.
④ 교통안전과 관련된 투자사업계획 및 우선순위가 포함되어야 한다.

해설
국토교통부장관은 제출받은 소관별 교통안전에 관한 계획안을 종합·조정하여 국가교통안전기본계획안을 작성한 후 국가교통위원회의 심의를 거쳐 이를 확정한다. 국토교통부장관은 확정된 국가교통안전기본계획을 지정행정기관의 장과 시·도지사에게 통보하고, 이를 공고(인터넷 게재를 포함한다.)하여야 한다.

정답 87 ② 88 ① 89 ① 90 ② 91 ④ 92 ③

93. 도시교통정비 기본계획, 중기계획, 연차별 시행계획의 수립주기가 모두 옳은 것은?

① 20년 - 10년 - 1년
② 20년 - 5년 - 3년
③ 15년 - 10년 - 1년
④ 10년 - 5년 - 1년

해설
기본계획은 20년, 중기계획은 5년, 연차별 시행계획은 3년의 주기를 갖는다.

94. 다음 중 지방도에 해당되지 않는 것은?

① 도청 소재지에서 군청 소재지에 이르는 도로
② 군청 소재지로부터 면사무소 소재지에 이르는 도로
③ 도에 있는 공항에서 이와 밀접한 관계가 있는 지방도를 연결하는 도로
④ 도청 소재지에서 시청 소재지에 이르는 도로

해설
도로법 제15조(지방도의 지정·고시)에 의거 도청 소재지에서 시청 또는 군청 소재지에 이르는 도로, 시청 또는 군청 소재지를 연결하는 도로, 도 또는 특별자치도에 있거나 해당 도 또는 특별자치도와 밀접한 관계에 있는 공항·항만·역을 연결하는 도로, 도 또는 특별자치도에 있는 공항·항만 또는 역에서 해당 도 또는 특별자치도와 밀접한 관계가 있는 고속국도·일반국도 또는 지방도를 연결하는 도로를 지방도라 한다. 군청 소재지로부터 면사무소 소재지에 이르는 도로는 군도에 해당한다.

95. 다음 중 도로교통법상의 앞지르기에 대한 설명으로 옳은 것은?

① 모든 차의 운전자는 다른 차를 앞지르고자 하는 때에는 앞차의 우측으로 통행하여야 한다.
② 모든 차의 운전자는 교차로나 터널 안에서 다른 차를 앞지를 수 있다.
③ 모든 차의 운전자는 앞차가 다른 차를 앞지르고 있거나 앞지르고자 하는 경우에 앞차를 앞지르기할 수 있다.
④ 자동차의 운전자는 고속도로에서 다른 차를 앞지르려면 방향지시기, 등화 또는 경음기를 사용하여 행정자치부령으로 정하는 차로로 안전하게 통행하여야 한다.

해설
모든 차의 운전자는 다른 차를 앞지르고자 하는 때에는 앞차의 좌측으로 통행하여야 하고, 교차로나 터널 안에서는 다른 차를 앞지를 수 없다. 또한 앞차가 다른 차를 앞지르고 있거나 앞지르고자 하는 경우에 앞차를 앞지르기할 수 없다.

96. 다음 중 자동차가 앞지르기를 할 수 있는 곳은?

① 교차로
② 다리 위
③ 터널 안
④ 편도 2차로 도로

해설
도로교통법 제22조(앞지르기 금지의 시기 및 장소)에 의거 교차로, 터널 안, 다리 위, 도로의 구부러진 곳, 비탈길의 고갯마루 부근 또는 가파른 비탈길의 내리막 등 시·도경찰청장이 도로에서의 위험을 방지하고 교통의 안전과 원활한 소통을 확보하기 위하여 필요하다고 인정하는 곳으로서 안전표지로 지정한 곳에서는 앞지르기가 금지된다.

97. 원활한 교통을 확보하기 위하여 도로에 전용차로를 설치할 수 있는 설치권자는?

① 지방경찰청장
② 경찰서장
③ 구청장
④ 시장

해설
도로교통법 제15조(전용차로의 설치)에 의거 시장 등은 원활한 교통을 확보하기 위하여 특히 필요한 경우에는 지방경찰청장이나 경찰서장과 협의하여 도로에 전용차로(차의 종류나 승차 인원에 따라 지정된 차만 통행할 수 있는 차로를 말한다.)를 설치할 수 있다.

98. 교통정리가 행하여지지 않는 교차로에 진입하려고 하는 차의 우선순위에 대한 설명으로 옳지 않은 것은?

① 교통정리를 하고 있지 아니하는 교차로에 들어가려고 하는 차의 운전자는 이미 교차로에 들어가 있는 다른 차가 있는 때에는 그 차에게 진로를 양보하여야 한다.
② 교통정리를 하고 있지 아니하는 교차로에 들어가려고 하는 차의 운전자는 그 차가 통행하고 있는 도로의 폭보다 교차하는 도로의 폭이 넓은 경우에는 서행하여야 한다.
③ 교통정리를 하고 있지 아니하는 교차로에 동시에 들어가려고 하는 차의 운전자는 좌측 도로의 차에 진로를 양보하여야 한다.

정답 93 ② 94 ② 95 ④ 96 ④ 97 ④ 98 ③

④ 교통정리를 하고 있지 아니하는 교차로에서 좌회전하고자 하는 차의 운전자는 그 교차로에서 직진하거나 우회전하려는 다른 차가 있는 때에는 그 차에 진로를 양보하여야 한다.

> **해설**
> 도로교통법 제26조(교통정리가 없는 교차로에서의 양보운전)에 의거 교통정리를 하고 있지 아니하는 교차로에 동시에 들어가려고 하는 차의 운전자는 우측 도로의 차에 진로를 양보하여야 한다.

99 주차장법상 노상주차장의 일부에 대하여 전용주차구획을 설치할 수 있는 경우가 아닌 것은?

① 상업지역에 설치된 노상주차장으로서 인근 주민의 자동차를 위한 경우
② 하역주차구간으로서 인근 이용자의 화물자동차를 위한 경우
③ 대한민국에 주재하는 외교공관 및 외교관의 자동차를 위한 경우
④ 그 밖에 해당 지방자치단체의 조례로 정하는 자동차를 위한 경우

> **해설**
> 주차장법 시행규칙 제6조의2(노상주차장의 전용주차구획 설치)에 의거 주거지역에 설치된 노상주차장으로서 인근 주민의 자동차를 위한 경우에는 전용주차구획을 설치할 수 있다.

100 도로교통법상 신호등에 관한 설명으로 옳은 것은?

① 사색등화로 표시되는 종형 신호등의 등화 배열은 위로부터 적색, 황색, 녹색, 녹색 화살표 순서로 한다.
② 등화의 밝기는 낮에 150미터 앞쪽에서 식별할 수 있도록 한다.
③ 등화의 빛의 발산 각도는 사방으로 각각 40도 이하로 한다.
④ 이색등화로 표시되는 종형 신호등의 등화 배열은 일정한 기준이 없다.

> **해설**
> 종형 사색등화는 위로부터 적, 황, 녹색 화살표, 녹색 순이다. 등화의 밝기는 낮에 150미터 앞쪽에서 식별할 수 있도록 해야 하고, 빛의 발산 각도는 사방으로 각각 45도 이상으로 해야 한다. 이색등화는 위로부터 적색, 녹색의 순서로 한다.

제6과목 교통안전

101 사고다발지역 선정 및 도로안전개선사업 시행의 중요성에 대한 설명 중 옳지 않은 것은?

① 위험성이 상대적으로 적은 지점이 선정될 경우, 불필요한 개선사업 시행으로 인한 예산 낭비를 초래한다.
② 위험성이 높아 시급한 개선이 필요한 지점을 선정하지 못할 경우, 사고로 인해 인명과 재산의 손실을 초래한다.
③ 한정된 예산의 효율적 활용이라는 측면에서 개선사업 시행의 우선순위를 합리적으로 결정하는 것은 매우 중요한 과정이다.
④ 사고다발지역 선정 및 개선사업 시행의 우선순위 결정은 민감한 사안이므로 도로의 형태나 지역적 특성에 상관없이 항상 동일한 기준에 따라 결정되어야 한다.

> **해설**
> 사고다발지역 선정 및 개선사업 시행의 우선순위 결정은 민감한 사안이므로 도로의 형태나 지역적 특성을 반영하여 적절한 기준에 따라 결정되어야 한다.

102 어느 도로의 2.5km 구간의 일교통량이 3,000대이며, 이와 유사한 구간에서의 연평균 사고율이 3.3건/백만대·km(MVK)일 때 이 구간에서의 한계사고율은 얼마인가?

① 약 3.29건/MVK ② 약 4.79건/MVK
③ 약 5.29건/MVK ④ 약 6.79건/MVK

> **해설**
> $$R_c = R_a + k\sqrt{\frac{R_a}{M}} + \frac{1}{2M}$$
> $$= 3.3 + 1.645 \times \sqrt{\frac{3.3}{\left(\frac{3,000 \times 365 \times 2.5}{1,000,000}\right)}}$$
> $$+ \frac{1}{2 \times \left(\frac{3,000 \times 365 \times 2.5}{1,000,000}\right)} = 5.29$$

103 어두운 터널에서 바깥의 밝은 곳으로 나올 때 눈이 잠시 동안 부셨다가 곧 회복되는 것을 무엇이라고 하는가?

① 암순응   ② 명순응
③ 난시   ④ 색약

해 설
어두운 터널에서 바깥의 밝은 곳으로 나올 때 눈이 잠시 동안 부셨다가 회복되는 현상, 즉 밝은 곳에 적응하는 현상을 명순응이라 한다.

104 평지인 어느 도로에서 차량이 급제동한 뒤 20m를 미끄러져 앞에 있는 차량과 충돌하였다. 앞 차량과 충돌 시 속도가 50km/h로 추정된다면 차량이 미끄러지기 시작할 때의 초기속도는 얼마인가?(단, 타이어와 노면의 마찰계수는 0.8이다.)

① 약 81km/h   ② 약 91km/h
③ 약 101km/h ④ 약 111km/h

해 설
$$d = \frac{V_1^2 - V_2^2}{254(e+f)}, \quad 20 = \frac{V_1^2 - 50^2}{254(0.8)}$$
$$V_1 = \sqrt{(20 \times 254 \times 0.8) + 50^2} = 81.02$$

105 아래 그림과 같이 평탄한 길을 달리던 자동차가 10m 높이 아래로 추락하였다. 이때 추락한 수평거리가 30m였다면 추락 직전 수평방향의 속도(V)는 얼마인가?

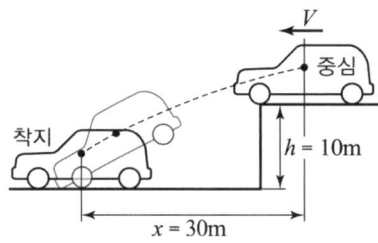

① 72.3km/h   ② 75.6km/h
③ 79.9km/h   ④ 81.2km/h

해 설
1) 추락 시간(t) = $\sqrt{\frac{2h}{g}}$ 초
$= \sqrt{\frac{2h}{g}} = \sqrt{\frac{2 \times 10}{9.8}} = 1.4286$초

2) 추락순간속도(U) = $\frac{d}{t} = \frac{30}{1.4286} = 21\text{m/s}$
$= 75.6\text{km/h}$

106 다음 중 운전자와 교통사고의 관계에 대한 설명으로 옳지 않은 것은?

① 운전자의 신체적 특성은 사고 발생과 관계가 없다.
② 운전자교육은 안전한 행동을 하도록 운전자에게 동기를 부여한다.
③ 운전자의 연령과 성별에 따라 사고유형이 달라질 수 있다.
④ 피로와 졸음은 운전자의 능력을 감소시킨다.

해 설
운전자의 신체적 특성은 사고 발생과 관계가 있다.

107 도류화를 위해 물리적으로 설치한 평면교차로 내의 교통류 분리공간으로서, 교통 흐름을 분리 및 억제하고 보행자를 보호하는 등의 목적으로 설치되는 것은?

① 교통섬   ② 도류도
③ 안전지대 ④ 분리대

해 설
교통섬은 도류화를 위해 물리적으로 설치한 평면교차로 내의 교통류 분리공간으로서, 교통흐름을 분리 및 억제하고 보행자를 보호하는 등의 목적으로 설치한다.

108 안전벨트 착용 의무화에 따른 교통사고 특성의 예상되는 변화로 거리가 먼 것은?

① 차 대 사람 사고의 사망자 수가 감소하였다.
② 차 대 차 사고의 사망자 수가 감소하였다.
③ 차량 단독사고의 사망자 수가 감소하였다.
④ 교통사고 치사율이 감소하였다.

해 설
안전벨트 착용이 차 대 사람 사고의 사망자 수에 영향을 미치지는 않는다.

정답 103 ② 104 ① 105 ② 106 ① 107 ① 108 ①

109 다음 중 충돌도(Collision Diagram)에 관한 설명으로 옳지 않은 것은?

① 화살표와 기호로 사고에 관련된 사항을 도식적으로 나타낸다.
② 요구되는 예방책을 결정하기 위한 사고의 패턴 연구에 기초자료로 사용된다.
③ 충돌도는 반드시 축척에 맞추어 작성하여야 한다.
④ 충돌도는 충돌의 원인이 되는 자료와 다른 물리적인 것들이 나타나야 한다.

해설
충돌도는 반드시 축척에 맞추어 작성할 필요는 없다.

110 운전하기 쉬운 도로의 조건으로 옳은 것은?

① 약간의 요철이 있도록 한다.
② 등속도로 운전할 수 있도록 한다.
③ 곡선반경을 짧게 한다.
④ 외부자극은 없어야 한다.

해설
운전하기 쉬운 도로의 조건은 등속도 운전, 평탄한 도로, 큰 곡선반경, 적당한 외부자극 등이다.

111 일반도로에 중앙분리대를 설치하여 분리도로로 만들었을 때 가장 크게 개선할 수 있는 사고유형은?

① 직각충돌사고　② 정면충돌사고
③ 보행자사고　　④ 추돌사고

해설
정면충돌사고의 예방은 중앙분리대의 주된 기능 중 하나이다.

112 교통안전진단과 관련하여 우리나라에서 사용하고 있는 각 교통사고 인적 피해의 구분으로 옳은 것은?

① 부상신고 - 3일 미만의 치료를 요하는 부상을 입은 경우
② 경상 - 교통사고로 인하여 다친 사람이 의사의 최초 진단 결과 3일 이상 5주 미만의 치료를 요하는 부상을 입은 경우
③ 중상 - 교통사고로 인하여 다친 사람이 의사의 최초 진단 결과 5주 이상의 치료를 요하는 부상을 입은 경우
④ 사망 - 교통사고가 주된 원인이 되어 교통사고 발생 시부터 30일 이내에 사람이 사망한 경우

해설
도로교통법 시행규칙 별표 28에 의거 부상신고는 5일 미만의 치료를 요하는 의사의 진단이 있는 사고이고, 경상은 3주 미만 5일 이상의 치료를 요하는 의사의 진단이 있는 사고이며, 중상은 3주 이상의 치료를 요하는 의사의 진단이 있는 사고를 말한다.

113 4갈래 교차로에는 총 몇 개의 교차상충 지점이 있는가?

① 8개소　　② 12개소
③ 16개소　　④ 32개소

해설
4갈래 교차로에는 총 32개의 상충 지점이 있고, 그 중 교차상충 지점은 16개소가 있다.

114 과속방지턱의 설치 목적(기능)으로 가장 거리가 먼 것은?

① 속도제어　　② 통과 교통량 억제
③ 운전자의 시선 유도　④ 보행자의 통행안전확보

해설
과속방지턱은 운전자의 시선을 유도하고자 함이 아닌 속도제어, 교통량 억제, 보행자 통행 안전 확보 등을 목적으로 한다.

115 교통사고분석을 위한 현황도에서 부호로 나타내는 것이 아닌 사항은?

① 교차로의 모양　　② 사고차량의 경로
③ 교통통제설비의 위치　④ 교차로 주변 상황

해설
경로는 부호로 나타내지 않는다.

116 다음 중 사고전이현상(Accident Migration)에 대한 설명으로 옳은 것은?

① 어느 지점에서의 교통안전 개선기법 적용이 인접한 다른 곳의 사고를 오히려 증가시키는 현상을 말한다.
② 어느 지점 개선사업의 효과가 운전자의 위험보정에 의해 상쇄되는 영향을 말한다.
③ 어느 지역의 평균 교통사고율을 이용하여 도로조건이 유사한 다른 지역에서의 사고율을 파악할 수 있다는 이론을 말한다.

정답 109 ③　110 ②　111 ②　112 ④　113 ③　114 ③　115 ②　116 ①

④ 어느 위험한 운전자가 주행 중 연쇄적으로 사고를 초래하는 현상을 말한다.

> **해 설**
> 사고전이현상(사고이동, Accident Migration)이란 어느 지역의 교통사고 다발 지점을 개선한 경우 해당 개선지점의 교통사고는 개선 전에 비해 감소하지만, 주변의 다른 지점에서 사고가 발생하는 현상을 말한다.

117 일평균교통량이 10,200대인 도로(구간길이 1.3km)에서 3년 동안 사망사고 3건, 부상사고 6건, 대물피해사고 28건이 발생하였다면 교통사고 피해 정도에 따른 교통사고율은?(단, 사고유형별 가중치는 사망사고 12, 부상사고 3, 대물피해사고 1이다.)

① 2.55건　　② 3.37건
③ 4.41건　　④ 5.65건

> **해 설**
> $EPDO = 12F + 3(A+B+C) + PDO$
> $= 12(3) + 3(6) + 28 = 82$
> 여기서, F : 사망사고, A : 심각한 중상사고,
> B : 중상사고, C : 경상사고,
> PDO : 물적 피해사고(Property Damage Only)
>
> 사고율$(AR) = \dfrac{N \times 1,000,000}{365 \times Y \times AADT \times 구간길이}$
> $= \dfrac{82 \times 1,000,000}{365 \times 3 \times 10,200 \times 1.3} = 5.647$건

118 도로구간의 사고 방지대책으로 옳지 않은 것은?

① 횡단보행 신호등 설치
② 입체 분리시설 설치
③ 추월 허용
④ 시선유도표지 설치

> **해 설**
> 추월을 허용하는 것은 사고위험을 증대시킬 수 있다.

119 고속도로에서 발생하는 사고에 대한 설명 중 옳지 않은 것은?

① 고속도로 사고는 지방도에서 발생하는 사고보다 빈도가 높다.
② 고속도로에서는 고속주행으로 인한 2차 사고 발생 가능성이 크다.
③ 고속도로 사고는 발생 건수 대비 치사율이 높다.
④ 고속도로 사고의 주요 원인 중 하나는 졸음운전이다.

> **해 설**
> 고속도로 사고는 지방도에서 발생하는 사고보다 빈도가 낮다.

120 비가 오는 날은 수막현상에 의한 교통사고가 많이 발생한다. 다음 중 수막현상을 증대시키는 요인이 아닌 것은?

① 두꺼운 수막층의 깊이　② 빠른 주행속도
③ 마모된 타이어　　　　④ 무거운 축 하중

> **해 설**
> 수막현상은 축 하중과는 관계가 없다.

정답　117 ④　118 ③　119 ①　120 ④

1회 2016년 기출문제

제1과목 교통계획

01 다음 중 사람통행실태 조사방법에 해당하지 않는 것은?
① 노측 면접조사 ② 영업용 차량조사
③ 가구방문조사 ④ 확률적 배정조사

해설
사람통행실태 조사방법에는 가로변(노측) 면접조사, 운전자 우편 설문조사, 가구방문조사, 스크린라인조사, 폐쇄선조사, 영업용 차량조사 등이 있다.

02 통행발생(Trip Generation) 단계에서 사용하는 회귀분석모형에 대한 설명으로 옳지 않은 것은?
① 모형의 적합도를 판단할 수 있는 결정계수(R2)가 1에 가까울수록 좋은 회귀모형이라 할 수 있다.
② 모든 독립변수들은 서로 독립적이며 변수 간의 상관관계가 높을수록 좋은 모형이다.
③ 너무 많은 독립변수를 사용한 회귀모형은 통계적 관점에서 적절하지 않을 수도 있다.
④ 통행발생량을 예측하는 데 사용되는 독립변수의 예로 가구 수, 자동차 보유대수를 들 수 있다.

해설
회귀분석에서 모든 독립변수들은 서로 독립적이어야 하며, 상관관계가 낮을수록 좋은 모형이다. 상관관계가 높으면 다중공선성(Multicollinearity) 문제가 발생하여 통계분석의 결과를 신뢰할 수 없게 된다.

03 가구통행실태조사에서 조사되는 항목이 아닌 것은?
① 통행 기종점 ② 통행목적
③ 가구주차면수 ④ 통행수단

해설
가구통행실태조사는 통행실태를 파악하기 위한 조사로 주로 표본 조사 형태로 이루어진다. 통행의 목적과 기종점, 통행의 수단 등을 주로 조사한다. 평일과 주말 통행조사, 전화보완조사로 구분된다.

04 프라타(Fratar)법은 다음 중 어느 단계의 모형인가?
① 통행발생예측 ② 통행분포예측
③ 통행수단분담예측 ④ 통행배정예측

해설
프라타(Fratar)법은 통행분포 단계에서 사용되며 성장인자모형에 해당하는 방법이다.

05 조사 및 연구대상지역의 범위를 나타내는 선을 폐쇄선 혹은 경계선(Cordon Line)이라고 하는데 이러한 폐쇄선을 선정할 때 고려하여야 할 사항이 아닌 것은?
① 폐쇄선을 횡단하는 도로는 가능한 적게 한다.
② 가능한 넓은 지역이 포함되도록 한다.
③ 행정구역의 경계선과 가능한 일치시킨다.
④ 도시 주변에 인접한 위성도시나 장래 도시화지역 등은 가급적 폐쇄선 내에 포함시킨다.

해설
폐쇄선(Cordon Line) 조사는 교통조사 시 조사대상지역 밖에 출발지 또는 목적지를 가진 통행을 조사하는 방법으로 조사의 목적에 맞는 넓이의 지역이 포함되도록 선정하여야 한다. 무조건 크다고 좋은 조사가 아니라는 의미이다.

06 교통수요 추정을 위한 기초자료로 사용되는 사회 경제지표의 예측 모형 중 상한치(K)를 결정한 후 예측하는 기법은?
① 지수곡선법 ② 최소제곱법
③ 2차 직선법 ④ 로지스틱곡선법

해설
로지스틱곡선은 큰 S자 형태의 모양을 갖는 곡선이다. 최초에 천천히 증가하다가 어느 순간 급격히 증가하고 그 후 일정한 상한치로 수렴하듯이 증가하는 모양을 나타낸다.

07 다음 중 통행조사 결과를 검증하거나 보완하기 위해 조사지역 내에 하나 혹은 몇 개의 선을 그어 이 선을 통과하는 차량을 조사하는 방법을 무엇이라 하는가?
① 교통존(Traffic Zone) 조사
② 폐쇄선(Cordon Line) 조사
③ 스크린라인(Screen Line) 조사
④ 희망노선(Desire Line) 조사

정답 01 ④ 02 ② 03 ③ 04 ② 05 ② 06 ④ 07 ③

해설
스크린라인(Screen Line) 조사는 검사선조사라고도 불리운다. 목적은 조사지역 내 조사된 교통량의 정밀도를 점검하고 수정·보완하기 위함이고, 라인이 존의 중심을 지나지 않도록 하고 폐쇄선(Cordon Line)과 근접하지 않도록 해야 하며 여러 개의 라인 설정 시 라인 간 적정 간격을 유지하여야 한다. 간선도로상 가상선을 그어 통과하는 교통량 조사나 간선도로 선상에 위치한 교차로를 통과하는 차량 조사 시 사용된다.

08 다음 중 보행자 시설별 주요 효과척도의 연결이 옳지 않은 것은?

① 보행자도로 : 보행교통류율, 보행점유공간, 보행밀도
② 계단 : 계단높이, 보행점유공간
③ 대기공간 : 보행점유공간
④ 신호횡단보도 : 평균보행자지체, 보행점유공간

해설
보행자시설과 각 시설의 효과척도

보행자시설 구분	효과척도(MOE)
보행자도로	보행교통류율, 보행점유공간, 보행밀도, 보행속도
계단	보행교통류율
대기공간	보행점유공간, 밀도
횡단보도	평균보행자지체, 보행점유공간

09 버스운영체계 중 공동배차제의 유형에 속하지 않는 것은?

① 수입금 공동관리제 ② 차량 공동관리제
③ 노선 공동관리제   ④ 운전자 공동관리제

해설
공동배차제란 특정한 노선에 대해 여러 버스회사들이 배차 순서를 분할받아 차량을 투입하여 운영하고, 차량과 수입금을 공동으로 관리하는 제도를 말한다. 노선, 수입금, 차량공동관리형으로 구분된다.

10 편도 15km의 왕복노선을 25km/시의 평균운행속도로 버스를 운행할 때 배차간격 5분을 유지하려면 필요한 총 차량대수는?

① 5대   ② 10대
③ 13대 ④ 15대

해설
노선에 필요한 차량대수를 구하는 식은 다음과 같다.
$$n = \frac{120 \cdot N \cdot L}{h \cdot v}$$
여기서, n : 총 차량대수, N : 객차 수, L : 노선길이, h : 배차간격, v : 평균운행속도
$$n = \frac{120 \cdot N \cdot L}{h \cdot v} = \frac{120 \cdot 1 \cdot 15}{5 \cdot 25} = 14.4, \therefore 15대 필요$$

11 TSM(Transportation Systems Management) 기법을 적용대상 기준으로 구분한 내용 중 적합하지 않은 것은?

① 도로시설 효율화 방안
② 대중교통시설 효율화 방안
③ 주차시설 효율화 방안
④ 장기적인 국가 교통망 운영 효율화 방안

해설
TSM 기법은 당면한 국부적인 문제점을 해결하는 것을 주된 목적으로 하며 그 효과가 단기적인 경우가 많다. 장기적인 국가 교통망 운영 효율화 방안은 TSM에서는 다루기 어렵다.

12 요금수준, 서비스의 질과 양, 이외에 대중교통 운영자 측에서 조정할 수 없는 변수의 변화에 따른 승객교통량을 상대적으로 추정할 수 있는 개략적인 측정수단으로서 보편적으로 널리 이용되고 있는 방법은?

① 공급탄력성   ② 수요탄력성
③ 요금의 형평성 ④ 승객의 편리성

해설
보편적으로 가장 많이 이용되고 있는 탄력성 산출방법은 수요탄력성(e)법이다.

13 교통정책의 상위목표에 해당되지 않는 것은?

① 에너지 절약   ② 기동성의 향상
③ 교통사고의 감소 ④ 화물수송비용의 감소

해설
화물수송비용의 감소는 경제적 효율성 증대라는 상위목표의 하위목표에 해당한다.

정답 08 ② 09 ④ 10 ④ 11 ④ 12 ② 13 ④

14 교통정보체계 구축방향에 대한 설명 중 틀린 것은?

① 정보내용의 코드체계를 표준화시킨다.
② 교통정보가 공유되지 않도록 특수체계를 사용한다.
③ 모집되어야 하는 자료목록을 작성한다.
④ 국토정보체계의 Sub - System이 되도록 한다.

해설
교통정보체계 구축방향은 교통정보의 공유를 기초적인 목적으로 한다.

15 다음과 같은 교통수요모형에서 지하철 통행 비용에 대한 택시 교통수요의 교차탄력성은 얼마인가?

- 모형 : $D_1 = 20 - 3P_1 + 4P_2$
- 변수 : 택시 교통수요(D_1),
  택시 통행비용(P_1), 지하철 통행비용(P_2)

① $(-3) + 4P_2$
② $\dfrac{4P_2}{20 - 3P_1 + 4P_2}$
③ $\dfrac{1}{1 - 2P_1 + \dfrac{P_2}{P_1}}$
④ 4

해설
$e = \dfrac{\dfrac{\partial V}{V_0}}{\dfrac{\partial P}{P_0}} = \dfrac{\Delta V}{\Delta P} \cdot \dfrac{P}{V}$

지하철 통행비용에 대한 택시 교통수요의 교차탄력성을 구하는 것이므로 D_1을 P_2에 관해 미분한 4를 분자 P_2에 곱하고, D_1으로 나누어주면 된다.

16 장래의 존별 통행발생량을 산출한 후 통행분포 과정 이전에 이용 가능한 교통수단별 분담률을 산정한 후 각 수단별 통행수요를 도출하는 방법은 어떠한 모형인가?

① 통행단 모형
② 통행교차 모형
③ 통행발생 모형
④ 수단분담률 모형

해설
통행단 모형은 수단선택(Model Split) 단계에서 사용하는 모형 중 장래의 존별 통행발생량을 산출한 후 통행분포 전에 이용 가능한 교통수단별 분담률을 산정하여 각 수단별 통행수요를 도출하는 모형을 말한다.

17 A지역의 철도시설의 생산유발계수는 1.356, 임금유발계수는 0.360, 고용유발계수는 0.019이고 총사업비 6,000억 원을 투입하여 A지역의 철도를 건설할 경우 A지역 경제의 생산유발액을 다지역투입산출모형을 적용하여 계산한 값은?

① 8,136억 원
② 10,410억 원
③ 5,862억 원
④ 5,976억 원

해설
생산유발액을 계산하는 것이므로 총 사업비에 생산유발계수를 곱해주면 된다.
생산유발액 = 총 사업비 × 생산유발계수
= 6,000억 원 × 1.356 = 8,136억 원

18 도로 설계의 기본이 되는 장래 교통량으로, 설계 대상 구간을 지날 것으로 예상되는 1시간 교통량으로 주어지는 연평균일교통량(AADT)에 설계시간 계수(K)를 곱하여 산출하는 것은?

① 계획 교통량
② 설계시간 교통량
③ 최대 서비스 교통량
④ 1시간 환산 교통량

해설
설계시간 교통량(DHV ; Design Hourly Volume)은 AADT × K로 표시된다.

19 중력모형에 의한 통행분포 예측 시 통행임피던스(통행저항)의 함수로 사용되지 않는 함수는?

$t_{ij} = k \times P_i \times A_j \times f(Z_{ij})$
여기서, k : 상수
P_i, A_j : 통행유출지와 유입지의 흡입성지표
$f(Z_{ij})$: 통행저항함수

① $f(Z_{ij}) = Z_{ij}^{-n}$
② $f(Z_{ij}) = e(-\lambda Z_{ij})$
③ $f(Z_{ij}) = e(-\lambda Z_{ij}) Z_{ij}^{-n}$
④ $f(Z_{ij}) = -\lambda Z_{ij}^{-n} e(-\lambda)$

해설
통행저항함수로 $f(Z_{ij}) = Z_{ij}^{-n}$, $f(Z_{ij}) = e(-\lambda Z_{ij})$, $f(Z_{ij}) = e(-\lambda Z_{ij}) Z_{ij}^{-n}$ 등이 사용된다.

정답 14 ② 15 ② 16 ① 17 ① 18 ② 19 ④

20 다음 중 통행 배정의 목적으로 가장 거리가 먼 것은?
① 장래 교통망 대안의 평가
② 기존 교통망 체계의 문제점 진단
③ 목표연도별 교통시설 건설사업에 대한 우선순위 결정
④ O-D 통행량 산출을 위한 기초자료 제공

해설
O-D 통행량 산출을 위한 기초자료를 가지고 통행 배정이 이루어지게 된다.

제2과목 교통공학

21 다음 중 Greenshields의 속도(u)-교통량(q) 모형으로 옳은 것은?(단, u_f : 자유속도, k_j : 혼잡밀도, u_m : 임계속도, k_m : 임계밀도)

① $q = k_j \left(u - \dfrac{u^2}{u_f} \right)$
② $q = u_f \left(u - \dfrac{k_j}{2k_m} \right)$
③ $q = u_m \left(1 - \dfrac{2k_m}{k_f} \right)$
④ $q = k_j \left(u^2 - \dfrac{u}{u_f} \right)$

해설
$k = k_j \left(1 - \dfrac{u}{u_f} \right)$ 이므로 $q = k_j \left(u - \dfrac{u^2}{u_f} \right)$ 라고 쓸 수 있다.

22 신호 교차로의 용량에 영향을 주지 않는 요소는?
① 차로폭
② 종단경사
③ 신호시간
④ 마찰계수

해설
신호교차로의 용량에 가장 큰 영향을 미치는 것이 신호시간이고, 차로폭과 종단경사는 별도의 보정계수로 이상적인 조건을 맞추어준다. 이상적인 조건을 산정한다는 것은 용량에 영향을 미친다는 의미이다. 마찰계수는 신호교차로의 용량에 큰 영향을 미치지 않는다.

23 교통계획 대상 지역 안에 있는 주요 교통문제 지역 50개소에 대한 교통조사를 실시하려 한다. 가장 효율적인 조사계획은 어떤 것인가?
① 조사지점 수가 그리 많지 않으므로 24시간 동안 차종별·방향별 교통량을 조사한다.
② 24시간 교통량은 대표적인 곳에서만 조사하고 나머지는 16시간(7~23시)만 조사한다.
③ 모든 장소에서 출퇴근시간대, 점심시간대에 대해 조사한다.
④ 24시간 교통량은 대표적인 곳에서만 조사하고 나머지는 출퇴근시간대에만 조사한다.

해설
주의깊은 분석이 필요한 시간대는 출퇴근시간인 오전·오후 피크시간이므로 24시간 교통량은 대표 샘플로 조사하고, 출퇴근시간대를 집중 조사하면 효율성을 극대화할 수 있다.

24 2차로 도로를 주행하는 차량 중 트럭이 5%, 버스가 7%이다. 해당 도로 포화교통류율 산정 시 필요한 중차량보정계수는?(단, 승용차 환산계수는 트럭 : 1.9, 버스 : 1.6임)
① 0.89 ② 0.92 ③ 0.95 ④ 0.98

해설
$$f_{HV} = \dfrac{1}{[1 + P_{T1}(E_{T1}-1) + P_{T2}(E_{T2}-1) + P_{T3}(E_{T3}-1)]}$$
$$= \dfrac{1}{[1 + 0.05(1.9-1) + 0.07(1.6-1)]} = 0.919$$
$\therefore 0.92$

25 단일 서비스기관의 대기행렬모형에서 평균 도착률이 λ, 평균서비스율이 μ일 때 시스템 내의 평균 체류시간을 나타내는 식은?
① $\dfrac{1-\lambda}{\mu}$
② $\dfrac{\lambda}{\mu-\lambda}$
③ $\dfrac{1}{\mu-\lambda}$
④ $\dfrac{\lambda}{\mu(\mu-\lambda)}$

해설
시스템 내 평균 체류시간 $= W = W_q + \dfrac{1}{\mu} = \dfrac{1}{\mu-\lambda}$

26 도시부 4차로 국도에서 평균지점 속도를 추정하는 과정에서 표본 수가 60개일 때, 95% 신뢰 수준에서 허용오차는?(단, 도시부 4차로 국도에서 지점속도의 표준편차는 7.9km/h)
① ±1.0km/h ② ±1.7km/h
③ ±2.0km/h ④ ±3.9km/h

정답 20 ④ 21 ① 22 ④ 23 ④ 24 ② 25 ③ 26 ③

> **해설**
> 모집단의 표준편차를 알고 있는 경우이므로 Z분포를 이용한다.
> $n \geq \dfrac{Z_{\frac{a}{2}}^2 \times \sigma^2}{\epsilon^2}$ 에서 허용오차를 구하는 것이므로
> $60 \geq \left(\dfrac{1.96 \times 7.9}{\epsilon}\right)^2$ 이고 이를 풀어 쓰면
> $\epsilon \geq \left(\dfrac{1.96 \times 7.9}{\sqrt{60}}\right)$ 이므로 $\epsilon \geq 1.923$이 되어
> $\pm 2.0 \text{km/h}$이 정답이 된다.

27 교통용량은 보통 어떻게 나타내는가?
① 대/일 ② 대/차선
③ 대/시간 ④ 대/km

> **해설**
> 교통용량은 시간단위로 나타내며 대/시간, veh/hour, veh/h 등으로 표현한다.

28 고속도로를 운행하는 운전자에게 제공하는 고속도로의 서비스 수준 분석 시 효과척도로 사용되는 것은?
① 밀도 ② 지체율
③ 도로폭 ④ 속도

> **해설**
> 고속도로의 효과척도로는 밀도가 사용된다. 각 구간별로 세부적인 밀도의 종류가 조금씩 다르다.
>
> | 도로의 종류 | | 효과척도 |
> |---|---|---|
> | 고속도로 | 기본구간 | 밀도(pc/km/차로), 교통량/용량(V/C) |
> | | 엇갈림구간 | 평균밀도(대/km) |
> | | 연결부 | 영향권의 밀도(대/km) |

29 차량속도가 40km/h인 교차로에서 차량탐지기가 40m 전방에 설치된 반감응식 교통신호등의 단위 연장(Unit Extension) 시간으로 적절한 값은?(단, 차량이 정지선에 도착하였을 때 황색 신호가 시작되도록 설계한다.)
① 3초 ② 4초 ③ 5초 ④ 6초

> **해설**
> 첫 번째 차량이 탐지기에 검지가 되고, 첫 번째 차량이 정지선에 도착하여 황색 신호가 시작되기 직전까지 두 번째 차량이 검지되지 않으면 황색 신호가 시작되므로 단위연장시간은 첫 번째 차량이 탐지기에 검지가 되고 정지선에 도착하기까지 소요된 시간이 된다. 따라서 $\dfrac{40\text{m}}{40\text{km/h}} = \dfrac{40\text{m}}{40/3.6} = 3.6$초
> 단위연장시간은 3.6초보다 커야 하므로 4초를 선택한다.

30 교통량이 최대가 될 때의 속도를 무엇이라 하는가?
① 순간속도 ② 자유속도
③ 최대속도 ④ 임계속도

> **해설**
> 임계속도(Critical Speed)란 특정 도로에 있어서 그 최대교통량(가능교통량과 같음)을 발휘할 수 있는 경우의 평균속도를 말한다. 평균속도가 이 속도보다 높거나 낮은 경우라 하더라도 교통량은 가능교통량보다 적은 것이다. 정상적인 차마의 정상적인 운전자가 그 교통환경이 허용하는 범위에서 안전하게 주행할 수 있는 최고속도를 말하기도 한다.

31 시간평균속도와 공간평균속도에 대한 설명 중 틀린 것은?
① 시간평균속도는 공간평균속도보다 크거나 같다.
② 시간평균속도는 지점속도를 나타내지 않는다.
③ 시간평균속도는 고정된 지점을 통과하는 모든 차량들의 속도를 산술평균한 속도를 말한다.
④ 구간 내의 모든 차가 동일 속도로 운행되고 있다면 시간평균속도와 공간평균속도는 같다.

> **해설**
> 시간평균속도는 지점속도로도 사용된다.

32 다음 중 도시부 간선도로(신호교차로로 구성)의 시공도(Time-Space Diagram)로부터 일반적으로 확인할 수 없는 사항은?
① 옵셋(Offset)
② 차량진행대폭(Bandwidth)
③ 차량통행시간(Travel Time)
④ 개별 차량의 자유속도(Free-Flow Speed)

> **해설**
> 시공도에는 차량의 주행속도가 표시되지만, 그 자체만으로 자유속도를 판단할 수는 없다.

정답 27 ③ 28 ① 29 ② 30 ④ 31 ② 32 ④

33 다음 설명에 해당하는 용어는?

> 어느 구간의 거리를 해당 구간을 통과하는 데 걸리는 총 시간으로 나눈 값

① 설계속도
② 평균주행속도
③ 평균통행속도
④ 공간평균속도

해설
평균통행속도란 어느 구간의 거리를 차량 정지시간(교차로, 역, 정류장)이나 교통정체시간을 모두 포함한 총소요시간으로 나눈 값을 말한다. 모든 차량에 대해 평균한 값으로 한 대에 대한 계산을 목적으로 하는 통행속도와 구분된다.

34 차량속도에 관한 설명 중 틀린 것은?

① 자유속도는 차량이 도로를 주행하면서 외부의 영향을 조금만 받았을 경우 낼 수 있는 속도이다.
② 설계속도는 차량의 안전한 주행을 확보하기 위해 설정하여 도로의 설계, 구조의 기준이 되는 인위적 속도이다.
③ 운영속도는 도로의 설계속도를 초과하지 않는 범위 내에서 차량이 낼 수 있는 최대 안전속도이다.
④ 지점속도는 특정 지점에서 속도감지기 등을 이용해서 측정한 속도이다.

해설
자유속도(Free Flow Speed)란 어느 특정 도로구간에 교통량이 매우 적고 교통통제설비가 없거나 없다고 가정할 때, 운전자가 제한속도 범위 내에서 선택할 수 있는 최고속도를 말한다. 자유속도는 도로의 기하조건에 의해서만 영향을 받는다.

35 다음 중 교통감응신호에 비하여 정주기신호가 갖는 장점으로 옳지 않은 것은?

① 일반적으로 교차로 간격이 연속진행에 적합한 경우 교통감응신호보다 정주기신호가 더 좋다.
② 인접신호등과 연동시키기 편리하며, 교통감응신호를 연동시키는 것보다 더 정확한 연동이 가능하다.
③ 일반적으로 설치비용이 교통감응신호에 비해 적게 소요되며 장비의 구조가 간단하고 정비·수리가 용이하다.
④ 독립교차로의 정주기신호에서는 교통량이 많은 경우에 점멸등 운영을 한다.

해설
독립교차로의 정주기신호에서는 교통량이 많은 경우 기존에 계획된 주기대로 운영하면 효율적이다.

36 다음의 조건에서 유효녹색시간은 얼마인가?(단, 녹색시간 미사용으로 인한 추가 녹색손실시간은 없다.)

- 녹색시간 : 20초
- 황색시간 : 4초
- 진행연장시간 : 2초
- 출발손실시간 : 2초
- 소거손실시간 : 2초

① 18초
② 20초
③ 22초
④ 24초

해설
유효녹색시간
= 녹색시간 + 황색시간 − 출발손실시간 − 소거손실시간
= 녹색시간 − 출발지연시간 + 진행연장시간
따라서 20 + 4 − 2 − 2 = 20초가 된다.

37 신호 교차로에서 정지선을 통과하는 차량 간의 시간차(차두간격)를 다음 표와 같이 나타내고 있다. 이와 같은 상황에서 포화교통유율 A 및 출발손실시간 B(초)는?

대기행렬위치	1	2	3	4	5	6	7	8	9
차두간격(초)	2.7	2.8	2.2	2.0	1.9	1.8	1.8	1.8	1.8

① A : 2,200, B : 18.8
② A : 1,723, B : 2.0
③ A : 1,800, B : 2.0
④ A : 2,000, B : 2.6

해설
포화교통류율은 포화용량이라고도 하며 포화용량과 포화차두시간의 관계식은 $s = 3,600/h$ 이다. 따라서
A = 3,600/1.8 = 2,000
B = (2.7 − 1.8) + (2.8 − 1.8) + (2.2 − 1.8) + (2.0 − 1.8) + (1.9 − 1.8) = 2.60이다.

정답 33 ③ 34 ① 35 ④ 36 ② 37 ④

38 지방의 도시 내 도로의 시간당 교통량이 120대였고, 첨두 15분간 교통량이 60대라고 한다면 첨두시간계수(PHF)는?

① 0.5 ② 0.6 ③ 0.7 ④ 0.8

해 설
첨두시간계수는 $PHF = \dfrac{V_{60분}}{V_{15분} \times 4}$ 이다.

따라서 $PHF = \dfrac{120}{60 \times 4} = \dfrac{120}{240} = 0.5$ 이다.

39 다음 중 기종점 조사방법에 속하지 않는 것은?

① 노측 면접조사 ② 자동차번호판조사
③ 우편조사 ④ 이동차량조사

해 설
이동차량조사방법(Moving Vehicle Method)은 영국에서 제안된 것으로 시험차를 이용하여 행하는 통행시간조사의 한 방법이다. 구간을 통과하는 데 소요되는 시간과 마주오거나 추월 또는 추월당한 차의 수를 측정하는 것으로 정밀도가 높은 통행속도를 구하는 방법이므로 기종점조사방법과는 거리가 멀다.

40 차두시간(Headway)의 설명으로 틀린 것은?

① 교통류율의 역수이다.
② 앞차와 뒤차의 특정 부분이 통과하는 시간의 차이다.
③ 차두시간을 알면 교통류가 정체되었는지, 자유흐름인지 알 수 있다.
④ 차간시간(Gap)과 더불어 교통운영에서 매우 중요한 파라미터이다.

해 설
차두시간이 0인 경우 교통류가 정체되어 0인 경우와 차가 한 대도 도착하지 않아 0인 경우가 있으므로, 차두시간만으로 교통류의 정체 혹은 자유흐름 여부를 판단하기는 어렵다.

제3과목 교통시설

41 도로 구분에 따른 중앙분리대의 최소 폭 범위는?

① 1.0~3.0m ② 1.0~4.5m
③ 1.5~3.0m ④ 1.5~4.5m

해 설
중앙분리대는 도로의 구조·시설 기준에 관한 규칙 제11조에 의거 아래와 같은 최소 폭을 가져야 한다.

도로의 구분	중앙분리대의 최소 폭(m)		
	지방지역	도시지역	소형차도로
고속도로	3.0	2.0	2.0
일반도로	1.5	1.0	1.0

42 다음과 같은 조건을 가진 버스의 정류장 정차시간은?

- 차량운행속도 : 16.7m/sec
- 최소배차간격 : 33초 · 가속률 : 5m/sec²
- 차량길이 : 11m · 감속률 : 2.5m/sec²
- 반응시간 : 2초 · 안전계수 : 5

① 약 9초 ② 약 12초
③ 약 15초 ④ 약 18초

해 설
버스의 최소 배차시간 $h = t + \dfrac{l}{v} + \dfrac{kv}{2d} + \dfrac{v}{2a} + tr$

여기서, h : 최소배차간격(초), t : 정류장 정차시간(초), l : 차량길이(m), v : 운행속도(m/s), k : 안전계수, d : 감속률(m/s²), a : 가속률(m/s²), tr : 반응시간(초)

따라서 정리하면 $t = h - \dfrac{l}{v} - \dfrac{kv}{2d} - \dfrac{v}{2a} - tr$

이를 계산하면 $t = 33 - \dfrac{11}{16.7} - \dfrac{5 \cdot 16.7}{2 \cdot 2.5} - \dfrac{16.7}{2.5} - 2$
$= 11.97$ (약 12초)

43 도로와 철도가 부득이하게 평면교차하는 경우 그 도로의 구조기준이 틀린 것은?(단, 예외의 경우는 고려하지 않는다.)

① 건널목의 양측에서 각각 30m 이내의 구간(건널목 부분을 포함한다.)은 직선으로 한다.
② 건널목의 양측에서 각각 10m 이내의 구간(건널목 부분을 포함한다.) 도로의 종단경사는 5% 이하로 한다.
③ 철도와의 교차각은 45° 이상으로 한다.
④ 건널목에서 철도차량의 최고속도가 50km/h 미만인 경우 가시구간의 길이는 최소 110m 이상으로 한다.

정답 38 ① 39 ④ 40 ③ 41 ① 42 ② 43 ②

해설
건널목의 양측에서 각각 30m 이내의 구간(건널목 부분을 포함한다.) 도로의 종단경사는 3% 이하로 한다.

44 정지시거와 추월시거에 관한 설명으로 옳은 것은?

① 정지시거는 설계속도와 관련이 있으나 추월시거는 설계속도와는 거의 무관하다.
② 대체로 추월시거보다는 정지시거가 길다.
③ 정지시거는 양 방향 2차로 도로에서 주로 고려되며 추월시거는 차선 수에 관계없이 고려된다.
④ 정지시거는 노면의 마찰계수와 밀접한 관계가 있다.

해설
최소정지시거 공식은 $mssd = \dfrac{t_r \cdot V}{3.6} + \dfrac{V^2}{254(f \pm s)}$ 와 같이 표현된다. 제동거리의 분모에 나오는 는 friction factor, 즉 마찰계수를 의미하므로 정지시거는 노면의 마찰계수와 밀접한 관계가 있다고 할 수 있다.

45 다음 중 노면의 종류에 따른 차도의 횡단경사 기준이 옳은 것은?(단, 편경사가 설치되는 구간은 고려하지 않음)

① 시멘트 포장도로 : 1.5% 이상 2.0% 이하
② 아스팔트 포장도로 : 2.0% 이상 3.0% 이하
③ 간이포장도로 : 3.0% 이상 5.0% 이하
④ 비포장도로 : 4.0% 이상 6.0% 이하

해설
차도의 횡단경사 기준은 다음과 같다.

노면의 종류	횡단경사(%)
아스팔트 및 시멘트 포장도로	1.5 이상 2.0 이하
간이포장도로	2.0 이상 4.0 이하
비포장도로	3.0 이상 6.0 이하

46 다음 중 설계속도가 60km/h일 때 확보하여야 하는 최소정지시거 기준으로 옳은 것은?

① 55m
② 75m
③ 95m
④ 110m

해설
최소정지시거는 노면습윤상태일 때를 기준으로 하며 다음과 같다.

설계 속도 (km/h)	주행 속도 (km/h)	f	0.694V	$\dfrac{V^2}{254f}$	주행 속도에 의한 정지 시거 (m)	정지 시거 채택 (m)
120	102	0.29	70.8	114.2	212.0	215
110	93.5	0.29	64.9	118.7	183.6	185
100	85	0.30	59.0	94.8	153.8	155
90	76.5	0.30	53.1	76.8	129.9	130
80	68	0.31	47.2	58.7	105.9	110
70	63	0.32	43.7	48.8	92.5	95
60	54	0.33	37.5	34.8	72.3	75
50	45	0.36	31.2	22.1	53.3	55
40	36	0.40	25.0	12.8	37.8	40
30	30	0.44	20.8	8.1	28.9	30
20	20	0.44	13.9	3.6	17.5	20

47 고속도로에 버스정류장을 설치하는 경우, 정류장의 형태 및 설계속도에 따른 버스정류장의 길이가 바르게 연결된 것은?

① 직접식 : 120km/h - 450m
② 평행식 : 120km/h - 540m
③ 직접식 : 100km/h - 430m
④ 평행식 : 100km/h - 530m

해설
고속도로 버스정류장의 제원은 다음과 같다.

구분		설계속도(km/h) 120	100	80	비고
감속 차로부	변이구간 길이 L1(m)	70	60	50	
	주감속차로 길이 L2(m)	120	100	90	
	감속차로 길이(m)	190	160	140	
	보조 감속차로 길이 L3(m)	50 (40)	50 (40)	50 (40)	
버스 정차로	정차로 길이 L4(m)	30 (24)	30 (24)	30 (24)	
가속 차로부	보조 가속차로 길이 L5(m)	40 (30)	40 (30)	40 (30)	

정답 44 ④ 45 ① 46 ② 47 ④

구분	설계속도(km/h)	120	100	80	비고
가속 차로부	주 가속차로 길이 L6(m)	160	130	110	직접식
		220	190	120	평행식
	변이구간 길이 L7(m)	70	60	50	
	가속차로 길이(m)	230	190	160	직접식
		290	250	170	평행식
	버스정류장 길이 LT(m)	540	470	420	직접식
		600	530	430	평행식

48 도로의 구조·시설 기준에 관한 규칙상 설계속도가 100km/h이고 적용 최대 편경사가 6%인 차도의 평면곡선 반지름은 최소 얼마 이상으로 하여야 하는가?

① 530m ② 460m
③ 440m ④ 420m

[해 설]

최소 평면곡선 반지름의 값은 다음과 같다.

설계 속도 (km/h)	횡방향 미끄럼 마찰 계수	최소 평면곡선 반지름(m)					
		최대편경사 6%		최대편경사 7%		최대편경사 8%	
		계산값	규정값	계산값	규정값	계산값	규정값
120	0.10	709	710	667	670	630	630
110	0.10	569	600	560	560	529	530
100	0.11	463	460	437	440	414	420
90	0.11	375	380	354	360	336	340
80	0.12	280	280	265	265	252	250
70	0.13	203	200	193	190	184	180
60	0.14	142	140	135	135	129	130
50	0.16	89	90	86	85	82	80
40	0.16	57	60	55	55	52	50
30	0.16	32	30	31	30	30	30
20	0.16	14	15	14	15	13	15

49 다음 중 1대당 최소 주차소요 면적이 가장 적은 주차방식은?(단, 차종은 일반형을 기준으로 하고 장애인용 주차단위 구획의 경우는 고려하지 않는다.)

① 30° 전진주차
② 60° 전진주차
③ 60° 후진주차
④ 90° 후진주차

[해 설]

1대당 최소 주차소요 면적이 가장 적은 주차방식은 90° 후진주차이며, 1대당 최소 주차소요 면적이 가장 큰 주차방식은 30° 전진주차이다.

50 어느 고속도로 구간의 10년 후 예상 AADT는 70,000대이다. 이 도로구간의 K계수는 0.08, 중방향계수는 0.65, PHF는 0.95이다. 차로당 용량을 2,000vph, 계획서비스수준의 v/c 비를 0.75로 가정할 때 필요한 일방향 차로 수는?

① 1차로 ② 3차로
③ 5차로 ④ 7차로

[해 설]

$$PDDHV = \frac{DDHV}{PHF} = \frac{AADT \times K \times D}{PHF}$$
$$= \frac{70,000 \times 0.08 \times 0.65}{0.95} = 3,831.58$$
$$\frac{v}{c} = 0.75 = \frac{x}{2,000}, \quad x = 0.75 \times 2,000 = 1,500대/차로$$
$$\frac{3,831.58}{1,500} = 2.55 > 2, \quad \therefore 3차로$$

51 교차로의 폭이 30m이고 차량 길이가 5m, 차량 속도가 60km/h, 차량의 감속도가 4.5m/sec² 이라고 할 때 적정 황색 신호 시간은 몇 초인가? (단, 운전자 반응 시간은 1초이다.)

① 약 2초 ② 약 3초
③ 약 4초 ④ 약 5초

[해 설]

$$y = t + \frac{v}{2a} + \frac{w+l}{v} = 1 + \frac{60/3.6}{2 \times 4.5} + \frac{30+5}{60/3.6}$$
$$= 4.952(약 5초)$$

52 다음 중 주차수요 추정방법으로 적합하지 않은 것은?

① 외삽법
② 주차 원단위법
③ 과거 추세 연장법
④ 누적 주차수요 추정방법

정답 48 ② 49 ④ 50 ② 51 ④ 52 ①

> **[해설]**
> 주차수요 추정방법에는 크게 과거 추세 연장법, 주차원단위법, 사람 통행에 의한 추정법이 있다. 또한 사람 통행에 의한 추정법에 P요소법과 누적 주차수요 추정법, Person Trip Survey법이 있다.

53 다음 중 중앙버스전용차로의 장점으로 옳지 않은 것은?

① 버스의 속도를 제고하고 정시성의 확보가 가능하다.
② 버스 이용자의 증가를 기대할 수 있다.
③ 일반 차량과의 마찰을 줄일 수 있다.
④ 안전시설의 설치에 따른 비용의 부담이 없다.

> **[해설]**
> 중앙버스전용차로의 장단점은 다음과 같다.
>
> | 구분 | 장점 | 단점 |
> |---|---|---|
> | 중앙 버스 전용 차로 | • 일반차량과 마찰 제거 가능
• 정체가 심한 구역에서 효과 배가
• 버스의 속도 제고와 정시성 향상
• 버스 이용자 증가 기대
• 가로변 활동 보장 | • 버스정류장에서 안전문제 대두
• 안전시설 및 신호기 비용 증가
• 전용차로에서 우회전하는 버스와 일반차로에서 좌회전하는 차량의 처리가 복잡
• 일반차량의 용량이 대폭 축소 |

54 평면곡선부에서 곡선반경이 250m, 편경사가 3%, 횡방향 마찰계수가 0.12인 원곡선 구간의 최대 안전속도는?

① 약 59kph ② 약 69kph
③ 약 77kph ④ 약 87kph

> **[해설]**
> $R \geq \dfrac{V^2}{127(i+f)}$, $250m = \dfrac{V^2}{127(0.12+0.03)}$
> $V = \sqrt{250 \times 127(0.12+0.03)} = 69.011$ (약 69kph)

55 다음 두 가지 형태의 교차로에 대한 설명 중 맞는 것은?

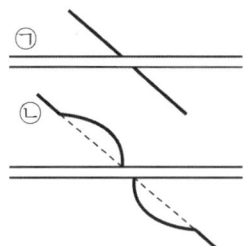

① 둘 다 바람직하다.
② ㉠이 바람직한 설계이다.
③ ㉡이 바람직한 설계이다.
④ 둘 다 좋지 않다.

> **[해설]**
> 평면교차는 90° 교차를 원칙으로 한다. 따라서 ㉡이 바람직한 설계이다.

56 다음 중 입체교차로를 설치할 때의 설치기준과 가장 거리가 먼 것은?

① 교통량 ② 도로의 기능
③ 주변 지형 여건 ④ 기후

> **[해설]**
> 입체교차를 계획할 때에는 도로의 기능, 교통량, 도로조건, 주변 지형 여건, 경제성 등을 고려하여야 한다.

57 보도와 차도의 구분이 없는 주거지역의 도로에서 평행주차형식인 경우 주차대수 1대에 대한 주차단위구획의 길이는 얼마 이상을 기준으로 하는가?(단, 경형 자동차 전용주차구획이 아님)

① 6.0m ② 5.5m ③ 5.0m ④ 4.5m

> **[해설]**
> 평행주차형식인 경우 주차대수 1대에 대한 주차단위구획의 너비와 길이는 다음과 같다.
>
> | 구분 | 너비 | 길이 |
> |---|---|---|
> | 경형 | 1.7m 이상 | 4.5m 이상 |
> | 일반형 | 2.0m 이상 | 6.0m 이상 |
> | 보도와 차도의 구분이 없는 주거지역의 도로 | 2.0m 이상 | 5.0m 이상 |
> | 일반형 | 1.0m 이상 | 2.3m 이상 |

58 신호등 설치 시 신호등 높이 기준에 대한 설명으로 바람직하지 못한 것은?

① 신호등 높이는 노면에서부터 4.5m보다 낮아야 한다.
② 신호등의 높이는 운전자의 시각특성, 차량의 높이, 교차로 횡단거리, 건축한계 등을 고려하여 결정한다.
③ 신호등은 도로를 이용하는 차량의 높이보다 높아야 한다.
④ 신호등의 높이는 운전자의 시각특성을 고려하여 앙각(仰角)이 15° 이내의 범위에 들면 된다.

정답 53 ④ 54 ② 55 ③ 56 ④ 57 ③ 58 ①

해설
신호등 높이는 노면에서부터 4.5m보다 높아야 하며 운전자의 시각특성, 노면 덧씌우기 등에 대한 여유폭 등을 고려하여 5.0m 이내로 설치하는 것이 바람직하다.

59 종단경사가 있는 구간에서 자동차의 오르막 능력 등을 검토하여 필요하다고 인정되는 경우에는 오르막차로를 설치하여야 한다. 다만, 설계속도가 일정 수준 이하인 경우에는 오르막차로를 설치하지 아니할 수 있는데 그 기준의 최댓값으로 옳은 것은?

① 시속 20km ② 시속 30km
③ 시속 40km ④ 시속 50km

해설
설계속도가 시속 40km 이하인 경우에는 오르막차로를 설치하지 아니할 수 있다.

60 지방지역 고속도로의 설계속도는 최소 얼마 이상으로 하여야 하는가?(단, 지형은 평지임)

① 140km/h ② 120km/h
③ 100km/h ④ 80km/h

해설
도로의 위치 및 구분에 따른 설계속도는 다음과 같다.

도로의 기능별 구분		설계속도(km/h)		
		지방지역		도시지역
		평지	산지	
고속도로		120	100	100
일반도로	주간선도로	80	60	80
	보조간선도로	70	50	60
	집산도로	60	40	50
	국지도로	50	40	40

제4과목 도시계획개론

61 C. A. Perry의 근린주구에 대한 설명 중 옳지 않은 것은?

① 근린주구의 규모는 대체로 하나의 초등학교가 필요한 정도의 인구에 대응하는 규모를 갖도록 한다.
② 근린주구는 충분한 간선도로에 의해 구획되는 경계를 갖고 통과교통이 통과하지 않고 우회할 수 있도록 한다.
③ 오픈스페이스는 각 근린주구의 요구에 부합되도록 소공원과 레크리에이션 공간체계를 갖도록 한다.
④ 서비스 공간을 갖는 학교와 기타 공공시설은 단지의 외곽에 위치시킨다.

해설
근린주구(Neighborhood Unit)란 도시계획 접근기준의 하나로, 어린이들이 도로를 가로지르지 않고 안전하게 초등학교에 통학할 수 있는 초등학교 도보권(徒步圈)을 기준으로 설정되는 단위 주거구역을 말한다. 자연적인 근린사회에 기초를 두고 주거환경의 체계적 조직화로 이루어진 주거구에 대한 계획단위로 가구 약 2천 호, 100ha의 범위로서 초등학교를 중심으로 한다.

62 도시·군계획시설의 결정·구조 및 설치기준에 관한 규칙상 보행자전용도로의 폭은 최소 얼마 이상으로 설치해야 하는가?

① 1.0m ② 1.5m
③ 2.0m ④ 2.5m

해설
보행자전용도로란 폭 1.5m 이상의 도로로서 보행자의 안전하고 편리한 통행을 위하여 설치하는 도로를 말한다.

63 도시개발 패러다임과 그 내용의 연결이 옳은 것은?

① 어반빌리지 : 교외화 현상이 시작되기 이전의 인간적인 척도를 지닌 근린주구가 중심인 도시로 회귀하고자 하는 방법으로, 1980년대 미국과 캐나다에서 시작되었다.
② 뉴어바니즘 : 교외지역 주거지를 저밀도로 확산시키고 기존의 도시 또는 신도시지역을 고밀도로 개발하는 방식이다.
③ 스마트성장 : 2차 세계대전 이후 교외화로 인한 스프롤 현상을 치유하기 위해 시작된 도시 운동이다.
④ 콤팩트시티 : 쾌적하고 인간적인 스케일의 도시환경계획을 목표로 1960년대 영국에서 시작된 개발 방식이다.

정답 59 ③ 60 ② 61 ④ 62 ② 63 ③

해 설
① 어반빌리지 : 1989년 영국에서 쾌적하고 인간적인 스케일의 도시환경계획을 목표로 시작
② 뉴바니즘 : 무분별한 도시의 팽창, 난개발 등에 문제의식을 가진 미국 건축가들이 시작한 도시개발운동으로, '신도심주의'라고도 한다. 1980년대 미국에서 무분별한 도시 확산으로 인한 문제점들을 해결하기 위한 대안적 도시개발방법으로 대두되었다.
④ 콤팩트시티 : 도시의 주요 기능을 한곳에 조성하는 도시계획 기법

64 다음 중 도시·군관리계획의 범위에 대한 설명으로 옳지 않은 것은?

① 용도지역·용도지구의 지정 또는 변경에 관한 계획
② 도시의 기본적인 공간구조와 장기발전방향을 제시하는 계획
③ 기반시설의 설치·정비 또는 개량에 관한 계획
④ 도시 개발사업 또는 정비사업에 관한 계획

해 설
㉠ 도시·군관리계획특별시·광역시·특별자치시·특별자치도·시 또는 군의 개발·정비 및 보전을 위하여 수립하는 토지 이용, 교통, 환경, 경관, 안전, 산업, 정보통신, 보건, 복지, 안보, 문화 등에 관한 다음 각 목의 계획을 말한다.
• 용도지역·용도지구의 지정 또는 변경에 관한 계획
• 개발제한구역, 도시자연공원구역, 시가화조정구역(市街化調整區域), 수산자원보호구역의 지정 또는 변경에 관한 계획
• 기반시설의 설치·정비 또는 개량에 관한 계획
• 도시개발사업이나 정비사업에 관한 계획
• 지구단위계획구역의 지정 또는 변경에 관한 계획과 지구단위계획
㉡ "도시·군기본계획"이란 특별시·광역시·특별자치시·특별자치도·시 또는 군의 관할구역에 대하여 기본적인 공간구조와 장기발전방향을 제시하는 종합계획으로서 도시·군관리계획 수립의 지침이 되는 계획을 말한다.

65 다음의 계획이론에 대한 설명 중 가장 거리가 먼 것은?

① 사이먼(Simon)은 의사결정과정에서 있어서 목표, 수단의 연결고리의 필요성을 강조함
② 에티지오니(Etzioni)는 혼합형 탐색의 접근 방법을 제시함
③ 다비도프(Davidoff)는 지역사회 주민집단의 이익을 옹호하여야 한다고 함
④ 린드블룸(Lindblom)은 완전한 정보의 분석에 따른 가치중립적인 의사결정과정이 가능하다고 함

해 설
린드블룸(Lindblom)은 지속적인 조정과 적용을 통해 계획의 목표를 추구하는 접근방법을 제시한 점진적 계획을 주장하였다.

66 다음은 A도시의 과거 인구 자료이다. 등차급수법에 의한 10년 후(2015년)의 도시 인구는 얼마로 예측할 수 있는가?

연도	2001	2002	2003	2004	2005
인구(명)	1만	2만	3만	4만	5만

① 10만 명
② 12만 명
③ 14만 명
④ 15만 명

해 설
$$P_n = P_0(1+rn), \quad r = \frac{1}{n}\left(\frac{P_n}{P_0}-1\right)$$
여기서, P_n : n 연도의 인구, P_0 : 기준연도의 인구, r : 평균증가율, n : 기준연도에서 예측연도까지 경과연수
$$r = \frac{1}{n}\left(\frac{P_n}{P_0}-1\right) = \frac{1}{10}\left(\frac{150,000}{50,000}-1\right) = 0.2$$
$$P_n = P_0(1+rn) = 50,000(1+0.2\times10) = 150,000$$

67 다음 중 하워드(E. Howard)가 제시한 전원도시의 요건에 해당하지 않는 것은?

① 인구 규모의 확대
② 토지 공개념
③ 경제적 자족성
④ 개발이익의 사회환원

해 설
하워드(E. Howard)의 전원도시는 소규모 인구, 토지의 공유화, 도시 주변에 넓은 농업지대 확보를 통한 오픈 스페이스(Open Space) 조성, 인구 규모 3~5만 명, 위성도시 발달의 근간, 개발이익의 사회환수가 특징이다.

68 격자형 도로망에 대한 설명으로 옳지 않은 것은?

① 지형이 평탄한 도시에 적합하다.
② 도로기능의 다양성이 결여되어 있다.
③ 고대 및 중세 봉건도시에서 흔히 볼 수 있다.
④ 인구 100만 이상 대도시에 가장 적합하다.

해 설
격자형 도로망은 평탄한 도시에 적합하고 획일적인 디자인으로 다양성이 결여되는 단점이 있으며 고대, 그리스 식민도시, 중세 봉건도시 등에서 흔히 볼 수 있다.

정답 64 ② 65 ④ 66 ④ 67 ① 68 ④

69 국토의 계획 및 이용에 관한 법률에 따른 기반 시설 중 공간시설에 해당하지 않는 것은?

① 유원지　　② 광장
③ 시장　　　④ 공공공지

해설
공간시설에는 광장, 공원, 녹지, 유원지, 공공공지 등이 있다.

70 토지구획정리사업에서 사업 시행 전에 존재하던 권리관계에 변동을 가하지 않고 원래 토지 소유자의 토지 위치, 지적, 토지이용상황 및 환경 등을 고려하여 사업 시행 후 새로이 조성된 대지에 기존의 권리를 이전하는 행위를 무엇이라 하는가?

① 체비지　　② 환지
③ 감보　　　④ 지목변경

해설
환지(換地)제도(TDR ; Transfer of Development Rights)란 독특한 자연 경관이나 역사적 건물의 보전이라는 시대적 요청에 따라 보전에 의해 수반되는 토지소유자에 대한 보상문제의 해결방안으로 대두된 기법으로, 토지구획정리사업에서 사업 시행 전에 존재하던 권리 관계에 변동을 가하지 않고 원래 토지 소유자, 토지 위치, 지적, 토지이용상황 및 환경 등을 고려하여 사업 시행 후 새로이 조성된 대지에 기존의 권리를 이전하는 행위를 말한다.

71 고대 그리스의 가로망 특징으로 알맞은 것은?

① 환상방사형　　② 지형형
③ 격자형　　　　④ 불규칙형

해설
고대 그리스는 도시의 중간지점에 아고라(Agora)를 배치하였고, 히포다무스에 의해 격자형 가로망 체계가 신도시 건설에 적용되었으며, 많은 시민이 평등한 입장에서 만든 시민의 도시였다.

72 다음 중 르네상스시대 도시계획의 특징과 가장 관계가 먼 것은?

① 비대칭성(Asymmetry)　② 정형성(Formalism)
③ 축성(Axiality)　　　　④ 개방성(Openness)

해설
르네상스시대 도시계획은 정형성(Formalism), 축성(Axiality), 개방성(Openness)의 특성을 갖는다.

73 지구단위계획의 목적이 아닌 것은?

① 토지이용 합리화
② 도시의 기능 증진 및 미관 개선
③ 건축물 밀도 규제
④ 양호한 환경 확보

해설
지구단위계획이란 도시·군계획 수립 대상지역의 일부에 대하여 토지 이용을 합리화하고 그 기능을 증진시키며 미관을 개선하고 양호한 환경을 확보하며, 그 지역을 체계적·계획적으로 관리하기 위하여 수립하는 도시·군관리계획을 말한다.

74 샤핀(F. S. Chapin)이 주장한 토지 이용 결정 요인 분류에 해당하지 않는 것은?

① 정치적 요인　② 사회적 요인
③ 경제적 요인　④ 공공의 이익

해설
샤핀은 토지 이용 결정요인을 경제, 사회, 공공부분으로 구분하였고, 이 중에서 특히 공공부분의 중요성을 강조하였다. 입지수요, 공간수요 및 입지 적합도, 공간용량에 의해 결정된다는 주장이다.

75 멈포드(L. Mumford)가 주장한 로마시대의 도시 분류 중 폐허 단계에 해당되는 도시는 무엇인가?

① Megalopolis　② Parasitopotis
③ Necropolis　　④ Metropolis

해설
멈포드(L. Mumford)는 로마시대의 도시 분류 중 폐허 단계에 해당되는 도시를 네크로폴리스(Necropolis)라고 불렀다.

76 도시의 인구가 처음에는 완만하게 증가하다가 일정 시점 이후에 급격하게 증가하다가 다시 완만하게 증가할 것으로 예상되는 지역의 인구예측에 적합한 모형은?

① 지수성장 모형(Exponential Growth Model)
② 곰페르츠 모형(Gompertz Model)
③ 집단생존 모델(Cohort - survival Model)
④ 선형 모델(Linear Model)

해설
곰페르츠 모형은 특정 제품이 시장 내에서 얼마나 팔릴 수 있는지를 측정하는 수요예측기법의 하나로 수요의 급성장시점과 쇠퇴시점을 예측할 수 있다는 장점을 가진다.

정답　69 ③　70 ②　71 ③　72 ①　73 ③　74 ①　75 ③　76 ②

77 용도지역 중 상업지역의 도로율 기준은?(단, 도로는 도시계획시설로서의 도로를 의미함)

① 10% 이상~20% 미만
② 20% 이상~30% 미만
③ 25% 이상~35% 미만
④ 35% 이상~45% 미만

해 설
상업지역의 도로율은 25% 이상 35% 미만이고 이 경우 주간선도로의 도로율은 10% 이상 15% 미만이어야 한다.

78 다음 중 중심지이론에 대한 설명으로 옳지 않은 것은?

① 중심지는 주변 지역의 주민들에게 재화와 용역을 공급해 주는 정주공간이다.
② 중심성은 중심지에서 구매할 수 있는 재화와 용역, 즉 중심기능의 다양성으로 표현한다.
③ 1차·2차 산업의 입지이론이라 할 수 있다.
④ 중심지 기능의 도달범위는 공간적 극복비용인 교통비가 결정적 역할을 한다.

해 설
중심지 이론은 1·2차 산업에 국한되는 이론이 아니다.

79 도시공원 및 녹지 등에 관한 법률에서 기능에 따라 세분한 녹지의 종류가 아닌 것은?

① 완충녹지   ② 경관녹지
③ 보존녹지   ④ 연결녹지

해 설
도시공원 및 녹지 등에 관한 법률 제35조(녹지의 세분)에 의거 녹지는 그 기능에 따라 완충녹지, 경관녹지, 연결녹지로 구분된다.

80 다음 중 뷰캐넌 보고서(Buchanan Report)에서 제안한 가로망체계에 해당하지 않는 것은?

① 보행자전용도로   ② 집산도로
③ 보조간선도로   ④ 주간선도로

해 설
뷰캐넌 보고서는 1963년 영국의 C.D. Buchanan이 리즈(Leeds) 시에 대해 조사한 결과를 담은 연구보고서로 향후 자동차교통이 계속 증가할 것을 예상하여 통근용 자동차 규제, 대량수송의 필요성을 강조하였다. 이 보고서를 기반으로 영국 지방도시들의 종합교통계획을 수립하게 되었고 주간선, 보조간선, 집산도로 형태의 가로망체계를 구성하였다. 교통정온화 기법을 적용한 주거환경 정비와 보차 분리가 특징인 보고서이다.

제5과목 교통관계법규

81 주차장법상 노외주차장인 주차전용건축물의 건축 제한 기준으로 틀린 것은?

① 건폐율 : 100분의 90 이하
② 용적률 : 1천500퍼센트 이상
③ 대지면적의 최소한도 : 45제곱미터 이상
④ 대지가 너비 12m 미만의 도로에 접하는 경우 높이 제한 : 건축물의 각 부분의 높이는 그 부분으로부터 대지에 접한 도로의 반대쪽 경계선까지의 수평거리의 3배 이하

해 설
주차전용건축물의 용적률은 1,500% "이하"이다.

82 국가교통안전기본계획은 몇 년 단위로 수립하여야 하는가?

① 5년   ② 7년   ③ 10년   ④ 20년

해 설
교통안전법 제15조(국가교통안전기본계획)에 의거 국토교통부장관은 국가의 전반적인 교통안전수준의 향상을 도모하기 위하여 교통안전에 관한 기본계획(이하 "국가교통안전기본계획"이라 한다.)을 5년 단위로 수립하여야 한다.

83 국가통합교통체계효율화법상 구성·운영되는 국가교통 데이터베이스 점검단에 대한 설명 중 틀린 것은?

① 국토교통부장관은 전문가가 참여하는 국가교통 데이터베이스 점검단을 구성·운영할 수 있다.
② 국가교통 데이터베이스 점검단장은 참여 전문가 중에서 국토교통부장관이 위촉하는 자로 한다.
③ 국가교통 데이터베이스 점검단에 참여하는 전문가는 20명 이내의 교통데이터베이스, 교통조사 등에 관한 학식과 경험이 있는 자로 한다.
④ 기타 국가교통 데이터베이스 점검단의 구성과 운영에 관한 사항은 자치단체의 장이 정하여 고시한다.

정답 77 ③ 78 ③ 79 ③ 80 ① 81 ② 82 ① 83 ④

해설

국가통합교통체계효율화법 시행규칙 제3조(국가교통 데이터베이스 점검단 구성·운영) 제4항에 의거 국가교통 데이터베이스 점검단의 구성과 운영에 관한 사항은 국토교통부장관이 정하여 고시한다.

84 도로법상 도로의 종류 중 지방도에 해당하는 것은?

① 자동차 전용도로서 광역시장이 그 노선을 인정한 것
② 중요 도시, 지정항만, 중요 비행장, 국가산업 단지 등을 연결하는 도로로서 대통령령으로 그 노선이 지정된 것
③ 간선 또는 보조간선 기능을 수행하는 도로로서 특별시장이 그 노선을 인정한 것
④ 시청 또는 군청 소재지를 연결하는 도로로서 관할 도지사가 그 노선을 인정한 것

해설

도지사 또는 특별자치도지사는 도(道) 또는 특별자치도의 관할구역에 있는 도로 중 해당 지역의 간선도로망을 이루는 다음 각 호의 어느 하나에 해당하는 도로 노선을 정하여 지방도를 지정·고시한다.
1. 도청 소재지에서 시청 또는 군청 소재지에 이르는 도로
2. 시청 또는 군청 소재지를 연결하는 도로
3. 도 또는 특별자치도에 있거나 해당 도 또는 특별자치도와 밀접한 관계에 있는 공항·항만·역을 연결하는 도로
4. 도 또는 특별자치도에 있는 공항·항만 또는 역에서 해당 도 또는 특별자치도와 밀접한 관계가 있는 고속국도·일반국도 또는 지방도를 연결하는 도로
5. 제1호부터 제4호까지의 규정에 따른 도로 외의 도로로서 도 또는 특별자치도의 개발을 위하여 특히 중요한 도로

85 정차와 주차가 모두 금지된 곳에 해당하지 않는 곳은?

① 도로의 모퉁이로부터 5미터 이내인 곳
② 안전지대의 사방으로부터 각각 10미터 이내인 곳
③ 교차로·횡단보도·건널목이나 보도와 차도가 구분된 도로의 보도
④ 소방용 기계가 설치된 곳으로부터 5미터 이내의 곳

해설

도로교통법 제32조(정차 및 주차의 금지)에 의거 모든 차의 운전자는 다음 각 호의 어느 하나에 해당하는 곳에서는 차를 정차하거나 주차하여서는 아니 된다. 다만, 이 법이나 이 법에 따른 명령 또는 경찰공무원의 지시를 따르는 경우와 위험 방지를 위하여 일시정지하는 경우에는 그러하지 아니하다.

2. 교차로의 가장자리나 도로의 모퉁이로부터 5미터 이내인 곳
3. 안전지대가 설치된 도로에서는 그 안전지대의 사방으로부터 각각 10미터 이내인 곳
6. 다음 각 목의 곳으로부터 5미터 이내인 곳
   가. 「소방기본법」 제10조에 따른 소방용수시설 또는 비상소화장치가 설치된 곳
   나. 「화재예방, 소방시설 설치^유지 및 안전관리에 관한 법률」 제2조 제1항에 따른 소방시설로서 대통령령으로 정하는 시설이 설치된 곳
※ 2018. 2. 9 부로 6목이 추가되었으나, 소방용 기계에 대한 언급은 없다.

86 현행 도로관계법령상 자동차가 운행할 수 있는 최고속도는?

① 100km/h ② 120km/h
③ 140km/h ④ 150km/h

해설

현행 도로관계법령에서 정하는 최고속도 운행 고속도로의 제한속도는 120km/h이다.

87 다음 중 도로교통법상 차마의 운전자가 도로의 중앙이나 좌측 부분을 통행할 수 있는 경우는?

① 편도교통이 혼잡한 경우
② 도로가 일방통행인 경우
③ 대형차가 진로를 방해할 경우
④ 중앙선이 있는 도로에서 진로를 변경하는 경우

해설

도로교통법 제13조(차마의 통행) 제4항에 의거, 차마의 운전자가 도로의 중앙이나 좌측 부분을 통행할 수 있는 경우는 다음과 같다.
1. 도로가 일방통행인 경우
2. 도로의 파손, 도로공사나 그 밖의 장애 등으로 도로의 우측 부분을 통행할 수 없는 경우
3. 도로 우측 부분의 폭이 6미터가 되지 아니하는 도로에서 다른 차를 앞지르려는 경우. 다만, 다음 각 목의 어느 하나에 해당하는 경우에는 그러하지 아니하다.
   가. 도로의 좌측 부분을 확인할 수 없는 경우
   나. 반대 방향의 교통을 방해할 우려가 있는 경우
   다. 안전표지 등으로 앞지르기를 금지하거나 제한하고 있는 경우
4. 도로 우측 부분의 폭이 차마의 통행에 충분하지 아니한 경우
5. 가파른 비탈길의 구부러진 곳에서 교통의 위험을 방지하기 위하여 지방경찰청장이 필요하다고 인정하여 구간 및 통행방법을 지정하고 있는 경우에 그 지정에 따라 통행하는 경우

정답 84 ④ 85 ④ 86 ② 87 ②

88. 국토교통부장관은 표준인증기관 및 품질인증기관이 거짓이나 그 밖의 부정한 방법으로 지정을 받은 경우, 업무 일부의 정지를 명할 수 있는데 그 기간은?

① 3개월 이내　　② 6개월 이내
③ 1년 이내　　　④ 2년 이내

해 설

국가통합교통체계효율화법 제85조(지능형 교통체계 표준인증기관 및 품질인증기관의 지정취소)에 의거 그 지정을 취소하거나 6개월 이내의 기간을 정하여 업무의 전부 또는 일부의 정지를 명할 수 있다. 다만, 표준인증기관 및 품질인증기관이 거짓이나 그 밖의 부정한 방법으로 지정을 받은 경우에는 그 지정을 취소하여야 한다.
이 문제는 문제에 오류가 있다. 문제의 출제의도를 파악해 볼 때 2번이 답일 것이나, 현행 법령을 명확히 해석하면 보기 중에 답이 없다.

89. 다음 중 도로교통법상 자동차의 앞지르기 금지 장소에 해당하지 않는 곳은?

① 편도 2차로 도로　　② 도로의 구부러진 곳
③ 터널 안 또는 다리 위　　④ 교차로

해 설

도로교통법 제22조(앞지르기 금지의 시기 및 장소) ③항에 의거 모든 차의 운전자는 다음 각 호의 어느 하나에 해당하는 곳에서는 다른 차를 앞지르지 못한다.
1. 교차로
2. 터널 안
3. 다리 위
4. 도로의 구부러진 곳, 비탈길의 고갯마루 부근 또는 가파른 비탈길의 내리막 등 시·도경찰청장이 도로에서의 위험을 방지하고 교통의 안전과 원활한 소통을 확보하기 위하여 필요하다고 인정하는 곳으로서 안전표지로 지정한 곳

90. 노외주차장 설치 시 통보해야 하는 대상은?

① 시장, 군수　　② 국토교통부장관
③ 도지사　　　　④ 경찰서장

해 설

주차장법 제12조(노외주차장의 설치 등) ①항에 의거, 노외주차장을 설치 또는 폐지한 자는 국토교통부령으로 정하는 바에 따라 시장·군수 또는 구청장에게 통보하여야 한다.

91. 다음 중 도로의 부속물에 해당하지 않는 것은?

① 주차장
② 터널
③ 도로관리청이 설치한 공동구
④ 낙석방지시설

해 설

도로법 제2조(정의) 제2항에 의거, "도로의 부속물"이란 도로 구조의 보전과 안전하고 원활한 도로교통의 확보, 그 밖에 도로의 관리에 필요한 시설 또는 공작물로서 다음 각 목의 어느 하나에 해당하는 것을 말한다.
가. 도로 원표(元標), 이정표, 수선 담당 구역표, 도로 경계표와 도표표지
나. 도로의 방호(防護) 울타리, 가로수 또는 가로등으로서 도로관리청이 설치한 것
다. 도로에 연접(連接)하는 자동차 주차장 및 도로 수선용 재료 적치장과 이들 시설을 종합적으로 관리하는 도로관리사업소로서 도로 관리청이 설치한 것
라. 도로에 관한 정보 제공 장치, 기상 관측 장치 또는 긴급 연락 시설로서 도로 관리청이 설치한 것
마. 그 밖에 대통령령으로 정한 것

92. 다음 중 도로교통법에서 규정하는 통행의 금지 및 제한에 관한 설명으로 옳지 않은 것은?

① 지방경찰청장은 도로에서의 위험을 방지하고 교통의 안전과 원활한 소통을 확보하기 위하여 필요하다고 인정할 때에는 구간을 정하여 보행자나 차마의 통행을 금지하거나 제한할 수 있다.
② 경찰서장은 도로에서의 위험을 방지하고 교통의 안전과 원활한 소통을 확보하기 위하여 필요하다고 인정할 때에는 우선 보행자나 차마의 통행을 금지하거나 제한한 후 그 도로관리자와 협의하여 금지 또는 제한의 대상과 구간 및 기간을 정하여 도로의 통행을 금지하거나 제한할 수 있다.
③ 경찰공무원은 도로의 파손, 화재의 발생이나 그 밖의 사정으로 인한 도로에서의 위험을 방지하기 위하여 긴급히 조치할 필요가 있을 때에는 필요한 범위에서 보행자나 차마의 통행을 일시 금지하거나 제한할 수 있다.
④ 지방경찰청장이 교통의 안전과 원활한 소통을 확보하기 위하여 필요하다고 인정되어 구간을 정하여 보행자나 차마의 통행을 금지하거나 제한을 하고자 하는 때에는 국토교통부령이 정하는 바에 의하여 그 사실을 공고하여야 한다.

정답　88 ② (답 없음)　89 ①　90 ①　91 ②　92 ④

해설
도로교통법 제6조(통행의 금지 및 제한) 제3항에 의거, 통행을 금지하거나 제한을 하고자 하는 때에는 행정자치부령이 정하는 바에 의하여 그 사실을 공고하여야 한다.

93 횡단보도의 설치권자는?
① 특별시장 ② 시장·군수
③ 위탁받은 도로관리자 ④ 지방경찰청장

해설
도로교통법 제10조(도로의 횡단)에 의거, 지방경찰청장은 도로를 횡단하는 보행자의 안전을 위하여 행정자치부령으로 정하는 기준에 따라 횡단보도를 설치할 수 있다.

94 부설주차장의 설치기준 중 운동시설인 경우 골프장 1홀당 몇 대를 기준으로 산정하는가?
① 3대 ② 5대 ③ 10대 ④ 15대

해설
주차장법 시행령 [별표 1] 부설주차장의 설치대상 시설물 종류 및 설치기준(제6조 제1항 관련)

시설물	설치기준
• 골프장, • 골프연습장, • 옥외수영장, • 관람장	• 골프장 : 1홀당 10대(홀의 수×10) • 골프연습장 : 1타석당 1대(타석의 수×1) • 옥외수영장 : 정원 15명당 1대(정원/15명) • 관람장 : 정원 100명당 1대(정원/100명)

95 도로교통법상 경찰서장이 교통에 방해가 될 만한 인공구조물에 대한 관리자의 성명·주소를 알 수 없어 스스로 이를 제거하여 보관한 때에는 그 인공구조물을 보관한 날부터 며칠간 경찰서의 게시판에 관련 사항을 공고하여야 하는가?
① 14일 ② 10일
③ 7일 ④ 5일

해설
도로교통법 시행령 제34조(인공구조물 등의 보관 등)
경찰서장은 법 제71조 제2항 및 법 제72조 제2항에 따라 스스로 제거한 인공구조물 등이나 그 매각대금을 보관하는 경우에는 이를 보관한 날부터 14일간 그 경찰서의 게시판에 다음 각 호의 사항을 공고하고, 행정자치부령으로 정하는 바에 따라 열람부를 작성·비치하여 관계자가 열람할 수 있도록 하여야 한다.

96 관리청이 지방자치단체인 국가지원 연계교통사업에 필요한 비용분담 규정 중 제1종 교통물류 거점의 연계도로 및 연계도로에 접속하기 위한 시설을 설치할 경우, 개발에 필요한 비용에서 국가가 보조 또는 부담하는 비율은 얼마인가?
① 100분의 30 이내 ② 100분의 50 이내
③ 100분의 60 이내 ④ 100분의 80 이내

해설
국가통합교통체계효율화법 시행령 제35조(연계교통체계 구축 등의 재원 부담)
㉠ 지방자치단체가 관리청인 국가지원 연계교통사업에 필요한 비용은 다음 각 호의 기준에 따라 국가에서 그 일부를 보조하거나 부담한다. 다만, 다른 법령에서 해당 연계교통사업에 포함된 연계교통시설 개발사업 비용의 보조 또는 부담에 관하여 다르게 규정한 경우에는 그에 따른다.
1. 연계도로 및 연계도로에 접속하기 위한 시설의 경우
 가. 제1종 교통물류거점의 연계도로 및 연계도로에 접속하기 위한 시설 : 해당 연계도로의 개발에 필요한 비용의 100분의 50 이내

97 다음 중 도로교통법상 횡단보도의 설치기준으로 옳은 것은?(단, 특별한 경우는 제외한다.)
① 지하도로부터 300m 이내에는 설치할 수 없다.
② 육교로부터 200m 이내에는 설치할 수 없다.
③ 교차로부터 400m 이내에는 설치할 수 없다.
④ 다른 횡단보도로부터 500m 이내에는 설치할 수 없다.

해설
도로교통법 시행규칙 제11조(횡단보도의 설치기준)
지방경찰청장은 법 제10조 제1항에 따라 횡단보도를 설치하고자 하는 때에는 다음 각 호의 기준에 적합하도록 하여야 한다.
4. 횡단보도는 육교·지하도 및 다른 횡단보도로부터 200미터 이내에는 설치하지 아니할 것

98 도로법상 도로관리청은 몇 년마다 그 소관 도로에 대하여 도로건설·관리계획을 수립하여야 하는가?(단, 국가지원지방도는 고려하지 않는다.)
① 5년 ② 10년 ③ 15년 ④ 20년

해설
도로법 제6조(도로건설·관리계획의 수립 등)
도로관리청은 도로의 원활한 건설 및 도로의 유지·관리를 위하여 5년마다 제23조의 구분에 따른 소관 도로(제13조에 따른 고속국도 또는 일반국도의 지선을 포함한다. 이하 이 조에서 같다.)에

정답 93 ④ 94 ③ 95 ① 96 ② 97 ② 98 ①

대하여 도로건설·관리계획(이하 "건설·관리계획"이라 한다.)을 수립하여야 한다. 다만, 제15조 제2항에 따른 국가지원지방도에 대해서는 국토교통부장관이 건설·관리계획을 수립한다.

99 다음 중 비탈진 좁은 도로에 긴급자동차 외의 자동차가 서로 마주보고 진행하는 경우 통행의 우선순위가 가장 낮은 것은?

① 내려가는 화물을 실은 자동차
② 내려가는 승객을 태운 자동차
③ 내려가는 빈 자동차
④ 올라가는 빈 자동차

해 설
도로교통법 제20조(진로 양보의 의무)
ⓒ 좁은 도로에서 긴급자동차 외의 자동차가 서로 마주보고 진행할 때에는 다음 각 호의 구분에 따른 자동차가 도로의 우측 가장자리로 피하여 진로를 양보하여야 한다.
 1. 비탈진 좁은 도로에서 자동차가 서로 마주보고 진행하는 경우에는 올라가는 자동차
 2. 비탈진 좁은 도로 외의 좁은 도로에서 사람을 태웠거나 물건을 실은 자동차와 동승자(同乘者)가 없고 물건을 싣지 아니한 자동차가 서로 마주보고 진행하는 경우에는 동승자가 없고 물건을 싣지 아니한 자동차

100 다음 중 도로교통법상 용어의 정의가 옳지 않은 것은?

① "차로"란 차마가 한 줄로 도로의 정하여진 부분을 통행하도록 차선으로 구분한 차도의 부분을 말한다.
② "자동차 전용도로"란 자동차만 다닐 수 있도록 설치된 도로를 말한다.
③ "고속도로"란 자동차의 고속 운행에만 사용하기 위하여 지정된 도로를 말한다.
④ "원동기장치자전거"란 자동차관리법의 규정에 따른 이륜자동차 중 배기량이 150cc 이하인 이륜자동차를 말한다.

해 설
도로교통법 제2조(정의)
19. "원동기장치자전거"란 다음 각 목의 어느 하나에 해당하는 차를 말한다.
 가. 「자동차관리법」제3조에 따른 이륜자동차 가운데 배기량 125시시 이하의 이륜자동차
 나. 배기량 50시시 미만(전기를 동력으로 하는 경우에는 정격출력 0.59킬로와트 미만)의 원동기를 단 차

제6과목 교통안전

101 다음 중 정지시거를 바르게 표현한 것은?(단, P = 지각인지 반응시간(초), V = 속도(km/h), f = 마찰계수, g = 경사)

① $0.278PV + \dfrac{V^2}{254\left(f \pm \dfrac{g}{100}\right)}$

② $0.278PV^2 + \dfrac{V}{254\left(f \pm \dfrac{g}{100}\right)}$

③ $0.278P/V + \dfrac{254\left(f \pm \dfrac{g}{100}\right)}{V}$

④ $0.278V/P + \dfrac{V}{254\left(f \pm \dfrac{g}{100}\right)}$

해 설
최소정지시거는 보통 $\dfrac{V}{3.6} \cdot t + \dfrac{V^2}{254(f \pm g)}$ 로 표현되는데. 이를 계산할 수 있는 것을 최대한 계산해서 표현하면 $0.278PV + \dfrac{V^2}{254\left(f \pm \dfrac{g}{100}\right)}$ 라고 표현할 수 있다.

102 다음 중 가장 단순하고 가장 직접적인 접근이며, 소도시의 가로, 대도시의 집분산도로 또는 교통량이 적은 지방부 도로에 효율적으로 사용될 수 있는 위험지점 선정기법은?

① 사고건수법   ② 사고율법
③ 사고건수 - 율법   ④ 율 - 품질관리법

해 설
사고건수법은 사고경험에 기초한 위험지점 선정기법 중 가장 단순하고 직접적인 접근이며, 교통량이 적은 도시가로망 및 지방부 도로에 효과적으로 사용될 수 있는 선정기법이다.

103 입체교차형식에 해당되지 않는 것은?

① 역 트럼펫형   ② Y자형
③ 클로버형   ④ 다이아몬드형

해설
입체교차형식에는 Y자형, 클로버형, 다이아몬드형, 트럼펫형 등이 있다.

104 다음 중 지하식 보행시설에 대한 설명으로 옳지 않은 것은?

① 나쁜 날씨로부터 보호처를 제공한다.
② 외부를 볼 수 없으므로 방향 감각을 잃기 쉽다.
③ 시각적·물리적으로 도시미관을 해치지 않는다.
④ 유지 및 관리가 쉬우며 건설비가 저렴하다.

해설
지하식 보행시설의 특징
• 나쁜 날씨로부터 보호처를 제공한다.
• 유지·관리가 어려운 편이며 건설비가 비싸다.
• 범죄의 가능성이 크다.
• 외부를 볼 수 없으므로 방향 감각을 잃기 쉽다.
• 시각적·물리적으로 도시미관을 해치지 않는다.
• 전통적인 격자형 가로 패턴을 따를 필요가 없다.

105 자동차가 물기 있는 도로를 고속으로 주행하면 하이드로 플레이닝(Hydro Planing, 수막) 현상이 발생한다. 이때 일반적으로 나타나는 현상이 아닌 것은?

① 앞 타이어가 물 위에 뜬 상태가 된다.
② 브레이크로 제동이 되지 않는다.
③ 구동력을 상실한다.
④ 시미 모션(Shimmy Motion)이 일어난다.

해설
수막현상(Hydro Planing, 하이드로 플래닝)은 물기가 있는 도로의 주행 시 노면과 타이어 사이에 얇은 수막이 생겨 브레이크 기능을 상실하게 되는 현상을 말하며 통상 80km/h의 속도로 주행할 때 나타난다.
시미 모션(Shimmy Motion)이란 자동차의 킹핀을 중심으로 타이어가 좌우로 흔들리는 현상을 말한다.

106 다음 중 자동차의 정지거리를 옳게 표시한 것은?

① 공주거리 + 제동거리
② (공주거리 + 제동거리) × 2
③ 공주거리 − 제동거리
④ (공주거리 − 제동거리) × 2

해설
$\frac{V}{3.6} \cdot t + \frac{V^2}{254(f \pm g)}$ 에서
$\frac{V}{3.6} \cdot t$ 가 공주거리, $\frac{V^2}{254(f \pm g)}$ 가 제동거리이다.

107 전·후륜의 하중이 유사한 차량이 곡선미끄럼을 하여 각 바퀴의 미끄럼 흔적의 길이가 다음과 같을 때 이 차량의 미끄럼 거리는?

• 좌측 전륜 : 25.0m
• 우측 전륜 : 24.0m
• 좌측 후륜 : 24.5m
• 우측 후륜 : 23.7m

① 23.7m   ② 24.3m
③ 24.7m   ④ 25.0m

해설
곡선미끄럼
㉠ 미끄러지는 동안에 차량이 회전할 경우 양 후륜의 미끄럼 흔적들이 전륜의 미끄럼 흔적의 어느 한쪽을 벗어나면 각 바퀴의 미끄럼 길이를 측정하고, 그 합을 바퀴의 수로 나눈 평균미끄럼 거리를 그 차량의 미끄럼 길이로 한다.
㉡ 승용차, 오토바이 및 소형 트럭 또는 가볍게 적재한 트럭과 같이 전·후륜의 하중이 유사할 때에만 사용할 수 있다.
㉢ 두 개의 타이어를 가진 바퀴의 미끄럼 거리는 두 타이어의 미끄럼 흔적 중 가장 긴 것으로 하며, 하나의 미끄럼 흔적의 중간에 짧은 갭이 있을 때는 그 간격을 제외한 거리를 미끄럼 거리로 한다.
따라서, 각 바퀴의 미끄럼 길이의 합을 바퀴의 수로 나눈 평균 미끄럼 거리를 계산하면 된다.
$\frac{25.0 + 24.0 + 24.5 + 23.7}{4} = 24.3m$

108 다음에서 설명하는 노변 방호책은?

• 충격차량을 억제하기 위하여 주로 레일요소의 작용에 의존한다.
• 레일요소뿐만 아니라 지주에도 함께 의존한다.
• 돌출보는 충격차량이 지주에 걸리는 것을 방지한다.

① 연성 방호책   ② 반강성 방호책
③ 강성 방호책   ④ 콘크리트 방호책

해설
반강성 방호책은 충격차량을 억제하기 위하여 레일요소와 지주

정답 104 ④ 105 ④ 106 ① 107 ② 108 ②

에 함께 의존하며 충격차량이 지주에 걸리는 것을 방지하기 위하여 돌출보를 설치하는 방호책이다.

109 브레이크 오일에 발생된 기포가 브레이크의 압력을 흡수하여 브레이크가 제 기능을 발휘하지 못하게 되는 현상은 무엇인가?

① 패도 현상
② 베이퍼록 현상
③ 파워핸들의 고장현상
④ 브레이크 드럼의 침수현상

해 설

베이퍼록(Vapor Lock) 현상
브레이크 과열로 인해 브레이크 오일에 기포가 생기고 이것이 브레이크의 압력을 흡수하기 때문에 브레이크가 제 기능을 발휘하지 못하게 되는 현상을 말한다. 마치 스펀지를 밟듯이 브레이크가 푹 들어가는 느낌을 받게되며, 발생과 동시에 차량의 제동이 불가해지므로 매우 위험한 현상이다.

110 다음 중 율 – 품질관리법 (Rate – Quality Control Method)은 교통사고의 발생이 어떠한 분포를 따른다고 가정하는가?

① 포아송분포
② 이항분포
③ 음지수분포
④ 지수분포

해 설

율 – 품질관리법
위험지점을 선정할 때 유사한 특성을 가진 지점들에 대해 미리 정해진 평균사고율과 관련하여 특정사고율이 비정상적인지를 결정하기 위해 사고 발생이 포아송의 분포를 따른다는 가정에 기초한 검정을 통하여 분석하는 방법이다.

111 어느 차량이 곡선반경 250m인 평면곡선부를 90km/h의 속도로 주행하고 있을 때 미끄러지지 않기 위한 편경사는?(단, 도로의 마찰계수는 0.2, 소수 셋째 자리에서 반올림한다.)

① 약 0.02
② 약 0.04
③ 약 0.06
④ 약 0.08

해 설

$i = \dfrac{V^2}{127r} - f$, $i = \dfrac{90^2}{250 \times 127} - 0.2 = 0.055$
소수 셋째 자리에서 반올림하므로 약 0.06

112 다음 사고다발지점 선정방법 중 부상(사고)의 유형에 따라 가중치를 부여하여 합계 점수가 가장 높은 지점을 선정하는 방법은?

① 사고 피해 정도에 의한 방법
② 사고율에 의한 방법
③ 도로의 위험도지수에 의한 방법
④ 사고발생빈도수에 의한 방법

해 설

사고 피해 정도에 의한 방법
사고다발지점 선정방법 중에서 물피사고(PDO 사고)를 기준으로 하여 각 사고 유형마다 가중치를 부여하여 합계점수가 가장 높은 지점을 선정하는 방법이다.

113 높은 사고발생빈도수를 갖는 지점의 다음 해의 사고발생빈도를 측정해 보면 그 전년에 비해 낮게 나타난다. 이것은 교통사고가 가장 많이 발생한 해에 그 지점이 사고다발지점으로 선정되고, 어느 지점의 사고발생률이 매년 높아졌다 낮아졌다 하는 변화를 하기 때문인데 이러한 현상을 무엇이라고 하는가?

① 사고 이동(Accident Migration)
② 위험 보정(Risk Compensation)
③ 위험 회피(Threaten Avoidance) 이론
④ 평균으로의 회귀(Regression - to - Mean) 효과

해 설

평균으로의 회귀 효과(Regression to Mean Effect)는 한 지점에서의 평균 교통사고 발생빈도는 특별한 변화가 없는 한 시간의 흐름에 따라 일정한 평균을 유지하려는 경향이 있음을 설명한다. 또한, 어떤 지점이 통계적인 관점에서 임의변동(Random Fluctuation)에 의해 사고발생 건수가 높을 때 위험지점으로 선정되었기 때문에 교통안전개선사업의 시행 여부와 관계없이 다시 사고건수가 줄어들 수도 있음을 설명한다. 교통안전개선사업의 효과를 평가할 때는 평균으로의 회귀효과를 감안해야 과대·과소 추정을 막을 수 있다.

114 교통안전의 효과를 측정하기 위한 분석적 틀 중, 사업 시행 전의 자료를 구할 수 없을 경우에 적용되는 기법은?

① 비교평행분석
② 사고비용분석

정답 109 ② 110 ① 111 ③ 112 ① 113 ④ 114 ①

③ 사전·사후분석
④ 통제지점에 의한 사전·사후분석

[해설]
비교평가분석(비교평행분석)은 사업지점에 개선이 없을 경우 그 지점의 사고현황은 통제지점과 유사하다고 가정하는 기법으로 통제지점에 의한 사전·사후분석과 같은 방법이나 사업 시행 전의 자료를 구할 수 없는 경우 적용되는 방법이다.

115 다음의 교통사고 위험도 평가방법 중 어떤 장소에서 짧은 시간 동안 수시로 충돌에 근접하는 교통현상을 관측하여 그 장소의 사고 위험성을 평가하는 방법은?

① 사고건수법　　② 사고율법
③ SP조사법　　　④ 교통상충법

[해설]
교통사고 위험도 평가방법 중 교통상충법은 과거의 사고자료를 사용하지 않고 어떤 장소에서 짧은 시간 동안 수시로 충돌에 근접하는 교통현상을 관측하여 그 장소의 사고 위험성을 평가하는 방법이다.

116 사고의 재구성에 대한 설명 중 옳지 않은 것은?

① 사고의 재구성은 차량의 속도, 도로상에서의 차량의 위치에 대한 추론을 포함한다.
② 교통통제장비의 지각과 이해에 대한 추론은 관련이 없다.
③ 신뢰성 있는 결론을 얻기 위해서는 자료가 부족한 경우가 많다.
④ 사고의 재구성에서 가장 기본적인 것은 정지 및 미끄럼 흔적, 회전 시 편주 흔적, 가속 및 충돌 흔적 등 도로의 타이어 자국을 인식할 수 있는 능력이다.

[해설]
사고의 재구성을 위해 교통통제장비의 지각과 이해에 대한 추론은 필수이다.

117 다음 중 사고지점도에 대한 설명으로 옳지 않은 것은?

① 사고지점도는 통상 일주일 단위로 관리된다.
② 사고가 집중적으로 발생하는 지점의 신속한 시각적 색인을 제공한다.
③ 일반적인 사고지점도는 지도상에 핀으로 표시하여 사고지점을 나타낸다.
④ 다수의 희생자(사망 또는 부상)를 포함하는 대형 사고에 의한 왜곡을 피하기 위하여 희생자 수 대신 사고건수를 나타내는 것이 일반적이다.

[해설]
사고지점도는 통상 연 단위로 관리된다.

118 다음 중 평면교차로에서의 상충 유형에 해당하지 않는 것은?

① 합류상충　　② 교차상충
③ 병목상충　　④ 분류상충

[해설]
평면교차로 상충 유형에는 교차, 합류, 분류가 있다.

119 도로교통안전을 위한 3E 대책 중 공학(Engineering)과 관련된 대책이 아닌 것은?

① 안전한 도로의 설계　　② 사고다발지점의 개선
③ 차량의 안전설계　　　④ 속도제한의 실시

[해설]
공학(Engineering)에는 사고조사 및 분석, 시설 정비, 차량안전도 개선 등이 포함된다. 속도제한은 규제(Enforcement)에 해당한다.

120 교차로의 3년간 연평균 교통사고건수는 35건, 사고감소율 15%, ADT가 4,000대이다. 이 교차로에 교통안전사업을 시행하였을 때, 3년간 연평균 교통사고 감소건수는?(단, 3년 후 장래 예측 ADT는 6,000대이다.)

① 6.38건　　② 7.88건
③ 8.38건　　④ 9.88건

[해설]
ADT의 대수를 비율로 하여 감소율에 곱함으로써 답을 얻을 수 있다.
• 3년간 연평균 교통사고 감소건수
$= 35 \times 0.15 \times \dfrac{6,000}{4,000} = 7.875$건

정답 115 ④　116 ②　117 ①　118 ③　119 ④　120 ②

2회 2016년 기출문제

제1과목 교통계획

01 도시교통계획의 과정과 그 방법에 있어 기초가 이루어진 광역권 교통조사분석으로, 1950년대에 사람 통행실태조사가 최초로 시행된 도시는?

① 뉴욕 ② 시카고
③ 디트로이트 ④ 워싱턴

해설
사람 통행실태조사는 미국 디트로이트에서 최초 시행하였고 가로변 면담조사, 운전자 우편설문조사, 가구방문조사, 스크린라인조사, 폐쇄선조사 등으로 구분된다.

02 다음 중 장기교통계획에 비하여 교통체계관리기법(TSM)이 갖는 특징으로 옳지 않은 것은?

① 단기적 편익이 발생한다.
② 주로 소규모 지역을 대상으로 한다.
③ 다양한 교통수단을 고려하여 대안을 선택한다.
④ 문제 상황이 명확히 정의되고 관측이 가능하다.

해설
TSM은 단기적 효과, 미시적 규모, 계량화 가능의 특성을 지닌다. 다양한 교통수단을 고려하여 대안을 만들면 시간이 너무 오래 걸리거나 빠른 결정을 하기 어려워진다. 따라서 TSM의 목적과 부합하지 못하게 된다.

03 다음 중 교통약자에 포함되지 않는 자는?

① 임산부 ② 청소년
③ 고령자 ④ 영유아를 동반한 사람

해설
교통약자란 장애인, 고령자, 임산부, 영유아를 동반한 사람, 어린이 등 일상생활에서 이동에 불편을 느끼는 사람을 말한다.

04 사람 통행에 의한 주차 수요 추정법 중 P요소법에 이용되는 변수가 아닌 것은?

① 지역주차 조정계수 ② 계절주차 집중계수
③ 첨두시 주차집중률 ④ 건물 연면적

해설
• P요소법(Parking Space Factor Method)
$$P = \frac{d \cdot s \cdot c}{o \cdot e} \times (t \cdot r \cdot p \cdot pr)$$
여기서, d : 주간(07~19시) 통행집중률(%)
s : 계절주차 집중계수
c : 지역주차 조정계수
o : 평균승차인원(인/대)
e : 주차장 효율계수
t : 1일 이용인원
r : 첨두시 주차집중률(%)
p : 건물 이용자 중 승용차 이용률(%)
pr : 승용차 이용자 중 주차비율(%)
→ 건물연면적은 주차발생원단위법이나 건물연면적 원단위법에서 사용한다.

• 주차발생 원단위법
$$P = \frac{U \cdot F}{1,000e}$$
여기서, U : 주차발생원단위(대/1,000m²), 첨두시 건물연면적 1,000m²당 주차발생량
F : 건물연면적(m²)
e : 주차이용효율

05 조사지역 내에 하나 또는 몇 개의 선을 그어 이 선을 통과하는 차량을 조사하여 표본 O-D조사 결과를 검증하거나 보완할 때 이용하는 조사방법은?

① 스크린 라인 조사(Screen Line Survey)
② 폐쇄선 조사(Cordon Line Survey)
③ 노측 면접 조사(Road Side Interview Survey)
④ 가구 방문 조사(Home Interview Survey)

해설
스크린라인(Screen Line) 조사는 검사선조사라고도 하며 조사지역 내 조사된 교통량의 정밀도를 점검하고 수정·보완하기 위하여 간선도로상 가상선을 그어 통과하는 교통량을 조사하거나 간선도로 선상에 위치한 교차로를 통과하는 차량을 조사하는 기법이다.

06 다음 중 통행 발생(Trip generation) 예측에 있어서 현재의 통행 유출·유입량에 장래의 인구와 같은 사회·경제적 지표의 증감률을 곱하여 장래 통행발생량을 예측하는 기법은?

① 원단위법 ② 증감률법
③ 회귀직선법 ④ 카테고리분석법

정답 01 ③ 02 ③ 03 ② 04 ④ 05 ① 06 ②

해설
현재의 통행 유출·유입량에 장래의 인구와 같은 사회·경제적 지표의 "증감률"을 곱하여 장래 통행발생량 예측한다.

07 지능형 교통체계(ITS)의 목적으로 적합하지 않는 것은?

① 교통 소통 향상 ② 교통 정보 제공
③ 교통 안전 증진 ④ 도시 개발 촉진

해설
ITS의 목적은 기존 교통의 효율성과 안전성 향상, 새로운 기술의 개발 및 보급에 있다. 교통소통의 향상, 교통정보의 제공, 교통안전도 증진 등이 이에 해당한다. 도시개발의 촉진은 ITS의 목적과는 거리가 있다.

08 다음 중 일방통행제의 장단점으로 옳지 않은 것은?

① 교통 안전성 하락
② 대중교통 용량의 감소
③ 평균 운행 속도의 증가
④ 운전자의 운행 거리 증가

해설
일방통행제의 시행으로 용량을 증대시키고 상충을 감소시켜 교통안전성 제고를 기대할 수 있다.

09 다음 중 교통수요 4단계 추정법의 장점으로 옳지 않은 것은?

① 단계별로 적절한 모형의 선택이 가능하다.
② 총체적 자료에 의존하여 형태적인 측면 반영이 용이하다.
③ 통행패턴의 변화가 급격하지 않은 경우 설명력이 뛰어나다.
④ 각 단계별로 결과에 대한 검증을 거침으로써 현실의 묘사가 가능하다.

해설
4단계 수요추정법의 단점은 총체적 자료에 의존하기 때문에 통행자의 총체적·평균적 특성만 산출될 뿐 행태적 측면은 거의 무시된다는 것이다.

10 교통존 설정(Zoning)의 원칙으로 옳지 않은 것은?

① 존(Zone) 내부에 하나의 중심만 가지도록 한다.
② 존(Zone) 내부의 사회·경제적 특성이 균일해야 한다.
③ 각 존(Zone)의 가구 수, 인구 및 통행량이 비슷한 것이 좋다.
④ 존(Zone)의 모양은 중심이 안정되는 삼각형에 가까워야 한다.

해설
④ 중심이 안정되는 존은 원형의 존이다.

11 아래의 설명에 해당하는 대중교통 요금제도는?

> 승객이 통행한 거리에 따라 요금이 차별적으로 부과되는 요금구조이며, 형평성의 관점에서 장거리 승객은 단거리 승객보다 많은 운행비용이 소요되므로 더 많은 요금을 지불해야 한다.

① 정가요금제 ② 균일요금제
③ 거리요금제 ④ 구역요금제

해설
거리비례제(거리요금제)는 거리가 증가할수록 납부할 요금이 증가하는 요금체계이다. 버스준공영제가 도입되고 환승할인정책이 적용되면서 많이 활용되고 있는 요금제이다.

12 대중교통 비용에 대한 설명으로 옳은 것은?

① 변동비는 교통서비스 공급량과 무관하게 일정하다.
② 고정비는 대중교통체계를 운영하는 데 고정적으로 소요되는 비용으로 인건비, 연료비, 차량관리비 등이 있다.
③ 변동비는 교통시설 건설 혹은 차량 구입에 소요되는 자본비이다.
④ 대중교통에 소요되는 총 비용은 고정비와 변동비의 합이다.

해설
대중교통 비용은 고정비와 변동비로 구성된다. 고정비는 서비스 공급량과 무관하게 일정한 비용을 말하고, 차량운행비(인건비, 보험료 등)가 대표적이다. 연료비는 대표적인 변동비이다.

정답 07 ④ 08 ① 09 ② 10 ④ 11 ③ 12 ④

13 교통계획을 기간, 계획대상, 공간적 범위에 따라 분류할 때 계획대상에 따른 유형에 속하는 것은?

① 지역교통계획　　② 장기교통계획
③ 가로망계획　　　④ 국가교통계획

해 설

교통계획의 분류
- 기간별 : 장기, 중기, 단기
- 공간별 : 지역, 도시, 지구, 교통축
- 대상별 : 도로망, 대중교통, 교차로, 주차시설, 보행시설, 자전거도로 등

14 10km의 노선을 운행하는 버스가 터미널과 버스정류장에서 소요되는 시간을 포함하여 시간당 평균 25km의 속도로 운행한다면 왕복 운행시간은?

① 44분　② 46분　③ 48분　④ 50분

해 설

- 거리 : 10km의 노선을 왕복 운행하므로 운행거리는 20km이다.
- 속도 : 시간당 평균 25km로 주어졌다.

$$\frac{20km}{25km/h} = 0.8시간 = 0.8 \times 1시간 = 0.8 \times 60분 = 48분$$

15 교통수요예측의 4단계 추정 중 통행 발생 단계에서 사용되는 모형은?

① Fratar 모형　　② 중력모형
③ Detroit 모형　　④ 회귀분석모형

해 설

통행 발생(Trip Generation) 모형에는 증감률법, 원단위법, 회귀분석법, 카테고리분석법이 있다.

16 다음 중 통행단(Trip-End) 모형의 교통수요예측 과정을 나타낸 것은?

① 통행발생 → 수단선택 → 통행배분 → 노선배정
② 통행발생 → 통행배분 → 수단선택 → 노선배정
③ (통행발생 + 수단선택) → 통행배분 → 노선배정
④ 통행발생 → (통행배분 + 수단선택) → 노선배정

해 설

통행단(Trip-End) 모형은 수단분담률이 교통수단의 특성에 따라 통행자가 선택하는 것이 아니라 사회·경제적 변수에 따라 선택 패턴이 결정된다는 전제에서 출발하여 대중교통 서비스율이 낮고 혼잡이 적은 단기예측에 유리한 모형이다. 통행발생→수단선택→통행배분→노선배정 순의 예측과정을 가진다.

17 공공자원의 사회적 기회비용을 무엇이라고 하는가?

① 인플레이션　　② 잠재가격
③ 내부수익률　　④ 디플레이션

해 설

잠재가격이란 재화의 가격이 그 재화의 기회비용을 정확히 반영하는 가격을 의미한다. 독점 등에 의해 가격이 자유롭지 못할 때와 완전경쟁하에서 가격이 자유로울 때 비교를 통해 이 가격이 발생된다. 잠재가격의 개념은 공공자원의 사회적 기회비용을 산정할 때도 적절히 사용될 수 있다.

18 Wardrop의 원리에 따르면 아래의 상태를 무엇이라 하는가?

> 개개 통행자가 자신의 과거 경험 및 이미 알고 있는 가능한 정보를 종합하여 통행하고자 선택한 경로가 최소시간경로라 전제하며, 설상 다른 경로로 변경하여도 현재의 경로보다 통행시간을 단축시킬 수 없다고 믿는 상태

① 사회적 평형상태
② 교통체계의 평형상태
③ 수요 - 공급의 평형상태
④ 확률적 사용자 평형상태

해 설

사용자 균형(이용자 평형)의 개념한 쌍의 출발지와 목적지를 위해 이용되는 모든 통행경로의 통행시간은 같고, 이용되지 않는 통행경로의 통행시간은 이용되는 통행경로의 통행시간보다 길거나 같다.

19 다음 중 개별행태모형에 해당하는 것은?

① 원단위법(Unit model)
② 로짓모형(Logit model)
③ 중력모형(Gravity model)
④ 디트로이트모형(Detroit model)

해 설

회귀모형, 로짓모형, 프로빗모형 등이 개별행태모형에 해당한다.

정답　13 ③　14 ③　15 ④　16 ①　17 ②　18 ④　19 ②

20 다음 중 폐쇄선조사의 조사내용으로 가장 거리가 먼 것은?

① 기종점 조사
② 차종별 통과 교통량
③ 자가 승용차 보유 여부
④ 시간대별 통과 교통량

해설
폐쇄선(Cordon Line)조사는 교통조사 시 조사대상지역 밖에 출발지 또는 목적지를 가진 통행을 조사하는 방법이다. 기종점, 통과교통조사에 활용된다.

제2과목 교통공학

21 PHF(Peak Hour Factor)에 대한 설명으로 틀린 것은?

① PHF 값은 항상 1.0 이하의 값을 갖는다.
② PHF 값은 도로용량을 분석할 때 이용된다.
③ PHF 값은 하루 중의 교통량 변화를 알기 위해 계산된다.
④ PHF란 15분 첨두유율을 한 시간 단위로 나타낸 값에 대한 한 시간 교통량이다.

해설
가장 많은 15분 교통량에 4를 곱해 60분간 조사한 것처럼 분모를 만들고, 1시간 동안 실제로 조사된 교통량을 분자에 놓고 계산하므로 항상 1.0보다 작은 값을 갖는다. PHF 값은 도로용량 분석을 통한 서비스 수준 산정 시 기초자료가 된다.

22 다음 중 접근지체에 포함되지 않는 것은?

① 정지지체
② 균일지체
③ 가속지체
④ 감속지체

해설
접근지체는 감속지체, 정지지체, 가속지체를 합한 것이다.
차량당 제어지체는 균일지체, 증분지체, 추가지체를 합한 것이다.

23 중방향 설계시간 교통량(DDHV)를 구할 때 필요하지 않은 요소는?

① 첨두시간 계수
② 설계시간 계수
③ 중방향 계수
④ 연평균 일교통량

해설
설계시간 교통량(DHV)이란 연평균 일교통량(AADT)에 설계시간 계수(K)를 곱하여 산출한 것이다. 여기에 중방향 계수(D)를 곱해 주면 중방향 설계시간 교통량(DDHV)을 구할 수 있다.

24 조건이 다음과 같을 때 첨두시간 계수(PHF)는?

- 15분 첨두 교통량 = 350대
- 첨두시간 교통량 = 1,000대

① 0.35
② 0.71
③ 1.2
④ 3.5

해설
$$PHF = \frac{V_{60분}}{4 \times V_{15분}} = \frac{1,000}{4 \times 350} = 0.71$$

25 신호등 교차로에서 지체시간을 계산할 때 연동계수는 어떤 종류의 지체에 적용하게 되어 있는가?

① 증가지체
② 균일지체
③ 증분지체
④ 추가지체

해설
신호등 교차로에서는 차량당 제어지체를 지체시간으로 계산하며, 차량당 제어지체는 균일지체, 증분지체, 추가지체를 합한 것이다. 이때 연동계수는 '균일지체'에 맞추어 적용한다.

26 어느 구간의 거리를 차량 정지시간(교차로, 역, 정류장)이나 교통정체시간 등을 포함한 총 소요시간으로 나눈 값을 무엇이라 하는가?

① 통행속도
② 주행속도
③ 설계속도
④ 지점속도

해설
① 통행속도(Travel Speed) : 도로의 일정 구간을 주행할 때, 구간 길이를 통행시간으로 나눈 값을 말한다.
② 주행속도(Running Speed) : 운행 중 지체시간을 제외하고 계산한 통행속도를 말한다.
③ 설계속도(Design Speed) : 도로의 기하구조를 검토하고 결정하는 데 기본이 되는 속도
④ 지점속도(Spot Speed) : 차량이 어떤 지점을 통과하는 속도를 말한다.

27 교통량 조사방법 중 교통량의 요일별·계절별 변동패턴을 파악하기 위해서 일년 내내 계속적으로 조사하는 것은?

① 상시조사 ② 보정조사
③ 전역조사 ④ 관측조사

해 설
상시조사
교통량의 요일별·계절별 변동패턴을 파악하기 위해서 일년 내내 계속적으로 조사하는 조사기법을 말한다.

28 차량의 평균속도가 50km/h, 차두평균간격이 25m일 경우 도로의 평균교통량은 얼마인가?

① 500대/시간 ② 800대/시간
③ 1,000대/시간 ④ 2,000대/시간

해 설
25m당 1대의 밀도를 가지므로, 1km당 40대의 밀도와 같다.
$q = uk = 50km/h \times 40대/km$,
따라서 $q = 2,000대/h$

29 어느 건물의 주차 가능 용량이 500대이고 1일 주차차량이 2,500대이며 주차 차량들의 평균주차시간이 2시간이었을 때, 주차장의 주차효율은 얼마인가?(단, 주차 개방시간은 20시간으로 한다.)

① 0.5 ② 0.87
③ 1.52 ④ 1.82

해 설
$L = VD = CHe$
$e = \dfrac{VD}{CH}$
$= \dfrac{실주차대수 \times 평균주차시간}{가능용량 \times 분석시간길이} = \dfrac{2,500 \times 2}{500 \times 20} = 0.5$

30 신호주기가 75초인 정주신호 교차로에서 임계시점에 정지한 차량의 수를 조사하여 차량의 정지지체를 계산하려 한다. 정지 차량의 조사간격으로 부적당한 값은?

① 16초 ② 15초
③ 14초 ④ 13초

해 설
조사간격으로 주기를 나누었을 때, 소수점 없이 나누어지면 정확한 정지지체가 계산되지 않으므로 조사간격으로 부적당한 값이 된다.

31 소요현시율의 합이 0.85, 총 손실시간이 16초일 때, Webster 방식에 의한 적정 주기는?

① 136초 ② 152초
③ 174초 ④ 193초

해 설
$c = \dfrac{1.5(16) + 5}{1 - 0.85} = \dfrac{29}{0.15} = 193.33$
※ 90초 이상의 주기는 10초 단위로 나타내어야 하므로 실제 적용 시에는 200초를 사용한다.

32 다음 중 일정한 도로구간의 교통류를 설명하는 세 가지 기본적인 특성변수가 아닌 것은?

① 일정시간 동안에 변화한 공간이동량
② 일정시간 동안에 한 지점을 통과한 차량 수
③ 일정시간 동안 정지했다가 출발하는 차량 수
④ 한 순간에 도로의 일정구간을 점유한 차량 수

해 설
교통류를 설명하는 세 가지 기본특성변수는 속도(u), 밀도(k), 교통량(q)이다. 일정시간 동안에 변화한 공간이동량이 속도이고, 일정시간 동안에 한 지점을 통과한 차량 수가 교통량이며, 한 순간에 도로의 일정구간을 점유한 차량 수가 밀도이다.

33 교통량의 시간별 변동을 예측할 수 있거나 포화상태가 빈번히 일어나는 교차로에 적합하며 신호시간을 현장에서 쉽게 조정할 수 있는 신호제어방식은?

① 정주기신호 ② 반감응신호
③ 완전감응신호 ④ 교통량 - 밀도신호기

해 설
정주기신호의 장점에 대한 설명이다.

구분	방식	검지기	온라인	연동	비고
고정식(정주기) (Fixed Time Mode)	고정된 시간 계획에 따라 운영	×	×	×	거의 사용하지 않음

34 다음의 그래프와 같은 속도와 밀도의 모형은 무엇인가?

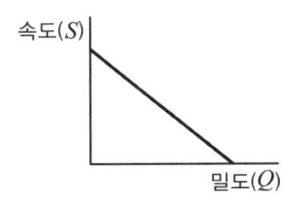

① Gazis 모형　　② Edie 모형
③ Greenberg 모형　④ Greenshields 모형

해 설

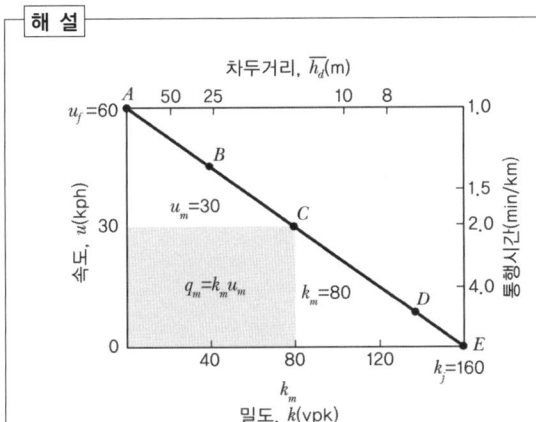

여기서, 교통량은 평균교통류율, 속도는 공간평균속도, 밀도는 평균밀도가 사용된다.

Q_m : Q_{max}의 약자로 최대교통류율, 용량을 의미한다.
u_f : 자유속도
u_m : u_{max}의 약자로 임계속도, 즉 최대교통류율 상태에서의 속도를 의미한다.
k_j : 혼잡밀도
k_m : k_{max}의 약자로 임계밀도, 즉 최대교통류율 상태에서의 밀도를 의미한다.

35 신호운영의 단점으로 옳지 않은 것은?

① 추돌사고와 같은 유형의 사고가 증가한다.
② 부적절한 곳에 설치될 경우 불필요한 지체가 발생한다.
③ 교통량이 많은 도로를 횡단해야 하는 차량이나 보행자를 횡단시킬 수 없다.
④ 첨두시간이 아닌 경우 교차로의 총 지체시간과 연료 소모를 증가시킬 수 있다.

해 설
차량 교통량이 많은 도로에서 신호가 운영되지 않으면 보행자는 무한정 대기할 수밖에 없다. 따라서 강제로 차량 교통류의 흐름을 멈추게 하고 보행자의 보행을 보장해 줄 필요가 있다. 이것은 신호운영이 반드시 필요한 조건이며, 신호운영의 장점으로 볼 수 있다.

36 원하는 속도 선택의 자유도는 비교적 높은 편이지만, 교통류 내 다른 운전자의 출현으로 각 개인의 행동이 다소 영향을 받게 되는 교통류의 서비스수준은?

① LOS A　　② LOS B
③ LOS C　　④ LOS D

해 설
서비스 수준별 교통류의 상태

서비스 수준	구분	교통류의 상태
B	안정된 교통류	교통류 내에서 다른 사용자가 나타나면 주의를 기울이게 된다. 원하는 속도 선택의 자유도는 비교적 높으나 통행 자유도는 서비스 수준 A보다 어느 정도 떨어진다. 이는 교통류 내의 다른 사용자의 출현으로 각 개인의 행동이 다소 영향을 받기 때문이다.

37 간선도로에서 도로의 서비스 수준을 나타내는 효과척도는?

① 교통량 대 용량비　　② 지체도
③ 평균통행속도　　　　④ 지체시간 백분율

해 설
효과척도(MOE ; Measure of Effectiveness)

도로의 종류		효과척도
고속도로	기본구간	• 밀도(pc/km/차로) • 교통량/용량(V/C)
	엇갈림구간	평균밀도(대/km)
	연결부	영향권의 밀도(대/km)
2차로도로	소구간	총 지체율
	대구간	평균통행속도(km/h)
도시 및 교외 간선도로		평균통행속도(km/h)

38 어느 도로 구간의 교통량 구성비가 승용차 70%, 트럭 20%, 버스 10%일 때 도로 용량 산정을 위한 중차량보정계수는?(단, 트럭과 버스의 승용차 환산계수는 각각 1.7, 1.50이다.)

① 0.61　② 0.66　③ 0.71　④ 0.84

정답　34 ④　35 ③　36 ②　37 ③　38 ④

해 설

$$f_{HV} = \frac{1}{[1+P_{T1}(E_{T1}-1)+P_{T2}(E_{T2}-1)+P_{T3}(E_{T3}-1)]}$$
$$= \frac{1}{[1+0.2(1.7-1)+0.1(1.5-1)]} = 0.84$$

39 다음 중 설계 목적을 위한 최소추월시거의 계산을 위해 교통행태에 관하여 가정하는 사항으로 옳지 않은 것은?

① 피추월차량은 일정한 가속도를 가지고 주행한다.
② 추월차량은 추월할 기회를 찾으면서 피추월차량과 같은 속도로 안전거리를 유지하며 앞차를 따른다.
③ 추월차량의 운전자는 추월행동을 개시할 때까지 행동판단 및 반응시간을 필요로 한다.
④ 추월차량은 추월하는 동안 가속을 한다.

해 설
① 피추월차량은 "일정한 가속도"가 아니라 "일정한 속도"로 주행해야 한다고 가정한다.

40 다음 중 고속도로 기본구간 서비스 수준의 주요 효과척도(MOE)는?

① 평균속도　② 설계속도
③ 밀도　　　④ 지체시간

해 설
효과척도(MOE ; Measure of Effectiveness)

도로의 종류		효과척도
고속도로	기본구간	• 밀도(pc/km/차로) • 교통량/용량(V/C)
	엇갈림구간	평균밀도(대/km)
	연결부	영향권의 밀도(대/km)

제3과목 교통시설

41 고속도로 비상주차대의 표준 설치간격은?

① 500m　　② 750m
③ 1,000m　④ 1,250m

해 설
비상주차대는 운전자의 시야에 항상 1개소 이상이 위치해야 한다. 또한 장대교, 터널 등에서 길어깨 폭이 2.0m 미만이고, 구조물의 길이가 1,000m 이상일 경우에는 구조물 중간에 최소 750m 간격으로 비상주차대를 설치할 필요가 있다.

42 다른 도로와의 연결허가 금지구간으로 옳지 않은 곳은?

① 교차로 주변 연결로 등의 설치 제한거리 이내의 구간
② 교통 등의 시설물과 근접되어 변속차로를 설치할 수 없는 구간
③ 버스정차대, 측도 등 주민편의시설이 설치되어 이를 옮겨 설치할 수 없는 구간
④ 종단경사가 산지에서 5%를 초과하는 구간

해 설
종단경사가 평지에서 6%, 산지에서 9%를 초과하는 구간에서는 다른 도로와의 연결이 금지된다.

43 시거에 대한 설명으로 (　)에 알맞은 것은?

(　)는 운전자가 예측하지 못했던 장애물이나 교통정보를 인식하고 그 위험성을 판단하여 적절한 주행경로를 선정하여 안전하게 그 지역을 통과할 수 있게 하기 위해 필요한 거리이다.

① 정지시거　　② 앞지르기시거
③ 피주시거　　④ 가각시거

해 설
피주시거(避走視距)란 피하면서 달릴 수 있게 하는 눈으로 보여지는 거리라는 뜻으로 운전자가 진행로상에 산재해 있는 예측 불가능한 위험요소를 발견하고 그 위험성을 판단하여, 적절한 속도와 진행방향을 선택하여 필요한 안전조치를 효과적으로 취하는데 필요한 거리를 말한다. 피주시거는 운전자의 판단착오를 시정할 여유를 주고 정지하는 대신 동일한 속도로 가속 또는 감속을 하면서 안전한 행동을 취할 수 있게 해준다. 인터체인지와 교차로, 교통통행설비 및 광고 등이 집중되어 있어 시각적 혼란이 일어나기 쉬운 곳에는 이것이 반드시 확보되어야 한다. 기준은 정지시거와 같이 눈높이 1.0m, 물체높이 15cm를 사용한다.

44 평지구간의 고속도로를 100km/h로 주행하던 자동차가 장애물을 보고 정지할 수 있는 최소정지거리는?(단, 마찰계수 0.30, 인지반응시간 2.5초이다.)

정답　39 ①　40 ③　41 ②　42 ④　43 ③　44 ③

① 약 120.8m   ② 약 160.5m
③ 약 200.7m   ④ 약 240.2m

해설

$$mssd = \frac{t_r \cdot V}{3.6} + \frac{V^2}{254(f \pm s)}$$
$$= \frac{2.5 \cdot 100}{3.6} + \frac{100^2}{254(0.3 \pm 0)} = 200.7m$$

45
설계속도가 60Km/h인 도로의 곡선부를 설계하고자 한다. 횡방향마찰계수가 0.4, 편경사가 6%일 때 차량이 안전하게 주행할 수 있는 최소곡선반경은 얼마로 하여야 하는가?

① 약 62m   ② 약 67m
③ 약 72m   ④ 약 77m

해설

$$r = \frac{V^2}{127(i+f)} = \frac{60^2}{127(0.06+0.4)} = 61.62 (약\ 62m)$$

46
다음 중 길어깨의 필요성으로 옳지 않은 것은?

① 차도, 보도, 자전거·보행자도로에 접속하여 도로의 주요 구조부를 보호한다.
② 유지·관리 작업 공간이나 지하매설물의 설치 공간으로 제공된다.
③ 절토부에서는 곡선부의 시거를 한정시켜 교통통제에 우월한 효과를 갖는다.
④ 유지·관리가 양호한 길어깨는 도로의 미관을 높인다.

해설
길어깨는 절토부의 경우 곡선부의 시거를 확대시켜 안전도를 향상시킨다.

47
도로 및 교통조건이 아래와 같을 때 필요한 차로 수는?

- AADT : 40,000대/일
- 설계시간계수(K) : 0.20
- 중방향계수(D) : 0.55
- 계획서비스 수준(V/C비) : 0.8
- 첨두시간계수(PHF) : 0.95
- 차로용량 : 2,250대/시

① 양방향 2차로   ② 양방향 6차로
③ 양방향 8차로   ④ 양방향 10차로

해설

$$PDDHV = \frac{DDHV}{PHF} = \frac{AADT \times K \times D}{PHF}$$
$$= \frac{40,000 \times 0.2 \times 0.55}{0.95}$$
$$= 4,63.58$$

$$\frac{v}{c} = 0.8 = \frac{x}{2,250}$$
$$x = 0.8 \times 2,250 = 1,800 대/차로$$
$$\frac{4,631.58}{1,800} = 2.5731 > 2, \quad \therefore 3차로$$

48
자동차 전용도로의 설계속도는 최소 얼마 이상으로 하는가?(단, 자동차 전용도로가 도시지역에 있거나 소형차도로인 경우는 고려하지 않는다.)

① 60km/h   ② 70km/h
③ 80km/h   ④ 90km/h

해설
도로의 구조·시설 기준에 관한 규칙 제8조(설계속도)에 의거 자동차전용도로의 설계속도는 시속 80킬로미터 이상으로 한다. 다만, 자동차 전용도로가 도시지역에 있거나 소형차도로일 경우에는 시속 60킬로미터 이상으로 할 수 있다. 문제에서 자동차 전용도로가 도시지역에 있거나 소형차도로인 경우는 고려하지 않는다고 하였으므로 최소 설계속도는 80km/h 이상이 된다.

49
측도에 대한 설명으로 옳지 않은 것은?

① 4차로 이상 지방지역도로 또는 도시지역도로에서 도로 주변으로 출입이 제한되는 경우 필요에 따라 설치된다.
② 일반적으로 선형, 경사 등이 제한된 높은 규격의 도로에 필요하다.
③ 고속도로가 도시지역을 통과할 경우에 교통의 분산이나 합류를 할 때 유용하다.
④ 좌회전이나 유턴 차량이 대기할 수 있는 공간을 확보한다.

해설
좌회전이나 유턴 차량이 대기할 수 있는 공간을 제공하는 것은 좌회전차로 혹은 좌회전 대기차로이다.

정답   45 ①   46 ③   47 ②   48 ③   49 ④

50 보도를 설치할 때 보도의 유효폭에 대한 기준으로 옳은 것은?(단, 지방지역의 도로와 도시지역의 국지도로 중 지형상 불가능하거나 기존 도로의 증설·개설 시 불가피하다고 인정되는 경우는 고려하지 않는다.)

① 보도의 유효폭은 최소 1.0m 이상이어야 한다.
② 보도의 유효폭은 최소 2.0m 이상이어야 한다.
③ 보도의 유효폭은 최소 3.0m 이상이어야 한다.
④ 보도의 유효폭은 최소 4.0m 이상이어야 한다.

해 설
보도는 보행자가 일반적으로 여유를 가지고 엇갈려 지나갈 수 있는 2.0m를 최소 유효폭으로 하여야 한다. 다만, 지방지역도로와 도시지역의 국지도로에서 기존 도로의 증·개설 시 및 주변지형여건, 지장물 등으로 유효 보도폭 2.0m를 확보할 수 없는 경우에는 1.5m까지 유효 보도폭을 축소할 수 있도록 하였다. 문제에서 지방지역의 도로와 도시지역의 국지도로 중 지형상 불가능하거나 기존 도로의 증설·개설 시 불가피하다고 인정되는 경우는 고려하지 않는다고 하였으므로 보도의 최소폭은 2.0m가 된다.

51 다음 중 우리나라 기준 차량신호기 설치기준이 되는 항목이 아닌 것은?

① 차량 교통량   ② 보행자 교통량
③ 신호연동   ④ 통학로

해 설
차량신호기 설치기준은 총 5가지이다. 차량 교통량, 보행자 교통량, 통학로, 교통사고기록, 비보호좌회전이 이에 해당한다.

52 다음 중 불완전 입체교차로의 가장 대표적인 유형으로 형태가 단순하고 용지가 적게 들며 비용이 저렴하고 교통의 우회거리도 가장 짧아 경제적으로 유리한 형태는?

① 다이아몬드형   ② 불완전 클로버형
③ 트럼펫형   ④ 준직결+평면교차형

해 설
다이아몬드형 입체교차는 연결로가 본선과 거의 직선으로 설치되는 형태로서, 부도로와 평면교차되어 처리되는 형상이 다이아몬드형을 닮은 입체교차를 말한다. 불완전 입체교차로의 가장 대표적인 유형이다. 형태가 단순하여 시공이 용이하고 용지가 적게 들어 비용이 저렴하며 우회거리가 단축되는 장점이 있고, 2개의 평면교차로가 인접하며 병목현상이 발생할 수 있는 단점이 있다.

53 설계시간 교통량(K_{30})의 일반적인 특징으로 옳지 않은 것은?

① 연평균 일교통량의 증가와 함께 그 대상도로 구간의 K_{30}은 일반적으로 감소한다.
② K_{30}이 높을수록 교통량의 변화가 심하다.
③ 대상도로 구간 인접지역의 개발이 많이 이루어질수록 K_{30}은 증가한다.
④ K_{30}은 일반적으로 관광도로에서 가장 높은 값을 나타내며 지방지역도로, 도시 외곽도로, 도시 내 도로 순으로 낮은 값을 갖는다.

해 설
설계시간계수(K)는 일반적으로 관광지역 도로에서 가장 크고 지방지역 도로, 도시지역 도로의 순으로 감소하는 경향을 보인다. 관광지역 도로는 휴가기 및 관광지와 인접하여 휴가·관광철에 통행이 집중되는 교통수요 특성을 보이며, 지방지역 도로는 평일보다는 주말과 휴가·관광철에 교통수요가 집중되나 관광지역 도로에 비해서는 집중 정도가 적은 교통수요 특성을, 도시지역 도로는 출퇴근 등 평일 교통 수요가 꾸준히 발생하고 주말 교통수요가 상대적으로 적은 특성을 보인다. 따라서 인접지역의 개발이 많이 이루어진 지역, 즉 도시지역일수록 값이 감소하게 된다.

54 입체교차 변속차로의 설계에 대한 설명으로 올바른 것은?

① 변속차로 변이구간 길이는 최소 60m 이상으로 하여야 한다.
② 변속차로 길이는 연결로가 2차로인 경우 해당 기준의 1.5배 이상으로 하여야 한다.
③ 본선 종단경사의 크기에 따른 감속차로의 길이보정률은 최대 1.50 비율 이하로 하여야 한다.
④ 본선 종단경사의 크기에 따른 가속차로의 길이보정률은 최대 1.35 비율 이하로 하여야 한다.

해 설
입체교차 변속차로의 설계시 변이구간 길이는 최소 60m 이상으로 하여야 한다. 변속차로 길이는 연결로가 2차로인 경우 감속차로 길이 기준의 1.2배 이상으로 하여야 한다. 본선 종단경사의 크기에 따른 감속차로의 길이보정률은 최대 1.35 비율 이하로 하여야 한다. 본선의 종단경사의 크기에 따른 가속차로의 길이보정률은 최대 1.50 비율 이하로 하여야 한다.

정답 50 ② 51 ③ 52 ① 53 ③ 54 ①

55 다음 중 평면교차로에서 발생하는 상충의 종류가 모두 옳게 나열된 것은?

① 분류상충, 합류상충, 교차상충
② 교차상충, 회전상충, 추돌상충
③ 합류상충, 추돌상충, 분류상충
④ 직각상충, 측면상충, 회전상충

해 설
평면교차로의 상충은 분류, 합류, 교차상충으로 이루어진다.

56 도로의 구조·시설 기준에 관한 규칙상 2차로 도로에서 앞지르기를 허용하는 구간의 설계속도가 70km/h일 때 최소 앞지르기 시거의 기준으로 옳은 것은?

① 350m
② 400m
③ 480m
④ 540m

해 설
2차로 도로에서 앞지르기를 허용하는 구간에서는 설계속도에 따라 다음 표의 길이 이상의 앞지르기 시거를 확보하여야 한다.

설계속도 (킬로미터 / 시간)	최소앞지르기 시거 (미터)
80	540
70	480
60	400
50	350
40	280
30	200
20	150

57 오르막차로를 설치할 때 검토할 유의사항이 아닌 것은?

① 고속 자동차와 저속 자동차의 구성비
② 오르막 경사의 낮춤과 오르막차로 설치의 경제성
③ 오르막차로 설치에 따른 교통사고 예방 효과
④ 오르막차로와 연결도로의 주행속도

해 설
오르막차로의 설치 시 검토할 유의사항은 다음과 같다.
㉠ 도로용량
• 도로용량과 교통량의 관계
• 고속 자동차와 저속 자동차의 구성비
㉡ 경제성
• 오르막경사의 낮춤과 오르막차로 설치의 경제성
• 고속주행에 따른 편의 및 쾌적성 향상과 사업비 절감에 따른 경제성
㉢ 교통안전
• 오르막차로 설치에 따른 교통사고 예방효과

58 교통의 안전과 소통의 원활을 도모하기 위하여 설치하는 도로교통정보 안내시설에 관한 설명이 옳지 않은 것은?

① 도로교통정보 안내시설은 설치 구조 형식에 따라 문형식, 내면식, 부착식 등이 있다.
② 도로교통정보 안내시설은 표출 형식에 따라 문자식 표지, 도형식 표지 등이 있다.
③ 도로교통정보 안내시설로는 도로전광표지(VMS), 폐쇄회로티비(CCTV), 교통량검지기 등이 있다.
④ 문자의 주요 표시내용은 도로, 기상, 교통, 규제상황, 우회의 지시 등으로 간결하고 명료하게 표현하여야 한다.

해 설
일반적으로 교통량 검지기는 땅에 매설되어 있으므로 쉽게 발견하기 어려울 뿐만 아니라 안내기능을 갖지 않으므로 안내시설이라고 보기 어렵다. CCTV 역시 관리자만 확인할 뿐, 정보의 안내기능을 갖지 않는다.

59 설계기준 자동차 종류별로 폭과 길이에 대한 제원을 연결한 것으로 틀린 것은?

① 승용자동차 : 2.0m, 4.7m
② 소형자동차 : 2.0m, 6.0m
③ 대형자동차 : 2.5m, 13.0m
④ 세미트레일러 : 2.5m, 16.7m

해 설
설계기준 자동차의 종류별 제원

제원 (미터) 자동차종류	폭	길이
승용자동차	1.7	4.7
소형자동차	2.0	6.0
대형자동차	2.5	13.0
세미트레일러	2.5	16.7

정답 55 ① 56 ③ 57 ④ 58 ③ 59 ①

60 교통정온화 시설의 종류 중 속도 저감을 위한 물리적 교통억제기법이 아닌 것은?

① 시케인(chicane)　② 소형 회전교차로
③ 볼라드(bollard)　④ 노면요철포장

해설
볼라드는 물리적 교통억제기법이기는 하나 속도 저감을 위한 것이 아니라 진입 차단을 위한 것이다.

제4과목 도시계획개론

61 다음 중 용도지역에 해당하지 않는 것은?

① 도시지역　② 관리지역
③ 준농림지역　④ 자연환경보전지역

해설
국토의 계획 및 이용에 관한 법률 제6조(국토의 용도 구분)에 의거 용도지역은 도시지역, 관리지역, 농림지역, 자연환경보전지역으로 구분된다.

62 도시계획시설로서 보행자전용도로의 최소 폭원 기준은?

① 1.0m 이상　② 1.5m 이상
③ 2.0m 이상　④ 2.5m 이상

해설
보행자전용도로란 폭 1.5미터 이상의 도로로서 보행자의 안전하고 편리한 통행을 위하여 설치하는 도로를 말한다.

63 도시·군계획시설에 대하여 도시·군계획시설 결정의 고시일부터 최대 얼마 이내에 대통령령으로 정하는 바에 따라 단계별 집행계획을 수립하여야 하는가?

① 1년　② 2년　③ 3년　④ 5년

해설
국토의 계획 및 이용에 관한 법률 제85조(단계별 집행계획의 수립)에 의거 특별시장·광역시장·특별자치시장·특별자치도지사·시장 또는 군수는 도시·군계획시설에 대하여 도시·군계획시설 결정의 고시일부터 2년 이내에 대통령령으로 정하는 바에 따라 재원조달계획, 보상계획 등을 포함하는 단계별 집행계획을 수립하여야 한다.

64 다음 중 격자형 도로망에 대한 설명으로 옳은 것은?

① 교통의 흐름을 보았을 때 도심집중이 강하다.
② 중심지를 기점으로 주요 간선로에 따라 도시개발 축이 형성된다.
③ 지형이 평탄한 도시에 적합하지만 도로기능의 다양성이 결여된다.
④ 인구 100만 이상 대도시계획에 적합하며 횡적인 연결은 환상선으로 이루어진다.

해설
교통의 도심집중, 중심지를 기점으로 한 도시개발, 환상선으로 구성되는 연결 등은 방사환상형에 대한 설명이다.

65 보차분리기법에는 평면분리방식, 입체분리방식, 시간분리방식 등이 있다. 다음 중 평면분리방식에 해당되지 않는 것은?

① 보도　② 아케이드
③ 보행자전용도로　④ 보행자데크

해설
평면분리방식이란 보행자 동선과 자동차 동선을 가로망 자체에서 분리시켜 자동차와 보행자가 처음부터 만나지 않도록 하는 방식을 말한다. 평면분리방식에는 보도, 아케이드, 보행자전용도로가 있다.

66 다음 중 도시기본계획의 성격과 가장 거리가 먼 것은?

① 도시관리계획 수립의 지침이 된다.
② 도시에 대한 기본적이고 장기적인 개발구상이다.
③ 공간구조와 발전 방향을 제시하는 종합계획이다.
④ 개인의 재산권에 대한 법적 구속력을 바탕으로 한다.

해설
국토의 계획 및 이용에 관한 법률 제2조(정의)에 의거 "도시·군기본계획"이란 특별시·광역시·특별자치시·특별자치도·시 또는 군의 관할구역에 대하여 기본적인 공간구조와 장기발전방향을 제시하는 종합계획으로서 도시·군관리계획 수립의 지침이 되는 계획을 말한다.

정답　60 ③　61 ③　62 ②　63 ②　64 ③　65 ④　66 ④

67 도시개발정책 중 성장관리(Growth Management)의 목적이 아닌 것은?

① 도시 성장률의 단일화
② 도시 내 개발격차의 시정
③ 도시의 외연적 확산 방지
④ 도시 주변 자연환경의 보존

해설
성장관리정책의 목적에는 도시의 외연적 확산 방지, 도시 주변 자연환경의 보존, 도시 내 개발격차의 시정 등이 있다. 도시 성장률의 단일화는 성장을 위한 관리라고 볼 수가 없다.

68 다음 중 기준 연도의 인구와 출생률, 사망률, 인구이동 등의 인구 변화 요인을 고려하여 장래 인구를 추정하는 방법은?

① 직선모형
② 비율적용법
③ 로지스틱커브법
④ 집단생잔법

해설
집단생잔법(Cohort Survival Method)은 기준 연도의 인구와 출생률과 사망률 및 인구이동 등의 인구변화요인을 고려하여 장래인구를 추정하는 방법이다.

69 다음 중 도시화의 내용으로 볼 수 없는 것은?

① 인구의 정착현상
② 인구의 분산현상
③ 도시문화의 확산현상
④ 도시사회구조의 확산현상

해설
도시화의 내용 중 도시화의 지표로 인구의 정착현상, 생활기능의 이동성, 생활기능의 공간적 분화성, 도시문화의 확산현상, 도시사회구조의 확산현상 등을 들 수 있다.

70 다음 중 하워드(E. Howard)가 제시한 전원도시(garden city)에 대한 설명으로 옳지 않은 것은?

① 인구는 3~5만 명으로 제한한다.
② 계획집행의 철저를 기하기 위하여 토지는 공유화한다.
③ 전원적 성격을 유지하기 위하여 공업기능을 배제한다.
④ 도시 주변에 식량의 자급자족을 위한 농업지대를 확보한다.

해설
하워드(E. Howard)가 제시한 전원도시에서는 공업기능을 완전히 배제하지는 않았다.

71 현행 국토의 계획 및 이용에 관한 법률에서 정하고 있는 개발밀도관리구역의 지정기준과 가장 거리가 먼 것은?

① 당해 지역의 도로서비스 수준이 매우 낮아 차량통행이 현저하게 지체되는 지역
② 당해 지역의 도로율이 국토교통부령이 정하는 용도지역별 도로율에 20퍼센트 이상 미달하는 지역
③ 향후 2년 이내에 당해 지역의 수도에 대한 수요량이 수도시설의 시설용량을 초과할 것으로 예상되는 지역
④ 향후 3년 이내에 당해 지역의 학생 수가 학교수용능력을 20퍼센트 이상 초과할 것으로 예상되는 지역

해설
개발밀도관리구역은 향후 2년 이내에 당해 지역의 학생 수가 학교수용능력을 20% 이상 초과할 것으로 예상되는 지역을 기준으로 한다.

72 인구 100만 이상의 대도시 계획에 적합하며, 횡적인 연결은 환상선으로, 도심부와 교외 및 외곽은 방사선으로 연결하는 형태로 도쿄, 파리가 대표적인 가로망 구성 형태는?

① 대각선 삽입형
② 방사형
③ 방사환상형
④ 격자형

해설
환상선과 방사선의 조합으로 구성되는 가로망은 방사환상형이다. 파리, 모스크바, 도쿄 등이 이에 해당한다.

73 게데스(P. Geddes)가 제안한 개념으로, 한 때 분리되어 있던 취락이 방사형 발달을 통해 하나의 연속적인 시가지로 합쳐지는 현상을 무엇이라고 하는가?

정답 67 ① 68 ④ 69 ② 70 ③ 71 ④ 72 ③ 73 ③

① 메트로폴리스(Metropolis)
② 메갈로폴리스(Megalopolis)
③ 코너베이션(Conurbation)
④ 에큐메노폴리스(Ecumenopolis)

해설
1915년 생물학자인 패트릭 게데스는 진화하는 도시(Cities in Evolution)라는 책에서 도시문제의 해결은 인간활동과 환경의 상호관계에 관한 문제를 풀어내는 것이라 주장하였는데, 이 과정에서 분리되어 있던 취락이 방사형 발달을 통해 하나의 연속적인 시가지로 합쳐지는 현상을 코너베이션(Conurbation)이라 명명하였다.

74 근린생활권의 위계를 작은 단위에서 큰 단위로 옳게 나열한 것은?

① 근린분구 → 근린주구 → 인보구
② 인보구 → 근린분구 → 근린주구
③ 근린주구 → 근린분구 → 인보구
④ 인보구 → 근린주구 → 근린분구

해설
근린생활권의 위계(小 → 大) · 인보구 → 근린분구 → 근린주구

75 도시공원의 유형을 크게 생활권공원과 주제공원으로 구분할 때, 다음 중 주제공원에 해당하지 않는 것은?

① 문화공원
② 수변공원
③ 체육공원
④ 어린이공원

해설
도시공원 및 녹지 등에 관한 법률 제15조(도시공원의 세분 및 규모)에 의거 주제공원은 생활권공원 외에 다양한 목적으로 설치하는 공원으로 역사공원, 문화공원, 수변공원, 묘지공원, 체육공원, 도시농업공원, 그 밖에 특별시·광역시·특별자치시·도·특별자치도(이하 "시·도"라 한다.) 또는 「지방자치법」 제175조에 따른 서울특별시·광역시 및 특별자치시를 제외한 인구 50만 이상 대도시의 조례로 정하는 공원을 말한다. 어린이공원은 생활권공원에 해당한다.

76 수도권의 인구와 산업을 적정하게 배치하기 위하여 구분한 권역에 해당하지 않는 것은?

① 과밀억제권역
② 성장관리권역
③ 자연보전권역
④ 개발제한권역

해설
수도권은 과밀억제권역, 성장관리권역, 자연보전권역으로 구분한다.

77 대가구(super block)가 도입되게 된 직접적인 배경은 무엇인가?

① 통과 교통의 배제
② 공원녹지 배치의 융통성
③ 토지이용의 다양화
④ 편의시설 접근의 용이성

해설
래드번 계획의 5가지 기본원리 중 슈퍼블록은 자동차 통과교통의 배제를 위해 구성되었다.

78 다음 조건에 따른 주거지역의 택지면적은?

- 인구 : 7,000명
- 가구당 구성원 수 : 3.5명
- 1가구당 부지면적 : 120m²
- 공공용지율 : 30%

① 342,857m²
② 285,714m²
③ 240,013m²
④ 200,062m²

해설
주거용지 면적산정
주택수와 1호당 부지면적에 의한 방법
- 주거지 면적 = 주택용지×1/(1 - 혼합률)
  ※ 혼합률 : 20~40%
- 주택용지 = 주택부지면적×1/(1 - 공공용지율)
  ※ 공공용지율 : 30~40%
- 주택부지면적 = 주택수 × 주택 1호당 부지면적
- 주택수 = 계획인구/가구당 인구
  1) 주택수 = 7,000/3.5 = 2,000가구
  2) 주택부지면적 = 주택수×주택 1호당 부지면적
     = 2,000×120 = 240,000m²
  3) 주택용지 = 주택부지면적×1/(1 - 공공용지율)
     = 240,000m² ×{1/(1 - 0.3)} = 342,857m²
  4) 주거지 면적
     = 주택용지×1/(1 - 혼합률)
     = 혼합률이 주어지지 않았으므로 0으로 놓고 풀면 주택용지
     = 주거지면적이 됨
     ∴ 342,857m²

정답 74 ② 75 ④ 76 ④ 77 ① 78 ①

79 국토의 계획 및 이용에 관한 법률에 의한 기반시설의 대분류 중 교통시설에 해당하지 않는 것은?

① 주차장　　② 궤도
③ 광장　　　④ 운하

―해 설―
국토의 계획 및 이용에 관한 법률 시행령 제2조(기반시설)에 의거 교통시설이란 도로·철도·항만·공항·주차장·자동차정류장·궤도·운하, 자동차 및 건설기계검사시설, 자동차 및 건설기계운전학원을 말한다. 광장은 교통시설 분류에 포함되어있지 않다.

80 토지이용계획을 수립함에 있어서 정량적인 예측변수가 아닌 것은?

① 기술혁신　　② 고용자 수
③ 지역소득　　④ 지역총생산

―해 설―
생활양식의 변화 추이, 산업입지의 형태, 기술 및 사회 가치관의 변화(기술 혁신) 등은 수량화하기 어려운 정성적인 예측변수이다.

제5과목 교통관계법규

81 다음은 노상주차장의 장애인 전용주차구획 설치에 관한 내용이다. (　)에 들어갈 내용으로 옳은 것은?

> 가. 주차대수 규모가 20대 이상 (　)대 미만인 경우 : 한 면 이상
> 나. 주차대수 규모가 (　)대 이상인 경우 : 주차대수의 2%부터 4%까지의 범위에서 장애인의 주차수요를 고려하여 해당 지방자치단체의 조례로 정하는 비율 이상

① 50　　② 60　　③ 70　　④ 80

―해 설―
주차장법 시행규칙 제4조(노상주차장의 구조·설비기준)에 의거 노상주차장에는 다음 각 목의 구분에 따라 장애인 전용주차구획을 설치하여야 한다.
가. 주차대수 규모가 20대 이상 50대 미만인 경우 : 한 면 이상
나. 주차대수 규모가 50대 이상인 경우 : 주차대수의 2퍼센트부터 4퍼센트까지의 범위에서 장애인의 주차수요를 고려하여 해당 지방자치단체의 조례로 정하는 비율 이상

82 도로교통법에 따른 안전표지의 종류가 아닌 것은?

① 주의표지　　② 위험표지
③ 보조표지　　④ 지시표지

―해 설―
도로교통법 시행규칙 [별표 6] 안전표지의 종류, 만드는 방식, 설치하는 장소·기준 및 표시하는 뜻(도로교통법 제8조 제2항 및 제11조 제1호 관련)에 의거 안전표지는 주의표지·규제표지·지시표지·보조표지로 구분된다.

83 다음은 접도구역의 지정에 관한 내용이다. (　)에 들어갈 내용으로 옳은 것은?(단, 고속국도의 경우는 고려하지 않는다.)

> 도로관리청은 도로 구조의 파손 방지, 미관의 훼손 또는 교통에 대한 위험 방지를 위하여 필요하면 소관 도로의 경계선에서 (　)를 초과하지 아니하는 범위에서 대통령령으로 정하는 바에 따라 접도구역을 지정할 수 있다.

① 5m　　② 10m　　③ 15m　　④ 20m

―해 설―
도로법 제49조(접도구역의 지정 등)에 의거 관리청은 도로 구조의 손궤 방지, 미관 보존 또는 교통에 대한 위험을 방지하기 위하여 도로경계선으로부터 20미터를 초과하지 아니하는 범위에서 대통령령으로 정하는 바에 따라 접도구역(接道區域)으로 지정할 수 있다.

84 도로교통법에서 정의하는 자동차에 해당하지 않는 것은?

① 승용자동차　　② 승합자동차
③ 화물자동차　　④ 원동기장치자전거

―해 설―
도로교통법 제2조(정의)에 의거 "자동차"란 철길이나 가설된 선을 이용하지 아니하고 원동기를 사용하여 운전되는 차(견인되는 자동차도 자동차의 일부로 본다)로서 다음 각 목의 차를 말한다.
가. 「자동차관리법」 제3조에 따른 다음의 자동차. 다만, 원동기장치자전거는 제외한다.
　1) 승용자동차 2) 승합자동차 3) 화물자동차
　4) 특수자동차 5) 이륜자동차
나. 「건설기계관리법」 제26조 제1항 단서에 따른 건설기계

정답　79 ③　80 ①　81 ①　82 ②　83 ④　84 ④

85 주차장법상 부설주차장의 설치대상 시설물이 골프장인 경우 부설주차장의 설치기준으로 옳은 것은?

① 시설면적 100m²당 1대
② 시설면적 150m²당 1대
③ 1홀당 10대
④ 1홀당 5대

해 설
주차장법 시행령 [별표 1] 부설주차장의 설치대상 시설물 종류 및 설치기준(주차장법 제6조 제1항 관련)에 의거 골프장은 1홀당 10대(홀의 수×10), 골프연습장은 1타석당 1대(타석의 수×1)의 부설주차장을 설치하여야 한다.

86 다음 중 도로교통법상 '차'에 해당하지 않는 것은?

① 자전거
② 건설기계
③ 전동휠체어
④ 원동기장치자전거

해 설
도로교통법 제2조(정의)에 의거 차란 자동차, 건설기계, 원동기장치 자전거, 사람 또는 가축의 힘이나 그 밖의 동력(動力)으로 도로에서 운전되는 것. 다만, 철길이나 가설(架設)된 선을 이용하여 운전되는 것을 말하며 유모차와 행정자치부령으로 정하는 보행보조용 의자차는 제외한다. 전동휠체어는 보행보조용 의자차에 해당하므로 차에 해당하지 않는다.

87 교통안전법상 국가교통안전기본계획은 몇 년 단위로 수립하여야 하는가?

① 20년
② 15년
③ 10년
④ 5년

해 설
교통안전법 제15조(국가교통안전기본계획)에 의거 국토교통부장관은 국가의 전반적인 교통안전수준의 향상을 도모하기 위하여 교통안전에 관한 기본계획(이하 "국가교통안전기본계획"이라 한다)을 5년 단위로 수립하여야 한다.

88 다음 중 도로교통법상 보행자의 통행방법이 아닌 것은?

① 보행자는 보도에서는 우측통행을 원칙으로 한다.
② 보행자는 횡단보도가 설치되어 있지 아니한 도로에서는 가장 짧은 거리로 횡단하여야 한다.
③ 보행자는 보도와 차도가 구분된 도로에서는 언제나 보도로 통행하여야 한다. 다만, 차도를 횡단하는 경우, 도로공사 등으로 보도의 통행이 금지된 경우나 그 밖의 부득이한 경우에는 그러하지 아니하다.
④ 보행자는 보도와 차도가 구분되지 아니한 도로에서는 차마와 마주보지 아니하는 방향의 길가장자리구역으로 통행하여야 한다. 다만, 도로의 통행방향이 일방통행인 경우에는 차마를 마주보고 통행할 수 있다.

해 설
도로교통법 제8조(보행자의 통행)에 의거 보행자는 보도와 차도가 구분된 도로에서는 언제나 보도로 통행하여야 한다. 다만, 차도를 횡단하는 경우, 도로공사 등으로 보도의 통행이 금지된 경우나 그 밖의 부득이한 경우에는 그러하지 아니하다. 보행자는 보도와 차도가 구분되지 아니한 도로에서는 차마와 마주보는 방향의 길가장자리 또는 길가장자리구역으로 통행하여야 한다. 다만, 도로의 통행방향이 일방통행인 경우에는 차마를 마주보지 아니하고 통행할 수 있다. 보행자는 보도에서는 우측통행을 원칙으로 한다.

89 도로교통법상 차마의 교통을 원활하게 하기 위하여 필요한 경우 도로에 행정자치부령으로 정하는 차로를 설치할 수 있는 자는?

① 지방경찰청장
② 도지사
③ 군수
④ 시장

해 설
도로교통법 제14조(차로의 설치 등)에 의거 지방경찰청장은 차마의 교통을 원활하게 하기 위하여 필요한 경우에는 도로에 행정자치부령으로 정하는 차로를 설치할 수 있다. 이 경우 지방경찰청장은 시간대에 따라 양방향의 통행량이 뚜렷하게 다른 도로에는 교통량이 많은 쪽으로 차로의 수가 확대될 수 있도록 신호기에 의하여 차로의 진행방향을 지시하는 가변차로를 설치할 수 있다.

90 교통안전법상 국가교통안전기본계획에 포함되어야 할 내용으로 거리가 먼 것은?

① 교통안전지식의 보급 및 교통문화 향상 목표
② 교통안전 전문 인력의 양성
③ 교통안전담당자 지정에 관한 사항
④ 교통안전정책의 목표달성을 위한 부분별 추진전략

정답 85 ③ 86 ③ 87 ④ 88 ④ 89 ① 90 ③

해설

교통안전법 제15조(국가교통안전기본계획)에 의거 국가교통안전기본계획에는 다음 각 호의 사항이 포함되어야 한다.
1. 교통안전에 관한 중·장기 종합정책방향
2. 육상교통·해상교통·항공교통 등 부문별 교통사고의 발생 현황과 원인의 분석
3. 교통수단·교통시설별 교통사고 감소목표
4. 교통안전지식의 보급 및 교통문화 향상목표
5. 교통안전정책의 추진성과에 대한 분석·평가
6. 교통안전정책의 목표달성을 위한 부문별 추진전략
7. 부문별·기관별·연차별 세부 추진계획 및 투자계획
8. 교통안전표지·교통관제시설·항행안전시설 등 교통안전시설의 정비·확충에 관한 계획
9. 교통안전 전문인력의 양성
10. 교통안전과 관련된 투자사업계획 및 우선순위
11. 지정행정기관별 교통안전대책에 대한 연계와 집행력 보완방안
12. 그 밖에 교통안전수준의 향상을 위한 교통안전시책에 관한 사항

91 도로를 횡단하는 보행자나 통행하는 차마의 안전을 위하여 안전표지나 이와 비슷한 인공구조물로 표시한 도로의 부분을 무엇이라 하는가?

① 안전지대
② 보행자전용도로
③ 횡단보도
④ 길가장자리구역

해설

도로교통법 제2조(정의)에 의거 "안전지대"란 도로를 횡단하는 보행자나 통행하는 차마의 안전을 위하여 안전표지나 이와 비슷한 인공구조물로 표시한 도로의 부분을 말한다.

92 도로교통법에 따른 용어의 정의가 틀린 것은?

① 차로 : 차마가 한 줄로 도로의 정하여진 부분을 통행하도록 차선으로 구분한 차도의 부분
② 차선 : 차로와 차로를 구분하기 위하여 그 경계지점을 안전표지로 표시한 선
③ 정차 : 운전자가 10분을 초과하지 아니하고 차를 정지시키는 것으로서 주차 외의 정지 상태
④ 횡단보도 : 보행자가 도로를 횡단할 수 있도록 안전표지로 표시한 도로의 부분

해설

도로교통법 제2조(정의)에 의거 "정차"란 운전자가 5분을 초과하지 아니하고 차를 정지시키는 것으로서 주차 외의 정지 상태를 말한다.

93 다음 중 도시지역의 도로유형에 따른 설계속도 기준이 옳은 것은?(단, 지형 상황 및 경제성 등의 고려가 필요한 상황은 생각하지 않는다.)

① 국지도로 : 50km/h 이상
② 고속도로 : 120km/h 이상
③ 주간선도로 : 100km/h 이상
④ 보조간선도로 : 60km/h 이상

해설

문제에서 지형상황 및 경제성 등을 고려하여 필요한 상황은 생각하지 않는다고 하였으므로 설계속도는 도시지역 고속도로의 경우 100km/h 이상, 주간선도로의 경우 80km/h 이상, 보조간선도로의 경우 60km/h 이상, 국지도로의 경우 40km/h 이상이 된다.

94 보도는 연석(緣石)이나 방호울타리 등의 시설물을 이용하여 차도와 분리하여야 하는데 차도에 접하여 연석을 설치하는 경우 그 높이는 얼마 이하로 해야 하는가?

① 20cm ② 25cm ③ 30cm ④ 35cm

해설

도로의 구조·시설 기준에 관한 규칙 제16조(보도)에 의거 차도와 보도를 구분하는 경우에는 다음 각 호의 기준에 따른다.
1. 차도에 접하여 연석을 설치하는 경우 그 높이는 25센티미터 이하로 할 것
2. 횡단보도에 접한 구간으로서 필요하다고 인정되는 지역에는 「교통약자의 이동편의 증진법」에 따른 이동편의시설을 설치하여야 하며, 자전거도로에 접한 구간은 자전거의 통행에 불편이 없도록 할 것

95 도로교통법 시행규칙에 따른 횡단보도의 설치기준이 틀린 것은?

① 횡단보도에는 횡단보도표시와 횡단보도 표지판을 설치한다.
② 횡단보도는 육교·지하도 및 다른 횡단보도로부터 500m 이내에는 설치하지 아니한다.
③ 횡단보도를 설치하고자 하는 장소에 횡단보행자용 신호기가 설치되어 있는 경우에는 횡단보도표시를 설치한다.
④ 횡단보도를 설치하고자 하는 도로의 표면이 포장되지 아니하여 횡단보도표시를 할 수 없는 때에는 횡단보도 표지판을 설치한다.

정답 91 ① 92 ③ 93 ④ 94 ② 95 ②

해설

도로교통법 시행규칙 제11조(횡단보도의 설치기준)에 의거 지방경찰청장은 법 제10조 제1항에 따라 횡단보도를 설치하고자 하는 때에는 다음 각 호의 기준에 적합하도록 하여야 한다.
1. 횡단보도에는 별표 6에 따른 횡단보도표시와 횡단보도표지판을 설치할 것
2. 횡단보도를 설치하고자 하는 장소에 횡보행자용 신호기가 설치되어 있는 경우에는 횡단보도표시를 설치할 것
3. 횡단보도를 설치하고자 하는 도로의 표면이 포장되지 아니하여 횡단보도표시를 할 수 없는 때에는 횡단보도표지판을 설치할 것. 이 경우 그 횡단보도표지판에 횡단보도의 너비를 표시하는 보조표지를 설치하여야 한다.
4. 횡단보도는 육교·지하도 및 다른 횡단보도로부터 200미터 이내에는 설치하지 아니할 것. 다만, 법 제12조 또는 제12조의2에 따라 어린이 보호구역, 노인 보호구역 또는 장애인 보호구역으로 지정된 구간인 경우 또는 보행자의 안전이나 통행을 위하여 특히 필요하다고 인정되는 경우에는 그러하지 아니하다.

96 규제표지에 부착·설치하는 보조표지에 있어서 차량의 종류를 기재할 때 사용하는 약칭과의 연결이 틀린 것은?

① 승용자동차 – 택시·승용
② 승합자동차 – 승합
③ 화물자동차 – 화물
④ 이륜자동차 – 이륜

해설

도로교통법 시행규칙[별표 6] 안전표지의 종류, 만드는 방식, 설치하는 장소·기준 및 표시하는 뜻(제8조 제2항 및 제11조 제1호 관련)에 의거 규제표지에 부착·설치하는 보조표지에 있어서 차량의 종류를 기재할 때에는 다음 표와 같이 약칭을 사용할 수 있다.

차량의 종류	약칭
승용자동차	택시 · 승용
승합자동차	버스·노선버스
화물자동차	화물
특수자동차	특수
이륜자동차	이륜
원동기장치자전거	원동기

97 도로교통법상 자동차 등의 운행속도 기준에 대한 설명으로 옳은 것은?(단, 비·안개·눈 등으로 인한 악천후 시는 고려하지 않는다.)

① 자동차전용도로에서의 최고속도는 매시 100킬로미터, 최저속도는 매시 20킬로미터
② 편도 1차로 고속도로에서의 최고속도는 매시 90킬로미터, 최저속도는 매시 40킬로미터
③ 편도 2차로 이상의 고속도로에서의 최고속도는 매시 130킬로미터, 최저속도는 매시 40킬로미터
④ 일반도로(고속도로 및 자동차전용도로 외의 모든 도로를 말한다)에서는 매시 60킬로미터 이내. 다만 편도 2차로 이상의 도로에서는 매시 80킬로미터 이내

해설

도로교통법 시행규칙 제19조(자동차 등의 속도)에 의거 법 제17조 제1항에 따른 자동차 등의 운행속도는 다음 각 호와 같다.
1. 일반도로(고속도로 및 자동차전용도로 외의 모든 도로를 말한다)에서는 매시 60킬로미터 이내. 다만, 편도 2차로 이상의 도로에서는 매시 80킬로미터 이내
2. 자동차전용도로에서의 최고속도는 매시 90킬로미터, 최저속도는 매시 30킬로미터
3. 고속도로
   가. 편도 1차로 고속도로에서의 최고속도는 매시 80킬로미터, 최저속도는 매시 50킬로미터
   나. 편도 2차로 이상 고속도로에서의 최고속도는 매시 100킬로미터[화물자동차(적재중량 1.5톤을 초과하는 경우에 한한다. 이하 이 호에서 같다)·특수자동차·위험물운반자동차(별표 9 (주) 6에 따른 위험물 등을 운반하는 자동차를 말한다. 이하 이 호에서 같다) 및 건설기계의 최고속도는 매시 80킬로미터], 최저속도는 매시 50킬로미터
   다. 나목에 불구하고 편도 2차로 이상의 고속도로로서 경찰청장이 고속도로의 원활한 소통을 위하여 특히 필요하다고 인정하여 지정·고시한 노선 또는 구간의 최고속도는 매시 120킬로미터(화물자동차·특수자동차·위험물운반자동차 및 건설기계의 최고속도는 매시 90킬로미터) 이내, 최저속도는 매시 50킬로미터

98 도로와 철도가 평면교차하는 경우 교차각에 대한 기준으로 옳은 것은?

① 도로와 철도의 교차각을 15도 이상으로 할 것
② 도로와 철도의 교차각을 15도 이하로 할 것
③ 도로와 철도의 교차각을 45도 이상으로 할 것
④ 도로와 철도의 교차각을 45도 이하로 할 것

해설

도로의 구조·시설 기준에 관한 규칙 제36조(철도와의 교차)에 의거 도로와 철도의 교차는 입체교차를 원칙으로 한다. 다만, 주변 지장물이나 기존의 교차형식 등으로 인하여 부득이하다고 인정되는 경우에는 예외로 한다. 도로와 철도가 평면교차하는 경우 그 도로의 구조는 다음 각 호의 기준에 따른다.
1. 철도와의 교차각을 45도 이상으로 할 것

정답 96 ② 97 ④ 98 ③

99. 도로교통법 시행령상 밤에 도로에서 차를 운행하는 경우 운전자가 켜야 하는 등화 구분이 틀린 것은?

① 견인되는 차 : 실내조명등
② 원동기장치자전거 : 전조등 및 미등
③ 자동차 등 외의 모든 차 : 지방경찰청장이 정하여 고시하는 등화
④ 자동차 : 자동차안전기준에서 정하는 전조등, 차폭등, 미등, 번호등과 실내조명등(실내조명등은 승합자동차와「여객자동차 운수사업법」에 따른 여객자동차운송사업용 승용자동차만 해당한다.)

해설

도로교통법 시행령 제19조(밤에 도로에서 차를 운행하는 경우 등의 등화)
　차의 운전자가 법 제37조 제1항 각 호에 따라 도로에서 차를 운행할 때 켜야 하는 등화(燈火)의 종류는 다음 각 호의 구분에 따른다.
1. 자동차 : 자동차안전기준에서 정하는 전조등(前照燈), 차폭등(車幅燈), 미등(尾燈), 번호등과 실내조명등(실내조명등은 승합자동차와「여객자동차 운수사업법」에 따른 여객자동차운송사업용 승용자동차만 해당한다)
2. 원동기장치자전거 : 전조등 및 미등
3. 견인되는 차 : 미등·차폭등 및 번호등
4. 자동차 등 외의 모든 차 : 지방경찰청장이 정하여 고시하는 등화

100. 다음 중 교통안전법상 지정행정기관에 해당하지 않는 것은?(단, 국무총리가 지정하는 중앙행정기관은 고려하지 않는다.)

① 국방부　　② 교육부
③ 법무부　　④ 기획재정부

해설

교통안전법 제2조(정의) 이 법에서 사용하는 용어의 정의는 다음과 같다.
5. "지정행정기관"이라 함은 교통수단·교통시설 또는 교통체계의 운행·운항·설치 또는 운영 등에 관하여 지도·감독을 행하거나 관련 법령·제도를 관장하는「정부조직법」에 의한 중앙행정기관으로서 대통령령이 정하는 행정기관을 말한다.

교통안전법 시행령 제2조(지정행정기관)
「교통안전법」(이하 "법"이라 한다) 제2조 제5호에 따른 지정행정기관은 다음 각 호와 같다.
1. 기획재정부
2. 교육부
3. 법무부
4. 행정자치부
5. 문화체육관광부
6. 농림축산식품부
7. 산업통상자원부
8. 보건복지부
9. 고용노동부
10. 여성가족부
11. 국토교통부
12. 해양수산부
13. 경찰청
14. 국무총리가 교통안전정책상 특히 필요하다고 인정하여 지정하는 중앙행정기관

제6과목 교통안전

101. 어느 차량이 주행 중 도로를 벗어나 9m 아래의 계곡으로 떨어져 도로 끝에서 수평거리 20m인 지점에 추락하였다. 이 차량이 도로를 벗어날 때의 주행속도는 얼마인가?(단, 중력가속도 g = 9.8m/sec²으로 가정한다.)

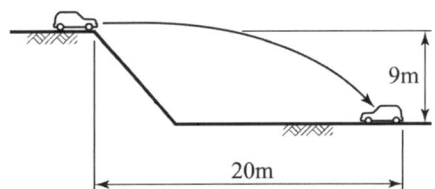

① 약 15km/h　　② 약 27km/h
③ 약 53km/h　　④ 약 75km/h

해설

추락 시간 공식 $t = \sqrt{\dfrac{2h}{g}}$ 초

추락 시간 $t = \sqrt{\dfrac{2h}{g}} = \sqrt{\dfrac{2 \times 9}{9.8}}$ 초 = 1.36초

추락순간속도(U) = $\dfrac{d}{t} = \dfrac{20}{1.36} = 14.76$m/s
　　　　　　= 53.13km/h

102. 다음 중 시거불량에 의한 교통사고 예방대책으로 가장 거리가 먼 것은?

① 장애물 제거
② 예고표지 설치
③ 시선유도표지 설치
④ 접근로 테이퍼 설치

[해설]
시거불량 시 개선사항으로 장애물 제거, 시선이 다른 곳에 가지 않도록 유도표지 설치, 잘 보이도록 밝게 가로조명 개선, 예고표지 설치 등이 있다.

103 회전을 허용하는 양방향 2차선의 4지 교차로에서 상충 가능한 지점의 수는?

① 12개소 ② 16개소
③ 24개소 ④ 32개소

[해설]
4지 교차로에서의 상충 구분

회전허용	
분류상충 (▲)	8
합류상충 (■)	8
교차상충 (●)	16
계	32

104 다음 중 교통사고의 재현에 필요한 자료가 아닌 것은?

① 노면 상태
② 활주흔(Skid Mark)
③ 사고차량의 검사 유무
④ 사고차량의 최종 위치

[해설]
교통사고의 재현에 필요한 자료
• 정지 및 미끄럼 흔적(Skid Mark)
• 회전 시의 편주 흔적(Yaw Mark)
• 사고차량의 최종 위치
• 노면 상태

105 A, B, C 세 지점에서 발생한 피해 등급별 사고 건수가 아래와 같을 때, 이를 분석한 내용으로 옳지 않은 것은?(단, 각 피해 등급별 사고 심각도의 가중치는 사망사고가 12, 중상사고 6, 경상사고 3, 대물사고 1이다.)

지점	사망사고	중상사고	경상사고	대물사고
A	3	3	5	10
B	1	5	8	7
C	5	1	2	4

① 사고건수법 적용 시 A지점과 B지점은 동일한 위험도 순위를 가진다.
② 사고심각도법 적용 시 세 지점의 위험도는 C>A>B의 순서로 나타난다.
③ 일반적으로 사고심각도법의 경우 사망사고의 건수가 위험도 순위에 가장 큰 영향을 미친다.
④ 각 피해 등급에 부여되는 심각도 가중치가 변경되면 지점 간 사고심각도법에 의한 순위가 달라질 수 있다.

[해설]
㉠ 사고건수법 적용 시
 • A : 3+3+5+10 = 21건
 • B : 1+5+8+7 = 21건
 • C : 5+1+2+4 = 12건
㉡ 사고심각도법 적용 시
 $EPDO = 12F + 6A + 3B + PDO$
 여기서, F : 사망사고
  A : 중상사고
  B : 경상사고
  PDO : 물적 피해사고(Property Damage Only)
 • A : $EPDO = 12F + 6A + 3B + PDO$
  $= 12 \times 3 + 6 \times 3 + 3 \times 5 + 10 = 69$
 • B : $EPDO = 12F + 6A + 3B + PDO$
  $= 12 \times 1 + 6 \times 5 + 3 \times 8 + 7 = 83$
 • C : $EPDO = 12F + 6A + 3B + PDO$
  $= 12 \times 5 + 6 \times 2 + 3 \times 3 + 4 = 85$
→ 사고심각도법 적용 시 세 지점의 위험도는 C>B>A의 순서로 나타난다.

106 자동차의 운전자는 고장이나 그 밖의 사유로 고속도로 등에서 자동차를 운행할 수 없게 되었을 때 고장자동차의 표지를 설치하여야 한다. 이때 고장자동차의 표지는 해당 자동차로부터 최소 얼마 이상의 뒤쪽 도로상에 설치하여야 하는가? (단, 밤의 경우는 고려하지 않는다.)

① 60m ② 80m ③ 100m ④ 120m

> **해설**
> 도로교통법 시행규칙 제40조(고장자동차의 표지)
> 법 제66조에 따른 고장자동차의 표지는 별표 15와 같다. 밤에는 제1항에 따른 표지와 함께 사방 500미터 지점에서 식별할 수 있는 적색의 섬광신호·전기제등 또는 불꽃신호를 추가로 설치하여야 한다. 제1항에 따른 표지는 그 자동차로부터 100미터 이상의 뒤쪽 도로상에, 제2항에 따른 표지는 그 자동차로부터 200미터 이상의 뒤쪽 도로상에 각각 설치하여야 한다.

107 다음 중 도로정보를 전달하는 방법에 대한 설명으로 잘못된 것은?

① 규격화(Coding) - 개별 도로정보를 모아 언어(문자)로 표기하여 전달하는 것
② 병행(Redundancy) - 같은 내용의 도로정보를 서로 다른 방법으로 함께 전달하는 것
③ 반복(Repetition) - 같은 내용을 같은 방법으로 2회 이상 전달하는 것
④ 분산(spreading) - 도로정보가 너무 집중된 지역에서 덜 중요한 표지판을 철거하거나 상류부 또는 하류부로 이전하여 운전자가 이해라 시간을 주는 것

> **해설**
> 도로정보 전달법에는 병행, 반복, 분산이 있다.

108 사고경험에 기초한 위험지의 선정 기법 중 아래 설명에 해당하는 것은?

> • 주어진 어떤 값보다 사고발생 건수가 많은 곳을 위험도가 높다고 판단하여 사고 잦은 장소라 판정하는 방법이다.
> • 소도시나 대도시의 집·분산도로, 국지도로나 교통량이 적은 지방부 도로 등에서 주로 같은 종류의 도로 또는 교차로를 비교할 때 사용하는 방법이다.

① 사고율법
② 사고건수법
③ 사고건수 - 사고율법
④ 사고율 - 통계적 방법

> **해설**
> 교통사고 건수(빈도수)에 의한 방법 : 사고건수(건/km/년) = 건수÷(구간길이×연수)
> • 주어진 어떤 값보다 사고발생 건수가 많은 곳을 위험도가 높다고 판단하여 사고 잦은 장소라 판정하는 방법
> • 소도시나 대도시의 집·분산도로, 국지도로나 교통량이 적은 지방부 도로 등에서 주로 같은 종류의 도로 또는 교차로를 비교할 때 사용하는 방법

109 횡단보도 설치기준에 관한 설명 중 옳지 않은 것은?

① 횡단보도에는 횡단보도표시와 횡단보도 표지판을 설치한다.
② 횡단보도는 육교·지하도 및 다른 횡단보도로부터 최소 300m 이내에는 설치하지 아니한다.
③ 횡단보도를 설치하고자 하는 도로의 표면이 포장되지 아니하여 횡단보도표시를 할 수 없는 때에는 횡단보도표지판을 설치한다.
④ 횡단보도를 설치하고자 하는 장소에 횡단보행자용 신호기가 설치되어 있는 경우에는 횡단보도표시를 설치한다.

> **해설**
> 도로교통법 시행규칙 제11조(횡단보도의 설치기준)
> 지방경찰청장은 법 제10조 제1항에 따라 횡단보도를 설치하고자 하는 때에는 다음 각 호의 기준에 적합하도록 하여야 한다.
> 1. 횡단보도에는 별표 6에 따른 횡단보도표시와 횡단보도표지판을 설치할 것
> 2. 횡단보도를 설치하고자 하는 장소에 횡단보행자용 신호기가 설치되어 있는 경우에는 횡단보도표시를 설치할 것
> 3. 횡단보도를 설치하고자 하는 도로의 표면이 포장이 되지 아니하여 횡단보도표시를 할 수 없는 때에는 횡단보도표지판을 설치할 것. 이 경우 그 횡단보도표지판에 횡단보도의 너비를 표시하는 보조표지를 설치하여야 한다.
> 4. 횡단보도는 육교·지하도 및 다른 횡단보도로부터 200미터 이내에는 설치하지 아니할 것. 다만, 법 제12조 또는 제12조의2에 따라 어린이 보호구역, 노인 보호구역 또는 장애인 보호구역으로 지정된 구간인 경우 또는 보행자의 안전이나 통행을 위하여 특히 필요하다고 인정되는 경우에는 그러하지 아니하다.

정답 106 ③ 107 ① 108 ② 109 ②

110 교통사고로 인한 인명피해에 있어서 사망, 중상, 경상, 부상신고로 나눌 때 부상신고란 며칠 미만의 치료를 요하는 경우를 말하는가?

① 10일　② 30일
③ 5일　　④ 3일

해 설
교통사고로 인한 인명피해 구분 기준
• 사망 : 30일 이내
• 중상 : 3주 치료
• 경상 : 3주 미만 5일 이상 치료
• 부상 : 5일 미만 치료

111 사고다발지점에 대한 개선사업의 경제적 가치를 평가하는 간단한 방법으로, 사업 후 1년간의 사고 감소 효과를 순현재가치로 환산하여 사업소요 비용과 비교하는 방법은?

① FYRR 방법　② IRR 방법
③ B/C 방법　　④ NPV 방법

해 설
경제성 분석기법 중 초기연도 수익률법(FYRR ; First Year Rate of Return)은 사업 초기 연도의 수익을 초기 연도 편익 발생 시까지의 투자비로 나눈 비율로 사업성을 판단하는 기법이다.

112 한 차량이 50m 거리를 미끄러져 주차한 차량과 충돌하였으며 충돌 후 두 차량이 18m 미끄러져 정지하였다. 양 차량의 무게가 동일할 때 주행차량의 초기 속도는?(단, 마찰계수는 0.5이다.)

① 136.4km/h　② 124.5km/h
③ 113.9km/h　④ 108.2km/h

해 설
$$v_1 = \sqrt{254\left[S_2\left(\frac{W_A+W_B}{W_A}\right)^2 + S_1\right]}$$
$$= \sqrt{254 \times 0.5\left[18\left(\frac{1+1}{1}\right)^2 + 50\right]}$$
$$= 124.5 \text{km/h}$$

113 도로교통안전을 강화하기 위해 사용하는 3E에 포함되지 않는 것은?

① 교육(Education)
② 공학(Engineering)
③ 단속(Enforcement)
④ 효율(Efficiency)

해 설
교통안전 3E
• Education : 교육(운전자교육, 미디어 홍보)
• Engineering : 공학(사고조사 및 분석, 시설정비, 차량안전도 개선)
• Enforcement : 규제(속도, 안전띠, 음주)

114 운전자의 태도와 교통사고와의 일반적인 관계가 옳은 것은?

① 사고다발자는 책임감이 강하다.
② 사고다발자는 강한 준법정신을 가지고 있다.
③ 교통사고와 운전자의 책임감과는 관계가 없다.
④ 사고다발자는 일반운전자에 비하여 공격적이고 자신의 능력을 과신하는 경향이 있다.

해 설
운전자의 태도와 교통사고의 일반적인 관계
• 교통사고와 운전자의 책임감은 밀접한 관계가 있다.
• 교통사고 운전자는 책임감과 준법정신이 약하다.
• 사고다발자는 일반운전자에 비하여 공격적이고 자신의 능력을 과신한다.

115 도로 주행 시 노면과 타이어 사이에 얇은 수막이 생겨 브레이크 기능을 상실하게 하는 현상은?

① Wet Fading　　② Standing Wave
③ Hydro Planing　④ Morning Effect

해 설
수막현상(Hydro Planing, 하이드로플래닝)
물기가 있는 도로의 주행 시 노면과 타이어 사이에 얇은 수막이 생겨 주행 시 브레이크 기능을 상실하게 되는 현상, 통상 80km/h의 속도로 주행할 때 나타남
㉠ 수막현상 예방법
• 트레드 마모가 적은 타이어를 사용
• 타이어 공기압을 규정보다 10% 상압
㉡ 수막현상을 증대시키는 요인
• 두꺼운 수막층의 깊이
• 빠른 주행속도
• 마모된 타이어

정답 110 ③　111 ①　112 ②　113 ④　114 ④　115 ③

116 도로의 포장 표면에 일정한 규격으로 홈을 형성하여 노면과 타이어의 마찰 저항을 높이고, 우천 시 배수를 원활하게 하여 수막현상을 완화함으로써 미끄럼을 방지하는 공법은?

① 그루빙(Grooving)
② 노면평삭(Planing)
③ 숏 블라스팅(Shot Blasting)
④ 개립도 마찰층(Open - Graded Friction Course)

해설
그루빙(Grooving)이란 도로의 포장층에 차량 진행의 종방향 또는 횡방향으로 홈을 내어 노면과 타이어의 마찰저항을 높이고, 우천 시 배수를 원활히 하여 수막현상을 완화함으로써 미끄럼을 방지하는 공법을 말한다.

117 다음 중 곡선 미끄럼에 해당하는 것은?

① 우측 후륜만 전륜의 미끄럼 흔적을 벗어난 경우
② 좌측 후륜만 전륜의 미끄럼 흔적을 벗어난 경우
③ 양 후륜의 미끄럼 흔적 모두가 전륜의 미끄럼 흔적을 벗어난 경우
④ 양 후륜 미끄럼 흔적 모두가 전륜의 미끄럼 흔적을 벗어나지 않은 경우

해설
요마크(Yaw Mark)는 편주흔이라고도 하며 양 후륜의 미끄럼흔적 모두가 전륜의 미끄럼 흔적을 벗어난 경우를 일컫는다.

118 도시지역의 일반도로에 중앙분리대를 설치할 때 중앙분리대의 최소 폭 기준으로 옳은 것은?

① 3.0m ② 2.0m
③ 1.5m ④ 1.0m

해설
도로의 구조·시설 기준에 관한 규칙 제11조(차로의 분리 등)에 의거 중앙분리대의 폭은 일반도로는 지방지역 1.5m, 도시지역은 1.0m 이상이다.

119 교통사고 요인 중 교통환경 요인에 해당하지 않는 것은?

① 차량 교통량 ② 통행차량 구성
③ 보행자 교통량 ④ 운전자의 운전습관

해설
운전자의 운전습관은 인적 요인에 해당한다.

120 사고경험에 기초한 사고 위험 지점 선정을 위한 기법 중 사고율 통계적 방법(Rate Quality Control Method)에서는 다음의 식을 사용하는데, 여기서 R_c가 의미하는 것은?

$$R_c = R_a + k\sqrt{\frac{R_a}{M}} + \frac{0.5}{M}$$

① 평균사고율 ② 총교통사고율
③ 증가사고율 ④ 임계사고율

해설
한계사고율(Rate Quality Control Method)법에 의거 예측되는 최대 사고율 공식은 아래와 같다.
$$R_c = R_a + k\sqrt{\frac{R_a}{M}} + \frac{1}{2M}$$
여기서, R_c는 대상지역의 한계교통사고율(임계사고율)을 의미한다.

정답 116 ① 117 ③ 118 ④ 119 ④ 120 ④

4회 2016년 기출문제

제1과목 교통계획

01 편익/비용의 값이 얼마일 때 해당 사업이 경제적 타당성이 있다고 보는가?
① 1보다 클 때
② 0보다 클 때
③ 1보다 작을 때
④ 0보다 작을 때

해설
B/C ratio의 값이 1보다 크면 편익이 비용보다 커지므로 경제적 타당성이 있다고 본다.

02 통행자의 사회·경제적 욕구를 만족시키기 위해 부수적으로 발생하는 통행수요의 특성을 나타내는 용어는?
① 초과수요
② 파생수요
③ 전환수요
④ 결합수요

해설
통행수요는 통행 그 자체가 목적이 아니라 통행자가 목적지에서 자신의 사회·경제적 욕구를 만족시키기 위한 활동을 수행하는 데 부수적으로 나타나는 파생수요(Derived Demand)이다.

03 의존통행자가 이용할 가능성이 가장 낮은 교통수단은?
① 기차
② 버스
③ 택시
④ 승용차

해설
의존통행자라 함은 스스로 경로를 선택할 힘이 없는 통행자를 말하는 것으로 승용차를 보유하고 있지 못한 통행자를 의미한다. 따라서 의존통행자는 주어진 교통수단 중 승용차를 선택할 가능성이 가장 낮은 통행자이다.

04 통행배정에 대한 내용으로 옳지 않은 것은?
① 개별행태모형의 유형과 같다.
② 4단계 추정법의 마지막 단계이다.
③ 정태적 모형, 확률적 모형, 동태적 모형 등으로 구분할 수 있다.
④ 기종점 간 교통수단별로 배분된 통행을 도로망의 한 노선에 배정하는 단계이다.

해설
개별행태모형은 4단계 교통수요 분석기법과는 다른 수요예측기법이다.
개별행태모형(Disaggregate Behavioral Model)
- 개인별 통행행태자료를 근거로 하고 경제학의 효용이론, 심리학의 선택행태이론을 이론적 배경으로 한다.
- 대안별 서비스 변수와 개인의 사회·경제적 특성 등을 반영하여 개인의 선택확률을 구하는 것이 목적이다.(확률론적 모형)
- 공간적·시간적 전용이 가능하고 단기정책분석에 적합하다.
- 기존의 존별 집계자료를 이용하지 않는 수요추정 방식이다.

05 버스 공동배차제의 유형이 아닌 것은?
① 노선공동관리
② 지역공동관리
③ 차량공동관리
④ 수입금공동관리

해설
공동배차제란 특정한 노선에 대해 여러 버스회사들이 배차 순서를 분할받아 차량을 투입하여 운영하고, 차량과 수입금을 공동으로 관리하는 제도를 말한다. 공동배차제의 유형에는 노선공동관리형, 수입금공동관리형, 차량공동관리형이 있다.

06 로짓모형과 프로빗모형에 대한 설명으로 옳은 것은?
① 로짓모형은 이항모형이고 프로빗모형은 다항모형이다.
② 로짓모형은 통합모형이고 프로빗모형은 개별행태모형이다.
③ 로짓모형은 오차항이 와이블분포를 따르고 프로빗모형은 오차항이 정규분포를 따른다고 가정한다.
④ 로짓모형은 비관련 대안 간의 독립성과 관련한 문제가 없지만, 프로빗모형은 자유로운 상관관계를 허용하지 않는다.

해설
어떤 대안의 총 효용은 결정적 효용요소와 확률적 효용요소로 이루어져 있다. 결정적 효용은 통행시간, 통행비용, 대안선택주체의 나이, 소득 등으로 구성되는 효용으로 직접적인 계산을 통해 수치화가 가능하다. 확률적 효용요소는 확률적 효용에 대한 확률분포의 구체적 가정이 있어야 모형을 적용할 수 있고, 모형이 적용되어야 선택확률의 계산이 가능하다는 특성을 갖는다. 이 때, 확률적 효용요소가 와이블분포(Weibull distribution)를 가진 것으로 가정하면 로짓(Logit)모형이 되고, 정규분포(Normal distribution)를 가진 것으로 가정하면 프로빗(Probit)모형이 된다.

정답 01 ① 02 ② 03 ④ 04 ① 05 ② 06 ③

07 경제성 분석에서 사용되는 순현재가치의 산출 공식은?(단, t년도의 편익은 B_t, t년도의 비용은 C_t, 할인율은 r, 교통사업 분석 기간은 N년)

① $NPV = \sum_{t=0}^{N} \dfrac{B_t}{(1+r)^t} \times \sum_{t=0}^{N} \dfrac{C_t}{(1+r)^t}$

② $NPV = \sum_{t=0}^{N} \dfrac{B_t}{(1+r)^t} - \sum_{t=0}^{N} \dfrac{C_t}{(1+r)^t}$

③ $NPV = \sum_{t=0}^{N} \dfrac{B_t}{(1+r)^t} \div \sum_{t=0}^{N} \dfrac{C_t}{(1+r)^t}$

④ $NPV = \sum_{t=0}^{N} \dfrac{B_t}{(1+r)^t} + \sum_{t=0}^{N} \dfrac{C_t}{(1+r)^t}$

> **해설**
> 순현재가치는 사업 분석기간 동안 계산된 총 편익의 합에서 총비용의 합을 뺀 값을 말한다.

08 교통계획의 경제성 분석 방법인 편익·비용비 방법의 장점으로 거리가 먼 것은?

① 분석 결과를 이해하기 쉽다.
② 사업의 규모를 고려할 수 있다.
③ 할인율을 모르더라도 사업의 수익성을 측정할 수 있다.
④ 편익·비용이 발생하는 시간에 대한 고려가 가능하다.

> **해설**
> 편익·비용비 방법에서 할인율이 바뀌면 결과값이 변하게 되어 사업타당성의 유무가 바뀔 수 있으므로 반드시 할인율을 알아야 한다.

09 보행자 시설의 보행교통류율, 보행속도, 보행자 점유공간, 보행밀도의 관계식으로 적합한 것은? (단, V : 보행교통류율(인/분/m), S : 보행속도 (m/분), D : 보행밀도(인/m²), M : 보행점유공간(m²/인))

① $V = S \times D$
② $V = S \div D$
③ $V = M \times S$
④ $V = M \times S$

> **해설**
> $V = S \times D = \dfrac{m}{분} \times \dfrac{인}{m^2} = \dfrac{인}{분 \cdot m} =$ 인/분/m

10 중력모형을 통해 통행분포를 예측하는 과정에서 필요한 자료로 적합하지 않은 것은?

① 목표년도의 통행발생량
② 기준년도의 존간 통행시간
③ 기준년도의 기종점 간 통행량
④ 목표년도의 존별 유입통행량과 유출통행량

> **해설**
> 중력모형은 통행분포 예측모형이다. 발생량 자료는 필요치 않다.

11 주차수요 추정방법이 아닌 것은?

① P요소법
② 원단위법
③ 프라타모델법
④ 과거 추세 연장법

> **해설**
> 주차수요 추정법은 과거추세연장법, 주차원단위법, 사람통행에 의한 추정법이 있다. P요소법은 사람통행에 의한 추정법에 속한다. 프라타모델법은 교통수요예측 중 통행분포 단계에서 사용된다.

12 교통시설물 조사에 포함되는 항목이 아닌 것은?

① 교차로
② 주차시설
③ 서비스 수준
④ 대중교통 노선

> **해설**
> 교통시설물 조사분석에는 도로의 등급, 차로수, 설계속도, 기종점, 연장, 철도의 역간거리 등이 포함된다. 서비스 수준은 시설물 조사로 알 수 있는 항목이 아니다.

13 다음 ( ) 안에 해당하는 것은?

> ( )는 그 지역 내에서 평일에 일어나는 모든 이동의 표본적인 양상을 조사하는 것이며, 이 양상은 그 조사가 수행되는 시기에 그 시스템의 평균통행수요를 대표하는 것이어야 한다.

① O-D 조사
② 회전교통량 조사
③ 승하차 인원수 조사
④ 가로구간 교통량 조사

> **해설**
> O-D(Origin-Destination) 조사의 정의와 특징에 관한 문제이다. O-D 조사는 평일조사로 평균통행수요를 대표해야 한다. 왜냐하면 향후 샘플조사 결과를 전체로 확장하여 분석하게 될 때 대표성을 갖지 못하면 존의 특성을 제대로 표현하지 못하게 되기 때문이다.

정답 07 ② 08 ③ 09 ① 10 ① 11 ③ 12 ③ 13 ①

14 일방통행제에 대한 설명으로 옳지 않은 것은?

① 교통 안내 표지판 수가 증가한다.
② 도로면 토지이용의 증대가 기대된다.
③ 전반적인 대중교통용량을 감소시킨다.
④ 차량의 통행거리를 단축하는 효과가 있다.

해설
일방통행제가 시행되면 U턴이나 좌회전이 불가해질 수 있으므로 P턴 등의 대안경로를 이용하게 된다. 따라서 통행거리가 증가하게 되는 단점이 생길 수 있다.

15 내부수익률에 대한 설명으로 옳지 않은 것은?

① 다른 대안과 비교하기 쉽다.
② 사업의 수익성을 측정할 수 있다.
③ 평가과정과 결과를 이해하기 쉽다.
④ 사업의 절대적인 규모를 고려할 수 있다.

해설
할인율을 찾고 이를 사회적 할인율과 비교하므로 사업의 절대적인 규모를 고려하지 못하는 것이 IRR의 결정적인 단점이다.

16 교통의 기능과 가장 관계가 없는 것은?

① 도시 간, 지역 간의 교류 촉진
② 생산성 제고 및 생산비 증대에 기여
③ 도시화를 촉진시키고 도시 간 유기적 연결
④ 승객과 화물을 일정 시간에 목적지까지 운송

해설
교통은 생산성을 제고하고 생산비를 감소시켜 산업활동을 촉진시키는 기능을 한다.

17 주행 중인 차량이 다른 차량 또는 도로시설과 실시간으로 통신을 하며 위험요소를 서로 공유하여 사고를 예방할 수 있는 차세대 지능형 교통체계는?

① A-ITS   ② C-ITS
③ S-ITS   ④ T-ITS

해설
차량과 차량(Vehicle to Vehicle, V2V), 차량과 인프라(Vehicle to X, V2X) 간 실시간 상호 통신을 통하여 정보를 주고받음으로써 보다 안전한 교통체계를 구축하는 ITS 기법을 C-ITS(Cooperative Intelligent Transport Systems, 협력지능형 교통체계)라 한다.

18 장·단기 교통계획의 차이점에 대한 설명이 옳지 않은 것은?

구분	장기교통계획	단기교통계획
A	추정 지향적	피드백 지향적
B	시설 지향적	서비스 지향적
C	다수 대안	소수 대안
D	유사 대안	서로 다른 대안

① A   ② B   ③ C   ④ D

해설
장기 교통계획은 대안의 개수가 소수이고, 단기 교통계획은 대안의 개수가 다수이다.

19 폐쇄선 설정 시 고려할 사항으로 옳지 않은 것은?

① 폐쇄선을 가급적 행정구역 경계선과 일치시킨다.
② 주변에 동이 위치하면 폐쇄선 내에 포함하도록 한다.
③ 폐쇄선을 횡단하는 도로나 철도가 가급적 최소가 되게 한다.
④ 도시 주변에 인접한 위성도시나 장래 도시화 지역은 가급적 폐쇄선 내에 포함시키지 않는다.

해설
폐쇄선(Cordon Line) 설정 시 도시 주변의 장래 도시화 지역은 가급적 폐쇄선 내에 포함시킨다.

20 어느 버스의 차량당 재차인원이 60명, 차량의 용량이 45명일 때 혼잡률은?

① 약 33%   ② 약 42%
③ 약 75%   ④ 약 133%

해설
혼잡률 = $\dfrac{재차인원}{용량} = \dfrac{60}{45} = 1.33$ (약 133%)

제2과목 교통공학

21 20/20의 시력을 가진 운전자가 80m의 거리에서 글자의 크기가 15cm인 교통표지판을 읽을 수 있다면 20/50의 시력을 가진 운전자가 글자 크기가 동일한 표지판을 읽기 위해 필요한 거리는?

① 32m   ② 36m   ③ 40m   ④ 48m

정답 14 ④ 15 ④ 16 ② 17 ② 18 ③ 19 ④ 20 ④ 21 ①

> **해 설**
>
> $\frac{20}{20}$ 인 시력의 사람이 80m에서 15cm의 글씨 크기를 볼 수 있을 때, $\frac{20}{50}$ 시력의 사람이 판독할 수 있는 거리를 구하려면
> $\frac{20}{20} : 80 \text{ m} = \frac{20}{50} : x \text{ m}$ 이다.
> 이를 계산하면 $80 \times \left(\frac{20}{50}\right) \times 32\text{m}$

22 어느 연속교통류의 속도(V : km/시)와 밀도(D : 대/km)의 관계식이 V = 60-0.3D일 때 최대 교통량은?

① 2,100대/시 ② 2,351대/시
③ 2,745대/시 ④ 3,000대/시

> **해 설**
>
> $Q = u \cdot k$이고, $u = 60 - 0.3k$이다.
> 따라서 $Q = (60 - 0.3k) \cdot k$이고, $Q = -0.3k^2 + 60k$가 된다.
> 이를 k에 관해 미분하면 k의 최댓값인 $k_{\max}$를 구할 수 있고, $k_{\max}$ 상태에서의 Q가 $Q_{\max}$의 값이 된다.
> 미분하면 $0 = -0.3k^2 + 60k$식에 $k_{\max}$ 100대/km를 대입하여 계산하면, $Q_{\max} = -0.3(100^2) + 60 \times 100$
> $= -3,000 + 6,000 = 3,000$대

23 속도 – 밀도 모형에 대한 설명으로 옳은 것은?

① Greenberg의 식에 의하면 밀도가 최대가 되면 속도는 최대 속도의 1/2이 된다.
② Greenshield의 직선모형은 사용하기가 간편하며 밀도가 매우 높거나 낮은 경우에도 직선관계가 나타난다.
③ Greenberg의 로그모형은 밀도가 높은 부분에서 정확한 관계를 추출할 수 있으나, 밀도가 낮은 경우 속도를 밀도로 설명하기 힘들어진다.
④ Underwood의 지수모형은 밀도가 높은 경우 속도를 정확히 산출하기 때문에 고속에서의 속도 추정값이 현장 측정값과 동일하게 나타난다.

> **해 설**
>
> • Greenshields 모형 : 직선모형으로 단순하지만 현실적이지 못하고, 특히 현실적인 K_j값을 나타낼 수 없음
> $u = u_f\left(1 - \frac{k}{k_j}\right), \quad k = k_j\left(1 - \frac{u}{u_f}\right)$
>
> • Greenberg 모형 : K_j 값은 잘 나타내지만 밀도가 적은 교통류의 속도값이 관측치와 잘 맞지 않음
> $u = u_m \ln\left(\frac{k_j}{k}\right), \quad k = k_j \cdot e^{-\frac{u}{u_m}}$
>
> • Underwood 모형 : 대체적으로 정확도가 높은 모형. 고속에서의 속도값이 관측치와 다소 차이가 있음
> $u = u_f e^{-\frac{k}{k_m}}, \quad k = k_m \cdot \ln\left(\frac{u_f}{u}\right)$

24 신호교차로가 90초의 주기로 운영되고 임계차로군의 교통량비의 합이 0.72일 때 교차로 전체의 임계 비 값으로 0.76을 얻었다. 이 교차로의 매 주기당 총 손실시간은?

① 약 3초 ② 약 5초 ③ 약 7초 ④ 약 9초

> **해 설**
>
> $X_c = \frac{C}{C-L} \sum Y_i$
> $L = 90 - \left(\frac{90}{0.76} \times 0.72\right) = 4.74$(약 5초)

25 신호교차로의 용량분석 시 적용되는 이상적인 조건이 아닌 것은?

① 차로폭 3m 이상
② 경사가 없는 접근부
③ 측방여유폭 1.5m 이상
④ 교통류는 직진이며 모두 승용차로 구성

> **해 설**
>
> 신호교차로의 이상적인 조건(Ideal Conditions)
> • 차로폭 3.0m
> • 경사가 없는 접근부
> • 직진교통류로만 구성
> • 승용차로만 구성
> • 상류부 75m 이내에 버스정류장, 주차가 없을 것
> • 상류부 60m 이내에 차량의 진출입이 없을 것

26 교통량, 속도, 밀도의 관계식에서 사용되는 속도의 종류는?

① 설계속도 ② 지점속도
③ 공간평균속도 ④ 시간평균속도

> **해 설**
>
> 공간평균속도는 교통량, 속도, 밀도 관계식을 사용하는 교통류 분석 시에 사용되고, 시간평균속도는 교통사고 분석 시에 사용된다.

정답 22 ④ 23 ③ 24 ② 25 ③ 26 ③

27 도로의 일정지점을 통과하는 차량을 15초 단위로 분석한 결과 평균이 1.7대, 분산이 1.8대이었다. 해당 지점을 통과하는 차량이 2대 이하로 도착할 확률은?

① 약 67.1% ② 약 71.2%
③ 약 73.5% ④ 약 75.7%

> **해설**
> $m = 1.7, \ x = 0, 1, 2$
> $\dfrac{1.7^2 \cdot e^{-1.7}}{2 \times 1} + \dfrac{1.7^1 \cdot e^{-1.7}}{1} + \dfrac{1.7^0 \cdot e^{-1.7}}{1}$
> $= 0.757 (약 75.7\%)$

28 차량의 미끄럼 마찰계수에 영향을 주지 않는 것은?

① 타이어 상태 ② 노면습윤 상태
③ 운전자 반응시간 ④ 도로 포장면 재질

> **해설**
> 직접적으로 타이어와 노면의 관계에 영향을 주는 것을 찾으면 된다. 타이어 상태의 마모 여부, 노면의 건조 습윤 여부, 도로포장면 재질의 거칠기 정도가 미끄럼 마찰계수에 영향을 미친다.

29 신호교차로의 특정 접근로에서 차량의 접근속도는 45km/h, 감속도 4.4m/s², 교차로의 폭원 26m, 차량의 길이가 6m일 때 이 접근로에 대한 적절한 황색신호 시간은?(단, 운전자의 반응시간은 1초로 가정)

① 3초 ② 4초
③ 5초 ④ 6초

> **해설**
> $y = t + \dfrac{v}{2a} + \dfrac{w+l}{v}$
> $= 1 + \dfrac{45 \div 3.6}{2 \times 5} + \dfrac{26+6}{45 \div 3.6}$
> $= 4.8 \Rightarrow 5초$

30 차량 V_1, V_2, V_3의 운행을 보여주는 시공도로부터 알 수 없는 것은?

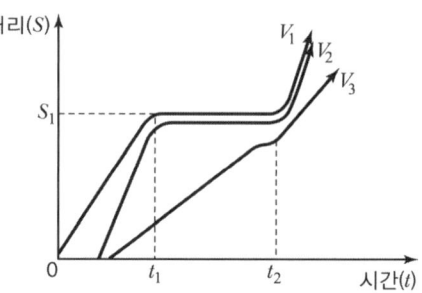

① V_1과 V_2는 차량군을 이루고 있다.
② V_3는 적색신호를 위반하고 계속 주행하였다.
③ S_1지점에 신호화된 교차로가 있을 가능성이 있다.
④ t_1부터 t_2사이에는 이들 차량운행 방향에 적색신호가 있었을 가능성이 있다.

> **해설**
> V_3는 적색신호 시 신호교차로를 향해 타 차량보다 저속으로 달려오다가 교차로 도착 전 녹색신호를 만나게 된 것이다. t_3지점에서 잠시 정차했다가 다시 출발하는 모습을 보인다. 따라서 적색신호 위반이라 할 수 없다.

31 Car-following 모형에서 운전자의 가·감속에 영향을 미치는 요소에 포함되지 않는 것은?

① 반응민감도 ② 차량의 길이
③ 앞차와의 간격 ④ 앞차와의 속도차

> **해설**
> $s(t) = x_n(t) - x_{n+1}(t) = d_1 + d_2 + L - d_3$
> $= T \cdot u_{n+1}(t) + \dfrac{u_{n+1}^2(t+T)}{2a_{n+1}(t+T)} + L - \dfrac{u_n^2(t)}{2a_n(t)}$
> 속도의 차이, 반응시간에 따른 민감도, 앞차와의 간격을 의미하는 차두거리가 공식에서 사용되고 있으나 차체의 크기는 계산에 반영되지 않음을 알 수 있다.

32 교통공학에 사용되는 확률분포를 계수분포와 간격분포로 구분할 때 계수분포에 해당하지 않는 것은?

① 이항분포 ② 포아송분포
③ 초기하분포 ④ 음지수분포

정답 27 ④ 28 ③ 29 ③ 30 ② 31 ② 32 ④

해설
포아송, 이항, 음이항, 기하, 초기하분포는 계수분포이고 얼랑, 음지수, 편의된 음지수, 감마, 카이제곱 분포는 간격분포이다.

33 정주기신호에 비하여 교통감응식신호가 갖는 장점이 아닌 것은?

① 설치비가 낮고 유지관리가 용이하다.
② 일간 교통상황의 예측이 어려운 교차로에서 효과적일 수 있다.
③ 하루 중에서 잠시 동안만 신호설치의 준거에 도달하는 곳에 사용하면 좋다.
④ 일반적으로 독립교차로에서 특히 교통량의 시간별 변동이 심할 때 사용하면 교차로 지체를 줄일 수 있다.

해설
감응식 신호는 검지기를 기초로 하기 때문에 설치비용이 비싸고, 노면에 묻히는 매립식의 경우 유지관리비용이 많이 드는 단점이 있다.

34 신호 교차로에서 주기를 결정할 때 고려해야 할 요소가 아닌 것은?

① 밀도
② 교통량
③ 첨두시간계수
④ 보행자 횡단시간

해설
주기 결정 시 고려사항으로 최적주기 산정식을 떠올리면 된다.
웹스터(Webster) 최적주기 산정식은 $c = \dfrac{1.5l + 5}{1 - \sum\limits_{i=0}^{n} x_i}$ 이다.
따라서 총 손실시간, 현시 수, 교통량(최대, 포화), 포화도의 합이 고려되어야 한다.
추가로 교차로 설계에 반영되는 첨두시간계수와 직진교통류의 최소녹색시간에 영향을 주는 보행자 횡단시간도 고려한다.

35 PHF(Peak Hour Factor)에 대한 설명으로 틀린 것은?

① 보통 1보다 큰 값을 가진다.
② 첨두시간 내에서 교통량의 변동 정도를 알 수 있다.
③ 교통류 분석 시간 단위가 15분보다 짧으면 PHF는 작아진다.
④ 분석 시간 단위를 짧게 하면 교통시설의 규모를 결정할 때 과도설계가 될 가능성이 있다.

해설
첨두시간계수(PHF ; Peak Hour Factor)는 한 시간 동안 교통수요의 시간적 변동을 나타내는 계수로, 첨두시간에 관측된 15분 교통량 중에서 가장 많은 15분 교통량을 1시간 기준으로 환산한 교통량에 대한 해당 첨두시간 교통량의 비로 나타낸 것을 말한다. 따라서 1보다 큰 값을 가질 수 없다.

36 교통량과 밀도에 대한 설명이 틀린 것은?

① 밀도는 차두거리에 비례한다.
② 밀도의 증가에 따라 교통량은 증가 후 감소한다.
③ 교통량이 최대가 될 때의 밀도를 임계밀도라 한다.
④ 모든 움직임이 정지된 상태의 밀도를 혼잡밀도라 한다.

해설
밀도는 vehicle/km로, 차두거리는 km/vehicle로 표현되므로 반비례관계에 있다.

37 TSM(Transportation System Management)의 특징 또는 기본요건이라 볼 수 없는 것은?

① 계획과 시행이 단기적일 것
② 투자 및 운영비용이 저렴할 것
③ 기존 시설을 최대한 이용할 것
④ 다양한 수단, 도로망, 선형 대안을 제시할 것

해설
도로망과 선형 대안을 제시하는 것은 장기 교통정책에 해당한다.

38 도로시설과 각 시설별 효과척도의 연결이 틀린 것은?

① 2차로 도로 – 총 지체율
② 신호교차로 – 평균제어지체
③ 다차로도로 – 평균통행속도
④ 고속도로 엇갈림 구간 – 주행속도

해설
고속도로의 효과척도(MOE ; Measure of Effectiveness)는 기본구간에 밀도(pc/km/차로), 교통량/용량(V/C), 엇갈림구간에 평균밀도(대/km), 연결부에 영향권의 밀도(대/km)이다.

정답 33 ① 34 ① 35 ① 36 ① 37 ④ 38 ④

39 중차량에 대한 설명으로 틀린 것은?

① 도로의 최대서비스유율을 감소시킨다.
② 오르막길의 경우 중차량의 영향은 더욱 커진다.
③ 중차량의 승용차 환산계수는 지형에 관계없이 일정하다.
④ 감속, 가속, 속도 유지 등 차량운행 능력이 일반적으로 승용차보다 떨어진다.

해설

중차량의 승용차 환산계수는 지형과 차종에 따라 구분된다.

차종 구분	지형 평지	구릉지	산지
소형 (2.5톤 미만 트럭, 16인승 미만 버스)	1.0	1.2	1.5
중형 (2.5톤 이상 트럭, 16인상 이상 버스)	1.5	3.0	5.0
대형 (세미 트레일러 또는 풀 트레일러)	2.0		

40 다음 그림은 Greenshields의 속도-밀도 모형에서 유도된 교통량(Q)과 밀도(K)의 관계를 나타낸 것이다. 관계식으로 옳은 것은?(단, u_f = 자유류의 속도)

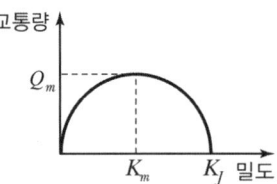

① $Q = u_f\left\{1-\left(\dfrac{K^2}{K_J}\right)\right\}$

② $Q = u_f\left\{K-\left(\dfrac{K^2}{K_J}\right)\right\}$

③ $Q = K_m\left\{1-\left(\dfrac{K^2}{K_J}\right)\right\}$

④ $Q = K_m\left\{K-\left(\dfrac{K^2}{K_J}\right)\right\}$

해설

Greenshields 모형에서는 $u = u_f\left(1-\dfrac{k}{k_j}\right)$를 적용한다.

이를 $Q = u \cdot k$의 u에 대입하여 풀면

$Q = u \cdot k = u_f\left(1-\dfrac{k}{k_j}\right) \cdot k = u_f\left(k-\dfrac{k^2}{k_j}\right)$

가 된다.

제3과목 교통시설

41 도로의 교통수요예측결과 목표연도의 AADT가 3,200대/일이면 중방향 설계시간 교통량은? (단, 도로의 첨두시간 집중률은 7%, K_{30}은 13%, 양방향 교통량에 대한 중방향 교통량의 백분율이 65%임)

① 270대/일
② 270대/시
③ 290대/일
④ 290대/시

해설

$DDHV = AADT \times K \times D = 3,200 \times 0.13 \times 0.65$
$= 270.4$
∴ 약 270대/시

42 과속방지시설의 설치장소에 관한 설명으로 옳지 않은 것은?

① 도로의 굴곡부나 곡선반경이 작은 곳, 또는 시거가 불량한 교차로 등에 설치한다.
② 자동차의 통행속도를 30km/h 이하로 제한할 필요가 있다고 인정되는 도로에 설치한다.
③ 보·차도의 구분이 없는 도로로서 보행자가 많거나 어린이의 놀이로 교통사고 위험이 있다고 판단되는 도로에 설치한다.
④ 학교 앞, 유치원, 어린이 놀이터, 근린공원, 마을 통과 지점 등으로 자동차의 속도를 저속으로 규제할 필요가 있는 구간에 설치한다.

해설

과속방지시설을 굴곡부나 곡선반경이 작은 곳, 시거 불량 교차로에 설치하면 오히려 사고위험이 증가한다.

43 설계구간에 대한 설명으로 옳지 않은 것은?
   ① 가급적 길이가 길수록 바람직하다.
   ② 고속도로의 경우 최소 설계구간의 길이는 5km이다.
   ③ 인접한 설계구간과의 설계속도의 차이는 20km/h 이상이 되도록 하여야 한다.
   ④ 노선의 성격이나 중요성, 교통량, 지형 및 지역이 비슷한 구간에서는 동일한 설계구간이 되도록 한다.

해 설
설계구간이란 도로가 통과하는 지형 및 지역의 상황과 계획교통량에 따라 동일한 설계기준을 적용하는 구간을 말한다.
도로의 구조·시설 기준에 관한 규칙 제9조(설계구간)
• 동일한 설계기준이 적용되어야 하는 도로의 설계구간은 주요 교차로(인터체인지를 포함한다)나 도로의 주요시설물 사이의 구간으로 한다.
• 인접한 설계구간과의 설계속도의 차이는 시속 20킬로미터 이하가 되도록 하여야 한다.

44 평면교차로에서의 도류화 설계를 위한 기본 원칙에 대한 설명으로 틀린 것은?
   ① 운전자가 한 번에 한 가지 이상의 의사결정을 하지 않도록 해야 한다.
   ② 운전자의 인지성 확보를 위해 교통섬 내에 식수 등을 하도록 한다.
   ③ 회전차량의 대기장소는 직진교통으로부터 잘 보이는 곳에 위치해야 한다.
   ④ 필요 이상의 교통섬을 설치하는 것은 피해야 하며, 원칙적으로 도류화가 필요하더라도 좁은 면적에서는 이를 피해야 한다.

해 설
인지성 확보에 식수(나무를 심는 것)가 도움이 되기는 어렵다.

45 길이 1,000m 이상의 터널 또는 지하차도에서 오른쪽 길어깨의 폭을 2m 미만으로 하는 경우에는 최소 얼마의 간격으로 비상주차대를 설치하여야 하는가?
   ① 250m   ② 500m
   ③ 750m   ④ 1,000m

해 설
비상주차대의 설치간격
• 장대교, 터널 등에서는 길어깨 폭이 2m 미만이면서 구조물의 길이가 1,000m 미만일 때는 그 구조물 전후의 토공구간에 비상주차대를 설치해도 좋으나, 구조물 길이가 그 이상일 경우에는 구조물 중간에 최소 750m 간격으로 비상주차대를 설치할 필요가 있다.
• 고속도로와 일반도로 공히 비상주차대는 750m를 그 설치간격으로 한다.

46 한 차량이 곡선반경 300m인 평면곡선부를 100km/h의 속도로 주행하며 도로에서의 횡방향 마찰계수가 0.212일 때, 차량이 미끄러지지 않기 위한 최대편경사는?
   ① 약 3%   ② 약 5%
   ③ 약 6%   ④ 약 8%

해 설
$$r \geq \frac{V^2}{127(i+f)}, \quad 300m = \frac{(100km/h)^2}{127(i+0.212)}$$
$$i = \frac{10,000}{300 \times 127} - 0.212 = 0.050 ≒ 약 5\%$$

47 도로가 제공하는 2가지 기능의 배분과 도로기능에 따라 도로를 구분한 아래에서 A, B에 들어갈 내용이 모두 옳은 것은?

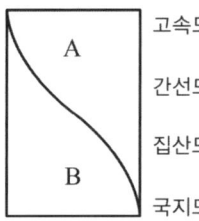

   ① A - 접근성, B - 이동성
   ② A - 이동성, B - 접근성
   ③ A - 효율성, B - 이동성
   ④ A - 접근성, B - 효율성

해 설
도로의 기능별 분류에 관한 문제이다. 고속도로에서 국지도로로 갈수록 이동성은 감소하고 접근성은 증가한다.

48 도로의 각종 시설 기준이 틀린 것은?

① 보도의 유효 폭은 최소 2.0m로 한다.
② 도시지역 일반도로의 중앙분리대 최소 폭은 2.0m이다.
③ 도시지역 고속도로 차로의 폭은 3.5m 이상으로 한다.
④ 도시지역 고속도로의 차도 오른쪽 길어깨의 최소 폭은 2.0m이다.

해 설
도시지역 일반도로의 중앙분리대 최소폭은 1.0m 이다.

49 운전자의 시선을 유도하고 옆 부분의 여유를 확보하기 위하여 중앙분리대 또는 길어깨에 차도와 동일한 횡단경사와 구조로 차도에 접속하여 설치하는 부분은?

① 측대
② 교통섬
③ 분리대
④ 연결로

해 설
길어깨 중 측대의 기능
- 차도와의 경계를 노면표시 등으로 일정 폭만큼 명확하게 나타내고 운전자의 시선을 유도하여 운전 시 안전성을 증대시킨다.
- 주행상 필요한 바퀴의 측방 여유폭의 일부를 확보함으로써 차도의 효용을 유지한다.
- 차선을 이탈한 자동차에 대해서 특히 속도가 높은 경우에 안전성을 향상시킨다.
- 차도와 동일한 횡단경사와 같은 강도의 포장구조로 차도에 접속하여 설치함으로써 차도를 구조적으로 보호한다.

50 지방지역 고속도로 중앙분리대의 최소 폭 기준은?

① 1.0m 이상
② 1.5m 이상
③ 2.0m 이상
④ 3.0m 이상

해 설
지방지역 고속도로의 중앙분리대 최소폭은 3.0m 이다.

51 도로의 구분에 따른 설계기준자동차가 아닌 것은?

① 트레일러
② 대형자동차
③ 승용자동차
④ 세미트레일러

해 설
도로의 구조·시설 기준에 관한 규칙 제5조(설계기준 자동차)에 의거 도로의 구분에 따른 설계기준 자동차는 다음 표와 같다. 다만, 우회할 수 있는 도로(해당 도로 기능 이상의 기능을 갖춘 도로만 해당한다.)가 있는 경우에는 도로의 구분에 관계없이 대형승용차나 승용자동차 또는 소형자동차를 설계기준 자동차로 할 수 있다.

도로의 구분	설계기준 자동차
고속도로 및 주간선도로	세미트레일러
보조간선도로 및 집산도로	세미트레일러 또는 대형자동차
국지도로	대형 자동차 또는 승용자동차

52 전진주차 방법만 채용되고 차로폭은 작아도 되나 차로 진행방향으로 긴 주차폭이 필요하고 1대당 주차면적이 최대인 각도 주차방식은?

① 30° 주차
② 45° 주차
③ 60° 주차
④ 90° 주차

해 설
30° 주차의 특징에 대한 설명이다. 면적의 효율성은 떨어지나 주차하기 용이한 방법이다.

53 평면곡선부에 완화곡선을 설치할 경우 발생하는 장점으로 옳지 않은 것은?

① 도로의 설계속도를 증진시킨다.
② 일정한 주행속도 및 주행궤적을 유지시킨다.
③ 선형을 시각적으로 원활하게 보이도록 한다.
④ 확폭이 필요한 경우 평면곡선부의 확폭된 폭과 표준횡단의 폭을 자연스럽게 접속시킬 수 있다.

해 설
완화곡선을 설치할 경우 발생하는 장점
- 평면곡선부를 주행하는 자동차에 대한 원심력을 점차적으로 변화시켜 일정한 주행속도 및 주행궤적을 유지시킨다.
- 직선구간의 표준 횡단경사구간에서 원곡선부에 설치되는 최대 편경사까지의 변화를 주행속도와 평면곡선 반지름에 따라 적절하게 접속시킬 수 있도록 한다.
- 급한 평면곡선부에서 확폭이 필요한 경우 평면곡선부의 확폭된 폭과 표준횡단의 폭을 자연스럽게 접속시킬 수 있도록 한다.
- 원곡선의 시작점과 끝점에서 꺾어진 형상을 시각적으로 원활하게 보이도록 한다.

정답 48 ② 49 ① 50 ④ 51 ① 52 ① 53 ①

54 어느 주차장의 주차첨두시간 동안의 주차 수요는 98대, 평균주차시간은 1.32시간으로 추정된다. 주차첨두시간의 평균점유율을 0.85로 할 때 소요 주차면수는?(단, 주차첨두시간은 11:00~13:00임)

① 약 51면
② 약 56면
③ 약 71면
④ 약 76면

해설

주차장 계획
$V = CT$
$L = VD = CHO$
여기서, V : 분석시간 동안의 실주차대수(Parking Volume) (대)
C : 주차장 가용용량,
즉, 주차장 총 면수(Possible Capacity) (면)
T : 분석시간 동안의 주차회전수(Turnover) (대/면)
L : 분석시간 동안에 이용된 총 주차면·시간,
즉, 연주차시간(Parking Load)
D : 분석시간 동안의 평균 주차시간(시간/대)
H : 분석시간 길이(시간)
O : 분석시간 동안의 평균 점유율(Occupancy)
$L = VD = CHO$, $98 \times 1.32 = C \times 2 \times 0.85$,
$C = \dfrac{98 \times 1.32}{2 \times 0.85} = 76.09$ (약76면)

55 도로와 철도가 평면교차하는 경우 교차각은 최소 얼마 이상으로 하여야 하는가?

① 15°
② 30°
③ 45°
④ 60°

해설

도로의 구조·시설 기준에 관한 규칙 제36조(철도와의 교차)
㉠ 도로와 철도의 교차는 입체교차를 원칙으로 한다. 다만, 주변 지장물이나 기존의 교차형식 등으로 인하여 부득이하다고 인정되는 경우에는 예외로 한다.
㉡ 제1항의 단서에 따라 도로와 철도가 평면교차하는 경우 그 도로의 구조는 다음 각 호의 기준에 따른다.
 1. 철도와의 교차각을 45도 이상으로 할 것

56 도시지역 일반도로의 설계속도가 70km/h 이상인 경우 차로의 최소 폭 기준은?

① 2.75m 이상
② 3.00m 이상
③ 3.25m 이상
④ 3.50m 이상

해설

도시지역 일반도로의 차로의 최소폭 기준은 설계속도가 60km/h 미만인 경우 3.0m, 설계속도가 60km/h 이상인 경우 3.0m, 설계속도가 70km/h 이상인 경우 3.25m, 설계속도가 80km/h 이상인 경우 3.25m이다.

57 노면의 종류에 따른 횡단경사 기준이 틀린 것은? (단, 편경사가 설치되는 구간은 고려하지 않음)

① 비포장도로 : 3.0% 이상, 6.0% 이하
② 간이포장도로 : 2.0% 이상, 4.0% 이하
③ 시멘트 포장도로 : 1.0% 이상, 1.5% 이하
④ 아스팔트 포장도로 : 1.5% 이상, 2.0% 이하

해설

도로의 구조·시설 기준에 관한 규칙 제28조(횡단경사)에 의거 차도의 횡단경사는 배수를 위하여 노면의 종류에 따라 다음 표의 비율로 하여야 한다.

노면의 종류	횡단경사(%)
아스팔트 및 시멘트 포장도로	1.5 이상 2.0 이하
간이포장도로	2.0 이상 4.0 이하
비포장도로	3.0 이상 6.0 이하

58 버스정류장의 설치장소에 대한 설명으로 옳지 않은 것은?

① 고속도로, 도시고속도로, 주간선도로에 설치한다.
② 버스의 이용 횟수, 승하차 인원, 승하차 소요시간 등을 고려하여 설치한다.
③ 보조간선도로에는 본선의 교통류가 버스정차로 인해 혼란이 야기될 우려가 있는 경우에 설치한다.
④ 버스정류소를 설치한 경우 도로의 예상서비스 수준이 설계 서비스 수준보다 높은 경우 설치한다.

해설

버스정류장의 설치장소
• 고속국도, 도시고속국도, 주간선도로
• 보조 간선도로로서, 특히 본선의 교통류가 버스정차로 인해 혼란이 야기될 우려가 있는 경우
• 그 외의 경우라도 버스정차로 인해 그 도로의 예상 서비스 수준이 설계 서비스 수준보다 낮을 경우

정답 54 ④ 55 ③ 56 ③ 57 ③ 58 ④

59 평면선형과 종단선형을 조합할 경우 설계 시 유의사항으로 거리가 먼 것은?

① 도로환경과의 조화를 고려할 것
② 선형이 시각적 연속성을 확보할 것
③ 노면의 배수가 적절히 되는 경사를 고려할 것
④ 같은 방향으로 굴곡하는 두 곡선 사이에 짧은 직선을 삽입할 것

해설
평면선형과 종단선형의 조합
• 선형이 시각적인 연속성을 확보할 것
• 평면곡선과 종단곡선의 크기가 균형을 이루도록 할 것
• 노면의 배수 및 자동차의 운동 역학적 요구에 적절히 조화된 경사가 취하여질 수 있도록 조합할 것
• 도로환경과의 조화를 고려할 것

60 평면 교차로의 종류가 아닌 것은?

① Y형 교차로 ② T형 교차로
③ 회전 교차로 ④ 클로버형 교차로

해설
클로버형 교차로는 입체교차로이다.

제4과목 도시계획개론

61 집단생잔법(Cohort Survival Method)으로 인구를 예측할 때 고려하지 않아도 되는 것은?

① 사망률 ② 출산율
③ 한계인구 ④ 전입, 전출률

해설
집단생잔법(Cohort Survival Method)
• 기준연도의 인구와 출생률과 사망률 및 인구이동 등의 인구변화요인을 고려하여 장래인구를 추정하는 방법
• 집단생잔법에 의한 인구추정방법은 기준이 되는 연도의 인구가 시간의 경과에 따른 생잔율(Survival Rate)에 의하여 생존자를 산정하여 인구를 추정하는 방법
→ 따라서 한계인구는 고려대상이 아니다.

62 용도지구에서 고도지구를 지정하는 이유는?

① 건폐율의 규제
② 건축물의 높이 제한
③ 건축물의 용도 제한
④ 상업 및 업무지구 조성

해설
고도지구는 건축물 높이의 최고 혹은 최저한도를 정할 필요가 있는 지구를 말한다.

63 건폐율에 대한 설명으로 틀린 것은?

① 대지면적에 대한 건축면적의 비율을 의미한다.
② 거주환경의 쾌적성과 안전성 등의 확보를 위한 공지의 조성이 목적이다.
③ 건폐율 적용의 최대한도는 국토의 계획 및 이용에 관한 법률에서 정한 기준에 따른다.
④ 대지에 둘 이상의 건축물이 있는 경우에는 이들 중 큰 규모의 건축물의 건축면적을 적용한다.

해설
건축법 제55조(건축물의 건폐율) 대지면적에 대한 건축면적(대지에 건축물이 둘 이상 있는 경우에는 이들 건축면적의 합계로 한다)의 비율(이하 "건폐율"이라 한다.)의 최대한도는 「국토의 계획 및 이용에 관한 법률」 제77조에 따른 건폐율의 기준에 따른다. 다만, 이 법에서 기준을 완화하거나 강화하여 적용하도록 규정한 경우에는 그에 따른다.

64 케빈 린치(Kevin Lynch)가 주장한 도시 이미지의 5가지 구성요소에 해당하는 것은?

① 의미(Meaning) ② 구조(Structure)
③ 정체성(Identity) ④ 상징물(Landmark)

해설
케빈 린치의 도시경관 이미지 5대 요소는 경계(Edge), 상징물(Landmark), 도로(Path), 결절점(Node), 지역(District)이다. 의미, 구조, 정체성은 환경을 구성하는 이미지 성분에 해당한다.

65 토지이용 입지배분의 기본원칙과 거리가 먼 것은?

① 환경친화적 입지 배분
② 도시 성장 위주의 입지 배분
③ 교통망과 조화를 이루는 입지 배분
④ 도시의 특성과 도시상에 부합하는 입지 배분

정답 59 ④ 60 ④ 61 ③ 62 ② 63 ④ 64 ④ 65 ②

해설
도시 성장 위주로 입지 배분 시 과도한 도시개발로 인한 불균형이 초래될 수 있다.

66 그리스의 도시국가에 대한 설명으로 옳지 않은 것은?

① 히포다무스는 격자형 도로망을 발전시켰다.
② 아테네는 가장 발달한 대표적인 도시국가 였다.
③ 시가지에 위치한 포럼은 종교적인 중심지가 되었다.
④ 대부분의 도시민 주택은 폐쇄형으로 중정을 향해 배치되었다.

해설
포럼은 도시의 중심적 시설을 형성한다. 종교적인 중심지는 신전(아크로폴리스)이다.

67 도시·군기본계획을 수립하여야 하는 자로 옳지 않은 것은?

① 군수
② 면장
③ 특별시장
④ 특별자치도지사

해설
국토의 계획 및 이용에 관한 법률 제18조(도시·군기본계획의 수립권자와 대상지역)
특별시장·광역시장·특별자치시장·특별자치도지사·시장 또는 군수는 관할구역에 대하여 도시·군기본계획을 수립하여야 한다. 다만, 시 또는 군의 위치, 인구의 규모, 인구감소율 등을 고려하여 대통령령으로 정하는 시 또는 군은 도시·군기본계획을 수립하지 아니할 수 있다.

68 도시 및 주거환경정비법에 따라 정비기반 시설은 양호하나 노후·불량건축물이 밀집한 지역에서 주거환경을 개선하기 위하여 시행하는 사업은?

① 주택재건축사업
② 주택재개발사업
③ 주거환경관리사업
④ 도시환경정비사업

해설
도시 및 주거환경정비법 제2조 제2항
주택재건축사업이란 정비기반시설은 양호하나 노후·불량건축물이 밀집한 지역에서 주거환경을 개선하기 위하여 시행하는 사업을 말한다.
※ 2017. 2. 8 부로 법이 개정되어 정비사업의 유형으로 주거환경개선사업과 주거환경 관리사업을 통합하여 '주거환경 개선사업'으로 하고, 주택재개발사업과 도시환경정비사업을 통합하여 '재개발사업'으로 하였다.

69 토지이용계획에 있어서 순밀도 계산으로 옳은 것은?

① 거주인구/주택부지
② 거주인구/지구총면적
③ 거주인구/(택지+공공공익시설용지)
④ 거주인구/(택지+공공공익시설용지+농림지)

해설
순밀도(Net Density)란 주택단지의 부지 중 일반 건축용지, 녹지용지, 교통용지를 제외한 주택용지만에 대한 인구밀도를 말한다.

70 샤핀(F.S. Chapin)이 제시한 토지이용의 결정요인 중 공공 이익의 요소에 해당하지 않는 것은?

① 쾌적성
② 보건성
③ 편리성
④ 균일성

해설
공공복리적 결정요인
• 안정성(Safety) : 자연재해 사고로부터 안정성 확보
• 건강성(보건성, Healthy) : 인간의 정신적·신체적 건강 확보
• 쾌적성(Amenity) : 기능지역 간 상호관계 고려
• 편리성(Convenience) : 환경이 주는 즐거움, 경관의 쾌적성, 공원이 주는 안정성 등
• 경제성(Economy), 효용성(Efficiency) : 공적인 경제 낭비를 최소화

71 국토교통부장관이 도시의 무질서한 확산을 방지하고 도시주변의 자연환경을 보전하여 도시민의 건전한 생활환경을 확보하기 위하여 도시의 개발을 제한할 필요가 있다고 인정되어 도시·군관리계획으로 결정할수 있는 것은?

① 개발제한구역
② 시가화조정구역
③ 도시자연공원구역
④ 특정시설제한구역

해설
개발제한구역
도시의 무질서한 확산을 방지하고 도시 주변의 자연환경을 보전하여 도시민의 건전한 생활환경을 확보하기 위하여 도시의 개발을 제한할 필요가 있거나 국방부장관의 요청이 있어 보안상 도시의 개발을 제한할 필요가 있다고 인정되는 구역

정답 66 ③ 67 ② 68 ① 69 ① 70 ④ 71 ①

72 힐 호스트(O. Hilhost)의 지역 구분에 해당하지 않는 것은?

① 결절지역(nodal area)
② 계획권역(planning region)
③ 분극지역(polarized region)
④ 동질지역(homogeneous area)

> **해 설**
> 힐호스트는 지역을 분극지역, 계획권역, 동질지역, 사업지역으로 구분하였다.

73 공공기관 지방 이전을 계기로 성장 거점지역에 조성되는 미래형 도시로, 이전된 공공기관과 지역의 대학, 연구소, 산업체, 지방자치단체가 협력하여 새로운 성장 동력을 창출하는 기반이 되는 것은?

① 혁신도시
② 스마트시티
③ 기업복합도시
④ 행정중심복합도시

> **해 설**
> 혁신도시란 이전공공기관을 수용하여 기업·대학·연구소·공공기관 등의 기관이 서로 긴밀하게 협력할 수 있는 혁신여건과 수준 높은 주거·교육·문화 등의 정주(定住)환경을 갖추도록 이 법에 따라 개발하는 미래형 도시를 말한다.

74 도시의 내부 구조를 설명하는 이론이 아닌 것은?

① 선형이론
② 동심원이론
③ 다핵심이론
④ 중심지이론

> **해 설**
> 도시내부공간구조이론으로 동심원설(버제스), 선형설(호이트), 다핵설(해리스, 울만), 삼지대론(디킨스), 다차원이론(시몬스, 벨, 윌리암스) 등이 있다. 중심지이론은 도시 간 도시구조, 즉 도시 간 정주체계를 나타내는 이론이다.

75 래드번(Radburn) 계획에 대한 설명으로 옳지 않은 것은?

① 슈퍼블록(Superblock)을 채택하였다.
② 쿨데삭(Cul-de-sac)형 세가로망을 배치한다.
③ 수평적인 보행 및 차량통합 보도망을 형상하였다.
④ 라이트(H. Wright)와 스타인(C. Stein)이 계획하였다.

> **해 설**
> 래드번은 보도와 차도를 입체적으로 분리한 계획이다.

76 경제기반이론(Economic Base Theory)에서 기간산업(Basic Industry)을 판별하는 방법으로 가장 보편적인 것은?

① 최대고용요구량법
② 입지상(Location Quotient)
③ 지역승수(Regional Multiplier)
④ 산업연관표(input-output Table)

> **해 설**
> 기간산업 판별방법으로 산업성격에 의한 분류, 입지상법, 최소요구량법, 현지조사방법 등이 있고, 이 중 입지상법이 가장 보편적으로 사용된다.

77 가도시화 현상에 대한 설명으로 옳은 것은?

① 몇 개의 대도시와 그 주변 도시들이 융합되는 도시화 현상
② 대도시 중심부의 기능이 약화되어 도시의 공간구조가 도시 주변 지역 중심으로 바뀌는 현상
③ 도시의 부양능력에 비해 지나치게 많은 인구가 도시에 집중하여 인구만 비대해진 도시화 현상
④ 낙후 지역의 효과적인 개발을 위해 잠재력이 큰 지점이나 지방도시에 대한 집중 투자로 발생하는 도시화 현상

> **해 설**
> 가도시화 현상(假都市化, Hyper-Urbanization)이란 산업기반이 부실한 개발도상국의 도시팽창현상을 의미한다. 도시의 부양능력에 비해 지나치게 많은 인구가 도시에 집중하여 인구만 비대해진 도시화 현상을 말하는 이 현상은 산업이 성장함에 따라 농촌인구가 유입되는 것이 아니라 농업의 실패로 인한 유휴인력들이 도시로 몰려드는 이농현상에 기초하여 발생되는 현상이다. ①은 연담도시(連膽都市, Conurbation)에 대한 설명이다.

78 도시토지이용의 예측 모형인 라우리모형(Lowry Model)에서 공간구조를 분류하는 항목에 해당하지 않는 것은?

① 기반부문(Basic Sector)
② 서비스부문(Service Sector)
③ 가계부문(Household Sector)
④ 환경부문(Environmental Sector)

정답 72 ① 73 ① 74 ④ 75 ③ 76 ② 77 ③ 78 ④

해설
라우리(Lowry)의 대도시 모형(Model of Metropolis)은 도시 활동 부문을 기반부문·상업(서비스)부문·가계부문으로 분류하고 이들의 경제적·물리적 원리를 이용하여 상관관계를 분석하는 모형이다

79 무분별한 개발로 도시지역이 무질서하게 확산되는 현상을 무엇이라 하는가?

① 의존 효과 ② 스프롤 현상
③ 슬럼화 현상 ④ 과도시화 현상

해설
스프롤(Sprawl) 현상이란 도시지역이 도시의 수용력에 비해 무질서하고 과도하게 확산되는 현상을 말한다.

80 도시의 공간구조론 중 동심원 이론을 발표한 학자는?

① H. Hoyt ② C.D. Harris
③ E.W. Burgess ④ R.E. Dickinson

해설
어니스트 버제스(E.W. Burgess)의 동심원 이론은 1925년 시카고를 대상으로 도시 내부구조를 정의한 이론으로, 1권역 중심업무지구(금융, 상업), 2권역 점이지대(상업, 주택, 경공업 혼재), 3권역(저급 중산층 주택지구), 4권역(고급 주택지구), 5권역(통근권)으로 구분하였다. 각 지대의 거주자들은 보다 좋은 권역으로 이주하려는 경향을 갖는다.

제5과목 교통관계법규

81 안전표지의 바탕·테·문자와 기호의 색채에 대한 일반 기준이 틀린 것은?

① 보조표지 중 어린이보호구역표지의 바탕은 황색으로 한다.
② 지시표지 중 일방통행표지의 기호 부분은 청색 바탕에 백색기호로 한다.
③ 규제표지 중 진입금지표지의 바탕은 황색으로, 문자 및 기호는 적색으로 한다.
④ 규제표지 중 주차금지표지의 바탕은 청색으로 하고, 문자 및 기호는 백색으로 한다.

해설
도로교통법 시행규칙 [별표 6] 안전표지의 종류, 만드는 방식, 설치하는 장소·기준 및 표시하는 뜻(도로교통법 시행규칙 제8조 제2항 및 제11조 제1호 관련)
Ⅰ. 일반기준
1. 주의표지·규제표지·지시표지·보조표지
가. 안전표지의 바탕·테·문자와 기호의 색채는 그림에 의한 것 외에 주의표지, 규제표지 및 보조표지의 문자와 기호는 흑색으로, 지시표지의 문자와 기호는 백색으로 한다. 다만, 다음의 것은 예외로 한다.
(1) 규제표지 중 정차·주차금지표지 및 주차금지표지의 바탕은 청색으로 하고, 진입금지표지 및 일시정지표지의 바탕은 적색으로, 문자 및 기호는 백색으로 한다.

82 도로법상 지방도에 해당하는 노선이 아닌 것은?

① 시청 또는 군청 소재지를 서로 연결하는 도로
② 도청 소재지에서 시청 또는 군청 소재지에 이르는 도로
③ 중요 도시, 지정항만, 중요 비행장, 관광지 등을 연결하며 고속국도와 함께 국가 기간 도로망을 이루는 도로
④ 도 또는 특별자치도에 있는 비행장·항만 또는 역에서 이들과 밀접한 관계가 있는 고속국도·국도 또는 지방도를 연결하는 도로

해설
중요 도시, 지정항만, 중요 비행장, 관광지 등을 연결하며 고속국도와 함께 국가 기간 도로망을 이루는 도로는 일반국도이다.

83 도로법상 타 공사나 타 행위로 인하여 필요하게 된 도로공사의 비용을 타 공사나 타 행위의 비용을 부담하여야 할 자에게 그 전부 또는 일부를 부담시키는 것을 무엇이라 하는가?

① 원인자의 비용부담 ② 수익자의 비용부담
③ 이용자의 비용부담 ④ 손괴자의 비용부담

해설
도로법 제91조(원인자의 비용 부담 등)에 의거 타 공사나 타 행위로 인하여 필요하게 된 도로공사의 비용을 타 공사나 타 행위의 비용을 부담하여야 할 자에게 그 전부 또는 일부를 부담시키는 것을 원인자 비용부담의 원칙이라 한다.

정답 79 ② 80 ③ 81 ③ 82 ③ 83 ①

84. 국토교통부장관이 도시교통정비지역으로 지정·고시할 수 있는 대상 지역 기준은?(단, 도농복합형태의 시의 경우는 읍·면 지역을 제외한 지역임)

① 인구 10만 명 이상의 도시
② 인구 20만 명 이상의 도시
③ 인구 30만 명 이상의 도시
④ 인구 50만 명 이상의 도시

해 설
도시교통정비촉진법 제3조(도시교통정비지역의 지정·고시)에 의거 국토교통부장관은 도시교통의 원활한 소통과 교통편의의 증진을 위하여 다음 각 호의 지역을 도시교통정비지역으로 지정·고시할 수 있다.
1. 인구 10만 명 이상의 도시(도농복합형태의 시는 읍·면지역을 제외한 지역의 인구가 10만 명 이상인 경우를 말한다)

85. 도로교통법상 앞지르기가 금지된 장소가 아닌 것은?

① 교차로   ② 터널 안
③ 다리 위   ④ 버스정류장

해 설
도로교통법 제22조(앞지르기 금지의 시기 및 장소)에 의거 모든 차의 운전자는 다음 각 호의 어느 하나에 해당하는 곳에서는 다른 차를 앞지르지 못한다.
1. 교차로
2. 터널 안
3. 다리 위
4. 도로의 구부러진 곳, 비탈길의 고갯마루 부근 또는 가파른 비탈길의 내리막 등 시·도경찰청장이 도로에서의 위험을 방지하고 교통의 안전과 원활한 소통을 확보하기 위하여 필요하다고 인정하는 곳으로서 안전표지로 지정한 곳

86. 도로교통법상 원활한 교통을 확보하기 위하여 도로에 전용차로를 설치할 수 있는 설치권자는?

① 시장   ② 대통령
③ 경찰청장   ④ 국토교통부장관

해 설
도로교통법 제15조(전용차로의 설치)에 의거 시장 등은 원활한 교통을 확보하기 위하여 특히 필요한 경우에는 지방경찰청장이나 경찰서장과 협의하여 도로에 전용차로(차의 종류나 승차 인원에 따라 지정된 차만 통행할 수 있는 차로를 말한다.)를 설치할 수 있다.

87. 평행주차형식 외의 경우 주차장의 주차단위 구획 기준이 틀린 것은?

① 경형 : 너비 2.0m 이상, 길이 3.6m 이상
② 확장형 : 너비 2.5m 이상, 길이 5.1m 이상
③ 일반형 : 너비 2.3m 이상, 길이 5.0m 이상
④ 장애인 전용 : 너비 3.0m 이상, 길이 5.0m 이상

해 설
평행주차형식 외의 경우 주차장의 주차단위 구획 기준

구분	너비	길이
경형	2.0m 이상	3.6m 이상
일반형	2.5m 이상	5.0m 이상
확장형	2.6m 이상	5.2m 이상
장애인 전용	3.3m 이상	5.0m 이상
이륜자동차 전용	1.0m 이상	2.3m 이상

※ 문제 출제 당시와 비교하여 현재 기준이 변경되었음

88. 도시교통정비 기본계획을 수립할 때 주차장의 건설 및 운영에 관한 계획에 포함될 사항이 아닌 것은?

① 주차장 설계방안
② 주차관리 정책방향
③ 주차수요 예측 및 공급계획
④ 주차시설 및 주차실태의 조사·분석

해 설
도시교통정비 촉진법 시행령 제6조(주차장의 건설 및 운영계획) 법 제5조 제2항 제2호 마목에 따른 주차장의 건설 및 운영에 관한 계획에는 다음 각 호의 사항이 포함되어야 한다.
1. 주차시설 및 주차 실태의 조사·분석
2. 주차수요 예측 및 공급계획
3. 주차관리 정책방향
4. 그 밖에 주차장을 효율적으로 운영하기 위하여 필요한 사항 설계의 방안은 기본계획에 포함되기에 너무 세부적이며, 향후 추진되어야 할 사항이다.

89. 교통안전법의 제정 목적과 거리가 먼 것은?

① 교통안전 증진에 이바지하기 위하여
② 교통안전에 관한 시책을 규정하기 위하여
③ 교통안전에 필요한 단체를 설립·운영하기 위하여
④ 교통안전에 관한 시책을 종합적·계획적으로 추진하기 위하여

정답 84 ① 85 ④ 86 ① 87 ②, ③, ④ 88 ① 89 ③

> **해설**
> 교통안전법 제1조(목적)
> 이 법은 교통안전에 관한 국가 또는 지방자치단체의 의무·추진 체계 및 시책 등을 규정하고 이를 종합적·계획적으로 추진함으로써 교통안전 증진에 이바지함을 목적으로 한다.

90 교통안전법에 따른 용어의 정의가 틀린 것은?

① 교통사고 : 교통수단의 운행·항행·운항과 관련된 사람의 사상 또는 물건의 손괴를 말한다.
② 교통수단 : 사람이 이동하거나 화물을 운송하는데 이용되는 것으로 육상교통용에만 해당하는 모든 운송수단이다.
③ 교통행정기관 : 법령에 의하여 교통수단·교통시설 또는 교통체계의 운행·운항·설피 또는 운영 등에 관하여 교통사업자에 대한 지도·감독을 행하는 지정행정기관의 장, 특별시장·광역시장·도지사·특별자치도지사 또는 시장·군수·구청장을 말한다.
④ 교통시설 : 도로·철도·궤도·항만·어항·수로·공항·비행장 등 교통수단의 운행·운항 또는 항행에 필요한 시설과 그 시설에 부속되어 사람의 이동 또는 교통수단의 원활하고 안전한 운행·운항 또는 항행을 보조하는 교통안전표지·교통관제시설·항행안전시설 등의 시설 또는 공작물을 말한다.

> **해설**
> 교통안전법 제2조(정의)에 의거
> 2. "교통시설"이라 함은 도로·철도·궤도·항만·어항·수로·공항·비행장 등 교통수단의 운행·운항 또는 항행에 필요한 시설과 그 시설에 부속되어 사람의 이동 또는 교통수단의 원활하고 안전한 운행·운항 또는 항행을 보조하는 교통안전표지·교통관제시설·항행안전시설 등의 시설 또는 공작물을 말한다.
> → 교통안전법에서 규정된 교통수단은 육상교통용에만 해당하는 것이 아니라 수상 또는 수중의 항행에 사용되는 모든 운송수단 및 항공교통에 사용되는 모든 운송수단을 포함한다.

91 교통혼잡 특별관리구역과 특별관리시설물의 설치 기준이 틀린 것은?(단, 혼잡시간대란 일정한 구역을 둘러싼 편도 3차로 이상 도로 중 적어도 1개 이상 도로의 시간대별 평균 통행속도가 시속 10km 미만인 상태를 뜻함)

① 교통혼잡 특별관리구역 - 혼잡시간대가 토·일요일과 공휴일을 제외한 평일 평균 하루 3회 이상 발생할 것
② 교통혼잡 특별관리구역 - 혼잡시간대에 그 구역으로 진입하거나 진출하는 교통량이 해당도로 한쪽 방향 교통량의 10% 이상을 차지할 것
③ 교통혼잡 특별관리시설물 - 혼잡시간대에 해당도로를 통하여 해당 시설물로 진입하거나 진출하는 교통량이 그 도로 한쪽 방향 교통량의 10% 이상일 것
④ 교통혼잡 특별관리시설물 - 시설물이 유발하는 교통량으로 인하여 해당 시설물의 주 출입구에 접한 도로의 혼잡시간대가 시설물이 유발하는 교통량이 토·일요일과 공휴일을 포함한 주중 가장 많은 날을 기준으로 하루 3회 이상 발생할 것

> **해설**
> 도시교통정비촉진법 시행령 제30조(교통혼잡 특별관리구역 등의 지정기준)
> ㉠ 시장이 일정한 구역과 그 주변영향권을 법 제42조 제1항에 따라 교통혼잡 특별관리구역(이하 "특별관리구역"이라 한다)으로 지정하는 경우, 그 지정기준은 다음 각 호와 같다.
>   1. 일정한 구역을 둘러싼 편도 3차로 이상 도로 중 적어도 1개 이상 도로의 시간대별 평균 통행속도가 시속 10킬로미터 미만인 상태(이하 "혼잡시간대"라 한다)가 토·일요일과 공휴일을 제외한 평일 평균 하루 3회 이상 발생할 것
>   2. 혼잡시간대에 그 구역으로 진입하거나 진출하는 교통량이 해당 도로 한쪽 방향 교통량의 15퍼센트 이상을 차지할 것
> ㉡ 시장이 법 제42조 제2항에 따라 일정 시설물을 교통혼잡 특별관리시설물(이하 "특별관리시설물"이라 한다)로 지정하는 경우, 그 지정기준은 다음 각 호와 같다.
>   1. 시설물이 유발하는 교통량으로 인하여 해당 시설물의 주 출입구에 접한 도로의 혼잡시간대가 시설물이 유발하는 교통량이 토·일요일과 공휴일을 포함한 주 중 가장 많은 날을 기준으로 하루 3회 이상 발생할 것
>   2. 혼잡시간대에 해당 도로를 통하여 해당 시설물로 진입하거나 진출하는 교통량이 그 도로 한쪽 방향 교통량의 10퍼센트 이상일 것

92 국토교통부장관은 국가교통안전기본계획의 수립 또는 변경을 위한 지침을 작성하여 언제까지 지정행정기관의 장에게 통보하여야 하는가?

① 계획연도 시작 전년도 6월 말까지
② 계획연도 시작 전년도 12월 말까지
③ 계획연도 시작 전전년도 6월 말까지
④ 계획연도 시작 전전년도 12월 말까지

정답 90 ② 91 ② 92 ③

해 설

교통안전법 시행령 제10조(국가교통안전기본계획의 수립)
법 제15조 제3항에 따라 국토교통부장관은 국가교통안전기본계획의 수립 또는 변경을 위한 지침(이하 이 조에서 "수립지침"이라 한다)을 작성하여 계획연도 시작 전전년도 6월 말까지 지정행정기관의 장에게 통보하여야 한다.

93 도로법에 따른 도로의 부속물에 해당하지 않는 것은?

① 교량　　② 주차장
③ 도로표지　④ 중앙분리대

해 설

도로법 제2조(정의)
4. "도로의 부속물"이란 도로 구조의 보전과 안전하고 원활한 도로교통의 확보, 그 밖에 도로의 관리에 필요한 시설 또는 공작물로서 다음 각 목의 어느 하나에 해당하는 것을 말한다.
　가. 도로 원표(元標), 이정표, 수선 담당 구역표, 도로 경계표와 도로표지
　나. 도로의 방호(防護) 울타리, 가로수 또는 가로등으로서 도로 관리청이 설치한 것
　다. 도로에 연접(連接)하는 자동차 주차장 및 도로 수선용 재료 적치장과 이들 시설을 종합적으로 관리하는 도로 관리사업소로서 도로 관리청이 설치한 것
　라. 도로에 관한 정보 제공 장치, 기상 측정 장치 또는 긴급 연락시설로서 도로 관리청이 설치한 것
　마. 그 밖에 대통령령으로 정한 것
중앙분리대도 방호울타리의 한 종류이므로 도로의 부속물에 해당한다.

94 ( ) 안에 공통으로 들어갈 말로 옳은 것은?

> 기계식 주차장에는 도로에서 기계식 주차장치 출입구까지의 차로 또는 전면공지와 접하는 장소에 자동차가 대기할 수 있는 장소(이하 "정류장")를 설치하여야 한다. 이 경우 주차대수 ( )를 초과하는 매 ( )마다 1대분의 정류장을 확보하여야 한다.

① 10대　　② 20대
③ 30대　　④ 50대

해 설

주차장법 시행규칙 제16조의2(기계식 주차장의 설치기준)에 의거 기계식 주차장에는 도로에서 기계식 주차장치 출입구까지의 차로(이하 "진입로"라 한다) 또는 전면공지와 접하는 장소에 자동차가 대기할 수 있는 장소(이하 "정류장"이라 한다)를 설치하여야 한다. 이 경우 주차대수 20대를 초과하는 20대마다 한 대분의 정류장을 확보하여야 하며, 정류장의 규모는 다음 각 목과 같다. 다만, 주차장의 출구와 입구가 따로 설치되어 있거나 진입로의 너비가 6미터 이상인 경우에는 종단경사도가 6퍼센트 이하인 진입로의 길이 6미터마다 한 대분의 정류장을 확보한 것으로 본다.

95 부설주차장의 설치대상 시설물 종류 및 설치기준이 틀린 것은?

① 판매시설 : 시설면적 150㎡당 1대
② 숙박시설 : 시설면적 200㎡당 1대
③ 방송통신시설 중 방송국 : 시설면적 150㎡당 1대
④ 의료시설(정신병원·요양병원 및 격리병원 제외) : 시설면적 200㎡당 1대

해 설

의료시설(정신병원·요양병원 및 격리병원 제외)은 시설면적 150㎡당 1대이다.

96 도로법 시행령상 도로정책심의회의 심의사항이 아닌 것은?

① 건설·관리계획이 조정에 관한 사항
② 주요 지하매설물의 안전 대책에 관한 사항
③ 대도시권 교통혼잡도로 개선사업계획의 수립에 관한 사항
④ 국토교통부장관이 지정·고시하는 도로 노선의 지정에 관한 사항

해 설

주요 지하매설물의 안전 대책에 관한 사항은 "도로관리심의회"에서 심의·조정하는 사항이다.

97 도시교통정비지역으로 지정된 행정구역을 관할하는 시장이나 군수는 도시교통정비 기본계획을 몇 년 단위로 수립하여야 하는가?

① 5년　② 10년　③ 20년　④ 30년

해 설

도시교통정비 촉진법 제5조(도시교통정비 기본계획의 수립)에 의거 제3조에 따라 도시교통정비지역으로 지정된 행정구역을 관할하는 시장(특별시장·광역시장·특별자치시장 및 특별자치도지사를 포함한다. 이하 같다)이나 군수는 대통령령으로 정하는 바에 따라 20년 단위의 도시교통정비 기본계획(이하 "기본계획"이라 한다)을 수립하여야 한다.

98 도로법에 규정된 도로의 종류에 해당하지 않는 것은?

① 군도 ② 면도
③ 고속국도 ④ 일반국도

해 설
도로법 제8조(도로의 종류와 등급)
도로의 종류는 다음 각 호와 같고, 그 등급은 다음에 열거한 순위에 따른다.
1. 고속국도 2. 일반국도 3. 특별시도(特別市道)·광역시도(廣域市道) 4. 지방도 5. 시도(市道) 6. 군도(郡道) 7. 구도(區道)

99 주차장법령상 주차전용건축물이란 건축물의 연면적 중 주차장으로 사용되는 비율이 얼마 이상인 것을 뜻하는가?

① 80% ② 85%
③ 90% ④ 95%

해 설
주차장법 시행령 제1조의2(주차전용건축물의 주차면적비율)에 의거 제2조 제11호에서 "대통령령으로 정하는 비율 이상이 주차장으로 사용되는 건축물"이란 건축물의 연면적 중 주차장으로 사용되는 부분의 비율이 95퍼센트 이상인 것을 말한다. 다만, 주차장 외의 용도로 사용되는 부분이 「건축법 시행령」 별표 1에 따른 단독주택, 공동주택, 제1종 근린생활시설, 제2종 근린생활시설, 문화 및 집회시설, 종교시설, 판매시설, 운수시설, 운동시설, 업무시설 또는 자동차 관련 시설인 경우에는 주차장으로 사용되는 부분의 비율이 70퍼센트 이상인 것을 말한다.

100 도로교통법상의 정차에 해당하는 것은?

① 화물을 싣기 위해 계속 정지하여 있는 상태
② 운전자가 차의 바퀴를 일시적으로 완전히 정지하여 있는 상태
③ 운전자가 차를 즉시 정지시킬 수 있는 정도의 느린 속도로 진행하는 상태
④ 운전자가 5분을 초과하지 아니하고 차를 정지시키는 것으로서 주차 외의 정지상태

해 설
도로교통법 제2조(정의)에 의거 "정차"란 운전자가 5분을 초과하지 아니하고 차를 정지시키는 것으로서 주차 외의 정지 상태를 말한다.

제6과목 교통안전

101 EPDO가 의미하는 바는?

① 등가물피사고 ② 등가사망사고
③ 등가중상사고 ④ 등가부상사고

해 설
EPDO법(Equivalent Property Damage Only Method)
교통사고 피해 정도에 가중치를 적용하여 교통사고 잦은 지점을 선정하는 방법으로 등가물피사고를 의미한다.

102 어떤 차량이 평탄한 도로에서 좌측 30m, 우측 28m의 직선 모양의 스키드 마크를 나타낸 후 충돌 없이 정지하였다. 스키드 마크 발생 현장에서 사고차량으로 실험을 한 결과 정상적인 스키드 마크가 발생하였다면 사고차량의 제동 직전 주행 속도는?(단, 타이어와 노면의 마찰계수는 0.43)

① 약 57.2km/h ② 약 61.7km/h
③ 약 66.2km/h ④ 약 70.7km/h

해 설
$V = \sqrt{254(f \times i)l}$,
$V = \sqrt{254(0.43+0)30} = 57.24$ (약 57.2km/h)
스키드 마크의 길이가 좌우측이 다른 경우 긴 길이를 스키드 마크의 길이로 본다.

103 차도를 이탈한 차량이 고정 장애물에 직접 충돌하는 것을 막기 위해 차량의 충돌 시 속도가 완만하게 줄어들도록 하거나 충돌 후 방향이 전환되도록 고안된 안전시설은?

① 가드케이블 ② 과속방지시설
③ 시선유도표지 ④ 충격흡수시설

해 설
충격흡수시설이란 차도를 이탈한 차량이 고정 장애물에 직접 충돌하는 것을 막기 위해 차량의 충돌 시 그 속도가 완만하게 줄어들도록 하거나 충돌 후 그 방향이 전환되도록 고안된 안전시설을 말한다.

정답 98 ② 99 ④ 100 ④ 101 ① 102 ① 103 ④

104 도로교통 안전프로그램의 내용과 가장 거리가 먼 것은?

① 노변위험 관리
② 비보호좌회전 확대
③ 교차로 설계 및 통제
④ 교통약자에 대한 조치

해설
비보호좌회전의 확대는 적절하지 못할 경우 심각한 사고 위험을 초래할 수 있다.

105 높은 좌회전 교통량으로 인한 교차로에서의 좌회전 충돌사고가 많을 때의 대책으로 적절하지 않는 것은?

① 교차로의 도류화
② 연석 회전반경 개선
③ 회전 유도차선 표지 설치
④ 충분한 좌회전 신호 현시 부여

해설
좌회전 충돌사고 방지대책에는 교차로 도류화, 좌회전 신호 현시 부여, 유도차선 도식, 좌회전의 원천적 금지 등이 있다. 연석의 회전반경 개선은 우회전 교통과 직접적인 연관이 있는 사항으로, 좌회전 충돌사고 대책으로는 적절하다고 보기 어렵다.

106 전·후륜의 하중이 유사한 차량이 회전하며 곡선의 미끄럼흔적을 남겼다. 네 바퀴의 미끄럼흔적의 길이가 아래와 같을 때 이 차량의 미끄럼거리(m)는?

> 10.0m, 11.0m, 11.4m, 12.0m

① 10.0
② 11.1
③ 11.5
④ 12.0

해설
곡선미끄럼은 각 바퀴의 미끄럼길이의 합을 바퀴의 수로 나눈 평균미끄럼 거리를 계산하면 된다.
$$\frac{10.0+11.0+11.4+12.0}{4}=11.1m$$

107 위험지점의 선정 방법 중 사고율법 적용에 필요한 자료로 거리가 먼 것은?

① 기간
② 교통량
③ 구간거리
④ 도로의 유형

해설
교통사고율에 의한 방법 $AR=\dfrac{N\times 1,000,000}{356\times Y\times AADT}$
여기서, AR : 100만 진입차량당 사고율, N : 교통사고건수, Y : 연수, $AADT$: 연평균일교통량
※ 구간길이가 주어지는 경우 분모에 곱해준다. 따라서 도로의 유형은 사고율법 적용에 필요한 자료로 거리가 멀다.

108 사고위험이 높은 장소를 선정할 때 사용하지 않는 지표는?

① 사고율
② 총 사고건수
③ 사고 피해 정도
④ 사고장소의 면적

해설
사고다발지점 선정방법은 교통사고 건수(빈도수)에 의한 방법, 교통사고율에 의한 방법, 기타 사고율 지표에 의한 방법, 교통사고 피해 정도에 의한 방법, 도로의 위험도지수에 의한 방법이 있다. 사고장소의 면적은 지표로 사용되지 않는다.

109 교통사고 분석의 내용에 해당하는 것과 거리가 먼 것은?

① 개별사고의 원인분석
② 기본적인 사고통계 비교
③ 사고방지 대책을 위한 예산배정
④ 사고 잦은 지점의 판별 및 사고특성 파악

해설
교통사고 분석의 내용은 기본적인 사고통계를 비교하고, 개별사고의 원인을 분석한 후 사고 잦은 지점의 판별 및 사고특성을 파악하는 순서로 분석된다. 예산배정은 거리가 멀다.

110 교통사고 조사에서 최초접촉지점을 판정할 때에 필요한 사항으로 거리가 먼 것은?

① 스패터의 위치
② 패인 자국의 위치
③ 차체의 파손 위치
④ 스키드 마크가 변형된 위치

정답 104 ② 105 ② 106 ② 107 ④ 108 ④ 109 ③ 110 ③

> **해 설**
> 최초접촉지점(First Contact Point)을 판정할 때에 필요한 사항은 스키드 마크가 변형된 위치, 패인 자국의 위치, 스패터(Spatter, 충격으로 발생되는 차체의 파편)의 위치이다. 차체의 파손위치는 관계없다.

111 어느 도로의 2.5km 구간의 일교통량이 3,000대이며, 이와 유사한 구간에서의 연평균 사고율이 3.79건/백만대·km일 때 이 구간의 한계 사고율은?(단, 95% 신뢰수준에서의 K값은 4.645임)

① 약 5.03건/백만 대·km
② 약 5.29건/백만 대·km
③ 약 5.58건/백만 대·km
④ 약 5.91건/백만 대·km

> **해 설**
> $$R_c = R_a + k\sqrt{\frac{R_a}{M}} + \frac{1}{2M}$$
> $$= 3.79 + 1.645 \times \sqrt{\frac{3.79}{\left(\frac{3,000 \times 365 \times 2.5}{1,000,000}\right)}}$$
> $$+ \frac{1}{2 \times \left(\frac{3,000 \times 365 \times 2.5}{1,000,000}\right)} = 5.91$$

112 곡선부 교통사고에 대한 설명으로 옳지 않은 것은?

① 곡선부는 미끄러짐 사고가 발생하기 쉬운 곳이다.
② 곡선부가 종단경사와 중복되는 곳은 사고의 위험성이 커진다.
③ 곡선부에서의 사고를 감소시키는 방법은 운전자가 운전 시 주의하는 방법밖에 없다.
④ 곡선부에서 일반적으로 사용되는 주의표지는 곡선부가 시작되는 지점 이전에 "안전속도"를 표시한 "도로 굽은 표지"이다.

> **해 설**
> 사고감소를 위해 운전자의 주의뿐만 아니라 물리적인 시설물의 설치(미끄럼방지포장 등)를 통해 사고감소 효과를 기대할 수 있다.

113 교차로 사고분석에 주로 사용되는 교통사고율은?

① 인구 10만 명당 사고
② 차량 10,000대당 사고
③ 진입차량 100만 대당 사고
④ 통행량 1억 대·km당 사고

> **해 설**
> 교통사고율에 의한 방법은 주로 100만 대당 사고율을 계산한다.
> $$AR = \frac{N \times 1,000,000}{356 \times Y \times AADT}$$
> 여기서, AR : 100만 진입차량당 사고율, Y : 연수,
> N : 교통사고건수, $AADT$: 연평균일교통량

114 교통사고 발생 시 당사자들의 부상 정도가 경미하거나 대물피해만 발생한 경우에는 당사자들 간의 합의나 보험처리 등으로 해결하는 경향이 강하다. 이러한 잘 보고되지 않는 사고가 교통사고 다발지역분석에 미치는 영향을 최소화할 수 있는 장점을 가진 선정방법은?

① 사고율법
② 사고건수법
③ 사고밀도법
④ 사고심각도법

> **해 설**
> 보고되지 않는 사고가 분석결과에 영향을 미치는 경우는 사고건수에 의한 방법을 사용할 때이다. 따라서 건수가 아닌 심각도를 사용하면 보고되지 않는 사고건수에 의한 분석 오류를 최소화할 수 있다.

115 OECD가 요약한 교통안전의 진보단계 중 "모든 사고에 있어 특정 사건은 부분적으로 그에 앞선 행동 또는 환경의 결과다."라는 전제하에 도로외상을 유발하는 과정을 통하여 결정적인 선 또는 경로를 찾는 방법을 개발하고자 한 것은?

① 다원인 동적 체계접근
② 다원인 정적 체계접근
③ 다원인 기회현상 접근
④ 단일원인 사고경향 접근

> **해 설**
> 다원인 동적 체계접근이란 "모든 사고에 있어 특정 사건은 부분적으로 그에 앞선 행동 또는 환경의 결과다."라는 전제하에 도로 외상을 유발하는 과정을 통하여 결정적인 선 또는 경로를 찾는 방법을 개발하고자 한 것을 말한다.

정답 111 ④ 112 ③ 113 ③ 114 ④ 115 ①

116 구간거리가 24km이고 편도 4차로인 고속도로에서 1년간 사망사고 3건, 부상사고 12건, 대물피해사고가 20건이 발생하였다. 이 구간의 일평균교통량이 20,000대일 때 교통사고 피해 정도에 의한 사고율은?(단, 사고 유형별 환산계수는 사망사고 = 20, 부상사고 = 5, 대물피해사고 = 1)

① 약 0.8
② 약 1.6
③ 약 8.0
④ 약 16.0

해 설

$EPDO = 20F + 5A + 1PDO$
$= 20(3) + 5(12) + 1(20) = 140$

여기서, F : 사망사고, A : 부상사고,
PDO : 물적 피해사고(Property Damage Only)

사고율$(AR) = \dfrac{N \times 1,000,000}{365 \times Y \times AADT \times 구간길이}$

$= \dfrac{140 \times 1,000,000}{365 \times 1 \times 20,000 \times 24} = 0.799건(약 0.8)$

117 교통사고 방지대책 대안의 검토절차로 옳은 것은?

① 빈발하는 사고유형에 새로운 대책의 적용검토 - 현장확인 및 검토 - 대책대안들의 비교검토 - 교통운영의 기본요건 검토
② 현장확인 및 검토 - 교통운영의 기본요건 검토 - 빈발하는 사고유형에 새로운 대책의 적용검토 - 대책대안들의 비교검토
③ 대책대안들의 비교검토 - 교통운영의 기본요건 검토 - 빈발하는 사고유형에 새로운 대책의 적용검토 - 현장확인 및 검토
④ 교통운영의 기본요건 검토 - 빈발하는 사고유형에 새로운 대책의 적용검토 - 현장확인 및 검토 - 대책대안들의 비교검토

해 설

대안의 검토를 위해 가장 먼저 현장확인이 필수이다. 현장확인 및 검토절차 이행 후 운영상황을 검토하고, 빈발사고유형을 분류해 낸 다음 유형별 대책을 수립하여 상호 비교하는 절차를 통해 대안을 선정하게 된다.

118 지하횡단보도를 계획하는 경우가 아닌 것은?

① 도시 미관을 해칠 우려가 있는 경우
② 횡단 보행자가 극히 적은 공원을 연결하는 경우
③ 횡단보도육교에 비하여 공사비·공법이 유리한 경우
④ 지장물로 인해 육교의 높이가 너무 높아 이용이 곤란한 경우

해 설

지하횡단보도를 계획하는 경우는 도시 미관을 해칠 우려가 있는 경우, 횡단보도(육교)에 비하여 공사비·공법 등이 유리한 경우, 지장물로 인해 육교의 높이가 너무 높아 그 이용이 곤란한 경우 등이다. 횡단보행자가 극히 적은 공원을 연결하는 경우라면 굳이 지하로 횡단보도를 계획할 필요가 없다. 보행자가 극히 적은 경우는 보행자버튼식 신호기를 설치하는 방법을 계획할 수 있다.

119 약한 지주와 강한 레일로 구성되며 충격차량을 억제하기 위하여 주로 레일요소의 작용에 의존하는 노변방호책은?

① 연선방호책
② 강성방호책
③ 반강성방호책
④ 초강성방호책

해 설

방호울타리는 시설물의 강도에 따라서는 가요성(연성) 방호울타리와 강성 방호울타리로 구분된다. 가요성 방호울타리에 가드레일과 가드케이블이 있다. 가요성 방호울타리는 주로 레일요소의 작용에 의존한다.

120 누적속도분포에서 교통사고방지를 위해 제한속도를 조정하고자 최고속도 한계를 결정하는 데 적으로 많이 사용되는 기준은?

① 50% 속도
② 75% 속도
③ 85% 속도
④ 95% 속도

해 설

85% 속도(85 Percentile Speed)는 교통류 내에서 안전운전에 필요한 합리적 속도의 최댓값을 나타내는 속도이다. 도로안전도 평가의 기초가 되며 제한속도 규정에 활용된다.

정답 116 ① 117 ② 118 ② 119 ① 120 ③

1회 2017년 기출문제

제1과목 교통계획

01 어느 도심지의 피크 시 한 시간당 주차요금이 3,000원일 때 주차수요는 10,000대이고, 주차요금에 대한 수요탄력치가 −0.2이다. 주차요금이 25% 인상될 경우 수요의 감소량은?

① 250대 ② 500대
③ 750대 ④ 1,000대

해설
주차요금이 25% 인상되면 인상 후 한 시간당 주차요금은 3,750원이 된다.
따라서 탄력성 공식에 대입하면 다음과 같다.

$$e = \frac{\frac{\partial V}{V_0}}{\frac{\partial P}{P_0}} = \frac{\triangle V}{\triangle P} \cdot \frac{P}{V}, \quad -0.2 = \frac{\frac{x}{10,000}}{\frac{750}{3,000}}, \quad x = -500$$

따라서 수요의 감소량은 500대이다.

02 단기교통계획과 비교하여 장기교통계획이 갖는 특징으로 틀린 것은?

① 소수의 유사한 대안
② 교통수요가 비교적 고정
③ 많은 교통수단 동시 고려
④ 장기적 관점, 자본집약적

해설
단기교통계획은 저자본, 서비스 지향적, 다수 대안 추구, 수요의 변화가 심한 경우 사용되고, 장기교통계획은 자본집약, 시설 지향적, 소수 대안 추구, 수요가 비교적 고정된 경우에 적용된다. 많은 교통수단을 동시에 고려한다는 것은 다수 대안을 추구한다는 의미로, 단기교통계획의 특징에 해당한다.

03 대중교통수단에 관한 설명으로 옳지 않은 것은?

① 지하철은 대량성, 안정성 면에서 우수하다.
② 지하철은 버스와의 연계에 따른 불편이 있을 수 있다.
③ 버스는 건설비가 많이 소요되나 정시성이 우수하다.
④ 버스는 수요에 대처하기 쉬운 반면, 교통혼잡을 일으키는 단점이 있다.

해설
건설비가 많이 소요되고 정시성이 우수한 대중교통수단은 지하철이다.

04 경제성 분석기법 중 편익−비용비에 의한 방법의 특징으로 틀린 것은?

① 이해하기 쉽다.
② 할인율을 알지 못하는 경우 유용하다.
③ 사업규모를 고려할 수 있다.
④ 순편익의 크기가 고려되지 못한다.

해설
편익·비용비 방법에서 할인율이 바뀌면 결과값이 변하게 되어 사업타당성의 유무가 바뀔 수 있으므로 반드시 할인율을 알아야 한다.

05 TSM 기법 중 승용차의 수요와 교통시설의 공급을 동시에 감소시키는 기법으로 틀린 것은?

① 기존 차로를 이용한 버스전용차로제
② 승용차 통행 제한 구역의 설정
③ 주차면적 감소
④ 노상주차제한

해설
노상주차 제한은 해당 공간을 도로로 활용하게 되어 도로 용량이 증대되고, 결국 승용차의 수요가 증가되는 결과를 가져오게 된다. 따라서 노상주차제한은 교통시설의 공급은 감소시키지만 승용차의 수요는 증가시키는 결과를 가져온다.

06 자료수집의 용이성과 자료 분석의 편의성을 위한 교통존(Traffic Zone)의 설정기준으로 적합하지 않은 것은?

① 각 존은 가급적 동질적인 토지이용이 포함되도록 한다.
② 행정구역을 가급적 일치시킨다.
③ 간선도로가 가급적 존의 경계선과 일치하도록 한다.
④ 정밀한 분석을 위해 가급적 존을 크게 한다.

해설
도시의 일부분을 대상으로 하는 정밀한 분석을 위해서는 존의 크기를 작게 하여야 한다.

정답 01 ② 02 ③ 03 ③ 04 ② 05 ④ 06 ④

07 통행발생(Trip Generation) 단계에서 사용하는 모형은?

① 회귀분석법　② 성장률법
③ 프라타법　④ 통행단모형법

> **해설**
> 통행발생(Trip Generation) 모형에는 증감률법, 원단위법, 회귀분석법, 카테고리분석법이 있다.

08 TSM(Transportation Systems Management) 기법의 유형 중 교통수요(차량 수요)만을 감소시키는 효과를 주는 것은?

① 카풀(Carpooling) 유도
② 신호주기의 개선
③ 교차로에서의 도류화
④ 도로 기하구조 개선

> **해설**
> 카풀이란 동일한 목적지 혹은 동일 방향으로 더 멀리 이동하는 차량의 운전자가 같은 경로상에 목적지를 가진 통행자를 빈 자석에 탑승시켜 이동시켜주는 방법을 말한다. 따라서 도로를 통행하는 차량의 대수가 줄어드는 효과를 얻게 되어 교통수요만을 감소시키는 효과를 얻을 수 있다. 신호주기의 개선, 도류화, 기하구조 개선 등의 기법은 교통수요의 증가 효과를 얻을 수 있는 방법이다.

09 제한속도를 다시 결정하고자 진행하는 차량의 속도조사 시, 속도의 표준편차를 24km/h, 허용오차를 2km/h라 할 때 필요한 표본의 수는?(단, 신뢰도는 95%이다.)

① 384개　② 400개
③ 484개　④ 554개

> **해설**
> $$n \geq \left(\frac{Z_{\frac{a}{2}} \times \sigma}{\epsilon}\right)^2 = \left(\frac{1.96 \times 24}{2}\right)^2 = 553.1904 = 554개$$
> 여기서, n : 표본의 크기, Z : 표준화 변수, α : 신뢰구간, σ : 모집단의 표준편차, ϵ : 최대허용오차

10 교통계획을 위한 현황자료 조사에서 인구, 소득, 자동차 보유대수 등 사회경제지표가 가지는 주요 용도와 가장 거리가 먼 것은?

① 교통투자사업의 재원확보 평가지표로 활용
② 통행조사에서 나타난 통행 발생의 설명변수로 활용
③ 가구면접조사 표본을 분석 지구 전체에 대해 전수화시키는 경우의 총량지표로 활용
④ 토지이용계획안의 수립, 인구와 고용기회를 분포시키는 기초자료로 활용

> **해설**
> 사회경제지표는 통행 발생의 설명변수, 전수화의 총량지표, 토지이용계획 등의 기초자료로 활용된다.

11 단기교통계획의 특성으로 적합한 것은?

① 다수의 대안　② 유사한 대안
③ 시설 지향적　④ 자본집약적

> **해설**
> 소수의 대안, 시설 지향, 자본집약적이란 용어들은 모두 장기 교통계획의 특성에 해당한다.

12 통행자가 어느 지점에서 다른 지점으로 통행하고자 할 때 통행비용이 가장 적게 드는 경로를 택한다는 가정을 바탕으로 예측된, 모든 통행량을 배정하는 방법은?

① All or Nothing법　② Entropy법
③ Fratar법　④ Logit법

> **해설**
> 한 경로로 "모든(All) 통행량"을 배정하는 방법을 All or Nothing 법이라 한다.

13 교통조사에서 교통량이 아주 적은 지역일 때의 속도 측정 시 기준으로 하는 최소표본수는?

① 20대　② 30대
③ 80대　④ 100대

> **해설**
> 중심극한정리(Central Limit Theorem)에 의거하여 샘플의 수가 커질수록 그 분포는 표준정규분포에 근사하게 된다. 교통에서는 샘플 수가 30개 이상이 될 경우 표준정규분포에 근사하는 결과를 가져오게 되는 것으로 알려져 있다. 따라서 교통량이 아주 적어 속도 측정이 어려운 경우라도 최소 30개의 표본은 확보되어야 한다.

정답 07 ① 08 ① 09 ④ 10 ① 11 ① 12 ① 13 ②

14 다음 교통대안 평가방법 중 성격이 다른 하나는?

① AHP 방법
② 순현재 가치 분석법
③ 내부수익률 분석법
④ 초기 연도 수익률 분석법

해설
AHP는 전문가의 의견을 수렴하여 합리적인 결과를 도출하는 대안 평가방법이다. 순현재 가치, 내부수익률, 초기 연도 수익률 분석법은 모두 가치를 정량화하여 그 크기를 비교하는 정량적 평가방법이다.

15 일반적으로 보도 설치 기준이 되는 보행 교통량으로 옳은 것은?

① 100인/일 이상
② 150인/일 이상
③ 200인/일 이상
④ 300인/일 이상

해설
보도 설치 및 관리지침에 의거 보도의 설치장소는 정확하게 조사 또는 예측된 보행자 교통량 및 교통사고 이력을 토대로 결정하며, 일반적으로 보행자 수가 150인/일 이상이고 자동차 교통량이 2,000대/일 이상인 경우에 보도 설치를 고려한다.

16 사용자 균형 모형에서의 기본 가정과 원리에 대한 내용으로 틀린 것은?

① 통행자는 모든 링크의 통행시간에 대한 완전한 정보를 가지고 있다.
② 통행자의 통행경로 선택행위는 그들의 통행시간 최소화를 목표로 한다.
③ 출발지와 목적지 사이의 통행량은 고정되어 있다.
④ 사용자 균형 상태에 도달하면 사회적인 총비용이 최소화된다.

해설
사회적 총 비용이 최소화되는 모형은 체계최적(System Optimum) 모형이다. 개개인의 통행시간 최소화는 시스템 전체의 통행시간 최소화와 차이가 있을 수 있다.

17 지능형 교통체계의 적용분야가 아닌 것은?

① CVO
② AVCS
③ APTS
④ QRS

해설
• APTS : 첨단대중교통체계
 (Advanced Public Trans-portation Systems)
• AVCS : 첨단차량 제어체계
 (Advanced Vehicle Control Systems)
• CVO : 사업용 차량운영체계
 (Commercial Vehicle Operations)

18 내부수익률(IRR)이란?

① 할인율과 같다.
② 사업에 따른 기대수익률을 말한다.
③ 인플레이션을 감안한 이자율이다.
④ 할인율보다 높고 이자율보다는 낮다.

해설
내부수익률(IRR ; Internal Rate of Return)
사업의 순현재 가치를 0으로 만드는 할인율을 말한다. 편익/비용비를 1로 만드는 할인율을 의미하므로 사업에 따른 기대수익률로 볼 수 있다.

19 도시철도 역의 승강장 형태 중 섬식(Island) 승강장과 비교하여 상대식(Lateral) 승강장이 가지는 특징으로 옳은 것은?

① 전체적으로 승강장의 폭이 좁다.
② 사용자의 열차 방향에 대해 혼란이 일어날 가능성이 있다.
③ 승강장 입구부에 S자형 선형으로 인한 넓은 터널 폭이 필요하다.
④ 승강장에 대한 감시, 감독의 비용이 높다.

해설
상대식은 단선 승강장 2개를 마주보게 설치한 형태를 말한다. 방향당 하나의 플랫폼이 있으므로 방향이 명확하고, 두 승강장 모두를 감시해야 하므로 감시, 감독 비용이 높은 것이 단점이다.

20 도시철도기본계획의 경제적 타당성 분석에 대한 설명으로 옳은 것은?

① 평가기간은 준공연도로부터 30년으로 한다.
② 할인율은 5.5%를 기준으로 하고 민감도 분석을 시행한다.
③ 도시철도 수송서비스로 인한 편리성, 안락도 증진은 직접편익에 해당한다.

정답 14 ① 15 ② 16 ④ 17 ④ 18 ② 19 ④ 20 ③

④ 건설비의 원 단위 산출 시 세금, 이자를 비용에 포함하여야 한다.

해설
철도 직접편익 중 철도 이용자 편익 항목에 쾌적성, 정시성, 안정성 향상 등이 포함된다. 세금은 중복 산정을 피하기 위해 경제성 평가에서 항상 제외되는 비용항목이다.

제2과목 교통공학

21 평일 교통량이 일정수준을 8시간 이상 초과하는 경우 신호기를 설치해야 한다. 주도로와 부도로가 각각 편도 1차로인 교차로에서 교통 신호기를 설치하기 위한 주도로(양방향)와 부도로(교통량이 많은 쪽)의 시간당 교통량 합은?

① 650대 ② 750대
③ 850대 ④ 950대

해설
차량신호기 설치기준 – 기준 1(차량교통량)
평일의 교통량이 다음 표의 기준을 초과하는 시간이 모두 8시간 이상일 때 신호기를 설치해야 한다. 이때 연속적인 8시간이 아니라도 좋다. 또 부도로의 교통량은 주도로와 같은 시간대의 것이어야 한다.

접근차로 수		주도로 교통량 (양방향) (대/시간)	부도로 교통량 (교통량이 많은 쪽) (대/시간)
주도로	부도로		
1	1	500	150
2 이상	1	600	150
2 이상	2 이상	600	200
1	2 이상	500	200

주도로와 부도로가 각각 편도 1차로인 교차로이므로 주도로(양방향)와 부도로(교통량이 많은 쪽)의 시간당 교통량의 합은 500 + 150 = 650대이다.

22 산악지형의 교통사고율 산정 시 고려해야 할 요인이 아닌 것은?

① 교통사고 건수 ② 일평균 교통량
③ 인구 ④ 도로구간의 길이

해설
산악지형에서는 상주하는 인구가 거의 없으므로 인구는 사고율 산정 시 고려해야 할 요소에 해당하지 않는다.

23 교통조사를 실시하기 위해 설정되는 폐쇄선(Cordon Line)에 대한 설명 중 틀린 것은?

① 가급적 행정구역과 일치시킨다.
② 폐쇄선을 횡단하는 도로나 철도는 최소가 되도록 한다.
③ 도시 주변의 위성도시는 가급적 폐쇄선 내에 포함시키지 않는다.
④ 주변에 동이 위치하면 폐쇄선 내에 포함하도록 한다.

해설
도시 주변의 위성도시, 즉 장래 도시화 지역은 가급적 폐쇄선 내에 포함시킨다.

24 다음 그림과 같이 좌우회전이 허용되지 않는 간단한 2현시 교차로의 접근교통량에서 동서로와 남북로 간 유효녹색시간의 배분은?

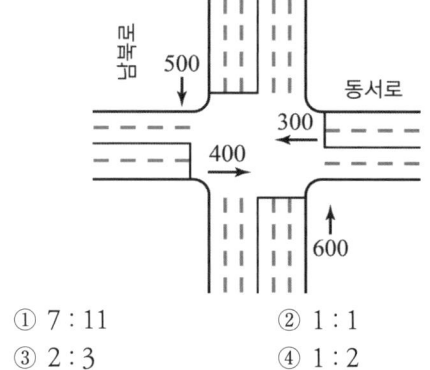

① 7 : 11 ② 1 : 1
③ 2 : 3 ④ 1 : 2

해설
방향별 차로당 접근 교통량이 남북방향(600대/3차로=200대/차로)과 동서방향(400대/2차로=200대/차로) 공히 200대/차로로 같으므로 유효녹색시간의 배분은 1:1이 된다.

25 중량이 1,000kg이고 전체 단면이 3㎡인 차량이 양호한 상태의 노면을 60km/h의 일정한 속도로 달리다가 제동을 하여 감속하였다. 제동 시 타이어와 노면의 마찰계수가 0.5라고 할 때, 다음 설명 중 틀린 것은?

정답 21 ① 22 ③ 23 ③ 24 ② 25 ④

① 주행저항이 고려된 초기 감속도는 약 -5.14m/sec^2이다.
② 0~1초 사이의 감속도가 일정하다고 가정할 때, 감속 1초 후의 속도는 약 41.5km/h, 감속도는 -5.08m/sec^2이다.
③ 최초 감속 후 1초 동안 주행거리는 약 14.1m이다.
④ 마찰계수가 0.25인 감속 시, 주행저항이 고려된 초기 감속도는 -2.57m/sec^2이다.

해 설

- 초기 감속도
  $R_r = 0.013W = 0.013 \times 1,000 = 13\text{Kg}$
  $R_a = 0.0011AV^2 = 0.0011 \times 3 \times 60^2 = 11.88\text{Kg}$
  $F = f \cdot W = 0.5 \cdot 1,000 = 500\text{Kg}$
  $-500 = \dfrac{1,000a}{9.8} + 13 + 11.8 = -5.14\text{m/s}^2$

- 감속 1초 후 속도
  $60 - 5.14 \times 3.6 = 41.496\text{Km/h} = 41.5\text{Km/h}$

- 감속 1초 후 감속도
  $R_a = 0.0011 \times 3 \times 41.5^2 = 5.68\text{Kg}$
  $-500 = \dfrac{1,000a}{9.8} + 13 + 5.68$
  $a = -5.083 ≒ -5.08\text{m/s}^2$

- 최초 감속 후 1초 동안의 주행거리
  $d = v_0 t + \dfrac{1}{2}ar^2 = \dfrac{60}{3.6} \times 1 + \dfrac{1}{2}(-5.08) \times 1^2$
  $= 14.12\text{m} ≒ 14.1\text{m}$

- 마찰계수가 0.25인 감속 시, 주행저항이 고려된 초기감속도
  $R_r = 0.013W = 0.013 \times 1,000 = 13\text{Kg}$
  $R_a = 0.0011AV^2 = 0.0011 \times 3 \times 60^2 = 11.88\text{Kg}$
  $F = f \cdot W = 0.25 \cdot 1,000 = 250\text{Kg}$
  $-250 = \dfrac{1,000a}{9.8} + 13 + 11.8 = -2.69\text{m/s}^2$

26 신호등이 없는 교차로의 서비스 수준을 분석하는 방법에 해당하는 것은?

① 여유용량
② 지체도
③ V/C비
④ 포화 교통용량

해 설

신호등이 설치되지 않은 교차로의 서비스 수준을 결정하는 경우 사용되는 효과척도는 여유용량(Reserve Capacity)이다. 이것은 교차로 접근로의 용량에서 교통수요를 감한 값으로 정의되며 지체와 상관관계를 갖는다.

27 도로의 용량이 직접적으로 필요하지 않는 분야는?

① 도로의 차로 수 결정
② 도로의 서비스 수준 결정
③ 교통사고 조사
④ 도로의 정체 상황 분석

해 설

도로의 용량은 차로 수 결정, 서비스 수준 결정, 정체상황분석에 사용된다. 교통사고 조사 시 용량은 직접적인 관계가 없다.

28 도로시설의 용량을 산정할 때 기본적으로 고려하지 않는 요소는?

① 차선 폭
② 구배
③ 중차량구성비
④ 우천상태

해 설

차로 폭, 구배, 측방여유폭, 중차량 구성비 등이 용량 산정 시 기본적으로 고려되는 요소들이다.

29 대기행렬이론에서 단일 서비스 시스템에 대한 설명으로 틀린 것은?

① 시스템 내의 평균차량대수는 서비스를 받고 있는 평균차량대수의 값과 같다.
② 평균대기행렬 길이는 시스템 내의 평균차량대수에서 서비스를 받고 있는 차량의 평균대수를 뺀 값이다.
③ 시스템 내에 차량이 한 대도 없을 확률은 $(1-\rho)$ (ρ = 교통강도 또는 이용계수)와 같다.
④ 시스템 내의 평균체류시간은 평균대기시간과 평균서비스시간을 합한 값과 같다.

해 설

시스템 내 평균차량대수는 $L = L_q + \rho = \dfrac{\lambda}{\mu \cdot \lambda}$ 이고, 서비스를 받고 있는 차량대수는 ρ 값을 갖는다.

30 3현시로 운영되는 신호교차로에서 총 v/s의 합이 0.87, 현시당 손실시간이 3초인 경우 Webster 방법에 의한 최적신호주기는?

① 96초
② 128초
③ 142초
④ 177초

해설

$$C = \frac{1.5l + 5}{1 - \sum_{i=1}^{n} x_i} = \frac{1.5(3 \times 3) + 5}{1 + (0.87)} = 142.3077$$

31 어느 신호교차로의 신호현시에서 출발손실시간이 2초, 진행연장시간이 2초, 녹색시간이 20초일 때 유효녹색시간은?

① 16초　② 18초
③ 20초　④ 22초

해설

유효녹색시간 = 녹색시간 - 출발지연시간 + 진행연장시간
　　　　　 = 녹색시간 + 황색시간 - 출발손실시간 - 소거손실시간
유효녹색시간 = 20 - 2 + 2 = 20초

32 시간평균속도(V_t)와 공간평균속도(V_s)의 관계가 옳은 것은?

① $V_t = V_s$
② $V_t \geq V_v$
③ $V_t \leq V_s$
④ 일정한 관계가 성립되지 않는다.

해설

속도가 높은 차량은 측정구간을 빨리 지나가므로 적게 노출되고, 속도가 낮은 차량은 측정구간을 느리게 지나가므로 많이 노출되어 공간평균속도에 더 큰 영향을 미치게 된다. 따라서 공간평균속도가 시간평균속도보다 같거나 낮은 값을 갖게 된다.

33 주차요금을 내기 위해 무작위로 도착하는 차량의 평균 도착시간 간격이 60초이고, 요금징수시간은 평균 18초인 음지수분포를 가질 때 도착차량이 대기해야 할 확률은?

① 0.1　② 0.3
③ 0.5　④ 0.7

해설

$$P_{(h < 18)} = \int_0^{18} \frac{1}{60} e^{-\frac{t}{60}} dt = 0.3$$

34 다음 그림은 신호교차로에서 대기행렬모형을 나타낸 것이다. 대기행렬의 최대 길이를 나타낸 식으로 옳은 것은?

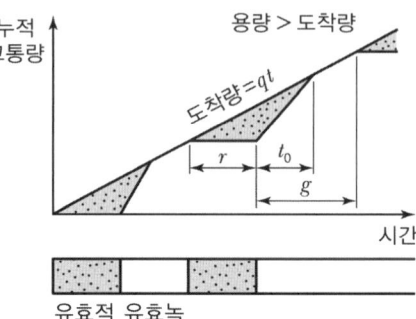

① $Q_m = \frac{qr}{2}(r + t_0)$　② $Q_m = q(r + t_0)$
③ $Q_m = rt_0$　④ $Q_m = qr$

해설

대기행렬의 최대길이는 유효적색시간이 시작된 후부터 유효녹색시간이 시작될 때 까지의 대기차량의 총 합이 된다. 따라서, r 시간 동안 도착량이 되므로 도착량 식의 시간에 r 값을 대입하면 최대길이를 산출할 수 있다.

35 지점속도에 대한 설명으로 옳은 것은?

① 측정된 속도의 값을 낮은 속도에서 높은 속도로 배열한 것
② 차량이 달린 구간을 통행시간에서 정지시간을 제외한 시간으로 나눈 속도
③ 설계속도를 넘지 않는 범위 내에서 차량이 낼 수 있는 최대안전속도
④ 차량이 도로 상의 일정 지점을 통과할 때의 순간속도

해설

지점속도(Spot Speed)란 차량이 어떤 지점을 통과하는 속도를 말한다.

36 도로의 기능별 분류에 속하지 않는 것은?

① 집산도로　② 국지도로
③ 보조간선도로　④ 지방도로

해설

도로법에 따른 도로의 기능별 분류는 주간선도로, 보조간선도로, 집산도로, 국지도로, 특수도로이다.

정답 31 ③ 32 ② 33 ② 34 ④ 35 ④ 36 ④

37 대형차의 승용차 환산계수의 값이 2.5이고 대형차의 비율이 10%라면 대형차 보정계수의 값은?

① 0.87　　② 0.91
③ 0.93　　④ 0.95

해설
$f_{HV} = \dfrac{1}{[1+P_{HV}(E_H-1)]} = \dfrac{1}{[1+0.1(2.5-1)]} = 0.87$

38 교통제어(통제)설비의 요구조건으로 옳지 않은 것은?

① 요구(필요성)에 부응해야 한다.
② 운전자의 주의를 끌어서는 안 된다.
③ 간단하고 명료하게 의미를 전달할 수 있어야 한다.
④ 적절한 반응을 위해 충분한 시간이 주어질 수 있는 곳에 설치되어야 한다.

해설
교통제어설비는 운전자의 주의를 끌어 정보전달의 목적을 충분하고 신속하게 달성할 수 있어야 한다.

39 교통량(q), 교통밀도(k), 공간평균속도(v)의 관계식으로 옳은 것은?

① q = v/k　　② q = k × v
③ q = k/v　　④ v = (k × q)²

해설
교통량 q = vk, 즉, 밀도와 속도의 곱으로 표현된다.

40 다음 중 교통류(Traffic Flow)의 특성을 나타내는 기본 요소로 옳지 않은 것은?

① 밀도
② 속도 및 통행시간
③ 차두시간 및 차간시간
④ 차량가속도 및 감속도

해설
교통류의 특성은 교통량과 속도, 밀도로 표현된다. 속도는 조사 구간의 길이를 조사시간으로 나눈 값이므로 속도를 알면 조사시간도 알 수 있다. 구해진 조사시간을 교통량으로 나누면 차두시간 및 차간시간도 계산 가능하다.

제3과목 교통시설

41 고속도로의 설계기준이 되는 세미 트레일러의 최소 회전 반지름은?

① 6.0m　　② 7.0m
③ 12.0m　　④ 15.0m

해설
설계기준 자동차의 종류별 제원

제원 (미터) 자동차 종류	폭	높이	길이	축간 길이	앞 내민 길이	뒷 내민 길이	최소 회전 반지름
세미 트레일러	2.5	4.0	16.7	• 앞축 간 거리 : 4.2 • 뒤축 간 거리 : 9.0	1.3	2.2	12.0

42 도로의 계획목표연도와 관련하여 아래의 ( )에 들어갈 말로 옳은 것은?

도로의 계획목표연도는 공용개시 계획연도를 기준으로 ( ) 이내로 정하되, 도로의 구분, 교통량 예측의 신뢰성, 투자의 효율성 등을 고려하여야 한다.

① 20년　　② 15년
③ 10년　　④ 5년

해설
도로의 구조·시설 기준에 관한 규칙 제6조(도로의 계획목표연도) ② 도로의 계획목표연도는 공용개시 계획연도를 기준으로 20년 이내로 정하되, 그 기간을 설정할 때에는 도로의 구분, 교통량 예측의 신뢰성, 투자의 효율성, 단계적인 건설의 가능성, 주변 여건, 주변 지역의 사회·경제계획 및 도시계획 등을 고려하여야 한다.

43 도로교통법상 도로 교통의 안전을 위하여 각종 제한·금지 등의 규제를 하는 경우에 이를 도로사용자에게 알리는 안전표지의 종류는?

① 주의표지　　② 규제표지
③ 지시표지　　④ 보조표지

정답 37 ① 38 ② 39 ② 40 ④ 41 ③ 42 ① 43 ②

> **해 설**
> 도로교통법 시행규칙 제8조(안전표지)
> ① 법 제4조에 따른 안전표지는 다음 각 호와 같이 구분한다.
>   2. 규제표지 : 도로교통의 안전을 위하여 각종 제한·금지 등의 규제를 하는 경우에 이를 도로 사용자에게 알리는 표지

44 우리나라 교통신호기 설치 근거 기준에 해당하지 않은 것은?

① 보행자 교통량
② 교통사고기록
③ 차량 교통량
④ 회전 교통량

> **해 설**
> 차량신호기 설치기준은 총 5가지이다. 차량 교통량, 보행자 교통량, 통학로, 교통사고기록, 비보호좌회전이 이에 해당한다.

45 노면이 시멘트 포장도로인 차도의 횡단경사 기준은?

① 1.0% 이상 1.5% 이하
② 1.5% 이상 2.0% 이하
③ 2.0% 이상 2.5% 이하
④ 2.5% 이상 3.0% 이하

> **해 설**
> 도로의 구조·시설 기준에 관한 규칙 제28조(횡단경사)
> ① 차도의 횡단경사는 배수를 위하여 노면의 종류에 따라 다음 표의 비율로 하여야 한다. 다만, 편경사가 설치되는 구간은 제21조에 따른다.
>
> | 노면의 종류 | 횡단경사(%) |
> |---|---|
> | 아스팔트 및 시멘트 포장도로 | 1.5 이상 2.0 이하 |

46 평면곡선부의 편경사에 대한 설명 중 ( ) 안에 들어갈 숫자로 옳은 것은?

> 설계속도가 시속 ( )킬로미터 이하인 도시지역의 도로에서 도로 주변과의 접근과 다른 도로와의 접속을 위하여 부득이하다고 인정되는 경우 편경사를 두지 않을 수 있다.

① 60
② 70
③ 80
④ 100

> **해 설**
> 도로의 구조·시설 기준에 관한 규칙 제21조(평면곡선부의 편경사)
> ② 제1항에도 불구하고 다음 각 호의 어느 하나에 해당하는 경우에는 편경사를 두지 아니할 수 있다.
>   1. 평면곡선 반지름을 고려하여 편경사가 필요 없는 경우
>   2. 설계속도가 시속 60킬로미터 이하인 도시지역의 도로에서 도로 주변과의 접근과 다른 도로와의 접속을 위하여 부득이하다고 인정되는 경우

47 설계속도가 120km/h인 도로의 평면곡선부에서 완화곡선 길이의 규정값은?

① 70m ② 60m ③ 50m ④ 40m

> **해 설**
> 도로의 구조·시설 기준에 관한 규칙 제23조(완화곡선 및 완화구간)
> ① 설계속도가 시속 60킬로미터 이상인 도로의 평면곡선부에는 완화곡선을 설치하여야 한다.
> ② 완화곡선의 길이는 설계속도에 따라 다음 표의 값 이상으로 하여야 한다.
>
> | 설계속도(km/h) | 완화곡선의 최소 길이(m) |
> |---|---|
> | 120 | 70 |

48 충분한 시거확보와 정지선에서 정지하고 있는 자동차의 안전을 위한 교차로 종단경사의 기준은?

① 10% 이하
② 5% 이하
③ 3% 이하
④ 1% 이하

> **해 설**
> 종단경사는 3% 이하이어야 한다.

49 어느 도로의 설계시간 교통량이 3,400vph이고 설계 서비스 수준이 D이며 이때의 서비스 교통량이 1,350vph이라면, 건설해야 할 도로의 차로 수는?

① 편도 2차로, 양방향 4차로
② 편도 3차로, 양방향 6차로
③ 편도 1.5차로, 양방향 3차로
④ 편도 2.5차로, 양방향 5차로

> **해 설**
> 차로수 $= \dfrac{\text{설계시간교통량}}{\text{서비스교통량}} = \dfrac{3,400}{1,350} =$ 약 2.52
> ∴ 편도 3차로, 양방향 6차로

정답 44 ④ 45 ② 46 ① 47 ① 48 ③ 49 ②

50 인터체인지 설계 시 입체교차 구조물이 반드시 필요한 연결로 형식은?

① 우직결 연결로
② 좌직결 연결로
③ 준직결 연결로
④ 루프 연결로

해설
준직결 연결로는 좌회전 교통량의 처리를 위해 반드시 입체교차 구조물이 필요하다.

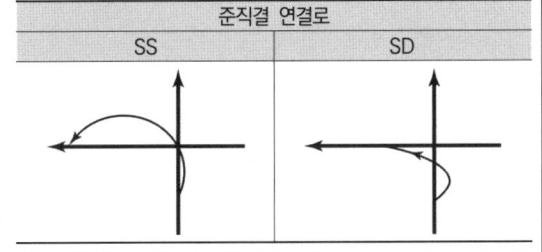

51 좌회전 차로의 설치에 대한 설명으로 틀린 것은?

① 좌회전 차로는 직진 차로와는 독립적으로 설치해야 하며 좌회전 차로에 들어가기 위한 충분한 시간적·공간적 여유를 확보해 주어야 한다.
② 직진 자동차가 그대로 좌회전 차로에 진입하도록 한다.
③ 도로폭을 최대한 유효하게 이용한다.
④ 폭이 넓은 중앙분리대를 이용하여 좌회전 차로를 설치하는 경우는 접근로 테이퍼 자체가 필요 없게 된다.

해설
직진 자동차는 테이퍼를 경유함으로써 충분히 감속된 상태로 좌회전 차로에 진입하여야 한다.

52 도로의 선형 설계 시 고려할 사항으로 틀린 것은?

① 자동차의 주행 시 주행역학적인 측면에서 안전성과 쾌적성을 유지할 수 있도록 한다.
② 운전자의 시각 및 심리적인 측면에서 보아 양호하도록 설계한다.
③ 도로 및 주위경관과 조화를 이루도록 한다.
④ 자연적 조건, 기존 지형보다는 설계속도를 높일 수 있도록 지형을 평탄하게 설계한다.

해설
도로의 선형은 지형과 조화를 이루어야 한다.

53 공동구의 설치 목적으로 틀린 것은?

① 각종 지하매설물 점용공사에 의한 반복된 노면굴착이 배제되어 원활한 교통소통과 교통사고 감소에 기여한다.
② 반복된 노면 굴착 및 복구에 따른 경제적 손해와 노면의 지지력 손상을 배제할 수 있다.
③ 각종 지하 매설물이 정비되고 합리적인 이용으로 점용단면에 대한 수용 용량이 감소한다.
④ 노상의 점용물건이 지하에 수용되어 도로교통 및 도시 미관에 유리하다.

해설
공동구란 전기·가스·수도 등의 공급설비, 통신시설, 하수도시설 등 지하매설물을 공동 수용함으로써 미관의 개선, 도로구조의 보전 및 교통의 원활한 소통을 위하여 지하에 설치하는 시설물을 말한다. 각종 지하매설물을 정비하여 합리적으로 이용하기 때문에 점용단면에 대한 수용 용량이 증대되는 장점을 갖는다.

54 도로의 차로 폭을 결정하는 데 고려해야 할 사항으로 틀린 것은?

① 교차로와 회전차로 수
② 교통량 및 대형차 혼입률
③ 서비스 수준
④ 평균 주행속도(설계속도)

해설
차로의 폭은 도로의 구분, 설계속도 및 지역, 교통량 및 대형차 혼입률, 서비스 수준 등을 고려하여 결정된다.

55 평행주차방식에 비하여 각도주차방식이 갖는 일반적인 특징으로 틀린 것은?

① 연석 길이당 주차 가능 대수는 평행주차방식보다 많다.
② 통과교통에 장애를 주는 면적이 크다.
③ 저속차량이 많이 이용하는 부도로에 적합하다.
④ 평행주차방식에 비해 주차 대수가 적다.

해설
주차 대수는 평행주차가 가장 적다.

56 버스터미널의 입지 선정에 관한 내용으로 틀린 것은?

① 도심부에 설치하는 경우 도심의 교통수요가 큰 장소에 설치한다.
② 대도시에서는 도심과 철도역 부근에 교통이 과다하게 집중되는 것을 방지하기 위해 부도심부에 설치한다.
③ 중소도시에서는 버스의 승차, 여객의 승강에 이점이 있도록 철도역 부근에 설치한다.
④ 대도시의 철도역 부근에 설치하는 경우 이용객의 편의를 위해 모든 노선을 함께 설치한다.

[해설]
모든 노선을 함께 설치할 경우 철도역 부근에 교통이 과다하게 집중되어 문제가 발생될 수 있다.

57 양방향 2차로 도로에서 앞지르기 시거의 총 거리를 계산할 때 구성되는 종류 중 틀린 것은?

① 앞차와의 주행거리
② 반대편 차로의 진입거리
③ 마주 오는 자동차의 주행거리
④ 마주 오는 자동차와의 여유거리

[해설]
앞지르기 시거 산정 시 고려사항은 반대편 차로 진입거리, 앞지르기 주행거리, 마주 오는 자동차와의 여유거리, 마주 오는 자동차의 주행거리이다.

58 설계속도가 100km/h이고 편경사가 5%, 마찰계수가 0.3인 도로의 최소 곡선반경은?(단, 소수점 첫 번째 자리 반올림 값)

① 225m   ② 235m
③ 245m   ④ 250m

[해설]
$$r = \frac{V^2}{127(i+f)}, \quad r = \frac{100^2}{127(0.3+0.05)} = 224.97$$
∴ 약 225m

59 도로의 기능에 따른 접근 관리 기법으로 틀린 것은?

① 고속도로 주변에서는 신호교차로의 위치를 가능한 한 멀리한다.
② 국지도로는 주요 기능인 이동성을 고려하여 접근 관리한다.
③ 집산도로는 간선도로보다 기능적으로 낮은 도로이므로 간선도로에 대한 접속 요구가 높다.
④ 간선도로는 주변 도로에서의 직접 접속을 최대한 억제한다.

[해설]
국지도로의 주요 기능은 접근성이다.

60 도로의 차로 수 결정 원칙에 대한 설명으로 잘못된 것은?

① 일반도로의 차로 수는 짝수 차로를 원칙으로 한다.
② 교통량이 적은 경우에도 2차로 이상으로 하는 것을 원칙으로 한다.
③ 도로의 차로 수는 설계 서비스 수준에 따라 홀수 차로로 할 수 있다.
④ 차로 수의 결정은 원칙적으로 설계시간 교통량과 설계서비스 교통량에 의하여 결정한다.

[해설]
도로의 차로 수는 교통흐름의 형태, 교통량의 시간별·방향별 분포, 그 밖의 교통 특성 및 지역여건에 따라 홀수 차로로 할 수 있다.

제4과목 도시계획개론

61 광역도시계획의 내용으로 틀린 것은?

① 광역계획권의 공간적 범위와 개발에 관한 사항
② 광역계획권의 녹지관리체계와 환경보전에 관한 사항
③ 광역시설의 배치·규모·설치에 관한 사항
④ 광역계획권의 문화·여가 공간 및 방재에 관한 사항

정답 56 ④ 57 ① 58 ① 59 ② 60 ③ 61 ①

> **해설**
> 국토의 계획 및 이용에 관한 법률 제12조(광역도시계획의 내용)
> ① 광역도시계획에는 다음 각 호의 사항 중 그 광역계획권의 지정목적을 이루는 데 필요한 사항에 대한 정책 방향이 포함되어야 한다.
>   2. 광역계획권의 녹지관리체계와 환경 보전에 관한 사항
>   3. 광역시설의 배치·규모·설치에 관한 사항
>   5. 그 밖에 광역계획권에 속하는 특별시·광역시·특별자치시·특별자치도·시 또는 군 상호 간의 기능 연계에 관한 사항으로서 대통령령으로 정하는 사항
> 국토의 계획 및 이용에 관한 법률 시행령 제9조(광역도시계획의 내용)
> 법 제12조 제1항 제5호에서 "대통령령이 정하는 사항"이라 함은 다음 각 호의 사항을 말한다.
>   2. 광역계획권의 문화·여가공간 및 방재에 관한 사항
> 따라서 공간적 범위와 개발에 관한 사항은 해당 없다.

62 다음 중 계획가와 계획 도시의 연결이 옳지 않은 것은?

① 하워드 - 전원도시(Garden City)
② 테일러 - 위성도시(Satellite City)
③ 마타 - 선상도시(Linear City)
④ 페리 - 래드번(Radburn)

> **해설**
> 페리는 근린주구(Neighbourhood Unit)를 주장하였고, 래드번(Radburn)은 라이트(H. Wright)와 스타인(C. Stein)이 주장하였다.

63 도시교통의 특성으로 틀린 것은?

① 통행목적을 달성하기 위해 도시 간을 연결해주는 중장거리 교통이다.
② 대중교통 육성 등을 통한 대량 수송을 필요로 한다.
③ 하루 중 오전과 오후 2회에 걸쳐 첨두현상이 발생한다.
④ 도심지와 같은 특정 지역에 통행이 집중된다.

> **해설**
> 도시교통은 출퇴근 등의 단거리 교통이 주를 이룬다.

64 제3차 국토종합개발계획(1992~1999)의 기본목표에 해당하지 않는 것은?

① 생산적·자원절약적 국토이용 체계의 구축
② 거점개발방식의 확산과 성장거점 도시의 육성
③ 국민복지의 향상과 국토환경의 보존
④ 남북 통일 대비 기반 조성

> **해설**
> ② 거점개발방식의 확산과 성장거점 도시의 육성은 제1차 국토종합개발계획(1972~1981)의 내용이다.

65 친환경적 공원녹지계획의 기본방향이라고 볼 수 없는 것은?

① 거점, 점, 선 형태의 생물 서식 공간의 녹지축 체계화
② 생태적 종 다양성의 보전과 생물 서식 공간의 확보를 위한 보존
③ 시민에게 보편적 접근성을 제공하기 위한 주요 주거지 주변의 공원녹지 배치
④ 생태이동통로 확보 등을 도모하는 공원녹지 네트워크 형성

> **해설**
> 주거지 주변에 공원녹지가 배치되면 공원녹지의 유지 및 관리에 많은 비용이 소요되고, 환경의 보존이 쉽지 않으므로, 주거지 주변에 공원녹지를 배치하는 것은 친환경적 공원녹지계획의 기본방향이라고 보기 어렵다.

66 도시화의 일반적인 현상이 아닌 것은?

① 농촌지역의 인구가 이동하여 도시지역에 집중하는 현상
② 도시적 성격의 산업과 외형을 지니는 지역의 면적이 확산되는 현상
③ 도시의 인구밀도가 높아지고 건축물이 고밀·고층화되는 현상
④ 교통수단의 발달로 교외에 소규모 불량주거지역이 난립하는 현상

> **해설**
> 도시화를 나타내는 내용에는 인구의 도시 집중 및 정착현상, 도시사회구조의 확산현상, 고밀화, 생활기능의 이동성, 생활기능의 공간적 분화성, 도시문화의 확산현상 등이 있다.

67 하워드(E. Howard)가 제시하여 런던 교외의 도시인 레치워스(Letchworth)와 웰윈(Welwyn)에서 실현되었으며, 위성도시론의 발전에 크게 기여한 계획안은?

① 근린주구론 ② 전원도시론
③ 지역계획론 ④ 선상도시론

정답 62 ④ 63 ① 64 ② 65 ③ 66 ④ 67 ②

> **해설**
> 하워드(E. Howard)의 전원도시는 소규모 인구, 토지의 공유화, 도시 주변에 넓은 농업지대 확보를 통한 오픈 스페이스(Open Space) 조성, 인구 규모 3~5만 명, 위성도시 발달의 근간, 개발이익의 사회환수가 특징이다. 레치워스와 웰윈에서 실시되어 위성도시론에 크게 기여하였다.

68 도시·군계획시설로서 도로의 배치간격 기준이 틀린 것은?

① 주간선도로와 주간선도로의 배치간격 : 700m 내외
② 주간선도로와 보조간선도로의 배치간격 : 500m 내외
③ 보조간선도로와 집산도로의 배치간격 : 250m 내외
④ 국지도로 간의 배치간격 : 가구의 짧은 변 사이의 배치간격은 90m 내지 150m 내외, 가구의 긴 변 사이의 배치간격은 25m 내지 60m 내외

> **해설**
> 주간선도로와 주간선도로는 1천 미터 내외의 배치간격을 갖는다.

69 지구단위계획에 대한 설명 중 틀린 것은?

① 지구단위계획은 주민들이 제안할 수 있다.
② 지역의 세분과 지구의 변경을 할 수 있다.
③ 관광특구에서도 지구단위계획을 수립할 수 있다.
④ 지구단위계획으로 체육공원을 설치할 수 있다.

> **해설**
> 용도지구는 도시·군관리계획 결정으로 변경 가능하다.

70 도시계획 과정에서의 주민참여에 대한 설명으로 틀린 것은?

① 도시계획의 입안 및 집행에 지역주민이 직접·간접적으로 참여할 수 있다.
② 폐쇄적인 계획의 추진에서 발생하기 쉬운 오류와 저항을 사전에 예방할 수 있다.
③ 주민 참여는 개발에 의한 이익을 균등 배분하기 위함이다.
④ 주민의 의사와 욕구를 개발목표에 맞추어 구체화시킴으로써 도시행정의 능률적인 수행을 도모할 수 있다.

> **해설**
> 도시계획 과정에 주민이 참여하는 이유는 계획의 입안 및 집행에 직·간접적으로 참여하고 도시행정의 능률적 수행을 도모하기 위함이다. 이 과정을 통해 오류와 저항을 예방하는 장점을 갖게 된다. 개발이익의 균등 배분을 위해 참여하는 것은 아니다.

71 지리정보시스템(GIS)에 대한 설명으로 틀린 것은?

① 점, 선, 면으로 표현하는 도형자료는 x, y 좌표값을 가진다.
② 데이터베이스 처리 기능을 갖추고 있다.
③ 레이어(Layer)는 토양도와 같은 주제로 표현한다.
④ 속성자료는 3차원의 화상으로 구성된다.

> **해설**
> 속성자료는 입력에 사용되는 자료이므로 3차원 화상으로 구성되어 있지는 않다.

72 호이트(Hoyt)에 의한 선형지대이론에서 나타나지 않는 것은?

① 중심업무지구   ② 주변업무지구
③ 고급주택지구   ④ 도매·경공업지구

> **해설**
> 선형이론에서는 중심업무지구, 도매·경공업지구, 저급주택지구, 중산층 주택지구, 고급 주택지구가 나타난다.

73 기후변화에 대응한 저탄소 도시 조성을 위한 도시관리정책의 수단이라고 볼 수 없는 것은?

① 도시의 외연적 확대를 통한 도시 열섬현상 완화
② 차량 운행 억제를 위한 자동차 관련 규제의 강화
③ 대중교통 중심 개발(Transit Oriented Development) 추진
④ 용도지역 상한제 적용을 통한 이동거리의 감소

> **해설**
> 저탄소 도시 조성을 위해 차량의 억제, 대중교통 중심 개발, 이동거리 감소 등의 정책을 사용하는데, 도시가 외연적으로 확대되면 이동거리가 증가하게 된다. 따라서 도시의 외연적 확대 정책은 저탄소 도시 조성을 위한 도시관리정책의 수단으로 보기 어렵다.

정답 68 ① 69 ② 70 ③ 71 ④ 72 ② 73 ①

74 기준연도의 인구와 출생률, 사망률 및 인구이동 등의 변화요인을 고려하여 장래의 인구를 추정하는 요소모형은?

① 등차급수법　　② 집단생잔법
③ 비교유추법　　④ 최소자승법

해설
집단생잔법(Cohort Survival Method)이란 기준연도의 인구와 출생률, 사망률 및 인구이동 등의 인구변화요인을 고려하여 장래 인구를 추정하는 방법을 말한다.

75 도시를 구성하는 3요소에 해당하지 않는 것은?

① 토지 및 시설　　② 집적이익
③ 활동　　　　　　④ 시민

해설
도시의 구성요소는 시민, 활동, 토지 및 시설이다.

76 대중교통지향개발(TOD ; Transit-Oriented Development)에 대한 설명으로 적합하지 않은 것은?

① 토지 이용과 교통체계 간의 밀접한 상호 영향 관계를 고려하는 계획이다.
② 철도역, 지하철역 또는 버스정류장과 같은 교통 결절점을 중심으로 주거, 상업, 업무 등의 다양한 기능을 배치하도록 하고 있다.
③ 도시의 무분별한 외연적 확산을 촉진하고 승용차의 이용편리성을 제고하는 데 목적이 있다.
④ 배기가스로 인한 환경오염을 TOD로 저감하여 도시민의 건강을 증진할 수 있다.

해설
대중교통지향개발(TOD ; Transit-Oriented Development)로 도시의 무분별한 외연적 확산을 방지할 수 있다.

77 19세기 중반 파리 대개조 운동을 전개한 사람은?

① Lynch　　② Mumford
③ Haussmann　　④ Hall

해설
파리 대개조 운동
- 1852년 오스만(Haussmann)에 의해 수립
- 바로크시대 절대왕권시기에 이루어진 도시계획
- 권위주의 사조를 바탕으로 함
- 도로, 상하수도, 스카이라인 등 현대 파리의 모습을 완성한 도시계획

78 중력모형을 이용한 도시세력권의 확정 방법에서 A도시의 인구가 20만 명, B도시의 인구가 5만 명, 두 도시 간 거리가 15km일 때 B시에서 세력권 분기점까지의 거리는?

① 5km　　② 7.5km
③ 10km　　④ 15km

해설
$$\frac{거리}{1+\sqrt{\frac{A인구}{B인구}}} = \frac{15km}{1+\sqrt{\frac{20}{5}}} = 5km$$

79 현대의 신도시계획이나 지형이 평탄한 도시에 많이 사용되며 부정형한 토지가 적어 토지 이용에는 유리하나 광범위하게 적용하면 획일화되어 단조로울 수 있는 가로망 형태는?

① 방사형　　② 방사환상형
③ 격자형　　④ 환상형

해설
격자형 도로망은 평탄한 도시에 적합하고 획일적인 디자인으로 다양성이 결여되는 단점이 있으며 고대, 그리스 식민도시, 중세 봉건도시 등에서 흔히 볼 수 있다. 현대에서 들어와서는 미국의 뉴욕 및 필라델피아에서 채택한 가로망의 형태이다.

80 우리나라가 안고 있는 중요한 도시문제로 볼 수 없는 것은?

① 자동차의 꾸준한 증가와 침입
② 도로공간의 인간소외
③ 기성시가지의 쇠퇴
④ 부족한 주택공급

해설
우리나라는 주택공급률이 서울시가 95% 이상, 수도권이 97% 이상이다. 적정 공급률인 105~110%까지 지속적인 공급이 진행 중이다. 우리나라의 도시문제는 주택이 부족해서 생기는 문제보다 자동차의 증가(등록대수 2천만 대 이상), 인간소외, 기성시가지의 쇠퇴문제가 더욱 심각한 원인으로 거론되고 있다.

정답　74 ②　75 ②　76 ③　77 ③　78 ①　79 ③　80 ④

제5과목 교통관계법규

81 도로교통법에서 정의하고 있는 고속도로의 개념으로 옳은 것은?

① 통행료를 지불해야 다닐 수 있는 도로
② 승합, 승용 및 원동기장치 자전거만 다닐 수 있는 도로
③ 자동차의 고속 운행에만 사용하기 위하여 지정된 도로
④ 주행속도의 제한이 없는 도로

해 설
도로교통법 제2조(정의)에 의거 "고속도로"란 자동차의 고속 운행에만 사용하기 위하여 지정된 도로를 말한다.

82 국가통합교통체계효율화법의 국가교통조사계획은 몇 년 단위로 국가교통위원회의 심의를 거쳐 수립하여야 하는가?

① 1년 ② 3년
③ 5년 ④ 10년

해 설
국가통합교통체계효율화법 제12조(국가교통조사)에 의거 국토교통부장관은 국가교통조사 및 개별교통조사의 중복을 방지하는 등 효율적인 교통조사의 시행과 조사 결과의 공동 활용 등을 위하여 5년 단위로 국가교통조사의 목표 및 전략, 세부 조사의 내용 및 방법 등에 관한 국가교통조사계획을 국가교통위원회의 심의를 거쳐 수립하여야 한다.

83 국제교류 및 교역 관련 교통물류활동이나 국내 주요 권역 간 교통물류활동이 대규모로 이루어지는 거점으로서, 국가기간교통망과의 연계교통체계 구축 등을 국가적 차원에서 관리·지원하기 위하여 지정·고시된 교통물류거점은?

① 제1종 교통물류거점
② 제2종 교통물류거점
③ 제3종 교통물류거점
④ 제4종 교통물류거점

해 설
국가통합교통체계효율화법 제2조(정의)에 의거 "교통물류거점"이란 하나 또는 둘 이상의 교통수단을 이용하여 대규모 여객 또는 화물의 연계운송·환승·환적(換積)·하역·보관 등 주요 교통물류활동이 이루어지고 있는 공항·항만·철도역·터미널·산업단지 등 주요 근거지로서 다음 각 목의 어느 하나에 해당하는 것을 말한다.
가. 제1종 교통물류거점 : 국제교류 및 교역 관련 교통물류활동이나 국내 주요 권역 간 교통물류활동이 대규모로 이루어지는 거점으로서 국가기간교통망과의 연계교통체계 구축 등을 국가적 차원에서 관리·지원하기 위하여 지정·고시 된 교통물류거점

84 운행상의 안전기준 중 화물차의 적재용량에 관한 설명으로 틀린 것은?

① 길이는 자동차 길이의 1/10을 더한 길이 이내
② 너비는 자동차의 후사경으로 뒤쪽을 확인할 수 있는 범위
③ 중량은 적재용량의 120% 이내
④ 높이는 지상으로부터 4.0m 이내

해 설
화물자동차의 적재중량은 구조 및 성능에 따르는 적재중량의 110퍼센트 이내여야 한다.

85 교통안전법상 교통안전관리자가 될 수 있는 자는?

① 교통안전관리자 자격의 취소처분을 받은 날부터 3년이 경과된 자
② 금고 이상의 실형을 선고받고 그 집행이 종료된 날부터 1년이 경과한 자
③ 금고 이상의 형의 집행유예 선고를 받고 그 유예기간 중에 있는 자
④ 한정치산자

해 설
교통안전법 제53조(교통안전관리자의 고용 등)에 의거 다음 각 호의 어느 하나에 해당하는 자는 교통안전관리자가 될 수 없다.
1. 금치산자 또는 한정치산자
2. 금고 이상의 실형을 선고받고 그 집행이 종료(집행이 종료된 것으로 보는 경우를 포함한다)되거나 집행이 면제된 날부터 2년이 경과되지 아니한 자
3. 금고 이상의 형의 집행유예 선고를 받고 그 유예기간 중에 있는 자
4. 제54조의 규정에 따라 교통안전관리자 자격의 취소처분을 받은 날부터 2년이 경과되지 아니한 자
→ 자격의 취소처분을 받고 3년이 경과하였으면 2년 이상 경과되었으므로 교통안전관리자가 될 수 있다.(참고로 한정치산자는 피한정후견인으로 법적 용어가 변경되었다.)

정답 81 ③ 82 ③ 83 ① 84 ③ 85 ①

86 현행 주차장법상 위락시설의 부설주차장 설치기준으로 옳은 것은?

① 시설면적 50m²당 1대
② 시설면적 100m²당 1대
③ 시설면적 120m²당 1대
④ 시설면적 200m²당 1대

해 설
주차장법 시행령 제6조(부설주차장의 설치기준)에 의거 위락시설은 시설면적 100m2당 1대(시설면적/100m2)의 부설주차장을 설치하여야 한다.

87 도로관리청이 자동차전용도로를 지정하려는 경우에는 자동차전용도로의 연장을 몇 킬로미터 이상이 되도록 하여야 하는가?

① 3km   ② 5km
③ 7km   ④ 10km

해 설
도로법 시행령 제46조(자동차전용도로의 지정)에 의거 도로관리청이 자동차전용도로를 지정하려는 경우에는 자동차전용도로의 연장을 5킬로미터 이상이 되도록 하여야 한다. 다만, 도로관리청은 현지 교통여건 등을 고려하여 필요하다고 인정하는 경우 자동차전용도로의 연장을 2킬로미터 이상으로 할 수 있다.

88 국가통합교통체계효율화법상 타당성 평가를 하는 대상사업에 대한 설명으로 틀린 것은?

① 총 사업비 300억 원 이상인 공공교통시설 개발사업이 대상이다.
② 재해 예방·복구 지원 등 긴박한 상황에 대응하기 위하여 시급히 추진할 필요가 있는 사업은 제외한다.
③ 교통시설의 유지·보수 등 기존 시설의 효용증진을 위한 단순 개량 및 유지·보수사업은 제외한다.
④ 지역균형발전, 철도망 구축 등 정책적으로 추진할 필요가 있는 사업으로서 관계 행정기관의 장과 협의한 후 국가교통위원회의 심의를 거쳐 지방자치단체의 장이 타당성 평가 대상사업에서 제외하는 것이 타당하다고 인정한 사업은 제외한다.

해 설
국가통합교통체계효율화법 시행규칙 제4조(타당성 평가 대상사업 등)에 의거 지역균형발전, 철도망 구축 등 정책적으로 추진할 필요가 있는 사업으로서 관계 행정기관의 장과 협의한 후 국가교통위원회의 심의를 거쳐 국토교통부장관이 타당성 평가 대상사업에서 제외하는 것이 타당하다고 인정한 사업을 타당성 평가 대상사업에서 제외할 수 있다. 따라서 ④ 지방자치단체의 장이 아니라 국토교통부장관이 제외를 인정해야 한다.

89 도시교통정비 기본계획 수립을 위해 실시하는 기초조사의 내용으로 틀린 것은?

① 인구 등 사회·경제 지표 현황 및 전망
② 자동차보유현황 및 증가 추세
③ 간선도로 및 교차로에서의 교통량 현황 및 그 변화추이
④ 주차장 현황 및 그 확충계획

해 설
도시교통정비촉진법 시행령 제10조(기초 조사의 내용 등)에 의거 시장 또는 군수가 기본계획을 수립하기 위하여 실시하는 조사에는 다음 각 호의 사항이 포함되어야 한다.
1. 인구 등 사회·경제지표 현황 및 전망
2. 토지이용 현황 및 계획
3. 자동차 보유 현황 및 증가 추세
4. 교통시설의 이용 현황 및 변화 추이
5. 간선도로 및 교차로에서의 교통량 현황과 그 변화 추이
6. 주요 간선도로별 시외 유입·출입 교통량과 그 변화 추이
따라서 ④ 기초조사의 내용에 주차장 현황 및 그 확충계획은 기초조사의 내용에 포함되어 있지 않다.

90 다음 설명 중 ( )에 들어갈 말로 옳은 것은?

"정차"란 운전자가 ( )을 초과하지 아니하고 차를 정지시키는 것으로서 주차 외의 정지 상태를 말한다.

① 1분   ② 3분
③ 5분   ④ 10분

해 설
도로교통법 제2조(정의)에 의거 "정차"란 운전자가 5분을 초과하지 아니하고 차를 정지시키는 것으로서 주차 외의 정지 상태를 말한다.

91 평행주차형식 외의 경우 일반형 차량에 대한 주차단위구획의 너비와 길이 기준으로 옳은 것은?

① 너비 2.0m 이상, 길이 5.0m 이상
② 너비 2.0m 이상, 길이 5.1m 이상
③ 너비 2.3m 이상, 길이 3.6m 이상
④ 너비 2.3m 이상, 길이 5.0m 이상

정답 86 ② 87 ② 88 ④ 89 ④ 90 ③ 91 답없음

> **해 설**
> 주차장법 시행규칙 제3조(주차장의 주차구획)에 의거 주차장의 주차단위구획은 다음 각 호와 같다.
> 2. 평행주차형식 외의 경우
>
> | 구분 | 너비 | 길이 |
> |---|---|---|
> | 경형 | 2.0m 이상 | 3.6m 이상 |
> | 일반형 | 2.5m 이상 | 5.0m 이상 |
> | 확장형 | 2.6m 이상 | 5.2m 이상 |
> | 장애인 전용 | 3.3m 이상 | 5.0m 이상 |
> | 이륜자동차 전용 | 1.0m 이상 | 2.3m 이상 |

92 교통안전법상 교통안전관리자의 종류에 해당하지 않는 자는?

① 도로교통안전관리자
② 철도교통안전관리자
③ 항만교통안전관리자
④ 선박교통안전관리자

> **해 설**
> 교통안전법 시행령 제11조(교통안전관리자의 종류 및 직무 등)에 따라 교통안전관리자는 도로, 철도, 항공, 항만, 삭도교통안전관리자로 구분된다.

93 지방자치단체 소관 교통시설의 신설·확장 또는 정비사업 등을 효과적으로 추진하기 위한 중기 교통시설투자계획은 몇 년 단위로 수립하는가?

① 3년
② 5년
③ 10년
④ 20년

> **해 설**
> 국가통합교통체계효율화법 제6조(중기 교통시설투자계획의 수립)에 의거 국토교통부장관은 국가기간교통망계획에서 정한 국가기간교통시설 개발사업과, 이와 연계되는 지방자치단체 소관 교통시설의 신설·확장 또는 정비사업(이하 "지방교통시설 개발사업"이라 한다) 등을 효과적으로 추진하기 위하여 5년 단위로 중기 교통시설투자계획(이하 "중기투자계획"이라 한다)을 수립하여야 한다.

94 국가교통정책 결정 지원체계의 개발·운영에 관한 사항으로 틀린 것은?

① 교통수단별·교통목적별 및 교통정책 단계별 분석모형기술 개발
② 교통과 토지이용·경제·환경 등 통합 분석모형기술 개발
③ 모형 및 자료구조 등에 적합한 기초이론체계 개발
④ 교통정책 분석 및 평가지표 활용기술 개발

> **해 설**
> 국가통합교통체계효율화법 제32조(국가교통정책 결정 지원체계 개발·운영)
> 국토교통부장관은 육상·해상·항공 교통 분야 정책을 종합적·체계적으로 분석하고 합리적인 결정을 지원할 수 있도록 관계 중앙행정기관의 장과 협의하여 국토교통부령으로 정하는 바에 따라 국가교통정책 결정 지원체계를 개발·운영할 수 있다. 〈개정 2013.3.23.〉
> 국가통합교통체계효율화법 시행규칙 제16조(국가교통정책 결정 지원체계 개발·운영)
> ① 국토교통부장관은 법 제32조에 따라 다음 각 호의 사항이 포함된 국가교통정책 결정 지원체계를 개발·운영할 수 있다. 〈개정 2013.3.23〉
> 1. 교통수단별·교통목적별 및 교통정책 단계별 분석모형기술 개발
> 2. 교통과 토지이용·경제·환경 등 통합 분석모형기술 개발
> 3. 분석모형에 적합한 자료구조 및 응용기술 개발
> 4. 교통정책 분석 및 평가지표 활용기술 개발
> 5. 모형 및 자료구조 등에 적합한 응용소프트웨어 개발
> 6. 그 밖에 효율적인 국가교통정책 결정 지원체계 구축을 위하여 필요한 사항

95 도로관리청은 그 소관 도로의 원활한 건설 및 도로의 유지·관리를 위한 도로건설·관리계획 수립을 몇 년마다 하여야 하는가?

① 5년   ② 10년   ③ 15년   ④ 20년

> **해 설**
> 도로법 제6조(도로건설·관리계획의 수립 등)에 의거 도로관리청은 도로의 원활한 건설 및 도로의 유지·관리를 위하여 5년마다 소관 도로(제13조에 따른 고속국도 또는 일반국도의 지선을 포함한다.)에 대하여 도로건설·관리계획(이하 "건설·관리계획"이라 한다)을 수립하여야 한다. 다만, 국가지원지방도에 대해서는 국토교통부장관이 건설·관리계획을 수립한다.

96 장애인 전용주차인 경우의 주차단위 구획의 너비와 길이 기준이 모두 옳은 것은?(단, 평행주차형식 외의 경우이다.)

① 3.0m 이상, 5.0m 이상
② 3.0m 이상, 5.1m 이상
③ 3.3m 이상, 5.0m 이상
④ 3.3m 이상, 6.0m 이상

정답 92 ④   93 ②   94 ③   95 ①   96 ③

> **[해설]**
> 주차장법 시행규칙 제3조(주차장의 주차구획)에 의거 주차장의 주차단위구획은 다음 각 호와 같다.
>
> | 구분 | 너비 | 길이 |
> |---|---|---|
> | 경형 | 2.0m 이상 | 3.6m 이상 |
> | 일반형 | 2.5m 이상 | 5.0m 이상 |
> | 확장형 | 2.6m 이상 | 5.2m 이상 |
> | 장애인 전용 | 3.3m 이상 | 5.0m 이상 |
> | 이륜자동차 전용 | 1.0m 이상 | 2.3m 이상 |

97 도시교통정비촉진법 시행령에 따라 시장 또는 군수가 중기계획의 수립을 위하여 실시하는 조사 내용이 아닌 것은?

① 토지이용 현황 및 계획
② 대중교통 운영 현황
③ 교통안전시설 확충계획
④ 교통혼잡지역의 현황·원인 및 대책

> **[해설]**
> 도시교통정비 촉진법 시행령 제10조(기초 조사의 내용 등)에 의거 시장 또는 군수가 중기계획을 수립하기 위하여 법 제9조 제1항에 따라 실시하는 조사에는 다음 각 호의 사항이 포함되어야 한다.
> 2. 토지이용 현황 및 계획
> 8. 교통혼잡지역의 현황·원인 및 대책
> 9. 교통안전시설 확충계획

98 도시교통정비 기본계획 시행 및 도시교통 개선에 필요한 재원을 확보하고, 효율적으로 운용·관리하기 위하여 설치하는 지방도시교통사업특별회계의 세입원이 아닌 것은?(단, 그 밖에 일반회계로부터의 전입금 및 도시교통과 관련한 수입은 제외한다.)

① 혼잡통행료
② 교통유발부담금
③ 일반회계로부터의 전입금
④ 자동차 운행제한 위반 과태료

> **[해설]**
> 도시교통정비촉진법 제49조(지방도시교통사업특별회계의 설치)에 의거 기본계획의 시행 및 도시교통의 개선에 필요한 재원을 확보하고, 효율적으로 운용·관리하기 위하여 도시교통정비지역에 소재하는 특별시·광역시·특별자치시·특별자치도 및 시에 지방도시교통사업특별회계를 설치할 수 있다. 〈개정 2013.5.22.〉
> 특별회계는 다음 각 호의 수입을 세입으로 한다.
> 1. 혼잡통행료
> 2. 교통유발부담금
> 3. 과태료
> 4. 그 밖에 일반회계로부터의 전입금 및 도시교통과 관련한 수입

99 시·도지사 또는 시장·군수·구청장이 도로 관리청인 도로 중 대도시권의 주요 간선도로로서 교통 혼잡의 해소, 물류의 원활한 흐름을 위하여 개선사업의 시행이 필요한 구간과 각 권역별 개선사업계획을 수립하여야 하는 기간이 모두 옳은 것은?

① 권역별 교통혼잡도로, 3년
② 대도시권 교통혼잡도로, 5년
③ 대도시권 교통혼잡도로, 3년
④ 권역별 교통혼잡도로, 5년

> **[해설]**
> 도로법 제8조(대도시권 교통혼잡도로 개선)에 의거 국토교통부장관은 시·도지사 또는 시장·군수·구청장이 도로관리청인 도로 중 대도시권의 주요 간선도로로서 교통 혼잡의 해소, 물류의 원활한 흐름을 위하여 개선사업의 시행이 필요한 구간의 도로(이하 "대도시권 교통혼잡도로"라 한다)에 대하여 5년마다 권역별로 대도시권 교통혼잡도로 개선사업계획을 수립하여야 한다.

100 도로교통법상 원활한 교통을 확보하기 위하여 특히 필요한 경우에 시장 등이 도로에 전용차로를 설치할 때 협의하여야 하는 자는?

① 지방경찰청장
② 국토교통부장관
③ 첨단교통정보센터장
④ 구청장

> **[해설]**
> 도로교통법 제15조(전용차로의 설치)에 의거 시장 등은 원활한 교통을 확보하기 위하여 특히 필요한 경우에는 지방경찰청장이나 경찰서장과 협의하여 도로에 전용차로(차의 종류나 승차 인원에 따라 지정된 차만 통행할 수 있는 차로를 말한다. 이하 같다)를 설치할 수 있다.

정답 97 ② 98 ④ 99 ② 100 ①

제6과목 교통안전

101 특정구간을 일방통행으로 처리할 때 발생되는 교통안전 측면의 장점으로 틀린 것은?

① 상충지점 수가 감소하여 사고율 감소
② 회전차량에 대한 추월이 어려워져 사고율 감소
③ 신호운영 효율화를 통한 횡단보행자에 대한 적정 시간간격 제공으로 사고율 감소
④ 대향교통량 제거를 통한 정면 충돌 사고의 감소

해 설
일방통행을 시행한다고 해서 회전차량에 대한 추월이 어려워지지는 않는다.

102 교통안전개선사업에 대한 사후 평가의 목적으로 가장 거리가 먼 것은?

① 개선사업 시행 후 사고 가능성이 높아지는 경우 이에 대해 신속한 조치를 취하기 위해 실시한다.
② 개선사업에 따라 얼마나 많은 통행 교통량의 변화를 유발할 수 있는지를 추측하기 위해 실시한다.
③ 개선사업의 효과가 시간의 변화에 따라 안정적인지의 여부를 파악하기 위해 실시한다.
④ 개선사업의 초기에 설정한 목적으로 달성하고 있는지를 평가하기 위해 실시한다.

해 설
교통안전개선사업의 목적 자체가 안전성의 제고에 있다. 따라서 교통량의 변화 유발 정도의 추측을 사후 평가의 목적이라고 판단하기 어렵다.

103 어느 지점의 연간 교통사고 건수는 20건, 일교통량은 1,000대이다. 이 지점에 교통안전 시설을 설치하는 경우, 사고감소율을 20%, 장래의 일교통량을 1,500대로 예상할 때 예측되는 사고감소 건수는?

① 5건 ② 6건 ③ 7건 ④ 8건

해 설
사고감소건수
$= 연평균교통사고건수 \times 사고감소율 \times \dfrac{개선 후 ADT}{개선 전 ADT}$
$= 20 \times 0.2 \times \dfrac{1,500}{1,000} = 6건$

104 사고지점도에 대한 설명으로 틀린 것은?

① 사고가 집중적으로 발생하는 지점의 시각적 색인을 신속하게 제공한다.
② 지도상에 핀, 색종이를 붙이거나 표시를 하여 사고지점을 나타낸다.
③ 도시부에서는 축척 1 : 3,000, 지방부에서는 1 : 25,000의 지도를 사용한다.
④ 사고지점도는 통상 연단위로 관리된다.

해 설
지방부에서는 1 : 50,000의 지도가 일반적으로 사용된다.

105 교통사고의 원인 중 하나인 운전자에 관한 설명으로 틀린 것은?

① 운전자는 정보처리과정에서 단지 수동적 요소다.
② 운전자는 자신의 선택에 의하여 운전의 스트레스를 감소 또는 증가시키기도 한다.
③ 운전자에 대한 환경적 요구는 시간에 따라 변한다.
④ 운전자의 운전능력은 시간에 따라 변한다.

해 설
운전자는 자신의 선택에 의해 운전의 스트레스를 증감시키는 능동적 요소이다.

106 연속된 교차로에서 첫 번째의 녹색 신호 시작과 다음 신호의 녹색 신호 시작 시간과의 시간 간격을 무엇이라 하는가?

① 분할비(Split Ratio) ② 옵셋(Offset)
③ 간격(Interval) ④ 주기(Cycle)

해 설
옵셋(Offset)이란 연속진행(Progression) 교통신호 구현에 있어 기준이 되는 신호교차로에서의 녹색등기 시점과 다른 신호교차로 녹색등기 시점의 차이로 초 또는 주기의 백분율로 나타낸 값을 말한다. 신호제어 주기(Parameter)의 하나로 기준 시점에서 각 신호등의 녹색 신호 개시시점의 시간 또는 인접신호등 간의 녹색 신호 개시시점의 시간을 의미하고 전자를 절대 옵셋이라 하며, 보통 시간(초) 또는 주기의 백분율로 표시한다. 연속된 교차로에서 어떤 기준 시간으로부터 첫 신호등의 녹색 등화의 시작 시간과 다음 신호등의 녹색 등화가 켜질 때까지의 시간차를 초(Sec) 또는 주기의 백분율로 나타낸 값을 말한다.

정답 101 ② 102 ② 103 ② 104 ③ 105 ① 106 ②

107 구간 길이가 1km인 도로에서 10년 동안 사망사고 3건, 부상사고 10건, 대물피해사고가 60건 발생하였다. 이 도로의 일평균교통량이 6,000대일 때 교통사고율은?(단, 교통사고 피해 정도에 의한 방법을 따르며, 심각도 계수는 사망사고 12, 부상사고 3, 대물피해사고 1로 가정한다.)

① 약 4.75건   ② 약 5.25건
③ 약 5.75건   ④ 약 6.25건

해 설

EPDO와 AR 두 가지를 모두 구하여 해결 가능하다
$EPDO = 12F + 3(A+B+C) + PDO$
$EPDO = 12(3) + 3(10) + 1(6) = 126$ ∴ $N = 126$
$AR = \dfrac{N \times 1,000,000}{365 \times Y \times AADT}$
$AR = \dfrac{126 \times 1,000,000}{365 \times 10 \times 6,000} = 5.7534$ ∴ 약 = 5.75건

108 한 차량이 연속적으로 10m에 이어 20m의 바퀴자국을 남기고 정지하였을 경우 이 차량의 초기속도는?(단, 노면마찰계수 = 0.6이다.)

① 약 63km/h   ② 약 65km/h
③ 약 67km/h   ④ 약 69km/h

해 설

$V = \sqrt{254(f \times i)l} = \sqrt{254(0.6+0)30} = 67.617(km/h)$
= 약 67km/h

109 교통사고 분석을 위한 사고의 재구성에서 사용되는 동력학의 세 가지 개념에 속하지 않는 것은?

① 곡선부에서의 원심력
② 낙하에 의한 차체의 거동
③ 마찰로 인한 물체의 감속
④ 도로조명에 의한 시야 장애

해 설

사고의 재구성에 사용되는 동력학의 세 가지 개념은 원심력, 낙하물체의 거동, 마찰로 인한 물체의 감속이다.

110 교통사고의 정의로 가장 적합한 것은?

① 차량이 교통으로 인하여 사람을 사상하였거나 물건을 손괴한 사고
② 차량이 교통으로 인하여 사람만을 사상한 사고
③ 차량이 교통으로 인하여 물건만을 손괴한 사고
④ 차량이 교통으로 인하여 차량만을 파손한 사고

해 설

교통사고란 차량이 교통으로 인하여 사람을 사상하였거나 물건을 손괴한 사고를 말한다.

111 지방부 도로의 안전조치 중 비용 – 효과성과 안전효율성을 동시에 높게 만족시키는 조치로 틀린 것은?

① 차로 폭 확장   ② 야광안내지주
③ 사고지점 재포장   ④ 유도표시

해 설

도로의 안전조치 중 비용 – 효과성과 안전효율성을 동시에 높게 만족시키는 조치
• 야광안내지주 • 사고지점 재포장 • 유도표시
• 회전차로 • 부러지는 지주

112 도로안전시설 중 시선유도표지의 기능이나 설치 장소 등에 대한 내용으로 틀린 것은?

① 시선유도표지는 설계속도가 60km/h 이상인 구간에 설치
② 시선유도표지는 도로선형이 급변하는 구간에 설치
③ 시선유도표지는 차로 수나 차도 폭이 변화하는 구간에 설치
④ 자동차전용도로 및 주간선도로 등에는 원칙적으로 전체 구간에 연속적으로 설치

해 설

시선유도표지는 도로선형이 급변하는 구간, 차로 수나 차도 폭이 변화하는 구간에 설치하며 자동차전용도로 및 주간선도로 등에는 원칙적으로 전체 구간에 연속적으로 설치한다.

113 교통사고 정보(데이터)를 직접 수집/관리하는 기관에 해당하지 않는 것은?

① 경찰청   ② 안전협회
③ 손해보험협회   ④ 전국택시공제조합

해 설

교통사고 정보(데이터)를 직접 수집/관리하는 기관은 경찰청, 손해보험협회, 전국택시공제조합 등이다.

정답 107 ③ 108 ③ 109 ④ 110 ① 111 ① 112 ① 113 ②

114 교차로의 시거불량이 사고원인인 지점의 개선 대책으로 적합하지 않은 것은?

① 시야 장애물 제거 ② 예고표지 설치
③ 시선유도표지 설치 ④ 미끄럼방지 포장

해 설
시거불량 시 개선사항으로 장애물 제거, 시선이 다른 곳에 가지 않도록 유도표지 설치, 잘 보이도록 밝게 가로조명 개선, 예고표지 설치 등이 있다.

115 도로안전개선 대책의 일환으로 미끄럼방지 포장을 시공해야 할 곳으로 적당하지 않은 것은?

① 내리막 구간 ② 급커브 구간
③ 등판 차로 구간 ④ 횡단보도 전방

해 설
속도 제어가 운전자의 의도대로 되기 어렵거나, 그러한 제어불능 상태가 되어서는 안되는 곳에 시공한다. 내리막, 급커브, 횡단보도 전방이 이에 해당한다. 등판 차로 구간은 차량의 속도가 느려지는 곳으로 사고위험이 상대적으로 줄어드는 곳이다. 따라서 미끄럼 방지 포장을 시공해야할 곳으로 적당하지 않다.

116 교통사고 조사 시 차량의 타이어가 구르면서 나타나는 자국인 스카프마크(Scuffmark)에 해당하지 않는 것은?

① Yawmark ② Skidmark
③ Acceleration scuff ④ Flat tire mark

해 설
스키드마크는 타이어가 미끄러지면서 타이어와 노면의 마찰에 의해 만들어지는 흔적을 말한다.

117 한 차량이 도로를 이탈하여 도로의 맨 끝으로부터 수직거리 15m 수평거리 10m 지점에 추락하였다면, 이 차량이 도로를 이탈할 때의 속도는?

① 15.1kph ② 20.6kph
③ 26.1kph ④ 31.6kph

해 설
- 추락 시간 $t = \sqrt{\dfrac{2h}{g}} = \sqrt{\dfrac{2 \times 15}{9.8}} = 1.750$초
- 추락순간속도(U_2) $= \dfrac{d}{t} = \dfrac{10}{1.750}$
$= 5.714 \text{m/s} = 20.57 \text{km/h}$ ∴ 약 20.6kph

118 도로안전진단(Road Safety Audit)에 대한 설명으로 틀린 것은?

① 도로의 설계 및 건설 단계에서 도로사업의 안전성을 평가하여 잠재적 위험요인을 찾아내고 이를 제거하거나 완화하기 위해 실시되고 있다.
② 도로안전진단의 주체는 도로의 계획, 설계 및 운영과 관련이 없는 독립적인 사람이어야 한다.
③ 도로안전진단제도는 미국에서 처음 시작되었다.
④ 계획, 시공, 운영 단계까지 모든 단계에 적용될 수 있다.

해 설
도로안전진단제도는 1980년대 영국에서 가장 먼저 시도되었다.

119 교차로의 노면이 미끄러워 발생하는 사고를 개선하기 위한 방법으로 틀린 것은?

① 장애물 제거 ② 노면 재포장
③ 미끄럼방지포장 설치 ④ 배수시설 재조정

해 설
장애물만 제거한다고 해서 미끄럼에 대비할 수는 없다.

120 교통사고 위험구간 선정방법 중 Rate Quality Control 법에 대한 설명으로 틀린 것은?

① 사용변수로서 MEV당 사고율 등 교통사고율을 사용
② 여러 장소에서 발생되는 사고건수가 포아송 분포를 따른다는 가정을 함
③ 모든 장소가 아닌 유사특성을 갖는 장소의 평균사고율을 활용하여 위험구간을 선정
④ 실제 사고율이 임계사고율보다 작은 장소를 교통사고 위험구간으로 선정

해 설
율-품질관리법(Rate Quality Control)은 위험지점을 선정할 때 유사한 특성을 가진 지점들에 대해 미리 정해진 평균사고율과 관련하여 특정 사고율이 비정상적인지를 결정하기 위해 사고 발생이 포아송의 분포를 따른다는 가정에 기초한 검정을 통하여 분석하는 방법이다. 실제 사고율이 임계사고율보다 높으면 위험구간으로 선정하는 방식을 채택하고 있다.

정답 114 ④ 115 ③ 116 ② 117 ② 118 ③ 119 ① 120 ④

2회 2017년 기출문제

제1과목 교통계획

01 다음 중 교통계획의 기능 및 역할로 옳지 않은 것은?

① 장기적인 교통계획의 목표를 설정해 준다.
② 교통정책의 목표를 제시한다.
③ 투자의 우선순위를 설정해 준다.
④ 즉흥적이고 신속한 교통계획을 집행할 수 있다.

해설
교통계획의 기능 및 역할로 장기적 목표 설정, 정책목표 제시, 투자 우선순위 설정 등이 있다. 교통계획은 체계적이고 장기적인 목표 아래 추진되어야 하며, 즉흥적으로 집행되어서는 안 된다.

02 교통계획에서 경제성 분석기법의 특성으로 옳은 것은?

① 비용 - 편익(B/C Ratio) 분석법은 사업의 절대적 규모를 고려할 수 있다.
② 순현재 가치(NPV) 분석법은 사업의 절대적 수익성을 측정할 수 없다.
③ 내부수익률(IRR) 분석법은 소규모 사업이 선택되는 경향이 있다.
④ 경제성 분석기법에서 할인율은 큰 영향을 미치지 않는다.

해설
① 비용 - 편익(B/C Ratio) 분석법은 결과값이 비율로 나오므로 사업의 절대적 규모를 고려할 수 없다.
② 순현재 가치(NPV) 분석법은 총 편익에서 총 지출금액을 뺀 값이므로 사업의 절대적 수익성을 측정할 수 있다.
③ 내부수익률은 사업의 순현재 가치를 0으로 만드는 할인율을 찾는 기법이다. 이 할인율이 사회적 할인율보다 크면 타당성이 있다고 판단하는 기법이다. 적게 쓰고 조금만 더 벌면 IRR이 매우 크게 확장되어 나타나게 되므로 소규모 사업이 선택되는 경향을 갖는다.
④ 경제성 분석기법은 분석기간이 길어(보통 20년) 할인율(이자율)이 매우 큰 영향을 미친다.

03 다음 중 단기교통계획과 비교하였을 때 장기교통계획의 특징에 해당하는 것은?

① 서로 다른 대안
② 시설 지향적
③ 저자본 비용
④ 피드백 지향적

해설
장기교통계획은 소수의 대안, 자본집약적, 시설 지향적인 특성을 갖는다.

04 사업의 경제성을 가늠하는 척도 중 하나인 순현재 가치(NPV)에 대한 설명으로 옳은 것은?

① 현재가치로 환산된 장래의 연도별 편익의 합계를 현재가치로 환산된 장래의 연도별 비용의 합계로 나눈 값이다.
② 현재가치로 환산된 장래의 연도별 비용의 합계를 현재가치로 환산된 장래의 연도별 편익의 합계로 나눈 값이다.
③ 현재가치로 환산된 장래의 연도별 편익의 합계에서 현재가치로 환산된 장래의 연도별 비용의 합계를 뺀 값이다.
④ 현재가치로 환산된 장래의 연도별 비용의 합계와 현재가치로 환산된 장래의 연도별 편익의 합계를 더한 값이다.

해설
NPV는 순현재 가치(Net Present Value)의 뜻으로 현재가치로 환산된 장래의 연도별 편익의 합계에서 현재가치로 환산된 장래의 연도별 비용의 합계를 뺀 값이다.

05 교통존(Traffic Analysis Zone)에 관한 설명으로 틀린 것은?

① 교통존은 두 개 이상의 센트로이드를 가지고 유사한 토지이용이 포함되도록 결정되어야 한다.
② 센트로이드의 위치는 교통존 내부 링크의 접근비용이 유사성을 가질 수 있게 설정되어야 한다.
③ 교통존의 경계는 사회경제지표 등 통계자료 수집이 용이하도록 행정구역과 가급적 일치되도록 한다.
④ 간선도로가 가급적 교통존 경계와 일치하도록 한다.

해설
교통존은 단일 센트로이드를 갖도록 설정하여야 한다.

06 통행발생단계에서 사용되는 모형 중 유출, 유입 통행량과 해당 지역의 특성을 나타내는 여러 지표 간의 상관관계를 구하여 목표연도의 통행량을

정답 01 ④ 02 ③ 03 ② 04 ③ 05 ① 06 ③

예측하는 방법은?

① 성장률법　　② 프라타법
③ 원단위법　　④ 중력모형법

해 설
통행발생(Trip Generation) 모형에는 증감률법, 원단위법, 회귀분석법, 카테고리 분석법이 있다. 원단위법은 지표 간의 상관관계를 구하여 목표연도의 통행량을 예측하는 방법이다. 프라타법과 중력모형은 통행분포(Trip Distribution) 모형이다.

07 총 300부의 설문지를 배포하여 주소불명으로 5부가 되돌아 왔으며 그 외 응답자 수는 286부가 회수되었고, 여기서 분석에 사용된 응답자는 147부였다면 유효응답률은?

① 약 49.0%　　② 약 51.4%
③ 약 70.0%　　④ 약 95.3%

해 설
유효응답률 $= \dfrac{\text{응답부수}}{\text{회수부수}} = \dfrac{147}{286} \times 100 = 51.40\%$

08 다음 중 승객의 통행거리에 관계없이 동일한 요금이 부과되는 요금구조로, 장거리 승객에 비해 단거리 승객이 소요비용보다 더 많은 요금을 지불하며 도시 확산을 간접적으로 유도할 수 있는 특징을 가지고 있는 것은?

① 균일요금제　　② 거리요금제
③ 거리비례제　　④ 구간요금제

해 설
균일요금제는 통행거리의 길고 짧음과 관계없이 탑승과 동시에 동일한 요금을 지불하는 방식을 말한다. 단거리 승객에게 불리하며, 아무리 먼 거리를 가도 요금이 같으므로 장거리 승객이 선호하는 방식이다. 장거리 승객이 선호한다는 의미는 도심으로부터 멀리 떨어져 있는 수요를 발생시킬 수 있다는 의미이므로 도시의 간접적 확산을 유도할 수 있다는 뜻이 된다.

09 교통조사 시 조사대상지역 밖에 출발지 또는 목적지를 가진 통행을 조사하는 방법은?

① 폐쇄선 조사　　② 스크린라인 조사
③ 속도 조사　　　④ 차량번호판 조사

해 설
폐쇄선(Cordon Line) 조사는 교통조사 시 조사대상지역 밖에 출발지 또는 목적지를 가진 통행을 조사하는 방법을 말한다.

10 주차수요 추정방법에 대한 설명으로 틀린 것은?

① p계수법의 경우 p계수에 포함되는 변수가 너무 많아 그 값들을 얻기 어렵다는 단점이 있다.
② 원단위법은 장기간 주차수요를 추정하거나 주차특성이 다양한 건물의 주차수요를 추정하는 데 유용하다.
③ 단순추정법은 과거 자료를 이용하여 주차의 수요와 공급에 영향을 주는 주차수요를 추정하는 방법이다.
④ 누적주차대수법은 미시적인 추정방법으로서 유사한 주차특성을 나타내는 용도의 건물 또는 지구의 주차수요를 추정하는 데 용이하다.

해 설
원단위법은 $P = \dfrac{U \cdot F}{1,000e}$ 로 계산되며, 주차 특성이 다양한 건물의 경우는 원단위 U가 다양해진다는 의미이므로 단순히 U 하나만을 대입하여 계산하기에 어려움이 있다. 따라서 주차특성이 다양한 건물의 주차수요를 추정하기에 원단위법은 부적합하다.

11 통행수단 의 효용함수가 아래 식으로 추정될 경우 통행수단 의 통행시간가치로 옳은 것은?

$$V_i = \alpha \text{통행시간}_i + \beta \text{통행비용}_i$$

① $\dfrac{\alpha}{\beta}$　　② $\alpha \times \beta$
③ $-\dfrac{\beta}{\alpha}$　　④ $\dfrac{\beta}{\alpha}$

해 설
통행시간가치는 통행시간의 계수를 통행비용의 계수로 나눈 값이다.

12 도로구간의 속도를 허용오차 2km/h, 신뢰도 95%의 수준으로 조사하기 위한 표본 수를 결정하고자 한다. 유사한 도로(모집단)의 속도 표준편차가 10km/h일 때, 최소한 몇 대 이상의 차량속도를 조사해야 하는가?

정답 07 ② 08 ① 09 ① 10 ② 11 ① 12 ④

① 48대   ② 64대
③ 76대   ④ 97대

해설

$$n \geq \left(\frac{Z_{\frac{a}{2}} \times \sigma}{\epsilon}\right)^2 = \left(\frac{1.96 \times 10}{2}\right)^2 = 96.04 \quad \therefore 97대$$

13 다음 중 ITS의 도입 목적으로 틀린 것은?

① 도로의 교통안전 도모
② 도로 이용의 효율성 제고
③ 대중교통정보의 효과적 제공
④ 향후 통행 도착량의 증가를 정확히 예측

해설

ITS는 대표적인 교통운영기법 중 하나이다. 즉, ITS는 기존에 운영되던 교통의 효율성을 증대시키는 기법이라는 의미이고, 따라서 교통안전 도모, 효율성 제고, 효과적 정보 제공 등의 역할을 수행하지만, 도착 통행량의 증가를 예측하기 위해 활용되지는 않는다. 통행량의 증가를 예측하는 일은 교통운영이 아닌 교통계획 분야에서 다루어져야 할 부분이기 때문이다.

14 대중교통수단의 기능으로 적합하지 않은 것은?

① 에너지 절약   ② 선택기회 확대
③ 주차수요 감소   ④ 교통혼잡 악화

해설

대중교통수단은 많은 승용차 수요를 하나로 결집시켜 에너지를 절약하고 교통혼잡을 완화시키며 주차수요를 감소시킬 수 있다. 또한, 승용차와 함께 사용되어 수단을 선택할 수 있는 기회를 확대시키는 기능을 한다.

15 다음 도로의 운영방법 중 도로구간을 홀수 차로로 구획하고 중앙의 한 개 차로를 좌회전 교통류로 처리하여 회전교통류에 의해 직진교통류가 방해받음으로써 발생하는 링크 및 교차로의 용량저하현상을 감소시키는 효과가 있는 것은?

① 가변차로제   ② 능률차로제
③ 일방차로제   ④ 우선차로제

해설

능률차로제(홀수차로제)란 도로구간을 홀수차로로 구획하고 중앙차로를 방향별 좌회전 차로로 활용하는 것을 말한다. 별도의 좌회전 차로가 제공되어 좌회전이 직진을 방해하지 않게 된다. 이로 인해 직진의 원활한 소통, 추돌사고 예방 등의 효과를 얻을 수 있다. 따라서 능률차로제는 좌회전의 효율적 처리기법으로서 교차로의 용량을 증대시킬 수 있는 차로운영기법이 된다.

16 대중교통의 일반적인 특성으로 틀린 것은?

① 수송 경로의 유동성이 크다.
② 환경오염이 비교적 적다.
③ 불특정 다수의 수송에 용이하다.
④ 수송이 대량·집약적이고 비용이 저렴한 편이다.

해설

대중교통의 육성 및 이용 촉진에 관한 법률 제2조(정의)에 의거 대중교통수단이라 함은 일정한 노선과 운행시간표를 갖추고 다수의 사람을 운송하는 데 이용되는 것을 말하고 있다. 따라서 대중교통수단이 되려면 일정한 노선을 갖추는 것은 필수적 조건이다.

17 로짓 모형으로 정산한 통행시간(분)과 통행비용(원)에 대한 효용함수 계수가 각각 −0.017, −0.0005일 때, 통행시간의 가치는?

① 1,440원/시간   ② 1,740원/시간
③ 1,800원/시간   ④ 2,040원/시간

해설

통행시간가치는 통행시간의 계수를 통행비용의 계수로 나눈 값이다. 문제에서 통행시간이 분으로 주어졌으므로 60을 곱하여 시간으로 만들어준 다음 계산함에 유의한다.

통행시간가치
$= \frac{통행시간\ 계수}{통행비용\ 계수} = \frac{147}{286} \times 100 = 51.40\%$
$= \frac{(-0.017 \times 60)}{(-0.0005)} = 2,040원/시간$

18 회귀분석모형의 적정성과 합리성을 검토하는 데 이용하는 일반적인 척도로 틀린 것은?

① t - 검증 값   ② F - 검증 값
③ 탄력성(e) 값   ④ 결정계수(R^2) 값

정답 13 ④   14 ④   15 ②   16 ①   17 ④   18 ③

해설

회귀분석은 통계분석의 한 방법으로 결과값을 쉽게 얻을 수 있는 장점이 있어 많이 사용한다. 그러나, 다중공선성(한 변수가 다른 변수에 영향을 미치는 문제) 등의 문제가 산재해 있어 분석 후 반드시 적정성 검토 과정을 거쳐야 한다. 이 과정에서 적정성 여부를 판단하는 일종의 판단지수로 t 계수, F 계수, R^2 값 등이 사용된다. 탄력성(e)은 회귀분석모형의 적정성 검증척도와 관계 없다.

19 다음 중 저서 『Traffic in Towns』에서 도시의 구성단위와 주거환경지구라는 지구교통의 개념을 발전시킨 사람은?

① H. Wright ② C. Stein
③ Abercrombie ④ Buchanan

해설

콜린 부캐넌(Colin Buchanan, 1907~2001)은 1963년 출간한 『Traffic in Towns』에서 영국의 승용차 소유와 도시교통에 관한 이슈를 정리하였다. 이 책에서 부캐넌은 도시의 구성단위, 주거환경지구라는 개념을 정립하였는데, 이 개념은 현재까지도 적용되고 있고, 정리·발전되어 도시 및 교통계획의 근간을 이루고 있다.

20 가구당 통행발생량과 같은 종속변수를 소득이나 자동차 보유대수 등의 설명변수들에 의해 교차 분류시켜 도출해 내는 단순하고 이해하기 쉬운 통행발생 단계의 모형은?

① 로짓 모형 ② 카테고리 분석법
③ 다중회귀분석법 ④ 프라타법

해설

카테고리 분석법은 통행발생모형 중 적용이 쉬운 장점을 가진 분석법이다. 종속변수를 결정하고 종속변수에 의해 발생되는 설명변수들의 값을 보고 발생량을 예측하는 방법으로 직관적이고 쉽게 이해할 수 있는 기법이다. 예를 들면, 가구당 통행발생량이 출퇴근을 포함하여 5라면 자동차 보유대수는 2대 이상일 것이고, 소득은 차량 유지비용 등을 포함한 연 5천만 원 이상일 것이라고 예측할 수 있다는 의미이다.

제2과목 교통공학

21 속도(u)와 밀도(k)의 관계가 $u = 52.4 - 0.24k$ 일 때 최대교통량($Q_{\max}$)은?

① 약 2,540대/h ② 약 2,780대/h
③ 약 2,860대/h ④ 약 2,970대/h

해설

$Q = u \cdot k$이고, $u = 52.4 - 0.24k$이다.
따라서 $Q = (52.4 - 0.24k) \cdot k$이고,
$Q = -0.24k^2 + 52.4k$가 된다.

이를 k에 관해 미분하면
k의 최댓값인 $k_{\max}$를 구할 수 있고,
$k_{\max}$ 상태에서의 Q가 $Q_{\max}$의 값이 된다.

미분하면 $0 = -0.48k + 52.4$, $0.48k = 52.4$
$k = 109.17$대/km를 대입하여 계산하면,
$Q_{\max} = -0.24(109.17^2) + 52.4 \times 109.17$
$= 2,860.17$대/h
∴ 약 2,860대/h

22 정주기식(Pre-timed Control) 신호로 운영되는 신호교차로의 교통조건이 다음과 같을 때, 해당 이동류의 포화도(V/c)는 얼마인가?

- 주기길이 : 120초
- 해당 이동류의 평균 유효녹색시간 : 40초
- 1번의 녹색시간에 교차로를 통과한 차량 : 평균 18대/차로
- 포화교통류율 : 2,000대/h

① 0.81 ② 0.63
③ 0.49 ④ 0.27

해설

포화도 = $\dfrac{교통량비(V/S)}{주기당 녹색시간비(g/C)}$
$= \left(\dfrac{18 \times 30}{2,000}\right) \div \left(\dfrac{40}{120}\right) = 0.81$

※ 분자 18에 30이 곱해지는 이유 : 시간당 주기가 30번 돌기 때문에 녹색시간에 통과한 차량 18대에 30을 곱해야 한다.

23 다음 중 교통량을 조사하여 얻은 결과를 검증하기 위해 실시하는 방법은?

① 스크린라인 조사 ② 폐쇄선 조사
③ 차량번호판 조사 ④ 노측면접 조사

해설
스크린라인 조사는 교통량을 조사하여 얻은 결과를 검증하기 위해 실시하는 방법이다. 폐쇄선 조사는 Cordon Line 조사라고도 하며 교통조사 시 조사대상지역 밖에 출발지 또는 목적지를 가진 통행을 조사하는 방법이다. 차량번호판 조사와 노측면접 조사 역시 교통량 조사기법 중 하나로, 결과의 검증을 위해 사용되는 기법은 아니다.

24 다음 중 차량추종이론(Car Following Theory)에 관한 설명으로 옳은 것은?

① 주로 도시 내의 단속류에 대한 분석이론이다.
② 차량 추종이 형성되는 형태로 FIFO, FILO, SIRO 가 있다.
③ 미시적 관점에서 두 차량 간에 대한 분석이지만, 이러한 개별적 움직임을 통해 교통류 전체의 형태를 추론할 수 있다.
④ 교통류의 특성을 교통류율, 밀도, 속도로 설명하는 이론이다.

해설
차량추종이론은 연속류 중심의 분석이론이다. FIFO(First In First Out, 선입선출), FILO(First In Last Out, 선입후출), SIRO(Serve In Random Order, 무작위 서비스 제공) 등은 대기행렬이론에서 사용하는 용어들이다. 교통류의 특성을 교통류율, 밀도, 속도로 설명하는 이론은 교통류이론이다.

25 일방통행제의 단점에 해당하는 것은?

① 사고 증가 ② 통행거리 증가
③ 상충이동류 증가 ④ 신호시간조절의어려움

해설
일방통행제의 단점으로는 통행거리 증가, 교통통제설비 증가, 익숙하지 못한 운전자, 혼란 증가, 보행자 안전성 저하 가능, 초기에는 금지된 통행방향의 상업활동 감소 우려 등이 있다.

26 Webster의 최적신호주기 계산공식에 포함되지 않는 것은?

① 손실시간 ② 포화교통량
③ 접근로 교통량 ④ 서비스 수준

해설

$$C_p \frac{1.5l + 5}{1 - \sum_{i=1}^{n} x_i}$$

여기서, c : 신호주기(초)
l : 총 손실시간(초)
n : 현시 수
x_i : 포화도 = $\frac{\text{현시 } i \text{의 최대교통량}}{\text{현시 } i \text{의 포화교통량}}$
$\sum_{i=1}^{n} x_i$: 포화도의 합

④ 서비스 수준은 포함되지 않는다.

27 지하주차장에서 나오는 차량이 요금을 지불하는 시스템을 분석한 결과, 대기행렬 이론의 M/M/1 시스템이 잘 맞을 때의 설명 중 틀린 것은?

① M/M/1에서 첫 번째 M은 요금소에 도착하는 차량의 도착확률 분포가 무작위라는 의미이다.
② M/M/1에서 두 번째 M은 요금징수자의 서비스 시간 분포가 정규분포라는 의미이다.
③ M/M/1으로 규정된 본 시스템은 요금징수소가 1개이다.
④ 만약 차량의 대기행렬이 길어져 요금징수소를 평행하게 하나 더 만든다면 M/M/2 시스템으로 분석이 가능하다.

해설
M/M/1 시스템이라는 것은 "도착확률분포/서비스율/서비스기관의 수"를 의미한다. 여기서 M은 "randoM"에서 따온 것이다. 이 외에 Deterministic을 쓰는 경우가 있는데 이것은 결정된 분포가 있다는 의미이다. 약자로 "D"를 사용한다. 서비스율도 같은 표현법을 사용한다. 서비스 기관의 수는 숫자로 표현되는데, 1로 표현되었다면 1개소임을 의미한다. M/M/1이라고 표현되었다면, 도착확률분포는 무작위이고, 서비스율 역시 무작위이며 서비스 기관의 수는 1개소임을 의미하는 것이다.

28 다음 중 고속도로 기본구간의 서비스 교통량 산정 시 고려되는 요소가 아닌 것은?

① 차로폭 ② 중차량
③ 측방여유폭 ④ 주변 가로의 개발상태

해설
서비스 교통량(Service Volume)이란 해당 서비스 수준이 유지될 수 있는 수준에서 해당 도로를 통과할 수 있는 첨두시간 환산 교통량으로, 이상적인 조건의 최대 서비스 교통량에서 차로폭 및 측방여유폭과 중차량 비율을 고려하여 산정한다.

정답 23 ① 24 ③ 25 ② 26 ④ 27 ② 28 ④

29 어느 차량이 곡선반경 250m인 평면 곡선 상을 90km/h의 속도로 달릴 때, 이 평면 곡선 상에서 측면으로 미끄러지지 않기 위한 편경사는?(단, 횡방향 허용 마찰계수는 0.2이다.)

① 약 0.06 ② 약 0.09
③ 약 0.11 ④ 약 0.13

해설

$i = \dfrac{V^2}{127r} - f = \dfrac{90^2}{127 \times 250} - 0.2 = 0.055$

∴ 약 0.06

30 속도누적분포에서 일반적으로 교통류 내에서의 합리적인 속도의 최댓값을 나타내어 현장의 도로 조건에 적합한 교통운영계획을 세우는 데 기준이 되는 속도는?

① 100% 속도 ② 85% 속도
③ 50% 속도   ④ 25% 속도

해설

85% 속도(85 Percentile Speed)란 교통류 내에서 안전운전에 필요한 합리적 속도의 최대값을 나타내는 속도이다. 도로안전도 평가의 기초가 되는 속도이며 제한속도 규정에 활용된다.

31 다음은 녹색시간 동안에 방출되는 용량이 한 주기 동안의 도착량보다 많은 경우, 신호 교차로에서의 대기행렬 모형이다. 정지하는 차량의 비율(P_s)로 옳은 것은?(단, r : 유효적색시간(초), g : 유효녹색시간(초), q : 한 접근로의 평균 도착교통류율(pcu/초), t_0 : 녹색신호의 시작에서부터 대기행렬이 완전히 소멸되는 시간(초))

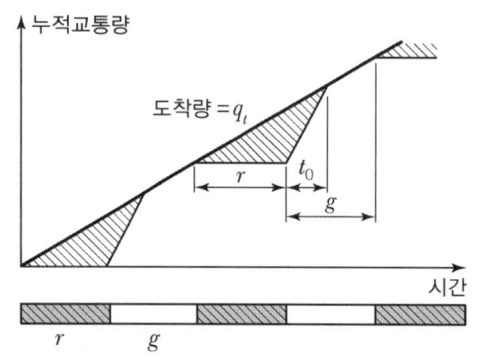

① $P_S = \dfrac{q(r+t_0)}{q(r+g)}$ ② $P_S = \dfrac{r^2}{2q(1-r)}$

③ $P_S = \dfrac{qr}{2}(r+t_0)$ ④ $P_S = \dfrac{r+t_0}{2}$

해설

정지하는 차량의 비율을 찾는 문제이다. 즉, 한 주기 전체의 차량 중 정지한 차량의 비율을 계산하면 된다.
한 주기 전체의 차량은 $(r+g)$시간 동안 도착한 도착량 qt의 곱이다. $qt(r+g)$로 표현 가능하다. 적색 신호가 시작되고 도착하는 차량들부터 다음 유효녹색시간이 시작되고 대기행렬이 완전히 소멸될 때까지 존재한 차량이 정지한 차량이 된다. 정지한 차량은 $(r+t_0)$시간 동안 도착한 도착량 qt의 곱이다. $qt(r+t_0)$로 표현 가능하다. 따라서, 정지하는 차량의 비율 $Ps = \dfrac{qt(r+t_0)}{qt(r+g)} = \dfrac{q(r+t_0)}{q(r+g)}$로 표현 가능하다.

32 한 운전자가 70km/h의 속도로 주행 중에 장애물을 발견하여 급제동할 때 필요한 최소 정지시거는?(단, 도로는 2%의 하향경사로, 노면의 마찰계수는 0.5이며 운전자 반응시간은 2.5초이다.)

① 88.8m ② 76.8m
③ 58.9m ④ 48.3m

해설

$mssd = \dfrac{V}{3.6} \times t + \dfrac{V^2}{254(f \pm g)}$

$= \dfrac{72}{3.6} \times 2.5 + \dfrac{70^2}{254(0.5 - 0.02)} = 88.8m$

33 어느 교차로에서 첨두 1시간 동안 15분 간격으로 조사한 교통량이 725대, 492대, 630대, 495대일 때, 첨두시간계수(PHF)는?

① 0.81 ② 0.72 ③ 0.49 ④ 0.31

해설

$PHF = \dfrac{V_{60분}}{4 \times V_{15분}} = \dfrac{2,342}{4 \times 725} = 0.8076$

∴ 약 0.81

34 자유속도 60km/h, 정체(임계)밀도 400대/km를 갖는 교통류를 Greenshields 모형을 적용하여 분석할 때 용량은?

① 2,400대/h   ② 4,800대/h
③ 6,000대/h   ④ 8,000대/h

해설

$u = u_f \left(1 - \dfrac{k}{k_j}\right) = 60\left(1 - \dfrac{k}{400}\right)$

$q = uk, \quad q = \left(60\left(1 - \dfrac{k}{400}\right)\right) \cdot k$

$q = \left(60\left(1 - \dfrac{k}{400}\right)\right) \cdot k, \quad q = 60k - \dfrac{60}{400}k^2$

$q = 60k - \dfrac{60}{400}k^2$를 k에 관해 미분하면,

$0 = 60 - \dfrac{120}{400}k$

$k = 60 \times \dfrac{400}{120} = 200$대/km

$u = 60\left(1 - \dfrac{200}{400}\right) = 30$km/h

$q = uk = 30 \times 200 = 6,000$대/km

35 다음 중 차량속도 조사 및 표본 산정 시 유의사항에 해당하지 않는 것은?

① 모든 표본은 임의로 추출하되 전체 교통류를 대표할 수 있어야 한다.
② 운전자에게 조사장비가 노출되지 않도록 한다.
③ 차량군에서 마지막으로 주행하는 차량을 표본으로 선정한다.
④ 대형 차량의 혼입률을 고려하여 대형 차량의 표본을 조사한다.

해설

모든 표본은 임의로 추출하되 전체 교통류를 대표할 수 있어야 하는데 마지막으로 주행하는 차량을 표본으로 선정하는 것으로 정해 놓으면 대표성을 상실할 수도 있으므로 옳지 않다.

36 다음 중 2차로 도로의 서비스 수준을 판별하는 효과척도는?

① 밀도   ② V/c비
③ 상충횟수   ④ 총 지체율

해설

2차로 도로는 소구간에서 총 지체율, 대구간에서 평균통행속도를 효과척도로 사용한다.

37 어느 도로구간에서 5대의 차량에 대한 속도를 측정한 결과가 다음과 같을 때 공간평균속도는?

차량 번호	1	2	3	4	5
지점속도(Km/h)	40	45	42	53	61

① 47.04km/h   ② 46.43km/h
③ 45.91km/h   ④ 43.26km/h

해설

공간평균속도 $= \dfrac{5}{\dfrac{1}{40} + \dfrac{1}{45} + \dfrac{1}{42} + \dfrac{1}{53} + \dfrac{1}{61}}$

$= 47.04$km/h

38 교통류의 특성에서 평균 가속도에 관한 가속도의 표준편차를 무엇이라 하는가?

① 교통강도   ② 충격편차
③ 수락편차   ④ 가속소음

해설

운전자는 일정 속도를 유지하면서 운전하기를 원하지만 교통 및 도로조건 혹은 운전 부주의로 인해 속도를 변화시킨다. 이렇게 속도가 변화한다는 것은 속도에 관한 가속도가 있음을 의미한다. 여기서 가속도가 계속 변화하므로 가속도에도 표준편차가 발생하게 되는데, 이를 가속소음이라 한다. 즉, 가속소음이란 평균가속도에 관한 가속도의 표준편차를 말하는 것이다. 평균가속도를 0이라 할 때 가속도의 표준편차 σ는 다음과 같다.

$\sigma = \left[\dfrac{\Delta t}{T} \sum a^2(t)\right]^{1/2}$

여기서, $a(t)$: 시각 t 에서의 가속도
T : 움직이는 총 시간
$\Delta t = T$시간 내에 있는 측정시간 간격

39 다차로 도로의 서비스 수준 평가를 위한 효과척도 옳은 것은?

① 최고제한속도   ② 정지횟수
③ 지체시간 비율   ④ 평균 통행속도

해설

다차로 도로는 유형Ⅰ에서는 V/C, 유형Ⅱ에서는 평균통행속도(km/h)를 MOE로 사용한다. 다차로 도로는 유형Ⅰ과 유형Ⅱ로 구분되는데 각각의 특징은 아래와 같다.
㉠ 유형Ⅰ : 연속류 특성이 가장 강하게 나타나는 도로로서, 설계속도는 90~100kph, 기본조건의 각 최대 통행속도는 87kph와 97kph이다. 신호교차로가 없으며 입체교차로가 되어 있고 출입 연결로와 측도가 설치된 도로를 말한다.
㉡ 유형Ⅱ : 연속류 특성이 다소 우세하게 나타나는 도로로서, 설계속도는 70~80kph, 기본조건의 최대 통행속도는 87kph와 70kph이다. 부속시설 측면에서 신호등 밀도가 0.5개/km 이하이며, 부분적으로 입체화된 상태의 도로를 말한다.

정답 35 ③ 36 ④ 37 ① 38 ④ 39 ④

40 다음 중 수요와 공급을 동시에 감소시키는 교통체계 관리기법(TSM)으로 볼 수 없는 것은?

① 주차면적의 축소
② 노상주차제한
③ 자동차 통행제한구역 설치
④ 기존 차로에 버스전용차로 실시

해 설
기존차로를 활용한 버스전용차로제는 기존에 공급되던 도로 중 한 차로를 없애는 것이므로 공급감소기법에 해당하고, 동시에 차로의 감소를 통해 승용차의 이용을 제한하게 되므로 수요감소기법에도 해당한다.

제3과목 교통시설

41 다음 평면교차로의 상충 유형을 올바르게 나타낸 것은?

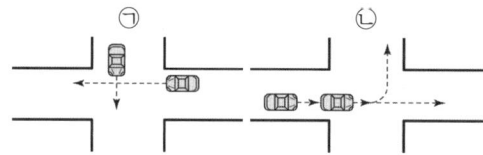

① ㉠ 교차상충, ㉡ 엇갈림상충
② ㉠ 교차상충, ㉡ 분류상충
③ ㉠ 합류상충, ㉡ 엇갈림상충
④ ㉠ 합류상충, ㉡ 분류상충

해 설
상충의 종류에는 분류, 합류, 교차상충이 있다. 다른 진행방향에서 진행해 와서 수직으로 교차하는 상충을 교차상충이라고 하며, 같은 방향으로 진행해 오다가 다른 방향으로 분류되며 발생하는 상충을 분류상충, 다른 방향에서 진행해 와서 같은 방향으로 합류되며 발생하는 상충을 합류상충이라 한다.

42 보도의 설치 기준과 관련하여 ( )에 들어갈 기준으로 옳은 것은?

- 차도와 보도를 구분하는 경우, 차도에 접하여 연석을 설치하는 때에는 그 높이를 (㉠) 이하로 한다.
- 보도의 유효폭은 보행자의 통행량과 주변 토지 이용 상황을 고려하여 결정하되, 최소 (㉡) 이상으로 하여야 한다.

① ㉠ 20cm, ㉡ 1.5m
② ㉠ 25cm, ㉡ 1.5m
③ ㉠ 20cm, ㉡ 2.0m
④ ㉠ 25cm, ㉡ 2.0m

해 설
도로의 구조·시설 기준에 관한 규칙 제16조(보도)에 의거 차도와 보도를 구분하는 경우에는 다음 각 호의 기준에 따른다.
차도에 접하여 연석을 설치하는 경우 그 높이는 25센티미터 이하로 할 것
보도의 유효폭은 보행자의 통행량과 주변 토지 이용 상황을 고려하여 결정하되, 최소 2미터 이상으로 하여야 한다.

43 교차로에서 상충을 효율적이고 안전하게 처리하는 방법이 아닌 것은?

① 상충 면적을 최소화한다.
② 상충이 발생하는 위치를 조정한다.
③ 상충의 횟수를 최소화한다.
④ 운전자가 복잡한 의사결정을 하도록 한다.

해 설
교차로에서는 운전자가 한 번에 한 가지 이상의 의사결정을 하지 않도록 해야 한다.

44 도로의 노선계획 수립 시 통제지점(Control Point)을 설정할 때 고려하여야 할 사항으로 옳지 않은 것은?

① 산지 및 평야지역의 구릉지
② 도시, 마을 또는 도시계획상 용도지역
③ 공원, 특별보호지역, 사적지, 천연기념물 등 피해야 할 필요가 있는 곳
④ 사태지대, 단층지대, 연약지반등 지질상의 문제장소

해 설
통제지점을 선정할 때는 도시계획상의 용도지역, 피해야 할 장소, 문제장소 및 정도 등을 고려하여야 한다. 종단경사가 있는 곳이라고 해서 통제지점으로 선정하지 않으면 효과적인 통제가 이루어지기 어려우므로 산지 및 구릉지 등은 고려대상이 될 수 없다.

45 차로의 분리를 위한 중앙선의 표시 또는 중앙 분리대의 설치에 관한 설명으로 틀린 것은?

① 중앙분리대에 설치하는 측대의 폭은 설계 속도가 80km/h 이상인 경우 0.5m 이상으로 한다.
② 도시지역 고속도로의 경우 중앙분리대의 폭은 최소 2.0m 이상으로 한다.

정답 40 ② 41 ② 42 ④ 43 ④ 44 ① 45 ④

③ 중앙분리대의 분리대 부분에 노상시설을 설치할 수 있다.
④ 차로를 왕복 방향별로 분리하기 위하여 중앙선을 두 줄로 표시하는 경우 각 중앙선의 중심 사이의 간격은 0.25m 이상으로 한다.

해설
도로의 구조·시설 기준에 관한 규칙 제11조(차로의 분리 등)에 의거 차로를 왕복 방향별로 분리하기 위하여 중앙선을 두 줄로 표시하는 경우 각 중앙선의 중심 사이의 간격은 0.5미터 이상으로 한다.

46 평면선형 설계 시에는 일반적인 방침에 따라 연속적으로 원활한 선형을 얻도록 해야 한다. 평면선형 설계의 일반적인 방침이 아닌 것은?

① 선형이 급하게 변하는 것을 피한다.
② 종단곡선과 조화는 고려하지 않아도 된다.
③ 도시화 지역에서는 속도가 자연히 억제되어 작은 평면곡선 반지름을 적용하더라도 그다지 문제가 생기지 않는다.
④ 주변지형과 환경에 적합하도록 한다.

해설
평면선형과 종단선형이 조화를 이뤄야 하는 것은 선형설계의 기본이다.

47 인터체인지의 형식과 적용에 관한 설명으로 틀린 것은?

① 규격이 높은 도로의 교차로는 안전에 비중을 두고 교통 운용 측면을 높게 평가하여 형식을 선정한다.
② 규격이 낮은 도로의 교차로라도 평면교차에서 엇갈림이 허용되지 않는다.
③ 지방부에서는 용지면적보다 교차 구조물을 작게 건설함으로써 전체적인 건설비를 줄여 경제성을 확보한다.
④ 도시 내의 인터체인지는 용지면적이 작은 형식이 전체적으로 건설비가 적게 소요되므로 경제성이 높다.

해설
규격이 낮은 도로의 교차로가 있는 경우 평면교차에서 엇갈림을 허용할 수 있고, 입체교차와 평면교차가 혼재하게 될 수 있다.

이러한 입체교차의 형태를 가리켜 불완전 입체교차라 한다.

48 버스터미널 중 정류소(Berth)의 설계제원으로 적절하지 않은 것은?

① 길이는 12m 이상 확보한다.
② 폭은 3m 이상 확보한다.
③ 노면경사는 5% 이하로 한다.
④ 버스의 길이를 고려한다.

해설
버스정류시설의 종단경사는 2% 이하여야 한다.

49 다음 중 시거에 의한 종단곡선의 최소길이를 산정할 때 오목곡선의 경우, 시거(S)가 종단곡선의 길이(L)보다 짧을 때의 산정공식으로 옳은 것은?(단, A는 종단경사의 변화량(%)이다.)

① $L_{min} = \dfrac{S^2 A}{120 - 3.5S}$

② $L_{min} = \dfrac{S^2 A}{120 + 3.5S}$

③ $L_{min} = 2S + \dfrac{120 + 3.5S}{A}$

④ $L_{min} = 2S - \dfrac{120 + 3.5S}{A}$

해설
오목곡선의 경우 시거가 종단곡선의 길이보다 짧을 때의 공식
$L_{min} = \dfrac{S^2 A}{120 + 3.5S}$

50 도로의 차로 수를 결정하는 요인으로 옳지 않은 것은?

① 설계속도
② 첨두시간계수
③ 설계시간교통량
④ 교통량의 방향별 분포

해설
차로 수 계산 공식
$PDDHV = \dfrac{DDHV}{PHF} = \dfrac{AADT \times K \times D}{PHF}$
첨두시간계수, 설계시간교통량, 교통량의 방향별 분포가 모두 사용되고 있음을 알 수 있다.

51 다음 중 완화곡선의 설치목적이 아닌 것은?

① 곡선부를 주행하는 차량에 대한 원심력을 점차적으로 변화시켜 일정한 주행속도 및 주행궤적을 유지시킨다.
② 표준횡단경사 구간과 곡선부의 최대 편경사 구간을 원활하게 접속시킨다.
③ 저속차량을 교통류로부터 분리시킴으로써 교통을 원활하게 유도하고 교통용량을 확보한다.
④ 표준횡단폭과 곡선부의 확폭된 폭을 원활하게 접속시킨다.

해설
저속차량을 교통류로부터 분리시킴으로써 교통을 원활하게 유도하고 교통용량을 확보하는 것은 오르막 차로에 대한 설명이다.

52 버스의 최대운행속도가 60km/h, 정류장당 승객 수가 2명, 탑승소요시간이 2초일 경우, 최적 재차인원을 고려한 버스정류장의 적정 간격은 얼마인가?(단, 차량가속도는 2.5m/sec², 차량감속도는 0.5m/sec²이다.)

① 536.1m   ② 668.1m
③ 733.5m   ④ 864.1m

해설
점유시간 = 감속소거시간 + 정차시간 + 가속소거시간

- 감속소거시간 = $\dfrac{운행속도(m/s)}{감속도(m/s^2)} = \dfrac{v}{\alpha}$

  $= \dfrac{16.67m/s}{2.5m/s^2} = 6.66초$

  (운행속도 60km/h = 16.67m/s)

- 정차시간 = 승객 수 × 승객당 탑승소요시간
  = 승객 수 2명, 승객당 탑승소요시간 2초
  = 2 × 2 = 4초

- 가속소거시간 = $\dfrac{운행속도(m/s)}{가속도(m/s^2)} = \dfrac{v}{\alpha}$

  $= \dfrac{16.67m/s}{2.5m/s^2} = 33.34초$

총 점유시간 = 6.66 + 4 + 33.34 = 44초
뒤차가 앞차에 부딪지 않을 최소거리
= 버스정류장 최소간격
= 운행속도 × 점유시간
= 16.67 × 44 = 733.48m

53 도로의 구조·시설 기준에 관한 규칙에 따른 도로의 기능별 설계속도 규정으로 옳지 않은 것은? (단, 자동차 전용도로는 제외한다.)

① 고속도로 지방지역 구릉지 - 100km/h
② 주간선도로 도시지역 - 80km/h
③ 보조간선도로 지방지역 평지 - 70km/h
④ 국지도로 지방지역 평지 - 50km/h

해설
① 도로의 기능별 설계속도 규정상 분류에는 구릉지가 없다.

54 다음 중 양방향 2차로 도로에서 앞지르기 시거를 결정하기 위해 고려하여야 할 사항으로 옳지 않은 것은?

① 고속 자동차가 앞지르기를 완료한 후 마주 오는 자동차가 주행한 거리
② 고속 자동차가 반대편 차로로 진입하여 앞지르기 할 때까지 주행한 거리
③ 고속 자동차가 앞지르기를 완료한 후 반대편 차로 자동차와의 여유거리
④ 고속 자동차가 앞지르기가 가능하다고 판단하고 가속하여 반대편 차로로 진입하기 직전까지 주행한 거리

해설
앞지르기 시거 산정 시 고려하여야 할 사항은 반대편 차로 진입 거리, 앞지르기 주행거리, 마주오는 자동차와의 여유거리, 마주오는 자동차의 주행거리이다.
따라서 '앞지르기를 완료한 후 마주 오는 자동차가 주행한 거리'가 아니라 '앞지르기를 완료할 때 까지 마주 오는 자동차가 주행하는 거리'라고 표현해야 올바른 고려사항이 된다.

55 다음의 교통조건을 가진 도로의 적정 황색시간은?

- 차량속도 : 60km/h
- 임계감속도 : 4m/sec²
- 교차로 횡단길이 : 18m
- 차량길이 : 5m
- 운전자 반응시간 : 1초

① 3.5초   ② 4.0초
③ 4.5초   ④ 5.0초

정답 51 ③   52 ③   53 ①   54 ①   55 ③

해설

$$y = t + \frac{v}{2a} + \frac{w+l}{v}$$

여기서, y : 황색신호시간(초)
t : 지각반응시간(통상 1초)
v : 교차로 진입차량의 접근속도(m/s)
a : 교차로 진입차량의 임계감속도
 (통상 5.0m/s²)
w : 교차로 횡단거리(m)
l : 차량의 길이(통상 5m)

$$y = 1 + \frac{60/3.6}{2 \times 4} + \frac{18+5}{60/3.6} = 1 + 2.083 + 1.38 = 4.463$$

∴ 4.5초

56 다음 중 노면의 종류와 그에 따른 차도의 횡단경사가 잘못 연결된 것은?

① 아스팔트 포장도로 : 1.5% 이상 2.0% 이하
② 간이포장도로 : 2.0% 이상 4.0% 이하
③ 비포장도로 : 2.0% 이상 5.0% 이하
④ 시멘트 포장도로 : 1.5% 이상 2.0% 이하

해설

도로의 구조·시설 기준에 관한 규칙 제28조(횡단경사)에 의거 차도의 횡단경사는 배수를 위하여 노면의 종류에 따라 다음 표의 비율로 하여야 한다.

노면의 종류	횡단경사(%)
아스팔트 및 시멘트 포장도로	1.5 이상 2.0 이하
간이포장도로	2.0 이상 4.0 이하
비포장도로	3.0 이상 6.0 이하

57 비상주차대의 설치 기준으로 옳지 않은 것은?

① 고속도로에서의 비상주차대의 설치간격은 750m를 표준으로 한다.
② 도시고속도로, 주간선도로로서 우측 길어깨의 폭원이 3.0m 미만일 경우에는 계획교통량이 적은 경우를 제외하고 비상주차대를 설치해야 한다.
③ 비상주차대의 설치간격 결정 시에는 고장차가 그대로의 상태로 주행할 수 있을 것인가 또는 인력으로 밀어 대피시킬 것인가를 감안하여 가능한 거리를 판단해야 한다.
④ 비상주차대의 폭은 3.0m로 하고 측대가 있는 경우에는 측대를 포함한 폭으로 하며, 소형자동차도로인 경우에는 2.5m로 축소할 수 있다.

해설

도시고속국도, 주간선도로로서 우측 길어깨의 폭원이 2.0m 미만일 경우에는 계획교통량이 적은 경우를 제외하고 비상주차대를 설치해야 한다.

58 다음 중 과속방지시설의 설치장소 및 설치기준으로 옳지 않은 것은?

① 차량의 통행속도를 60km/h 이하로 제한할 필요가 있다고 인정되는 도로에 설치한다.
② 연속형 과속방지턱의 설치가 불가피할 경우 자동차의 통행속도를 30km/h로 제한할 때 그 설치간격은 35m가 되도록 한다.
③ 과속방지시설은 도로의 노면 포장재료와 동일한 재료로서 노면과 일체가 되도록 설치함을 원칙으로 한다.
④ 공동주택, 근린 상업시설, 학교 등 자동차의 출입이 많아 속도규제가 필요하다고 판단되는 구간에 설치한다.

해설

과속방지시설은 통행속도를 30km/h 이하로 제한할 필요가 있다고 인정되는 도로에 설치한다.

59 설계속도와 설계구간에 대한 내용으로 옳지 않은 것은?

① 설계속도란 도로설계의 기초가 되는 자동차의 속도를 말한다.
② 설계속도에 따라 곡선반경, 곡선의 길이, 종단경사 등이 결정된다.
③ 설계구간이란 도로의 종류나 설계속도가 같으며, 같은 설계기준이 적용되는 구간을 말한다.
④ 노선의 기하구조는 설계구간이 짧은 곳에 비연속적으로 적용하는 것이 바람직하다.

해설

노선의 기하구조는 가능한 한 연속적인 것이 바람직하므로 설계구간을 설정하는 경우에는 그 길이나 변경점의 선정방법 등에 대해 신중한 배려가 필요하다.

60 계획연면적이 6,000m²인 신축 근린생활시설의 첨두시 주차 발생량이 1,000m²당 6.3대일 때,

정답 56 ③ 57 ② 58 ① 59 ④ 60 ②

이 근린생활시설의 주차수요는?(단, 주차효율은 80.5%이다.)

① 53대 ② 47대
③ 38대 ④ 31대

해설

$$p = \frac{UF}{1,000e} = \frac{6.3 \times 6,000}{1,000 \times 0.805} = 46.96, \quad \therefore 47대$$

제4과목 도시계획개론

61 다음 중 연결녹지의 주된 설치목적에 해당하는 것은?

① 자연환경의 보전
② 녹지네트워크 형성
③ 공해의 방지 및 완화
④ 일상생활의 쾌적성과 안전성 확보

해설

연결녹지란 도시 안의 공원, 하천, 산지 등을 유기적으로 연결하고 도시민에게 산책공간의 역할을 하는 등 여가·휴식을 제공하는 선형(線型)의 녹지를 말한다. 연결녹지의 주된 설치목적은 유기적인 연결을 통한 녹지네트워크의 형성에 있다.

62 다음 중 도시성장관리의 의의라고 볼 수 없는 것은?

① 급속한 도시화 추세에서 진정단계로의 국면전환
② 도시의 새로운 수요를 조절하고, 기존 도시를 효과적으로 이용
③ 도시의 무분별한 외연적 확산의 억제
④ 부족한 주택문제 해결을 위한 대규모 주거지 개발

해설

도시성장관리의 의의는 국토의 균형적인 발전을 도모하여 지역적인 개발 집중을 배제하는 데 있다. 따라서 부족한 주택문제 해결을 위해 대규모로 주거지를 집중 개발하면 성장관리의 의의인 균형발전을 저해하게 된다.

63 도시의 시설과 토지의 물리적 계획의 3대 요소 중 도시의 내외부 간, 도시 내 각 지역 간 또는 도시 중요시설 상호 간의 인구와 물자 유통의 체계를 뜻하는 것은?

① 동선 ② 밀도 ③ 배치 ④ 분산

해설

동선은 인구와 물자 유통의 체계를 의미한다. 유통에 반드시 필요한 사항은 동선이다.

64 다음 중 버제스(Ernest W. Burgess)가 제시한 동심원 지대이론에서의 토지이용 구분에 해당하지 않는 것은?

① 점이지대 ② 중공업지구
③ 중심업무지구 ④ 저소득층 주거지구

해설

버제스의 동심원 지대이론
- 1권역 : 중심업무지구(금융, 상업)
- 2권역 : 점이지대(상업, 주택, 경공업 혼재)
- 3권역 : 저급, 중산층 주택지구
- 4권역 : 고급 주택지구
- 5권역 : 통근권

65 다음 중 반드시 도시·군관리계획으로 결정할 사항과 가장 거리가 먼 것은?

① 개발제한구역 또는 시가화조정구역 지정에 관한 계획
② 도시개발사업이나 정비사업에 관한 계획
③ 지구단위계획구역의 지정 또는 변경에 관한 계획과 지구단위계획
④ 환경의 보전 및 관리에 관한 사항

해설

환경의 보전 및 관리에 관한 사항은 도시·군기본계획의 수립 시 포함되어야 할 내용이다.

66 투입산출계수(Input-Ouput Coefficient)의 설명으로 옳은 것은?

① i 산업이 한 단위의 생산을 증가시킬 때, j 산업에 미치는 직·간접 파급효과
② j 산업이 한 단위의 생산을 증가시킬 때, i 산업에 미치는 직간접 파급효과

정답 61 ② 62 ④ 63 ① 64 ② 65 ④ 66 ④

③ i 산업이 한 단위의 제품을 생산하기 위하여 투입해야 하는 j 산업의 투입 재화와 용역
④ j 산업이 한 단위의 제품을 생산하기 위하여 투입해야 하는 i 산업의 투입 재화와 용역

> **해설**
> 지역산업 연관모형(지역 투입산출 모형, Regional Input-output Model)은 1940년경 레온티에프(Leontief)가 도입하여 Isard에 의해 정립된 이론이다. 지역적인 차원에서 산업부문 간 경제활동의 상호 의존관계를 설명할 뿐만 아니라 최종 수요의 규모 변동에 따른 경제적 파급효과를 분석하는 방법으로 우리나라에서는 1960년대부터 활용되어왔다. 해당 모형에서 사용되는 계수 a_{ij}는 j산업이 한 단위의 제품을 생산하기 위하여 투입해야 하는 i산업의 투입 재화와 용역을 의미한다.

67 국토의 계획 및 이용에 관한 법률 시행령에서 수도권에 속하지 아니하고 광역시와 경계를 같이 하지 아니하면서 도시·군기본계획을 수립하지 아니할 수 있는 시 또는 군지역의 인구 기준은?

① 인구 5만 이하
② 인구 10만 이하
③ 인구 20만 이하
④ 인구 30만 이하

> **해설**
> 국토의 계획 및 이용에 관한 법률 시행령 제14조(도시·군기본계획을 수립하지 아니할 수 있는 지역)에 의거 법 제18조 제1항 단서에서 "대통령령이 정하는 시 또는 군"이라 함은 다음 각 호의 1에 해당하는 시 또는 군을 말한다. 〈개정 2005.9.8.〉
> 1. 「수도권정비계획법」 제2조 제1호의 규정에 의한 수도권(이하 "수도권"이라 한다)에 속하지 아니하고 광역시와 경계를 같이 하지 아니한 시 또는 군으로서 인구 10만 명 이하인 시 또는 군

68 다음 중 단지계획을 수립하기 위한 일반적인 원칙으로 틀린 것은?

① 단지의 물리적·사회경제적·지리적·문화적 특성을 반영하고, 수용 능력의 한계와 잠재력을 분석하여 안전하고 편리한 단지를 계획한다.
② 단지 내에서 발생하는 각종 활동을 원활하게 연결하여 안전성과 편리성을 도모한다.
③ 장래에 요구되는 개발 수요와 활동을 정확하게 예측하여 개별 건축물에 대하여 정밀하게 계획하여야 한다.
④ 환경오염의 발생을 방지하고, 적절한 일조·채광·통풍을 확보하여 건강하고 쾌적한 환경을 확보한다.

> **해설**
> 단지계획 시 정밀한 수요예측은 쉽지 않은 일이므로 장래에 요구되는 개발 수요와 활동에 대한 개략적인 예측과 계획이 유연성을 가질 수 있도록 단지계획을 수립하여야 한다.

69 도로망의 구성형태와 대표도시의 연결이 옳은 것은?

① 방사형 - 뉴욕(New York)
② 대각선 삽입형 - 파리(Paris)
③ 방사환상형 - 모스크바(Moscow)
④ 격자형 - 카를스루에(Karlsruhe)

> **해설**
> 뉴욕은 격자형, 파리와 카를스루에는 방사환상형의 도시이다.

70 Hook 신도시계획의 네 가지 기본 요소로 틀린 것은?

① 도시 인구구성의 균형
② 도시성(Urbanity)의 향상
③ 시가화 지역과 농촌 지역의 통합 시도
④ 자동차와 보행자를 분리하는 도로망 체계

> **해설**
> 후크는 신도시를 계획하면서 도심 거주자를 위한 보차분리에 중점을 두었다. 런던 남서측의 상대적 미개발을 극복하기 위해 1961년 런던청이 주도하여 수립된 개발계획이다. 남서측의 상대적 미개발 극복에 목적이 있다보니 농촌과 관련된 통합 시도는 거리가 멀다고할 수 있다.

71 다음 중 도시계획상 장래 그 도시의 성장 규모와 물리적 환경의 총체적 규모를 결정하는 기본 척도가 되는 것은?

① 인구   ② 소득   ③ 토지   ④ 교통량

> **해설**
> 도시의 성장 규모와 물리적 환경의 규모를 결정하는 기본척도는 인구이다. 이 외에도 인구는 도시계획에 있어 다양한 상황에서 기준척도로 사용된다.

72 국토의 계획 및 이용에 관한 법령상 정의하는 기반시설로 옳지 않은 것은?

① 공간시설
② 보건위생시설
③ 환경경관시설
④ 공공·문화체육시설

정답 67 ② 68 ③ 69 ③ 70 ③ 71 ① 72 ③

[해설]
③ 환경경관시설이 아니고 환경기초시설이다.

73 다음 중 공동구의 설치 목적과 거리가 먼 것은?
① 수자원의 보호 ② 도시미관의 보호
③ 방재능률의 향상 ④ 도로교통의 원활화

[해설]
① 수자원의 보호는 자연환경보전지역에서 이루어진다.

74 국토의 계획 및 이용에 관한 법률 시행령상 도시·군계획시설의 설치·관리 기준에서 도시지역 또는 지구단위계획구역에 설치하는 기반시설에 해당하지 않는 것은?
① 주택 ② 공공청사
③ 사회복지시설 ④ 종합의료시설

[해설]
③ 기반시설에는 공공·문화체육시설(학교·운동장·공공청사·문화시설·공공필요성이 인정되는 체육시설·연구시설·사회복지시설·공공직업훈련시설·청소년수련시설), 보건위생시설(보건위생시설 : 화장시설·공동묘지·봉안시설·자연장지·장례식장·도축장·종합의료시설)이 포함된다. 주택은 기반시설로 볼 수 없다.

75 건폐율이 50%, 용적률이 500%일 때 건물의 층수는?(단, 모든 층의 바닥 면적은 동일하다.)
① 5층 ② 10층
③ 15층 ④ 20층

[해설]
대지면적에 대한 건축면적의 비율을 건폐율이라 하고, 대지면적에 대한 연면적의 비율을 용적률이라 한다. 건폐율이 50%이므로 건물의 바닥면적은 대지면적의 50%이고, 모든 층의 바닥면적이 동일한 상태(성냥갑처럼 직사각형으로 생겼다는 의미)에서 연면적이 10배이므로 바닥이 10개가 있다고 예측할 수 있다. 따라서 총 층수는 10층이라고 판단할 수 있다.

76 녹지의 유형 중 대기오염, 소음, 진동, 악취, 그 밖에 이에 준하는 공해와 각종 사고나 자연재해, 그 밖에 이에 준하는 재해 등의 방지를 위하여 설치하는 것은?
① 경관녹지 ② 방재녹지
③ 완충녹지 ④ 연결녹지

[해설]
완충녹지란 대기오염, 소음, 진동, 악취, 그 밖에 이에 준하는 공해와 각종 사고나 자연재해, 그 밖에 이에 준하는 재해 등의 방지를 위하여 설치하는 녹지를 말한다.

77 도시·군계획시설의 결정·구조 및 설치기준에 관한 규칙에 따른 도로의 일반적 결정기준에서 주간선도로와 주간선도로의 배치간격 기준은?
① 100m 내외 ② 250m 내외
③ 500m 내외 ④ 1,000m 내외

[해설]
도시·군계획시설의 결정·구조 및 설치기준에 관한 규칙 제10조(도로의 일반적 결정기준)
도로의 일반적 결정기준은 다음 각 호와 같다.
3. 도로의 배치간격은 다음 각 목의 기준에 의하되, 시·군의 규모, 지형조건, 토지이용계획, 인구밀도 등을 감안할 것
  가. 주간선도로와 주간선도로의 배치간격 : 1천 미터 내외

78 용도지역별 개발행위허가의 규모 기준이 틀린 것은?
① 관리지역 : 5만 m^2 미만
② 도시지역의 주거지역·상업지역·자연녹지지역·생산녹지지역 : 1만 m^2 미만
③ 농림지역 : 3만 m^2 미만
④ 자연환경보전지역 : 5천 m^2 미만

[해설]
국토의 계획 및 이용에 관한 법률 시행령 제55조(개발행위허가의 규모)
① 법 제58조 제1항 제1호 본문에서 "대통령령으로 정하는 개발행위의 규모"란 다음 각 호에 해당하는 토지의 형질변경면적을 말한다. 다만, 관리지역 및 농림지역에 대하여는 제2호 및 제3호의 규정에 의한 면적의 범위 안에서 해당 특별시·광역시·특별자치시·특별자치도·시 또는 군의 도시·군계획조례로 따로 정할 수 있다. 〈개정 2012.4.10, 2014.1.14〉
1. 도시지역
  가. 주거지역·상업지역·자연녹지지역·생산녹지지역 : 1만 제곱미터 미만
  나. 공업지역 : 3만 제곱미터 미만
  다. 보전녹지지역 : 5천 제곱미터 미만
2. 관리지역 : 3만 제곱미터 미만
3. 농림지역 : 3만 제곱미터 미만
4. 자연환경보전지역 : 5천 제곱미터 미만

정답 73 ① 74 ① 75 ② 76 ③ 77 ④ 78 ①

79 문화재, 중요 시설물 및 문화적·생태적으로 보존 가치가 큰 지역의 보호와 보존을 위하여 지정하는 용도지구는?

① 경관지구
② 미관지구
③ 방재지구
④ 보존지구

[해설]
국토의 계획 및 이용에 관한 법률 시행령 제31조(용도지구의 지정) ② 국토교통부장관, 시·도지사 또는 대도시 시장은 법 제37조 제2항에 따라 도시·군관리계획결정으로 경관지구·미관지구·고도지구·방재지구·보존지구·시설보호지구·취락지구 및 개발진흥지구를 다음 각 호와 같이 세분하여 지정할 수 있다. 〈개정 2005.1.15, 2005.9.8, 2008.2.29, 2009.8.5, 2012.4.10, 2013.3.23., 2014.1.14., 2017.12.29〉
5. 보호지구
 가. 역사문화환경보호지구 : 문화재·전통사찰 등 역사·문화적으로 보존가치가 큰 시설 및 지역의 보호와 보존을 위하여 필요한 지구
 나. 중요시설물보호지구 : 국방상 또는 안보상 중요한 시설물의 보호와 보존을 위하여 필요한 지구
 다. 생태계보호지구 : 야생동식물서식처 등 생태적으로 보존가치가 큰 지역의 보호와 보존을 위하여 필요한 지구

80 토지이용계획의 수립을 위한 예측 변수 중 정량적 예측 변수가 아닌 것은?

① 고용자수
② 산업의 변화
③ 지역 총 생산
④ 인구구성 및 규모

[해설]
산업의 변화는 수치로 측정하기 어려운 정성변수이다.

제5과목 교통관계법규

81 도로법에 따른 도로 등급의 순서로 옳은 것은?

① 특별시도 - 고속국도 - 일반국도 - 지방도
② 고속국도 - 특별시도 - 일반국도 - 지방도
③ 고속국도 - 일반국도 - 지방도 - 특별시도
④ 고속국도 - 일반국도 - 특별시도 - 지방도

[해설]
도로법에서 정한 도로의 등급은 고속국도 - 일반국도 - 특별시도·광역시도 - 지방도 - 시도 - 군도 - 구도이다.

82 국가통합교통체계효율화법상 국토교통부장관은 교통기술의 연구·개발을 촉진하고 그 성과를 효율적으로 이용하도록 하기 위하여 몇 년 단위로 국가교통기술의 개발계획을 수립하여야 하는가?

① 2년
② 3년
③ 5년
④ 10년

[해설]
국가통합교통체계효율화법 제94조(국가교통기술개발계획의 수립)에 의거 국토교통부장관은 교통기술의 연구·개발을 촉진하고 그 성과를 효율적으로 이용하도록 하기 위하여 5년 단위로 국가교통기술의 개발계획(이하 "국가교통기술개발계획"이라 한다)을 수립하여야 한다.

83 주차장법 시행규칙상 노외주차장의 출구 및 입구를 설치하여서는 아니 되는 장소 기준으로 옳지 않은 것은?

① 횡단보도로부터 5m 이내에 있는 도로의 부분
② 종단 기울기가 6%를 초과하는 도로
③ 너비 4m 미만의 도로(주차대수 200대 이상인 경우에는 너비 6m 미만의 도로)
④ 아동전용시설의 출입구로부터 20m 이내에 있는 도로의 부분

[해설]
종단기울기가 10%를 초과하는 도로에는 출입구를 설치하여서는 안 된다.

84 국가통합교통체계효율화법에 규정되어 있는 복합환승센터 개발사업에 필요한 토지의 구입 및 처분에 관한 설명 중 틀린 것은?

① 사업대상 토지면적의 3분의 2 이상을 매입하여야 토지를 수용하거나 사용할 수 있다.
② 복합환승센터 안의 토지소유자가 시설을 운영하려는 경우 토지소유자에게 환지를 하여야 한다.
③ 사업의 건설을 위해서 다른 사람의 토지에 출입하거나 일시적으로 사용할 수 있다.
④ 시·도지사가 지정하는 복합환승센터 안의 토지 등의 수용, 사용에 대한 재결은 중앙토지수용위원회가 관장한다.

정답 79 ④ 80 ② 81 ④ 82 ③ 83 ② 84 ④

해설

「국가통합교통체계효율화법」 제54조(토지 등의 수용·사용)에 의거 국토교통부장관이 지정하는 복합환승센터 안의 토지 등의 수용·사용에 대한 재결(裁決)은 중앙토지수용위원회가 관장하고, 시·도지사가 지정하는 복합환승센터 안의 토지 등의 수용·사용에 대한 재결은 관할 지방토지수용위원회가 관장한다. 이 경우 재결의 신청은 「공익사업을 위한 토지 등의 취득 및 보상에 관한 법률」 제23조 제1항 및 제28조 제1항에도 불구하고 복합환승센터개발계획에서 정하는 사업시행기간에 할 수 있다.

85 국가교통위원회의 위원장은?

① 대통령
② 국무총리
③ 국토교통부장관
④ 지방자치단체장

해설

국가통합교통체계효율화법 제107조(국가교통위원회의 구성 등)에 의거 국가교통위원회의 위원장은 국토교통부장관이 되고, 부위원장은 국토교통부 제2차관이 된다.

86 노외주차장의 구조·설비기준에 따른 노외주차장의 확장형 주차단위 구획은 주차단위구획 총수의 몇 퍼센트 이상 설치하여야 하는가?(단, 평행주차형식의 주차단위구획 수는 제외한다.)

① 20%
② 25%
③ 30%
④ 35%

해설

주차장법 시행규칙 제6조(노외주차장의 구조·설비기준)에 의거 노외주차장에는 확장형 주차단위구획을 주차단위구획 총수(평행주차형식의 주차단위구획 수는 제외한다)의 30퍼센트 이상 설치하여야 한다.

87 다음 중 도시교통정비 촉진법상 시장이 교통수요관리를 위하여 지방교통위원회의 심의를 거쳐야 하는 사항에 해당하는 것은?

① 혼잡통행료 부과·징수에 관한 사항
② 대중교통전용지구의 지정 및 운용에 관한 사항
③ 주차수요관리에 관한 사항
④ 원격근무와 재택근무 지원에 관한 사항

해설

도시교통정비촉진법 제33조(교통수요관리의 시행)
① 시장은 도시교통의 소통을 원활하게 하고 대기오염을 개선하며 교통시설을 효율적으로 이용할 수 있도록 하기 위하여 관할 지역 안의 일정한 지역에서 다음 각 호의 교통수요관리를 할 수 있다. 이 경우 제1호와 제2호의 사항에 관하여는 지방교통위원회의 심의를 거쳐야 한다.
〈개정 2009.6.9., 2011.5.19., 2013.5.22., 2015.7.24.〉
1. 제34조에 따른 자동차의 운행제한에 관한 사항 1의2. 제34조의2에 따른 승용차부제에 관한 사항
2. 제35조에 따른 혼잡통행료의 부과·징수에 관한 사항
3. 주차수요관리
4. 승용차공동이용 지원
5. 자가용 승용자동차 함께 타기
6. 원격(遠隔) 근무와 재택(在宅) 근무 지원
7. 보행·자전거·대중교통 통합교통체계의 구축
8. 그 밖에 통행량의 분산 또는 감소를 위하여 대통령령으로 정하는 사항

88 교통안전법상 국가교통안전시행계획에 관한 설명으로 옳은 것은?

① 정부가 5년 단위로 수립하는 장기적·종합적인 교통안전계획이다.
② 지정행정기관의 장이 매년 소관별 교통안전시행계획안을 수립한다.
③ 국가교통안전시행계획안은 국무회의의 심의를 거쳐 확정한다.
④ 국가교통안전시행계획의 수립 및 변경 등에 관하여 필요한 사항은 국토교통부령으로 정한다.

해설

지정행정기관의 장이 매년 소관별 교통안전시행계획안을 수립하여 국토교통부장관에게 제출하고, 국토교통부장관은 국가교통위원회의 심의를 거쳐 이를 확정한다. 국가교통안전시행계획의 수립 및 변경 등에 관하여 필요한 사항은 대통령령으로 정한다.

89 국가통합교통체계효율화법에서 실시하고 있는 국가교통조사에 포함되어야 하는 사항이 아닌 것은?

① 통행목적별 장래(20년) 여객 및 화물의 기점·종점 통행량
② 교통수단별 등록 및 이용현황
③ 교통수단별 및 교통시설별 운행노선, 교통량, 주행거리 등 공급·운영 실태
④ 교통물류활동으로 발생하는 교통혼잡, 교통사고, 환경오염, 온실가스 배출 등 교통 관련 사회적 외부비용

해설
① 여객 및 화물의 기점·종점 통행량이 포함되어야 하지만 장래 20년 통행량을 조사하는 것은 아니다.

90 다음 중 통행속도 또는 교차로 지체시간 등을 고려하여 혼잡통행료 부과지역을 지정하고, 일정 시간대에 혼잡통행료 부과지역으로 들어가는 자동차에 대하여 혼잡통행료를 부과·징수할 수 있는 자는?

① 지방경찰청장 ② 경찰서장
③ 시장 ④ 도로관리청

해설
도시교통정비촉진법 제35조(혼잡통행료의 부과·징수 등)에 의거 시장은 통행속도 또는 교차로 지체시간 등을 고려하여 대통령령으로 정하는 바에 따라 혼잡통행료 부과지역을 지정하고, 일정 시간대에 혼잡통행료 부과지역으로 들어가는 자동차에 대하여 혼잡통행료를 부과·징수할 수 있다.

91 도로교통법상 모든 차의 운전자가 서행하여야 하는 곳에 해당하지 않는 것은?

① 교통정리를 하고 있지 아니하는 교차로
② 도로가 구부러진 부근
③ 가파른 비탈길의 오르막
④ 비탈길의 고갯마루 부근

해설
도로교통법 제31조(서행 또는 일시정지 할 장소)에 의거 교통정리를 하고 있지 아니하는 교차로, 도로가 구부러진 부근, 비탈길의 고갯마루 부근, 가파른 비탈길의 내리막에서는 서행하여야 한다.

92 도로교통법상 용어의 정의로 틀린 것은?

① "길가장자리구역"이란 보도와 차도가 구분된 도로에서 차량운전자의 안전을 확보하기 위하여 안전표지 등으로 그 경계를 표시한 부분을 말한다.
② "안전표지"란 교통안전에 필요한 주의·규제·지시 등을 표시하는 표지판이나 도로의 바닥에 표시하는 기호·문자 또는 선 등을 말한다.
③ "정차"란 운전자가 5분을 초과하지 아니하고 차를 정지시키는 것으로서 주차 외의 정지 상태를 말한다.
④ "안전지대"란 도로를 횡단하는 보행자나 통행하는 차마의 안전을 위하여 안전표지나 이와 비슷한 인공구조물로 표시한 도로의 부분을 말한다.

해설
도로교통법 제2조(정의)에 의거 "길가장자리구역"이란 보도와 차도가 구분되지 아니한 도로에서 보행자의 안전을 확보하기 위하여 안전표지 등으로 경계를 표시한 도로의 가장자리 부분을 말한다.

93 주차장법상 주차환경개선지구 지정·관리계획에 포함되어야 할 사항이 아닌 것은?

① 주차환경개선지구의 관리 목표 및 방법
② 주차장의 수급 실태 및 이용 특성
③ 월별 주차장 감축 및 재원관리계획
④ 노외주차장 우선 공급 등 주차환경개선지구의 지정 목적을 달성하기 위하여 필요한 조치

해설
주차장법 제4조의2(주차환경개선지구 지정·관리계획)
① 제4조 제2항에 따른 주차환경개선지구 지정·관리계획에는 다음 각 호의 사항이 포함되어야 한다.
1. 주차환경개선지구의 지정구역 및 지정의 필요성
2. 주차환경개선지구의 관리 목표 및 방법
3. 주차장의 수급 실태 및 이용 특성
4. 장기·단기 주차수요에 대한 예측
5. 연차별 주차장 확충 및 재원 조달계획
6. 노외주차장 우선 공급 등 주차환경개선지구의 지정 목적을 달성하기 위하여 필요한 조치
→ ③ 월별 주차장 감축 및 재원관리계획 : 월별이 아닌 연차별 계획이 포함되어야 한다.

94 국가통합교통체계효율화법 시행령에 따른 연계교통체계 영향권의 설정 범위로 옳은 것은?

① 항만구역으로부터 20킬로미터 이내의 권역
② 공항구역으로부터 30킬로미터 이내의 권역
③ 물류터미널 중 복합물류터미널로부터 30킬로미터 이내의 권역
④ 산업단지로부터 40킬로미터 이내의 권역

해설
④ 연계교통체계의 영향권은 항만구역으로부터 40킬로미터 이내의 권역, 공항구역으로부터 40킬로미터 이내의 권역, 물류터미널 중 복합물류터미널로부터 40킬로미터 이내의 권역, 산업단지로부터 40킬로미터 이내의 권역으로 설정한다.

정답 90 ③ 91 ③ 92 ① 93 ③ 94 ④

95 도시교통정비 기본계획의 수립 시 부문별 계획에 포함되어야 할 내용으로 틀린 것은?

① 교통시설의 개선
② 대중교통체계의 개선
③ 환경친화적 교통체계의 구축
④ 교통유발금의 부과 및 징수

해 설

도시교통정비 촉진법 제5조(도시교통정비 기본계획의 수립)에 의거 기본계획에는 다음 각 호의 사항이 포함되어야 한다. 이 경우 교통권역 안의 다른 도시교통정비지역 또는 인근지역과의 관계를 고려하여야 한다.
2. 다음 사항이 포함되는 부문별 계획
  가. 유출입(流出入) 교통대책 및 도로·철도·도시철도 등 광역 교통체계의 개선
  나. 교통시설의 개선
  다. 대중교통체계의 개선
  라. 교통체계 관리 및 교통소통의 개선
  마. 주차장의 건설 및 운영
  바. 자전거 이용시설의 확충
  사. 환경친화적 교통체계의 구축

96 노면표시에 사용하는 색의 의미로 옳은 것은?

① 황색 : 반대 방향의 교통류 분리
② 백색 : 지정 방향의 교통류 분리
③ 청색 : 동일한 방향의 교통류 분리 및 경계 표시
④ 적색 : 주로 규제를 뜻하며, 반대 노면과의 분리

해 설

노면표시의 색은 백색, 황색, 청색을 기본색으로 사용한다. 이들 색의 의미는 다음과 같다.
• 백색 : 동일한 방향의 교통류 분리 및 경계 표시
• 황색 : 반대방향의 교통류 분리, 도로 이용의 제한 및 지시 표시
• 청색 : 지정방향의 교통류 분리 표시
• 흑색 : 기본색의 대비효과에 의한 시인성 확보를 위한 것으로서 단독으로 사용하지 않고 기본색(백색, 황색, 청색)의 보조색으로 사용한다.

97 교통안전법상의 계획별 수립기간 기준으로 옳지 않은 것은?

① 지역교통안전시행계획 - 매년
② 국가교통안전기본계획 - 5년 단위
③ 시·도 교통안전기본계획 - 5년 단위
④ 시·군·구 교통안전기본계획 - 매년

해 설

국가급 계획은 매년 수립하기 어렵다. 기본계획은 5년 단위로 수립한다고 이해하면 답을 찾기 용이하다.

98 도로법상 도로관리청은 도로 구조의 파손 방지, 미관(美觀)의 훼손 또는 교통에 대한 위험 방지를 위하여 도로의 경계선에 얼마를 초과하지 아니하는 범위에서 대통령령으로 정하는 바에 따라 접도구역으로 지정할 수 있는가?(단, 고속국도의 경우는 고려하지 않는다.)

① 10m ② 15m ③ 20m ④ 25m

해 설

도로법 제49조(접도구역의 지정 등)에 의거 관리청은 도로 구조의 손궤 방지, 미관 보존 또는 교통에 대한 위험을 방지하기 위하여 도로경계선으로부터 20미터를 초과하지 아니하는 범위에서 대통령령으로 정하는 바에 따라 접도구역(接道區域)으로 지정할 수 있다.

99 도로굴착에 관한 사항을 심의·조정하기 위하여 설치하는 도로관리심의회에 관한 설명으로 옳지 않은 것은?

① 고속국도와 일반국도에만 설치한다.
② 도로굴착공사의 시행에 따른 도로시설의 안전대책을 심의·조정한다.
③ 주요 지하매설물의 안전대책을 심의·조정한다.
④ 일반국도의 위원장은 지방국토관리청장이 된다.

해 설

① 도로관리심의회는 고속국도와 일반국도뿐만 아니라 특별시도, 광역시도, 지방도, 시도, 군도, 구도 모두에 설치되어 심의조정의 역할을 수행한다.

100 도로교통법 및 동법 시행규칙에 따른 차로의 설치에 대한 설명으로 틀린 것은?

① 차로는 횡단보도·교차로 및 철길건널목에는 설치할 수 없다.
② 차로의 순위는 도로의 오른쪽부터 1차로로 한다.
③ 지방경찰청장은 차로를 설치할 수 있다.
④ 보도와 차도의 구분이 없는 도로에 차로를 설치하는 때에는 그 도로의 양쪽에 길가장자리구역을 설치하여야 한다.

정답 95 ④ 96 ① 97 ④ 98 ③ 99 ① 100 ②

[해설]
도로교통법 시행규칙 제16조(차로에 따른 통행구분) [별표 9] 차로에 따른 통행차의 기준(제16조 제1항 및 제39조 제1항 관련)에 의거 차로의 순위는 도로의 중앙선 쪽에 있는 차로부터 1차로로 한다. 다만, 일방통행도로에서는 도로의 왼쪽부터 1차로로 한다.

제6과목 교통안전

101 도로횡단면과 교통사고 발생특성과의 연관성을 설명한 내용 중 가장 거리가 먼 것은?

① 차로 수와 사고율은 직접적인 정(+)의 상관 관계가 있다.
② 도로변 물체와의 충돌을 방지하기 위한 가드레일 등이 장애물이 될 수 있으므로 설계시 주의해야 한다.
③ 노면상태가 교통사고에 영향을 미치는 주요 요인은 미끄러짐이다.
④ 교량의 폭과 포장면, 교량 접근부 등이 교통사고와 밀접한 관계가 있다.

[해설]
차로의 폭은 사고율과 상관관계가 있으나 차로의 수는 직접적인 상관관계가 없다. 차로 수가 많고 적음이 사고가 많고 적음과 상관이 있는 것은 아니라는 의미이다.

102 교통표지의 설치 시에는 운전자의 시인성 및 차량 안전을 고려해야 한다. 안전을 고려한 교통안전표지의 설치방법과 가장 거리가 먼 것은?

① 방호울타리의 안쪽에 설치
② 기존의 교량이나 육교 등 구조물상에 설치
③ 차도의 오른쪽으로서 차량의 진입이 드문 곳에 설치
④ 차량의 경로이탈이 예상되는 곳에 설치 시에는 Break-way 지주 사용

[해설]
방호울타리 바깥쪽에 설치하여야 한다. 방호울타리 안쪽에 설치되면 충돌 시 표지 지주에 1차적으로 차량이 충돌하게 되므로 안전에 위협이 된다.

103 개별적 사고에 대한 일반적 분석절차를 순서대로 바르게 나타낸 것은?

① 사고 보고 → 선정사고의 보충자료 수집 → 기술적 자료 준비 → 전문적 재구성 → 원인분석
② 사고 보고 → 기술적 자료 준비 → 선정사고의 보충 자료 수집 → 원인분석 → 전문적 재구성
③ 기술적 자료 준비 → 선정사고의 보충자료 수집 → 사고 보고 → 전문적 재구성 → 원인분석
④ 기술적 자료 준비 → 사고 보고 → 선정사고의 보충 자료 수집 → 원인분석 → 전문적 재구성

[해설]
사고분석의 5단계
사고 보고→보충자료의 수집→기술적 자료 준비→전문적 재구성→원인분석 순으로 구성된다.

104 교통안전법 시행령상 교통행정기관은 교통안전 진단을 받을 것을 명할 때 교통안전진단을 받아야 하는 날부터 최소 며칠 전까지 교통사업자에게 이를 통보하여야 하는가?(단, 긴급하게 교통 안전진단을 받을 필요가 있다고 인정되는 경우는 고려하지 않는다.)

① 50일   ② 30일
③ 10일   ④ 7일

[해설]
교통안전법 시행령 제30조(교통시설안전진단 명령)에 의거 교통행정기관은 교통시설안전진단을 받을 것을 명할 때에는 교통시설안전진단을 받아야 하는 날부터 30일 전까지 교통시설 설치·관리자에게 이를 통보하여야 한다. 다만, 해당 교통시설로 인하여 교통사고를 초래할 중대한 위험요인이 있다고 인정되는 경우로서 긴급하게 교통시설안전진단을 받을 필요가 있다고 인정되는 경우에는 그 기간을 단축할 수 있다.

105 다음 중 교차로에서 제한된 시거로 인한 보행자 사고를 방지하기 위한 대책으로 적합하지 않은 것은?

① 횡단보도 설치   ② 시야 장애물 제거
③ 다른 보행로의 유도   ④ 미끄럼주의표지 설치

정답 101 ① 102 ① 103 ① 104 ② 105 ④

해설

시거불량 시 개선사항으로 장애물 제거, 시선이 다른 곳에 가지 않도록 유도표지 설치, 잘 보이도록 밝게 가로조명 개선, 예고표지 설치 등이 있다. 미끄럼주의 표지의 설치로 제한된 시거를 극복하기는 어렵다.

106 다음 중 충돌도(Collision Diagram)에 관한 설명으로 틀린 것은?

① 요구되는 예방책을 결정하기 위한 사고의 패턴을 파악하기 위하여 사용한다.
② 사고다발지점의 물리적 현황을 나타낸다.
③ 화살표와 기호로 사고에 관련된 차량이나 보행자의 경로, 사고의 유형 및 정도를 도식적으로 나타낸다.
④ 보통은 축척을 무시하고 작도된다.

해설

충돌도에는 물리적 현황뿐만 아니라 시간 등 사고의 원인이 되는 자료들도 나타낸다.

107 중앙분리대를 설치하여 많이 감소시킬 수 있는 사고의 유형은?

① 측면충돌사고 ② 추돌사고
③ 정면충돌사고 ④ 전복사고

해설

정면충돌사고의 예방은 중앙분리대의 주된 기능 중 하나이다.

108 교통사고를 유발시키는 운전자 요인 중 경험/실습적 요인으로 옳지 않은 것은?

① 음주장애
② 운전미숙
③ 주행구간에 대한 비친숙성
④ 주행구간에 대한 과도한 습관성

해설

음주로 인한 운전 장애는 운전자 자체가 가진 장애요인이 아닌 외부적인 요인에 의한 것이므로 경험/실습적 요인이라 하기 어렵다.

109 주행 중이던 차량이 40m의 거리를 미끄러져 주차한 차량과 충돌하였고, 충돌 후 두 차량이 함께 20m를 미끄러져 정지하였다. 두 차량의 무게가 동일할 때 주행차량의 초기 속도는?(단, 마찰계수는 0.4이다.)

① 100.4km/시   ② 105.4km/시
③ 110.4km/시   ④ 115.4km/시

해설

$$v_1 = \sqrt{254f\left[S_2\left(\frac{W_A + W_B}{W_A}\right)^2 + S_1\right]}$$
$$= \sqrt{254 \times 0.4\left[20\left(\frac{1+1}{1}\right)^2 + 40\right]}$$
$$= 110.42 km/h$$

110 교통사고 위험구간을 선정 시 모든 장소에 대한 평균사고율이 아닌 유사특성을 갖는 장소의 평균사고율과 비교하며, 사고발생건수가 포아송 분포를 따른다는 가정을 기반으로 한 평가기법은?

① 사고건수법(Number of Accident Method)
② 사고율법(Accident Rate Method)
③ 사고건수 - 사고율법(Number - Rate Method)
④ 평균사고율법(Rate - Quality Control Method)

해설

평균사고율법(Rate - Quality Control Method)
위험지점을 선정할 때 유사한 특성을 가진 지점들에 대해 미리 정해진 평균사고율과 관련하여 특정사고율이 비정상적인지를 결정하기 위해 사고 발생이 포아송 분포를 따른다는 가정에 기초한 검정을 통하여 분석하는 방법

111 다음 중 도로교통안전을 위협하는 직접적인 원인으로 보기 어려운 것은?

① 도로 환경적 측면 - 협소한 도로폭, 도로 선형 불량
② 차량적 측면 - 엔진 불량, 타이어 마모
③ 경제적 측면 - 인구 증가, GDP(국내총생산) 감소
④ 도로이용자 측면 - 운전 미숙, 음주 및 약물 복용

해설

교통사고의 직접적인 원인은 인적 요인, 차량요인, 환경요인이 있다.

112 다음 중 교통사고분석기법에서 원인분석 과정을 올바르게 나열한 것은?

> 가. 자료정리
> 나. 충돌도 및 현황도 작성
> 다. 현장조사
> 라. 문제점 파악

① 나-가-다-라 ② 다-가-라-나
③ 가-나-다-라 ④ 나-가-라-다

해 설
교통사고 원인분석 과정은 자료정리→충돌도 및 현황도 작성→현장조사→문제점 파악의 순으로 이루어진다.

113 다음 중 교통사고의 특성에 대한 설명으로 틀린 것은?

① 커브 지점에서는 정면충돌사고의 가능성이 높다.
② 교차로 내에서는 직각충돌사고의 가능성이 높다.
③ 교차로 접근로에서는 추돌사고의 가능성이 높다.
④ 주택가 생활도로에서는 전복사고의 가능성이 높다.

해 설
주택가 생활도로는 통행속도가 낮아 전복사고의 가능성이 낮다.

114 교통사고 감소 및 녹색교통 활성화 차원에서 2009년부터 국내에서 본격 추진 중인 회전 교차로가 일반교차로에 비하여 갖는 단점이 아닌 것은?

① 접근로 교통량이 많을 경우 대기행렬이 발생한다.
② 일반적인 신호교차로보다 넓은 부지가 필요하다.
③ 보행자의 횡단을 위한 이동거리가 증가한다.
④ 비신호 운영에 따라 교차로 진입 시 가속으로 안전성이 낮아질 우려가 있다.

해 설
회전교차로는 비신호 운영에 따라 교차로 진입 시 감속하므로 일반교차로에 비해 안전성이 높다.

115 사고다발지역 또는 사고취약지역을 선정하는 방법에 대한 설명이 잘못된 것은?

① 사고율법 - 차량이 도로의 특정 구간을 운행한 거리나 하나의 노드 혹은 교차로로 진입하는 교통량에 대한 사고건수로 결정
② 한계사고율법 - 특정 지역 또는 구간에서의 실제 사고율을 유사한 지역 또는 구간들의 평균 사고율과 비교하여 결정
③ 사고심각도법 - 인명이나 재산상의 금전적 손실에 따라 사고의 심각도를 산출하여 이를 가중치로 반영한 사고건수에 따라 결정
④ 선형밀도법 - 단위 면적(예 : km^2)당 사고 건수로 결정

해 설
사고다발지역(혹은 사고다발지점)을 선정하는 방법에는 사고건수 및 사고율에 의한 방법(사고건수법, 사고율법, 사고건수-사고율법, 사고율-통계적방법)과 사고심각도에 의한 방법(인명피해지수법, 등가물피사고법, 비교심각도지수법)이 있다. 선형밀도법은 사고다발지점 선정에 사용되는 기법이 아니다.

116 교통사고의 발생 원인이라고 볼 수 없는 것은?

① 운전자의 불안정한 심리상태
② 불합리한 도로의 종단선형
③ 과도한 통행요금
④ 악천후인 기상상황

해 설
교통사고의 원인에는 인적 요인, 차량요인, 환경요인이 있다. 통행요금을 사고의 원인으로 보기는 어렵다.

117 사고자료의 공학적 이용을 위한 사고보고서의 정리로 가장 타당한 것은?

① 사고발생 일자별 정리
② 사고발생 지점별 정리
③ 사고발생 차종별 정리
④ 사고발생 운전자별 정리

해 설
사고보고서는 지점별로 정리하는 것이 가장 타당하다고 알려져 있다.

정답 112 ③ 113 ④ 114 ④ 115 ④ 116 ③ 117 ②

118 어떤 차량이 노면 마찰계수가 0.7인 평탄한 도로에서 앞 차량과의 추돌을 피하기 위해 급정거하여 15.5m를 미끄러진 후 정지하였을 때 이 차량의 미끄러지기 전의 속도는?

① 42.3km/h ② 52.5km/h
③ 59.4km/h ④ 60.9km/h

해 설

$V = \sqrt{254(f+i)l}$
$V = \sqrt{254(0.7+0) \times 15.5}$
$\quad = 52.496 ≒ 52.50$

119 차량이 하루에 18,600대가 통행하는 자동차 전용도로의 300m 구간에서 3년간 교통사고가 27건 발생하였을 때 연간 통행량 1억대·km당 사고건수는?

① 약 221건 ② 약 442건
③ 약 663건 ④ 약 1,326건

해 설

사고율
$= \dfrac{교통사고건수 \times 100,000,000}{일평균교통량(ADT) \times 조사기간일수 \times 도로구간길이(km)}$

1억대·km당 사고건수
$= \dfrac{27 \times 100,000,000}{18,600 \times 365 \times 3 \times 0.3} = 441.89$
∴ 약 442건

120 교통사고 예방을 위한 3E가 아닌 것은?

① Education(교육)
② Engineering(공학)
③ Enforcement(시행)
④ Emergency(구호)

해 설

교통안전 3E는 Education(교육), Engineering(공학), Enforcement(규제, 시행)이다.

4회 2017년 기출문제

제1과목 교통계획

01 화물교통 조사 시 조사항목이 아닌 것은?
① 물류시설
② 화물 물동량
③ 화물차량 동행인
④ 화물차량 운행실태

해설
화물교통 조사는 화물 및 트럭 물류시설의 조사, 화물의 물동량, 트럭유동조사(화물차량 운행실태)로 이루어진다. 화물의 조사에 동행인을 확인할 이유는 없다.

02 버스요금을 1,050원에서 850원으로 인하하고자 한다. 요금 인하 전의 승객은 시간당 120명, 요금 인하 후 승객 수가 130명일 때, 소비자 잉여(Consumer's Surplus)는?
① 1,000원
② 12,500원
③ 25,000원
④ 50,000원

해설
$$소비자\ 잉여 = \frac{(Q_1 + Q_2)}{2} \times (C_1 - C_2)$$
$$= \frac{(120 + 130)}{2} \times (1,080 - 850) = 25,000$$

03 교통조사를 위한 폐쇄선 설정 시 고려할 사항이 아닌 것은?
① 가급적 행정구역 경계선과 일치시킨다.
② 폐쇄선을 횡단하는 도로는 가능한 많아야 한다.
③ 주변에 읍·면·동이 위치하면 폐쇄선 내에 포함하도록 한다.
④ 도시 주변의 장래 도시화 지역은 가급적 폐쇄선 내에 포함시킨다.

해설
폐쇄선(Cordon Line) 설정 시 고려사항
- 폐쇄선을 가급적 행정구역 경계선과 일치시킨다.
- 주변에 동이 위치하면 폐쇄선 내에 포함하도록 한다.
- 폐쇄선을 횡단하는 도로나 철도가 가급적 최소가 되게 한다.
- 도시 주변의 장래 도시화 지역은 가급적 폐쇄선 내에 포함시킨다.

04 둘 이상의 기능을 합한 복합교통 시스템으로서, 자동차에 사람이나 화물을 실은 채 철도로 운반하는 시스템은?
① Car Ferry
② Piggyback System
③ Dual - mode Bus System
④ Tube Transportation System

해설
Piggyback 시스템
- 둘 이상의 수송기능을 복합하여 운영
- 대량수송기관의 이점과 자동차의 접근기능을 결합한 복합물류시스템
- 화물을 적재한 화물차량을 철도로 수송하는 경우에 사용
- 해상수단이 포함되면 Car Ferry라 부름

05 다음 중 일반적인 도시교통의 특징으로 옳지 않은 것은?
① 국가 및 지역교통에 비하여 단거리 교통이다.
② 대중교통수단의 발달로 대량수송이 가능하다.
③ 통행로, 교통수단, 터미널 등에 의해 승객에게 서비스를 제공한다.
④ 도시 전역에 통행이 고루 분포하여, 교통체증이 발생하지 않는다.

해설
도시교통의 일반적 특성
- 단기간 대량수송을 필요로 한다.
- 특정지역(예 : CBD)에 통행이 집중된다.
- 하루 중 오전과 오후 2회에 걸쳐 피크 현상이 나타난다.
- 통행집중에 따라 정체가 발생하므로 정시성이 결여될 수 있다.
- 일부 지역에 개발이 집중되는 경향이 있다.
- 주요 지점을 연결하는 단거리 교통이 주를 이룬다.

06 다음과 같이 교통사업 시행 시 발생되는 현금 흐름도의 내부수익률(IRR)은?

	초기	1년 후	2년 후	3년 후
비용	1,000	–	–	–
편익	–	3,000	500	500

① 5.67%
② 4.21%
③ 3.67%
④ 2.20%

정답 01 ③ 02 ③ 03 ② 04 ② 05 ④ 06 ④

해설

$$-1,000 = \frac{3,000}{(1+r)} + \frac{500}{(1+r)^2} + \frac{500}{(1+r)^3}$$

r에 관한 3차 방정식이므로 일반적인 계산으로는 풀 수 없다. 재무계산기가 아닌 일반적인 공학용 계산기로도 풀기 어렵다. 따라서 시행착오법을 통해 r을 찾아보면 약 2.20% 값을 얻을 수 있다.

07 수요곡선이 통행비용 증가에 따라 직선으로 감소하는 어떤 교통시설이 개선되었다. 개선 이전의 통행비용을 C_1, 개선 후의 통행비용을 C_2, 개선 이전의 통행량을 Q_1, 개선 후의 통행량을 Q_2라고 할 때, 시설 개선으로 발생된 소비자 잉여 측면의 편익 계산식은?

① $\frac{(C_1+C_2)}{2}(Q_1-Q_2)$

② $\frac{(Q_1+Q_2)}{2}(C_1-C_2)$

③ $|C_1Q_1 - C_2Q_2|$

④ $\frac{1}{2}(C_1Q_2 - C_2Q_1)$

해설

소비자 잉여 $= \frac{(Q_1+Q_2)}{2} \times (C_1-C_2)$

08 교통수요 예측모형 중 추상수단모형(Abstract Mode Model)에 대한 설명으로 옳은 것은?

① 지하철, 버스, 승용차와 같은 구체적인 교통수단의 수요를 추정하는 방법이다.
② 인구수, 고용수준과 같은 사회적 조건에 따른 교통수단의 수요를 추정하는 방법이다.
③ 제공되는 교통서비스의 속성에 따른 최적수단을 선택하여 수요를 추정하는 방법이다.
④ 교통수단을 차체의 중량과 엔진 배기량에 따라 구분하고 이에 따른 수요를 추정하는 방법이다.

해설

추상수단모형은 중력모형을 변형한 모형으로 다항중력모형이라고도 한다.
새로운 교통수단을 도입했을 때 기존 수단이 받는 영향을 예측할 수 있고, 새로운 수단의 통행비용, 통행시간, 배차간격만 알면 모형을 이용할 수 있는 특성이 있다. 총 통행수요 및 수단분담량이 동시에 예측되는 장점을 갖는다.

09 다음 중 용량제약 노선배분법(Capacity Restraint Assignment)이 아닌 것은?

① 분할배분법(Incremental Assignment)
② 다중경로배분법(Multi-path Assignment)
③ 최단 경로법(All-or-Nothing Assignment)
④ 확률적 통행배분법(Probability Assignment)

해설

통행배정방법으로 총량, 유출, 유입, 이중 제약으로 용량제약 방식을 사용하는데, 전량배정방법에서는 용량제약 방식을 사용할 수 없다. 전량이 용량을 초과하는 경우가 발생할 수 있기 때문이다.

10 통행분포(Trip Distribution) 단계에서 교통량 추정에 사용되는 디트로이트 방법, 프라타 방법이 주로 사용되는 경우는?

① 교통 패턴의 변화가 큰 경우
② 교통 패턴의 변화가 작은 경우
③ 사회경제활동의 변화가 큰 경우
④ 장래에 교통 여건의 변화가 큰 경우

해설

4단계 수요추정모형은 교통 패턴의 변화가 작아야 잘 맞는 모형이다.

11 대중교통수단의 여러 가지 비용에 대한 아래 그림에서 ㉠, ㉡, ㉢의 내용이 모두 옳은 것은?

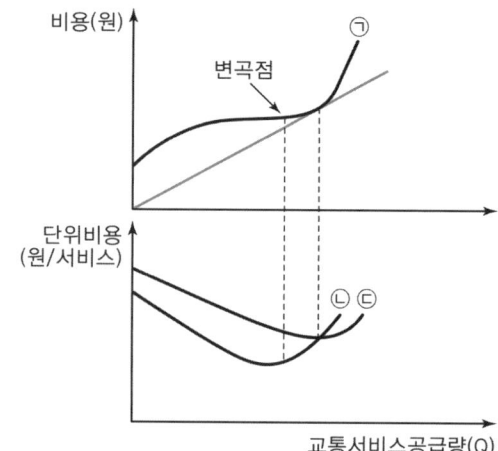

① ㉠ 총 비용, ㉡ 한계비용, ㉢ 평균비용
② ㉠ 총 비용, ㉡ 평균비용, ㉢ 한계비용
③ ㉠ 평균비용, ㉡ 총 비용, ㉢ 한계비용
④ ㉠ 평균비용, ㉡ 한계비용, ㉢ 총 비용

> **해설**
> ㉠ 그래프는 총비용 그래프이다. 총 비용 그래프를 미분해서 0이 되는 값이 한계비용이 된다. 가변비용과 고정비용의 합이 총 비용이 되는 지점이 한계비용과 평균비용과 같게 되는 지점이라고 할 수 있다. 그 지점을 보통 공급량 q라 하는데, 그 보다 총 비용이 커지게 되면 한계비용이 평균비용을 초과하게 된다.

12 다음의 교통수요관리 기법 중 주요 관리대상이 다른 하나는?

① 10부제 실시
② 혼잡통행료 징수
③ 버스전용차로제 운영
④ 공공주차장 주차요금 징수

> **해설**
> 버스전용차로제는 수요와 공급을 동시에 감소시키는 기법이고 10부제, 혼잡통행료 징수, 공공주차장 요금징수는 수요를 감소시키는 기법이다.

13 다음 중 격자형 노선망에 비해 방사형 대중교통 노선망(Radial Transit Line)이 갖는 단점으로 옳은 것은?

① 노선망이 복잡하여 이용자에게 혼란을 초래한다.
② 노선의 도심 집중으로 교통혼잡을 야기할 수 있다.
③ 외곽으로부터 도심까지의 통행거리가 상대적으로 길다.
④ 잦은 환승으로 인한 승객의 불편과 대기시간의 증가를 가져온다.

> **해설**
> 노선의 도심 집중은 방사형 가로망의 대표적인 단점이다. 잦은 환승으로 인해 불편을 초래할 수 있는 노선망은 격자형 노선망이다.

14 다음 중 장기·단기 교통계획에 대한 설명으로 옳은 것은?

① 단기교통계획은 소수의 대안, 장기교통계획은 다수의 대안

② 단기교통계획은 교통수요가 비교적 고정, 장기교통계획은 교통수요가 변화 가능
③ 단기교통계획은 자본집약적, 장기교통계획은 저자본비용
④ 단기교통계획은 서비스 지향적, 장기교통계획은 시설 지향적

> **해설**
> 단기교통계획은 저자본, 서비스 지향적, 다수 대안 추구, 수요의 변화가 심한 경우 사용되고, 장기교통계획은 자본집약, 시설 지향적, 소수 대안 추구, 수요가 비교적 고정된 경우에 적용된다.

15 도시 지역 전체를 대상으로 하는 통행실태 조사 시 교통지구(Traffic Zone) 설정에 관한 설명으로 옳은 것은?

① 일반적으로 도심지역의 교통지구 크기가 작고, 인구밀도가 낮은 외곽 지역은 큰 교통지구를 갖는다.
② 조사지역에 대한 교통지구의 수는 교통지구의 크기에 상관없이 인접한 조사지역과 교통지구의 수가 동일하다.
③ 교통지구 내의 균질성을 유지하기 위해 내부의 사회·경제적 요인의 특성을 균일하게 유지하고 형태는 가능한 한 공간적으로 길게 늘어져 있어야 한다.
④ 지구의 구분은 가능하면 통행의 발생, 교통류의 흐름에 따라 구분하고 강, 산 등의 자연 경계물을 활용하되 인위적인 행정구역 단위는 고려하지 않는다.

> **해설**
> 교통지구 설정은 인구밀도가 높은 도심지역은 작고 정교하게, 인구밀도가 낮은 외곽지역은 크고 넓게 해야 한다.

16 개별행태모형의 특성으로 옳은 것은?

① 최소제곱법에 따라 모형이 구축된다.
② 집단의 통행특성자료에 근거하여 교통수요를 추정한다.
③ 관측 불가능한 효용이 갖는 분포의 특성을 무시하고 단일한 형태의 모형을 구축한다.
④ 4단계 교통수요추정모형과 비교하여 여러 가지 과정을 동시에 수행할 수 있는 모형 구축이 가능하다.

> **해설**
> 4단계 교통수요예측모형은 추정의 경직성이 나타나는 데 반하여 개별행태모형은 다양한 모형 구축이 가능하다.

정답 12 ③ 13 ② 14 ④ 15 ① 16 ④

17 누적주차수요 추정 시 3가지 영향 변수에 해당되지 않는 것은?

① 1일 총 통행량
② 주차이용효율
③ 평균주차시간
④ 시간대별 도착분포

해설
누적주차수요를 추정할 때에 필요한 변수는 1일 총 통행량, 평균주차시간, 시간대별 도착분포이다.

18 지능형교통체계 정보수집시설에 대한 설명으로 옳지 않은 것은?

① 루프검지기는 교차로의 정지선 앞이나 링크 구간의 상류부에 설치할 수 있다.
② 영상검지기는 영상검지카메라가 최적의 시야가 확보되도록 설치하는 것이 중요하다.
③ 동영상 정보 수집 검지기는 반복정체 또는 돌발상황에 따른 상시감시가 필요한 지점에 설치한다.
④ 차량번호판 자동인식장치는 차량번호판 인식을 통하여 과속 단속 및 지점소통확인이 주요 설치 목적이다.

해설
차량번호판 자동인식장치는 단속보다 교통량의 조사 및 소통에 그 주된 목적이 있다.

19 다음 중 지구분할(Zoning)의 원칙으로 옳지 않은 것은?

① 존 내부의 통행이 많아야 한다.
② 존의 모양은 원형에 가까워야 한다.
③ 존 안에 다른 존이 포함되지 않아야 한다.
④ 가능한 한 지형적이거나 행정적인 경계선을 사용해야 한다.

해설
존 내부는 사회적·경제적 특성이 균일해야 하며 내부의 통행이 가급적 적어야 한다.

20 다음 중 일방통행제의 장점으로 옳은 것은?

① 교통안전성 향상
② 대중교통용량의 감소
③ 교통통제 설비 수의 감소
④ 운행자 및 보행자의 통행거리 감소

해설
일방통행제는 시행 시 양방통행제보다 상충지점 수가 적어져 안전성이 향상되는 장점이 있다.

제2과목 교통공학

21 차량의 회전저항(Rolling Resistance)에 관한 설명으로 옳지 않은 것은?

① 속도가 증가할수록 작다.
② 중량이 감소할수록 작다.
③ 도로의 상태가 나쁠수록 크다.
④ 저급도로에서 속도에 대한 차가 크다.

해설
회전저항(Rolling Resistance)은 구름저항이라고도 한다. $R_r = 0.013 W$[kg]으로 표현되며 중량이 감소할수록 작아진다. 구르는 타이어와 노면 간의 접지조건에 따라 발생하는 저항이므로 도로의 상태가 나쁠수록 커지고, 저급도로에서 속도에 대한 차이가 크게 나타난다. 속도가 증가할수록 회전저항이 반드시 작아진다고만 말할 수는 없다.

22 속도에 관한 용어의 설명으로 옳지 않은 것은?

① 지점속도(Spot Speed)란 어느 특정 지점에서 측정한 차량 속도로, 각 차량 속도의 산술평균값이다.
② 통행속도(Travel Speed)란 어느 특정 도로 구간을 통행한 평균속도로 각 차량 속도의 조화평균값이다.
③ 주행속도(Running Speed)란 실제 도로 조건에서 다른 교통의 영향을 받지 아니한 경우에 차량이 주행하는 속도이다.
④ 설계속도(Design Speed)란 어느 특정 구간에서 모든 조건이 만족스럽고 속도가 단지 그 도로의 물리적 조건에 의해서만 좌우되는 최대 안전속도이다.

해설
주행속도(Running Speed)란 운행 중 지체시간을 제외하고 계산한 통행속도를 말한다.

정답 17 ② 18 ④ 19 ① 20 ① 21 ① 22 ③

23 신호제어에 대한 설명으로 옳지 않은 것은?

① 교통 감응 신호기는 일정한 신호기간으로 운영되기 때문에 인접신호등과 연동시키기 편리하다.
② 정주기 신호란 미리 정해진 신호등 시간계획에 따라 신호등화가 규칙적으로 바뀌는 것을 말한다.
③ 완전 감응식 제어에서는 검지기가 모든 접근로에 매설되어 해당 방향의 신호시간이 연장, 단축 또는 생략된다.
④ 반감응 신호기는 교통량이 너무 많고 고속의 간선도로와 그 반대의 특성을 가진 도로가 만나는 교차로에 주로 사용한다.

> **해설**
> 일정한 신호기간으로 운영되어 인접신호등과 연동시키기 편리한 신호기는 정주기 신호이다.

24 다음 중 교통류의 충격파에 대한 설명으로 옳지 않은 것은?

① 유체역학적 원리에서 나온 개념이다.
② 저속차량에 의하여 충격파가 발생할 수 있다.
③ 충격파는 상류, 하류 측으로 이동하거나 정지할 수 있다.
④ 두 교통류 간에서 발생하는 충격파의 속도는 교통류율 차이를 점유율 차이로 나눈 값이다.

> **해설**
> 두 교통류 간에서 발생하는 충격파의 속도는 교통류율 차이를 밀도의 차이로 나눈 값이다.

25 어느 신호교차로에서 보행자 횡단시간이 14초이고 차량의 황색 신호가 4초일 때 보행자 횡단방향과 같은 방향 차량의 최소녹색시간은?(단, 보행자 신호등이 있는 경우이며, 횡단보행자가 주기당 10명 이상이라고 가정한다.)

① 16초   ② 17초
③ 18초   ④ 19초

> **해설**
> 보행자 횡단방향과 같은 방향 차량의 최소 녹색시간 = 최소 보행자 신호시간(G_p)
> 최소 보행자 신호시간 = 최소 초기 녹색시간 + 점멸 녹색시간

• 최소 초기 녹색시간 : 보행자군이 횡단보도로 모두 내려올 때까지의 시간으로, 횡단보행자의 수가 10명 미만이면 4초, 그 이상이면 7초를 사용한다. 횡단보행자가 주기당 10명 이상이므로 최소 초기 녹색시간은 7초이다.
• 점멸녹색시간 : 보행자 횡단시간 – 차량용 황색시간점멸녹색시간은 14초 – 4초 = 10초
∴ 10 + 7 = 17초

26 교통량 조사방법 중 조사대상 지역을 가로지르는 가상적인 선과 모든 도로와 교차하는 지점에서 조사하는 방법은?

① 주행차량 조사
② Screen선 조사
③ 차량종류별 조사
④ 방향별 교통량 조사

> **해설**
> 스크린라인 조사는 조사대상 지역을 가로지르는 가상적인 선과 모든 도로와 교차하는 지점에서 조사하는 방법을 말한다.

27 신호 교차점에서 동시 신호로서 4현시 운영되고 있는 접근로의 교통 용량을 산정한 값은?(단, 접근로의 포화 교통량 2,000pcphgpl, 신호주기 120sec, 황색주기 각 2sec, 접근로의 녹색시간 30sec, 접근로의 손실시간 2sec)

① 467pcphpl   ② 469pcphpl
③ 487pcphpl   ④ 500pcphpl

> **해설**
> $c = N \times S \times \dfrac{g}{C}$
> 여기서, c : 직진방향 차로의 용량(pcph), N : 차로수,
> S : 포화교통량(pcphpl), g/C : 평균녹색시간비
> $c = 1 \times 2,000 \times \dfrac{30}{120} = 500\text{pcphpl}$

28 2차로 도로의 한 구간에서 1시간 동안 관측된 교통량이 3,000대이고 평균속도가 20km/h일 때, 해당 도로의 밀도와 차두간격(Headway)의 값이 모두 옳은 것은?

① 밀도 : 75대/km/차로, 차두간격 : 1.2초/대
② 밀도 : 150대/km/차로, 차두간격 : 2.4초/대

정답 23 ① 24 ④ 25 ② 26 ② 27 ④ 28 ③

③ 밀도 : 75대/km/차로, 차두간격 : 2.4초/대
④ 밀도 : 150대/km/차로, 차두간격 : 1.2초/대

해설
㉠ 밀도 $Q = u \cdot k$
$3,000 = 20 \times k$, $k = 150$대/km
2차로 도로이므로 75대/km/차로
㉡ 차두간격 = 단위시간/교통량
= 3,600초/(3,000대/2차로)
= 2.4초/대/차로
(2차로 도로이므로 교통량을 2로 나누어 주어야 한다.)

29 정주기식 신호등(Pretimed Signal)의 장점으로 옳지 않은 것은?

① 인접 신호등과의 연동화가 용이하다.
② 구조가 간단하고 설치비용이 저렴하다.
③ 다수의 보행인이 존재하는 장소에 적합하다.
④ 교통패턴이 복잡하고 변동이 많은 경우에 적합하다.

해설
통행패턴이 복잡하고 변동이 많은 경우에 적합한 신호기는 감응식이나 교통대응식 신호기이다.

30 신호교차로의 이상적인 조건 기준으로 옳지 않은 것은?

① 차로폭 3.5m 이상
② 경사가 없는 접근부
③ 교통류는 승용차로만 구성
④ 접근부 정지선의 상류부 75m 이내에 노상 주·정차 시설 없음

해설
신호교차로의 이상적인 차로폭은 3.0m 이상 확보되어야 한다.

31 고속도로의 4km 구간에서 아래 표와 같이 6대의 차량에 대하여 여행시간을 측정하였다. 이 구간에서의 평균통행속도(Space Mean Speed, km/h) 값은?

차량	여행시간(분)
1	3
2	3.7
3	4.1
4	3.4
5	3.2
6	3.5

① 65.9km/시
② 68.9km/시
③ 71.9km/시
④ 74.9km/시

해설
분 단위를 시 단위로 변경한 각각의 속도(km/h)를 산출하고 공간평균속도를 계산한다.
1 : 4km/(3/60)h = 80km/h
2 : 4km/(3.7/60)h = 64.865km/h
3 : 4km/(4.1/60)h = 58.537km/h
4 : 4km/(3.4/60)h = 70.588km/h
5 : 4km/(3.2/60)h = 75km/h
6 : 4km/(3.5/60)h = 68.571km/h

$$SMS = \frac{6}{\left(\frac{1}{80} + \frac{1}{64.865} + \frac{1}{58.537} + \frac{1}{70.588} + \frac{1}{75} + \frac{1}{68.571}\right)}$$
$= 68.9$km/h

32 다음 중 일정 구간에서 시험차량이 추월을 당한 횟수만큼 추월을 한 횟수를 유지하면서 운행하여 주행시간을 기록하는 방법은?

① 번호판 판독법
② 주행차량 이용법
③ 평균속도 운행법
④ 교통류 적응운행법

해설
교통류 적응운행법이란 일정 구간에서 시험차량을 구간의 다른 차량과 균형을 유지하면서 운행하며 주행시간을 기록하는 방법을 말한다. 추월당한 횟수와 추월한 횟수가 주요 변수가 된다.

33 어느 차량이 곡선반경이 200m인 곡선부를 주행하고 있다. 곡선부의 편경사가 6%이고 마찰계수가 0.2라면, 차량이 안전하게 주행하기 위한 속도는?

① 81.3km/h
② 98.6km/h
③ 92.9km/h
④ 105.7km/h

해설
$r \geq \dfrac{V^2}{127(i+f)}$, $V = \sqrt{257r(f \times i)}$
$= \sqrt{127 \times 200(0.06 + 0.2)} = 81.3$km/h

정답 29 ④ 30 ① 31 ② 32 ④ 33 ①

34. 양방향 2차로인 장대터널의 한쪽 방향에서 차량들이 50km/h의 속도로 주행 중이며, 밀도는 25대/km이다. 이때 승용차 한 대가 고장 나서 10km/h로 주행을 시작했고 이 상황과 관련한 교통량-밀도가 아래와 같을 때의 내용으로 가장 거리가 먼 것은?

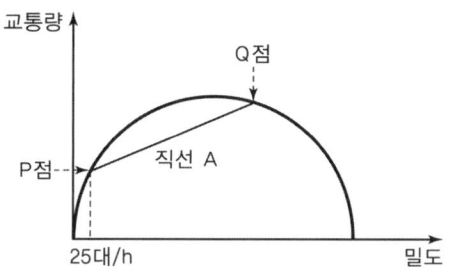

① 충격파는 직선 A의 기울기이다.
② 원점과 P점을 잇는 가상선의 기울기는 50km/h일 것이다.
③ 터널 내 CCTV로 관측하니 고장난 승용차로 인하여 교통류가 일렬로 줄지어 10km/h로 가는 것이 관찰되었다.
④ 터널을 나온 후, 고장난 승용차가 길어깨로 빠져 나가자마자 선두교통류들은 속도 50km/h, 밀도 25대/km로 복귀하였다.

[해설] 터널을 나온 후 고장난 승용차가 길어깨로 빠져나가도 추가적인 가속시간이 필요하므로 선두교통류들은 속도 50km/h와 밀도 25대/km로 빠져나가자마자 즉시 복귀하지는 못한다.

35. 3대의 차량이 일정구간을 80km/h의 일정한 속도로 지속 주행한다면, 이때 계산되는 공간평균속도와 시간평균속도의 관계를 올바르게 표현한 것은?

① 시간평균속도 = 공간평균속도
② 시간평균속도 < 공간평균속도
③ 시간평균속도 > 공간평균속도
④ 시간평균속도 ≧ 공간평균속도

[해설] 차량 3대의 속도가 같으므로 분산이 0이 되는 경우이다. 따라서 시간평균속도와 공간평균속도의 관계식 $\bar{u}_t = \bar{u}_s + \frac{\sigma_s^2}{s}$ 에서 σ_s가 0이 되는 경우이므로 $\bar{u}_t = \bar{u}_s$가 성립된다.

36. 다음 중 감응식 신호기(Traffic Actuated Signal)에 비해 정주기식 신호기(Pretimed Signal)가 갖는 장점에 해당하지 않는 것은?

① 인접한 교차로 간의 연동이 용이하다.
② 구조가 간단하고 설치비용이 저렴한 편이다.
③ 교통량 변동의 예측이 불가능할 경우 적용이 용이하다.
④ 보행자 교통량이 일정하면서 많은 곳에는 감응식 신호기보다 정주기식 신호기가 좋다.

[해설] 교통량 변동의 예측이 불가능할 경우 고정식(정주기식) 신호기를 사용하면 지체가 발생될 가능성이 높아진다.

37. 신호 교차로에서 유효녹색시간을 결정하는 식은?

① 녹색시간 + 황색시간
② 녹색시간 - 총 손실시간
③ 녹색시간 + 황색시간 - 총 손실시간
④ 녹색시간 - 황색시간 - 총 손실시간

[해설] 유효녹색시간은 녹색시간과 황색시간의 합에서 출발손실시간과 소거손실시간을 뺀 시간이다.

38. 단일 서비스 기관의 대기행렬모형(M/M/1)에서 평균도착률이 λ, 평균서비스율이 μ일 때 시스템 내에 차량이 한 대도 없을 확률은?

① $\mu - \lambda$
② $1 - \frac{\lambda}{\mu}$
③ $\frac{\lambda}{(\mu - \lambda)}$
④ $\frac{1}{(\mu - \lambda)}$

[해설] 시스템 내에 차량이 한 대도 없을 확률 $\rho(0) = (1 - \rho)$
$\rho = \frac{\lambda}{\mu}$, $P(0) = 1 - \frac{\lambda}{\mu}$

정답 34 ④ 35 ① 36 ③ 37 ③ 38 ②

39 다음 중 이동측정법(Moving Vehicle Method)에 대한 설명으로 옳지 않은 것은?

① 양방향 도로에서만 적용이 가능하다.
② 교통량과 통행시간 자료를 동시에 수집할 수 있다.
③ 교통량이 아주 많은 다차로 도로 구간에 적용하기 적합하다.
④ 조사 구간은 물리적·교통적 여건에서 유사한 연속성을 지니도록 해야 한다.

해 설
교통량이 아주 많은 다차로 도로구간에서는 반대방향에서 오는 차량의 수와 시험차량을 앞지르기 한 차량, 시험차량이 앞지르기 한 차량의 숫자 파악 시 오류가 발생할 가능성이 있으므로 적합하지 않다.

40 고속도로 기본구간의 이상적인 조건에 해당하지 않는 것은?

① 평지
② 차로폭 3.5m 이상
③ 측방여유폭 1m 이상
④ 승용차만으로 구성된 교통류

해 설
고속도로 기본구간의 이상적인 조건에서 측방여유폭은 1.5m 이상이다.

제3과목 교통시설

41 마찰계수가 0.4인 평탄한 도로에서 60km/h로 주행하던 차량이 위험물체를 보고 정지하기 위한 최소정지거리는?(단, 인지반응시간은 2.5초이다.)

① 약 65.4m
② 약 77.1m
③ 약 90.7m
④ 약 98.8m

해 설
$$mssd = \frac{2.5 \cdot 60}{3.6} + \frac{60^2}{254(0.4+0)} = 77.1m$$

42 어느 버스터미널의 시간당 버스 도착대수가 평균 100대일 때, 5분 동안 8대의 버스가 도착할 확률은?(단, 버스의 도착분포는 포아송 분포를 따른다.)

① 0.139
② 0.426
③ 0.713
④ 1.000

해 설
$$m = 8.33대/5분, \quad x = 8, \quad P(8) = \frac{8.33^8 \cdot e^{-8.33}}{8!} = 0.139$$

43 도로 곡선부 설계 시 편경사 값의 상한을 제한하는 이유로 옳은 것은?

① 공사의 어려움 때문에
② 곡선반경을 무한정 크게 할 수 없으므로
③ 설계속도를 너무 높게 책정할 필요가 없으므로
④ 정지 또는 저속 주행 시 차량이 미끄러져 내려오는 것을 방지하기 위하여

해 설
편경사를 크게 설치하면 원심력을 견디는 힘이 커지게 되어 고속 주행 시 유리한 점이 있지만, 편경사가 큰 도로에서 정지해 있거나 저속으로 주행하게 될 경우 노면의 상태에 따라 차량이 미끄러져 내려오게 될 우려가 있다. 따라서 지역의 특성과 노면의 종류에 따라 최대 편경사의 상한치를 제한하여야 한다.

44 좌회전 차로 설계 시 좌회전 차로 길이와 차로 폭을 결정할 때 동시에 고려하여야 할 요소로 옳지 않은 것은?

① 신호주기
② 접근속도
③ 차량 혼입률
④ 좌회전 교통량

해 설
좌회전 차로의 감속길이를 계산할 때 접근속도를 고려하여야 한다. 대기차로의 길이는 좌회전 교통량과 대기하는 자동차의 길이의 곱으로 나타낼 수 있다. 이때, 대기하는 자동차의 길이를 산정하기 위해 차량의 혼입률을 알아야 한다. 신호의 주기보다는 신호 현시, 그중에서도 좌회전 유효녹색시간을 동시에 고려하여야 한다.

정답 39 ③ 40 ③ 41 ② 42 ① 43 ④ 44 ①

45 다음 입체교차 형식 중 불완전 입체교차인 것은?

① 직결형
② 클로버형
③ 트럼펫형
④ 다이아몬드형

해설
불완전 입체교차란 평면으로 교차하는 교통류를 하나 이상 포함하는 입체교차를 말한다. 다이아몬드형 입체교차는 부도로에서 평면교차 처리되므로 불완전 입체교차 형식이다.

46 다음 중 1대당 최소 주차 소요 면적이 가장 큰 각도 주차 형식은?(단, 차종은 경형을 기준으로 하며 전진주차방식이다.)

① 30도 주차
② 45도 주차
③ 60도 주차
④ 90도 주차

해설
각도주차는 주차하는 차량의 방향이 차도의 방향에 대하여 평행하지 않은 주차를 말하며, 각도주차 중 30도 주차가 1대당 주차 소요면적이 가장 크다.

47 다음 설명 중 조명의 이점이 아닌 것은?

① 상가지역을 활성화시킨다.
② 도로의 야간 이용을 증가시킨다.
③ 교통류를 질서 있게 이동시킨다.
④ 교차로, 인터체인지, 엇갈림 지역의 운영을 개선한다.

해설
조명의 설치로 용량 증대, 상가 활성화, 교통운영 개선 등의 효과를 얻을 수 있지만, 교통류를 질서 있게 이동시키려면 별도의 운영기법이 필요하며, 조명만으로는 부족하다.

48 다음 중 도로의 구분에 따른 중앙분리대의 설치 최소 폭 기준(m)으로 ㉠과 ㉡에 들어갈 내용이 모두 옳은 것은?(단, 자동차 전용도로의 경우는 고려하지 않는다.)

도로의 구분	중앙분리대의 최소 폭(m)		
	지방지역	도시지역	소형차 도로
고속도로	3.0	2.0	㉠
일반도로	1.5	㉡	1.0

① ㉠ 2.0, ㉡ 1.0
② ㉠ 2.0, ㉡ 1.5
③ ㉠ 1.5, ㉡ 1.0
④ ㉠ 1.5, ㉡ 1.5

해설
중앙분리대의 최소 폭은 아래와 같다.

도로의 구분	중앙분리대의 최소 폭(m)		
	지방지역	도시지역	소형차 도로
고속도로	3.0	2.0	2.0
일반도로	1.5	1.0	1.0

49 버스전용차로 중 다른 전용차로 형태에 비하여 중앙버스전용차로가 갖는 단점이 아닌 것은?

① 승하차 안전섬 접근거리가 길어진다.
② 가로변 상업 활동과의 상충이 불가피하다.
③ 여러 가지 안전시설 및 부가되는 신호기로 인해 비용이 많이 든다.
④ 전용차로에서 우회전하는 버스나 일반차로에서의 좌회전 차량에 대한 세심한 처리가 강구되어야 한다.

해설
가로변 상업활동과의 상충이 불가피한 것은 가로변 버스전용차로의 단점이다.

50 자전거 교통을 다른 교통수단과의 분리 여부에 대한 검토 시 고려사항에 대한 설명으로 옳지 않은 것은?

① 자전거 교통량이 많아지면 보행자와 분리가 필요하다.
② 자전거 일교통량이 500대/일 이상이면 자동차와 분리할 필요가 있다.
③ 교통량이 적고 속도가 낮은 편도 1차로 도로에서는 자전거도로를 분리하여야 한다.
④ 자전거의 교통량, 자동차의 교통량, 주행속도를 고려하여 자전거도로의 분리 여부를 결정한다.

해설
자동차도로와 자전거도로를 분리하려면 자전거와 자동차의 교통량, 주행속도를 고려하여야 한다. 교통량이 적고 속도가 낮은 편도 1차로 도로라면 자전거 도로를 분리해야 할 필요성이 크지 않다.

정답 45 ④ 46 ① 47 ③ 48 ① 49 ② 50 ③

51 휴게시설을 설치할 때, 모든 휴게시설 상호간의 표준 배치간격은?

① 10km　② 15km
③ 25km　④ 30km

해설

휴게시설 설치 간격

구 분	표준간격(km)	최대간격(km)
모든 휴게시설 상호 간 *( )는 고속국도인 경우	15(25)	25(50)
중형 휴게소 상호 간	50	100
주유소	50	75

52 K_{30}에 대한 설명으로 옳지 않은 것은?

① K_{30}이 높을수록 교통량의 변화가 심하다.
② 도시부 도로가 지방부 도로보다 K_{30}이 크다.
③ K_{30}은 설계시간교통량을 계산할 때 사용한다.
④ 연평균 일교통량이 큰 도로일수록 K_{30}은 일반적으로 작다.

해설

일반적으로 설계시간계수는 관광지역 도로에서 가장 크고 지방지역 도로, 도시지역 도로의 순으로 감소하는 경향을 보인다.

53 도로의 계획목표연도 설정의 기준에 관한 설명으로 가장 적절하지 못한 것은?

① 고급도로의 경우 저급도로에 비해 목표연도를 보다 짧게 정해야 한다.
② 목표연도의 설정은 적정한 정확도로서 신뢰할 수 있는 교통량 예측의 범위가 좋다.
③ 경제성 분석 결과에 따라 단계건설을 고려한 가장 유리한 최종 목표연도를 산정한다.
④ 교통량의 증가가 심한 지역은 목표연도를 짧게 잡아 불확실한 장래에 대한 오차를 줄인다.

해설

도로의 계획목표연도는 공용개시 계획연도를 기준으로 20년 이내로 정하되, 그 기간을 설정할 때에는 도로의 구분, 교통량 예측의 신뢰성, 투자의 효율성, 단계적인 건설의 가능성, 주변 여건, 주변 지역의 사회·경제계획 및 도시계획 등을 고려하여야 한다. 단순히 고급도로라고해서 저급도로보다 목표연도를 짧게 정하는 것은 옳지 않다.

54 교량 등의 도로구조물 설계 시 고려사항으로 옳지 않은 것은?

① 내진성　② 설계하중
③ 내풍안전성　④ 설계속도

해설

교량계획 시 고려사항은 설계하중, 내진성, 내풍안전성, 수해내구성, 다리 밑 공간이다.

55 좌회전 차로의 길이 산정에 대한 설명으로 옳은 것은?

① 감속을 위한 길이는 대기자동차를 위한 길이보다 중요하다.
② 대기하는 좌회전 차량을 위한 충분한 공간이 확보되어야 한다.
③ 좌회전 차량이 적은 경우 1대의 차량이 대기할 공간이 확보되면 된다.
④ 비신호교차로의 경우 첨두시간 평균 5분간 도착하는 좌회전 차로의 대기 자동차를 기준으로 산정한다.

해설

대기길이가 감속길이보다 중요하고, 좌회전 차량이 적은 경우에도 최소 2대의 차량이 대기할 공간이 확보되어야 한다. 비신호교차로의 경우 평균 2분간 도착하는 좌회전 차로의 대기 자동차를 기준으로 한다.

56 지방지역 도로 중에서 군 내에 위치한 주거단위에 접근하기 위해 제공하며, 통행거리도 짧고 우리나라 도로망 중에서 도로의 기능이 가장 낮은 도로는?

① 고속도로　② 집산도로
③ 보조간선도로　④ 국지도로

해설

도로를 기능별로 분류하면 주간선도로, 보조간선도로, 집산도로, 국지도로 순으로 구분되며, 이 중 기능이 가장 낮은 도로는 국지도로이다.

정답 51 ② 52 ② 53 ① 54 ④ 55 ② 56 ④

57 도로변에 방호울타리를 설치하고자 할 때 그 위치로 옳지 못한 것은?

① 길어깨 바깥쪽으로 설치되어야 한다.
② 성토부 시작점으로부터 도로 안쪽에 설치한다.
③ 장애물이 있으면 장애물에 연결 설치하여야 한다.
④ 끝부분이나 시작부분은 경사지게 설치하여 흙에 묻는 것이 좋다.

> 해설
> 방호울타리 설치 시 장애물이 있으면 장애물을 제거하거나 장애물을 피하여 연결 설치하여야 한다. 방호울타리는 연결성이 있도록 설치하여야 하며, 단절되게 설치하면 안 된다.

58 아래 설명 중 ㉠과 ㉡에 들어가는 기준이 모두 옳은 것은?

> 정지시거는 차로 중심선 위의 (㉠) m 높이에서 그 차로의 중심선에 있는 높이 (㉡) cm의 물체의 맨 윗부분을 볼 수 있는 거리를 그 차로의 중심선에 따라 측정한 길이를 말한다.

① ㉠ 1, ㉡ 12
② ㉠ 2, ㉡ 12
③ ㉠ 1, ㉡ 15
④ ㉠ 2, ㉡ 15

> 해설
> 정지시거란 운전자가 같은 차로 위에 있는 고장차 등의 장애물을 인지하고 안전하게 정지하기 위하여 필요한 거리로서 차로 중심선 위의 1.0미터 높이에서 그 차로의 중심선에 있는 높이 15cm의 물체의 맨 윗부분을 볼 수 있는 거리를 그 차로의 중심선에 따라 측정한 길이를 말한다.

59 50km/h로 주행 중인 차량이 평면 신호교차로에서 전방의 신호를 인지하기 위해 확보되어야 하는 최소거리는?(단, 인지반응시간은 2.0초, 감속도는 3.0m/s²이다.)

① 약 50m
② 약 60m
③ 약 70m
④ 약 80m

> 해설
> $t_r \times \dfrac{V}{3.6} + \dfrac{V^2}{3.6^2 \times 2a} = 2 \times \dfrac{50}{3.6} + \dfrac{50^2}{3.6^2 \times 2 \times 3}$
> $= 59.93\text{m}$ ∴ 약 60m

60 교차로 접근 85% 주행속도가 60km/h일 때 신호등 최소가시거리는?

① 50m
② 75m
③ 110m
④ 145m

> 해설
> 교차로 접근 85%의 속도가 60km/h이면 최대 주행속도는 약 71km/h이다. 다음 표를 활용하여 보간법으로 계산하면 최소가시거리 약 110.57m를 얻을 수 있다.
> $68 : 105.9 = 71 : x$, $x = 110.57\text{m}$

설계속도 (km/h)	주행속도 (km/h)	f	0.694V	$\dfrac{V^2}{254f}$	주행속도에 의한 정지시거 (m)	정지시거 채택 (m)
120	102	0.29	70.8	114.2	212.0	215
110	93.5	0.29	64.9	118.7	183.6	185
100	85	0.30	59.0	94.8	153.8	155
90	76.5	0.30	53.1	76.8	129.9	130
80	68	0.31	47.2	58.7	105.9	110
70	63	0.32	43.7	48.8	92.5	95
60	54	0.33	37.5	34.8	72.3	75
50	45	0.36	31.2	22.1	53.3	55
40	36	0.40	25.0	12.8	37.8	40
30	30	0.44	20.8	8.1	28.9	30
20	20	0.44	13.9	3.6	17.5	20

제4과목 도시계획개론

61 다음 중 지구단위계획에 의하여 지구단위계획 구역에 설치할 수 없는 기반시설은?

① 하수도
② 연구시설
③ 공영차고지
④ 종합의료시설

> 해설
> 공영차고지는 공공시설에 해당한다.

62 토지이용계획의 목표 설정 시 고려해야 할 일반적인 사항이 아닌 것은?

① 개발과 환경의 질적 수준을 동시에 고려해야 한다.
② 다양한 주생활에 필요한 제반 기능을 충족시켜야

정답 57 ③ 58 ③ 59 ② 60 ③ 61 ③ 62 ③

한다.
③ 단지 간 계층별 독립성을 통한 프라이버시의 제고를 모색해야 한다.
④ 쾌적하고 건강한 생활을 영위하는 데 필요한 조건을 갖추어야 한다.

해설
토지이용계획의 목표 설정 시 고려사항
- 쾌적하고 건강한 생활을 영위하는 데 필요한 조건을 갖추어야 한다.
- 다양한 주생활에 필요한 제반 기능을 충족시켜야 한다.
- 개발과 환경의 질적 수준을 동시에 고려해야 한다.

63 다음 중 원칙적으로 광역도시계획을 수립할 수 없는 자는?
① 구청장
② 도지사
③ 특별시장
④ 국토교통부장관

해설
국토의 계획 및 이용에 관한 법률 제11조(광역도시계획의 수립권자)에 의거 국토교통부장관, 시·도지사, 시장 또는 군수는 광역도시계획을 수립하여야 한다.

64 다음 중 지속가능한 도시개발의 방식으로 볼 수 없는 것은?
① 개발과 환경보전의 조화
② 개발밀도를 높여 개발물량 최소화
③ 환경훼손이 최소화되는 개발적지 선택
④ 승용차의 이동성 제고를 위한 기반시설 투자

해설
지속 가능한 도시개발을 위해 승용차보다는 대중교통이나 보행교통 위주의 시설투자가 필요하다.

65 도시재생 활성화 및 지원에 관한 특별법령상 도시재생 선도지역에서 설치비용을 지원하는 도시재생기반시설이 아닌 것은?
① 공동구
② 공원·녹지
③ 공용주차장
④ 노후 건축물

해설
도시재생기반시설에는 국토의 계획 및 이용에 관한 법률에서 정하는 기반시설과 주민이 공동으로 사용하는 놀이터, 마을회관, 공동작업장, 마을 도서관 등 대통령령으로 정하는 공동이용시설이 포함된다.
공동구, 공원·녹지, 주차장 등 교통시설은 국토의 계획 및 이용에 관한 법률상의 기반시설에 속한다.

66 버제스(Burgess)의 동심원이론에서 제4권역에 해당하는 토지이용은?
① 공업지대
② 점이지대
③ 고급주택지대
④ 노동자주택지대

해설
버제스(E. W. Burgess)의 동심원이론
1925년 시카고를 대상으로 도시 내부구조를 정의한 이론
- 1권역 : 중심업무지구(금융, 상업)
- 2권역 : 점이지대(상업, 주택, 경공업 혼재)
- 3권역 : 저급 중산층 주택지구
- 4권역 : 고급 주택지구
- 5권역 : 통근권

67 토지이용과 교통의 관계에 대한 설명으로 옳지 않은 것은?
① 토지이용과 교통은 상호 의존적으로 작용하며 순환적인 관계를 가진다.
② 활동의 공간적 입지는 활동패턴과 통행패턴에 영향을 주지만, 교통체계에는 그다지 영향을 주지 않는다.
③ 토지이용체계는 동적으로 변하기 때문에 교통의 토지이용에 대한 영향을 분리하여 관찰하기가 곤란하다.
④ 어느 도시가 성장할때 교통시설이 도시 내에 설치되는 위치에 따라 도시의 성장방향 결정에 영향을 준다.

해설
도시체계는 교통체계와 토지이용체계가 유기적으로 연계되어 구성된다. 따라서 입지는 교통체계에 주요한 영향변수가 된다.

68 환지방식에 의한 도시개발사업을 시행할 경우, 일정한 토지를 환지로 정하지 아니하고 보류지로 정하여 그중 일부를 체비지로 정하는 가장 직접적인 목적은?
① 공공시설 용지를 확보하기 위하여
② 생활환경을 위한 공지 확보를 위하여
③ 사업에 필요한 경비를 충당하기 위하여
④ 장래의 토지수요에 적응할 수 있는 토지 확보를 위하여

정답 63 ① 64 ④ 65 ④ 66 ③ 67 ② 68 ③

해설
환지로 인해 발생하는 토지보상액의 차액에 대한 재원을 마련하기 위해 준비하는 토지가 체비지이다.

69 성장극(Growth Pole)이란 용어를 사용하고 거점 개발이론을 경제적 차원에서 다루어 체계화한 사람은?

① P. Wolf
② F. C. Perroux
③ B. Berry
④ C. Stein

해설
성장극 이론은 도시 성장을 경제 발전의 공간적 분극현상과 관련시켜 해석하는 이론이다. 1950년대 중반 프랑스의 Francois Perroux(프랑수아 페로)가 성장극 개념을 최초로 발표하였다.

70 도시공원 및 녹지 등에 관한 법률상 공원녹지 기본계획의 내용이 아닌 것은?

① 도시녹화에 관한 사항
② 공원녹지 활용 계약에 관한 사항
③ 공원녹지의 보전·관리·이용에 관한 사항
④ 공원녹지의 축(軸)과 망(網)에 관한 사항

해설
도시공원 및 녹지 등에 관한 법률 제6조(공원녹지기본계획의 내용 등) ① 공원녹지기본계획에는 다음 각 호의 사항이 포함되어야 한다.
1. 지역적 특성 및 계획의 방향·목표에 관한 사항
2. 인구, 산업, 경제, 공간구조, 토지이용 등의 변화에 따른 공원녹지의 여건 변화에 관한 사항
3. 공원녹지의 종합적 배치에 관한 사항
4. 공원녹지의 축(軸)과 망(網)에 관한 사항
5. 공원녹지의 수요 및 공급에 관한 사항
6. 공원녹지의 보전·관리·이용에 관한 사항
7. 도시녹화에 관한 사항
8. 그 밖에 공원녹지의 확충·관리·이용에 필요한 사항으로서 대통령령으로 정하는 사항

71 다음 중 2 이상의 특별시·광역시·특별자치시·특별자치도·시 또는 군의 관할구역에 걸치는 광역시설에 해당되지 않는 것은?

① 광장
② 도로
③ 항만
④ 공동구

해설
국토의 계획 및 이용에 관한 법률 시행령 제3조(광역시설)
법 제2조 제8호 각 목 외의 부분에서 "대통령령으로 정하는 시설"이란 다음 각 호의 시설을 말한다.
1. 2 이상의 특별시·광역시·특별자치시·특별자치도·시 또는 군의 관할구역에 걸치는 시설 : 도로·철도·운하·광장·녹지, 수도·전기·가스·열공급설비, 방송·통신시설, 공동구, 유류저장 및 송유설비, 하천·하수도

72 래드번(Radburn)계획의 특징으로 옳은 것은?

① 보행자와 자동차 교통을 분리하였다.
② 개발이익의 사회 환원을 중시하였다.
③ 영국에서 시작된 신도시 건설사업이다.
④ 환상의 그린벨트 외곽에 신도시를 건설하는 계획이다.

해설
뉴욕에서 시작된 래드번 도시계획의 가장 큰 특징은 보차 분리이다. 개발이익의 사회 환원은 하워드의 전원도시의 특징이다.

73 도시화는 집중적 도시화, 분산적 도시화, 역도시화의 3가지 단계로 진행된다고 한다. 이 중 도시화의 마지막 단계인 역도시화에 대한 설명이 아닌 것은?

① 도시의 인구가 외곽으로 확산되는 단계
② 집적의 불이익이 집적의 이익보다 커지게 되는 단계
③ 도시의 인구 이주가 U턴 또는 J턴 현상이 발생하는 단계
④ 도시권 전체의 인구가 감소하는 탈도시화(Deurbanization) 단계

해설
역도시화
• 도시화가 지속적으로 진행되어 도시 규모가 커지게 되어 집적의 불이익이 집적의 이익보다 커지게 되는 단계
• 도시로 인구가 집중될수록 집적으로 인한 불이익과 문제가 커지게 되어 인구가 다시 고향이나 주변 지역으로 이주하는 U턴 또는 J턴 현상이 발생(U턴은 다시 돌아가는 것, J턴은 중간에 정착하는 것을 의미)
• 도시권 전체의 인구가 감소하는 단계

정답 69 ② 70 ② 71 ③ 72 ① 73 ①

74 다음 중 원칙적으로 보전녹지지역·생산녹지지역·보전관리지역·생산관리지역·농림지역 및 자연환경보전지역에 설치할 수 있는 도로에 해당하지 않는 것은?

① 기존 취락과 연결되는 도로
② 도시·군계획시설에의 진입도로
③ 당해 지역을 통과하는 교통량을 처리하기 위한 도로
④ 도시·군계획사업이 시행되는 지역을 우회하기 위한 도로

해 설

도시·군계획시설의 결정·구조 및 설치기준에 관한 규칙 제10조(도로의 일반적 결정기준)
13. 보전녹지지역·생산녹지지역·보전관리지역·생산관리지역·농림지역 및 자연환경보전지역에는 원칙적으로 다음 각 목의 도로에 한정하여 설치하여야 한다.
  가. 당해 지역을 통과하는 교통량을 처리하기 위한 도로
  나. 도시·군계획시설에의 진입도로
  다. 도시·군계획사업 및 다른 법령에 의한 대규모 개발사업이 시행되는 구역과 연결되는 도로
  라. 지구단위계획구역에 설치하는 도로 및 지구단위계획구역과 연결되는 도로
  마. 기존 취락에 설치하는 도로 및 기존 취락과 연결되는 도로

75 국토의 계획 및 이용에 관한 법령에 따른 개발진흥지구의 세부 구분에 해당하지 않는 것은?

① 특정개발진흥지구
② 환경개발진흥지구
③ 관광·휴양개발진흥지구
④ 산업·유통개발진흥지구

해 설

국토의 계획 및 이용에 관한 법률 시행령 제31조(용도지구의 지정)
② 국토교통부장관, 시·도지사 또는 대도시 시장은 법 제37조제2항에 따라 도시·군관리계획 결정으로 경관지구·미관지구·고도지구·방재지구·보존지구·시설보호지구·취락지구 및 개발진흥지구를 다음 각 호와 같이 세분하여 지정할 수 있다.
  8. 개발진흥지구
    가. 주거개발진흥지구   나. 산업·유통개발진흥지구
    다. 삭제 〈2012.4.10.〉   라. 관광·휴양개발진흥지구
    마. 복합개발진흥지구   바. 특정개발진흥지구

76 다음 중 용도지역별 도로율 기준이 옳은 것은?

① 녹지지역은 10% 이상 20% 미만이며, 이 경우 간선도로의 도로율은 5% 이상 10% 미만이어야 한다.
② 주거지역은 15% 이상 30% 미만이며, 이 경우 간선도로의 도로율은 8% 이상 15% 미만이어야 한다.
③ 상업지역은 20% 이상 30% 미만이며, 이 경우 간선도로의 도로율은 10% 이상 15% 미만이어야 한다.
④ 공업지역은 20% 이상 30% 미만이며, 이 경우 간선도로의 도로율은 5% 이상 10% 미만이어야 한다.

해 설

도시·군계획시설의 결정·구조 및 설치기준에 관한 규칙 제11조(용도지역별 도로율)
① 용도지역별 도로율은 다음 각 호의 구분에 따르며, 「도시교통정비 촉진법」 제15조에 따른 교통영향분석·개선대책, 건축물의 용도·밀도, 주택의 형태 및 지역여건에 따라 적절히 증감할 수 있다.
1. 주거지역: 20퍼센트 이상 30퍼센트 미만. 이 경우 주간선도로의 도로율은 10퍼센트 이상 15퍼센트 미만이어야 한다.
2. 상업지역: 25퍼센트 이상 35퍼센트 미만. 이 경우 주간선도로의 도로율은 10퍼센트 이상 15퍼센트 미만이어야 한다.
3. 공업지역: 10퍼센트 이상 20퍼센트 미만. 이 경우 주간선도로의 도로율은 5퍼센트 이상 10퍼센트 미만이어야 한다.
※ 발표된 답은 ②이나 현행 법상 정답이 없다.

77 고대 로마시대에 공공 건축물에 둘러싸여 집회장이나 시장으로 사용되었던 도시의 공공광장의 명칭은?

① 포럼(Forum)
② 아고라(Agora)
③ 바실리카(Basilica)
④ 실체스터(Silchester)

해 설

포럼(Forum)
• 로마시대 공공광장을 말한다.
• 공공 건축물에 둘러싸여 그리스의 아고라와 같이 집회장이나 시장으로 사용되었다.
• 일반적으로 주위의 신전, 교회당, 도서관, 목욕탕 등과 함께 도시의 중심적 시설을 형성하여 광장에 면해서 주랑이 둘러지고 중앙에는 전승기념비 등이 세워졌다. 따라서 이들 시설 전체를 포럼이라 지칭하는 경우가 많으며 가축전용, 채소전용이 포럼 등 전적으로 시장으로 활용되던 포럼도 있었다.

정답 74 ④ 75 ② 76 정답없음 77 ①

78 도시인구가 30만 명, 취업률 30%, 제조업인구 구성비가 30%, 제조업 인구 1인당 점유 토지 면적이 200m², 공공용지율이 30%, 건폐율이 50%, 평균 층수가 3층일 때 공업지역 소요 면적은?

① 771.4ha
② 571.4ha
③ 514.3ha
④ 289.3ha

해 설

$I_a = \dfrac{P_0 \cdot a \cdot r}{1-e}$

여기서, I_a : 공업용지 면적, P_0 : 공업용지 내 인구, a : 1인당 부지면적, r : 공업용지율, e : 공공용지율

$I_a = \dfrac{P_0 \cdot a \cdot r}{1-e} = \dfrac{300{,}000 \cdot 200 \cdot (0.3 \times 0.3)}{(1-0.3)}$
$= 7714285.714$ ∴ 771.4ha

79 도시조사 분석방법론에 대한 설명으로 옳지 않은 것은?

① 추정된 회귀분석모형은 미래 예측에 활용할 수 있다.
② 회귀분석이란 독립변수와 종속변수 사이의 선형 및 비선형 관계를 구하는 방법이다.
③ 상관분석이란 상관계수를 이용하여 두 변수의 관계가 얼마나 밀접한가를 측정하는 방법이다.
④ 다중선형회귀분석이란 하나의 종속변수와 하나의 독립변수 사이의 선형 관계를 구하는 방법이다.

해 설
다중 선형회귀분석이란 독립변수가 2개 이상인 선형회귀분석을 의미한다.

80 다음 중 지역의 경제활동 예측모형인 경제기반 모형에 대한 설명으로 옳은 것은?

① 어떤 산업의 생산량은 다른 산업을 위한 상품과 최종 소비하는 생산물의 합과 동일하다.
② 경제성장요인을 체계적으로 분류하여 성장 요인이 지역경제에 미치는 영향을 분석한다.
③ 입지계수(LQ)가 1인 산업의 생산품이나 서비스는 지역의 수요만을 충당하는 사업으로 볼 수 있다.
④ 지역의 산업은 기반 부문과 비기반 부문으로 구성되며 기반 부문은 수입산업, 비기반 부문은 수출 산업으로 분류한다.

해 설
경제기반 모형에서 LQ가 1이면 지역의 수요만 충당하는 사업으로 본다.

제5과목 교통관계법규

81 공공기관의 장이 소관 업무를 수행하기 위하여 국가통합교통체계효율화법에서 규정한 개별교통 조사를 시행할 때, 국토교통부장관에게 결과를 통보하여야 하는 기간은 조사를 완료한 날부터 며칠 이내인가?

① 15일 이내
② 30일 이내
③ 45일 이내
④ 60일 이내

해 설
국가통합교통체계효율화법 제16조(개별교통조사의 협의 등)
③ 공공기관의 장은 개별교통조사를 완료하였을 때에는 완료한 날부터 30일 이내에 국토교통부장관에게 그 결과를 통보하여야 한다.

82 도시교통정비 촉진법상 도시교통정비지역에서 기본계획·중기계획 및 시행계획과 조화를 이루도록 하여야 하는 계획으로 규정되어 있지 않는 것은?

① 도시·군기본계획
② 도시계획시설계획
③ 도로건설·관리계획
④ '도시철도법' 제5조에 따른 도시철도망구축계획

해 설
도시교통정비촉진법 제11조(다른 계획과의 관계)
도시교통정비지역에서 다음 각 호의 계획을 수립하거나 변경하는 경우에는 기본계획·중기계획 및 시행계획과 적절한 조화를 이루도록 하여야 한다. 〈개정 2011.4.14., 2014.1.7., 2014.1.14.〉
1. 「도시철도법」 제5조에 따른 도시철도망구축계획
2. 도시·군기본계획 3. 도로건설·관리계획
[전문개정 2008.3.28.]

정답 78 ① 79 ④ 80 ③ 81 ② 82 ②

83. 도로법 시행령상 접도구역(接道區域)을 지정할 때에는 소관 도로의 경계선에서 몇 미터를 초과하지 아니하는 범위에서 지정하여야 하는가? (단, 고속국도의 경우는 제외한다.)

① 5m ② 10m
③ 15m ④ 20m

해 설
도로법 제49조(접도구역의 지정 등)
① 관리청은 도로 구조의 손궤 방지, 미관 보존 또는 교통에 대한 위험을 방지하기 위하여 도로경계선으로부터 20미터를 초과하지 아니하는 범위에서 대통령령으로 정하는 바에 따라 접도구역(接道區域)으로 지정할 수 있다.
※ 발표된 답은 ①이나 ④가 정답이다.

84. 교통시설 투자의 효율화를 위해 국토교통부장관은 관계 행정기관의 장과 협의하여 국가기간교통시설 개발사업과 지방교통시설 개발사업 간의 투자재원의 연계운용대책 수립 시 연계운용대책에 포함되어야 할 사항이 아닌 것은?

① 투자평가지침
② 대상사업 및 연계개발계획
③ 대상사업별 사업비 및 재원 조달 방안
④ 관계 중앙행정기관과 지방자치단체 간의 투자 재원분담에 관한 기준과 조건

해 설
투자평가지침은 타당성 평가 시 사용된다.

85. 도로법에서 제시한 도로의 등급을 높은 순위부터 나열한 것은?

① 고속국도 - 특별시도·광역시도 - 일반국도 - 지방도
② 고속국도 - 특별시도·광역시도 - 지방도 - 일반국도
③ 고속국도 - 일반국도 - 특별시도·광역시도 - 지방도
④ 고속국도 - 일반국도 - 지방도 - 특별시도·광역시도

해 설
도로법 제10조(도로의 종류와 등급)
도로의 종류는 다음 각 호와 같고, 그 등급은 다음에 열거한 순위에 따른다.
1. 고속국도 2. 일반국도 3. 특별시도(特別市道)·광역시도(廣域市道) 4. 지방도 5. 시도(市道) 6. 군도(郡道) 7. 구도(區道)

86. 도로교통법령상 교통안전 표지 중 어린이 보호표지는 어린이 보호지점 또는 구역의 어느 정도 전에 설치하도록 규정하고 있는가?

① 20~50m ② 30~50m
③ 50~100m ④ 50~200m

해 설
어린이 보호표지 설치위치
• 어린이 또는 유아의 보호가 특별히 요청되는 통행로나 횡단보도가 있는 경우에 설치
• 학교 및 통행로에 있어서는 학교의 출입구로부터 1킬로미터 이내의 구역에 설치
• 어린이 보호지점 또는 구역 전 50미터 내지 200미터의 도로 우측에 설치

87. 주차장법상 노외주차장 경사로의 종단경사도로 옳은 것은?

① 직선부분 16% 이하, 곡선부분 13% 이하
② 직선부분 16% 이하, 곡선부분 14% 이하
③ 직선부분 17% 이하, 곡선부분 14% 이하
④ 직선부분 17% 이하, 곡선부분 15% 이하

해 설
주차장법 시행규칙 제6조(노외주차장의 구조·설비기준)
① 법 제6조 제1항에 따른 노외주차장의 구조·설비기준은 다음 각 호와 같다.
  5. 지하식 또는 건축물식 노외주차장의 차로는 제3호의 기준에 따르는 외에 다음 각 목에서 정하는 바에 따른다.
    라. 경사로의 종단경사도는 직선 부분에서는 17퍼센트를 초과하여서는 아니 되며, 곡선 부분에서는 14퍼센트를 초과하여서는 아니 된다.

88. 교통유발부담금을 부과하는 근거법은?

① 주차장법 ② 교통안전법
③ 도시계획법 ④ 도시교통정비 촉진법

해 설
도시교통정비촉진법 제36조(교통유발부담금의 부과·징수)에 의거 시장은 도시교통정비지역에서 교통혼잡의 원인이 되는 시설물의 소유자로부터 매년 교통유발부담금(이하 "부담금"이라 한다)을 부과·징수할 수 있다.

정답 83 ④ 84 ① 85 ③ 86 ④ 87 ③ 88 ④

89 교통안전법상 국가교통안전기본계획에 포함되어야 하는 사항으로 옳지 않은 것은?

① 대중교통체계의 개선
② 교통안전에 관한 중·장기 종합정책방향
③ 교통안전지식의 보급 및 교통문화 향상목표
④ 육상교통·해상교통·항공교통 등 부문별 교통사고의 발생현황과 원인의 분석

[해설]
교통안전법 제15조(국가교통안전기본계획)
② 국가교통안전기본계획에는 다음 각 호의 사항이 포함되어야 한다.
1. 교통안전에 관한 중·장기 종합정책방향
2. 육상교통·해상교통·항공교통 등 부문별 교통사고의 발생현황과 원인의 분석
4. 교통안전지식의 보급 및 교통문화 향상목표

90 보행자의 통행 방법에 대한 설명으로 옳지 않은 것은?

① 보행자는 보도와 차도가 구분되지 아니한 도로에서는 도로의 우측으로만 통행하여야 한다.
② 보행자는 안전표지 등에 의하여 횡단이 금지되어 있는 도로의 부분에서는 그 도로를 횡단하여서는 아니 된다.
③ 보행자는 보도와 차도가 구분된 도로에서 도로공사 등으로 보도의 통행이 금지된 경우나 그 밖의 부득이한 경우를 제외하고는 언제나 보도로 통행하여야 한다.
④ 보행자는 모든 차의 바로 앞이나 뒤로 횡단하여서는 아니 되지만, 횡단보도를 횡단하거나 신호기 또는 경찰공무원 등의 신호나 지시에 따라 도로를 횡단하는 경우에는 그러하지 아니하다.

[해설]
도로교통법 제8조(보행자의 통행)에 의거 보행자는 보도와 차도가 구분되지 아니한 도로에서는 차마와 마주보는 방향의 길가장자리 또는 길가장자리구역으로 통행하여야 한다. 다만, 도로의 통행방향이 일방통행인 경우에는 차마를 마주보지 아니하고 통행할 수 있다.

91 국토교통부장관이 육상·해상·항공 교통 분야 전국단위교통정보의 수집·분석·관리 및 제공 업무를 수행하고, 교통정보의 보급·유통을 촉진하기 위하여 구축·운영하여야 하는 것은?

① 국가통합교통정보센터
② 지구통합교통정보센터
③ 지역통합교통정보센터
④ 교통·물류통합정보센터

[해설]
국가통합교통체계효율화법 제90조(국가통합 지능형교통체계정보센터의 구축 등)에 의거 국토교통부장관은 육상·해상·항공 교통 분야 전국단위교통정보의 수집·분석·관리 및 제공 업무를 수행하고, 교통정보의 보급·유통을 촉진하기 위하여 국가통합 지능형교통체계정보센터(이하 "국가통합교통정보센터"라 한다)를 구축·운영하여야 한다.

92 국토교통부장관은 국가교통조사의 목표 및 전략, 세부 조사의 내용 및 방법 등에 관한 국토교통조사계획을 몇 년 단위로 수립하는가?

① 1년　② 3년　③ 5년　④ 10년

[해설]
국가통합교통체계효율화법 제12조(국가교통조사)에 의거 국토교통부장관은 국가교통조사 및 제16조 제1항에 따른 개별교통조사의 중복을 방지하는 등 효율적인 교통조사의 시행과 조사 결과의 공동 활용 등을 위하여 5년 단위로 국가교통조사의 목표 및 전략, 세부 조사의 내용 및 방법 등에 관한 국가교통조사계획을 국가교통위원회의 심의를 거쳐 수립하여야 한다.

93 국가교통안전시행계획에 관한 설명으로 옳은 것은?

① 교통안전세부시행계획은 국무회의의 심의를 거쳐 공고한다.
② 국가가 매 5년마다 수립하는 장기적·종합적인 교통안전계획이다.
③ 지정행정기관이 당해 연도에 교통안전기본계획을 시행하기 위한 계획이다.
④ 매년 지정행정기관의 장이 교통안전시행계획에 의하여 작성하는 계획이다.

[해설]
교통안전법 제16조(국가교통안전시행계획)에 의거 지정행정기관의 장은 국가교통안전기본계획을 집행하기 위하여 매년 소관별 교통안전시행계획안을 수립하여 이를 국토교통부장관에게 제출하여야 한다. 국토교통부장관은 제출받은 소관별 교통안전시행계획안을 국가교통안전기본계획에 따라 종합·조정하여 국가교통안전시행계획안을 작성한 후 국가교통위원회의 심의를 거쳐 이를 확정한다.

정답　89 ①　90 ①　91 ①　92 ③　93 ④

94 다음 중 도로교통법에 따른 정의로 옳지 않은 것은?

① '자동차 전용도로'란 자동차만 다닐 수 있도록 설치된 도로를 말한다.
② '보도'란 연석선, 안전표지나 그와 비슷한 인공 구조물로 경계를 표시하여 보행자가 통행할 수 있도록 한 도로의 부분을 말한다.
③ '안전지대'란 보도와 구분되지 아니한 도로에서 보행자의 안전을 확보하기 위한 안전표지 등으로 경계를 표시한 도로의 가장자리 부분을 말한다.
④ '신호기'란 도로교통에서 문자·기호 또는 등화를 사용하여 진행·정지·방향전환·주의 등의 신호를 표시하기 위하여 사람이나 전기의 힘으로 조작하는 장치를 말한다.

> **해설**
> 도로교통법 제2조(정의)
> 11. "길가장자리구역"이란 보도와 차도가 구분되지 아니한 도로에서 보행자의 안전을 확보하기 위하여 안전표지 등으로 경계를 표시한 도로의 가장자리 부분을 말한다.
> 14. "안전지대"란 도로를 횡단하는 보행자나 통행하는 차마의 안전을 위하여 안전표지나 이와 비슷한 인공구조물로 표시한 도로의 부분을 말한다.

95 도로법상 고속국도, 자동차전용도로 또는 대통령령으로 정하는 도로와 다른 도로, 철도, 궤도, 교통용으로 사용하는 통로나 그 밖의 시설을 교차시키려할 때 특별한 사유가 없는 경우의 교차 방법으로 옳은 것은?

① 신호교차시설 ② 입체교차시설
③ 평면교차시설 ④ 회전식교차시설

> **해설**
> 도로법 제51조(도로와 다른 시설의 교차 방법)에 의거 고속국도, 자동차전용도로 또는 대통령령으로 정하는 도로와 다른 도로, 철도, 궤도, 교통용으로 사용하는 통로나 그 밖의 시설을 교차시키려는 경우에는 특별한 사유가 없으면 입체교차시설로 하여야 한다.

96 주차장 설비기준에 대한 설명으로 옳지 않은 것은?

① 경형자동차에 대하여는 전용주차구획을 일정비율 이상 정할 수 있다.
② 노외주차장을 설치하는 경우에는 미리 관할 경찰서장의 의견을 들어야 한다.
③ 주차장의 구조·설비기준 등에 관하여 필요한 사항을 해당 지방자치단체의 조례로 법령과 달리 정할 수 있다.
④ 노상주차장을 설치하는 경우에는 도시·군관리계획과 도시교통정비 촉진법에 따른 도시교통정비 기본계획에 따라야 한다.

> **해설**
> 주차장법 제6조(주차장설비기준 등)에 의거 특별시장·광역시장, 시장·군수 또는 구청장은 노상주차장 또는 노외주차장을 설치하는 경우에는 도시·군관리계획과 「도시교통정비 촉진법」에 따른 도시교통정비 기본계획에 따라야 하며, 노상주차장을 설치하는 경우에는 미리 관할 경찰서장의 의견을 들어야 한다.

97 신호등이 있는 교차로에서의 통행방법으로 옳지 않은 것은?

① 모든 차의 운전자는 교차로에서 좌회전을 하려는 경우에는 미리 도로의 중앙선을 따라 서행하면서 교차로의 중심 안쪽을 이용하여 좌회전하여야 한다.
② 자전거의 운전자는 교차로에서 좌회전하려는 경우에는 미리 도로의 좌측 가장자리로 붙어 서행하면서 교차로의 가장자리 부분을 이용하여 좌회전하여야 한다.
③ 모든 차의 운전자는 교차로에서 우회전을 하려는 경우에는 신호에 따라 정지하거나 진행하는 보행자 또는 자전거에 주의하며 미리 도로의 우측 가장자리에 서행하면서 우회전하여야 한다.
④ 모든 차의 운전자는 교통정리를 하고 있지 아니하고 일시정지나 양보를 표시하는 안전표지가 설치되어 있는 교차로에 들어가려고 할 때에는 다른 차의 진행을 방해하지 아니하도록 일시정지하거나 양보하여야 한다.

> **해설**
> 도로교통법 제25조(교차로 통행방법)에 의거 제2항에도 불구하고 자전거의 운전자는 교차로에서 좌회전하려는 경우에는 미리 도로의 우측 가장자리로 붙어 서행하면서 교차로의 가장자리 부분을 이용하여 좌회전하여야 한다.

98 주차장법상 주차장의 정의에 따른 종류에 해당되는 것은?

① 공용주차장 ② 유료주차장
③ 사설주차장 ④ 노외주차장

정답 94 ③ 95 ② 96 ② 97 ② 98 ④

> **해 설**
> 주차장이라 함은 노상, 노외, 부설주차장을 말하는 것이다.

99 국가통합교통체계효율화법에서 타당성 재평가 전문기관 및 다른 전문기관의 지정에 관한 설명으로 옳지 않은 것은?

① 재평가에 관한 능력과 경험을 갖춘 평가대행자는 타당성 재평가를 수행할 수 있다.
② '국토교통부령으로 정하는 전문기관'이란 「정부출연연구기관 등의 설립·운영 및 육성에 관한 법률」에 따른 한국교통연구원과 국토연구원을 말한다.
③ 「과학기술분야 정부출연연구기관 등의 설립·운영 및 육성에 관한 법률」에 따른 연구기관으로서 평가대행자로 등록한 기관은 타당성 재평가를 수행할 수 있다.
④ 「정부출연연구기관 등의 설립·운영 및 육성에 관한 법률」에 따른 연구기관으로서 공공 교통시설 개발사업 타당성 평가대행자로 등록한 기관은 타당성 재평가를 수행할 수 있다.

> **해 설**
> 국가통합교통체계효율화법 시행규칙 제7조(중간점검 및 재평가 전문기관)
> 법 제20조 제3항에서 "국토교통부령으로 정하는 전문기관"이란 「정부출연연구기관 등의 설립·운영 및 육성에 관한 법률」에 따른 한국교통연구원을 말한다.〈개정 2013.3.23, 2016.1.25〉[제목 개정 2016.1.25.]

100 도시교통정비지역에서 교통유발부담금의 부과 대상 시설물은 해당 시설물의 각 층 바닥 면적을 합한 면적이 최소 얼마 이상인 시설물로 하는가? (단, 부과대상 시설물이 주택법에 따른 주택단지에 위치한 시설물로서 도로변에 위치하지 아니한 시설물인 경우에는 고려하지 않는다.)

① 1,000m² ② 2,000m²
③ 3,000m² ④ 4,000m²

> **해 설**
> 도시교통정비촉진법 시행령 제16조(교통유발부담금의 부과대상)에 의거 "대통령령으로 정하는 규모 이상의 것"이란 해당 시설물의 각 층 바닥면적을 합한 면적이 1천 제곱미터 이상인 시설물을 말한다. 다만, 법 제36조 제2항에 따른 교통유발부담금(이하 "부담금"이라 한다)의 부과대상 시설물이 「주택법」 제2조 제6호에 따른 주택단지에 위치한 시설물로서 도로(같은 법 제2조 제8호 가목에 따른 주택단지의 도로는 제외한다)변에 위치하지 아니한 시설물인 경우에는 그 시설물의 각 층 바닥면적을 합한 면적이 3천 제곱미터 이상인 경우로 한다.

제6과목 교통안전

101 다음 중 물피사고(PDO)를 기준으로, 각 사고 유형에 따라 피해 정도를 나타내는 지수를 개발하여 이를 근거로 각 사고에 가중치를 부여하여 사고다발지점을 선정하는 방법은?

① 사고율에 의한 방법
② 위험도지수에 의한 방법
③ 사고피해 정도에 의한 방법
④ 사고발생빈도수에 의한 방법

> **해 설**
> 사고 유형에 따라 피해 정도를 나타내는 지수로 가중치를 부여하는 방법은 사고피해 정도에 의한 방법이다.

102 시거불량에 의한 교통사고 예방대책에 해당되지 않는 것은?

① 장애물 제거 ② 예고표지 설치
③ 시선유도표지 설치 ④ 오르막차로 설치

> **해 설**
> 시거불량에 의한 교통사고 예방대책
> 장애물 제거, 시선이 다른 곳에 가지 않도록 유도표지 설치, 잘 보이도록 밝게 가로조명 개선, 예고표지 설치

103 인터체인지 램프의 사고율과 가장 관계가 먼 것은?

① 램프의 위치
② 기하설계 요소
③ 램프의 교통량
④ 주도로의 평면 및 종단 선형과의 관계

정답 99 ② 100 ① 101 ③ 102 ④ 103 ③

해 설
램프에서 사고를 발생시키는 직접적 원인은 기하구조, 선형, 위치 등이다.

104 교통사고 사상자 기준에 의한 교통사고로 인한 사망사고의 정의로 옳은 것은?

① 교통사고 발생 시부터 1일(24시간) 이내에 사망자를 낸 사고
② 교통사고 발생 시부터 5일(120시간) 이내에 사망자를 낸 사고
③ 교통사고 발생 시부터 10일(240시간) 이내에 사망자를 낸 사고
④ 교통사고 발생 시부터 30일(720시간) 이내에 사망자를 낸 사고

해 설
교통안전법 시행령 별표 3의2에 의거 사망사고는 교통사고가 주된 원인이 되어 교통사고 발생 시부터 30일 이내에 사람이 사망한 사고를 말한다.

105 35km의 도로 구간에서 1년 동안 50건의 교통사고가 발생하였다. 일평균 교통량이 600대이고 총 사고건수 중 5%가 치명적인 사고였다면 1억대·km당 치명적 사고의 발생률은?

① 0.33건 ② 3.26건
③ 32.6건 ④ 326건

해 설
사고율
$$= \frac{\text{교통사고건수} \times 100{,}000{,}000}{\text{일평균교통량(ADT)} \times \text{조사기간일수} \times \text{도로구간길이(km)}}$$
$$= \frac{50 \times 100{,}000{,}000}{600 \times 365 \times 35} = 652.34$$
5%가 치명적 사고이므로 652.34 × 0.05 = 32.6건

106 다음 중 노변방호책의 설계 기준으로 옳지 않은 것은?

① 차량이 걸려 전도하거나 튕겨나가지 않아야 한다.
② 차량이 충돌과 동시에 정지할 수 있도록 하여야 한다.
③ 차량의 경로나 정지한 지점이 인접차로를 침범하지 않아야 한다.
④ 차량을 관통하거나 뛰어오르게 하지 않고 차량의 방향을 수정해야 한다.

해 설
충돌 즉시 정지하면 운동량이 일순간에 모두 탑승자에게 전달되므로 서서히 정지하도록 하여야 한다.

107 미끄럼흔적으로부터 미끄럼거리를 추정하는 기준으로 옳지 않은 것은?

① 곡선미끄럼의 경우 미끄럼흔적들의 평균값을 미끄럼거리로 한다.
② 직선미끄럼의 경우 모든 바퀴들의 미끄럼흔적 중 가장 짧은 것을 미끄럼거리로 한다.
③ 양후륜의 미끄럼흔적들이 전륜의 미끄럼흔적의 어느 한쪽을 벗어나면 곡선미끄럼으로 간주한다.
④ 양후륜의 미끄럼흔적들 모두가 전륜의 미끄럼흔적을 벗어나지 않으면 직선미끄럼으로 간주한다.

해 설
직선미끄럼의 경우 모든 바퀴들의 미끄럼흔적 중 가장 긴 것을 미끄럼거리로도 한다.

108 다음 중 도로의 횡단면과 사고에 대한 일반적인 설명으로 옳지 않은 것은?

① 노면의 마찰계수가 작을수록 사고율이 낮다.
② 차로폭이 넓은 도로가 그렇지 않은 도로보다 사고율이 낮다.
③ 차도와 길어깨를 구획하는 노면표시를 하면 사고가 감소한다.
④ 억제형이나 방책형의 중앙분리대를 설치할 경우 중앙분리대를 설치하지 않을 때에 비해 사고율이 그다지 감소하지 않는다.

해 설
마찰계수는 작을수록 미끄러운 것이므로 작을수록 사고율이 높아지는 상관관계를 갖는다.

109 현재 국내 도로설계에서 정지시거 산출에 사용되는 운전자 인지반응시간은 얼마인가?

① 1.5초 ② 2.0초
③ 2.5초 ④ 3.0초

정답 104 ④   105 ③   106 ②   107 ②   108 ①   109 ③

> **해설**
> 운전자의 인지반응시간은 보통 1초 정도지만, 일반적인 도로 설계 시에는 2.5초를 적용한다.

110 2대 이상의 자동차가 동일한 방향으로 주행하던 중 뒤차가 앞차의 후면을 충격한 사고를 무엇이라 하는가?

① 추돌 ② 전도 ③ 전복 ④ 충돌

> **해설**
> 추돌사고란 2대 이상의 차가 동일 방향으로 주행 중 뒤차가 앞차의 후면을 충격하는 사고로 우리나라 차대차 사고 유형 중 가장 많은 비율을 차지하는 사고유형이다.

111 어느 지역의 12km 도로 구간의 일평균교통량이 10,000대이고, 이와 유사한 도로구간의 평균사고율이 연간 3.5건일 때, 유의수준(α)이 0.05인 경우 이 도로구간에서의 임계사고율(Rc)은?(단, k = 1.645이며, 백만 대·km 당 사고율이다.)

① 약 3.58건(백만 대·km)
② 약 3.98건(백만 대·km)
③ 약 4.38건(백만 대·km)
④ 약 4.88건(백만 대·km)

> **해설**
> $R_c = R_a + k\sqrt{\dfrac{R_a}{M} + \dfrac{1}{2M}}$, $M = \dfrac{1,000 \times 365 \times 12}{1,000,000} = 43.8$
> $R_c = 3.5 + 1.645\sqrt{\dfrac{3.5}{43.8} + \dfrac{1}{2 \times 43.8}} = 3.9764$
> ∴ 약 3.98건(백만 대·km)

112 사고지점도에 관한 설명으로 옳지 않은 것은?

① 범례는 가능한 한 단순해야 한다.
② 사고건수 대신 사상자 수를 나타내는 것이 일반적이다.
③ 지도상에 핀, 색종이를 붙이거나 표시하여 사고지점을 나타낸다.
④ 사고가 집중적으로 발생하는 지점의 신속한 시각적 색인을 제공한다.

> **해설**
> 다수의 희생자(사망 또는 부상)를 포함하는 대형 사고에 의한 왜곡을 피하기 위하여 희생자 수 대신 사고건수를 나타내는 것이 일반적이다.

113 다음의 교통안전대책 중 안전과 이동성이 상충되는 것은?

① ABS ② 안전띠
③ 과속방지턱 ④ 충격흡수식 지주

> **해설**
> 과속방지턱은 속도를 제한하기 위한 수단이므로 좁은 의미의 속도제한이라고 볼 수 있다.

114 주행 중이던 차량이 급정거하여 스키드마크가 20m 나타난 다음 3m를 지나서 다시 25m가 계속되었다면 차량의 제동 전 초기 속도는?(단, 타이어와 노면의 마찰계수는 0.8이고, 경사는 없다.)

① 95.6km/h ② 99.7km/h
③ 105.6km/h ④ 107.7km/h

> **해설**
> $V = \sqrt{254(f \times i) \cdot l}$, $V = \sqrt{254(0.8+0) \cdot 45} = 95.62$
> ∴ 약 95.6km/h

115 교통안전대책 3E에 포함되지 않는 것은?

① Education ② Engineering
③ Enforcement ④ Encouragement

> **해설**
> 교통안전대책 3E
> 1. Education : 교육(운전자 교육, 미디어 홍보)
> 2. Engineering : 공학(사고조사 및 분석, 시설 정비, 차량안전도 개선)
> 3. Enforcement : 규제(속도, 안전띠, 음주)

116 다음 교통정온화(Traffic Calming) 기법에서 차량의 속도를 감소시키기 위한 대책으로 거리가 먼 것은?

① 노폭제한 ② 차로굴절
③ 차로 추가 설치 ④ 과속방지시설 설치

정답 110 ① 111 ② 112 ② 113 ③ 114 ① 115 ④ 116 ③

> **[해 설]**
> 교통정온화(Traffic Calming)는 주거지 생활도로를 이용하는 사람들에게 쾌적하고 안전한 생활공간을 제공하기 위해 통행량의 제한 및 통행규제를 통해 교통흐름을 조절하는 생활교통기법이다. 차로의 추가설치는 차량의 속도를 오히려 증가시킬 우려가 있다.

117 교통량 및 통행속도 등 교통조건은 교통사고와 밀접한 관련이 있다. 다음 중 교통조건과 관련된 일반적인 교통사고 특성과 가장 거리가 먼 내용은?

① ADT가 높을수록 사고율이 높은 경향이 있다.
② 차량 간의 속도분포가 커지면 일반적으로 사고율은 낮아진다.
③ 교통류 내의 차종 구성에서 대형 차량이 많으면 일반적으로 사고율이 높다.
④ 사고 감소를 위한 속도제한 설정 시, 도로조건과 교통조건 등을 충분히 고려해야 한다.

> **[해 설]**
> 차량 간 속도분포가 커지게 되면 저속차량과 고속차량이 섞이게 되어 사고율이 높아진다.

118 교통사고 발생 시 수집되는 주요 조사 항목이 아닌 것은?

① 교통통제방법
② 사고발생 일시 및 지점
③ 교통사고원인 및 피해 정도
④ 사고당사자(운전자, 동승자, 보행자 등) 정보

> **[해 설]**
> 교통사고 발생 시 주요 조사항목은 사고발생일시와 장소(지점), 사고 원인과 피해 정도, 당사자 정보 등이다. 교차로의 경우라면 통제방법이 의미가 있을 수 있으나 기타 대부분의 경우에는 주요 조사항목으로 보기는 어렵다.

119 사고위험지역 선정 시 교통량이 적은 지방부 도로에 효과적이지만 교통량 수준에 따른 요인은 고려하지 않는 단점이 있는 방법은?

① 사고율법
② 사고건수법
③ 율 - 품질관리법
④ 사고건수 - 율법

> **[해 설]**
> 교통사고 건수(빈도수)에 의한 방법 : 사고건수(건/km/년) = 건수 ÷ (구간길이 × 연수)
> • 주어진 어떤 값보다 사고발생 건수가 많은 곳의 위험도가 높다고 판단하여 사고 잦은 장소라 판정하는 방법
> • 소도시나 대도시의 집·분산도로, 국지도로나 교통량이 적은 지방부 도로 등에서 주로 같은 종류의 도로 또는 교차로를 비교할 때 사용하는 방법
> • 교통량 수준에 따른 요인은 고려하지 않는 단점이 있음

120 시행된 교통안전개선사업의 평가방법 중 사업지점에서의 시행 전후 효과척도의 비율(%) 변화량을 동기간 동안 개선이 시행되지 않은 유사 지점에서의 비율(%) 변화량과 비교하여 개선 효과를 평가하는 방법은?

① 사전/사후분석(Before and After Study)
② 비교평가분석(Comparative Parallel Study)
③ 평균사고율법(Rate - Quality Control Method)
④ 통제지점에 의한 사전/사후분석(Before and After Study with Control Sites)

> **[해 설]**
> 통제지점에 의한 사전/사후분석(Before and After Study with Control Sites)
> 사업지점에서의 시행 전후 효과척도의 비율(%) 변화량을 동기간 동안 개선이 시행되지 않은 유사 지점에서의 비율(%) 변화량과 비교하여 개선 효과를 평가하는 방법

1회 2018년 기출문제

제1과목 교통계획

01 로짓모형에 의한 택시의 효용함수값은 -0.52, 버스의 효용함수값이 -0.95일 때, 승객이 버스를 선택할 확률은?

① 약 39.4%
② 약 48.2%
③ 약 58.7%
④ 약 60.6%

해설

로짓 모형 계산에 의한 승용차의 선택확률
㉠ 택시의 효용 : U_t = -0.52
㉡ 버스의 효용 : U_b = -0.95
㉢ 버스 선택확률 : $P_{(t)} = \dfrac{e^{-0.95}}{e^{-0.52}+e^{-0.95}} = 0.3941$
∴ 약 39.4%

02 경제성 평가기법 중 내부수익률(IRR)법에 관한 설명으로 옳은 것은?

① 다른 대안과 비교하기 어렵다.
② 사업의 수익성을 측정할 수 없다.
③ 평가과정과 결과를 이해하기 어렵다.
④ 사업의 절대적인 규모를 고려하지 못한다.

해설

내부수익률법(IRR ; Internal Rate of Return)
• 사업의 순현재가치를 0으로 만드는 할인율, 편익/비용비를 1로 만드는 할인율을 찾아서 사회적 할인율보다 높으면 타당성이 있다고 판단하는 기법
• 수익률 예측이 바로 가능하다는 장점과 사업의 크기(절대적인 규모)를 고려할 수 없다는 단점이 있다.

03 경전철(LRT)에 대한 설명 중 옳지 않은 것은?

① 도로상을 운행할 수 없다.
② 시간당 수송량은 지하철보다 적다.
③ 승객승차대가 낮아 승·하차 시 편리하다.
④ 무인으로 자동운전이 가능한 시스템이다.

해설

경전철은 차량의 중량이 가볍고 승객 승·하차대가 낮아 승·하차가 편리하며 도로상 운행이 가능하다는 특성이 있다.

04 루프검지기로 수집할 수 있는 교통정보가 아닌 것은?

① 속도
② 교통량
③ 점유율
④ 차량길이

해설

루프 검지기는 루프코일을 매설하여 전자기 유도방식으로 전류의 흐름을 감지, 차량의 통행을 감지하는 방식을 취한다. 최초 검지지점과 최종 검지지점의 거리와 최초 검지시점부터 최종 검지시점까지의 측정시간을 가지고 속도를 계산할 수 있다. 측정된 대수로 교통량을 알 수 있으며 교통량과 밀도의 관계에서 점유율을 예측할 수 있다. 검지되는 신호만으로 차량의 길이를 알 수는 없다.

05 교통수요 추정 기법의 순차적 모형(sequential model)에 대한 설명으로 옳은 것은?

① 수요탄력성법이 이러한 모형에 해당한다.
② 단계 간 상호연관관계의 반영이 명확하다.
③ 시간과 비용이 적게 소요되지만 정확도가 저하된다.
④ 수요변화 분석에 용이하나 통행자 행태 반영이 어렵다.

해설

교통수요추정기법에서 순차적 모형이라 함은 4단계 수요추정기법을 의미한다. 4단계 수요추정기법은 통행자 행태의 반영이 어렵다는 단점이 있다. 이를 개선하기 위해 제시되고 있는 수요추정기법이 개별행태모형이다.

06 대중교통카드 자료를 이용하여 바로 얻을 수 있는 자료가 아닌 것은?

① 승차일시
② 이동경로
③ 환승횟수
④ 이용 교통수단

해설

이동경로의 정확한 예측은 데이터 그 자체만으로는 확인하기 어렵다.

07 대중교통 통행배정에 널리 활용되는 방법으로서, 통행자가 대중교통노선을 선택함에 있어서 예상 총 통행시간(expected total travel time)이 최소가 되는 노선을 선택한다는 가정을 기반으로 하는 것은?

정답 01 ① 02 ④ 03 ① 04 ④ 05 ④ 06 ② 07 ③

① 전량통행배정(All-or-Nothing Assignment)
② 점진적통행배정(Incremental Assignment)
③ 최적전략통행배정(Optimal Strategy Assignment)
④ 사회최적통행배정(System Optimum Assignment)

[해설]
all-or-nothing 기법은 용량에 제약을 받지 않고, 모든 통행량을 한 곳으로 배정하는 기법이다. 통행자는 통행비용이 가장 적게 소요되는 경로를 선택한다는 워드롭의 원리의 기본가정을 전제로 한다. 대중의 통행의지를 알아볼 수 있는 기법으로 대중교통 노선을 결정하는데 활용될 수 있다.

08 4단계 수요 추정법의 통행분포(trip distribution) 단계에서 사용하는 모형에 대한 설명으로 옳지 않은 것은?

① 간섭기회모형(intervening opportunity model) : 통행자가 목적지를 선택할 확률을 이용한다.
② 중력모형(gravity model) : 존별 통행 유입량과 유출량을 만족시키면서 통행비용이 최대가 되도록 배분한다.
③ 성장률법(growth factor model) : 존간의 통행 비용을 고려하지 않으며, 존의 구획에 따른 제약을 크게 받는다.
④ 엔트로피극대화모형(entropy maximization model) : 존별 통행유출·입량을 만족시키며 엔트로피를 극대화하는 통행을 배분한다.

[해설]
중력모형은 존 별 통행 유입량과 유출량을 만족시키면서 통행비용을 최소화시키는 모형이다.

09 한 통근자가 직장에 가기 위하여 집에서 택시로 지하철역까지 간 후 지하철로 갈아타고 직장에 도착한 경우 목적통행수는?

① 1　② 2　③ 3　④ 4

[해설]
목적통행이란 말 그대로 목적지까지 도착해야 1통행이 되는 통행을 말한다. 따라서 문제의 목적통행은 1이고, 통행간 이용한 수단의 개수가 2가지(택시, 지하철)이므로 수단통행은 2가 된다.

10 다음 중 통행자가 통행비용이 가장 적게 소요되는 경로를 택한다는 전제를 기초로, 교통시설에 대한 용량제약을 고려하지 않고 예측된 모든 통행량을 배정하는 통행배분(Trip assignment) 모형은?

① Entropy Model
② OD pair Model
③ All-or-Nothing Model
④ Flow-independent Model

[해설]
all-or-nothing 기법은 용량에 제약을 받지 않고, 모든 통행량을 한 곳으로 배정하는 기법이다. 통행자는 통행비용이 가장 적게 소요되는 경로를 선택한다는 워드롭의 원리의 기본가정을 전제로 한다. 대중의 통행의지를 알아볼 수 있는 기법으로 대중교통 노선을 결정하는데 활용될 수 있다.

11 Smeed(1949)는 유럽 20개국의 1938년도 교통사고통계를 이용하여 다음과 같이 모형화하였다. 이에 대한 설명으로 옳지 않은 것은?

$$\frac{D}{P} = 0.0003 \times \sqrt{\frac{N}{P}}$$

(단, N : 자동차등록대수(대), P : 인구수(명), D : 연간 교통사고사망자수(명))

① 가장 먼저 알려진 교통사고 예측모형이다.
② 인구가 증가하면 교통사고 사망자수도 증가한다.
③ 자동차 등록대수가 증가하면 교통사고 사망자수도 증가한다.
④ 인구의 한 단위 증가보다 자동차 등록대수의 한 단위 증가가 교통사고 사망자수에 더 큰 영향을 끼친다.

[해설]
인구의 한 단위 증가는 연간 교통사고 사망자수에 단위 증가량만큼 곱해지지만 자동차등록대수의 증가는 제곱근이 씌워져 곱해진다. 따라서 자동차등록대수의 한 단위 증가보다 인구의 한 단위 증가가 교통사고 사망자수에 더 큰 영향을 준다고 할 수 있다.

12 교통체계관리법(TSM)의 특징으로 볼 수 없는 것은?

① 지역적 기법　② 기존시설 활용
③ 고투자사업의 일부분　④ 각 교통체계간의 균형

해설

교통체계관리(TSM)은 당면 문제점 해소, 국부적 해결에 주력, 최대한 기존시설을 활용하여 비용절감, 체계간의 균형을 전제로 사업을 시행한다. 고투자사업의 일부분은 비용절감 목적과 맞지 않는다.

13 O-D 조사에 사용하는 표본의 크기에 대한 설명으로 옳은 것은?

① 표본의 크기가 증가하면 조사 자료의 정확도는 감소한다.
② 통행량이 많은 경우 표본율을 증가시키면 오차의 범위가 커진다.
③ 표본의 크기가 증가하면 조사 자료의 정확도의 증가율은 점차 증가한다.
④ 표본율이 같은 경우, 통행량이 많은 경우가 통행량이 적은 경우보다 정확한 추정값을 얻기 쉽다.

해설

표본의 크기가 증가하면 조사 자료의 정확도도 증가한다. 통행량이 많은 경우 표본율을 증가시키면 표본이 모집단에 근사하게 되므로 오차의 범위가 줄어들게 된다. 표본의 크기가 증가하면 조사자료의 정확도는 반드시 증가하지만, 정확도가 증가하는 정도, 즉 비율이 반드시 증가한다고는 단정할 수 없다. 표본의 비율이 같다면 통행량이 많은 경우가 보다 많은 표본의 크기를 얻게 되므로 보다 정확한 추정값을 얻을 수 있다.

14 주차 수요 추정방법인 주차 발생 원단위법의 계산을 위한 요소가 아닌 것은?

① 주차 효율
② 용도별 건물연면적
③ 첨두시 주차집중률
④ 첨두시 용도별 건물연면적 1,000m² 당 주차발생량

해설

주차발생 원단위법 : $P = \dfrac{U \cdot F}{1,000e}$

여기서 U : 주차발생원단위(대/1,000m²), 첨두시 건물연면적 1,000m² 당 주차발생량,
F : 건물연면적(m²),
e : 주차이용효율이다.

첨두시 주차집중률은 P요소법(Parking Space Factor Method)에서 사용되는 변수이다.

$P = \dfrac{d \cdot s \cdot c}{o \cdot e}(t \cdot r \cdot p \cdot pr)$

여기서 d : 주간(07~19시) 통행집중률(%),
e : 주차장 효율계수,
s : 계절주차 집중계수,
t : 1일 이용인원,
c : 지역주차 조정계수,
r : 첨두시 주차집중률(%),
o : 평균승차인원(인/대),
p : 건물 이용자 중 승용차 이용률(%),
pr : 승용차 이용자 중 주차비율(%)

15 중복산정을 피하기 위해 경제성 평가에서 항시 제외되는 비용 항목은?

① 건설비
② 주차료
③ 통행료
④ 휘발유세

해설

세금은 사업주체에게는 비용이지만 세금징수주체에게는 수입으로 잡히게 된다. 따라서 세금징수주체가 비용을 지원하는 사업을 추진하는 경우 예비타당성조사의 경제성평가 수행시 세금 항목을 항시 제외하여야 중복산정을 피할 수 있다.

16 다음 중 폐쇄선(Cordon Line)조사에 대한 설명으로 옳지 않은 것은?

① 오전 및 오후의 첨두시간에만 조사를 실시한다.
② 운전자와 동승자의 통행목적 및 행선지를 조사한다.
③ 위성도시나 장래 도시화지역 등은 가급적 폐쇄선 내에 포함시킨다.
④ 경계선을 통과하는 도로나 철도 등이 가급적 최소가 되게 경계선을 설정한다.

해설

폐쇄선(Cordon Line)조사는 조사대상지역 밖에 출발지 또는 목적지를 가진 통행을 조사하는 방법인데 특정 시간대에만 실시하게 되면 정확한 교통량을 조사할 수 없게 되므로 첨두시간에만 조사를 해서는 안된다.

17 다음 중 교통수요 관리방안과 그 특징에 대한 설명으로 옳지 않은 것은?

① 10부제 운행 - 집행이 용이하다.
② 버스 이용하기 - 정치적 수용성이 적다.
③ 공영주차장 요금인상 - 집행이 용이하다.
④ 자가용 함께 타기 - 사회적 부담이 적다.

정답 13 ④ 14 ③ 15 ④ 16 ① 17 ②

[해 설]
버스 등의 대중교통은 준공영제, 유류보조금 등 정책적인 결정에 많은 변동성을 가지게 되므로 정치적으로 활용되기 쉬운 주제이다.

18 공영버스회사에 대한 설명으로 옳지 않은 것은?

① 공영버스회사의 운행비용은 민영버스회사 보다 적게 든다.
② 공영버스회사에 대한 정치적, 행정적 간섭이 있을 수 있다.
③ 공영버스회사는 공공성에 입각하여 버스를 운행하므로 민영버스회사보다 다양한 서비스여건이 형성될 수 있다.
④ 단일의 공영버스회사가 많은 소규모 민영버스회사보다 훨씬 더 효과적으로 도시 전역에 걸쳐 서비스를 공급해 줄 수 있다.

[해 설]
민영버스회사는 운영비용을 최소화하여 이윤을 극대화하는 것이 경영목표이므로 민영버스회사의 운영비용이 공영회사의 운영비용보다 적은 경우가 대부분이다.

19 다음 중 장기교통계획의 특징이 아닌 것은?

① 소수의 대안
② 서비스 지향적
③ 자본집약적 사업
④ 교통수요가 비교적 고정

[해 설]
장·단기 교통계획 특성 비교

구분	장기	단기
대안의 개수	소수	다수
교통수요	고정	변화
비용	높음(자본집약적)	낮음(저투자비용)
지향적	시설	서비스

서비스 지향적 교통계획은 단기 교통계획이다.

20 1970년대 초, Thomas L. Saaty에 의해 개발된 의사결정법으로 의사결정의 목표나 평가 기준이 다양하고 다수이며 복잡한 경우에 상호연성이 적은 배타적 대안을 체계적으로 평가할 수 있는 기법은?

① 비용·편익분석법
② 비용·효과분석법
③ 분석적 계층화법
④ 목표달성 행렬분석법

[해 설]
계층화분석법은 다수의 속성들을 계층적으로 분류하여 각 속성의 중요도를 파악함으로써 최적 대안을 선정하는 기법이다. 여러 가지 대안들을 가중치를 적용하여 순위화시킬 수 있다. 연구자의 주관이 개입 가능하고, 평가자수가 적으며 결과에 대한 심층검토가 부족한 단점을 가지고 있다.

제2과목 교통공학

21 어떤 교차로에서 운전자 반응시간은 1초, 차량의 접근 속도는 30km/h, 감속도는 3.0m/s², 교차로의 폭은 25m, 차량의 길이는 5m, 전적색시간(all red time)은 1초일 때 황색신호시간은?

① 약 3.0초
② 약 4.0초
③ 약 5.0초
④ 약 6.0초

[해 설]
$$y = t + \frac{v}{2a} + \frac{w+l}{v} = 1 + \frac{30 \div 3.6}{2 \times 3} + \frac{25+5}{30 \div 3.6}$$
= 5.989, 약 6초
전적색시간(all red time)이 1초 주어져야 하므로 황색신호시간에서 빼줘야한다.
따라서 적정황색신호시간은 5.989-1 = 4.989, 약 5.0초가 된다.

22 다음 중 차량의 시공도(Time-Space Diagram)에서 알 수 있는 사항이 아닌 것은?

① 차량의 위치
② 차량의 속도
③ 차량의 자유속도
④ 차량의 가속도

[해 설]
시공도(Time-Space Diagram)는 시간 공간도라고도 불리우며 시간에 따른 차량의 움직임을 파악할 수 있는 도면이다. 차량의 위치를 알면 진행 거리를 알 수 있고, 그 진행한 거리동안 소요된 시간을 알면 속도를 계산할 수 있다. 속도의 변화량으로 가속도를 확인할 수 있다. 차량의 자유속도나 차량의 종류 등은 시공도만으로는 확인하기 어렵다.

23 신호교차로의 포화교통량 산정을 위한 이상적인 기본 조건으로 옳지 않은 것은?

① 차로폭 3.0m 이상
② 경사가 없는 접근부
③ 교통류는 모두 승용차로 구성

④ 접근부 정지선 상류부 100m 이내에 버스정류장이 없음

해설
신호교차로의 이상적인 조건(Ideal Conditions)은 차로폭 3.0m, 경사가 없는 접근부, 직진교통류로만 구성, 승용차로만 구성, 상류부 75m 이내에 버스정류장이나 주차가 없을 것, 상류부 60m 이내에 차량의 진출입이 없을 것 등이다.

24 교통류 내에서 합리적인 속도의 최대값을 나타내며, 현장의 도로조건에 적합한 교통 운영 계획을 세우는 기준속도는?

① 15% 속도 ② 50% 속도
③ 85% 속도 ④ 100% 속도

해설
85% 속도(85 Percentile Speed)는 교통류 내에서 안전운전에 필요한 합리적 속도의 최댓값을 나타내는 속도이다. 도로안전도 평가의 기초가 되는 속도이며 제한속도 규정에 활용된다.

25 다음 중 교통량 조사방법에 해당하지 않는 것은?

① 델파이법 ② 기계적 조사법
③ 수동적 조사법 ④ 이동차량 조사법

해설
교통량조사기법에는 스크린라인조사, 폐쇄선조사, 이동차량조사, 기계적조사, 수동적조사 등이 있다. 델파이법은 앙케이트를 반복 실시하여 여러 차례 의견을 수렴시켜 그 결과를 종합함으로써 미래의 예측에 접근하는 도시조사방법의 일종이다.

26 정지시거에 대한 아래의 내용에서 ( ) 안에 들어갈 말로 모두 옳은 것은?

정지시거란 운전자가 같은 차로 위에 있는 고장차 등의 장애물을 인지하고 안전하게 정지하기 위하여 필요한 거리로서 (㉠)의 (㉡)높이에서 그 차로의 중심선에 있는 높이 (㉢)의 물체의 맨 윗부분을 볼 수 있는 거리를 그 차로의 중심선에 따라 측정한 길이를 말한다.

① ㉠ 차로 위, ㉡ 1.0m, ㉢ 15cm
② ㉠ 차로 위, ㉡ 1.5m, ㉢ 10cm
③ ㉠ 차로 중심선 위, ㉡ 1.0m, ㉢ 15cm
④ ㉠ 차로 중심선 위, ㉡ 1.5m, ㉢ 10cm

해설
정지시거의 정의에 관한 문제이다. 정지시거란 운전자가 같은 차로 중심선 위에 있는 고장차 등의 장애물을 인지하고 안전하게 정지하기 위하여 필요한 거리로서 차로 중심선 위의 1.0m 높이에서 그 차로의 중심선에 있는 높이 15cm의 물체의 맨 윗부분을 볼 수 있는 거리를 그 차로의 중심선에 따라 측정한 길이를 말한다.

27 지체를 최소로 하는 주기를 구하는 Webster 공식에 대한 설명으로 옳은 것은?

$$C_0 = (1.5L+5)/\left(1-\sum_{i=1}^{n} Y_i\right)$$

① L은 주기에서 총 유효녹색 시간을 뺀 값이다.
② Yi는 i 현시 때 주이동류의 교통수요/교통용량이다.
③ 임계 V/C비가 0.9이상이면 $C_0=L/(1-\Sigma Y_i)$ 이다.
④ 최적주기 부근인 $0.75C_0 \sim 1.5C_0$ 범위에서 지체는 크게 증가한다.

해설
L은 주기에서 총 유효녹색 시간을 뺀 값이다. Yi는 i 현시 때 임계 차로군의 교통량비(flow ration), 즉 교통수요/(교통용량(=포화교통량))이다. 임계 V/C비가 1.0이면 Co=L/(1-ΣYi) 이다. 최적주기 부근인 0.75Co~1.5Co 정도의 범위에서 지체가 그다지 크게 증가되지 않는다.

28 교통신호를 설치할 필요가 있는 곳으로 옳지 않은 것은?

① 교통사고가 연 3회 이상인 곳
② 보행자의 수와 횡단할 도로의 교통량이 일정수준을 넘을 때
③ 하루 8시간 이상 주도로와 부도로에 일정량 이상 교통량이 지속되는 곳
④ 학교 앞 300m 이내 신호기가 없고 차량통행 교통량이 일정수준을 넘을 때

해설
교통신호기 설치를 위한 교통사고기록 기준은 신호기 설치예정 장소로부터 50m 이내의 구간에서 교통사고가 연간 5회 이상 발생하여 신호등의 설치로 사고를 방지할 수 있다고 인정되는 경우이다.

정답 24 ③ 25 ① 26 ③ 27 ① 28 ①

29 도로의 한 지점에서의 교통량이 2,000대/시간, 평균속도가 80km/h일 때, 이 도로의 10km 구간 내에서 주행하고 있는 차량의 대수는?

① 100대 ② 150대
③ 200대 ④ 250대

해 설

q = u·k, k = q / u = 2,000(대/시간) / 80(km/시간)
  = 25(대/km)
10km 구간 내 대수를 구하는 것이므로 k·10km
  = 25(대/km)·10km = 250대

30 그림과 같은 병목흐름에서 도착 및 출발하는 차량수를 누적시킨 시간 – 차량 누적 곡선에 대한 설명으로 옳지 않은 것은?

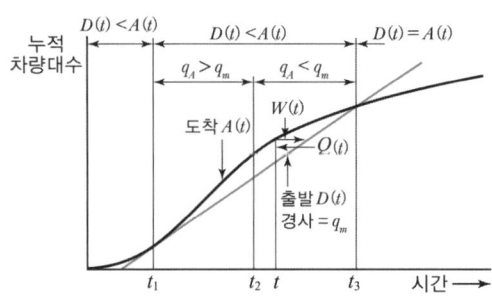

① 시각 t에서의 대기행렬의 길이는 $Q(t)$이다.
② 시각 t에 도착한 차량의 대기시간은 $W(t)$이다.
③ t_1에서 시작하여 t_3점까지 대기행렬이 존재한다.
④ 총 대기행렬의 규모는 $A(t)$곡선과 $D(t)$직선사이 면적의 1/2이다.

해 설

병목지점에서의 대기행렬에서 총 대기행렬의 규모는 A(t)곡선과 D(t)직선사이 면적이다.

31 다음 설명에 해당하는 교통류 모형은?

> 자극 – 반응의 관계로부터 나온 것으로서, 뒤따르는 운전자는 시간 t일 때의 자극의 크기에 비례하여 가속 혹은 감속을 하되 그 반응시간은 T만큼 지체시간을 갖는다.

① 추종이론 ② 충격파이론
③ 가속소음이론 ④ 대기행렬이론

해 설

추종이론(Car Following Theory)이란 자극 – 반응의 관계로부터 유추된 이론으로 뒤따르는 운전자(추종운전자)는 시간 t일 때 자극의 크기에 비례하여 가속 혹은 감속을 하되 그 반응시간은 T만한 지체시간을 갖는다는 사실에 근거한 이론이다. 추돌이 일어나지 않기 위한 시각 t에서의 차두거리를 계산하는 경우에 사용된다.

32 국도의 제한속도를 설정하기 위하여 조사를 계획하고자 한다. 주행 자동차 속도의 표준 편차는 10km/h, 허용오차를 ±2km/h로 할 때 필요한 표본수는? (단, 신뢰도는 95%이다.)

① 약 100대 ② 약 150대
③ 약 200대 ④ 약 400대

해 설

$$n \geq \left(\frac{Z_{\frac{a}{2}} \times \sigma}{\epsilon}\right)^2 = \left(\frac{1.96 \times 10}{2}\right)^2 = 96.04 \ , \ \therefore \ 약 \ 100대$$

33 고속도로의 연결로 – 연결로 엇갈림 구간을 계획하고 설계할 때, 이 구간의 최소길이는?

① 100m ② 150m
③ 200m ④ 250m

해 설

연결로-연결로 엇갈림 구간의 길이는 두 연결로의 본선 진출부와 진입부 사이의 거리에 좌우되는데, 이 길이를 최소 150m로 한다. 이는 연결로-연결로 엇갈림 구간이 집산도로 기능을 하는 측도에 설치되기 때문에 그 설계 수준이 낮고 위계 차이가 적음을 고려한 것이다.

34 다음 중 전통적인 추종이론 모형에서 운전자의 가·감속에 영향을 미치는 요소로 옳지 않은 것은?

① 반응 민감도 ② 차체의 크기
③ 앞차와의 간격 ④ 앞차와의 속도차

해 설

$$s(t) = x_n(t) - x_{n+1}(t) = d_1 + d_2 + L - d_3$$
$$= T \cdot u_{n+1}(t) + \frac{u_{n+1}^2(t+T)}{2a_{n+1}(t+T)} + L - \frac{u_n^2(t)}{2a_n(t)}$$

속도의 차이, 반응시간에 따른 민감도, 앞차와의 간격을 의미하는 차두거리가 공식에서 사용되고 있으나 차체의 크기는 계산에 반영되지 않음을 알 수 있다.

정답 29 ④ 30 ④ 31 ① 32 ① 33 ② 34 ②

35 어느 영업소에 도착하는 교통류는 포아송분포를 가지며, 시간당 1800대가 도착하는 것으로 관측되었다. 5초 동안 1대 이하의 차량이 도착할 확률은?

① 0.0821
② 0.1642
③ 0.2052
④ 0.2873

해 설

$$m = \frac{(1,800 \times 5)}{3,600} = 2.5, \ x = 0, \ 1$$

$$\frac{2.5^1 \cdot e^{-2.5}}{1} + \frac{2.5^0 \cdot e^{-2.5}}{1} = 0.2873$$

36 도로의 한 지점에서 루프검지기를 사용하면 밀도를 직접 측정할 수 없다. 이를 대신하기 위하여 측정하는 변수는?

① 포화도비
② 차간간격(Gap)
③ 점유율(Occupancy)
④ 차두간격(Headway)

해 설

지점에서 밀도를 측정하기 위한 변수는 점유율(Occupancy)이다. 왜냐하면, 밀도란 일정 구간 내에 포함된 차량의 대수를 의미하므로, 지점내의 차량의 대수가 밀도의 의미를 갖게되기 때문이다.

37 도로의 차로수를 결정할 때 고려되는 요소로 옳지 않은 것은?

① 중방향 계수
② 신호의 연동화
③ 첨두시간계수
④ 대형차 혼입률

해 설

$$N = \frac{수요\ 교통량}{서비스\ 교통량} = \frac{PDDHV}{SF_i}$$

$$PDDHV = \frac{DDHV}{PHF} = \frac{AADT \times K \times D}{PHF}$$

$$SF_i = MSF_i \times f_w \times f_{HV}$$

차로수를 결정할 때 고려되는 요소로 첨두시간계수, 연평균일교통량, 중방향계수, 설계시간계수, 최대서비스교통량(포화교통량), 차로폭 및 측방여유폭 보정계수, 중차량보정계수 등이 필요하다.

38 임의로 도착하는 차량 간의 간격을 계산할 때 이용되는 확률분포 모형은?

① 감마분포
② 정규분포
③ 음지수분포
④ 음이항분포

해 설

임의로 도착하는 차량 간의 간격을 계산할 때 이용되는 확률분포 모형은 음지수분포(Negative Exponential Distribution)이다.

39 차량 속도의 변화에 따라 미끄럼 마찰계수의 변동폭이 가장 큰 노면 및 타이어상태에 해당하는 것은?

① 습윤 - 마모된 타이어
② 건조 - 양호한 타이어
③ 건조 - 마모된 타이어
④ 습윤 - 양호한 타이어

해 설

건조보다는 습윤이, 양호보다는 마모된 타이어가 더 미끄럽다. 따라서 습윤-마모된 타이어의 마찰계수 변동폭이 더 크다.

40 고정식(정주기식) 신호에 대한 설명으로 옳지 않은 것은?

① 교통의 흐름을 방해하는 조건의 영향을 받지 않는다.
② 교통량의 시간별 변동이 클 경우 지체를 최소화한다.
③ 신호 주기가 일정하기 때문에 인접 신호등과의 연동이 용이하다.
④ 감응식 신호에 비하여 보행자 교통량이 일정하면서 많은 곳에 적합하다.

해 설

교통량의 시간별 변동에 맞춰 변화하지 않으므로 변동이 클수록 지체가 커지게 된다.

제3과목 교통시설

41 다음 중 자전거도로 시설 선형에 대한 기준으로 옳지 않은 것은?

① 자전거 안전을 확보하기 위해 곡선부 편경사 0.5% 이상 설치 지양
② 도시지역에서 교차로를 제외한 나머지 자전거 도로 횡단선형은 최소 10m의 곡선반경 확보
③ 종단경사 7% 이상의 지방부 도로의 경우 상하행선별로 다른 종단선형을 적용하는 다단식 소단형태 설치 가능
④ 종단경사를 3% 이하로 설계하는 것이 바람직하

정답 35 ④ 36 ③ 37 ② 38 ③ 39 ① 40 ② 41 ①

나 부득이하다고 인정되는 경우 종단경사 3% 이상으로 설치하되 지그재그식 차로나 중간 우회식 차로 설치 가능

> **해 설**
> 자전거 도로선형
> • 자전거도로의 곡선부에는 설계속도 등을 참작하여 편경사를 두어야 하며 편경사와 설계속도에 의하여 곡선반경을 확보하여야 한다.
> • 도시지역의 곡선반경은 교차로를 제외한 구간에는 최소 10m를 확보하여야 한다.
> • 자전거도로의 종단경사는 3% 이하로 설계하는 것이 바람직하며, 지형 상황 등으로 인하여 부득이 하다고 인정하는 경우에는 종단경사 3% 이상으로 설치하되 '지그재그식 차로'나 '중간 우회식 차로'를 설치할 수 있다.
> • 7% 이상의 종단경사를 가지는 지방부나 강변(4대강) 등의 자전거도로의 경우에 상하행선별로 다른 종단선형을 적용하는 다단식 소단형태의 자전거도로를 설치할 수 있다.
> ※ 2009년 자전거도로 시설기준 및 관리지침 관련 문제이다. 2010년 7월 자전거 이용시설 설치 및 관리지침이 제정되어 해당 내용이 모두 개편되었다.

42 지하식 보행시설에 대한 설명으로 옳지 않은 것은?

① 범죄의 가능성이 크다.
② 유지·관리가 어려운 편이다.
③ 외부를 볼 수 없어 방향 감각을 잃기 쉽다.
④ 시각적으로나 물리적으로 도시미관을 해친다.

> **해 설**
> 지하식 보행시설은 지하에 설치되므로 시각적으로 미관을 해칠 근본적인 원인을 제공하지 않는다.

43 도시지역 주간선도로의 설계속도 기준은?

① 60km/h 이상 ② 80km/h 이상
③ 100km/h 이상 ④ 120km/h 이상

> **해 설**
>
> | 도로의 기능별 구분 | | 설계속도(km/h) | | |
> |---|---|---|---|---|
> | | | 지방지역 | | 도시지역 |
> | | | 평지 | 산지 | |
> | 고속도로 | | 120 | 100 | 100 |
> | 일반도로 | 주간선도로 | 80 | 60 | 80 |
> | | 보조간선도로 | 70 | 50 | 60 |
> | | 집산도로 | 60 | 40 | 50 |
> | | 국지도로 | 50 | 40 | 40 |

44 다음은 그림과 같은 종단곡선의 시점(VPC)으로부터 20m 지점에서의 표고는?

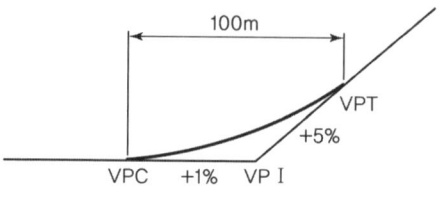

표고 : 930.00m

① 930.28m ② 935.28m
③ 938.00m ④ 958.00m

> **해 설**
> 오목 곡선의 경우 $ELE_p = ELE_{vpc} + G_1 \dfrac{X}{100} + \dfrac{A\left(\dfrac{X}{100}\right)}{2 \cdot \dfrac{L}{100}}$
>
> 오목 곡선의 경우 $ELE_p = ELE_{vpc} + G_1 \dfrac{X}{100} - \dfrac{A\left(\dfrac{X}{100}\right)}{2 \cdot \dfrac{L}{100}}$
>
> $A : |G_2 - G_1|$, L: 종단곡선의 길이, X: VPC에서부터의 수평거리
>
> $ELE_p = 930 + (1 \times \dfrac{20}{100}) + \dfrac{(5-1)\left(\dfrac{20}{100}\right)^2}{2 \times \left(\dfrac{100}{100}\right)} = 930.28m$
>
> ※ G값에 %값을 그대로 넣어주어야 함에 유의한다.

45 어느 건물의 주차용량이 50대, 하루 주차이용 대수가 330대, 주차효율은 0.92, 주차장이 하루 18시간 개방된다고 할 때, 평균주차시간은?

① 2.5시간 ② 2.8시간
③ 3.2시간 ④ 3.5시간

> **해 설**
> $L = VD = CHO$, $D = \dfrac{CHO}{V} = \dfrac{50 \cdot 18 \cdot 0.92}{330} = 2.509$
> ∴ 약 2.5시간

46 아래 내용 중 ( )안에 들어갈 말로 옳은 것은?

> "앞지르기시거"란 2차로 도로에서 저속 자동차를 안전하게 앞지를 수 있는 거리로서 차로 중심선 위의 (㉠) 높이에서 반대쪽 차로의 중심선에 있는 높이 (㉡)의 반대쪽 자동차를 인지하고 앞차를 안전하게

정답 42 ④ 43 ② 44 ① 45 ① 46 ①

앞지를 수 있는 거리를 도로 중심선에 따라 측정한 길이를 말한다.

① ㉠ : 1.0m, ㉡ : 1.2m
② ㉠ : 1.0m, ㉡ : 1.5m
③ ㉠ : 1.2m, ㉡ : 1.0m
④ ㉠ : 1.5m, ㉡ : 1.0m

해설
- 양방향 2차로 도로에서 저속차량을 앞지르기 위해 필요한 거리
- 도로중심선 상에서 운전자 눈의 높이를 1.0m로 하여 대향차로의 중심선 상에 있는 높이 1.2m의 대향자동차를 발견하고 안전하게 앞지를 수 있는 거리

47 간선도로의 신호연동 계획수립 시 고려해야 할 기본적인 요소에 포함되지 않는 것은?

① 녹색시간
② 도로운영상태 평가
③ 적정주행속도
④ 신호교차로간 거리

해설
간선도로의 신호시간을 설계하는데 고려해야 할 기본요소는 다음과 같다.
(1) 신호교차로 간의 거리간선도로 신호교차로 간의 거리는 50m에서부터 500m를 넘는 경우도 있다. 신호교차로 간의 거리가 짧고 도로변의 마찰이 적을수록 신호동을 시스템화하여 운영하면 효과가 커진다.
(2) 도로운영(일방통행, 양방통행)일방통행으로 운영하는 것이 연속진행을 하기가 쉬우며 제어의 효과도 커진다.
(3) 신호현시차로 형태에 따른 신호현시 역시 시스템제어에 영향을 미친다. 간선도로상의 어떤 교차로는 단순한 2현시인 반면 어떤 교차로는 4현시가 필요한 경우도 있다. 현시의 수뿐만아니라 현시순서도 중요하다. 교차로제어의 종류에 따라 좌회전 현시순서는 주기길이가 변하면 바뀔 수 있다.
(4) 차량도착 특성신호교차로에서의 차량도착 특성은 매우 중요하다. 차량군 도착이 아닌 임의도착(random arrival)은 시스템의 효과를 떨어뜨린다. 다음과 같은 조건을 갖는 도로 하류부 교차로의 접근교통은 임의도착 양상을 나타낸다.
- 교차로간의 거리가 멀 때
- 두 개의 신호교차로 사이에서 쇼핑센터와 같은 교통 발생원(發生源)이 있어 간선도로로 유입되는 교통량이 많을 때
- 신호교차로의 부도로 접근로에서 간선도로로 회전하는 교통량이 많을 때

(5) 시간에 따른 교통량 변동차량도착 특성 및 교통량은 하루 24시간 동안 크게 변한다. 첨두시간의 교통조건은 간선도로를 시스템으로 운영할 필요가 있지만, 비첨두시간에는 독립교차로 또는 점멸신호로 운영해도 만족스러운 경우가 있다.

녹색시간은 고려요소라 할 수 있지만, 기본요소에는 포함되지 않는다. 왜냐하면, 교차로 간격과 차량주행속도를 알면 옵셋을 알 수 있고, 옵셋을 알고 있는 상태에서 녹색시간은 기본요소가 되지 않기 때문이다.

48 다음 중 도시지역 고속도로(㉠)와 지방지역 일반도로(㉡)에 설치하는 중앙분리대의 최소폭 기준으로 옳은 것은? (단, 도로는 4차로 이상이며 자동차 전용도로의 경우는 고려하지 않는다.)

① ㉠ : 1.5m, ㉡ : 1.0m
② ㉠ : 2.0m, ㉡ : 1.0m
③ ㉠ : 2.0m, ㉡ : 1.5m
④ ㉠ : 3.0m, ㉡ : 1.5m

해설

도로의 구분	중앙분리대의 최소폭(m)		
	지방지역	도시지역	소형차 도로
고속도로	3.0	2.0	2.0
일반도로	1.5	1.0	1.0

도시지역 고속도로는 2.0m, 지방지역 일반도로는 1.5m의 최소폭을 확보하여야 한다.

49 다음 중 우리나라 경찰청에서 분류한 교통 안전표지의 종류가 아닌 것은?

① 규제표지
② 정보표지
③ 주의표지
④ 지시표지

해설
우리나라 경찰청에서 분류한 교통안전표지는 주의, 규제, 지시, 보조표지와 노면표시이다.

50 평면교차로에 있어서 도류화의 목적으로 옳지 않은 것은?

① 차량의 통행속도를 안전한 정도로 통제한다.
② 교차로 면적을 넓혀 차량 간 상충면적을 줄인다.
③ 보행자 안전지대를 설치하기 위한 장소를 제공한다.
④ 교통제어시설을 잘 보이는 곳에 설치하기 위한 장소를 제공한다.

해설
교차로 면적을 최소화하여 차량 간 상충면적을 줄여야 한다.

정답 47 ① 48 ③ 49 ② 50 ②

51 일반도로의 기능별 구분에 상응하는 도로법에 따른 도로의 종류가 옳은 것은?

① 국지도로에는 지방도, 군도, 구도가 해당한다.
② 보조간선도로에는 지방도, 군도, 시도가 해당한다.
③ 주간선도로에는 일반국도, 특별시도·광역시도가 해당한다.
④ 집산도로에는 일반국도, 특별시도·광역시도, 지방도, 시도, 군도가 해당한다.

해설
일반국도는 고속국도와 함께 국가 기간도로망을 이루는 도로이고, 특별시도·광역시도는 간선 또는 보조간선의 기능 등을 수행하는 도로이다.

52 보도의 유효폭은 보행자의 통행량과 주변 토지 이용 상황을 고려하여 결정하되, 최소 몇 m 이상으로 하여야 하는가?

① 1m ② 1.5m ③ 2m ④ 2.5m

해설
보도의 유효폭은 보행자의 통행량과 주변 토지 이용 상황을 고려하여 결정하되, 최소 2미터 이상으로 하여야 한다.

53 평면교차로에서 도류화 설계를 위한 기본원칙으로 옳지 않은 것은?

① 운전자가 한 번에 한 가지 이상의 의사결정을 하지 않도록 해야 한다.
② 회전차량의 대기 장소는 직진교통으로부터는 잘 보이지 않는 곳에 위치해야 한다.
③ 교통제어시설은 도류화의 일부분으로서 이를 고려하여 교통섬을 설계하여야 한다.
④ 운전자에게 90°이상 회전하거나 갑작스럽고 급격한 배향곡선 등의 부자연스런 경로를 주어서는 안 된다.

해설
회전차량의 대기장소는 직진교통으로부터 잘 보이는 곳에 위치해야 한다.

54 여객자동차터미널의 승강장 통로의 너비 기준으로 옳은 것은?

① 50cm 이상 ② 60cm 이상
③ 70cm 이상 ④ 80cm 이상

해설
여객자동차터미널 구조 및 설비기준에 관한 규칙 제8조(승강장)
승강장은 다음 각 호의 기준에 적합하게 설치하여야 한다.
1. 통로의 너비는 80센티미터 이상으로 하여 「교통약자의 이동편의 증진법」제2조제1호에 따른 교통약자(이하 "교통약자"라 한다)를 포함한 여객이 타고 내리는 데에 불편이 없도록 하여야 한다.
2. 승강장에 접하는 자동차용 장소의 지면보다 높게 하여 교통약자를 포함한 여객이 타고 내리는 데에 편리하도록 하여야 한다.

55 다음 중 평면교차로에서 좌회전 차로의 효과로 가장 거리가 먼 것은?

① 평면교차로의 운영에 좌회전 교통류의 영향을 최소화시킬 수 있다.
② 좌회전 교통류의 감속을 원만하게 하며 추돌 사고를 줄이는 효과를 갖는다.
③ 좌회전 차량이 대기할 수 있는 공간을 확보하여 교통 신호 운영의 적정화를 꾀할 수 있게 한다.
④ 좌회전 교통류를 우회전 교통류와 분리시켜 교차각이 120°이상인 교차로에서 우회전차로의 감속을 유도할 수 있다.

해설
좌회전차로의 기능은 아래와 같다.
• 좌회전 교통류를 다른 교통류와 분리시켜 좌회전 교통류에 의한 영향을 최소화
• 좌회전 자동차의 대기공간을 확보하여 교통신호 운영 적정화
• 좌회전 교통류의 감속을 원만하게 함
• 추돌사고 감소효과
→ 교차각이 120°이상인 교차로에서 설치하는 것은 우회전 차로의 설치 기준이다.

56 종단곡선의 설계에 관한 설명으로 옳은 것은?

① 종단곡선은 2차 포물선으로 설치한다.
② 종단곡선의 길이는 정지시거와 관련이 깊고 추월시거는 고려하지 않는다.
③ 오목형 종단곡선의 최소길이는 정지시거 확보를 위한 종단곡선 길이를 고려하여야 한다.
④ 볼록형 종단곡선의 최소길이는 전조등의 야간투시에 의한 종단곡선 길이를 고려하여야 한다.

정답 51 ③ 52 ③ 53 ② 54 ④ 55 ④ 56 ①

해설

직선종단경사를 연결하는 곡선은 2차 포물선이 주로 사용된다. 이 곡선은 도로뿐만 아니라 철도의 종단곡선에서도 많이 사용되는 것으로서 수직 offset을 수식으로 계산하기가 용이한 장점이 있다.

57 도로의 포장에 대한 설명 중 옳지 않은 것은?

① 차도의 포장 표면은 미끄럽지 않으며 내구성이 커야 한다.
② 측대와 길어깨의 포장은 차도와 동일한 구조로 하여야 한다.
③ 적설지방에서는 타이어체인으로 인하여 포장 표면에 손상을 받는 일이 많으므로 마모에 대한 저항이 커야 한다.
④ 포장된 도로와 포장되지 않은 도로가 교차하는 경우 포장되지 않은 도로는 접속부로부터 일정한 구간을 포장하도록 한다.

해설

길어깨 중 측대는 차도와 동일한 횡단경사와 같은 강도의 포장구조로 차도에 접속하여 설치하는 것이지만, 측대와 길어깨는 차도와 동일한 구조로 해야하는 것은 아니다.

58 다음 중 다이아몬드형 인터체인지에 대한 설명으로 옳지 않은 것은?

① 교통의 우회거리가 짧다.
② 모든 교통류가 비교적 높은 속도를 유지할 수 있다.
③ 불완전 클로버형에 비해 용지 면적이 많이 소요되므로 건설비가 높다.
④ 연결로 끝에서 충돌위험이 많아 연결로 교통량이 많은 경우 별도의 대책을 고려하여야 한다.

해설

클로버형은 교차로 소요면적이 과대한 단점이 있는 방식이다. 다이아몬드형 입체교차는 연결로가 본선과 거의 직선으로 설치되므로 클로버형에 비해 용지면적이 적게 소요되는 장점이 있다.

59 고속도로 및 주간선도로의 설계기준자동차는? (단, 우회할 수 있는 도로가 있지 아니한 경우)

① 대형자동차   ② 소형자동차
③ 승용자동차   ④ 세미트레일러

해설

도로의 구분	설계기준 자동차
고속도로 및 주간선도로	세미트레일러
보조간선도로 및 집산도로	세미트레일러 또는 대형자동차
국지도로	대형자동차 또는 승용자동차

60 제한속도 120km/h의 고속도로로 진입하는 회전 연결로를 아래 [조건]과 같이 새롭게 설계하려고 할 때, 해당 도로의 최소 회전반경은?

[조건]
• 편경사 : 6.0%   • 설계속도 : 80km/h
• 도로포장의 마찰계수 : 0.79

① 50.95m   ② 55.45m
③ 59.29m   ④ 64.20m

해설

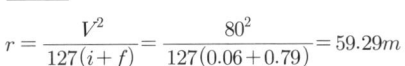

$$r = \frac{V^2}{127(i+f)} = \frac{80^2}{127(0.06+0.79)} = 59.29m$$

제4과목 도시계획개론

61 다음 중 도시의 구성요소로 가장 거리가 먼 것은?

① 시민   ② 활동
③ 전통성   ④ 토지 및 시설

해설

도시의 구성요소는 시민, 활동, 토지 및 시설이다.

62 면적이 20km²인 대도시 상업지역에 필요한 간선도로(4차로 이상)의 길이로 가장 적절한 것은?

① 100~200km   ② 200~300km
③ 200~400km   ④ 300~400km

정답 57 ② 58 ③ 59 ④ 60 ③ 61 ③ 62 ①

[해 설]

도로의 구분	간선도로(4차로 이상)		
	주거지역	상업지역	공업지역
대도시 (100만 인 이상)	2~4km/km²	5~10km/km²	2~4km/km²
중도시 (50~100만 인)		4~8km/km²	
소도시 (50만 인 미만)		3~6km/km²	

대도시 상업지역은 km²당 5~10km이므로 면적이 20km²라면 100~200km/km²이 필요한 길이가 된다.

63 도시재정비촉진지구의 지정기준으로 볼 수 없는 것은?

① 도시의 기능회복
② 토지의 효율적 이용
③ 대규모 단일 기능 위주의 도시정비
④ 주거환경의 개선 및 기반시설의 정비

[해 설]
재정비촉진지구란 도시의 낙후된 지역에 대한 주거환경 개선과 기반시설의 확충 및 도시기능의 회복을 광역적으로 계획하고 체계적이고 효율적으로 추진하기 위하여 지정하는 지구를 말한다. 단일기능 위주의 도시정비를 기준으로 하지는 않는다.

64 독특한 자연경관이나 역사적 건물의 보전이라는 시대적 요청에 따라, 보전에 의해 수반되는 토지 소유자에 대한 보상 문제의 해결방안으로 대두된 제도는?

① SDC(Sub-Division Control)
② ZUD(Zoning Unit Development)
③ PUD(Planned Unit Development)
④ TDR(Transfer of Development Rights)

[해 설]
환지(換地)제도(TDR ; Transfer of Development Rights)는 독특한 자연 경관이나 역사적 건물의 보전이라는 시대적 요청에 따라 보전에 의해 수반되는 토지소유자에 대한 보상문제의 해결방안으로 대두된 제도이다. 토지구획정리사업에서 사업시행전에 존재하던 권리 관계에 변동을 가하지 않고 원래 토지 소유자, 토지 위치, 지적, 토지이용상황 및 환경 등을 고려하여 사업시행 후 새로이 조성된 대지에 기존의 권리를 이전하는 행위를 말한다.

65 비교유추에 의한 인구추정방법에 대한 설명으로 옳지 않은 것은?

① 과거추세연장법에 의한 장래인구예측이 어려울 때 적용할 수 있다.
② 유사한 배경을 갖고 있는 도시의 인구 성장 과정을 작용하는 방식이다.
③ 비교 대상도시는 가능한 인구 규모가 계획대상 도시보다 다소 작은 도시를 택한다.
④ 연구 대상 도시와 성격이 아주 유사하면서 앞서 성장하거나 쇠퇴한 도시가 있는 경우 유용할 수 있다.

[해 설]
비교유추에 의한 인구추정방법은 인구규모가 계획도시와 비슷한 도시를 비교 대상도시로 정하고 이와 유사하게 추정하는 방법이다. 따라서 비교대상도시를 계획대상 도시보다 작은 도시를 택해서는 안 된다.

66 다음 중 도로의 배치간격 기준으로 옳은 것은?

① 국지도로간의 배치간격 : 500m 내외
② 주간선도로와 주간선도로의 배치간격 : 2km 내외
③ 주간선도로와 보조간선도로의 배치간격 : 1km 내외
④ 보조간선도로와 집산도로의 배치간격 : 250m 내외

[해 설]
가. 주간선도로와 주간선도로의 배치간격 : 1천미터 내외
나. 주간선도로와 보조간선도로의 배치간격 : 500미터 내외
다. 보조간선도로와 집산도로의 배치간격 : 250미터 내외
라. 국지도로 간의 배치간격 : 가구의 짧은 변 사이의 배치간격은 90미터 내지 150미터 내외, 가구의 긴 변 사이의 배치간격은 25미터 내지 60미터 내외

67 도시·군관리계획은 몇 년마다 그 타당성 여부를 전반적으로 재검토하여 정비하여야 하는가?

① 1년   ② 5년
③ 10년   ④ 15년

[해 설]
도시관리계획(도시·군관리계획으로 명칭이 변경되었음)은 5년마다 그 타당성 여부를 전반적으로 재검토하여 정비하여야 한다.

정답 63 ③ 64 ④ 65 ③ 66 ④ 67 ②

68 도시의 계획 유형과 사례 도시의 연결이 옳지 않은 것은?

① 창조도시 - 핀란드의 비키(Vikki)
② 건강도시 - 타이완의 타이난(Tainan)
③ 전원도시 - 영국의 레치워스(Letchworth)
④ 저탄소 녹색도시 - 스웨덴의 함마르뷔(Hammarby)

해설
핀란드 비키는 대표적인 친환경 도시이다.

69 도시의 성장관리기법에는 도시의 외연적 확산을 억제하기 위한 것과 기존 시가지의 집약적이고 합리적 토지이용을 유도하기 위한 것으로 대별할 수 있다. 이 중 후자의 관리기법이라고 볼 수 없는 것은?

① 개발부담금제(Impact Fees)
② 특별허가권 부여(Special Permit)
③ 혼합용도개발(Mixed-use Development)
④ 보너스 및 장려지역제(Bonus and Incentive Zoning)

해설
개발부담금제가 시행되면 기존 시가지의 집약적 합리적 이용보다는 개발에 따른 비용이 적게 투입되는 곳으로 개발이 편중될 우려가 있다.

70 지리정보시스템(GIS)을 이용한 조사 분석에서 점(point)자료에 대한 공간분석내용에 해당하지 않는 것은?

① 지리적 처리(Geocoding)
② 공간적 질의(Spatial Query)
③ 근린성 분석(Proxiral Analysis)
④ 네트워크 분석(Network Analysis)

해설
지리정보시스템(GIS)이란 지리정보를 전산화하여 이를 수집, 분석, 가공하여 적용하기 쉽도록 정보를 제공하는 일련의 시스템을 말한다. 이를 이용한 조사 분석에서 점(Point)자료에 대한 공간분석 내용에는 공간적 질의, 근린성 분석, 지리적 처리 등이 있다. 네트워크 분석이라 함은 분석대상 지역 전체를 하나의 시스템으로 보고 수행하는 분석을 말한다. 따라서 네트워크 분석은 점 자료에 대한 공간분석과는 거리가 있다.

71 다음 중 교차점 광장의 설치 목적으로 가장 옳은 것은?

① 건축물의 이용효과를 높이기 위하여
② 다수인의 집회, 행사, 사교 활동을 위하여
③ 주민의 휴식, 오락 및 경관의 보전을 위하여
④ 혼잡한 주요도로의 교차지점에서 차량과 보행자의 원활한 소통을 위하여

해설
교차점광장은 혼잡한 주요도로의 교차지점에서 각종 차량과 보행자를 원활히 소통시키기 위하여 필요한 곳에 설치한다. 중심대광장은 다수인의 집회·행사·사교 등을 위하여 필요한 경우에 설치한다. 근린광장은 주민의 사교, 오락, 휴식 및 공동체 활성화 등을 위하여 근린주거구역별로 설치한다. 건축물부설광장은 건축물의 이용효과를 높이기 위하여 건축물의 내부 또는 그 주위에 설치한다.

72 지역 간 투입 산출법의 특징이 아닌 것은?

① 최종 생산물의 외생적인 영향력을 예측하는데 이용할 수 있다.
② 가격이 일정하다고 가정하기 때문에 상대 가격의 변화로 인한 대체효과를 반영할 수 없다.
③ 투입계수가 안정적이어서 분석 단위가 세분화 되거나 산업이 기술변화에 민감하여도 안정성문제가 없다.
④ 투입계수표는 지역의 기반산업에 투입되는 중간재의 투입 정도가 적절한지의 여부를 판단할 수 있게 해 준다.

해설
지역간 투입산출법의 특징은 가격이 일정하다고 가정하기 때문에 상대가격의 변화로 인한 대체효과 반영이 불가하다는 것과 최종 생산물의 외생적인 영향력을 예측하는 데 이용된다는 것, 그리고 투입계수표는 지역의 기반산업에 투입되는 중간재의 투입 정도에 대한 적절도를 판단할 수 있게 해준다는 것이다.

73 영국에서 성공한 전원도시가 세계 각국에 영향을 주어 각지에 건설된 전원교외(garden suburb)에 대한 내용과 가장 거리가 먼 것은?

① 대도시의 교외에 위치하면서 충분한 공지나 공공시설을 갖추고 있다.
② 거주자의 대부분은 버스나 고속철도에 의해 대도시로 통하는 일종의 교외 주택지이다.

정답 68 ① 69 ① 70 ④ 71 ④ 72 ③ 73 ③

③ 각 세대는 자기의 주택과 정원을 가지고 건폐율은 20%를 초과하지 못하도록 하였다.
④ 영국에서의 전원교외로는 햄프스테드(Hampstead) 및 위젠쇼우(Wythenshawe)가 유명하다.

해설
전원교외인 햄스테드 전원교외지 특별법에 따르면 밀도는 에이커당 8호 이상 되어서는 안 되고 최대 12호까지 할 수 있다는 조항이 있었다.

74 도시·군관리계획의 내용에 해당하지 않는 것은?

① 도시개발사업 또는 정비사업에 관한 계획
② 용도지역·용도지구의 지정 또는 변경에 관한 계획
③ 시·군의 공간구조와 장기적인 발전방향에 관한 계획
④ 개발제한구역, 시가화조정구역, 수산자원 보호구역의 지정 또는 변경에 관한 계획

해설
도시·군 관리계획은 특별시·광역시·특별자치시·특별자치도·시 또는 군의 개발·정비 및 보전을 위하여 수립하는 토지이용, 교통, 환경, 경관, 안전, 산업, 정보통신, 보건, 복지, 안보, 문화 등에 관한 다음 각 목의 계획을 말한다.
가. 용도지역·용도지구의 지정 또는 변경에 관한 계획
나. 개발제한구역, 도시자연공원구역, 시가화조정구역(市街化調整區域), 수산자원보호구역의 지정 또는 변경에 관한 계획
다. 기반시설의 설치·정비 또는 개량에 관한 계획
라. 도시개발사업이나 정비사업에 관한 계획
마. 지구단위계획구역의 지정 또는 변경에 관한 계획과 지구단위계획

75 도시·군계획시설로서 도로의 규모별 구분에 따른 대로 중 1류의 기준으로 옳은 것은?

① 폭 25m 이상 30m 미만인 도로
② 폭 30m 이상 35m 미만인 도로
③ 폭 35m 이상 40m 미만인 도로
④ 폭 40m 이상 50m 미만인 도로

해설
규모별 구분
가. 광로
 (1) 1류 : 폭 70미터 이상인 도로
 (2) 2류 : 폭 50미터 이상 70미터 미만인 도로
 (3) 3류 : 폭 40미터 이상 50미터 미만인 도로
나. 대로
 (1) 1류 : 폭 35미터 이상 40미터 미만인 도로
 (2) 2류 : 폭 30미터 이상 35미터 미만인 도로
 (3) 3류 : 폭 25미터 이상 30미터 미만인 도로
다. 중로
 (1) 1류 : 폭 20미터 이상 25미터 미만인 도로
 (2) 2류 : 폭 15미터 이상 20미터 미만인 도로
 (3) 3류 : 폭 12미터 이상 15미터 미만인 도로
라. 소로
 (1) 1류 : 폭 10미터 이상 12미터 미만인 도로
 (2) 2류 : 폭 8미터 이상 10미터 미만인 도로
 (3) 3류 : 폭 8미터 미만인 도로
→ 대로 1류는 폭 35미터 이상 40미터 미만인 도로이다.

76 다음 중 개발행위허가를 받아야 하는 행위의 기준에 속하지 않는 것은?

① 관계 법령에 의한 허가·인가를 받지 아니하고 행하는 너비 5미터 이하로의 토지의 분할
② 녹지지역 안에서 건축물의 울타리 안에 위치하지 아니한 토지에 물건을 10일 이상 쌓아놓는 행위
③ 흙·모래·자갈·바위 등의 토석을 채취하는 행위 (단, 토지의 형질변경을 목적으로 하는 것은 제외)
④ 절토·성토·정지·포장 등의 방법으로 토지의 형상을 변경하는 행위와 공유수면의 매립(단, 경작을 위한 토지의 형질변경은 제외)

해설
다음 각 호의 어느 하나에 해당하는 행위로서 대통령령으로 정하는 행위(이하 "개발행위"라 한다)를 하려는 자는 특별시장·광역시장·특별자치시장·특별자치도지사·시장 또는 군수의 허가(이하 "개발행위허가"라 한다)를 받아야 한다. 다만, 도시·군계획사업에 의한 행위는 그러하지 아니하다.
1. 건축물의 건축 또는 공작물의 설치
2. 토지의 형질 변경(경작을 위한 경우로서 대통령령으로 정하는 토지의 형질 변경은 제외한다)
3. 토석의 채취
4. 토지 분할(건축물이 있는 대지의 분할은 제외한다)
5. 녹지지역·관리지역 또는 자연환경보전지역에 물건을 1개월 이상 쌓아놓는 행위
→ 녹지지역 안에서 건축물의 울타리 안에 위치하지 아니한 토지에 물건을 10일 이상 쌓아놓는 행위는 쌓아놓는 기간이 1개월 이내이므로 개발행위허가가 필요하지 않다.

77 도시·군관리계획 결정의 효력은 지형도면을 고시한 지 얼마 후에 발생하는가?

① 고시한 날부터
② 고시한 날부터 3일 후
③ 고시한 날부터 7일 후
④ 고시한 날부터 14일 후

> **해설**
> 국토의 계획 및 이용에 관한 법률 제31조(도시·군관리계획 결정의 효력)
> ① 도시·군관리계획 결정의 효력은 제32조제4항에 따라 지형도면을 고시한 날부터 발생한다. 〈개정 2013. 7. 16.〉
> ② 도시·군관리계획 결정 당시 이미 사업이나 공사에 착수한 자(이 법 또는 다른 법률에 따라 허가·인가·승인 등을 받아야 하는 경우에는 그 허가·인가·승인 등을 받아 사업이나 공사에 착수한 자를 말한다)는 그 도시·군관리계획 결정에 관계없이 그 사업이나 공사를 계속할 수 있다. 다만, 시가화조정구역이나 수산자원보호구역의 지정에 관한 도시·군관리계획 결정이 있는 경우에는 대통령령으로 정하는 바에 따라 특별시장·광역시장·특별자치시장·특별자치도지사·시장 또는 군수에게 신고하고 그 사업이나 공사를 계속할 수 있다. 〈개정 2011. 4. 14.〉
> ③ 제1항에서 규정한 사항 외에 도시·군관리계획 결정의 효력 발생 및 실효 등에 관하여는 「토지이용규제 기본법」 제8조제3항부터 제5항까지의 규정에 따른다. 〈신설 2013. 7. 16.〉
> [전문개정 2009. 2. 6.][제목개정 2011. 4. 14.][시행일:2012. 7. 1.]
> 제31조 중 특별자치시장에 관한 개정규정
> 도시·군관리계획 결정의 효력은 지형도면을 고시한 날부터 발생한다.

78. 다음 중 도시의 특성으로 볼 수 없는 것은?

① 1차 산업증가 ② 높은 인구밀도
③ 사회적 개성화 증가 ④ 사회적 익명성 증가

> **해설**
> 도시는 농촌보다 상대적으로 많은 정주인구와 높은 인구밀도를 유지하는 특성이 있고, 인구 구성이 2, 3차 산업에 종사하는 비율이 높은 지역을 말한다. 이들의 활동을 담고 지탱할 수 있는 고층의 건물군과 도로, 상하수도, 기타 물리적인 시설물이 집적되고 잘 정비된 공간을 가지고 있다.

79. 도시계획을 통하여 기반시설을 결정하고 설치하게 되는 이유가 아닌 것은?

① 외부 불경제를 방지하기 위해서
② 토지의 집약적 이용을 유도하기 위해서
③ 미래에 대비한 효율적인 토지이용을 도모하기 위해서
④ 도시계획을 통하여 공공시설용지를 효율적으로 확보하기 위해서

> **해설**
> 도시계획을 통해 기반시설을 결정·설치하게 되는 이유는 도시계획을 통해 공공시설용지를 효율적으로 확보하기 위해서이고, 외부 불경제를 방지하기 위해서이며 미래에 대비한 효율적 토지이용을 도모하기 위해서이다. 토지의 집약적 이용이 아닌 균형적인 이용과 발전을 위해 기반시설을 결정하고 설치한다.

80. 공원·녹지체계의 유형 중 단지 내 녹지를 한 곳으로 모으는 경우로, 녹지가 대형화 됨으로써 생태적으로는 안정성이 높아지나 녹지로의 도달거리가 길어져 접근성이 낮아질 수 있는 것은?

① 격자형(格子形) ② 대상형(帶狀形)
③ 분산형(分散形) ④ 집중형(集中形)

> **해설**
> 집중형(集中形) 녹지는 공원·녹지체계의 유형 중 단지 내 녹지를 한 곳으로 모으는 경우로, 녹지가 대형화 됨으로써 생태적으로는 안정성이 높아지는 장점이 있으나 녹지로의 도달거리가 길어져 접근성이 낮아질 수 있는 단점이 있다.

제5과목 교통관계법규

81. 국가통합교통체계효율화법에 규정된 교통물류 거점과 연계교통체계에 대한 설명으로 옳지 않은 것은?

① 교통물류거점 및 연계교통시설의 지정·고시에 관한 사항은 대통령령으로 정한다.
② 제1종 교통물류거점, 제2종 교통물류거점 및 제3종 교통물류거점은 국토교통부장관이 지정한다.
③ 교통물류거점 지정권자는 해당 교통물류거점을 중심으로 하는 연계교통체계를 구축하여야 한다.
④ 연계교통체계를 구축할 때에는 관계 행정기관의 장과 협의하여 해당 연계교통시설을 지정·고시하여야 한다.

> **해설**
> 제1종 교통물류거점은 국토교통부장관이 지정, 제2종 교통물류거점은 시·도지사가 국토교통부장관의 승인을 받아 지정, 제3종 교통물류거점은 시·도지사가 지정한다.

82. 다음 중 기계식 주차장의 설치기준에 대한 설명으로 옳지 않은 것은?

① 기계식 주차장에는 진입로 또는 정류장을 설치하여야 한다.
② 출입구 앞면에 전면공지 또는 방향전환 장치를 설치하여야 한다.
③ 중형기계식주차 정류장의 규모는 길이 5.05m 이

정답 78 ① 79 ② 80 ④ 81 ② 82 ④

하, 너비 1.9m 이하이다.
④ 주차대수 10대를 초과하는 10대마다 1대 분의 정류장을 확보하여야 한다.

> **해 설**
> 주차대수 20대를 초과하는 20대마다 한 대분의 정류장을 확보하여야 한다.

83 국가통합교통체계효율화법 시행규칙에 규정되어 있는 타당성 평가서 등의 보존기간은 교통시설의 준공 후 몇 년인가?

① 3년　　② 5년
③ 10년　　④ 15년

> **해 설**
> 「국가통합교통체계효율화법」 제23조 평가대행자의 준수사항 1항 및 동법 시행규칙 제12조 타당성 평가서 등의 보존기간 등에 의거 평가대행자는 타당성 평가서와 그 작성의 기초가 되는 자료를 국토교통부령으로 정하는 기간 동안 보존하여야 한다. 여기서 국토교통부령으로 정하는 기간이란 해당 사업 또는 시설의 준공 후 5년을 말한다.

84 주차장법상 단지조성사업을 시행할 때에는 일정 규모 이상의 노외주차장을 설치해야 하는데, 이때 단지조성사업에 해당하지 않는 것은?

① 교통시설개발사업　　② 도시재개발사업
③ 도시철도건설사업　　④ 산업단지개발사업

> **해 설**
> 주차장법 제12조의3(단지조성사업등에 따른 노외주차장) 1항에 의거하여 단지조성사업이라 함은 택지개발사업, 산업단지개발사업, 도시재개발사업, 도시철도건설사업, 그 밖에 단지 조성 등을 목적으로 하는 사업을 말한다. 상기 단지조성사업등을 시행할 때에는 일정 규모 이상의 노외주차장을 설치하여야 한다.

85 국가통합교통체계효율화법상 국가기간교통망계획에 포함되어야 하는 사항이 아닌 것은?

① 교통 여건의 전망과 교통 수요의 예측
② 도시교통소통 해소를 위한 도시교통정비계획
③ 국가기간교통망 구축의 목표와 단계별 추진 전략
④ 국가기간교통시설의 신설 확장 또는 정비사업 및 연계수송체계

> **해 설**
> 도시교통정비계획은 도시교통정비촉진법에서 다루어지는 내용이다.

86 교통안전법령에 따른 교통안전관리자의 직무에 해당하지 않는 것은?

① 교통사고원인조사·분석 및 기록 유지
② 교통사고 피해자에 대한 적정한 손해배상의 보장에 관한 사항
③ 도로조건, 선로조건, 항로조건 및 기상조건에 따른 안전 운행에 필요한 조치
④ 차량을 운전하는 자 등의 운행 중 근무상태 파악 및 교통안전 교육·훈련의 실시

> **해 설**
> 교통안전관리자의 직무는 다음과 같다.
> 1. 교통안전관리규정의 시행 및 그 기록의 작성·보존
> 2. 교통수단의 운행·운항 또는 항행(이하 "운행"이라 한다)과 관련된 안전점검의 지도 및 감독
> 3. 도로조건, 선로조건, 항로조건 및 기상조건에 따른 안전 운행에 필요한 조치
> 4. 법 제7조 제1항에 따른 차량을 운전하는 사 능(이하 "차량운전자등"이라 한다)의 운행 중 근무상태 파악 및 교통안전 교육·훈련의 실시
> 5. 교통사고원인조사·분석 및 기록 유지
> 6. 법 제55조 제1항에 따른 교통수단의 운행상황 또는 교통사고 상황이 기록된 운행기록지 또는 기억장치 등의 점검 및 관리
> → 교통안전관리자의 직무에 교통사고 피해자에 대한 적정한 손해배상의 보장에 관한 사항은 포함되어있지 않다.

87 도로교통법령상 명시된 운행상의 안전기준으로 옳지 않은 것은?

① 화물자동차의 적재중량은 구조 및 성능에 따르는 적재중량의 110% 이내
② 자동차(고속버스 운송사업용 자동차 및 화물자동차 제외)의 승차인원은 승차정원의 110% 이내
③ 고속도로에서 자동차(고속버스 운송사업용 자동차 및 화물자동차 제외)의 승차인원은 승차정원의 105% 이내
④ 화물자동차의 적재높이는 지상으로부터 4m의 높이 이내(단, 도로구조의 보전과 통행의 안전에 지장이 없다고 인정하여 고시한 도로 노선의 경우는 제외)

> **[해설]**
> 고속도로에서는 승차정원을 넘어서 운행할 수 없다.

88 도로법령상 도로원표에 관한 설명으로 옳지 않은 것은?

① 도로원표의 설치기준은 국토교통부령으로 정한다.
② 서울특별시의 도로원표는 서울특별시장이 관리한다.
③ 서울특별시의 도로원표 위치는 시청광장의 중앙으로 한다.
④ 광역시·특별자치시·시 또는 군의 도로원표는 광역시장·특별자치시장·시장(행정시의 경우에는 특별자치도지사를 말한다.) 또는 군수가 설치한다.

> **[해설]**
> 도로법 제50조 도로원표 조항에 의거하여 서울특별시의 도로원표 위치는 광화문광장의 중앙으로 한다.

89 도로교통법령상 전방에 횡단보도가 있음을 알리는 횡단보도예고표시의 설치위치로 가장 알맞은 것은?

① 횡단보도 전 10m 노상
② 횡단보도 전 20m 노상
③ 횡단보도 전 30m에서 40m 노상
④ 횡단보도 전 50m에서 60m 노상

> **[해설]**
> 도로교통법 시행규칙 별표6 안전표지의 종류, 만드는 방식, 설치하는 장소·기준 및 표시하는 뜻에 의거 횡단보도 전 50미터에서 60미터 노상에 설치하고 필요할 경우에는 10미터에서 20미터를 더한 거리에 추가 설치한다. 편도 2차로 이상의 도로에 있어서는 각 차로마다 설치한다.

90 국가통합교통체계효율화법상 복합환승센터 개발 기본계획에 포함되어야 하는 사항이 아닌 것은?

① 복합환승센터의 기본 개발 방안
② 주요 연계·환승시설 현황조사 분석
③ 복합환승센터의 개발사업 시행자 지정요건
④ 복합환승센터의 구축에 따른 개략적인 사업비 추정

> **[해설]**
> 국가통합교통체계효율화법 제44조(복합환승센터 개발기본계획)에 의거 복합환승센터 개발 기본계획에는 다음 각 호의 사항이 포함되어야 한다.
> 1. 효율적인 복합환승센터 개발을 위한 추진 방향
> 2. 주요 연계·환승시설 현황조사 분석
> 3. 복합환승센터의 기본 개발 방안
> 4. 복합환승센터의 구축에 따른 개략적인 사업비 추정
> 5. 그 밖에 복합환승센터 개발 및 활성화를 위하여 대통령령으로 정하는 사항

91 도시교통정비 촉진법령상 교통영향평가 대상사업의 교통영향평가의 평가항목 및 내용에 해당하지 않는 것은?

① 국가기간교통망계획의 수립 및 변경에 필요한 사항
② 교통개선대책의 수립사항을 반영한 사업계획의 내용
③ 대상사업별 교통의 문제점에 대한 교통개선 대책에 관한 사항
④ 대상사업의 시행으로 교통에 미치는 영향의 시간적·공간적 범위

> **[해설]**
> 도시교통정비촉진법 시행령 제13조의2(교통영향평가 대상사업 등) 4항에 의거 교통영향평가의 평가항목 및 내용은 다음 각 호와 같다.
> 1. 대상사업의 시행으로 교통에 미치는 영향의 시간적·공간적 범위
> 2. 대상사업별 교통의 문제점에 대한 교통개선대책(이하 "교통개선대책"이라 한다)에 관한 사항
> 3. 교통개선대책의 수립사항을 반영한 사업계획의 내용
> → 국가기간교통망계획의 수립 및 변경에 필요한 사항은 국가통합교통체계효율화법 제106조(국가교통위원회의 설치 및 기능 등) 2항에 따른 국가교통위원회의 심의사항에 해당한다.

92 도시교통정비 촉진법상 도시교통정비 기본계획의 수립에 관한 설명으로 옳지 않은 것은?

① 도시교통의 현황 및 전망의 내용이 포함되어야 한다.
② 대통령령으로 정하는 바에 따라 10년 단위의 기본계획을 수립하여야 한다.
③ 도로·철도·도시철도 등 광역교통체계의 개선에 대한 내용이 포함되어야 한다.
④ 도시교통정비지역으로 지정오딘 행정구역을 관할하는 시장(특별시장·광역시장·특별자치시장및 특별자치도지사 포함)이나 군수가 수립자가 된다.

정답 88 ③ 89 ④ 90 ③ 91 ① 92 ②

> **해설**
> 도시교통정비 촉진법 제5조(도시교통정비 기본계획의 수립) 제1항에 의거 도시교통정비지역으로 지정된 행정구역을 관할하는 시장(특별시장·광역시장·특별자치시장 및 특별자치도지사를 포함한다. 이하 같다)이나 군수는 대통령령으로 정하는 바에 따라 20년 단위의 도시교통정비 기본계획(이하 "기본계획"이라 한다)을 수립하여야 한다.

93 도로법령상 도로관리청에 대한 설명으로 옳지 않은 것은?

① 서울특별시의 관할 구역에 있는 고속국도 구간에 대한 도로관리청은 서울특별시장이 된다.
② 대전광역시의 관할 구역에 있는 일반국도 구간에 대한 도로관리청은 대전광역시장이 된다.
③ 부산광역시의 관할 구역에 있는 국가지원 지방도 구간에 대한 도로관리청은 부산광역시장이 된다.
④ 세종특별자치시의 관할 구역의 동 지역에 있는 지방도 구간에 대한 도로관리청은 세종특별자치시장이 된다.

> **해설**
> 도로법 제23조(도로관리청) 제1항에 의거 고속국도와 일반국도는 국토교통부장관, 국가지원지방도(이하 "국가지원지방도"라 한다)는 도지사·특별자치도지사(특별시, 광역시 또는 특별자치시 관할구역에 있는 구간은 해당 특별시장, 광역시장 또는 특별자치시장), 그 밖의 도로 : 해당 도로 노선을 지정한 행정청을 도로관리청으로 한다.
> 위 조항에도 불구하고 특별시·광역시·특별자치시·특별자치도 또는 시의 관할구역에 있는 일반국도(우회국도 및 지정국도는 제외한다. 이하 이 조에서 같다)와 지방도는 각각 다음 각 호의 구분에 따라 해당 시·도지사 또는 시장이 도로관리청이 된다.
> 1. 특별시·광역시·특별자치시·특별자치도 관할구역의 동(洞) 지역에 있는 일반국도 : 해당 특별시장·광역시장·특별자치시장·특별자치도지사
> 2. 특별자치시 관할구역의 동 지역에 있는 지방도 : 해당 특별자치시장
> 3. 시 관할구역의 동 지역에 있는 일반국도 및 지방도 : 해당 시장
> → 서울특별시의 관할 구역에 있는 고속국도 구간에 대한 도로관리청은 국토교통부장관이 된다.

94 국가의 전반적인 교통안전수준의 향상을 도모하기 위한 국가교통안전기본계획은 몇 년 단위로 수립하여야 하는가?

① 1년　　② 3년
③ 5년　　④ 10년

> **해설**
> 교통안전법 제15조(국가교통안전기본계획)에 의거 국토교통부장관은 국가의 전반적인 교통안전수준의 향상을 도모하기 위하여 교통안전에 관한 기본계획을 5년 단위로 수립하여야 한다.

95 도로법에 정의된 도로의 부속물에 속하지 않는 것은?

① 육교　　② 주차장
③ 낙석방지시설　　④ 교통량 측정시설

> **해설**
> 도로의 부속물에는 자동차주차장, 도로에 관한 정보 제공 장치, 기상 관측 장치 또는 긴급 연락시설로서 도로 관리청이 설치한 것, 도로에의 토사유출을 방지하기 위한 시설 및 비점오염저감시설 등이 해당된다.
> → 육교, 교량 등은 해당하지 않는다.

96 대통령령으로 정하는 규모 이상의 '광역복합 환승센터'란 건축연면적이 얼마 이상인 복합 환승센터를 말하는가?

① 10만 제곱미터　　② 20만 제곱미터
③ 30만 제곱미터　　④ 50만 제곱미터

> **해설**
> 국가통합교통체계효율화법 시행령 제39조(일정 규모 이상의 광역복합환승센터)에 의거 동법 제45조 제1항 제2호 단서에서 "대통령령으로 정하는 규모 이상의 광역복합환승센터"란 건축연면적이 30만 제곱미터 이상인 복합환승센터를 말한다.

97 다음 중 정차가 금지되는 곳이 아닌 것은?

① 교차로·횡단보도 또는 건널목
② 교차로의 가장자리로부터 5m 이내의 곳
③ 안전지대의 사방으로부터 각각 10m 이내의 곳
④ 「주차장법」에 따라 차도와 보도에 걸쳐서 설치된 노상주차장

> **해설**
> 도로교통법 제32조(정차 및 주차의 금지)조항에 의거 모든 차의 운전자는 다음 각 호의 어느 하나에 해당하는 곳에서는 차를 정차하거나 주차하여서는 아니 된다. 다만, 이 법이나 이 법에 따른 명령 또는 경찰공무원의 지시를 따르는 경우와 위험방지를 위하여 일시정지하는 경우에는 그러하지 아니하다. 〈개정 2018. 2. 9.〉

정답　93 ①　94 ③　95 ①　96 ③　97 ④

1. 교차로·횡단보도·건널목이나 보도와 차도가 구분된 도로의 보도(「주차장법」에 따라 차도와 보도에 걸쳐서 설치된 노상주차장은 제외한다)
2. 교차로의 가장자리나 도로의 모퉁이로부터 5미터 이내인 곳
3. 안전지대가 설치된 도로에서는 그 안전지대의 사방으로부터 각각 10미터 이내인 곳
4. 버스여객자동차의 정류지(停留地)임을 표시하는 기둥이나 표지판 또는 선이 설치된 곳으로부터 10미터 이내인 곳. 다만, 버스여객자동차의 운전자가 그 버스여객자동차의 운행시간 중에 운행노선에 따르는 정류장에서 승객을 태우거나 내리기 위하여 차를 정차하거나 주차하는 경우에는 그러하지 아니하다.
5. 건널목의 가장자리 또는 횡단보도로부터 10미터 이내인 곳
6. 다음 각 목의 곳으로부터 5미터 이내인 곳
   가. 「소방기본법」 제10조에 따른 소방용수시설 또는 비상소화장치가 설치된 곳
   나. 「화재예방, 소방시설 설치·유지 및 안전관리에 관한 법률」 제2조제1항제1호에 따른 소방시설로서 대통령령으로 정하는 시설이 설치된 곳
7. 시·도경찰청장이 도로에서의 위험을 방지하고 교통의 안전과 원활한 소통을 확보하기 위하여 필요하다고 인정하여 지정한 곳
8. 시장등이 제12조제1항에 따라 지정한 어린이 보호구역

→ 주차장법에 따른 차도와 보도에 걸쳐서 설치된 노상주차장은 정차가 금지되는 곳으로 지정되어 있지 않다.

98 도로교통법상의 교차로 통행방법 중 옳지 않은 것은?

① 교통정리를 하고 있지 아니하는 교차로에 동시에 들어가려고 하는 차의 운전자는 우측도로의 차에 진로를 양보하여야 한다.
② 모든 차의 운전자는 교차로에서 우회전을 하려는 경우에 미리 도로의 우측 가장자리를 따라 서행하면서 우회전하여야 한다.
③ 교통정리를 하고 있지 아니하는 교차로에 들어가려고 하는 차의 운전자는 그 차가 통행하고 있는 도로의 폭보다 교차하는 도로의 폭이 좁은 경우에는 서행하여야 한다.
④ 우회전이나 좌회전을 하기 위하여 손이나 방향지시기 또는 등화로써 신호를 하는 차가 있는 경우에 그 뒤차의 운전자는 상황에 따라 앞차의 진행을 방해하여서는 아니 된다.

해 설
도로교통법 제26조(교통정리가 없는 교차로에서의 양보운전) 제2항에 의거 교통정리를 하고 있지 아니하는 교차로에 들어가려고 하는 차의 운전자는 그 차가 통행하고 있는 도로의 폭보다 교차하는 도로의 폭이 넓은 경우에는 서행하여야 하며, 폭이 넓은 도로로부터 교차로에 들어가려고 하는 다른 차가 있을 때에는 그 차에 진로를 양보하여야 한다.

99 도시교통정비 촉진법령상 정의된 교통수단의 범위에 해당하지 않는 것은?

① 버스
② 여객기
③ 특수자동차
④ 도시철도의 열차

해 설
도시교통정비촉진법 제2조(정의)에 의거 "교통수단"이란 사람이나 물건을 한 지점에서 다른 지점으로 이동하는 데에 이용되는 버스·열차(도시철도의 열차를 포함한다), 그 밖에 대통령령으로 정하는 운반수단을 말한다.
도시교통정비촉진법 시행령 제2조(교통수단의 범위)에 의거하여 「도시교통정비 촉진법」(이하 "법"이라 한다) 제2조제1호에서 "그 밖에 대통령령으로 정하는 운반수단"이란 승용자동차, 승합자동차, 화물자동차, 특수자동차를 말한다.
→ 여객기는 도시교통정비 촉진법령상 정의된 교통수단의 범위에 해당하지 않는다.

100 주차장법상 노외주차장인 주차전용건축물의 건폐율 제한으로 옳은 것은?

① 100분의 60 이하
② 100분의 70 이하
③ 100분의 80 이하
④ 100분의 90 이하

해 설
주차장법 제12조의2(다른 법률과의 관계)조항에 의거 건폐율은 100분의 90 이하, 용적률은 1천500퍼센트 이하로 제한된다.

제6과목 교통안전

101 교통사고의 촉발 요인을 인적요인, 차량요인, 환경적 요인으로 분류할 때 인적요인(人的要因)의 가장 거리가 먼 것은?

① 운전자의 능력
② 운전자의 운전습관
③ 운전자의 가족관계
④ 운전자의 생리적 조건

해 설
교통사고의 인적 요인으로는 정신적 조건, 감각적 조건, 육체적 조건, 운전자 숙달 정도 및 운전습관이 있다. 가족관계를 사고발생의 요인이라고 보기는 어렵다.

정답 98 ③ 99 ② 100 ④ 101 ③

102 교통사고 방지대책을 수립하는 일반적인 절차로 옳은 것은?

㉠ 대책 시행
㉡ 대책 수립
㉢ 문제장소 선정
㉣ 추적조사 및 확인
㉤ 문제장소 분석 및 문제점 파악

① ㉢ - ㉤ - ㉡ - ㉠ - ㉣
② ㉣ - ㉢ - ㉤ - ㉡ - ㉠
③ ㉢ - ㉡ - ㉠ - ㉤ - ㉣
④ ㉣ - ㉤ - ㉡ - ㉢ - ㉠

해 설

교통사고 방지대책을 수립하기 위해 우선 문제가 되는 곳이 어디인지 확인하여 그 범위를 결정하고, 그 다음 대상지의 분석을 통해 문제점이 무엇인지 확인하여야 한다. 문제점을 도출했다면 그 문제점에 대한 대책을 세우고 세워진 대책을 즉시 시행한 후 문제가 잘 해결되고 있는지 사후관리차원에서 조사 및 확인 절차가 수반되어야 한다.

103 교통마찰(traffic conflict)조사의 목적으로 옳지 않은 것은?

① 전후조사를 통한 개선 사업의 효과 분석
② 교통사고 다발지점에서의 개선 방안 연구
③ 도로의 문제지점에서 기하설계요소의 평가
④ 교통량 관리 및 조절 시스템 마련을 위한 방안 연구

해 설

교통마찰조사는 교통상충조사라고도 한다. 교통상충조사는 도로의 문제지점에서의 기하설계요소를 평가하기 위해 실시하는 조사로 상충을 이용하여 사고의 위험성을 평가하고 사전·사후조사를 통한 교통안전개선사업의 효과를 분석하기 위해 실시하는 조사이다. 특정 지점에서 조사가 이루어지는 특성이 있어 교통량 관리 및 조절 시스템 마련을 위한 방안을 연구하기에 적합한 조사는 아니다.

104 72km/h의 속도로 달리던 자동차가 아스팔트로 포장된 5% 경사의 오르막길에서 위험을 인지하고 급제동할 경우, 충돌 없이 안전하게 정지하기 위하여 필요한 최소 거리는? (단, 노면 - 타이어 간의 마찰계수는 0.8, 인지 반응시간은 1초이다.)

① 약 35m
② 약 44m
③ 약 56m
④ 약 62m

해 설

$$mssd = \frac{V}{3.6} \cdot t + \frac{V^2}{254(f \pm g)}$$
$$= \frac{72}{3.6} \times 1 + \frac{72^2}{254(0.8 \pm 0.05)} = 44.01m$$

105 다음 중 교통안전법에서 사용하는 용어의 정의로 옳지 않은 것은?

① "교통사고"라 함은 교통수단의 운행·하행·운항과 관련된 사람의 사상 또는 물건의 손괴를 말한다.
② "교통체계"라 함은 사람 또는 화물의 이동·운송과 관련된 활동을 수행하기 위하여 개별적으로 또는 서로 유기적으로 연계되어 있는 교통수단 및 교통시설의 이용·관리·운영체계 또는 이와 관련된 산업 및 제도 등을 말한다.
③ "교통수단안전점검"이라 교통안전과 관련된 조사·측정·평가업무를 전문적으로 수행하는 교통안전진단기관이 교통수단·교통시설 또는 교통체계에 대하여 교통안전에 관한 위험요인을 조사·측정 및 평가하는 모든 활동을 말한다.
④ "교통시설"이라 함은 교통수단의 운행·운항 또는 항행에 필요한 시설과 그 시설에 부속되어 사람의 이동 또는 교통수단의 원활하고 안전한 운행·운항 또는 항행을 보조하는 교통안전표지·교통관제시설·항행안전시설 등의 시설 또는 공작물을 말한다.

해 설

"교통수단안전점검"이란 교통행정기관이 이 법 또는 관계법령에 따라 소관 교통수단에 대하여 교통안전에 관한 위험요인을 조사·점검 및 평가하는 모든 활동을 말한다.
"교통시설안전진단"이란 육상교통·해상교통 또는 항공교통의 안전과 관련된 조사·측정·평가업무를 전문적으로 수행하는 교통안전진단기관이 교통시설에 대하여 교통안전에 관한 위험요인을 조사·측정 및 평가하는 모든 활동을 말한다.

106 어느 도로의 2.5km 구간의 일교통량이 3,000대 이며, 이와 유사한 구간에서의 연평균 사고율이 3.3건/백만대·km(MVK)일 때 이 구간에서

정답 102 ① 103 ④ 104 ② 105 ③ 106 ③

의 한계사고율은? (단, 95% 신뢰수준에서의 K값은 1.645이다.)

① 약 3.29건/MVK   ② 약 4.79건/MVK
③ 약 5.29건/MVK   ④ 약 6.79건/MVK

해설

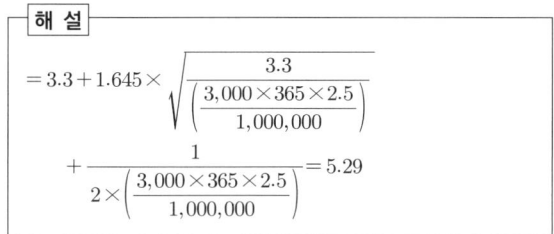

107 차량의 타이어가 고속으로 회전하면서 접지부에서 받은 타이어의 변형이 다음 접지시점까지도 복원되지 않고 물결형상의 진동을 발생시키며 결국 타이어가 파괴되는 현상을 지칭하는 용어는?

① 휠 리프트   ② 노즈다이브
③ 스탠딩웨이브   ④ 하이드로플래닝

해설

- 휠 리프트(Wheel lift) : 용어 그대로 바퀴가 공중에 뜨는 현상으로 급선회시 측면의 타이어 혹은 급제동시 후륜타이어가 노면으로부터 떨어져 공중으로 떠오르는 현상
- 노즈다이브(Nose dive) : 운전 중 브레이크를 강하게 밟을 때 달리던 관성에 따라 차체 앞부분이 땅 쪽으로 고꾸라지듯이 숙여지는 현상
- 스탠딩웨이브(Standing Wave) : 차량의 타이어가 고속으로 회전하면서 접지부에서 받은 타이어의 변형이 다음 접지시점까지도 복원되지 않고 물결형상의 진동을 발생시키며 결국 타이어가 파괴되는 현상
- 하이드로 플래닝 현상(수막현상, Hydro Planing) : 물에 젖은 노면을 고속으로 달릴 때 타이어가 노면과 접촉하지 않아서 조향능력을 상실하게 되는 현상

108 다음 중 도로 상에 나타난 스키드 마크(Skid mark)로부터 차량의 제동 시 속도를 추정하기 위한 요인으로 가장 거리가 먼 것은?

① 교통류율
② 노면의 종단경사
③ 스키드 마크의 길이
④ 타이어와 노면의 마찰계수

해설

차량의 제동시 초기속도 산출은 $V=\sqrt{254(f+i)l}$

공식에 의해 산출한다. 따라서 영향을 미치는 요인은 마찰계수, 종단경사, 스키드마크의 길이이다. 교통류율은 직접적인 관계가 없다.

109 다음 중 방호울타리를 설치하여야 하는 목적이 아닌 것은?

① 보행자의 통제
② 차량의 속도 감소
③ 차량의 특정방향으로의 회전통제 또는 배제
④ 주행 중인 차량의 대향차도 또는 보도, 도로 외측 등으로의 이탈 방지

해설

방호울타리는 보행자의 무단횡단을 억제하는 기능을 한다. 차량 탑승자, 차량, 보행자 또는 주요 시설을 보호하기 위하여 설치되므로 충돌 발생시 차량을 감속시키고, 차량 파손을 최소로 해야 한다. 또한 진행방향을 잘못 잡은 차량이 정상적인 루트를 벗어나는 것을 방지해야 한다. 방호울타리는 그 자체적인 설치의 목적이 속도의 감소에 있는 것이 아니고, 충돌시 사고 심각도의 감소를 위해 차량의 속도를 감소시키는데 목적이 있다.

110 교통사고분석을 위한 현황도에서 부호로 나타내는 것이 아닌 사항은?

① 교차로의 모양   ② 사고차량의 경로
③ 교차로 주변 상황   ④ 교통통제설비의 위치

해설

경로는 부호로 나타내지 않는다.

111 신호교차로에서 딜레마 구간(Dilemma zone)에 대한 설명으로 옳은 것은?

① 교차로를 통과할 수 없는 구간
② 정지선 앞에 정지할 수 없는 구간
③ 정지선 앞에 정지할 수 없고 교차로를 통과할 수도 없는 구간
④ 정지선 앞에 정지할 수는 없으나 교차로를 통과할 수 있는 구간

해설

딜레마존(Dilemma Zone)이란 실제 황색시간이 적정 황색시간보다 짧아서 발생하는 구간으로 황색신호가 시작되는 것을 보고 임계감속도로 정지하여도 정지선 전에 정지하는 것이 불가능하고, 계속 진행하게 되면 황색신호 내에 교차로를 완전히 빠져나갈 수 없어 신호를 위반하게 되는 구간을 말한다.

112 연평균 25건의 사고가 발생하고 일평균 교통량이 1,000대인 도로의 한 구간에 대해 개선 후 예상되는 일평균 교통량이 1,300대 라면, 장래의 연평균 사고감소 건수는? (단, 교통사고 감소계수는 0.2이다.)

① 5.4건　　② 6.5건
③ 7.6건　　④ 8.7건

해 설

현재 일교통량 : 현재 연간 사고건수
= 개선사업시행 후 일교통량 : $\dfrac{시행\ 후연간\ 사고건수}{교통사고감소계수}$

$1,000 : 25 = 1,300 : \dfrac{x}{0.2}$, $x = 6.5$

113 도로 밖으로 추락한 자동차의 추락 직전 도로를 달리던 속도를 구하려고 할 때, 다음의 자료 중 필요하지 않은 것은? (단, 공기 저항은 무시한다.)

① 추락한 높이
② 무게중심의 수평이동거리
③ 추락하기 직전 노면의 경사
④ 추락하기 직전 노면의 마찰력

해 설

1) 추락 시간 $t = \sqrt{\dfrac{2h}{g}}$

2) 추락순간속도 $U_2 = \dfrac{d}{t}$

3) 제동하기 전 초기속도 $U_1 = \sqrt{U_2^2 + 254 \times f \times d}$

따라서, 추락한 자동차의 추락순간속도를 구하려면 추락한 높이와 중력가속도를 가지고 추락시간을 계산하고, 수평이동거리를 추락시간으로 나누어주어 추락순간속도를 구할 수 있다. 추락하기 직전 노면의 마찰력은 제동하기 전 초기속도를 구할 때 사용하므로 추락직전 도로를 달리던 속도를 구하려고 할 때에는 필요치 않다.

114 사고 경험에 기초한 위험지점 선정을 위한 기법으로 모든 규모의 체계와 모든 범위의 교통량에 적용될 수 있으며 사고 발생은 포아송 분포를 따른다는 가정에 기초한 것은?

① 사고율법　　② 사고건수법
③ 사고건수-율법　　④ 율-품질관리법

해 설

율-품질관리법은 위험지점을 선정할 때 유사한 특성을 가진 지점들에 대해 미리 정해진 평균사고율과 관련하여 특정사고율이 비정상적인지를 결정하기 위해 사고 발생이 포아송 분포를 따른다는 가정에 기초한 검정을 통하여 분석하는 방법이다.

115 교통안전도 평가지수에서 정의하는 사망사고로 옳은 것은?

① 교통사고가 주된 원인이 되어 교통사고 발생 시부터 3일 이내에 사람이 사망한 사고
② 교통사고가 주된 원인이 되어 교통사고 발생 시부터 10일 이내에 사람이 사망한 사고
③ 교통사고가 주된 원인이 되어 교통사고 발생 시부터 20일 이내에 사람이 사망한 사고
④ 교통사고가 주된 원인이 되어 교통사고 발생 시부터 30일 이내에 사람이 사망한 사고

해 설

교통사고로 인한 인명피해 구분 기준은 사망 30일 이내, 중상 3주 치료, 경상 3주 미만 5일 이상 치료, 부상 5일 미만 치료를 말한다.

116 도로 이용자에게 원활한 교통 소통과 교통안전을 도모하기 위한 정보를 전달하기 위하여 설치하는 교통안전표지의 설치장소를 선정할 때의 유의사항으로 옳지 않은 것은?

① 중요한 표지들은 집중해서 설치한다.
② 도로 이용자의 행동 특성을 고려한다.
③ 도로 이용에 장애가 되지 않도록 한다.
④ 표지의 시인성이 방해되지 않도록 한다.

해 설

중요한 표지들을 집중해서 설치하게 되면 운전자에게 혼란을 주어 안전상의 문제를 일으킬 수 있고, 제대로 된 의미 전달도 어려워질 수 있다.

117 도로교통사고의 일반적인 발생특성과 가장 거리가 먼 내용은?

① 발생빈도가 매우 드문 사건이다.
② 다수의 복합적 요인에 의해 발생되는 경향이 높다.
③ 시공간적인 임의성이 있어 어느 시간/장소에서

발생될지 예측이 어렵다.
④ 두 명 이상의 도로이용자가 도로교통상황에 대처하지 못한 상황이 선행되어 발생한다.

> **해 설**
> 한 명 이상의 도로이용자가 도로교통상황에 대처하지 못한 상황이 선행되어 발생한다.

118 교통사고 분석에 많이 사용되는 사고율 중 교차로 분석에 주로 사용되는 사고율은?

① 면적 $100m^2$ 당 사고
② 인구 10만 명 당 사고
③ 통행량 1억대·km 당 사고
④ 진입차량 100만 대 당 사고

> **해 설**
> 교통사고율에 의한 방법에는 1억 km 주행거리 당 사고율, 등록차량 1만 대당 사고율, 인구 100만 명당 사고율, 진입차량 100만 대 당 사고율 (교차로 분석에 주로 사용) 등이 있다.

119 세 갈래 교차로 (㉠)와 네 갈래 교차로 (㉡)의 교차상충의 수로 모두 옳은 것은?

① ㉠ : 3개, ㉡ : 8개
② ㉠ : 3개, ㉡ : 16개
③ ㉠ : 4개, ㉡ : 16개
④ ㉠ : 9개, ㉡ : 32개

> **해 설**
> 세갈래교차로는 교차상충 3개, 합류상충 3개, 분류상충 3개이고, 네갈래교차로는 교차상충 16개, 합류상충 8개, 분류상충 8개이다.

120 자전거의 안전한 운행을 위한 자전거도로의 설계기준에 맞지 않는 것은?

① 입체적으로 분리된 자전거 전용도로의 설계속도는 30km/h 이상으로 한다.
② 노면표시로 통행공간이 분리된 자전거보행자 겸용도로의 설계속도는 15km/h 이상으로 한다.
③ 자전거 이용자에게 제공되는 시거의 반응시간 기준은 1.5초이다.
④ 곡선구간의 곡선반경을 구하는 방법은 기존 도로 설계에서 사용하는 방법과 동일하다.

> **해 설**
> 1. 자전거도로의 설계속도는 자전거도로의 유형 및 특성에 따라 적절히 설계하며 입체적으로 분리된 자전거전용도로는 설계속도를 30km/h 이상으로 하며, 도시지역은 설계속도를 20km/h 이상으로 할 수 있다.
> 2. 횡단구성 형태별로 설계속도는 다를 수 있다. 자전거전용도로는 30km/h, 노면표시로 통행공간이 분리된 자전거보행자겸용도로는 20km/h, 노면표시로 분리되지 않은 자전거보행자겸용도로나 자전거자동차겸용도로는 10 km/h가 적절하다.
> 3. 자전거 이용자에게 제공되는 시거는 반응시간을 1.5초로 기준하고 종방향 마찰계수를 0.25를 기준하여 종단경사 3%미만의 평지에서 다음 표 이상의 정지시거를 확보한다.
> 4. 곡선반경을 구하는 방법은 기존 도로에서 곡선반경을 구하는 방법과 동일하며 다음과 같은 식으로 구한다.
> $$R = \frac{V^2}{127(i+f)} \quad R = \frac{0.0079 V^2}{\tan\theta}$$
> i = 편경사(%/100) = tan θ,
> f = 횡방향 미끄럼 마찰계수,
> V = 자전거의 속도 (km/h),
> R = 곡선반경 (m)

정답 118 ④ 119 ② 120 ②

2회 2018년 기출문제

제1과목 교통계획

01 버스회사 운영체계에서 공영버스와 민영버스에 관한 설명으로 옳지 않은 것은?

① 공영버스는 정치적 간섭을 받는다.
② 승객의 편리성과 안전성은 민영버스가 좋다.
③ 비용측면에서 공영회사가 민영회사보다 비효율적이다.
④ 승객의 수요가 많지 않은 지역에서 균형 잡힌 서비스공급은 공영버스가 좋다.

해 설
① 공영버스는 운영자가 지방자치단체이므로 자치단체장의 정치적 도구로 사용되기도 한다.
② 민영버스는 수익성 추구가 가장 큰 목적이므로 승객의 편리, 안전은 크게 고려되지 않는다.
③ 공영회사는 비용 지출 시 효율보다는 전체적인 서비스 제공을 우선하므로 민영회사보다 효율성은 떨어진다.
④ 민영제의 경우 승객수요가 많지 않은 지역은 수익성이 없어 버스 서비스를 받기 어렵다.

02 대중교통 운영지표에서 최소배차간격을 결정하는 데 사용되지 않는 지표는?

① 차량 폭
② 가·감속률
③ 차량길이
④ 정류장 정차시간

해 설
버스 최소 배차시간은 $h = t + \dfrac{l}{v} + \dfrac{kv}{2d} + \dfrac{v}{2a} + tr$로 표현된다.
여기서, h : 최소배차간격(초), t : 정류장 정차시간(초), l : 차량길이(m), v : 운행속도(m/s), k : 안전계수, d : 감속률(m/s²), a : 가속률(m/s²), tr : 반응시간(초) 따라서 최소배차간격을 설정하는데 사용되지 않는 지표는 차량의 폭이다.

03 교통수단 선택 시 로짓(Logit) 모형을 이용하여 경전철, 버스, 지하철의 효용함수 값을 다음과 같이 구하였을 때, 경전철의 수단 선택확률은?

$$V_{경전철} = -0.56 \quad V_{버스} = -1.29$$
$$V_{지하철} = -0.31$$

① 0.2500
② 0.2593
③ 0.3500
④ 0.3615

해 설
로짓 모형 계산에 의한 승용차의 선택확률
㉠ 경전철의 효용 : $V_{경전철} = -0.56$
㉡ 버스의 효용 : $V_{버스} = -1.29$
㉢ 지하철의 효용 : $V_{지하철} = -0.31$
㉣ 경전철 선택확률 : $P_{(경전철)} = \dfrac{e^{-0.56}}{e^{-0.56} + e^{-1.29} + e^{-0.31}}$
$= 0.3615$, ∴ 약 36.15%

04 보행자 서비스 수준에 대한 설명으로 옳은 것은?

① 서비스 수준 A는 보행교통류율(인/분/m)이 10 이하이고 보행속도를 자유롭게 선택 가능한 상태
② 서비스 수준 C는 보행교통류율(인/분/m)이 42 이하이고 정상적인 속도로 보행 가능한 상태
③ 서비스 수준 D는 보행교통류율(인/분/m)이 60 이하이고 타 보행자 앞지르기 시 약간의 마찰이 있는 상태
④ 서비스 수준 E는 보행교통류율(인/분/m)이 106 이하이고 평소 보행속도로 걸을 수 없는 상태

해 설
서비스 수준 E는 보행교통류율이 106(인/분/m) 이하인 경우이다. A는 20 이하, B는 32 이하, C는 46 이하, D는 70 이하인 경우이다.

05 가구방문조사(가정면접조사)의 표본크기로서 인구 50,000 미만의 도시규모인 경우 일반적인 표본의 크기로 옳은 것은?

① 전체 가구수의 5%
② 전체 가구수의 20%
③ 전체 가구수의 30%
④ 전체 가구수의 40%

해 설
사람 통행실태조사 최소표본율 및 일반표본율

대상지역의 인구	표본율	
	최소표본율	일반표본율
50,000 미만	10인당 1(10%)	5인당 1(20%)
50,000~150,000	20인당 1(5%)	8인당 1(12.5%)
150,000~300,000	35인당 1(2.85%)	10인당 1(10%)
300,000~500,000	50인당 1(2%)	15인당 1(6.67%)
500,000~1,000,000	70인당 1(1.43%)	20인당 1(5%)
1,000,000 이상	100인당 1(1%)	25인당 1(4%)

정답 01 ② 02 ① 03 ④ 04 ④ 05 ②

06 교통수요 관리방안 중 차량수요를 감소시키기 위한 방법으로 가장 거리가 먼 것은?

① 재택근무
② 램프미터링
③ 도심통행료 징수
④ 대중교통이용의 편리화

해 설
램프미터링의 목적 자체가 합류하는 차량의 진입을 잠시동안 제한하여 고속도로 본선에 미치는 영향을 최소화 시키고자 함이므로 램프미터링의 시행을 통해 차량의 수요를 근본적으로 감소시키기는 어렵다.

07 소득이나 자동차 보유 대수 등의 설명변수 범주에 따라 교차 분류시켜 가구 당 통행발생량을 추정하는 모형은?

① 원단위법
② 증감율법
③ 회귀분석법
④ 카테고리분석법

해 설
카테고리분석법은 소득이나 자동차 보유 대수 등의 설명변수 범주에 따라 교차 분류시켜 가구 당 통행발생량과 같은 종속변수를 추정하는 모형이다. 단순하고 이해하기 쉽다는 특징이 있다.

08 대중교통수단의 기능으로 가장 거리가 먼 것은?

① 교통혼잡을 완화할 수 있다.
② 도시교통의 기본적인 이동권을 확보해 준다.
③ 도시미관과 소음 등의 환경문제를 줄여준다.
④ 도시 내 주차공간을 확대하여 도시 생활공간으로 이용할 수 있도록 활성화 시켜준다.

해 설
대중교통수단은 많은 승용차 수요를 하나로 결집시켜 에너지를 절약하고 교통혼잡을 완화시키며 주차수요를 감소시킬 수 있다. 또한, 승용차와 함께 사용되어 수단을 선택할 수 있는 기회를 확대시키며 도시교통의 기본적인 이동권을 확보해준다. 승용차의 감소로 미관문제, 소음문제 등의 환경문제를 줄여줄 수도 있다. 주차공간의 확대는 승용차수요의 증가를 가져오므로 대중교통수단의 기능과 거리가 멀다.

09 통행실태조사 기법 중 차량번호판 조사에 대한 설명으로 옳은 것은?

① 차량을 정지시켜야 하기 때문에 안전상 위험이 많다.
② 조사지역이 넓고 교통량이 많은 경우 우편 설문조사보다 적절한 방법이다.
③ 각 차량이 처음 관측된 곳을 기점으로, 마지막으로 관측된 곳을 종점으로 간주한다.
④ 조사 지점들 사이의 거리를 가능한 멀리하면 정확한 기·종점 정보의 수집이 가능하다.

해 설
차량번호판(License Plate) 조사는 각 차량이 처음 관측된 곳을 기점으로, 마지막으로 관측된 곳을 종점으로 간주하는 특성을 가진 조사이다. 관측조사기술의 발달로 현재는 차량을 정지시킬 필요가 없다. 조사지역이 좁고 교통량이 적은 경우에 사용한다. 조사지역이 넓고 교통량이 많은 경우에는 우편 설문조사방법을 사용하는 것이 좋다.

10 교통 혼잡을 감안한 주행시간함수를 이용하여 최단경로에 교통량을 배정하는 방법은?

① 용량제약법
② 평균성장율법
③ 전환율 곡선법
④ 카테고리분석법

해 설
교통 혼잡을 감안한 주행시간함수를 이용한다는 것의 의미는 통행시간이 최소가 되는 경로를 선택한다는 것을 가정한다는 의미이다. 이러한 가정하에 최단경로에 교통량을 배정하는 기법은 용량제약노선배정법(용량제약법)이다.

11 교통의 공간적 분류에서 국가교통의 교통체계의 해당하지 않는 것은?

① 철도
② 항만
③ 간선도로
④ 고속도로

해 설
국가통합교통체계효율화법 제2조(정의)
7. 「국가기간교통시설」이란 지역 간 간선교통 기능을 수행하는 다음 각 목의 어느 하나에 해당하는 교통시설을 말한다.
　가. 「도로법」 제10조 제1호 및 제2호에 따른 고속국도 및 일반국도
　나. 「철도건설법」 제2조 제2호부터 제4호까지의 규정에 따른 고속철도, 광역철도 및 일반철도
　다. 「항공법」 제2조 제7호에 따른 공항
　라. 「항만법」 제2조 제2호에 따른 무역항만. 그 밖에 대통령령으로 정하는 교통시설
→ 따라서 간선도로는 국가교통의 교통체계인 국가기간교통시설에 해당하지 않는다.

정답 06 ② 07 ④ 08 ④ 09 ③ 10 ① 11 ③

12 다음 중 교통투자사업의 수익성이 있다고 판단할 수 있는 내부수익률(IRR)의 조건은?

① IRR≤10%
② IRR>10%
③ 사용된 할인율(r)<IRR
④ 사용된 할인율(r)>IRR

해설
내부수익률법(IRR ; Internal Rate of Return)은 사업의 순현재가치를 0으로 만드는 할인율, 편익/비용비를 1로 만드는 할인율을 찾아서 사회적 할인율보다 높으면 타당성이 있다고 판단하는 기법을 말한다. 따라서 사용된 할인율보다 IRR이 높으면 사업성이 있다고 본다.

13 교통계획을 장기교통계획과 단기교통계획으로 구분하여 설명한 것으로 옳은 것은?

① 장기교통계획은 시설지향적이고 단기교통계획은 서비스 지향적이다.
② 장기교통계획은 저자본 비용이고 단기교통계획은 자본 집약적이다.
③ 장기교통계획은 서로 다른 대안이고 단기교통계획은 유사한 대안이다.
④ 장기교통계획은 많은 교통수단을 동시에 고려하고 단기교통계획은 단일교통 수단 위주로 고려한다.

해설
장·단기 교통계획 특성 비교

구분	장기	단기
대안의 개수	소수	다수
교통수요	고정	변화
비용	높음(자본집약적)	낮음(저투자비용)
지향적	시설	서비스

14 도로를 확장하기 전 교통량은 1일 10,000대로 운행비가 대당 200원이었던 것이, 도로 확장 후 교통량은 15,000대, 운행비는 대당 150원으로 감소하였다면, 이에 따른 소비자 잉여는?

① 125,000원
② 437,500원
③ 625,000원
④ 875,000원

해설
$$\text{소비자 잉여} = \frac{(Q_1+Q_2)}{2} \times (C_1 - C_2)$$
$$= \frac{(10,000+15,000)}{2} \times (200-150) = 625,000$$

15 다음 교통사업의 평가 방법 중 경제적 효율성 분석방법이 아닌 것은?

① 내부수익률 방법
② 순현재가치 방법
③ 편익-비용비 방법
④ 비용-효과 분석방법

해설
경제적 효율성 분석방법, 즉 경제성 분석기법에는 순현재가치법, 편익-비용비법, 내부수익률법, 초기연도수익률법, 자본회수기간법 등이 있다. 비용-효과분석은 경제성분석기법에 포함되지 않는다.

16 교통체계관리(TSM)에 관한 설명 중 옳지 않은 것은?

① TSM은 장기교통계획 과정에 해당한다.
② TSM은 기존 교통시설을 최대한 이용하는데 주안점을 두고 있다.
③ TSM의 목표는 도로용량과 소통증진은 물론이고 안전성 향상에도 있다.
④ TSM은 교통시설 확충이 한계에 도달하여 제안된 교통체계 관리기법이다.

해설
교통체계관리는 단기교통계획의 대표적 기법에 해당한다.

17 선호의식(Stated Preference)데이터와 선호결과(Revealed Preference)데이터에 대한 설명으로 옳은 것은?

① SP데이터는 가상상황에 대한 대안을 평가할 수 없다.
② SP데이터는 1인의 회답자로부터 복수데이터를 얻을 수 있다.
③ RP데이터는 현존하지 않는 대안에 대한 선호정보를 평가할 수 있다.
④ RP데이터는 대체안의 속성에 대한 다양한 형태의 자료를 얻을 수 있다.

해설
SP데이터는 아직 시행되지 않은 사업에 대한 상황을 묻기 때문에 가상상황에 대한 대안을 평가할 수 있다. 또한 SP데이터는 사업시행에 따른 응답자의 의향을 묻기 때문에 1인의 회답자로부터 복수데이터를 얻을 수 있다.
RP데이터는 나타난 현상에 대한 질문을 하는 것이기 때문에 현존하지 않는 대안에 대한 선호정보를 평가할 수 없다. 또한 RP데이터는 대체안이 시행된 후에야 조사할 수 있는 것이므로 대체안의 속성에 대한 다양한 형태의 자료를 얻을 수 없다.

18 조사지역 내에 하나 혹은 여러 개의 선을 그어 이 선을 통과하는 차량을 조사하는 기법으로, 조사된 O-D표를 검증하거나 보완하기 위하여 실시하는 것은?

① 스크린라인 조사
② 차량번호판 조사
③ 교통류적응 조사
④ 차량재차인원 조사

해설
스크린라인조사는 조사지역 내 조사된 교통량의 정밀도를 점검하고 수정·보완하기 위해 실시한다. 차량번호판조사는 각 차량의 번호판을 이용하여 기종점을 확인하는 방법으로 각 차량이 처음 관측된 곳을 기점, 마지막 관측된 곳을 종점으로 간주하는 조사기법이다. 교통류적응 조사는 일정구간에서 시험차량을 구간의 다른 차량과 균형을 유지하면서 운행하며 주행시간을 기록하는 방법이다. 차량재차인원 조사는 차량에 탑승한 인원수를 직접 세어 조사하는 조사기법이다.

19 중력모형(Gravity Model)의 특징으로 옳지 않은 것은?

① 어떤 지역에서도 이용이 가능하다.
② 개인의 행태적(Behavioral)특성을 고려한다.
③ 교통시설 정비 등에 의한 존 간의 소요시간 변화에 대하여 민감하게 대응할 수 있다.
④ 장래 주어진 발생, 집중량에 일치시키기 위해 성장률법을 사용하여 반복계산을 하여야 한다.

해설
중력모형은 4단계 수요추정 모형에서 통행분포단계에 사용되는 모형이다. 4단계 수요추정모형의 가장 큰 단점이 개인의 행태적 특성을 고려하지 못한다는 점이다.

20 교통정보의 유형 중 입력정보가 아닌 것은?

① 가공정보
② 교통상황정보
③ 교통환경정보
④ 지점·구간정보

해설
교통정보의 입력정보로 가공정보, 교통상황정보, 교통환경정보가 있다. 지점·구간정보는 입력정보의 유형에 속하지 않는다.

제2과목 교통공학

21 교통류 내에서 합리적인 속도의 최대값을 나타내며 현장의 도로조건에 적합한 교통운영계획을 세우는 데 기준 속도로 이용하는 것은?

① 85% 속도
② 최빈 속도
③ 평균값(mean)
④ 중앙값(median)

해설
85% 속도(85 Percentile Speed)는 교통류 내에서 안전운전에 필요한 합리적 속도의 최대값을 나타내는 속도로 도로안전도 평가의 기초가 되는 속도이며 제한속도 규정에 활용된다.

22 도로 기하구조의 기준이 되는 속도로 운전자의 안전을 보장하는 최대속도가 되는 것은?

① 지점속도(spot speed)
② 설계속도(design speed)
③ 임계속도(optimum speed)
④ 운전속도(operating speed)

해설
지점속도(Spot Speed)란 차량이 어떤 지점을 통과하는 속도를 말한다. 설계속도(Design Speed)란 도로의 기하구조를 검토하고 결정하는 데 기본이 되는 속도를 말한다. 임계속도(Critical Speed, Optimum speed)란 특정도로에 있어서 그 최대교통량(가능교통량과 같음)을 발휘할 수 있는 경우의 평균속도를 말한다. 평균속도가 이 속도보다 높거나 낮은 경우라 하더라도 교통량은 가능교통량보다 적은 것이다. 정상적인 차마의 정상적인 운전자가 그 교통환경이 허용하는 범위에서 안전하게 주행할 수 있는 최고속도를 말하기도 한다.

23 대기행렬 이론에서 서비스를 기다리는 평균차량대수를 나타내는 평균대기행렬 길이($E(m)$) 식으로 옳은 것은? (단, λ는 평균도착률, μ는 평균서비스율이다.)

① $E(m) = \dfrac{\lambda}{\mu - \lambda}$
② $E(m) = \dfrac{\lambda}{\mu(\mu - \lambda)}$

정답 18 ① 19 ② 20 ④ 21 ① 22 ② 23 ③

③ $E(m) = \dfrac{\lambda^2}{\mu(\mu-\lambda)}$ ④ $E(m) = \dfrac{1}{\mu-\lambda}$

해설

평균대기행렬 길이는 $L_q = L - \rho$, $E(m) = \dfrac{\lambda^2}{\mu(\mu-\lambda)}$ 로 표현된다.

24 출발하는 차량의 속도가 55km/h이고 차량의 자유속도가 70km/h일 경우의 충격파의 속도는?

① -15km/h ② -25km/h
③ 15km/h   ④ 25km/h

해설

출발하는 차량의 속도가 영향을 주는 상황이므로 느린 속도에서 빠른 속도를 빼줌으로써 충격파의 속도를 구할 수 있다.
55km/h － 70km/h = －15km/h,
충격파의 속도 = －15km/h

25 차로 폭이 3.6m인 4차선 1km의 평탄한 고속도로 구간에 버스가 6%, 트럭이 8%인 교통류가 이동하고 있다. 이 때 중차량 보정계수의 값은? (단, 버스와 트럭의 승용차 환산계수는 각각 1.3, 1.5이다.)

① 0.75 ② 0.84
③ 0.86 ④ 0.95

해설

$f_{HV} = \dfrac{1}{[1+P_{T1}(E_{T1}-1)+P_{T2}(E_{T2}-1)+P_{T3}(E_{T3}-1)]}$

$f_{HV} = \dfrac{1}{[1+0.06(1.3-1)+0.08(1.5-1)]} = 0.94518$

∴ 0.95

※ 중차량보정계수는 중차량의 비율과 환산계수에만 영향을 받는다. 따라서 차로폭이나 구간의 길이는 계산시 고려하지 않아도 된다.

26 어느 차량의 속도가 100km/h이고 교통량이 3,000대/시 일 때 밀도는?

① 10대/km ② 20대/km
③ 30대/km ④ 60대/km

해설

$Q = u \cdot k$
$k = \dfrac{3{,}000\text{대/시}}{100\text{km/시}} = 30\text{대/km}$

27 다음 중 교통조사 방법에 대한 설명으로 옳지 않은 것은?

① 통상적으로 표본수를 최소 30개 이상으로 하여 정규분포함수를 분석에 활용한다.
② 평균차량조사법은 적어도 평면교차로가 없는 2km 이상의 도로구간에서 적용하는 것이 바람직하다.
③ 주행차량조사법은 신호등 간격이 충분히 넓은 도로에서 수행하여야 하며 대향 교통류 식별이 용이하여야 한다.
④ 스피드건을 이용한 속도조사는 대상 차량으로부터 은닉되어야 하나 발사 방향간의 각이 적어도 30°이내로 유지되게 한다.

해설

스피드건을 이용한 속도조사는 대상 차량으로부터 은닉되어야 하고, 발사 방향간의 각이 15° 이내로 유지되어야 한다.

28 주기 당 총 손실시간이 10초, 임계차로군의 교통량비의 합이 0.6일 때 Webster 방법을 이용한 최적주기는?

① 30초 ② 40초
③ 50초 ④ 60초

해설

$l = 10\text{초}$, $1 - \sum_{i=0}^{n} x_i = 0.6$

$c = \dfrac{1.5l+5}{1-\sum_{i=1}^{n} x_i} = \dfrac{1.5(10)+5}{1-0.6} = \dfrac{20}{0.4} = 50\text{초}$

29 양방통행에 비하여 일방통행이 갖는 장점이 아닌 것은?

① 용량 증대   ② 버스 용량의 증가
③ 상충 이동류 감소 ④ 평균 통행속도증가

해설

일방통행의 장점으로 용량 증대, 상충 감소로 안전성 향상, 신호현시 및 주기 단축, 노상주차공간 추가확보 가능, 평균통행속도 증가를 들 수 있다. 일방통행이 시행되었다고 해서 버스 용량의 증대를 기대하기는 어렵다.

정답 24 ① 25 ④ 26 ③ 27 ④ 28 ③ 29 ②

30 차량검지기에 의해 파악된 교통량에 따라 신축성 있게 신호시간을 조정하며 교통량의 시간적 변화가 심한 독립교차로에 설치하여 단독으로 운용하는 데 적합한 신호기는?

① 전자 신호기
② 감응식 신호기
③ 정주기식 신호기
④ 차선지정 신호기

해설
신호시간을 신축성 있게 조정할 수 있는 신호기는 감응식 신호기이다.

31 평지에서의 노면과 타이어의 마찰계수가 0.5일 때 차량의 감속도는?

① $1.9m/s^2$
② $3.4m/s^2$
③ $4.9m/s^2$
④ $6.4m/s^2$

해설
평지의 경우 차량의 감속도는 중력가속도에 마찰계수를 곱한 값으로 정해진다. $9.8m/s^2 \times 0.5 = 4.9m/s^2$

32 다음 도로시설 중 용량산정에 추월시거가 적용되는 도로시설은?

① 간선도로
② 국지도로
③ 고속도로
④ 2차로 도로

해설
2차로도로는 저속차량과 대향차량에 의해 추월가능여부가 결정되고, 추월가능여부의 결정 여부에 따라 총지체율이 변동되게 된다. 총지체율에 따라 2차로도로의 서비스수준이 결정되고 이는 곧 용량에 영향을 준다는 의미로 해석할 수 있다. 따라서 2차로 도로는 용량 산정시에 추월시거를 적용하여 산정하여야 한다.

33 다음 중 도로에 매설할 필요가 없는 검지기는?

① 루프 검지기
② 압력 검지기
③ 자기 검지기
④ 초단파 검지기

해설
초음파 검지기(≒초단파 검지기)는 접시 모양 두 개가 막대에 진행방향과 나란히 달려 있는 검지기로 도로에 매설할 필요가 없는 검지기이다.

34 차량추종모형에서 운전자의 반응시간과 관련하여 고려하는 변수로 가장 거리가 먼 것은?

① 차량 속도
② 차량 위치
③ 운전자 민감도
④ 차량군의 밀도 차이

해설
차량추종이론에서 운전자 반응시간과 관련하여 고려하는 변수로는 차량의 속도와 가속도, 차량의 위치, 차량의 간격, 차량이 움직인 거리, 정지해 있을 때 두 차량간의 차두거리 등이 있다. 차량군의 밀도차이는 운전자의 반응시간과 관련하여 고려하는 변수가 아니다.

35 신호교차로에서 신호시간 결정 시 최소 녹색시간을 결정하는 요소는?

① 해당 접근로의 보행교통량
② 해당 접근로의 차량교통량
③ 해당 접근로의 보행자 횡단시간
④ 가로지르기 접근로의 차량교통량

해설
공식을 자세히 확인해 보면, 최소녹색시간을 결정하는 요소에는 최소초기녹색시간(보행자 Start-Up Time)과 보행자 횡단시간이 주요한 변수임을 알 수 있다. 따라서 보기 중 해당사항은 ④ 해당 접근로의 횡단보행시간이 된다.

36 어느 도로의 제한속도를 재검증하기 위하여 속도 조사를 실시하려고 한다. 속도의 표준편차를 15km/h, 허용오차를 2km/h로 하고자 할 때 필요한 표본 수는? (단, 신뢰도는 95%이다.)

① 약 217대
② 약 236대
③ 약 278대
④ 약 293대

해설
$$n \geq \frac{Z_{\frac{a}{2}}^2 \times \sigma^2}{e^2}, \quad n \geq \left(\frac{1.96 \times 15}{2}\right)^2, \quad n \geq 216.09,$$
∴ 217대

37 아래에서 설명하는 고속도로 기본 구간의 서비스수준은?

안정된 흐름이지만, 이 수준을 조금만 넘어서도 서비스 질이 크게 떨어지며, 불안정 교통류가 된다.

정답 30 ② 31 ③ 32 ④ 33 ④ 34 ④ 35 ③ 36 ① 37 ②

> 교통류 속에서 통행 자유도는 상당히 제한되며 운전자들은 물리적, 심리적으로 심한 압박을 받는다. 가벼운 사고나 고장이 발생해도 교통류가 그로 인한 영향을 흡수할 여유가 없으므로 상당히 지체하게 된다.

① A ② D ③ F ④ FF

해설
서비스수준 D에 대한 설명이다. LOS D는 속도 및 방향 조작 자유도 모두 상당히 제한되며, 운전자가 느끼는 안락감은 일반적으로 나쁜 수준으로 떨어진다. 이 수준에서는 교통량이 조금만 증가하여도 운행 상태에 문제가 발생한다.

38. 유효녹색시간을 산정하는 아래 공식의 ( ) 안에 들어갈 용어가 모두 옳은 것은?

> 유효녹색시간
> = 녹색시간 − (A) + (B)
> = 녹색시간 + 황색시간 − (A) − (C)

① A : 출발지연시간, B : 진행연장시간, C : 소거손실시간
② A : 출발지연시간, B : 소거손실시간, C : 진행연장시간
③ A : 진행연장시간, B : 출발지연시간, C : 소거손실시간
④ A : 진행연장시간, B : 소거손실시간, C : 출발지연시간

해설
유효녹색시간 = 녹색시간 − 출발지연시간 + 진행연장시간
= 녹색시간 + 황색시간 − 출발손실시간 − 소거손실시간

39. 어느 도로의 차두시간(Headway)을 측정한 결과 평균 2.0초/대로 나타났다. 이 도로의 차량 밀도가 30대/km이었다면, 차량의 평균 주행속도는?

① 30km/h ② 45km/h
③ 60km/h ④ 90km/h

해설
$q = uk$, 차두시간이 2초/대이므로 1시간 교통량은 1,800대/h가 된다. 밀도가 30대/km이므로 평균 주행속도 $u = q/k = 1,800/30 = 60$km/h

40. 외부로부터의 자극에 대한 운전자의 반응에 관한 PIEV 이론에서 'I'에 해당하는 것은?

① 감지 ② 반응
③ 식별 ④ 판단

해설
PIEV 과정은 지각(Perception) − 식별(Identification) − 행동판단(Emotion) − 반응(Volition)으로 이루어진다.

제3과목 교통시설

41. 아래의 내용에서 ⊙과 ⓒ에 들어갈 말로 모두 옳은 것은?

> 도로교통법에 따라 자동차의 종류에 따라 설치한 전용차로 중, 간선급행버스체계 전용차로의 차로폭은 최소 (⊙) 이상으로 하되, 정류장의 추월차로 등 부득이한 경우에는 (ⓒ) 이상으로 할 수 있다.

① ⊙ : 3.50m, ⓒ : 3.00m
② ⊙ : 3.50m, ⓒ : 3.25m
③ ⊙ : 3.25m, ⓒ : 2.75m
④ ⊙ : 3.25m, ⓒ : 3.00m

해설
도로의 구조·시설 기준에 관한 규칙 제10조(차로) ⑤ 도로에는 「도로교통법」 제15조에 따라 자동차의 종류 등에 따른 전용차로를 설치할 수 있다. 이 경우 간선급행버스체계 전용차로의 차로폭은 3.25미터 이상으로 하되, 정류장의 추월차로 등 부득이한 경우에는 3미터 이상으로 할 수 있다.

42. 평면곡선의 최소길이를 정할 때 고려사항이 아닌 것은?

① 운전자가 핸들조작에 곤란을 느끼지 않도록 한다.
② 평면곡선의 최소길이는 최소완화곡선의 길이와 같다.
③ 최소 평면곡선의 길이는 4초간 주행할 수 있는 길이 이상 확보한다.
④ 도로 교각이 작은 경우에는 평면곡선 반지름이 실제의 길이보다 작아 보이는 착각을 피할 수 있도록 한다.

정답 38 ① 39 ③ 40 ③ 41 ④ 42 ②

> **해 설**
> 평면곡선의 최소길이를 정할 때 고려사항
> 1. 운전자가 핸들조작에 곤란을 느끼지 않을 길이로 한다.
> 2. 최소 평면곡선길이는 4초간 주행할 수 있는 길이 이상을 확보한다. 이 값은 최소 완화곡선길이의 2배의 값이다.
> 3. 도로교각이 5°미만인 경우에는 평면곡선의 길이가 실제보다 작게 보이므로 도로가 급하게 꺾여져 있는 착각을 일으키며 이 경향은 교각이 작을수록 현저하다. 따라서 교각이 작을수록 긴 평면곡선부를 삽입하여 도로가 완만히 돌아가고 있는 듯한 감을 갖도록 한다.

43 옥내 주차장의 설계에 관한 설명으로 옳지 않은 것은?

① 기계식은 램프와 통로가 불필요하다.
② 주변도로의 교통소통에 영향을 주지 않는다.
③ 토지가격이 높은 도심지역에 주로 설치된다.
④ 램프식, 경사바닥식, 기계식으로 구분할 수 있다.

> **해 설**
> • 옥내 주차장의 면 수에 따라 주변도로의 교통 소통이 영향을 받는다.
> • 교통영향평가 심의항목 중 주차가 별도로 있을 정도로 주차는 주변교통 소통에 영향을 주는 주된 요소라 할 수 있다.

44 AASHTO 포장설계법의 경우 포장설계에 적용하는 자동차의 기준 하중은?

① 5톤 윤하중
② 8.2톤 단축하중
③ 10톤 단축하중
④ 20톤 단축하중

> **해 설**
> AASHTO 설계법은 우리나라에서 가장 많이 쓰이는 포장두께 설계법으로 교통량(8.2t 등가단축하중), 서비스지수(P), 지역계수(R), 노상 지지력값(S)을 고려하여 포장두께지수(SN)을 결정하는 기법이다.

45 곡선반경이 50m, 편경사가 0.08, 미끄럼 마찰계수가 0.55인 평지 도로에서 운전자가 안전하고 쾌적하게 주행할 수 있는 적정 주행 속도는?

① 53.25km/h
② 53.75km/h
③ 63.25km/h
④ 63.75km/h

> **해 설**
> $r = \dfrac{V^2}{127(i+f)}$, $V = \sqrt{127(i+f) \cdot r}$
> $V = 63.2495$ ∴ 63.25 km/h

46 첨두시간 설계교통량의 결정 요소가 아닌 것은?

① 연평균 일교통량(대/일)(AADT)
② 차량의 종류 및 경사도, 측방여유폭
③ 첨두시간 교통량의 연평균 일교통량에 대한 비율
④ 첨두시간 중방향 교통량의 양방향 교통량에 대한 비율

> **해 설**
> $$PDDHV = \dfrac{DDHV}{PHF} = \dfrac{AADT \times K \times D}{PHF}$$
> 첨두설계시간교통량(PDDHV)에는 연평균 일교통량 (대/일)(AADT), 첨두시간 교통량의 연평균 일교통량에 대한 비율, 첨두시간 중방향 교통량의 양방향 교통량에 대한 비율이 고려된다.

47 다음 중 자전거도로에 대한 설명으로 옳지 않은 것은?

① 자전거와 보행자의 분리 판단기준은 자전거교통량이 80대/시(약 700대/일)이다.
② 자전거도로는 횡단구성에 따라 자전거 전용도로, 자전거·보행자 겸용도로, 자전거·자동차 겸용도로 등으로 구분된다.
③ 자전거도로의 포장면은 교차로와의 사이에 턱이 나지 않게 접속되도록 하고, 접속경사는 13% 이상이 되도록 설치한다.
④ 자전거·자동차 겸용도로는 자전거 외에 자동차도 일시 통행할 수 있도록 차도에 노면표시로 구분하여 설치된 자전거도로이다.

> **해 설**
> 자전거도로 등의 포장 면은 교차도로와의 사이에 턱이 나지 않게 접속되도록 한다. 이때 접속경사는 5~10%로 한다.

48 교통관리시설의 교통정보수집 장치가 아닌 것은?

① 루프검지기
② 영상검지기
③ 도로전광표지(VMS)
④ 차량번호판 자동인식 장치

> **해 설**
> 도로전광표지(VMS)는 정보 표출을 위한 장치이다.

정답 43 ② 44 ② 45 ③ 46 ② 47 ③ 48 ③

49 도로의 구조·시설 기준에 관한 규칙상 보도의 유효폭은 최소 얼마 이상으로 하여야 하는가? (단, 지방지역의 도로와 도시지역의 국지도로는 지형상 불가능하거나 기존 도로의 증설·개설시 불가피하다고 인정되는 경우 제외한다.)

① 2m 이상
② 2.25m 이상
③ 2.5m 이상
④ 3m 이상

해 설
보도는 보행자의 안전하고 원활한 통행을 위하여 연속성, 평탄성 및 일직선 형태의 보행 경로를 유지하도록 한다. 보도의 폭은 보행자 교통량 및 목표 보행자 서비스 수준에 의해 결정하되, 가능한 여유 있는 폭이 확보될 수 있도록 한다. 다만, 지방지역도로와 도시지역의 국지도로에서 기존 도로의 증·개설시 및 주변지형여건, 지장물 등으로 유효 보도폭 2.0m를 확보할 수 없는 경우에는 1.5m까지 유효 보도폭을 축소할 수 있도록 하였다.

50 여객자동차터미널 설계 시 유도차로의 최소노폭 기준은? (단, 유도차로가 일방통행인 경우는 제외한다.)

① 6m   ② 6.5m   ③ 7m   ④ 7.5m

해 설
여객자동차터미널 구조 및 설비기준에 관한 규칙 제5조(유도차로 및 조차장소) 유도차로 및 조차장소는 다음 각 호의 기준에 적합하게 설치하여야 한다.
2. 유도차로의 노폭은 6.5미터 이상으로 할 것. 다만, 유도차로가 일방통행인 경우에는 3.5미터 이상으로 할 수 있다.

51 도시지역 고속도로와 일반도로에 설치하는 중앙분리대의 최소 폭 기준으로 옳은 것은? (단, 자동차 전용도로는 제외한다.)

① 고속도로 2.0m 이상, 일반도로 1.0m 이상
② 고속도로 2.0m 이상, 일반도로 1.5m 이상
③ 고속도로 2.5m 이상, 일반도로 1.5m 이상
④ 고속도로 3.0m 이상, 일반도로 1.5m 이상

해 설

도로의 구분	중앙분리대의 최소 폭(m)		
	지방지역	도시지역	소형차 도로
고속도로	3.0	2.0	2.0
일반도로	1.5	1.0	1.0

52 다음 중 도로의 기능별 구분에 따른 ㉠과 ㉡의 설계속도 기준이 모두 옳은 것은?

도로의 기능별 구분	설계속도(킬로미터/시간)
	도시지역
고속도로	㉠
일반도로(주간선도로)	㉡

① ㉠ : 100, ㉡ : 60
② ㉠ : 120, ㉡ : 80
③ ㉠ : 100, ㉡ : 80
④ ㉠ : 120, ㉡ : 100

해 설

도로의 기능별 구분		설계속도(km/h)
		도시지역
고속도로		100
일반도로	주간선도로	80
	보조간선도로	60
	집산도로	50
	국지도로	40

53 설계속도가 60km/h이고 편도 4차로인 도시부 도로망 설계 시 교차로 간의 순간격 값은?

① 240m   ② 280m
③ 320m   ④ 360m

해 설
$L = \alpha \times V \times N$,
여기서, L : 순간격(m)(교차로 간 안쪽 길이),
α : 상수(시가지부 1, 지방지역 2~3),
V : 설계속도(km/h),
N : 설치 차로 수(편도)
$L = 1 \times 60 \times 4 = 240m$

54 다음 중 설계속도가 100km/h인 도로의 평면 곡선부에 설치하는 완화곡선의 최소 길이 기준으로 옳은 것은?

① 50m   ② 60m
③ 65m   ④ 70m

해 설
2. 도로의 구조·시설 기준에 관한 규칙 제23조(완화곡선 및 완화구간)
② 완화곡선의 길이는 설계속도에 따라 다음 표의 값 이상으로 하여야 한다.

정답 49 ① 50 ② 51 ① 52 ③ 53 ① 54 ②

설계속도(km/h)	완화곡선의 최소 길이(m)
120	70
110	65
100	60
90	55
80	50
70	40
60	35

55 교통안전표지에서 지시표지 중 일방통행표지의 기호부분에 해당하는 내용은?

① 백색 바탕에 적색 기호
② 황색 바탕에 적색 기호
③ 백색 바탕에 흑색 기호
④ 청색 바탕에 백색 기호

> **해 설**
>
>
>
> [별표 6] 안전표지의 종류, 만드는 방식, 설치하는 장소·기준 및 표시하는 뜻(제8조 제2항 및 제11조 제1호 관련)
> I. 일반기준
>   1. 주의표지·규제표지·지시표지·보조표지
>   (2) 지시표지 중 일방통행표지의 기호부분은 청색바탕에 백색기호로, 문자부분은 백색바탕에 흑색문자로 한다.

56 종단선형 설계 시의 고려사항에 대한 설명으로 적절하지 않은 것은?

① 평면선형과 시각적으로 연속적이면서 서로 조화된 선형으로 설계한다.
② 오르막 경사에서는 트럭의 속도저하를 고려하여 오르막차로를 검토한다.
③ 같은 방향으로 굴곡하는 두 종단곡선의 사이에 짧은 직선경사구간을 두는 것이 좋다.
④ 길이가 긴 연속된 오르막 구간에서는 오르막경사가 끝나는 정상 부근에서 경사를 비교적 완만하게 하는 것이 좋다.

> **해 설**
>
> 같은 방향으로 굴곡하는 두 종단곡선 사이에 짧은 직선경사구간을 두는 것은 피하여야 한다. 특히, 오목형 종단곡선의 경우에는 이 선형 전체가 보여 도로가 꺾어져 있는 것으로 보이기 쉬우므로 주의하지 않으면 안 된다. 이를 개선하는 데는 두 종단곡선을 포괄하는 큰 종단곡선을 설치할 필요가 있다.

57 좌회전 차로에 대한 설명으로 옳지 않은 것은?

① 교차로에서 좌회전 차로가 필요한 경우에는 직진차로와 통합하여 설치하여야 한다.
② 차로 테이퍼는 좌회전 교통류를 직진차로에서 좌회전 차로로 유도하는 기능을 갖는다.
③ 폭이 넓은 중앙분리대를 이용하여 좌회전 차로를 설치하는 경우에는 접근로 테이퍼가 필요 없게 된다.
④ 설계요소로는 차로 폭, 접근로 테이퍼, 차로 테이퍼, 유출 테이퍼, 좌회전 차로 등으로 구성된다.

> **해 설**
>
> 교차로에서 좌회전 차로가 필요한 경우에는 직진차로와 분리하여 설치하여야 한다. 좌회전 교통류는 다른 교통류와 분리시켜 다른 교통류가 좌회전 교통류에 의해 받는 영향을 최소화 하는 것을 목적으로 해야한다.

58 간선도로 중심선 흐름과 같은 방향으로 설치하며 간선도로 주변에 위치한 개발지에서 발생하는 교통량을 간선도로 차량흐름에 방해하지 않는 범위 안에서 적정한 방법으로 간선도로에 연결해주는 기능을 하는 것은?

① 측도
② 부도로
③ 연결로
④ 국지도로

> **해 설**
>
> 측도는 간선도로의 차량흐름을 유지하면서 간선도로에 연결되는 연결기법이다.

59 교통안전표지 중 규제표지의 모양으로 옳지 않은 것은?

① 원
② 삼각형
③ 팔각형
④ 사각형

> **해 설**
>
> 규제표지는 대부분이 원형이고, 역삼각형(천천히, 양보), 팔각형(정지)이 있다. 사각형은 지시표지와 보조표지에 포함된다.

60 다음 중 입체교차의 연결로 설계 시 유출입 유형을 일관성 있게 계획할 때의 장점으로 옳지 않은 것은?

① 과속운전을 줄인다.
② 차로변경을 줄인다.
③ 운전자의 혼란을 줄인다.
④ 직진교통과의 마찰을 줄인다.

정답 55 ④ 56 ③ 57 ① 58 ① 59 ④ 60 ①

해설

유출입 유형의 일관성으로 차로변경, 운전자 혼란, 직진교통과의 마찰 등을 줄일 수는 있으나 과속운전이 증가할 가능성이 높아진다.

제4과목 도시계획개론

61 도시·군관리계획의 입안에 관하여 주민의 의견을 청취하고자 하는 때에는 도시·군관리계획안을 최소 며칠 이상 일반이 열람할 수 있도록 하여야 하는가?

① 7일 ② 14일
③ 20일 ④ 30일

해설

국토의 계획 및 이용에 관한 법률 시행령 제22조(주민 및 지방의회 의견청취) ②항 2목 조항에 의거 14일 이상의 기간 동안 일반인이 열람할 수 있도록 해야 한다.

62 A도시의 인구가 10만명, B도시의 인구가 40만명, 두 도시 간의 거리가 9km일 때 A도시로부터 세력 분기점까지의 거리는?

① 3km ② 4km
③ 5km ④ 6km

해설

※ 세력분기점까지의 거리 측정의 시점이 되는 도시의 인구를 루트 안의 분모에 놓는다.

$$\frac{거리}{1+\sqrt{\frac{B인구}{A인구}}} = \frac{9km}{1+\sqrt{\frac{40}{10}}} = 3km$$

63 도시계획에서 계획인구를 산정하기 위한 방법 중 과거인구의 추세에 의한 예측방법이 아닌 것은?

① 등차급수법 ② 비교유추법
③ 최소자승법 ④ 로지스틱곡선법

해설

과거추세에 의한 예측법으로 등차급수, 등비급수, 지수함수, 최소자승, 로지스틱곡선법이 있다. 비교유추법은 추세가 아닌 상황을 근거로 하는 추정 기법이다.

64 다음 중 앙케이트를 반복 실시하여 여러 차례 의견을 수렴하고, 그 결과를 종합하여 미래의 예측에 접근하는 도시조사 방법은?

① 델파이법(Delphi method)
② 적응계획(Adaptive planning)
③ 잠재력 분석(SWOT Analysis)
④ 배분적계획(Allocative planning)

해설

델파이법의 정의를 묻는 문제이다. '델파이'라는 그리스 고대도시의 명칭에서 유래하였다. 앙케이트를 반복 실시하여 여러 차례 의견을 수렴하고, 그 결과를 종합하여 미래의 예측에 접근하는 도시조사 방법이다. 즉, 주관적인 의견의 종합에 의한 판정기법이라 할 수 있다.

65 인구밀도가 400인/ha인 500세대 아파트 단지를 건설하려면 필요한 토지 규모는 얼마인가? (단 1세대는 4인으로 구성한다.)

① 2ha ② 3ha
③ 4ha ④ 5ha

해설

$$토지규모 = \frac{예측된\ 인구(인)}{인구밀도(인/ha)} = \frac{500세대 \times 4인/세대}{400인/ha} = 5ha$$

66 본 튀넨(von Thunen)의 토지이용모델에서 도시 주변의 특정 지점에서 이루어지는 재배작물의 유형을 결정하는 요인에 해당하지 않는 것은?

① 지대
② 시장(도시)까지의 거리와 수송비
③ 재배 작물 토지의 규모 및 형태
④ 시장에서 판매되는 당해 농산물의 판매가격

해설

본 튀넨의 입지론에 의해 재배작물의 유형을 결정하는 요인은 지대, 거리에 비례하는 운송비, 동일한 농산물 가격이다. 재배 작물 토지의 규모 및 형태와는 관련이 없다.

67 도시공원 및 녹지 등에 관한 법률에서 기능에 따라 세분한 녹지의 종류가 아닌 것은?

① 경관녹지
② 완충녹지
③ 연결녹지
④ 보존녹지

해설
도시공원 및 녹지 등에 관한 법률 제35조(녹지의 세분)에 의거 녹지는 그 기능에 따라 완충녹지, 경관녹지, 연결녹지로 구분된다.

68 다음 계획이론의 설명 중 옳지 않은 것은?

① 에티지오니(Etzioni)는 혼합형 탐색의 접근 방법을 제시하였다.
② 다비도프(Davodoff)는 지역사회 주민집단의 이익을 옹호하여야 한다고 하였다.
③ 사이먼(Simon)은 의사결정과정에서 목표, 수단의 연결고리의 필요성을 강조하였다.
④ 린드블룸(Lindblom)은 완전한 정보의 분석에 따른 가치중립적인 의사결정과정이 가능하다고 하였다.

해설
린드블룸(Lindblom)은 지속적인 조정과 적용을 통해 계획의 목표를 추구하는 접근 방법을 제시한 점진적 계획을 주장하였다.

69 도로의 규모별 구분 중 광로는 최소 폭이 몇 m 이상의 도로를 지칭하는 것인가?

① 40m
② 50m
③ 60m
④ 70m

해설
광로는 1류가 폭 70미터 이상인 도로, 2류가 폭 50미터 이상 70미터 미만인 도로, 3류가 폭 40미터 이상 50미터 미만인 도로를 말한다.

70 다음 중 주로 도시내부의 공간 구조 형성을 설명하는 이론이 아닌 것은?

① 다핵 이론
② 선형 이론
③ 동심원 이론
④ 중심지 이론

해설
도시내부공간 구조이론으로 동심원설(버제스), 선형설(호이트), 다핵설(해리스, 울만), 삼지대론(디킨스), 다차원이론(시몬스, 벨, 윌리엄스) 등이 있다. 중심지 이론은 도시 간 도시구조, 즉 도시 간 정주체계를 나타내는 이론이다.

71 다음 중 용도지역·용도지구·용도구역에 대한 설명으로 옳지 않은 것은?

① 용도지역은 공공복리의 증진을 도모하기 위하여 중복하여 지정할 수 있다.
② 용도지구는 용도지역의 제한을 강화하거나 완화하여 적용함으로써 용도지역의 기능을 증진시킨다.
③ 용도지역의 지정을 통하여 토지의 이용 및 건축물의 용도, 건폐율, 용적률, 높이 등을 제한할 수 있다.
④ 용도지역은 용도지역 및 용도지구의 제한을 강화하거나 완화하여 따로 정함으로써 시가지의 무질서한 확산을 방지하고 계획적·단계적인 토지이용을 도모한다.

해설
용도지역이란 토지의 이용 및 건축물의 용도, 건폐율, 용적률, 높이 등을 제한함으로써 토지를 경제적·효율적으로 이용하고 공공복리의 증진을 도모하기 위하여 서로 중복되지 아니하게 도시·군관리계획으로 결정하는 지역을 말한다.

72 교통수단 간 연계방법 중 자택에서 가까운 역까지 자기의 승용차를 직접 운전한 후 주차하고 역을 이용하여 도심까지 통행하는 방법은?

① 허그앤라이드(hug-and ride)
② 키스앤라이드(kiss-and ride)
③ 파크앤라이드(park-and ride)
④ 사이클앤라이드(cycle-and ride)

해설
- 파크앤라이드(Park-and Ride) : 자택에서 가까운 역까지 자기의 승용차를 직접 운전한 후 주차하고 역을 이용하여 도심까지 통행하는 방법
- 키스앤라이드(Kiss-and Ride), 허그앤라이드(Hug-and Ride) : 자택 혹은 자택과 가까운 거리에서 가까운 역까지 가족 등 지인이 승용차를 운전하여 이동한 후 정차하여 통근자를 하차시켜준 후 다시 자택 등으로 돌아가고 하차승객은 역을 이용하여 도심까지 통행하는 방법
- 사이클앤라이드(Cycle-and Ride) : 자택에서 가까운 역까지 자기의 자전거를 직접 운전한 후 주차하고 역을 이용하여 도심까지 통행하는 방법

정답 67 ④ 68 ④ 69 ① 70 ④ 71 ① 72 ③

73 토지이용에서 입지 및 배치에 관한 설명으로 옳지 않은 것은?

① 주 간선도로변을 따라 상업기능을 배치한다.
② 접근성이 뛰어난 역세권에 주거기능을 배치한다.
③ 토지이용과 교통과의 관계를 고려하여 입지를 선택한다.
④ 공익적 관점에서 공원 녹지계획이 우선 고려되어야 한다.

해 설
토지이용의 입지배분 기본 원칙은 아래와 같다.
① 환경친화적 입지 배분
② 교통망과 조화를 이루는 입지 배분
③ 도시의 특성과 도시상에 부합하는 입지 배분
④ 주 간선도로변을 따라 상업기능을 배치
⑤ 토지이용과 교통과의 관계를 고려하여 입지를 선택
⑥ 공익적 관점에서 공원 녹지계획 우선 고려

74 도시계획의 수립 방법으로 옳지 않은 것은?

① 국토 이용 계획에 적합하도록 한다.
② 도시계획의 하위 계획에 구애받을 필요가 없다.
③ 계획 대상도시의 장래 인구 및 산업 규모를 고려한다.
④ 계획 대상 도시 및 그 세력권을 포함하는 계획이 되어야 한다.

해 설
도시계획을 수립할 때 가장 먼저 고려할 사항은 인구지표이며 도시계획의 하위 계획을 명확히 고려하여 상충됨이 없이 수립하여야 한다.

75 포스트모더니즘에서 근린(Neighborhood)을 개념화한 것은?

① 상품(Commodity)
② 사회지역(Social Area)
③ 자연지역(Natural Area)
④ 복합지역(Complex Area)

해 설
근린주구(neighborhood unit) 이론은 모더니즘(Modernism) 사상의 영향을 받아 엄격한 보차분리와 풍부한 녹지확보를 위해 제안되었다.
뉴어바니즘의 기본 목표는 밀도향상, 용도혼합 및 대중교통지향적 개발 등을 통한 주민간의 물리적 접촉 중대이며 궁극적으로는 이를 통한 사회적 통합(social mix)을 이루는 것이라고 해석할 수 있다(Talen, 1999).
따라서 포스트모더니즘에서 근린(Neighborhood)을 개념화한 것은 사회지역(Social Area)이 된다.

76 도시를 구성하는 3대 요소에 해당하지 않는 것은?

① 시민 ② 통신
③ 활동 ④ 토지 및 시설

해 설
도시 구성의 3대 요소는 시민, 토지 및 시설, 활동이다.

77 도시개발구역의 지정대상지역 및 규모의 기준으로 옳은 것은?

① 주거지역 - 2만 ㎡ 이상
② 상업지역 - 3만 ㎡ 이상
③ 공업지역 - 3만 ㎡ 이상
④ 도시지역 외 지역 - 10만 ㎡ 이상

해 설
도시개발구역의 규모
• 주거·상업, 자연·생산녹지(생산녹지지역이 도시개발구역 면적의 30% 이하인 경우) = 1만㎡
• 공업지역 = 3만㎡
• 도시지역 밖 = 30만㎡ 이상(단, 공동주택 중 아파트·연립주택의 건설계획이 포함되는 경우 20만㎡ 이상 - 관할 교육청의 동의, 4차로 이상의 도로 설치 필요)

78 도시공원 및 녹지 등에 관한 법률상 생활권공원에 해당하지 않는 것은?

① 소공원 ② 근린공원
③ 묘지공원 ④ 어린이공원

해 설
생활권공원은 도시생활권의 기반이 되는 공원의 성격으로 설치·관리하는 공원으로서 소공원, 어린이공원, 근린공원이 해당한다.

79 다음 중 대도시에 나타나는 대표적인 문제점이 아닌 것은?

① 교통난 ② 주택부족
③ 공지의 증가 ④ 자연환경파괴

정답 73 ② 74 ② 75 ② 76 ② 77 ③ 78 ③ 79 ③

> **해설**
> 우리나라 대도시의 문제점은 주택부족, 교통난, 자연환경파괴이다. 공지의 감소 등 여유공간이 부족한 것도 대도시의 문제점 중 하나이다.

80. 집적의 불이익이 집적의 이익보다 커지는 도시화 단계는?
① 교외화
② 역도시화
③ 분산적 도시화
④ 집중적 도시화

> **해설**
> 역도시화는 도시화가 지속적으로 진행되어 도시규모가 커지게 되어 집적의 불이익이 집적의 이익보다 커지게 되는 단계를 말한다. 도시로 인구가 집중할수록 집적으로 인한 불이익과 문제가 커지게 되어 인구가 다시 고향이나 주변 지역으로 이주하는 u-턴 또는 L턴 현상이 발생하며 도시권 전체의 인구가 감소하는 단계이다.

제5과목 교통관계법규

81. 도로법상 도로의 종류에 속하지 않는 것은?
① 구도
② 고속국도
③ 자동차전용도로
④ 일반국도의 지선

> **해설**
> 도로법 제8조(도로의 종류와 등급)
> 도로의 종류는 다음 각 호와 같고, 그 등급은 다음에 열거한 순위에 따른다.
> • 고속국도, 일반국도, 특별시도(特別市道)·광역시도(廣域市道), 지방도, 시도(市道), 군도(郡道), 구도(區道)

82. 국가통합교통체계효율화법상 공공교통시설 개발사업의 타당성 평가서를 부실하게 작성한 평가대행자에게 얼마의 과태료를 부과하여야 하는가?
① 3백만원 이하
② 5백만원 이하
③ 1천만원 이하
④ 2천만원 이하

> **해설**
> 국가통합교통체계효율화법 제23조(평가대행자의 준수사항)를 위반하여 타당성 평가서를 부실하게 작성한 평가대행자에게는 1천만원 이하의 과태료를 부과한다.

83. 도시교통정비 기본계획에 포함되어야 하는 사항이 아닌 것은?
① 도시교통의 현황 및 전망
② 교통영향평가에 관한 계획
③ 투자사업 계획 및 재원조달 방안
④ 교통체계 관리 및 교통소통의 개선에 대한 계획

> **해설**
> 도시교통정비 기본계획에는 다음 각 호의 사항이 포함되어야 한다.
> 1. 도시교통의 현황 및 전망
> 2. 다음 사항이 포함되는 부문별 계획
>   가. 유출입(流出入) 교통대책 및 도로·철도·도시철도 등 광역교통체계의 개선
>   나. 교통시설의 개선
>   다. 대중교통체계의 개선
>   라. 교통체계 관리 및 교통소통의 개선
>   마. 주차장의 건설 및 운영
>   바. 자전거 이용시설의 확충
>   사. 환경친화적 교통체계의 구축
> 3. 투자사업 계획 및 재원조달 방안
> ⇒ 따라서 교통영향평가에 관한 계획은 포함사항이 아니다.

84. 다음 중 도로법상 도로의 부속물에 해당하지 않는 것은?
① 주차장, 버스정류시설, 휴게시설
② 시선유도표지, 중앙분리대, 과속방지시설
③ 통행료 징수시설, 도로관제시설, 도로관리사업소
④ 도로와 그 효용을 함께 발휘하는 둑, 호안, 횡단도로, 가로수

> **해설**
> 도로법 제2조(정의) 제2항에 의거, "도로의 부속물"이란 도로 구조의 보전과 안전하고 원활한 도로교통의 확보, 그 밖에 도로의 관리에 필요한 시설 또는 공작물로서 다음 각 목의 어느 하나에 해당하는 것을 말한다.
>   나. 도로의 방호(防護) 울타리, 가로수 또는 가로등으로서 도로 관리청이 설치한 것
>   다. 도로에 연접(連接)하는 자동차 주차장 및 도로 수선용 재료 적치장과 이들 시설을 종합적으로 관리하는 도로관리사업소로서 도로 관리청이 설치한 것
>   라. 도로에 관한 정보 제공 장치, 기상 관측 장치 또는 긴급 연락시설로서 도로 관리청이 설치한 것
>   마. 그 밖에 대통령령으로 정한 것
>
> 도로법 시행령 제3조(도로의 부속물)
> 1. 주유소, 충전소, 교통·관광안내소, 졸음쉼터 및 대기소
> 2. 환승시설 및 환승센터
> 3. 장애물 표적표지, 시선유도봉 등 운전자의 시선을 유도하기

정답 80 ② 81 ③ 82 ③ 83 ② 84 ④

위한 시설
4. 방호울타리, 충격흡수시설, 가로등, 교통섬, 도로반사경, 미끄럼방지시설, 긴급제동시설 및 도로의 유지·관리용 재료적치장

⇒ 둑, 호안, 횡단도로는 도로의 부속물이 아니다.

85 국토교통부장관은 교통기술의 연구·개발을 촉진하고 그 성과를 효율적으로 이용하기 위하여 몇 년 단위로 국가교통기술 개발계획을 수립하여야 하는가?

① 3년 ② 5년
③ 10년 ④ 20년

[해설]
국가통합교통체계효율화법 제94조(국가교통기술개발계획의 수립)
① 국토교통부장관은 교통기술의 연구·개발을 촉진하고 그 성과를 효율적으로 이용하도록 하기 위하여 5년 단위로 국가교통기술의 개발계획을 수립하여야 한다.

86 국가통합교통체계효율화법령상 국가교통조사의 실시에 관한 설명으로 옳지 않은 것은?

① 정기조사는 전국을 대상으로 4년마다 실시한다.
② 교통수단별 에너지 소비량 및 효율 조사 내용이 포함되어야 한다.
③ 교통수단별 및 교통시설별 운행노선, 교통량, 주행거리 등 공급·운영 실태가 포함되어야 한다.
④ 교통물류활동으로 발생하는 교통혼잡, 교통사고, 환경오염, 온실가스 배출 등 교통관련 사회적 외부비용이 포함되어야 한다.

[해설]
국가통합교통체계효율화법 제12조(국가교통조사)에 의거 국토교통부장관은 국가교통조사 및 제16조 제1항에 따른 개별교통조사의 중복을 방지하는 등 효율적인 교통조사의 시행과 조사 결과의 공동 활용 등을 위하여 5년 단위로 국가교통조사의 목표 및 전략, 세부 조사의 내용 및 방법 등에 관한 국가교통조사계획을 국가교통위원회의 심의를 거쳐 수립하여야 한다. 국가교통조사에 포함되어야 할 사항은 다음과 같다.
1. 교통수단별 등록 및 이용 현황
2. 교통수단별 및 교통시설별 운행노선, 교통량, 주행거리 등 공급·운영 실태
3. 교통수단별 및 교통시설별 여객 및 화물의 기점(起點)·종점 통행량
4. 교통수단의 이용 및 교통시설의 투자·운영·관리 등에 지출되는 교통·물류비용
5. 교통물류활동으로 발생하는 교통혼잡, 교통사고, 환경오염, 온실가스 배출 등 교통 관련 사회적 외부비용
6. 교통수단별 에너지 소비량 및 효율
7. 교통수단별 온실가스 배출량
8. 교통수단별 및 교통시설별 수송 실적 및 분담률
9. 그 밖에 교통 관련 정책 및 계획의 수립, 교통시설 투자분석 및 평가에 필요한 사항

국가통합교통체계효율화법 시행령 제8조(국가교통조사의 실시)
① 법 제12조제1항에 따라 국토교통부장관은 다음 각 호의 구분에 따라 국가 차원의 교통조사(이하 "국가교통조사"라 한다)를 실시하여야 한다. 〈개정 2013. 3. 23.〉
1. 정기조사: 전국을 대상으로 5년마다 실시
2. 수시조사: 제1호의 정기조사를 보완하거나 특정 지역 또는 특정 항목을 대상으로 조사가 필요한 경우에 실시

87 국가통합교통체계효율화법 시행규칙상 타당성 평가 대상사업에서 제외하는 사업으로 옳지 않은 것은?

① 총사업비 300억원 이상인 공공교통시설 개발사업
② 교통시설의 유지·보수 등 기존 시설의 효용증진을 위한 단순개량 및 유지·보수사업
③ 재해 예방·복구 지원 등 긴박한 상황에 대응하기 위하여 시급히 추진할 필요가 있는 사업
④ 국가교통위원회의 심의를 거쳐 국토교통부 장관이 타당성 평가 대상사업에서 제외하는 것이 타당하다고 인정한 사업

[해설]
단순히 총 사업비 300억 이상인 공공교통시설 개발사업은 타당성 평가 대상사업에 해당한다.

88 도로교통법상 모든 차의 운전자가 서행하여야 하는 장소에 해당하지 않는 것은?

① 터널 내부
② 도로가 구부러진 부근
③ 비탈길 고갯마루 부근
④ 교통정리를 하고 있지 아니하는 교차로

[해설]
도로교통법 제31조(서행 또는 일시정지할 장소)에 의거 교통정리를 하고 있지 아니하는 교차로, 도로가 구부러진 부근, 비탈길의 고갯마루 부근, 가파른 비탈길의 내리막에서는 서행하여야 한다.

정답 85 ② 86 ① 87 ① 88 ①

89 도시교통정비지역에서 도시교통의 개선을 위하여 필요한 경우 국토교통부장관이 해당 지역을 관할하는 시·도지사에게 명령할 수 있는 사항과 가장 거리가 먼 것은?

① 버스 공동배차제의 실시
② 교통산업 종사원의 임금 조정
③ 교통수단간 환승요금제의 실시
④ 택시 사업구역의 확대 또는 축소

해 설

도시교통정비촉진법 제13조(도시교통의 개선명령)에 의거 국토교통부장관은 도시교통정비지역에서 도시교통의 개선을 위하여 필요한 경우 해당 지역을 관할하는 특별시장·광역시장·특별자치시장·도지사 또는 특별자치도지사에게 다음 각 호의 사항을 명할 수 있다.
1. 둘 이상의 지방자치단체 간의 버스노선의 신설 및 변경 운영
2. 버스 공동배차제의 실시
3. 교통산업 종사원의 근로환경 개선
4. 여객자동차터미널·화물터미널·정류소 및 환승시설의 설치·운영
5. 교통수단 간 환승요금제의 실시
6. 택시 사업구역의 확대 또는 축소
7. 교통시설의 확충(해당 시·도지사가 관할하는 교통시설에만 해당한다)
8. 제15조에 따른 교통영향분석·개선대책(제20조 제1항 및 제3항에 따라 사업계획 등에 반영된 것을 포함한다)의 이행(시·도지사가 사업시행자이거나 교통시설의 관리청인 경우만 해당한다)
9. 그 밖에 도시교통의 원활한 소통을 위하여 필요한 사항

90 주차장법에서 단지조성사업 등에 따른 노외주차장을 설치하여야 하는 사업의 종류가 아닌 것은?

① 택지개발사업 ② 역세권개발사업
③ 도시철도건설사업 ④ 산업단지개발사업

해 설

주차장법 제12조의3(단지조성사업등에 따른 노외주차장)
① 택지개발사업, 산업단지개발사업, 도시재개발사업, 도시철도건설사업, 그 밖에 단지 조성 등을 목적으로 하는 사업을 시행할 때에는 일정 규모 이상의 노외주차장을 설치하여야 한다.

91 주차장법상 의료시설인 종합병원 부설주차장의 설치기준은?

① 시설면적 80㎡ 당 1대
② 시설면적 100㎡ 당 1대
③ 시설면적 150㎡ 당 1대
④ 시설면적 180㎡ 당 1대

해 설

의료시설의 부설주차장 설치기준은 시설면적 150m2당 1대이다.

92 다음 중 도로교통법상 도로에서의 위험을 방지하고 교통의 안전과 원활한 소통을 확보하기 위하여 구간을 정하여 보행자나 차마의 통행을 금지하거나 제한할 수 있는 자는?

① 시장 ② 도로 관리청
③ 지방경찰청장 ④ 국토교통부장관

해 설

1. 도로교통법 제6조(통행의 금지 및 제한)
① 지방경찰청장은 도로에서의 위험을 방지하고 교통의 안전과 원활한 소통을 확보하기 위하여 필요하다고 인정할 때에는 구간(區間)을 정하여 보행자나 차마의 통행을 금지하거나 제한할 수 있다. 이 경우 지방경찰청장은 보행자나 차마의 통행을 금지하거나 제한한 도로의 관리청에 그 사실을 알려야한다.

93 도시교통정비촉진법령상 연차별 시행계획에 포함되어 있지 않은 사항은?

① 교차로의 입체화 계획
② 교통안전시설의 확충계획
③ 타당성평가에 따른 개선 필요사항
④ 역세권 주차장 등 환승시설의 확충

해 설

도시교통정비촉진법 시행령 제11조(연차별 시행계획의 수립 및 제출)
① 시장 또는 군수는 법 제10조제1항에 따른 연차별 시행계획을 3년 단위로 수립하여야 한다.
② 시행계획에는 다음 각 호의 사항이 포함되어야 한다.
 1. 교차로의 입체화 계획
 2. 역세권 주차장 등 환승시설의 확충
 3. 대중교통 운행체계의 개선
 4. 교통영향평가에 따른 개선 필요사항 등
 5. 교통안전시설의 확충계획
 6. 지역별 교통 특성과 교통수요 예측을 위한 단위로서의 교통지구의 설정과 각 교통지구별 교통수요의 현황 및 전망

정답 89 ② 90 ② 91 ③ 92 ③ 93 ③

94. 다음 중 도로교통법에 따른 횡단보도의 정의로 옳은 것은?

① 차도와 보도가 서로 교차하는 도로의 부분이다.
② 보행자가 도로를 횡단할 수 있도록 안전표지로 표시한 도로의 부분이다.
③ 도로를 횡단하는 보행자나 통행하는 차마의 안전을 위하여 안전표지나 이와 비슷한 인공구조물로 표시한 도로의 부분이다.
④ 보도와 차도가 구분되지 아니한 도로에서 보행자의 안전을 확보하기 위하여 안전표지 등으로 경계를 표시한 도로의 가장자리 부분이다.

해설
도로교통법 제2조(정의)
12. "횡단보도"란 보행자가 도로를 횡단할 수 있도록 안전표지로 표시한 도로의 부분을 말한다.

95. 도로법상 고속국도에 대한 도로관리청은?

① 경찰청장
② 해당 시·도지사
③ 국토교통부장관
④ 행정안전부장관

해설
고속국도의 관리청은 국토교통부장관이다. 해당 시·도지사는 국가지원지방도, 그 밖의 도로는 해당 도로 노선을 지정한 행정청이 관리한다.

96. 국가통합교통체계효율화법상 타당성 평가대행 업무에 대한 설명으로 옳지 않은 것은?

① 국토교통부의 소속공무원이 등록기준의 준수여부를 조사할 수 있다.
② 교통투자평가협회는 개인이 위탁하는 타당성평가 업무를 할 수 있다.
③ 타당성 평가의 대행에 필요한 비용의 산정기준은 국토교통부장관이 고시한다.
④ 타당성 평가대행 실적의 보고는 매년 1월 31일까지 평가대행자가 국토교통부장관에게 보고하여야 한다.

해설
국가통합교통체계효율화법 제31조(협회의 사업) 협회는 다음 각 호의 사업을 한다. 〈개정 2013. 3. 23.〉
1. 교통투자평가에 관한 조사·연구
2. 교통투자평가제도의 인식 향상을 위한 홍보
3. 평가대행자의 복리 증진 및 권익 옹호
4. 교통투자평가 업무를 효율적으로 추진하기 위하여 국토교통부장관이 위탁하는 사업
5. 그 밖에 정관으로 정하는 사업
→ 협회는 "국토교통부장관"이 위탁하는 사업의 시행이 가능하다.

97. 시·도지사는 시·도교통안전시행계획 및 전년도의 시·도교통안전시행계획 추진실적을 매년 몇 월 말까지 국토교통부장관에게 제출하여야 하는가?

① 1월 말
② 2월 말
③ 3월 말
④ 4월 말

해설
6. 교통안전법 시행령 제14조(지역교통안전시행계획의 수립 등)
② 시장·군수·구청장은 시·군·구교통안전시행계획과 전년도의 시·군·구교통안전시행계획 추진실적을 매년 1월 말까지 시·도지사에게 제출하고, 시·도지사는 이를 종합·정리하여 그 결과를 시·도교통안전시행계획 및 전년도의 시·도교통안전시행계획 추진실적과 함께 매년 2월 말까지 국토교통부장관에게 제출하여야 한다.

98. 교통안전법상 교통안전관리자의 종류에 해당하지 않는 것은?

① 도로교통안전관리자
② 삭도교통안전관리자
③ 항공교통안전관리자
④ 화물교통안전관리자

해설
교통안전법 시행령 제44조(교통안전관리자의 종류 및 직무 등)에 따라 교통안전관리자는 도로, 철도, 항공, 항만, 삭도교통안전관리자로 구분된다.

99. 주차장법에 따른 노상주차장의 구조·설비에 대한 설명으로 옳은 것은?

① 너비 5미터 미만의 도로에 설치하여서는 아니 된다.
② 종단경사도가 5퍼센트를 초과하는 도로에 설치하여서는 아니 된다.
③ 고속도로, 자동차전용도로 또는 고가도로에 설치하여서는 아니 된다.
④ 주차대수 규모가 20대 이상 50대 미만인 경우 장애인 전용주차구획을 두 면 이상 설치하여야 한다.

정답 94 ② 95 ③ 96 ② 97 ② 98 ④ 99 ③

해설

주차장법 시행규칙 제4조(노상주차장의 구조·설비기준)
① 법 제6조 제1항에 따른 노상주차장의 구조·설비기준은 다음 각 호와 같다.
3. 너비 6미터 미만의 도로에 설치하여서는 아니 된다. 다만, 보행자의 통행이나 연도(沿道)의 이용에 지장이 없는 경우로서 해당 지방자치단체의 조례로 따로 정하는 경우에는 그러하지 아니하다.
4. 종단경사도가 4퍼센트를 초과하는 도로에 설치하여서는 아니 된다. 다만, 다음 각 목의 경우에는 그러하지 아니하다.
5. 고속도로, 자동차전용도로 또는 고가도로에 설치하여서는 아니 된다.
8. 노상주차장에는 다음 각 목의 구분에 따라 장애인 전용주차구획을 설치하여야 한다.
   가. 주차대수 규모가 20대 이상 50대 미만인 경우 : 한 면 이상

100 도로교통법에 따른 정차 및 주차의 금지 장소 기준으로 옳지 않은 것은?

① 도로의 모퉁이로부터 10m 이내인 곳
② 건널목의 가장자리로부터 10m 이내인 곳
③ 교차로·횡단보도·건널목이나 보도와 차도가 구분된 도로의 보도
④ 안전지대가 설치된 도로에서는 그 안전지대의 사방으로부터 각각 10m 이내인 곳

해설

도로교통법 제32조(정차 및 주차의 금지)
모든 차의 운전자는 다음 각 호의 어느 하나에 해당하는 곳에서는 차를 정차하거나 주차하여서는 아니 된다. 다만, 이 법이나 이 법에 따른 명령 또는 경찰공무원의 지시를 따르는 경우와 위험방지를 위하여 일시정지하는 경우에는 그러하지 아니하다.
1. 교차로 · 횡단보도 · 건널목이나 보도와 차도가 구분된 도로의 보도
2. 교차로의 가장자리나 도로의 모퉁이로부터 5미터 이내인 곳
3. 안전지대가 설치된 도로에서는 그 안전지대의 사방으로부터 각각 10미터 이내인 곳
5. 건널목의 가장자리 또는 횡단보도로부터 10미터 이내인 곳
6. 다음 각 목의 곳으로부터 5미터 이내인 곳
   가)「소방기본법」 제10조에 따른 소방용수시설 또는 비상소화장치가 설치된 곳
   나)「화재예방, 소방시설 설치^유지 및 안전관리에 관한 법률」 제2조 제1항 제1호에 따른 소방시설로서 대통령령으로 정하는 시설이 설치된 곳
7. 시 · 도경찰청장이 도로에서의 위험을 방지하고 교통의 안전과 원활한 소통을 확보하기 위하여 필요하다고 인정하여 지정한 곳
8. 시장등이 제12조제1항에 따라 지정한 어린이 보호구역
[전문개정 2011. 6. 8.][시행일: 2021. 10. 21.] 제32조제8호

제6과목 교통안전

101 차량의 방향별 통행을 물리적으로 분리하여 교통안전을 확보하기 위한 중앙분리대의 지방지역 일반도로 설치 시 최소 폭원은?

① 1m
② 1.5m
③ 2m
④ 2.5m

해설

중앙분리대는 도로의 구조·시설 기준에 관한 규칙 제11조에 의거 아래와 같은 최소 폭을 가져야 한다.

도로의 구분	중앙분리대의 최소 폭(m)		
	지방지역	도시지역	소형차 도로
고속도로	3.0	2.0	2.0
일반도로	1.5	1.0	1.0

102 곡선반경이 150m인 도로 구간에서 차량이 횡방향으로 미끄러져 전복되는 사고가 발생하였다. 이 차량의 횡방향으로 미끄러지기 직전의 주행속도는? (단, 편경사는 4%, 횡방향 마찰계수는 0.4이다.)

① 75.6km/h
② 87.4km/h
③ 91.6km/h
④ 96.7km/h

해설

$$r = \frac{V^2}{127(i+f)}, \quad 150m = \frac{V^2}{127(0.04+0.4)}$$
$$V = \sqrt{150 \times 127(0.04+0.4)} = 91.553$$
∴ 약 91.6kph

103 충돌도(collision diagram)에 관한 설명으로 옳지 않은 것은?

① 사고의 패턴을 알 수 있다.
② 사고에 관련된 차량이나 보행자의 경로를 나타낸다.
③ 사고패턴과 예방책의 시행에 따른 결과를 확인하기가 어렵다.
④ 분석 상 지장이 없는 범위에서 길이 방향의 축척을 적당히 조절하여 작도한다.

해설

충돌도는 사고패턴과 예방책의 시행에 따른 결과를 확인하기 위해 사용되는 도면이다.

104 차량 방호울타리의 주된 설치목적과 가장 거리가 먼 것은?

① 운전자의 시선유도
② 탑승자의 상해 및 차량 파손 최소화
③ 이탈차량을 정상 진행 방향으로 복귀
④ 정상적 주행경로를 벗어난 차량의 이탈 방지

해설
방호울타리의 설치목적은 ① 보행자의 통제, ② 충돌시 사고심각도의 감소를 위해 차량의 속도를 감소시킴, ③ 차량의 특정방향으로의 회전통제 또는 배제, ④ 주행 중인 차량의 대향차도 또는 보도, 도로 외측 등으로의 이탈 방지 등이다. 차량 방호울타리의 주된 설치목적은 차량의 이탈을 방지하고 정상 진행방향으로 복귀시켜 탑승자의 상해 및 차량파손을 최소화하는 데 있다.

105 다음 중 제한된 시거로 인한 교차로에서의 보행자사고 방지대책으로 적합하지 않은 것은?

① 시야 장애물 제거
② 좌·우회전차로 설치
③ 다른 보행도로 쪽으로 유도
④ 횡단보도 표지 및 노면표시 개선

해설
시거불량 시 개선사항으로 장애물 제거, 시선이 다른 곳에 가지 않도록 유도표지 설치, 잘 보이도록 밝게 가로조명 개선, 예고표지 설치 등이 있다. 좌·우회전차로의 설치는 회전차량에 의한 보행자사고율을 증가시킬 우려가 있어 방지대책으로 적합하지 않다.

106 다음 중 차량이 평면곡선부를 주행할 때 곡선부 바깥쪽으로 원심력이 작용하여 차량이 도로 밖으로 이탈하는 것을 막기 위하여 도로의 설계 시 반영하는 요소는?

① 편경사
② 도로의 확폭
③ 최소정지시거
④ 충격흡수시설

해설
차량이 평면곡선부를 주행할 때 곡선부 바깥쪽으로 원심력이 작용하여 차량이 도로 밖으로 이탈하는 것을 막기 위하여 도로의 설계 시 반영하는 것을 편경사라 한다.

107 교통사고 예방과 피해 감소를 위한 각종 대책으로 대별되는 3E에 해당하지 않는 분야는?

① 교육(Education)
② 공학(Engineering)
③ 규제(Enforcement)
④ 환경(Environment)

해설
교통안전 3E란 ① Education : 교육(운전자교육, 미디어 홍보), ② Engineering : 공학(사고조사 및 분석, 시설정비, 차량안전도 개선), ③ Enforcement : 규제(속도, 안전띠, 음주)를 말한다.

108 도로 구간의 사고방지대책으로 옳지 않은 것은?

① 추월 허용
② 시선유도표 설치
③ 입체 분리시설 설치
④ 횡단보행 신호등 설치

해설
추월을 허용하는 것은 사고위험을 증대시킬 수 있다.

109 다음 그림과 같이 바퀴가 구르면서 동시에 핸들의 조향에 의하여 차량이 측방향으로 쏠리면서 생기는 타이어 마크는?

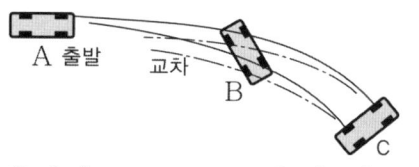

① 요 마크
② 임프린트
③ 롤링 마크
④ 가속 스카프 마크

해설
요마크(Yaw Mark)는 편주흔이라고도 하며 양 후륜의 미끄럼 흔적 모두가 전륜의 미끄럼 흔적을 벗어난 경우를 일컫는다.

110 교통시설안전진단의 종류 및 대상사업에 대한 설명으로 옳지 않은 것은?

① 운영단계 도로안전진단은 사망사고가 3년간 5건 이상 발생한 도로에서 시행한다.
② 도시·군계획시설사업으로 고속국도의 총 길이 5km 이상인 경우 도로안전진단을 실시한다.
③ 설계단계 도로안전진단은 일정규모 이상의 도로

를 설치하는 경우 도로의 교통안전에 관한 위험요인을 조사·측정 및 평가하기 위하여 설계단계에서 실시한다.

④ 운영단계 도로안전진단은 교통시설의 결함여부 등을 조사한 결과 당해 교통사고 발생원인과 관련하여 교통시설에 진단이 필요하다고 인정되는 때 교통안전진단기관에 의뢰하여 실시한다.

해 설
운영단계 도로안전진단은 교통안전법 제50조제1항에 따라 교통시설의 결함 여부 등을 조사한 교통사고에 대해 시행한다.

111 소도로 또는 대도시의 집·분산도로 또는 국지도로나 교통량이 적은 지방부 도로 등에서 주로 같은 종류의 도로 또는 교차로를 비교할 때 사용하는 위험지점 선정기법은?

① 사고율법
② 사고건수법
③ 사고건수 - 율법
④ 율 - 품질관리법

해 설
사고다발지점 선정방법 중 교통사고 건수(빈도수)에 의한 방법

사고건수(건/km/년) = 건수÷(구간길이×연수)

- 주어진 어떤 값보다 사고발생 건수가 많은 곳을 위험도가 높다고 판단하여 사고 잦은 장소라 판정하는 방법
- 소도시나 대도시의 집·분산도로, 국지도로나 교통량이 적은 지방부 도로 등에서 주로 같은 종류의 도로 또는 교차로를 비교할 때 사용하는 방법

112 교통사고 방지대책의 일반적인 절차로 옳은 것은?

① 지점선정 → 대책수립 → 문제분석 → 대책시행 → 사후모니터링
② 문제분석 → 대책수립 → 지점선정 → 대책시행 → 사후모니터링
③ 지점선정 → 문제분석 → 대책수립 → 대책시행 → 사후모니터링
④ 문제분석 → 지점선정 → 대책수립 → 대책시행 → 사후모니터링

해 설
교통사고 방지대책은 ① 지점 선정, ② 문제 분석, ③ 대책 수립, ④ 대책 시행, ⑤ 추적조사 및 확인(사후모니터링) 순으로 수립한다.

113 도시지역 교차로에서 발생되는 교통사고의 유형과 건수 등에 영향을 미치는 요인 중 가장 거리가 먼 것은?

① 교차로의 경관
② 교차로의 기하구조
③ 교차로의 통과교통량
④ 교차로의 교통통제방법

해 설
교차로의 경관(자연의 모습이나 풍경 등)은 빌딩 등의 시설물과 아스팔트 포장 등으로 구성된 도시지역 교차로에서 사고의 유형이나 건수에 영향을 미치기 어렵다.

114 차량충돌로 인한 운전자와 도로구조물을 보호하는 기능을 수행하는 충격흡수시설의 선정 시 고려해야 할 사항으로 가장 거리가 먼 것은?

① 설치장소의 길이와 폭
② 설치장소의 도로·교통 조건
③ 설치비, 유지관리비 등 경제성
④ 설치장소의 교통사고 발생빈도

해 설
충격흡수시설을 설치함에 있어 발생빈도를 고려한다면 빈도가 낮다는 이유로 위험하지만 충격흡수시설이 설치되지 않는 경우가 발생하게 된다. 따라서 충격흡수시설을 설치할 때에는 발생빈도를 고려해서는 안된다.

115 네 바퀴의 스키드 마크(skid mark) 길이가 각각 6.0m, 6.5m, 7.0m, 7.5m일 때 제동차량의 초기속도 산정 시 사용하는 스키드 마크 길이는?

① 6.0m
② 6.5m
③ 7.0m
④ 7.5m

해 설
스키드 마크의 길이는 모든 스키드 마크의 길이 중 가장 긴 길이가 사용된다.

116 다음 중 노면이 젖어 있을 때 자동차가 고속으로 주행할 경우 타이어가 노면과 접촉되지 않아 노면의 고인 물에 부상하게 되어 타이어 아래에 있는 물의 압력과 타이어에 걸리는 무게가 같게 되고, 브레이크도 제대로 작용하지 않게 되는 현상은?

정답 111 ② 112 ③ 113 ① 114 ④ 115 ④ 116 ④

① 스키드 마크 ② 스탠딩웨이브
③ 드리프트 현상 ④ 하이드로플레이닝

> **해 설**
> 수막현상(Hydro Planing, 하이드로플래닝)이란 물기가 있는 도로의 주행 시 노면과 타이어 사이에 얇은 수막이 생겨 주행 시 브레이크 기능을 상실하게 되는 현상을 말하며 통상 80km/h의 속도로 주행할 때 나타난다.

117 다음 중 현황도 내용에 포함되지 않는 것은?

① 신호 현시   ② 시야 장애물
③ 운전자 성별 ④ 주변의 토지이용현황

> **해 설**
> 현황도 내용에는 인접건축물선, 연석과 차도의 경계, 교통안전표지 및 교통통제설비, 시야장애, 도로 가까이나 도로 내의 물리적 장애물 등이 포함된다. 운전자에 관련된 정보는 나타나지 않는다.

118 교통사고 방지대책 중 개선대안 선택을 위한 위험지점 분석의 4단계에 해당하지 않는 것은?

① 충돌도 준비   ② 사고특성 요약
③ 현장조사 실시   ④ 안전설계지침 검토

> **해 설**
> 개선대안 제안을 위한 위험지역 분석의 4단계는 ① 충돌도의 준비 ② 사고특성의 요약 ③ 현장조사의 실시 ④ 개선책의 제안의 순서로 이루어진다.

119 어느 차량이 60m 거리를 미끄러져 주차한 차량과 충돌하였다. 충돌 후 두 차량이 함께 다시 20m를 미끄러진 후 정지하였다. 양 차량의 무게가 동일할 때 주행차량의 초기속도는? (단, 마찰계수는 0.5로 가정한다.)

① 130.1km/h   ② 133.3km/h
③ 139.3km/h   ④ 145.1km/h

> **해 설**
> $$v_1 = \sqrt{254f\left[S_2\left(\frac{W_A+W_B}{W_A}\right)^2 + S_1\right]}$$
> $$v_1 = \sqrt{254 \times 0.5\left[20\left(\frac{1+1}{1}\right)^2 + 60\right]}$$
> $v_1 = 133.3$km/h

120 교통사고 유발요인의 분류와 이에 속하는 요인이 잘못 짝지어진 것은?

① 환경요인 - 음주 또는 약물 복용
② 도로요인 - 도로폭 또는 종단경사
③ 차량요인 - 차량구조장치 또는 부속품
④ 인적요인 - 운전자의 적성 또는 운전습관

> **해 설**
> 음주 또는 약물 복용은 인적요인 중 육체적 조건에 해당한다. 환경요인에는 도로, 자연, 교통, 사회 등이 해당한다.

4회 2018년 기출문제

제1과목 교통계획

01 다음 중 도심의 교통수요 관리 정책으로 적합하지 않은 것은?

① 차량등록세 감축
② 대중교통수단 육성
③ 주차 금지구역 확대
④ 보행자 전용도로 건설

[해설]
통행 발생 차단을 위한 대표적인 기법에 조세정책(고액의 차량등록세, 차량구입세, 고율의 보험료)이 있다.

02 도로의 규모별 구분 중 광로의 최소 폭원 기준으로 옳은 것은?

① 25m 이상
② 30m 이상
③ 40m 이상
④ 50m 이상

[해설]
광로는 1류가 폭 70미터 이상인 도로, 2류가 폭 50미터 이상 70미터 미만인 도로, 3류가 폭 40미터 이상 50미터 미만인 도로를 말한다.

03 철도 역사건설에 따른 경제성 분석 시 편익항목으로 옳지 않은 것은?

① 운영비 절감
② 교통사고 감소
③ 교통시간 감소
④ 주변지가의 상승

[해설]
도로·철도 부문 사업 시행에 따른 공통편익 항목에는 차량운행비용 절감편익, 통행시간 절감편익, 교통사고 감소편익, 환경비용(공해 및 소음) 절감편익이 있다.

04 연평균일교통량(AADT : Annual Average Daily Traffic)에 관한 설명으로 옳은 것은?

① 1년간 총 통과차량수로, 한 지역의 연간 통행량 산출에 사용된다.
② 첨두 시 동안의 교통량의 변화, 교통용량의 한계 산출에 사용된다.
③ 첨두 시 첨두길이 및 첨두 정도 판단, 교통제어방법 결정에 사용된다.
④ 도로의 현재 통행 수요 파악, 차로 수 결정, 간선도로 체계의 개발에 사용된다.

[해설]
연평균 일교통량을 산출하는 목적은 수요파악을 통한 차로 수 결정, 도로 개발을 위해서이다.

05 어느 대중교통수단의 수요 탄력성(e)이 0 < e < 1 인 경우, 요금인상이 전체 수입에 미치는 효과는?

① 요금 인상 후 전체 수입은 증가한다.
② 요금 인상 후 전체 수입은 감소한다.
③ 요금 인상 정도에 관계없이 전체 수입은 변화가 없다.
④ 요금 인상 정도에 따라 전체 수입은 증가·감소한다.

[해설]
문제에 주어진 경우는 Case 2에 해당하고, 비탄력적인 경우이다. Case 2는 요금을 인상하면 수입이 증가하고, 요금을 인하하면 수입이 감소하는 경우이다.

06 대중교통체계 운영을 위하여 소요되는 가변비용(variable cost)에 속하지 않는 것은?

① 연료비
② 운전기사의 임금
③ 차량 부품 구입비용
④ 정류장 시설 설치비용

[해설]
대중교통 비용 중 가변비용이란 변동비를 의미하는 것으로 서비스의 공급량에 따라 변동되는 비용이다. 연료비, 운전기사의 임금, 차량 부품 구입비용, 소모품비 등이 주를 이룬다. 정류장 시설 설치 비용은 최초 1회만 필요한 비용으로 변동비라 볼 수 없다.

07 교통존(traffic zone)을 설정하는 일반적 기준으로 옳지 않은 것은?

① 행정구역과 가급적 일치하도록 한다.
② 가급적 동질적인 토지이용이 포함되도록 한다.
③ 교통존의 규모는 자료가 허용하는 한 작을수록 좋다.
④ 간선도로가 가급적 교통존의 경계선과 일치하도록 한다.

정답 01 ① 02 ③ 03 ④ 04 ④ 05 ① 06 ④ 07 ③

해설
동질의 토지이용, 간선도로 및 행정구역과 경계선이 일치해야 한다. 교통존의 규모는 분석의 목적에 따라 달라진다.

08 다음의 수요예측 방법 중 해당 지역별로 관련 자료를 수집하여 장래 교통발생 수요를 예측하는 방법은?

① 성장곡선법　　② 지수곡선법
③ 회귀분석법　　④ 곰페르츠곡선법

해설
해당 지역별로 관련 자료를 수집하여 장래 교통발생 수요를 예측하는 방법은 회귀분석법이다. 관련자료 각각을 하나의 변수로 설정하고, 계수를 찾게되면 발생 수요를 알 수 있게되는 원리이다.

09 도로사업 시행으로 초기연도(2011년)에만 사업비가 6억원이 투입되었고 2012년에 1억원, 2013년에 3억원, 2014년에 3억원의 편익이 발생하였을 때 3년간의 편익/비용(B/C)비로 옳은 것은? (단, 할인율은 4.5%이다.)

① 약 0.85　　② 약 1.06
③ 약 1.17　　④ 약 1.20

해설
$$B/C = \frac{\frac{1}{(1.045)^1} + \frac{3}{(1.045)^2} + \frac{3}{(1.045)^3}}{6}$$
$$= 1.056 ≒ 1.06$$

10 회전교차로에 대한 설명 중 잘못된 것은?

① 반시계방향의 일방향 흐름에 따른 상충횟수, 상충면적 감소
② 명확한 우선순위의 규정 배제 시 운전의 혼란 초래
③ 차량의 속도 감소와 상충의 감소에 따른 사고빈도 및 심각성 저하
④ 많은 교통량이 집중되어도 처리가 가능한 효율적인 교차로

해설
회전교차로는 교통량이 일정수준 이하로 적을 때 효율적인 교차로 운영방식이다.

11 교통수요예측을 위한 자료수집에서 전수화과정이 필요 없는 경우는?

① 정책목표달성 측정치 산출
② 시계열적 변화 및 추세파악
③ 계수값(parameter) 추정을 위한 모형정산 과정
④ 무작위 표본자료가 아닌 표본자료를 이용한 모형정산 시 가중치 계산

해설
전수화란 표본자료에 적정한 계수를 적용하여 전체 모집단의 특성을 가장 유사하게 나타내는 결과를 도출하는 과정을 말한다. 계수(parameter)의 값 추정단계에서는 전수화 과정이 필요하나 이를 위한 모형의 정산 과정에서는 전수화가 필요치 않다.

12 대중교통수단의 최대용량(Maximum Capacity)에 영향을 주는 변수가 아닌 것은?

① 요금
② 차량의 형태
③ 운행가능한 차량의 총수
④ 통행로(Right-of-way)의 혼잡 정도

해설
요금의 변화는 대중교통의 용량에 영향을 준다고 보기 어렵다. 즉, 버스요금이 하락한다고 해서 버스의 크기가 변화한다거나, 더 많은 사람이 탈 수 있게 되는 변화가 생긴다고 보기는 어렵다는 의미이다.

13 아래 [상황]에서 직장인 B가 하루동안 발생시킨 목적통행 수는?

[상황]
직장인 B는 집을 출발해서 택시를 타고 전철역까지 가서 전철을 타고 직장주변에서 내린 후 도보로 직장에 도착하였다. 일과를 마친 후 직장동료인 C의 승용차를 타고 그와 함께 식사를 한 후 택시를 타고 쇼핑몰에 가서 물건을 산 후 버스를 타고 귀가하였다.

① 3　　② 4　　③ 5　　④ 6

해설
집-직장이 한 목적통행, 직장-음식점이 한 목적통행, 음식점-쇼핑몰이 한 목적통행, 쇼핑몰-집이 한 목적통행으로 총 4 목적통행을 발생시켰다.

14 교통서비스의 공급에 공공이 개입하는 이유로 가장 거리가 먼 것은?

① 서비스의 효율성과 형평성을 확보하기 위함이다.
② 교통서비스는 다른 재화나 용역과는 달리 외부효과가 작기 때문이다.
③ 교통시설에 대한 투자와 관리는 도시 전역에 큰 영향을 미치기 때문이다.
④ 교통은 공공재이므로 사적 독점으로부터 나타나는 부작용을 방지하기 위함이다.

해설
교통서비스 공급에 공공이 개입하는 이유는 교통서비스의 외부효과가 크기 때문이고, 교통시설에 대한 투자와 관리는 도시전역에 파급효과가 크기 때문이며 서비스의 효율성과 형평성을 확보하기 위함이다. 또한 교통은 공공재이므로 사적 독점으로부터 나타나는 부작용을 방지하기 위해 공공이 개입하게 된다.

15 다음 중 모노레일(Monorail)이 지하철보다 유리한 점으로 옳지 않은 것은?

① 공사기간이 짧다.
② 전망 및 통풍이 좋다.
③ 승강장 길이에 제한이 없다.
④ 동일 수송능력을 기준으로 건설비가 싸다.

해설
모노레일은 고가로 설치되는 경우가 대부분이어서 상대적으로 승각장 길이에 제한이 심하다.

16 두 결절점을 연결하는 두 구간(link) a와 b의 교통망 균형노선 배정체계다. Ca(x)와 Cb(x)는 구간 a와 b의 평균 통행비용 함수이고, ma(x)와 mb(x)는 한계 통행비용 함수일 때, 이용자 최적 노선 배정 시 두 구간 a와 b의 균형 통행량(X_a^*, X_b^*)은? (단, t_a와 t_b는 구간별 통행비용이며, x_a와 x_b는 각 구간의 통행량이다.)

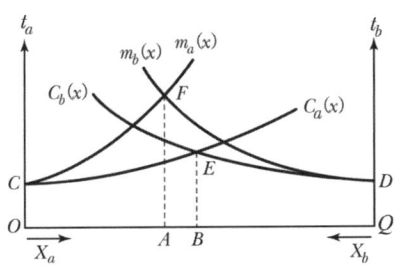

① X_a^* = OA, X_b^* = QA
② X_a^* = OB, X_b^* = QB
③ X_a^* = OA, X_b^* = QB
④ X_a^* = OB, X_b^* = QA

해설
평균통행비용함수가 같아지는 곳이 균형통행량을 나타내는 곳이 된다. 따라서 Xa는 OB가 되고 Xb는 QB값을 갖게 된다.

17 전환곡선(diversion curve)에 기초하여 교통수단을 선택하는 모형은?

① 중력모형
② 프라타모형
③ 통행교차모형
④ 카테고리모형

해설
4단계 수요추정 모형 중 수단선택(분담) 단계에서 사용되는 모형에는 통행단, 통행교차, 확률선택모형이 있다. 이 중 전환곡선에 기초한 모형은 통행단과 통행교차 모형이다.

18 택시요금의 변화에 따라 버스수요의 변화정도를 설명하는 개념은?

① 가격탄력성
② 공급탄력성
③ 교차탄력성
④ 소득탄력성

해설
요금과 수요가 동시에 변화하는 정도를 설명하는 것은 교차탄력성의 개념이다.

19 어느 도심지역 쇼핑시설의 주차특성을 조사한 결과, 주차발생원단위가 4.5(대/1,000m²), 주차이용효율이 80.5, 주차대수의 연평균 증가율이 4%이었다. 신축예정인 쇼핑시설의 건물 연면적이 14,000m²일 때 5년 후의 주차수요는? (단, 주차수요의 예측은 등비급수법에 의한다.)

① 약 79대
② 약 96대
③ 약 119대
④ 약 137대

해설
$\frac{4.5 \times 14,000}{1,000 \times 0.805} \times (1.04)^5 = 78.26 ≒ 79$

20 다음 중 교통정보의 역기능이 아닌 것은?

① 시간처짐(time-lag)
② 통행집중(concentration)
③ 과도반응(over-reaction)
④ 정보포화(over-saturation)

해설
교통정보의 역기능에는 제공되는 정보가 너무 많아서 효과적으로 이용할 수 없는 상황을 말하는 정보포화(over-saturation), 많은 수의 운전자가 짧은 시간동안 그 정보에 반응하여 운전자가 해당 정보로부터 실익을 얻지 못하는 상태를 말하는 과도반응(over-reaction), 유사한 선호도를 지닌 운전자가 같은 시간에 같은 경로로 집중되게 되어 정보를 참고하여 경로를 선택한 것이 오히려 더욱 혼잡을 가중시키게 되는 현상을 말하는 통행집중(concentration)이 있다.

제2과목 교통공학

21 도로의 구조·시설 기준에 관한 규칙에서 고속도로 설계 시 설계기준자동차는?

① 소형자동차 ② 대형자동차
③ 승용자동차 ④ 세미트레일러

해설
설계기준자동차는 고속도로 및 주간선도로에서 세미트레일러를 사용한다. 보조간선 및 집산도로는 세미트레일러 또는 대형자동차를 사용하고, 국지도로는 대형자동차 또는 승용자동차를 사용한다.

22 오전 9시부터 10시 사이의 ③번 지점에서 유출되는 방향별 교통량이 아래의 그림과 같을 때, 10대의 차량이 ③번 지점에서 교차로에 진입하였을 때 우회전 차량이 7대일 경우의 확률은? (단, 이항분포(Binomial Distribution)를 이용할 경우)

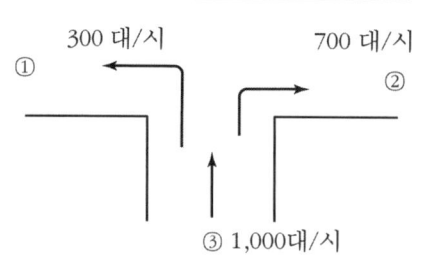

① 0.1826 ② 0.2254
③ 0.2668 ④ 0.3234

해설
$$P_{(x)} = \binom{n}{x} p^x q^{n-x} = \frac{n!}{(n-x)!x!} p^x q^{n-x}$$
$p = 0.7, q = 0.3$
$$P_{(7)} = \binom{10}{7} p^7 q^{10-7} = \frac{10!}{(10-7)!7!} 0.7^7 0.3^3 = 0.266827932$$
∴ 약 0.2668

23 포화교통류율(s, vphgpl)과 포화차두시간(h, 초)과의 관계로 옳은 것은?

① $h = \dfrac{s}{3,600}$ ② $h = \dfrac{1,000}{s}$
③ $s = \dfrac{100}{h}$ ④ $h = \dfrac{3,600}{s}$

해설
포화교통류율은 신호교차로에서 정지해 있던 차량이 정지선을 통과 할 수 있는 최대 교통량으로서, 녹색신호가 계속될 때 손실시간이 없는 1시간 동안의 교통류율로 나타낸다. 단위는 한 차로당 녹색신호 한 시간당 승용차 대수(pcphgpl : Passenger Cars Per Hour Of Green Per Lane)이다. 따라서 포화교통류율은 3,600초를 포화차두시간으로 나눈 값이라고 할 수 있다.

24 운전자의 인지-반응 과정(PIEV 과정)을 순서대로 올바르게 나열한 것은?

① 추측 - 지각 - 식별 - 행동판단
② 지각 - 식별 - 추측 - 행동판단
③ 지각 - 식별 - 행동판단 - 행동 및 반응
④ 식별 - 지각 - 행동판단 - 행동 및 반응

해설
인지반응과정의 순서를 찾는 문제이므로 추측이 들어 있어서는 안 된다. 식별과 지각 중 먼저 수행되어야 할 것, 즉 무엇이 있는지와 있는 것이 무엇인지 알아보는 것 중 우선되어야 할 것은 당연히 무엇이 있는지 지각하는 일일 것이다.

25 가변차로제에 대한 설명으로 옳지 않은 것은?

① 기존의 차로를 효율적으로 활용한다.
② 일방통행제와 비교할 때 우회도로를 필요로 한다.
③ 통제시설이 적절하지 못할 경우 사고의 위험이 높다.
④ 방향별 교통량이 특정 시간대에 현저하게 차이가 나는 경우 효과적인 차로 운영 방식중의 하나이다.

> **해설**
> 가변차로제는 일방통행제와 비교할 때 우회도로를 필요로 하지 않는 장점을 가지고 있다.

> **해설**
> Q-k 곡선에 대한 문제이다. 교통량이 최대지점일 때 임계밀도가 되는 그래프를 찾으면 된다.

26 평면교차로 설계 시 고려하여야 할 사항으로 옳지 않은 것은?

① 상충점을 분리하지 말 것
② 차량간의 상대속도를 줄일 것
③ 기하구조설계와 교통통제를 조화시킬 것
④ 교통량이 많고 높은 속도의 교통류에 우선권을 줄 것

> **해설**
> 상충점은 분리하여 멀리 떨어뜨리거나 합쳐서 그 갯수를 최소화하여야 한다. 무조건 분리하면 안되는 것은 아니다.

27 평균속도 측정에 필요한 속도측정 표본수를 구하는 공식으로 옳은 것은? (단, N : 필요표본수, K : 통계 신뢰도계수, σ: 속도표준편차, E : 허용오차)

① $N = \dfrac{K\sigma}{E}$
② $N = \dfrac{K\sigma}{E^2}$
③ $N = \left(\dfrac{K\sigma}{E}\right)^2$
④ $N = \dfrac{K\sigma^2}{E^2}$

> **해설**
> 표본의 크기를 결정하는 식은 다음과 같다.
> $$n \geq \dfrac{Z_{\frac{a}{2}} \times \sigma^2}{\epsilon^2}$$
> 전체를 하나로 묶어 제곱하여도 되므로 다음과 같이 표현할 수 있다.
> $$n \geq \left(\dfrac{Z_{\frac{a}{2}} \times \sigma}{\epsilon^2}\right)^2$$

28 교통밀도(K)와 교통량(Q)의 관계 그래프로 가장 적절한 것은?

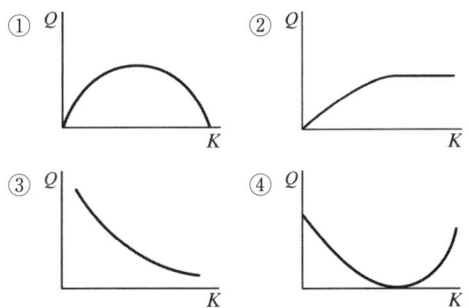

29 이동차량조사법에 의하여 3km 구간 도로에 대한 조사결과가 아래와 같을 때, 남쪽에서 북쪽으로 이동하는 교통류의 공간평균속도는?

- 북→남 방향 진행 시 반대방향에서 만난 차량수 : 200대
- 남→북 방향 진행 시 주행차량을 추월한 차량수 : 10대
- 남→북 방향 진행 시 주행차량이 추월한 차량수 : 7대
- 남→북 방향 통행시간 : 10분
- 북→남 방향 통행시간 : 9분

① 약 16.5km/h
② 약 18.5km/h
③ 약 31.5km/h
④ 약 33.3km/h

> **해설**
> 1) 남에서 북으로 진행하는 교통류의 시간당 교통량
> $$V_n = \dfrac{60(M+O-P)}{(T_n+T_s)} = \dfrac{60(200+10-7)}{(10+9)}$$
> $$= 641.05 대/시$$
>
> 2) 남에서 북으로 이동하는 교통류의 공간평균속도
> 공간평균속도 $V = \dfrac{1}{t}$, $Q = 641.05 대/시$
> $$t = t_e - \dfrac{3,600(O-P)}{Q}$$
> $$t = 10 \times 60 - \dfrac{3,600(10-7)}{641.05} = 583.15 초$$
> $$V = \dfrac{l}{t} = \dfrac{3km \times 1,000}{583.15 초} = 5.1444 m/s = 18.52 km/h$$
> ∴ 약 18.5km/h

30 교차로운영이나 안전 측면에서 교차로에 교통신호기를 설치함에 따른 장점으로 가장 거리가 먼 것은?

① 교통사고 중 추돌사고를 현저히 감소시킨다.
② 신호기가 없으면 혼잡할 수 있는 교차로에서 차량의 흐름을 질서 있게 한다.
③ 인접교차로를 연동시켜 차량군이 여러 개의 교차로를 연속적으로 진행할 수 있게 한다.
④ 과도한 주방향도로의 흐름을 차단하여 부도로의 차량이 안전하게 통과할 수 있게 한다.

정답 26 ① 27 ③ 28 ① 29 ② 30 ①

> **해설**
> 교통신호운영의 단점 중 하나는 감속 - 정지 - 출발 등의 조작에 따른 추돌사고의 증가를 들 수 있다.

31 도로교통용량 산정의 변수 중 중차량 보정계수 공식으로 옳은 것은? (단, P_t : 화물차의 구성비, P_b : 버스의 구성비, E_t : 화물차의 승용차환산계수, E_b : 버스의 승용차환산계수)

① $\dfrac{1}{[1+P_t(E_t-1)+P_b(E_b-1)]}$

② $\dfrac{1}{[P_t(E_t-1)+P_b(E_b-1)]}$

③ $\dfrac{1}{[P_t(E_t-1)+P_b(E_b-1)-1]}$

④ $\dfrac{1}{[1+P_t(E_t-1) \times P_b(E_b-1)]}$

> **해설**
> 중차량보정계수는 지형별로 다음과 같이 표현된다.
> $$f_{HV} = \dfrac{1}{[1+P_{T1}(E_{T1}-1)+P_{T2}(E_{T2}-1)+P_{T3}(E_{T3}-1)]}$$
> (평지)
> $$f_{HV} = \dfrac{1}{[1+P_{T1}(E_{T1}-1)+P_{T2,T3}(E_{T2,T3}-1)]}$$
> (구릉지, 산지)
> 여기서,
> E_{T1}, E_{T2}, E_{T3} : 소형, 중형, 대형 중차량의 승용차환산 계수
> P_{T1}, P_{T2}, P_{T3} : 소형, 중형, 대형 중차량의 구성비(%)

32 구간별 교통류의 상태가 아래와 같을 때, 그 경계면 AA에서 후방 충격파의 속도는?

```
                          A
교통량 : 1,100대 / 시    교통량 : 800대 / 시
밀도 : 100대 / km       밀도 : 20대 / km
─────────────────────────────────────→
                          A      교통류 방향
```

① 3.75 km/시 ② 4.00 km/시
③ 5.43 km/시 ④ 7.25 km/시

> **해설**
> $w_{AB} = \dfrac{q_A - q_B}{k_A - k_B}$,
> $w_{AB} = \dfrac{800-1,100}{20-100} = 3.75 \text{km/h}$

33 신호교차로에서 보행자의 횡단에 필요한 시간을 고려한 최소 보행녹색 시간은? (단, 보행자 지체시간 : 7초, 황색신호시간 : 4초, 보행자 속도 : 1.2m/초, 횡단보도 길이 : 20m)

① 13.7초 ② 19.7초
③ 23.0초 ④ 27.7초

> **해설**
> G_p = 최소초기녹색시간 + 보행자 횡단시간 = $t + \dfrac{L}{v}$
> $= (7-4) + \dfrac{2.0}{1.2} = 19.67$
> ∴ 약 19.7초

34 도로상의 한 지점에서 차량의 도착 분포가 평균 6대/분의 포아송(Poisson)분포를 따른다고 할 때, 연속된 두 차량간의 차두시간(Headway)이 20초보다 길 확률은?

① 약 0.034 ② 약 0.104
③ 약 0.135 ④ 약 0.865

> **해설**
> 차두시간이 20초보다 길 확률
> = 1 - 차두시간이 20초보다 짧을 확률 → 음지수분포 사용
> $\mu = 60초/6대 = 10초/대$,
> $E_{(h>20)} = 1 - \int_0^{20} \dfrac{1}{10} e^{-\frac{t}{10}} dt = 0.13533$

35 다음 설명 중 옳은 것은?

① 설계시간 교통량(DHV)이란 연평균일교통량(AADT)에 설계시간계수(K)를 곱하여 산출한 것이다.
② 고속도로 기본구간에서 특정경사구간이란 경사가 4% 이상, 경사길이가 300m 이상인 단일경사 구간을 의미한다.
③ 고속도로란 차로 수가 편도 1차로 이상이고 중앙분리대가 설치된 도로로서 차량의 진·출입이 자유로운 도로를 의미한다.

정답 31 ① 32 ① 33 ② 34 ③ 35 ①

④ 연평균일교통량(AADT)은 한 해 동안 도로의 한 지점 또는 일정 도로 구간을 지나는 일방향 교통량을 365일로 나눈 교통량을 의미한다.

해 설
② 특정경사구간은 경사가 3% 이상, 경사 길이가 500m 이상인 단일경사구간을 말한다.
③ 고속도로는 차로수가 편도 2차로 이상이어야 한다.
④ 연평균 일교통량은 양방향 교통량을 365일로 나눈 교통량을 의미한다.

36 다음 중 일정한 도로구간의 교통류를 설명하는 세 가지 기본적인 특성변수가 아닌 것은?

① 일정시간 동안에 변화한 공간이동량
② 일정시간 동안에 한 지점을 통과한 차량수
③ 일정시간 동안 정지했다가 출발하는 차량수
④ 한 순간에 도로의 일정구간을 점유한 차량수

해 설
교통류를 설명하는 세 가지 기본특성변수는 속도(u), 밀도(k), 교통량(Q)이다. 일정시간 동안에 변화한 공간이동량이 속도이고, 일정시간 동안에 한 지점을 통과한 차량수가 교통량이며, 한 순간에 도로의 일정구간을 점유한 차량수가 밀도이다.

37 연속교통류의 교통량(Q, 대/시)과 밀도(D, 대/km)의 관계가 $Q = -0.1D^2 + 20D$일 때, 최대 밀도는?

① 20대/km
② 50대/km
③ 100대/km
④ 200대/km

해 설
$Q = -0.1D^2 + 20D$
D에 관해 미분하면 최대밀도 D_m을 계산할 수 있다.
$\frac{dq}{dD} = 20 - 0.2D = 0$
$D_{max} = \frac{20}{0.2} = 100(대/km)$

38 오전 첨두시인 08:00~09:00의 교통량을 15분 단위로 조사한 결과가 각각 1,300대, 1,500대, 1,200대, 1,600대 일 때, 첨두시간계수(PHF)는?

① 0.846
② 0.875
③ 0.933
④ 1.088

해 설
$PHF = \frac{1,300 + 1,500 + 1,200 + 1,600}{1,600 \times 4}$
$= \frac{5,600}{6,400} = 0.875$

39 단일 서비스기관의 대기행렬모형에서 평균도착율이 λ, 평균서비스율이 μ일 때 시스템 내의 평균 체류시간을 나타내는 식은?

① $\frac{1-\lambda}{\mu}$
② $\frac{\lambda}{\mu-\lambda}$
③ $\frac{1}{\mu-\lambda}$
④ $\frac{\lambda}{\mu(\mu-\lambda)}$

해 설
시스템 내 평균 체류시간은
$W = W_q + \frac{1}{\mu} = \frac{1}{\mu-\lambda}$ 로 표현된다.

40 고속도로 기본구간의 용량과 서비스수준 측면에서의 기본조건으로 옳지 않은 것은?

① 평지
② 차로폭 2.5m 이상
③ 측방여유폭 1.5m 이상
④ 승용차로만 구성된 교통류

해 설
고속도로는 차로폭 3.5m 이상이 이상적인 조건이다.

제3과목 교통시설

41 지방지역 고속도로에서 평지 및 산지의 일반적인 설계속도는?

① 평지 80km/h, 산지 60km/h
② 평지 100km/h, 산지 80km/h
③ 평지 120km/h, 산지 100km/h
④ 평지 140km/h, 산지 120km/h

해 설
평지는 120km/h, 산지는 100km/h를 설계속도의 최소값으로 한다.

정답 36 ③ 37 ④ 38 ② 39 ③ 40 ② 41 ③

42 교면포장시 확보하여야 하는 특성으로 옳지 않은 것은?

① 미끄럼에 대한 저항능력을 보유하여야 한다.
② 표면이 평탄하여 승차감을 확보하여야 한다.
③ 교량 구조체의 신축팽창 거동에 저항하여야 한다.
④ 사하중의 과도한 증대로 인한 피로를 유발하지 않아야 한다.

해 설
교량 구조체는 온도 등 외부요인에 의해 신축 팽창하게 되는데, 포장이 이에 순응하여 탄력적으로 반응하지 못하고 저항하게 되면 균열, 파괴 등의 결과가 나타나게 된다.

43 교통량이 구간 용량을 넘어선 상태로서 차량이 자주 멈추며 도로의 기능이 거의 상실된 상태를 나타내는 서비스 수준은?

① C
② D
③ E
④ F

해 설
서비스수준 F는 강제류 또는 와해상태를 나타낸다. 도착 교통량이 그 지점 또는 구간 용량을 넘어선 상태이다. 이러한 상태에서 차량은 자주 멈추며 도로의 기능은 거의 상실된 상태이다.

44 차도 오른쪽 길어깨의 최소 폭 기준으로 옳지 않은 것은? (단, 일반도로는 설계속도가 60km/h 미만인 경우로 한다.)

① 지방지역 일반도로 : 1.00m 이상
② 지방지역 고속도로 : 3.00m 이상
③ 도시지역 일반도로 : 0.75m 이상
④ 도시지역 고속도로 : 2.50m 이상

해 설
도시지역 고속도로는 2.00m 이상을 최소폭 기준으로 한다.

45 평면교차로의 형태를 구분하는 기준으로 적절하지 않은 것은?

① 교차각
② 차로폭
③ 교차위치
④ 교차하는 갈래수

해 설
평면교차는 교차하는 갈래의 수, 교차각 및 교차위치에 따라 구분된다.
① 교차각 : 직각, 사각 등
② 교차위치 : 평면교차, 단순 유출입(접속) 시설 등
③ 교차하는 갈래수 : 세갈래, 네갈래 등

46 사색등화로 표시되는 횡형 신호등의 배열 순서로 옳은 것은?

① 좌로부터 적색, 황색, 녹색, 녹색화살표
② 우로부터 적색, 황색, 녹색, 녹색화살표
③ 좌로부터 적색, 황색, 녹색화살표, 녹색
④ 우로부터 적색, 황색, 녹색화살표, 녹색

해 설
등화를 횡으로 배열한 경우 배열 순서는 좌로부터 적색, 황색, 녹색 화살표, 녹색순이다.

47 70km/h로 주행하는 차량의 정지시거는? (단, 편경사는 0.05, 반응시간은 2.5초, 마찰계수는 0.31이다.)

① 약 96m
② 약 102m
③ 약 115m
④ 약 127m

해 설
$$mssd = \frac{t_r \cdot V}{3.6} + \frac{V^2}{254(f \pm s)}$$
$$= \frac{2.5 \cdot 70}{3.6} + \frac{72^2}{254(0.31 \pm 0.05)} = 102.20$$

48 중앙분리대의 설치에 대한 설명으로 옳지 않은 것은?

① 중앙분리대 내에는 시설물을 설치할 수 없다.
② 중앙분리대는 도로 중심선 측의 교통마찰을 감소시켜 용량을 증대시키는 효과가 있다.
③ 설계속도가 시속 90km인 도로에서는 중앙분리대에 폭 0.5m 이상의 측대를 설치하여야 한다.
④ 차로를 왕복 방향별로 분리하기 위하여 중앙선을 두 줄로 표시하는 경우 각 중앙선의 중심 사이의 간격은 0.5m 이상으로 한다.

해 설
중앙분리대는 내부에 시설물 설치가 가능하여 도로표지, 기타 교통관제시설 등을 설치할 수 있는 장소로 제공된다.

49 다음 중 도로의 선형 설계 시 고려할 사항으로 옳지 않은 것은?

① 평면선형과 종단선형은 가급적 별개로 설계한다.
② 운전자의 시각 및 심리적 측면에서 보아 양호한 것이어야 한다.
③ 도로환경 및 주위의 경관과 조화와 융합이 취하여져 있어야 한다.
④ 자동차의 주행역학적인 측면에서 안전하고 쾌적하며, 운전경비 측면에서 경제성을 갖추도록 한다.

해설
도로의 선형설계시에는 평면곡선과 종단곡선의 크기가 균형을 이루도록 해야 한다.

50 도로의 접근관리 기법에 대한 설명으로 옳지 않은 것은?

① 출입제한은 접근관리의 한 유형으로, 가장 강한 접근관리 기법이다.
② 간선도로의 접근관리에서는 회전교통량의 효율적인 처리와 인접한 건물로의 진출입에 대한 엄격한 통제가 중요하다.
③ 자동차전용도로와 같은 노선대로 지역 내 통행을 위한 도로가 필요한 경우에는 측도나 접근교통류 처리를 위한 도로제공 등의 접근관리가 필요하다.
④ 개발사업으로 인해 새로이 도로를 건설하고 그 새로운 도로를 접속시킬 주변도로로 간선도로와 집산도로가 있다면, 새로운 도로는 간선도로에 연결시켜야 한다.

해설
새로운 도로를 간선도로에 접속시키는 것은 가급적 지양해야 한다.

51 길이 1,000m 이상의 터널 또는 지하차도에서는 오른쪽 길어깨의 폭이 얼마 미만일 경우 비상 주차대를 설치하여야 하는가?

① 2.0m
② 2.5m
③ 3.0m
④ 3.5m

해설
길이 1천 미터 이상의 터널 또는 지하차도에서 오른쪽 길어깨의 폭을 2미터 미만으로 하는 경우에는 최소 750미터의 간격으로 비상주차대를 설치하여야 한다.

52 평면교차로에서 도류화설계를 위한 기본 원칙으로 옳지 않은 것은?

① 좁은 면적에서 교통섬의 설치는 피하여야 한다.
② 회전차량의 대기장소는 회전교통으로부터 잘 보이는 곳에 위치하여야 한다.
③ 속도와 경로를 점진적으로 변화시킬 수 있도록 접근로의 단부를 처리하여야 한다.
④ 운전자에게 90° 이상 회전하거나 갑작스럽고 급격한 배향곡선 등의 부자연스러운 경로를 주어서는 아니 된다.

해설
회전차량의 대기장소는 "직진교통"으로부터 잘 보이는 곳에 위치하여야 한다.

53 도로의 횡단구성 요소인 차로폭에 대한 설명으로 옳지 않은 것은?

① 차로폭은 교통사고 발생과 관련이 없다.
② 설계속도가 높은 경우 차로폭을 넓게 한다.
③ 차로폭은 주행속도나 쾌적성에 가장 큰 영향을 끼친다.
④ 대형차의 혼입률이 높을수록 차로폭도 크게 요구되고 있다.

해설
차로폭은 주행속도나 쾌적성에 가장 큰 영향을 끼치므로 교통사고 발생과 밀접한 관련이 있다.

54 다음과 같은 [조건]에서 P요소법에 따른 주차수요는?

[조건]
• 주간 통행 집중률 : 87%
• 평균 승차인원 : 1.7인
• 주차이용효율 : 80%
• 피크 시 주차 집중률 : 31.5%
• 계절별 주차 집중계수 : 1.15
• 지역별 주차 조정계수 : 0.97
• 승용차 이용자 중 주차차량 비율 : 95%
• 건물 1일 이용자수 : 40,000명
• 건물이용자 중 승용차 이용률 : 21%

정답 49 ① 50 ④ 51 ① 52 ② 53 ① 54 ④

① 약 974대   ② 약 1,457대
③ 약 1,693대   ④ 약 1,794대

해 설

$$p = \frac{d \cdot s \cdot c}{o \cdot e} \times (t \cdot r \cdot p \cdot pr)$$
$$= \frac{0.87 \times 1.15 \times 0.95 \times 0.315 \times 0.21 \times 0.97 \times 40{,}000}{1.7 \times 0.8}$$
$$= 1{,}794 대$$

55 평면교차로 설계의 기본원칙에 대한 설명으로 옳지 않은 것은?

① 교차하는 도로의 교차각은 직각에 가깝게 하여야 한다.
② 엇갈림 교차, 굴절 교차와 같은 변형교차는 피해야 한다.
③ 교차로의 기하구조와 교통관제방법이 조화를 이루도록 한다.
④ 네 갈래 이상의 여러 갈래 교차로를 설치하여서는 아니 된다.

해 설

평면교차로 설계 시에는 다섯 갈래 이상의 여러 갈래 교차로의 설치를 지양한다.

56 종단경사가 있는 구간에서 자동차의 오르막 능력 등을 검토하여 필요하다고 인정되는 경우 오르막차로를 설치하여 운영할 수 있다. 오르막차로 설치기준으로 옳은 것은?

① 설계속도가 시속 40km/h 이하인 경우 오르막차로를 설치하지 아니할 수 있다.
② 종단곡선길이가 200m 이상인 경우는 종단곡선길이를 반으로 나누어 앞뒤의 경사로 정한다.
③ 오르막차로의 폭은 부가차로이기 때문에 본선 차로 폭보다 0.5m 작은 폭으로 설치하여야 한다.
④ 종단곡선길이가 200m 미만이며 앞뒤의 경사차가 0.5% 미만인 경우는 종단곡선길이를 반으로 나누어 앞뒤의 경사로 정한다.

해 설

도로의 구조·시설기준에 관한 규칙 제26조(오르막차로)
① 설계속도가 시속 40킬로미터 이하인 경우에는 오르막차로를 설치하지 아니할 수 있다.
② 종단곡선길이가 200m 미만인 경우는 종단곡선길이를 반으로 나누어 앞뒤의 경사로 정한다.
③ 오르막차로의 폭은 본선의 차로폭과 같게 설치하여야 한다.
④ 종단곡선길이가 200m 이상이며 앞뒤의 경사차가 0.5% 미만인 경우에는 종단곡선길이를 반으로 나누어 앞뒤의 경사로 정한다.

57 입체교차로 시설 중 불완전 클로버형 입체교차로의 형식으로 옳은 것은?

①

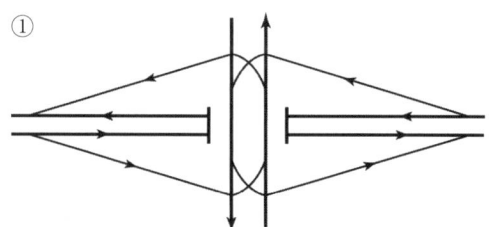

②

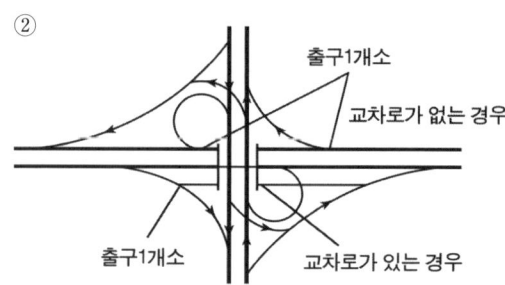

③

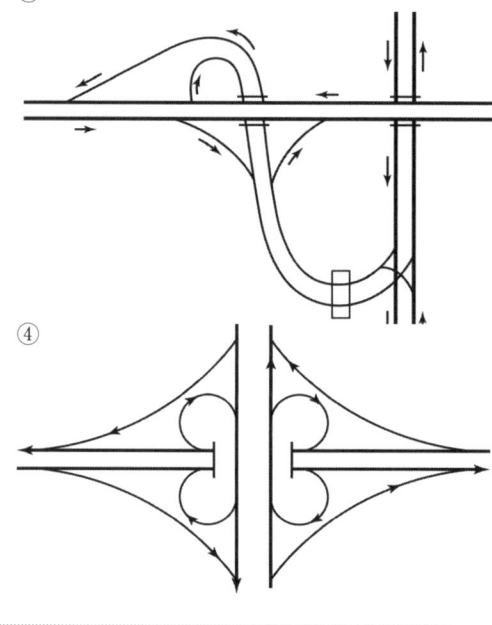

④

해설
① 다이아몬드 ② 불완전 클로버
③ 트럼펫 ④ 완전 클로버

58 어느 시외버스 터미널의 첨두 시간의 버스 출발 횟수가 100대/시, 승차대당 발차능력이 20분당 1대 일 때 필요한 승차대 수는?

① 34개소 ② 66개소
③ 88개소 ④ 100개소

해설
버스 출발횟수 100대/시이고 승차대당 발차능력이 20분당 1대이므로 승차대는 3대/시의 발차능력을 갖는다. 따라서 34대의 승차대가 있어야 버스를 이상없이 출발시킬 수 있게 된다.

59 과속방지시설에 대한 설명으로 옳지 않은 것은?

① 저속 주행을 유도하기 위한 교통정온화기법에 해당한다.
② 속도를 30km/h 이하로 제한할 필요가 있는 도로에 설치한다.
③ 과속방지턱은 필요하다고 판단되는 장소에 최소로 설치한다.
④ 높은 노면마찰계수로 인해 노면 포장과 다른 재료로 설치한다.

해설
과속 방지시설은 도로의 노면 포장재료와 동일한 재료로서 노면과 일체가 되도록 설치함을 원칙으로 한다.

60 평면곡선 반경을 설계하기 위하여 사용하는 공식의 내용이 옳은 것은? (단, R = 곡선반경, V = 설계속도, f = 마찰계수, e = 편경사)

① $R \leq \dfrac{V}{127(f+e)}$ ② $R \geq \dfrac{V}{127(f+e)}$
③ $R \geq \dfrac{V^2}{127(f+e)}$ ④ $R \leq \dfrac{V^2}{127(f+e)}$

해설
최소평면곡선 반경 공식이므로 최소평면곡선 반경은 공식의 값보다 크거나 같아야한다.
$r \geq \dfrac{V^2}{127(i+f)}$

제4과목 도시계획개론

61 도시성장관리의 필요성은 지난 공급지향적 개발 위주의 문제점에 대한 반성에서 출발했다. 다음 중 개발위주의 계획논리에 의한 도시계획의 문제점이라고 볼 수 없는 것은?

① 도시의 장소성과 환경의 파괴
② 기존 시가지의 집약적 토지이용
③ 과도한 개발에 따른 자원고갈과 난개발
④ 주택공급에서의 실수요자의 욕구 미반영

해설
기존 시가지의 토지를 집약적으로 활용하는 것은 토지이용의 효율화 차원에서 장려되어야 할 부분이므로 문제점으로 보기 어렵다.

62 교통로를 따라 형성되는 선형도시의 제안자는?

① C. Stein ② Abercrombie
③ Soria. Y. Mata ④ Raymond Unwin

해설
선형도시(선상도시, Linear City)는 1882년 영국의 마타(A. S. Y. Mata)에 의하여 제안되었다.

63 전원도시(Garden city)와 관계가 가장 깊은 나라는?

① 독일 ② 영국
③ 일본 ④ 프랑스

해설
전원도시 이론은 영국 런던 교외에 위치한 레치워스(Letchwrorth)와 웰윈(Welwyn)에서 실시되었다.

64 중앙행정기관이나 지방자치단체 또는 대통령령이 정하는 기관이 작성하는 통계로서 통계청장이 지정·고시하는 통계를 말하는 것은?

① 기준통계 ② 일반통계
③ 지정통계 ④ 특수통계

해설
통계법 제3조(정의) 2. "지정통계"란 제17조에 따라 통계청장이 지정·고시하는 통계를 말한다.

정답 58 ① 59 ④ 60 ③ 61 ② 62 ③ 63 ② 64 ③

65 최근 도시의 변화로 볼 수 없는 것은?

① 저출산 고령화 시대의 도래
② 도시화 시대의 마감과 저성장 사회로의 진입
③ 성장위주의 대규모 도시개발을 통한 경제활성화
④ 지방정부의 권한 강화와 도시계획 권한의 지방이양

해설
최근 도시계획은 성장위주에서 관리 위주로 기능이 강화되고 있다.

66 도시·군계획시설의 결정·구조 및 설치기준에 관한 규칙에 따른 교통시설로서 도로의 종류에 대한 설명으로 옳지 않은 것은?

① 도로의 규모별 구분으로서 고속국도, 일반국도, 특별시도·광역시도, 지방도, 시도, 군도, 구도가 있다.
② 특수도로는 보행자전용도로·자전거전용도로 등 자동차 외의 교통에 전용되는 도로를 의미한다.
③ 도로의 사용 및 형태별 구분으로서 일반도로, 자동차전용도로, 보행자전용도로, 보행자우선도로, 자전거전용도로, 고가도로, 지하도로가 있다.
④ 도로의 기능과 규모별 구분은 도로의 체계를 구성하는데 밀접하게 연관되어 있으며 높은 위계의 도로에 대해서는 큰 규모의 도로가 지정된다.

해설
도로의 규모별 구분은 광로, 대로, 중로, 소로로 구분된다.

67 도시의 무질서한 확산을 방지하고 도시주변의 자연환경을 보전하여 도시민의 건전한 생활환경을 확보하기 위하여 도시의 개발을 제한할 필요가 있거나 보안상 도시의 개발을 제한할 필요가 있는 경우에 지정하는 용도구역은?

① 개발제한구역
② 시가화조정구역
③ 도시자연공원구역
④ 특정시설제한구역

해설
개발제한구역이란 도시의 무질서한 확산을 방지하고 도시 주변의 자연환경을 보전하여 도시민의 건전한 생활환경을 확보하기 위하여 도시의 개발을 제한할 필요가 있거나 국방부장관의 요청이 있어 보안상 도시의 개발을 제한할 필요가 있다고 인정되는 구역을 말한다.

68 신도시계획 중 특정지구계획에 속하는 것은?

① 경제계획
② 중심지 계획
③ 교통동선계획
④ 행정관리계획

해설
지속가능한 신도시 계획기준에 의거 신도시 계획시에는 사회문화적 지속성 제고, 경제적 지속성 제고, 환경적 지속성 제고, 경관형성 및 관리, 재해 및 범죄예방, 공간환경디자인 등을 고려하여 계획한다. 신도시 계획 중에서 특정지구계획을 계획하는 경우에는 중심지 계획이 포함되어야 한다.

69 도시계획상 개발제한구역을 설정하는 기본적인 목적은?

① 재해의 방지
② 자연환경 보전
③ 위락공간 활용의 유보
④ 도시의 무질서한 확산 방지

해설
개발제한구역이란 도시의 무질서한 확산을 방지하고 도시 주변의 자연환경을 보전하여 도시민의 건전한 생활환경을 확보하기 위하여 도시의 개발을 제한할 필요가 있거나 국방부장관의 요청이 있어 보안상 도시의 개발을 제한할 필요가 있다고 인정되는 구역을 말한다. 따라서 기본적인 목적은 도시의 무질서한 확산 방지에 있다.
※ 출제 의도는 4번이 답일 것이나 자연환경 보전도 목적에 포함되므로 2, 4번 모두 정답

70 국토의 토지 이용실태 및 특성, 장래 토지이용 방향, 지역 간 균형발전 등을 고려하여 구분한 용도지역 중 도시지역의 유형에 해당하지 않는 것은?

① 공업지역
② 상업지역
③ 자연지역
④ 주거지역

해설
국토의 계획 및 이용에 관한 법률 제6조(국토의 용도 구분)
국토는 토지의 이용실태 및 특성, 장래의 토지 이용 방향, 지역 간 균형발전 등을 고려하여 다음과 같은 용도지역으로 구분한다.
• 도시지역
• 관리지역
• 농림지역
• 자연환경보전지역
이 중 도시지역은 다시 주거, 상업, 공업, 녹지지역으로 구분된다.

정답 65 ③ 66 ① 67 ① 68 ② 69 ②, ④ 70 ③

71. 개발여건에 따른 입지분석의 항목으로 가장 거리가 먼 것은?

① 경제적 여건
② 물리적 여건
③ 정치적 여건
④ 법적·제도적 여건

[해설]
물리적 여건, 법적·제도적 여건, 경제적 여건 등이 고려되어야 한다. 정치적 여건이 입지분석에 반영되어서는 안 된다.

72. 기능별 구분에 따른 도로의 배치간격 기준으로 옳지 않은 것은?

① 주간선도로와 주간선도로의 배치간격 : 2천미터 내외
② 주간선도로와 보조간선도로의 배치간격 : 500미터 내외
③ 보조간선도로와 집산도로의 배치간격 : 250미터 내외
④ 국지도로간의 배치간격 : 가구의 짧은변 사이의 배치간격은 90미터 내지 150미터 내외, 가구의 긴변 사이의 배치간격은 25미터 내지 60미터 내외

[해설]
주간선도로와 주간선도로는 1천미터의 배치간격을 기준으로 한다.

73. 도시의 구성요소인 토지와 시설에 대한 물리적 계획의 3요소를 올바르게 나열한 것은?

① 인구, 밀도, 정책
② 교통, 주택, 산업
③ 배치, 인구, 활동
④ 밀도, 배치, 동선

[해설]
도시 구성의 3대 요소는 시민, 토지, 시설이고, 3대 물리적 요소는 밀도, 배치, 동선이다.

74. 다음 중 아래의 설명에 해당하는 보차분리(步車分離) 유형은?

- 보행자 동선과 자동차 동선을 가로망 자체에서 분리시켜 자동차와 보행자가 처음부터 만나지 않도록 한다.
- 예 : 보도(sidewalk), 보행자전용도로(pedestrian mall)

① 면적분리
② 시간분리
③ 입체분리
④ 평면분리

[해설]
평면분리방식이란 보행자 동선과 자동차 동선을 가로망 자체에서 분리시켜 자동차와 보행자가 처음부터 만나지 않도록 하는 방식으로 보도, 아케이드, 보행자전용도로 등이 있다.

75. 근린주구이론을 바탕으로 개발한 자동차시대의 도시(Town of Motor Age)라고 불린 곳은?

① 후크(Hook)
② 웰윈(Welwyn)
③ 할로우(Harlow)
④ 래드번(Radburn)

[해설]
래드번은 자동차시대의 도시라고도 불리웠다.

76. 다음과 같은 [조건]에서의 전체 주거지역 면적은?

[조건]
- 도시인구 : 10만 명
- 주거지역 1인당 점유면적 : 40㎡
- 주택용지율 : 60%

① 3.33 ㎢
② 4.44 ㎢
③ 5.56 ㎢
④ 6.67 ㎢

[해설]
10만 × 40㎡ = 400만㎡ = 4㎢,
60%가 4㎢ 이므로 100%는 x ㎢
60 : 4 = 100 : x, x = 6.67㎢

77. 도로구간에서 직선부와 곡선부를 원활하게 연결시켜 주기 위한 곡선은?

① 배향곡선
② 복합곡선
③ 산형곡선
④ 완화곡선

[해설]
도로구간에서 직선부와 곡선부를 원활하게 연결하기 위해 삽입하는 곡선을 완화곡선이라 한다.

78. 우리나라 도시계획 체계 중 도시기본계획 내용에 맞지 않는 것은?

① 향후 20년의 계획
② 도시의 미래상 제시
③ 1/5,000 도면상에 표시
④ 물적·경제적·사회적 측면의 종합계획

정답 71 ③ 72 ① 73 ④ 74 ④ 75 ④ 76 ④ 77 ④ 78 ③

> **해설**
> 도시기본계획은 계획수립시점으로부터 20년을 목표연도로한다. 도시의 미래상을 제시하는 종합계획의 성격을 띤다. 도시 전체적인 틀을 제시하는 계획이므로 1/5,000의 도면에 표시하기에는 부적합하다.

79 다음 중 격자형 도로망으로 된 대표도시는?

① 뉴욕　　② 도쿄
③ 파리　　④ 모스크바

> **해설**
> 격자형 도로망으로 된 대표도시는 미국 뉴욕, 미국 필라델피아 등이 있다. 파리와 모스크바는 방사환상형 도로망으로 된 대표도시이다.

80 다음 중 도로율 최소 기준이 가장 높은 용도지역은? (단, 도시·군계획시설의 결정·구조 및 설치기준에 관한 규칙에 따른다.)

① 공업지역　　② 녹지지역
③ 상업지역　　④ 주거지역

> **해설**
> 용도지역별 도로율 최소기준은 주거 20%, 상업 25%, 공업 10%이다.

제5과목 교통관계법규

81 교통안전법령상 교통안전관리자의 종류에 해당하지 않는 것은?

① 도로교통안전관리자　② 삭도교통안전관리자
③ 선박교통안전관리자　④ 항공교통안전관리자

> **해설**
> 교통안전법 시행령 제44조(교통안전관리자의 종류 및 직무 등)
> ① 법 제53조 제5항에 따른 교통안전관리자의 종류는 다음 각 호와 같다.
>   1. 도로교통안전관리자
>   2. 철도교통안전관리자
>   3. 항공교통안전관리자
>   4. 항만교통안전관리자
>   5. 삭도교통안전관리자

82 도로법상 도로관리청은 몇 년마다 해당 소관 도로에 대하여 건설·관리계획을 수립하여야 하는가? (단, 국가지원지방도는 고려하지 않는다.)

① 5년　　② 10년
③ 15년　　④ 20년

> **해설**
> 도로법 제6조(도로건설·관리계획의 수립 등)
> 도로관리청은 도로의 원활한 건설 및 도로의 유지·관리를 위하여 5년마다 제23조의 구분에 따른 소관 도로(제13조에 따른 고속국도 또는 일반국도의 지선을 포함한다. 이하 이 조에서 같다)에 대하여 도로건설·관리계획(이하 "건설·관리계획"이라 한다)을 수립하여야 한다. 다만, 제15조 제2항에 따른 국가지원지방도에 대해서는 국토교통부장관이 건설·관리계획을 수립한다.

83 도로교통법령상 횡단보도가 있는 도로 중 횡단보도 주의표지를 설치해야 하는 경우가 아닌 것은?

① 포장도로의 교차로에 신호기가 있을 때
② 포장도로의 단일로에 신호기가 없을 때
③ 비포장도로의 교차로에 신호기가 있을 때
④ 비포장도로의 단일로에 신호기가 없을 때

> **해설**
> 횡단보도 주의표지는 포장도로의 교차로, 단일로에 신호기가 없을 때, 비포장도로의 교차로 또는 단일로, 횡단보도 전 50m 내지 120m의 도로 우측에 설치한다.

84 도로교통법상 행정안전부령으로 정하는 기준에 따라 도로를 횡단하는 보행자의 안전을 위하여 횡단보도를 설치할 수 있는 자는?

① 지방경찰청장　② 시장 또는 군수
③ 지역도로관리청장　④ 운전면허시험기관장

> **해설**
> 도로교통법상 횡단보도의 설치권자는 지방경찰청장이다.

85 원형등화 차량 신호등이 표시하는 신호의 종류와 그 뜻의 연결이 옳은 것은?

① 적색의 등화 – 차마는 우회전할 수 없다.
② 녹색의 등화 – 차마는 항상 좌회전을 할 수 있다.
③ 황색 등화의 점멸 – 차마는 다른 교통 또는 안전표

정답　79 ①　80 ③　81 ③　82 ①　83 ①　84 ①　85 ④

지의 표시와 상관없이 진행할 수 없다.
④ 황색의 등화 - 차마는 우회전 할수 있고, 우회전하는 경우에는 보행자의 횡단을 방해하지 못한다.

> [해설]
> - 적색의 등화에서 차마는 정지선, 횡단보도 및 교차로의 직전에서 정지하여야 한다. 다만, 신호에 따라 진행하는 다른 차마의 교통을 방해하지 아니하고 우회전 할 수 있다.
> - 녹색의 등화에서 차마는 직진 또는 우회전할 수 있고, 비보호좌회전표지 또는 비보호좌회전표시가 있는 곳에서는 좌회전 할 수 있다.
> - 황색 등화의 점멸에서 차마는 다른 교통 또는 안전표지의 표시에 주의하면서 진행할 수 있다.

86 도로교통법상 교차로의 개념에 관한 설명으로 가장 옳은 것은?

① 차량과 사람이 교차되는 도로의 부분이다.
② 도로가 서로 접하고 있는 도로의 부분이다.
③ 차량이 서로 교차운행되는 도로의 부분이다.
④ 둘 이상의 도로가 교차하는 경우에 도로가 교차하는 부분이다.

> [해설]
> 13. "교차로"란 '십'자로, 'T'자로나 그 밖에 둘 이상의 도로(보도와 차도가 구분되어 있는 도로에서는 차도를 말한다)가 교차하는 부분을 말한다.

87 국가통합교통체계효율화법령상 규정하는 타당성평가에 관한 설명으로 옳지 않은 것은?

① 관계 행정기관의 장은 공공교통시설 개발사업에 관한 투자평가지침을 작성하여 고시하여야 한다.
② 국토교통부장관은 투자평가지침을 작성하려면 미리 관계 행정기관의 장과 협의하여야 한다.
③ 사업시행자는 공공교통시설 개발사업을 시작하기 전에 투자평가지침에 따라 해당 사업의 타당성을 평가하여야 한다.
④ 공공기관의 장 및 교통시설개발사업 시행자가 타당성 평가를 수행한 경우 타당성 조사를 수행한 것으로 본다.

> [해설]
> 투자평가지침은 국토교통부장관이 대통령령으로 정하는 바에 따라 작성하여 고시하여야 한다.

88 사람 또는 화물의 운송과 관련된 활동을 효과적으로 수행하기 위하여 서로 유기적으로 연계된 교통수단, 교통시설 및 교통운영과 이와 관련된 산업 및 제도는?

① 물류
② 교통체계
③ 국가기간교통망
④ 지능형교통체계

> [해설]
> 3. "교통체계"라 함은 사람 또는 화물의 이동·운송과 관련된 활동을 수행하기 위하여 개별적으로 또는 서로 유기적으로 연계되어 있는 교통수단 및 교통시설의 이용·관리·운영체계 또는 이와 관련된 산업 및 제도 등을 말한다.

89 다음 중 지방도에 해당되지 않는 것은?

① 도청 소재지에서 시청 소재지에 이르는 도로
② 도청 소재지에서 군청 소재지에 이르는 도로
③ 군청 소재지에서 읍사무소 또는 면사무소 소재지에 이르는 도로
④ 도에 있는 공항에서 이와 밀접한 관계가 있는 지방도를 연결하는 도로

> [해설]
> 도로법 제15조(지방도의 지정·고시)
> ① 도지사 또는 특별자치도지사는 도(道) 또는 특별자치도의 관할구역에 있는 도로 중 해당 지역의 간선 도로망을 이루는 다음 각 호의 어느 하나에 해당하는 도로 노선을 정하여 지방도를 지정·고시한다.
> 1. 도청 소재지에서 시청 또는 군청 소재지에 이르는 도로
> 2. 시청 또는 군청 소재지를 연결하는 도로
> 3. 도 또는 특별자치도에 있거나 해당 도 또는 특별자치도와 밀접한 관계에 있는 공항·항만·역을 연결하는 도로
> 4. 도 또는 특별자치도에 있는 공항·항만 또는 역에서 해당 도 또는 특별자치도와 밀접한 관계가 있는 고속국도·일반국도 또는 지방도를 연결하는 도로
> 5. 제1호부터 제4호까지의 규정에 따른 도로 외의 도로로서 도 또는 특별자치도의 개발을 위하여 특히 중요한 도로

90 주차장법령상 노외주차장의 출입구가 1개인 경우, 차로의 너비 확보 기준이 가장 긴 주차형식은? (단, 이륜자동차전용 노외주차장은 고려하지 않는다.)

① 직각주차
② 평행주차
③ 45도 대향 주차
④ 60도 대향 주차

정답 86 ④ 87 ① 88 ② 89 ③ 90 ①

해설
출입구가 1개인 경우 직각주차 6미터, 평행주차 5미터, 45도 대향주차 5미터, 60도 대향주차 5.5미터가 확보되어야 한다.

91 다음 도로법령상 접도구역의 지정 등에 관한 내용 중 ( ) 안에 들어갈 알맞은 것은?

> 도로관리청이 도로법 제40조제1항에 따라 접도구역(接道區域)을 지정할 때에는 소관 도로의 경계선에서 (㉠)미터(고속국도의 경우는 (㉡)미터)를 초과하지 아니하는 범위에서 지정하여야 한다.

① ㉠ : 5, ㉡ : 30
② ㉠ : 5, ㉡ : 20
③ ㉠ : 10, ㉡ : 30
④ ㉠ : 10, ㉡ : 20

해설
도로법 제40조(접도구역의 지정 및 관리)
① 도로관리청은 도로 구조의 파손 방지, 미관(美觀)의 훼손 또는 교통에 대한 위험 방지를 위하여 필요하면 소관 도로의 경계선에서 20미터(고속국도의 경우 50미터)를 초과하지 아니하는 범위에서 대통령령으로 정하는 바에 따라 접도구역(接道區域)을 지정할 수 있다.
도로법 시행령 제39조(접도구역의 지정 등)
① 도로관리청이 법 제40조제1항에 따라 접도구역(接道區域)을 지정할 때에는 소관 도로의 경계선에서 5미터(고속국도의 경우는 30미터)를 초과하지 아니하는 범위에서 지정하여야 한다.
→ 법 제40조제1항에 따라 지정하는 경우이므로 5, 30이 정답이 된다.

92 국가통합교통체계효율화법의 투자평가지침 적합성 확인서류의 작성 내용으로 옳은 것은?

① 기초자료 : 분석 기준연도 및 비용/편익 목표연도의 적정성
② 수요분석 : 수요 분석 과정에 사용된 핵심 모형의 출처, 수요 유형 및 시장 분석
③ 관련계획 : 상위계획, 권역 단위 관련 계획, 직·간접영향권 개발계획
④ 경제성분석 : 비용 항목별 발생비율 및 시계열/횡단열 변화 유형 분석, 타사업과의 비교·분석

해설
기초자료에는 분석 기준연도 및 비용/편익(원단위) 기준연도의 적정성이 포함되어야 한다. 관련계획에는 상위계획, 권역 단위 관련 계획, 직접영향권 개발계획이 포함되어야 한다. 경제성분석에는 편익 항목별 발생비율 및 시계열 변화 유형 분석, 유사 사업과의 비교·분석 내용이 포함되어야 한다.

93 국가교통위원회의 구성에 대한 설명으로 옳지 않은 것은?

① 위원장은 국토교통부장관이다.
② 위촉직 위원의 임기는 2년이다.
③ 위원장 1인과 부위원장 2인을 포함한 30명 이내의 위원으로 구성한다.
④ 위촉직 위원은 교통 관련 분야에 관한 전문지식 및 경험이 풍부한 사람 중에서 위원장이 위촉하는 사람이 된다.

해설
국가통합교통체계효율화법 제107조(국가교통위원회의 구성 등)
① 국가교통위원회는 위원장 1명과 부위원장 1명을 포함한 30명 이내의 위원으로 구성한다.

94 주차장법령상 노외주차장 또는 부설주차장의 설치를 제한할 수 있는 지역이 아닌 것은? (단, 주택 및 오피스텔의 부설주차장은 제외)

① 자동차교통이 혼잡한 상업지역
② 자동차교통이 혼잡한 준주거지역
③ 자동차교통이 혼잡한 준공업지역
④ 도시철도 등 대중교통수단의 이용이 편리한 지역

해설
주차장법 시행규칙 제7조의2(노외주차장 또는 부설주차장의 설치 제한)
① 법 제12조제6항 또는 법 제19조제10항에 따라 노외주차장 또는 부설주차장(주택 및 오피스텔의 부설주차장은 제외한다)의 설치를 제한할 수 있는 지역은 다음 각 호의 어느 하나에 해당하는 지역으로서 국토교통부장관이 정하여 고시하는 기준에 해당하는 지역으로 한다. 〈개정 2014. 2. 6.〉
1. 자동차교통이 혼잡한 상업지역 또는 준주거지역
2. 「도시교통정비 촉진법」 제42조에 따른 교통혼잡 특별관리구역으로서 도시철도 등 대중교통수단의 이용이 편리한 지역

95 시장이 혼잡통행료 부과지역을 지정하고자 할 때 고려하여야 할 사항이 아닌 것은?

① 우회도로의 확보
② 대체교통수단의 확충
③ 인근지역의 주차시설 확충
④ 교통지체를 최소화 할 수 있는 징수방식

정답 91 ① 92 ② 93 ③ 94 ③ 95 ③

> **[해 설]**
> 도시교통정비촉진법 시행령 제15조(혼잡통행료 부과지역의 지정 등)
> ② 시장이 제1항의 요건을 갖춘 지역을 혼잡통행료 부과지역으로 지정하려면 다음 각 호의 사항을 고려하여야 한다.
> 1. 우회도로의 확보
> 2. 대체교통수단의 확충
> 3. 교통 지체를 최소화할 수 있는 징수방식
> → 해당 지역의 혼잡을 최소화하기 위한 정책인데, 주차장을 확충하게 되면 수요가 증가하게 되어 혼잡을 가중시키게 된다.

96. 주차장법령상 기계식주차장의 안전기준으로 옳지 않은 것은?

① 운반기의 크기는 자동차가 들어가는 바닥의 너비를 대형 기계식주차장의 경우 1.95m 이상으로 하여야 한다.
② 기계식주차장치 출입구의 크기는 대형 기계식주차장의 경우 너비 2.4m 이상, 높이 1.9m 이상으로 하여야 한다.
③ 주차구획의 크기는 대형 기계식주차장의 경우에는 너비 2.3m 이상, 높이 1.9m 이상, 길이 5.3m 이상으로 하여야 한다.
④ 기계식주차장치 안에서 자동차를 입출고하려는 사람이 출입하는 통로의 너비는 0.5m 이상, 높이는 1.5m 이상으로 하여야 한다.

> **[해 설]**
> 주차장법 시행규칙 제16조의5(기계식주차장치의 안전기준)
> ① 법 제19조의7에 따른 기계식주차장치의 안전기준은 다음 각 호와 같다. 〈개정 2013. 1. 25., 2013. 3. 23., 2016. 4. 12.〉
> 5. 기계식주차장치 안에서 자동차를 입출고하는 사람이 출입하는 통로의 크기는 너비 50센티미터 이상, 높이 1.8미터 이상으로 하여야 한다.

97. 도시교통정비 촉진법상 명시된 도시교통의 원활한 소통과 교통편익의 증진을 위하여 도시교통정비지역으로 지정·고시할 수 있는 기준은? (단, 도농복합형태의 시의 경우는 고려하지 않는다.)

① 인구 5만명 이상의 도시
② 인구 10만명 이상의 도시
③ 인구 15만명 이상의 도시
④ 인구 20만명 이상의 도시

> **[해 설]**
> 도시교통정비촉진법 제3조(도시교통정비지역의 지정·고시)
> ① 국토교통부장관은 도시교통의 원활한 소통과 교통편의의 증진을 위하여 다음 각 호의 지역을 도시교통정비지역으로 지정·고시할 수 있다. 〈개정 2013.3.23.〉
> 1. 인구 10만명 이상의 도시(도농복합형태의 시는 읍·면지역을 제외한 지역의 인구가 10만명 이상인 경우를 말한다)
> 2. 제1호 외의 지역으로서 국토교통부장관이 직접 또는 관계 시장·군수의 요청에 따라 도시교통을 개선하기 위하여 필요하다고 인정하는 지역

98. 교통안전법령상 국가교통안전기본계획에 관한 설명으로 옳지 않은 것은?

① 국토교통부장관은 국가교통안전기본계획을 5년 단위로 수립하여야 한다.
② 국가교통안전기본계획에는 교통안전에 관한 중·장기 종합정책방향이 포함되어야 한다.
③ 확정된 국가교통안전기본계획을 시·도지사에게 통보하고, 이를 공고하여야 한다.
④ 국가교통안전기본계획에는 교통안전과 관련된 투자사업계획 및 우선순위가 포함되어야 한다.

> **[해 설]**
> 교통안전법 제15조(국가교통안전기본계획)
> ⑤ 국토교통부장관은 제4항의 규정에 따라 확정된 국가교통안전기본계획을 지정행정기관의 장과 시·도지사에게 통보하고, 이를 공고(인터넷 게재를 포함한다. 이하 같다)하여야 한다.

99. 국가통합교통체계효율화법령상 국가교통위원회의 심의대상 사업규모에 대한 설명으로 옳지 않은 것은?

① 공항개발사업으로서 총사업비가 1조원 이상인 개발사업
② 철도의 개발사업으로서 총사업비가 1조원 이상인 개발사업
③ 고속국도의 개발사업으로서 총사업비가 2조원 이상인 개발사업
④ 교통체계지능화사업 중 총사업비가 500억원 이상인 사업

> **[해 설]**
> 국가통합교통체계효율화법 시행령 제103조(국가교통위원회의 심의사항)

정답 96 ④ 97 ② 98 ③ 99 ②

① 법 제106조제2항제15호에서 "대통령령으로 정하는 규모 이상의 국가기간교통시설 개발사업·교통체계지능화사업 또는 교통기술 연구·개발사업(시범사업을 포함한다)"이란 다음 각 호의 어느 하나에 해당하는 사업(신규사업만 해당한다)을 말한다. 〈개정 2014. 7. 14., 2017. 3. 29., 2019. 3. 12.〉
1. 다음 각 목의 어느 하나에 해당하는 국가기간교통시설의 개발사업
나. 「철도의 건설 및 철도시설 유지관리에 관한 법률」 제2조제1호에 따른 철도(「도시철도법」에 따른 도시철도는 제외한다)의 개발사업으로서 총사업비가 2조원 이상인 개발사업

100 도시교통정비 촉진법에 따른 교통수요관리의 시행 내용에 해당하지 않는 것은?

① 승용차부제에 관한 사항
② 자동차의 운행제한에 관한 사항
③ 광역교통시설부담금에 관한 사항
④ 혼잡통행료의 부과·징수에 관한 사항

해설
도시교통정비촉진법 제33조(교통수요관리의 시행)에 의거 자동차의 운행제한에 관한 사항, 승용차 부제에 관한 사항, 혼잡통행료의 부과·징수에 관한 사항 등 총 8가지 관리방안으로 교통수요관리를 시행한다.

제6과목 교통안전

101 도로 주행 시 노면과 타이어 사이에 얇은 수막이 생겨 브레이크 기능을 상실하게 하는 현상은?

① Wet Fading
② Standing Wave
③ Hydro Planing
④ Morning Effect

해설
수막현상(Hydro Planing, 하이드로플래닝)이란 물기가 있는 도로의 주행 시 노면과 타이어 사이에 얇은 수막이 생겨 주행 시 브레이크 기능을 상실하게 되는 현상으로 통상 80km/h의 속도로 주행할 때 나타난다.

102 교통사고 조사의 공학적 목적으로 가장 거리가 먼 것은?

① 교통운영의 효율화
② 교통사고에 대한 책임 규명
③ 교통안전대책 수립을 위한 기초자료 활용
④ 교통사고의 정확한 원인규명으로 사고방지대책 강구

해설
공학적 교통사고 조사는 사고의 원인을 밝혀 안전도를 향상시키고자 하는 것이지 누구의 책임인지를 규명하기 위해서 하는 것은 아니다.

103 다음의 방호울타리 종류 중 차량의 도로 밖 이탈 억제가 우선적으로 필요한 곳에 설치하는 방호울타리는?

① 가드레일
② 박스형보
③ 가드파이프
④ 강성방호울타리

해설
강성 방호울타리는 구조물의 변형에 의한 충격 흡수보다는 차량의 복원을 목적으로 하여 변형되지 않는 구조로 된 것을 말한다. 일반적으로 한 몸체의 콘크리트 구조물로 된 콘크리트 방호울타리를 말한다.

104 다음 중 교통사고를 줄이기 위한 대책 3E의 규제 (Enforcement)에 해당하는 것은?

① 속도제한의 실시
② 안전한 도로의 설계
③ 사고다발지점의 개선
④ 사고다발자 및 법규위반자 교육

해설
규제(Enforcement) 대책에는 속도제한의 실시, 안전띠 착용, 음주단속 등이 있다.

105 교통사고 발생 위험구간이나 지점을 선정하는 방식에 대한 설명 중 잘못된 것은?

① 사고율법은 MEV당 또는 1억대·km당 사고를 비교하여 위험구간을 선정
② 교통상충법은 차량간 상충을 사고잠재성으로 해석하고 이를 조사하여 위험구간을 선정
③ 사고건수법은 주어진 최소사고 건수보다 사고가 많이 발생한 지점을 위험구간으로 선정
④ 평균사고율(Rate-Quality Control)법은 사고발생건수가 정규분포를 따른다는 가정을 기반으로 함

해설
평균사고율(Rate-Quality Control)법은 위험지점을 선정할 때 유사한 특성을 가진 지점들에 대해 미리 정해진 평균사고율과 관련하여 특정사고율이 비정상적인지를 결정하기 위해 사고 발생이 포아송의 분포를 따른다는 가정에 기초한 검정을 통하여 분석하는 방법이다.

106 도시지역의 일반도로에 중앙분리대를 설치할 때 중앙분리대의 최소 폭 기준으로 옳은 것은?

① 1.0 m
② 1.5 m
③ 2.0 m
④ 3.0 m

해설
중앙분리대는 도로의 구조·시설 기준에 관한 규칙 제11조에 의거 아래와 같은 최소 폭을 가져야 한다.

도로의 구분	중앙분리대의 최소 폭(m)		
	지방지역	도시지역	소형차도로
고속도로	3.0	2.0	2.0
일반도로	1.5	1.0	1.0

107 도로교통법상 모든 차의 운전자가 차를 주차하여서는 아니 되는 장소 기준으로 옳지 않은 것은?

① 다리 위
② 터널 안
③ 화재경보기로부터 10미터 이내의 곳
④ 도로공사를 하고 있는 경우 공사구역의 양쪽 가장자리로부터 5미터 이내의 곳

해설
도로교통법 제33조(주차금지의 장소)
모든 차의 운전자는 다음 각 호의 어느 하나에 해당하는 곳에 차를 주차해서는 아니 된다.
1. 터널 안 및 다리 위
2. 다음 각 목의 곳으로부터 5미터 이내인 곳
  가. 도로공사를 하고 있는 경우에는 그 공사 구역의 양쪽 가장자리
  나. 「다중이용업소의 안전관리에 관한 특별법」에 따른 다중이용업소의 영업장이 속한 건축물로 소방본부장의 요청에 의하여 지방경찰청장이 지정한 곳
3. 시·도경찰청장이 도로에서의 위험을 방지하고 교통의 안전과 원활한 소통을 확보하기 위하여 필요하다고 인정하여 지정한 곳 [전문개정 2018. 2. 9.]
→ 18년에 법 개정을 통해 화재경보기 관련 세부사항이 삭제되고 지방경찰청장이 지정한 곳으로 변경되었다.

108 사고건수법에 따른 교통사고의 위험지점 선정시 필요한 자료로 가장 거리가 먼 것은?

① 기간
② 교통량
③ 구간거리
④ 사고지점

해설
사고건수법에 의한 위험지점 선정방법은 사고건수(건/km/년) = 건수 ÷ (구간길이×연수)이다. 따라서 구간길이(거리), 연수(기간)이 필요하고 기본적으로 사고지점에 대한 자료가 필요하다. 교통량은 거리가 멀다.

109 선형불량이 원인이 된 사고의 개선 대책이 아닌 것은?

① 도로의 재설계
② 긴급제동시설설치
③ 시선유도표시설치
④ 커브예고표지설치

해설
선형불량이 원인이 된 사고는 도로의 재설계, 시선유도표시설치, 커브예고표지설치 등의 방법으로 개선 가능하다. 긴급제동시설은 차량 정비 불량으로 인해 발생하는 베이퍼락 등의 현상에 대응하기 위해 설치하는 시설이다.

110 교차로에서의 사고를 방지하기 위한 통행권 확립 방안에 해당되지 않는 것은?

① 신호등
② 양보표지
③ 일시정지표지
④ 제한속도표지

해설
속도를 제한하는 것으로 통행권을 확립할 수는 없다.

111 다음 중 교통사고 방지를 주요 목적으로 하는 교통규제 사항은?

① 일방통행
② 무단횡단금지
③ 자동차요일제
④ 자동차 전용도로

해설
일방통행, 자동차 전용도로, 자동차 요일제 등은 원활한 교통을 위한 교통규제 사항이다.

정답 106 ① 107 ③ 108 ② 109 ② 110 ④ 111 ②

112 교통사고 조사의 일반원칙 사항으로 옳지 않은 것은?

① 신속한 조사를 행할 것
② 주도 면밀한 조사를 행할 것
③ 확고 부동한 사실을 파악할 것
④ 가해자의 진술을 존중하고 인정할 것

> **해설**
> 가해자의 진술을 존중하는 것까지 일반원칙이라 하기는 어렵다.

113 교통안전법령상 그 다음 연도의 교통사고 원인조사 대상에서 제외하는 경우는?

① 교통시설 개선사업을 실시한 도로구간
② 교차로 또는 횡단보도 및 그 경계선으로부터 150m까지의 도로 지점
③ 최근 3년간 사망사고 3건 이상 발생하여 해당 구간의 교통시설에 문제가 있는 것으로 의심되는 도로
④ 최근 3년간 중상사고 이상의 교통사고가 10건 이상 발생하여 해당 구간의 교통시설에 문제가 있는 것으로 의심되는 도로

> **해설**
> 교통안전법 시행령 별표 5 교통사고원인조사의 대상(제37조제1항 관련)에 의거 교통사고원인조사 대상으로 선정된 구간에 교통시설 개선사업을 실시한 경우에는 그 다음 연도의 교통사고원인조사 대상에서 제외한다.

114 어느 차량이 40m 거리를 미끄러져 주차한 차량과 충돌하였으며 충돌 후 두 차량이 함께 15m를 미끄러져 정지하였다. 두 차량의 무게가 동일할 때 주행 차량의 초기 속도는? (단, 마찰계수는 0.5로 한다.)

① 101.2 km/h
② 105.4 km/h
③ 112.7 km/h
④ 117.3 km/h

> **해설**
> $v_1 = \sqrt{254f\left[s_2\left(\dfrac{W_A+W_B}{W_A}\right)^2 + S_1\right]}$
> $= \sqrt{254 \times 0.5\left[15\left(\dfrac{1+1}{1}\right)^2 + 40\right]} = 112.7 \text{km/h}$

115 교통안전진단과 관련하여 우리나라에서 사용하고 있는 각 교통사고 인적피해 구분으로 옳은 것은?

① 부상사고 : 3일 미만의 치료를 요하는 부상을 입은 경우
② 경상사고 : 교통사고로 인하여 다친 사람이 의사의 최초 진단결과 3일 이상 5주 미만의 치료가 필요한 상해를 입은 사고
③ 중상사고 : 교통사고로 인하여 다친 사람이 의사의 최초 진단결과 5주 이상의 치료가 필요한 상해를 입은 사고
④ 사망사고 : 교통사고가 주된 원인이 되어 교통사고 발생 시부터 30일 이내에 사람이 사망한 사고

> **해설**
> 교통사고로 인한 인명피해 구분 기준
> • 사망 : 30일 이내
> • 중상 : 3주 치료
> • 경상 : 3주 미만 5일 이상 치료
> • 부상 : 5일 미만 치료

116 일반도로에 중앙분리대를 설치하여 분리도로로 만들었을 때 가장 크게 개선할 수 있는 사고유형은?

① 추돌사고
② 보행자사고
③ 정면충돌사고
④ 직각충돌사고

> **해설**
> 정면충돌사고의 예방은 중앙분리대의 주된 기능 중 하나이다.

117 한 차량이 도로를 벗어나 높이 5m의 언덕 아래로 추락하였다. 도로의 끝으로부터 추락한 차량까지의 거리가 10m라면 초기속도는?

① 34.1 km/h
② 35.6 km/h
③ 37.1 km/h
④ 38.6 km/h

> **해설**
> 1) 추락 시간 $t = \sqrt{\dfrac{2h}{g}}$
> 추락시간 $t = \sqrt{\dfrac{2h}{g}} = \sqrt{\dfrac{2\times 5}{9.8}}$ 초 $= 1.0102$초
> 2) 추락순간속도
> $U_2 = \dfrac{d}{t} = \dfrac{10}{1.0102} = 9.899 \text{m/s} = 35.64 \text{km/h}$

정답 112 ④ 113 ① 114 ③ 115 ④ 116 ③ 117 ②

118 사고다발지점을 선정하기 위한 지표로 가장 거리가 먼 것은?

① 연간 교통사고건수
② 고령운전자 사고건수
③ 인구 10만명 당 사고율
④ 등록차량 1만대 당 사고율

해 설
사고다발지점 선정방법에는 사고건수에 의한 방법, 사고율에 의한 방법, 사고율 지표에 의한 방법, 교통사고 피해 정도에 의한 방법, 도로의 위험도지수에 의한 방법 등이 있다. 사고율 지표에 의한 방법의 지표로 1억 km 주행거리 당 사고율, 등록차량 1만 대당 사고율, 인구 100만명당 사고율 등이 있다.

119 도로선형에 관련된 일반적인 교통사고 발생특성 중 가장 관련성이 적은 사항은?

① 일반적으로 종단경사가 커질수록 사고율이 높아지는 경향이 있다.
② 곡선구간에서는 선형 뿐만아니라 시거, 편경사 등이 사고발생에 영향을 미친다.
③ 도로기능별로 특정 곡선반경 이상인 구간에서 사고가 다발하는 특성이 있다.
④ 동일조건일 때 일반적으로 좌로 굽은 도로보다 우로 굽은 도로에서 교통사고가 많이 발생되는 특성이 있다.

해 설
특정 곡선반경 이상이면 곡선반경이 커지는 경우이다. 특정 곡선반경 이하의 경우 사고가 다발하는 특성이 있다.

120 사고경험에 기초한 사고 위험 지점 선정을 위한 기법 중 사고율-통계적 방법(Rate Quality Control Method)에서 사용하는 다음의 [식]에서 R_c가 의미하는 것은?

[식]
$$R_c = R_a + k\sqrt{\frac{R_a}{M}} + \frac{0.5}{M}$$

① 임계사고율   ② 등가사고율
③ 평균사고율   ④ 총교통사고율

해 설
한계사고율(Rate Quality Control Method)
예측되는 최대 사고율

$$R_c = R_a + k\sqrt{\frac{R_a}{M}} + \frac{1}{2M}$$

여기서,
R_c : 대상지역의 한계교통사고율(임계사고율)
R_a : 유사한 도로의 평균교통사고율
k : 유의수준 계수
M : 대상지역 교통사고 노출량
$$M = \frac{ADT \times 365 \times 도로구간길이}{1{,}000{,}000}$$

정답 118 ②   119 ③   120 ①

2019년 기출문제

제1과목 교통계획

1 교통정보체계 구축방향에 대한 설명으로 옳지 않은 것은?

① 정보내용의 코드체계를 표준화한다.
② 모집되어야 하는 자료목록을 작성한다.
③ 국토정보체계의 sub-system이 되도록 한다.
④ 교통정보가 공유되지 않도록 특수체계를 사용한다.

해설 교통정보체계 구축방향은 교통정보의 공유를 기초적인 목적으로 한다.

2 주어진 도로 조건에서 15분동안 무리 없이 최대로 통과할 수 있는 승용차 교통량을 1시간 단위로 환산한 값은?

① 도로 용량
② 1시간 환산 교통량
③ 승용차 환산 교통량
④ 최대 서비스 교통량

해설 용량(Capacity)이란 도로의 한 지점 또는 일정 구간을 일정 시간에 통과할 수 있는 최대 차량 수(대/시간)를 말한다.

3 교통의 분류와 그 특성에 대한 설명으로 옳지 않은 것은?

① 교통을 크게 공간과 수단으로 구분할 때, 공간적 분류는 교통이 일어나는 지역적 규모에 따라 분류한다.
② 공간적 분류에 의한 지역교통은 도시 내 교통의 효율성 증진을 목표로 도시 경제활동을 위한 교통서비스로서 단거리 이동이 많은 특성을 갖는다.
③ 지구교통은 안전하고 쾌적한 보행자 공간의 확보와 대중교통체계의 접근성 확보를 목표로 하여, 보행 교통지구 내의 교통을 처리하는 특성을 갖는다.
④ 교통 수단에 의한 분류는 승객이나 화물이 이용하는 교통수단을 유형별로 분류하는 방법으로 개인 교통수단, 대중교통수단, 화물교통수단, 보행교통수단 등 다양한 분류가 가능하다.

해설 공간적 분류에 의한 지역교통은 장거리 이동이 많은 특성을 나타낸다.

4 다음 중 차량 번호판 조사의 내용으로 옳지 않은 것은?

① 차량의 차종
② 차량의 번호
③ 차량의 통행목적
④ 차량의 통과시각

해설 단순히 차량의 번호판을 조사하는 것만으로는 차량의 통행목적을 알 수 없다.

5 교통사업의 경제성 평가방법인 초기연도 수익률법의 장점으로 옳은 것은?

① 계산이 간편하다.
② 사업규모의 고려가 가능하다.
③ 할인율을 고려하므로 오차가 발생하지 않는다.
④ 비용과 편익이 발생하는 시간의 고려가 가능하다.

해설 초기연도 수익률법은 이해가 쉽고 계산이 간편한 장점이 있다. 단점은 사업의 사업의 초기연도를 정하기가 곤란한 점, 편익과 비용이 발생하는 시간의 고려가 불가능한 점, 할인율(자본의 기회비용)을 고려하지 않으므로 오차발생 가능한 점이 있다.

6 평행배정모형에 있어 운전자가 이기적으로 자신의 통행 시간만을 단축시키려는 의도가 결과적으로 모든 운전자에게 피해를 초래하는 현상은?

① 브라에스의 역설(Braess's Paradox)
② IIA(Independence of Irrelevant Alternative)
③ 다운스-톰슨의 역설(Downs-Thomson Paradox)
④ 루이스-모그리지의 명제(Lewis-Mogridge Position)

정답 01 ④ 02 ① 03 ② 04 ③ 05 ① 06 ①

해설
② 비관련대안의 독립성 문제
③ 도로 건설에 따라 승용차 수요가 증가하여 대중교통 이용수요가 감소되는 현상으로 인해 사회적 통행비용이 증가하는 현상
④ 더 많은 도로가 건설되면 더 많은 통행량이 그 도로를 채우게 되므로 새로운 도로의 건설이 문제해결의 방법이 아니며, 추가적인 도로를 건설할 때에는 전체 교통시스템을 고려할 필요가 있다는 명제

7 교통수요관리방안(TDM)으로 적합하지 않은 것은?

① 근무스케줄 단축
② 도심통행료 부과
③ 출·퇴근 시간 조정
④ 주차공간 공급 확대

해설
주차공간을 공급하게 되면 그만큼 주차가 편리해지므로 승용차 이용수요가 증가하게 되어 수요관리가 어렵게 된다.

8 교통정책 대안의 평가과정으로 옳은 것은?

① 대안작성 → 경제성 평가 → 영향분석 → 종합평가 → 최적대안 선정
② 대안작성 → 영향분석 → 경제성 평가 → 종합평가 → 최적대안 선정
③ 영향분석 → 대안작성 → 경제성 평가 → 종합평가 → 최적대안 선정
④ 대안작성 → 영향분석 → 종합평가 → 경제성 평가 → 최적대안 선정

해설
교통정책 대안은 대안 작성, 영향 분석, 경제성평가 및 종합평가, 최적대안 선정 순으로 진행된다.

9 총 노선거리 30km를 25km/h의 평균 운행속도로 운행하며 배차간격이 5분인 버스가 있다. 이때 필요한 최소 차량규모는?

① 15대   ② 17대
③ 19대   ④ 21대

해설
$$n = \frac{120 \cdot N \cdot L}{h \cdot v} = \frac{120 \times 1 \times 15}{5 \times 25} = \frac{1,800}{5 \times 25}$$
$$= \frac{1,800}{125} = 14.4$$

총 노선거리가 30km이므로 편도 노선연장 L은 15km이다. 공식에 넣으면 단위는 자동으로 정렬된다. 대수는 소수점으로 존재할 수 없으므로 14.4의 경우 올림하여 15대를 적용하면 된다.

10 교통조사방법에서 조사결과의 보완 및 검증, 통행배정을 위해 실시하는 것은?

① 교통존 조사   ② 터미널 조사
③ 스크린라인 조사   ④ 대중교통이용객 조사

해설
스크린라인(Screen Line)조사는 검사선조사라고도 하며 조사지역 내 조사된 교통량의 정밀도를 점검하고 수정·보완하기 위하여 실시된다.

11 지하철과 버스에 대한 효용함수 및 통행특성 자료가 아래와 같을 때, 로짓모형을 이용한 교통수단별 선택확률이 모두 옳은 것은?

(단, 효용함수 $V = -0.06(0.5X_1 + 0.002X_2)$)

- 버스 : 통행시간(X_1) = 30분, 통행비용(X_2) = 750원
- 지하철 : 통행시간(X_1) = 40분, 통행비용(X_2) = 900원

① 버스 : 42.1%, 지하철 : 57.9%
② 버스 : 47.9%, 지하철 : 52.1%
③ 버스 : 52.1%, 지하철 : 47.9%
④ 버스 : 57.9%, 지하철 : 42.1%

해설
$V = -0.06(0.5X_1 + 0.002X_2)$
1) 버스 $X_1 = 30$분, $X_2 = 750$원, $V_{버스} = -0.99$
2) 지하철 $X_1 = 40$분, $X_2 = 900$원, $V_{지하철} = -1.308$
3) 버스 선택확률
$$P_{(버스)} = \frac{e^{-0.99}}{e^{-0.99} + e^{-1.308}} = 0.579 ≒ 57.9\%$$
4) 지하철 선택확률
$$P_{(지하철)} = \frac{e^{-1.308}}{e^{-0.99} + e^{-1.308}} = 0.421 ≒ 42.1\%$$

정답 07 ④ 08 ② 09 ① 10 ③ 11 ④

12 다음 공식 중 내부 수익률(IRR)을 나타낸 것은? (단, B_t=t년도의 편익, C_t=t년도의 비용)

① $\sum_{t=0}^{n} \frac{B_t}{(1+rt)} = \sum_{t=0}^{n} \frac{C_t}{(1+rt)}$

② $\sum_{t=0}^{n} \frac{B_t}{(1+r)^t} = \sum_{t=0}^{n} \frac{C_t}{(1+r)^t}$

③ $\sum_{t=0}^{n} B_t(1+rt) = \sum_{t=0}^{n} C_t(1+rt)$

④ $\sum_{t=0}^{n} B_t(1+r)^t = \sum_{t=0}^{n} C_t(1+r)^t$

해설
내부수익률법(IRR ; Internal Rate of Return) : 사업의 순현재가치를 0으로 만드는 할인율, 편익/비용비를 1로 만드는 할인율을 찾아서 사회적 할인율보다 높으면 타당성이 있다고 판단하는 기법이다.

13 현재의 상태가 아닌 가상의 상태에서 교통 이용자의 행동, 태도의 변화 등을 조사·분석하는 기법은?

① 패널(Panel) 조사
② SP(Stated Preference)조사
③ RP(Revealed Preference)조사
④ 액티비티다이어리(Activity Diary)조사

해설
SP조사(Stated Preference, 잠재선호조사기법) : 가상 상황에 의한 선호의식을 조사하는 방식으로 통계적 실험계획법을 통해 가상 시나리오를 만들고 개인에게 선택하도록 하여 선호도를 조사하는 방식을 말한다.

14 통행분포 단계에서 사용하는 교통존 간 저항관계를 반영한 모형은?

① 프라타 모형
② 디트로이트 모형
③ 균일성장인자 모형
④ 엔트로피극대화 모형

해설
엔트로피극대화모형(entropy maximization model) : 존별 통행유출·입량을 만족시키며 엔트로피를 극대화하는 통행을 배분한다. 교통존 간 저항관계를 반영하는 대표적인 모형이다.

15 P요소법에 대한 설명으로 옳지 않은 것은?

① 차량의 평균승차인원을 고려하여 주차수요를 추정한다.
② 지구나 도심지와 같은 특정한 장소의 주차수요 예측에 적합하다.
③ 주차수요결정에 필요한 각종 요소를 얻을 수 있는 경우 적합한 방법이다.
④ 원단위법에 비하여 여러 가지 지역 특성을 포괄적으로 고려하지 못하는 단점이 있다.

해설
P요소법(Parking Space Factor Method)은 $P = \frac{d \cdot s \cdot c}{o \cdot e} \times (t \cdot r \cdot p \cdot pr)$ 공식을 사용하는데, 이 중 c는 지역주차 조정계수로 지역의 특성을 고려하는 지표이다. 이 지표를 활용하면 여러 가지 지역 특성을 포괄적으로 고려할 수 있게 된다.

16 버스 노선계획에 사용하는 지표를 운행관련지표와 서비스관련지표로 나눌 때, 서비스관련지표로 옳은 것은?

① 운행거리
② 운행시간
③ 배차간격
④ 지하철 연계역수

해설
버스 노선계획시 배차간격은 서비스 관련지표에 해당한다.

17 통행단 모형의 적용순서를 올바르게 나열한 것은?

① 통행발생-노선배정-수단분담-통행배분
② 통행발생-수단분담-노선배정-통행배분
③ 통행발생-수단분담-통행배분-노선배정
④ 통행발생-통행배분-수단분담-노선배정

해설
통행단모형은 수단선택(Model Split) 단계에서 사용하는 모형 중 장래의 존별 통행발생량을 산출한 후 통행분포(배분) 전에 이용 가능한 교통수단별 분담률을 산정하여 각 수단별 통행수요를 도출하는 모형을 말한다.

18 아래 표의 ( )안에 해당하는 조사는?

> ( )는 그 지역 내에서 평일에 일어나는 모든 이동의 표본적인 양상을 조사하는 것이며, 이 양상은 그 조사가 수행되는 시기에 그 시스템의 평균통행수요를 대표하는 것이어야 한다.

① O-D 조사 ② 회전 교통량 조사
③ 승하차 인원수 조사 ④ 가로구간 교통량 조사

해설
O-D 조사는 그 지역 내에서 평일에 일어나는 모든 이동의 표본적인 양상을 조사하는 것으로 이 양상은 그 조사가 수행되는 시기에 그 시스템의 평균통행수요를 대표하는 것이어야 한다. 왜냐하면 향후 샘플조사 결과를 전체로 확장하여 분석하게 될 때 대표성을 갖지 못하면 존의 특성을 제대로 표현하지 못하게 되기 때문이다.

19 대중교통 네트워크의 구성요소에 대한 설명으로 옳지 않은 것은?

① 노선은 노선에 포함된 링크를 연결하고 모든 링크를 포함한다.
② 대중교통 네트워크의 링크는 노선을 구성하는 기본 요소가 된다.
③ 대중교통수단은 일반적으로 버스, 철도, 보조교통수단(보도 등)을 의미한다.
④ 버스정류장, 철도역 등은 노드로 표현되고, 노선을 구성하는 필수요소이다.

해설
노선은 노선에 포함된 노드(Node)를 연결하고 모든 링크를 포함한다.

20 각 도로의 등급별 목표연도가 장기적인 순으로 나열된 것은?

① 간선도로〉국지도로〉집산도로〉고속도로
② 고속도로〉간선도로〉집산도로〉국지도로
③ 국지도로〉집산도로〉간선도로〉고속도로
④ 집산도로〉국지도로〉고속도로〉간선도로

해설
기능별 분류상 이동성 기능이 강하여 연장이 길고 규모가 클수록 목표연도가 장기적이다.

제2과목 교통공학

21 교통량이 13대/분, 차량의 평균공간속도가 1.25km/분일 때, 차량밀도는?

① 0.9 대/km ② 5.2 대/km
③ 10.4 대/km ④ 16.2 대/km

해설
$Q = u \cdot k$, $13 = 1.25 \cdot k$, $k = 13/1.25 = 10.4$ 대/km

22 신호교차로에서 혼잡교통량으로 800대/시인 좌회전 이동류의 중차량 구성비가 15%이고 중차량 승용차환산계수가 1.8일 때 좌회전 보정교통량은?

① 약 687 pcph ② 약 896 pcph
③ 약 920 pcph ④ 약 1,016 pcph

해설
$800 \times \dfrac{15}{100} \times 1.8 + 800 \times \dfrac{85}{100} = 896 pcph$

23 한 지점에서 평균차량 도착률이 4대/분인 푸아송(Poisson) 분포를 따른다고 가정할 때 도착차량을 조사하기 시작하여 1분 후에 최초의 차량이 도착할 확률은?

① 0.073 ② 0.092
③ 0.137 ④ 0.195

해설
차두시간이 1분(=60초)인 경우의 확률을 구하면 된다.
1) 평균도착률 4대/분, m = 4
2) 차두시간(Headway)이 60초인 확률을 구하는 것이므로 $P_{(1)}$을 계산하면 된다.
$P_{(1)} = \dfrac{4^1 \times e^{-4}}{1!} = 0.0733$

24 교통 용량에 관한 설명으로 옳지 않은 것은?

① 용량을 분석하는 목적은 도로를 효율적으로 이용하고, 도로투자를 적절히 하도록 하는데 있다.

정답 18 ① 19 ① 20 ② 21 ③ 22 ② 23 ① 24 ②

② 용량 분석의 대상이 되는 도로의 경우에는 이동기능보다 접근기능이 더 중요하다고 할 수 있다.
③ 용량을 분석하는 데는 해당 도로의 통행 속도, 통행 시간, 통행 자유도, 안락감 등 서비스수준 개념을 이용한다.
④ 용량 분석은 크게 두 가지 연속되는 절차를 통해 수행하는데, 그 첫 번째 절차는 주어진 도로가 수용할 수 있는 최대 교통량을 추정하는 것이다.

해 설
용량이 분석의 대상이 된다는 것은 이동의 기능이 더 크다는 것을 의미한다.

25 어느 도로의 개선사업을 시행하기 전·후의 현장 관측자료가 아래와 같을 때, 속도 감소 효과 여부를 검정한 결과로 옳은 것은?(단, α =0.05)

구분	조사차량수	평균속도	표준편차
시행 전	300대	67.4km/h	5.2
시행 후	400대	65.5km/h	4.3

① 속도감소 효과가 있다.
② 속도증가 효과가 있다.
③ 속도감소 효과가 없다.
④ 속도감소 효과를 판단할 수 없다.

해 설
$$Sd = \sqrt{\frac{S_1^2}{n_1} + \frac{S_2^2}{n_2}} = \sqrt{\frac{5.2^2}{300} + \frac{4.3^2}{400}} = 0.369$$
$$\frac{|U_2 - U_1|}{Z} = \frac{|65.5 - 67.4|}{1.96} = 0.969 ,$$
$$\frac{|U_2 - U_1|}{Z} > Sd$$이므로
도로 개선으로 인한 속도 감소효과가 존재한다.

26 교통통제시설의 설치 및 운영 시 고려해야 할 사항으로 옳지 않은 것은?

① 판독성과 시인성을 유지하도록 규칙적인 유지보수가 필요하다.
② 동일한 상황일지라도 경우에 따라 통제설비를 다양하게 사용할 필요가 있다.
③ 시야에 들어오고, 충분히 반응할 수 있는 시간이 확보되는 곳에 위치해야 한다.
④ 운전자들의 주의가 집중되고 운전자들이 빨리 순응할 수 있도록 설계되어야 한다.

해 설
동일한 상황에는 동일한 통제설비가 사용되어야 혼란을 방지할 수 있다.

27 충격파 해설 시 충격파가 발생하는 교통류 간 충격파가 아닌 것은?

① 정지에 의한 충격파 ② 추월에 의한 충격파
③ 출발에 의한 충격파 ④ 저속차량에 의한 충격파

해 설
충격파 발생형태는 저속차량(서로 다른 두 밀도의 교통류에서 발생하는 충격파, 두 교통류의 밀도가 거의 유사한 경우 발생하는 충격파), 정지에 의한 충격파, 출발에 의한 충격파가 있다.

28 차량운전 시 외부 자극에 대한 운전자의 신체적 반응과정인 PIEV 과정의 요소가 아닌 것은?

① 반응(volition)   ② 지각(perception)
③ 경험(experience)   ④ 식별(intellection)

해 설
PIEV 과정은 지각 – 식별 – 행동판단(Emotion) – 반응으로 이루어진다.

29 속도-밀도 모형에 관한 설명으로 옳지 않은 것은?

① Greenshields의 직선모형은 연속교통류의 형태를 잘 파악할 수 있다.
② Greenshields의 직선모형은 직선성의 가정이 관측자료와 일치하지 않는다.
③ Underwood의 지수모형은 고속에서의 속도 추정값이 현장 측정값과 잘 맞는다.
④ Greenberg의 지수모형은 밀도가 낮은 교통류에서의 속도값이 관측치와 잘 맞지 않는다.

해 설
Underwood 모형 : 대체적으로 정확도가 높은 모형. 고속에서의 속도값이 관측치와 다소 차이가 있음

30 한 차량이 곡선반경 R=300m인 평면곡선을 주행하고 있다. 이 평면곡선의 편경사가 0.05, 마찰계수가 0.26이라고 할 때 이 차량이 미끄러지지 않기 위한 속도는?

① 90.5 km/h ② 98.7 km/h
③ 103.1 km/h ④ 108.7 km/h

해 설
$$R \geq \frac{V^2}{127(i+f)}$$
$$V = \sqrt{127R(i+f)} = \sqrt{127 \times 300(0.05+0.26)}$$
$$= 108.7 \text{km/h}$$

31 감응식 신호교차로에서 검지기가 정지선 후방 30m 지점에 설치되고 차량 1대가 차지하는 길이를 5m, 단위연장시간을 3초로 가정하였을 때, 최소 녹색시간은? (단, Greenshields의 소요녹색시간 산정식(1.6n+2.6)을 이용한다.)

① 12.2초 ② 15.2초
③ 18.4초 ④ 20.5초

해 설
최소녹색시간 = 초기녹색시간 + 한 단위연장시간
최소녹색시간 = (1.6n+2.6) + 3 , n = 30/5 = 6
최소녹색시간 = (1.6×6 + 2.6) + 3 = 15.2초

32 설계시간계수(K계수)에 대한 설명으로 옳지 않은 것은?

① K계수가 클수록 교통량의 변화가 적다.
② 개발밀도가 증가하면 K계수는 감소한다.
③ 일반적으로 AADT가 큰 도로에서는 비교적 낮다.
④ 일반적으로 지방부도로가 도시내 도로보다 높은 값을 가진다.

해 설
설계시간계수는 작을수록 교통량의 변화가 적다.

33 다음의 설명 중 옳지 않은 것은?

① AADT는 통상 ADT보다 작은 값을 갖는다.
② AADT는 연간 총 교통량을 365로 나눈 값이다.
③ AADT와 ADT는 도로계획, 개선 등에 관한 분석에서 다양하게 쓰인다.
④ ADT는 365일보다 적은 일 수 동안 조사된 총 교통량을 조사일 수로 나눈 값이다.

해 설
• 연평균일교통량(AADT ; Annual Average Daily Traffic) : 한 해 동안 도로의 한 지점 또는 일정도로 구간을 지나는 양방향 교통량을 365일로 나눈 교통량을 말한다.
• 평균일교통량(ADT ; Average Daily Traffic) : 한 해 동안 365일보다 적은 일 수 동안 조사된 총 교통량을 조사일 수로 나눈 값을 말한다.
→ 따라서 AADT가 ADT보다 작은 값을 갖는다고 말할 수 없다.

34 차량추종이론(car-following)에 관한 설명으로 옳지 않은 것은?

① 반응시간은 운전자의 민감도에 의해 결정된다.
② 민감도가 지나치게 크면 교통류의 불안요소가 커지는 것이 일반적이다.
③ 추종이론은 거시적 관점에서 차량의 움직임을 설명하는 교통류 이론이다.
④ 고속도로에서 후미차량이 앞 차량과 유사한 움직임을 보이는 것을 설명하는 데 활용될 수 있다.

해 설
추종이론은 대표적인 미시적 이론이다.

35 지방부도로의 교통량 측정에 관한 설명으로 옳지 않은 것은?

① 상시조사에서는 AADT와 월 변동계수를 구한다.
② 보정조사에서는 ADT를 구하며 통상 7일을 연속 측정한다.
③ 전역조사는 1년에 12회 실시하며 통상 24~48시간 연속 측정 한다.
④ 모든 도로구간이 교통량 변동 패턴별로 분류되면 상시조사 지점과 보정조사 지점을 없애도 좋다.

해 설
전역조사는 전국 1300여개소의 지점에서 일년 중 48시간동안 교통량을 조사하는 방법이다.

정답 30 ④ 31 ② 32 ① 33 ① 34 ③ 35 ③

36 아래 그림과 같이 교통류에 Bottle neck이 형성될 경우 그에 의한 충격파의 속도는?

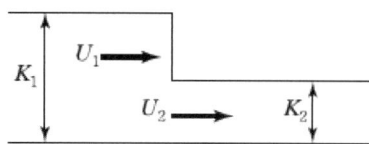

① $U_w = \dfrac{q_1 - K_1}{q_2 - K_2}$
② $U_w = \dfrac{U_1 - U_2}{K_2 - K_1}$
③ $U_w = \dfrac{q_1 - q_2}{K_1 U_1 - K_2 U_2}$
④ $U_w = \dfrac{q_2 - q_1}{K_2 - K_1}$

해설
충격파의 속도는 $w_{AB} = \dfrac{q_A - q_B}{k_A - k_B}$ 이다.
여기서, w : 충격파 속도(km/h), q : 교통량(대/h), k : 밀도(대/km)

37 일정기간 연속해서 교통량 조사를 수행할 때 조사시간에 따른 조사방법으로 옳지 않은 것은?

① 2시간 조사의 경우는 첨두 2시간을 조사하는 경우가 바람직하다.
② 12시간 조사의 경우는 12시부터 24까지 조사하는 것이 바람직하다.
③ 4시간 조사의 경우는 오전과 오후 첨두 각각 2시간을 조사하는 것이 바람직하다.
④ 6시간 조사의 경우는 오전과 오후 첨두 각각 2시간과 그 사이 2시간을 조사하는 것이 바람직하다.

해설
12시간 조사의 경우 오전 7시에서 오후 7시까지 조사한다.

38 다음 중 간선도로 연동신호의 운영방법에 해당하지 않는 것은?

① 교호시스템(alternate system)
② 대응시스템(responsive system)
③ 동시시스템(simultaneous system)
④ 연속진행시스템(progression system)

해설
연동신호 운영방법에는 동시, 교호, 연속진행이 있다.

39 고속도로 기본구간의 이상적인 도로 조건으로 옳지 않은 것은?

① 차로폭 3.5m 이상
② 도로경사 5% 이하
③ 측방여유폭 1.5m 이상
④ 승용차로만 구성된 교통류

해설
고속도로 기본구간의 이상적인 조건은 경사가 없는 평지이다.

40 다음 중 신호연동을 산정하기 위한 시공도의 작성에서 반드시 필요한 요소가 아닌 것은?

① 신호시간
② 차량길이
③ 차량속도
④ 교차로간격

해설
시공도 작성시에는 시간과 공간에 관련된 정보, 즉 신호시간과 교차로간격, 속도(거리/시간)등이 나타난다. 차량의 길이는 직접적인 요소가 아니다.

제3과목 교통시설

41 다음 그림에서 도로의 완화곡선부에 해당하는 것은?

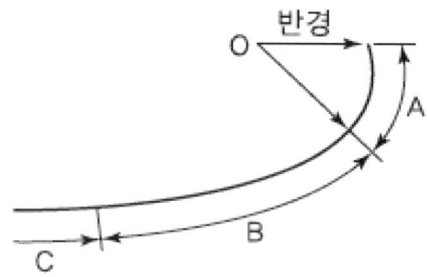

① A 부분
② B 부분
③ C 부분
④ A와 B 부분

해설
완화곡선이란 도로구간에서 직선부(C)와 곡선부(A)를 원활하게 연결시켜 주기 위한 곡선을 말한다.

42 버스터미널의 버스주차대를 설계하고자 한다. 설계차량의 폭을 2.5m로 가정하여 직각주차방식으로 설계할 때 30m 당 주차가능대수로 옳은 것은? (단, 차간폭은 0.4m로 가정한다.)

① 2대　　　② 5대
③ 10대　　④ 20대

> **해 설**
> 폭 2.5m + 차간폭 0.4m = 버스 1대당 소요면적 2.9m
> 30m당 직각 주차 가능대수 = 30 ÷ 2.9 ≒ 10.34
> 11대를 주차할 수는 없으므로 최대 가능대수는 10대

43 다음의 교통정온화 기법 중 도로의 선형을 구불구불하게 하여 차량의 주행속도를 저감시키는 것을 무엇이라 하는가?

① 폴트(fort)　　　② 초커(chocker)
③ 시케인(chicane)　④ 과속방지턱(hump)

> **해 설**
> 시케인(Chicane) : 도로상 연석을 확장시키거나 반대방향의 교통섬을 확장시켜서 도로의 선형이 "S"자 형태가 되도록 만든 구간을 말한다. 교통정온화 기법의 일환으로 사용되기도 하며, 차량의 속도를 줄이고 통과교통을 배제하여 안전도를 높이는 용도로 사용된다.

44 고속도로 엇갈림(weaving) 구간에 관한 설명으로 옳지 않은 것은?

① 엇갈림 구간의 길이는 엇갈림 구간 진입로와 본선이 만나는 지점에서 진출로 시작 부분까지의 거리로 한다.
② 엇갈림 구간의 길이는 본선-연결로 엇갈림 구간의 경우 최소 150m를 넘게 하는 것이 통행 안전상 바람직하다.
③ 엇갈림 구간의 형태는 엇갈림을 하는 차량이 차로를 변경해야 하는 최소 횟수 및 출입지점의 위치에 따라 여러 가지 형태로 생긴다.
④ 본선-연결로 엇갈림 형태는 각각의 엇갈림 차량들이 원하는 방향으로 주행하기 위해 반드시 한 번의 차로 변경을 해야 하는 구간을 말한다.

> **해 설**
> 본선-연결로 엇갈림 구간은 200m, 연결로-연결로 엇갈림 구간은 150m를 그 최소길이로 한다.

45 평면교차에서 평면교차로 설계의 기본 원칙으로 옳지 않은 것은?

① 교차하는 도로의 선형은 직선을 유지하도록 한다.
② 교차로의 면적은 안정된 궤적을 위하여 가능한 한 최대가 되도록 한다.
③ 두 교통류의 상대속도 차를 최소화하고 넓은 시야를 위하여 교차각은 직각에 가깝도록 한다.
④ 교차로에 진입한 운전자나 보행자들이 최소한의 시간으로 신속하고 안전하게 통과할 수 있도록 한다.

> **해 설**
> 교차로의 면적은 가능한 한 최소가 되도록 한다.

46 아래 내용 중 ( )에 들어갈 적절한 장소는?

> 적설지역에 있는 도로의 중앙분리대 및 ( )의 폭은 제설작업을 고려하여 정하여야 한다.

① 보도　　② 교차로
③ 길어깨　④ 주정차대

> **해 설**
> 도로의 구조·시설 기준에 관한 규칙 제13조(적설지역에 있는 도로의 중앙분리대 및 길어깨폭)에 의거 적설지역(積雪地域)에 있는 도로의 중앙분리대 및 길어깨의 폭은 제설작업을 고려하여 정하여야 한다.

47 평균 차두간격이 2.4초인 교통류의 교통량은?

① 1,500 대/시　② 2,400 대/시
③ 8,640 대/시　④ 10,000 대/시

> **해 설**
> 교통량의 단위는 대/시간, 즉 1시간당 교통류에서 관측되는 교통량을 말하므로 차두간격이 2.4초라면 교통량은 3,600 ÷ 2.4 = 1,500대/시가 된다.

정답　42 ③　43 ③　44 ②　45 ②　46 ③　47 ①

48 인터체인지의 형식에 대한 설명으로 옳은 것은?

① 불완전 입체교차형은 평면 교차하는 교통동선을 2개소 이상 포함한 형식이다.
② 트럼펫형 입체교차로와 클로버형 입체교차로는 불완전 입체교차형이다.
③ 완전 입체교차형은 평면교차를 포함하지 않고 각 연결로가 독립하고 있는 인터체인지이다.
④ 로터리 입체교차는 연결로를 2개 이상 차도를 부분적으로 겹쳐서 엇갈림을 수반하지 않는 형식이다.

해 설
완전 입체교차형은 평면교차가 없고 교차하는 모든 방향의 도로가 접속 연결로를 갖는 교차방식이다.

49 우회전 차로의 설치 효과로 옳지 않은 것은?

① 정지선을 전진시킬 수 있다.
② 도로교통용량을 감소시킨다.
③ 직진 교통의 혼란이 감소된다.
④ 예각의 우회전을 용이하게 한다.

해 설
우회전차로의 설치로 도로교통용량 증대 효과를 얻을 수 있다.

50 옥내 주차장을 각 층의 연결방식에 따라 분류한 것으로 옳지 않은 것은?

① 기계식
② 램프식
③ 평행식
④ 경사 바닥식

해 설
옥내주차장은 기계식, 램프식, 경사바닥식으로 분류한다.

51 평지구간의 고속도로를 100km/h로 주행하던 자동차가 장애물을 보고 정지할 수 있는 최소정지거리는? (단, 마찰계수 0.30, 인지반응시간 2.5초다.)

① 약 120.8m
② 약 160.5m
③ 약 200.7m
④ 약 240.2m

해 설
$$mssd = \frac{t_r \cdot V}{3.6} + \frac{V^2}{254(f \pm s)}$$
$$= \frac{2.5 \cdot 100}{3.6} + \frac{100^2}{254(0.3 \pm 0)} = 200.7m$$

52 다음 중 ( )에 들어갈 말로 옳은 것은?

> 정지시거란 운전자가 같은 차로 위에 있는 고장차 등의 장애물을 인지하고 안전하게 정지하기 위하여 필요한 거리로서 차로 중심선 위의 ( )m 높이에서 그 차로의 중심선에 있는 높이 15cm의 물체의 맨 윗부분을 볼 수 있는 거리를 그 차로의 중심선에 따라 측정한 길이를 말한다.

① 0.8
② 1.0
③ 1.2
④ 1.5

해 설
정지시거의 정의에 관한 문제이다. 정지시거란 운전자가 같은 차로 위에 있는 고장차 등의 장애물을 인지하고 안전하게 정지하기 위하여 필요한 거리로서 차로 중심선 위의 1.0m 높이에서 그 차로의 중심선에 있는 높이 15cm의 물체의 맨 윗부분을 볼 수 있는 거리를 그 차로의 중심선에 따라 측정한 길이를 말한다.

53 양보차로의 설치와 통행방법에 대한 설명으로 옳지 않은 것은?

① 양보차로를 설치하면 교통사고의 위험을 감소시킬 수 있다.
② 양보차로에서는 고속자동차가 다른 자동차에게 통행을 양보해야 한다.
③ 운전자가 양보차로에 진입하기 전에 이를 충분히 인식할 수 있도록 노면표시 및 표지판을 설치한다.
④ 양보차로는 양방향 2차로 도로에서 앞지르기 시거가 확보되지 아니하는 구간에 교통용량과 안전성을 검토하여 설치한다.

해 설
양보차로는 저속자동차가 다른 자동차에게 통행을 양보할 수 있는 차로를 말한다.

54 평면교차로에서의 도류화 설계를 위한 기본원칙으로 옳지 않은 것은?

① 곡선부는 적절한 곡선반지름과 폭을 가져야 한다.
② 교통제어시설을 교통섬과 분리하여 설계하여야 한다.
③ 운전자가 한 번에 한 가지 이상의 의사결정을 하지 않도록 해야 한다.
④ 속도와 경로를 점진적으로 변화시킬 수 있도록 접근로의 단부를 처리해야 한다.

> **해 설**
> 필수적인 교통통제설비의 위치는 도류화의 일부분으로 생각하여 교통섬을 설계해야 한다.

55 설계속도가 60 km/h 이상인 지방지역 일반도로 차로의 최소폭 기준으로 옳은 것은?

① 2.75m   ② 3.00m
③ 3.25m   ④ 3.50m

> **해 설**
> 일반 도로이면서 설계속도가 60km/h 이상인 경우 지방지역 차로의 최소폭은 3.25m이다.

56 설계속도가 100km/h인 고속도로의 최대종단경사 기준은?(단, 지형은 평지이며 소형차도로인 경우는 고려하지 않는다.)

① 3%   ② 4%   ③ 5%   ④ 6%

> **해 설**
> 규칙에 제시된 기준상 3%가 맞지만, 필요하다고 인정되는 경우 1%를 더한 기준을 적용할 수 있게 되므로, 필요하다고 인정되는 경우를 제외한다는 설명이 부연되어야 정확히 3%가 답이라 할 수 있을 것이다.

57 설계속도가 다른 구간의 연결에 관한 설명으로 옳은 것은?

① 설계구간의 변경점을 교통량이 변화하는 교차로로 하는 것은 옳지 않다.
② 인접한 설계구간과의 설계속도의 차이는 30 km/h 이하가 되도록 하여야 한다.
③ 설계속도를 20km 감속하는 경우 10km씩 두 번에 감속하는 것보다 한번에 20km를 감속하는 것이 좋다.
④ 설계구간의 변경점은 해당구간의 기하구조 변화에 대한 정보를 제공하여 충분한 거리를 두고 운전자의 사전인지가 가능하도록 주의를 기울여야 한다.

> **해 설**
> • 설계구간의 변경점은 지형, 지역, 주요한 교차점, 인터체인지 등 교통량이 변화하는 지점, 장대교량과 같은 구조물이 있는 지점 등으로 할 수 있으나, 해당 구간의 기하구조 등의 변화에 대한 정보를 제고하여 충분한 거리를 두고 운전자의 사전 인지가 가능하도록 주의를 기울여야 한다.
> • 인접한 설계구간과의 설계속도의 차이는 시속 20킬로미터 이하가 되도록 하여야 한다.
> • 설계속도를 20km/h 감소할 필요가 있는 경우에는 10km/h씩 점차적으로 줄이도록 하며 이러한 구간에 대해서는 교통안전시설에 대한 각별한 주의가 요망된다.

58 주차장법규상 자주식주차장으로서 지하식 또는 건축물식 노외주차장의 벽면에서부터 50cm 이내를 제외한 주차장 출구 바닥면의 최소 조도(照度)는?

① 10럭스   ② 50럭스
③ 100럭스   ④ 300럭스

> **해 설**
> 자주식주차장으로서 지하식 또는 건축물식 노외주차장에는 벽면에서부터 50센티미터 이내를 제외한 바닥면의 최소 조도(照度)와 최대 조도를 다음과 같이 한다.
> • 주차장 출구 및 입구 : 최소 조도는 300럭스 이상, 최대 조도는 없음

59 노면의 종류에 따른 횡단경사 기준으로 옳지 않은 것은? (단, 편경사가 설치되는 구간은 고려하지 않는다.)

① 비포장도로 : 3.0% 이상 6.0% 이하
② 간이포장도로 : 2.0% 이상 4.0% 이하
③ 시멘트 포장도로 : 1.0% 이상 1.5% 이하
④ 아스팔트 포장도로 : 1.5% 이상 2.0% 이하

> **해 설**
> 시멘트포장도로는 1.5 이상 2.0이하로 한다.

정답   54 ②   55 ③   56 ①   57 ④   58 ④   59 ③

60 다음 중 중앙분리대의 기능으로 가장 거리가 먼 것은?

① 보행자에 대한 안전섬이 됨으로써 안전한 횡단에 도움이 된다.
② 광폭 분리대일 경우 사고 및 고장차량이 정지할 수 있는 여유 공간을 제공한다.
③ 필요에 따라 유턴 등을 방지하여 교통류의 혼잡이 발생되지 않도록 하여 안전성을 높인다.
④ 제설 작업 시 작업 공간으로 활용되며, 차도의 배수 측면에서 양호한 도로 환경을 유지시켜 준다.

해설
제설 작업 시 작업공간으로 활용 되며 차도의 배수 측면에서 양호한 도로 환경을 유지시켜 주는 시설은 길어깨이다.

제4과목 도시계획개론

61 보행자전용도로에 대한 설명으로 옳지 않은 것은?

① 보행자전용도로는 일반 도로를 통하여 인식되는 도시의 구조와 질서를 약화시킨다.
② 보행자전용도로를 통하여 보행자를 자동차의 소음과 배기가스 등에서 보호할 수 있다.
③ 보행자전용도로는 주거단지 내에서 발생하는 각종 생활동선의 수요를 충족시킨다.
④ 보행자의 안전과 자동차의 원활한 주행을 도모하기 위해서 보행자만의 교통에 제공되는 도로를 말한다.

해설
보행자전용도로는 일반 도로를 통하여 인식되는 도시구조와 질서를 강화시킨다.

62 도시구성의 양단부가 개방적이며 산간지대의 도시구성에 적합하고 특히 공업도시에 적합한 도시구성 형태는?

① 격자형
② 방사형
③ 방사환상형
④ 대상형(선형)

해설
도시 가로망 구성형태 중 대상형(帶狀型) 도시는 선형 도시라고도 불리우며, 양 끝 부분이 개방되어있어 산간지대에 적합하고, 접근이 쉬워 공업도시에 적합하다. 스페인 마드리드, 러시아 스탈린그라드, 마산 등이 대표적인 도시이다.

63 토지이용계획을 수립함에 있어 정량적(定量的)인 예측변수가 아닌 것은?

① 종업원 수
② 매장의 연면적
③ 생활양식의 변화
④ 인구규모와 구성

해설
생활양식의 변화추이, 산업입지의 형태, 기술 및 사회 가치관의 변화(기술 혁신) 등은 수량화하기 어려운 정성적(定性的)인 예측변수이다.

64 공간계획 수립을 위한 장래 인구추정 과정에서 고려하여야 할 요소로 가장 거리가 먼 것은?

① 인구의 구성
② 인구의 규모
③ 인구의 분포
④ 인구의 출생지

해설
인구추정 과정에서 인구의 출신지는 크게 고려할 요소가 아니다.

65 토지와 시설에 대한 물리적 요소에 해당하지 않는 것은?

① 동선
② 밀도
③ 배치
④ 활동

해설
도시 구성의 3대 요소는 시민, 토지, 시설이고, 3대 물리적 요소는 밀도, 배치, 동선이다.

66 도시 및 주거환경정비법에서 규정하고 있는 정비사업의 종류에 해당하지 않는 것은?

① 재개발사업
② 재건축사업
③ 주택건설사업
④ 주거환경개선사업

해설
도시 및 주거환경정비법 제2조(정의)에 의거 "정비사업"이란 주거환경개선사업, 재개발사업, 재건축사업을 말한다.

정답 60 ④ 61 ① 62 ④ 63 ③ 64 ④ 65 ④ 66 ③

67 도시공원 및 녹지 등에 관한 법률에서 규정된 도시공원의 종류에 해당하지 않는 것은?

① 근린공원　　② 묘지공원
③ 옥외공원　　④ 어린이공원

> **해설**
> 도시공원은 생활권공원과 주제공원으로 구분된다. 생활권공원은 소공원, 어린이공원, 근린공원으로 구분하고, 주제공원은 역사공원, 문화공원, 수변공원, 묘지공원, 체육공원, 도시농업공원 기타 대도시의 조례로 정하는 공원으로 구분한다.

68 하워드(E.Howard)가 제시한 전원도시의 계획 내용에 해당하지 않는 것은?

① 계획인구의 제한
② 개발이익의 사회 환수
③ 마천루를 중심으로 하는 도시
④ 전원도시 주변에 충분한 농업지대가 존재

> **해설**
> 전원도시는 소규모(3~5만명) 인구로 계획인구를 제한하고, 도시 주변에 넓은 농업지대 확보를 통한 오픈스페이스(Open Space) 조성, 개발이익의 사회 환수 등의 계획 내용을 가지고 있었다.

69 도시공간구조이론에서 제3차 산업의 입지이론이라고도 불리는 것은?

① 다핵이론　　② 선형이론
③ 동심원이론　　④ 중심지이론

> **해설**
> 제3차 산업의 입지이론이라고도 불리는 도시공간구조이론은 "중심지이론"이다.

70 1위 도시의 인구가 600만명, 2위 도시의 인구가 200만명, 3위 도시의 인구가 50만명, 4위 도시의 인구가 10만명일 경우 데이비드의 종주화지수는?

① 0.27　　② 0.43
③ 2.31　　④ 3.00

> **해설**
> 데이비스 종주화 지수
> $= \dfrac{\text{종주도시 인구}}{\text{2, 3, 4위 도시 인구의 합}} = \dfrac{600}{200+50+10} = 2.3$

71 생태도시에 대한 설명으로 옳은 것은?

① 압축도시의 구조만으로 생태도시의 구축이 가능하다.
② 생태도시는 자연생태계가 기능하는 원리에 따라 작동하는 도시이다.
③ 도로, 공원, 녹지와 같은 기존의 도시기반시설에 의하여 작동된다.
④ 생태도시는 환경오염이 적어 깨끗하고 쾌적한 자연의 목가적인 풍경만으로 작동된다.

> **해설**
> 생태도시(Eco City)는 환경적 자연자원 조건 및 사회 경제적 요소, 공동체 요소 등 다양한 측면에서의 지속가능한 도시이며 자연생태계가 기능하는 원리에 따라 작동하는 도시이다.

72 도시에서 녹지공간의 역할과 관계가 없는 것은?

① 도시개발 형태 유도
② 자연의 보호 및 보존
③ 동·식물의 생태적 균형유지
④ 공공시설을 위한 토지의 사전확보

> **해설**
> 녹지공간은 자연의 보호 및 보존, 동식물의 생태적 균형유지, 도시개발 형태 유도 등의 역할을 한다. 공공시설은 최초 도시계획 시부터 부지가 확보되므로 사전확보를 위해 녹지공간을 배치할 필요가 없다.

73 도시의 경제, 사회, 문화적인 특성을 살려 개성있고 지속 가능한 발전을 촉진하기 위하여 경관, 생태, 정보통신, 과학, 문화, 관광 등의 분야별로 지정하는 도시계획 관련 사항은?

① 시범도시지정　　② 지구단위계획
③ 도시계획시설계획　　④ 행정중심복합도시지정

정답　67 ③　68 ③　69 ④　70 ③　71 ②　72 ④　73 ①

해설
국토의 계획 및 이용에 관한 법률 제127조(시범도시의 지정·지원) 조항에 의거 국토교통부장관은 도시의 경제·사회·문화적인 특성을 살려 개성 있고 지속가능한 발전을 촉진하기 위하여 필요하면 직접 또는 관계 중앙행정기관의 장이나 시·도지사의 요청에 의하여 경관, 생태, 정보통신, 과학, 문화, 관광, 그 밖에 대통령령으로 정하는 분야별로 시범도시(시범지구나 시범단지를 포함한다.)를 지정할 수 있다.

74 도시계획 수립과정의 단계로 옳은 것은?

① 목표의 설정 → 상황의 분석 및 미래의 예측 → 대안의 설정 및 평가 → 집행
② 목표의 설정 → 대안의 설정 및 평가 → 집행 → 상황의 분석 및 미래의 예측
③ 목표의 설정 → 집행 → 대안의 설정 및 평가 → 상황의 분석 및 미래의 예측
④ 목표의 설정 → 대안의 설정 및 평가 → 상황의 분석 및 미래의 예측 → 집행

해설
도시계획 단계는 목표의 설정, 상황의 분석 및 미래의 예측, 대안의 설정 및 평가, 집행 순이다.

75 다음 중 도시·군 관리계획의 내용에 해당하지 않는 것은?

① 용도지역·용도지구의 지정에 관한 계획
② 도시개발사업이나 정비사업에 관한 계획
③ 국토의 현황 및 여건 변화 전망에 관한 계획
④ 기반시설의 설치·정비 또는 개량에 관한 계획

해설
도시·군 관리계획은 특별시·광역시·특별자치시·특별자치도·시 또는 군의 개발·정비 및 보전을 위하여 수립하는 토지이용, 교통, 환경, 경관, 안전, 산업, 정보통신, 보건, 복지, 안보, 문화 등에 관한 다음 각 목의 계획을 말한다.
가. 용도지역·용도지구의 지정 또는 변경에 관한 계획
나. 개발제한구역, 도시자연공원구역, 시가화조정구역(市街化調整區域), 수산자원보호구역의 지정 또는 변경에 관한 계획
다. 기반시설의 설치·정비 또는 개량에 관한 계획
라. 도시개발사업이나 정비사업에 관한 계획
마. 지구단위계획구역의 지정 또는 변경에 관한 계획과 지구단위계획

76 도시 및 지역경제 분석 방법 중 경제기반모형(economic base model)에 대한 설명으로 옳지 않은 것은?

① 분석에 필요한 자료의 구득이 매우 어렵다.
② 단순하고 이해하기 쉬워 모형의 적용이 용이한 편이다.
③ 모형을 이용한 지역분석에서 가정하는 내용들에 한계가 있다.
④ 지역의 성장이 지역에서 생산되는 재화의 외부 수요에 의해 결정된다는 것에 기초한다.

해설
경제기반모형은 분석에 필요한 자료획득이 용이하고 단순하여 이해가 쉬운 모형이다.

77 1920년에 E.Burgess가 생태학적 개념에서 제창한 도시패턴은?

① 선형(linear form)
② 부채꼴형(neucli form)
③ 동심원형(concentric form)
④ 다핵형(multi-neuclei form)

해설
Burgess의 동심원이론(Concentric Theory)은 1920년대에 시카고를 사례로 발표한 논문에서 제시된 것으로 도시 내 토지이용의 생태학적 진행(Ecological Process) 과정을 설명하였다.

78 소득분배 상태를 나타내는 지표로서의 지니계수(Gini coefficient) 중 가장 완전한 균등분배상황을 나타내는 수치는?

① 0.5
② 0
③ 1
④ -1

해설
지니계수는 인구분포와 소득분포의 관계를 나타내는 수치로 수치가 클수록 불평등이 심한 상태를 나타낸다. 완전평등 = 0, 완전불평등 = 1

정답 74 ① 75 ③ 76 ① 77 ③ 78 ②

79 참여형 도시계획으로서 주민참여 도시만들기의 우리나라 최근 동향이라고 볼 수 없는 것은?

① 특정한 주제를 깊이 다룬다.
② 주민참여를 의무화하고 있다.
③ 주민의 참여시기가 빨라지고 있다.
④ 주민의 참여방법이 다양화되고 있다.

해설
주민참여 도시만들기의 최근 동향은 주민참여 의무화, 주민의 참여시기 조속화, 주민의 참여방법 다양화 등을 들 수 있으며, 다양한 주제에 관여하는 경향을 보인다.

80 가로망의 구성형태 중 인구 100만 이상의 대도시계획에 적합하고 횡적인 연결은 환상선으로, 도심부와 교외 및 외곽은 방사선으로 연결하며 도쿄, 파리에 이용한 방법은?

① 방사형
② 혼합형
③ 방사환상형
④ 대각선삽입형

해설
환상선과 방사선의 조합으로 구성되는 가로망은 방사환상형이다. 파리, 모스크바, 도쿄 등이 이에 해당한다.

제5과목 교통관계법규

81 도로법령에 따른 도로원표에 관한 설명으로 옳지 않은 것은?

① 군의 도로원표의 위치는 군수가 정한다.
② 도로원표의 크기·표기방법 및 설치기준 등은 국토교통부령으로 정한다.
③ 서울특별시 도로원표의 위치는 광화문광장의 중앙으로 한다.
④ 도로원표는 특별시·광역시·특별자치시·시 및 군에 각 1개를 설치하여야 한다.

해설
도로법 시행령 제50조(도로원표) 조항에 의거 군의 도로원표의 위치는 광역시장·특별자치시장·도지사 또는 특별자치도지사가 정한다.

82 최초로 수립하는 도시교통정비기본계획 및 중기계획은 해당 지역이 도시교통정비지역으로 포함된 날부터 최대 얼마 이내에 확정·고시하여야 하는가?

① 1년
② 2년
③ 3년
④ 4년

해설
도시교통정비 촉진법 시행령 제5조(도시교통정비 기본계획의 수립 기한)에 의거 최초로 수립하는 기본계획 및 중기계획은 해당 지역이 도시교통정비지역으로 포함된 날부터 2년 이내에 확정·고시하여야 한다.

83 주차장법령상 주차전용건축물이라 함은 건축물의 연면적 중 주차장으로 사용되는 부분의 비율이 몇 % 이상인 것인가?

① 85%
② 90%
③ 95%
④ 100%

해설
주차장법 시행령 제1조의2(주차전용건축물의 주차면적비율)에 의거 주차전용건축물이란 건축물의 연면적 중 주차장으로 사용되는 부분의 비율이 95퍼센트 이상인 것을 말한다.

84 국가통합교통체계효율화법에서 정의하는 환승센터의 종류로 옳지 않은 것은?

① 주차장형 환승센터
② 터미널형 환승센터
③ 물류수송형 환승센터
④ 대중교통 연계수송형 환승센터

해설
국가통합교통체계효율화법 제2조(정의)에 의거 "환승센터"란 교통수단 간의 연계교통 및 환승활동을 원활하게 할 목적으로 일정 환승시설이 상호 연계성을 갖고 한 장소에 집합되어 있는 시설로서 주차장형 환승센터, 대중교통 연계수송형 환승센터, 터미널형 환승센터를 말한다.

정답 79 ① 80 ③ 81 ① 82 ② 83 ③ 84 ③

85 국토교통부장관이 도시교통의 원활한 소통과 교통편의의 증진을 위하여 도시교통정비지역으로 지정·고시할 수 있는 도시의 인구 기준은?(단, 도농복합형태의 시의 경우는 고려하지 않는다.)

① 8만명 이상
② 10만명 이상
③ 15만명 이상
④ 20만명 이상

해설
도시교통정비촉진법 제3조(도시교통정비지역의 지정·고시)
① 국토교통부장관은 도시교통의 원활한 소통과 교통편의의 증진을 위하여 다음 각 호의 지역을 도시교통정비지역으로 지정·고시할 수 있다.
  1. 인구 10만 명 이상의 도시(도농복합형태의 시는 읍·면지역을 제외한 지역의 인구가 10만 명 이상인 경우를 말한다)

86 도로교통법상 차마의 운전자가 도로의 중앙이나 좌측부분을 통행할 수 있는 경우는?

① 편도교통이 혼잡한 경우
② 도로가 일방통행인 경우
③ 대형차가 진로를 방해할 경우
④ 중앙선이 있는 도로에서 진로를 변경하는 경우

해설
도로교통법 제13조(차마의 통행) 제4항에 의거, 차마의 운전자가 도로의 중앙이나 좌측 부분을 통행할 수 있는 경우는 다음과 같다.
1. 도로가 일방통행인 경우
2. 도로의 파손, 도로공사나 그 밖의 장애 등으로 도로의 우측 부분을 통행할 수 없는 경우
3. 도로 우측 부분의 폭이 6미터가 되지 아니하는 도로에서 다른 차를 앞지르려는 경우. 다만, 다음 각 목의 어느 하나에 해당하는 경우에는 그러하지 아니하다.
   가. 도로의 좌측 부분을 확인할 수 없는 경우
   나. 반대 방향의 교통을 방해할 우려가 있는 경우
   다. 안전표지 등으로 앞지르기를 금지하거나 제한하고 있는 경우
4. 도로 우측 부분의 폭이 차마의 통행에 충분하지 아니한 경우
5. 가파른 비탈길의 구부러진 곳에서 교통의 위험을 방지하기 위하여 지방경찰청장이 필요하다고 인정하여 구간 및 통행방법을 지정하고 있는 경우에 그 지정에 따라 통행하는 경우

87 교통안전법상 국가교통안전기본계획에 포함되어야 할 사항이 아닌 것은?

① 교통안전 전문인력의 양성
② 교통안전에 관한 단기 종합정책방향
③ 교통수단·교통시설별 교통사고 감소목표
④ 육상교통·해상교통·항공교통 등 부문별 교통사고의 발생현황과 원인의 분석

해설
교통안전법 제15조(국가교통안전기본계획)에 의거 국가교통안전기본계획에는 다음 각 호의 사항이 포함되어야 한다.
1. 교통안전에 관한 중·장기 종합정책방향
2. 육상교통·해상교통·항공교통 등 부문별 교통사고의 발생현황과 원인의 분석
3. 교통수단·교통시설별 교통사고 감소 목표
4. 교통안전지식의 보급 및 교통문화 향상 목표
5. 교통안전정책의 추진성과에 대한 분석·평가
6. 교통안전정책의 목표달성을 위한 부문별 추진전략
7. 부문별·기관별·연차별 세부 추진계획 및 투자계획
8. 교통안전표지·교통관제시설·항행안전시설 등 교통안전시설의 정비·확충에 관한 계획
9. 교통안전 전문인력의 양성
10. 교통안전과 관련된 투자사업계획 및 우선순위
11. 지정행정기관별 교통안전대책에 대한 연계와 집행력 보완 방안
12. 그 밖에 교통안전수준의 향상을 위한 교통안전시책에 관한 사항

88 주차장법령상 주차전용건축물에 기계장치를 이용할 경우 주차장 연면적 산정에서 제외되는 부분은?

① 기계실
② 부속실
③ 관리사무소
④ 자동차를 주차할 수 있는 면적

해설
기계식주차장의 연면적은 기계식주차장치에 의하여 자동차를 주차할 수 있는 면적과 기계실, 관리사무소 등의 면적을 합하여 계산한다.

89 도로교통법상 모든 차의 운전자가 다른 차를 앞지르지 못하는 장소에 해당하지 않는 것은?

① 교차로
② 도로의 구부러진 곳
③ 완만한 경사의 오르막
④ 비탈길의 고갯마루 부근

해설
교차로, 도로의 구부러진 곳, 비탈길의 고갯마루 부근 또는 가파른 비탈길의 내리막에서는 앞지르기가 금지되어 있다.

정답 85 ② 86 ② 87 ② 88 ② 89 ③

90 도시교통정비 촉진법령상 도시교통정비기본계획의 수립을 위한 기초조사 내용에 포함되어야 하는 사항이 아닌 것은?

① 토지이용 계획 및 지가추세
② 교통시설의 이용 현황 및 변화 추이
③ 인구 등 사회·경제지표 현황 및 전망
④ 교차로에서의 교통량 현황과 그 변화 추이

해설
도시교통정비촉진법 시행령 제10조(기초 조사의 내용 등)에 의거 시장 또는 군수가 기본계획을 수립하기 위하여 법 제9조 제1항에 따라 실시하는 조사에는 다음 사항이 포함되어야 한다.
1. 인구 등 사회·경제지표 현황 및 전망
2. 토지이용 현황 및 계획
3. 자동차 보유 현황 및 증가 추세
4. 교통시설의 이용 현황 및 변화 추이
5. 간선도로 및 교차로에서의 교통량 현황과 그 변화 추이
6. 주요 간선도로별 시외 유입·출입 교통량과 그 변화 추이

91 국가교통기술개발계획에 포함되어야 할 사항이 아닌 것은?

① 교통기술의 홍보 및 교육
② 교통기술의 개발 방향과 목표
③ 교통기술의 국내외 환경 분석
④ 교통기술의 중장기 중점 기술개발 전략

해설
국가통합교통체계효율화법 제94조(국가교통기술개발계획의 수립)에 의거 국가교통기술개발계획에는 다음 각 호의 사항이 포함되어야 한다.
1. 교통기술의 개발 방향과 목표
2. 교통기술의 국내외 환경 분석
3. 중장기 중점 기술개발 전략

92 교통안전관리자 자격의 종류에 해당하지 않는 자는?

① 궤도교통안전관리자 ② 도로교통안전관리자
③ 삭도교통안전관리자 ④ 항만교통안전관리자

해설
교통안전법 시행령 제44조(교통안전관리자의 종류 및 직무 등)에 의거 교통안전관리자는 도로, 철도, 항공, 항만, 삭도교통안전관리자로 구분된다.

93 도로교통법상의 길가장자리구역에 대한 설명으로 옳지 않은 것은?

① 안전표지 등으로 경계를 표시한다.
② 보행자 통행의 안전을 위하여 설치한다.
③ 보도로부터 2.5m의 지점에서 설치한다.
④ 보도와 차도가 구분되지 아니한 도로에 있다.

해설
도로교통법 제2조(정의)에 의거 "길가장자리구역"이란 보도와 차도가 구분되지 아니한 도로에서 보행자의 안전을 확보하기 위하여 안전표지 등으로 경계를 표시한 도로의 가장자리 부분을 말한다.

94 국가통합교통체계효율화법령상 규정하고 있는 국가교통조사의 정기조사는 몇 년마다 실시하는가?

① 1년 ② 3년
③ 5년 ④ 10년

해설
국가통합교통체계효율화법 시행령 제8조(국가교통조사의 실시)에 의거 정기조사는 전국을 대상으로 5년마다 실시하고, 수시조사는 정기조사를 보완하거나 특정 지역 또는 특정 항목을 대상으로 조사가 필요한 경우에 실시한다.

95 국가통합교통체계효율화법령상 국가기간교통시설 중 대통령령으로 정하는 교통시설이 아닌 것은?

① 국가기간복합환승센터
② 「도시개발법」에 따른 시가지도로
③ 「도로법」에 따른 국가지원지방도
④ 「도로법」에 따른 일반국도대체우회도로

해설
국가통합교통체계효율화법 시행령 제2조(국가기간교통시설의 범위)에 의거 "대통령령으로 정하는 교통시설"이란 다음 각 호의 시설을 말한다.
1. 「도로법」 제2조 제1항 제2호에 따른 국도대체우회도로
2. 「도로법」 제2조 제1항 제3호에 따른 국가지원지방도
3. 「물류시설의 개발 및 운영에 관한 법률」 제2조 제2호에 따른 물류터미널 중 복합물류터미널
4. 법 제2조 제15호 가목에 따른 국가기간복합환승센터

정답 90 ① 91 ① 92 ① 93 ③ 94 ③ 95 ②

96 도로법에 따른 "도로의 부속물"에 해당하지 않는 것은?

① 도로표지
② 중앙분리대
③ 버스정류시설
④ 도로용 엘리베이터

해설
도로법 제2조(정의) 제2항에 의거, "도로의 부속물"이란 도로 구조의 보전과 안전하고 원활한 도로교통의 확보, 그 밖에 도로의 관리에 필요한 시설 또는 공작물로서 다음 각 목의 어느 하나에 해당하는 것을 말한다.
가. 도로 원표(元標), 이정표, 수선 담당 구역표, 도로 경계표와 도로표지
나. 도로의 방호(防護) 울타리, 가로수 또는 가로등으로서 도로 관리청이 설치한 것

도로법 시행령 제3조(도로의 부속물)
2. 환승시설 및 환승센터

97 주차장법상 도로의 노면 및 교통광장 외의 장소에 설치된 주차장으로서 일반의 이용에 제공되는 것은?

① 노상주차장   ② 노외주차장
③ 부설주차장   ④ 전용주차장

해설
주차장법 제2조(정의)에 의거 노외주차장(路外駐車場)이란 도로의 노면 및 교통광장 외의 장소에 설치된 주차장으로서 일반의 이용에 제공되는 것을 말한다.

98 도로교통법규상 횡단보도표지는 횡단보도 전 몇 미터의 도로우측에 설치하여야 하는가?

① 30m 내지 100m   ② 50m 내지 120m
③ 80m 내지 150m   ④ 80m 내지 200m

해설
횡단보도 표지는 횡단보도가 있는 도로로서 포장도로의 교차로에 신호기가 없을 때, 포장도로의 단일로에 신호기가 없을 때, 비포장도로의 교차로 또는 단일로(신호기 유무에 관계없이 설치한다), 횡단보도 전 50미터 내지 120미터의 도로 우측에 설치한다.

99 아래 설명 중 ( )안에 들어갈 알맞은 말은?

국토교통부장관은 국가기간복합환승센터를 지정하려면 (㉠)을 수립하여 관할 시·도지사의 의견을 듣고 관계 중앙행정기관의 장과 협의한 후 (㉡)의 심의를 거쳐야 한다.

① ㉠ : 복합환승센터의 개발에 관한 계획,
  ㉡ : 국가교통위원회
② ㉠ : 복합환승센터의 관리에 관한 계획,
  ㉡ : 국가교통체계위원회
③ ㉠ : 복합환승센터의 개발에 관한 계획,
  ㉡ : 국가교통체계위원회
④ ㉠ : 복합환승센터의 건설에 관한 계획,
  ㉡ : 국가통합교통체계위원회

해설
국가통합교통체계효율화법 제45조(복합환승센터의 지정)에 의거 국토교통부장관은 국가기간복합환승센터를 지정하려면 복합환승센터의 개발에 관한 계획을 수립하여 관할 시·도지사의 의견을 듣고 관계 중앙행정기관의 장과 협의한 후 국가교통위원회의 심의를 거쳐야 한다.

100 도로법상 국토교통부장관이 도로건설·관리계획을 수립하는 도로로 옳지 않은 것은?

① 지방도   ② 고속국도
③ 일반국도   ④ 국가지원지방도

해설
도로법 제6조(도로건설·관리계획의 수립 등)에 의거 국가지원지방도에 대해서는 국토교통부장관이 건설·관리계획을 수립한다.

제6과목 교통안전

101 주행 중이던 차량이 장애물을 보고 급제동하여 생긴 모든 바퀴들의 직선 미끄럼 흔적의 길이가 아래와 같다면, 이 차량의 미끄럼거리는?

6.0m 6.5m 7.0m 7.5m

① 6.0m   ② 6.5m
③ 7.0m   ④ 7.5m

정답 96 ④ 97 ② 98 ② 99 ① 100 ① 101 ④

해설
직선 미끄럼의 경우에는 가장 긴 스키드마크의 길이를 미끄럼 거리로 본다.

102 운전자들에게 필요한 정보를 올바른 방법으로 제공하여 운전자들이 충돌을 피할 수 있게 해야 한다는 개념의 'Positive Guidance'의 주요 고려 개념 중 하나인 운전자의 기대심리에 대한 설명으로 옳지 않은 것은?

① 어떠한 상황에서든 과거로 회귀한다는 기대
② 차가 계속 일정한 속도로 움직일 것이라는 계속성의 기대
③ 일시적 또는 간헐적으로 어떤 사건이 일어날 것이라는 기대
④ 과거에 일어나지 않은 일은 계속 일어나지 않을 것이라는 기대

해설
Positive Guidance에서 어떠한 상황에서든 과거로 회귀한다는 기대 심리는 발견되지 않는다.

103 다음 중 충격흡수시설의 주된 설치장소로 볼 수 없는 것은?

① 요금소 전면
② 교통섬 주변
③ 연결로 출구 분기점
④ 터널 및 지하차도 입구

해설
교통섬 주변에 충격흡수시설을 설치하는 것은 공간의 제약상 쉽지 않을 뿐만 아니라 시거의 제한을 가져오므로 안전상 바람직하지 않다.

104 교통안전을 위한 사고유발인자 개선조치를 도로사용자/차량/도로 측면으로 구분하고 이를 다시 충돌전/충돌중/충돌후 개선조치로 제시한 Haddon Matrix에 대한 설명으로 옳지 않은 것은?

① 차량 측면의 충돌 후 관련 개선조치로는 충격보호장치 등이 해당된다.
② 도로사용자 측면의 충돌 전 관련 개선조치로는 운전자 교육 등이 해당된다.
③ 도로사용자 측면의 충돌 후 관련 개선조치로는 비상의료서비스 등이 해당된다.
④ 도로 측면의 충돌 중 관련 개선조치로는 부러지는 지주 설치 등의 노변안전조치가 해당된다.

해설
충격보호장치는 차량의 충돌 중 2차 안전장치에 해당한다.

105 도로교통조건과 사고에 대한 설명으로 옳지 않은 것은?

① 차량 간의 속도 분포가 크면 사고율이 높다.
② 평균 일교통량과 사고율과는 밀접한 관계가 있다.
③ 일방통행도로의 사고율은 양방통행도로보다 높다.
④ 교통류 내 차종 구성에서 대형 차량이 많으면 사고율이 높다.

해설
정면충돌 같은 종류의 사고가 근본적으로 차단되고, 용량도 증대되므로 일방통행도로의 사고율이 양방통행도로보다 낮다.

106 일반적인 교통사고의 분석목적으로 옳지 않은 것은?

① 사고 많은 지점 및 구간을 선정
② 원인분석을 통해 사고의 책임을 규명
③ 국가 교통안전대책 수립의 기초자료 활용
④ 교통사고 정보를 돌발정보로써 운전자에게 실시간으로 제공

해설
교통사고 분석은 사고많은 지점과 구간을 선정하고, 사고의 원인을 분석하여 책임을 규명하기 위해서 시행된다. 이렇게 분석된 사고분석 자료들은 국가 교통안전대책 수립의 기초 자료로 활용된다. 운전자에게 정보를 제공하기 위해 사고를 분석하지는 않는다.

107 원호형 과속방지턱의 표준 설치 제원으로 옳은 것은?

① 높이 0.1m, 길이 3.6m
② 높이 0.15m, 길이 3.6m
③ 높이 0.2m, 길이 1.5m
④ 높이 0.3m, 길이 1.5m

해설
원호형 과속방지턱의 표준 설치 제원은 높이 0.1m, 길이(폭) 3.6m이다.

108 유사한 특성을 가진 지점들에 대해 미리 정해진 평균 사고율과 관련하여 특정사고율이 비정상적인지를 결정하기 위하여 통계적 검정을 적용함으로써 분석의 질적 통계가 가능한 위험지점 선정 기법은?

① 사고율법　　② 사고건수법
③ 율-품질관리법　　④ 사고건수-율법

해설
율-품질관리법(Rate-Quality Control Method)은 위험지점을 선정할 때 유사한 특성을 가진 지점들에 대해 미리 정해진 평균사고율과 관련하여 특정사고율이 비정상적인지를 결정하기 위해 사고 발생이 포아송의 분포를 따른다는 가정에 기초한 검정을 통하여 분석하는 방법이다.

109 교통사고에 영향을 주는 운전자의 능력을 육체적 능력과 후천적 능력으로 구분할 때, 후천적 능력에 해당하지 않는 것은?

① 성격　　② 주의력
③ 차량조작능력　　④ 색맹 또는 색약

해설
색맹 또는 색약은 육체적 능력에 해당한다. 성격, 주의력, 차량조작능력 등은 후천적으로 학습 등을 통해 얻어진 능력이다.

110 교통사고의 예방 또는 그로 인한 피해를 경감시키기 위한 대책인 '3E'에 해당하지 않는 것은?

① Education　　② Environment
③ Engineering　　④ Enforcement

해설
교통사고 예방의 3E는 교육(Education), 규제(Enforcement), 공학(시설)(Engineering)이다.

111 운전자의 정보처리과정에 대한 설명으로 옳지 않은 것은?

① 지각-식별-행동판단 과정을 합하여 인지(cognition) 과정이라고도 한다.
② 위해요소에 대하여 취해야 할 적절한 행동을 결정하는 과정은 '행동판단'이다.
③ 주의표지에 운전자가 취해야 할 행동을 구체적으로 명시하면 행동판단시간을 감소시킬 수 있다.
④ 식별은 자극을 식별하여 이해하는 과정으로써 식별대상은 물체뿐만 아니라 속도까지를 포함한다.

해설
지각-식별-행동판단 과정을 합하여 "반사"과정이라고 한다.

112 지도상에 일정 기간 동안 발생한 사고지점에 사고의 종류와 피해 정도에 따라 핀, 색종이를 붙이거나 표시를 하여 사고가 집중적으로 발생하는 지점을 나타내는 것은?

① 대상도　　② 사고지점도
③ 사고충돌도　　④ 사고현황도

해설
사고지점도(Spot map)란 사고의 집중 정도를 지도 상에 표현한 것을 말한다. 지도상에 핀, 색종이를 붙이거나 표시하여 사고지점을 나타내고, 사고의 지점을 사고의 종류와 치사율에 따라 색깔과 크기로 구분하며, 상이한 모양, 크기 또는 색채가 사고의 유형이나 정도를 나타내는 데 사용된다. 사고가 집중적으로 발생하는 지점의 신속한 시각적 색인을 제공하는 특성을 가지며 범례는 가능한 한 단순하게, 축적은 지방부의 경우 1 : 50,000의 지도가 일반적으로 사용된다. 다수의 희생자(사망 또는 부상)를 포함하는 대형사고에 의한 왜곡을 피하기 위하여 희생자 수 대신 사고건수를 나타내는 것이 일반적이다.

113 어느 자동차가 경사가 3%인 도로에서 급제동하였더니 제동거리 36m로 정차하였다. 이 차량의 제동 직전의 속도는? (단, 노면과 타이어 간의 마찰계수는 0.7이다.)

① 약 61 km/h　　② 약 73 km/h
③ 약 82 km/h　　④ 약 98 km/h

해설
$V = \sqrt{254(f+i)l} = \sqrt{254(0.7+0.03) \times 36} = 81.70$
∴ 약 82km/h

정답　108 ③　109 ④　110 ②　111 ①　112 ②　113 ③

114 사고충돌도의 범례 중 다음 그림이 상징하는 것은?

① 측면 충돌　② 전복 차량
③ 통제 불능　④ 좌회전 충돌

해설
사고충돌도의 표시기호이다. 문제의 그림은 전복한 차량을 나타낸다.

115 어느 사고다발지점에 대해 개선사업을 실시한 경우 운전자가 변화된 도로환경에 따라 과거보다 주의력을 감소시킴으로써 당초 의도한 개선대책의 효과를 상쇄시키는 경향은?

① 주관적위험(Subjective Risk)
② 위험보정(Risk Compensation)
③ 사고이동(Accident Migration)
④ 평균으로의 회귀효과(Regression to Mean Effect)

해설
위험보정(Risk Compensation)이란 사고다발지점에 대해 개선사업을 실시한 경우 운전자가 변화된 도로환경에 따라 전보다 주의력을 감소시킴으로써 당초 의도한 개선대책의 효과를 상쇄시키는 경향을 말한다.

116 다음 중 교통안전진단의 목표로 가장 거리가 먼 것은?

① 그 사업의 건설비를 최소화한다.
② 교통사고의 위험 및 정도를 최소화한다.
③ 건설 후의 치료적 작업의 필요성을 최소화한다.
④ 그 사업의 전공용기간의 관련 비용을 최소화한다.

해설
교통안전진단은 사고의 위험을 최소화하고, 추가적인 작업의 필요성을 최소화시켜 불필요한 비용이 추가되는 것을 방지하는 것을 목적으로 한다. 건설비의 최소화 자체를 목표로 보기는 어렵다.

117 어떤 장소에서 짧은 시간 동안 수시로 충돌에 근접하는 교통현상을 관측하여 그 장소의 교통사고 위험성을 평가하는 것은?

① 실험계획조사　② 교통상충조사
③ 회귀분석모형　④ 안전접근속도분석

해설
교통사고 위험도 평가방법 중 교통상충법은 과거의 사고자료를 사용하지 않고 어떤 장소에서 짧은 시간 동안 수시로 충돌에 근접하는 교통현상을 관측하여 그 장소의 사고 위험성을 평가하는 방법이다.

118 교통안전계획의 내용 중 옳지 않은 것은?

① 국가교통안전기본계획은 국토교통부장관이 5년 단위로 수립한다.
② 국가교통안전기본계획을 심의하는 주체는 국가교통위원회이다.
③ 지역교통안전시행계획은 2년 단위 계획으로 각급 자치단체에서 수립한다.
④ 지역교통안전기본계획은 시·도교통안전기본계획과 시·군·구교통안전기본계획으로 구분된다.

해설
교통안전법 제18조(지역교통안전시행계획)에 의거 지역교통안전시행계획은 매년 수립·시행하여야 한다.

119 중량이 2,000kg인 차량이 30km/h로 달리다가 정차 중인 1,000kg 중량의 차량과 충돌하여 얼마의 거리를 밀고 나가 정차하였다면 충돌 직후의 속도는?

① 5 km/h　② 10 km/h
③ 15 km/h　④ 20 km/h

해설
$$m_1 V_1 + m_2 V_2 = (m_1 + m_2) V$$
$$V = \frac{m_1 V_1 + m_2 V_2}{(m_1 + m_2)} = \frac{2,000 \times 30 \text{km/h}}{2,000 + 1,000}$$
$$= \frac{60,000}{3,000} \text{km/h} = 20 \text{km/h}$$

120 차량 A가 25m를 활주한(skidding) 후 12m 높이의 언덕에서 추락하였다. 추락 후 노면에 떨어진 지점까지의 수평거리가 15m일 경우 차량 A의 초기속도는? (단, 중력가속도는 9.8m/sec2, 마찰계수는 0.7이다.)

① 약 75.1 km/h ② 약 78.5 km/h
③ 약 80.1 km/h ④ 약 83.5 km/h

해 설

1) 추락시간공식 $t = \sqrt{\dfrac{2h}{g}}$ 초

2) 추락순간속도
$U_2 = \dfrac{d}{t} = \dfrac{15}{1.5655} = 9.582\text{m/s} = 34.49\text{km/h}$

3) 초기속도계산식 $U_1^2 - U_2^2 = 2ad = 254 \cdot f \cdot d$

㉠ 추락시간 $t = \sqrt{\dfrac{2h}{g}} = \sqrt{\dfrac{2 \times 12}{9.8}} = 1.565$ 초

㉡ 초기속도(U_1)
$U_1^2 - (34.49)^2 = 254 \times 0.7 \times 25$, $U_1 = 75.06\,\text{km/h}$

∴ 약 75.1km/h

정답 120 ①

2회 2019년 기출문제

제1과목 교통계획

1 「지능형교통체계 기본계획 2020」의 추진전략으로 옳지 않은 것은?

① 혼잡·사고의 사후관리
② 교통수단, 여행자 중심
③ 공공과 민간의 상호협력
④ 이동 구성요소간 무선통신

해설
지능형교통체계 기본계획 2020의 추진전략은 중점서비스로 혼잡·사고의 사전예방, 지능화 대상으로 교통수단, 여행자 중심, 시스템 구조로 현장 기반의 분산형과 연계 기반의 통합형, 통신방식으로 이동 구성요소간 무선통신, 제공주체로 공공과 민간의 상호협력을 정하고 있다. 혼잡·사고의 사후관리는 지능형교통체계 2010의 중점서비스 추진전략에 해당한다.

2 다음 교통량에 따른 PHF값은 얼마인가?

시간	교통량(대)
08:00-08:15	100
08:15-08:30	120
08:30-08:45	90
08:45-09:00	80

① 0.8125
② 0.8825
③ 0.9425
④ 0.9825

해설
$PHF = \dfrac{V_{60분}}{V_{15분} \times 4}$
PHF = (100+120+90+80) / (120×4) = 0.8125

3 지하철의 요금이 1,200원일때 승객수요는 8,000명이다. 수요탄력성이 -1.5일 때, 지하철 요금이 1,300원으로 인상되는 경우의 수요는 얼마인가?

① 4,500명
② 5,500명
③ 6,000명
④ 7,000명

해설
$e = \dfrac{\dfrac{\partial V}{V_0}}{\dfrac{\partial P}{P_0}} = \dfrac{\Delta V}{\Delta P} \cdot \dfrac{P}{V}$, $e = \dfrac{\dfrac{-x}{8,000}}{\dfrac{100}{1,200}} = -1.5$,

$x = \left(-1.5 \times \dfrac{100}{1,200}\right) \times 8,000 = -1,000$

기존 수요가 8,000명이었고 변화되는 수요가 -1,000명이므로 최종 수요는 7,000명이 된다.

4 A 도시 내 백화점 주차특성 조사 결과가 아래와 같으며, 신축예정인 어느 백화점의 건물연면적(상면적)이 22,350㎡일 때 원단위법에 의해 산정한 목표연도의 주차수요대수는? (단, 목표연도는 5년 후이다.)

[A 도시 내 백화점 주차특성 조사 결과]

주차발생 원단위 : 5.5(대/1000㎡/시)
주차이용률 : 85%
신축 후 주차대수의 연평균 증가율 : 3%

① 131대
② 152대
③ 145대
④ 168대

해설
$\dfrac{5.5 \times 22,350}{1,000 \times 0.85} \times (1.03)^5 = 167.65 ≒ 168$대

5 다음 중 교통수단선택을 예측하는데 사용되는 모형이 아닌 것은?

① 로짓모형
② 통행단모형
③ 간섭기회모형
④ 통행교차모형

해설
간섭기회모형은 통행분포 단계에서 사용되는 모형이다.

6 교통감응신호기에 대한 설명으로 옳지 않은 것은?

① 설치비용이 고가
② 단시간 교통수요 변화에 적응 가능
③ 비첨두시간에 과다한 지체 발생 가능
④ 단속류를 연속류와 같은 흐름으로 유도 가능

정답 01 ① 02 ① 03 ④ 04 ④ 05 ③ 06 ③

> **해 설**
> 비첨두시간에 과다한 지체가 발생할 가능성이 있는 신호는 고정식(정주기) 신호이다.

7 교통수요 예측을 위한 자료 조사 방법인 우편에 의한 회수법에 대한 설명으로 옳지 않은 것은?

① 조사비용이 적게 든다.
② 회수율이 저조할 수 있다.
③ 응답자를 통제하기 용이하다.
④ 숙련된 조사원이 필요하지 않다.

> **해 설**
> 우편회수법은 응답자를 직접 대면하지 않으므로 응답자의 통제가 어렵고, 회수율이 저조할 수 있다는 단점이 있다. 우편회수법은 조사비용이 저렴하고 숙련된 조사원이 필요 없다는 장점이 있다.

8 다음 중 4단계 교통수요 추정방법에 대한 설명으로 옳지 않은 것은?

① 단계별로 적절한 모형의 선택이 가능하다.
② 계획가나 분석가의 주관이 작용할 때도 있다.
③ 현재의 교통 여건을 지배하고 있는 교통체계의 메커니즘이 장래에는 변한다고 가정한다.
④ 총체적 자료에 의존하기 때문에 통행자의 총체적·평균적 특성만 산출될 뿐 행태적 측면은 거의 무시된다.

> **해 설**
> 4단계 수요추정법은 교통체계 메커니즘이 미래에도 지속될 것이라는 가정하에 분석하는 기법이다.

9 교통체계운영(TSM)에 대한 설명으로 옳은 것은?

① 대중교통수단의 요금 규정 운영 전략이다.
② 주로 단기적인 교통체계의 운영 전략이다.
③ 교통지구의 교통 관련 산업 경영 전략이다.
④ 장기적이고 종합적인 교통체계의 운영 전략이다.

> **해 설**
> 단기적 교통체계 운영전략은 TSM의 기본 개념이다.

10 교통계획에서 차량 보유대수 자료의 활용 내용과 가장 거리가 먼 것은?

① 교통존별 통행량 추정의 자료가 된다.
② 장래 교통체계 상태를 조명해 볼 수 있는 자료가 된다.
③ 과거의 추이를 바탕으로 장래 차량 보유대수에 대한 예측이 가능하다.
④ 철도노선의 이전 및 지역 간 철도 화물 분석 자료로 활용할 수 있다.

> **해 설**
> 승용차 보유대수와 철도노선은 직접적 관계가 없고, 철도 화물분석의 자료로 차량 보유대수를 활용하기는 더 어렵다.

11 교통계획과정에서 승객이나 화물이동의 흐름을 분석하고 추정하기 위한 단위지역인 교통 존(traffic zone)의 설정기준으로 옳은 것은?

① 행정구역과 가급적 일치시킨다.
② 가급적 다양한 토지이용이 포함되도록 한다.
③ 소규모 도시의 주거지역은 대개 10,000명 정도가 포함되도록 설정한다.
④ 주요 간선도로는 될 수 있는 한 존 경계선과 일치하지 않도록 해야 한다.

> **해 설**
> 가급적 동질의 토지이용, 주요 간선도로는 경계선과 일치시키고, 소규모는 1,000~3,000명을 기준으로 한다.

12 다음 중 대중교통 통행배정을 위한 일반화 비용 추정 시 고려되지 않는 변수는?

① 대기시간   ② 차내시간
③ 접근통행시간 ④ 유료도로 통행료

> **해 설**
> 대중교통 통행배정을 위한 일반화 비용 추정시 고려변수는 차외시간과 차내시간이다. 차외 시간에는 접근통행시간, 대기시간, 탑승시간, 환승시간이 있다. 유료도로의 통행료는 대중교통 통행배정시 고려대상이 아니다.

13 내부수익률(IRR)을 이용한 경제성 분석법에 대한 설명으로 옳은 것은?

① 평가과정과 결과를 이해하기 어렵다.
② 해당 사업의 수익성을 측정할 수 없다.
③ 다른 대안과의 사업성을 비교하기 어렵다.
④ 사업의 절대적인 규모를 고려하지 못한다.

해 설
내부수익률법은 비용과 수익의 비율을 사회적 할인율과 비교하여 사업성을 판단하는 경제성 분석법이다. 비율의 크고 작음을 가지고 사업의 크고 작음을 판단할 수는 없으므로 사업의 절대적인 규모를 고려하지 못하게 되는 단점이 있다.

14 교통시설 투자의 타당성 분석에서 매우 중요한 시간가치를 산출할 때 사용되는 것은?

① 개인임금 ② 기회비용
③ 교통비용 ④ 여가비용

해 설
버스, 화물차 운전자의 1인당 급여가 사용된다.

15 사용자 균형(User Equilibrium)을 만족하는 통행배정량을 수치적으로 도출하기 위한 프랭크울프(Frank-Wolfe) 알고리즘의 순서로 옳은 것은?

① 초기화→방향탐색→링크 통행비용 갱신→이동크기 결정→링크 통행량 갱신→수렴성 검토
② 초기화→링크 통행비용 갱신→링크 통행량 갱신→이동크기 결정→방향탐색→수렴성 검토
③ 초기화→링크 통행비용 갱신→방향탐색→이동크기 결정→링크 통행비용 갱신→수렴성 검토
④ 초기화→링크 통행비용 갱신→방향탐색→이동크기 결정→링크 통행량 갱신→수렴성 검토

해 설
프랭크울프(Frank-Wolfe) 알고리즘은 선형의 제약조건을 가진 2차 계획문제를 푸는 해법으로 알려져 있다. 방향발견(+, -), 이동크기 결정, 이동, 수렴 여부 검사 과정을 반복하여 해를 찾는다. 초기화 후 링크 통행비용을 갱신하여 방향을 발견하고, 이동크기를 결정한 후 이동, 다시 링크 통행량을 갱신하여 수렴하였는지 확인한다. 수렴 전이면 이 과정을 다시 반복하고, 수렴되었으면 그 값을 해로 결정한 후 알고리즘을 종료하는 방식이다.

16 도시교통정비 촉진법에서 규정하는 시장이 시행하는 교통수요관리 방안이 아닌 것은?

① 주차수요관리
② 혼잡통행료 징수
③ 도시철도 건설 지원 및 승인
④ 원격 근무와 재택 근무 지원

해 설
도시교통정비촉진법에서 규정하는 시장이 시행하는 교통수요관리방안은 자동차의 운행제한에 관한 사항, 승용차부제에 관한 사항, 혼잡통행료의 부과·징수에 관한 사항, 주차수요관리, 승용차공동이용 지원, 자가용 승용자동차 함께 타기, 원격(遠隔) 근무와 재택(在宅) 근무 지원, 보행·자전거·대중교통 통합교통체계의 구축이다.

17 교통사업 평가 시 고려되는 차량운행비(Vehicle Operating Costs) 중 고정비(Fixed Cost)가 아닌 것은?

① 세금 ② 보험료
③ 연료비 ④ 운전사 임금

해 설
차량의 운행에 따라 비용이 달라지는 비용은 변동비라고 부른다. 연료비는 운행거리가 길어질수록 증가하는 특성을 갖는 대표적인 변동비이다. 운전기사의 임금은 고정비인 경우도 있고, 거리에 따라 추가임금을 지급하는 경우도 있어 변동비인 경우도 있다.

18 버스 승객의 효용함수가 아래와 같을 때, 승객의 1시간 시간가치는?

$$U_{버스} = 0.1 \times 통행시간(분) + 0.001 \times 버스요금(원)$$

① 6,000원 ② 7,000원
③ 8,000원 ④ 9,000원

해 설
통행시간가치는 통행시간의 계수를 통행비용의 계수로 나눈 값이다. 문제에서 통행시간이 분으로 주어졌으므로 60을 곱하여 시간으로 만들어준 다음 계산함에 유의한다.

$$통행시간가치 = \frac{통행시간 \ 계수}{통행비용 \ 계수} = \frac{(0.1 \times 60)}{0.001} = 6,000원/시간$$

19 개별행태모형에 대한 설명으로 틀린 것은?

① 타 존에 적용이 가능하다.
② 모델의 구조는 결정적 모형이다.
③ 수요추정과정의 통합이 가능하다.
④ 개인의 통행 형태 관련 자료를 활용한다.

해설
개별행태모형은 대안별 서비스 변수와 개인의 사회·경제적 특성 등을 반영하여 개인의 선택확률을 구하는 것이 목적인 확률론적 모형이다.

20 경전철(light rail transit)의 일반적인 특성으로 옳은 것은?

① 차량의 중량이 가볍다.
② 지하로만 운행한다.
③ 고속전철에 비하여 건설비가 많이 든다.
④ 시간당 수송용량이 지하철보다 많다.

해설
경전철은 이름에서도 알 수 있듯이 차량의 중량이 가벼운 특성을 갖는다. 지상과 지하 어디든 운행 가능하며, 건설비가 저렴한 대신 시간당 수송용량이 지하철보다는 적다.

제2과목 교통공학

21 다음 중 계수분포에 해당하는 확률분포모형이 아닌 것은?

① Poisson Distribution
② Binomial Distribution
③ Hypergeometric Distribution
④ Exponential Distribution

해설
포아송, 이항, 음이항, 기하, 초기하분포는 계수분포이고 얼랑, 지수, 음지수, 편의된 음지수, 감마, 카이제곱 분포는 간격분포이다.

22 교통신호와 관련된 용어에 대한 설명이 틀린 것은?

① 신호주기 : 교차로 신호등에서 녹색 신호가 켜진 후 다시 녹색 신호가 켜지기까지의 시간
② 현시 : 교차로에서 동시에 통행할 수 있도록 각 방향 교통류에 부여되는 통행권
③ 분할비 : 한 현시 내에서 유효 녹색시간이 차지하는 비율
④ 출발지체시간 : 신호가 적색에서 녹색으로 바뀐 후 첫 번째 차량이 교차로를 통과하기까지의 손실시간

해설
분할비(Split)란 한 주기 동안 각 현시가 차지하는 시간의 비율을 말한다.

23 아래와 같은 특징을 갖는 신호연동체계는?

- 각 교차로의 시간분할은 같다.
- 교통량이 많고, 교차로 간격이 짧으면서 길이가 비슷한 간선도로에서 비교적 긴주기로 사용하면 효과적이다.

① 교호연동체계(alternate system)
② 동시연동체계(simultaneous system)
③ 단순연동체계(simple progressive system)
④ 가변연동체계(flexible progressive system)

해설
동시연동체계(simultaneous system)는 시스템 내 모든 교차로의 신호가 동시에 같은 신호를 표시하는 방식이다. 각 교차로의 시간분할이 같고 각 교차로 간 옵셋이 0이다. 교통량이 많고 교차로 간격이 짧으면서 길이가 비슷한 간선도로에서 비교적 긴 주기로 사용한다.

24 도로의 교통용량에 있어 기본 교통 용량의 정의로 옳은 것은?

① 실제의 도로 및 교통조건의 경우 특정 시간 중에 통과할 수 있는 최소 교통량
② 도로 및 교통조건이 이상적인 경우 차로 당 혼합차량의 시간당 최소 교통량
③ 도로 및 교통조건이 이상적인 경우 차로 당 승용차의 시간당 최대 교통량
④ 실제의 도로 및 교통조건의 경우 특정 시간 중에 통과할 수 있는 최대 교통량

해설
용량은 혼합차량을 승용차로 환산한 시간당 최대 교통량을 의미하며, 최대 교통량을 산정하기 위해 도로 및 교통조건이 이상적인 경우를 기준하여 산정한다.

25 차량이 움직이는데 발생하는 엔진외부저항, 즉 주행저항에 속하는 것을 모두 고른 것은?

> ⓐ 구름저항(rolling resistance)
> ⓑ 공기저항(air resistance)
> ⓒ 경사저항(grade resistance)
> ⓓ 곡선저항(curve resistance)

① ⓐ, ⓑ
② ⓐ, ⓑ, ⓒ
③ ⓑ, ⓒ, ⓓ
④ ⓐ, ⓑ, ⓒ, ⓓ

해설
주행저항은 구름, 공기, 경사, 곡선저항을 말한다.

26 병목흐름(Bottleneck flow)인 상태에서의 도착 차량수와 출발차량수를 누적하여 나타낸 아래의 시간-차량 누적 곡선에 대한 설명으로 옳지 않은 것은?

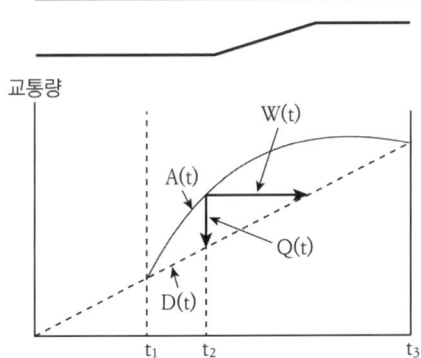

① 차량의 열은 t_1에서 시작하여 t_3까지 없어지지 않는다.
② t_1과 t_3사이의 어떤 시간(t)에서의 열의 길이 ($Q(t)$)는 $A(t) - D(t)$이다.
③ t시간에 도착하는 차량은 $W(t)$ 이후에 출발한다.
④ 총열의 지체는 $t_3 - t_1$이다.

해설
$t_3 - t_1$은 대기행렬이 발생된 시간을 의미한다.

27 대기행렬이론에서 단일 서비스 시스템에 대한 설명으로 틀린 것은?

① 시스템 내의 평균차량대수는 서비스를 받고 있는 평균차량대수의 값과 같다.
② 평균대기행렬 길이는 시스템 내의 평균차량대수에서 서비스를 받고 있는 차량의 평균대수를 뺀 값이다.
③ 시스템 내에 차량이 한 대도 없을 확률은 $(1-\rho)$ $\times (\rho = $교통강도 또는 이용계수$)$와 같다.
④ 시스템 내의 평균체류시간은 평균대기시간과 평균서비스시간을 합한 값과 같다.

해설
시스템 내에는 서비스를 받는 차량도 있고, 서비스를 받기 위해 대기하는 차량도 있다. 따라서, 시스템 내의 대기차량이 한 대도 없는 경우가 아니라면 시스템 내의 평균차량대수는 서비스를 받고 있는 평균차량대수의 값과 다르다.

28 도로의 일정 구간을 주행하는 각 차량들의 속도가 동일하지 않은 경우 공간평균속도와 시간평균속도의 관계를 옳게 설명한 것은?

① 공간평균속도와 시간평균속도는 같다.
② 공간평균속도가 시간평균속도보다 작다.
③ 공간평균속도가 시간평균속도보다 크다.
④ 비교할 수 없다.

해설
속도가 높은 차량은 측정구간을 빨리 지나가므로 적게 노출되고, 속도가 낮은 차량은 측정구간을 느리게 지나가므로 많이 노출되어 공간평균속도에 더 큰 영향을 미치게 된다. 따라서 각 차량들의 속도가 동일한 경우를 제외하면 공간평균속도가 시간평균속도보다 항상 낮은 값을 갖게 된다.

29 교통량 조사방법으로 가장 부적합한 것은?

① 사진측량법
② 루프검지기 조사
③ 주행차량이용법
④ 가구방문 통행조사

해설
가구방문 통행조사로 도로 상의 교통량을 알 수는 없다.

30 자유류 속도가 70km/h인 도로 구간의 차량정지선에 있는 차량이 출발하였을 때, 충격파의 속도(u_w)가 -35km/h 이었다. 출발하는 차량의 속도는?

① 25km/h
② 30km/h
③ 35km/h
④ 40km/h

> **해 설**
> 출발하는 차량의 속도가 영향을 주는 상황이므로 느린 속도에서 빠른 속도를 뺌으로써 충격파의 속도를 구할 수 있다. 충격파의 속도가 주어져 있으므로 출발하는 차량의 속도를 계산할 수 있다.
> $x$km/h − 70km/h = −35km/h, ∴ x = 35km/h

31 어떤 도로의 3km 구간에서 이동차량방법(moving vehicle method)으로 측정한 결과 B차가 주행하면서 만난 반대방향 차량대수가 60대, A차가 추월한 차량이 4대, A차를 추월한 차량이 4대, A차의 주행시간이 5분, B차의 주행시간이 4분이었을 때, A차가 달리는 방향의 평균 교통량은?

① 200대/시　　② 300대/시
③ 400대/시　　④ 500대/시

> **해 설**
> $$V_n = \frac{60(M+O-P)}{(T_n+T_s)} = \frac{60(60+4-4)}{(5+1)} = 400\text{대/시}$$
> 여기서, M : 주행방향 반대방향에서 만난 차량 수
> O : 시험차량을 추월한 차량 수(대)
> P : 시험차량이 추월한 차량 수(대)
> T_n : n방향 운행 시 운행시간
> T_s : s방향 운행 시 운행시간

32 신호교차로 접근로의 용량 산정 시, 기본 포화 교통류율이 2,200pcphgpl이 되는 이상적인 조건으로 옳지 않은 것은?

① 50%의 녹색신호
② 승용차만의 교통류
③ 경사가 없는 접근부
④ 직진교통류로만 구성

> **해 설**
> 신호교차로의 이상적인 조건(Ideal Conditions)
> 차로폭 3.0m, 경사가 없는 접근부, 직진교통류로만 구성, 승용차로만 구성, 상류부 75m 이내에 버스정류장, 주차가 없을 것, 상류부 60m 이내에 차량의 진출입이 없을 것

33 현장 관측자료를 이용한 속도와 밀도의 관계가 아래와 같을 때, 다음 설명 중 옳지 않은 것은?

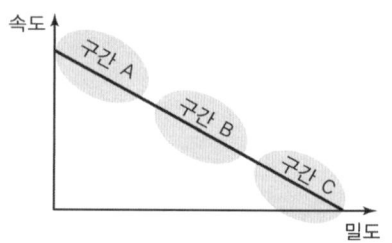

① 구간A는 차량의 움직임이 상당히 자유로운 영역이다.
② 구간B는 차량이 증가하면서 속도가 줄어든 영역이다.
③ 구간C는 Jam Density가 관측되는 구간이다.
④ 용량은 구간 C에서 주로 관측된다.

> **해 설**
> 구간 C에서는 일반적으로 서비스 수준 D 상태가 관측된다. 용량은 서비스 수준 E와 F 사이에서 관측된다.

34 다음 중 도심부 신호교차로의 서비스수준을 분석할 때 고려하는 지체가 아닌 것은?

① 균일지체(uniform delay)
② 상관지체(interaction delay)
③ 증분지체(incremental delay)
④ 추가지체(initial delay)

> **해 설**
> 차량당 제어지체는 균일, 증분, 추가지체의 합으로 구성된다.

35 일련의 신호교차로에서의 교통흐름을 나타내는 시공도(time-space diagram)에서 관측할 수 있는 것으로만 나열한 것은?

① 차량진행대폭(bandwidth), 차량통행시간(travel time), 신호옵셋(offset)
② 차량통행시간(travel time), 신호옵셋(offset), 차량자유속도(free-flow speed)
③ 신호옵셋(offset), 차량자유속도(free-flow speed), 차량진행대폭(bandwidth)
④ 차량자유속도(free-flow speed), 차량진행대폭(bandwidth), 차량통행시간(travel time)

정답 31 ③　32 ①　33 ④　34 ②　35 ①

해설
시공도는 가로축이 시간, 세로축이 거리로 구성된다. 차량의 진행대폭은 세로축 거리정보에서, 차량통행시간과 옵셋은 가로축 시간정보에서 관측할 수 있다.

해설
$$SMS = \frac{5}{\frac{1}{41}+\frac{1}{39}+\frac{1}{31}+\frac{1}{33}+\frac{1}{35}} = 35.4 \text{km/h}$$

36 Webster 방식에 의한 지체를 최소로 하는 최적 주기(c) 산정식은? (단, l: 주기당 총 손실시간, Y: 현시별 임계차로군의 교통량비의 합)

① $c = \dfrac{l}{1-Y}$ ② $c = \dfrac{l}{1+Y}$

③ $c = \dfrac{1.5l+5}{1-Y}$ ④ $c = \dfrac{1.5l-5}{1+Y}$

해설
웹스터(Webster) 최적주기 산정식 $c = (1.5l+5) \div (1 - \sum_{i=1}^{n} x_i)$

40 고속도로 기본 구간의 이상적인 조건이 아닌 것은?
① 평지
② 차로 폭 3.0m 이상
③ 측방 여유폭 1.5m 이상
④ 승용차만으로 구성된 교통류

해설
고속도로는 차로폭 3.5m 이상이 이상적인 조건이다.
신호교차로의 이상적인 차로폭이 3.0m이다.

37 어느 도로의 첨두시간 교통량이 1,500대/시간이고 첨두시간 중 15분 최대교통량이 450대 일 때, 첨두시간계수(PHF)는?
① 0.78 ② 0.83 ③ 0.88 ④ 0.98

해설
$PHF = \dfrac{1,500}{450 \times 4} = \dfrac{1,500}{1,800} \fallingdotseq 0.83$

제3과목 교통시설

41 설계속도가 120km/h인 도로의 평면곡선부에 설치하는 완화곡선의 최소길이 기준은?
① 70m ② 60m
③ 50m ④ 40m

해설
도로의 구조·시설 기준에 관한 규칙 제23조(완화곡선 및 완화구간)에 의거 설계속도 120km/h인 경우 완화곡선의 최소길이 기준은 70m 이다.

38 교통시설 설계 시 설계기준자동차의 제원 기준이 아닌 것은?
① 길이 ② 축간거리
③ 최소회전반경 ④ 엔진 배기량

해설
설계기준자동차의 제원 기준은 폭, 높이, 길이, 축간거리, 앞내민길이, 뒷내민길이, 최소회전반지름(최소회전반경)이다.

42 차량이 85km/h의 속도로 평지인 도로를 주행하고 있다. 도로의 마찰계수는 0.3, 지각반응시간이 2.5초 일 때, 주행 중인 차량의 최소정지시거는?
① 약 128m ② 약 154m
③ 약 206m ④ 약 234m

해설
$mssd = \dfrac{t_r \cdot V}{3.6} + \dfrac{V^2}{254(f \pm s)}$
$= \dfrac{2.5 \cdot 85}{3.6} + \dfrac{85^2}{254(0.3)} = 153.84$, ∴ 약 154m

39 일정 시간 동안 특정 구간을 통과한 차량 5대의 속도가 아래와 같을 때, 공간 평균속도는?

41km/h, 39km/h, 31km/h, 33km/h, 35km/h

① 28.5km/h ② 30.5km/h
③ 33.5km/h ④ 35.4km/h

정답 36 ③ 37 ② 38 ④ 39 ④ 40 ② 41 ① 42 ②

43 차로의 폭을 결정하는 요인으로 가장 거리가 먼 것은?

① 지역
② 도로의 구분
③ 교통량
④ 설계속도

해설
차로의 폭은 도로의 구분, 설계속도 및 지역, 설계시간 교통량 및 대형차 혼입률, 서비스 수준 등을 고려하여 결정된다. 보기에 제시된 내용이 모두 차로의 폭을 결정하는 요인이지만, 도로의 구조시설기준에 관한 규칙상에서 도로의 구분과 설계속도, 지역에 따라 최소폭을 제시하고 있으므로 가장 거리가 먼 사항으로 교통량을 고를 수 있다.

44 도로의 평면곡선설계에서 최소 평면곡선 반지름을 정할 때 고려하지 않아도 되는 것은?

① 편경사
② 곡선길이
③ 설계속도
④ 횡방향미끄럼마찰계수

해설
$r = \dfrac{V^2}{127(i+f)}$ 에서 평면곡선반경을 결정하는 요인은 설계속도(V), 편경사(i), 횡방향 미끄럼 마찰계수(f)이다.

45 도로의 기능별 구분에 따른 최소 설계속도 기준이 옳지 않은 것은?

① 도시지역 국지도로 : 50km/h 이상
② 도시지역 집산도로 : 50km/h 이상
③ 지방지역 산지 고속도로 : 100km/h 이상
④ 지방지역 평지 고속도로 : 120km/h 이상

해설
도시지역 국지도로의 최소 설계속도 기준은 40km/h 이상이다.

46 평면교차와 그 접속기준이 옳은 것은?

① 교차하는 도로의 교차각은 45°이상이 되도록 한다.
② 교차로에서 좌회전차로가 필요한 경우에는 직진차로와 통합하여 설치하여야 한다.
③ 평면으로 교차하거나 접속하는 구간에 설치하는 변속차로에 관한 사항은 관할 경찰청장이 정한다.
④ 교차로의 종단경사는 3% 이하이어야 한다.

해설
도로의 교차각은 75~105°, 변속차로에 관한 사항은 해당 도로 관리주체의 장이 정하고 좌회전 차로는 직진 차로와 분리하여 설치하여야 한다.

47 주차장의 주차단위구획과 관련한 설명으로 옳은 것은?

① 평행주차는 차로의 진행방향과 각도를 이루고 주차하는 것을 말한다.
② 30°전진주차는 차로 진행방향으로 긴 주차 폭이 필요하다.
③ 전진주차는 주차시에 다소 시간이 소요되나 나올 때는 차로의 투시와 관련된 위험이 적어 바로 나올 수 있다.
④ 공간을 효과적으로 이용하고 질서있는 주차를 위해 모든 주차장의 주차단위구획에 대하여 소형자동차를 설계기준다동차로 사용한다.

해설
주차장의 공간을 효과적으로 이용하면서 질서 있는 주차를 기대하기 위하여 적절한 자동차를 설계기준 자동차로 사용하여야 한다. 평행주차는 차량이 방향이 차도와 선형으로 평행하고 인접한 교통의 흐름과 동일한 방향(평행)이 되도록 주차하는 방식을 말한다. 전진주차는 주차시에는 바로 주차가 가능하나, 나올 때 바로 나오기 어렵다.

48 노면이 시멘트 포장도로인 차도의 횡단경사 기준은?

① 1.0% 이상 1.5% 이하
② 1.5% 이상 2.0% 이하
③ 2.0% 이상 2.5% 이하
④ 2.5% 이상 3.0% 이하

해설
아스팔트 및 시멘트 포장도로는 횡단경사를 1.5% 이상 2.0% 이하를 기준으로 한다.

49 도로 설계 시 환경시설대의 설치기준으로 옳은 것은?

① 일반평면도로에서는 도로의 양측 끝에서 폭 15m의 환경시설대를 설치하는 것이 바람직하다.
② 고가도로에서 환경시설대를 설치하지 아니한다.
③ 자동차 전용도로에는 도로의 양측 차도 끝에서부터 폭 20m의 환경시설대를 설치한다.
④ 도로 주변 건축물이 낮게 지어져 차음효과가 없는 경우 환경시설대의 폭을 축소할 수 있다.

정답 43 ③ 44 ② 45 ① 46 ④ 47 ② 48 ② 49 ③

해 설

일반평면도로에서는 도로의 양측 끝에서 폭 10m 정도의 환경시설대를 설치한다. 고가도로도 일반평면도로와 같다. 자동차전용도로에서는 도로의 양측 차도 끝에서 폭 20m의 환경시설대를 설치하고, 도로 주변 건축물이 높게 지어져 차음효과가 있거나, 지가가 높은 경우 환경시설대의 폭을 10m 정도로 축소할 수 있다.

50 도로의 구조·시설 기준에 관한 규칙에 따르면 도로의 계획목표연도는 공용개시 계획연도를 기준으로 몇 년 이내로 정하는가?

① 5년   ② 10년   ③ 15년   ④ 20년

해 설

도로의 구조·시설 기준에 관한 규칙 제6조(도로의 계획목표연도) 제2항에 의거 도로의 계획목표연도는 공용개시 계획연도를 기준으로 20년 이내로 정하되, 그 기간을 설정할 때에는 도로의 구분, 교통량 예측의 신뢰성, 투자의 효율성, 단계적인 건설의 가능성, 주변 여건, 주변 지역의 사회·경제계획 및 도시계획 등을 고려하여야 한다.

51 화물터미널 설계 시 고려해야 할 시설로 가장 거리가 먼 것은?

① 화물적하대
② 주유소, 정비소
③ 아프론(적하대 전면 기동공간)
④ 여객관제시설

해 설

화물터미널 설계시 고려해야 할 시설은 화물적하대와 아프론, 주유소, 정비소 등이다. 여객 관제시설은 여객터미널에서 고려해야 할 시설이다.

52 인터체인지의 연결로 설계 시 유출입 유형의 일관성을 유지할 경우 얻게 되는 장점이 아닌 것은?

① 차로 변경 횟수를 줄인다.
② 운전자의 혼란을 줄인다.
③ 직진 교통과의 마찰을 줄인다.
④ 도로 안내 표지를 복잡하게 할 수 있다.

해 설

유출입 유형의 일관성을 유지할 경우 차로변경 횟수, 직진 교통과의 마찰, 운전자의 혼란, 정보탐색 필요성을 줄일 수 있고, 도로 안내표지를 단순하게 할 수 있는 장점이 생긴다.

53 도시지역 차도의 평면곡선부 최대편경사 기준으로 옳은 것은?

① 4% 이하   ② 6% 이하
③ 8% 이하   ④ 10% 이하

해 설

도시지역 차도의 최대 편경사는 6%이다.

54 입체교차 변속차로의 설계에 대한 설명으로 옳은 것은?

① 본선 설계속도가 80km/h 인 경우 변속차로 변이구간의 길이는 최소 60m 이상으로 하여야 한다.
② 변속차로의 길이는 연결로가 2차로인 경우 해당 기준의 1.5배 이상으로 하여야 한다.
③ 본선 종단경사의 크기에 따른 감속차로의 길이 보정률은 최대 1.50 비율 이하로 하여야 한다.
④ 본선 종단경사의 크기에 따른 가속차로의 길이 보정률은 최대 1.35 비율 이하로 하여야 한다.

해 설

① 본선 설계속도가 80km/h 인 경우 변속차로 변이구간 길이는 최소 60m 이상으로 하여야 한다.
② 변속차로 길이는 연결로가 2차로인 경우 감속차로의 길이는 기준의 1.2배 이상으로 하여야 한다.
③ 본선 종단경사의 크기에 따른 감속차로의 길이보정률은 최대 1.35 비율 이하로 하여야 한다.
④ 본선의 종단경사의 크기에 따른 가속차로의 길이 보정률은 최대 1.50 비율 이하로 하여야 한다.

55 자동차 전용도로의 설계속도는 최소 얼마 이상으로 하는가? (단, 자동차 전용도로가 도시지역에 있거나 소형차로도로인 경우는 고려하지 않는다.)

① 60km/h   ② 70km/h
③ 80km/h   ④ 90km/h

해 설

설계속도는 도로의 구조·시설 기준에 관한 규칙 제8조(설계속도)에 의거하여 결정한다. 해당 조항에 따르면 각 도로별로 정해진 기준을 적용하되, 예외적으로 자동차 전용도로를 설계하는 경우에는 설계속도를 시속 80킬로미터 이상으로 하도록 정하고 있다.

정답 50 ④ 51 ④ 52 ④ 53 ② 54 ① 55 ③

56 도시지역의 일반도로에 주정차대를 설치하는 경우의 최소 폭 기준으로 옳은 것은? (단, 소형자동차를 대상으로 하는 주정차대의 경우는 고려하지 않는다.)

① 1.5m ② 2.0m ③ 2.5m ④ 3.0m

해 설
도로의 구조·시설 기준에 관한 규칙 제14조(주정차대)에 의거 도시지역의 일반도로에 주정차대를 설치하는 경우에는 그 폭이 2.5미터 이상이 되도록 하여야 한다. 다만, 소형자동차를 대상으로 하는 주정차대의 경우에는 그 폭이 2미터 이상이 되도록 할 수 있다.

57 노상시설에 해당하지 않는 것은?

① 가로등 ② 가로수
③ 공동구 ④ 방호울타리

해 설
노상시설이란 보도, 자전거도로, 중앙분리대, 길어깨 또는 환경시설대 등에 설치하는 표지판 및 방호울타리, 가로등, 가로수 등 도로의 부속물(공동구는 제외한다)을 말한다.

58 교차로 진입속도가 50km/h, 교차로 횡단거리 20m, 차량의 감속도 $5.0m/s^2$, 차량길이 4m일 때 적정 황색 시간은? (단, 운전자 반응시간은 1초이다.)

① 2.1초 ② 3.1초 ③ 4.1초 ④ 5.1초

해 설
$$y = 1 + \frac{50/3.6}{2 \times 5} + \frac{20+4}{50/3.6}, \quad y = 4.117 \quad \therefore \ 4.2초$$
※ 계산상 4.2초가 답이어야 하지만 보기에 없으므로 가장 유사한 답을 선택한다.

59 도로의 부대시설 중 체인탈착장의 설계 시 유의사항에 대한 설명으로 틀린 것은?

① 체인탈착장에는 조명 설비를 설치한다.
② 체인탈착장으로 사용되는 부분은 포장을 하고, 교통섬을 설치하는 것이 원칙이다.
③ 주차 면은 보통의 주차 면보다 50cm 정도 넓게 하는 것이 바람직하다.
④ 체인탈착장의 경사는 주차 자동차의 종방향으로 2% 이하, 횡방향으로 3% 이하로 하고 배수에 충분한 주의를 기울여야 한다.

해 설
체인탈착장으로 사용되는 부분은 포장을 하고, 교통섬은 원칙적으로 설치하지 않는다.

60 노상주차장의 구조·설비기준으로 틀린 것은? (단, 해당 지방자치단체의 조례로 따로 정하거나 기타 사항의 경우는 고려하지 않는다.)

① 주간선도로에 설치하여서는 아니 된다.
② 종단경사도(자동차 진행방향의 기울기)가 4%를 초과하는 도로에 설치하여서는 아니 된다.
③ 고속도로, 자동차전용도로 또는 고가도로에 설치하여서는 아니 된다.
④ 너비 8미터 미만의 도로에 설치하여서는 아니 된다.

해 설
주차장법 시행규칙 제4조(노상주차장의 구조·설비기준) 1항 3호에 의거 너비 6미터 미만의 도로에 설치하여서는 아니 된다. 다만, 보행자의 통행이나 연도(沿道)의 이용에 지장이 없는 경우로서 해당 지방자치단체의 조례로 따로 정하는 경우에는 그러하지 아니하다

제4과목 도시계획개론

61 도시계획 과정에서 여러 종류의 변수들이 서로 어떤 관계를 갖는지 분석하는 방법으로 옳지 않은 것은?

① 두 변수의 관계가 얼마나 밀접한가를 측정하기 위해 산포도분석을 시행한다.
② 추정된 회귀 모형이 표본자료를 얼마나 잘 설명하는가는 결정계수로 파악한다.
③ 다중회귀분석은 하나의 종속변수와 여러개의 독립변수 사이의 관계를 추정할 수 있다.
④ 회귀분석은 둘 또는 그 이상의 변수들 간에 존재하는 관련성을 분석하기 위해 시행한다.

해 설
두 변수의 관계가 얼마나 밀접한가를 측정하려면 상관분석을 시행해야 한다. 산포도로 상관 정도를 알 수는 있지만 산포도만으로 밀접한 정도를 구체적으로 수치화하여 측정하기는 어렵다.

62 토지구획정리사업에 있어서의 환지설계방법 중 교통 여건, 토지이용상황 등 모든 요건이 토지 가격에 의해 나타난다는 전제 하에 사업 전의 토지 가격을 사업종료 후의 토지 가격에 비례해서 환지하는 방식은?

① 면적식 환지
② 비례식 환지
③ 절충식 환지
④ 평가식 환지

해설
사업 전의 토지가격을 사업종료 후의 토지가격에 비례해서 환지하는 방식은 평가식 환지 방식이다.

63 주거단지 내 도로계획 시 일반적 고려사항이 아닌 것은?

① 곡선형 도로로 감속 유도
② 단지 내 도로의 과속 방지턱 설치
③ 원활한 통과를 위한 통과도로의 최대화
④ 원활한 접근을 위한 조직적 도로패턴 계획

해설
주거단지 내 도로는 통과교통을 최소화하여야 한다.

64 용도지구의 종류가 아닌 것은?

① 고도지구
② 경관지구
③ 방재지구
④ 재개발지구

해설
용도지구에는 경관지구, 고도지구, 방화지구, 방재지구, 보호지구, 취락지구, 개발진흥지구, 특정용도제한지구, 복합용도지구, 그 밖에 대통령령으로 정하는 지구가 있다.

65 재정계획에 있어서 계속되는 사업이라도 예산편성 시 신규사업처럼 능률성, 효과성, 사업의 확대, 축소 여부를 새로이 분석·검토하고 사업의 우선순위를 결정하여 예산과 사업계획에 대한 결정을 하는 제도는?

① 계획예산제도
② 복식예산제도
③ 영기준예산제도
④ 성과주의예산제도

해설
영기준예산제도란 매년 모든 사업의 타당성을 영기준에서 엄밀히 분석해 예산을 편성하는 제도를 말한다.

66 계획이론에 대한 허드슨(Hudson)의 분류에서 린드볼름(Lindblom)이 주장한 것으로 지속적인 조정과 적용을 통해 계획의 목표를 추구하는 접근 방법을 제시한 계획이름은?

① 종합적 계획(Synoptic Planning)
② 옹호적 계획(Advocacy Planning)
③ 점진적 계획(Incremental Planning)
④ 교류적 계획(Transactive Planning)

해설
계획이론에 대한 허드슨(Hudson)의 분류인 종합, 점진, 급진, 옹호적 계획 중 린드블롬(Lindblom)이 주장한 것은 점진적 계획이다. 점진적 계획은 지속적인 조정과 적용을 통해 계획의 목표를 추구하는 접근 방법을 제시한 계획이론이다.

67 국토의 계획 및 이용에 관한 법률에서 정의하는 기반시설 중 '공동구'가 해당하는 시설은?

① 방재시설
② 보건위생시설
③ 환경기초시설
④ 유통·공급시설

해설
유통업무설비, 수도·전기·가스공급설비, 방송·통신시설, 공동구 등은 유통·공급시설에 해당한다.

68 다음 중 아디케스법의 기본 개념으로 옳은 것은?

① 재개발 계획
② 토지 구획 정리
③ 신도시 개발 계획
④ 도시의 장기 발전계획

해설
아디케스법은 1902년 독일에서 제정된 토지구획정리사업에 관한 법률을 말한다.

69 토지이용 결정이론에서 선형지대이론의 특징으로 옳은 것은?

① 인종별·집단별 주거적 토지이용
② 문화적 차이에 의한 주거적 토지이용
③ 사회·경제적 지위에 따른 주거적 토지이용
④ 가족·소비·직장중심주의에 의한 주거적 토지이용

정답 62 ④ 63 ③ 64 ④ 65 ③ 66 ③ 67 ④ 68 ② 69 ③

해 설
선형지대이론은 저급, 중산층, 고급 주택지구로 주거지를 구분하여 사회·경제적 지위에 따른 주거적 토지이용을 파악하려 하였다.

70 기능 및 주제에 따른 도시공원의 종류와 내용으로 옳지 않은 것은?

① 수변공원 : 도시의 하천가·호숫가 등 수변공간을 활용하여 도시민의 여가·휴식을 목적으로 설치하는 공원
② 역사공원 : 도시의 역사적 장소나 시설물, 유적·유물 등을 활용하여 도시민의 휴식·교육을 목적으로 설치하는 공원
③ 체육공원 : 주로 운동경기나 야외활동 등 체육활동을 통하여 건전한 신체와 정신을 배양함을 목적으로 설치하는 공원
④ 문화공원 : 근린생활권으로 구성된 지역생활권 거주자의 보건·휴양 및 정서생활의 향상에 이바지하기 위하여 설치하는 공원

해 설
문화공원은 도시의 각종 문화적 특징을 활용하여 도시민의 휴식·교육을 목적으로 설치하는 공원이다. 근린거주자의 보건·휴양 및 정서생활의 향상에 기여함을 목적으로 설치된 공원은 근린공원이다.

71 도로의 기능별 구분 중 주간선도로를 집산도로 또는 주요 교통발생원과 연결하여 시·군 교통의 집산기능을 하고 근린주거구역의 외곽을 형성하는 도로는?

① 국지도로　　② 일반도로
③ 특수도로　　④ 보조간선도로

해 설
주간선도로를 집산도로 또는 주요 교통발생원과 연결하여 시·군 교통의 집산기능을 하는 도로로서 근린주거구역의 외곽을 형성하는 도로는 보조간선도로이다. 국지도로는 가구(가구 : 도로로 둘러싸인 일단의 지역을 말한다.)를 구획하는 도로이고, 특수도로는 보행자전용도로·자전거전용도로 등 자동차 외의 교통에 전용되는 도로이다.

72 도시의 근린생활권 중 공간적 범위가 큰 단계에서 작은 단계에서 작은 단계로 올바르게 나열한 것은?

① 근린주구 - 근린분구 - 인보구
② 근린주구 - 인보구 - 근린분구
③ 근린분구 - 근린주구 - 인보구
④ 인보구 - 근린주구 - 근린분구

해 설
근린생활권의 위계가 가장 높은 것은 근린주구이며, 가장 낮은 것은 인보구이다.

73 국토의 계획 및 이용에 관한 법률에 의한 용도지역 중 관리지역에 해당되지 않는 것은?

① 계획관리지역　　② 보존관리지역
③ 보전관리지역　　④ 생산관리지역

해 설
관리지역은 보전, 생산, 계획 관리지역으로 구분된다.

74 보행자전용도로의 결정기준으로 옳지 않은 것은?

① 보행의 쾌적성을 높이기 위하여 녹지체계와의 연관성을 고려할 것
② 보행자의 통행으로 인하여 차량통행에 지장이 많을 것으로 예상되는 지역에 설치할 것
③ 보행자통행량의 주된 발생원과 버스정류장·지하철역 등 대중교통시설이 체계적으로 연결되도록 할 것
④ 도심지역·부도심지역·주택지·학교 및 하천주변지역 등에서는 일반도로와 그 기능이 서로 보완관계가 유지되도록 할 것

해 설
보행자전용도로는 차량통행으로 인하여 보행자의 통행에 지장이 많을 것으로 예상되는 지역에 설치하여야 한다.

75 도시·군계획시설로서 도로의 규모별 구분으로 옳지 않은 것은?

① 소로 3류 : 폭 8m 미만
② 중로 3류 : 폭 12m 이상~15m 미만
③ 대로 3류 : 폭 20m 이상~25m 미만
④ 광로 3류 : 폭 40m 이상~50m 미만

해 설
대로 3류는 폭 25미터 이상 30미터 미만인 도로이다.

2019년 2회 기출문제

76 상위 계획에서 하위 계획 순으로 올바르게 나열한 것은?

① 국토계획 → 지역계획 → 도시계획 → 단지계획
② 단지계획 → 국토계획 → 지역계획 → 도시계획
③ 국토계획 → 지역계획 → 단지계획 → 도시계획
④ 단지계획 → 국토계획 → 도시계획 → 지역계획

[해설]
최상위 공간계획은 국토계획이고, 지역, 도시, 단지계획 순으로 하위계획이 된다.

77 케빈 린치(Kevin Lynch)가 주장한 도시의 이미지를 결정하는 구성요소에 해당하지 않는 것은?

① 통로(path)　② 광장(square)
③ 결절점(node)　④ 상징물(landmark)

[해설]
케빈린치의 도시경관 이미지 5대 요소는 경계(Edge), 상징물(Landmark), 도로(Path), 결절점(Node), 지역(District)이다.

78 토지이용계획을 입지계획 · 시설 및 규모 계획 · 입지 배분 계획으로 분류할 때, 입지배분 계획의 내용으로 적절하지 않은 것은?

① 밀도 배분하기　② 공간구조 만들기
③ 연결체계 만들기　④ 시설규모 예측하기

[해설]
시설규모 예측하기는 시설(Facility) 및 규모(Scale) 계획에 속한다.

79 도시 및 지역경제 분석 방법 중의 하나로, 지역산업의 변화를 내적요인과 외적요인에 해당하는 국가 전체의 성장요인(national share), 산업구조적 요인(industry mix), 지역의 경쟁력 요인(local factor)으로 나누어 파악하고, 이를 통해 지역의 산업성장을 분석하는 방법은?

① 경제기반모형　② 다중회귀모형
③ 변이할당모형　④ 투입산출모형

[해설]
지역산업의 변화를 내적 요인과 외적요인으로 구분한 다음, 외적 요인을 국가 전체의 성장요인, 산업구조적 요인, 지역의 경쟁력 요인으로 나누어 분석하는 모형은 변이할당모형이다. 변이할당모형은 과거 두 시점 간의 국가경제와 지역경제, 산업구조 등을 분석하여 당해 지역의 산업성장을 예상하는데 사용된다.

80 다음과 같은 조건을 가진 도시의 공업지역의 소요면적은?

- 총 인구 : 30만명
- 취업률 : 30%
- 공공용지율 : 25%
- 제조업 인구 구성비 : 45%
- 제조업 인구 1인당 점유토지면적 : 100㎡

① 40.5ha　② 54ha
③ 405ha　④ 540ha

[해설]
r = 제조업 인구구성비 × 취업률 = 0.45 × 0.3 = 0.135,
$Ia = \dfrac{300{,}000 \cdot 100 \cdot 0.135}{(1-0.25)} = 5{,}400{,}000 \text{m}^2$
1ha = 10,000m² 이므로 540ha

제5과목 교통관계법규

81 노상주차장의 장애인 전용주차구획 설치에 관한 내용 중 ( )에 공통으로 들어갈 숫자로 옳은 것은?

가. 주차대수 규모가 20대 이상 ( )대 미만인 경우 : 한 면 이상
나. 주차대수 규모가 ( )대 이상인 경우 : 주차대수의 2퍼센트부터 4퍼센트까지의 범위에서 장애인의 주차수요를 고려하여 해당 지방자치단체의 조례로 정하는 비율 이상

① 50　② 60
③ 70　④ 80

[해설]
주차대수 규모가 20대 이상 50대 미만인 경우에는 한 면 이상, 주차대수 규모가 50대 이상인 경우에는 주차대수의 2퍼센트부터 4퍼센트까지의 범위에서 장애인의 주차수요를 고려하여 해당 지방자치단체의 조례로 정하는 비율 이상 설치하여야 한다.

정답　76 ①　77 ②　78 ④　79 ③　80 ④　81 ①

82 도로를 횡단하는 자전거 운전자의 안전을 위하여 기준에 따라 자전거횡단도를 설치할 수 있는 자는?

① 시장 ② 도로관리청
③ 지방경찰청장 ④ 국토교통부장관

해설
도로교통법 제15조의2(자전거횡단도의 설치 등) 조항에 의거 지방경찰청장은 도로를 횡단하는 자전거 운전자의 안전을 위하여 행정안전부령으로 정하는 기준에 따라 자전거횡단도를 설치할 수 있다.

83 도로법상 도로의 종류에 따른 도로관리청의 연결로 옳지 않은 것은? (단, 국가지원지방도는 특별시, 광역시 또는 특별자치시 관할구역에 있는 구간의 경우는 고려하지 않는다.)

① 시도 – 관할 시장
② 일반국도 – 국토교통부장관
③ 고속국도 – 한국도로공사 사장
④ 국가지원지방도 – 도지사·특별자치도지사

해설
도로법 제23조(도로관리청) 조항에 의거 고속국도와 일반국도의 도로관리청은 국토교통부장관이 된다.

84 국가기간교통망계획과 다른 계획과의 관계에 관한 설명으로 옳은 것은?

① 다른 법령에 따른 교통·물류 관련 계획은 국가기간교통망계획보다 우선한다.
② 국가기간교통망계획은 「국토기본법」에 따른 국토종합계획과 조화를 이루어야 한다.
③ 관계 중앙행정기관의 장 및 지방자치단체의 장은 토지 이용에 관한 계획을 수립할 때 국가기간교통망계획을 반영하지 않아도 무방하다.
④ 국토교통부장관은 교통·물류 및 토지 이용에 관한 계획이 국가기간교통망계획과 맞지 아니하다고 판단되더라도 지방자치단체의 장에게 해당 계획을 조정할 것을 요청할 수 없다.

해설
국가기간교통망계획은 다른 법령에 따른 교통·물류 관련 계획보다 우선하며, 그 계획의 기본이 된다. 국가기간교통망계획은 「국토기본법」에 따른 국토종합계획과 조화를 이루어야 한다. 관계 중앙행정기관의 장 및 지방자치단체의 장은 토지 이용에 관한 계획을 수립할 때에는 국가기간교통망계획을 우선 반영하여야 한다. 국토교통부장관은 제3항 및 제5항에 따른 교통·물류 관련 계획이나 토지 이용에 관한 계획이 국가기간교통망계획과 맞지 아니하다고 판단되는 경우에는 관계 중앙행정기관의 장 및 지방자치단체의 장에게 해당 계획을 조정할 것을 요청할 수 있으며, 요청을 받은 관계 중앙행정기관의 장 또는 지방자치단체의 장은 특별한 사유가 없으면 이에 따라야 한다.

85 도로법에 의한 도로의 종류와 등급 분류에 해당되지 않는 것은?

① 고속도로 ② 일반국도
③ 간선도로 ④ 특별시도·광역시도

해설
간선도로는 도로를 기능별로 구분하는 경우에 사용하는 분류이다.

86 도시교통의 원활한 소통과 교통편의 증진을 위해 지정하는 교통혼잡 특별관리구역과 교통혼잡 특별관리시설물의 지정기준으로 옳지 않은 것은?(단, "혼잡시간대"란 일정한 지역이 그 지역을 통과하거나 둘러싼 도로 중 1개 이상의 도로에서 시간대별 평균 통행속도가 시속 15킬로미터 미만인 상태를 뜻한다.)

① 교통혼잡 특별관리시설물 지정기준을 적용하는 경우 주차장을 공동으로 사용하는 2개 이상의 시설물은 하나의 시설물로 본다.
② 혼잡시간대가 토·일요일과 공휴일을 포함한 주중 21회 이상 발생하는 경우 해당 지역을 교통혼잡 특별관리구역으로 지정할 수 있다.
③ 시설물을 둘러싼 도로 중 1개 이상의 도로에서 혼잡시간대가 토·일요일과 공휴일을 포함한 주중 가장 많이 발생하는 날을 기준으로 하루 3회 이상 발생할 경우 교통혼잡 특별관리시설물로 지정할 수 있다.
④ 혼잡시간대가 가장 많이 발생하는 날의 혼잡시간대 중 1회 이상의 혼잡시간대에 해당 도로를 통하여 해당 시설물로 진입하거나 진출하는 교통량이 그 도로 한쪽 방향 교통량의 5퍼센트 이상일 경우 교통혼잡 특별관리시설물로 지정할 수 있다.

정답 82 ③ 83 ③ 84 ② 85 ③ 86 ④

> **해 설**
> 도시교통정비촉진법 제30조(교통혼잡 특별관리구역 등의 지정기준) 2항 2호에 의거하여 혼잡시간대가 가장 많이 발생하는 날의 혼잡시간대 중 1회 이상의 혼잡시간대에 해당 도로를 통하여 해당 시설물로 진입하거나 진출하는 교통량이 그 도로 한쪽 방향 교통량의 10퍼센트 이상인 경우가 1호의 지정기준을 동시에 만족할 경우 교통혼잡특별관리 시설물로 지정할 수 있다.

87 국토교통부장관이 도시교통정비지역으로 지정·고시할 수 있는 도시의 인구 규모 기준이 옳은 것은?

① 10만명 이상
② 20만명 이상
③ 30만명 이상
④ 50만명 이상

> **해 설**
> 도시교통정비촉진법 제3조(도시교통정비지역의 지정·고시)
> ① 국토교통부장관은 도시교통의 원활한 소통과 교통편의의 증진을 위하여 다음 각 호의 지역을 도시교통정비지역으로 지정·고시할 수 있다.
>   1. 인구 10만 명 이상의 도시(도농복합형태의 시는 읍·면지역을 제외한 지역의 인구가 10만 명 이상인 경우를 말한다)

88 도로교통법의 목적과 가장 관계가 먼 것은?

① 교통위반자를 계몽한다.
② 원활한 교통을 확보한다.
③ 교통상의 장해를 제거한다.
④ 교통상의 모든 위험을 방지한다.

> **해 설**
> 도로교통법 제1조(목적) 이 법은 도로에서 일어나는 교통상의 모든 위험과 장해를 방지하고 제거하여 안전하고 원활한 교통을 확보함을 목적으로 한다.

89 국가통합교통체계효율화법규상 국가교통데이터베이스 점검단 구성 및 운영에 관한 설명으로 옳지 않은 것은?

① 국토교통부장관은 전문가가 참여하는 국가교통데이터베이스 점검단을 구성·운영할 수 있다.
② 국가교통 데이터베이스 점검단장은 참여 전문가 중에서 국토교통부장관이 위촉하는 자로 한다.
③ 국가교통 데이터베이스 점검단의 구성과 운영에 관한 사항은 국토교통부장관이 정하여 고시한다.
④ 국가교통 데이터베이스 점검단에 참여하는 전문가는 25명 이내의 교통데이터베이스, 교통조사 등에 관한 학식과 경험이 풍부한 자로 한다.

> **해 설**
> 국가통합교통체계효율화법 시행규칙 제3조(국가교통 데이터베이스 점검단 구성·운영) 3항에 의거 국가교통 데이터베이스 점검단에 참여하는 전문가는 20명 이내의 교통데이터베이스, 교통조사 등에 관한 학식과 경험이 있는 자로 한다.

90 시·군·구 교통안전정책심의위원회에 관한 설명으로 옳지 않은 것은?

① 위원장은 시·도지사가 된다.
② 지역별 교통안전에 관한 주요 정책을 심의한다.
③ 지역교통안전기본계획을 심의한다.
④ 구성 및 운영 등에 관하여 필요한 사항은 대통령령으로 정하는 바에 따라 해당 지방자치단체의 조례로 정한다.

> **해 설**
> 위원장은 시장·군수·구청장이 된다.

91 국가통합교통체계효율화법령상 대통령령으로 정하는 대규모 개발사업의 범위와 면적 기준이 옳지 않은 것은?

① 택지개발사업 : 100만 ㎡ 이상
② 도시개발사업 : 100만 ㎡ 이상
③ 역세권 개발사업 : 100만 ㎡ 이상
④ 기업도시개발사업 : 100만 ㎡ 이상

> **해 설**
> 역세권 개발사업의 경우에는 그 사업시행지역의 면적에 관계없이 대규모 개발사업에 해당된다.

92 교통안전법상 국가교통안전기본계획은 몇 년 단위로 수립하여야 하는가?

① 1년
② 2년
③ 3년
④ 5년

> **해 설**
> 교통안전법 제15조(국가교통안전기본계획)에 의거 국토교통부장관은 국가의 전반적인 교통안전수준의 향상을 도모하기 위하여 교통안전에 관한 기본계획을 5년 단위로 수립하여야 한다.

정답 87 ① 88 ① 89 ④ 90 ① 91 ③ 92 ④

93
도로교통법규에 따라 차도의 노면으로부터 높이 4.0m인 구조물의 전면에 차 높이 제한표지를 설치하고자 할 때 표시하여야 할 수치는?

① 3.7m
② 3.8m
③ 3.9m
④ 4.0m

해 설
차높이제한 기준은 차도의 노면으로부터 상단 여유폭이 4.7m 미만인 구조물에 설치하되, 당해 구조물 높이에서 20cm를 뺀 수치를 표시해야 한다.

94
주차장의 수급(需給) 실태조사에 대한 설명으로 옳지 않은 것은?

① 실태조사의 주기는 3년으로 한다.
② 원형 형태로 조사구역을 설정하되 조사구역 바깥 경계선의 최대거리가 400m를 넘지 아니하도록 한다.
③ 시장·군수 또는 구청장은 기준에 따라 설정된 조사구역별로 주차수요조사와 주차시설 현황조사로 구분하여 실태조사를 하여야 한다.
④ 아파트단지와 단독주택단지가 섞여 있는 지역의 경우에는 주차시설 수급의 적정성, 지역적 특성 등을 고려하여 같은 특성을 가진 지역별로 조사구역을 설정한다.

해 설
주차장법 시행규칙 제1조의2(실태조사 방법 등) 1항에 의거 사각형 또는 삼각형 형태로 조사구역을 설정하되 조사구역 바깥 경계선의 최대거리가 300미터를 넘지 아니하도록 하여야 한다.

95
부설주차장 설치의무가 면제되는 주차대수 규모 기준으로 옳은 것은?

① 100대 이하
② 200대 이하
③ 300대 이하
④ 400대 이하

해 설
주차장법 시행령 제8조 1항 3호에 의거 300대 이하인 경우 부설 주차장 설치의무가 면제된다.

96
국가통합교통체계효율화법에 다른 국가기간교통망계획의 수립에 관한 아래 내용 중 ㉠, ㉡에 들어갈 숫자로 모두 옳은 것은?

> 국토교통부장관은 국가의 효율적인 교통체계를 구축하기 위하여 (㉠)년 단위로 국가기간교통망계획을 수립하여야 한다. 다만, 국토교통부장관은 (㉡)년마다 국가기간교통망계획을 검토하고, 필요한 경우 국가기간교통망계획을 변경하여야 한다.

① ㉠ : 10, ㉡ : 10
② ㉠ : 10, ㉡ : 5
③ ㉠ : 20, ㉡ : 10
④ ㉠ : 20, ㉡ : 5

해 설
국가통합교통체계효율화법 제4조(국가기간교통망계획의 수립 등) 1항에 의거 국토교통부장관은 국가의 효율적인 교통체계를 구축하기 위하여 20년 단위로 국가기간교통망에 관한 계획(이하 "국가기간교통망계획"이라 한다)을 수립하여야 한다. 다만, 국토교통부장관은 5년마다 국가기간교통망계획을 검토하고, 필요한 경우 국가기간교통망계획을 변경하여야 한다.

97
다음 중 도로교통법 횡단보도의 설치기준으로 옳지 않은 것은?

① 횡단보도에는 횡단보도표시와 횡단보도표지판을 설치할 것
② 횡단보도는 육교·지하도 및 다른 횡단보도로부터 300m 이내에는 설치하지 아니할 것
③ 횡단보도를 설치하고자 하는 장소에 횡단보행자용 신호기가 설치되어 있는 경우에는 횡단보도표시를 설치할 것
④ 횡단보도를 설치하고자 하는 도로의 표면이 포장이 되지 아니하여 횡단보도표시를 할 수 없는 때에는 횡단보도표지판을 설치 할 것

해 설
2016. 11. 29 개정된 도로교통법 시행규칙 제11조(횡단보도의 설치기준) 4항에 의거 횡단보도는 육교·지하도 및 다른 횡단보도로부터 다음 각 목에 따른 거리 이내에는 설치하지 아니할 것. 다만, 법 제12조 또는 제12조의2에 따라 어린이 보호구역, 노인 보호구역 또는 장애인 보호구역으로 지정된 구간인 경우 또는 보행자의 안전이나 통행을 위하여 특히 필요하다고 인정되는 경우에는 그러하지 아니하다.
  가. 법 제2조제1호에 따른 도로로서 「도로의 구조·시설 기준에 관한 규칙」 제2조제8호에 따른 일반도로 중 집산도로(集散道路) 및 국지도로(局地道路): 100미터
  나. 법 제2조제1호에 따른 도로로서 가목에 따른 도로 외의 도로: 200미터

정답 93 ② 94 ② 95 ③ 96 ④ 97 ②

98 도로법에 따라 도로 구조의 파손 방지, 미관의 훼손 또는 교통에 대한 위험 방지를 위하여 필요하면 소관 도로의 경계선에서 20m(고속국도의 경우 50m)를 초과하지 아니하는 범위에서 도로관리청이 지정할 수 있는 것은?

① 보존구역
② 연도구역
③ 접도구역
④ 풍치구역

[해설] 도로법 제40조(접도구역의 지정 및 관리) 1항에 의거 도로관리청은 도로 구조의 파손 방지, 미관(美觀)의 훼손 또는 교통에 대한 위험 방지를 위하여 필요하면 소관 도로의 경계선에서 20미터(고속국도의 경우 50미터)를 초과하지 아니하는 범위에서 대통령령으로 정하는 바에 따라 접도구역(接道區域)을 지정할 수 있다.

99 도시교통정비촉진법상 원칙적으로 도시교통정비지역을 지정·고시할 수 있는 자는?

① 국무총리
② 경찰청장
③ 국토교통부장관
④ 행정안전부장관

[해설] 도시교통정비촉진법 제3조(도시교통정비지역의 지정·고시) 1항에 의거 국토교통부장관은 도시교통의 원활한 소통과 교통편의의 증진을 위하여 다음 각 호의 지역을 도시교통정비지역으로 지정·고시할 수 있다.

100 국가통합교통체계효율화법에서 규정하는 타당성 평가에 관한 설명으로 옳지 않은 것은?

① 국토교통부장관은 대통령령으로 정하는 바에 따라 투자평가지침을 작성하여 고시하여야 한다.
② 공공교통시설 개발사업과 민간투자사업 모두 타당성 평가서를 국토교통부장관에게 제출하여야 한다.
③ 사업시행자는 공공교통시설 개발사업을 시작하기 전에 투자평가지침에 따라 해당 사업의 타당성을 평가하여야 한다.
④ 교통시설개발사업 시행자는 타당성 평가 실시 결과와 예비타당성 조사 실시 결과 간 현저한 차이가 발생한 경우에는 국토교통부장관과 협의를 거쳐 관계 행정기관의 장에게 필요한 조치를 할 것을 요청 할 수 있다.

[해설] 국가통합교통체계효율화법 제19조(타당성 평가서의 제출 등) 1항에 의거 교통시설개발사업 시행자는 제18조 제1항에 따라 공공교통시설 개발사업의 타당성 평가를 하였을 때에는 대통령령으로 정하는 바에 따라 그 사업의 타당성 평가서(이하 "타당성 평가서"라 한다)를 작성하여 평가가 완료된 즉시 국토교통부장관 및 해양수산부장관(해양수산부장관은 항만에 대한 공공교통시설 개발사업인 경우에만 해당한다. 이하 제4항에서 같다)에게 제출하여야 한다. 다만, 「사회기반시설에 대한 민간투자법」에 따른 민간투자사업의 경우에는 같은 법 제2조 제4호에 따른 주무관청에 타당성 평가서(사업계획서나 제안서를 포함한다)를 제출하여야 한다. 〈개정 2013.3.23., 2015.7.24.〉

제6과목 교통안전

101 영국의 스미드(R. J. Smeed)가 1938년에 발표한 교통사고 예측 모형에서 교통사고 사망자 수를 나타내는데 이용한 변수로만 나열된 것은?

① 도로길이, 화물유통량
② 인구수, 국민 총 생산
③ 인구수, 자동차, 보유대수
④ 자동차 보유대수, 면허소지자 수

[해설] 스미드 모형 $\frac{D}{P} = 0.0003 \times \sqrt[3]{\frac{N}{P}}$ 에서 사용된 변수는 P : 인구 수(명), D : 연간 교통사고 사망자 수(명), N : 자동차등록대수(대)이다.

102 도로운영과 사고에 관한 설명으로 옳지 않은 것은?

① 노상주차를 금지하면 사고가 줄어든다.
② 교차로 부근에 주차를 하면 사고가 많아진다.
③ 일방통행도로는 대향교통이 없으므로 정면충돌사고는 없지만 측면충돌사고가 많다.
④ 주 교통류에의 출입이 특정지점에서만 허용되는 완전출입제한은 교통사고감소에 효과적이다.

[해설] 일방통행도로는 후방추돌사고가 많다.

정답 98 ③ 99 ③ 100 ② 101 ③ 102 ③

103 사고다발지점 선정 방법 중 부상(사고)의 유형에 따라 가중치를 부여하여 합계 점수가 가장 높은 지점을 선정하는 방법은?

① 사고율에 의한 방법
② 사고피해정도에 의한 방법
③ 도로의 위험도 지수에 의한 방법
④ 사고발생 빈도수에 의한 방법

해설
사고피해정도에 의한 방법은 사고다발지점 선정방법 중에서 물피사고(PDO사고)를 기준으로 하여 각 사고 유형마다 가중치를 부여하여 합계점수가 가장 높은 지점을 선정하는 방법이다.

104 사고위험이 높은 장소를 선정할 때 사용하지 않는 지표는?

① 사고율
② 총 사고건수
③ 사고피해정도
④ 사고장소의 면적

해설
사고다발지점 선정방법에는 교통사고 건수(빈도수)에 의한 방법, 교통사고율에 의한 방법, 기타 사고율 지표에 의한 방법, 교통사고 피해 정도에 의한 방법, 도로의 위험도지수에 의한 방법이 있다. 사고장소의 면적은 지표로 사용되지 않는다.

105 차량의 미끄럼거리 추정에 관한 설명이 틀린 것은?

① 직선 미끄럼의 경우 차량의 미끄럼거리는 그 차량의 모든 바퀴들의 미끄럼 흔적 중 가장 긴 미끄럼 흔적의 길이로 한다.
② 양후륜의 미끄럼 흔적들 모두가 전륜의 미끄럼 흔적을 벗어나지 않으면 직선 미끄럼으로 간주한다.
③ 미끄럼 흔적 중간에 갭이 있을 경우 갭을 포함하여 미끄럼거리로 간주한다.
④ 미끄럼 흔적의 길이로부터 차량의 초기 속도를 추정할 수 있다.

해설
갭 스키드마크에서 갭은 제동거리에 포함되지 않으므로 미끄럼거리에서 제외한다.

106 사고심각도기법 중 EPDO가 뜻하는 내용은?

① 등가물피사고
② 등가사망사고
③ 등가중상사고
④ 등가부상사고

해설
EPDO법(Equivalent Property Damage Only Method)이란 교통사고 피해 정도에 가중치를 적용하여 교통사고 잦은 지점을 선정하는 방법으로 등가물피사고를 의미한다.

107 고속도로의 사고율이 평균 이하인 도로의 특징과 가장 관계가 먼 것은?

① 넉넉한 도로폭
② 넓게 포장된 길어깨
③ 연석의 설치
④ 비교적 직선인 선형

해설
연석의 설치는 일반적인 사항이다. 평균 이하인 사고율을 가진 도로의 특징이므로 일반적인 사항보다 강화된 내용이 제시되어야 평균 이하의 사고율과의 연관성을 설명할 수 있을 것이다.

108 사고충돌도의 표시기호에 대한 설명으로 옳지 않은 것은?

① →○← : 정면 충돌사고
② ○ ○ : 전복사고
③ ←○ : 후면 추돌사고
④ □○← : 주차차량 충돌사고

해설
□는 고정물체를 의미한다.

109 도로교통 안전프로그램의 내용과 가장 거리가 먼 것은?

① 노변위험 관리
② 비보호좌회전 확대
③ 교차로 설계 및 통제
④ 교통약자에 대한 조치

해설
비보호좌회전의 확대는 적절하지 못할 경우 심각한 사고 위험을 초래할 수 있다.

110 과속방지턱(speed hump)에 대한 설명으로 옳지 않은 것은?

① 연속형 과속방지턱은 20~90m의 간격으로 설치함을 원칙으로 한다.

정답 103 ② 104 ④ 105 ③ 106 ① 107 ③ 108 ④ 109 ② 110 ④

② 일반적으로 낮은 속도에서는 비교적 물리적인 저항이 적고 완만하게 통과할 수 있도록 해주어야 한다.
③ 포장재료나 도색 등을 이용하여 주변의 도로 환경과 조화를 도모할 경우에는 도로 경관향상에 기여할 수 있다.
④ 차량이 과속으로 주행 할 경우 차량에게 상처나 끌림, 요동을 일으키도록 과속방지턱의 높이를 조정하여야 한다.

> **해설**
> 과속방지턱은 차량의 속도 억제 기능과 동시에 주행 안전성을 확보할 수 있어야 한다. 특히, 30km/시 이하의 저속으로 통과할 경우에 과다한 수직 가속도를 발생시켜 차량의 기능을 손상시키거나 차체 하부 구조에 손상을 주어서는 안된다. 그렇다고해서 과속으로 주행할 경우 차량에게 상처나 끌림, 요동을 일으키도록 과속방지턱의 높이를 조정할 필요 까지는 없다.

111 어느 차량이 평지의 도로에서 단속적으로 20m에 이어 40m의 바퀴자국을 남기고 정지하였을 경우 이 차량의 초기 속도는? (단, 노면 마찰계수는 0.5이다.)

① 약 75km/h ② 약 87km/h
③ 약 90km/h ④ 약 95km/h

> **해설**
> 단속적으로 발생한 스키드마크는 발생한 길이들을 모두 더해주어 스키드마크의 길이로 반영한다. 마크와 마크 사이의 갭은 계산에 반영하지 않는다.
> $V = \sqrt{254(f+i)l} = \sqrt{254(0.5) \times 60}$
> $= 87.293$, 약 $87km/h$

112 약한 지주와 강한 레일로 구성되며 충격차량을 억제하기 위하여 주로 레일요소의 작용에 의존하는 노변방호책은?

① 연성방호책 ② 강성방호책
③ 반강성방호책 ④ 초강성방호책

> **해설**
> 방호울타리는 시설물의 강도에 따라서는 가요성(연성) 방호울타리와 강성 방호울타리로 구분된다. 가요성 방호울타리에 가드레일과 가드케이블이 있다. 가요성 방호울타리는 주로 레일요소의 작용에 의존한다.

113 개선 사업을 시행하기 전 연평균 사고건수가 10건, 연평균 ADT가 6,000대인 교차로에 사고 감소율이 20%인 교통안전사업을 시행한 후 예측되는 연평균 사고감소 건수는? (단, 이 교차로의 사업시행 후 연평균 ADT는 9,000대로 예측된다.)

① 1건 ② 3건
③ 6건 ④ 9건

> **해설**
> 사고감소건수 =
> 연평균교통사고건수 × 사고감소율 × $\frac{\text{개선 후 } ADT}{\text{개선 전 } ADT}$
> 사고감소건수 $= 10 \times 0.2 \times \frac{9,000}{6,000} = 3$

114 차량 A가 10m 높이의 언덕에서 추락하였다. 추락 후 노면에 떨어진 지점까지의 수평거리가 17m일 경우 차량 A의 초기속도는?

① 약 38km/h ② 약 41km/h
③ 약 43km/h ④ 약 49km/h

> **해설**
> 1) 추락시간공식 $t = \sqrt{\frac{2h}{g}}$ 초,
> 추락시간 $t = \sqrt{\frac{2h}{g}} = \sqrt{\frac{2 \times 10}{9.8}} = 1.43$초
> 2) 추락순간속도
> $U_2 = \frac{d}{t} = \frac{17}{1.43} = 11.9 m/s = 42.84 km/h$,
> 약 $43km/h$

115 교통안전 전략으로써 노출통제에 해당하는 것은?

① 속도 제한 ② 재택 근무
③ 운전자 교육 ④ 가로 조명 증설

> **해설**
> 노출통제라 함은 통행 자체를 차단하여 사고 발생 자체를 원천적으로 차단하는 기법을 말한다. 따라서 재택근무가 대표적인 노출통제 교통안전전략이라 할 수 있다.

정답 111 ② 112 ① 113 ② 114 ③ 115 ②

116 사고다발지역 선정 및 도로안전개선사업시행의 중요성에 대한 설명 중 옳지 않은 것은?

① 위험성이 상대적으로 적은 지점이 선정될 경우, 불필요한 개선사업시행으로 인한 예산 낭비를 초래한다.
② 위험성이 높아 시급한 개선이 필요한 지점을 선정하지 못할 경우, 사고로 인해 유발되는 인명과 재산의 손실을 초래한다.
③ 한정된 예산의 효율적 활용이라는 측면에서 개선사업 시행의 우선순위를 합리적으로 결정하는 것은 매우 중요한 과정이다.
④ 사고다발지역 선정 및 개선사업 시행의 우선순위 결정은 민감한 사안이므로 도로의 형태나 지역적 특성에 상관없이 항상 동일한 기준에 따라 결정되어야 한다.

해 설
사고다발지역 선정 및 개선사업 시행의 우선순위 결정은 민감한 사안이므로 도로의 형태나 지역적 특성을 반영하여 적절한 기준에 따라 결정되어야 한다.

117 지구교통개선사업 등에 널리 적용되고 있는 교통정온화(Traffic calming) 기법 중 주행속도의 억제 기능을 갖는 대책이 아닌 것은?

① 트랜짓 몰 ② 쵸커
③ 시케인 ④ 라운드어바웃

해 설
트랜짓몰(Transit Mall)은 대중교통전용지구를 뜻하며, 승용차 진입을 차단하고 대중교통수단의 진입만을 허용하여 보행자 중심의 공간을 확보하는 교통정온화 기법을 말한다. 통행 차량의 종류를 통제하는 기법으로 주행 속도의 억제대책은 아니다.

118 차가 주행할 때 타이어의 공기압이 적은 상태이면 타이어 접지면이 압축되어 변형하면서 회전하므로 타이어가 물결치는 모양이 되어 파열의 원인이 되는 현상을 무엇이라 하는가?

① 패드 현상 ② 로드 홀딩 현상
③ 스탠딩 웨이브 현상 ④ 하이드로 플래닝 현상

해 설
① 페이드(Fade) 현상 : 풋 브레이크의 잦은 사용으로 브레이크가 잘 작동하지 않는 현상
② 로드 홀딩(Road Holding) 현상 : 타이어와 노면의 밀착된 정도를 말한다.
④ 하이드로 플래닝 현상(수막현상) : 물에 젖은 노면을 고속으로 달릴 때 타이어가 노면과 접촉하지 않아서 조향능력을 상실하게 되는 현상

119 다음의 교통안전 조치 중 이동성을 저해할 수 있는 것은?

① 에어백
② 교통진정(traffic calming)
③ 충격완화시설
④ 비상서비스 개선

해 설
이동성과 상충된다는 의미는 속도를 제어하여 안전성을 높인다는 의미이다. 교통진정(traffic calming)은 속도를 줄여 조용하고 평온한 환경을 만드는 기법이다.

120 곡선반경 250m인 도로 구간에서 편주현상(yawing)이 일어나 차량이 전복하는 사고가 발생하였다. 편주혼 시작점이 곡선반경 250m, 편경사 5%, 횡방향 마찰계수가 0.4일 때, 편주가 시작되는 점에서 이 차량의 주행속도는 얼마인가?

① 약 110.5km/h ② 약 115.5km/h
③ 약 119.5km/h ④ 약 123.5km/h

해 설
$$e+f = \frac{V^2}{127r},$$
$$V = \sqrt{127r(e+f)} = \sqrt{127 \times 250(0.05+0.4)} = 119.53$$
약 119.5km/h

정답 116 ④ 117 ① 118 ③ 119 ② 120 ③

4회 2019년 기출문제

제1과목 교통계획

1 교통계획의 기능 및 역할로 옳지 않은 것은?

① 장기적인 교통계획의 목표를 설정해 준다.
② 교통정책의 목표를 제시한다.
③ 투자의 우선순위를 설정해 준다.
④ 즉흥적이고 신속한 교통계획을 집행할 수 있다.

해설
교통계획의 기능 및 역할로 장기적 목표 설정, 정책목표 제시, 투자 우선순위 설정 등이 있다. 교통계획은 체계적이고 장기적인 목표 아래 추진되어야 하며, 즉흥적으로 집행되어서는 안 된다.

2 장·단기 교통계획의 차이점에 대한 설명으로 틀린 것은?

구분	장기교통계획	단기교통계획
A	추정 지향적	피드백 지향적
B	시설 지향적	서비스 지향적
C	다수 대안	소수 대안
D	유사 대안	서로 다른 대안

① A ② B ③ C ④ D

해설
장·단기 교통계획 특성 비교

구분	장기	단기
대안의 개수	소수	다수
교통수요	고정	변화
비용	높음(자본집약적)	낮음(저투자비용)
지향적	시설	서비스

3 준대중교통수단(para-transit)에 대한 설명으로 틀린 것은?

① 대중교통수단과 달리 이용자보다 공급자의 선택에 의해 서비스를 제공한다.
② 특정한 노선을 갖지 않고 이용자의 요구에 따라 운행된다.
③ 배차간격이 일정하지 않을 수도 있다.
④ 요금과 같이 일정한 규정을 만족시키는 모든 이용자는 항상 이용이 가능하다.

해설
준대중교통수단은 이용자의 선택에 의해 서비스를 제공하는 특성이 있다.

4 내부수익률(IRR)에 대한 설명으로 옳은 것은?

① 할인율과 같다.
② 사업에 따른 기대수익률을 말한다.
③ 인플레이션을 감안한 이자율이다.
④ 할인율보다 높고 이자율보다는 낮다.

해설
내부수익률(IRR ; Internal Rate of Return)
사업의 순현재 가치를 0으로 만드는 할인율을 말한다. 편익/비용비를 1로 만드는 할인율을 의미하므로 사업에 따른 기대수익률로 볼 수 있다.

5 개별행태모형에 대한 설명으로 틀린 것은?

① 형태를 반영하기 때문에 시간적으로 전이가 가능하다.
② 장기적·세부적인 교통정책 및 계획의 정확한 평가에 적합하다.
③ 개별적·선택적·확률적 개념을 적용하여 분석한다.
④ 교통존(교통지구)에 구애받지 않고 어떠한 지역단위에도 적용이 가능하다.

해설
개별행태모형은 단기정책분석에 적합하다.

6 자동차에 사람이나 화물을 실은 채 철도로 운반하는 시스템은?

① Container 시스템
② Car Ferry 시스템
③ Piggyback 시스템
④ Dual-mode Bus 시스템

해설
Piggyback 시스템
- 둘 이상의 수송기능을 복합하여 운영
- 대량수송기관의 이점과 자동차의 접근기능을 결합한 복합물류 시스템
- 화물을 적재한 화물차량을 철도로 수송하는 경우에 사용
- 해상수단이 포함되면 Car Ferry라 부름

정답 01 ④ 02 ③ 03 ① 04 ② 05 ② 06 ③

7 자가용의 과도한 이용을 억제하기 위한 가격정책(Pricing Policy)에서 경제학적 효율성의 원칙(pay as you go) 측면에서 가장 부적합한 대안은?

① 도심지 통행세
② 휘발유 특별 소비세
③ 고속도로 통행료
④ 자가용 구입에 따른 취득세

해 설
자가용의 과도한 이용을 억제하기 위한 방법들 중 자가용 구입에 따른 취득세는 최초 구입시에만 영향을 주고, 통행이 이루어지는 동안 지속적으로 영향을 주지 않기 때문에 승용차 이용 억제 효율성이 떨어지게 된다.

8 버스와 지하철의 효용함수값이 각각 $U_B = -0.18$, $U_S = -1.15$ 일 때, 로짓모형에 따른 각 수단별 선택 확률이 모두 옳은 것은?

① $P_B = 0.55$, $P_S = 0.45$
② $P_B = 0.72$, $P_S = 0.28$
③ $P_B = 0.86$, $P_S = 0.14$
④ $P_B = 0.91$, $P_S = 0.09$

해 설
로짓 모형 계산에 의한 선택확률
㉠ 버스의 효용 : $V_{버스} = -0.18$
㉡ 지하철의 효용 : $V_{지하철} = -1.15$
㉢ 버스 선택확률 : $P_{(버스)} = \dfrac{e^{-0.18}}{e^{-0.18} + e^{-1.15}} = 0.7251$
∴ 약 72.51%
㉣ 지하철 선택확률 : $P_{(지하철)} = \dfrac{e^{-1.15}}{e^{-0.18} + e^{-1.15}} = 0.2749$
∴ 약 27.49%

9 사람통행 실태조사 결과를 보완 및 검증하기 위하여 실시하는 조사는?

① 속도조사
② 스크린라인조사
③ 시험차주행조사
④ 터미널승객조사

해 설
조사지역 내 조사된 교통량의 정밀도를 점검하고 수정·보완하기 위한 조사는 스크린라인조사이다.

10 통행배정(Trip Assignment)모형 중 링크용량을 고려하는 것은?

① 로짓 모형
② 통행단 모형
③ All-or-Nothing법
④ 확률적 평형배분법

해 설
확률적 평형배분법은 링크의 용량의 크기가 확률에 영향을 미친다. All-or-Nothing법, 로짓모형 등은 링크의 용량이 계산 과정에 들어있지 않으므로 고려되지 않는다.

11 4단계 교통수요추정방법 중 수단 분담률은 경제적 특성에 의해 결정된다는 전제로부터 출발하는 것으로, 장래의 존별 통행 발생량을 산출한 후 통행분포(Trip distribution) 단계 전에 이용가능한 교통 수단 분담률을 산정하여 수단 분담률을 도출하는 방법은?

① 통행단 모형(Trip-end model)
② 중력 모형(Gravity model)
③ 카테고리 분석법(Category analysis)
④ 통행 교차 모형(Trip exchange model)

해 설
통행단 모형은 통행분포 단계 전에 수단분담률을 산출하는 특성이 있는 수요추정방법이다.

12 아래에서 가정기반통행(home-based trip)의 통행량은?

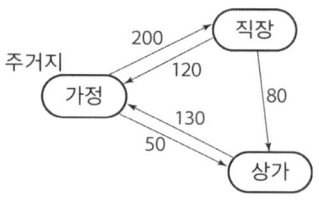

① 250 통행
② 320 통행
③ 500 통행
④ 580 통행

해 설
가정기반통행은 출근, 등교, 귀가통행 등 통행발생지가 가정이 되는 통행을 말한다. 출근목적통행의 경우 기점이 통행발생지인 동시에 통행의 기점이 된다. 물론 회사가 통행유인지인 동시에 통행의 종점이 된다. 그러나, 귀가목적통행의 경우 가정은 통행의 종점이기는 하나 유인지가 아니고 발생지가 된다. (집에서 나왔기 때문에 들어가는 것이지, 집에 가는 것 자체가 통행의 목적이라 볼 수 없다는 특성이 있다는 의미이다.) 따라서 회사관련 업무통행인 80(직장-상가)를 제외하고 가정을 기점으로 하는 200과 50을 더한 250과 가정을 종점으로 하는 120과 130을 더한 250이 합쳐진 500이 가정기반통행(Home based trip)이 된다.

13 토지이용과 도시교통의 관계에 대하여 교통체계는 토지이용현상, 교통공급시설, 교통현상으로 구성된다고 정의한 학자는?

① Perkin ② Rummer
③ Black   ④ Tamazinis

해설
토지이용과 교통 간의 관계는 상호의존적이며 순환적인 관계를 가진다고 보았고, 교통체계는 토지이용현상, 교통공급설, 교통현상으로 구성된다고 판단한 학자는 Black이다.

14 제한속도를 다시 결정하고자 진행하는 차량의 속도조사 시, 속도의 표준편차를 24 km/h, 허용오차를 2 km/h라 할 때 필요한 표본의 수는? (단, 신뢰도는 95%이다.)

① 384개 ② 400개 ③ 484개 ④ 554개

해설
$$n \geq \left(\frac{Z_{\frac{\alpha}{2}} \times \sigma}{\varepsilon}\right)^2 = \left(\frac{1.96 \times 24}{2}\right)^2 = 553.1904 = 554 개$$

15 교통계획의 경제성 분석 방법인 편익·비용비 방법의 장점으로 거리가 먼 것은?

① 분석 결과를 이해하기 쉽다.
② 사업의 규모를 고려할 수 있다.
③ 할인율을 모르더라도 사업의 수익성을 측정할 수 있다.
④ 편입·비용이 발생하는 시간에 대한 고려가 가능하다.

해설

기법	장점	단점
B/C ratio (편익·비용비)	• 이해가쉽다. • 비용·편익이 발생하는 시간 고려 가능	• 편익과 비용을 명확하게 구분하기 힘든 경우 발생 • 대안이 상호 배타적일 경우 대안 선택의 오류 발생 가능 • 할인율을 반드시 알아야한다.

편익·비용비 방법에서 할인율이 바뀌면 결과값이 변하게 되어 사업 타당성의 유무가 바뀔 수 있으므로 반드시 할인율을 알아야 한다.

16 우리나라의 '국가 ITS 아케텍처'에서 정의하고 있는 ITS 7개 개발 분유(서비스 카테고리)가 아닌 것은?

① 교통관리 최적화 서비스
② 전자지불 처리 서비스
③ 대중교통 서비스
④ 저공해 차량 서비스

해설
국가 ITS 7개 개발분야는 교통관리 최적화, 전자지불 처리, 교통정보 유통 활성화, 여행정보 고급화, 대중교통 활성화, 화물운송 효율화, 차량 및 도로 첨단화이다.

17 보행자도로의 보행자 서비스 수준 F에 해당하는 보행자 점유 면적(m²/인) 기준은?

① 0.1 미만 ② 0.38 미만
③ 0.9 이상 ④ 3.3 이상

해설
보행자 서비스수준 판정표에 의거 점유공간 0.38 미만을 서비스 수준 F로 본다.

18 의존통행자가 이용할 가능성이 가장 낮은 교통수단은?

① 기차 ② 버스
③ 택시 ④ 승용차

해설
의존통행자라 함은 스스로 경로를 선택할 힘이 없는 통행자를 말하는 것으로 승용차를 보유하고 있지 못한 통행자를 의미한다. 따라서 의존통행자는 주어진 교통수단 중 승용차를 선택할 가능성이 가장 낮은 통행자이다.

19 폐쇄선 설정 시 고려할 사항으로 틀린 것은?

① 가급적 폐쇄선은 행정구역 경계선과 일치시킨다.
② 위성도시나 장래 도시화지역은 가급적 폐쇄선 내에 포함시키지 않는다.
③ 폐쇄선을 횡단하는 도로나 철도 등은 최소화시킨다.
④ 주변에 동이 위치하면 폐쇄선 내에 포함시킨다.

정답 13 ③ 14 ④ 15 ③ 16 ④ 17 ② 18 ④ 19 ②

> **해 설**
> 폐쇄선의 설정 시 도시 주변의 장래 도시화 지역은 가급적 폐쇄선 내에 포함시킨다.

> **해 설**
> 차량검지기에 의하여 파악된 교통량에 대응하는 신호시간을 신호주기마다 결정하는 방식은 감응식 제어의 개념이다.

20 도로건설에 따른 비용과 편익이 다음과 같을 때 이 도로건설 사업의 타당성 분석 결과로 옳은 것은? (단, 단위는 억원이며, 이자율은 10%이다.)

내역	경과 연도					
	0	1	2	3	4	5
건설비(3차선)	-1.0					
총수입-운영비, 관리비		+0.3	+0.4	+0.4	+0.4	
재포장공사						-0.4
도로주변 대지매각						+0.2
합계	-1.0	+0.3	+0.4	+0.4	+0.4	-0.2

① NPV>0 이므로 적합한 사업이다.
② NPV<0 이므로 부적합한 사업이다.
③ 비용=편익이므로 부적합한 사업이다.
④ 현재 상황으로는 알 수 없다.

> **해 설**
> $$NPV = \sum_{t=0}^{N} \frac{B_t}{(1+r)^t} - \sum_{t=0}^{N} \frac{C_t}{(1+r)^t},$$
> $$= \left(\frac{0.3}{(1+0.1)^1} + \frac{0.4}{(1+0.1)^2} + \frac{0.4}{(1+0.1)^3} + \frac{0.4}{(1+0.1)^4}\right)$$
> $$- \left(1.0 + \frac{0.2}{(1+0.1)^5}\right) = 0.0529,$$
> ∴ NPV > 0으로 적합한 사업이다.

제2과목 교통공학

21 정주기 신호제어(Pre-timed Control)에 대한 설명이 틀린 것은?

① 하루 중 신호시간 계획을 하나 또는 여러 개를 정한다.
② 차량검지기에 의하여 파악된 교통량에 대응하는 신호 시간을 신호주기마다 결정한다.
③ 일정한 신호시간으로 운용되어 인접 신호등과의 연동이 편리하다.
④ 사전에 준비된 현시 수 및 순서에 의해 신호 제어 전략을 능동적으로 선택하여 적용한다.

22 아래의 교통량-밀도-속도 모형에 대한 설명이 옳은 것은?

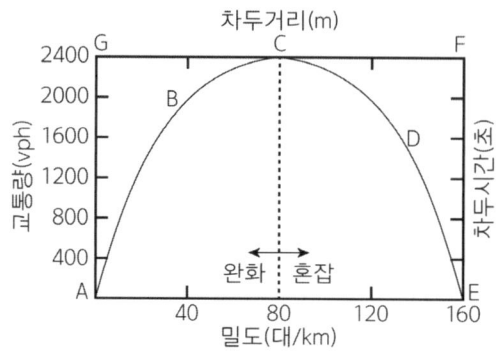

① 차두시간(초)의 최소점은 F이다.
② 자유속도는 A점과 C점을 연결하는 기울기다.
③ A점에서의 밀도는 교통신호에 의해 정지된 상태의 밀도를 나타낸다.
④ 차두거리(m)의 최소점은 G점이다.

> **해 설**
> ① 밀도가 가장 높은 지점이 차두시간이 가장 작은 지점이다.
> ② 자유속도는 밀도가 가장 낮은 곳에서의 기울기 u_f이다.
> ③ A점의 밀도는 차가 한 대도 없어 차량이 측정되지 않아 0으로 나타나는 밀도이다.
> ④ 차두거리(m)의 최소점은 밀도가 가장 높은 지점인 F점이다.

23 신호시간 계획에 필요한 변수로 가장 거리가 먼 것은?

① 현시   ② 옵셋(offset)
③ 주기(cycle) ④ 교차로 통과속도

> **해 설**
> 신호시간 계획에 필요한 변수는 현시, 옵셋, 주기이다.

24 차량추종이론(car following theory)에 관한 설명으로 옳은 것은?

① 주로 도시 내의 단속류에 대한 분석이론이다.
② 차량 추종이 형성되는 형태로 FIFO, FILO, SIRO

가 있다.
③ 미시적 관점에서 두 차량 간에 대한 분석이지만, 이러한 개별적 움직임을 통해 교통류 전체의 형태를 추론할 수 있다.
④ 교통류의 특성을 교통류율, 밀도, 속도로 설명하는 이론이다.

해설
차량추종이론은 미시적 관점에서 두 차량 간에 대한 분석이지만, 이러한 개별적 움직임을 통해 교통류 전체의 행태를 추론할 수 있다. 단속류 분석이론은 충격파 이론, FIFO(First In First Out) 등을 다루는 이론은 대기행렬 이론, 교통류의 특성을 다루는 이론은 교통류이론이다.

25 속도분포에서 현재의 도로상태에서 대다수의 차량 운전자들이 주행하는 속도로, 안전속도로 간주하여 교통운영계획에 적용하는 %속도는?

① 15% 속도
② 50% 속도
③ 85% 속도
④ 100% 속도

해설
85% 속도(85 Percentile Speed)는 교통류 내에서 안전운전에 필요한 합리적 속도의 최대값을 나타내는 속도로 도로안전도 평가의 기초가 되는 속도이며 제한속도 규정에 활용된다.

26 어느 신호교차로 한 차로군의 교통량은 1250vph, PHF는 0.80, f_{hv}는 0.77, f_w는 0.95 일 때, 서비스 수준 분석을 위하여 고려되는 첨두시간 교통류율은?

① 약 1,000vph
② 약 1,188vph
③ 약 1,563vph
④ 약 1,623vph

해설
$\frac{1,250}{0.8} = 1,562.5$, 약 1,563대/시

27 시간평균속도($\overline{V_t}$), 공간평균속도($\overline{V_s}$), 공간평균속도의 표준편차(σ_s)의 관계를 바르게 나타낸 것은?

① $\overline{V_s} = \overline{V_t} - \frac{\sigma_s^2}{\overline{V_s}}$
② $\overline{V_t} = \frac{\overline{V_t}}{\overline{V_s}} + \sigma_s^2$
③ $\overline{V_s} = \frac{\overline{V_t}}{\overline{V_s}} + \sigma_s^2$
④ $\overline{V_s} = \overline{V_t} + \frac{\sigma_s^2}{\overline{V_s}}$

해설
시간평균속도는 지점속도의 산술평균이며, 공간평균속도는 구간 거리가 고려된 조화평균이다.

28 A차량이 일정 구간의 도로를 주행하는데 15분 소요되었고, 반대방향 주행 차량 중 A차량을 추월한 차량이 5대, A차량이 추월한 차량이 3대 일 때, 이 구간에서 A차량의 평균주행시간은? (단, A차량 주행방향의 교통량은 150대/시이다.)

① 12.8분
② 14.2분
③ 16.6분
④ 19.0분

해설
$T_n = T_A - \frac{60(O-P)}{V_n} = 15 - \frac{60(5-3)}{150}$
$= 15 - 0.8 = 14.2$분

29 설계기준자동차로서 대형자동차의 길이 기준으로 옳은 것은?

① 16.7m
② 13.0m
③ 9.0m
④ 6.5m

해설
설계기준자동차로서 대형자동차의 길이 기준은 13.0m 이다. 세미 트레일러는 16.7m, 승용자동차는 4.7m, 소형자동차는 6.0m이다.

30 주차 발생 원단위법에 따른 주차 수요는? (단, 피크시 주차 발생량: 5대/1,000m², 건물연면적: 15,000m², 주차이용 효율: 75%)

① 47대
② 60대
③ 96대
④ 100대

해설
$P = \frac{U \cdot F}{1,000e} = \frac{15,000 \times 5}{1,000 \times 0.75} = 100$대

31 어떤 도로 구간의 교통량이 1200대/시, 평균차량길이는 4m, 평균 차량속도는 60km/h 일 때 평균 차간시간은?

① 2.64초
② 2.76초
③ 2.90초
④ 3.00초

정답 25 ③ 26 ③ 27 ① 28 ② 29 ② 30 ④ 31 ②

해설

$h = \dfrac{3,600}{s} = \dfrac{3,600}{1,200} = 3$

60km/h로 4m를 가는 시간
11.11m/초 = 4m/x초, $x = 0.24$초
차간시간 - 차량의 길이만큼 이동하는 시간
∴ 3 - 0.24 = 2.76초

32 3현시로 운영되는 신호교차로에서 각 현시별로 고려하여야 하는 현시율이 각각 0.3, 0.15, 0.25일 때, Webster 방식에 의한 최적신호주기는? (단, 현시당 손실시간은 3초다.)

① 55초　② 62초
③ 71초　④ 89초

해설

$c = \dfrac{1.5l + 5}{1 - \sum_{i=1}^{n} x_i} = \dfrac{1.5 \times (3 \times 3) + 5}{1 - (0.3 + 0.15 + 0.25)} = 61.67$,

∴ 62초

33 차량의 시공도로부터 알 수 없는 사항은?

① 신호 옵셋
② 차량 진행대의 폭
③ 차량 진행대의 속도
④ 차량 진행대의 차량구성

해설

시공도를 보고 옵셋(녹색신호와 녹색신호 사이의 시간으로 확인)과 차량진행대 폭(가로축 길이), 속도(기울기) 등은 시공도로 쉽게 확인할 수 있으나, 각 차량 진행대의 차량이 어떤 차량으로 구성되어있는지는 확인할 수 없다.

34 노면과 타이어 상태에 따른 미끄럼 마찰계수가 가장 큰 상태는?

① 습윤-마모된 타이어　② 건조-양호한 타이어
③ 건조-마모된 타이어　④ 습윤-양호한 타이어

해설

미끄럼 마찰계수는 0부터 1까지의 범위를 가지며, 1에 가까울수록 마찰력이 높은 상태를 말한다. 건조보다는 습윤이, 양호보다는 마모된 타이어가 더 미끄럽다. 따라서 건조-양호한 타이어가 미끄럼 마찰계수가 가장 크다.

35 접근지체(approach delay)를 구성하는 요소로 분류되지 않는 지체는?

① 정지지체(stopped delay)
② 가속지체(acceleration delay)
③ 감속지체(deceleration delay)
④ 대기행렬지체(queuw delay)

해설

접근지체는 감속지체, 정지지체, 가속지체를 합한 것이고, 차량당 제어지체는 균일지체, 증분지체, 추가지체를 합한 것이다.
• 균일지체(Uniform Delay) : 주어진 교통량이 정확하게 일정한 차두간격으로 도착한다고 가정할 때의 차량당 평균 접근지체
• 증분지체(Incremental Delay) : 비균일 도착에 의한 임의지체(Random Delay)와, 분석 기간 내에서 몇몇 과포화 주기(Cycle Failure)에 의한 과포화지체(Overflow Delay)를 포함한 지체
• 추가지체(Initial Queue Delay) : 분석기간 시작 전에 대기차량이 남아 있으면, 이 대기차량이 방출되는 동안 분석 기간에 도착한 차량이 감당해야 할 추가적인 지체

36 신호교차로의 이상적인 조건 기준이 틀린 것은?

① 100% 승용차로 구성된 교통류
② 차로 폭 3m 이상
③ 접근로 정지선의 상류부 75m 이내에 노상 주차시설 없음
④ 접근로 정지선의 상류부 50m 이내에 버스 정류장 없음

해설

신호교차로의 이상적인 조건(Ideal Conditions)에서 차량의 진출입은 상류부 60m 이내에서 없어야 한다.

37 신호교차로에 관한 용어의 설명이 틀린 것은?

① 임계차로군(critical lane group) : 주어진 신호현시 동안 가장 큰 포화도(V/C비)를 갖는 차로군
② 제어지체(control delay) : 신호제어로 인해 차로군이 속도를 줄이거나 정지함에 따른 지체
③ 진행연장시간(end lag) : 황색신호가 켜지면 교차로 안이나 가까이에서 진행하던 차량은 정지선에 급정거 할 수 없으므로 황색신호의 일부분을 녹색신호처럼 불가피하게 이용하는 시간
④ 양방 보호좌회전 신호(dual left turn protected) : 서로 마주 보는 접근로의 좌회전이 동일 현시에 진행하는 신호

> **해 설**
> 임계차로군이란 주어진 신호현시동안 가장 큰 교통량비 값을 갖는 차로군을 말한다.

38 다차로도로의 서비스수준 평가를 위한 효과척도로 옳은 것은?

① 최고제한속도 ② 정지횟수
③ 지체시간 비율 ④ 평균 통행속도

> **해 설**
> 다차로 도로는 유형 I 에서는 V/C, 유형 II에서는 평균통행속도(km/h)를 MOE로 사용한다. 다차로 도로는 유형 I과 유형 II로 구분되는데 각각의 특징은 아래와 같다.
> ㉠ 유형 I : 연속류 특성이 가장 강하게 나타나는 도로로서, 설계속도는 90~100kph, 기본조건의 각 최대 통행속도는 87kph와 97kph이다. 신호교차로가 없으며 입체교차로가 되어 있고 출입 연결로와 측도가 설치된 도로를 말한다.
> ㉡ 유형 II : 연속류 특성이 다소 우세하게 나타나는 도로로서, 설계속도는 70~80kph, 기본조건의 최대 통행속도는 87kph와 70kph이다. 부속시설 측면에서 신호등 밀도가 0.5개/km 이하이며, 부분적으로 입체화된 상태의 도로를 말한다.

39 교통류의 특성에서 평균 가속도에 관한 가속도의 표준편차를 무엇이라 하는가?

① 교통강도 ② 충격편차
③ 수락편차 ④ 가속소음

> **해 설**
> 운전자는 일정속도를 유지하면서 운전하기를 원하지만 교통 및 도로조건 혹은 운전 부주의로 인해 속도를 변화시킨다. 이렇게 속도가 변화한다는 것은 속도에 관한 가속도가 있음을 의미한다. 여기서 가속도가 계속 변화하므로 가속도에도 표준편차가 발생하게 되는데, 이를 가속소음이라 한다. 즉, 가속소음이란 평균가속도에 관한 가속도의 표준편차를 말하는 것이다. 평균가속도를 0이라 할 때 가속도의 표준편차 σ 는 다음과 같다.
> $$\sigma = \left[\frac{\triangle t}{T}\sum a^2(t)\right]^{1/2}$$
> 여기서 $a(t)$ = 시각 t에서의 가속도
> T = 움직이는 총 시간
> $\triangle t$ = T시간 내에 있는 측정시간 간격

40 교차로에서 한 개 또는 여러 개의 이동류의 도로 사용이 동시에 허용되는 시간을 의미하는 것은?

① 녹색시간 ② 황색시간
③ 손실시간 ④ 현시

> **해 설**
> 현시(Phase)란 각 방향별 움직임에 교통신호를 제공하기 위해 규정하는 최소 교통신호 표출단위이다.

제3과목 교통시설

41 설계속도가 100 km/h이고 편경사가 5%, 마찰계수가 0.3인 도로의 최소 곡선반경은?

① 약 225 m ② 약 235 m
③ 약 245 m ④ 약 255 m

> **해 설**
> $$r = \frac{V^2}{127(i+f)} \quad r = \frac{100^2}{127(0.3+0.05)} = 224.97$$
> ∴ 약 225m

42 도시지역의 일반도로에 주정차대를 설치하는 경우에는 그 폭이 최소 얼마 이상이 되도록 하여야 하는가? (단, 소형자동차를 대상으로 하는 경우는 고려하지 않는다.)

① 1.5 m 이상 ② 2.0 m 이상
③ 2.5 m 이상 ④ 3.0 m 이상

> **해 설**
> 도로의 구조·시설 기준에 관한 규칙 제14조(주정차대)에 의거 도시지역의 일반도로에 주정차대를 설치하는 경우에는 그 폭이 2.5미터 이상이 되도록 하여야 한다. 다만, 소형자동차를 대상으로 하는 주정차대의 경우에는 그 폭이 2미터 이상이 되도록 할 수 있다.

43 차도의 경사에 대한 설명이 틀린 것은?

① 도로노면의 횡단경사는 노면 위의 우수를 측구 등으로 배수시키기 위하여 필요하며, 그 횡단경사는 노면배수에 충분하고 자동차의 주행에 안전하고 지장이 없는 값이어야 한다.
② 도시지역 차도의 평면곡선부에 적용 가능한 최대 편경사는 8% 이다.
③ 연결로의 평면곡선부에 적용 가능한 최대 편경사는 8% 이다.

정답 38 ④ 39 ④ 40 ④ 41 ① 42 ③ 43 ②

④ 차도의 평면곡선부에는 도로가 위치하는 지역, 적설 정도, 설계속도, 평면곡선 반지름 및 지역 상황에 따라 적용 가능한 비율 이하의 최대 편경사를 두어야 한다.

> **해설**
> 도로의 구조 · 시설 기준에 관한 규칙 제21조(평면곡선부의 편경사)에 의거 도시지역 차도의 평면곡선부 적용 가능한 최대 편경사는 6%이다.

44 곡선반경이 300 m, 설계속도가 50 km/h인 도로에서 동일축의 내·외측 타이어의 압력이 같아지는 편경사는?

① 0.056 ② 0.066
③ 0.076 ④ 0.086

> **해설**
> $r = \dfrac{V^2}{127(i+f)}$, $300 = \dfrac{50^2}{127(x)}$
> $x = \dfrac{50^2}{127(300)}$, $x \fallingdotseq 0.066$

45 교통안전표지의 설치방법 중 도로의 측단, 보도 또는 중앙분리대 등에 설치된 지주를 차도 부분까지 높게 달아내어 표지판을 달아낸 끝부분에 설치하는 방법은?

① 단주식 ② 내민식
③ 문형식 ④ 부착식

> **해설**
> 도로교통정보 안내시설은 설치형식에 따라 문형식(Over Head), 내민식(Over Hang), 부착식, 노측식이 있고, 표출 형식에 따라 문자식 표지, 도형식 표지 등이 있다. 이 중 내민식은 도로의 측단, 보도 또는 중앙분리대 등에 설치된 지주를 차도 부분까지 높게 달아내어 표지판을 달아낸 끝부분에 설치하는 방법을 말한다.

46 시선유도시설에 대한 설명으로 옳지 않은 것은?

① 반사체가 최적의 효과를 발휘할 수 있도록 설치한다.
② 시선유도시설은 도로 끝 및 도로 선형을 명시하여 주간 및 야간에 운전자의 시선을 유도하기 위하여 설치한다.
③ 표지병은 야간 및 악천후 시 운전자의 시선을 명확히 유도하기 위하여 도로 표면에 설치하는 시설물이다.
④ 시선유도표지는 급한 평면곡선부 등 시거가 불량한 장소에서 도로의 선형 및 굴곡 정도를 갈매기 기호체를 사용하여 운전자가 명확히 알 수 있도록 하는 시설물이다.

> **해설**
> 시선유도표지는 직선 및 곡선 구간에서 운전자에게 전방의 도로 선형이나 기하조건이 변화되는 상황을 반사체를 사용하여 안내해 줌으로써 안전하고 원활한 차량 주행을 유도하는 시설물을 말한다. 급한 평면곡선부 등 시거가 불량한 장소에서 도로의 선형 및 굴곡 정도를 갈매기 기호체를 사용하여 운전자가 명확히 알 수 있도록 하는 시설물은 갈매기표지이다.

47 고속도로 비상주차대의 표준 설치간격은?

① 500m ② 750m
③ 1,000m ④ 1,250m

> **해설**
> 고속도로와 일반도로 공히 비상주차대는 750m를 그 설치간격으로 한다.

48 평면교차로의 상충 유형이 모두 옳은 것은?

① ㉠ 교차상충, ㉡ 엇갈림상충
② ㉠ 교차상충, ㉡ 분류상충
③ ㉠ 합류상충, ㉡ 엇갈림상충
④ ㉠ 합류상충, ㉡ 분류상충

> **해설**
> 상충의 종류에는 분류, 합류, 교차상충이 있다. 다른 진행방향에서 진행해 와서 수직으로 교차하는 상충을 교차상충이라고 하며, 같은 방향으로 진행해 오다가 다른 방향으로 분류되며 발생하는 상충을 분류상충, 다른 방향에서 진행해 와서 같은 방향으로 합류되며 발생하는 상충을 합류상충이라 한다.

49. 비신호 평면 교차로에서 좌회전 차로의 대기차량을 위한 길이 산정 기준은?

① 첨두시간 평균 2분간 도착하는 좌회전 교통량
② 첨두시간 평균 5분간 도착하는 좌회전 교통량
③ 첨두시 신호 1주기 당 도착하는 좌회전 차량 수
④ 첨두시 신호 2호기 당 도착하는 좌회전 차량 수

해 설
좌회전 차로의 대기자동차를 위한 길이는 비신호 교차로의 경우 첨두시간 평균 2분간에 도착하는 좌회전 차로의 대기 자동차를 기준으로 하며, 그 값이 1대 미만의 경우에도 최소 2대의 차량이 대기할 공간은 확보되어야 한다.

50. 각 도로의 접근성과 이동성의 관계를 나타낸 아래 그림에서 각 구간(㉠~㉣)에 해당하는 기능별 도로의 종류가 모두 옳은 것은?

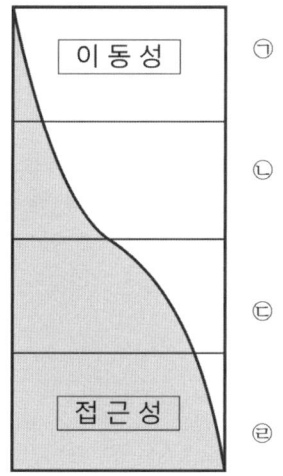

① ㉠고속도로, ㉡국지도로, ㉢간선도로, ㉣집산도로
② ㉠고속도로, ㉡간선도로, ㉢집산도로, ㉣국지도로
③ ㉠국지도로, ㉡집산도로, ㉢고속도로, ㉣간선도로
④ ㉠국지도로, ㉡집산도로, ㉢간선도로, ㉣고속도로

해 설
도로를 기능별로 분류하면 주간선도로, 보조간선도로, 집산도로, 국지도로 순으로 구분된다. 고속도로에서 국지도로로 갈수록 이동성은 감소하고 접근성은 증가한다.

51. 도로의 구조·시설 기준에 관한 규칙상 설계속도가 120 km/h이고 도로의 교각이 5° 이상인 경우 평면곡선의 최소 길이는?

① 60 m ② 100 m
③ 120 m ④ 140 m

해 설
설계속도가 120km/h 이상이고 도로의 교각이 5도 이상인 경우 평면곡선의 길이는 140m 이상으로 한다.

52. 다음 중 기본 차로수가 균형 상태이면서 차로수 균형의 원칙을 지키고 있는 설계는?

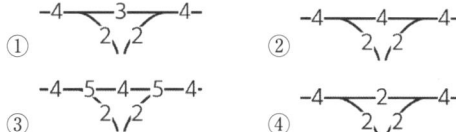

해 설
① 기본차로 수가 지켜지지 못하고 있다. 병목현상이 발생될 소지가 있다.
② 분류 시 두 개의 차로가 증가하고, 합류 시 두 개의 차로가 감소하였다.
④ 기본차로 수가 지켜지지 못하고 있다. 병목현상이 발생될 소지가 있다.

53. 평면선형과 종단선형을 조합하여 설계할 때 유의사항으로 거리가 먼 것은?

① 도로환경과의 조화를 고려할 것
② 선형이 시각적 연속성을 확보할 것
③ 노면 배수가 적절히 되는 경사를 고려할 것
④ 같은 방향으로 굴곡하는 두 곡선 사이에 짧은 직선을 삽입할 것

해 설
평면선형과 종단선형의 조합
• 선형이 시각적인 연속성을 확보할 것
• 평면곡선과 종단곡선의 크기가 균형을 이루도록 할 것
• 노면의 배수 및 자동차의 운동 역학적 요구에 적절히 조화된 경사가 취하여질 수 있도록 조합할 것
• 도로환경과의 조화를 고려할 것

54 +6% 경사와 −3% 경사를 갖는 도로부 사이를 450 m의 종단곡선으로 연결하였다. 이 종단곡선의 시작부 표고가 600.00 m라면 곡선의 시작부에서 50 m 떨어진 지점의 표고는?

① 602.75 m   ② 534.85 m
③ 405.71 m   ④ 305.42 m

해설
볼록 곡선의 경우
$$ELE_p = ELE_{vpc} + G_1\frac{X}{100} - \frac{A\left(\frac{X}{100}\right)^2}{2 \cdot \frac{L}{100}}$$

$$ELE_p = 600 + \left(6 \times \frac{50}{100}\right) - \frac{(6-(-3))\left(\frac{50}{100}\right)^2}{2 \times \left(\frac{450}{100}\right)} = 602.5m$$

※ G값에 %값을 그대로 넣어주어야 함에 유의한다.

55 차로폭은 작아도 되나 차로 진행방향으로 긴 주차폭이 필요하며, 1대당 주차 소요면적이 최대인 주차형식은?

① 90° 후진주차   ② 60° 전진주차
③ 45° 교차주차   ④ 30° 전진주차

해설
30° 주차의 특징에 대한 설명이다. 면적의 효율성은 떨어지나 주차하기 용이한 방법이다.

56 도로의 구분에 따른 설계기준자동차가 아닌 것은?

① 이륜차   ② 대형자동차
③ 승용자동차   ④ 세미트레일러

해설
도로의 구조·시설 기준에 관한 규칙 제5조(설계기준 자동차) 도로의 구분에 따른 설계기준 자동차는 다음 표와 같다. 다만, 우회할 수 있는 도로(해당 도로 기능 이상의 기능을 갖춘 도로만 해당한다.)가 있는 경우에는 도로의 구분에 관계없이 대형승용차나 승용자동차 또는 소형자동차를 설계기준 자동차로 할 수 있다.

도로의 구분	설계기준 자동차
고속도로 및 주간선도로	세미트레일러
보조간선도로 및 집산도로	세미트레일러 또는 대형자동차
국지도로	대형자동차 또는 승용자동차

57 도로의 구조·시설 기준에 관한 규칙상 보도의 유효폭은 보행자의 통행량과 주변 토지 이용상황을 고려하여 결정하되 최소 몇 미터 이상으로 하여야 하는가? (단, 지방지역의 도로와 도시지역의 국지도로에서 지형상 불가능하거나 기존 도로의 증설·개설 시 불가피하다고 인정되는 경우는 고려하지 않는다.)

① 1.5 m   ② 2.0 m
③ 3.0 m   ④ 4.0 m

해설
보도의 유효폭은 보행자의 통행량과 주변 토지 이용 상황을 고려하여 결정하되, 최소 2미터 이상으로 하여야 한다.

58 도로의 안전시설 및 부대시설에 대한 설명으로 옳지 않은 것은?

① 지하차도에서 오른쪽 길어깨의 폭을 2.5m미만으로 하는 경우 비상주차대를 설치하여야 한다.
② 긴급제동시설의 형식은 부설 재료에 따라 모래더미 형식과 골재부설 형식으로 크게 구분할 수 있다.
③ 규모에 따른 휴게시설의 종류는 일반휴게소, 화물차휴게소, 쉼터휴게소, 간이휴게소가 있다.
④ 버스정류소는 버스승객의 승·하차를 위하여 본선의 외측차로를 그대로 이용할 경우 그 공간을 의미한다.

해설
길이 1천 미터 이상의 터널 또는 지하차도에서 오른쪽 길어깨의 폭을 2미터 미만으로 하는 경우에는 최소 750미터의 간격으로 비상주차대를 설치하여야 한다.

59 도시지역 고속도로에서 중앙분리대의 최소 폭 기준은?

① 1.0 m   ② 1.5 m
③ 2.0 m   ④ 3.0 m

해설
도로의 구조·시설 기준에 관한 규칙 제11조(차로의 분리 등) 조항에 의거 도시지역 고속도로에서 중앙분리대의 최소 폭 기준은 2.0m로 한다.

정답 54 ① 55 ④ 56 ① 57 ② 58 ① 59 ③

60 도로 및 교통 조건이 아래와 같은 지방지역 고속도로의 교통량 대 용량비(V_p/C)는?

- 설계속도 100kph 일 때 용량 c_j =2200 pcphpl
- 양방향 4차로(편도2차로)
- f_W =0.98, f_{HV} =0.71
- 첨두시간계수(PHF) : 0.95
- 첨두시간 교통량 : 2000vph (일방향)

① 0.57 ② 0.69
③ 0.74 ④ 0.85

해설

$$V/C = \frac{SF}{C_j \times N \times f_W \times f_{HV}}$$

$$SF = 서비스교통량 = \frac{첨두시간교통량}{첨두시간계수} = \frac{2,000}{0.95}$$

$$= 2,105.26$$

$$V/C = \frac{2,106}{2,200 \times 2 \times 0.98 \times 0.71} = 0.6879 ≒ 0.69$$

제4과목 도시계획개론

61 중세 유럽의 도시에서 나타나는 공통적인 물리적 특성과 거리가 먼 것은?

① 모든 동선이 중앙의 시장이나 교회 광장에 집중하도록 구성되었다.
② 성벽과 대규모 사원이 도시공간의 주된 구성요소이다.
③ 밀집된 형태의 중정을 지닌 주택군이 구성되고, 이들은 컬데삭으로 연결되었다.
④ 방어를 위해 사용된 해자, 운하, 강이 개별도시를 고립시켰다.

해설
쿨데삭은 1920년대 래드번 계획에서 슈퍼블록과 함께 도입되었다.

62 도시·군기본계획의 목표연도는 계획수립시점으로부터 얼마를 기준으로 하는가?

① 5년 ② 10년
③ 20년 ④ 30년

해설
도시·군기본계획 수립지침 제2절 목표연도 2-2-1 조항에 의거 계획수립시점으로부터 20년을 기준으로 하되, 연도의 끝자리는 0 또는 5년으로 한다.(예 : 2020년, 2025년)

63 도시계획에 있어서 주민참여의 역할로 거리가 먼 것은?

① 자원배분의 경제성을 극대화할 수 있다.
② 주민의 자발성에 의하여 사업에 대한 발전성과 지속성 유지가 용이해진다.
③ 효율성 있는 사업 추진을 가능하게 한다.
④ 방어를 위해 사용된 해자, 운하, 강이 개별도시를 고립시켰다.

해설
주민참여에 따른 부작용으로 자원배분의 불균형을 들 수 있다. 참여한 주민의 의견에 따라 정책이 결정되기 때문에 경제성을 극대화하지 못하는 문제가 발생될 수 있다.

64 도시발전과 토지이용 패턴에 관한 도시공간 구조를 설명하는 동심원 이론을 처음으로 주장한 사람은?

① H. Hoyt ② C. D. Harris
③ E. L. Ullman ④ E. W. Burgess

해설
어니스트 버제스(E.W.Burgess)의 동심원 이론은 1925년 시카고를 대상으로 도시 내부구조를 정의한 이론으로, 1권역 중심업무지구(금융, 상업), 2권역 점이지대(상업, 주택, 경공업 혼재), 3권역(저급 중산층 주택지구), 4권역(고급 주택지구), 5권역(통근권)으로 구분하였다. 각 지대의 거주자들은 보다 좋은 권역으로 이주하려는 경향을 갖는다.

65 투입산출계수(Input-Output Coefficient, a_{ij})에 대한 설명으로 옳은 것은?

① i 산업이 한 단위의 생산을 증가시킬 때, j 산업에 미치는 직간접 파급효과
② j 산업이 한 단위의 생산을 증가시킬 때, i 산업에 미치는 직간접 파급효과
③ i 산업이 한 단위의 제품을 생산하기 위하여 투입해야 하는 j 산업의 투입 재화와 용역

정답 60 ② 61 ③ 62 ③ 63 ① 64 ④ 65 ④

④ j 산업이 한 단위의 제품을 생산하기 위하여 투입해야 하는 i 산업의 투입 재화와 용역

해설
투입산출계수는 산업의 생산단위와 파급효과를 계산할 때 활용된다. 일반적으로 a_{ij}로 표현되며, 이는 j 산업이 한 단위의 제품을 생산하기 위하여 투입해야 하는 i 산업의 투입 재화와 용역을 의미한다.

66 도시 및 주거환경정비법에 따른 정비사업 중 '재개발사업'의 정의에 해당하는 것은?

① 도시저소득 주민이 집단거주하는 지역으로서 정비기반시설이 극히 열악하고 노후·불량건축물이 과도하게 밀집한 지역의 주거환경을 개선하기 위한 사업
② 정비기반시설이 열악하고 노후·불량 건축물이 밀집한 지역에서 주거환경을 개선하거나 상업지역·공업지역 등에서 도시기능의 회복 및 상권활성화 등을 위하여 도시환경을 개선하기 위한 사업
③ 정비기반시설은 양호하나 노후·불량 건축물에 해당하는 공동주택이 밀집한 지역에서 주거환경을 개선하기 위한 사업
④ 단독주택 및 다세대주택이 밀집한 지역에서 정비기반시설과 공동이용시설 확충을 통하여 주거환경을 보전·정비·개량하기 위한 사업

해설
재개발사업이란 정비기반시설이 열악하고 노후·불량건축물이 밀집한 지역에서 주거환경을 개선하거나 상업지역·공업지역 등에서 도시기능의 회복 및 상권활성화 등을 위하여 도시환경을 개선하기 위한 사업을 말한다.

67 근린주구를 물리적 계획의 기본단위로 하여 주구 내의 생활안정을 유지하고 편리성과 쾌적성을 확보하기 위한 6가지 계획원리를 제시한 사람은?

① 하워드(E. Howard)
② 페리(C. A. Perry)
③ 르꼬르뷔제(Le Corbusier)
④ 랑팡(P. C. L'Enfant)

해설
근린주구는 도시계획 접근기준의 하나로, 어린이들이 도로를 가로지르지 않고 안전하게 초등학교에 통학할 수 있는 초등학교 도보권(徒步權)을 기준으로 설정되는 단위 주거구역을 말한다. 페리(C.A. Perry) 가 주장하였고, 6가지 계획원리로 규모, 경계, 오픈스페이스, 공공시설, 근린상가, 지구내 가로체계를 제시하였다.

68 건폐율에 대한 설명으로 틀린 것은?

① 대지면적에 대한 건축면적의 비율을 의미한다.
② 거주환경의 쾌적성과 안전성 등의 확보를 위한 공지의 조성이 목적이다.
③ 건폐율 적용의 최대한도는 국토의 계획 및 이용에 관한 법률에서 정한 기준에 따른다.
④ 대지에 둘 이상의 건축물이 있는 경우에는 이들 중 큰 규모의 건출물의 건축면적을 적용한다.

해설
건축법 제55조(건축물의 건폐율) 대지면적에 대한 건축면적(대지에 건축물이 둘 이상 있는 경우에는 이들 건축면적의 합계로 한다)의 비율(이하 "건폐율"이라 한다.)의 최대한도는 「국토의 계획 및 이용에 관한 법률」 제77조에 따른 건폐율의 기준에 따른다. 다만, 이 법에서 기준을 완화하거나 강화하여 적용하도록 규정한 경우에는 그에 따른다.

69 보차분리기법을 평면분리방식, 입체분리방식, 시간분리방식으로 구분할 때, 다음 중 평면분리방식에 해당하지 않는 것은?

① 보도
② 아케이드
③ 보행자전용도로
④ 보행자 데크

해설
평면분리방식이란 보행자 동선과 자동차 동선을 가로망 자체에서 분리시켜 자동차와 보행자가 처음부터 만나지 않도록 하는 방식으로 보도, 아케이드, 보행자전용도로 등이 있다.

70 인간정주사회의 구성요소를 인간, 사회, 자연, 네트워크, 구조물의 5가지로 제시하고 인간정주공간을 15개 단위로 구분하여 설명한 학자는?

① 로버트 오웬
② 제임스실크 버킹검
③ 아디케스
④ 독시아디스

해설
지리적·공간적 차원으로서 인간정주사회의 최소 단위인 하나의 인간에서 출발하여 구성요소를 인간, 사회, 자연, 네트워크 구조물의 다섯 가지로 제시하고 15단계의 공간단위로 분류한 학자는 독시아디스(C.A. Doxiadis)이다.

71 도시공원의 유형을 생활권공원과 주제공원으로 구분할 때, 다음 중 주제공원에 해당하지 않는 것은?

① 문화공원　② 수변공원
③ 체육공원　④ 어린이공원

[해설] 생활권공원은 소공원, 어린이공원, 근린공원으로 구분하고, 주제공원은 역사공원, 문화공원, 수변공원, 묘지공원, 체육공원, 도시농업공원 기타 대도시의 조례로 정하는 공원으로 구분한다.

72 다음 중 인구성장이 초기에는 완만하다가 일정기간이 지나면 급속한 증가율을 나타내고, 또 일정기간이 지나면 그 증가율이 점차 감소하여 인구가 일정 수준을 유지하는 포화 상태에 이른다는 이론에 기초한 인구 예측 방법은?

① 최소자승법　② 로지스틱곡선법
③ 등비급수법　④ 집단생잔법

[해설] 로지스틱 곡선식은 초기에는 인구성장이 완만하다가, 일정기간이 지나면 급격히 증가하고, 다시 증가율이 감소하여 일정수를 유지하게 된다.(임계치에 수렴하게 된다.) 대도시권의 인구를 어느 상한선까지 강력히 통제하고자 할 때 사용하며 비교적 정확한 인구 추계를 할 수 있다.

73 국토기본법에 따른 지역계획에 해당하는 것은? (단, 다른 법률에 따라 수립하는 지역계획은 고려하지 않는다.)

① 특정지역개발계획　② 수도권발전계획
③ 개발촉진지구개발계획　④ 광역권개발계획

[해설] 국토기본법 제16조 지역계획의 수립 조항에 의거하여 수립하는 지역계획은 수도권발전계획과 지역개발계획이다. 기존의 광역권개발계획은 지역개발계획으로 명칭과 내용이 변경되었고, 특정지역개발계획, 개발촉진지구개발계획은 삭제되었다. 〈2014.6.3.〉

74 도시계획 관련 조사 자료에 대한 접근이 직접적이냐 간접적이냐에 따라 1차 자료와 2차 자료로 나눌 때, 1차 자료의 조사 방법이 아닌 것은?

① 현지조사　② 면접조사
③ 설문조사　④ 문헌조사

[해설] 1차자료 조사에는 현지조사, 면접조사, 설문조사가 있고, 2차자료 조사에는 문헌조사, 통계조사, 지도분석 방법이 있다.

75 도로의 사용 및 형태별 구분에 따른 설명으로 옳지 않은 것은?

① 보행자전용도로 : 폭 1.5미터 이상의 도로로서 보행자의 안전하고 편리한 통행을 위
② 보행자우선도로 : 폭 10미터 미만의 도로로서 보행자와 차량이 혼합하여 이용하되 보행자의 안전과 편의를 우선적으로 고려하여 설치하는 도로
③ 자전거전용도로 : 하나의 차로를 기준으로 폭 1.0미터 이상의 도로로서 자전거의 통행을 위하여 설치하는 도로
④ 일반도로 : 폭 4미터 이상의 도로로서 통상의 교통소통을 위하여 설치하는 도로

[해설] 자전거전용도로는 하나의 차로를 기준으로 폭 1.5미터(지역 상황 등에 따라 부득이하다고 인정되는 경우에는 1.2미터) 이상의 도로로서 자전거의 통행을 위하여 설치하는 도로를 말한다.

76 도시·군계획시설의 결정·구조 및 설치기준에 관한 규칙에 따른 도로의 일반적 결정기준에서 주간선도로와 주간선도로의 배치간격 기준은?

① 100 m 내외　② 250 m 내외
③ 500 m 내외　④ 1000 m 내외

[해설] 도시·군계획시설의 결정·구조 및 설치기준에 관한 규칙 제10조(도로의 일반적 결정기준)에 의거 도로의 배치간격은 다음 각 목의 기준에 의하되, 시·군의 규모, 지형조건, 토지이용계획, 인구밀도 등을 감안할 것
가. 주간선도로와 주간선도로의 배치간격 : 1천미터 내외

77 지구단위계획구역의 지정목적을 이루기 위하여 지구단위계획에 반드시 포함되어야 하는 사항이 아닌 것은? (단, 기존의 용도지구를 폐지하고 그 용도지구에서의 건축물이나 그 밖의 시설의 용도·종류 및 규모 등의 제한을 대체하는 지구단위

정답 71 ④ 72 ② 73 ② 74 ④ 75 ③ 76 ④ 77 ②

계획의 경우는 고려하지 않는다.)
① 건축물 높이의 최고한도 또는 최저한도
② 환경관리시설의 형태, 색채 및 규모
③ 건축물의 용도제한
④ 대통령령으로 정하는 기반시설의 배치와 규모

[해설]
도시·군 국토의 계획 및 이용에 관한 법률 제52조(지구단위계획의 내용)
① 지구단위계획구역의 지정목적을 이루기 위하여 지구단위계획에는 다음 각 호의 사항 중 제2호와 제4호의 사항을 포함한 둘 이상의 사항이 포함되어야 한다. 다만, 제1호의2를 내용으로 하는 지구단위계획의 경우에는 그러하지 아니하다.
1. 용도지역이나 용도지구를 대통령령으로 정하는 범위에서 세분하거나 변경하는 사항
1의2. 기존의 용도지구를 폐지하고 그 용도지구에서의 건축물이나 그 밖의 시설의 용도·종류 및 규모 등의 제한을 대체하는 사항
2. 대통령령으로 정하는 기반시설의 배치와 규모
3. 도로로 둘러싸인 일단의 지역 또는 계획적인 개발·정비를 위하여 구획된 일단의 토지의 규모와 조성계획
4. 건축물의 용도제한, 건축물의 건폐율 또는 용적률, 건축물 높이의 최고한도 또는 최저한도
5. 건축물의 배치·형태·색채 또는 건축선에 관한 계획
6. 환경관리계획 또는 경관계획
7. 교통처리계획
8. 그 밖에 토지 이용의 합리화, 도시나 농·산·어촌의 기능 증진 등에 필요한 사항으로서 대통령령으로 정하는 사항

78 국토의 계획 및 이용에 관한 법령상 정의하는 기반시설에 해당지 않는 것은?

① 공간시설
② 보건위생시설
③ 환경경관시설
④ 공공·문화체육시설

[해설]
국토의 계획 및 이용에 관한 법률 제2조(정의) 조항에 의거 "기반시설"이란 교통시설, 공간시설, 유통·공급시설, 공공·문화체육시설, 방재시설, 보건위생시설, 환경기초시설을 말한다.

79 도시화에 관한 내용과 가장 거리가 먼 것은?

① 도시로의 인구 집중
② 도시지역의 외연적 확대
③ 소비성, 서비스성 산업의 경제 요소 감소
④ 농업사회에서 비농업사회로의 인구 이동

[해설]
도시화는 농업사회에서 비농업사회로 변화하면서 농촌의 인구가 도시로 집중되는 성향을 보이며, 이로 인해 도시지역의 외연적 확대 현상이 나타나는 현상을 말한다.

80 선형도시(Linear city)에 관한 설명 중 옳지 않은 것은?

① 도심의 형성이 유리하여 대도시에 적합하다.
② 교통시간을 단축하여 도시의 교통문제를 해결하는 목적을 갖고 있다.
③ 도시의 다이내믹한 개발과 기능적인 성장을 도모하기 위해 제안되었다.
④ 1882년 스페인의 마타(Soria Y. Mata)가 제안하였다.

[해설]
선상도시(Linear City), 선형도시는 1882년 영국의 소리아 이 마타(A. Soria Y Mata)에 의하여 제안되었다. 선 형태의 도시이므로 도심을 형성하는데에는 불리하다. 도시교통문제에 관심을 가져 만들어진 이론으로 시간을 단축하여 도시의 교통문제를 해결하는데 목적이 있다. 원활한 교통여건을 조성하므로 도시의 다이내믹한 개발과 기능적인 성장을 도모한다.

제5과목 교통관계법규

81 도시교통정비촉진법의 목적과 가장 거리가 먼것은?

① 교통시설의 정비 촉진
② 도시교통의 원활한 소통과 교통편의 증진
③ 교통수단과 교통체계의 효율적인 운영·관리
④ 교통사고 예방으로 국민의 생명과 재산 보호

[해설]
도시교통정비촉진법 제1조(목적) 이 법은 교통시설의 정비를 촉진하고 교통수단과 교통체계를 효율적으로 운영·관리하여 도시교통의 원활한 소통과 교통편의 증진에 이바지함을 목적으로 한다.

82 도로법상 고속국도와 일반국도의 관리청은?

① 국토교통부장관
② 행정안전부장관
③ 한국도로공사장
④ 관할 지역 경찰청장

정답 78 ③ 79 ③ 80 ① 81 ④ 82 ①

> **해설**
> 도로법 제23조(도로관리청) 조항에 의거 도로관리청은 다음 각 호의 구분에 따른다.
> 1. 제11조 및 제12조에 따른 고속국도와 일반국도 : 국토교통부장관

83 국가통합교통체계효율화법상 중기 교통시설투자계획에 대한 설명이 틀린 것은?

① 국토교통부장관은 5년 단위로 중기 교통시설투자계획을 수립한다.
② 계획에 포함된 지방교통시설 개발사업을 지방자치단체가 시행하는 경우 국가의 지원을 받을 수 없다.
③ 중기 교통시설투자계획에는 교통시설 간의 적정한 수송 분담구조 및 투자재원 배분의 설정에 관한 사항이 포함되어야 한다.
④ 국토교통부장관은 소관별 집행 실적 평가보고서를 종합 분석하여 공공기관의장에게 통보하여야 한다.

> **해설**
> 국가통합교통체계효율화법 제8조(지방자치단체에 대한 지원) 조항에 의거 국가는 지방자치단체가 중기투자계획에 포함된 지방교통시설 개발사업을 시행하는 경우에는 국가예산에서 필요한 지원을 할 수 있다.

84 교통안전법상 국가교통안전기본계획에 포함되어야 할 사항으로 가장 거리가 먼 것은?

① 교통안전지식의 보급 및 교통문화 향상 목표
② 교통안전 전문 인력의 양성
③ 교통안전담당자 지정에 관한 사항
④ 교통수단·교통시설별 교통사고 감소목표

> **해설**
> 교통안전법 제15조(국가교통안전기본계획)에 의거 국가교통안전기본계획에는 다음 각 호의 사항이 포함되어야 한다.
> 1. 교통안전에 관한 중·장기 종합정책방향
> 2. 육상교통·해상교통·항공교통 등 부문별 교통사고의 발생 현황과 원인의 분석
> 3. 교통수단·교통시설별 교통사고 감소 목표
> 4. 교통안전지식의 보급 및 교통문화 향상 목표
> 5. 교통안전정책의 추진성과에 대한 분석·평가
> 6. 교통안전정책의 목표달성을 위한 부문별 추진전략
> 7. 부문별·기관별·연차별 세부 추진계획 및 투자계획
> 8. 교통안전표지·교통관제시설·항행안전시설 등 교통안전시설의 정비·확충에 관한 계획
> 9. 교통안전 전문인력의 양성
> 10. 교통안전과 관련된 투자사업계획 및 우선순위
> 11. 지정행정기관별 교통안전대책에 대한 연계와 집행력 보완 방안
> 12. 그 밖에 교통안전수준의 향상을 위한 교통안전시책에 관한 사항

85 국가통합교통체계효율화법상 지능형교통체계기본계획에 대한 설명이 틀린 것은?

① 국가차원의 지능형교통체계기본계획은 10년 단위로 수립하여야 한다.
② 지능형교통체계 여건 변화를 고려하여 2년마다 전반적으로 재검토하고 필요한 경우 그 내용을 정비한다.
③ 시·도지사 또는 시장·군수는 해당 지역의 지능형교통체계에 관한 기본계획을 수립할 수 있다.
④ 자동차·도로교통분야, 철도교통분야, 해상교통분야(항만 포함), 항공교통분야(공항 포함)에 대하여 분야별 계획을 수립하여야 한다.

> **해설**
> 국가통합교통체계효율화법 제73조(지능형 교통체계기본계획의 수립 등) ③항에 의거 국토교통부장관은 지능형 교통체계 여건 변화를 고려하여 5년마다 지능형 교통체계기본계획을 전반적으로 재검토하고 필요한 경우 그 내용을 정비하여야 한다.〈개정 2013. 3. 23.〉

86 도로교통법상 '차'에 해당하지 않는 것은?

① 자전거　　② 건설기계
③ 의료용 스쿠터　　④ 원동기장치자전거

> **해설**
> 도로교통법 제2조(정의) 이 법에서 사용하는 용어의 뜻은 다음과 같다.
> 17. "차마"란 다음 각 목의 차와 우마를 말한다.
> 가. "차"란 다음의 어느 하나에 해당하는 것을 말한다.
>   1) 자동차
>   2) 건설기계
>   3) 원동기장치자전거
>   4) 자전거
>   5) 사람 또는 가축의 힘이나 그 밖의 동력(動力)으로 도로에서 운전되는 것. 다만, 철길이나 가설(架設)된 선을 이용하여 운전되는 것, 유모차와 행정자치부령으로 정하는 보행보조용 의자차는 제외한다.
> 도로교통법 시행규칙 제2조(보행보조용 의자차의 기준)
> 「도로교통법」(이하 "법"이라 한다) 제2조 제10호 및 제17호 가목 5)에서 "행정자치부령이 정하는 보행보조용 의자차"란 식품의약품안전처장이 정하는 의료기기의 규격에 따른 수동휠체어, 전동휠체어 및 의료용 스쿠터의 기준에 적합한 것을 말한다.

정답　83 ②　84 ③　85 ②　86 ③

87 도로교통법규에 따른 자동차 등의 운행속도에 관한 기준이 옳은 것은?

① 편도 2차로 이상의 일반도로에서는 매시 80 km 이내로 운행하여야 한다.
② 일반도로에서는 매시 50 km 이내로 운행하여야 한다.
③ 자동차전용도로는 매시 80 km의 최고속도만 규정하고 있다.
④ 자동차 등의 도로 통행 속도는 국토교통부령으로 정한다.

해 설
① 도로교통법 시행규칙 제19조 제1항 제1목 : 편도 2차로 이상의 도로에서는 매시 80킬로미터 이내
② 도로교통법 시행규칙 제19조 제1항 제1목 : 일반도로(고속도로 및 자동차전용도로 외의 모든 도로를 말한다)에서는 매시 60킬로미터 이내
③ 도로교통법 시행규칙 제19조 제1항 제2목 : 자동차전용도로에서의 최고속도는 매시 90킬로미터, 최저속도는 매시 30킬로미터
④ 도로교통법 제17조 제1항 : 자동차 등의 도로 통행 속도는 행정자치부령으로 정한다.

88 도로교통법상 차마의 운전자가 도로의 중앙이나 좌측 부분을 통행할 수 있는 경우가 아닌 것은?

① 도로가 일방통행인 경우
② 도로의 파손으로 도로의 우측부분을 통행할 수 없는 경우
③ 운전자가 적절히 판단해서 통행하는 경우
④ 도로 우측 부분의 폭이 6 m가 되지 아니하는 도로에서 다른 차를 앞지르려는 경우

해 설
도로교통법 제13조(차마의 통행) 제4항에 의거, 차마의 운전자가 도로의 중앙이나 좌측 부분을 통행할 수 있는 경우는 다음과 같다.
1. 도로가 일방통행인 경우
2. 도로의 파손, 도로공사나 그 밖의 장애 등으로 도로의 우측 부분을 통행할 수 없는 경우
3. 도로 우측 부분의 폭이 6미터가 되지 아니하는 도로에서 다른 차를 앞지르려는 경우. 다만, 다음 각 목의 어느 하나에 해당하는 경우에는 그러하지 아니하다.
   가. 도로의 좌측 부분을 확인할 수 없는 경우
   나. 반대 방향의 교통을 방해할 우려가 있는 경우
   다. 안전표지 등으로 앞지르기를 금지하거나 제한하고 있는 경우
4. 도로 우측 부분의 폭이 차마의 통행에 충분하지 아니한 경우
5. 가파른 비탈길의 구부러진 곳에서 교통의 위험을 방지하기 위하여 지방경찰청장이 필요하다고 인정하여 구간 및 통행방법을 지정하고 있는 경우에 그 지정에 따라 통행하는 경우

89 복합환승센터 지정의 해제에 관한 아래 설명에서 밑줄 친 내용에 해당하는 것은?

복합환승센터로 지정·고시된 날부터 <u>대통령령으로 정하는 기간 이내</u>에 복합환승센터개발실시계획의 승인을 신청하지 아니하면 그 기간이 지난 다음 날에 해당 지역에 대한 복합환승 센터의 지정이 해제된 것으로 본다.

① 4년 이내
② 3년 이내
③ 2년 이내
④ 1년 이내

해 설
국가통합교통체계효율화법 제48조(복합환승센터의 지정의 해제 등)
① 복합환승센터로 지정·고시된 날부터 대통령령으로 정하는 기간 이내에 그 복합환승센터의 전부 또는 일부에 대하여 제50조에 따른 복합환승센터개발실시계획의 승인을 신청하지 아니하면 그 기간이 지난 다음 날에 해당 지역에 대한 복합환승센터의 지정이 해제된 것으로 본다.

국가통합교통체계효율화법 시행령 제45조(복합환승센터 지정의 해제)
① 법 제48조제1항에서 "대통령령으로 정하는 기간"이란 3년을 말한다.

90 국가통합교통체계효율화법규상 타당성 평가 결과와 예비타당성조사 결과의 비교에서 현저한 차이가 발생한 경우로 인정하는 기준이 옳은 것은?

① 교통 수요 예측 결과 해당 타당성 평가 실시 결과가 예비타당성조사 실시 결과보다 100분의 30 이상 증감한 경우
② 편익 분석 결과 해당 타당성 평가 실시 결과가 예비타당성조사 실시 결과보다 100분의 20 이상 증감한 경우
③ 비용 분석 결과 해당 타당성 평가 실시 결과가 예비타당성조사 실시 결과보다 100분의 20 이상 증감한 경우
④ 편익·비용비 분석 결과 해당 타당성 평가 실시 결과가 예비타당성조사 실시 결과보다 100분의 20 이상 증감한 경우

[해설]
국가통합교통체계효율화법 시행규칙 제6조(타당성 평가 결과와 예비타당성조사 결과의 현저한 차이)
① 법 제19조제3항에서 "국토교통부령으로 정하는 현저한 차이가 발생한 경우"란 다음 각 호의 어느 하나에 해당하는 경우를 말한다. 〈개정 2013. 3. 23.〉
1. 교통 수요 예측 결과: 해당 타당성 평가 실시 결과가 예비타당성조사 실시 결과보다 100분의 30 이상 증감한 경우
2. 편익 분석 결과: 해당 타당성 평가 실시결과가 예비타당성조사 실시 결과보다 100분의 30 이상 증감한 경우
3. 비용 분석 결과: 해당 타당성 평가 실시 결과가 예비타당성조사 실시 결과보다 100분의 30 이상 증감한 경우

91 국가통합교통체계효율화법에 따른 "국가기간교통시설"에 해당하지 않는 것은?

① 「공항시설법」에 따른 공항
② 「항만법」에 따른 무역항
③ 「철도의 건설 및 철도시설 유지관리에 관한 법률」에 따른 광역철도
④ 「국가통합교통체계효율화법」에 따른 광역복합환승센터

[해설]
국가통합교통체계효율화법 제2조(정의) 조항에 의거 "국가기간교통시설"이란 지역 간 간선교통 기능을 수행하는 다음 각 목의 어느 하나에 해당하는 교통시설을 말한다.
가. 「도로법」 제8조 제1호 및 제2호에 따른 고속국도 및 일반국도
나. 「철도의 건설 및 철도시설 유지관리에 관한 법률」 제2조 제2호부터 제4호까지의 규정에 따른 고속철도, 광역철도 및 일반철도
다. 「공항시설법」 제2조제3호에 따른 공항
라. 「항만법」 제2조 제2호에 따른 무역항
마. 그 밖에 대통령령으로 정하는 교통시설
국가통합교통체계효율화법 시행령 제2조(국가기간교통시설의 범위) 조항에 의거 「국가통합교통체계효율화법」(이하 "법"이라 한다) 제2조 제7호 마목에서 "대통령령으로 정하는 교통시설"이란 다음 각 호의 시설을 말한다.
1. 「도로법」 제2조 제1항 제2호에 따른 국도대체우회도로
2. 「도로법」 제2조 제1항 제3호에 따른 국가지원지방도
3. 「물류시설의 개발 및 운영에 관한 법률」 제2조 제2호에 따른 물류터미널 중 복합물류터미널
4. 법 제2조 제15호 가목에 따른 국가기간복합환승센터
→ 국가통합교통체계효율화법에 따른 "국가기간"복합환승센터가 국가기간교통시설에 해당한다.

92 국가교통안전기본계획은 몇 년 단위로 수립하여야 하는가?

① 5년 ② 7년 ③ 10년 ④ 20년

[해설]
교통안전법 제15조(국가교통안전기본계획)에 의거 국토교통부장관은 국가의 전반적인 교통안전수준의 향상을 도모하기 위하여 교통안전에 관한 기본계획을 5년 단위로 수립하여야 한다.

93 문화 및 집회시설(관람장 제외)은 시설 면적 몇 m^2당 1대를 기준으로 부설주차장을 설치하는가?

① $50m^2$ ② $100m^2$
③ $150m^2$ ④ $200m^2$

[해설]
주차장법 시행령 [별표 1] 부설주차장의 설치대상 시설물 종류 및 설치기준(제6조 제1항 관련)에 의거 2. 문화 및 집회시설(관람장은 제외한다), 종교시설, 판매시설, 운수시설, 의료시설(정신병원·요양병원 및 격리병원은 제외한다), 운동시설(골프장·골프연습장 및 옥외수영장은 제외한다), 업무시설(외국공관 및 오피스텔은 제외한다), 방송통신시설 중 방송국, 장례식장은 시설면적 $150m^2$당 1대(시설면적/$150m^2$)

94 주차장법규에 따른 노상주차장의 구조·설비 기준이 틀린 것은?

① 너비 6m 미만의 도로에 설치하여서는 아니된다.
② 주차대수 규모가 20대 이상 50대 미만이 경우 장애인전용주차구획을 1면 이상 설치하여야 한다.
③ 고속도로·자동차전용도로 또는 고가도로에 설치하여서는 아니된다.
④ 종단경사도가 6%를 초과하는 도로로 보도와 차도가 구별되어 있고 그 차도의 너비가 13m 이상인 도로에는 설치할 수 있다.

[해설]
주차장법 시행규칙 제4조(노상주차장의 구조·설비기준)
① 법 제6조 제1항에 따른 노상주차장의 구조·설비기준은 다음 각 호와 같다.
3. 너비 6미터 미만의 도로에 설치하여서는 아니 된다. 다만, 보행자의 통행이나 연도(沿道)의 이용에 지장이 없는 경우로서 해당 지방자치단체의 조례로 따로 정하는 경우에는 그러하지 아니하다.

정답 91 ④ 92 ① 93 ③ 94 ④

4. 종단경사도가 4퍼센트를 초과하는 도로에 설치하여서는 아니 된다. 다만, 다음 각 목의 경우에는 그러하지 아니하다.
   가. 종단경사도가 6퍼센트 이하인 도로로서 보도와 차도가 구별되어 있고, 그 차도의 너비가 13미터 이상인 도로에 설치하는 경우
   나. 종단경사도가 6퍼센트 이하인 도로로서 해당 시장·군수 또는 구청장이 안전에 지장이 없다고 인정하는 도로에 제6조의2 제1항 제1호에 해당하는 노상주차장을 설치하는 경우
5. 고속도로, 자동차전용도로 또는 고가도로에 설치하여서는 아니 된다.
8. 노상주차장에는 다음 각 목의 구분에 따라 장애인 전용주차구획을 설치하여야 한다.
   가. 주차대수 규모가 20대 이상 50대 미만인 경우 : 한 면 이상
   나. 주차대수 규모가 50대 이상인 경우 : 주차대수의 2퍼센트부터 4퍼센트까지의 범위에서 장애인의 주차수요를 고려하여 해당 지방자치단체의 조례로 정하는 비율 이상

95 도시교통정비지역으로 지정된 행정구역을 관할하는 시장이나 군수는 몇 년 단위의 도시교통정비 기본계획을 수립하여야 하는가?

① 5년 ② 10년 ③ 20년 ④ 30년

해설

도시교통정비 촉진법 제5조(도시교통정비 기본계획의 수립) ① 제3조에 따라 도시교통정비지역으로 지정된 행정구역을 관할하는 시장(특별시장·광역시장·특별자치시장 및 특별자치도지사를 포함한다. 이하 같다)이나 군수는 대통령령으로 정하는 바에 따라 20년 단위의 도시교통정비 기본계획(이하 "기본계획"이라 한다)을 수립하여야 한다.

96 도시교통정비지역으로 지정·고시하는 기준은?

① 주차장면수 ② 자동차등록대수
③ 행정구역   ④ 인구

해설

도시교통정비촉진법 제3조(도시교통정비지역의 지정·고시) 1항에 의거 국토교통부장관은 도시교통의 원활한 소통과 교통편의의 증진을 위하여 다음 각 호의 지역을 도시교통정비지역으로 지정·고시할 수 있다.
   1. 인구 10만 명 이상의 도시(도농복합형태의 시는 읍·면지역을 제외한 지역의 인구가 10만 명 이상인 경우를 말한다)

97 도로교통법규상 신호등 등화의 배열순서로 옳은 것은? (단, 적색·황색·녹색화살표·녹색의 사색 등화로 표시되는 신호등의 경우다.)

① 좌로부터 녹색, 녹색화살표, 황색, 적색의 순서이다.
② 위로부터 적색, 황색, 녹색, 녹색화살표의 순서이다.
③ 위로부터 적색, 황색, 녹색화살표, 녹색의 순서이다.
④ 좌로부터 녹색화살표, 녹색, 황색, 적색의 순서이다.

해설

위로부터 적색, 황색, 녹색화살표, 녹색, 좌로부터 적색, 황색, 녹색화살표, 녹색의 순서이다.

98 도로교통법상 정차 및 주차 금지 장소 기준이 틀린 것은?

① 교차로의 가장자리나 도로의 모퉁이로부터 5m 이내인 곳
② 건널목의 가장자리로부터 10m 이내인 곳
③ 횡단보도로부터 10m 이내인 곳
④ 안전지대의 사방으로부터 20m 이내인 곳

해설

도로교통법 제32조(정차 및 주차의 금지) 조항에 의거 모든 차의 운전자는 다음 각 호의 어느 하나에 해당하는 곳에서는 차를 정차하거나 주차하여서는 아니 된다. 다만, 이 법이나 이 법에 따른 명령 또는 경찰공무원의 지시를 따르는 경우와 위험방지를 위하여 일시정지하는 경우에는 그러하지 아니하다. 〈개정 2018. 2. 9.〉
2. 교차로의 가장자리나 도로의 모퉁이로부터 5미터 이내인 곳
3. 안전지대가 설치된 도로에서는 그 안전지대의 사방으로부터 각각 10미터 이내인 곳
5. 건널목의 가장자리 또는 횡단보도로부터 10미터 이내인 곳

99 도로법상 도로관리청은 소관 도로에 대한 도로건설·관리계획을 몇 년마다 수립하여야 하는가?

① 5년 ② 10년 ③ 15년 ④ 20년

해설

도로법 제6조(도로건설·관리계획의 수립 등) 조항에 의거 도로관리청은 도로의 원활한 건설 및 도로의 유지·관리를 위하여 5년마다 제23조의 구분에 따른 소관 도로(제13조에 따른 고속국도 또는 일반국도의 지선을 포함한다. 이하 이 조에서 같다)에 대하여 도로건설·관리계획(이하 "건설·관리계획"이라 한다)을 수립하여야 한다. 다만, 제15조 제2항에 따른 국가지원지방도에 대해서는 국토교통부장관이 건설·관리계획을 수립한다.

100 시·도지사 또는 시장·군수·구청장이 도로 관리청인 도로 중 대도시권의 주요 간선도로로서 교통 혼

잡의 해소, 물류의 원활한 흐름을 위하여 개선사업의 시행이 필요한 구간의 도로를 무엇이라 하며, 이 구간 도로에 대하여 권역별 개선사업 계획을 수립하여야 하는 기간 기준이 모두 옳게 짝지어진 것은?

① 권역별 교통혼잡도로, 3년
② 대도시권 교통혼잡도로, 5년
③ 대도시권 교통혼잡도로, 3년
④ 권역별 교통혼잡도로, 5년

해설
도로법 제8조(대도시권 교통혼잡도로 개선)1항에 의거 국토교통부장관은 시·도지사 또는 시장·군수·구청장이 도로관리청인 도로 중 대도시권의 주요 간선도로로서 교통 혼잡의 해소, 물류의 원활한 흐름을 위하여 개선사업의 시행이 필요한 구간의 도로(이하 "대도시권 교통혼잡도로"라 한다)에 대하여 5년마다 권역별로 대도시권 교통혼잡도로 개선사업계획(이하 이 조에서 "사업계획"이라 한다)을 수립하여야 한다.

제6과목 교통안전

101 교차로에서 시거불량에 의한 교통사고의 방지 대책으로 옳지 않은 것은?

① 장애물 제거
② 차로 폭 확장
③ 예고표지의 설치
④ 일단정지표지 설치

해설
시거불량 시 개선사항으로 장애물 제거, 시선이 다른 곳에 가지 않도록 유도표지 설치, 잘 보이도록 밝게 가로조명 개선, 예고표지 설치 등이 있다. 차로폭을 확장하는 것으로는 시거불량 개선이 어렵다.

102 도시·군계획시설사업으로 시행하는 다음의 도로 건설 사업 중 개시 전 단계의 도로안전진단을 실시할 수 있는 대상사업이 아닌 것은?

① 총 길이 1 km 이상의 구도
② 총 길이 3 km 이상의 지방도
③ 총 길이 5 km 이상의 고속국도
④ 총 길이 5 km 이상의 국가지원지방도

해설
교통안전법 시행령 별표 2 교통시설안전진단을 받아야 하는 교통시설 등(제22조제1항 및 제2항 관련)
1) 「국토의 계획 및 이용에 관한 법률」 제2조제10호에 따른 도시·군계획시설사업으로 시행하는 다음과 같은 도로의 건설
   가) 일반국도·고속국도: 총 길이 5km 이상
   나) 특별시도·광역시도·지방도(국가지원지방도를 포함한다. 이하 같다): 총 길이 3km 이상
   다) 시도·군도·구도: 총 길이 1km 이상

103 차량방호 안전시설 중 하나인 방호울타리의 종별에 해당하지 않는 것은?

① 교량용
② 노측용
③ 터널용
④ 분리대용

해설
방호울타리의 종류로는 노측용, 분리대용, 보도용, 교량용 방호울타리가 있다.

104 교통사고 조사 목적 중에서 그 지향하는 바가 가장 단편적인 것은?

① 사고 감소
② 과실자의 판단
③ 사고원인 규명
④ 사고특성 규명

해설
공학적 교통사고 조사는 사고의 원인을 밝혀 안전도를 향상시키고자 하는 것이지 누구의 책임인지를 규명, 즉 과실판단을 하기 위해서 조사를 시행하는 것은 아니다.

105 어느 사고다발지점에 대한 개선안 A, B, C, D를 수립하여 각 대안의 비용(PVC)과 편익(PVB)을 조사한 결과가 아래와 같을 때 가장 경제성이 좋은 개선안은? (단, Incremental NPV 방법에 의한다.)

(단위: 백만원)

대안	A	B	C	D
비용(PVC)	40	50	60	70
편익(PVB)	50	62	72.1	82

① A ② B ③ C ④ D

해설
A : 50 − 40 = 10
B : 62 − 50 = 12
C : 72.1 − 60 = 12.1
D : 82 − 70 = 12
∴ C

정답 101 ② 102 ④ 103 ③ 104 ② 105 ③

106 교통사고 조사 시 교통사고 현장의 도로상에서 조사하는 사항이 아닌 것은?

① 노상 산란물
② 스키드마크(Skidmark)
③ 차량 및 인체의 최종 정지 위치
④ 직접 접촉 파손(Contact damage)

해설
접촉으로 인한 파손이 어디까지 영향을 미쳤는지는 현장의 도로상에서 조사하기 어렵다.

107 교차로에서의 사고방지를 위해 신호등을 설치하려고 할 때 그 타당성과 가장 거리가 먼 것은?

① 사고 경험
② 설치 용이성
③ 최소 차량 교통량
④ 최소 보행자 교통량

해설
신호기 설치시에는 차량 신호기 설치기준인 차량 교통량, 보행자 교통량, 통학로, 교통사고기록, 비보호 좌회전을 고려하여 설치 타당성을 검토한다.

108 도로를 주행하다 급정거한 차량의 스키드마크를 조사한 결과, 15 m가 나타난 다음 2 m를 지나서 다시 5 m가 나타났다. 이 차량의 제동 전 초기속도는? (단, 타이어-노면 마찰계수는 0.7이며, 평탄구간이다.)

① 57.63 km/h
② 58.63 km/h
③ 59.63 km/h
④ 60.63 km/h

해설
$V = \sqrt{254(f+i)l} = \sqrt{254(0.7+0) \times 20}$
$= 59.63 \text{km/h}$

109 교통사고가 다발하는 단로부(mid-block)에서 보행자 횡단에 의한 사고를 개선하기 위한 대책으로 가장 거리가 먼 것은?

① 차로폭의 재조정
② 입체횡단시설 설치
③ 횡단보도 예고표지 신설
④ 마찰계수가 높은 노면포장

해설
단로부에서 사고개선을 위해서는 입체횡단시설과 횡단보도 예고표지를 신설하여 주의운전을 유도하고, 노면포장의 마찰력을 높여 제동거리를 짧게 해주는 방법을 고려할 수 있다. 차로폭의 재조정으로 인해 차량의 속도에 영향을 줄 수는 있으나, 이러한 개선이 직접적으로 보행자 횡단에 의한 사고를 줄일 수 있을 것이라고 단정짓기는 어렵다.

110 3번 국도의 어느 10 km 구간에서 작년 한 해 동안의 교통사고 발생건수가 56건이었으며, 이 구간의 ADT는 8,000대이었다. 이 도로구간의 백만차량-km당 평균사고율은?

① 19.2건
② 0.6건
③ 1.92건
④ 700건

해설
사고율
$= \dfrac{\text{교통사고건수} \times 100,000,000}{\text{일평균교통량}(ADT) \times \text{조사기간일수} \times \text{도로구간길이(km)}}$
$= \dfrac{56 \times 100,000,000}{8,000 \times 365 \times 10} = 1.9178, \quad \therefore 1.92$

111 다음 중 자동차의 정지거리를 올바르게 표시한 것은?

① 공주거리 - 제동거리
② 공주거리 + 제동거리
③ (공주거리 - 제동거리) × 2
④ (공주거리 + 제동거리) × 2

해설
$\dfrac{V}{3.6} \cdot t + \dfrac{V^2}{254(f \pm g)}$ 에서 $\dfrac{V}{3.6} \cdot t$ 가 공주거리,
$\dfrac{V^2}{254(f \pm g)}$ 가 제동거리이다.

112 다음 중 자동차의 정지거리를 올바르게 표시한 것은?

① 추돌사고
② 보행 사고
③ 정면 충돌사고
④ 추월 접촉사고

해설
해당 기호는 후면 추돌사고를 표현한 기호이다.

정답 106 ④ 107 ② 108 ③ 109 ① 110 ③ 111 ② 112 ①

113 다음 중 도로교통을 구성하는 3요소가 아닌 것은?

① 도로 ② 사람
③ 자본 ④ 자동차

[해설]
교통의 3대 요소는 주체, 수단, 시설이다.

114 주거지역에서 차량의 높은 속도는 주거환경을 해치고 어린이 및 보행자 교통사고를 유발하는 위험 요소다. 이들 지역의 차량속도를 적정 수준으로 유지하기 위해 노면에 돌출부를 설치한 것을 무엇이라 하는가?

① 속도험프 ② 충격쿠션
③ 슬립베이스 ④ 브레이크 웨이

[해설]
속도범프는 노면에서 일정 높이로 돌출시켜 차량의 속도를 줄이게끔 하는 과속방지시설이다. 일반적으로 통행속도를 30km/h 이하로 제한할 필요가 있다고 인정되는 도로에 주로 설치한다.

115 교통사고 조사에서 최초접촉지점을 판정할 때에 필요한 사항으로 거리가 먼 것은?

① 스패터의 위치
② 패인 자국의 위치
③ 차체의 파손 위치
④ 스키드마크가 변형된 위치

[해설]
최초접촉지점(First Contact Point)을 판정할 때에 필요한 사항은 스키드마크가 변형된 위치, 패인 자국의 위치, 스패터(Spatter, 충격으로 발생되는 차체의 파편)의 위치이다. 차체의 파손위치는 관계없다.

116 관성에 의하여 속도 50 km/h로 주행하는 2톤의 차량이 0.5톤의 모래통을 충격한 후의 속도는?

① 30 km/h ② 35 km/h
③ 40 km/h ④ 45 km/h

[해설]
$m_1 V_1 + m_2 V_2 = (m_1 + m_2) V$

$$V = \frac{m_1 V_1 + m_2 V_2}{(m_1 + m_2)} = \frac{2{,}000 \times 50 \text{km/h}}{2{,}000 + 500}$$
$$= \frac{100{,}000}{2{,}500} \text{km/h} = 40 \text{km/h}$$

117 어느 차량이 급정지하면서 노면에 생긴 직선미끄럼 흔적의 길이가 각각 다음과 같을 때, 이 차량의 미끄럼거리로 사용되는 것은?

- 좌측전륜 : 25.0 m
- 우측전륜 : 24.0 m
- 좌측후륜 : 24.5 m
- 우측후륜 : 23.5 m

① 23.5 m ② 24.0 m
③ 24.25 m ④ 25.0 m

[해설]
직선 미끄럼의 경우에는 가장 긴 스키드마크의 길이를 미끄럼 거리로 본다.

118 도로교통사고의 일반적 특성에 대한 설명으로 옳지 않은 것은?

① 자주 발생하지 않는 희박한 사건(rare event)으로 볼 수 있다.
② 언제 발생할지 예측하기 어려운 시간적 임의성(time random event)을 지닌다.
③ 어디서 발생할지 예측하기 어려운 공간적 임의성(space random event)을 지닌다.
④ 주기적(cyclic)으로 발생하기 때문에 사고 유형별 발생 주기의 정확한 예측이 가능하다.

[해설]
주기적 발생과 임의 발생은 서로 상반되는 용어이다. 도로교통사고는 시간, 공간적 임의성을 갖는다.

119 인간이 운전할 때 필요한 감각정보의 약 80%를 차지하고 있는 감각은?

① 시각 ② 청각 ③ 촉각 ④ 후각

[해설]
운전자는 대부분의 차외정보를 시각에 의존하는데, 시각에 의한 정보 획득량은 전체 정보의 80%에 달한다.

정답 113 ③ 114 ① 115 ③ 116 ③ 117 ④ 118 ④ 119 ①

120 다음 중 차량 10,000대당 사망률을 바르게 표현한 것은? (단, R: 10,000대당 사망률, B: 연총사망자수, M: 차량등록대수)

① $R = \dfrac{M}{B \times 10,000}$
② $R = \dfrac{M \times 10,000}{B}$
③ $R = \dfrac{B}{M \times 10,000}$
④ $R = \dfrac{B \times 10,000}{M}$

해 설

10,000대당 사망률은 (1년간 총 사망자 수 × 10,000) / 차량 등록대수 로 표현된다.

2020년 기출문제

제1과목 교통계획

1 어느 주차장의 평균 주차 시간은 2시간일 때, 한 대의 차량이 도착하여 주차시간이 1시간을 초과할 확률은?

① 약 30% ② 약 40%
③ 약 50% ④ 약 60%

해설
$\lambda = \dfrac{1}{2}$, $1 - P_{(h<1)} = e^{-\tfrac{t}{2}} = 0.6065$, ∴ 약 60%

2 경제성 분석기법 중 편익-비용비에 의한 방법의 특징으로 틀린 것은?

① 이해하기 쉽다.
② 할인율을 알지 못하는 경우 유용하다.
③ 사업규모를 고려할 수 있다.
④ 순편익의 크기가 고려되지 못한다.

해설
B/C ratio(편익·비용비)

장점	
·이해가 쉬움	·비용·편익이 발생하는 시간 고려 가능
단점	
·편익과 비용을 명확하게 구분하기 힘든 경우 발생	
·대안이 상호 배타적일 경우 대안 선택의 오류 발생 가능	
·할인율을 반드시 알아야 함	

편익·비용비 방법에서 할인율이 바뀌면 결과값이 변하게 되어 사업타당성의 유무가 바뀔 수 있으므로 반드시 할인율을 알아야 한다.

3 다차로도로를 주행하는 차량의 평균통행속도에 영향을 미치는 요인으로 가장 거리가 먼 것은?

① 차로폭 ② 평면선형과 종단선형
③ 중앙분리대의 설치 여부 ④ 신호등 밀도

해설
다차로도로의 이상적인 조건을 결정하는 변수에는 종단선형, 평면선형, 차로폭, 신호등 밀도가 있다.

4 교통존(traffic analysis zone)에 관한 설명으로 틀린 것은?

① 교통존은 두 개 이상의 센트로이드를 가지고 유사한 토지이용이 포함되도록 결정되어야 한다.
② 센트로이드의 위치는 교통존 내부 링크의 접근비용이 유사성을 가질 수 있게 설정되어야 한다.
③ 교통존의 경계는 사회경제지표 등 통계자료 수집이 용이하도록 행정구역과 가급적 일치되도록 한다.
④ 간선도로가 가급적 교통존 경계와 일치하도록 한다.

해설
교통존은 단일 센트로이드를 갖도록 설정하여야 한다.

5 도시·군계획시설의 교통시설 중 도로의 규모별 구분에서 중로 2류의 폭원은?

① 15m 이상 20m 미만 ② 20m 이상 25m 미만
③ 25m 이상 30m 미만 ④ 30m 이상 35m 미만

해설
중로 2류는 폭 15미터 이상 20미터 미만인 도로를 말한다.

6 계층분석법의 3가지 원리에 해당하지 않는 것은?

① 논리적 일관성의 원리
② 계층적 구조 설정의 원리
③ 상대적 중요도 설정의 원리
④ 의사결정과정 민감도분석의 원리

해설
AHP와 민감도 분석은 전혀 다른 성질의 분석기법이다. 민감도 분석을 통해 의사결정을 한다면 AHP를 할 이유가 없고, AHP를 하게 되면 민감도 분석이 의미가 없다.

7 사용자 균형 모형에서의 기본 가정과 원리에 대한 내용으로 틀린 것은?

① 통행자는 모든 링크의 통행시간에 대한 완전한 정보를 가지고 있다.
② 통행자의 통행경로 선택행위는 그들의 통행시간 최소화를 목표로 한다.
③ 출발지와 목적지 사이의 통행량은 고정되어 있다.
④ 사용자 균형 상태에 도달하면 사회적인 총 비용이 최소화된다.

정답 01 ④ 02 ② 03 ③ 04 ① 05 ① 06 ④ 07 ④

해설
사회적 총비용이 최소화되는 모형은 체계최적(System Optimum) 모형이다. 개개인의 통행시간 최소화는 시스템 전체의 통행시간 최소화와 차이가 있을 수 있다.

8 아래와 같은 특징을 갖는 대중교통 요금구조는?

- 승객의 통행거리에 관계없이 고정된 요금이 부과된다.
- 단거리 승객들은 소요 비용보다 더 많은 요금을 지불하는 특성이 있다.

① 구역요금제 ② 균일요금제
③ 구간요금제 ④ 거리요금제

해설
① 구역요금제 : 통행거리를 일정구역으로 나누어 동일구역 내에서는 납부하는 요금이 같은 요금제이다.
② 균일요금제 : 통행거리의 길고 짧음과 관계없이 탑승과 동시에 동일한 요금을 지불한다. 단거리 승객에게 불리하다.
③ 구간요금제 : 통행거리를 일정구간으로 구분하여 동일구간 내에서는 납부하는 요금이 같은 요금제이다. 주로 철도같이 노선이 정해져 있는 노선 대중교통에서 적용한다.
④ 거리요금제 : 거리요금제에는 거리비례제, 거리체감제 등이 있다.

9 가구통행실태조사의 조사 항목으로 가장 거리가 먼 것은?

① 통행목적 ② 통행수단
③ 통행 기·종점 ④ 가구주차면수

해설
가구통행 실태조사는 통행실태를 파악하기 위한 조사로 주로 표본조사 형태로 이루어진다. 통행의 목적과 기종점, 통행의 수단 등을 주로 조사한다. 평일과 주말통행조사, 전화보완조사로 구분된다.

10 광역철도의 요건으로 옳지 않은 것은?

① 「대도시권 광역교통 관리에 관한 특별법」에서 정의하고 있다.
② 표정속도가 60km/h 이상인 철도를 말한다.
③ 둘 이상의 시·도에 걸쳐 운행되는 도시철도 또는 철도다.
④ 수도권은 전체 구간이 서울특별시청 또는 강남역을 중심으로 반지름 40km이내이어야 한다.

해설
광역철도는 표정속도가 50km/h 이상인 철도를 말하지만 도시철도를 연장하는 광역철도의 경우에는 40km/h 이상인 철도를 말한다.

11 단기교통계획에 비하여 장기교통계획의 특징으로 옳은 것은?

① 저자본비용 ② 시설 지향적
③ 다수의 대안 ④ 서비스 지향적

해설
장기교통계획은 고자본비용, 시설지향적, 소수의 대안의 특성을 갖는다.

12 직장인 A가 하루 동안 발생시킨 목적통행 수는?

직장인 A는 집을 출발해서 택시를 타고 지하철역까지 가서 지하철을 타고 직장 주변에서 내린 뒤 회사버스를 타고 직장에 도착하였다. 일과를 마친 후 한 직장 동료의 승용차를 타고 그와 함께 식사를 한 후 버스를 타고 귀가하였다.

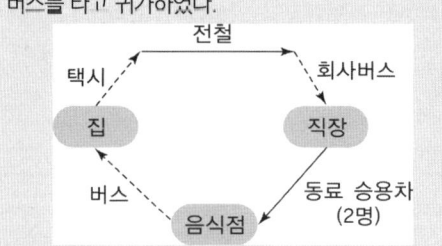

① 1 ② 3
③ 5 ④ 7

해설
집-직장이 한 목적통행, 직장-음식점이 한 목적통행, 음식점-집이 한 목적통행으로 총 3 목적통행을 발생시켰다.

13 교통비용과 교통량의 관계를 나타내는 수요곡선이 그림과 같을 때 기존 시설에 의한 교통비용은 C_1, 교통량은 Q_1이고 교통시설을 개선한 후의 교통비용은 C_2, 교통량이 Q_2이면 소비자 잉여의 증가분은?(단, 보기의 빗금 친 부분이 소비자 잉여의 증가분을 말한다.)

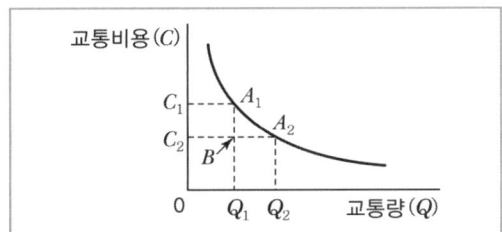

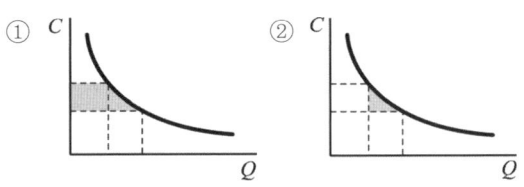

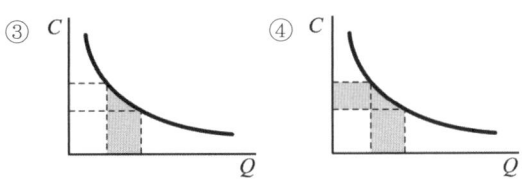

> **해 설**
> 기존 수요량과 나중 수요량의 합에 비용의 변화량을 곱하고 2로 나누어주면 사다리꼴의 면적으로 소비자 잉여를 구할 수 있다.

14 ITS(Intelligent Transportation System)의 목적 및 개발배경으로 가장 거리가 먼 것은?

① 도로이용의 효율성 제고
② 도로의 교통안전 도모
③ 저공해·무인운전차량 등 새로운 교통기술의 개발 및 보급
④ 통행 발생량과 도착량의 정확한 예측

> **해 설**
> ITS의 목적은 기존 교통의 효율성과 안전성 향상, 새로운 기술의 개발 및 보급에 있다. 발생량과 도착량의 정확한 예측을 위해 ITS를 개발하는 것은 아니다.

15 지하철 요금과 승객 수요 간의 수요탄력성이 −1.50이다. 지하철 요금이 1,200원으로 인상될 경우 승객 수요는 어떻게 변하는가?(단, 현재 지하철 요금은 1,000원, 승객 수요는 10만 명이다.)

① 8.5만 명으로 감소한다.
② 8만 명으로 감소한다.
③ 7만 명으로 감소한다.
④ 6.5만명으로 감소한다.

> **해 설**
> $$e = \frac{\frac{\partial V}{V_0}}{\frac{\partial P}{P_0}} = \frac{\Delta V}{\Delta P} \cdot \frac{P}{V}, \; e = \frac{\frac{-x}{100,000}}{\frac{200}{1,000}} = -1.5,$$
> $x = -1.5 \times 200,000 = -30,000$
> 기존 수요가 10만명이었고, 변화되는 수요가 −3만명이므로 최종 수요는 7만명이 된다.

16 도로사업의 효율적 추진과 시행착오를 예방하기 위한 단계가 아닌 것은?

① 기본설계
② 실시설계
③ 집행과 모니터링
④ 타당성 조사

> **해 설**
> 도로사업의 효율적 추진과 시행착오를 예방하기 위한 단계
> 타당성조사 − 기본설계 − 실시설계 − 집행과 모니터링

17 개별행태모형(Disaggregate Behavioral Model)에 관한 설명이 옳은 것은?

① 모형의 구조는 결정적 모형이다.
② 다른 지역 단위에 적용하기가 곤란하다.
③ 효용이론에 근거하여 구축되었다.
④ 존별 집계자료를 이용하여 교통수요를 추정한다.

> **해 설**
> 개별행태모형은 효용이론과 선택행태이론에 근거한 모형이다.

18 다른 대중교통수단에 비하여 일반적으로 다음과 같은 특성을 갖는 것은?

> • 전기 사용으로 공해 및 연료상의 문제가 용이
> • 건설형태 다양(지상, 지하, 고가)
> • 승객의 환승을 위한 보행량 감소
> • 차량의 중량이 가벼운 편임

① 지하철
② 지프니
③ 경전철
④ 버스

> **해 설**
> 경전철은 차량의 중량이 가볍고 승객 승·하차대가 낮아 승·하차가 편리하며 도로상 운행이 가능하며, 전기 사용으로 공해 및 연료상의 문제가 용이하고 건설형태가 다양하다는 특성이 있다.

19 교통계획을 위한 현황자료 조사에서 인구, 소득, 자동차 보유대수, 직업별 고용자수, 학생수 등 사회경제지표의 주요 용도로 가장 거리가 먼 것은?

① 교통투자사업의 재원확보 평가지표로 활용
② 통행조사에서 나타난 통행발생의 설명변수로 활용
③ 가구면접 조사 표본을 분석 지구 전체에 대해 전수화시키는 경우 총량지표로 활용
④ 토지이용계획안의 수립, 인구와 고용기회를 분포시키는 기초자료로 활용

해설
사회경제지표는 통행 발생의 설명변수, 전수화의 총량지표, 토지이용계획 등의 기초자료로 활용된다. 재원을 확보하기 위한 평가의 지표로 사용된다고 보기는 어렵다.

20 4단계 교통수요추정의 통행배분(Trip Assignment) 단계에서 사용되는 기법이 아닌 것은?

① 카테고리분석법
② 전량배분법
③ 용량제약법
④ 다경로배분법

해설
통행배분(Trip Assignment)단계에 사용되는 기법에 전량 통행배정, 용량제약 통행배정, 확률선택모형을 이용한 통행배정, 사용자균형 통행배정, 카테고리분석법 등이 있다.

제2과목 교통공학

21 반감응식(semi-actuated) 교통신호의 신호시간 설계 시 사용되는 요소로 가장 거리가 먼 것은?

① 주도로의 최대녹색시간
② 부도로의 초기녹색시간
③ 부도로의 최대녹색시간
④ 주도로의 황색신호시간

해설
반감응신호는 부도로의 초기녹색시간과 최대녹색시간에 의해 결정된다. 주도로의 황색신호시간은 부도로의 녹색시간의 종료와 연동되므로 반감응식 신호시간 설계와 가장 거리가 먼 것은 주도로의 최대녹색시간이 된다.

22 도로시설과 각 시설별 효과척도의 연결이 틀린 것은?

① 2차로도로 - 총지체율
② 신호교차로 - 평균제어지체
③ 다차로도로 - 평균통행속도
④ 고속도로 엇갈림 구간 - 주행속도

해설
효과척도(MOE ; Measure of Effectiveness)

도로의 종류		효과척도
고속도로	기본구간	밀도(pc/km/차로), 교통량/용량(V/C)
	엇갈림구간	평균밀도(대/km)
	연결부	영향권의 밀도(대/km)

23 이동차량조사법(Moving Vehicle Method)에서 각 도로 구간별로 조사하여야 하는 자료가 아닌 것은?

① test car를 추월하는 차량의 수(같은 방향)
② 다른 방향의 차량으로, test car와 만나는 차량의 수
③ test car가 추월하는 차량의 수(같은 방향)
④ test car와 같은 속도를 유지하며 뒤따르는 차(같은 방향)

해설
관측에 필요한 자료는 아래와 같다.
(1) Travel Time(Stop Watch 등을 사용하여 기록)
(2) Opposing Traffic(반대방향에서 오는 차마의 수)
(3) Overtaking Traffic(같은 방향으로 시험차마를 앞지르기 한 대수)
(4) Passed Traffic(같은 방향으로 시험차마가 앞지르기 한 대수)
⇒ 이상의 자료를 활용하여 평균주행시간과 시간당 통과교통량을 산출한다. 뒤따르는 차량은 필요자료가 아니다.

24 차량의 마찰계수에 영향을 주는 요소로 가장 거리가 먼 것은?

① 대기 온도
② 도로면 재질
③ 타이어 접지 면적
④ 운전자 반응시간

해설
대기의 온도와 도로면의 재질, 타이어의 접지면적에 따라 마찰계수가 변화한다. 그 외에도 타이어 상태의 마모여부, 노면의 건조·습윤 여부 등도 마찰계수 변화요인이 된다. 운전자의 반응시간과 차량의 마찰계수는 직접적 관계가 없다.

25 운전자가 실제로 느끼는 속도이며 속도규제 및 단속, 신호기 설치위치 선정, 신호시간 계산, 사고분석 등에 이용되는 속도는?

① 주행속도
② 자유속도
③ 설계속도
④ 지점속도

정답 19 ① 20 ① 21 ① 22 ④ 23 ④ 24 ④ 25 ④

해 설
지점속도의 정의를 묻는 문제이다.

26 단일 서비스 기관의 대기행렬모형(M/M/1)에서 평균도착률이 λ, 평균서비스율이 μ일 때 시스템 내에 차량이 한 대도 없을 확률은?

① $\mu - \lambda$
② $1 - \dfrac{\lambda}{\mu}$
③ $\dfrac{\lambda}{(\mu - \lambda)}$
④ $\dfrac{1}{(\mu - \lambda)}$

해 설
시스템 내에 차량이 한 대도 없을 확률 : $P(0) = (1-\rho)$
교통강도 : $\rho = \dfrac{\lambda}{\mu}$

27 교통량 조사방법 중 조사대상 지역을 가로지르는 가상적인 선과 모든 도로와 교차하는 지점에서 조사하는 방법은?

① 주행차량조사
② 스크린라인 조사
③ 차량종류별 조사
④ 방향별 교통량 조사

해 설
스크린라인 조사는 조사대상 지역을 가로지르는 가상적인 선과 모든 도로와 교차하는 지점에서 조사하는 방법을 말한다.

28 교통류의 충격파에 대한 설명으로 틀린 것은?

① 유체역학적 원리에서 나온 개념이다.
② 저속차량에 의해 충격파가 발생할 수 있다.
③ 충격파는 상류, 하류측으로 이동하거나 정지할 수 있다.
④ 두 교통류 간에 발생하는 충격파의 속도는 교통류율 차이와 점유율 차이의 비율이다.

해 설
두 교통류 간에서 발생하는 충격파의 속도는 교통류율 차이를 밀도의 차이로 나눈 값이다.

29 다음 그림은 신호교차로에서 대기행렬모형을 나타낸 것이다. 대기행렬의 최대 길이를 나타낸 식으로 옳은 것은?

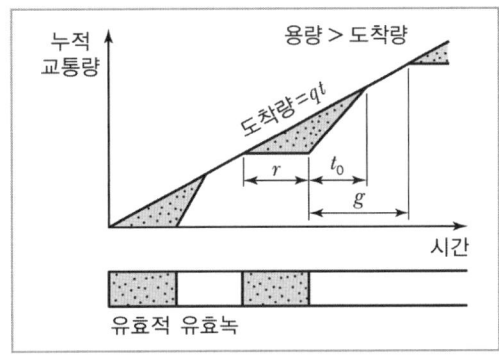

① $Q_m = \dfrac{qr}{2}(r+t_0)$
② $Q_m = q(r+t_0)$
③ $Q_m = rt_0$
④ $Q_m = qr$

해 설
대기행렬의 최대길이는 유효적색시간이 시작된 후부터 유효녹색시간이 시작될 때 까지의 대기차량의 총 합이 된다. 따라서, r시간 동안 도착량이 되므로 도착량 식의 시간에 r값을 대입하면 최대길이를 산출할 수 있다.

30 제동거리에 대한 설명으로 틀린 것은?

① 비가 오는 날은 길어진다.
② 노면의 상태, 타이어의 상태와 관계가 있다.
③ 노면의 스키드마크를 측정하여 구할 수도 있다.
④ 반응속도가 빠른 사람은 제동거리를 줄일 수 있다.

해 설
정지거리는 공주거리와 제동거리로 구성된다. 반응속도는 공주거리에 영향을 미치는 변수이므로 반응속도의 빠르고 느림은 제동거리의 증감과 관계가 없다.

31 다음 중 감응식 신호에 대한 설명이 옳지 않은 것은?

① 정주기식 신호보다 주변 교차로와의 연동이 용이하다.
② 경우에 따라 도착 교통이 없는 현시는 생략될 수도 있다.
③ 완전감응식과 반감응식이 있다.
④ 일반적으로 교통량의 변동이 심한 독립교차로에서 사용하면 차량의 지체를 줄여주는 효과가 있다.

해 설
정주기식 신호는 신호시간의 변화가 없으므로 감응식 신호보다 연동에 용이하다.

정답 26 ② 27 ② 28 ④ 29 ④ 30 ④ 31 ①

32 연속교통류 시설의 이상적 조건 기준이 옳지 않은 것은?

① 3.5m 이상의 차로폭
② 1.0m 이상의 측방여유폭
③ 다차로도로의 경우 평지구간
④ 2차로의 경우 추월가능구간이 100%

해설
연속교통류 시설의 측방여유폭은 1.5m 이상을 이상적 조건 기준으로 본다.

33 다음 중 도시부 간선도로(신호교차로 구성)의 시공도(Time-Space Diagram)로부터 일반적으로 확인할 수 없는 사항은?

① 차량진행대폭(Bandwidth)
② 차량통행시간(Travel Time)
③ 옵셋(Offset)
④ 개별 차량의 자유속도(Free-Flow Speed)

해설
시공도에는 차량의 주행속도가 표시되지만, 그 자체만으로 자유속도를 판단할 수는 없다.

34 어느 신호교차로에서 보행자 횡단시간이 14초이고 차량의 황색신호가 4초일 때 보행자 횡단방향과 같은 방향의 차량의 최소 녹색시간은 얼마인가?(단, 보행자 신호등이 있는 경우이며 횡단보행자가 주기당 10명 이상이라고 가정한다.)

① 16초 ② 17초
③ 18초 ④ 19초

해설
보행자 횡단방향과 같은 방향의 차량의 최소 녹색시간 = 최소 보행자 신호시간(G_P)
최소 보행자 신호시간 = 최소초기녹색시간 + 점멸녹색시간
· 최소 초기녹색시간 : 보행자군이 횡단보도로 모두 내려올 때까지의 시간으로, 횡단보행자의 수가 10명 미만이면 4초, 그 이상이면 7초를 사용한다. 횡단보행자가 주기당 10명 이상이므로 최소초기녹색시간은 7초
· 점멸녹색시간 : 보행자횡단시간 − 차량용 황색시간
 점멸녹색시간은 14초 − 4초 = 10초
∴ 10 + 7 = 17초

35 30m의 도로구간을 2대의 차량이 통행한 시간이 각각 1초, 2초일 때 공간평균속도는?

① 144km/h ② 81km/h
③ 72km/h   ④ 36km/h

해설
각각 30m/s, 15m/s 이므로 공간평균속도는
$$sms = \frac{2}{\frac{1}{30}+\frac{1}{15}} = 20m/s$$
km/h로 환산하면 20 × 3.6 = 72km/h

36 고속도로 기본구간의 서비스 교통량 산정 시 고려하는 요소가 아닌 것은?

① 차로폭   ② 중차량
③ 측방여유폭   ④ 주변 가로의 개발상태

해설
서비스 교통량은 해당 서비스 수준이 유지될 수 있는 수준에서 해당 도로를 통과할 수 있는 첨두시간 환산 교통량으로, 이상적인 조건의 최대 서비스 교통량에서 차로폭 및 측방여유폭과 중차량 비율을 고려하여 산정한다. 일반적으로 1시간 단위로 표현된다.

37 어떤 교통류의 도착교통량을 15초 단위로 조사한 결과, 평균 1.87대, 분산 1.90이었다. 이 교통류의 차량 도착은 어떤 확률 분포를 갖는다고 볼 수 있는가?

① 포아송(Poisson) 분포
② 이항(Binomial) 분포
③ 음이항(Negative Binomial) 분포
④ 다항(Multinomial)분포

해설
포아송분포는 발생횟수의 분산과 평균의 비가 1에 가까운 경우에 적용한다.

38 계획 중인 어떤 고속도로의 설계지정항목 중 계획연도 $AADT = 60,000$대이다. 이 교통량을 계획서비스 수준($V/C = 0.7$)으로 처리하기 위해서는 몇 차로 도로가 되어야 하는가?(단, $K = 0.15$, $D = 0.6$, 차로당 용량(C) = 2,200vph)

① 왕복 4차로   ② 왕복 6차로
③ 왕복 8차로   ④ 왕복 10차로

정답 32 ② 33 ④ 34 ② 35 ③ 36 ④ 37 ① 38 ②

해 설

$0.7 = \dfrac{1,540}{2,200} = \dfrac{V}{C}$

$PDDHV = AADT \times K \times D = 60,000 \times 0.15 \times 0.6 = 5,400$

$5,400 : 1,540 = x : 2,200, \ x = 7,714$,

차로당 2,200대이므로 $\dfrac{7,714}{2,200} = 3.51$

∴ 편도 4차로, 왕복 8차로

39 어느 도로 구간의 교통량이 시간당 3,000대, 평균 속도가 60km/h 일 때 밀도는?

① 30 대/km ② 40 대/km
③ 50 대/km ④ 60 대/km

해 설

$Q = u \cdot k, \ k = \dfrac{Q}{u} = \dfrac{3,000\,대/시}{60\,km/시} = 50\,대/km$

40 서비스수준별 교통류의 상태에 대한 설명이 틀린 것은?

① A : 사용자 개개인들은 교통류 내의 다른 사용자의 출현에 실질적으로 영향을 받지 않는다.
② C : 교통류 내의 다른 차량과의 상호작용으로 인하여 통행에 상당한 영향을 받기 시작한다.
③ E : 교통량이 조금 증가하거나 작은 혼란이 발생하여도 와해 상태가 발생한다.
④ FFF : 과도한 교통수요로 혼잡이 심각한 상태이며 차량이 대상구간의 전방 신호교차로를 통과하는 데 평균적으로 2주기 정도의 시간이 필요하다.

해 설

서비스수준 FFF는 극도로 혼잡한 상황으로, 차량이 대상구간의 전방 신호교차로를 통과하는데 3주기 이상 소요되는 상태이다. 평상시에는 거의 발생하지 않으며, 상습정체지역이나 악천후 시 관측될 수 있는 혼잡상황이다. 과도한 교통수요로 혼잡이 심각한 상태이며 차량이 대상구간의 전방 신호교차로를 통과하는데 평균적으로 2주기 이상 3주기 이내의 시간이 소요되는 서비스수준은 FF이다.

제3과목 교통시설

41 평면곡선부가 원곡선만으로 구성된 경우 (직선-원곡선-직선)에 관한 아래 설명에서 ( )안에 들어갈 내용으로 옳은 것은?

완화곡선이 설치되지 않으므로 부득이 편경사의 변화는 직선구간에서부터 시작하게 되며, 편경사 변화 구간길이 중 ( )은 원곡선구간에 두어 최대 편경사가 원곡선 시종점부를 지나 설치되도록 한다.

① $\dfrac{1}{3}$ ② $\dfrac{2}{3}$ ③ $\dfrac{2}{5}$ ④ $\dfrac{1}{2}$

해 설

원곡선만으로 평면곡선부를 구성하는 경우는 원곡선이 상당히 커서 완화곡선을 설치할 필요가 없거나 설계속도 60km/h 미만인 낮은 설계속도의 도로일 경우이다. 이 경우 완화곡선이 설치되지 않으므로 부득이 편경사의 변화는 직선구간에서부터 시작하게 되며, 편경사 변화구간길이(L)중 1/3은 원곡선구간에 두어 최대 편경사가 원곡선 시종점부를 지나 설치되도록 한다.

42 다음과 같은 [조건]인 도로의 설계속도는?

[조건]
• 편경사 (e) : 0.02 • 마찰계수 (f) : 0.4
• 도로구간 회전반경 (R) : 70m

① 약 51km/h ② 약 61km/h
③ 약 71km/h ④ 약 81km/h

해 설

$r = \dfrac{V^2}{127(i+f)}, \ V = \sqrt{127(0.02+0.4) \cdot 70}$,

$V = 61.1048$, ∴ 약 $61km/h$

43 설계속도가 얼마 이상인 도로의 평면곡선부에는 완화곡선을 설치하여야 하는가?

① 30km/h ② 40km/h
③ 50km/h ④ 60km/h

해 설

도로의 구조·시설 기준에 관한 규칙 제23조(완화곡선 및 완화구간) 조항에 의거 설계속도가 시속 60킬로미터 이상인 도로의 평면곡선부에는 완화곡선을 설치하여야 한다.

44 평탄한 도로에서 80km/h로 주행하는 어느 차량의 최소정지시거는? (단, 마찰계수는 0.4, 종단경사는 3%, 인지반응시간은 2초이다.)

① 약 94m ② 약 104m
③ 약 114m ④ 약 124m

정답 39 ③   40 ④   41 ①   42 ②   43 ④   44 ②

해설

$$mssd = \frac{2.0 \cdot 80}{3.6} + \frac{80^2}{254(0.4+0.03)} = 44.44 + 58.60$$
$$= 103.04m$$

45 차도의 진행방향에 대하여 설계기준 자동차 길이의 반 정도만 여유가 있으면 주차할 수 있고, 주차를 하는 자동차가 동시에 움직일 경우에는 각 자동차 간격을 줄일 수 있는 이점이 있는 주차방식은?

① 평행 주차방식
② 30° 주차방식
③ 60° 주차방식
④ 90° 주차방식

해설
평행주차방식은 차량의 방향이 차도와 선형으로 평행하고 인접한 교통의 흐름과 동일한 방향(평행)이 되도록 주차하는 방식을 말한다. 종열주차라고도 한다. 주차장의 길이가 길어지는 단점이 있다.

46 방호울타리가 갖추어야하는 조건으로 옳지 않은 것은?

① 차량을 감속시킬 수 있어야 한다.
② 차량이 튕겨 나가지 않아야 한다.
③ 보행자의 횡단을 허용할 수 있어야 한다.
④ 차량의 파손을 최소한으로 줄이도록 한다.

해설
방호울타리는 주행 중 정상적인 주행경로를 벗어난 차량이 길 밖, 대향차로 또는 보도 등으로 이탈하는 것을 방지하는 동시에 탑승자의 상해 및 차량의 파손을 최소한도로 줄이고 차량을 정상 진행 방향으로 복귀시키는 것을 주목적으로 하며, 부수적으로는 운전자의 시선을 유도하고 보행자의 무단횡단을 억제하는 등의 기능을 갖는 시설이다.

47 설계속도가 시속 80킬로미터 이하인 도시지역도로에 주정차대를 설치하는 경우 그 폭은 최소 얼마 이상이 되도록 하여야 하는가? (단, 소형자동차를 대상으로 하는 경우는 고려하지 않는다.)

① 2.5m
② 3.0m
③ 3.5m
④ 3.75m

해설
도로의 구조·시설 기준에 관한 규칙 제14조(주정차대) 조항에 의거 설계속도가 시속 80킬로미터 이하인 도시지역도로에 주정차대를 설치하는 경우에는 그 폭이 2.5미터 이상이 되도록 해야 한다.

48 다른 도로와의 연결에 의한 변속차로 설치에 대한 설명으로 옳지 않은 것은?

① 변속차로는 2.5m 이상의 폭으로 설치한다.
② 차량의 진입과 진출을 원활하게 유도할 수 있도록 노면표시를 하여야 한다.
③ 성토 또는 절토부의 비탈면 경사는 접속되는 도로와 동일하거나 완만하게 설치한다.
④ 테이퍼와 사업부지에 접하는 변속차로의 접속부는 최소 곡선반경 15m 이상의 곡선반경으로 설치한다.

해설
변속차로는 3.25m 이상의 폭으로 설치한다.

49 포장의 종류에 따른 차로의 횡단경사 기준이 옳은 것은? (단, 편경사가 설치되는 구간은 고려하지 않는다.)

① 비포장 : 4.0% 이상 6.0% 이하
② 간이포장 : 3.0% 이상 5.0% 이하
③ 시멘트콘크리트포장 : 1.5% 이상 2.0% 이하
④ 아스팔트콘크리트포장 : 2.0% 이상 3.0% 이하

해설
차도의 횡단경사 기준은 다음과 같다.

노면의 종류	횡단경사(%)
아스팔트 및 시멘트 포장도로	1.5 이상 2.0 이하
간이포장도로	2.0 이상 4.0 이하
비포장도로	3.0 이상 6.0 이하

50 설계용량과 설계시간 교통량과의 관계에 대한 설명으로 옳은 것은?

① 설계용량은 설계시간 교통량과 관계없다.
② 설계용량은 설계시간 교통량과 항상 같다.
③ 설계용량은 통상 설계시간 교통량보다 작다.
④ 설계용량은 통상 설계시간 교통량보다 크다.

해설
설계용량은 설계시간교통량을 포함할 수 있어야 용량의 의미가 있음

정답 45 ① 46 ③ 47 ① 48 ① 49 ③ 50 ④

51 시설한계 기준이 옳지 않은 것은?

① 자전거도로의 시설한계 높이는 3m까지 축소 가능하다.
② 소형차도로의 경우 시설한계 높이를 3m까지 축소 가능하다.
③ 대형자동차의 교통량이 현저히 적고, 그 도로의 부근에 대형자동차가 우회할 수 있는 도로가 있는 경우 3m까지 축소 가능하다.
④ 집산도로의 경우 시설한계 높이를 4.2m까지 축소 가능하다.

해설
자전거도로의 시설한계 높이는 2.5m 까지 축소 가능하다.

52 감속차로의 형식 중 직접식인 경우 변이구간을 제외한 규정된 길이에 관한 설명으로 옳은 것은?

① 변이구간을 포함하여 분류단 노즈까지의 길이
② 변이구간을 포함하여 분류단 노면표시로 표시된 곳까지의 길이
③ 변이구간 중 한 차로폭이 확보된 부분부터 분류단 노즈까지의 길이
④ 변이구간 중 한 차로폭이 확보된 부분부터 분류단 노면표시로 표시된 곳까지의 길이

해설
감속차로의 형식 중 직접식인 경우 변이구간을 제외한 규정된 표준길이는 테이퍼 부분 중 한 차로폭이 확보된 부분부터 분류단 노즈까지의 길이를 말한다.

53 예각교차로의 형상과 개선 원칙에 대한 설명으로 옳지 않은 것은?

① 시거가 불량하여 사고 위험이 높아진다.
② 교차로의 개선은 통상 주도로의 선형을 조정한다.
③ 정지선 간의 거리가 길고 교차로 면적이 넓어지기 쉽다.
④ 자동차가 교차로 내부를 고속으로 통과하려는 현상이 발생된다.

해설
예각교차로 개선 시에는 부도로를 대상으로 부도로의 선형을 조정한다.

54 도로의 기능을 크게 이동, 접근, 공간기능으로 분류할 때, 접근기능이 갖는 가장 큰 부수적 효과는?

① 방재도로
② 화재 확산방지
③ 토지이용활성화
④ 채광, 통풍을 위한 공간 확보

해설
접근기능은 목적지 부근부터 최종 목적지까지 연결되는 기능으로 부수적 효과로 토지이용활성화가 있다.

55 다음 [조건]과 같은 보도의 최소 보도폭은?

[조건]
- 시간당 보행자수 : 800인
- 보행자 속도 : 1.2m/sec
- 보행자 밀도 : 0.1인/㎡

① 1.25m ② 1.50m
③ 1.85m ④ 2.00m

해설
보행량 = 보행속도 × 보행밀도
= 1.2m/초 × 0.1인/㎡ = 0.12인/초·m

초당 보행자 수 = $\frac{800}{3,600}$ = 0.22인/초

보도폭 = $\frac{보행자 수}{보행량}$ = $\frac{0.22인/초}{0.12인/초·m}$ = 1.833m

∴ 약 1.85m

56 회전교차로 설치를 위한 여건을 고려할 때 설치가 부적절한 조건인 경우는?

① 회전차량 사고가 빈발한 경우
② 오전, 오후 첨두현상이 심한 경우
③ 주도로에 편중된 좌회전 교통량이 있는 경우
④ 총 진입 교통량이 하루 4만대를 초과하는 경우

해설
총 진입 교통량이 하루 4만대를 초과하거나, 시야 확보가 어려운 경우, 긴급자동차의 우선통과가 보장되어야 할 경우 등에는 회전교차로 설치가 부적절한 조건이라고 판단한다.

정답 51 ① 52 ③ 53 ② 54 ③ 55 ③ 56 ④

57 고속도로 비상주차대의 최소 설치 간격으로 옳은 것은?

① 250m ② 300m
③ 500m ④ 750m

해설
고속도로와 일반도로 공히 비상주차대는 750m를 그 설치간격으로 한다.

58 아래와 같은 교통조건을 고려하여 도로를 건설하고자 할 때 필요한 일방향 차로수는?

- 설계시간교통량 : 2,100대/시
- 설계서비스교통량 : 700대/시
- 교통용량 : 2,200대/시/차로/일방향

① 1차로 ② 2차로
③ 3차로 ④ 4차로

해설
$$N = \frac{\text{수요 교통량}}{\text{서비스 교통량}} = \frac{PDDHV}{SF_i} = \frac{2,100}{700} = 3$$

59 중앙분리대의 형식이나 구조를 선택할 때 고려사항이 아닌 것은?

① 경제성 ② 신호등
③ 설계속도 ④ 도로의 구분

해설
중앙분리대의 형식이나 구조를 선택할 때에는 설치 구간의 길이에 따른 경제성을 고려하여야 하며, 설계속도와 도로의 구분에 따라 강성, 연성 등 종류가 달라지고, 목적 또한 달라지므로 신중히 고려하여야 한다. 신호등의 설치유무 등은 중앙분리대의 형식이나 구조를 선택할 때 고려하여야 할 사항이라고 보기 어렵다.

60 다음 중 완화구간에 대한 설명으로 가장 옳은 것은?

① 편경사의 변화 또는 확폭량을 설치하기 위하여 취하게 되는 변이구간
② 학교 앞 등 보행자 교통이 많은 지역에서 주행속도를 조절하는 감속구간
③ 엇갈림 구간에서 차량이 안전하게 교통류에 합류할 수 있도록 하기 위한 구간
④ 고속도로의 오르막구간에서 화물차가 저속으로 이용 가능하도록 한 설계구간

해설
완화구간이란 도로구간에서 직선부와 곡선부를 원활하게 연결시켜 주기 위한 곡선구간으로 편경사의 변화 또는 확폭량을 설치하기 위하여 취하게 되는 변이구간을 말한다.

제4과목 도시계획개론

61 도시·군계획시설로서 도로의 배치간격 기준이 틀린 것은?

① 주간선도로와 주간선도로 : 700m 내외
② 주간선도로와 보조간선도로 : 500m 내외
③ 보조간선도로와 집산도로 : 250m 내외
④ 국지도로 간 : 가구의 짧은 변 사이의 배치간격은 90m 내지 150m 내외, 가구의 긴 변 사이의 배치간격은 25m 내지 60m 내외

해설
주간선도로와 주간선도로는 1천미터의 배치간격을 기준으로 한다.

62 격자형 도로망에 대한 설명으로 옳은 것은?

① 교통의 흐름이 도심 집중형이다.
② 지형이 평탄한 도시에 적합하다.
③ 도심의 기념비적인 건물을 중심으로 주변과 연결된다.
④ 횡적인 연결은 환상선으로, 도심과 교외는 방사선으로 연결된다.

해설
격자형 도로망은 평탄한 도시에 적합하고 획일적인 디자인으로 다양성이 결여되는 단점이 있으며 고대, 그리스 식민도시, 중세 봉건도시 등에서 흔히 볼 수 있다. 교통의 도심집중, 중심지를 기점으로 한 도시개발, 환상선으로 구성되는 연결 등은 방사환상형에 대한 설명이다.

63 광장의 종류별 구조 및 설치 기준에 대한 설명이 틀린 것은?

① 역전광장은 혼잡한 주요도로의 교차지점에서 각종 차량과 보행자를 원활히 소통시키기 위하여 필요한 곳에 설치한다.
② 중심 광장은 다수인의 집회·행사·사교 등을 위

하여 필요한 경우에 설치한다.
③ 근린광장은 주민의 사교·오락·휴식 등을 위하여 필요한 경우에 생활권별로 설치한다.
④ 경관광장은 주민이 쉽게 접근할 수 있도록 하기 위하여 도로와 연결시킨다.

> **해 설**
> 역전광장은 역전에서의 교통혼잡을 방지하고 이용자의 편의를 도모하기 위하여 철도역 앞에 설치한다. 혼잡한 주요도로의 교차지점에서 각종 차량과 보행자를 원활히 소통시키기 위하여 필요한 곳에 설치하는 광장은 교차점광장이다.

64 샤핀(F. S. Chapin)이 주장한 토지 이용 결정요인 분류에 해당하지 않는 것은?

① 정치적 요인 ② 사회적 요인
③ 경제적 요인 ④ 공공의 이익

> **해 설**
> 샤핀은 토지이용 결정요인을 경제, 사회, 공공부분으로 구분하였고, 이 중에서 특히 공공부분의 중요성을 강조하였다. 입지수요, 공간수요 및 입지 적합도, 공간용량에 의해 결정된다는 주장이다.

65 다음 중 아디케스(Adickes)법에 의하여 세계 최초로 환지방식에 의한 도시개발사업을 실시한 나라는?

① 프랑스 ② 독일 ③ 오스트리아 ④ 스위스

> **해 설**
> 아디케스법은 1902년 독일에서 시행된 법이다.

66 시장·군수가 정비예정구역 또는 정비구역 해제를 요청하여야 하는 기준이 틀린 것은?

① 조합이 조합설립인가를 받은 날부터 3년이 되는 날까지 사업시행계획인가를 신청하지 아니하는 경우
② 토지등소유자가 정비구역으로 지정·고시된 날부터 2년이 되는 날까지 조합설립추진위원회의 승인을 신청하지 아니하는 경우
③ 정비예정구역에 대하여 기본계획에서 정한 정비구역 지정 예정일부터 3년이 되는 날까지 시장·군수가 정비구역을 지정하지 아니하는 경우
④ 토지등소유자가 시행하는 경우로서 토지등소유자가 정비구역으로 지정·고시된 날부터 3년이 되는 날까지 사업시행인가를 신청하지 아니하는 경우

> **해 설**
> 토지등소유자가 시행하는 재개발사업으로서 토지등소유자가 정비구역으로 지정·고시된 날부터 5년이 되는 날까지 사업시행계획인가를 신청하지 아니하는 경우 정비구역의 지정권자는 정비구역등을 해제하여야 한다.

67 특별시장, 광역시장, 시장 또는 군수는 관할 구역의 도시 도시·군기본계획에 대하여 몇 년마다 그 타당성 여부를 전반적으로 재검토하여 정비하여야 하는가?

① 3년 ② 5년
③ 7년 ④ 10년

> **해 설**
> 국토의 계획 및 이용에 관한 법률 제23조(도시·군기본계획의 정비) ① 특별시장·광역시장·특별자치시장·특별자치도지사·시장 또는 군수는 5년마다 관할구역의 도시·군기본계획에 대하여 그 타당성 여부를 전반적으로 재검토하여 정비하여야 한다.

68 호이트(H. Hyot)의 선형지대이론에 나타나지 않는 것은?

① 중심업무지구 ② 주변업무지구
③ 고급주택지구 ④ 점이지구

> **해 설**
> 호이트(H. Hyot)의 선형지대이론은 중심업무지구, 도매·경공업지구, 저급주택지구, 중산층주택지구, 고급주택지구, 점이지대로 구성된다.

69 도시의 인구가 처음에는 완만하게 증가하다가 일정 시점 이후에 급격하게 증가하다가 다시 완만하게 증가할 것으로 예상되는 지역의 인구예측에 적합한 모형은?

① 지수성장모형(Exponential Growth Model)
② 곰페르츠모형(Gompertz Model)
③ 집단생존모델(Cohort - survival Model)
④ 선형모델(Linear Model)

> **해 설**
> 곰페르츠 모형은 특정 제품이 시장 내에서 얼마나 팔릴 수 있는지를 측정하는 수요예측기법의 하나로 수요의 급성장시점과 쇠퇴시점을 예측할 수 있다는 장점을 가진다.

정답 64 ① 65 ② 66 ④ 67 ② 68 ② 69 ②

70 다음 중 학자별로 제안한 계획 도시의 내용이 잘못 연결된 것은?

① R. Taylor : 위성도시
② Tony Garnier : 상업도시
③ E. Howard : 전원도시
④ S. Y. Mata : 대상도시(linear city)

해설
토니 가니어(Tony Garnier)는 공업도시를 제안하였다.

71 전국의 고용인구 중 서비스업에 종사하는 인구가 20%, A 지역에서 서비스업에 종사하는 인구가 지역인구의 10%라면 A지역 서비스업의 입지상계수(Location Quatient)는?

① 0.3
② 0.4
③ 0.5
④ 0.6

해설
$$LQ = \frac{E_i^r/E^r}{E_i^n/E^n} = \frac{r지역의\ i산업\ 고용수/r지역전체\ 고용수}{전국의\ i산업고용수/전국의\ 고용수}$$
$$= \frac{10\%}{20\%} = 0.5$$

72 Perry가 주장한 근린주구(Neighborhood unit)에 대한 설명으로 틀린 것은?

① 근린주구의 반경은 약 400m 정도로 계획한다.
② 4면의 간선도로에 의해 구획된다.
③ 중앙에는 중심 공원과 교차 도로를 배치한다.
④ 주민에게 적절한 서비스를 제공하는 상업지구가 주거지 또는 교통의 결절점 부근에 설치되어야 한다.

해설
근린주구는 통과교통이 내부를 관통하지 않고, 네 면 모두가 간선도로에 의해 구획된다.

73 도시·군계획시설로 분류하고 있는 도시공원의 유형에 해당하지 않는 것은?

① 운동공원
② 묘지공원
③ 도시농업공원
④ 어린이공원

해설
생활권공원은 소공원, 어린이공원, 근린공원으로 구분하고, 주제공원은 역사공원, 문화공원, 수변공원, 묘지공원, 체육공원, 도시농업공원 기타 대도시의 조례로 정하는 공원으로 구분한다. 운동공원이라는 용어는 없다.

74 공업지역의 입지조건으로 옳은 것은?

① 경사도가 10% 이상인 지역
② 생산요소에 있어 충분한 용수, 전력 등의 공급이 가능한 지역
③ 도시 내 간선교통시설과 연계되지 않는 지역
④ 장래 시가화구역의 확장에 지장을 초래하는 지역

해설
경사도는 5% 이하, 간선교통시설과 연계되고 장래 시가화구역 확장에 지장이 없는 지역이어야 한다.

75 그리스의 도시국가에 대한 설명으로 틀린 것은?

① 히포다무스는 격자형 도로망을 발전시켰다.
② 아테네는 가장 발달한 대표적인 도시국가였다.
③ 시가지에 위치한 포럼은 종교적인 중심지가 되었다.
④ 대부분의 도시민 주택은 폐쇄형으로 중정을 향해 배치되었다.

해설
포럼은 도시의 중심적 시설을 형성한다. 종교적인 중심지는 신전(아크로폴리스)이다.

76 용도지역별 개발행위허가 규모 기준이 틀린 것은?

① 관리지역 : 5만㎡ 미만
② 도시지역의 생산녹지지역 : 1만㎡ 미만
③ 농림지역 : 3만㎡ 미만
④ 자연환경보전지역 : 5천㎡ 미만

해설
관리지역은 <u>3만</u> 제곱미터 미만을 개발행위허가 규모 기준으로 정하고 있다.

정답 70 ② 71 ③ 72 ③ 73 ① 74 ② 75 ③ 76 ①

77 외국의 토지이용규제 수단들 중 대상지역에 대하여 일률로 용적률을 정하고 이를 초과하여 건설하려는 자는 그 초과분에 따른 과징금을 공공단체에 지불하여야 하는 제도는?

① 유도지역제(Incentive zoning)
② 개발권이양제(TDR)
③ 법정밀도상한제(PLD)
④ 우선도시화지구(ZUP)

해 설
PLD(Plafond Legal de Densite, 법정밀도상한제)는 토지소유권에서 건축권을 분리하여 건축권의 일부를 무상으로 국유화한 조치를 말한다. 일정한도를 초과한 건축권은 토지소유자에게 속해 있는 것이 아니라 공동체에 속하는 것이라는 논리에 입각한 개념으로 프랑스는 1975년에 이 제도를 채택하였다.

78 지구단위계획 수립 시 지구단위계획구역의 지정 목적을 달성하기 위하여 포함시켜야 할 내용이 아닌 것은?

① 교통처리계획
② 가구·획지의 규모와 조성계획
③ 건축물의 배치, 형태, 색채에 관한 계획
④ 인구 배분에 관한 계획

해 설
국토의 계획 및 이용에 관한 법률 제52조(지구단위계획의 내용) 조항에 의거 지구단위계획 수립시에는 기반시설의 배치와 규모, 건축물의 용도제한, 건축물의 건폐율 또는 용적률, 건축물 높이의 최고한도 또는 최저한도 사항을 포함하여 교통처리계획, 가구·획지규모와 조성계획 내용이 포함되어야 한다.

79 경관의 보전·관리 및 형성을 위하여 필요한 경우 지정하는 용도지구는?

① 미관지구
② 고도지구
③ 경관지구
④ 보존지구

해 설
경관지구란 경관의 보전·관리 및 형성을 위하여 필요한 지구를 말한다. 용도지구에는 경관지구, 고도지구, 방화지구, 방재지구, 보호지구, 취락지구, 개발진흥지구, 특정용도제한지구, 복합용도지구, 그 밖에 대통령령으로 정하는 지구가 있다. 2017년 법 개정을 통해 보존지구는 보호지구로, 미관지구는 경관지구로 용어가 약간씩 변경되었다.

80 공동구의 설치 목적과 가장 거리가 먼 것은?

① 수자원의 보호
② 도시미관의 보호
③ 방재능률의 향상
④ 도로교통의 원활한 소통

해 설
공동구란 전기·가스·수도 등의 공급설비, 통신시설, 하수도시설 등 지하매설물을 공동 수용함으로써 미관의 개선, 도로구조의 보전 및 교통의 원활한 소통을 위하여 지하에 설치하는 시설물을 말한다.

제5과목 교통관계법규

81 도로굴착에 관한 사항을 심의·조정하기 위하여 설치하는 도로관리심의회에 관한 설명으로 옳지 않은 것은?

① 고속국도와 일반국도에만 설치한다.
② 도로굴착공사의 시행에 따른 도로시설의 안전대책을 심의·조정한다.
③ 주요 지하매설물의 안전대책을 심의·조정한다.
④ 일반국도의 위원장은 지방국토관리청장이 된다.

해 설
도로관리심의회는 고속국도와 일반국도 뿐만아니라 특별시도·광역시도·지방도, 시도·군도·구도에 대해서도 심의·조정한다.

82 교통행정기관이 운행기록장치 장착의무자 및 차량운전자로부터 제출받은 운행기록을 점검·분석하여 운행기록장치 장착의무자 및 차량운전자에 취할 수 없는 조치사항은?

① 허가·등록의 취소
② 교통수단안전점검의 실시
③ 교통수단 및 교통수단운영체계의 개선 권고
④ 최소휴게시간, 연속근무시간 및 속도제한장치 무단해제 확인

해 설
교통안전법 제55조(운행기록장치의 장착 및 운행기록의 활용 등)에 의거 교통행정기관은 교통안전점검의 실시나 교통수단 및 교통수단운영체계의 개선 권고 조치를 제외하고는 제3항에 따른 분석결과를 이용하여 운행기록장치 장착의무자 및 차량운전자에게 이 법 또는 다른 법률에 따른 허가·등록의 취소 등 어떠한 불리한 제재나 처벌을 하여서는 아니 된다.

정답 77 ③ 78 ④ 79 ③ 80 ① 81 ① 82 ①

83 대도시권 광역교통 관리에 관한 특별법에 따른 광역교통계획 수립단위 기준이 모두 옳은 것은?

① 광역교통기본계획 10년, 광역교통시행계획 5년
② 광역교통기본계획 20년, 광역교통시행계획 10년
③ 광역교통기본계획 10년, 광역교통시행계획 10년
④ 광역교통기본계획 20년, 광역교통시행계획 5년

해설
대도시권 광역교통 관리에 관한 특별법에 의거 광역교통기본계획은 20년, 광역교통시행계획은 5년 단위로 수립하여야 한다.

84 도로교통법규상 교통안전 표지 중 어린이 보호표지는 어린이 보호지점 또는 구역의 어느 정도 전에 설치하도록 규정하고 있는가?

① 1km 이내
② 500m 이내
③ 30m 내지 200m
④ 50m 내지 200m

해설
도로교통법 시행규칙 별표6. 안전표지의 종류, 만드는 방식, 설치하는 장소·기준 및 표시하는 뜻에 제시된 바에 따라 어린이보호표지는 어린이보호지점 또는 구역 전 50미터 내지 200미터의 도로우측에 설치한다.

85 국토교통부장관은 국가교통조사 및 공공기관의 장이 시행하는 개별교통조사의 중복을 방지하는 등 효율적인 교통조사의 시행과 조사 결과의 공동 활용 등을 위하여 몇 년 단위로 국가교통조사계획을 수립하여야 하는가?

① 1년
② 3년
③ 5년
④ 10년

해설
국가통합교통체계효율화법 제12조(국가교통조사) ②항에 의거 국토교통부장관은 국가교통조사 및 제16조 제1항에 따른 개별교통조사의 중복을 방지하는 등 효율적인 교통조사의 시행과 조사결과의 공동 활용 등을 위하여 5년 단위로 국가교통조사의 목표 및 전략, 세부 조사의 내용 및 방법 등에 관한 국가교통조사계획을 국가교통위원회의 심의를 거쳐 수립하여야 한다. 〈개정 2013.3.23.〉

86 국가통합교통체계효율화법규상 타당성 평가 대행자가 타당성 평가서와 그 작성의 기초가 되는 자료를 보존하여야 하는 기간 기준은?

① 해당 사업 또는 시설의 준공 후 5년
② 해당 사업 또는 시설의 준공 후 10년
③ 해당 사업 또는 시설의 타당성 평가 후 5년
④ 해당 사업 또는 시설의 타당성 평가 후 10년

해설
「국가통합교통체계효율화법」 제23조 평가대행자의 준수사항 1항 및 동법 시행규칙 제12조 타당성 평가서 등의 보존기간 등에 의거 평가대행자는 타당성 평가서와 그 작성의 기초가 되는 자료를 국토교통부령으로 정하는 기간 동안 보존하여야 한다. 여기서 국토교통부령으로 정하는 기간이란 해당 사업 또는 시설의 준공 후 5년을 말한다.

87 도로를 횡단하는 보행자나 통행하는 차마의 안전을 위하여 안전표지나 이와 비슷한 인공구조물로 표시한 도로의 부분을 무엇이라 하는가?

① 보도
② 안전지대
③ 횡단보도
④ 길가장자리구역

해설
도로교통법 제2조(정의) 14. "안전지대"란 도로를 횡단하는 보행자나 통행하는 차마의 안전을 위하여 안전표지나 이와 비슷한 인공구조물로 표시한 도로의 부분을 말한다.

88 노상주차장의 구조·설비기준에 따라, 다음 중 노상주차장을 설치할 수 있는 지역 기준에 해당하는 것은? (단, 지방자치단체의 조례로 따로 정하거나 도로 교통에 크게 지장을 주는 경우 등 예외 조항을 적용하는 경우는 고려하지 않는다.)

① 주간선도로
② 너비 5m 도로
③ 종단경사가 3%인 도로
④ 고가도로

해설
주차장법 시행규칙 제4조(노상주차장의 구조·설비기준) ①항 4목에 의거. 종단경사도가 4퍼센트를 초과하는 도로에 설치하여서는 아니 된다. 따라서 종단경사 3%는 4% 이하이므로 설치할 수 있는 지역 기준에 해당한다.

정답 83 ④ 84 ④ 85 ③ 86 ① 87 ② 88 ③

89 장애인전용 주차인 경우 주차단위 구획의 너비와 길이 기준이 모두 옳은 것은? (단, 평행주차형식 외의 경우이다.)

① 3.0m 이상, 5.0m 이상
② 3.0m 이상, 5.1m 이상
③ 3.3m 이상, 5.0m 이상
④ 3.3m 이상, 6.0m 이상

해설
주차장법 시행규칙 제3조(주차장의 주차구획) 조항에 의거 평행주차형식 외의 경우 장애인 전용 주차단위 구획의 너비는 3.3m 이상, 길이는 5.0m 이상을 기준으로 한다.

90 도시교통정비 기본계획 수립 시 부문별 계획에 포함되어야 할 내용으로 가장 거리가 먼 것은?

① 교통시설의 개선
② 대중교통체계의 개선
③ 환경친화적 교통체계의 구축
④ 교통유발금의 부과 및 징수

해설
도시교통정비 촉진법 제5조(도시교통정비 기본계획의 수립) 제2항에 의거 도시교통정비기본계획의 부문별 계획에 포함될 사항은 아래와 같다.
나. 교통시설의 개선
다. 대중교통체계의 개선
사. 환경친화적 교통체계의 구축

91 도로법상 도로관리청은 도로 구조의 파손 방지, 미관의 훼손 또는 교통에 대한 위험 방지를 위하여 필요한 경우 접도구역을 지정할 때, 소관 도로의 경계선으로부터 최대 얼마를 초과하지 아니하는 범위에서 지정할 수 있는가? (단, 고속국도의 경우는 고려하지 않는다.)

① 40m   ② 30m
③ 20m   ④ 10m

해설
도로법 제40조(접도 구역의 지정 및 관리) ① 도로관리청은 도로 구조의 파손 방지, 미관(美觀)의 훼손 또는 교통에 대한 위험 방지를 위하여 필요하면 소관 도로의 경계선에서 20미터(고속국도의 경우 50미터)를 초과하지 아니하는 범위에서 대통령령으로 정하는 바에 따라 접도구역(接道區域)을 지정할 수 있다.

92 국토교통부장관이 '도시교통정비지역'으로 지정·고시할 수 있는 도시의 인구 기준은? (단, 도농복합형태의 시는 읍·면지역을 제외한 지역의 인구수를 기준으로 한다.)

① 30만명 이상   ② 10만명 이상
③ 5만명 이상   ④ 1만명 이상

해설
도시교통정비촉진법 제3조(도시교통정비지역의 지정·고시)
① 국토교통부장관은 도시교통의 원활한 소통과 교통편의의 증진을 위하여 다음 각 호의 지역을 도시교통정비지역으로 지정·고시할 수 있다.
1. 인구 10만 명 이상의 도시(도농복합형태의 시는 읍·면지역을 제외한 지역의 인구가 10만 명 이상인 경우를 말한다)

93 도시교통정비 촉진법에 따른 '교통시설'에 해당하는 것으로만 나열된 것은?

① 도로, 주차장, 철도   ② 도로, 차고, 안전지대
③ 주차장, 항만, 신호기   ④ 도로, 공항, 안전시설

해설
도시교통정비촉진법 제2조(정의) 2. "교통시설"이란 교통수단의 운행에 필요한 도로·주차장·여객자동차터미널·화물터미널·철도·도시철도·공항·항만 및 환승시설 등을 말한다.

94 교통안전법상 국가교통안전기본계획에 포함되어야 하는 사항으로 옳지 않은 것은?

① 대중교통체계의 운영 개선에 관한 계획
② 교통안전에 관한 중·장기 종합정책방향
③ 교통안전지식의 보급 및 교통문화 향상목표
④ 육상교통·해상교통·항공교통 등 부문별 교통사고의 발생현황과 원인의 분석

해설
교통안전법 제15조(국가교통안전기본계획)에 의거 국가교통안전기본계획에는 다음 각 호의 사항이 포함되어야 한다.
1. 교통안전에 관한 중·장기 종합정책방향
2. 육상교통·해상교통·항공교통 등 부문별 교통사고의 발생현황과 원인의 분석
4. 교통안전지식의 보급 및 교통문화 향상 목표

정답 89 ③ 90 ④ 91 ③ 92 ② 93 ① 94 ①

95 국가통합교통체계효율화법령에 따른 '교통시설'에 해당하지 않는 것은?

① 일반국도대체우회도로
② 국가지원지방도
③ 국가기간복합환승센터
④ 물류터미널 중 종합물류터미널

해설
국가통합교통체계효율화법 제2조(정의)
4. "교통시설"이란 교통수단의 운행에 필요한 도로·철도·공항·항만·터미널 등의 시설과 그 시설에 부속되어 교통수단의 원활한 운행을 보조하는 시설 또는 공작물을 말한다.
→ 교통수단의 운행에 필요한 터미널이 교통시설에 해당하는데, 물류터미널은 물류에 필요한 터미널이므로 국가통합교통체계효율화법령에 따른 교통시설로 보기 어렵다.

96 긴급자동차의 지정을 받으려는 사람 또는 기관 등은 지정신청서와 첨부 서류를 누구에게 제출하여야 하는가?

① 행정안전부장관   ② 시·도지사
③ 지방경찰청장   ④ 군수

해설
도로교통법 시행규칙 제3조(긴급자동차의 지정신청 등)
① 법 제2조 제22호 라목 및 「도로교통법 시행령」(이하 "영"이라 한다) 제2조 제1항 단서에 따라 긴급자동차의 지정을 받으려는 사람 또는 기관 등은 별지 제1호 서식의 긴급자동차 지정신청서에 다음 각 호의 서류를 첨부하여 지방경찰청장에게 제출하여야 한다.
1. 임대차계약서 사본 1부(자동차가 다른 사람의 소유인 경우에 한정한다)
2. 지정받을 차량 사진 2매

97 대중교통의 육성 및 이용촉진에 관한 법률의 정의에 따른 '간선급행버스체계'의 구성요소에 해당하지 않는 것은?

① 버스운행관리시스템(BMS)
② 버스전용차로
③ 저공해 저상버스
④ 교차로에서의 버스우선통행

해설
대중교통의 육성 및 이용촉진에 관한 법률 제2조(정의)
5. "간선급행버스체계"라 함은 버스전용차로, 편리한 환승시설, 교차로에서의 버스우선통행 그 밖의 국토교통부령으로 정하는 사항을 갖추어 급행으로 버스를 운행하는 교통체계를 말한다.
대중교통의 육성 및 이용촉진에 관한 법률 시행규칙 제2조(간선급행버스체계의 구성요소) 「대중교통의 육성 및 이용촉진에 관한 법률」(이하 "법"이라 한다) 제2조제5호에서 "그 밖의 국토교통부령이 정하는 사항"이라 함은 다음 각 호의 사항을 말한다. 〈개정 2008. 3. 14., 2013. 3. 23.〉
1. 버스정보시스템(BIS, Bus Information System)
2. 버스사령실 등 버스운행관리시스템(BMS, Bus Management System)

98 주차법령상 부설주차장의 설치 대상 시설물이 골프장인 경우 부설주차장의 설치 기준으로 옳은 것은?

① 시설면적 100㎡당 1대
② 시설면적 150㎡당 1대
③ 1홀당 10대
④ 1홀당 5대

해설
주차장법 [별표 1] 부설주차장의 설치대상 시설물 종류 및 설치기준(제6조 제1항 관련)에 의거 골프장은 1홀당 10대의 주차면을 갖추어야 한다.

99 도로법에서 규정한 도로의 종류와 등급에 해당하지 않는 것은?

① 특별시도   ② 유료도로
③ 지방도   ④ 시도

해설
도로법에 규정된 도로의 종류는 고속국도, 일반국도, 특별시도(特別市道)·광역시도(廣域市道), 지방도, 시도(市道), 군도(郡道), 구도(區道)이다.

100 대중교통시설에 관한 사항을 반영하여야 하는 개발사업의 대상 및 범위 기준이 틀린 것은?

① 「도시개발법」에 의한 도시개발 사업 중 「도시교통정비촉진법」에 따른 교통영향평가 대상이 되는 사업
② 「기업도시개발 특별법」에 의한 기업도시개발사업 및 「신행정수도 후속대책을 위한 연기·공주지역 행정중심복합도시건설을 위한 특별법」에 의한 행정중심복합도시의 건설사업 중 부지면적

정답 95 ④ 96 ③ 97 ③ 98 ③ 99 ② 100 ③

25만 제곱미터 이상인 사업
③ 도로의 신설 또는 확장사업 중 편도 2차로 이상으로서 총길이 10킬로미터 이상인 사업
④ 「철도의 건설 및 철도시설 유지관리에 관한 법률」에 따른 철도건설사업 및 「도시철도법」에 의한 도시철도의 건설사업 중 철도역사 또는 도시철도역사가 포함되는 사업

해 설

대중교통의 육성 및 이용촉진에 관한 법률 시행령 제10조(대중교통시설에 관한 사항을 반영하여야 하는 개발사업의 대상 및 범위) 조항에 의거 도로의 신설 또는 확장사업중 편도 3차로 이상으로서 총길이 5킬로미터 이상인 사업이 대상이 된다.

제6과목 교통안전

101 교통사고를 유발하는 도로구조요인에 해당하지 않는 것은?

① 도로의 선형 ② 도로의 노폭
③ 도로의 노면상태 ④ 도로의 운행차량구성

해 설

도로구조요인이라 함은 도로의 생김새와 상태를 말하는 것이다. 따라서 운행차량 구성, 즉 도로를 주행하는 차량들의 구성은 도로구조요인이라고 볼 수 없고 차량요인이라고 보아야 할 것이다.

102 교통안전개선사업의 사전·사후 분석기간을 선정할 때 고려해야 할 사항이 아닌 것은?

① 개선된 지점의 사전·사후 분석기간은 대조지점(control site)과 동일해야 한다.
② 분석기간은 가급적 짧을수록 정확한 분석을 시행할 수 있다.
③ 분석기간은 적절한 양의 사고 자료를 제공할 수 있을 만큼 충분히 길어야 한다.
④ 교통안전개선사업을 위한 공사가 진행되고 있는 동안은 분석기간에서 제외해야 한다.

해 설

분석 기간은 사고자료의 양에 따라 달라지고, 적절한 양을 제공할 만큼 충분해야 한다.

103 시거불량에 의한 교통사고 예방대책으로 가장 거리가 먼 것은?

① 장애물 제거 ② 예고표지 설치
③ 시선유도표지 설치 ④ 접근로 테이퍼 설치

해 설

시거불량 시 개선사항
• 장애물 제거
• 시선이 다른 곳에 가지 않도록 유도표지 설치
• 잘 보이도록 밝게 가로조명 개선
• 예고표지 설치

104 도로안전시설 중 시선유도표지의 기능이나 설치 장소 등에 대한 내용으로 틀린 것은?

① 시선유도표지는 설계속도가 60km/h 이상인 구간에 설치
② 시선유도표지는 도로선형이 급변하는 구간에 설치
③ 시선유도표지는 차로 수나 차도 폭이 변화하는 구간에 설치
④ 자동차전용도로 및 주간선도로 등에는 원칙적으로 전체 구간에 연속적으로 설치

해 설

시선유도표지는 도로선형이 급변하는 구간, 차로 수나 차도 폭이 변화하는 구간에 설치하며 자동차전용도로 및 주간선도로 등에는 원칙적으로 전체 구간에 연속적으로 설치한다.

105 다음 중 교통사고 발생 자체를 가장 능동적으로 억제시키는 조치 내용은?

① 비신호 교차로에 점멸등 설치
② 위험 지역에 가드 레일(Guard Rail) 설치
③ 충격흡수시설 설치
④ 운전자용 에어 백 설치

해 설

사고를 미연에 방지하기 위한 조치는 점멸등 설치이다.

106 A, B, C 세 지점에서 발생한 피해 등급별 사고건수가 아래와 같을 때, 이를 분석한 내용이 틀린 것은? (단, 피해 등급별 사고 심각도의 가중치는 사망사고 12, 중상사고 6, 경상사고 3, 대물사고 1이다.)

정답 101 ④ 102 ② 103 ④ 104 ① 105 ① 106 ②

지점	사망사고	중상사고	경상사고	대물사고
A	3	3	5	10
B	1	5	8	7
C	5	2	3	4

① 사고건수법 적용 시 A지점과 B지점은 동일한 위험도 순위를 가진다.
② 사고심각도법 적용 시 세 지점의 위험도는 C>A>B의 순서로 나타난다.
③ 일반적으로 사고심각도법의 경우 대물사고의 건수가 위험도 순위에 가장 큰 영향을 미친다.
④ 피해 등급별 심각도 가중치는 모든 국가가 동일한 값을 적용한다.

해설
㉠ 사고건수법 적용 시
- A : 3+3+5+10=21건
- B : 1+5+8+7=21건
- C : 5+1+2+4=12건

㉡ 사고심각도법 적용 시
$EPDO = 12F + 6A + 3B + PDO$
여기서, F : 사망사고, A : 중상사고, B : 경상사고
PDO : 물적 피해사고(Property Damage Only)
- A : $EPDO = 12F + 6A + 3B + PDO$
  $= 12 \times 3 + 6 \times 3 + 3 \times 5 + 10 = 69$
- B : $EPDO = 12F + 6A + 3B + PDO$
  $= 12 \times 1 + 6 \times 5 + 3 \times 8 + 7 = 83$
- C : $EPDO = 12F + 6A + 3B + PDO$
  $= 12 \times 5 + 6 \times 2 + 3 \times 3 + 4 = 85$

→ 사고심각도법 적용 시 세 지점의 위험도는 C>B>A의 순서로 나타난다.

107 운전자의 정보처리과정(PIEV과정)으로 옳은 것은?

① 지각 → 행동판단 → 식별 → 반응
② 지각 → 식별 → 행동판단 → 반응
③ 행동판단 → 지각 → 식별 → 반응
④ 식별 → 행동판단 → 지각 → 반응

해설
PIEV과정은 P(Perception 지각), I(Identification 식별), E(Emotion 행동판단), V(Volition 반응) 순서로 이루어진다.

108 차량이 급정지할 때 운전자의 핸들 조향에 의해 측방향으로 쏠리면서 도로 위에 미끄러져 요마크(Yawmark)를 형성하였다면, 차량이 미끄러질 때의 속도는? (단, 도로는 평지이고 타이어와 노면의 횡방향 마찰계수는 0.3, 요마크의 곡선반경이 100m이다.)

① 약 62km/h ② 약 72km/h
③ 약 82km/h ④ 약 92km/h

해설
$V = \sqrt{127r(f \pm i)} = \sqrt{127 \times 100 \times (0.3 + 0)} = 61.725$
∴ 약 62km/h

109 평지의 교통사고 현장에서 측정한 차량 스키드마크의 길이가 15m, 타이어와 노면의 마찰계수가 0.8일 때 차량의 제동 직전 주행 속도는?

① 약 50km/h ② 약 55km/h
③ 약 60km/h ④ 약 65km/h

해설
$V = \sqrt{254(f+i)l} = \sqrt{254(0.8+0)15} = 55.209$
∴ 약 55km/h

110 우리나라 교통사고 사망은 사고 후 며칠 이내에 사망한 경우를 교통사고 사망자 통계로 처리하는가?

① 30일 ② 14일
③ 3일 ④ 1일

해설
교통사고로 인한 인명피해 구분 기준은 사망 30일 이내, 중상 3주 치료, 경상 3주 미만 5일 이상 치료, 부상 5일 미만 치료를 말한다.

111 교통사고원인을 분석하면서 교통사고는 충돌 전, 충돌 중, 충돌 후의 세가지 사고기회의 궤도를 돌파하여야 비로소 사고로 연결된다고 주장한 사람은?

① Reason ② Rumar
③ Hauer ④ Haddon

해설
Reason은 교통사고는 충돌 전, 충돌 중, 충돌 후의 세가지 사고기회의 궤도를 돌파하여야 비로소 사고로 연결된다고 주장하였다.

정답 107 ② 108 ① 109 ② 110 ① 111 ①

112 교통사고 현장에서 발견되는 타이어 자국(Tire mark)중 제동에 의해 타이어가 노면 위에 종방향으로 미끄러지면서 타이어와 노면의 마찰에 의하여 만들어지는 흔적은?

① 스키드마크
② 요마크
③ 스커프마크
④ 플랫타이어마크

해설
종방향으로 미끄러지면서 만들어진 흔적은 스키드마크, 회전하면서 만들어진 흔적은 요마크이다.

113 교차로에서의 사고율에 대한 일반적인 설명으로 가장 적합한 것은?

① 일반적으로 4지교차로가 3지교차로보다 사고율이 낮다.
② 교차로의 교통통제방법은 교통사고에 영향을 미친다.
③ 사고율은 교차로의 교통량에 전혀 영향을 받지 않는다.
④ 우회전 교통량보다 좌회전 교통량이 많을수록 사고율이 높아진다.

해설
교차로의 교통통제방법(신호, 비신호 등)은 교통사고에 영향을 미친다. 4지교차로가 3지교차로보다 사고율이 높고, 사고율은 교차로의 교통량에 영향을 받는다. 직진교통량보다 회전교통량이 많을수록 사고율이 높아진다.

114 도로의 환경이 '안전한 도로'가 될 수 있도록 설계·관리되어야 하는 사항이 아닌 것은?

① 기준 이하의 상태를 운전자에게 경고한다.
② 운전자의 잘못된 행태를 포용하지 않는다.
③ 비정상적인 구간에서는 운전자를 유도한다.
④ 운전자의 상충 지점 통과를 통제한다.

해설
안전한 도로는 운전자의 잘못된 행태를 포용해주어야 한다.

115 미끄럼흔적으로부터 미끄럼거리를 추정하는 기준으로 옳지 않은 것은?

① 곡선미끄럼의 경우 미끄럼흔적들의 평균값을 미끄럼거리로 한다.
② 직선미끄럼의 경우 모든 바퀴들의 미끄럼 흔적 중 가장 짧은 것을 미끄럼거리로 한다.
③ 양후륜의 미끄럼흔적들이 전륜의 미끄럼흔적의 어느 한 쪽을 벗어나면 곡선미끄럼으로 간주한다.
④ 양후륜의 미끄럼흔적들 모두가 전륜의 미끄럼흔적을 벗어나지 않으면 직전미끄럼으로 간주한다.

해설
직선미끄럼의 경우 모든 바퀴들의 미끄럼 흔적 중 가장 긴 것을 미끄럼거리로 한다.

116 OECD가 요약한 교통안전의 진보단계 중 "모든 사고에 있어 특정 사건은 부분적으로 그에 앞선 행동 또는 환경의 결과다."라는 전제하에 도로외상을 유발하는 과정을 통하여 결정적인 선 또는 경로를 찾는 방법을 개발하고자 한 것은?

① 다원인 동적 체계 접근
② 다원인 정적 체계 접근
③ 다원인 기회현상 접근
④ 단일원인사고경향접근

해설
다원인 동적 체계 접근이란 "모든 사고에 있어 특정 사건은 부분적으로 그에 앞선 행동 또는 환경의 결과다."라는 전제하에 도로외상을 유발하는 과정을 통하여 결정적인 선 또는 경로를 찾는 방법을 개발하고자 한 것을 말한다.

117 다음과 같은 특징을 갖는 위험도 분석방법은?

- 여러 장소에서 임의로 발생하는 사고 건수는 Poisson 분포를 따른다고 가정한다.
- 유사한 특성을 갖는 도로에서 동일한 노출기준당 사고건수는 정규분포를 나타낸다.

① 사고율법
② 사고건수법
③ 사고건수-사고율법
④ 사고율-통계적방법

해설
사고율-통계적방법은 여러 장소에서 임의로 발생하는 사고 건수는 Poisson 분포를 따른다고 가정하고, 유사한 특성을 갖는 도로에서 동일한 노출기준당 사고건수는 정규분포를 나타내는 위험도 분석방법이다.

정답 112 ① 113 ② 114 ② 115 ② 116 ① 117 ④

118 운전자의 Reaction time(반응시간)을 줄일 수 있는 방법이 아닌 것은?

① Encourage familiarity.(친숙함을 강화한다.)
② Use symbolic signs.(상징적인 신호를 사용한다.)
③ Provide positive information.
　(올바른 정보를 제공한다.)
④ Max the number of alternative.
　(대안의 수를 최대화한다.)

> **해 설**
> 운전자의 반응시간을 최소화 하기 위해서는 대안의 개수를 최소화하여 판단을 검토할 시간을 줄이는 것이 필요하다.

119 보행자의 안전한 도로 횡단을 위한 시설인 횡단보도의 설치에 관한 원칙이 아닌 것은?

① 운전자가 식별하기 쉬운 위치에 설치한다.
② 보행자의 횡단거리를 최소화할 수 있는 위치에 선정한다.
③ 횡단보도는 항상 차로와 직각으로 설치하여야 한다.
④ 횡단보도의 폭은 보행자 교통량, 신호시간 등을 고려하되 최소치를 4.0m로 한다.

> **해 설**
> 횡단거리는 최소화해야 하지만 반드시 직각으로 설치할 필요는 없다.

120 교통사고 재현시 교통사고 현장에서 조사해야 할 내용과 가장 거리가 먼 것은?

① 속도　　　　　② 방어적인 조치
③ 운전자의 학력　④ 도로상에서의 위치

> **해 설**
> 교통사고 재현 시 교통사고 현장에서 조사해야 할 내용은 속도, 방어적인 조치, 도로상에서의 위치이다. 운전자의 학력은 현장에서 조사할 사항으로 보기 어렵다.

정답　118 ④　119 ③　120 ③

제1과목 교통계획

1 주차수요 추정방법에 대한 설명으로 틀린 것은?

① p계수법의 경우 p계수에 포함되는 변수가 너무 많아 그 값들을 얻기 어렵다는 단점이 있다.
② 원단위법은 장기간의 주차수요나 주차특성이 다양한 건물의 주차수요를 추정하는데 높은 신뢰성을 갖는다.
③ 단순추정법은 주차의 수요와 공급에 영향을 주는 과거 자료를 이용하여 주차수요를 추정하는 방법이다.
④ 누적주차대수법은 미시적인 추정방법으로서 유사한 주차특성을 나타내는 건물 또는 지구의 주차수요를 측정하는데 용이하다.

해설
원단위법은 $P = \dfrac{U \cdot F}{1,000e}$ 로 계산되며, 주차 특성이 다양한 건물의 경우는 원단위 U가 다양해진다는 의미이므로 단순히 U 하나만을 대입하여 계산하기에 어려움이 있다. 따라서 주차특성이 다양한 건물의 주차수요를 추정하기에 원단위법은 부적합하다.

2 화물교통조사 시 조사항목이 아닌 것은?

① 물류시설
② 화물 물동량
③ 화물차량 동행인
④ 화물차량 운행실태

해설
화물교통 조사는 화물 및 트럭 물류시설의 조사, 화물의 물동량, 트럭유동조사(화물차량 운행실태)로 이루어진다. 화물의 조사에 동행인을 확인할 이유는 없다.

3 다음 도로의 운영 방법 중 도로구간을 홀수차로로 구획하고 중앙의 한 개 차로를 좌회전 교통류로 처리하여 회전교통류에 의해 직진교통류가 방해받음으로써 발생하는 링크 및 교차로의 용량저하현상을 감소시키는 효과가 있는 것은?

① 가변차로제
② 능률차로제
③ 일방차로제
④ 우선차로제

해설
홀수차로제는 능률차로제의 일환으로 활용된다.

4 다음 중 대중교통수단 운영에 따른 장점으로 가장 거리가 먼 것은?

① 에너지 절약
② 교통 혼잡 감소
③ 환경 문제 감소
④ 주차 수요 유발

해설
대중교통수단을 운영하게 되면 승용차 이용이 감소하게 되고, 이는 주차수요의 감소로 연결된다.

5 세부가로 교통량 추정에 앞서 개략적 노선 수요 파악을 위한 네트워크로서 주로 교통존중심(Zone Centroid)간을 연결하는 많은 삼각형으로 구성하는 네트워크는?

① 거미줄망도(Spider Web)
② 검사선(Screen Line)
③ 교통지구도(Zone Map)
④ 가로망도(Highway Network)

해설
거미줄망도(Spider Web)란 개략적 노선수요 파악을 위해 구성하는 네트워크를 말한다. 모든 도로가 같은 속도를 가진다고 가정하여 도로망을 구성하고, 대상 지역에 교통존 중심간을 연결하는 많은 삼각형으로 구성되어 조밀한 거미줄망을 형성하는 특성이 있다.

6 두 지역을 연결하는 도로 A, B가 있다. 두 도로의 승용차 통행비용함수가 다음과 같을 때 Wardrop의 제1법칙에 의한 두 도로 간 통행배정(배분)량이 모두 옳은 것은?

- X : 교통량(대/시), Y : 총 통행비용(원)
- 총 첨두교통량 : 3000대/시
- $Y_A = 3X_A + 2$, $Y_B = 2X_B + 7$

① $X_A = 1799, X_B = 1201$
② $X_A = 1201, X_B = 1799$
③ $X_A = 1600, X_B = 1400$
④ $X_A = 1400, X_B = 1600$

해설
$Y_A = 3X_A + 2$ $X_A + X_B = 3,000$
$Y_B = 2X_B + 7$ $X_B = 3,000 - X_A$
위 식에 $X_B = 3,000 - X_A$ 대입

정답 01 ② 02 ③ 03 ② 04 ④ 05 ① 06 ②

이용자균형 → $Y_A = Y_B$
$3X_A + 2 = 2X_B + 7$
$3X_A + 2 = 2(3,000 - X_A) + 7 = 6,000 - 2X_A + 7$
$5X_A = 6,005,\ X_A = 1,201$
$X_B = 3000 - X_A,\ X_B = 1,799$
∴ $X_A = 1,201,\ X_2 = 1,799$

7 교통수요예측기법을 집계형 모형과 비집계형 모형으로 분류할 때, 집계형 모형이 설명하려고 하는 변수는?

① 개인의 통행수 ② 개인의 목적지
③ 개인의 이용수단 ④ 평균가구특성

해설
집계형 모형(Aggregate Model)은 기본적인 행동단위를 존이나 기타 요소별로 분류하지 않고 집계하여 그 결과의 전체적인 현상을 평균가구특성이라는 집계형 변수로 설명하고자 하는 모형이다.

8 교통사업의 경제성 분석 시의 고려사항 중 공공자원의 사회적 기회 비용을 의미하는 것은?

① 소비자잉여 ② 잠재가격
③ 할인율 ④ 인플레이션

해설
잠재가격이란 재화의 가격이 그 재화의 기회비용을 정확하게 반영하는 가격을 의미하는 것으로 공공자원의 사회적 기회비용 산정 시에도 사용된다.

9 지능형교통체계의 적용분야가 아닌 것은?

① CVO ② AVCS
③ APTS ④ QRS

해설
- APTS : 첨단대중교통체계
  (Advanced Public Transportation Systems)
- AVCS : 첨단차량 제어체계
  (Advanced Vehicle Control Systems)
- CVO : 사업용 차량운영체계
  (Commercial Vehicle Operations)

10 다음 교통계획 대안 평가 방법 중 성격이 다른 하나는?

① AHP 방법 ② 순현재 가치 분석법
③ 내부수익률 분석법 ④ 초기년도수익률분석법

해설
AHP는 전문가의 의견을 수렴하여 합리적인 결과를 도출하는 대안 평가방법이다. 순현재 가치, 내부수익률, 초기 연도 수익률 분석법은 모두 가치를 정량화하여 그 크기를 비교하는 정량적 평가방법이다.

11 통행배정 방법 중 용량제약(Capacity Constraint)방식을 사용하지 않는 것은?

① 분할배정법(Incremental Assignment)
② 반복배정법(Iterative Assignment)
③ 전량배정법(All-or-Nothing Assignment)
④ 평형배정법(Equilibrium Assignment)

해설
①, ②, ④ 통행배정방법은 총량, 유출, 유입, 이중 제약으로 용량제약 방식을 사용하지만, 전량배정방법에서는 용량제약 방식을 사용할 수 없다.

12 통행발생모형 중 다중회귀분석모형의 도출과정에 대한 설명으로 틀린 것은?

① 상관관계 행렬을 조사하여 독립변수들 간의 중복도를 파악하고 종속변수와의 관계를 파악한다.
② 결정계수 값을 검토한다.
③ 각 변수들의 계수 부호 및 계수 크기의 타당성을 검토한다.
④ 각 변수들의 계수는 통계적으로 유의하다고 가정하므로, 통계적 검증을 생략한다.

해설
회귀분석에서 계수가 통계적으로 유의하다고 해서 분석모형이 통계적으로 유의하다고 볼 수는 없으므로 통계적 검증을 생략해서는 안 된다.

13 다음 중 교통의 3대 요소로 가장 거리가 먼 것은?

① 교통주체 ② 교통수단
③ 교통시설 ④ 교통계획

해설
교통의 3대 요소는 주체, 수단, 시설이다.

정답 07 ④ 08 ② 09 ④ 10 ① 11 ③ 12 ④ 13 ④

14 순현재 가치(NPV)분석법에 대한 설명이 틀린 것은?

① 교통사업의 경제성 분석 시 보편적으로 사용한다.
② 편익을 비용으로 나눈 비율의 결과가 가장 큰 대안을 선택하는 방법이다.
③ 할인율을 적용하여 장래의 비용, 편익을 현재 가치화한다.
④ 대안 선택에 있어서 정확한 기준을 제시하고 다른 대안과의 비교가 용이하다.

해설
편익비용비율을 이용하는 방법은 B/C 분석법이다.

15 다음 중 다른 교통수단과 비교하여 지하철이 갖는 장점으로 가장 거리가 먼 것은?

① 대량성 ② 정시성
③ 안전성 ④ 기동성

해설
지하철은 대량수송, 정시성, 별도의 철로를 이용하므로 간섭이 없어 안전하다. 기동성은 지하철보다 승용차가 좋다.

16 여객통행 기·종점(O/D)조사의 주된 목적은?

① 통행 여객의 연령대를 파악하기 위해
② 통행의 분포상태를 파악하기 위해
③ 차종별 분포를 파악하기 위해
④ 차종별 통행비용을 파악하기 위해

해설
O·D조사는 그 지역 내에서 평일에 일어나는 모든 이동의 표본적인 양상을 조사하는 것으로 통행의 분포상태를 파악하기 위해 조사를 시행한다.

17 일반적인 도시교통의 특성으로 틀린 것은?

① 대량수송을 필요로 한다.
② 도심과 같은 특정지역에 통행이 집중된다.
③ 출발지와 목적지를 연결하는 장거리 교통이 대부분이다.
④ 통행로, 교통수단, 터미널 등에 의해서 승객에게 서비스를 제공한다.

해설
도시교통은 주요 지점을 연결하는 "단거리 교통"이 주를 이룬다.

18 교통존의 설정에 대한 설명으로 틀린 것은?

① 다양한 토지이용이 하나의 존에 포함되도록 한다.
② 행정구역과 가급적 일치시킨다.
③ 간선도로는 존 경계와 일치하도록 한다.
④ 혼잡한 지역의 경우 혼잡하지 않은 지역에 비해 존의 크기가 작아야 한다.

해설
교통 존을 설정할 때에는 가급적 토지 이용이 동질하도록 설정하여야 한다.

19 다음 중 장기교통계획에 비해 교통체계관리기법(TSM)이 갖는 특징으로 틀린 것은?

① 단기적 편익이 발생한다.
② 주로 소규모 지역을 대상으로 한다.
③ 다양한 교통수단을 고려하여 대안을 선택한다.
④ 문제 상황이 명확히 정의되고 관측이 가능하다.

해설
TSM은 단기적 효과, 미시적 규모, 계량화 가능의 특성을 지닌다. 다양한 교통수단을 고려하여 대안을 만들면 시간이 너무 오래 걸리거나 빠른 결정을 하기 어려워진다. 따라서 TSM의 목적과 부합하지 못하게 된다.

20 둘 이상의 기능을 합한 복합교통 시스템으로서, 자동차에 사람이나 화물을 실은 채 철도로 운반하는 시스템은?

① Car Ferry
② Piggyback System
③ Dual-mode Bus System
④ Tube Transportation System

해설
Piggyback 시스템
- 둘 이상의 수송기능을 복합하여 운영
- 대량수송기관의 이점과 자동차의 접근기능을 결합한 복합물류 시스템
- 화물을 적재한 화물차량을 철도로 수송하는 경우에 사용
- 해상수단이 포함되면 Car Ferry라 부름

정답 14 ② 15 ④ 16 ② 17 ③ 18 ① 19 ③ 20 ②

제2과목 교통공학

21 지점 속도의 빈도 분포에 관한 설명으로 옳지 않은 것은?

① 정규분포에서 속도의 중위값은 항상 50% 속도와 일치하지 않는다.
② 85% 속도는 그 교통류 내에서 합리적인 속도의 최대값을 나타낸다.
③ 최빈 10 km/h 속도는 10 km/h 속도 범위안에서 빈도수가 가장 많은 속도 범위를 나타낸다.
④ 보통 85% 속도를 실제 현장의 도로조건에 적합한 교통운영계획을 세우는데 기준 속도로 삼는다.

해설
지점속도는 샘플의 개수가 충분할 경우 정규분포를 따르므로, 좌우 대칭인 분포를 갖게 되고, 중위값은 항상 50% 속도와 일치하게 된다.

22 밀도가 70대/km, 공간평균속도기 35km/h일 때 교통량은?

① 500대/시   ② 1,200대/시
③ 2,000대/시   ④ 2,450대/시

해설
$Q = u \cdot k$, $Q = 35 \cdot 70 = 2,450$, ∴ 2,450대/시

23 한 접근로에서 2가지(A, B) 상태의 교통류가 관측되었다. A상태의 교통류는 200대/시의 교통량과 160대/km의 밀도를 가지며, B상태의 교통류는 350대/시의 교통량과 260대/km의 밀도를 가질 때, 두 교통류에서 발생하는 충격파의 속도는?

① 0.03km/h   ② 0.67km/h
③ 1.50km/h   ④ 2.52km/h

해설
$w_{AB} = \dfrac{q_A - q_B}{k_A - k_B}$, $w_{AB} = \dfrac{200 - 350}{160 - 260} = 1.50\,km/h$

24 신호교차로 용량분석의 이상적인 조건으로 옳지 않은 것은?

① 차로폭은 2.5m 이상
② 교통류는 직진이며, 모두 승용차로 구성
③ 접근부 정지선의 상류부 75m 이내에 노상 주·정차시설 없음
④ 접근부 정지선의 상류부 60m 이내에 진출입 차량이 없을 것

해설
차로폭은 3.0m 이상 확보되어야 한다.

25 어느 대기행렬시스템의 특성을 「M/D/1」으로 표현한 경우, 이 시스템에 대한 설명으로 옳은 것은?

① 도착확률분포 : random, 서비스율 : deterministic, 서비스기관의 수 : 1개소
② 도착확률분포 : deterministic, 서비스율 : random, 서비스기관의 수 : 1개소
③ 도착률 : deterministic, 대기행렬상태 : random, 서비스기관의 수 : 1개소
④ 도착률 : random, 대기행렬상태 : drive through, 서비스기관의 수 : 1개소

해설
M/D/1 = 도착확률분포 : 무작위, 서비스율 : 고정(결정), 서비스기관의 수 : 1개소

26 교통류 차두시간 및 차량도착 특성의 확률분포에 대한 설명으로 옳지 않은 것은?

① 분산/평균비가 1.0보다 현저히 클 때 음이항분포를 사용하면 좋다.
② 교통량 계수기간 동안 교통량의 변화가 없을 경우 음이항분포가 사용된다.
③ 분사/평균비가 1.0보다 작고 교통량이 많은 교통류에 이항분포를 사용하면 잘 맞는다.
④ 얼랑(Erlang) 분포에서는 차두시간이 최소허용시간보다 작을 확률이 0이 아닌 아주 작은 값을 갖는다고 본다.

해설
음이항분포는 교통량 계수기간 동안 교통량의 변화가 예상될 경우 사용한다.

정답 21 ① 22 ④ 23 ③ 24 ① 25 ① 26 ②

27 아래 고속도로 기본구간의 용어에 대한 설명 중 ㉠, ㉡에 들어갈 말로 알맞은 것은?

> 특정 경사 구간은 경사가 (㉠)이상이고, 경사 길이가 (㉡)이상인 단일 경사 구간을 말한다.

① ㉠: 3%, ㉡: 200m ② ㉠: 3%, ㉡: 500m
③ ㉠: 5%, ㉡: 200m ④ ㉠: 5%, ㉡: 500m

[해설] 특정경사구간은 경사가 3% 이상, 경사 길이가 500m 이상인 단일경사구간을 말한다.

28 5분 동안 어느 지점을 통과하는 차량 10대의 속도를 측정한 결과가 아래와 같을 때 공간 평균 속도는?

회	1	2	3	4	5	6	7	8	9	10
속도 (km/h)	45	50	46	53	62	79	76	85	54	50

① 약 50 km/h ② 약 54 km/h
③ 약 58 km/h ④ 약 62 km/h

[해설]
$$SMS = \frac{10}{\frac{1}{45}+\frac{1}{50}+\frac{1}{46}+\frac{1}{53}+\frac{1}{62}+\frac{1}{79}+\frac{1}{76}+\frac{1}{85}+\frac{1}{54}+\frac{1}{50}}$$
$= 57.124 km/h$ ∴ 약 58 km/h

29 가변차로제에 대한 설명으로 옳은 것은?

① 교통사고 발생률이 급감한다.
② 교통통제시설 설치비가 많이 소요된다.
③ 대중교통노선의 조정이 반드시 필요하다.
④ 교통량이 많은 방향에 대한 용량 부족이 초래된다.

[해설] 가변차로제는 교통통제시설 설치비가 많이 들고, 운영이 복잡한 단점이 있다.

30 황색신호 시간 길이의 결정에 관계없는 것은?

① 교차로의 폭   ② 신호현시의 수
③ 차량의 임계감속도 ④ 운전자의 반응시간

[해설] $y = t + \frac{v}{2a} + \frac{w+l}{v}$, 공식에 나와있지 않은 변수는 신호현시의 수 이다.

31 시공도(Time-Space Diagram)에서 확인할 수 없는 사항은?

① 진행대폭   ② 신호 옵셋
③ 개별차량 속도 ④ 신호교차로 용량

[해설] 시공도(Time-Space Diagram)는 시간 공간도라고도 불리우며 시간에 따른 차량의 움직임을 파악할 수 있는 도면이다. 따라서 개별차량의 속도와 진행대 폭을 알 수 있고, 신호에 따른 움직임을 보고 옵셋을 확인할 수 있다. 하지만, 신호교차로의 용량은 시간과 거리의 도면만으로는 확인할 수 없다.

32 통행시간 및 지체조사 방법으로 성격이 다른 하나는?

① 이동차량 조사법   ② 평균속도 주행법
③ 교통류 적응 주행법 ④ 차량번호판 해독법

[해설] 번호판 해독법은 차량에 탑승하지 않고 시행할 수 있는 방법이다.

33 차량이 움직이는 과정에 발생하는 저항에 대한 설명으로 옳지 않은 것은?

① 경사저항은 차량무게가 경사로 윗방향으로 작용한다.
② 구름저항은 구르는 타이어와 노면간의 마찰에 의해 발생한다.
③ 곡선저항은 차량이 곡선 모양의 길을 따라 움직일 때 발생한다.
④ 공기저항은 버스나 트럭의 저항이 일반 승용차에 비하여 많다.

[해설] 경사저항은 차량 무게가 경사로 아랫방향으로 작용하는 분력을 말한다.

34 고속도로의 엇갈림 구간에 대한 설명으로 옳지 않은 것은?

① 엇갈림 구간의 효과척도로는 공간 평균속도를 사용한다.
② 엇갈림 구간의 길이는 물리적인 고어부 사이의 거리로 한다.
③ 엇갈림 구간의 교통류 특성에 영향을 미치는 도로

기하구조 요소는 엇갈림구간의 형태, 길이, 폭(차로 수)이다.
④ 엇갈림 구간의 길이는 본선-연결로 엇갈림 구간의 경우 최소 200m를 넘게 하는 것이 통행 안전상 바람직하다.

[해설]
엇갈림 구간의 효과척도로는 평균밀도(대/km)를 사용한다.

35 일반적인 차량추종모형에서 입력 값으로 고려되지 않는 변수는?

① 차량 속도 ② 차량 위치
③ 마찰 계수 ④ 운전자 민감도

[해설]
차량추종모형은 차량의 간격, 차량이 움직인 거리, 차두거리, 차량의 속도, 가속도 등이 변수로 고려된다. 추종모형은 대표적인 미시모형이므로 매크로한 차원에서 분석 가능한 차량군의 밀도 차이는 고려하기 어렵다.

36 차량 운행 중 외부자극에 대한 인간의 신체적 반응 과정인 PIEV 과정에 속하지 않는 것은?

① 식별 ② 반응
③ 인지 ④ 회피

[해설]
PIEV 과정은 지각(Perception) – 식별(Identification 혹은 Intellection(이해)) – 행동판단(Emotion) – 반응(Volition)으로 이루어진다. 회피 과정은 PIEV에 속하지 않는다.

37 승용차환산계수(PCE)에 대한 설명으로 옳은 것은?

① 교통류 내 대형차의 혼입 비율을 말한다.
② 일반지형에서 구릉지나 산지보다 평지에서 더 큰 값을 가진다.
③ 교통 구성 뿐만아니라 종단 경사에도 영향을 받는다.
④ 도로 상에서 대형차 1대가 소형차 몇 대와 길이가 같은가를 나타낸다.

[해설]
승용차환산계수는 소형, 중형, 대형차량으로 구분하여 평지, 구릉지, 산지 등 지형(종단경사 포함)에 따라 각각 적용한다.

38 교통량(q), 속도(u), 밀도(k)의 상관관계 ($q = u \times k$)에서 속도의 의미는?

① 설계속도 ② 지점속도
③ 공간평균속도 ④ 시간평균속도

[해설]
공간평균속도는 교통류 분석 시에 사용되는 속도이다. 따라서 $Q = u \cdot k$에서 사용되는 속도는 공간평균속도이다.

39 아래와 같은 [조건]에서 지방부 2차로도로의 어떤 구간에서의 지점 속도를 조사할 때 필요한 최소 표본의 수는?

[조 건]
• 속도 표준편차: 8.5km/h • 허용오차: ±2km/h
• 신뢰수준 95%에서의 K값: 1.96

① 43개 ② 52개
③ 61개 ④ 70개

[해설]
$$n \geq \left(\frac{Z_{\frac{\alpha}{2}} \times \sigma}{\varepsilon}\right)^2$$
여기서, n : 표본의 크기, Z : 표준화 변수, α : 신뢰구간, σ : 모집단의 표준편차, ε : 최대허용오차
$$n \geq \left(\frac{Z_{\frac{\alpha}{2}} \times \sigma}{\varepsilon}\right)^2 = \left(\frac{1.96 \times 8.5}{2}\right)^2 = 69.39 \approx 70$$

40 아래 [조건]에서의 유효녹색시간은?

[조 건]
• 녹색시간: 20초 • 진행연장시간: 2초
• 소거손실시간: 2초 • 출발손실시간: 2초
• 황색시간: 4초

① 18초 ② 20초
③ 22초 ④ 24초

[해설]
유효녹색시간 = 녹색시간 + 황색시간 – 출발손실시간 – 소거손실시간 = 녹색시간 – 출발지연시간 + 진행연장시간,
따라서 20 + 4 – 2 – 2 = 20초가 된다.

정답 35 ③ 36 ④ 37 ③ 38 ③ 39 ④ 40 ②

제3과목 교통시설

41 평면교차로 설계의 기본원리로 틀린 것은?

① 상충의 횟수를 최소화 시킨다.
② 분·합류를 단순화시키고 일관성을 유지한다.
③ 교통량이 많고 속도가 높은 교통류에 우선권을 부여한다.
④ 상충지점의 면적을 최대화시킨다.

해설
상충지점의 면적을 최소화시켜야 한다.

42 다음 중 1대당 최소 주차 소요 면적이 가장 큰 각도 주차 형식은? (단, 차종은 경형을 기준으로 하며 전진주차 방식이다.)

① 30도 주차
② 45도 주차
③ 60도 주차
④ 90도 주차

해설
30°주차는 1대당 최소 주차 소요 면적이 가장 큰 각도 주차 형식으로 면적의 효율성은 떨어지나 주차하기 용이한 방법이다.

43 아래의 설명에 해당하는 회전교차로의 기하구조 구성요소는?

통행이 불가능하도록 만들어진 중앙교통섬과 회전차로 사이에 대형자동차가 밟고 지나갈수 있도록 차로면 보다 약간 높게, 포장 재료를 바꾸어 설치한 부분

① 퍼짐(Flare)
② 화물차턱
③ 분리교통섬
④ 연석돌출부

해설
화물차 턱(Truck Apron)은 중앙교통섬의 가장자리에 대형자동차 또는 세미트레일러가 밟고 지나갈 수 있도록 만든 부분으로 설치 여부는 해당 교차로의 기능, 용지 여건, 대형차 혼입율에 따라 선택적으로 결정되며, 화물차 턱은 중앙교통섬의 일부가 된다.

44 보도의 유효폭 기준이 옳은 것은?
(단, 지방지역의 도로와 도시지역의 국지도로 중 지형상 불가능하거나 기존 도로의 증설·개설 시 불가피하다고 인정되는 경우는 고려하지 않는다.)

① 최소 1.0m 이상
② 최소 2.0m 이상
③ 최소 3.0m 이상
④ 최소 4.0m 이상

해설
보도의 폭은 보행자가 일반적으로 여유를 가지고 엇갈려 지나갈 수 있는 2.0m를 최소 유효폭으로 하여야 한다.
※ 보도는 보행자의 안전하고 원활한 통행을 위하여 연속성, 평탄성 및 일직선 형태의 보행 경로를 유지하도록 한다. 보도의 폭은 보행자 교통량 및 목표 보행자 서비스 수준에 의해 결정하되, 가능한 여유 있는 폭이 확보될 수 있도록 한다. 다만, 지방지역도로와 도시지역의 국지도로에서 기존 도로의 증·개설시 및 주변지형여건, 지장물 등으로 유효 보도폭 2.0m를 확보할 수 없는 경우에는 1.5m까지 유효 보도폭을 축소할 수 있도록 하였다.

45 곡선도로에 설치하는 완화곡선의 종류 중 일반적으로 이용되는 클로소이드 곡선의 기본식이 옳은 것은?(단, A: 클로소이드 곡선의 파라미터, L: 클로소이드 곡선의 길이, R: 단곡선의 곡선반경)

① $\dfrac{R}{L} = A^2$
② $R + L = A^2$
③ $\dfrac{L}{R} = A^2$
④ $R \times L = A^2$

해설
완화곡선에는 여러 가지 곡선식이 적용되는데, 그 중 가장 대표적인 곡선이 클로소이드 곡선이다. 클로소이드 곡선 기본식은 $R \cdot L = A^2$이며, 완화곡선을 클로소이드로 쓰는 경우 $\dfrac{R}{3} \leq A \leq R$이 되도록 권장한다.

46 설계속도가 80 km/h인 평지 도로에서 노면과 타이어의 마찰계수가 0.27 일 때, 최소정지시거는?(단, 운전자 반응시간은 2.5초이다.)

① 약 66m
② 약 93m
③ 약 107m
④ 약 149m

해설
$mssd = \dfrac{2.5 \cdot 80}{3.6} + \dfrac{80^2}{254(0.27+0)} = 148.88$,
∴ 약 149m

47 각도주차 방식에 비하여 평행주차 방식이 갖는 특징으로 옳은 것은?

① 주차 시 다른 자동차의 간섭을 적게 받는다.

정답 41 ④ 42 ① 43 ② 44 ② 45 ④ 46 ④ 47 ④

② 자동차의 주차배열이 비교적 질서 정연하다.
③ 측방의 주차면을 병렬로 이용함으로써 주차용량을 증대시킬 수 있다.
④ 소형차가 주차할 때 차체 길이의 차이를 유효하게 이용할 수 있는 장점이 있다.

> **해 설**
> 평행주차(Parallel Parking)는 차량의 방향이 차도와 선형으로 평행하고 인접한 교통의 흐름과 동일한 방향(평행)이 되도록 주차하는 방식을 말한다. 종열주차라고도 한다. 소형차가 주차할 때 차체 길이의 차이를 유효하게 이용할 수 있는 장점이 있는 반면, 주차장의 길이가 길어지는 단점이 있다.

48 고속도로의 설계속도가 100km/h일 때, 버스 정류장의 최소 길이 기준으로 옳은 것은?

① 520m ② 470m
③ 420m ④ 310m

> **해 설**
> 버스 정류장의 제원(고속도로)은 아래와 같다.
>
> | 구분 \ 설계속도(km/h) | 120 | 100 | 80 | 비고 |
> |---|---|---|---|---|
> | 버스정류장 길이 LT(m) | 540 | 470 | 420 | 직접식 |
> | | 600 | 530 | 430 | 평행식 |
>
> 직접식 470m, 평행식 530m 이므로 최소길이는 470m가 된다.

49 다른 도로와의 연결허가 금지구간 기준이 옳지 않은 것은?

① 교차로 주변의 변속차로 등의 설치 제한거리 이내의 구간
② 교량 등의 시설물과 근접되어 변속차로를 설치할 수 없는 구간
③ 버스정차대, 측도 등 주민편의시설이 설치되어 이를 옮겨 설치할 수 없는 구간
④ 종단경사가 산지에서 5%를 초과하는 구간

> **해 설**
> 종단경사가 평지에서 6%, 산지에서 9%를 초과하는 구간에서는 다른 도로와의 연결이 금지된다.

50 설계속도에 대한 설명으로 틀린 것은?

① 자유속도에서 교통류 내의 내부마찰과 도로변마찰로 인한 지체를 감안한 속도이다.
② 차량의 주행에 영향을 미치는 도로의 물리적 형상을 상호 관련시키기 위해 선택된 속도이다.
③ 도로 설계요소의 기능이 충분히 발휘될 수 있는 조건 하에서 운전자가 도로의 어느 구간에서 쾌적성을 잃지 않고 유지할 수 있는 적정 속도이다.
④ 도로의 기하구조를 결정하는데 기본이 된다.

> **해 설**
> 도로의 기하구조를 결정하는 데 기본이 되며 운전자들이 쾌적성을 잃지 않고 유지할 수 있는 속도가 설계속도이다. 설계속도는 차량의 주행에 영향을 미치는 도로의 물리적 형상을 상호 관련시키기 위해 선택하는 속도이기도 하다.

51 설계속도가 80 km/h인 곡선부에서 횡방향 미끄럼마찰계수가 0.12, 편경사가 6%인 구간에 적용할 수 있는 최소 평면곡선 반지름은?

① 70m ② 185m
③ 280m ④ 315m

> **해 설**
> $$r = \frac{V^2}{127(i+f)} = \frac{80^2}{127(0.06+0.12)} = 279.97$$
> ∴ 약 280m

52 지방지역 고속국도의 평지(㉠) 및 산지(㉡)의 설계속도는 최소 얼마 이상으로 하는가?

① ㉠ : 80 km/h, ㉡ : 60 km/h
② ㉠ : 110 km/h, ㉡ : 70 km/h
③ ㉠ : 120 km/h, ㉡ : 100 km/h
④ ㉠ : 140 km/h, ㉡ : 120 km/h

> **해 설**
> 지방지역 고속도로에서 평지는 120km/h, 산지는 100km/h를 설계속도의 최소값으로 한다.

53 교통사고를 방지하기 위하여 필요하다고 인정하는 경우에 설치하는 도로안전시설로 가장 거리가 먼 것은?

① 도로반사경 ② 시선유도시설
③ 방호울타리 ④ 과적차량검문소

> **해 설**
> 도로의 구조 · 시설 기준에 관한 규칙 제38조(도로안전시설 등) 조항에 의거 교통사고를 방지하기 위하여 필요하다고 인정되는 경우에는 시선유도시설, 방호울타리, 충격흡수시설, 조명시설,

과속방지시설, 도로반사경, 미끄럼방지시설, 노면요철포장, 긴급제동시설, 안개지역 안전시설, 횡단보도육교(지하횡단보도를 포함한다) 등의 도로안전시설을 설치하여야 한다. 과적차량검문소는 해당 조항에서 도로안전시설로 언급되지 않았다.

54 네 갈래 교차 인터체인지의 대표적 형식 중 용지가 적게 들고 교통의 우회거리도 짧아 경제적이지만 접속 도로와의 연결로 접속부분에서 생기는 교차부의 도로 교통 용량이 작아지는 단점이 있는 불완전 입체교차형은?

① 불완전클로버형
② 준직결형
③ 트럼펫형(네 갈래)
④ 다이아몬드형

해설
불완전입체교차란 평면으로 교차하는 교통류를 하나 이상 포함하는 입체교차를 말한다. 다이아몬드형 입체교차는 대표적인 불완전 입체교차로 연결로가 본선과 거의 직선으로 설치되는 형태로서, 부도로와 평면교차되어 처리되는 형상이 다이아몬드형을 닮은 입체교차 형태이다. 부도로가 평면교차되는 접속부분에서 용량이 작아지는 단점이 있다.

55 다음과 같은 특징을 갖는 시거는?

- 운전자의 판단착오를 시정할 여유를 준다.
- 정지하는 대신 동일한 속도로 또는 감속을 하면서 안전한 행동을 취할 수 있게 해준다.
- 인터체인지와 교차로, 도로표지 및 광고 등이 집중되어 있어 시각적 혼란이 일어나기 쉬운 곳에는 반드시 확보되어야 한다.

① 종단시거
② 평면시거
③ 피주시거
④ 앞지르기시거

해설
피주시거(避走視距)란 운전자가 진행로상에 산재해 있는 예측 불가능한 위험요소를 발견하고 그 위험성을 판단하여, 적절한 속도와 진행방향을 선택하여 필요한 안전조치를 효과적으로 취하는데 필요한 거리를 말한다. 운전자의 판단착오를 시정할 여유를 주며, 가감속을 통해 안전한 행동을 취할 수 있게 해준다. 시각적 혼란이 일어나기 쉬운곳에는 피주시거가 반드시 확보되어야 안전성을 증대시킬 수 있다.

56 교통의 안전과 소통의 원활을 도모하기 위해 설치하는 도로교통정보 안내 시설에 관한 설명으로 틀린 것은?

① 설치 구조 형식에 따라 문형식, 내민식, 부착식 등이 있다.
② 표출 형식에 따라 문자식 표시, 도형식 표지 등이 있다.
③ 도로전광표지(VMS), 폐쇄회로티비(CCTV), 교통량검지기 등이 있다.
④ 문자의 주요 표시내용은 도로, 기상, 교통, 규제상황, 우회의 지시 등으로 간결하고 명료하게 표현하여야 한다.

해설
일반적으로 교통량 검지기는 땅에 매설되어 있으므로 쉽게 발견하기 어려울 뿐만 아니라 안내기능을 갖지 않으므로 안내시설이라고 보기 어렵다. CCTV 역시 관리자만 확인할 뿐, 정보의 안내 기능을 갖지 않는다.

57 측도에 대한 설명으로 틀린 것은?

① 도로의 구조가 성토와 절토로 이루어져 본도로와 고저차가 있어 자동차가 주변으로 출입이 불가능한 경우에 설치한다.
② 고속도로가 지방지역을 통과할 경우에는 교통의 분산이나 합류의 목적으로 측도를 설치하는 것이 바람직하다.
③ 고속도로의 경우 측도를 일방통행으로 운영하여 자동차의 고속주행과 함께 토지이용의 효율을 높일 수 있다.
④ 계획교통량이 비교적 많은 4차로 이상의 고속도로 또는 간선도로에서 필요에 따라 설치한다.

해설
교통의 분산이나 합류의 목적으로 측도를 설치하는 것이 바람직한 경우는 고속도로가 도시지역을 통과할 경우이다.

58 중앙분리대의 기능에 관한 설명으로 틀린 것은?

① 비분리 다차로 도로에 있어서 대향차로의 오인을 방지한다.
② 도로표지, 기타 교통관제시설 등을 설치할 수 있는 장소로 제공된다.
③ 유턴(U-Turn)을 용이하게 할 수 있어 교통류의 혼잡을 피할 수 있다.
④ 광폭 분리대일 경우 사고 및 고장 차량이 정지할 수 있는 여유 공간을 제공한다.

해설
중앙분리대는 필요에 따라 유턴 등을 방지하여 교통류의 혼잡을 줄여 안전도를 향상시킨다.

정답 54 ④ 55 ③ 56 ③ 57 ② 58 ③

59 도로의 기능과 이동성 및 접근성과의 관계를 나타낸 그림에서 ㉡에 해당하는 도로는?

① 고속도로 ② 집산도로
③ 간선도로 ④ 국지도로

해 설
두 번째로 이동성이 강한 기능을 하는 도로는 간선도로이다.

60 길이 1천m 이상의 터널 또는 지하차도에서 오른쪽 길어깨의 폭을 얼마 미만으로 하는 경우에 최소 750m 간격으로 비상주차대를 설치하여야 하는가?

① 3.0m ② 2.5m
③ 2.0m ④ 1.5m

해 설
길이 1천 미터 이상의 터널 또는 지하차도에서 오른쪽 길어깨의 폭을 2미터 미만으로 하는 경우에는 최소 750미터의 간격으로 비상주차대를 설치하여야 한다.

제4과목 도시계획개론

61 기후변화에 대응한 저탄소 도시 조성을 위한 도시관리정책 수단으로 가장 거리가 먼 것은?

① 도시의 외연적 확대를 통한 도시 열섬현상 완화
② 차량 운행 억제를 위한 자동차 관련 규제 강화
③ 대중교통 중심 개발 추진
④ 용도지역 상한제 적용을 통한 이동거리 감소

해 설
성장관리정책의 목적은 도시의 외연적 확산을 방지하는데 있다.

62 수도권의 인구와 산업을 적정하게 배치하기 위하여 구분한 권역에 해당하지 않는 것은?

① 개발제한권역 ② 과밀억제권역
③ 성장관리권역 ④ 자연보전권역

해 설
수도권은 과밀억제권역, 성장관리권역, 자연보전권역으로 구분한다. 개발제한권역이라는 용어는 없다.

63 하워드(E. Howard)가 제시한 전원도시의 조건에 해당하지 않는 것은?

① 토지는 원칙적으로 사유를 인정한다.
② 시가지에는 충분한 오픈 스페이스를 확보한다.
③ 시민 경제를 유지할수 있는 정도의 공업을 유치한다.
④ 도시 주변에 식량의 자급자족을 위하여 넓은 농경지를 확보한다.

해 설
하워드(E. Howard)가 제시한 전원도시에서는 '토지의 공유화'를 주요 조건으로 한다.

64 다음과 같은 특징을 갖는 국지도로 형태는?

• 각 가구를 잇는 도로가 하나이므로 통과교통이 없다.
• 각 가구와 관계없는 자동차의 진입을 방지할 수 있어 프라이버시 보호 기능이 있다.
• 우회도로가 없다.

① 환상형 ② 격자형
③ 루프(loop)형 ④ 쿨데삭(cul-de-sac)형

해 설
쿨데삭(Cul-de-sac)은 통과 교통량이 가장 적은 국지도로의 형태이다. 부정형적인 지형에도 적용이 용이하며 각 가구와 관계없는 자동차의 진입을 방지할 수 있어 주거환경의 쾌적성과 안전성을 동시에 확보 가능한 형태의 국지도로이다. 단, 우회도로가 없기 때문에 방재·방범상 불리하다는 단점이 있다.

65 도시계획의 역사에 관한 설명으로 틀린 것은?

① 하워드의 전원도시개념은 후에 신도시 개념의 모델이 되었다.
② 하워드의 전원도시 계획안은 방사환상형의 시가

지 패턴을 가지고 있다.
③ 위성도시의 개념은 중심도시로부터 지리적으로 분리되고 경제적으로 연결된 독립도시이다.
④ 도시미화운동은 유럽의 도시계획에 가장 많은 영향을 미친 문화적·환경적인 도시개발 운동이다.

해설
도시미화운동은 산업혁명 이후 도시환경개선의 필요성이 대두됨에 따라 보편화 된 것으로 미국 내 다른 도시로 파급되어 여러 도시의 개선에 기여하였다.

66 도시·군계획시설의 결정·구조 및 설치기준에 관한 규칙에 따른 용도지역별 도로율 기준이 틀린 것은?

① 주거지역 : 10% 이상 30% 미만
② 상업지역 : 25% 이상 35% 미만
③ 공업지역 : 8% 이상 20% 미만
④ 녹지지역 : 5% 이상 10% 미만

해설
녹지지역은 도로율 기준이 없다.

67 일반적으로 인구의 U-Turn 현상으로 설명되고 있는 개념은?

① 도시화 ② 가도시화
③ 역도시화 ④ 현상유지 도시화

해설
역도시화는 도시로 인구가 집중할수록 집적으로 인한 불이익과 문제가 커지게 되어 인구가 다시 고향이나 주변 지역으로 이주하는 u-턴 또는 ℓ턴 현상이 발생하는 것을 말한다.

68 개발밀도관리구역의 지정기준이 틀린 것은?

① 당해 지역의 도로율이 국토교통부령이 정하는 용도지역별 도로율에 20% 이상 미달하는 지역
② 향후 2년 이내에 당해 지역의 수도에 대한 수요량이 수도시설의 시설용량을 초과할 것으로 예상되는 지역
③ 향후 2년 이내에 당해 지역의 하수발생량이 하수시설의 시설용량을 초과할 것으로 예상되는 지역
④ 향후 2년 이내에 당해 지역의 학생수가 학교수용능력을 10%이상 초과할 것으로 예상되는 지역

해설
개발밀도관리구역은 향후 2년 이내에 당해 지역의 학생수가 학교수용능력을 20% 이상 초과할 것으로 예상되는 지역을 기준으로 한다.

69 수출기반모형에 대한 설명이 틀린 것은?

① 시·군 단위의 소단위 지역까지 분석이 가능하여 널리 사용되는 모형이다.
② 수출승수를 몰라도 정책적 파급효과의 분석이 쉽다.
③ 수출승수를 구하기 위한 지역 수출량 조사 방법으로 가정법, 입지상법, 최소고용요구량법, 회귀분석법이 있다.
④ 지역에서 생산된 제품에 대한 지역 외부의 수요가 지역 경제의 성장을 유도한다는 전제를 바탕으로 한다.

해설
수출기반모형은 수출승수를 가지고 특화산업, 비기반산업 여부를 판단하기 때문에 수출승수를 모르면 파급효과 분석이 쉽지 않다.

70 다음과 가장 관련이 깊은 도시구성형태는?

- 도시구성의 양단부가 개방적이다.
- 불필요한 행동거리가 길다.
- 마드리드, 스탈린그라드

① 선형 ② 격자형
③ 격자방사형 ④ 방사환상형

해설
도시 가로망 구성형태 중 대상형(帶狀型) 도시는 선형 도시라고도 불리우며, 양 끝 부분이 개방되어있어 산간지대에 적합하고, 접근이 쉬워 공업도시에 적합하다. 스페인 마드리드, 러시아 스탈린그라드, 마산 등이 대표적인 도시이다.

71 대중교통지향개발(TOD)에 대한 설명으로 적합하지 않은 것은?

① 토지 이용과 교통 체계 간의 밀접한 상호 영향 관계를 고려하는 계획이다.
② 철도역, 지하철역 또는 버스정류장과 같은 교통결절점을 중심으로 주거, 상업, 업무 등의 다양한 기능을 배치하도록 하고 있다.
③ 도시의 외연적 확산을 촉진하고 승용차의 이용 편리성을 제고하는 데에 목적이 있다.

정답 66 ④ 67 ③ 68 ④ 69 ② 70 ① 71 ③

④ 배기가스로 인한 환경오염을 저감하여 도시민의 건강을 증진할 수 있다.

> **해설**
> 대중교통지향개발(TOD ; Transit-Oriented Development)로 도시의 무분별한 외연적 확산을 방지할 수 있다.

72
특별시 · 광역시 · 특별자치시 · 특별자치도 · 시 또는 군의 관할 구역에 대하여 기본적인 공간구조와 장기발전방향을 제시하는 종합계획으로서 도시 · 군 관리계획 수립의 지침이 되는 계획은?

① 광역도시계획 ② 용도지역계획
③ 지구단위계획 ④ 도시 · 군기본계획

> **해설**
> ① 광역도시계획 : 광역계획권의 장기발전방향을 제시하는 계획을 말한다.
> ② 용도지역계획 : 도시 · 군관리계획의 일부로 수립되는 계획을 말한다.
> ③ 지구단위계획 : 도시 · 군계획 수립 대상지역의 일부에 대하여 토지 이용을 합리화하고 그 기능을 증진시키며 미관을 개선하고 양호한 환경을 확보하며, 그 지역을 체계적 · 계획적으로 관리하기 위하여 수립하는 도시 · 군관리계획을 말한다.

73
계획이론과 그 내용이 옳은 것은?

① 프리드만의 교류적 계획(transactive planning) - 지속적 조정과 적용을 통하여 계획의 목표를 추구하는 접근방법
② 린드블룸의 점진적 계획(incremental planning) - 체계적 접근방법을 통해 계획의 문제를 구명하고, 결정론적 의사결정 과정을 거치는 방식
③ 다비도프의 옹호적 계획(advocacy planning) - 다원적인 가치가 혼재하고 있는 사회에서 단일 계획안이 아닌 복수의 다원적 계획을 수립하는 접근방식
④ 맨하임의 급진적 계획(radical planning) - 상위 정부에 의하여 계획이 수립되는 접근방식

> **해설**
> 다비도프(Davidoff)의 옹호적 계획(advocacy planning)은 다원적인 가치가 혼재하고 있는 사회에서 단일 계획안이 아닌 복수의 다원적 계획을 수립하는 접근방식이다. 다비도프는 지역사회 주민집단의 이익을 옹호하여야 한다고 주장하였다.

74
인구 100만 이상의 대도시 계획에 적합하며, 횡적인 연결은 환상선으로, 도심부와 교외 및 외곽은 방사선으로 연결하는 형태로 도쿄, 파리가 대표적인 가로망 구성 형태는?

① 격자형 ② 방사형
③ 방사환상형 ④ 대각선삽입형

> **해설**
> 환상선과 방사선의 조합으로 구성되는 가로망은 방사환상형이다. 파리, 모스크바, 도쿄 등이 이에 해당한다.

75
도시토지이용의 예측 모형인 라우리모형(Lowry Model)에서 공간구조를 분류하는 항목에 해당하지 않는 것은?

① 기반부문(Basic Sector)
② 서비스부문(Service Sector)
③ 가계부문(Household Sector)
④ 환경부문(Environmental Sector)

> **해설**
> 라우리(Lowry)의 대도시 모형(Model of Metropolis)은 도시활동 부문을 기반부문 · 상업(서비스)부문 · 가계부문으로 분류하고 이들의 경제적 · 물리적 원리를 이용하여 상관관계를 분석하는 모형이다.

76
현재 인구가 50만 명인 도시가 있다. 과거 인구추세에 의한 평균 인구증가율이 3% 일 때, 등비급수법에 의해 추정한 20년 후의 인구는?

① 약 70만명 ② 약 90만명
③ 약 110만명 ④ 약 130만명

> **해설**
> $P_n = P_0(1+r)^n = 500,000(1+0.03)^{20} = 903,055$
> ≒ 약 90만 명

77
다음 중 도시 · 군관리계획에 해당하지 않는 것은?

① 개발제한구역의 지정 또는 변경
② 광역계획권의 장기발전방향 수립 또는 변경
③ 입지규제최소구역의 지정 또는 변경
④ 용도지역 · 용도지구의 지정 또는 변경

> **해설**
> 국토의 계획 및 이용에 관한 법률 제2조(정의) 4항 조항에 의거 "도시·군관리계획"이란 특별시·광역시·특별자치시·특별자치도·시 또는 군의 개발·정비 및 보전을 위하여 수립하는 토지이용, 교통, 환경, 경관, 안전, 산업, 정보통신, 보건, 복지, 안보, 문화 등에 관한 다음 각 목의 계획을 말한다.
> 　가. 용도지역·용도지구의 지정 또는 변경에 관한 계획
> 　나. 개발제한구역, 도시자연공원구역, 시가화조정구역(市街化調整區域), 수산자원보호구역의 지정 또는 변경에 관한 계획
> 　다. 기반시설의 설치·정비 또는 개량에 관한 계획
> 　라. 도시개발사업이나 정비사업에 관한 계획
> 　마. 지구단위계획구역의 지정 또는 변경에 관한 계획과 지구단위계획
> 　바. 입지규제최소구역의 지정 또는 변경에 관한 계획과 입지규제최소구역계획
> → 광역계획권의 장기발전방향 수립 또는 변경은 광역도시계획에서 제시된다. (국계법 제2조 1항)
> 　1. "광역도시계획"이란 제10조에 따라 지정된 광역계획권의 장기발전방향을 제시하는 계획을 말한다.

78 도시계획과정에서 비용편익분석 또는 비용효과분석을 시행하는 단계는?

① 집행
② 목표의 설정
③ 대안의 설정 및 평가
④ 상황의 분석 및 미래의 예측

> **해설**
> 비용편익 혹은 비용효과분석을 하는 이유는 대안을 선정하고 선정한 대안의 적정성을 판단하고 평가하기 위함이다.

79 공동구에 관한 설명으로 틀린 것은?

① 가로와 도시의 미관을 개선할 수 있다.
② 노면 내구력이 감소하여 노면유지비가 증대된다.
③ 빈번한 노면굴착의 방지로 교통장애를 제거 할 수 있다.
④ 수용 시설의 유지관리가 용이하다.

> **해설**
> 공동구란 전기·가스·수도 등의 공급설비, 통신시설, 하수도시설 등 지하매설물을 공동 수용함으로써 미관의 개선, 도로구조의 보전 및 교통의 원활한 소통을 위하여 지하에 설치하는 시설물을 말한다. 따라서 노면의 내구력을 보존할 수 있어 노면 유지비를 절감시킬 수 있다.

80 도시·군계획시설로서 국지도로에 대한 정의가 옳은 것은?

① 도로로 둘러싸인 일단의 지역인 가구를 구획하는 도로
② 시·군 교통의 집산기능을 하는 도로로서 근린주거구역의 외곽을 형성하는 도로
③ 근린주거구역의 교통을 보조간선도로에 연결하는 도로로서 근린주거구역의 내부를 구획하는 도로
④ 보행자전용도로·자전거전용도로 등 자동차 외의 교통에 전용되는 도로

> **해설**
> ① 국지도로, ② 보조간선도로, ③ 집산도로, ④ 특수도로

제5과목 교통관계법규

81 대중교통의 육성 및 이용촉진에 관한 법률의 정의에 따른 '간선급행버스체계'의 구성요소에 포함되지 않는 것은?

① 편리한 환승시설
② 교차로에서의 버스우선통행
③ 교통카드전용결제시스템
④ 버스전용차로

> **해설**
> 대중교통의 육성 및 이용촉진에 관한 법률 제2조(정의)
> 　5. "간선급행버스체계"라 함은 <u>버스전용차로</u>, <u>편리한 환승시설</u>, <u>교차로에서의 버스우선통행</u> 그 밖의 국토교통부령으로 정하는 사항을 갖추어 급행으로 버스를 운행하는 교통체계를 말한다.
>
> 대중교통의 육성 및 이용촉진에 관한 법률 시행규칙 제2조(간선급행버스체계의 구성요소)
> 「대중교통의 육성 및 이용촉진에 관한 법률」(이하 "법"이라 한다) 제2조제5호에서 "그 밖의 국토교통부령이 정하는 사항"이라 함은 다음 각 호의 사항을 말한다. 〈개정 2008. 3. 14., 2013. 3. 23.〉
> 　1. 버스정보시스템(BIS, Bus Information System)
> 　2. 버스사령실 등 버스운행관리시스템(BMS, Bus Management System)
> → 교통카드전용결제시스템은 법 조항에 제시된 사항이 아니다.

82 도로교통법령상 모든 차의 운전자가 다른 차를 앞지르지 못하는 장소에 해당하는 것은?

(단, 지방경찰청장이 필요하다고 인정하여 안전표지로 지정한 곳은 고려하지 않는다.)

① 다리 위
② 터널 밖
③ 자동차 전용도로
④ 지방지역 도로

[해 설]
도로교통법 제22조(앞지르기 금지의 시기 및 장소) 3항에 의거 모든 차의 운전자는 다음 각 호의 어느 하나에 해당하는 곳에서는 다른 차를 앞지르지 못한다.
1. 교차로, 2. 터널 안, 3. 다리위, 4. 도로의 구부러진 곳, 비탈길의 고갯마루 부근 또는 가파른 비탈길의 내리막 등 시·도경찰청장이 도로에서의 위험을 방지하고 교통의 안전과 원활한 소통을 확보하기 위하여 필요하다고 인정하는 곳으로서 안전표지로 지정한 곳

83 신호등의 성능 기준에 관한 아래의 설명에서 ( ) 안의 내용이 모두 옳은 것은?

> 등화의 밝기는 낮에 (㉠)미터 앞쪽에서 식별 할 수 있도록 하여야 하며, 등화의 빛의 발산각도는 사방으로 각각 (㉡)으로 하여야 한다.

① ㉠120 ㉡30도 이상
② ㉠130 ㉡30도 이상
③ ㉠140 ㉡45도 이상
④ ㉠150 ㉡45도 이상

[해 설]
도로교통법 시행규칙 제7조(신호등) 3항 조항에 의거
1. 등화의 밝기는 낮에 150미터 앞쪽에서 식별할 수 있도록 할 것
2. 등화의 빛의 발산각도는 사방으로 각각 45도 이상으로 할 것

84 도시교통정비 촉진법령상 도시교통정비지역에서 기본계획·중기계획 및 시행계획과 조화를 이루도록 하여야 하는 계획으로 규정되어 있지 않은 것은?

① 도시·군기본계획
② 도시·군계획시설계획
③ 도로건설·관리계획
④ '도시철도법' 제5조에 따른 도시철도망구축계획

[해 설]
도시교통정비촉진법 제11조(다른 계획과의 관계) 제1항에 의거 도시교통정비지역에서 다음 각 호의 계획을 수립하거나 변경하는 경우에는 기본계획·중기계획 및 시행계획과 적절한 조화를 이루도록 하여야 한다. 〈개정 2011.4.14., 2014.1.7., 2014.1.14.〉
1. 「도시철도법」 제5조에 따른 도시철도망구축계획

2. 도시·군기본계획
3. 도로건설·관리계획 [전문개정 2008.3.28.]

85 도로법상 도로관리청은 소관 도로의 경계선에서 얼마를 초과하지 아니하는 범위에서 접도구역을 지정할 수 있는가?(단, 고속국도의 경우는 제외한다.)

① 50m
② 40m
③ 30m
④ 20m

[해 설]
도로법 제40조(접도 구역의 지정 및 관리)
① 도로관리청은 도로 구조의 파손 방지, 미관(美觀)의 훼손 또는 교통에 대한 위험 방지를 위하여 필요하면 소관 도로의 경계선에서 20미터(고속국도의 경우 50미터)를 초과하지 아니하는 범위에서 대통령령으로 정하는 바에 따라 접도구역(接道區域)을 지정할 수 있다.

86 국가통합교통체계효율화법상 타당성 평가서를 작성하는 평가 대행자의 준수사항으로 틀린 것은?

① 다른 타당성 평가서의 주요 내용을 무단으로 복제하여 작성하여서는 아니 된다.
② 타당성 평가서 작성의 기초가 되는 자료를 거짓으로 작성하여서는 아니 된다.
③ 교통조사지침 또는 투자평가지침의 내용과 다르게 혁신적으로 교통 수요를 조사·분석하거나 예측하여야 한다.
④ 국가교통 데이터베이스와 국가교통조사서를 기초자료로 교통 수요를 예측하여야 한다.

[해 설]
국가통합교통체계효율화법 제23조(평가대행자의 준수사항)에 의거 교통조사지침 또는 투자평가지침의 내용과 다르게 교통 수요를 조사·분석하거나 예측하여서는 아니 된다.

87 도로법령상 도로와 다른 시설의 교차 방법에 관한 아래 내용에서 ( )에 들어갈 내용으로 옳은 것은?

> 고속국도, 자동차전용도로 또는 대통령령으로 정하는 도로와 다른 도로, 철도, 궤도, 교통용으로 사용하는 통로나 그 밖의 시설을 교차시키려는 경우에는 특별한 사유가 없으면 ( )로 하여야 한다.

① 신호교차시설
② 입체교차시설
③ 평면교차시설
④ 회전식교차시설

정답 83 ④ 84 ② 85 ④ 86 ③ 87 ②

해설
도로법 제51조(도로와 다른 시설의 교차 방법) 고속국도, 자동차전용도로 또는 대통령령으로 정하는 도로와 다른 도로, 철도, 궤도, 교통용으로 사용하는 통로나 그 밖의 시설을 교차시키려는 경우에는 특별한 사유가 없으면 입체교차시설로 하여야 한다.

88 교통안전에 관한 국가 또는 지방자치단체의 의무·추진체계 및 시책 등을 규정하고 이를 종합적·계획적으로 추진함으로써 교통안전증진에 이바지함을 목적으로 하는 법은?

① 교통안전법
② 도로교통법
③ 도시교통정비촉진법
④ 국가통합교통체계효율화법

해설
교통안전법 제1조(목적) 이 법은 교통안전에 관한 국가 또는 지방자치단체의 의무·추진체계 및 시책 등을 규정하고 이를 종합적·계획적으로 추진함으로써 교통안전 증진에 이바지함을 목적으로 한다.

89 대도시권 광역교통에 관한 업무를 수행하기 위하여 국토교통부 소속으로 두는 대도시권 광역교통위원회의 소관 업무가 아닌 것은? (단, 그 밖에 광역교통위원회가 필요하다고 인정하는 사항은 고려하지 않는다.)

① 광역교통수단과 연계된 환승 요금의 요율 및 기준에 관한 사항
② 광역교통시설에 대한 재정 지원에 관한 사항
③ 광역교통시설 부담금에 관한 사항
④ 대도시권 광역교통기본계획의 수립

해설
대도시권 광역교통기본계획은 대도시권 광역교통 관리에 관한 특별법 제3조(대도시권 광역교통기본계획의 수립) 조항에 의거 국토교통부장관이 수립한다.

90 국가통합교통체계효율화법에서 하나 또는 둘 이상의 교통수단을 이용하여 대규모 여객 또는 화물의 연계운송·환승·환적·하역·보관 등 주요 교통물류활동이 이루어지고 있는 공항·항만·철도역·터미널·산업단지 등 주요 근거지를 뜻하는 것은?

① 교통물류거점
② 환승지원시설
③ 물류환승거점
④ 복합환승센터

해설
국가통합교통체계효율화법 제2조(정의) ①항에 의거 10. "교통물류거점"이란 하나 또는 둘 이상의 교통수단을 이용하여 대규모 여객 또는 화물의 연계운송·환승·환적(換積)·하역·보관 등 주요 교통물류활동이 이루어지고 있는 공항·항만·철도역·터미널·산업단지 등 주요 근거지로서 다음 각 목의 어느 하나에 해당하는 것을 말한다.

91 국토교통부장관은 몇 년의 범위에서 교통 분야별 지능형교통체계의 계획을 수립하여야 하는가?

① 10년
② 7년
③ 5년
④ 3년

해설
국가통합교통체계효율화법 제73조 제3항에 의거 국토교통부장관은 지능형 교통체계 여건변화를 고려하여 5년마다 지능형 교통체계 기본계획을 전반적으로 재검토하고 필요한 경우 그 내용을 정비하여야 한다. 수립은 10년이다.

92 도시교통정비 기본계획의 시행 및 도시교통개선에 필요한 재원을 확보하고, 효율적으로 운용·관리하기 위하여 설치하는 지방도시 교통사업특별회계의 세입원이 아닌 것은? (단, 그 밖에 도시교통과 관련한 수입은 고려하지 않는다.)

① 혼잡통행료
② 교통유발부담금
③ 일반회계로부터의 전입금
④ 자동차 운행제한 위반 과태료

해설
특별회계가 세입으로 하는 수입 중 과태료는 별도로 다른 계약과 분리하지 아니하고 교통영향평가의 실시·변경에 관한 대행계약을 체결한 사업자에게 부과되는 과태료이다. 자동차 운행제한 위반 과태료는 지방도시교통사업특별회계 세입 항목이 아니다.

93 주차장법상 용어의 정의가 틀린 것은?

① 노상주차장 : 도로의 노면 및 교통광장 외의 장소에 설치된 주차장으로서 일반의 이용에 제공되는 것
② 기계식주차장 : 기계식주차장치를 설치한 노외주차장 및 부설주차장

③ 주차단위구획 : 자동차 1대를 주차할 수 있는 구획
④ 기계식주차장치 보수업 : 기계식주차장치의 고장을 수리하거나 고장을 예방하기 위하여 정비를 하는 사업

해설
주차장법 제2조(정의) 제1항에 의거 "주차장"이란 자동차의 주차를 위한 시설로서 다음 각 목의 어느 하나에 해당하는 종류의 것을 말한다.
가. 노상주차장(路上駐車場) : 도로의 노면 또는 교통광장(교차점광장만 해당한다. 이하 같다)의 일정한 구역에 설치된 주차장으로서 일반(一般)의 이용에 제공되는 것
→ 도로의 노면 및 교통광장 외의 장소에 설치된 주차장으로서 일반의 이용에 제공되는 것은 "노외주차장"이다.

94 국가교통안전기본계획의 원칙적인 수립권자와 수립기간 기준이 모두 옳은 것은?

① 지방경찰청장, 3년 단위
② 국토교통부장관, 5년 단위
③ 지방경찰청장, 5년 단위
④ 국토교통부장관, 3년 단위

해설
교통안전법 제15조(국가교통안전기본계획) 제1항에 의거 국토교통부장관은 국가의 전반적인 교통안전수준의 향상을 도모하기 위하여 교통안전에 관한 기본계획(이하 "국가교통안전기본계획"이라 한다)을 5년 단위로 수립하여야 한다.

95 주차장법상 노외주차장인 주차전용건축물의 건축 제한 기준이 틀린 것은?

① 건폐율 : 100분의 90이하
② 용적률 : 1천 500퍼센트 이상
③ 대지면적의 최소한도 : 45제곱미터 이상
④ 대지가 너비 12m 미만의 도로에 접하는 경우 높이 제한 : 건축물의 각 부분의 높이는 그 부분으로부터 대지에 접한 도로의 반대쪽 경계선까지의 수평거리의 3배 이하

해설
주차전용건축물의 용적률은 1,500% "이하"이다.

96 기계식주차장의 설치기준에 관하여 아래 ( )에 공통으로 들어갈 내용이 옳은 것은?

기계식주차장에는 도로에서 기계식 주차장치 출입구까지의 차로 또는 전면공지와 접하는 장소에 자동차가 대기할 수 있는 장소를 설치하여야 한다. 이 경우 주차대수 ( )를 초과하는 ( )마다 한 대분의 정류장을 확보하여야 한다.

① 10대
② 20대
③ 30대
④ 50대

해설
주차장법 시행규칙 제16조의2(기계식 주차장의 설치기준)
3. 기계식 주차장에는 도로에서 기계식 주차장치 출입구까지의 차로(이하 "진입로"라 한다) 또는 전면공지와 접하는 장소에 자동차가 대기할 수 있는 장소(이하 "정류장"이라 한다)를 설치하여야 한다. 이 경우 주차대수 20대를 초과하는 20대마다 한 대분의 정류장을 확보하여야 하며, 정류장의 규모는 다음 각 목과 같다. 다만, 주차장의 출구와 입구가 따로 설치되어 있거나 진입로의 너비가 6미터 이상인 경우에는 종단경사도가 6퍼센트 이하인 진입로의 길이 6미터마다 한 대분의 정류장을 확보한 것으로 본다.

97 대중교통을 체계적으로 육성·지원하고 국민의 대중교통수단 이용을 촉진하기 위하여 필요한 사항을 규정함으로써 국민의 교통편의와 교통체계의 효율성을 증진함을 목적으로 하는 법률은?

① 교통안전법
② 교통약자의 이동편의법
③ 국가통합교통체계 효율화법
④ 대중교통의 육성 및 이용촉진에 관한 법률

해설
대중교통의 육성 및 이용촉진에 관한 법률 제1조(목적)에 의거 이 법은 대중교통을 체계적으로 육성·지원하고 국민의 대중교통수단 이용을 촉진하기 위하여 필요한 사항을 규정함으로써 국민의 교통편의와 교통체계의 효율성을 증진함을 목적으로 한다.

98 도로교통법규상 안전표지의 종류를 모두 옳게 나열한 것은?

① 주의표지, 규제표지, 지시표지, 보조표지, 노면표시
② 주의표지, 규제표지, 지시표지, 안내표지, 노면표시
③ 주의표지, 규제표지, 지시표지, 보조표지, 금지표지
④ 주의표지, 규제표지, 지시표지, 안내표지, 금지표지

해설
도로교통법 시행규칙 [별표 6] 안전표지의 종류, 만드는 방식, 설치하는 장소·기준 및 표시하는 뜻(제8조 제2항 및 제11조 제1호 관련)

정답 94 ② 95 ② 96 ② 97 ④ 98 ①

① 일반기준 1.주의표지 · 규제표지 · 지시표지 · 보조표지
→ 노면표시도 안전표지의 일종이므로 안전표지의 종류는 주의표지, 규제표지, 지시표지, 보조표지, 노면표시가 된다.

99. 도시교통정비 촉진법령에 따라 도시교통정비 기본계획 수립을 위해 실시하는 기초조사의 내용에 포함되지 않는 것은?

① 인구 등 사회 · 경제 지표 현황 및 전망
② 자동차 보유 현황 및 증가 추세
③ 간선도로 및 교차로에서의 교통량 현황과 그 변화 추이
④ 교통혼합지역의 현황 · 원인 및 대책

해설
도시교통정비촉진법 시행령 제10조(기초 조사의 내용 등)에 의거 시장 또는 군수가 기본계획을 수립하기 위하여 법 제9조 제1항에 따라 실시하는 조사에는 다음 사항이 포함되어야 한다.
1. 인구 등 사회 · 경제지표 현황 및 전망
2. 토지이용 현황 및 계획
3. 자동차 보유 현황 및 증가 추세
4. 교통시설의 이용 현황 및 변화 추이
5. 간선도로 및 교차로에서의 교통량 현황과 그 변화 추이
6. 주요 간선도로별 시외 유입 · 출입 교통량과 그 변화 추이

100. 도로법상 정의하는 '도로의 부속물' 중 도로이용 지원시설에 해당하지 않는 것은?

① 주차장
② 도로표지
③ 휴게시설
④ 버스정류시설

해설
도로법 제2조(정의)
2. "도로의 부속물"이란 도로관리청이 도로의 편리한 이용과 안전 및 원활한 도로교통의 확보, 그 밖에 도로의 관리를 위하여 설치하는 다음 각 목의 어느 하나에 해당하는 시설 또는 공작물을 말한다.
가. <u>주차장, 버스정류시설, 휴게시설</u> 등 도로이용 지원시설

제6과목 교통안전

101. 야간사고가 많이 발생하는 지점에 대한 개선대책으로 가장 거리가 먼 것은?

① 가로조명 설치
② 시선유도표지 설치
③ 미끄럼 방지 노면포장
④ 반사도가 높은 특수노면표지 설치

해설
야간사고 예방을 위해 개선해야할 것은 빛의 확보를 통한 시인성과 주의력의 증대이다. 미끄럼 방지포장은 직접적인 개선대책에 해당하지 않는다.

102. 상충조사(conflict studies)의 목적으로 거리가 먼 것은?

① 교통사고로 인한 소통 문제구간을 파악하기 위해 실시한다.
② 상을 이용하여 사고의 위험성을 평가하기 위해 실시한다.
③ 사전 · 사후조사를 통한 교통안전개선사업의 효과를 분석하기 위해 실시한다.
④ 도로의 문제 지점에서 기하설계요소를 평가하기 위해 실시한다.

해설
상충조사는 지점조사이므로 구간의 문제를 파악하기는 어렵다.

103. 교통사고 자료 수집 시 일반적인 고려사항으로 가장 거리가 먼 것은?

① 도로교통사고 조사 양식은 주기적으로 타당성을 검토하는 것이 바람직하다.
② 교통사고조사 양식은 가급적 코드화하여 조사자에 따라 내용이 달라질 수 있는 여지를 줄이는 것이 좋다.
③ 도로교통사고 자료는 가급적 지리정보체계(GIS)를 통해 관리하여 향후 활용성을 높이는 것이 바람직하다.
④ 교통사고 발생장소에 대한 위치정보는 $X \cdot Y$ 좌표보다 도로명 주소를 활용하여 기입하는 것이 향후 교통사고자료를 활용할 때 더욱 편리하다.

해설
주소체계보다 $X \cdot Y$ 좌표를 이용하는 것이 보다 정확하고 편리하다.

정답 99 ④ 100 ② 101 ③ 102 ① 103 ④

104 교통사고의 발생요인인 운전자에 관한 설명으로 틀린 것은?

① 운전자는 정보처리과정에서 단지 수동적 요소다.
② 운전자는 자신의 선택에 의하여 운전의 스트레스를 감소 또는 증가시키기도 한다.
③ 운전자에 대한 환경적 요구는 시간에 따라 변한다.
④ 운전자의 운전능력은 시간에 따라 변한다.

해 설
운전자는 도로조건과 교통조건 및 운영조건, 차량과 상호 영향을 주고 받는 정보처리과정에서 적극적 요소이다.

105 과속방지턱의 주요 설치 목적이 아닌 것은?

① 통행안전성 향상　② 과속주행 방지
③ 보행자 무단횡단 억제　④ 통과차량 진입 억제

해 설
보행자 무단횡단 억제 기능은 교통안전시설 중 노변방호책(방호 펜스)이 갖는 기능이다.

106 평균사고율이 3.5건/MVK이고 분석기간동안이 구간의 사고율이 4.1 MVK/백만차량·km일 때, 95% 신뢰수준이 한계사고율은 약 얼마인가?

① 5.01건/MVK　② 5.14건/MVK
③ 5.42건/MVK　④ 5.90건/MVK

해 설
$$R_c = R_a + k\sqrt{\frac{R_a}{M}} + \frac{1}{2M}$$
$$= 3.5 + 1.645 \times \sqrt{\frac{3.5}{4.1}} + \frac{1}{2 \times 4.1} = 5.14$$

107 자동차가 주행할 때 타이어의 공기압이 적은 상태이면 타이어 접지면이 압축되어 변형하면서 회전하여 타이어가 물결치는 모양이 되는 현상은?

① 스키드 현상　② 드라이브 현상
③ 스탠딩 웨이브 현상　④ 하이드로 플래닝 현상

해 설
스탠딩웨이브(Standing Wave) 현상이란, 차량의 타이어가 고속으로 회전하면서 접지부에서 받은 타이어의 변형이 다음 접지시점까지도 복원되지 않고 물결형상의 진동을 발생시키며 결국 타이어가 파괴되는 현상을 말한다.

108 높은 사고발생빈도를 갖는 지점의 다음 해의 사고 발생빈도를 측정해보면 그 전년에 비해 낮게 나타난다. 이것은 교통사고가 가장 많이 발생한 해에 그 지점이 사고다발지점으로 선정되고, 어느 지점의 사고발생률이 매년 높아졌다 낮아졌다하는 변화를 하기 때문인데 이러한 현상을 무엇이라고 하는가?

① 사고 이동(Accident Migration)
② 위험 보정(Risk Compensation)
③ 위험 회피(Threaten Avoidance) 이론
④ 평균으로서의 회귀(Regression-to-Mean) 효과

해 설
평균으로의 회귀효과(Regression to Mean Effect)란 한 지점에서의 평균 교통사고 발생빈도는 특별한 변화가 없는 한 시간의 흐름에 따라 일정한 평균을 유지하려는 경향이 있음을 설명한다. 또한, 어떤 지점이 통계적인 관점에서 임의변동(Random Fluctuation)에 의해 사고발생 건수가 높을 때 위험지점으로 선정되었기 때문에 교통안전개선사업의 시행 여부와 관계없이 다시 사고건수가 줄어들 수도 있음을 설명한다. 교통안전개선사업의 효과를 평가할 때는 평균으로의 회귀효과를 감안해야 과대·과소 추정을 막을 수 있다.

109 도로표지의 설치기준에 대한 설명으로 옳지 않은 것은?

① 글자, 기호 및 바탕은 밤에도 잘 읽을 수 있도록 한다.
② 도로이용자의 주의를 끌 수 있도록 뚜렷하여야 한다.
③ 여유로운 설치 공간 확보를 위해 곡선구간, 절토면에 설치한다.
④ 도로이용자가 가고자 하는 방향을 결정할 수 있는 거리에서 읽을 수 있는 크기이어야 한다.

해 설
여유로운 설치 공간 확보를 위해 직선구간, 평지에 설치한다.

110 교차로의 노면이 미끄러워 발생하는 사고를 개선하기 위한 방법으로 틀린 것은?

① 장애물 제거　② 노면 재포장
③ 미끄럼방지포장 설치　④ 배수시설 재조정

정답　104 ①　105 ③　106 ②　107 ③　108 ④　109 ③　110 ①

해설
장애물만 제거한다고 해서 미끄럼에 대비할 수는 없다.

111 요 마크(yaw mark)를 이용한 차량의 제동 시 속도 추정에서 이용하는 요소가 아닌 것은?

① 편경사
② 횡방향 마찰계수
③ 사고차량의 중량
④ 요 마크의 곡선 반경

해설
$V = \sqrt{127r(f \pm i)}$
여기서, V : 차량의 제동 시 속도,
f : 타이어와 노면의 마찰계수,
i : 경사, r : 요마크의 곡선반경

112 교통사고분석 중 가장 단순하고 직접적인 방법으로서 교통량이 적은 지방부 도로에 효과적이고, 교통량의 많고 적음에 따른 요인을 고려하지 않는 분석 방법은?

① 사고건수법
② 사고율법
③ 사고건수-율법
④ 율-품질관리법

해설
사고건수법은 주어진 어떤 값보다 사고발생 건수가 많은 곳을 위험도가 높다고 판단하여 사고 잦은 장소라 판정하는 방법으로 소도시나 대도시의 집·분산도로, 국지도로나 교통량이 적은 지방부 도로 등에서 주로 같은 종류의 도로 또는 교차로를 비교할 때 사용하는 방법이다.

113 교통사고 유발요인을 인적 요인, 차량 요인, 환경적 요인으로 구분할 때, 다음 중 환경적 요인에 해당하지 않는 것은?

① 운전습관
② 교통조건
③ 도로상태
④ 자연환경

해설
운전자 숙달 정도 및 운전습관은 인적 요인에 해당한다.

114 연평균 5건의 교통사고가 발생하는 교차로에 1년 동안 3건 이상의 교통사고가 발생할 확률은? (단, 일정 기간 동안 교통사고가 발생할 확률은 포아송 분포를 따른다고 가정한다.)

① 약 65.5%
② 약 76.5%
③ 약 87.5%
④ 약 98.5%

해설
$P_{(x \geq 3)} = 1 - P_{(0)} - P_{(1)} - P_{(2)}$
$= 1 - 0.0067 - 0.0337 - 0.084 = 0.8756$
∴ 약 87.5%

115 차량이 도로를 벗어나 도로의 맨 끝으로부터 거리 30m, 높이 20m의 지점에 추락하였다면 추락할 때의 이 차량의 속도는 얼마인가?

① 41.26 km/h
② 48.46 km/h
③ 53.46 km/h
④ 57.54 km/h

해설
스키드마크(Skid Mark)와 차량의 초기속도
1) 추락시간 $t = \sqrt{\dfrac{2h}{g}} = \sqrt{\dfrac{2 \times 20}{9.8}} = 2.02$초
2) 추락순간속도
$U_2 = \dfrac{d}{t} = \dfrac{30}{2.02} = 14.85$m/s $= 53.46$km/h

116 사고의 많은 요인들 중 하나라도 없다면 연쇄반응은 없으며, 교통사고도 일어나지 않을 것이라고 하는 원리는?

① 사고의 단일성 원리
② 사고의 등치성 원리
③ 사고의 복합성 원리
④ 사고의 연결성 원리

해설
교통사고에서 사고의 많은 요인들 중 하나라도 없다면 연쇄반응은 없으며, 교통사고도 일어나지 않을 것이라고 하는 원리를 사고의 등치(等値)성 원리라고 한다.

117 어두운 터널에서 바깥의 밝은 곳으로 나올 때 잠시 눈이 부셨다가 곧 회복되는 반응은?

① 난시
② 색약
③ 명순응
④ 암순응

해설
어두운 터널에서 바깥의 밝은 곳으로 나올 때 눈이 잠시 동안 부셨다가 회복되는 현상, 밝은 곳에 적응하는 현상을 명순응이라 한다.

정답 111 ③ 112 ① 113 ① 114 ③ 115 ③ 116 ② 117 ③

118 교통안전법 시행령상 교통행정기관이 교통시설안전진단을 받을 것을 명할 때에는 교통시설안전진단을 받아야 하는 날부터 며칠 전까지 교통시설설치·관리자에게 이를 통보하여야 하는가? (단, 긴급하게 교통시설안전진단을 받을 필요가 있다고 인정되는 경우는 고려하지 않는다.)

① 50일　　② 30일
③ 10일　　④ 7일

해 설
교통안전법 시행령 제30조(교통시설안전진단 명령)
① 교통행정기관은 법 제34조 제5항에 따라 교통시설안전진단을 받을 것을 명할 때에는 교통시설안전진단을 받아야 하는 날부터 30일 전까지 교통시설설치·관리자에게 이를 통보하여야 한다.

119 어느 차량이 평탄한 도로를 주행하다 급정거하여 충돌없이 정지하였다. 이 차량은 연속적으로 두 번의 스키드마크를 남겼다. 첫 번째 스키드마크의 길이가 20m, 차량의 제동 직전 주행속도가 80km/h 이었을 때, 두 번째 스키드마크의 길이는 약 얼마인가? (단, 타이어와 노면의 마찰계수는 0.7 이다.)

① 16m　　② 27m
③ 52m　　④ 80m

해 설
$$d = \frac{V_1^2 - V_2^2}{254(e+f)} = \frac{80^2}{254(0+0.7)} = 35.995, \text{ 약 } 36m$$
스키드마크의 길이의 총합 = 20 + x = 36m
∴ x = 16m

120 도로교통안전을 강화하기 위해 사용하는 3E에 포함되지 않는 것은?

① 교육(Education)　　② 공학(Engineering)
③ 단속(Enforcement)　　④ 효율(Efficiency)

해 설
교통안전 3E는 Education : 교육(운전자교육, 미디어 홍보), Engineering : 공학(사고조사 및 분석, 시설정비, 차량안전도 개선), Enforcement : 규제(속도, 안전띠, 음주) 이다

정답　118 ②　119 ①　120 ④

4회 2020년 기출문제

제1과목 교통계획

1. 집계모형(aggregate model)과 비교하여 비집계모형(disaggregate model)의 특징에 관한 설명이 틀린 것은?

① 효용이론에 근거하며 모델의 구조는 확률모형이다.
② 정립된 모형은 전체 지역 또는 다른 지역에 적용이 불가능하며 시간적으로도 이전이 불가능하다.
③ 교통정책의 단기적인 영향을 쉽게 추정할 수 있다.
④ 소수의 표본 측정자료로도 모형의 정립이 가능하다.

해설
비집계모형은 개인별 통행행태자료를 근거로 하고 경제학의 효용이론, 심리학의 선택행태이론을 이론적 배경으로 한다. 대안별 서비스 변수와 개인의 사회·경제적 특성 등을 반영하여 개인의 선택확률을 구하는 것이 목적이다.(확률론적 모형) 공간적·시간적 전용이 가능하고 단기정책분석에 적합하고, 기존의 존별 집계자료를 이용하지 않는 수요추정 방식이다.

2. 교통 개선 사업의 대안이 경제적 타당성이 있다고 보는 편익/비용비 값의 기준은?

① 1보다 클 때 ② 0보다 클 때
③ 1보다 작을 때 ④ 0보다 작을 때

해설
B/C ratio의 값이 1보다 크면 편익이 비용보다 커지므로 경제적 타당성이 있다고 본다.

3. TSM기법의 유형 중 교통수요(차량 수요)만을 감소시키는 효과를 주는 것은?

① 카풀(carpooling) 유도 ② 신호주기 개선
③ 교차로 도류화 ④ 도로 기하구조 개선

해설
카풀이란 동일한 목적지 혹은 동일 방향으로 더 멀리 이동하는 차량의 운전자가 같은 경로상에 목적지를 가진 통행자를 빈 좌석에 탑승시켜 이동시켜주는 방법을 말한다. 따라서 도로를 통행하는 차량의 대수가 줄어드는 효과를 얻게 되어 교통수요만을 감소시키는 효과를 얻을 수 있다. 신호주기의 개선, 도류화, 기하구조 개선 등의 기법은 교통수요의 증가 효과를 얻을 수 있는 방법이다.

4. TSM 기법 중 출근시차제를 도입하는 방법은 다음 중 어느 유형에 속하는가?

① 교통공급 수준을 증대시키는 기법
② 교통수요와 교통공급을 동시에 감소시키는 기법
③ 교통수요를 시간적으로 조정시키는 기법
④ 교통공급은 증대시키고 교통수요를 감소시키는 기법

해설
출근시차제는 전체 교통수요를 출근하는 수요와 출근하지 않는 수요로 구분하여 시간적으로 조정, 분산시킴으로써 운영효율을 증대시키는 기법이다.

5. 대중교통체계 운영에 소요되는 가변비용(variable cost)에 속하지 않는 것은?

① 연료비 ② 운전기사의 임금
③ 차량 부품 구입비용 ④ 정류장 시설 설치비용

해설
대중교통 비용 중 가변비용이란 변동비를 의미하는 것으로 서비스의 공급량에 따라 변동되는 비용이다. 연료비, 차량 부품 구입비용, 소모품비 등이 주를 이룬다. 정류장 시설 설치비용은 최초 1회만 필요한 비용으로 변동비라 볼 수 없다. 운전기사의 임금은 고정비인 경우도 있고, 거리에 따라 추가임금을 지급하는 경우도 있어 변동비인 경우도 있다.

6. 어느 주차장의 평균 주차시간은 2시간이다. 한 대의 차량이 도착했을 때 이 차량이 1시간 미만으로 주차할 확률은? (단, 주차시간의 분포는 음지수분포를 따른다.)

① 33.33% ② 39.35%
③ 42.31% ④ 48.66%

해설
$$\lambda = \frac{1}{2}, \ P_{(h<1)} = \int_0^1 \frac{1}{2} \cdot e^{-\frac{t}{2}} dt = 1 - e^{-\frac{1}{2}} = 0.39346$$
≒ 39.35%

→ 발표된 답은 4번이지만, 계산하면 2번이 답이된다.

정답 01 ② 02 ① 03 ① 04 ③ 05 ④ 06 ④

7 다음 중 사람통행실태조사방법에 해당하지 않는 것은?

① 노측면접조사 ② 가구방문조사
③ 영업용차량조사 ④ 확률적배정조사

해설
사람 통행실태조사방법에는 가로변(노측) 면담조사, 운전자 우편 설문조사, 가구방문조사, 스크린라인조사, 폐쇄선조사, 영업용차량조사 등이 있다.

8 대중교통수단의 여러 가지 비용에 대한 아래 그림에서 ㉠, ㉡, ㉢의 내용이 모두 옳은 것은?

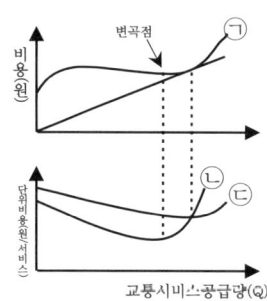

① ㉠ 총비용   ㉡ 한계비용 ㉢ 평균비용
② ㉠ 총비용   ㉡ 평균비용 ㉢ 한계비용
③ ㉠ 평균비용 ㉡ 총비용   ㉢ 한계비용
④ ㉠ 평균비용 ㉡ 한계비용 ㉢ 총비용

해설
㉠ 그래프는 총비용 그래프이다. 총 비용 그래프를 미분해서 0이 되는 값이 한계비용이 된다. 가변비용과 고정비용의 합이 총비용이 되는 지점이 한계비용과 평균비용과 같게 되는 지점이라고 할 수 있다. 그 지점을 보통 공급량 q라 하는데, 그 보다 총 비용이 커지게 되면 한계비용이 평균비용을 초과하게 된다.

9 승용차, 버스, 지하철의 효용함수값이 각각 -1.0, -1.5, -1.5 일 때, 로짓모형에 의한 승용차의 선택확률은?

① 약 52.1%   ② 약 45.2%
③ 약 36.1%   ④ 약 27.4%

해설
로짓 모형 계산에 의한 승용차의 선택확률
㉠ 승용차의 효용 : $U_p = -1.0$
㉡ 버스의 효용 : $U_b = -1.5$
㉢ 지하철의 효용 : $U_s = -1.5$
㉣ 승용차 선택확률 : $P_{(p)} = \dfrac{e^{-1.0}}{e^{-1.0} + e^{-1.5} + e^{-1.5}}$
$= 0.4519$, ∴ 약 45.2%

10 로짓모형으로 정산한 통행시간(분)과 통행비용(원)에 대한 효용함수 계수가 각각 -0.017, -0.0005일 때, 통행시간의 가치는?

① 1,440원/시간   ② 1,740원/시간
③ 1,800원/시간   ④ 2,040원/시간

해설
통행시간가치는 통행시간의 계수를 통행비용의 계수로 나눈 값이다. 문제에서 통행시간이 분으로 주어졌으므로 60을 곱하여 시간으로 만들어준 다음 계산함에 유의한다.

통행시간가치 = $\dfrac{\text{통행시간 계수}}{\text{통행비용 계수}}$
$= \dfrac{(-0.017 \times 60)}{-0.0005} = 2,040$원/시간

11 교통사업 시행 시 발생되는 현금흐름도가 아래와 같을 때, 내부수익률(IRR)은?

(단위: 만원)

	초기	1년 후	2년 후	3년 후
비용	1,000	–	–	–
편익	–	3,000	500	500

① 5.67%   ② 4.21%
③ 3.67%   ④ 2.20%

해설
$1,000 = \dfrac{3,000}{(1+r)} + \dfrac{500}{(1+r)^2} + \dfrac{500}{(1+r)^3}$

r에 관한 3차 방정식이므로 일반적인 계산으로는 풀 수 없다. 재무계산기가 아닌 일반적인 공학용 계산기로도 풀기 어렵다. 따라서 시행착오법을 통해 r을 찾아보면 약 2.20% 값을 얻을 수 있다.

12 다음 중 버스전용차로의 용량에 영향을 미치는 요소로 가장 거리가 먼 것은?

① 요금징수방법   ② 준공영제 실시여부
③ 버스전용차로의 형태 ④ 타 차량의 혼입 정도

해설
요금징수방법은 탑승전 요금지불방법과 탑승 후 차내 요금지불

방법이 있다. 요금지불방법에 따라 정류장 정차 소요시간이 크게 차이가 나므로 용량에 영향을 미친다고 볼 수 있다. 버스전용차로의 형태(차로폭, 경사, 측방여유폭 등)와 타 차량 혼입정도(차종, 회전교통 등) 역시 용량에 직접적으로 영향을 미치는 조건이다. 준공영제의 실시 여부에 따라 도로의 한 지점 또는 일정구간을 일정 시간에 통과할 수 있는 최대 차량수가 변화하지는 않으므로 용량에 영향을 미친다고 보기 어렵다.

13 폐쇄선조사의 조사 내용으로 가장 거리가 먼 것은?

① 기·종점
② 차종별 통과 교통량
③ 자가 승용차 보유여부
④ 시간대별 통과 교통량

해설
폐쇄선(Cordon Line) 조사 : 교통조사 시 조사대상지역 밖에 출발지 또는 목적지를 가진 통행을 조사하는 방법으로 기종점, 통과교통조사에 활용된다.

14 사용자 균형 통행배정 기법(user equilibrium assignment model)에 대한 설명이 틀린 것은?

① 모든 통행자는 각각의 노선에 배정된 균형 상태에서 자신의 경로를 바꾸어 통행시간을 개선할 수 있다.
② 출발지와 목적지가 같을 경우 모든 선택된 통행경로에 대한 통행시간은 동일하다.
③ 통행자들은 자신의 통행시간을 최소화하는 통행경로를 선택한다는 개념에서 출발하였다.
④ 새로운 링크의 추가적인 건설에도 불구하고 총 통행시간이 증가하는 역설적인 결과가 나타나기도 한다.

해설
사용자균형은 한 쌍의 출발지와 목적지를 위해 이용되는 모든 경로의 통행시간은 같고, 이용되지 않는 경로의 통행시간은 이용되는 경로의 통행시간보다 길거나 같다는 개념이다. 따라서, 균형된 상태에서 경로를 바꾸면 통행시간이 같거나 증가하게 되어 개선된다고 볼 수 없다.

15 첨단교통체계(ITS)에서 목표로 하는 각종 사용자 서비스를 통합적으로 구현하기 위하여 시스템의 기능적·비기능적 사항과 물리적 구성 장치, 정보 흐름 등을 정의하는 것은?

① ITS 아키텍쳐
② ITS 프레임
③ ITS 표준
④ ITS 서브시스템

해설
ITS 아키텍처의 정의이다.

16 다음 중 TSM기법의 특징으로 옳은 것은?

① 고투자 비용
② 장기적인 편익 추구
③ 거시적인 기법
④ 기존 시설의 활용

해설
TSM은 저투자비용, 단기적인 편익 추구, 미시적인 기법, 기존시설의 활용의 특징을 갖는다.

17 도시 거주자들의 평균 출근시간을 추정하고자 한다. 출근시간(분)이 정규분포를 따르고 표준 편차는 6.25분, 오차의 한계를 1분으로 하고자 할 때 필요한 최소 표본의 수는? (단, 신뢰도계수는 1.96 이다.)

① 180명
② 151명
③ 103명
④ 38명

해설
$$n \geq \left(\frac{Z_{\frac{\alpha}{2}} \times \sigma}{\varepsilon}\right)^2 = \left(\frac{1.96 \times 6.25}{1}\right)^2 = 150.06 = 151개$$

18 통행배분(Trip Assignment)단계에서 사용하는 다음 모형 중 링크의 용량을 고려하지 않는 것은?

① 분할배분법
② 반복과정법
③ 다중경로배분법
④ All-or-Nothing법

해설
All-or-Nothing법은 링크의 용량을 고려하지 않고 분석 대상 링크에 모든 교통량을 배분하는 방식이다.

19 교통존의 설정 기준이 틀린 것은?

① 각 존은 가급적 동질적인 토지이용이 포함되도록 한다.
② 행정구역과 가급적 일치시킨다.
③ 간선도로가 가급적 존 경계와 일치하도록 한다.
④ 각 존의 크기는 인구밀도에 비례하여 변화한다.

해설
존의 크기는 분석의 목적에 따라 달라진다. 정밀한 분석을 요하는 경우는 작게, 개략적이고 전체적인 분석을 요하는 경우는 크게 한다.

정답 13 ③ 14 ① 15 ① 16 ④ 17 ② 18 ④ 19 ④

20 교통망의 구성요소로서 도로망의 교차점이나 인터체인지, 철도망의 역에 해당하는 것으로, 실제 교통망에서 교차로 또는 도로구간에서 도로특성이 변화하는 경우의 지점을 무엇이라 하는가?

① 결절점(node) ② 경로(path)
③ 수송로(route) ④ 링크(link)

해 설
노드(Node, 결절점)란 링크와 링크가 만나는 점을 말한다. 도로 혹은 두 개 이상의 서로 다른 이동류가 교차하거나 접속하는 곳에서 발생한다.
※ 종류 : 교차로, 도로의 시종점, 교통통제시설, 교통유출입시설
→ 결절점을 노드라 하고, 결절점과 결절점이 연결되는 것을 링크라 한다.

제2과목 교통공학

21 감응루프(Inductive Loop) 검지기를 이용하여 얻을 수 있는 교통자료가 아닌 것은?

① 승차인원 ② 점유율
③ 속도 ④ 교통량

해 설
루프 검지기는 루프코일을 매설하여 전자기 유도방식으로 전류의 흐름을 감지, 차량의 통행을 검지하는 방식의 검지기이다. 루프 검지기로 속도, 교통량, 점유율을 알 수 있는데, 차량의 무게를 파악하거나, 차량 내부를 촬영하거나 확인하는 것이 아니므로 승차인원은 알 수가 없다.

22 지하주차장에서 나오는 차량이 요금을 지불하는 시스템의 분석 결과, 대기행렬 이론의 M/M/1 시스템이 잘 맞을 때 다음 설명 중 틀린 것은?

① M/M/1에서 첫 번째 M은 요금소에 도착하는 차량의 도착확률 분포가 무작위라는 의미이다.
② M/M/1에서 두 번째 M은 요즘징수자의 서비스 시간분포가 정규분포라는 의미이다.
③ M/M/1으로 규정된 본 시스템은 요금징수소가 1개이다.
④ 만약 차량의 대기행렬이 길어져 요금징수소를 평행하게 하나 더 만든다면 M/M/2 시스템으로 분석이 가능하다.

해 설
M/M/1 시스템이라는 것은 "도착확률분포/서비스율/서비스기관의 수"를 의미한다. 여기서 M은 "randoM"에서 따온 것이다. 이 외에 Deterministic을 쓰는 경우가 있는데 이것은 결정된 분포가 있다는 의미이다. 약자로 "D"를 사용한다. 서비스율도 같은 표현법을 사용한다. 서비스 기관의 수는 숫자로 표현되는데, 1로 표현되었다면 1개소임을 의미한다. M/M/1이라고 표현되었다면, 도착확률분포는 무작위이고, 서비스율 역시 무작위이며 서비스 기관의 수는 1개소임을 의미하는 것이다.

23 도로의 일정 지점을 통과하는 차량을 15초 단위로 분석한 결과 평균이 1.7대, 분산이 1.8대 이었다. 해당 지점을 통과하는 차량이 15초 동안 2대 이하로 도착할 확률은?

① 약 67.1% ② 약 71.2%
③ 약 73.5% ④ 약 75.7%

해 설
$m = 1.7$, $x = 0, 1, 2$
$$\frac{1.7^2 \cdot e^{-1.7}}{2 \times 1} + \frac{1.7^1 \cdot e^{-1.7}}{1} + \frac{1.7^0 \cdot e^{-1.7}}{1} = 0.757$$
∴ 약 75.7%

24 단속교통류의 지체에 관한 설명으로 옳지 않은 것은?

① 접근지체는 감속지체, 정지지체, 가속지체를 합한 것이다.
② 신호교차로의 지체는 접근교통량에 가장 큰 영향을 받는다.
③ 평균 접근지체시간은 신호교차로의 서비스 수준을 평가하는데 사용되는 가장 좋은 효과척도이다.
④ 어느 접근로의 평균 접근지체는 그 접근로의 총 접근지체를 같은 시간 동안 그 접근로로 진입하는 총 교통량으로 나눈 값이다.

해 설
신호교차로의 지체는 신호등에 의해 가장 큰 영향을 받는다.

25 교통신호 운영의 장점으로 가장 거리가 먼 것은?

① 질서 있는 교통류의 이동이 가능하다.
② 교통신호의 적절한 배치와 관리를 통해 교차로의 용량을 증대시킬 수 있다.

정답 20 ① 21 ① 22 ② 23 ④ 24 ② 25 ③

③ 교통사고 유형 중 추돌사고가 감소된다.
④ 인접 교차로를 연동시켜 일정한 속도로 긴 구간을 연속 진행시킬 수 있다.

> **해설**
> 신호교차로의 최대 단점은 교통류 흐름의 중단으로 인한 가감속으로 추돌사고가 증가한다는 것이다.

26 평균 설계속도 재산정을 위한 조사에서, 허용오차는 1km/h, 표준편차를 10km/h로 할 때 필요한 표본의 수는?(단, 신뢰도는 95% 이다.)

① 400대 ② 192대
③ 96대   ④ 48대

> **해설**
> $n \geq \left(\dfrac{Z_{\frac{\alpha}{2}} \times \sigma}{\varepsilon}\right)^2 = \left(\dfrac{1.96 \times 10}{1}\right)^2 = 384.16$ ∴ 약 400대

27 교통통제시설의 도움 없이 두 교통류가 맞물려 동일 방향으로 상당히 긴 도로를 따라가면서 서로 다른 방향으로 엇갈리는 구간은?

① 연결로   ② 연결로 접속부
③ 기본구간   ④ 엇갈림 구간

> **해설**
> 엇갈림(Weaving)이란 교통통제시설의 도움 없이 상당히 긴 도로를 따라가면서 동일 방향의 두 교통류가 엇갈리면서 차로를 변경하는 교통현상을 말한다. 엇갈림 구간이란 이러한 엇갈림 현상이 일어나는 구간을 말한다. 엇갈림 구간은 합류구간 바로 다음에 분류구간이 있을 때, 또는 유입 연결로 바로 다음에 유출 연결로가 있을 때, 이 두 지점이 연속된 보조차로로 연결되어 있어 교통류의 엇갈림이 발생하는 구간이다.

28 차량추종모형(car-following)에서 운전자의 가 · 감속에 영향을 미치는 요소에 포함되지 않는 것은?

① 반응민감도   ② 차량의 길이
③ 앞차와의 간격 ④ 앞차와의 속도 차

> **해설**
> $s(t) = x_n(t) - x_{n+1}(t) = d_1 + d_2 + L - d_3$
> $= T \cdot u_{n+1}(t) + \dfrac{u_{n+1}^2(t+T)}{2a_{n+1}(t+T)} + L - \dfrac{u_n^2(t)}{2a_n(t)}$
> 속도의 차이, 반응시간에 따른 민감도, 앞차와의 간격을 의미하는 차두거리가 공식에서 사용되고 있으나 차체의 크기(혹은 차량의 길이)는 계산에 반영되지 않음을 알 수 있다.

29 추월이 불가능한 편도 1차로 도로상에 교통량이 1500대/시, 속도 50km/h의 교통류가 흐르고 있다. 이 때 저속으로 주행하는 트럭이 진입하여 주행한 결과 교통량이 1200대/시, 속도가 30km/h의 상태가 되었다면 차량군 후미의 성장속도(충격파속도)는?

① 후미의 차량군은 차량 진행방향과 같은방향으로 15km/시의 속도로 성장한다.
② 후미의 차량군은 차량 진행방향과 반대방향으로 15km/시의 속도로 성장한다.
③ 후미의 차량군은 차량 진행방향과 같은 방향으로 30km/시의 속도로 성장한다.
④ 후미의 차량군은 차량 진행방향과 반대반향으로 30km/시의 속도로 성장한다.

> **해설**
> $w_{AB} = \dfrac{q_A - q_B}{k_A - k_B}$,
> $w_{AB} = \dfrac{1,500 - 1,200}{\left(\dfrac{1,500}{50}\right) - \left(\dfrac{1,200}{30}\right)} = -30 km/h$
> 충격파의 크기는 30km/시이고, 충격파의 속도가 음의 값을 가지므로 차량 진행방향과 반대반향으로 생성된다.

30 일정 시간 동안 특정 지점을 통과한 차량들의 산술평균 속도로 속도분석, 교통사고분석에 이용되는 것은?

① 공간평균속도 ② 시간평균속도
③ 자유통행속도 ④ 설계속도

> **해설**
> 시간평균속도(TMS ; Time Mean Speed)는 총 차량 속도/총 차량 대수로 계산되며, 일정 시간 동안 일정 지점을 통과한 총 차량의 속도를 산술평균한 속도를 말한다.

31 어느 도로 구간의 교통량 구성비가 승용차 70%, 트럭 20%, 버스가 10%일 때 도로 용량 산정을 위한 중차량보정계수는? (단, 일반지형의 평지 구간이며, 트럭과 버스의 승용차 환산계수는 각

정답 26 ① 27 ④ 28 ② 29 ④ 30 ② 31 ④

각 1.7, 1.5 다.)

① 0.61 ② 0.66
③ 0.71 ④ 0.84

해설

$$f_{HV} = \frac{1}{[1+P_{T1}(E_{T1}-1)+P_{T2}(E_{T2}-1)+P_{T3}(E_{T3}-1)]}$$

$$f_{HV} = \frac{1}{[1+0.2(1.7-1)+0.1(1.5-1)]} = 0.84$$

32 어느 신호교차로에서의 총 손실시간은 12초, 각 현시의 접근로별 교통량의 포화교통량에 대한 비의 최대치들의 합이 0.77일 때, 차량의 지체시간을 최소로 하기 위한 신호주기는?

① 70초 ② 80초
③ 90초 ④ 100초

해설

$$c = \frac{1.5l+5}{1-\sum_{i=1}^{n} x_i} = \frac{1.5(12)+5}{1-(0.77)} = 100$$

33 신호교차로의 감응신호제어(actuated control) 시스템으로 기대할 수 없는 기능은?

① 실시간 녹색시간 조절 ② 실시간 현시 생략
③ 실시간 현시순서 조절 ④ 실시간 주기길이 조절

해설

감응신호제어기법으로 녹색시간 조절, 현시생략, 주기길이 조절이 가능하다.

34 어느 교차로에서 첨두 1시간 동안 15분 간격으로 조사한 교통량이 725대, 492대, 630대, 495대일 때, 첨두시간계수(PHF)는?

① 0.81 ② 0.72
③ 0.49 ④ 0.31

해설

$$PHF = \frac{725+492+630+495}{725 \times 4} = \frac{2,342}{2,900} = 0.808,$$

∴ 약 0.81

35 어느 교통류의 속도 V(km/h)와 밀도 D(대/km)의 관계가 아래와 같을 때, 혼잡밀도(jam density)는?

$$V = 35.9 \times \ln\frac{180}{D}$$

① 50대/km ② 80대/km
③ 130대/km ④ 180대/km

해설

Greenberg의 지수모형은 다음과 같이 표현된다.
$u = u_m \ln\left(\frac{k_j}{k}\right)$, 따라서 혼잡밀도 k_j는 180대/km이다.

36 연속된 신호교차로에서 첫 번째 신호등의 녹색신호 시작 시간과 두 번째 신호등의 녹색 신호시작 시간과의 시간 간격을 의미하는 것은?

① 현시(phase)
② 분할비(split)
③ 유효녹색시간(effective green time)
④ 옵셋(offset)

해설

옵셋(Offset)이란 연동 신호운영상태에서 상류부 녹색신호 시작 시각과 하류부 녹색신호 시작시각의 간격을 말한다.

37 100초의 주기로 운영되는 신호교차로에서 동쪽 접근로의 유효녹색시간은 35초이다. 동쪽 접근로의 교통량이 300vph, 포화교통류율이 1,670vphg일 때, 이 접근로의 포화도(v/c)는?

① 1.94 ② 1.52
③ 0.81 ④ 0.51

해설

$$포화도 = \frac{교통량비(V/S)}{주기당 녹색시간비(g/C)} = \frac{\left(\frac{300}{1,670}\right)}{\left(\frac{35}{100}\right)} = 0.51$$

38 도로교통시스템에서 운전자 특성을 설명하는 PIEV 용어와 관련이 없는 것은?

① Perception ② Identification
③ Emotion ④ Velocity

정답 32 ④ 33 ③ 34 ① 35 ④ 36 ④ 37 ④ 38 ④

해설
PIEV는 P(Perception 지각), I(Identification 식별), E(Emotion 행동판단), V(Volition 반응)로 구분된다.

39 보행자 신호시간의 결정요소로 가장 거리가 먼 것은?

① 교차로의 폭원 ② 횡단 보행자수
③ 보행자의 보행속도 ④ 도로의 교통량

해설
보행자의 속도와 횡단보도의 길이(= 교차로의 폭원)를 가지고 보행자 횡단시간이 결정되며, 횡단보행자의 수가 많으면 진입시간이 늦춰지는 만큼 보행자 횡단시간을 늘려줘야 한다. 보행자의 보행속도가 느리다면(노인, 어린이보호구역 등) 그만큼 긴 횡단시간을 주어야 하므로 보행자 신호시간과 관계가 있다. 교통량과 보행자 신호시간의 결정은 관계가 없다.

40 정지시거에 대한 아래의 설명에서 ( )안에 들어갈 말이 모두 옳은 것은?

> 정지시거란 운전자가 같은 차로 위에 있는 고장차 등의 장애물을 인지하고 안전하게 정지하기 위하여 필요한 거리로서 (㉠)의 (㉡)높이에서 그 차로의 중심선에 있는 높이 (㉢)의 물체의 맨 윗부분을 볼 수 있는 거리를 그 차로의 중심선에 따라 측정한 길이를 말한다.

① ㉠ : 차로 위, ㉡ : 1.0m, ㉢ : 10cm
② ㉠ : 차로 위, ㉡ : 1.2m, ㉢ : 15cm
③ ㉠ : 차로 중심선 위, ㉡ : 1.0m, ㉢ : 15cm
④ ㉠ : 차로 중심선 위, ㉡ : 1.5m, ㉢ : 10cm

해설
정지시거의 정의에 관한 문제이다. 정지시거란 운전자가 같은 차로 위에 있는 고장차 등의 장애물을 인지하고 안전하게 정지하기 위하여 필요한 거리로서 차로 중심선 위의 1.0m 높이에서 그 차로의 중심선에 있는 높이 15cm의 물체의 맨 윗부분을 볼 수 있는 거리를 그 차로의 중심선에 따라 측정한 길이를 말한다.

제3과목 교통시설

41 설계기준자동차의 종류별 최소 회전 반지름 기준이 옳은 것은?

① 소형자동차 - 6.0m ② 소형자동차 - 8.0m
③ 대형자동차 - 10.0m ④ 세미트레일러 - 10.0m

해설
설계기준 자동차의 종류별 제원

자동차 종류	제원(미터) 최소 회전 반지름
승용자동차	6.0
소형자동차	7.0
대형자동차	12.0
세미트레일러	12.0

42 아래와 같은 조건의 도로 곡선부의 최소 곡선반경은?

> • 설계속도 : 100 km/h • 편경사 : 0.006
> • 마찰계수 : 0.14

① 약 94m ② 약 194m
③ 약 294m ④ 약 394m

해설
$$r = \frac{V^2}{127(i+f)}, \quad r = \frac{100^2}{127(0.06+0.14)} = 393.7$$
∴ 약 394m

43 평면교차로에 설치하는 좌회전 차로의 접근로 테이퍼에 관한 설명으로 틀린 것은?

① 테이퍼 설치기준은 설계속도에 따라 다르다.
② 폭이 넓은 중앙분리대를 이용하여 좌회전 차로를 설치하는 경우 접근로 테이퍼를 생략할 수 있다.
③ 일반적으로 테이퍼 길이를 최대한 길게하여 운전자의 혼선이 발생하지 않도록 한다.
④ 교차로로 접근하는 교통류를 자연스럽게 우측 방향으로 유도하여 직진 자동차들이 원만하게 진행할 수 있도록 유도한다.

해설
일반적으로 평면교차로 부근에서는 좌회전차로를 설치하기 위하여 도로의 폭을 조정하는 경우가 많으므로 접근로 테이퍼를 지나치게 길게 하면 운전자에게 혼선을 초래하는 경우가 있어 주의 한다.

44 도로의 설계 및 운영에서 사용하는 속도에 대한 설명이 틀린 것은?

① 설계속도(design speed) : 도로 설계의 기준이 되는 자동차의 속도

② 운영속도(operating speed) : 자유로운 교통흐름 상태에서 운전자가 자신의 차량을 운전할 때 관찰되는 속도
③ 설계확인속도(design checking speed) : 구간 거리를 지체시간을 제외한 순수 주행시간으로 나누어 산정한 속도
④ 시간평균속도(time mean speed) : 도로의 한 지점(구간)을 통과하는 차량들의 속도를 산술평균한 속도

해 설
운행 중 지체시간을 제외하고 계산한 통행속도를 주행속도(Running Speed)라고 한다.

45 횡형 4색 신호등의 등화 배열 순서가 옳은 것은?
① 좌로부터 적색, 황색, 녹색, 녹색화살표
② 우로부터 적색, 황색, 녹색, 녹색화살표
③ 좌로부터 적색, 황색, 녹색화살표, 녹색
④ 우로부터 적색, 황색, 녹색화살표, 녹색

해 설
등화를 횡으로 배열한 경우 배열 순서는 좌로부터 적색, 황색, 녹색 화살표, 녹색순이다.

46 도로의 구조 · 시설 기준에 관한 규칙에 따른 보도의 유효폭 최소 기준은 몇 m 이상인가? (단, 지방지역의 도로와 도시지역의 국지도로 중 지형상 불가능하거나 기존 도로의 증설 · 개설 시 불가피하다고 인정되는 경우는 고려하지 않는다.)
① 1.0m　② 1.5m
③ 2.0m　④ 2.5m

해 설
보도의 유효폭은 보행자의 통행량과 주변 토지 이용 상황을 고려하여 결정하되, 최소 2미터 이상으로 하여야 한다. 다만, 지방지역의 도로와 도시지역의 국지도로는 지형상 불가능하거나 기존 도로의 증설 · 개설시 불가피하다고 인정되는 경우에는 1.5미터 이상으로 할 수 있다.

47 오르막차로를 설치하지 아니할 수 있는 설계속도 기준은? (단, 도로의 구조 · 시설 기준에 관한 규칙에 따른다.)
① 시속 20km 이하　② 시속 30km 이하
③ 시속 40km 이하　④ 시속 50km 이하

해 설
설계속도가 시속 40킬로미터 이하인 경우에는 오르막차로를 설치하지 아니할 수 있다.

48 클로버잎형 인터체인지의 일반적인 특징으로 가장 거리가 먼 것은? (단, 변형되거나 부분적인 클로버잎형 인터체인지의 경우는 고려하지 않는다.)
① 모든 방향에서 교차상충이 발생한다.
② 각 직진도로는 인터체인지 지역 내에서 두 개의 입구와 두 개의 출구를 가진다.
③ 운행거리 및 운행비용이 커진다.
④ 교차점 직전의 출구와 교차점 직후의 입구 사이에 엇갈림 구간이 생긴다.

해 설
교차상충이 없는 것이 클로버잎형 인터체인지의 특징이다.

49 설계속도가 60km/h이고 평지인 도시부 신호교차로에서의 최소정지시거는? (단, 인지반응시간 2.5초, 노면마찰계수는 0.4이다.)
① 약 77m　② 약 88m
③ 약 103m　④ 약 118m

해 설
$$mssd = \frac{t_r \cdot V}{3.6} + \frac{V^2}{254(f \pm s)}$$
$$= \frac{2.5 \cdot 60}{3.6} + \frac{60^2}{254(0.4 \pm 0)} = 77.09, 약 77m$$

50 평면교차로 설계의 기본 원칙으로 틀린 것은?
① 교차하는 도로의 교차각은 직각에 가깝게 하여야 한다.
② 엇갈림 교차, 굴절교차 등의 변형교차는 가급적 피해야 한다.
③ 종단곡선의 정상부나 맨 아랫부분에 교차로를 설치하도록 한다.
④ 기능이 현격히 다른 도로와의 교차는 가능한 한 줄인다.

해설
종단곡선의 정상부나 맨 아랫부분에 교차로를 설치하면 시거가 확보되지 않거나 내려오는 가속도에 의해 차량을 제대로 통제할 수 없어 사고발생 위험이 높아지므로 해당 위치에는 교차로 설치를 피해야 한다.

2m 미만이면서 구조물의 길이가 1,000m 미만일 때는 그 구조물 전후의 토공구간에 비상주차대를 설치해도 좋으나, 구조물 길이가 그 이상일 경우에는 구조물 중간에 최소 750m 간격으로 비상주차대를 설치할 필요가 있다.
고속도로와 일반도로 공히 비상주차대는 750m를 그 설치간격으로 한다.

51 설계속도가 시속 80km 이하인 도시지역도로에 설치하는 주정차대의 최소 폭 기준은? (단, 소형자동차를 대상으로 하는 경우는 고려하지 않는다.)

① 1.5m   ② 2.0m
③ 2.5m   ④ 3.0m

해설
종단곡선의 정상부나 맨 아랫부분에 교차로를 설치하면 시거가 확보되지 않거나 내려오는 가속도에 의해 차량을 제대로 통제할 수 없어 사고발생 위험이 높아지므로 해당 위치에는 교차로 설치를 피해야 한다.

52 아스팔트 포장의 감온성(temperature susceptibility)에 관한 설명으로 옳지 않은 것은?

① 아스팔트의 점성이 온도에 따라 변화하는 것을 말한다.
② 감온성을 줄이기 위해서는 비교적 점도가 큰 아스팔트를 쓰는 것이 좋다.
③ 여름철에 바퀴 자국 패임의 가능성이 커지며 겨울철에 균열의 가능성이 커진다.
④ 개질 아스팔트 중에는 아스팔트의 감온성을 줄이기 위한 것들이 많다.

해설
아스팔트의 점성이 온도에 따라 변하는 특성을 감온성이라 한다. 따라서 감온성을 줄이기 위해서는 점도가 낮은 아스팔트를 사용해야 한다.

53 길이 1천m 이상의 터널 또는 지하차도에서 오른쪽 길어깨의 폭을 2m 미만으로 하는 경우 비상주차대를 설치하는 간격 기준은?

① 250m 이내   ② 500m 이내
③ 750m 이내   ④ 1,000m 이내

해설
비상주차대의 설치간격은 장대교, 터널 등에서는 길어깨 폭이

54 도로의 차로 유형에 대한 설명이 틀린 것은?

① 변속차로란 자동차를 가속 또는 감속시키기 위하여 설치하는 차로를 말한다.
② 전용차로는 특정 차량에 통행의 우선권을 부여하는 차로로써 버스전용차로가 대표적이다.
③ 가변차로는 방향별 교통량이 특정시간대에 현저하게 차이가 나는 도로에 대해 하나 또는 그 이상의 차로를 주 교통량 방향으로 통행시키도록 하는 차로이다.
④ 앞지르기 차로는 2차로 도로에서 앞지르기 시거가 확보되지 아니하는 구간에 대해 저속자동차가 다른 자동차에게 통행을 양보할 수 있도록 설치하는 차로이다.

해설
도로의 구조·시설 기준에 관한 규칙 제37조(양보차로) 1항에 의거 2차로 도로에서 앞지르기 시거가 확보되지 아니하는 구간으로서 교통용량 및 안전성 등을 검토하여 필요하다고 인정되는 경우에는 저속자동차가 다른 자동차에게 통행을 양보할 수 있는 차로(이하 "양보차로"라 한다)를 설치하여야 한다.

55 다음 중 우리나라 차량신호기의 설치기준 항목이 아닌 것은?

① 차량 교통량   ② 보행자 교통량
③ 신호연동   ④ 통학로

해설
차량신호기 설치기준은 총 5가지이다. 차량교통량, 보행자교통량, 통학로, 교통사고기록, 비보호좌회전이 이에 해당한다.

56 주차효율이 0.95, 주차발생량이 1,000㎡당 10대, 건물연면적이 40,000㎡일 때 주차발생원단위법에 의한 주차수요는?

① 약 475대   ② 약 422대
③ 약 400대   ④ 약 380대

정답 51 ③ 52 ② 53 ③ 54 ④ 55 ③ 56 ②

해설

$$P = \frac{U \cdot F}{1,000e} = \frac{10 \cdot 40,000}{1,000 \cdot 0.95} = 421.05,$$
∴ 약 422대

57 교통섬의 설치 효과로 틀린 것은?

① 도류로를 명시하여 교통의 흐름을 정비한다.
② 보행자를 위한 안전섬의 역할을 할 수 있다.
③ 교차로 관련 부대 시설의 설치 장소를 제공한다.
④ 차량 정지선의 위치를 후진시킬 수 있다.

해설

교통섬의 설치로 차량 정지선의 위치를 전진시킬 수 있다.

58 도로 포장 속에 묻거나 도로변에 설치하여 차량이 지나갈 때 자장의 혼란이 일어나는 현상을 감지하는 것은?

① 충격 검지기   ② 자기 검지기
③ 압력반응 검지기 ④ 음파 검지기

해설

자기 검지기는 도로 포장 속에 묻거나 도로변에 설치하여 차량이 지나갈 때 자장의 혼란이 일어나는 현상을 감지하는 방식이다. 도로변 설치가 가능하다는 점에서 루프검지기와 차이가 있다.

59 도로교통법령상 도로 교통의 안전을 위하여 각종 제한·금지 등의 규제를 하는 경우에 이를 도로 사용자에게 알리는 안전표지의 종류는?

① 주의표지   ② 규제표지
③ 지시표지   ④ 보조표지

해설

도로교통법 시행규칙 제8조(안전표지)에 의거 규제표지란 도로 교통의 안전을 위하여 각종 제한·금지 등의 규제를 하는 경우에 이를 도로사용자에게 알리는 표지를 말한다.

60 ADT와 AADT에 대한 설명으로 옳은 것은?

① ADT와 AADT는 거의 일치한다.
② ADT는 AADT보다 항상 5~10% 크다.
③ ADT는 AADT보다 항상 5~10% 작다.
④ 둘의 관계는 일반적으로 대소를 말할 수 없다.

해설

평균일교통량(ADT ; Average Daily Traffic)은 한 해 동안 365일 보다 적은 일 수 동안 조사된 총 교통량을 조사일 수로 나눈 값을 말하고, 연평균일교통량(AADT ; Annual Average Daily Traffic)은 한 해 동안 도로의 한 지점 또는 일정도로 구간을 지나는 양방향 교통량을 365일로 나눈 교통량을 말한다. 365일로 나눈값과 365일 보다 적은 일수 동안 조사된 교통량을 조사기간으로 나누는 값을 비교할 경우, 교통량의 집중정도에 따라 ADT가 AADT보다 더 클수도 있고 작을수도 있으므로 일반적으로 대소를 말할 수 없다.

제4과목 도시계획개론

61 기능 및 주제에 따라 세분한 도시공원에 해당하지 않는 것은? (단, 도시공원 및 녹지 등에 관한 법령에 따른다.)

① 주제공원   ② 국가도시공원
③ 생활권공원   ④ 특별관리공원

해설

도시공원 및 녹지 등에 관한 법률 제15조(도시공원의 세분 및 규모) 1항에 의거 도시공원은 국가도시공원, 생활권공원과 주제공원으로 구분된다.

62 성장극(growth pole)의 개념을 사용하여 거점개발이론을 경제적 차원에서 체계화한 사람은?

① P. Wolf   ② F. C. Perroux
③ B. Berry   ④ C. Stein

해설

1950년대 중반 프랑스의 프랑수아 페로(F. C. Perroux)는 특정 지점에 성장이 불균등하게 집중된다는 성장극이론을 발표하고 경제적 차원에서 체계화 하였다.

63 래드번(Rad burn)계획의 특징이 아닌 것은?

① 주택으로 진입하는 도로는 차도와 보도로 분리하였다.
② 10ha 미만의 소규모 블록을 주요 구성 단위로 채택하였다.
③ 보도를 따라가면 공원 또는 공공시설에 쉽게 접근할 수 있다.
④ 근린주구의 개념을 바탕으로 계획되었다.

정답 57 ④ 58 ② 59 ② 60 ④ 61 ④ 62 ② 63 ②

해 설
래드번 도시계획은 12~20ha 규모의 슈퍼블록을 채택하였다.

64 토지이용계획의 수립을 위한 변수 중 정량적 예측 변수가 아닌 것은?

① 고용자수
② 산업의 변화
③ 지역 총 생산
④ 인구구성 및 규모

해 설
생활양식의 변화추이, 산업입지의 형태, 기술 및 사회 가치관의 변화(기술 혁신), 산업의 변화 등은 수량화하기 어려운 정성적(定性的)인 예측변수이다.

65 사회간접자본시설의 준공과 동시에 당해 시설의 소유권이 국가 또는 지방자치단체에 귀속되며 사업시행자에게 일정 기간의 시설관리 운영권을 인정하는 방식은?

① BOO(Build-Own-Operate)
② BOT(Build-Own-Transfer)
③ BTO(Build-Transfer-Operate)
④ BLT(Build-Lease-Transfer)

해 설
BTO(Build, Transfer, Operate)는 건설(Build) → 이전(Transfer) → 운영(Operate) 방식으로 진행되는 수익형 민간투자사업방식을 말한다. 민간사업자가 직접 시설을 건설해 정부, 지방자치단체 등에 기부 채납하는 대신 일정기간 사업을 위탁경영해 투자금을 회수하는 방식이다. 즉, 민간자본은 일정기간 사회기반시설의 운영권을 갖고, 소유권은 정부나 지자체가 갖는 것이다.

66 게데스(P. Geddes)가 제안한 개념으로, 한 때 분리되어 있던 취락이 방사형 발달을 통해 하나의 연속적인 시가지로 합쳐지는 현상을 무엇이라고 하는가?

① 메트로폴리스(Metropolis)
② 메갈로폴리스(Megalopolis)
③ 코너베이션(Conurbation)
④ 에큐메노폴리스(Ecumenopolis)

해 설
코너베이션(Conurbation)이란 분리되어 있던 취락이 방사형 발달을 통해 하나의 연속적인 시가지로 합쳐지는 현상을 말한다.

67 과거의 인구 추세를 바탕으로 하는 도시 인구 예측 모형에 해당하지 않는 것은?

① 등차급수법
② 지수성장법
③ 로지스틱곡선법
④ 변이할당분석법

해 설
과거추세에 의한 예측법으로 등차급수, 등비급수, 지수함수, 최소자승, 로지스틱곡선법이 있다.

68 그리스의 도시인 밀레투스(Miletus)에 대한 설명으로 가장 거리가 먼 것은?

① 격자형 가로망의 개념이 도입되었다.
② 상업지역의 중심이 되는 아고라는 남쪽과 북쪽에 두 개가 존재하였다.
③ 도시 전체를 도심, 상업지역, 종교지역으로 구분하였다.
④ 하수도 시설이 미비하여 공중위생시설이 불량하였다.

해 설
밀레투스는 당시 세계 최대규모의 공중목욕탕이 있을 정도로 하수도 시설이 좋았던 도시였다.

69 도시계획을 통하여 기반시설을 결정하고 설치하게 되는 이유로 가장 거리가 먼 것은?

① 외부 불경제를 방지하기 위해서
② 토지의 집약적 이용을 유도하기 위해서
③ 미래에 대비한 효율적인 토지이용을 도모하기 위해서
④ 도시계획을 통하여 공공시설용지를 효율적으로 확보하기 위해서

해 설
도시계획을 통해 기반시설을 결정·설치하게 되는 이유는 도시계획을 통해 공공시설용지를 효율적으로 확보하기 위해서이고, 외부 불경제를 방지하기 위해서이며 미래에 대비한 효율적인 토지이용을 도모하기 위해서이다. 토지의 집약적 이용이 아닌 균형적인 이용과 발전을 위해 기반시설을 결정하고 설치한다.

70 국토기본법상 가장 상위의 공간계획은?

① 도종합계획
② 국토종합계획
③ 시·군종합계획
④ 수도권정비계획

정답 64 ② 65 ③ 66 ③ 67 ④ 68 ④ 69 ② 70 ②

해설
국토기본법 제7조(국토계획의 상호 관계 등) 1항에 의거 국토종합계획은 초광역권계획, 도종합계획 및 시·군종합계획의 기본이 되며, 부문별계획과 지역계획은 국토종합계획과 조화를 이루어야 한다. 〈개정 2022. 2. 3.〉

71 도시지역과 그 주변지역의 무질서한 시가화를 방지하고 계획적·단계적인 개발을 도모하기 위하여 일정기간 동안 시가화를 유보할 필요가 있다고 인정되는 경우 도시·군관리계획으로 결정하여 지정하는 구역은?

① 개발밀도관리구역 ② 개발제한구역
③ 시가화예정구역   ④ 시가화조정구역

해설
시가화조정구역의 정의를 묻는 문제이다.

72 도시계획이론의 패러다임 중 합리성과 의사 결정을 위한 일련의 선택 과정을 강조하는 모형으로, 종합계획(Master Plan) 혹은 청사진적 계획(Blue Print Planning) 이라고도 하는 것은?

① 점진주의(incrementalism)
② 합리주의(rationalism)
③ 혼합주의(mixed scanning)
④ 옹호주의(advocacy)

해설
합리주의(Rationalism)는 합리성과 의사 결정을 위한 일련의 선택 과정을 강조하는 모형으로, 종합계획(Master Plan) 혹은 청사진적 계획(Blue Print Plan)이라고도 불리운다. 점진주의는 정치경제계획에서 절차이론의 비현실성을 비판하며 등장한 것이고, 옹호주의는 절차이론보다 사회복지적 목표를 강조한 것이다.

73 도시인구가 30만 명, 취업률 30%, 제조업인구 구성비가 30%, 제조업인구 1인당 점유 토지 면적이 200㎡, 공공용지율이 30%, 공업용지율이 100%일 때 공업지역 소요 면적은?

① 771.4 ha ② 571.4 ha
③ 514.3 ha ④ 289.3 ha

해설
$$I_a = \frac{P_0 \cdot a \cdot r}{(1-e)} = \frac{300{,}000 \cdot 200 \cdot (0.3 \times 0.3)}{(1-0.3)}$$
$= 7714285.714, \quad \therefore 771.4\text{ha}$

74 녹지의 기능에 따른 세분 중, 연결녹지의 가장 주된 설치목적 및 기능에 해당하는 것은?

① 자연환경의 보전   ② 녹지네트워크 형성
③ 공해의 방지 및 완화 ④ 자연재해 방지

해설
연결녹지란 도시 안의 공원, 하천, 산지 등을 유기적으로 연결하고 도시민에게 산책공간의 역할을 하는 등 여가·휴식을 제공하는 선형(線型)의 녹지를 말한다. 따라서 연결녹지는 녹지네트워크의 형성이 가장 주된 목적이다.

75 도시의 계획 유형과 사례 도시의 연결이 옳지 않은 것은?

① 창조도시 - 핀란드의 비키(Vikki)
② 건강도시 - 타이완의 타이난(Tainan)
③ 전원도시 - 영국의 레치워스(Letchworth)
④ 저탄소 녹색도시 - 스웨덴의 함마르뷔(Hammarby)

해설
핀란드 비키는 대표적인 친환경 도시이다.

76 현재 인구 100만명인 도시의 10년후 예상 인구수는?(단, 인구증가율은 1%, 등차급수법에 따른다.)

① 1,010,000명 ② 1,100,000명
③ 1,210,000명 ④ 1,330,000명

해설
$P_n = P_0(1+rn) = 100(1+0.01 \times 10) = 110$
∴ 110만명

77 최근의 도시계획 패러다임과 가장 거리가 먼 것은?

① 지속가능한 도시개발로의 전환
② 도·농 통합적 계획으로의 전환
③ 입체적·기능 통합적 토지이용관리 강화
④ 관리 위주에서 성장 위주로의 기능 강화

정답 71 ④ 72 ② 73 ① 74 ② 75 ① 76 ② 77 ④

해설: 최근 도시계획은 성장위주에서 관리 위주로 기능이 강화되고 있다.

78 우리나라에서 시행하는 인구주택총조사에 대한 설명으로 옳지 않은 것은?

① 지정통계조사이다.
② 5년 주기로 조사를 실시한다.
③ 전 항목에 대하여 전수조사를 실시한다.
④ 조사기준일은 11월 1일이다.

해설: 인구주택총조사는 전수조사 항목과 10% 표본조사 항목으로 구분하여 조사된다. 모든 항목을 전수조사하는 것은 아니다.

79 케빈 린치(Kevin Lynch)가 제시한 도시의 이미지(The Image of the City)를 구성하는 5가지 요소에 해당하지 않는 것은?

① 도로(path)
② 공간(space)
③ 지구(district)
④ 기념적 건물(landmark)

해설: 케빈린치는 도시경관 이미지 5대 요소로 경계(Edge), 상징물(Landmark), 도로(Path), 결절점(Node), 지역(District)을 제시하였다.

80 근린주거구역의 교통을 보조간선도로에 연결하여 근린주거구역 내 교통의 집산기능을 하는 도로로서 근린주거구역의 내부를 구획하는 도로는?

① 간선도로
② 특수도로
③ 국지도로
④ 집산도로

해설: 집산도로(集散道路)는 근린주거구역의 교통을 보조간선도로에 연결하여 근린주거구역 내 교통이 모였다 흩어지도록 하는 도로로서 근린주거구역의 내부를 구획하는 도로를 말한다.

제5과목 교통관계법규

81 모든 차의 운전자가 차를 정차하거나 주차하여서는 아니되는 장소 기준이 옳은 것은?

① 도로의 모퉁이로부터 5m 이내인 곳
② 횡단보도로부터 15m 이내인 곳
③ 건널목의 가장자리로부터 15m 이내인 곳
④ 소방용수시설이 설치된 곳으로부터 10m 이내인곳

해설: 도로교통법 제32조(정차 및 주차의 금지)
모든 차의 운전자는 다음 각 호의 어느 하나에 해당하는 곳에서는 차를 정차하거나 주차하여서는 아니 된다. 다만, 이 법이나 이 법에 따른 명령 또는 경찰공무원의 지시를 따르는 경우와 위험방지를 위하여 일시정지하는 경우에는 그러하지 아니하다. 〈개정 2018. 2. 9.〉
 2. 교차로의 가장자리나 도로의 모퉁이로부터 5미터 이내인 곳
 5. 건널목의 가장자리 또는 횡단보도로부터 10미터 이내인 곳
 6. 다음 각 목의 곳으로부터 5미터 이내인 곳
  가. 「소방기본법」 제10조에 따른 소방용수시설 또는 비상소화장치가 설치된 곳
  나. 「화재예방, 소방시설 설치·유지 및 안전관리에 관한 법률」 제2조제1항제1호에 따른 소방시설로서 대통령령으로 정하는 시설이 설치된 곳

82 도로관리청이 입체적 도로구역을 지정한 경우 그 도로의 구조를 보전하거나 교통의 위험을 방지하기 위하여 필요하면 그 도로에 상하의 범위를 정하여 도로를 보호하기 위해 지정하는 구역은?

① 접도구역
② 연도구역
③ 고속교통구역
④ 도로보전입체구역

해설: 도로법 제45조(도로보전입체구역) 1항에 의거 도로관리청은 입체적 도로구역을 지정한 경우 그 도로의 구조를 보전하거나 교통의 위험을 방지하기 위하여 필요하면 그 도로에 상하의 범위를 정하여 도로를 보호하기 위한 구역(이하 "도로보전입체구역"이라 한다)을 지정할 수 있다.

83 도시교통정비 기본계획에 포함되어야 하는 사항에 해당하지 않는 것은?

① 도시교통의 현황 및 전망
② 여객터미널시설에 대한 교통영향평가
③ 주차장의 건설 및 운영에 관한 부문별 계획
④ 투자사업 계획 및 재원조달 방안

정답 78 ③ 79 ② 80 ④ 81 ① 82 ④ 83 ②

해 설

도시교통정비 기본계획에는 다음 각 호의 사항이 포함되어야 한다.
1. 도시교통의 현황 및 전망
2. 다음 사항이 포함되는 부문별 계획
   마. 주차장의 건설 및 운영
3. 투자사업 계획 및 재원조달 방안
→ 따라서 교통영향평가에 관한 계획은 포함사항이 아니다.

84 도시교통정비 촉진법령의 정의에 따른 '교통수단'에 해당하지 않는 것은?

① 열차 ② 자전거
③ 화물자동차 ④ 삭도

해 설

도시교통정비촉진법 제2조(정의)에 의거 "교통수단"이란 사람이나 물건을 한 지점에서 다른 지점으로 이동하는 데에 이용되는 버스·열차(도시철도의 열차를 포함한다), 자전거, 그 밖에 대통령령으로 정하는 운반수단을 말한다.

도시교통정비촉진법 시행령 제2조(교통수단의 범위)에 의거하여 「도시교통정비 촉진법」(이하 "법"이라 한다) 제2조제1호에서 "그 밖에 대통령령으로 정하는 운반수단"이란 승용자동차, 승합자동차, 화물자동차, 특수자동차를 말한다.
→ 삭도는 도시교통정비 촉진법령상 정의된 교통수단의 범위에 해당하지 않는다.

85 국가통합교통체계효율화법령상 타당성 평가 실시 결과와 예비타당성조사 실시 결과의 현저한 차이가 발생한 경우 기준이 옳은 것은?

① 교통 수요 예측 결과 : 해당 타당성 평가 실시 결과가 예비타당성조사 실시 결과보다 100분의 30 이상 증감한 경우
② 편익 분석 결과 : 해당 타당성 평가 실시 결과가 예비타당성조사 실시 결과보다 100분의 20 이상 증감한 경우
③ 비용 분석 결과 : 해당 타당성 평가 실시 결과가 예비타당성조사 실시 결과보다 100분의 20 이상 증감한 경우
④ 만족도 분석 결과 : 해당 타당성 평가 실시 결과가 예비타당성조사 실시 결과보다 100분의 30 이상 증감한 경우

해 설

국가통합교통체계효율화법 시행규칙 제6조(타당성 평가 결과와 예비타당성조사 결과의 현저한 차이)
① 법 제19조제3항에서 "국토교통부령으로 정하는 현저한 차이가 발생한 경우"란 다음 각 호의 어느 하나에 해당하는 경우를 말한다. 〈개정 2013. 3. 23.〉
   1. 교통 수요 예측 결과: 해당 타당성 평가 실시 결과가 예비타당성조사 실시 결과보다 100분의 30 이상 증감한 경우
   2. 편익 분석 결과: 해당 타당성 평가 실시결과가 예비타당성조사 실시 결과보다 100분의 30 이상 증감한 경우
   3. 비용 분석 결과: 해당 타당성 평가 실시 결과가 예비타당성조사 실시 결과보다 100분의 30 이상 증감한 경우

86 대도시권 광역교통 관리에 관한 특별법의 용어 정의에 따라, 다음 중 '광역교통시설'에 해당하지 않는 것은?(단, 그 밖에 대통령령으로 정하는 교통시설은 고려하지 않는다.)

① 「화물자동차 운수사업법」에 따른 화물자동차 휴게소로서 지방자치단체의 장이 건설하는 화물자동차 휴게소
② 둘 이상의 시·도에 걸쳐 운행되는 도시철도 또는 철도로서 대통령령으로 정하는 요건에 해당하는 도시철도 또는 철도
③ 「국가통합교통체계효율화법」에 따른 환승센터·복합환승센터로서 대통령령으로 정하는 요건에 해당하는 시설
④ 「국토의 계획 및 이용에 관한 법률」에 따른 부설주차장으로서 도시지역에서 주차수요를 유발하는 시설물의 건축 시 설치하는 시설

해 설

광역철도 역 인근에 건설되는 주차장은 광역교통시설이나, 부설주차장은 광역교통시설로 보기 어렵다.

87 주차장 외의 용도로 사용되는 부분이 건축법령에 따른 운동시설인 경우, 건축물의 연면적 중 주차장으로 사용되는 부분의 비율이 최소 얼마 이상인 경우 주차전용건축물로 보는가?

① 95% ② 70%
③ 65% ④ 50%

해 설

주차장법 시행령 제1조의2(주차전용건축물의 주차면적비율) 조항에 의거 「주차장법」 제2조 제11호에서 "대통령령으로 정하는 비율 이상이 주차장으로 사용되는 건축물"이란 건축물의 연면적 중 주차장으로 사용되는 부분의 비율이 95퍼센트 이상인 것을 말한

정답 84 ④ 85 ① 86 ④ 87 ②

다. 다만, 주차장 외의 용도로 사용되는 부분이 「건축법 시행령」 별표 1에 따른 단독주택, 공동주택, 제1종 근린생활시설, 제2종 근린생활시설, 문화 및 집회시설, 종교시설, 판매시설, 운수시설, 운동시설, 업무시설 또는 자동차 관련 시설인 경우에는 주차장으로 사용되는 부분의 비율이 70퍼센트 이상인 것을 말한다.

88 국토교통부장관이 환승센터 및 복합환승센터 구축 기본계획을 국가교통위원회의 심의를 거쳐 수립하여야 하는 기간의 기준은?

① 3년 단위 ② 5년 단위
③ 10년 단위 ④ 20년 단위

해설
국가통합교통체계효율화법 제44조(복합환승센터 개발기본계획) 1항 조항에 의거 국토교통부장관은 복합환승센터의 체계적인 개발을 촉진하기 위하여 5년 단위로 복합환승센터 개발 기본계획을 국가교통위원회의 심의를 거쳐 수립하여야 한다.

89 공공기관의 장이 소관 업무를 수행하기 위해 국가통합교통체계효율화법에서 규정한 개별 교통조사를 시행하고 이를 완료하였을 때에는 완료한 날부터 며칠 이내에 국토교통부장관에게 그 결과를 통보하여야 하는가?

① 15일 ② 30일
③ 45일 ④ 60일

해설
국가통합교통체계효율화법 제16조(개별교통조사의 협의 등) 3항 조항에 의거 공공기관의 장은 개별교통조사를 완료하였을 때에는 완료한 날부터 30일 이내에 국토교통부장관에게 그 결과를 통보하여야 한다.

90 교통안전법에 따른 용어의 정의가 틀린 것은?

① 교통사고 : 교통수단의 운행·항행·운항과 관련된 사람의 사상 또는 물건의 손괴를 말한다.
② 교통수단 : 사람이 이동하거나 화물을 운송하는 데 이용되는 것으로 육상교통용에만 해당하는 운송수단을 말한다.
③ 교통행정기관 : 법령에 의하여 교통수단·교통시설 또는 교통체계의 운행·운항·설치 또는 운영 등에 관하여 교통사업자에 대한 지도·감독을 행하는 지정행정기관의장, 특별시장·광역시장·도지사·특별자치도지사 또는 시장·군수·구청장을 말한다.
④ 교통수단안전점검 : 교통행정기관이 이 법 또는 관계법령에 따라 소관 교통수단에 대하여 교통안전에 관한 위험요인을 조사·점검 및 평가하는 모든 활동을 말한다.

해설
교통안전법에서 규정된 교통수단은 육상교통용에만 해당하는 것이 아니라 수상 또는 수중의 항행에 사용되는 모든 운송수단 및 항공교통에 사용되는 모든 운송수단을 포함한다.

91 교통안전법령상 교통안전관리자가 될 수 있는 자는?

① 교통안전관리자 자격의 취소처분을 받은 날부터 3년이 경과한 자
② 금고 이상의 실형을 선고받고 그 집행이 면제된 날부터 1년이 경과한 자
③ 금고 이상의 형의 집행유예 선고를 받고 그 유예기간 중에 있는 자
④ 피성년후견인

해설
교통안전법 제53조(교통안전관리자의 고용 등)
③ 다음 각 호의 어느 하나에 해당하는 자는 교통안전관리자가 될 수 없다.
 1. 피성년후견인 또는 피한정후견인
 2. 금고 이상의 실형을 선고받고 그 집행이 종료(집행이 종료된 것으로 보는 경우를 포함한다)되거나 집행이 면제된 날부터 2년이 경과되지 아니한 자
 3. 금고 이상의 형의 집행유예 선고를 받고 그 유예기간 중에 있는 자
 4. 제54조의 규정에 따라 교통안전관리자 자격의 취소처분을 받은 날부터 2년이 경과되지 아니한 자
→ 교통안전관리자 자격의 취소처분을 받은 날부터 3년이 경과한 자는 2년 이상 과되었으므로 교통안전관리자가 될 수 있다.

92 주차장법령에 따른 노상주차장의 구조·설비 기준이 옳은 것은? (단, 지방자치단체의 조례로 따로 정하거나 기타의 경우는 고려하지 않는다.)

① 너비 8미터 미만의 도로에 설치하여서는 아니 된다.
② 고속도로, 자동차전용도로 또는 고가도로에는 1개소 이상의 노상주차장을 설치하여야 한다.
③ 종단경사도가 4퍼센트를 초과하는 도로에 설치하여야 한다.
④ 주간선도로에 설치하여서는 아니된다.

정답 88 ② 89 ② 90 ② 91 ① 92 ④

해설

주차장법 시행규칙 제4조(노상주차장의 구조·설비기준)
① 법 제6조 제1항에 따른 노상주차장의 구조·설비기준은 다음 각 호와 같다.
2. 주간선도로에 설치하여서는 아니 된다.
3. 너비 6미터 미만의 도로에 설치하여서는 아니 된다.
4. 종단경사도(자동차 진행방향의 기울기를 말한다. 이하 같다)가 4퍼센트를 초과하는 도로에 설치하여서는 아니 된다.
5. 고속도로, 자동차전용도로 또는 고가도로에 설치하여서는 아니 된다.

93 대도시권 광역교통 관리에 관한 특별법령에 따라, 광역교통시설 부담금의 부과 대상 사업 기준이 틀린 것은?

① 「택지개발촉진법」에 따른 택지개발사업
② 「도시개발법」에 따른 도시개발사업
③ 「주택법」에 따른 대지조성사업
④ 「도시 및 주거환경정비법」에 따른 재개발사업 (단, 10세대 이상의 공동주택을 건설하는 경우)

해설
→ 재개발사업의 경우에는 20세대 이상의 공동주택을 건설하는 경우만 해당한다.

94 주차장법령상 주차장 수급실태 조사구역의 설정 방법에 대한 내용으로 옳은 것은?

① 원형 형태로 조사구역을 설정한다.
② 아파트단지와 단독주택단지가 섞여 있는 지역의 경우에는 주차시설 수급의 적정성, 지역적 특성 등을 고려하여 같은 특성을 가진 지역별로 조사구역을 설정한다.
③ 조사구역 바깥 경계선의 최대거리가 500미터를 넘지 않도록 한다.
④ 각 조사구역은 건축법에 따른 건축선을 경계로 구분한다.

해설
주차장법 시행규칙 제1조의2(실태조사 방법 및 주기 등) 조항에 의거 사각형 또는 삼각형 형태로 조사구역을 설정하되 조사구역 바깥 경계선의 최대거리가 300미터를 넘지 않도록 하여야 하며, 각 조사구역은 「건축법」 제2조제1항제11호에 따른 도로를 경계로 구분하여야 한다. 아파트단지와 단독주택단지가 섞여 있는 지역 또는 주거기능과 상업·업무기능이 섞여 있는 지역의 경우에는 주차시설 수급의 적정성, 지역적 특성 등을 고려하여 같은 특성을 가진 지역별로 조사구역을 설정하여야 한다.

95 교통유발부담금의 부과대상 시설물은 각 층 바닥면적을 합한 면적이 최소 얼마 이상인 시설물을 말하는가? (단, 지방자치단체의 조례로 조정이 가능하거나 주택법에 따른 주택단지에 위치한 시설물로서 도로변에 위치하지 아니한 시설물인 경우는 고려하지 않는다.)

① 500㎡ 이상
② 1,000㎡ 이상
③ 2,000㎡ 이상
④ 3,000㎡ 이상

해설
도시교통정비촉진법 제36조(교통유발부담금의 부과·징수) 제2항에 의거 부담금의 부과대상은 해당 시설물의 각 층 바닥면적을 합한 면적이 대통령령으로 정하는 규모 이상의 것으로 하며, 동법 시행령 제16조(교통유발부담금의 부과대상) 제1항에 의거 법 제36조제2항에서 "대통령령으로 정하는 규모 이상의 것"이란 해당 시설물의 각 층 바닥면적을 합한 면적이 1천제곱미터 이상인 시설물을 말한다.

96 도로법령상 도로정책심의위원회의 심의 사항이 아닌 것은?

① 건설·관리계획의 조정에 관한 사항
② 주요 지하매설물의 안전 대책에 관한 사항
③ 대도시권 교통혼잡도로 개선사업계획의 수립에 관한 사항
④ 국토교통부장관이 지정·고시하는 도로의 노선 지정에 관한 사항

해설
도로법 제9조(도로정책심의위원회의 설치 및 구성)
도로정책에 관한 다음 각 호의 사항을 심의하기 위하여 국토교통부장관 소속으로 도로정책심의위원회(이하 "위원회"라 한다)를 둔다.
1. 종합계획의 수립 및 변경에 관한 사항
2. 국토교통부장관이 수립하는 건설·관리계획의 수립 및 변경에 관한 사항
3. 건설·관리계획의 조정에 관한 사항
4. 대도시권 교통혼잡도로 개선사업계획의 수립 및 변경에 관한 사항
5. 국토교통부장관이 지정·고시하는 도로의 노선 지정에 관한 사항
6. 국가가 관리하는 유료도로의 통행료 조정에 관한 사항
7. 장기간 지연되고 있는 도로와 관련된 사업 중 대통령령으로 정하는 요건에 해당하는 도로에 관련된 사업의 재평가에 관한 사항
8. 그 밖에 도로정책에 관한 중요한 사항으로서 국토교통부장관이 심의를 요청하는 사항[시행 2016.9.1.]
→ 주요 지하매설물의 안전 대책에 관한 사항은 나와 있지 않다.

정답 93 ④ 94 ② 95 ② 96 ②

97 도로법상 지방도의 지정·고시 대상에 해당하지 않는 노선은?

① 시청 또는 군청 소재지를 연결하는 도로
② 도청 소재지에서 시청 또는 군청 소재지에 이르는 도로
③ 도로교통망의 중요한 축을 이루며 주요 도시를 연결하는 도로로서 자동차 전용의 고속교통에 사용되는 도로
④ 도 또는 특별자치도에 있는 공항·항만 또는 역에서 해당 도 또는 특별자치도와 밀접한 관계가 있는 고속국도·일반국도 또는 지방도를 연결하는 도로

해설
도로법 제15조(지방도의 지정·고시)
① 도지사 또는 특별자치도지사는 도(道) 또는 특별자치도의 관할구역에 있는 도로 중 해당 지역의 간선도로망을 이루는 다음 각 호의 어느 하나에 해당하는 도로 노선을 정하여 지방도를 지정·고시한다.
  1. 도청 소재지에서 시청 또는 군청 소재지에 이르는 도로
  2. 시청 또는 군청 소재지를 연결하는 도로
  3. 도 또는 특별자치도에 있거나 해당 도 또는 특별자치도와 밀접한 관계에 있는 공항·항만·역을 연결하는 도로
  4. 도 또는 특별자치도에 있는 공항·항만 또는 역에서 해당 도 또는 특별자치도와 밀접한 관계가 있는 고속국도·일반국도 또는 지방도를 연결하는 도로
  5. 제1호부터 제4호까지의 규정에 따른 도로 외의 도로로서 도 또는 특별자치도의 개발을 위하여 특히 중요한 도로
→ 도로교통망의 중요한 축을 이루며 주요 도시를 연결하는 도로로서 자동차 전용의 고속교통에 사용되는 도로는 고속국도이다.

98 대중교통의 육성 및 이용촉진에 관한 법률상의 내용으로 틀린 것은?

① "대중교통"이라 함은 이 법에 의한 대중교통수단 및 대중교통시설에 의하여 이루어지는 교통체계를 말한다.
② 국토교통부장관은 10년 단위의 대중교통 기본계획을 수립하여야 한다.
③ 특별시장·광역시장·특별자치시장·특별자치도지사·시장 또는 군수(광역시 안에 소재하는 군수 제외)는 기본계획에 따라 5년 단위의 지방대중교통계획을 수립하여야 한다.
④ 국토교통부장관은 직접 또는 시·도지사의 요청에 의하여 대중교통시범도시를 지정할 수 있다.

해설
대중교통의 육성 및 이용촉진에 관한 법률 제5조(대중교통기본계획의 수립) 제1항 조항에 의거 국토교통부장관은 대중교통을 체계적으로 육성·지원하고 국민의 대중교통 이용을 촉진하기 위하여 관계 중앙행정기관의 장 및 특별시장·광역시장·특별자치시장·도지사·특별자치도지사(이하 "시·도지사"라 한다)의 의견을 들어 5년 단위의 대중교통기본계획(이하 "기본계획"이라 한다)을 수립하여야 한다. 이 경우 국토교통부장관은 해상대중교통에 관해서는 해양수산부장관과 협의하여야 한다.

99 도로교통법상 원활한 교통을 확보하기 위하여 특히 필요한 경우 지방경찰청장이나 경찰서장과 협의하여 도로에 전용차로를 설치할 수 있는 자는?

① 대통령 ② 특별시장
③ 국무총리 ④ 국토교통부장관

해설
도로교통법 제15조(전용차로의 설치)에 의거 시장 등은 원활한 교통을 확보하기 위하여 특히 필요한 경우에는 지방경찰청장이나 경찰서장과 협의하여 도로에 전용차로(차의 종류나 승차 인원에 따라 지정된 차만 통행할 수 있는 차로를 말한다.)를 설치할 수 있다.

100 도로교통법령상 운행상의 안전기준과 관련한 적재용량 기준에서 이륜자동차는 그 승차장치의 길이 또는 적재장치의 길이에 얼마를 더한 길이를 운행상의 안전기준으로 하는가?

① 40cm ② 35cm ③ 30cm ④ 25cm

해설
도로교통법 시행령 제22조(운행상의 안전기준) 조항에 의거 이륜자동차는 그 승차장치의 길이 또는 적재장치의 길이에 30센티미터를 더한 길이를 말한다.

제6과목 교통안전

101 평균으로의 회귀효과(regression to mean effect)에 대한 설명으로 가장 거리가 먼 것은?

① 어떤 지점이 통계적인 관점에서 임의변동(random fluctuation)에 의해 사고건수가 높을 때 위험지점으로 선정되었기 때문에 교통안전 개선사업의 시행여부와 관계없이 다시 사고건수가

줄어들 수도 있음을 설명한다.
② 교통사고자료를 이용한 사고예측모형의 한 종류이다.
③ 교통안전개선사업의 효과를 평가할 때는 평균으로의 회귀효과를 감안해야 과대·과소 추정을 막을 수 있다.
④ 한 지점에서의 평균 교통사고 발생빈도는 특별한 변화가 없는 한 시간의 흐름에 따라 일정한 평균을 유지하려는 경향이 있음을 설명한다.

해설
평균으로의 회귀효과(Regression to Mean Effect)는 교통사고 발생빈도의 경향을 설명하는 이론이다. 사고예측모형과는 다르다.

102 높은 좌회전 교통량으로 인한 교차로에서의 좌회전 충돌사고 감소 대책으로 가장 거리가 먼 것은?

① 교차로의 도류화
② 연석 회전반경 개선
③ 회전 유도차로 표지 설치
④ 충분한 좌회전 신호 현시 부여

해설
좌회전 충돌사고 방지대책에는 교차로 도류화, 좌회전 신호현시 부여, 유도차선 도식, 좌회전의 원천적 금지 등이 있다. 연석의 회전반경 개선은 우회전 교통과 직접적인 연관이 있는 사항으로, 좌회전 충돌사고 대책으로는 적절하다고 보기 어렵다.

103 교통사고 분석을 위한 사고의 재구성에서 사용되는 동력학의 세 가지 개념에 해당하지 않는 것은?

① 곡선부에서의 원심력
② 낙하에 의한 차체의 거동
③ 마찰로 인한 물체의 감속
④ 도로조명에 의한 시야 장애

해설
사고의 재구성에 사용되는 동력학의 세가지 개념은 원심력, 낙하거동, 마찰감속이다.

104 일반적으로 과속방지시설은 자동차의 통행 속도를 얼마 이하로 제한할 필요가 있다고 인정되는 도로에 설치하는가?

① 10 km/시   ② 20 km/시
③ 30 km/시   ④ 40 km/시

해설
과속방지시설은 학교 앞, 유치원, 놀이터, 공원, 보차도 구분이 없는 도로로 어린이 등 보행자가 많은 도로와 시설로의 차량 진출입이 많은 구간에서 통행속도를 30km/h 이하로 제한할 필요가 있다고 인정되는 도로에 설치한다.

105 교통사고 감소 및 녹색교통 활성화 차원에서 2009년부터 국내에서 본격 추진 중인 회전교차로가 일반교차로에 비하여 갖는 단점이 아닌 것은?

① 접근로 교통량이 많을 경우 대기행렬이 발생한다.
② 일반적인 신호교차로보다 넓은 부지가 필요하다.
③ 보행자의 횡단을 위한 이동거리가 증가한다.
④ 비신호 운영에 따라 교차로 진입 시 가속으로 안전성이 낮아질 우려가 있다.

해설
회전교차로는 비신호 운영에 따라 교차로 진입 시 감속하므로 일반교차로에 비해 안전성이 높다.

106 과속방지턱의 설치 목적과 기능으로 가장 거리가 먼 것은?

① 속도제어
② 통과 교통량 억제
③ 운전자의 시선 유도
④ 보행자의 통행 안전 확보

해설
과속방지턱은 시선을 유도하고자 함이 아닌 속도제어, 교통량억제, 보행자 통행안전확보 등을 목적으로 한다.

107 교통사고방지대책을 실시할 때 유의해야 할 사항과 가장 거리가 먼 것은?

① 도로 이용자와 도로 인근 주민, 관련 행정기관의 의견을 수렴하도록 한다.
② 다른 도로 계획과 어긋나지 않도록 한다.
③ 교통섬을 설치할 때는 사전에 페인트나 교통콘 또는 모래주머니 등을 이용하여 실험적으로 실시해 본 다음 그 결과를 재검토한 후에 본격적으로 구조물을 설치하는 것이 바람직하다.
④ 우선순위가 높은 대책을 실시한 경우에는 사후조사를 통한 효과 검증을 생략한다.

정답 102 ② 103 ④ 104 ③ 105 ④ 106 ③ 107 ④

해설
안전대책을 혼용할 경우 안전도가 높아진다고 판단된다면 혼용적용도 고려할 필요가 있다.

108 교통행정관리의 5E 원칙에 포함되지 않는 것은?
① 교육(Education)
② 지도단속(Enforcement)
③ 법제(Enactment)
④ 경제(Economy)

해설
교통행정관리의 5E 원칙은 기존 교통안전 3E에 제도(Establishment(Enactment))와 평가(Evaluation)가 더해진 것이다.

109 화살표와 기호로 사고에 관련된 차량이나 보행자의 경로, 사고의 유형 및 정도를 도식적으로 나타내는 것은?
① 로드맵
② 현황도
③ 충돌도
④ 사고지점도

해설
교통사고 충돌도는 화살표와 기호로 사고에 관련된 차량이나 보행자의 경로, 사고의 유형 및 정도를 도식적으로 나타낸다.

110 교통사고 발생 시 수집되는 주요 조사 항목이 아닌 것은?
① 교통통제방법
② 사고발생 일시 및 지점
③ 교통사고원인 및 피해정도
④ 사고당사자(운전자, 동승자, 보행자 등) 정보

해설
교통사고 발생시 수집되는 주요 조사 항목은 사고발생 일시 및 지점을 기초로 사고당사자 정보를 확인하고 교통사고 원인 및 피해정도를 파악한다.

111 제동에 의한 차량의 미끄럼 흔적에 대한 설명이 옳은 것은?
① 양후륜의 미끄럼 흔적들 모두가 전륜의 미끄럼 흔적을 벗어나면 직선 미끄럼으로 간주한다.
② 양후륜의 미끄럼 흔적들 중 하나가 전륜의 미끄럼 흔적을 벗어나면 직선 미끄럼으로 간주한다.
③ 양후륜의 미끄럼 흔적들 모두가 전륜의 미끄럼 흔적을 벗어나지 않으면 직선 미끄럼으로 간주한다.
④ 양후륜의 미끄럼 흔적들 중 하나가 전륜의 미끄럼 흔적을 벗어나지 않으면 직선 미끄럼으로 간주한다.

해설
모든 후륜 미끄럼의 흔적이 전륜 미끄럼 흔적을 벗어나지 않아야 직선 미끄럼으로 볼 수 있다.

112 시거불량으로 인한 사고발생 구간에 대한 안전대책으로 적합하지 않은 것은?
① 장애물 제거
② 예고표지 설치
③ 시선유도표지 설치
④ 노면 재포장

해설
시거불량 시 개선사항
- 장애물 제거
- 시선이 다른 곳에 가지 않도록 유도표지 설치
- 잘 보이도록 밝게 가로조명 개선
- 예고표지 설치

113 어떤 차량이 평탄한 도로에서 좌측 30m, 우측 28m의 직선 모양의 스키드 마크를 나타낸 후 충돌 없이 정지하였다. 사고차량의 제동 직전 주행속도는?(단, 타이어와 노면의 마찰계수는 0.43 이다.)
① 약 57.2km/h
② 약 61.7km/h
③ 약 66.2km/h
④ 약 70.7km/h

해설
$V = \sqrt{254(f+i)l}$
$V = \sqrt{254(0.43+0)30} = 57.24$, 약 57.2km/h
→ 스키드마크의 길이가 좌우측이 다른 경우 긴 길이를 스키드 마크의 길이로 본다.

114 사고다발지점에 대한 개선사업의 경제적 가치를 평가하는 간단한 방법으로, 사업 후 1년 간의 사고 감소 효과를 순화폐 가치로 환산하여 사업소요 비용과 비교하는 방법은?
① FYRR 방법
② IRR 방법
③ B/C 방법
④ NPV 방법

정답 108 ④ 109 ③ 110 ① 111 ③ 112 ④ 113 ① 114 ①

> **해설**
> 경제성 분석기법 중 초기연도 수익률법(FYRR ; First Year Rate of Return)은 사업 초기 연도의 수익을 초기 연도 편익 발생 시까지의 투자비로 나눈 비율로 사업성을 판단하는 기법이다.

115 하루에 18,600대가 통행하는 자동차 전용도로의 300m 구간에서 3년 간 27건의 교통사고가 발생하였을 때 연간 통행량 1억대 · km당 사고건수는?

① 약 398건 ② 약 442건
③ 약 663건 ④ 약 1,326건

> **해설**
> 사고율 = $\dfrac{\text{교통사고건수} \times 100{,}000{,}000}{\text{일평균교통량}(ADT) \times \text{조사기간일수} \times \text{도로구간길이}(km)}$
> 사고율 = $\dfrac{27 \times 100{,}000{,}000}{18{,}600 \times 365 \times 3 \times 0.3} = 441.89$, 약 442건

116 한 차량이 도로를 벗어나 도로의 맨 끝으로부터 수평거리 5m, 높이차가 10m인 지점에 추락하였다. 이 차량이 도로를 벗어날 때의 속도는?

① 약 12.6km/h ② 약 13.1km/h
③ 약 14.6km/h ④ 약 16.2km/h

> **해설**
> 1) 추락시간공식 $t = \sqrt{\dfrac{2h}{g}}$ 초,
> 추락시간 $t = \sqrt{\dfrac{2h}{g}} = \sqrt{\dfrac{2 \times 10}{9.8}} = 1.429$초
> 2) 추락순간속도
> $U_2 = \dfrac{d}{t} = \dfrac{5}{1.429} = 3.5 \text{ m/s} = 12.6 \text{ km/h}$

117 교차로에서 좌회전으로 인한 사고가 빈번할 때 조사해야 할 사항으로 가장 거리가 먼 것은?

① 좌회전 신호의 유무 ② 좌회전 차로의 유무
③ 좌회전 보행자의 유무 ④ 좌회전 교통량

> **해설**
> 좌회전으로 인한 사고 조사는 차량으로 인해 발생되는 사고원인을 조사하기 위함이다. 보행자의 유무와 차량의 좌회전은 관계가 없다. 보행자가 있거나 없는 것이 좌회전으로 인한 사고의 원인을 제공하는 것이 아니라는 의미이다.

118 교통사고의 유발요인을 크게 인적·도로 환경적·차량요인으로 구분할 때 다음 중 인적요인에 해당하는 것은?

① 도로의 결빙 ② 브레이크 파열
③ 운전 중 전화통화 ④ 신호등 고장

> **해설**
> 교통사고의 유발요인 중 인적요인으로는 정신적 조건, 감각적 조건, 육체적 조건, 운전자 숙달 정도 및 운전습관, 적성 등이 있다. 운전 중 전화통화는 운전자 운전습관에 해당한다.

119 다음 중 운전자의 일반적인 행동 특성에 대한 설명으로 가장 옳은 것은?

① 앞차의 거동을 따라하지 않으려고 한다.
② 익숙하지 않은 도로구조를 보면 빠른 판단이 가능하다.
③ 긴급시에는 한 번에 하나의 조작 밖에 하지 못한다.
④ 일반적으로 고령의 운전자일수록 주행 속도가 빠른 것을 선호한다.

> **해설**
> 운전자는 일반적으로 앞차의 거동을 따라 하려 하고, 익숙하지 않은 도로구조를 보면 빠른 판단이 불가능하다. 또한, 장시간 동안 자극 과소상태가 되면 반응이 느려지며, 긴급 시에는 한번에 하나의 조작밖에 하지 못한다.

120 교통사고 현장에 나타나 있는 요마크로부터 차량의 속도를 추정할 때 사용되지 않는 요소는?

① 요마크의 길이
② 노면의 횡단경사
③ 요마크의 곡선반경
④ 타이어-노면의 마찰계수

> **해설**
> $V = \sqrt{127r(f \pm i)}$,
> 여기서, V : 차량의 제동 시 속도,
> f : 타이어와 노면의 마찰계수, i : 경사,
> r : 요마크의 곡선반경
> → 요마크의 길이는 사용되지 않는다.

정답 115 ② 116 ① 117 ③ 118 ③ 119 ③ 120 ①

2021년 기출문제

제1과목 교통계획

1 저서 「Traffic in Towns」에서 도시의 구성 단위와 주거환경지구라는 지구교통의 개념을 발전시킨 사람은?

① H. Wright
② C. Stein
③ Abercrombie
④ Buchanan

해설
콜린 부캐넌(Colin Buchanan, 1907~2001)은 1963년 출간한 『Traffic in Towns』에서 영국의 승용차 소유와 도시교통에 관한 이슈를 정리하였다. 이 책에서 부캐넌은 도시의 구성단위, 주거환경지구라는 개념을 정립하였는데, 이 개념은 현재까지도 적용되고 있고, 정리·발전되어 도시 및 교통계획의 근간을 이루고 있다.

2 전철 또는 지하철 건설 시 주요 고려사항으로 가장 거리가 먼 것은?

① 산업구조
② 승객수요
③ 도시형태
④ 인구밀도

해설
전철 또는 지하철 건설시 고려사항은 승객의 수요, 도시의 형태, 인구밀도 등이다. 공업 위주, 서비스 위주 등 산업구조의 종류를 고려하여 지하철을 차등적으로 건설하지는 않는다.

3 A지역에서 B지역으로 이동할 때, 버스의 효용함수값이 -0.67, 지하철의 효용함수값이 -0.87일 때, 버스를 선택할 확률은? (단, 교통수단은 버스와 지하철만 고려하며, 이항로짓모형을 따른다.)

① 약 43.5%
② 약 45.0%
③ 약 55.0%
④ 약 56.5%

해설
로짓 모형 계산에 의한 선택확률
㉠ 버스의 효용 : $V_{버스} = -0.67$
㉡ 지하철의 효용 : $V_{지하철} = -0.87$
㉢ 버스 선택확률 : $P_{(버스)} = \dfrac{e^{-0.67}}{e^{-0.67} + e^{-0.87}} = 0.549$
∴ 약 55.0%

4 개별행태모형(disaggregate behavioral model)에 대한 설명이 틀린 것은?

① 확률적 효용이론에 근거한다.
② 종속변수는 통행량이며 독립변수는 사회경제지표다.
③ 개인의 통행특성자료를 바탕으로 교통수요를 추정한다.
④ 개인의 행태를 반영하기 때문에 공간적·시간적으로 영향을 받지 않는다.

해설
개별행태모형(Disaggregate Behavioral Model)
- 개인별 통행행태자료를 근거로 하고 경제학의 효용이론, 심리학의 선택행태이론을 이론적 배경으로 한다.
- 대안별 서비스 변수와 개인의 사회·경제적 특성 등을 반영하여 개인의 선택확률을 구하는 것이 목적이다.(확률론적 모형)
- 종속변수는 교통수단별 선택확률이고, 독립변수(설명변수)는 통행시간, 통행비용 등이다.
- 공간적·시간적 전용이 가능하고 단기정책분석에 적합하다.
- 기존의 존별 집계자료(aggregate data)를 이용하지 않고, 개인 단위의 비집계자료(disaggregate data)를 이용하므로 비집계모형(disaggregate model)이라고도 부른다.
- 회귀모형, 로짓모형, 프로빗모형 등이 개별행태모형에 해당한다.

5 Wardrop의 원리에 따른 아래의 상태를 뜻하는 것은?

> 개별 통행자가 자신의 과거 경험 및 이미 알고있는 가능한 정보를 종합하여 통행하고자 선택한 경로가 최소시간경로라 전제하며, 설상 다른 경로로 변경하여도 현재의 경로보다 통행시간을 단축시킬 수 없다고 믿는 상태

① 사회적 평형상태
② 교통체계의 평형상태
③ 수요-공급의 평형상태
④ 확률적 사용자 평형상태

해설
사용자 균형 통행배정기법
㉠ 사용자 균형의 개념 : 한 쌍의 출발지와 목적지를 위해 이용되는 모든 통행경로의 통행시간은 같고, 이용되지 않는 통행경로의 통행시간은 이용되는 통행경로의 통행시간보다 길거나 같다.
㉡ 기본가정
- 출발지와 목적지 사이의 통행량은 모형정립기간 동안 고정되어 있다.

정답 01 ④ 02 ① 03 ③ 04 ② 05 ④

- 링크 통행시간은 그 링크에 있는 통행량의 함수이며 다른 링크에 있는 통행량과는 무관하다.
- 통행자는 네트워크를 구성하는 모든 링크의 통행시간에 대한 완전한 정보를 가지고 있다.
- 통행자의 통행경로 선택행위는 그들의 통행시간 최소화를 목표로 한다.

6 계획대상과 그 특성에 따라 계획하고자 하는 구체적 시설을 기준으로 교통계획을 분류한 것에 해당하는 것은?

① 장기교통계획 ② 가로망계획
③ 도시교통계획 ④ 교통축계획

해설
가로망계획이란 계획대상과 그 특성에 따라 계획하고자 하는 구체적 시설을 기준으로 교통계획을 분류한 것을 말한다.

7 O-D조사에 사용하는 표본의 크기에 대한 설명으로 옳은 것은?

① 표본의 크기가 증가하면 조사 자료의 정확도는 감소한다.
② 통행량이 많은 경우 표본율을 증가시키면 오차의 범위가 극대화 된다.
③ 표본의 크기가 증가하면 조사 정확도의 증가율은 점차 증가한다.
④ 표본율이 같은 경우, 통행량이 많은 경우가 통행량이 적은 경우보다 정확한 추정값을 얻기 쉽다.

해설
표본의 크기가 증가하면 조사 자료의 정확도도 증가한다. 통행량이 많은 경우 표본율을 증가시키면 표본이 모집단에 근사하게 되므로 오차의 범위가 줄어들게 된다. 표본의 크기가 증가하면 조사자료의 정확도는 반드시 증가하지만, 정확도가 증가하는 정도, 즉 비율이 반드시 증가한다고는 단정할 수 없다. 표본의 비율이 같다면 통행량이 많은 경우가 보다 많은 표본의 크기를 얻게 되므로 보다 정확한 추정값을 얻을 수 있다.

8 모집단의 개체가 똑같은 확률로 뽑히도록 표본단위를 모집단에서 추출하는 방법은?

① 비 확률 표본 설계
② 단순확률 표본 설계
③ 집락확률 표본 설계
④ 층화확률 표본 설계

해설
단순확률 표본설계란 모집단의 개체가 똑같은 확률로 뽑히도록 표본의 단위를 모집단에서 추출하는 방법이다.

9 통행분포(trip distribution)단계에서 사용되는 모형으로 각 교통지구별 유출·입 교통량의 제약조건을 만족시킬 수 있는 범위 내에서 결과를 도출할 수 있도록 프라타(Fratar) 모형의 계산과정을 보다 단순화시킨 것은?

① 성장인자모형 ② 중력모형
③ 디트로이트모형 ④ 엔트로피모형

해설
통행분포 모형에는 성장인자, 중력, 간섭기회, 엔트로피극대화 모형이 있는데, 이 중 성장인자 모형은 균일, 평균, 프라타, 디트로이트로 구성된다. 디트로이트(Detroit) 모형은 프라타 모형의 계산과정을 단순화하여 각 교통지구별 유출·입 교통량의 제약조건을 만족시키는 결과값을 도출해내는 방법이다.

10 간섭기회모형(intervening opportunity model)에 대한 설명으로 틀린 것은?

① 통행자가 주어진 기회를 선택할 확률은 일정하다.
② 목적지의 선택은 목적지까지의 상대적 접근성에 의해 결정된다.
③ 통행유입량을 그 목적지가 가지는 잠재적인 기회의 크기로 간주한다.
④ 각 통행자는 자신의 통행비용을 최대화한다는 가정을 한다.

해설
간섭기회모형은 각 통행자는 자신의 통행비용을 최소화한다는 가정을 한다.

11 폐쇄선 설정 시 고려 사항으로 옳은 것은?

① 가급적 행정구역 경계선과 일치시킨다.
② 가급적 다양한 토지이용이 포함되도록 한다.
③ 대규모 도시인 경우, 존당 1,000~3,000명을 포함시켜야 한다.
④ 반드시 한 개의 간선도로가 존을 통과하도록 하여야 한다.

정답 06 ② 07 ④ 08 ② 09 ③ 10 ④ 11 ①

해설
폐쇄선은 가급적 행정구역 경계선과 일치시키고, 동질의 토지이용을 기준으로 하며, 폐쇄선을 횡단하는 도로나 철도가 가급적 최소가 되게 한다. 소규모도시는 한 존당 1,000~3,000명, 대도시는 한 존당 5,000~10,000명을 포함한다.

12 Smeed(1949)는 유럽 20개국의 1938년도 교통사고통계를 이용하여 다음과 같이 모형화하였다. 이에 대한 설명으로 옳지 않은 것은?

$$\frac{D}{P} = 0.0003 \times \sqrt[3]{\frac{N}{P}}$$

(단, N : 자동차등록대수(대), P : 인구수(명), D : 연간 교통사고사망자수(명))

① 가장 먼저 알려진 교통사고 예측모형이다.
② 인구가 증가하면 교통사고 사망자수도 증가한다.
③ 자동차 등록대수가 증가하면 교통사고 사망자수도 증가한다.
④ 인구의 한 단위 증가보다 자동차 등록대수의 한 단위 증가가 교통사고 사망자수에 더 큰 영향을 끼친다.

해설
인구의 한 단위 증가는 연간 교통사고 사망자수에 단위 증가량만큼 곱해지만 자동차등록대수의 증가는 제곱근이 씌워져 곱해진다. 따라서 자동차등록대수의 한 단위 증가보다 인구의 한 단위 증가가 교통사고 사망자수에 더 큰 영향을 준다고 할 수 있다.

13 다음 중 교통수요 관리방안과 그 특징에 대한 설명으로 틀린 것은?

① 10부제 운행 – 집행이 용이하다.
② 버스 이용하기 – 정치적 수용성이 적다.
③ 공영주차장 요금인상 – 집행이 용이하다.
④ 자가용 함께 타기 – 사회적 부담이 적다.

해설
버스 등의 대중교통은 준공영제, 유류보조금 등 정책적인 결정에 많은 변동성을 가지게 되므로 정치적으로 활용되기 쉬운 주제이다.

14 대중교통체계의 정책적 목표로 적합하지 않은 것은?

① 신속하고 안전한 대중교통체계 확립
② 버스 경쟁 노선의 극대화
③ 수요에 따른 종합적 대중교통망 형성
④ 교통수단 간의 연계 교통망 구축

해설
정책적 목표의 대 전제는 시민의 편리한 이용과 안전한 운행이다. 따라서, 버스 경쟁 노선의 극대화는 정책적 목표가 되기 어렵다.

15 지하철과 비교하였을 때, 경전철이 갖는 일반적인 특성으로 틀린 것은?

① 차량의 중량이 가벼운 편이다.
② 지하철에 비해 주행 속도가 빠르다.
③ 승객 승차대가 낮아 승·하차 시 편리하다.
④ 도로 상을 운행하기도 한다.

해설
경전철은 차량의 중량이 가볍고 승객 승·하차대가 낮아 승·하차가 편리하며 도로상 운행이 가능하다는 특성이 있다.

16 교통계획의 경제성 분석기법에 대한 설명이 옳은 것은?

① 편익-비용 분석법은 사업의 절대적 규모를 고려할 수 있다.
② 순현재가치(NPV) 분석법은 사업의 절대적 수익성을 측정할 수 없다.
③ 내부수익률(IRR) 분석법은 평가 과정과 결과 이해가 용이하다.
④ 경제성 분석기법에서 할인율은 분석 결과에 영향을 미치지 않는다.

해설
① 비용-편익(B/C Ratio) 분석법은 결과값이 비율로 나오므로 사업의 절대적 규모를 고려할 수 없다.
② 순현재 가치(NPV) 분석법은 총 편익에서 총 지출금액을 뺀 값이므로 사업의 절대적 수익성을 측정할 수 있다.
③ 내부수익률은 사업의 순현재 가치를 0으로 만드는 할인율을 찾는 기법이므로, 이 할인율이 사회적 할인율보다 크면 타당성이 있다고 판단하는 기법이다. 할인율만 계산해서 비교하면 되기 때문에 평가 과정과 결과 이해가 용이하다.
④ 경제성 분석기법은 분석기간이 길어(보통 20년) 할인율(이자율)이 매우 큰 영향을 미친다.

17 다음 설명에 해당하는 첨단운전자지원시스템은?

운전자가 운전 중 동일 차로 전방에 정차한 차량 등을 감지해 운전자에게 경고하여 운전자가 충돌을 완화하거나 피할 수 있도록 함으로써 사고예방 또는 사고 심각도를 줄일 수 있는 장치다. 카메라 RADAR, LiDAR 등의 센서를 통해 전방 장애물을 인식한 후 상대속도와 거리로 충돌 예측 시간을 산출하고, 충돌 위험이 있을 때 경고 정보를 줌으로써 충돌을 막을 수 있다.

① 차로이탈경고장치(LDWS)
② 전방충돌경고장치(FCWS)
③ 적응순항제어장치(ACC)
④ 사각지대감시장치(BSD)

해설
첨단차량 제어체계(AVCS ; Advanced Vehicle Control Systems) 중 전방충돌경고장치(FCWS ; Forward Collision Warning System)에 대한 설명이다.

18 공공자원의 사회적 기회비용을 반영하여 결정된 가격을 무엇이라고 하는가?

① 인플레이션 ② 잠재가격
③ 내부수익률 ④ 디플레이션

해설
잠재가격이란 재화의 가격이 그 재화의 기회비용을 정확하게 반영하는 가격을 의미한다. 독점 등에 의해 가격이 자유롭지 못할 때와 완전경쟁하에서 가격이 자유로울 때 비교를 통해 이 가격이 발생된다. 잠재가격의 개념은 공공자원의 사회적 기회비용을 산정할 때도 적절히 사용될 수 있다.

19 도로의 일반적 결정기준에서 주간선도로와 주간선도로의 배치간격 기준으로 옳은 것은?

① 150m 내외 ② 250m 내외
③ 500m 내외 ④ 1,000m 내외

해설
도시·군계획시설의 결정·구조 및 설치기준에 관한 규칙 제10조(도로의 일반적 결정기준) 3항에 의거 주간선도로와 주간선도로의 배치간격은 1천미터 내외로 한다.

20 주차이용효율(e)을 이용하여 주차 수요를 추정하는 것은?

① P요소법
② 과거추세연장법
③ 누적주차수요추정법
④ 기·종점에 의한 주차수요추정법

해설
P요소법에서 $P = \dfrac{d \cdot s \cdot c}{o \cdot e} \times (t \cdot r \cdot p \cdot pr)$로 주차이용효율($e$)을 사용한다.

제2과목 교통공학

21 어느 교통류에서 차량별 구성비가 트럭 10%, 버스 15%인 경우 중차량보정계수(f_{HV})는 약 얼마인가? (단, 일반지형 중 평지의 경우이며, 승용차 환산계수는 $E_T = 1.7$, $E_B = 1.5$ 이다.)

① 0.87 ② 0.91 ③ 0.70 ④ 0.76

해설
$$f_{HV} = \dfrac{1}{[1 + P_{T1}(E_{T1} - 1) + P_{T2}(E_{T2} - 1) + P_{T3}(E_{T3} - 1)]}$$
$$f_{HV} = \dfrac{1}{[1 + 0.1(1.7 - 1) + 0.15(1.5 - 1)]} = 0.87$$

22 차량추종모형에서 운전자의 반응시간과 관련하여 고려하는 변수로 가장 거리가 먼 것은?

① 차량 속도 ② 차량 위치
③ 운전자 민감도 ④ 차량군의 밀도 차이

해설
차량추종모형은 차량의 간격, 차량이 움직인 거리, 차두거리, 차량의 속도, 가속도 등이 변수로 고려된다. 추종모형은 대표적인 미시모형이므로 매크로한 차원에서 분석 가능한 차량군의 밀도 차이는 고려하기 어렵다.

23 어느 교통류의 속도(u)와 밀도(k)의 관계가 아래와 같을 때, 이 교통류의 임계밀도, 임계속도, 용량은 얼마인가?

$$u = 40.0 - 0.25k$$

① 임계밀도: 70vpk, 임계속도: 20kph, 용량: 1,400vph
② 임계밀도: 80vpk, 임계속도: 20kph, 용량: 1,600vph
③ 임계밀도: 70vpk, 임계속도: 25kph, 용량: 1,750vph
④ 임계밀도: 80vpk, 임계속도: 25kph, 용량: 2,000vph

정답 18 ② 19 ④ 20 ① 21 ① 22 ④ 23 ②

해설

$Q = u \cdot k$이고, $u = 40 - 0.25k$이다.
따라서 $Q = (40 - 0.25k) \cdot k$이고, $Q = -0.25k^2 + 40k$가 된다.
이를 k에 관해 미분하면 k의 최대값인 k_{max}를 구할 수 있고, k_{max} 상태에서의 Q가 Q_{max}의 값이 된다.
미분하면 $0 = -0.5k + 40$, $0.5k = 40$, $k = 80$대/km
$Q = -0.25k^2 + 40k$식에 k_{max} 80대/km를 대입하여 계산하면
$Q_{max} = -0.25(80^2) + 40 \times 80 = 1,600$대
임계속도 = 1,600/80 = 20kph

24 아래와 같은 특징을 갖는 속도 – 밀도 모형은?

- 속도와 밀도의 관계를 선형으로 나타내었다.
- 모형의 사용이 간편하며 현장관측자료와 비교적 잘 맞다.
- 전체 밀도구간에 대해 속도가 직선으로 변화하지 않고 밀도가 매우 높거나 낮은 경우 비선형적인 관계를 나타낸다.

① Pipes 모형
② Edie 모형
③ Greenburg 모형
④ Greenshield 모형

해설

Greenshields 모형은 속도와 밀도의 관계를 선형으로 나타낸 직선모형으로 단순하여 사용이 간편하고 현장관측자료와 잘 맞는 특성이 있다. 하지만 직선의 형태를 가정하다 보니 현실적이지 못하고, 특히 현실적인 K_j값을 나타낼 수 없는 단점이 있다.

25 다음 중 위해물 주위 혹은 이를 지나치는 차량에게 안전한 주행선을 안내하는 일종의 이동차로 표시에 해당하는 교통통제설비는?

① 방호울타리
② 교통콘
③ 반사경
④ 그루빙

해설

안전한 주행선을 안내하는 일종의 이동차로 표시인 교통콘의 정의에 대한 문제이다.

26 다음은 녹색시간 동안 방출되는 용량이 한 주기 동안의 도착량보다 많은 경우, 신호교차로에서의 대기행렬모형이다. 정지하는 차량의 비율 (P_S)로 옳은 것은? (단, r : 유효적색시간(초), g : 유효녹색시간(초), q : 한 접근로의 평균 도착교통류율(pcu/초), t_0 : 녹색신호의 시작에서부터 대기행렬이 완전히 소멸 되는 시간(초))

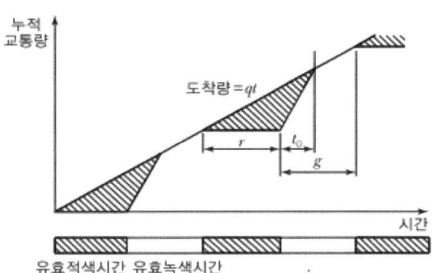

① $P_S = \dfrac{q(r+t_o)}{q(r+g)}$
② $P_S = \dfrac{r^2}{2q(1-r)}$
③ $P_S = \dfrac{qr}{2}(r+t_o)$
④ $P_S = \dfrac{r+t_o}{2}$

해설

녹색시간동안에 방출되는 용량이 한주기 동안의 도착량보다 많은 경우, 즉, t_0 이후의 도착량과 방출량이 같은 경우이므로 정지하는 차량의 비율은 $P_s = \dfrac{q(r+t_o)}{q(r+g)}$이 된다.

27 운전자에 대한 일반적인 설명으로 틀린 것은?

① 운전자는 속도가 증가하면 주변을 볼 수 있는 시야가 줄어든다.
② 운전자는 앞차의 가·감속에 반응하며 운전을 한다.
③ 운전자의 연령이 높을수록 평균반응시간이 줄어드는 경향이 있다.
④ 운전자가 도로상의 낙하물을 보고 행동하는 과정은 지각, 인지, 판단, 반응으로 구분하여 볼 수 있다.

해설

운전자는 연령이 증가하면서 시각능력이 떨어지고 평균반응시간이 늘어나는 경향이 있다.

28 다음 중 일정 구간에서 시험차량이 추월을 당한 횟수만큼 추월을 한 횟수를 유지하면서 운행하며 주행시간을 기록하는 방법은?

① 번호판 판독법
② 주행차량이용법
③ 평균속도운행법
④ 교통류적응운행법

정답 24 ④ 25 ② 26 ① 27 ③ 28 ④

해설

교통류 적응운행법이란 일정 구간에서 시험차량을 구간의 다른 차량과 균형을 유지하면서 운행하며 주행시간을 기록하는 방법을 말한다. 추월당한 횟수와 추월한 횟수가 주요 변수가 된다.

29 어느 교차로의 도착교통량이 시간당 600대이고, 도착 교통량이 포아송(Poisson) 분포를 따른다고 가정할 때, 30초 동안에 6대가 도착할 확률은?

① 0.127 ② 0.146 ③ 0.175 ④ 0.188

해설

평균(m) = $\frac{600}{3,600}$ = 1대/6초 = 5대/30초,

$P_{(x)} = \frac{m^x \times e^{-m}}{x!}$, $P_{(6)} = \frac{5^6 \times e^{-5}}{6!} = 0.146$

30 신호교차로의 운영 주기가 90초, 각 현시의 임계차로군의 교통량비의 합이 0.72, 교차로 전체의 임계 V/c 비 값이 0.76 일 때, 이 교차로의 주기당 총 손실 시간은?

① 약 3초 ② 약 5초 ③ 약 7초 ④ 약 9초

해설

$X_c = \frac{C}{C-L} \sum y_i$

$L = 90 - \left(\frac{90}{0.76} \times 0.72\right) = 4.74$, 약 5초

31 다음 설명에 해당하는 고속도로 기본구간의 서비스 수준은?

> 안정류(stable flow)상태에 있으면서, 주행속도는 교통조건 때문에 어느 정도 제약을 받기 시작한다. 운전자는 여전히 자기가 원하는 속도와 차로를 자유로이 선택할 수 있어 육체적으로나 정신적으로 상당한 수준의 쾌적감을 유지한다. 가벼운 사고나 고장의 경우 속도 감소가 전혀 일어나지 않을 수는 없지만 혼잡은 쉽게 흡수된다.

① A ② B ③ C ④ D

해설

LOS B에 대한 설명이다. LOS B상태는 교통류 내에서 다른 사용자가 나타나면 주의를 기울이게 된다. 원하는 속도 선택의 자유도는 비교적 높으나 통행 자유도는 서비스 수준 A보다 어느 정도 떨어진다. 이는 교통류 내의 다른 사용자의 출현으로 각 개인의 행동이 다소 영향을 받기 때문이다.

32 주차요금을 내기 위해 무작위로 도착하는 차량의 평균 도착시간 간격이 60초이고, 요금징수시간은 평균 18초인 음지수분포를 가질 때 도착차량이 대기해야 할 확률은?

① 0.1 ② 0.3 ③ 0.5 ④ 0.7

해설

$P_{(h<18)} = \int_0^{18} \frac{1}{60} e^{-\frac{t}{60}} dt = 0.3$

33 감응식신호에서 현시가 다음으로 넘어가는 조건으로 가장 거리가 먼 것은?

① 주기초과(cycle-out)
② 강제변경(force-out)
③ 차량간격초과(gap-out)
④ 설정최대값초과(max-out)

해설

현시가 변경되는 조건중 가장 기본적인 것은 설정 최대값 초과(max-out)와 단위연장시간을 넘는 차량간격 초과(gap-out)인 경우이고, 임의 변경인 강제변경(force-out)을 통해 현시변경도 가능하다.

34 차량의 미끄럼 마찰계수에 영향을 주지 않는 것은?

① 타이어 상태 ② 노면습윤 상태
③ 운전자 반응시간 ④ 도로 포장면 재질

해설

직접적으로 타이어와 노면과의 관계에 영향을 주는 것을 찾으면 된다. 타이어 상태의 마모여부, 노면의 건조 습윤 여부, 도로포장면 재질의 거칠기 정도가 미끄럼 마찰계수에 영향을 미친다.

35 교통류의 특성을 나타내는 기본 요소와 가장 거리가 먼 것은?

① 속도 ② 밀도 ③ 교통량 ④ 지체도

해설

교통류는 $Q = u \cdot k$ 공식(교통량=속도×밀도)을 기초로 분석된다.

36 양방향정지 비신호교차로의 효과척도는?

① 밀도
② 평균운영지체
③ 시간당 상충횟수
④ 방향별 교차로 진입교통량

해설
비신호교차로 효과척도(MOE ; Measure of Effectiveness)는 양방향정지 : 평균운영지체(초/대), 무통제 : 방향별 교차로 진입 교통량, 시간당 상충횟수, 회전교차로 : 차량당 평균지체(초/대) 이다.

37 어느 교차로의 한 접근로의 지체도 조사 결과가 아래와 같다. 신호주기가 110초, 조사단위시간이 15초일 때 정지차량당 평균정지지체는? (단, 조사시간대에 관측된 총 진입 교통량 중 정지 차량수는 95대이다.)

조사시각	정지차량대수			
	+0초	+15초	+30초	+45초
05:00	0	0	2	6
05:01	5	0	6	1
05:02	1	2	6	2
05:03	1	3	0	4
05:04	3	0	6	5
소 계	10	5	20	18

① 약 6.6초
② 약 8.4초
③ 약 12.3초
④ 약 15.0초

해설
접근 차량당 평균정지지체 $= \dfrac{53대 \times 15초}{95대/초} = 8.368$
∴ 8.4초/대

38 다음 중 도로에 매설하지 않고 사용할 수 있는 검지기는?

① 압력반응검지기
② 감응루프식검지기
③ 초음파검지기
④ 충격식검지기

해설
초음파 검지기(늑초단파 검지기)는 접시 모양 두 개가 막대에 진행방향과 나란히 달려 있는 검지기로 도로에 매설할 필요가 없는 검지기이다.

39 다음 그림과 같이 좌우회전이 허용되지 않은 간단한 2현시 교차로의 접근교통량에서 동서로와 남북로 간 유효녹색 시간의 배분은?

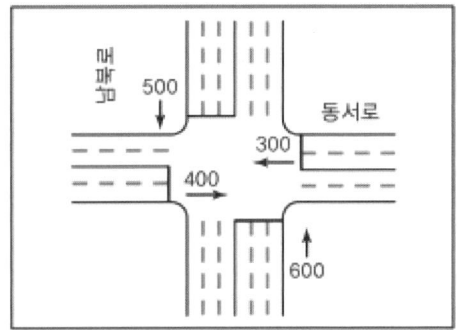

① 1 : 1
② 1 : 2
③ 2 : 3
④ 7 : 11

해설
방향별 차로당 접근 교통량이 남북방향(600대/3차로=200대/차로)과 동서방향(400대/2차로=200대/차로) 공히 200대/차로로 같으므로 유효녹색시간의 배분은 1:1이 된다.

40 어느 신호교차로에서 15분 간격으로 조사한 교통량이 아래와 같을 때 첨두시간계수(PHF)는?

시간	교통량(대)	시간	교통량(대)
7:00-7:15	1,200	7:24-8:00	900
7:15-7:30	800	8:00-8:15	1,150
7:30-7:45	1,100	8:15-8:30	1,100

① 약 0.83
② 약 0.86
③ 약 0.92
④ 약 0.95

해설
$$PHF = \dfrac{V_{60분}}{4 \times V_{15분}} = \dfrac{4{,}250}{4 \times 1{,}150} = 0.92$$

제3과목 교통시설

41 도로와 철도가 평면교차하는 경우 교차각은 최소 얼마 이상으로 하여야 하는가?

① 15°
② 30°
③ 45°
④ 60°

정답 36 ② 37 ② 38 ③ 39 ① 40 ③ 41 ③

> **[해설]**
> 도로의 구조·시설 기준에 관한 규칙 제36조(철도와의 교차)
> ㉠ 도로와 철도의 교차는 입체교차를 원칙으로 한다. 다만, 주변 지장물이나 기존의 교차형식 등으로 인하여 부득이하다고 인정되는 경우에는 예외로 한다.
> ㉡ 제1항의 단서에 따라 도로와 철도가 평면교차하는 경우 그 도로의 구조는 다음 각 호의 기준에 따른다.
>   1. 철도와의 교차각을 45도 이상으로 할 것

42 아래 내용 중 ( )안에 들어갈 말로 옳은 것은?

> "앞지르기시거"란 2차로 도로에서 저속 자동차를 안전하게 앞지를 수 있는 거리로서 차로 중심선 위의 (㉠) 높이에서 반대쪽 차로의 중심선에 있는 높이 (㉡)의 반대쪽 자동차를 인지하고 앞차를 안전하게 앞지를 수 있는 거리를 도로 중심선에 따라 측정한 길이를 말한다.

① ㉠ : 1.0m, ㉡ : 1.2m ② ㉠ : 1.0m, ㉡ : 1.5m
③ ㉠ : 1.2m, ㉡ : 1.0m ④ ㉠ : 1.5m, ㉡ : 1.0m

> **[해설]**
> 앞지르기시거란 양방향 2차로 도로에서 저속차량을 앞지르기 위해 필요한 거리로서 차로 중심선 상에서 운전사 눈의 높이를 1.0m로 하여 대향차로의 중심선 상에 있는 높이 1.2m의 대향 자동차를 발견하고 안전하게 앞지를 수 있는 거리를 말한다.

43 Park and Ride 주차시설에 대한 설명으로 옳은 것은?

① 대규모 유원지, 상가에 설치된 주차장이다.
② 공원이나 유원지에서 입장료를 낸 사람에게 개방된 주차장이다.
③ 공원에서 공원 내를 운행하는 셔틀버스로 갈아타기 위해 만든 주차장이다.
④ 대중교통 연계지점에 건설된 주차장으로 이곳에 승용차를 주차시킨 후 대중교통으로 환승하게 하기 위해서 만든 주차장이다.

> **[해설]**
> Park and Ride 주차장은 환승주차장이라고도 하며, 대중교통, 카풀 이용자들을 위해 마련된다.

44 설계속도와 설계구간에 대한 내용으로 옳지 않은 것은?

① 설계속도란 도로설계의 기초가 되는 자동차의 속도를 말한다.
② 설계속도에 따라 곡선반경, 곡선의 길이, 종단경사 등이 결정된다.
③ 설계구간이란 도로의 종류나 설계속도가 같으며, 같은 설계기준이 적용되는 구간을 말한다.
④ 노선의 기하구조는 설계구간이 짧은 곳에 비연속적으로 적용하는 것이 바람직하다.

> **[해설]**
> 노선의 기하구조는 가능한 한 연속적인 것이 바람직하다. 더욱이 구간이 짧다면 기하구조의 연속성을 되도록 확보하는 것이 교통사고 예방에 도움이 된다.

45 설계속도가 60km/h일 때 확보하여야 하는 최소 정지시거 기준으로 옳은 것은?

① 55m 이상   ② 75m 이상
③ 95m 이상   ④ 110m 이상

> **[해설]**
> 최소정지시거는 노면습윤 상태일 때를 기준으로 하며 다음과 같다.
>
> | 설계속도 (km/h) | 주행속도 (km/h) | f | $0.694V$ | $\dfrac{V^2}{254f}$ | 주행 속도에 의한 정지시거(m) | 정지시거 채택(m) |
> |---|---|---|---|---|---|---|
> | 120 | 102 | 0.29 | 70.8 | 141.2 | 212.0 | 225 |
> | 110 | 93.5 | 0.29 | 64.9 | 118.7 | 183.6 | 195 |
> | 100 | 85 | 0.30 | 59.0 | 94.8 | 153.8 | 170 |
> | 90 | 76.5 | 0.30 | 53.1 | 76.8 | 129.9 | 145 |
> | 80 | 68 | 0.31 | 47.2 | 58.7 | 105.9 | 120 |
> | 70 | 63 | 0.32 | 43.7 | 48.8 | 92.5 | 100 |
> | **60** | **54** | 0.33 | 37.5 | 34.8 | **72.3** | **80** |
> | 50 | 45 | 0.36 | 31.2 | 22.1 | 53.3 | 60 |
> | 40 | 36 | 0.40 | 25.0 | 12.8 | 37.8 | 45 |
> | 30 | 30 | 0.44 | 20.8 | 8.1 | 28.9 | 30 |
> | 20 | 20 | 0.44 | 13.9 | 3.6 | 17.5 | 20 |
>
> ※ 발표된 답은 ②였으나, 법규 개정으로 답이 없다.

46 평면교차로를 도류화하는 목적으로 옳지 않은 것은?

① 자동차가 합류, 분류 및 교차하는 위치와 각도를 조정한다.
② 자동차가 진행해야 할 경로를 명확히 하고 주된 이동류에 통행 우선권을 제공한다.
③ 보행자 안전지대를 설치하기 위한 장소와 교통제어시설을 잘 보이는 곳에 설치하기 위한 장소를 제공한다.
④ 교차로의 면적을 줄임으로써 차량 간의 상충면적을 늘려준다.

> **[해설]**
> 교차로의 면적을 줄이면 차량 간 상충면적도 줄어든다.

정답 42 ① 43 ④ 44 ④ 45 ② (답없음) 46 ④

47 고속국도 휴게시설 등에의 도로안전시설 설치 및 관리에 관한 아래 설명에서, ㉠과 ㉡에 들어갈 내용이 모두 옳은 것은?

> (㉠)은(는) 고속국도에 연결된 휴게시설, 주차장 등 대통령령으로 정하는 시설을 이용하는 보행자의 안전과 차량의 원활한 통행을 위하여 (㉡) 등 도로안전시설을 설치하고 관리하여야 한다.

① ㉠ : 경찰서장, ㉡ : 교통관리시설
② ㉠ : 국토교통부장관, ㉡ : 과속방지시설
③ ㉠ : 행정안전부장관, ㉡ : 교통관리시설
④ ㉠ : 경찰청장, ㉡ : 과속방지시설

해설
도로법 제47조의2(고속국도 휴게시설 등에의 도로안전시설 설치 및 관리) 1항 조항에 의거 "국토교통부장관"은 고속국도에 연결된 휴게시설, 주차장 등 대통령령으로 정하는 시설을 이용하는 보행자의 안전과 차량의 원활한 통행을 위하여 "과속방지시설" 등 도로안전시설을 설치하고 관리하여야 한다.

48 도로를 보호하고 비상시에 이용하기 위하여 차도에 접속하여 설치하는 도로의 부분을 무엇이라 하는가?

① 변속차로   ② 분리대
③ 회전차로   ④ 길어깨

해설
길어깨란 도로를 보호하고 비상시에 이용하기 위하여 차도에 접속하여 설치하는 도로의 부분을 말한다.

49 설계속도가 70km/h 이상 80km/h 미만인 지방지역 도로의 차로 최소 폭 기준으로 옳은 것은?

① 2.75m 이상   ② 3.00m 이상
③ 3.25m 이상   ④ 3.50m 이상

해설
설계속도가 70km/h 이상 80km/h 미만인 지방지역은 차로의 최소폭이 3.25m 이다.

설계속도 (km/h)	차로의 최소폭(m)		
	지방지역	도시지역	소형차도로
100 이상	3.5	3.5	3.25

설계속도 (km/h)	차로의 최소폭(m)		
	지방지역	도시지역	소형차도로
80 이상	3.5	3.25	3.25
70 이상	3.25	3.25	3.0
60 이상	3.25	3.0	3.0
60 미만	3.0	3.0	3.0

50 비상주차대의 유효길이 산정 기준과 가장 관계가 깊은 것은?

① 설계기준 자동차 길이   ② 도로의 설계속도
③ 접속길이   ④ 진입속도

해설
비상주차대 유효길이는 자동차가 주차할 수 있는 길이로 해야 하므로 설계기준자동차의 길이가 유효길이 산정과 가장 관계가 깊다.

51 버스정류시설 중 버스 승객의 승강을 위하여 본선 차로에서 분리하여 설치된 띠 모양의 공간을 의미하는 것은?

① 버스정류장(Bus Bay)
② 버스정류소(Bus Stop)
③ 버스터미널(Bus Terminal)
④ 간이버스정류장

해설
버스정류장(Bus Bay)은 승객의 승·하차를 위해 버스가 정차하는 장소를 말하며, 본선 차로에서 분리하여 설치된 띠 모양의 공간을 의미한다.

52 연결로의 형식 기준 및 설계속도를 적용할 때의 주의사항으로 틀린 것은?

① 이용 교통량이 많은 것으로 예상되는 연결로는 본선의 설계기준을 적용하여 설계한다.
② 본선의 분류단 부근에는 보통 주행속도의 변화가 있으므로, 속도 변화에 적합한 완화구간을 설치하여 운전자가 주행속도를 자연스럽게 바꿀 수 있도록 유도한다.
③ 연결로의 실제 주행속도는 선형에 따라 변하므로 편경사 등의 기하구조를 설계할 때는 실제 주행속도는 고려할 필요가 없다.

정답 47 ② 48 ④ 49 ③ 50 ① 51 ① 52 ③

④ 연결로의 형식은 오른쪽 진출입을 원칙으로 하며, 이 때 진출입의 연속성 및 일관성이 유지되도록 하여야 한다.

> **해설**
> 연결로의 실제 주행속도는 선형에 따라 변하므로 편경사 등의 기하구조를 설계할 때는 실제 주행속도에 대한 고려가 필요하다.

53 우리나라 도로교통법규에 따른 신호기의 종류에 해당하지 않는 것은?

① 보행 신호등　　② 회전 신호등
③ 자전거 신호등　④ 노면전차 신호등

> **해설**
> 도로교통법 시행규칙 별표 3 신호등의 종류, 만드는 방식 및 설치·관리기준(제7조제1항 관련) 조항에 의거 신호등의 종류에는 차량신호등, 차량보조등, 보행신호등, 자전거신호등, 버스신호등, 노면전차신호등이 있다.

54 인터체인지의 연결로 형식 중 좌직결 연결로(Left-direct Connection)에 관한 설명으로 틀린 것은?

① 고속인 좌측 차선에서 유·출입하므로 위험하다.
② 용량이 작으므로 이용 교통량이 작은 곳에 적합한 형식이다.
③ 분기점과 같이 대량의 고속 교통을 처리하며, 좌회전 교통이 주류인 곳에 적용한다.
④ 본선 차도의 좌·우에 연결로가 교대로 존재하면 불필요한 엇갈림이 생긴다.

> **해설**
> 직결방식 연결로는 용량이 증대되고, 엇갈림 현상을 방지할 수 있는 장점을 가지고 있어 이용 교통량이 많은 곳에 적용한다.

55 평면곡선반지름이 150m인 평면곡선부의 최소 확폭량 기준이 옳은 것은? (단, 설계기준차량이 대형 자동차인 경우)

① 0.25m　② 0.50m　③ 0.75m　④ 1.00m

> **해설**
> 도로의 구조시설 기준에 관한 규칙 제21조(평면곡선부의 확폭) 조항에 의거 대형자동차의 평면곡선부 확폭량은 다음과 같다.

대형 자동차			
평면곡선반경 (미터)	최소 확폭량 (미터)	평면곡선반경 (미터)	최소 확폭량 (미터)
110 이상 ~ 200 미만	0.25	25 이상 ~ 35 미만	1.25
65 이상 ~ 110 미만	0.50	20 이상 ~ 25 미만	1.50
45 이상 ~ 65 미만	0.75	18 이상 ~ 20 미만	1.75
35 이상 ~ 45 미만	1.00	15 이상 ~ 18 미만	2.00

56 좌회전 차로 설계 시 좌회전 차로의 길이와 차로 폭을 결정할 때 동시에 고려하여야 할 요소로 가장 거리가 먼 것은?

① 신호주기　　② 접근속도
③ 차량 혼입률　④ 좌회전교통량

> **해설**
> 좌회전차로의 감속길이를 계산할 때 접근속도를 고려하여야 한다. 대기차로의 길이는 좌회전 교통량과 대기하는 자동차의 길이의 곱으로 나타낼 수 있다. 이 때, 대기하는 자동차의 길이를 산정하기 위해 차량의 혼입률을 알아야 한다. 신호의 주기보다는 신호 현시, 그 중에서도 좌회전 유효녹색시간을 동시에 고려하여야 한다.

57 노면의 종류에 따른 차도의 횡단경사 기준이 잘못 연결된 것은?

① 아스팔트 포장도로 : 1.5% 이상 2.0% 이하
② 간이포장도로 : 2.0% 이상 4.0% 이하
③ 비포장도로 : 2.0% 이상 5.0% 이하
④ 시멘트 포장도로 : 1.5% 이상 2.0% 이하

> **해설**
> 차도의 횡단경사 기준(%)은 아스팔트 및 시멘트 포장도로가 1.5 이상 2.0 이하, 간이포장도로가 2.0 이상 4.0 이하, 비포장도로가 3.0 이상 6.0 이하이다.

58 설계속도가 50km/h, 편경사가 0.06, 횡방향 미끄럼 마찰계수가 0.2일 때, 최소곡선반경은?

① 약 46m　② 약 56m　③ 약 66m　④ 약 76m

> **해설**
> $$r = \frac{V^2}{127(i+f)} \quad r = \frac{50^2}{127(0.2+0.06)} = 75.71$$
> ∴ 약 76m

59 주차형식에 대한 설명이 틀린 것은?

① 평행주차는 주차장의 길이가 길어지는 단점이 있다.
② 30°전진주차는 차로 진행 방향으로 긴 주차폭이 필요하다.
③ 90°각도주차는 30°전진주차보다 1대당 주차소요 면적이 작다.
④ 평행주차는 측방의 주차면을 병렬로 이용하여 각도주차보다 주차용량을 증대시킬 수 있다.

> **해설**
> 연석 길이당 주차 가능 대수는 평행주차(Parallel Parking) 때가 각도주차(Angle Parking) 때보다 적다.

60 도로의 출입 등의 기준 및 주요 원칙에 대한 설명으로 옳은 것은?

① 특별한 사유가 없으면 고속국도와 교차하는 모든 도로와 평면교차가 되도록 한다.
② 사실상 출입제한은 가장 약한 접근관리 기법의 하나이다.
③ 접근관리 설계기법이란 주도로와 부도로가 접속할 때 주도로의 간격, 기하구조 설계, 교통제어방식을 합리적으로 관리하는 설계기법을 말한다.
④ 고속국도와 자동차 전용도로는 지정된 곳에 한정하여 자동차만 출입이 허용되도록 하여야 한다.

> **해설**
> 도로의 구조·시설 기준에 관한 규칙 제4조(도로의 출입 등의 기준) 조항에 의거 고속국도와 자동차전용도로는 특별한 사유가 없으면 교차하는 모든 도로와 입체교차가 되도록 하고, 지정된 곳에 한정하여 자동차만 출입이 허용되도록 하여야 한다. 출입제한은 가장 강력한 접근관리 기법의 하나이며, 접근관리 설계기법이란 주도로와 부도로가 접속할 때 "부도로"의 간격, 기하구조 설계, 교통제어방식을 합리적으로 관리하는 설계기법을 말한다.

제4과목 도시계획개론

61 샤핀(F. S. Chapin)이 제시한 토지이용의 결정 요인 중 공공 이익의 요소에 해당하지 않는 것은?

① 쾌적성   ② 보건성   ③ 편리성   ④ 균일성

> **해설**
> 공공복리적 결정요인
> • 안정성(Safety) : 자연재해 사고로부터 안정성 확보
> • 건강성(보건성)(Healthy) : 인간의 정신적·신체적 건강 확보
> • 쾌적성(Amenity) : 기능지역 간 상호관계 고려
> • 편리성(Convenience) : 환경이 주는 즐거움, 경관의 쾌적성, 공원이 주는 안정성 등
> • 경제성(Economy), 효용성(Efficiency) : 공적인 경제 낭비를 최소화

62 케빈 린치(Kevin Lynch)가 주장한 도시 경관 이미지의 구성요소에 해당하지 않는 것은?

① 통로(path)   ② 경계(edge)
③ 상징물(landmark)   ④ 광장(open space)

> **해설**
> 케빈린치는 도시경관 이미지 5대 요소로 경계(Edge), 상징물(Landmark), 도로(Path), 결절점(Node), 지역(District)을 제시하였다.

63 도시공원 및 녹지 등에 관한 법률상 생활권 공원의 유형에 해당하지 않는 것은?

① 소공원   ② 근린공원
③ 어린이공원   ④ 도시자연공원

> **해설**
> 생활권공원은 도시생활권의 기반이 되는 공원의 성격으로 설치·관리하는 공원으로서 소공원, 어린이공원, 근린공원이 해당한다.

64 기존의 도로를 확장하는 경우 고려할 사항으로 옳지 않은 것은?

① 기존 도로 주변 토지의 이용효율을 고려한다.
② 공사의 난이도를 고려한다.
③ 기존 도로의 선형을 고려한다.
④ 가급적 기존 도로의 양쪽 방향으로 확장한다.

> **해설**
> 기존 도로를 확장하는 경우에는 원칙적으로 한쪽 방향으로 확장한다.

65 단독주택 및 다세대주택이 밀집한 지역에서 정비기반시설과 공동이용시설 확충을 통하여 주거 환경을 보전·정비·개량하기 위하여 시행하는 정비

정답 59 ④ 60 ④ 61 ④ 62 ④ 63 ④ 64 ④ 65 ③

사업은?

① 재개발사업　　② 재건축사업
③ 주거환경개선사업　④ 도시환경정비사업

해 설
도시 및 주거환경정비법 제2조(정의) 조항에 의거 주거환경개선사업이란 도시저소득 주민이 집단거주하는 지역으로서 정비기반시설이 극히 열악하고 노후·불량건축물이 과도하게 밀집한 지역의 주거환경을 개선하거나 단독주택 및 다세대주택이 밀집한 지역에서 정비기반시설과 공동이용시설 확충을 통하여 주거환경을 보전·정비·개량하기 위한 사업을 말한다.

66 산업별 종사자수가 아래와 같을 때, 입지계수에 의한 J도시의 기반 산업은?

산업구분	전국(명)	J도시(명)
1차	3,000	50
2차	6,000	250
3차	10,000	600
4차	1,000	100
계	20,000	1,000

① 1차 및 3차산업　② 1차 및 2차산업
③ 2차 및 3차산업　④ 3차 및 4차산업

해 설
$$LQ = \frac{E_i^r/E^r}{E_i^n/E^n} = \frac{r지역의 \; i산업 고용수 / r지역전체 고용수}{전국의 \; i산업고용수/전국의 \; 고용수}$$

1차 = $\frac{(50/1,000)}{(3,000/20,000)} = 0.33$,

2차 = $\frac{(250/1,000)}{(6,000/20,000)} = 0.83$,

3차 = $\frac{(600/1,000)}{(10,000/20,000)} = 1.2$,

4차 = $\frac{(100/1,000)}{(1,000/20,000)} = 2.0$

LQ>1 : 특화산업(기반산업) 이므로 J도시의 기반 산업은 3, 4차 산업이다.

67 힐 호스트(O. Hilhost)의 지역 구분에 해당하지 않는 것은?

① 번성지역　② 계획권역
③ 분극지역　④ 동질지역

해 설
힐호스트는 지역을 분극지역, 계획권역, 동질지역, 사업지역으로 구분하였다.

68 고대 중국 장안성의 가로망은 어떤 형태를 기본으로 하였는가?

① 격자형　② 방사형
③ 불규칙형　④ 환상형

해 설
격자형 가로망을 가진 도시는 미국 뉴욕, 미국 필라델피아, 고대 중국 장안성이 있다.

69 후크(hook) 신도시 계획의 기본요소와 가장 거리가 먼 것은?

① 시가화 지역과 농촌 지역의 통합
② 전원 속의 도시
③ 신도시의 도시성 향상
④ 자동차와 보행자를 분리하는 도로망 체계

해 설
후크(hook)는 신도시 계획에서 전원속의 도시, 신도시의 도시성 향상, 보차분리 도로망 체계, 중심 쇼핑몰 형성 등을 통하여 자족성을 가진 도시의 형성, 나양한 산업 및 직장의 구성을 통해 각 계층의 사회적 융합을 도모하였다.

70 고대 그리스 도시에서 교역과 정치활동의 중심지였던 도심광장을 무엇이라고 하는가?

① 포럼(Forum)　② 아고라(Agora)
③ 휘닉스(Ponyx)　④ 아카데미(Academy)

해 설
아고라(Agora)는 고대 그리스 도시국가의 광장으로 민회, 재판 등 교역과 정치, 그 외 다양한 활동의 중심지였다.

71 도시인구를 예측하는데 있어서 과거추세에 의한 예측방법이 아닌 것은?

① 등차급수법　② 최소자승법
③ 집단생잔법　④ 지수함수법

해 설
집단생잔법(Cohort Survival Method)은 기준연도의 인구와 출생률과 사망률 및 인구이동 등의 인구변화요인을 고려하여 장래 인구를 추정하는 방법이다.

72. 제1차 국토종합개발계획과 비교하여 제2차 국토종합개발계획의 주요 정책 방향으로 가장 거리가 먼 것은?

① 전국을 28개 생활권으로 구분하고 각 생활권의 중심도시와 주변지역을 상호 연계하여 발전될 수 있도록 시도하였다.
② 다핵 구조의 형성 방안으로 성장거점도시 정책이 채택되었다.
③ 대규모 공업기지를 우선 배치하고, 교통통신, 수자원 및 에너지 공급망을 확충 정비한다.
④ 국토의 균형발전을 꾀하고 국민생활환경 개선에 많은 노력을 기울였다.

[해설] 대규모 공업기지(남동임해공업지역)를 우선 배치하고, 교통통신, 수자원 및 에너지 공급망을 확충 정비하는 것은 제1차 국토종합개발계획의 주요 정책방향이었다.

73. 국토의 계획 및 이용에 관한 법률 상 도시·군관리계획에 해당되는 내용이 아닌 것은?

① 도시개발사업이나 정비사업에 관한 계획
② 도시·군기본계획의 지정 또는 변경에 관한 계획
③ 지구단위계획구역의 지정 또는 변경에 관한 계획
④ 용도지역·용도지구의 지정 또는 변경에 관한 계획

[해설] 도시·군기본계획의 지정 또는 변경은 도시·군관리계획보다 상위계획이므로 포함되지 않는다.

74. 녹지의 유형 중 대기오염, 소음, 진동, 악취, 그 밖에 이에 준하는 공해와 각종 사고나 자연재해, 그 밖에 이에 준하는 재해 등의 방지를 위하여 설치하는 것은?

① 경관녹지 ② 방재녹지
③ 완충녹지 ④ 연결녹지

[해설] 도시공원 및 녹지 등에 관한 법률 제35조(녹지의 세분) 조항에 의거 녹지는 그 기능에 따라 완충녹지, 경관녹지, 연결녹지로 구분된다. 이 중 완충녹지는 대기오염, 소음, 진동, 악취, 그 밖에 이에 준하는 공해와 각종 사고나 자연재해, 그 밖에 이에 준하는 재해 등의 방지를 위하여 설치하는 녹지를 말한다. 경관녹지는 도시의 자연적 환경을 보전하거나 이를 개선하고 이미 자연이 훼손된 지역을 복원·개선함으로써 도시경관을 향상시키기 위하여 설치하는 녹지이고, 연결녹지는 도시 안의 공원, 하천, 산지 등을 유기적으로 연결하고 도시민에게 산책공간의 역할을 하는 등 여가·휴식을 제공하는 선형(線型)의 녹지를 말한다.

75. 토지이용의 입지 배분 시 주거지역의 입지조건으로 고려할 사항과 가장 거리가 먼 것은?

① 기반시설 ② 접근성 ③ 지형조건 ④ 경제성

[해설] 토지이용의 입지배분 시 주거지역의 입지조건으로 기반시설, 접근성, 지형조건을 고려해야 한다. 경제성은 공업지역 등에서 단지조성과 시설물 설치에 경제적 이점을 기할 수 있는 지형조건을 고려할 때 확인해야 할 조건이다.

76. 수도권정비계획법상 권역의 구분에 해당하지 않는 것은?

① 과밀억제권역 ② 개발유보권역
③ 성장관리권역 ④ 자연보전권역

[해설] 수도권은 과밀억제권역, 성장관리권역, 자연보전권역으로 구분한다. 개발유보권역이라는 용어는 없다.

77. 도로망의 구성형태와 대표도시의 연결이 옳은 것은?

① 방사형: 뉴욕(New York)
② 대각선 삽입형: 파리(Paris)
③ 방사환상형: 모스크바(Moscow)
④ 격자형: 카를스루에(Karlsruhe)

[해설] 격자형 도시는 미국의 뉴욕과 필라델피아, 장안성이 대표적이며, 카를스루에와 파리는 방사환상형 도시이다. 대각선 삽입 격자형 도시에는 미국 워싱턴DC가 있다.

78. 용적률의 개념을 정확히 표현한 것은?

① 건축면적/대지면적
② 공지면적/대지면적
③ 연면적/건축면적
④ 연면적/대지면적

정답 72 ③ 73 ② 74 ③ 75 ④ 76 ② 77 ③ 78 ④

> **해 설**
> 건축법 제56조(건축물의 용적률) 조항에 의거 대지면적에 대한 연면적(대지에 건축물이 둘 이상 있는 경우에는 이들 연면적의 합계로 한다)의 비율을 용적률이라 한다. 연면적을 연상면적이라고도 부른다.

79 도시계획 과정에서의 주민참여에 대한 설명으로 틀린 것은?

① 도시계획의 입안 및 집행에 지역주민이 직접·간접적으로 참여할 수 있다.
② 폐쇄적인 계획 추진에서 발생하기 쉬운 오류와 저항을 사전에 예방할 수 있다.
③ 주민참여는 개발에 의한 이익을 균등 배분하기 위함이다.
④ 주민의 의사와 욕구를 개발목표에 맞추어 구체화시킴으로써 도시 행정의 능률적인 수행을 도모할 수 있다.

> **해 설**
> 주민참여에 따른 대표적 부작용이 개발이익의 불균형 배분이다. 참여한 주민의 의견에 따라 정책이 결정되기 때문에 개발이익의 균등배분이 어려운 단점이 있다.

80 다음 중 기반시설로서의 교통시설에 해당하지 않는 것은?

① 도로   ② 자동차정류장   ③ 폐차장   ④ 궤도

> **해 설**
> 국토의 계획 및 이용에 관한 법률 시행령 제2조(기반시설) 조항에 의한 교통시설에는 도로·철도·항만·공항·주차장·자동차정류장·궤도·차량 검사 및 면허시설이 있다. 폐차장은 환경기초시설에 해당한다.

제5과목 교통관계법규

81 도로관리청이 자동차전용도로를 지정하려는 경우 자동차전용도로의 연장은 최소 얼마 이상이 되도록 하여야 하는가? (단, 기타의 경우는 고려하지 않는다.)

① 3km   ② 5km   ③ 7km   ④ 10km

> **해 설**
> 도로법 시행령 제46조(자동차전용도로의 지정) 법 제48조 제1항에 따라 도로관리청이 자동차전용도로를 지정하려는 경우에는 자동차전용도로의 연장을 5킬로미터 이상이 되도록 하여야 한다. 다만, 도로관리청은 현지 교통여건 등을 고려하여 필요하다고 인정하는 경우 자동차전용도로의 연장을 2킬로미터 이상으로 할 수 있다. 기타의 경우를 고려하지 않으므로 자동차전용도로의 연장은 최소 5km 이상 되도록 하여야 한다.

82 국가통합교통체계효율화법령상 환승센터 및 복합환승센터 구축 기본계획의 수립단위로 옳은 것은?

① 3년   ② 5년   ③ 10년   ④ 20년

> **해 설**
> 국가통합교통체계효율화법 제44조(환승센터 및 복합환승센터 구축 기본계획) 1항 조항에 의거 국토교통부장관은 환승센터 및 복합환승센터의 체계적인 구축을 위하여 5년 단위로 환승센터 및 복합환승센터 구축 기본계획을 국가교통위원회의 심의를 거쳐 수립하여야 한다.

83 노외주차장인 주차전용건축물의 건축제한 기준이 틀린 것은?

① 건폐율 : 100분의 90이하
② 용적률 : 1500% 이하
③ 대지면적의 최소한도 : 45㎡ 이상
④ 연면적 : 1만제곱미터 이상

> **해 설**
> 주차장법 제12조의2(다른 법률과의 관계) 조항에 의거 노외주차장인 주차전용건축물의 건폐율, 용적률, 대지면적의 최소한도 및 높이 제한 등 건축 제한에 대하여는 다음 각 호의 기준에 따른다.
> 1. 건폐율: 100분의 90 이하
> 2. 용적률: 1천500퍼센트 이하
> 3. 대지면적의 최소한도: 45제곱미터 이상
> → 별도의 연면적의 크기 제한기준은 없고, 건축물의 연면적 중 주차장으로 사용되는 부분의 비율에 대한 규제가 있다.

84 관계 중앙행정기관의 장이 교통시설 관련 개발사업을 추진하려는 경우, 연계교통체계 구축대책을 수립·시행해야 하는 교통시설에 해당하지 않는 것은? (단, 대통령령으로 정하는 대규모 개발사업은 고려하지 않는다.)

① 「항만법」에 따른 항만

정답 79 ③ 80 ③ 81 ② 82 ② 83 ④ 84 ③

② 「공항시설법」에 따른 공항
③ 「철도건설법」에 따른 고속철도
④ 「물류시설의 개발 및 운영에 관한 법률」에 따른 물류단지

> **해설**
> 국가통합교통체계효율화법 제38조(연계교통체계 구축대책의 수립 등) 조항에 의거 연계교통체계 구축대책을 수립·시행해야 하는 교통시설에는 항만, 공항, 물류터미널 중 복합물류터미널, 물류단지, 산업단지, 그 밖에 대통령령으로 정하는 대규모 개발사업이 있다.

85 도시교통정비촉진법령에 의한 교통혼잡 특별관리구역 또는 교통혼잡 특별관리시설물의 지정 기준이 옳은 것은? (단, 혼잡시간대란 일정한 지역을 통과하거나 둘러싼 도로 중 1개 이상의 도로에서 시간대별 평균 통행속도가 시속 15km 미만인 상태다.)

① 혼잡시간대가 평일 평균 하루 3회 이상 발생할 것
② 시설물을 둘러싼 도로 중 1개 이상의 도로에서 혼잡시간대가 토·일요일과 공휴일을 포함한 주중 가장 많이 발생하는 날을 기준으로 하루 3회 이상 발생할 것
③ 혼잡시간대가 가장 많이 발생하는 날의 혼잡시간대 중 1회 이상의 혼잡시간대에 해당 도로를 통하여 해당 시설물로 진입하거나 진출하는 교통량이 그 도로 한쪽 방향 교통량의 15% 이상일 것
④ 혼잡시간대에 해당 지역으로 진입하거나 진출하는 교통량이 해당 지역을 통과하는 도로의 계획 교통량의 15% 이상일 것

> **해설**
> 도시교통정비촉진법 시행령 제30조(교통혼잡 특별관리구역 등의 지정기준) 2항 1목 조항에 의거 시설물을 둘러싼 도로 중 1개 이상의 도로에서 혼잡시간대가 토·일요일과 공휴일을 포함한 주 중 가장 많이 발생하는 날을 기준으로 하루 3회 이상 발생하는 시설물을 교통혼잡 특별관리시설물로 지정할 수 있다.

86 도로법에 규정된 도로의 종류에 해당하지 않는 것은?

① 면도 ② 군도 ③ 고속국도 ④ 일반국도

> **해설**
> 도로법 제8조(도로의 종류와 등급) 조항에 의거 도로의 종류는 다음 각 호와 같고, 그 등급은 다음에 열거한 순위에 따른다.
> - 고속국도(고속국도의 지선 포함)
> - 일반국도(일반국도의 지선 포함)
> - 특별시도(特別市道)·광역시도(廣域市道)
> - 지방도
> - 시도(市道)
> - 군도(郡道)
> - 구도(區道)

87 평행주차형식 외의 경우 일반형 주차단위 구획의 너비와 길이 기준이 옳은 것은?

① 너비 2.0m 이상, 길이 3.6m 이상
② 너비 2.3m 이상, 길이 3.6m 이상
③ 너비 2.3m 이상, 길이 5.0m 이상
④ 너비 2.5m 이상, 길이 5.0m 이상

> **해설**
> 평행주차형식 외의 경우 주차장의 주차단위 구획 기준
>
> | 구분 | 너비 | 길이 |
> | --- | --- | --- |
> | 경형 | 2.0미터 이상 | 3.6미터 이상 |
> | **일반형** | **2.5미터 이상** | **5.0미터 이상** |
> | 확장형 | 2.6미터 이상 | 5.2미터 이상 |
> | 장애인전용 | 3.3미터 이상 | 5.0미터 이상 |
> | 이륜자동차전용 | 1.0미터 이상 | 2.3미터 이상 |

88 도시교통정비촉진법령상 시장 또는 군수가 중기계획의 수립을 위하여 실시하는 조사에 반드시 포함되어야 하는 내용이 아닌 것은?

① 토지이용 현황 및 계획
② 화물자동차 과적 현황 및 단속 계획
③ 교통안전시설 확충계획
④ 교통혼합지역의 현황·원인 및 대책

> **해설**
> 도시교통정비촉진법 시행령 제10조(기초 조사의 내용 등) 2항 조항에 의거 시장 또는 군수가 중기계획을 수립하기 위하여 실시하는 조사에는 토지이용 현황 및 계획, 교통안전시설 확충계획, 교통혼잡지역의 현황·원인 및 대책 등이 포함된다.

89 국토교통부장관은 국가의 효율적인 교통체계를 구축하기 위한 국가기간교통망계획을 몇 년 단위로 수립하여야 하는가?

① 5년 ② 10년 ③ 15년 ④ 20년

정답 85 ② 86 ① 87 ④ 88 ② 89 ④

해 설
국가통합교통체계효율화법 제4조(국가기간교통망계획의 수립 등) 1항 조항에 의거 국토교통부장관은 국가의 효율적인 교통체계를 구축하기 위하여 20년 단위로 국가기간교통망에 관한 계획(이하 "국가기간교통망계획"이라 한다)을 수립하여야 한다. 다만, 국토교통부장관은 5년마다 국가기간교통망계획을 검토하고, 필요한 경우 국가기간교통망계획을 변경하여야 한다.

90 신설·확장 또는 개량한 도로로서 포장된 도로의 노면에 대해서는 그 신설·확장 또는 개량한 날부터 도로 굴착을 수반하는 도로점용허가를 할 수 없는 기간 기준으로 옳은 것은? (단, 보도 및 기타의 경우는 고려하지 않는다.)

① 6개월 이내   ② 1년 이내
③ 2년 이내   ④ 3년 이내

해 설
도로법 시행령 제56조(도로굴착을 수반하는 점용에 관한 사업계획서 등) 6항 조항에 의거 신설·확장 또는 개량한 도로로서 포장된 도로의 노면에 대해서는 그 신설·확장 또는 개량한 날부터 3년(보도인 경우에는 2년) 이내에는 도로굴착을 수반하는 도로점용허가를 할 수 없다.

91 시장 또는 군수가 대중교통의 이용을 촉진하고 원활한 교통소통을 확보하기 위하여 필요하다고 인정되는 경우에 취해야 하는 조치가 아닌 것은?

① 간선급행버스체계의 구축
② 대중교통수단 제한속도의 상향
③ 노선버스중심의 지능형교통체계 구축
④ 고가 또는 지하도로 등 교차로의 입체화

해 설
대중교통의 육성 및 이용촉진에 관한 법률 제10조(대중교통수단의 우선통행을 위한 조치) 1항 및 동법 시행령 제11조(대중교통수단의 우선통행을 위한 조치) 조항에 의거 시장 또는 군수가 대중교통의 이용을 촉진하고 원활한 교통소통을 확보하기 위하여 필요하다고 인정되는 경우에 취해야 하는 조치에는 간선급행버스체계의 구축, 고가 또는 지하도로 등 교차로의 입체화, 노선버스중심의 지능형교통체계의 구축, 도로의 노면을 이용하는 도시철도시설의 설치·운영, 「도로교통법」제15조의 규정에 의한 버스전용차로의 설치가 있다.

92 다음과 같은 노면표시를 설치하여야 하는 장소는?

① 동일 방향 도로의 전방에 장애물이 있는 지점
② 교차로나 합류도로 등에서 차가 양보하여야 하는 지점
③ 노폭이 넓은 도로의 중앙지대에 안전지대를 설치할 필요가 있는 장소
④ 도로를 무단 횡단하는 보행자가 빈번하여 운전자가 주의하여야 하는 장소

해 설
교차로나 합류도로 등에서 차가 양보하여야 하는 지점에 설치하여 차가 양보하여야 할 장소임을 표시하는 노면표시는 "양보표시"이다.

93 광역교통 개선대책을 수립하여야 하는 대규모 개발사업의 범위에 해당하지 않는 것은? (단, 그 밖에 다른 법률에서 광역교통개선대책의 수립대상으로 규정한 사업의 경우는 고려하지 않는다.)

① 사업면적이 110만㎡인 택지개발사업
② 시설계획지구의 면적이 200만㎡인 관광단지조성사업
③ 시설계획지구의 면적이 200만㎡인 산업단지조성사업
④ 수용인구가 3만명인 도시개발사업

해 설
대도시권의 광역교통에 영향을 미치는 대규모 개발사업 등 대통령령으로 정하는 사업"이란 택지개발사업, 주택건설사업 및 대지조성사업, 도시개발사업, 관광지조성사업 및 관광단지조성사업, 유원지설치사업, 온천개발사업, 공원사업, 지역개발사업, 경제자유구역 개발사업, 그 밖에 다른 법률에서 광역교통개선대책의 수립대상으로 규정한 사업으로서 그 면적이 50만제곱미터 이상이거나 수용인구 또는 수용인원이 1만명 이상인 것을 말한다.

94 교통안전법령상 교통안전관리자 자격의 종류에 해당하지 않는 것은?

① 도로교통안전관리자   ② 철도교통안전관리자
③ 항만교통안전관리자   ④ 선박교통안전관리자

정답 90 ④ 91 ② 92 ② 93 ③ 94 ④

> **해설**
> 교통안전법 시행령 제44조(교통안전관리자의 종류 및 직무 등)에 따라 교통안전관리자는 도로, 철도, 항공, 항만, 삭도교통안전관리자로 구분된다.

95 도시교통정비촉진법에 따라 ( )에 들어갈 내용으로 옳은 것은?

> 도시교통정비지역 또는 도시교통정비지역의 교통권역에서 도시의 개발, 산업입지와 산업단지의 조성, 에너지 개발 사업을 하려는 자는 ( )을(를) 실시하여야 한다.

① 환경영향평가
② 기술영향평가
③ 교통영향평가
④ 타당성평가

> **해설**
> 도시교통정비 촉진법 제15조(교통영향평가의 실시대상 지역 및 사업) 1항 조항에 의거 도시교통정비지역 또는 도시교통정비지역의 교통권역에서 다음 각 호의 사업을 하려는 자는 교통영향평가를 실시하여야 한다.
> 1. 도시의 개발
> 2. 산업입지와 산업단지의 조성
> 3. 에너지 개발
> 4. 항만의 건설
> 5. 도로의 건설
> 6. 철도(도시철도를 포함한다)의 건설
> 7. 공항의 건설
> 8. 관광단지의 개발
> 9. 특정지역의 개발
> 10. 체육시설의 설치
> 11. 「건축법」에 따른 건축물 중 대통령령으로 정하는 건축물의 건축, 대수선, 리모델링 및 용도변경
> 12. 그 밖에 교통에 영향을 미치는 사업으로서 대통령령으로 정하는 사업

96 대도시권 광역교통기본계획에 포함되어야 할 사항에 해당하지 않는 것은? (단, 그 밖의 대도시권 광역교통의 개선을 위하여 대통령령으로 정하는 사항은 고려하지 않는다.)

① 광역교통시설 부담금의 배분 및 사용에 관한 사항
② 대도시권 광역교통의 현황 및 장기적인 교통 수요의 예측에 관한 사항
③ 대도시권 대중교통수단의 장기적인 확충 및 개선에 관한 사항
④ 광역교통기본계획의 목표 및 단계별 추진전략에 관한 사항

> **해설**
> 대도시권 광역교통 관리에 관한 특별법 제3조(대도시권 광역교통기본계획의 수립) 2항 조항에 의거 광역교통기본계획에는 대도시권 광역교통의 현황 및 장기적인 교통 수요의 예측에 관한 사항, 광역교통기본계획의 목표 및 단계별 추진전략에 관한 사항, 광역교통체계의 개선 및 광역교통 수요의 관리에 관한 사항, 광역교통시설의 장기적인 확충 및 다른 교통시설과의 연계에 관한 사항, 대도시권 대중교통수단의 장기적인 확충 및 개선에 관한 사항, 광역교통시설의 건설에 필요한 재원(財源) 조달의 기본방향과 투자의 우선순위에 관한 사항, 그 밖에 대도시권 광역교통의 개선을 위하여 대통령령으로 정하는 사항이 포함되어야 한다.
> → 광역교통시설 부담금의 배분 및 사용에 관한 사항은 해당 조항에 들어있지 않다.

97 신호기(차량 신호등)의 신호 종류에 따른 의미가 옳은 것은?

① 황색등화 일 때 차마는 계속 직진하고, 보행자는 도로를 횡단할 수 있다.
② 황색등화 일 때 차마는 우회전 할 수 없다.
③ 황색등화가 점멸일 때 차마는 적색 등화일 때처럼 정지선에 정지하여야 한다.
④ 적색등화 일 때 신호에 따라 진행하는 다른 차마의 교통을 방해하지 아니하고 우회전할 수 있다.

> **해설**
> 황색의 등화에서 차마는 정지선이 있거나 횡단보도가 있을 때에는 그 직전이나 교차로의 직전에 정지하여야 하며, 이미 교차로에 차마의 일부라도 진입한 경우에는 신속히 교차로 밖으로 진행하여야 한다. 차마는 우회전할 수 있고 우회전하는 경우에는 보행자의 횡단을 방해하지 못한다. 황색등화의 점멸일 때 차마는 다른 교통 또는 안전표지의 표시에 주의하면서 진행할 수 있다. 적색등화일 때 차마는 정지선, 횡단보도 및 교차로의 직전에서 정지하여야 한다. 다만, 신호에 따라 진행하는 다른 차마의 교통을 방해하지 아니하고 우회전할 수 있다. 이를 RTOR(Right Turn On Red)이라 하며 우리나라 도로교통법이 허용하고 있는 사항이다.

98 교통안전법의 용어 정의 중 "지정행정기관"에 해당하는 것은? (단, 국무총리가 교통안전정책상 특히 필요하다고 인정하여 지정하는 경우는 고려하지 않는다.)

① 법제처
② 외교부
③ 농림축산식품부
④ 과학기술정보통신부

정답 95 ③ 96 ① 97 ④ 98 ③

해 설

교통안전법 제2조(정의) 5항에 의거 "지정행정기관"이라 함은 교통수단·교통시설 또는 교통체계의 운행·운항·설치 또는 운영 등에 관하여 지도·감독을 행하거나 관련 법령·제도를 관장하는 「정부조직법」에 의한 중앙행정기관으로서 대통령이 정하는 행정기관을 말한다.
교통안전법 시행령 제2조(지정행정기관) 조항에 의거 지정행정기관은 다음 각 호와 같다.
1. 기획재정부
2. 교육부
3. 법무부
4. 행정자치부
5. 문화체육관광부
6. 농림축산식품부
7. 산업통상자원부
8. 보건복지부
9. 고용노동부
10. 여성가족부
11. 국토교통부
12. 해양수산부
13. 경찰청
14. 국무총리가 교통안전정책상 특히 필요하다고 인정하여 지정하는 중앙행정기관

99 건축물의 연면적 중 주차장으로 사용되는 부분의 비율이 얼마 이상인 경우 주차전용 건축물로 정의하는가? (단, 건축법령상 건축물의 용도에 따른 사항은 고려하지 않는다.)

① 95% ② 85% ③ 75% ④ 55%

해 설

주차장법 시행령 제1조의2(주차전용건축물의 주차면적비율) 1항 조항에 의거 「주차장법」 제2조 제11호에서 "대통령령으로 정하는 비율 이상이 주차장으로 사용되는 건축물"이란 건축물의 연면적 중 주차장으로 사용되는 부분의 비율이 95퍼센트 이상인 것을 말한다.

100 도로교통법령상 차로의 설치 및 차로에 따른 통행구분 기준에 대한 설명으로 틀린 것은?

① 차로는 횡단보도·교차로 및 철길 건널목에는 설치할 수 없다.
② 차로의 순위는 도로의 오른쪽 가장자리에 있는 차로부터 1차로로 한다.
③ 시·도경찰청장은 차마의 교통을 원활하게하기 위하여 필요한 경우 도로에 행정안전부령으로 정하는 차로를 설치할 수 있다.
④ 보도와 차도의 구분이 없는 도로에 차로를 설치하는 때에는 그 도로의 양쪽에 길가장자리구역을 설치하여야 한다.

해 설

도로교통법 시행규칙 제16조(차로에 따른 통행구분) [별표 9] 차로에 따른 통행차의 기준(제16조 제1항 및 제39조 제1항 관련) 3항 조항에 의거 차로의 순위는 도로의 중앙선쪽에 있는 차로부터 1차로로 한다. 다만, 일방통행도로에서는 도로의 왼쪽부터 1차로로 한다.

제6과목 교통안전

101 과거의 사고자료를 사용하지 않고, 충돌 가능성이 높은 곳에서 교통사고가 많이 발생한다는 가정하에 짧은 시간 동안 교통사고 발생 개연성이 높은 차량의 위험운행행태를 관측하여 그 장소의 사고위험성을 평가하는 방법은?

① 교통상충법 ② 격자형쇄표법
③ 통계적방법 ④ 사고패턴비교법

해 설

교통사고 위험도 평가방법 중 교통상충법은 과거의 사고자료를 사용하지 않고 어떤 장소에서 짧은 시간 동안 수시로 충돌에 근접하는 교통현상을 관측하여 그 장소의 사고 위험성을 평가하는 방법이다.

102 한 차량이 도로를 벗어나 높이 5m의 언덕 아래로 추락하였다. 도로의 끝으로부터 추락한 차량까지의 거리가 10m라면 초기속도는?

① 약 20km/h ② 약 36km/h
③ 약 47km/h ④ 약 60km/h

해 설

1) 추락시간공식 $t = \sqrt{\dfrac{2h}{g}}$ 초,

   추락시간 $t = \sqrt{\dfrac{2h}{g}} = \sqrt{\dfrac{2 \times 5}{9.8}} = 1.0102$초

2) 추락순간속도

   $U_2 = \dfrac{d}{t} = \dfrac{10}{1.0102} = 9.899$ m/s $= 35.64$ km/h

정답 99 ① 100 ② 101 ① 102 ②

103 사고건수법에 따른 교통사고 위험지점 선정시 필요한 자료로 가장 거리가 먼 것은?

① 기간 ② 교통량 ③ 구간거리 ④ 사고지점

해설
사고건수법에 의한 위험지점 선정방법은 사고건수(건/km/년) = 건수 ÷ (구간길이×연수)이다. 따라서 구간길이(거리), 연수(기간)이 필요하고 기본적으로 사고기점에 대한 자료가 필요하다. 교통량은 거리가 멀다.

104 교통사고의 원인이 되는 미끄러운 노면의 개선 대책으로 가장 거리가 먼 것은?

① 노면 재포장 ② 제한속도 낮춤
③ 시야 장애물 제거 ④ 미끄럼 주의표지 설치

해설
시야의 장애를 제거하는 것은 미끄러운 노면과는 관계가 없는 대책이다. 재포장, 제한속도 낮춤, 미끄럼 주의표지 설치로 통과속도를 사전에 줄여주는 것이 적절한 대책이라 할 수 있다.

105 2대 이상의 자동차가 동일한 방향으로 주행하던 중 뒤차가 앞차의 후면을 충격한 사고를 무엇이라 하는가?

① 추돌 ② 전도 ③ 전복 ④ 충돌

해설
2대 이상의 차가 동일 방향으로 주행 중 뒤차가 앞차의 후면을 충격하는 사고를 추돌사고라 한다.

106 일평균교통량이 10,200대인 도로(구간길이 1.3km)에서 3년 동안 사망사고 3건, 부상사고 6건, 대물피해사고 28건이 발생하였다. 교통사고 피해정도에 의한 방법에 따른 백만차량당 교통사고율은? (단, 사고유형별 가중치는 사망사고 12, 부상사고 3, 대물피해사고 1이다.)

① 2.55건 ② 3.37건 ③ 4.41건 ④ 5.65건

해설
$EPDO = 12F + 3(A+B+C) + PDO$
$= 12(3) + 3(6) + 28 = 82$
여기서, F : 사망사고, A : 심각한 중상사고,
B : 중상사고, C : 경상사고,
PDO : 물적 피해사고(Property Damage Only)

$$AR = \frac{N \times 1,000,000}{365 \times Y \times AADT \times 구간길이}$$
$$= \frac{82 \times 1,000,000}{365 \times 3 \times 10,200 \times 1.3} = 5.647건$$

107 교통시설안전진단의 종류 및 대상사업 기준에 대한 설명으로 틀린 것은?

① 최근 5년간 사망 교통사고가 3건 이상 발생한 도로의 교차로 경계선으로부터 100m까지의 구간에 대하여 운영단계 도로안전 진단을 실시하여야 한다.
② 총 길이 5km 이상인 고속국도 건설 사업은 설계단계 도로안전진단 대상에 해당한다.
③ 설계단계 도로안전진단이란 일정 규모 이상의 도로를 설치하는 경우 도로의 교통안전에 관한 위험요인을 조사·측정 및 평가하기 위하여 설계단계에서 실시하는 것을 말한다.
④ 운영단계 도로안전진단이란 교통시설의 결함여부 등을 조사한 결과 당해 교통사고 발생원인과 관련하여 교통시설에 진단이 필요하다고 인정되는 때 교통안전진단기관에 의뢰하여 실시하는 것을 말한다.

해설
교통안전법 제34조(교통시설안전진단) 5항 및 동법 시행령 제25조(교통시설안전진단의 실시 등) 제3항과 교통안전법 제50조(교통시설을 관리하는 행정기관 등의 교통사고원인조사) 제1항과 제2항, 동법 시행령 제36조(중대한 교통사고 등) 1항 조항에 의거 교통시설 또는 교통수단의 결함으로 사망사고 또는 중상사고(의사의 최초진단결과 3주 이상의 치료가 필요한 상해를 입은 사람이 있는 사고를 말한다.)가 발생했다고 추정되는 교통사고에 대해 교통시설안전진단을 실시한다.

108 교통사고 사상자 기준에 의한 교통사고로 인한 사망사고의 정의로 옳은 것은?

① 교통사고 발생 시부터 1일(24시간) 이내 사망자를 낸 사고
② 교통사고 발생 시부터 5일(120시간) 이내 사망자를 낸 사고
③ 교통사고 발생 시부터 10일(240시간) 이내 사망자를 낸 사고
④ 교통사고 발생 시부터 30일(720시간) 이내 사망자를 낸 사고

정답 103 ② 104 ③ 105 ① 106 ④ 107 ① 108 ④

> **해설**
> 교통안전법 시행령 별표 3의2 1항 조항에 의거 사망사고란 교통사고가 주된 원인이 되어 교통사고 발생 시부터 30일 이내에 사람이 사망한 사고를 말한다.

109 차량 바퀴의 미끄럼 흔적에 대한 설명이 틀린 것은?

① 양 뒷바퀴의 미끄럼 흔적들 모두가 전륜의 미끄럼 흔적을 벗어나지 않으면 직선 미끄럼으로 간주한다.
② 직선 미끄럼의 차량 미끄럼 거리는 그 차량의 모든 바퀴들의 미끄럼 흔적 중 가장 긴 미끄럼 흔적의 길이로 한다.
③ 미끄러지는 동안에 차량이 회전하는 경우 곡선의 미끄럼 흔적을 남긴다.
④ 곡선 미끄럼의 경우 각 바퀴의 미끄럼 흔적을 측정하고 그 중 가장 긴 미끄럼 흔적의 길이를 미끄럼 길이로 한다.

> **해설**
> 곡선미끄럼은 미끄러지는 동안에 차량이 회전할 경우로 양후륜의 미끄럼 흔적들이 전륜의 미끄럼 흔적의 어느 한 쪽을 벗어나면 각 바퀴의 미끄럼 길이를 측정하고, 그 합을 바퀴의 수로 나눈 평균미끄럼 거리를 그 차량의 미끄럼 길이로 한다.

110 다음 중 충격흡수시설의 설치 장소로 가장 부적합한 곳은?

① 요금소 전면
② 급커브 지역
③ 지하차도 입구
④ 연결로 출구 분기점

> **해설**
> 급커브지역은 충격흡수시설보다 추락방지를 위한 방호책이나 속도를 줄이게 하기 위한 갈매기표지, 미끄럼 사고 예방을 위한 미끄럼 방지포장 등의 안전시설 설치가 필요한 곳이다.

111 교통사고 현장에 나타난 스키드 마크(skid mark)의 길이가 12m 일 때, 사고차량의 제동직전 주행속도는? (단, 사고현장은 평지이고, 타이어와 노면의 마찰계수는 0.8 이다.)

① 약 44km/h
② 약 49km/h
③ 약 54km/h
④ 약 59km/h

> **해설**
> $V = \sqrt{254(f+i)l}$, $V = \sqrt{254(0.8+0)12} = 49.38$km/h

112 연속된 교차로에서 첫 번째의 녹색 신호 시작과 다음 신호의 녹색 신호 시작 시간과의 시간간격을 무엇이라 하는가?

① 분할비(split ratio)
② 옵셋(offset)
③ 간격(interval)
④ 주기(cycle)

> **해설**
> 옵셋(Offset)이란 연속진행(Progression) 교통신호 구현에 있어 기준이 되는 신호교차로에서의 녹색등기 시점과 다른 신호교차로 녹색등기 시점의 차이로 초 또는 주기의 백분율로 나타낸 값을 말한다.

113 운전자와 교통사고의 관계에 대한 설명으로 틀린 것은?

① 운전자의 신체적 특성은 사고 발생과 관계가 없다.
② 운전자 교육은 안전한 행동을 하도록 운전자에게 동기를 부여한다.
③ 운전자의 연령과 성별에 따라 사고유형이 달라질 수 있다.
④ 피로와 졸음은 운전자의 능력을 감소시킨다.

> **해설**
> 운전자의 신체적 특성은 사고발생과 밀접한 관계가 있다.

114 방호울타리의 기능으로 가장 거리가 먼 것은?

① 보행자 또는 도로변의 주요 시설을 안전하게 보호한다.
② 충돌한 차를 정상적인 진행 방향으로 복귀시킨다.
③ 도로 끝 및 도로 선형을 명시한다.
④ 보행자의 무단횡단을 억제한다.

> **해설**
> 방호울타리는 보행자와 주요 시설을 보호하고 무단횡단을 억제함과 동시에 운전자의 시선을 유도하는 역할을 하며 차량의 이탈 방지와 진행방향 복귀를 목적으로 하는 시설이다.

115 주행 중이던 A차량이 주차해 있던 B차량과 충돌하여 15m를 함께 미끄러져 정지하였다. A와 B차량의 무게가 각각 1,000kg, 900kg 일 때, A차량의 충돌 전 초기 속도는? (단, 마찰계수는 0.7이며, 경사는 없고 완전비탄성충돌이라고 가정한다.)

① 약 71.5km/h
② 약 82.6km/h
③ 약 89.5km/h
④ 약 98.1km/h

해설

$$v_1 = \sqrt{254f\left[s_2\left(\frac{w_A+w_B}{w_A}\right)^2 + s_1\right]}$$

$$v_1 = \sqrt{254 \times 0.7\left[15\left(\frac{1,000+900}{1,000}\right)^2 + 0\right]}$$

$$v_1 = 98.12 km/h$$

116 차량의 타이어가 고속으로 회전하면서 접지부에서 받은 타이어의 변형이 다음 접지 시점까지도 복원되지 않고 물결 형상의 진동을 발생시켜 결국 타이어가 파괴되는 현상은?

① 휠 리프트 ② 노즈다이브
③ 스탠딩웨이브 ④ 하이드로플래닝

해설
- 휠 리프트(Wheel lift) : 용어 그대로 바퀴가 공중에 뜨는 현상으로 급선회 시 측면의 타이어 혹은 급제동시 후륜타이어가 노면으로부터 떨어져 공중으로 떠오르는 현상
- 노즈다이브(Nose dive) : 운전 중 브레이크를 강하게 밟을 때 달리던 관성에 따라 차체 앞부분이 땅 쪽으로 고꾸라지듯이 숙여지는 현상
- 스탠딩웨이브(Standing Wave) : 차량의 타이어가 고속으로 회전하면서 접지부에서 받은 타이어의 변형이 다음 접지시점까지도 복원되지 않고 물결형상의 진동을 발생시키며 결국 타이어가 파괴되는 현상
- 하이드로 플래닝 현상(수막현상, Hydro Planing) : 물에 젖은 노면을 고속으로 달릴 때 타이어가 노면과 접촉하지 않아서 조향능력을 상실하게 되는 현상

117 야간운행 중 마주오는 차량의 전조등 불빛으로 인해 순간적으로 보행자나 장애물이 보이지 않는 현상을 무엇이라 하는가?

① 암순응 현상 ② 증발 현상
③ 암조 현상 ④ 현혹 현상

해설
증발현상의 정의를 묻는 문제이다. 현혹현상은 야간운행 중 마주오는 차량의 전조등 불빛으로 인한 눈부심으로 잠시 동안 시력을 상실하는 현상을 말한다.

118 사고위험지역 선정 시 교통량이 적은 지방부 도로에 효과적이지만 교통량 수준에 따른 요인은 고려하지 않는 단점이 있는 방법은?

① 사고율법 ② 사고건수법
③ 율-품질관리법 ④ 사고건수-율법

해설
사고율법은 결과값이 비율로 산정되므로, 절대적인 교통량이 나타나지 않는 단점을 나타낸다. 즉, 사고건수는 훨씬 적으나, 교통량이 적어서 사고율이 상대적으로 높게 나타나는 현상 때문에 잘못된 의사결정을 내릴 단점이 있다는 의미이다.

119 교통사고다발지역 개선 방법 중 시거(Sight Distance) 불량에 대한 개선 방안으로 가장 거리가 먼 것은?

① 시야 장애물 제거 ② 중앙분리대 설치
③ 시선유도표지 설치 ④ 가로조명 개선

해설
중앙분리대의 설치는 시거를 불량하게 하는 사항이다.

120 시행된 교통안전개선사업의 평가방법 중 사업지점에서의 시행 전·후 효과척도의 비율(%) 변화량을 동 기간 동안 개선이 시행되지 않은 유사 지점에서의 비율(%) 변화량과 비교하여 개선 효과를 평가하는 방법은?

① 사전·사후분석(Before and After Study)
② 비교평가분석(Comparative Parallel Study)
③ 평균사고율법(Rate-Quality Control Method)
④ 통제지점에 의한 사전·사후분석(Before and After Study with Control Sites)

해설
통제지점에 의한 사전/사후분석(Before and After Study with Control Sites) : 사업지점에서의 시행 전후 효과척도의 비율(%) 변화량을 동기간 동안 개선이 시행되지 않은 유사 지점에서의 비율(%) 변화량과 비교하여 개선 효과를 평가하는 방법

정답 116 ③ 117 ② 118 ② 119 ② 120 ④

2회 2021년 기출문제

제1과목 교통계획

1 도로투자사업의 경제성 평가 과정에서 고려되는 도로사용자 측면의 편익과 가장 거리가 먼 것은?

① 통행비용의 절감 ② 통행시간의 절약
③ 통행료 수입 증대 ④ 운전 피로도 감소

해설
통행의 비용과 시간의 절약, 피로도의 감소는 운전자(도로 사용자) 입장에서 얻는 편익이나, 통행료 수입의 증대는 운영자 입장의 편익이다.

2 경제성 분석에 사용되는 순현재가치(NPV)가 어떤 조건일 때 사업의 수익성이 있다고 판단할 수 있는가?

① | NPV | = 1 ② NPV 〈 0
③ NPV = 0 ④ NPV 〉 0

해설
$NPV = \sum_{t=0}^{N} \frac{B_t}{(1+r)^t} - \sum_{t=0}^{N} \frac{C_t}{(1+r)^t}$ 이므로, 0보다 클 때 사업의 수익성이 있다고 판단할 수 있다.

3 일반적으로 교통기관의 서비스 수준에 가장 둔감한 통행 목적은?

① 개인통행 ② 통근통행
③ 쇼핑통행 ④ 여가통행

해설
통근통행은 선택의 여지가 없는 비탄력적인 통행이므로 서비스 수준에 가장 둔감하다.

4 장래에 발생하는 비용과 편익을 인플레이션을 고려하여 현재가치로 환산하기 위한 자본의 이자율을 의미하는 것은?

① 할인율 ② 비용/편익비
③ 내부수익률 ④ 초기년도수익률

해설
할인율은 장래에 발생하는 비용과 편익을 인플레이션을 고려하여 현재가치로 환산하기 위한 자본의 이자율을 의미한다. 사업의 순현재가치를 0으로 만드는 할인율을 내부수익률이라 한다.

5 교통존 설정에 관한 설명으로 틀린 것은?

① 행정구역과 가급적 일치시킨다.
② 간선도로는 가급적 존 경계선과 일치시킨다.
③ 각 존은 가급적 다양한 토지이용이 포함되게 한다.
④ 존의 크기를 크게 하면 조사의 정밀도는 저하되지만 조사비용과 분석시간을 줄일 수 있다.

해설
교통존(Traffic Zone) 설정 시 각 존은 가급적 동질적인 토지이용이 포함되도록 한다.

6 대중교통수단에 관한 설명으로 틀린 것은?

① 지하철은 대량성 면에서 우수하다.
② 지하철은 버스와의 연계에 따른 불편이 있을 수 있다.
③ 버스는 건설비가 많이 소요되나 정시성이 우수하다.
④ 버스는 수요에 대처하기 쉬운 반면, 교통혼잡을 일으키는 단점이 있다.

해설
건설비가 많이 소요되고 정시성이 우수한 대중교통수단은 지하철이다.

7 두 결절점을 연결하는 두 구간(Link) a와 b의 교통망 균형 노선 배정체계다. $C_a(x)$와 $C_b(x)$는 구간 a와 b의 평균통행비용 함수이고, $m_a(x)$와 $m_b(x)$는 한계 통행비용 함수일 때, 이용자 최적노선 배정 시 두 구간 a와 b의 균형통행량 (X_a^*, X_b^*)은? (단, t_a와 t_b는 구간별 통행비용이며, X_a와 X_b는 각 구간의 통행량이다.)

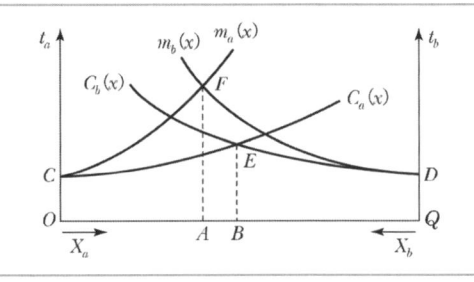

① $X_a^* = OA, X_b^* = QA$
② $X_a^* = OB, X_b^* = QB$

정답 01 ③ 02 ④ 03 ② 04 ① 05 ③ 06 ③ 07 ②

③ $X_a^* = OA, X_b^* = QB$
④ $X_a^* = OB, X_b^* = QA$

해설
균형통행량을 이루는 곳은 평균통행비용함수가 만나는 지점인 E이다. 따라서 균형통행량은 $X_a^* = OB$, $X_b^* = QB$가 된다.

8 대중교통 요금 구조 중 통행거리에 관계없이 동일한 (기본)요금만 지불하는 것으로, 장거리 승객을 위하여 단거리 승객이 추가로 비용을 부담하는 특성이 있는 것은?

① 거리요금제 ② 구간요금제
③ 균일요금제 ④ 시간비례제

해설
균일요금제는 통행거리의 길고 짧음과 관계없이 탑승과 동시에 동일한 요금을 지불하는 방식을 말한다. 단거리 승객에게 불리하며, 아무리 먼 거리를 가도 요금이 같으므로 장거리 승객이 선호하는 방식이다. 장거리 승객이 선호한다는 의미는 도심으로부터 멀리 떨어져 있는 수요를 발생시킬 수 있다는 의미이므로 도시의 간접적 확산을 유도할 수 있다는 뜻이 된다.

9 단기교통계획과 비교하여 장기교통계획이 갖는 특징이 아닌 것은?

① 소수의 대안   ② 서비스 지향적
③ 자본집약적 사업 추진 ④ 교통수요가 비교적 고정

해설
장기교통계획은 고자본비용(자본집약적), 시설지향적, 소수의 대안, 교통수요가 고정된다는 특성을 갖는다.

10 교통수요관리(TDM) 기법 중 교통수단의 전환을 유도하는 정책과 가장 거리가 먼 것은?

① 버스전용차로제
② 자전거 전용도로 확보
③ 교통유발부담금 제도 강화
④ 교통방송을 통한 통행노선의 전환

해설
통행노선의 전환 정책으로는 수단을 전환시키지는 못한다.

11 통행발생(Trip Generation) 단계에서 사용하는 분석 모형에 해당하지 않는 것은?

① 카테고리분석법 ② 디트로이트법
③ 회귀분석법   ④ 원단위법

해설
통행발생(Trip Generation) 모형에는 증감률법, 원단위법, 회귀분석법, 카테고리분석법이 있다.

12 기준년도 OD 통행량과 목표연도의 교차통행량이 아래와 같을 때, 초기과정($k=0$)에서 구한 존별 유출량과 유입량의 성장인자를 이용하여 산출한 1차 반복과정($k=1$)의 평균성장인자값이 틀린 것은?

〈기준년도 OD통행량〉

O\D	1	2	3
1	6	54	124
2	54	6	332
3	54	413	6

〈목표연도 교차통행량〉

존번호	통행유출	통행유입
1	206	145
2	396	534
3	743	666

① $E_{11} : 1.20$ ② $E_{21} : 1.14$
③ $E_{13} : 1.42$ ④ $E_{33} : 1.51$

해설
평균성장인자모형은 목표연도의 존간 통행량(T_{ij}^*)을 예측하기 위해 존 i와 존 j의 성장인자의 평균값이 기준연도의 존간 통행량(T_{ij}^0)에 곱하여 반복 계산한다.

- 시작단계에서의 출발지 존 i의 성장인자 = E_i^0
- 시작단계에서의 목적지 존 j의 성장인자 = F_j^0

$$E_i^0 = \frac{O_i^*}{O_i^0}, \quad F_j^0 = \frac{D_j^*}{D_j^0}$$

- 평균성장인자값

$$E_{nn} = \frac{(E_i^{n-1} + F_j^{n-1})}{2}$$

- 기준년도 OD통행량

	1	2	3	O_i
1	6	54	124	184
2	54	6	332	392
3	54	413	6	473
D_j	114	473	462	1,049

• 목표연도 교차통행량

	1	2	3	O_i
1				206
2				396
3				743
D_j	145	534	666	1,345

• 출발지 존별 성장인자 계산

$$E_1^0 = \frac{O_1^*}{O_1^0} = \frac{206}{184} = 1.12, \quad E_2^0 = \frac{O_2^*}{O_2^0} = \frac{396}{392} = 1.01$$

$$E_3^0 = \frac{O_3^*}{O_3^0} = \frac{743}{473} = 1.57$$

• 목적지 존별 성장인자 계산

$$F_1^0 = \frac{D_1^*}{D_1^0} = \frac{145}{114} = 1.27, \quad F_2^0 = \frac{D_2^*}{D_2^0} = \frac{534}{473} = 1.13$$

$$F_3^0 = \frac{D_3^*}{D_3^0} = \frac{666}{462} = 1.44$$

• 출발지 평균성장인자값

$$E_{11}^1 = \frac{(E_1^0 + F_1^0)}{2} = \frac{(1.12 + 1.27)}{2} = 1.20$$

$$E_{21}^1 = \frac{(E_2^0 + F_1^0)}{2} = \frac{(1.01 + 1.27)}{2} = 1.14$$

$$E_{13}^1 = \frac{(E_1^0 + F_3^0)}{2} = \frac{(1.12 + 1.44)}{2} = 1.28$$

$$E_{33}^1 = \frac{(E_3^0 + F_3^0)}{2} = \frac{(1.57 + 1.44)}{2} = 1.51$$

13 현재 상태가 아닌 가상의 상태에서 교통 이용자의 행동, 태도의 변화 등을 조사·분석하는 기법은?

① 패널(Panel)조사
② SP(Stated Preference)조사
③ RP(Revealed Preference)조사
④ 액티비티 다이어리(Activity Diary)조사

해 설

SP조사(Stated Preference, 잠재선호조사기법) : 가상 상황에 의한 선호의식을 조사하는 방식으로 통계적 실험계획법을 통해 가상 시나리오를 만들고 개인에게 선택하도록 하여 선호도를 조사하는 방식을 말한다.

14 대중교통수단의 최대용량(Maximum Capacity)에 영향을 주는 변수로 가장 거리가 먼 것은?

① 요금
② 차량의 형태
③ 운행가능한 차량의 총수
④ 통행로(Right-of-way)의 독점 정도

해 설

요금의 변화는 대중교통의 용량에 영향을 준다고 보기 어렵다. 즉, 버스요금이 하락한다고 해서 버스의 크기가 변화한다거나, 더 많은 사람이 탈 수 있게 되는 변화가 생긴다고 보기는 어렵다는 의미이다.

15 통행단 교통수단 선택모형(Trip-end modal split model)에서 수단분담은 어느 단계에서 시행하는가?

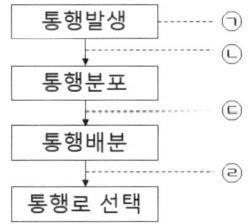

① ㉠   ② ㉡   ③ ㉢   ④ ㉣

해 설

통행단모형은 수단선택(Model Split) 단계에서 사용하는 모형 중 장래의 존별 통행발생량을 산출한 후 통행분포(배분) 전에 이용 가능한 교통수단별 분담률을 산정하여 각 수단별 통행수요를 도출하는 모형을 말한다. 따라서 수단선택(분담)은 통행발생과 통행분포 사이에 이루어진다.

16 사람통행에 의한 주차 수요 추정법 중 P요소법에서 직접적으로 사용하는 요소가 아닌 것은?

① 지역주차 조정계수   ② 계절주차 집중계수
③ 첨두시 주차집중률   ④ 건물 연면적

해 설

사람 통행에 의한 추정법
• P요소법(Parking Space Factor Method)

$$P = \frac{d \cdot s \cdot c}{o \cdot e} \times (t \cdot r \cdot p \cdot pr)$$

여기서, d : 주간(07~19시)통행집중률(%),

e : 주차장 효율계수, s : 계절주차 집중계수,
t : 1일 이용인원, c : 지역주차 조정계수,
r : 첨두시 주차집중률(%),
o : 평균승차인원(인/대),
p : 건물 이용자 중 승용차 이용률(%),
pr : 승용차 이용자 중 주차비율(%)

→ 건물연면적은 주차발생원단위법이나 건물연면적 원단위법에서 사용한다.

- 주차발생 원단위법 $P = \dfrac{U \cdot F}{1,000e}$

  여기서, U : 주차발생원단위(대/1,000㎡),
  첨두시 건물연면적 1,000㎡당 주차발생량,
  F : 건물연면적(㎡), e : 주차이용효율

17
사람통행 실태조사의 결과를 검증·보완하고 교통량 추세 분석, 통행배정을 위해 실시하는 것으로, 한 지역을 가로지르는 가상적인 선과 교차하는 모든 도로 상에서의 통행량을 측정하는 것은?

① 폐쇄선조사 ② 기·종점조사
③ 면접조사   ④ 스크린라인조사

해설
스크린라인(Screen Line) 조사는 조사지역 내 조사된 교통량의 정밀도를 점검하고 수정·보완하기 위하여 실시하는 조사로, 간선도로상 가상선을 그어 통과하는 교통량 조사와 간선도로 선상에 위치한 교차로를 통과하는 차량 조사가 있다.

18
교통체계관리(TSM)기법 중 수요과 공급을 동시에 감소시키는 기법은?

① 승용차 공동이용
② 기존 차로 활용 버스전용차로제
③ 노상주차 제한
④ Park & Ride

해설
기존차로를 활용한 버스전용차로제는 기존에 공급되던 도로중 한 차로를 없애는 것이므로 공급감소 기법에 해당하고, 동시에 승용차의 이용을 제한하게 되므로 수요감소 기법에도 해당한다.

19
지능형교통체계의 정보수집시설에 대한 설명이 틀린 것은?

① 루프검지기는 교차로의 정지선 앞이나 링크구간의 상류부에 설치할 수 있다.
② 영상검지기는 영상검지카메라가 최적의 시야가 확보되도록 설치하는 것이 중요하다.
③ 동영상 수집 검지기는 반복 정체 또는 돌발 상황에 따른 상시 감시가 필요한 지점에 설치한다.
④ 자동차 번호판 자동 인식 장치는 차로 변경이 잦은 지점, 교통 상황의 변화가 자주 발생하는 현상을 체크하기 어려운 지점에 설치한다.

해설
자동차 번호판 자동인식장치는 차로변경이 잦거나 교통 상황의 변화가 자주 발생하면 인식률이 떨어질 수 있다.

20
교통 수요 추정 시 사용하는 원단위법에 관한 설명으로 가장 거리가 먼 것은?

① 계산이 용이하다.
② 해당 지역의 토지이용특성을 고려하여 장래 통행량을 추정한다.
③ 교통체계의 최적화 문제에 이용하기 쉽다.
④ 현재와 장래 사이에는 독립변수의 구조적인 관계가 변하지 않는다는 가정을 전제로 한다.

해설
원단위법은 계산이 쉽고 변수가 다양하여 다양한 특성을 반영할 수 있는 장점이 있는 반면, 교통체계 전체의 최적화에 이용하기는 쉽지 않은 추정기법이다.

제2과목 교통공학

21
이동측정법(Moving Vehicle Method)에 대한 설명이 틀린 것은?

① 양방향 도로에서만 적용이 가능하다.
② 교통량과 통행시간 자료를 동시에 수집할 수 있다.
③ 교통량이 아주 많거나 또는 아주 적은 다차로 도로구간에 적용하기 적합하다.
④ 조사 구간은 물리적·교통적 여건에서 유사한 연속성을 지니도록 해야한다.

해설
교통량이 아주 많은 다차로 도로구간에서는 반대방향에서 오는 차량의 수와 시험차량을 앞지르기 한 차량, 시험차량이 앞지르기 한 차량의 숫자 파악 시 오류가 발생할 가능성이 있으므로 적합하지 않다.

정답 17 ④ 18 ② 19 ④ 20 ③ 21 ③

22 20/20의 시력을 가진 운전자가 80m의 거리에서 글자 크기가 15cm인 교통표지판을 읽을 수 있다면, 20/50의 시력을 가진 운전자가 글자 크기가 동일한 표지판을 읽기 위해 필요한 거리는?

① 32m ② 36m ③ 40m ④ 48m

> **해 설**
> $\frac{20}{20}$ 인 시력의 사람이 80m에서 15cm의 글씨 크기를 볼 수 있을 때, $\frac{20}{50}$ 시력의 사람이 판독할 수 있는 거리를 구하려면 $\frac{20}{20} : 80m = \frac{20}{50} : xm$ 이다.
> 이를 계산하면 $80 \times \left(\frac{20}{50}\right) = 32m$ 가 된다.

23 고속도로 기본구간의 이상적인 조건 기준이 틀린 것은?

① 평지
② 차로폭 3.5m 이상
③ 측방여유폭 1m 이상
④ 승용차만으로 구성된 교통류

> **해 설**
> 고속도로 기본구간의 이상적인 조건은 측방여유폭 1.5m 이상이다.

24 어느 도로 구간의 자유속도가 100km/h, 혼잡밀도는 150대/km, 밀도가 60대/km 일 때, 속도는 얼마인가? (단, Greenshields 모형에 따른다.)

① 40km/h ② 49km/h ③ 60km/h ④ 90km/h

> **해 설**
> Greenshields 모형에서는 $u = u_f\left(1 - \frac{k}{k_j}\right)$를 적용한다.
> $u = 100\left(1 - \frac{60}{150}\right) = 60 km/h$

25 교통제어(통제)설비의 요구조건으로 틀린 것은?

① 요구(필요성)에 부응해야 한다.
② 운전자의 주의를 끌어서는 안 된다.
③ 간단하고 명료하게 의미를 전달할 수 있어야 한다.
④ 적절한 반응을 위해 충분한 시간이 주어질 수 있는 곳에 설치되어야 한다.

> **해 설**
> 교통제어설비는 운전자의 주의를 끌어 정확히 인지시킴으로써 제어설비 설치의 목적을 달성할 수 있어야 한다.

26 신호연동을 산정하기 위한 시공도의 작성에서 반드시 필요한 요소가 아닌 것은?

① 신호시간   ② 차량길이
③ 차량속도   ④ 교차로간격

> **해 설**
> 시공도 작성시에는 시간과 공간에 관련된 정보, 즉 신호시간과 교차로간격, 속도(거리/시간)등이 나타난다. 차량의 길이는 직접적인 요소가 아니다.

27 운영방식에 따른 비신호교차로의 종류에 해당하지 않는 것은?

① 무통제 교차로   ② 양방향정지 교차로
③ 일방향정지 교차로 ④ 로터리식 교차로

> **해 설**
> 일방향정지 교차로는 별도의 비신호교차로로 구분하지 않는다.

28 병목흐름(Bottleneck flow)인 상태에서의 도착 차량수와 출발차량수를 누적하여 나타낸 아래의 시간-차량 누적 곡전에 대한 설명이 틀린 것은?

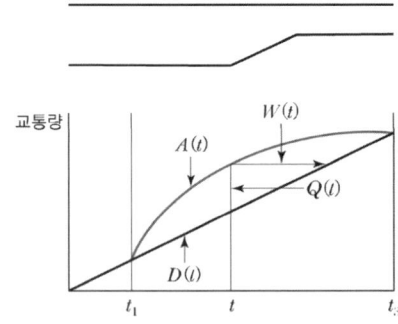

① 차량의 열은 t_1 에서 시작하여 t_3 까지 없어지지 않는다.
② t_1 과 t_3 사이의 어떤 시간(t)에서의 열의 길이(Q(t))는 A(t) - D(t) 이다.
③ t시간에 도착하는 차량은 W(t) 이후에 출발한다.
④ 총열의 지체는 $t_3 - t_1$ 이다.

> **해설**
> $t_3 - t_1$은 대기행렬이 발생된 시간을 의미한다.

29 한 차로에서 차간시간은 0이 될 수 없으며, 차두시간은 최소한의 안전 차두시간보다 작을 수가 없다는 논리로 차두시간의 분포모형을 산정하는데 적합한 확률모형은?

① 이항분포 ② 포아송분포
③ 음지수분포 ④ 편의된 음지수분포

> **해설**
> 편의된 음지수분포(Shifted Negative Exponential Distribution)는 최소안전 차두시간보다 차두시간이 작을 수 없다는 것을 가정한다.
> $$f(t) = \begin{cases} 0 & t < c \text{ 때} \\ \dfrac{1}{\mu - c} e^{-\frac{t-c}{\mu-c}} & t \geq c \text{ 때} \end{cases} \quad (\text{단, } \mu > c)$$
> 여기서, c : 최소허용 차두시간

30 아래 그림과 같이 교통류에 Bottle neck이 형성될 경우 그에 의한 충격파의 속도는? (단, K : 밀도, U : 속도, q : 교통량)

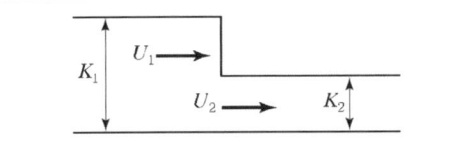

① $U_w = \dfrac{q_1 - K_1}{q_2 - K_2}$

② $U_w = \dfrac{U_1 - U_2}{K_2 - K_1}$

③ $U_w = \dfrac{q_1 - q_2}{K_1 U_1 - K_2 U_2}$

④ $U_w = \dfrac{q_2 - q_1}{K_2 - K_1}$

> **해설**
> 충격파의 속도는 $w_{AB} = \dfrac{q_A - q_B}{k_A - k_B}$ 이다.
> 여기서, w : 충격파 속도(km/h), q : 교통량(대/h), k : 밀도(대/km)

31 어떤 기준 시간으로부터 녹색등화가 켜질때까지의 시간차를 초 또는 주기의 %로 나타낸 값은?

① 현시 ② 주기 ③ 옵셋 ④ 신호간격

> **해설**
> 옵셋(Offset)이란 연속진행(Progression) 교통신호 구현에 있어 기준이 되는 신호교차로에서의 녹색등기 시점과 다른 신호교차로 녹색등기 시점의 차이로 초 또는 주기의 백분율로 나타낸 값을 말한다.

32 도시 내 간선도로의 피크 시 조사한 교통량이 다음과 같을 때 피크시간계수(PHF)는?

시간	교통량(대)
8:00-8:15	9,00
8:15-8:30	1,100
8:30-8:45	1,200
8:45-9:00	1,000

① 0.75 ② 0.775 ③ 0.825 ④ 0.875

> **해설**
> $PHF = \dfrac{4,200}{1,200 \times 4} = \dfrac{4,200}{4,800} \fallingdotseq 0.875$

33 한 운전자가 70km/h의 속도로 주행 중에 장애물을 발견하여 급제동할 때 필요한 최소정지시거는? (단, 도로는 2%의 하향경사로, 노면 마찰계수는 0.5, 운전자 반응시간은 2.5초이다.)

① 약 88m ② 약 76m ③ 약 58m ④ 약 48m

> **해설**
> $mssd = \dfrac{V}{3.6} \cdot t + \dfrac{V^2}{254(f \pm g)}$,
> $mssd = \dfrac{70}{3.6} \cdot 2.5 + \dfrac{70^2}{254(0.5 - 0.02)} = 88.8m$

34 임의도착 교통류에서 도착교통량이 시간당 1,200대일 때, 1분 동안 20대가 도착할 확률은?

① 약 0.030 ② 약 0.059
③ 약 0.089 ④ 약 0.118

해 설

$$평균(m) = \frac{1,200}{60} = 20대/분$$

$$P_{(x)} = \frac{m^x \times e^{-m}}{x!}, \quad P_{(20)} = \frac{20^{20} \times e^{-20}}{20!} = 0.089$$

35 고속도로 특정 경사 구간에서 중차량의 승용차 환산계수를 결정하는데 필요한 요소가 아닌 것은?

① 종단경사
② 중차량 구성비
③ 중차량의 길이
④ 종단경사의 길이

해 설

특정경사구간에서 승용차환산계수는 경사와 경사길이, 중차량 구성비율에 의해 결정된다.

36 가변차로제의 장점이 아닌 것은?

① 설치 및 운영이 매우 간단하다.
② 기존 도로를 효율적으로 활용한다.
③ 일방통행제와 비교할 때 우회도로를 필요로 하지 않는다.
④ 필요한 시간대에 필요한 방향으로 용량을 추가로 배정할 수 있다.

해 설

가변차로제는 설치 및 운영이 복잡한 단점이 있다.

37 포화교통류율(s,pcphgpl)과 포화차두시간(h, 초)의 관계로 옳은 것은?

① $h = \dfrac{s}{3600}$
② $h = \dfrac{1000}{s}$
③ $h = \dfrac{s}{1000}$
④ $h = \dfrac{3600}{s}$

해 설

포화교통류율은 신호교차로에서 정지해 있던 차량이 정지선을 통과 할 수 있는 최대 교통량으로서, 녹색신호가 계속될 때 손실시간이 없는 1시간 동안의 교통류율로 나타낸다. 단위는 한 차로 당 녹색신호 한 시간당 승용차 대수(pcphgpl : Passenger Cars Per Hour Of Green Per Lane)이다. 따라서 포화교통류율은 3,600초를 포화차두시간으로 나눈 값이라고 할 수 있다.

38 고속도로 엇갈림구간(Weaving Area)의 교통류 특성에 영향을 미치는 도로 기하구조 요소에 해당하지 않는 것은?

① 엇갈림구간의 길이
② 엇갈림구간의 형태
③ 엇살림구간의 폭(차로수)
④ 엇갈림구간의 설계속도

해 설

엇갈림 구간의 특성에 영향을 미치는 요소는 형태(본선-연결로 엇갈림, 연결로-연결로 엇갈림), 엇갈림 구간의 길이, 엇갈림 구간의 폭(차로수)가 있다.

39 도로의 한 지점을 통과하는 차량 3대의 속도가 아래와 같을 때, 공간평균속도는 약 얼마인가?

차량속도	1	2	3
속도(km/h)	55	58	65

① 63km/h　② 59km/h　③ 54km/h　④ 32km/h

해 설

$$공간평균속도 = \frac{3}{\frac{1}{55} + \frac{1}{58} + \frac{1}{65}} = 59.05, \quad \therefore 약\ 59km/h$$

40 단일 서비스기관의 대기행렬모형에서 평균 도착율이 λ, 평균서비스율이 μ일 때, 시스템내의 평균 체류시간을 나타내는 식은?

① $\dfrac{1-\lambda}{\mu}$
② $\dfrac{\lambda}{\mu-\lambda}$
③ $\dfrac{1}{\mu-\lambda}$
④ $\dfrac{\lambda}{\mu(\mu-\lambda)}$

해 설

시스템 내 평균 체류시간은 $W = W_q + \dfrac{1}{\mu} = \dfrac{1}{\mu-\lambda}$ 로 표현된다.

제3과목 교통시설

41 도로의 포장 방법에 따른 특성을 비교한 내용이 틀린 것은?

구 분	아스팔트 포장	콘크리트 포장
㉠시공성	신속성 유리	장기간 양생 필요
㉡유지관리	보수 후 단시간 내 교통개방 가능	보수 후 단시간 내 교통개방 불가능
㉢주행성	소음이 적음	소음이 많음
㉣적용도로	중차량이 많은 도로	중차량이 적은 도로

① ㉠ ② ㉡ ③ ㉢ ④ ㉣

[해 설] 중차량이 많은 도로에 아스팔트 포장을 사용할 경우, 내구성의 부족으로 인해 도로가 변형 혹은 파괴될 수 있다.

42 버스정류장의 제원 중 고속국도에 설치하는 버스정류장 감속차로부의 감속차로 길이 기준은? (단, 설계속도가 100km/h인 경우)

① 75m 이상 ② 120m 이상
③ 140m 이상 ④ 160m 이상

[해 설] 버스정류장 중 고속도로에 설치하는 감속차로부의 감속차로는 120km/h인 경우 190m, 100km/h인 경우 160m, 80km/h인 경우 140m 이상이 되도록 하여야 한다.

43 지하차도에 설치하는 길어깨의 폭은 설계속도가 시속 100km 이상인 경우 최소 얼마 이상으로 하여야 하는가?

① 0.5m ② 1m ③ 1.5m ④ 3m

[해 설] 도로의 구조·시설기준에 관한 규칙 제12조(길어깨) 4항 조항에 의거 터널, 교량, 고가도로 또는 지하차도에 설치하는 길어깨의 폭은 설계속도가 시속 100킬로미터 이상인 경우에는 1미터 이상으로, 그 밖의 경우에는 0.5미터 이상으로 할 수 있다.

44 어느 건물의 주차용량이 60대, 주차이용대수가 일일 300대이고, 평균주차시간이 3시간이다. 주차장이 하루 20시간 개방된다고 한다면 이 주차장의 주차효율은?

① 0.65 ② 0.75 ③ 0.85 ④ 0.95

[해 설]
$$O = \frac{DV}{CH} = \frac{3 \cdot 300}{60 \cdot 20} = 0.75$$

45 중앙분리대의 설치에 대한 설명으로 틀린 것은?

① 중앙분리대의 분리대 내에는 노상시설물을 설치할 수 없다.
② 중앙분리대는 도로 중심선 쪽의 교통마찰을 감소시켜 용량을 증대시키는 효과가 있다.
③ 설계속도가 시속 90km인 도로에서는 중앙분리대에 폭 0.5m 이상의 측대를 설치하여야 한다.
④ 차로를 왕복 방향별로 분리하기 위하여 중앙선을 두 줄로 표시하는 경우 각 중앙선의 중심사이의 간격은 0.5m 이상으로 한다.

[해 설] 중앙분리대는 내부에 시설물 설치가 가능하여 도로표지, 기타 교통관제시설 등을 설치할 수 있는 장소로 제공된다.

46 평면교차로에서 우회전 도류로의 폭을 결정하는 요소로 가장 거리가 먼 것은?

① 설계기준자동차 ② 평면곡선 반지름
③ 도류로의 차로수 ④ 도류로의 회전각

[해 설] 도류로의 폭은 설계기준자동차, 평면곡선 반지름, 도류로의 회전각에 따라 결정한다.

47 설계시간계수(K_{30})의 일반적인 특성에 대한 설명이 틀린 것은?

① K_{30}이 클수록 교통 수요의 변화가 크다.
② 도시지역 도로가 지방지역 도로보다 K_{30}이 크다.
③ K_{30}은 설계시간교통량을 계산할 때 사용한다.

정답 41 ④ 42 ④ 43 ② 44 ② 45 ① 46 ③ 47 ②

④ 연평균 일교통량이 증가할수록 해당 도로의 K_{30}은 감소한다.

> **해설**
> K_{30} 값은 교통수요의 변화가 클수록 커지므로, 도시지역 도로가 지방지역 도로보다 K_{30}이 작다.

48 종단경사가 있는 구간에서 오르막차로를 설치하지 아니할 수 있는 설계속도 기준은?

① 시속 80km 이하 ② 시속 60km 이하
③ 시속 40km 이하 ④ 시속 20km 이하

> **해설**
> 설계속도가 시속 40킬로미터 이하인 경우에는 오르막차로를 설치하지 아니할 수 있다.

49 로의 구조·시설 기준에 관한 규칙상 보도의 유효폭은 최소 얼마 이상으로 하여야 하는가? (단, 지방지역의 도로와 도시지역의 국지도로가 지형 상 불가능하거나 기존 도로의 증설·개설 시 불가피하다고 인정되는 경우는 제외)

① 2m ② 2.25m ③ 2.5m ④ 3m

> **해설**
> 보도의 유효폭은 보행자의 통행량과 주변 토지 이용 상황을 고려하여 결정하되, 최소 2미터 이상으로 하여야 한다. 다만, 지방지역의 도로와 도시지역의 국지도로는 지형상 불가능하거나 기존 도로의 증설·개설시 불가피하다고 인정되는 경우에는 1.5미터 이상으로 할 수 있다.

50 도로의 차로 폭을 결정하는데 고려해야 할 사항으로 가장 거리가 먼 것은?

① 교차로와 회전차로 수
② 교통량 및 대형차 혼입율
③ 서비스 수준
④ 평균 주행속도(설계속도)

> **해설**
> 차로의 폭은 도로의 구분, 설계속도 및 지역, 설계시간 교통량 및 대형차 혼입률, 서비스 수준 등을 고려하여 결정된다.

51 앞지르기시거를 계산하기 위한 가정이 틀린 것은?

① 앞지르기 당하는 자동차는 일정한 속도로 주행한다.
② 앞지르기 하는 자동차는 앞지르기를 하기전까지는 앞지르기 당하는 자동차보다 빠른 속도로 주행한다.
③ 앞지르기가 가능하다는 것을 인지한다.
④ 반대편 차로의 마주 오는 자동차는 설계속도로 주행하는 것으로 한다.

> **해설**
> 앞지르기하는 자동차는 앞지르기를 하기 전까지 앞지르기를 하기 위한 기회를 찾으면서 앞지르기 당하는 자동차와 같은 속도로 안전거리를 유지하면서 앞 차를 따른다.

52 인터체인지의 입체교차 형식 중 불완전 입체교차에 해당하는 것은?

① 직결형 ② 완전 클로버형
③ 트럼펫형 ④ 다이아몬드형

> **해설**
> 불완전입체교차란 평면으로 교차하는 교통류를 하나 이상 포함하는 입체교차를 말한다. 다이아몬드형 입체교차는 대표적인 불완전 입체교차로 연결로가 본선과 거의 직선으로 설치되는 형태로서, 부도로와 평면교차되어 처리되는 형상이 다이아몬드형을 닮은 입체교차 형태이다. 부도로가 평면교차되는 접속부분에서 용량이 작아지는 단점이 있다.

53 도로의 구조·시설 기준에 관한 규칙에 따른 설계기준자동차에 해당하지 않는 것은?

① 승용자동차 ② 중형자동차
③ 대형자동차 ④ 세미트레일러

> **해설**
> 설계기준 자동차는 승용, 소형, 대형, 세미트레일러이다.

54 도로의 설계속도에 따른 차도의 최소 평면곡선 반지름 기준이 옳은 것은? (단, 편경사가 6%인 경우이다.)

① 설계속도 120km/h, 최소 평면곡선 반지름 640m
② 설계속도 100km/h, 최소 평면곡선 반지름 460m
③ 설계속도 80km/h, 최소 평면곡선 반지름 380m
④ 설계속도 60km/h, 최소 평면곡선 반지름 200m

정답 48 ③ 49 ① 50 ① 51 ② 52 ④ 53 ② 54 ②

해 설

도로의 구조·시설 기준에 관한 규칙 제18조(평면곡선반경) 조항에 의거 편경사가 6%인 경우 최소평면곡선반지름은 설계속도 120km/h인 경우 710m, 설계속도 100km/h일 때 460m, 설계속도 80km/h일 때 280m, 설계속도 60km/h일 때 140m이다.

55. 버스정류장(Bus Bay)의 설치 장소 기준에 대한 설명으로 틀린 것은?

① 고속국도 등 주간선도로에 설치한다.
② 버스 승하차에 의한 교차로 용량은 버스의 이용 횟수, 승·하차 인원, 승·하차 소요시간 등을 고려하여 산정한다.
③ 보조간선도로로서, 특히 본선의 교통류가 버스 정차로 인하여 혼란이 야기될 우려가 있는 경우 설치한다.
④ 버스정류소를 설치했을 때 그 도로의 예상 서비스 수준이 설계서비스 수준보다 높은 경우 설치한다.

해 설

버스정류장의 설치장소
- 고속도로, 도시고속도로, 주 간선도로
- 보조 간선도로로서, 특히 본선의 교통류가 버스정차로 인해 혼란이 야기될 우려가 있는 경우
- 그 외의 경우라도 버스정차로 인해 그 도로의 예상 서비스 수준이 설계 서비스 수준보다 낮을 경우

56. 용어의 정의가 틀린 것은?

① 편경사란 도로의 진행 방향 중심선의 길이에 대한 높이의 변화 비율을 말한다.
② 길어깨란 도로를 보호하고, 비상시나 유지관리시에 이용하기 위하여 차로에 접속하여 설치하는 도로의 부분을 말한다.
③ 회전차로란 자동차가 우회전, 좌회전 또는 유턴을 할 수 있도록 직진하는 차로와 분리하여 추가로 설치하는 차로를 말한다.
④ 연결로란 도로가 입체적으로 교차할 때 교차하는 도로를 서로 연결하거나 높이가 다른 도로를 서로 연결하여 주는 도로는 말한다.

해 설

편경사란 평면곡선부에서 자동차가 원심력에 저항할 수 있도록 하기 위하여 설치하는 횡단경사를 말한다. 도로의 진행 방향 중심선의 길이에 대한 높이의 변화 비율은 종단경사라고 한다.

57. 길어깨 중 측대의 기능으로 거리가 가장 먼 것은?

① 강우 시 노면배수의 집수 역할을 하여 배수 시 노면 패임을 방지한다.
② 차로를 이탈한 자동차에 대한 안정성을 향상시킨다.
③ 주행상 필요한 측방 여유폭의 일부를 확보하여 차로의 효용을 유지한다.
④ 차로와의 경계를 노면표시 등으로 일정 폭만큼 명확하게 나타내고 운전자의 시선을 유도하여 안전성을 증대시킨다.

해 설

길어깨 중 측대의 기능
- 차도와의 경계를 노면표시 등으로 일정 폭만큼 명확하게 나타내고 운전자의 시선을 유도하여 운시 안전성을 증대시킨다.
- 주행상 필요한 바퀴의 측방 여유폭의 일부를 확보함으로써 차도의 효용을 유지한다.
- 차로를 이탈한 자동차에 대해서 특히 속도가 높은 경우에 안전성을 향상시킨다.
- 차도와 동일한 횡단경사와 같은 강도의 포장구조로 차도에 접속하여 설치함으로써 차도를 구조적으로 보호한다.

58. 도로의 기능에 따른 구분 중 이동성이 가장 낮은 도로는?

① 국지도로   ② 집산도로
③ 간선도로   ④ 고속국도

해 설

도로를 기능별로 분류하면 고속도로, 주간선도로, 보조간선도로, 집산도로, 국지도로 순으로 구분된다. 고속도로에서 국지도로로 갈수록 이동성은 감소하고 접근성은 증가한다.

59. 지하식 보행시설에 대한 설명이 틀린 것은?

① 범죄의 가능성이 크다.
② 유지·관리가 어려운 편이다.
③ 외부를 볼 수 없어 방향 감각을 잃기 쉽다.
④ 횡단보도시설에 비해 건설비가 적게 든다.

해 설

지하식 보행시설은 지하에 설치되므로 절토에 의한 토목비용이 지상의 횡단보도 시설보다 높아 건설비가 많이 든다.

정답 55 ④ 56 ① 57 ① 58 ① 59 ④

60 평면교차로에서의 도류화 설계를 위한 기본원칙이 틀린 것은?

① 평면곡선부는 적절한 평면곡선 반지름과 차로폭을 가져야 한다.
② 교통관제시설은 도류화의 일부분이 아니므로, 교통섬과 분리하여 별도로 설계하여야 한다.
③ 운전자가 한 번에 한 가지 이상의 의사결정을 하지 않도록 해야 한다.
④ 자동차의 속도와 경로를 점진적으로 변화시킬 수 있도록 접근로의 단부를 처리해야 한다.

해설
필수적인 교통통제설비의 위치는 도류화의 일부분으로 생각하여 교통섬을 설계해야 한다.

제4과목 도시계획개론

61 도시·군기본계획의 원칙적인 수립권자에 해당하지 않는 자는?

① 군수 ② 면장
③ 특별시장 ④ 특별자치도지사

해설
국토의 계획 및 이용에 관한 법률 제18조(도시·군기본계획의 수립권자와 대상지역) 1항 조항에 의거 특별시장·광역시장·특별자치시장·특별자치도지사·시장 또는 군수는 관할구역에 대하여 도시·군기본계획을 수립하여야 한다. 다만, 시 또는 군의 위치, 인구의 규모, 인구감소율 등을 고려하여 대통령령으로 정하는 시 또는 군은 도시·군기본계획을 수립하지 아니할 수 있다.

62 중앙행정기관이나 지방자치단체 또는 대통령령이 정하는 기관이 작성하는 통계 중 통계청장이 지정·고시하는 통계로, 인구·사회·경제 기타 정책의 수립 및 평가에 널리 활용되는 것은?

① 기준통계 ② 일반통계
③ 지정통계 ④ 특수통계

해설
통계법 제3조(정의) 2. "지정통계"란 제17조에 따라 통계청장이 지정·고시하는 통계를 말한다.

63 다음 중 일반적인 도시의 특성과 가장 거리가 먼 것은?

① 1차 산업 종사자수 증가
② 인구 구성의 이질성
③ 사회적 익명성 증가
④ 높은 인구 밀도

해설
도시는 2, 3차 산업에 종사하는 비율이 높은 지역이다.

64 도시·군관리계획의 내용에 해당하지 않는 것은?

① 도시개발사업이나 정비사업에 관한 계획
② 개발제한구역의 지정 또는 변경에 관한 계획
③ 용도지역·용도지구의 지정 또는 변경에 관한 계획
④ 시·군의 공간구조와 장기적인 발전방향에 관한 계획

해설
도시·군 관리계획은 특별시·광역시·특별자치시·특별자치도·시 또는 군의 개발·정비 및 보전을 위하여 수립하는 토지이용, 교통, 환경, 경관, 안전, 산업, 정보통신, 보건, 복지, 안보, 문화 등에 관한 다음 각 목의 계획을 말한다.
가. 용도지역·용도지구의 지정 또는 변경에 관한 계획
나. 개발제한구역, 도시자연공원구역, 시가화조정구역(市街化調整區域), 수산자원보호구역의 지정 또는 변경에 관한 계획
다. 기반시설의 설치·정비 또는 개량에 관한 계획
라. 도시개발사업이나 정비사업에 관한 계획
마. 지구단위계획구역의 지정 또는 변경에 관한 계획과 지구단위계획

65 도시공원 및 녹지 등에 관한 법령에 따른 도시공원의 종류에 해당하지 않는 것은?

① 근린공원 ② 묘지공원
③ 옥외공원 ④ 어린이공원

해설
도시공원은 생활권공원과 주제공원으로 구분된다. 생활권공원은 소공원, 어린이공원, 근린공원으로 구분하고, 주제공원은 역사공원, 문화공원, 수변공원, 묘지공원, 체육공원, 도시농업공원 기타 대도시의 조례로 정하는 공원으로 구분한다.

66 국토의 계획 및 이용에 관한 법령에 따른 용도지구 중 보호지구의 세분에 해당하지 않는 것은?

① 자연보호지구
② 생태계보호지구
③ 중요시설물보호지구
④ 역사문화환경보호지구

해설
국토의 계획 및 이용에 관한 법률 시행령 제31조(용도지구의 지정) 2항 5목 조항에 의거 보호지구는 역사문화환경보호지구, 중요시설물보호지구, 생태계보호지구로 세분된다.

67 보행자 전용가로, 공원녹지 등의 보행자 공간을 연속시키는 것으로 주택지에서는 유치원, 학교, 근린시설을 연결시키고 도심에서는 광장, 상점 등을 결합시켜 나무가 우거지고 보행위락시설이 정비된 연속된 가로를 무엇이라 하는가?

① 커뮤니티몰 ② 쇼핑몰
③ 식생통로 ④ 슈퍼블록

해설
커뮤니티몰(Comunity mall)이란 주택지와 도심 등에서 보행자 전용가로, 공원녹지 등의 보행자 공간을 연속시키는 것을 말한다.

68 다음 중 주거지역의 도로율 기준으로 옳은 것은? (단, 도시·군계획시설의 결정·구조 및 설치기준에 관한 규칙에 따르며, 간선도로의 도로율은 고려하지 않는다.)

① 8% 이상 20% 미만 ② 10% 이상 20% 미만
③ 15% 이상 30% 미만 ④ 25% 이상 35% 미만

해설
도시·군계획시설의 결정·구조 및 설치기준에 관한 규칙 제11조(용도지역별 도로율) 1항 조항에 의거 주거지역은 15퍼센트 이상 30퍼센트 미만이며, 이 경우 간선도로(주간선도로와 보조간선도로를 말한다)의 도로율은 8퍼센트 이상 15퍼센트 미만이어야 한다.

69 도시의 구성요소인 토지와 시설에 대한 물리적 계획의 3요소가 모두 옳은 것은?

① 인구, 밀도, 정책 ② 교통, 주택, 산업
③ 배치, 인구, 활동 ④ 밀도, 배치, 동선

해설
도시 구성의 3대 요소는 시민, 토지, 시설이고, 3대 물리적 요소는 밀도, 배치, 동선이다.

70 현재 인구가 150만명이고, 연평균 인구 증가율이 4%일 때, 등차급수법에 따른 5년 후의 추정 인구는?

① 156만명 ② 172만명 ③ 180만명 ④ 206만명

해설
$P_n = P_0(1+rn) = 150(1+0.04 \times 5) = 180$

71 대지면적에 대한 건축면적의 비율로, 거주환경의 쾌적성과 안전성 등의 확보를 위한 공지의 조성을 목적으로 하는 토지이용규제 수단은?

① 공공율 ② 건폐율 ③ 도로율 ④ 격자형

해설
건축법 제55조(건축물의 건폐율) 조항에 의거 대지면적에 대한 건축면적(대지에 건축물이 둘 이상 있는 경우에는 이들 건축면적의 합계로 한다)의 비율을 "건폐율"이라 한다.

72 다음과 같은 특징을 갖는 가로망 형태는?

- 지형이 평탄한 도시에 적합하다.
- 고대 및 중세 봉건도시에서 흔히 볼 수 있다.
- 도로 기능의 다양성이 결여된다.
- 대표 도시는 뉴욕이다.

① 방사형 ② 쿨데삭형 ③ 방사환상형 ④ 격자형

해설
평탄한 지형에 어울리지만 도로 기능의 다양성이 결여된 가로망 형태는 격자형 가로망이다. 뉴욕, 필라델피아, 고대 중국 장안성이 이러한 형태를 가지고 있다.

73 인구가 처음에는 완만하게 증가하다가 어느 시점을 지나면서 급격히 증가하고 다시 완만하게 증가하며, 성장의 물리적 한계가 있는 도시의 인구 예측에 적용이 가능한 인구예측모형은?

① 선형모형 ② 집단생잔모형
③ 로지스틱모형 ④ 비율예측방법

정답 67 ① 68 ③ 69 ④ 70 ③ 71 ② 72 ④ 73 ③

> **[해설]**
> 로지스틱 곡선식은 초기에는 인구성장이 완만하다가, 일정기간이 지나면 급격히 증가하고, 다시 증가율이 감소하여 일정수를 유지하게 된다.(임계치에 수렴하게 된다.) 대도시권의 인구를 어느 상한선까지 강력히 통제하고자 할 때 사용하며 비교적 정확한 인구 추계를 할 수 있다.

74 도시·군계획시설로서 도로의 배치간격 기준으로 옳은 것은?

① 국지도로간 : 500m 내외
② 주간선도로와 주간선도로 : 2km 내외
③ 주간선도로와 보조간선도로 : 1km 내외
④ 보조간선도로와 집산도로 : 250m 내외

> **[해설]**
> 가. 주간선도로와 주간선도로의 배치간격 : 1천미터 내외
> 나. 주간선도로와 보조간선도로의 배치간격 : 500미터 내외
> 다. 보조간선도로와 집산도로의 배치간격 : 250미터 내외
> 라. 국지도로 간의 배치간격 : 가구의 짧은 변 사이의 배치간격은 90미터 내지 150미터 내외, 가구의 긴 변 사이의 배치간격은 25미터 내지 60미터 내외

75 하워드가 주장한 전원도시의 개념을 바탕으로, 1900년대 초에 언원과 파커에 의해 런던 교외에 건설된 전원도시는?

① 빅토리아 ② 할로우 ③ 레치워스 ④ 헴스테트

> **[해설]**
> 하워드(E. Howard)가 제시한 전원도시의 개념을 바탕으로 1900년대 초 언원과 파커에 의해 런던 교외에 건설된 도시는 레치워스(Letchwrorth)이다.

76 다음 중 토지이용 분포에 따른 도시 내부의 공간 구조를 설명하는 이론에 해당하지 않는 것은?

① 동심원이론   ② 선형이론
③ 중심지이론   ④ 다핵심이론

> **[해설]**
> 도시내부공간 구조이론으로 동심원설(버제스), 선형설(호이트), 다핵설(해리스, 울만), 삼지대론(디킨스), 다차원이론(시몬스, 벨, 윌리엄스) 등이 있다. 중심지이론은 도시 간 도시구조, 즉 도시 간 정주체계를 나타내는 이론이다.

77 도시의 외연적 확산 현상의 원인과 가장 거리가 먼 것은?

① 주택 수요 증가
② 도심 개발의 한계
③ 도시의 지가 상승
④ 토지의 입체적 고밀도 이용 활성화

> **[해설]**
> 도시의 외연적 확산 현상의 원인은 토지 지가의 상승, 주택수요의 증가, 도심의 개발이 한계에 다다른 것 등이 원인이 된다. 토지를 입체적 고밀도로 활용하면 외연적 확산현상을 막을 수 있다.

78 도시·군기본계획에 대한 설명으로 옳은 것은?

① 도시개발사업의 시행을 위한 집행계획이다.
② 장기적·종합적 계획이며 지침제시적 계획이다.
③ 개별 시민의 건축 행위에 대한 법적 구속력을 규정한다.
④ 도시·군계획과 도시·군관리계획의 상위계획에 해당한다.

> **[해설]**
> 도시·군기본계획은 장기발전방향을 제시하는 종합계획이다.

79 도시의 경제·사회·문화적인 특성을 살려 개성있고 지속가능한 발전을 촉진하기 위하여 경관, 생태, 정보통신, 과학, 문화, 관광 등의 분야별로 국토교통부장관이 지정할 수 있는 도시계획 관련 사항은?

① 관광단지 지정   ② 시범도시 지정
③ 지구단위계획 지정   ④ 디지털시티 지정

> **[해설]**
> 국토의 계획 및 이용에 관한 법률 제127조(시범도시의 지정·지원) 조항에 의거 국토교통부장관은 도시의 경제·사회·문화적인 특성을 살려 개성 있고 지속가능한 발전을 촉진하기 위하여 필요하면 직접 또는 관계 중앙행정기관의 장이나 시·도지사의 요청에 의하여 경관, 생태, 정보통신, 과학, 문화, 관광, 그 밖에 대통령으로 정하는 분야별로 시범도시(시범지구나 시범단지를 포함한다.)를 지정할 수 있다.

정답 74 ④ 75 ③ 76 ③ 77 ④ 78 ② 79 ②

80. 도시조사분석방법론에 대한 설명으로 옳지 않은 것은?

   ① 추정된 회귀분석모형은 미래예측에 활용할 수 있다.
   ② 회귀분석이란 독립변수와 종속변수 사이의 선형 및 비선형관계를 구하는 방법이다.
   ③ 상관분석이란 상관계수를 이용하여 두 변수의 관계가 얼마나 밀접한가를 측정하는 방법이다.
   ④ 다중선형회귀분석이란 하나의 종속변수와 하나의 독립변수 사이의 선형 및 비선형 관계를 구하는 방법이다.

   해 설
   다중 선형회귀분석은 독립변수가 2개 이상인 선형회귀분석을 의미한다.

제5과목 교통관계법규

81. 국가통합교통체계효율화법의 정의에 따른 복합환승센터의 구분에 해당하지 않는 것은?

   ① 국가기간복합환승센터   ② 지능형복합환승센터
   ③ 광역복합환승센터   ④ 일반복합환승센터

   해 설
   국가통합교통체계효율화법 제45조(복합환승센터의 지정) 조항에 의거 복합환승센터는 국가기간복합환승센터, 광역복합환승센터, 일반복합환승센터로 구분된다.

82. 국가통합교통체계효율화법상 천재지변으로 인해 국가교통관리에 중대한 차질이 발생한 경우, 이에 효과적으로 대응하기 위하여 비상 시 교통대책을 수립할 수 있는 자는?

   ① 경찰서장   ② 소방청장
   ③ 행정안전부장관   ④ 국토교통부장관

   해 설
   국가통합교통체계효율화법 제33조(특별교통대책의 수립) 1항 조항에 의거 국토교통부장관은 비상시 교통대책(특별교통대책)을 수립할 수 있다.

83. 대도시권 광역교통 관리에 관한 특별법령의 정의에 따른 '대도시권'의 권역 구분에 해당하지 않는 것은?

   ① 대구권   ② 대전권   ③ 수도권   ④ 전주권

   해 설
   대도시권 광역교통 관리에 관한 특별법 시행령 [별표 1] 대도시권의 범위(제2조관련) 조항에 의거 대도시권은 수도권, 부산·울산권, 대구권, 광주권, 대전권으로 구분된다.

84. 주차장법령상 "주차전용건축물"이란 건축물의 연면적 중 주차장으로 사용되는 부분의 비율 기준이 얼마 이상인 것을 말하는가? (단, 기타의 경우는 고려하지 않는다.)

   ① 80% 이상   ② 85% 이상
   ③ 90% 이상   ④ 95% 이상

   해 설
   주차장법 시행령 제1조의2(주차전용건축물의 주차면적비율) 「주차장법」(이하 "법"이라 한다) 제2조 제11호에서 "대통령령으로 정하는 비율 이상이 주차장으로 사용되는 건축물"이란 건축물의 연면적 중 주차장으로 사용되는 부분의 비율이 95퍼센트 이상인 것을 말한다. 다만, 주차장 외의 용도로 사용되는 부분이 「건축법 시행령」 별표 1에 따른 단독주택, 공동주택, 제1종 근린생활시설, 제2종 근린생활시설, 문화 및 집회시설, 종교시설, 판매시설, 운수시설, 운동시설, 업무시설 또는 자동차 관련 시설인 경우에는 주차장으로 사용되는 부분의 비율이 70퍼센트 이상인 것을 말한다.

85. 대중교통의 육성 및 이용촉진에 관한 법률의 정의에 따른 '대중교통시설'에 해당하지 않는 것은? (단, 그 밖에 대통령령이 정하는 시설 또는 공작물로서 대중교통수단의 운행과 관련된 시설 또는 공작물은 고려하지 않는다.)

   ① 버스전용차로
   ② 택시 정류장
   ③ 「도시철도법」에 따른 도시철도시설
   ④ 「도시교통정비촉진법」에 따른 환승시설

   해 설
   대중교통의 육성 및 이용촉진에 관한 법률 제2조(정의) 3. "대중교통시설"이라 함은 대중교통수단의 운행에 필요한 시설 또는 공작물로서 다음 각목의 어느 하나에 해당하는 것을 말한다.

정답 80 ④ 81 ② 82 ④ 83 ④ 84 ④ 85 ②

가. 버스터미널·정류소·차고지·버스전용차로 등 노선버스의 원활한 운행에 필요한 시설 또는 공작물
나. 「도시철도법」 제2조제3호에 따른 도시철도시설
다. 「철도산업발전기본법」 제3조제2호에 따른 철도시설
라. 「도시교통정비 촉진법」 제2조제3호에 따른 환승시설
마. 여객터미널, 선착장, 접안시설 및 승하선 보조시설 등 여객선의 원활한 운항에 필요한 시설 또는 공작물
바. 그 밖에 대통령령으로 정하는 시설 또는 공작물로서 대중교통수단의 운행과 관련된 시설 또는 공작물
→ 버스 정류소는 있으나, 택시 정류장은 없다.

86. 도로교통법령상 모든 차의 운전자에 대하여, 소방용수시설 또는 비상소화장치가 설치된 곳으로부터 최대 몇 미터 이내의 곳에는 차의 정차 및 주차가 금지되는가?

① 3m 이내 ② 5m 이내 ③ 7m 이내 ④ 10m 이내

해 설

도로교통법 제32조(정차 및 주차의 금지) 조항에 의거 모든 차의 운전자는 다음 각 호의 어느 하나에 해당하는 곳에서는 차를 정차하거나 주차하여서는 아니 된다.
6. 다음 각 목의 곳으로부터 5미터 이내인 곳
   가. 「소방기본법」 제10조에 따른 소방용수시설 또는 비상소화장치가 설치된 곳
   나. 「화재예방, 소방시설 설치·유지 및 안전관리에 관한 법률」 제2조제1항제1호에 따른 소방시설로서 대통령령으로 정하는 시설이 설치된 곳

87. 도로법의 정의에 따라 '도로의 부속물'에 해당하지 않는 것은? (단, 그 밖에 도로의 기능 유지 등을 위한 시설로서 대통령령으로 정하는 시설의 경우는 고려하지 않는다.)

① 도로표지 ② 중앙분리대
③ 버스정류시설 ④ 도로용 엘리베이터

해 설

도로법 제2조(정의) 제2항에 의거, "도로의 부속물"이란 도로관리청이 도로의 편리한 이용과 안전 및 원활한 도로교통의 확보, 그 밖에 도로의 관리를 위하여 설치하는 다음 각 목의 어느 하나에 해당하는 시설 또는 공작물을 말한다.
가. 주차장, 버스정류시설, 휴게시설 등 도로이용 지원시설
나. 시선유도표지, 중앙분리대, 과속방지시설 등 도로안전시설
다. 통행료 징수시설, 도로관제시설, 도로관리사업소 등 도로관리시설
라. 도로표지 및 교통량 측정시설 등 교통관리시설
마. 낙석방지시설, 제설시설, 식수대 등 도로에서의 재해 예방 및 구조 활동, 도로환경의 개선·유지 등을 위한 도로부대시설
바. 그 밖에 도로의 기능 유지 등을 위한 시설로서 대통령령으로 정하는 시설

88. 도로법령상 접도구역의 지정 등에 관한 기준과 관련하여, ( )에 들어갈 내용이 모두 옳은 것은?

> 도로관리청이 도로법 제 40조제1항에 따라 접도구역(接道區域)을 지정할 때에는 소관도로의 경계선에서 (㉠)미터(고속국도의 경우는 (㉡)미터)를 초과하지 아니하는 범위에서 지정하여야 한다.

① ㉠ : 5, ㉡ : 30
② ㉠ : 5, ㉡ : 20
③ ㉠ : 10, ㉡ : 30
④ ㉠ : 10, ㉡ : 20

해 설

도로법 제40조(접도구역의 지정 및 관리) 1항 조항에 의거 도로관리청은 도로 구조의 파손 방지, 미관(美觀)의 훼손 또는 교통에 대한 위험 방지를 위하여 필요하면 소관 도로의 경계선에서 20미터(고속국도의 경우 50미터)를 초과하지 아니하는 범위에서 대통령령으로 정하는 바에 따라 접도구역(接道區域)을 지정할 수 있다.
도로법 시행령 제39조(접도구역의 지정 등) 1항 조항에 의거 도로관리청이 법 제40조제1항에 따라 접도구역(接道區域)을 지정할 때에는 소관 도로의 경계선에서 5미터(고속국도의 경우는 30미터)를 초과하지 아니하는 범위에서 지정하여야 한다.
→ 법 제40조제1항에 따라 지정하는 경우이므로 5, 30이 정답이 된다.

89. 도로교통법의 정의에 따라 보행자가 도로를 횡단할 수 있도록 안전표지로 표시한 도로의 부분을 무엇이라 하는가?

① 교차로 ② 횡단보도
③ 안전지대 ④ 길가장가리구역

해 설

도로교통법 제2조(정의)12항 조항에 의거 "횡단보도"란 보행자가 도로를 횡단할 수 있도록 안전표지로 표시한 도로의 부분을 말한다.

90. 국가통합교통체계효율화법령상 복합환승센터의 지정과 관련하여, 복합환승센터 개발계획 변경 시 관할 시·도지사의 의견을 듣고 관계 중앙행정기관의 장과 협의한 후 국가교통위원회의 심의를 거쳐야 하는 기준 사항이 아닌 것은?

① 복합환승센터의 사업시행자를 변경하려는 경우
② 복합환승센터 지정 면적의 100분의 10 이상을 변경하려는 경우

정답 86 ② 87 ④ 88 ① 89 ② 90 ③

③ 복합환승센터 건축연면적의 100분의 30 이상을 변경하려는 경우
④ 복합환승센터의 연계교통시설을 위한 계획 및 환승시설의 위치·규모 등을 변경하려는 경우

해 설
국가통합교통체계효율화법 시행령 제40조(복합환승센터개발계획의 변경) 조항에 의거 국가교통위원회의 심의를 거쳐 국토교통부장관의 승인을 받아야 하는 경우는 복합환승센터 건축연면적의 100분의 10 이상을 변경하거나 복합환승센터 시설용지의 용도를 변경하려는 경우이다.

91 주차장법령상 노외주차장의 구조·설비기준에서 ( )에 들어갈 내용이 옳은 것은?

> 노외주차장의 주차단위구획은 평평한 장소에 설치하여야 한다. 다만, 경사도가 ( )퍼센트 이하인 경우로서, 시장·군수 또는 구청장이 안전에 지장이 없다고 인정하는 경우에는 그러하지 아니한다.

① 3 ② 5 ③ 7 ④ 10

해 설
주차장법 시행규칙 제6조(노외주차장의 구조·설비기준) 13항 조항에 의거 노외주차장의 주차단위구획은 평평한 장소에 설치하여야 한다. 다만, 경사도가 7퍼센트 이하인 경우로서 시장·군수 또는 구청장이 안전에 지장이 없다고 인정하는 경우에는 그러하지 아니하다.

92 도로법상 도로관리청은 몇 년마다 해당 소관도로에 대하여 도로건설·관리계획을 수립하여야 하는가? (단, 국가지원지방도는 고려하지 않는다.)

① 5년 ② 10년 ③ 15년 ④ 20년

해 설
도로법 제6조(도로건설·관리계획의 수립 등) 조항에 의거 도로관리청은 도로의 원활한 건설 및 도로의 유지·관리를 위하여 5년마다 제23조의 구분에 따른 소관 도로(제13조에 따른 고속국도 또는 일반국도의 지선을 포함한다. 이하 이 조에서 같다)에 대하여 도로건설·관리계획(이하 "건설·관리계획"이라 한다)을 수립하여야 한다. 다만, 제15조 제2항에 따른 국가지원지방도에 대해서는 국토교통부장관이 건설·관리계획을 수립한다.

93 교통안전법령의 정의에 따른 '지정행정기관'에 해당하지 않는 것은? (단, 국무총리가 특히 필요하다고 인정하여 지정하는 중앙행정기관은 고려하지 않는다.)

① 국방부 ② 교육부 ③ 법무부 ④ 기획재정부

해 설
교통안전법 제2조(정의) 이 법에서 사용하는 용어의 정의는 다음과 같다.
5. "지정행정기관"이라 함은 교통수단·교통시설 또는 교통체계의 운행·운항·설치 또는 운영 등에 관하여 지도·감독을 행하거나 관련 법령·제도를 관장하는 「정부조직법」에 의한 중앙행정기관으로서 대통령령이 정하는 행정기관을 말한다.

교통안전법 시행령 제2조(지정행정기관) 「교통안전법」 제2조 제5호에 따른 지정행정기관은 다음 각 호와 같다.
1. 기획재정부
2. 교육부
3. 법무부
4. 행정자치부
5. 문화체육관광부
6. 농림축산식품부
7. 산업통상자원부
8. 보건복지부
9. 고용노동부
10. 여성가족부
11. 국토교통부
12. 해양수산부
13. 경찰청
14. 국무총리가 교통안전정책상 특히 필요하다고 인정하여 지정하는 중앙행정기관

94 주차장법상 원칙적으로 노상주차장을 설치하는 자는? (단, 기타의 경우는 고려하지 않는다.)

① 시장·군수 ② 국토교통부장관
③ 행정안전부장관 ④ 경찰청장

해 설
주차장법 제7조(노상주차장의 설치 및 폐지) 1항 조항에 의거 노상주차장은 특별시장·광역시장, 시장·군수 또는 구청장이 설치한다.

95 교통시설의 정비를 촉진하고 교통수단과 교통체계를 효율적으로 운영·관리하여 도시교통의 원활한 소통과 교통편의 증진에 이바지함을 목적으로 제정된 법령은?

① 도로법 ② 도로교통법
③ 교통안전법 ④ 도시교통정비촉진법

정답 91 ③ 92 ① 93 ① 94 ① 95 ④

해설

도시교통정비촉진법 제1조(목적) 조항에 의거 이 법은 교통시설의 정비를 촉진하고 교통수단과 교통체계를 효율적으로 운영·관리하여 도시교통의 원활한 소통과 교통편의 증진에 이바지함을 목적으로 한다.

96 도시교통정비촉진법령상 교통유발부담금의 부과는 해당 시설물의 각 층 바닥면적을 합한 면적이 최소 얼마 이상인 시설물을 대상으로 하는가? (단, 부과대상 시설물이 주택법에 따른 주택단지에 위치한 시설물로서 도로변에 위치하지 아니한 시설물인 경우는 고려하지 않는다.)

① 1,000㎡ ② 2,000㎡ ③ 3,000㎡ ④ 4,000㎡

해설

도시교통정비촉진법 시행령 제16조(교통유발부담금의 부과대상)에 의거 해당 시설물의 각 층 바닥면적을 합한 면적이 1천 제곱미터 이상인 시설물을 말한다.

97 도로교통법령에 따른 차로의 설치 기준이 틀린 것은?

① 차로는 횡단보도·교차로에는 설치할 수 없다.
② 설치하는 차로의 너비는 3m 이상으로 하며, 좌회전전용차로의 설치 등 부득이하다고 인정되는 때에는 275cm 이상으로 할 수 있다.
③ 중앙선 표시는 노란색으로 한다.
④ 보도와 차도의 구분이 없는 도로에 차로를 설치하는 때에는 그 도로의 양쪽에 길가장자리구역을 설치할 필요가 없다.

해설

도로교통법 시행규칙 제15조(차로의 설치) 4항 조항에 의거 보도와 차도의 구분이 없는 도로에 차로를 설치하는 때에는 보행자가 안전하게 통행할 수 있도록 그 도로의 양쪽에 길가장자리구역을 설치하여야 한다.

98 대도시권 광역교통 관리에 관한 특별법령상 광역교통 개선대책을 수립하여야 하는 대규모 개발사업의 수용인구 또는 수용인원 기준이 옳은 것은?

① 1만명 이상 ② 3만명 이상
③ 5만명 이상 ④ 10만명 이상

해설

대도시권광역교통관리에관한특별법 제7조의2(대규모 개발사업의 광역교통 개선대책) 조항 및 동법 시행령 제9조(대규모개발사업의 범위 등) 조항에 의거 대도시권의 광역교통에 영향을 미치는 대규모 개발사업 등 대통령령으로 정하는 사업이란 택지개발사업, 주택건설사업 및 대지조성사업, 도시개발사업, 관광지조성사업 및 관광단지조성사업, 유원지설치사업, 온천개발사업, 공원사업, 지역개발사업, 경제자유구역 개발사업, 그 밖에 다른 법률에서 광역교통개선대책의 수립대상으로 규정한 사업으로서 그 면적이 50만제곱미터 이상이거나 수용인구 또는 수용인원이 1만명 이상인 것을 말한다.

99 도시교통정비촉진법상 국토교통부장관이 도시교통정비지역으로 지정·고시할 수 있는 도시 인구 기준은? (단, 도농복합형태의 시는 고려하지 않는다.)

① 5만명 이상 ② 10만명 이상
③ 15만명 이상 ④ 20만명 이상

해설

도시교통정비촉진법 제3조(도시교통정비지역의 지정·고시)항 조항에 의거 국토교통부장관은 도시교통의 원활한 소통과 교통편의 증진을 위하여 다음 각 호의 시역을 노시교통정비시역으로 지정·고시할 수 있다.
1. 인구 10만 명 이상의 도시(도농복합형태의 시는 읍·면지역을 제외한 지역의 인구가 10만 명 이상인 경우를 말한다)

100 교통안전법령상 교통안전관리자 자격의 종류에 해당하지 않는 것은?

① 항공교통안전관리자 ② 궤도교통안전관리자
③ 항만교통안전관리자 ④ 삭도교통안전관리자

해설

교통안전법 시행령 제44조(교통안전관리자의 종류 및 직무 등)에 따라 교통안전관리자는 도로, 철도, 항공, 항만, 삭도교통안전관리자로 구분된다.

제6과목 교통안전

101 물기가 있는 도로 주행 시 노면과 타이어 사이에 얇은 수막이 생겨 주행 시 브레이크 기능을 상실하게 되는 것을 무엇이라 하는가?

정답 96 ① 97 ④ 98 ① 99 ② 100 ② 101 ④

① 페드 현상 ② 시미 현상
③ 스탠딩 웨이브 현상 ④ 하이드로플래닝 현상

해설
수막현상(Hydro Planing, 하이드로플래닝)이란 물기가 있는 도로의 주행 시 노면과 타이어 사이에 얇은 수막이 생겨 주행 시 브레이크 기능을 상실하게 되는 현상으로 통상 80km/h의 속도로 주행할 때 나타난다. 페이드(Fade) 현상은 풋 브레이크의 잦은 사용으로 브레이크가 잘 작동하지 않는 현상이다. 시미현상이란 시미 모션(Shimmy Motion)이라고도 하며 자동차의 킹핀을 중심으로 타이어가 좌우로 흔들리는 현상을 말한다. 스탠딩웨이브(Standing Wave) 현상은 차량의 타이어가 고속으로 회전하면서 접지부에서 받은 타이어의 변형이 다음 접지시점까지도 복원되지 않고 물결형상의 진동을 발생시키며 결국 타이어가 파괴되는 현상을 말한다.

102 도로안전진단(Road Safety Audit)에 대한 설명으로 틀린 것은?

① 도로설계자 뿐만 아니라 도로 이용자의 입장 등 다양한 측면에서 도로안전을 점검하고 이에 대한 결과를 도로 현장에 반영하여 개선하는 절차이다.
② 도로안전진단의 주체는 도로의 계획, 설계 및 운영과 관련이 없는 독립적인 사람이어야 한다.
③ 도로안전진단제도는 미국에서 처음 시작되었다.
④ 계획, 시공, 운영 단계까지 모든 단계에 적용될 수 있다.

해설
도로안전진단(Road Safety Audit)은 1980년대 영국에서 가장 먼저 시도되었다.

103 교통사고의 유발요인을 인적요인, 차량요인, 도로물리요인, 환경요인으로 구분할 때 차량 요인에 해당하는 것은?

① 음주 운전 ② 신호등 고장
③ 조향 장치 고장 ④ 운전 중 핸드폰 통화

해설
신호등 고장은 환경요인, 음주운전이나 운전 중 핸드폰 통화는 인적요인으로 볼 수 있다.

104 30km의 도로 구간에서 1년 동안 60건의 사고가 발생하였다. 조사 결과 1일 평균 교통량(ADT)이 6,000대일 경우 차량 1억대·km당 사고율은? (단, 1년은 365일이다.)

① 91.3건 ② 85.2건 ③ 81.4건 ④ 75.3건

해설
사고율
$= \dfrac{\text{교통사고건수} \times 100{,}000{,}000}{\text{일평균교통량}(ADT) \times \text{조사기간일수} \times \text{도로구간길이}(km)}$
$= \dfrac{60 \times 100{,}000{,}000}{6{,}000 \times 365 \times 30} = 91.3$

105 중앙분리대를 설치하는 경우 가장 효율적으로 예방될 수 있는 사고 유형은?

① 추락사고 ② 접촉사고
③ 추돌사고 ④ 정면충돌사고

해설
정면충돌사고의 예방은 중앙분리대의 주된 기능 중 하나이다.

106 주행하는 차량의 운동량을 차량의 경로에 위치한 소모용 재료의 질량으로 전이시키는 충격완화시설은?

① 관성 방호책
② 하이드라이 셀 샌드위치
③ 하이드로 셀 샌드위치
④ 압축유형 방호책

해설
소모용 재료의 질량으로 전이시킨다는 의미는 재료가 소모된다는 의미로, 시설의 파괴나 찌그러짐을 통해 운동량을 재료의 소모로 바꾼다는 뜻이다. 관성방호책은 재료의 소모를 통해 운동량을 감소시키거나 방향을 바꾸는 등의 기능을 한다.

107 사고경험에 기초한 위험지점 선정 방법 중 아래 설명에 해당하는 것은?

○ 주어진 어떤 값보다 사고발생 건수가 많은 곳을 위험도가 높다고 판단하여 사고 잦은 장소라 판정하는 방법이다.
○ 소도시 가로, 대도시의 집·분산도로, 국지가로나 교통량이 적은 지방부 도로 등에서 주로 같은 종류의 도로 또는 교차로를 비교할 때 사용하며 교통량은 큰 의미를 갖지 않는다.

① 사고율법 ② 사고건수법
③ 사고건수-사고율법 ④ 사고율-통계적 방법

해설
사고다발지점 선정방법 중 교통사고 건수(빈도수)에 의한 방법

정답 102 ③ 103 ③ 104 ① 105 ④ 106 ① 107 ②

> 사고건수(건/km/년) = 건수÷(구간길이×연수)
> - 주어진 어떤 값보다 사고발생 건수가 많은 곳을 위험도가 높다고 판단하여 사고 잦은 장소라 판정하는 방법
> - 소도시나 대도시의 집·분산도로, 국지도로나 교통량이 적은 지방부 도로 등에서 주로 같은 종류의 도로 또는 교차로를 비교할 때 사용하는 방법

108 주행 중이던 차량이 급정거하여 스키드마크가 20m가 나타난 다음 3m를 지나서 다시 25m가 계속되었다면 차량의 제동 전 초기 속도는? (단, 타이어와 노면의 마찰계수는 0.8이고, 경사는 없다.)

① 95.6 km/h ② 99.7 km/h
③ 105.6 km/h ④ 107.7 km/h

해설
스키드마크의 길이는 중간에 끊어진 길이는 제외하고 마크가 생긴 길이의 합으로 산출한다.
$V = \sqrt{254(f+i)l}$,
$V = \sqrt{254(0.8+0)(20+25)} = 95.6 \text{km/h}$

109 어느 차량이 40m 거리를 미끄러져 주차한 차량과 충돌하였으며 충돌 후 두 차량이 함께 15m를 미끄러져 정지하였다. 두 차량의 무게가 동일할 때 주행차량의 초기 속도는? (단, 마찰계수는 0.5로 한다.)

① 101.2 km/h ② 105.4 km/h
③ 112.7 km/h ④ 117.3 km/h

해설
$$v_1 = \sqrt{254f\left[s_2\left(\frac{w_A+w_B}{w_A}\right)^2 + s_1\right]}$$
$$= \sqrt{254 \times 0.5\left[15\left(\frac{1+1}{1}\right)^2 + 40\right]} = 112.7 \text{km/h}$$

110 교통안전을 위한 사고유발인자 개선조치를 도로사용자·차량·도로 측면으로 구분하고 이를 다시 충돌 전·충돌 후 개선조치로 제시한 Haddon Matrix에 대한 설명으로 틀린 것은?

① 차량 측면의 충돌 후 관련 개선 조치로 충격보호장치가 해당된다.
② 도로사용자 측면의 충돌 전 관련 개선조치로 운전자 교육이 해당된다.
③ 도로사용자 측면의 충돌 후 관련 개선조치로 비상의료서비스가 해당된다.
④ 도로 측면의 충돌 중 관련 개선 조치로 부러지는 지주 설치 등 노변안전조치가 해당된다.

해설
충격보호장치는 차량의 충돌 중 2차 안전장치에 해당한다.

111 어느 사고다발지점에 대해 개선사업을 실시한 경우 운전자가 변화된 도로환경에 따라 과거보다 주의력을 감소시킴으로써 당초 의도한 개선대책의 효과를 상쇄시키는 경향은?

① 주관적위험(Subjective Risk)
② 위험보정(Risk Compensation)
③ 사고이동(Accident Migration)
④ 평균으로의 회귀효과(Regression to Mean Effect)

해설
위험보정(Risk Compensation)이란 사고다발지점에 대해 개선사업을 실시한 경우 운전자가 변화된 도로환경에 따라 전보다 주의력을 감소시킴으로써 당초 의도한 개선대책의 효과를 상쇄시키는 경향을 말한다.

112 교통사고 예방과 피해 감소를 위한 각종 대책으로 대별되는 3E에 해당하지 않는 분야는?

① 교육(Education) ② 공학(Engineering)
③ 규제(Enforcement) ④ 환경(Environment)

해설
교통안전 3E란 ① Education : 교육(운전자교육, 미디어 홍보), ② Engineering : 공학(사고조사 및 분석, 시설정비, 차량안전도 개선), ③ Enforcement : 규제(속도, 안전띠, 음주)를 말한다.

113 정지하고 있던 차량이 3m/sec²으로 가속하여 72 km/h에 도달하기까지 소요되는 시간은?

① 약 5.8초 ② 약 6.7초 ③ 약 7.6초 ④ 약 8.5초

해설
$t = \frac{(V-V_0)}{a}$, $t = \frac{(72/3.6-0)}{3} = 6.7$

114 위험지점 선정방법 중 율-품질관리법에 대한 설명으로 틀린 것은? (단, Rc:한계사고율, Ra:도로 등급별 평균사고율, K:상수, M:해당 지점이나 구간의 분석기간 동안의 차량노출)

① 적용상 실질적으로 참조지점을 찾기 어렵거나 참조지점이 아예 존재하지 않을 수도 있다.
② 일반적으로 사고발생은 포아송 분포를 따른다는 가정에 기초한다.
③ 산출공식은 $Rc = Ra + K\sqrt{\dfrac{Ra}{M}} + \dfrac{M}{0.5}$ 이다.
④ 한계사고율은 분석될 지점 도로의 등급 및 평균사고율과 차량노출의 함수로서 통계적으로 결정된다.

해 설
한계사고율 공식은 다음과 같다.
$R_c = R_a + k\sqrt{\dfrac{R_a}{M}} + \dfrac{1}{2M}$

115 비신호교차로에서 제한된 시거로 인한 직각충돌사고의 개선 방안으로 가장 거리가 먼 것은?

① 시야장애물의 제거   ② 정지표지 설치
③ 교차로의 도류화   ④ 노면 재포장

해 설
포장을 다시 하는 것으로 시거를 개선할 수는 없다.

116 아래 그림과 같이 평탄한 길을 달리던 자동차가 10m 높이 아래로 추락하였다. 이 때 추락한 수평거리가 30m 이었다면 추락 직전 수평방향의 속도는 약 얼마인가?

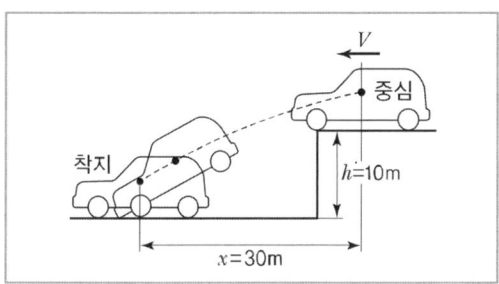

① 약 15 km/h   ② 약 30 km/h
③ 약 54 km/h   ④ 약 76 km/h

해 설
1) 추락시간공식 $t = \sqrt{\dfrac{2h}{g}}$ 초,
추락시간 $t = \sqrt{\dfrac{2h}{g}} = \sqrt{\dfrac{2\times 10}{9.8}} = 1.4286$초
2) 추락순간속도 $U_2 = \dfrac{d}{t} = \dfrac{30}{1.4286} = 21\text{m/s} = 75.6\text{km/h}$,
∴ 약 76km/h

117 교통사고 위험지점의 개선으로 얻게 되는 2차 편익과 가장 거리가 먼 것은?

① 차량혼잡의 감소
② 개선된 차도 및 노변의 기하구조
③ 운행속도의 적정화
④ 교통량 감소

해 설
위험지점을 개선한다고 해서 교통량이 감소되지는 않는다.

118 운전자들에게 필요한 정보를 올바른 방법으로 제공하여 운전자들이 충돌을 피할 수 있게 해야 한다는 개념의 'Positive Guidance'의 주요 고려 개념 중 하나인 운전자의 기대심리에 대한 설명으로 옳지 않은 것은?

① 어떠한 상황에서든 과거로 회귀한다는 기대
② 차가 계속 일정한 속도로 움직일 것이라는 계속성의 기대
③ 일시적 또는 간헐적으로 어떤 사건이 일어날 것이라는 기대
④ 과거에 일어나지 않은 일은 계속 일어나지 않을 것이라는 기대

해 설
Positive Guidance에서 어떠한 상황에서든 과거로 회귀한다는 기대 심리는 발견되지 않는다.

119 교통사고를 유발하는 운전자 요인 중 경험·실습적 요인과 가장 거리가 먼 것은?

① 음주 장애
② 운전 미숙

③ 주행구간에 대한 비친숙성
④ 주행구간에 대한 과도한 습관성

> **해설**
> 음주로 인한 운전 장애는 운전자 자체가 가진 장애요인이 아닌 외부적인 요인에 의한 것이므로 경험/실습적 요인이라 하기 어렵다.

120 교통마찰(traffic conflict)조사의 목적으로 가장 거리가 먼 것은?

① 전후조사를 통한 개선 사업의 효과 분석
② 교통사고 다발지점의 개선 방안 연구
③ 도로 문제 지점의 기하설계요소 평가
④ 교통량 관리 및 조절 시스템 마련을 위한 방안 연구

> **해설**
> 교통마찰조사는 교통상충조사라고도 한다. 교통상충조사는 도로의 문제지점에서의 기하설계요소를 평가하기 위해 실시하는 조사로 상충을 이용하여 사고의 위험성을 평가하고 사전·사후조사를 통한 교통안전개선사업의 효과를 분석하기 위해 실시하는 조사이다. 특정 지점에서 조사가 이루어지는 특성이 있어 교통량 관리 및 조절 시스템 마련을 위한 방안을 연구하기에 적합한 조사는 아니다.

4회 2021년 기출문제

제1과목 교통계획

1 통행수요를 예측하기 위한 비집계모형(disaggregate model)의 장점이 아닌 것은?

① 존 단위로 집계된 가구면접 O-D 자료를 이용하여 평균값을 예측하는데 유용하다.
② 집계모형에서 다루기 어려운 비선형관계를 나타낼 수 있다.
③ 효율적으로 점검하고 수정할 수 있다.
④ 개인별 통행행태 자료를 더욱 신속하게 평가하고 분석할 수 있다.

해설
O-D자료를 사용하여 예측하는 것은 집계모형의 특징이다. 비집계모형은 존 단위 정보를 사용하지 않는다.

2 다음 중 교통투자사업의 수익성이 있다고 판단할 수 있는 내부수익률(IRR)의 조건은?

① 초기연도 수익률 < 10%
② 초기연도 수익률 > 10%
③ 사용된 할인율(r) < IRR
④ 사용된 할인율(r) > IRR

해설
내부수익률법(IRR ; Internal Rate of Return)은 사업의 순현재가치를 0으로 만드는 할인율, 편익/비용비를 1로 만드는 할인율을 찾아서 사회적 할인율보다 높으면 타당성이 있다고 판단하는 기법을 말한다. 따라서 사용된 할인율보다 IRR이 높으면 사업성이 있다고 본다.

3 수요곡선이 통행비용 증가에 따라 직선으로 감소하는 어떤 교통시설에 대한 개선 사업이 시행되었다. 개선 이전의 통행비용을 C_1, 개선 후의 통행비용을 C_2, 개선 이전의 통행량을 Q_1, 개선 후의 통행량을 Q_2라고 할 때, 시설 개선으로 발생된 소비자잉여 측면의 편익은?

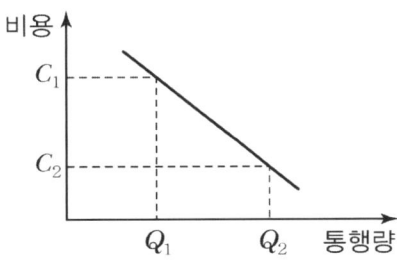

① $\dfrac{(C_1 + C_2)}{2}(Q_2 - Q_1)$
② $\dfrac{(Q_1 + Q_2)}{2}(C_1 - C_2)$
③ $|C_1 Q_1 - C_2 Q_2|$
④ $\dfrac{1}{2}(C_1 Q_2 - C_2 Q_1)$

해설
기존 수요량과 나중 수요량의 합에 비용의 변화량을 곱하고 2로 나누어주면 사다리꼴의 면적으로 소비자 잉여를 구할 수 있다.

4 지하철 요금이 1,200원일 때 승객수요는 8,000명이다. 수요탄력성이 -1.5일 때, 지하철 요금이 1,300원으로 인상되는 경우의 수요는 얼마인가?

① 4,500명 ② 5,500명 ③ 6,000명 ④ 7,000명

해설
$$e = \frac{\frac{\partial V}{V_0}}{\frac{\partial P}{P_0}} = \frac{\Delta V}{\Delta P} \cdot \frac{P}{V}, \quad e = \frac{\frac{-x}{8,000}}{\frac{100}{1,200}} = -1.5,$$

$$x = \left(-1.5 \times \frac{100}{1,200}\right) \times 8,000 = -1,000$$

기존 수요가 8,000명이었고 변화되는 수요가 -1,000명이므로 최종 수요는 7,000명이 된다.

5 교통수요 추정방법 중 직접수요추정모형(Direct demand model)에 해당하지 않는 것은?

① Wilson 모형
② McLynn 모형
③ Kraft-SARC 모형
④ Baumol-Quandt 모형

[해설]
직접수요모형은 4단계 예측과정을 거치지 않고 하나의 모형만을 사용하여 예측하는 방법을 말한다. 미국 북동교통축 프로젝트에서 개발된 모형이 McLynn 모형, Kraft-SARC 모형이고, 캘리포니아에서 개발된 모형이 Baumol-Quandt 모형이다.

6 기존에 버스 전용차로로 운영하는 구간을 버스를 포함하는 다인승 차로(HOV lane)로 전환 시 나타날 수 있는 변화가 아닌 것은?

① 기존 버스노선의 승객 증가
② 기존 버스노선 운행 효율성 감소
③ 다인승 차로 주변 도로 정체 완화
④ 다인승 차량 승객의 통행시간 감소

[해설]
버스전용도로에서 다인승 차로로 전환하면 버스전용차로에 버스 이외의 차들이 통행할 수 있게 되므로 기존 버스노선 승객들은 이용을 꺼리게 된다.

7 지능형 교통체계(ITS)의 목적으로 적합하지 않은 것은?

① 교통 소통 향상
② 교통 정보 제공
③ 교통 안전 증진
④ 도시 개발 촉진

[해설]
ITS의 목적은 기존 교통의 효율성과 안전성 향상, 새로운 기술의 개발 및 보급에 있다. 교통소통의 향상, 교통정보의 제공, 교통안전도 증진 등이 이에 해당한다. 도시개발의 촉진은 ITS의 목적과는 거리가 있다.

8 통행배분(Trip Assignment)을 위하여 사용되는 자료로 가장 거리가 먼 것은?

① 도로 구간별 건설비
② 도로 구간별 통행시간
③ 도로 구간별 도로용량
④ 기·종점 통행량

[해설]
통행시간이 적게 걸리거나, 용량이 충분하거나, 통행량의 많고 적음이 통행배정에 영향을 준다. 통행의 배분을 결정하는데 도로 구간별 건설비는 고려대상이 아니다. 건설비가 낮다고해서 낮은 쪽으로 통행량을 배정하지는 않는다는 의미이다.

9 폐쇄선 설정 시 고려할 사항으로 옳지 않은 것은?

① 폐쇄선을 가급적 행정구역 경계선과 일치시킨다.
② 주변에 동이 위치하면 폐쇄선 내에 포함하도록 한다.
③ 폐쇄선을 횡단하는 도로나 철도가 가급적 최소가 되게 한다.
④ 도시 주변에 인접한 위성도시나 장래 도시화 지역은 가급적 폐쇄선 내에 포함시키지 않는다.

[해설]
폐쇄선(Cordon Line) 설정 시 고려사항
• 폐쇄선을 가급적 행정구역 경계선과 일치시킨다.
• 주변에 동이 위치하면 폐쇄선 내에 포함하도록 한다.
• 폐쇄선을 횡단하는 도로나 철도가 가급적 최소가 되게 한다.
• 도시 주변의 장래 도시화 지역은 가급적 폐쇄선 내에 포함시킨다.

10 도로의 규모별 구분 중 광로 3류의 최소 폭원 기준으로 옳은 것은?

① 25m 이상
② 30m 이상
③ 40m 이상
④ 50m 이상

[해설]
광로는 1류가 폭 70미터 이상인 도로, 2류가 폭 50미터 이상 70미터 미만인 도로, 3류가 폭 40미터 이상 50미터 미만인 도로를 말한다.

11 아래의 정의에 해당하는 것은?

· 주어진 도로 조건에서 15분 동안 무리 없이 최대로 통과할 수 있는 승용차 교통량을 1시간 단위로 환산한 값
· 주어진 시간 동안, 주어진 도로 및 교통의 통제 조건하에서 도로의 일정 구간 또는 지점을 차량이 통행하리라 기대되는 시간당 최대 교통량

① 도로 용량
② 1시간 환산 교통량
③ 승용차 환산 교통량
④ 최대 서비스 교통량

[해설]
용량(Capacity)이란 도로의 한 지점 또는 일정 구간을 일정 시간에 통과할 수 있는 최대 차량 수(대/시간)를 말한다.

정답 06 ① 07 ④ 08 ① 09 ④ 10 ③ 11 ①

12. 총 300부의 설문지를 배포하여 주소불명으로 5부가 되돌아 왔으며 그 외 응답자수는 286부가 회수되었고, 여기서 분석에 사용된 응답자는 147부였다면 유효응답률은?

① 약 49.0% ② 약 51.4%
③ 약 70.0% ④ 약 95.3%

해설
유효응답률 = $\dfrac{\text{응답부수}}{\text{회수부수}} = \dfrac{147}{286} \times 100 = 51.40\%$

13. 개인통행실태조사의 원칙으로 옳지 않은 것은?

① 조사대상은 조사시점 현재 대한민국에 상주하는 만 5세 이상의 내·외국인으로 한다.
② 조사방법은 조사원이 직접 가구를 방문하여 조사하는 가구방문조사를 원칙으로 한다.
③ 조사를 통해 회수된 설문지 수량이 유효 표본수에 미치지 못하거나, 지역적으로 편중되어 있을 경우에는 보완조사를 실시하여야 한다.
④ 표본수가 결정되면 응모추출법으로 표본을 추출한다.

해설
개인통행실태조사에서 사용하는 표본추출의 방법에는 무작위추출법, 집락추출법, Mesh법 등이 있다. 응모추출법으로 표본을 추출하면 특정 집단의 특성이 반영된 결과를 도출할 수 있으므로 지양해야 한다.

14. 아래 [상황]에서 직장인 B가 하루 동안 발생시킨 목적통행 수는?

[상황]

직장인 B는 집을 출발해서 택시를 타고 전철역까지 가서 전철을 타고 직장주변에서 내린 후 도보로 직장에 도착하였다. 일과를 마친 후 직장동료인 C의 승용차를 타고 그와 함께 식사를 한 후 택시를 타고 쇼핑몰에 가서 물건을 산 후 버스를 타고 귀가하였다.

① 3 ② 4 ③ 5 ④ 6

해설
집-직장이 한 목적통행, 직장-음식점이 한 목적통행, 음식점-쇼핑몰이 한 목적통행, 쇼핑몰-집이 한 목적통행으로 총 4 목적통행을 발생시켰다.

15. 교통수요 관리방안 중 차량수요를 감소시키기 위한 방법으로 가장 거리가 먼 것은?

① 재택근무
② 램프미터링
③ 도심통행료 징수
④ 대중교통이용의 편리화

해설
램프미터링의 목적 자체가 합류하는 차량의 진입을 잠시동안 제한하여 고속도로 본선에 미치는 영향을 최소화 시키고자 함이므로 램프미터링의 시행을 통해 차량의 수요를 근본적으로 감소시키기는 어렵다.

16. 도로의 기능을 크게 이동성과 접근성으로 분류할 때, 다음 중 이동성이 가장 높은 도로는?

① 집산도로 ② 국지도로
③ 주간선도로 ④ 보조간선도로

해설
이동성이 가장 높은 도로는 주간선도로이고, 보조간선, 집산, 국지 순으로 이동성이 낮아진다.

17. 평균운행속도 30km/h로, 편도 20km의 노선을 운행하는 버스의 최대 수송 인원이 60명이다. 배차간격이 5분일 때 필요한 차량 규모는?

① 8대 ② 16대 ③ 20대 ④ 24대

해설
$n = \dfrac{120 \cdot N \cdot L}{h \cdot v} = \dfrac{120 \cdot 1 \cdot 20}{5 \cdot 30} = 16$대

18. 어떤 교통사업에 대한 편익과 비용이 아래와 같을 때, 이 사업의 순현재가치(NPV)는 약 얼마인가?(단, 단위는 백만원, 할인율은 연 5% 이다.)

경과년도	0년	1년	2년	3년	4년	5년
비용·편익합	-10	-5	+6	+6	+6	+6

① 2,140,000원 ② 3,410,000원
③ 4,750,000원 ④ 5,500,000원

정답 12 ② 13 ④ 14 ② 15 ② 16 ③ 17 ② 18 ④

> **[해설]**
> $$NPV = \sum_{t=0}^{N} \frac{B_t}{(1+r)^t} - \sum_{t=0}^{N} \frac{C_t}{(1+r)^t},$$
> $$= -10 + \left(\frac{-5}{(1+0.05)^1} + \frac{6}{(1+0.05)^2} + \frac{6}{(1+0.05)^3} + \frac{6}{(1+0.05)^4} + \frac{6}{(1+0.05)^5} \right)$$
> =5.500670, 단위가 백만원이므로 5,500,670원

19 로짓모형을 이용하여 각 존 별 교통수단분담율을 추정할 때 사용할 변수로 적합하지 않은 것은?

① 통행시간
② 통행비용
③ 승용차보유대수
④ 차외통행시간(접근시간 등)

> **[해설]**
> 집계형 모형이란 기본적인 행동단위를 존이나 기타 요소별로 분류하지 않고 집계하여 그것들의 거시적인 현상을 평균가구특성 등의 수집가능한 변수로 설명하려고 하는 모형을 의미한다. 승용차 선택확률은 확률형 모형에서 사용되는 설명변수이다. 대부분의 확률형 모형은 비집계모형인 경우가 많다.

20 주차발생원단위법에 대한 설명으로 옳지 않은 것은?

① 적용변수가 간단하며 개별 건물의 주차 수요 예측에 적합하다.
② 변수들의 시간적·공간적 이전성이 높아 분석의 신뢰성이 높다.
③ 교통패턴이 크게 변하지 않는 상태에서의 단기적 수요 예측에 이용한다.
④ 추정식에서는 피크 시 건물 연면적 1,000㎡당 주차발생량을 이용한다.

> **[해설]**
> 주차발생원단위법은 주차특성이 단순한 개별건물의 주차수요를 예측하는데 적합하다. 즉, 변수들의 이전성이 낮아 다른 건물에 적용하기는 어렵다는 의미이다.

제2과목 교통공학

21 교통감응신호에 대한 설명으로 옳은 것은?

① 교통량의 변화와 상관없이 규칙적인 신호 주기가 반복된다.
② 연동화하기 어려운 교차로에는 사용할 수 없다.
③ 정주기신호에 비해 구조가 간단하고 설치비용이 저렴하다.
④ 교통량의 시간별 변동이 클 경우 지체의 최소화가 가능하다.

> **[해설]**
> 감응신호는 교통량의 시간별 변동이 클 경우 각각의 방향별 교통량에 대응하여 현시를 부여하므로 지체의 최소화가 가능하다는 장점이 있다.

22 보호좌회전 통제 방식을 선행 좌회전과 후행 좌회전 방식으로 구분할 때, 다음 중 후행 좌회전 통제 방식의 장점으로 옳은 것은?

① 운전자의 반응이 빠르다.
② 대향직진과 좌회전의 상충이 감소한다.
③ 비보호좌회전에 비해 전용 좌회전차로가 없는 좁은 접근로의 용량이 증대된다.
④ 연동신호에서 직진 차량군의 후미 부분만을 차단할 수 있다.

> **[해설]**
> 후행좌회전은 양방향 직진이 동시 출발하고, 후행녹색 시작 시 보행자 횡단은 거의 끝난 상태이므로 차량과의 상충 감소되며 연동신호에서 직진차량군 후미의 초과분을 절단할 수 있는 장점을 가진 좌회전신호 운영방식이다.

23 도로의 한 지점에서 관측한 개별 차량 4대의 순간속도가 아래와 같을 때, 공간평균속도는 얼마인가?

차량번호	1	2	3	4
속도(km/h)	30	60	50	40

① 5.9km/h
② 42.1km/h
③ 67.5km/h
④ 135.0km/h

해 설

공간평균속도 = $\dfrac{4}{\dfrac{1}{30}+\dfrac{1}{60}+\dfrac{1}{50}+\dfrac{1}{40}} = 42.11 km/h$,

∴ 약 42.1km/h

24 아래의 교통량-밀도 그래프에서 서비스 수준 E의 상태를 나타내는 점은?

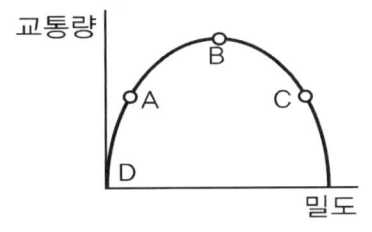

① A ② B ③ C ④ D

해 설

도로의 용량에 가장 접근(V/C가 1에 도달)하는 서비스 수준은 서비스 수준 E 이다. 용량에 가장 접근하는 밀도인 임계밀도 상태에서의 교통량을 나타내는 점은 B가 된다.

25 양방향 2차로인 장대터널의 한 쪽 방향에서 차량들이 50km/h의 속도로 주행 중이며, 밀도는 25대/km이다. 이 때 승용차 한 대가 고장 나서 10km/h로 주행을 시작했고 이 상황과 관련한 교통량-밀도가 아래와 같을 때, 해당 교통류의 특성에 대한 설명으로 가장 거리가 먼 것은?

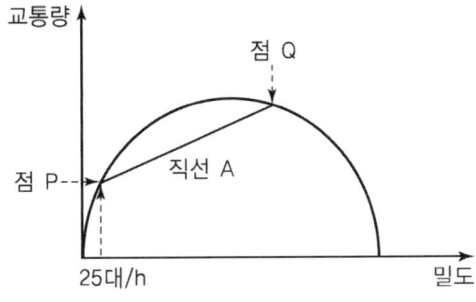

① 충격파는 직선A의 기울기이다.
② 원점과 P점을 잇는 가상선의 기울기는 50km/h 일 것이다.
③ 터널 내 CCTV로 관측하니 고장난 승용차로 인하여 교통류가 일렬로 줄지어 10km/h로 가는 것이 관찰되었다.
④ 터널을 나온 후, 고장난 승용차가 길어깨로 빠져나가자마자 선두 교통류들은 속도 50km/h, 밀도 25대/km로 복귀하였다.

해 설

터널을 나온 후 고장난 승용차가 길어깨로 빠져나가도 추가적인 가속시간이 필요하므로 선두교통류들은 속도 50km/h와 밀도 25대/km로 빠져나가자마자 즉시 복귀하지는 못한다.

26 속도누적분포에서 일반적으로 교통류 내의 합리적인 속도의 최대값을 나타내어 현장의 도로조건에 적합한 교통운영계획을 세우는데 기주이 되는 속도는?

① 100% 속도 ② 85% 속도
③ 50% 속도   ④ 25% 속도

해 설

85% 속도(85 Percentile Speed)는 교통류 내에서 안전운전에 필요한 합리적 속도의 최댓값을 나타내는 속도이다. 도로안전도 평가의 기초가 되는 속도이며 제한속도 규정에 활용된다.

27 확률분포를 계수분포와 간격분포로 구분할 때 계수분포에 해당하지 않는 것은?

① 이항분포   ② 포아송분포
③ 초기하분포 ④ 음지수분포

해 설

포아송, 이항, 음이항, 기하, 초기하분포는 계수분포이고 얼랑, 지수, 음지수, 편의된 음지수, 감마, 카이제곱 분포는 간격분포이다.

28 일방 통행제의 장점이 아닌 것은?

① 평균 통행속도 증가 ② 통행거리 감소
③ 용량 증대   ④ 안전성 향상

해 설

평균통행속도의 증가, 용량증대, 안전성 향상은 일방통행의 대표적 장점이다. 일방통행제 시행시 통행거리는 오히려 증가한다. 좌회전으로 처리될 수 있는 교통이 P턴으로 대체되는 등의 문제가 발생하는 것이 대표적인 예이다.

정답 24 ② 25 ④ 26 ② 27 ④ 28 ②

29 차량 속도가 50km/h, 교차로 폭이 20m인 도로에서의 적정 황색시간은? (단, 차량의 감속도 4.5m/sec², 차량길이 : 5m, 운전자 반응시간 1.5초)

① 약 4.84초 ② 약 5.84초
③ 약 8.05초 ④ 약 9.05초

> **해설**
> $y = t + \dfrac{v}{2a} + \dfrac{w+l}{v}$,
> $y = 1.5 + \dfrac{50/3.6}{2 \times 4.5} + \dfrac{20+5}{50/3.6} = 4.84$

30 아래 그림과 같이 교차로의 각 방향별 교통통제를 하고자 할 때, 최소 신호 현시 수는 얼마인가? (단, 비보호 좌회전은 없는 것으로 한다.)

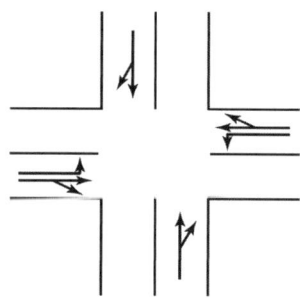

① 2현시 ② 3현시 ③ 4현시 ④ 6현시

> **해설**
> RTOR에 의거 우회전을 제외하고 현시를 판단한다. 남북방향은 직진으로 1개 현시 처리 가능하고, 동서방향이 좌회전이 있으므로 직진 후 좌회전 혹은 각각 직좌신호 처리를 통해 2개 현시로 처리 가능하다. 따라서 남북으로 1현시와 동서로 2현시를 합쳐 3현시로 운영하면 최소 신호현시로 운영할 수 있다.

31 지체를 최소로 하는 주기를 구하는 Webster 공식에 대한 설명으로 옳은 것은?

$$C_0 = (1.5L + 5) / (1 - \sum_{i=1}^{n} Y_i)$$

① L은 주기에서 총 유효녹색시간을 뺀 값이다.
② Y_i는 i현시 때 주이동류의 교통용량/교통수요 이다.
③ 임계 V/C가 0.9 이상이면 $C_0 = L/(1 - \sum Y_i)$ 이다.
④ 최적주기 부근인 $0.75C_0 \sim 1.5C_0$ 범위에서 지체는 크게 증가한다.

> **해설**
> L은 주기에서 총 유효녹색 시간을 뺀 값이다.
> Yi는 i 현시 때 임계차로군의 교통량비(flow ration),
> 즉 교통수요/교통용량(=포화교통량))이다.
> 임계 V/C비가 1.0이면 Co = L/(1−∑Yi)이다.
> 최적주기 부근인 0.75Co~1.5Co 정도의 범위에서 지체가 그다지 크게 증가되지 않는다.

32 차량의 회전저항(rolling resistance)에 관한 설명으로 옳지 않은 것은?

① 중량이 감소할수록 작다.
② 주행속도가 증가할수록 작다.
③ 도로의 상태가 나쁠수록 크다.
④ 회전저항이 증가하면 에너지 손실도 많아진다.

> **해설**
> 회전저항(Rolling Resistance)은 구름저항이라고도 한다. $R_r = 0.013W$[kg]으로 표현되며 중량이 감소할수록 작아진다. 구르는 타이어와 노면 간의 접지조건에 따라 발생하는 저항이므로 도로의 상태가 나쁠수록 커진다. 회전저항 뿐만아니라 모든 저항은 증가할수록 에너지 손실도 증가하게 된다. 공식에서도 알 수 있듯이 속도가 증가할수록 회전저항이 반드시 작아진다고만 말할 수는 없다.

33 연속교통류의 교통량, 속도, 밀도의 관계식에서 사용되는 속도의 종류는?

① 설계속도 ② 지점속도
③ 공간평균속도 ④ 시간평균속도

> **해설**
> 공간평균속도는 교통류 분석 시에 사용되고, 시간평균속도는 교통사고 분석 시에 사용된다.

34 완전 감응 신호기(full-actuated signal)의 기본 운영방식에 대한 설명이 틀린 것은?

① 모든 접근로에 검지기를 설치한다.
② 어느 도로에도 콜(call)이 없으면 현재의 현시가 그대로 지속된다.
③ 일반적으로 부도로 교통량이 주도로 교통량의 20%보다 적을 때 사용한다.
④ 각 현시 끝에는 정해진 황색신호가 따른다.

정답 29 ① 30 ② 31 ① 32 ② 33 ③ 34 ③

해설
완전 감응 신호기는 전체적으로 교통량이 비교적 적고 각 접근로 간 교통량의 변동이 심한 독립 교차로에 적절한 제어방법이다.

해설
그린쉴드 모형의 속도 밀도 그래프는 직선 모형이므로 임의속도에 대응하는 밀도가 하나뿐이다.

35 90km/h의 속도로 주행하는 차량의 최소 정지거리는 약 얼마인가? (단, 평지이며 타이어-노면의 마찰계수는 0.4, 운전자 반응시간은 1.5초이다.)

① 86.4m ② 98.2m
③ 110.4m ④ 117.2m

해설
$$mssd = \frac{V}{3.6} \cdot t + \frac{V^2}{254(f \pm g)},$$
$$mssd = \frac{90}{3.6} \cdot 1.5 + \frac{90^2}{254(0.4)} = 117.22m$$

36 다음 설명에 해당하는 교통류 모형은?

> 자극-반응의 관계로부터 나온 것으로서, 뒤따르는 운전자는 시간 t일 때의 자극의 크기에 비례하여 가속 혹은 감속을 하되 그 반응시간은 T 만큼 지체시간을 갖는다.

① 추종이론 ② 충격파이론
③ 가속소음이론 ④ 대기행렬이론

해설
추종이론(Car Following Theory)이란 자극-반응의 관계로부터 유추된 이론으로 뒤따르는 운전자(추종운전자)는 시간 t일 때 자극의 크기에 비례하여 가속 혹은 감속을 하되 그 반응시간은 T만한 지체시간을 갖는다는 사실에 근거한 이론이다. 추돌이 일어나지 않기 위한 시각 t에서의 차두거리를 계산하는 경우에 사용된다.

37 Greenshield 모형을 따르는 교통류의 특성에 대한 설명으로 옳은 것은?

① 임의의 교통류율에 대응하는 밀도는 하나만 존재한다.
② 임의의 교통류율에 대응하는 속도는 하나만 존재한다.
③ 임의의 속도에 대응하는 밀도는 하나만 존재한다.
④ 강제류에서 밀도가 높으면 교통류율은 커진다.

38 도로의 한 지점에서 차량의 도착 분포가 평균 6대/분의 포아송 분포를 따른다고 할 때, 연속된 두 차량 간의 차두시간(Headway)이 20초보다 길 확률은?

① 약 0.034 ② 약 0.104
③ 약 0.135 ④ 약 0.865

해설
차두시간이 20초보다 길 확률
= 1-차두시간이 20초보다 짧을 확률 → 음지수분포 사용
$\mu = 60초/6대 = 10초/대$,
$$E_{(h > 20)} = 1 - \int_0^{20} \frac{1}{10} e^{-\frac{t}{10}} dt = 0.13533$$

39 시공도(time-space diagram) 작성에 필요하지 않은 것은?

① 차로수 ② 연속진행속도
③ 교차로간의 거리 ④ 신호주기 및 현시길이

해설
시공도의 작성을 위해 기본적으로 차량의 진행시간과 공간, 즉 이동거리를 알아야 한다. 교차로가 있는 경우 교차로간의 거리가 이동거리가 되며, 정지함이 없이 통과하는 것으로 연속진행속도를 확인할 수 있다. 교차로에 정차하는 시간의 시작시간과 길이로 신호주기와 현시길이를 판단할 수 있다. 차로수는 시공도의 작성에 필요치 않다.

40 대기행렬이론에서 서비스를 기다리는 평균차량대수를 나타내는 평균대기행렬 길이($E(m)$) 산정식으로 옳은 것은? (단, λ는 평균도착률, μ는 평균서비스율이다.)

① $E(m) = \dfrac{\lambda}{\mu - \lambda}$

② $E(m) = \dfrac{\lambda}{\mu(\mu - \lambda)}$

③ $E(m) = \dfrac{\lambda^2}{\mu(\mu - \lambda)}$

④ $E(m) = \dfrac{1}{\mu - \lambda}$

정답 35 ④ 36 ① 37 ③ 38 ③ 39 ① 40 ③

해 설

평균대기행렬 길이는 $L_q = L - \rho$, $E(m) = \dfrac{\lambda^2}{\mu(\mu - \lambda)}$ 로 표현된다.

제3과목 교통시설

41 아래의 내용에서 ㉠과 ㉡에 들어갈 말로 모두 옳은 것은?

> 도로에는 도로교통법에 따라 자동차의 종류 등에 따른 전용차로를 설치할 수 있다. 이 경우 간선급행버스체계 전용차로의 차로폭은 (㉠) 이상으로 하되, 정류장의 앞지르기차로 등 부득이한 경우에는 (㉡) 이상으로 할 수 있다.

① ㉠ 3.50 m, ㉡ 3.00 m ② ㉠ 3.50 m, ㉡ 3.25 m
③ ㉠ 3.25 m, ㉡ 2.75 m ④ ㉠ 3.25 m, ㉡ 3.00 m

해 설

도로의 구조·시설 기준에 관한 규칙 제10조(차로) 5항에 의거 도로에는 「도로교통법」제15조에 따라 자동차의 종류 등에 따른 전용차로를 설치할 수 있다. 이 경우 간선급행버스체계 전용차로의 차로폭은 3.25미터 이상으로 하되, 정류장의 추월차로 등 부득이한 경우에는 3미터 이상으로 할 수 있다.

42 도로구조물 중 교량의 설계 시 고려사항으로 가장 거리가 먼 것은?

① 내진성 ② 설계하중
③ 내풍안전성 ④ 설계책임자

해 설

교량계획시 고려사항은 설계하중, 내진성, 내풍안전성, 수해내구성, 다리 밑 공간이다.

43 설계기준자동차의 종류별 제원 중 대형자동차의 길이는?

① 4.7 m ② 6.0 m ③ 13.0 m ④ 16.7 m

해 설

대형자동차는 13.0m이다. 4.7m는 승용자동차, 6.0m는 소형자동차, 16.7m는 세미트레일러의 길이이다.

44 아래의 설명에 해당하는 것은?

> 운전자가 예측하지 못했던 장애물이나 교통정보를 인식하고 그 위험성을 판단하여 적절한 주행경로를 선정하여 안전하게 그 지역을 통과할 수 있게 하기 위해 필요한 거리로, 판단시거라고도 한다.

① 정지시거 ② 앞지르기시거
③ 피주시거 ④ 가각시거

해 설

피주시거(避走視距) : 운전자가 진행로상에 산재해 있는 예측 불가능한 위험요소를 발견하고 그 위험성을 판단하여, 적절한 속도와 진행방향을 선택하여 필요한 안전조치를 효과적으로 취하는데 필요한 거리

45 과속방지시설에 대한 설명이 틀린 것은?

① 저속 주행을 유도하기 위한 교통정온화 기법에 해당한다.
② 차량의 통행 속도를 30km/h 이하로 제한할 필요가 있는 도로에 설치한다.
③ 과속방지턱은 필요하다고 판단되는 장소에 최소로 설치한다.
④ 높은 노면마찰계수로 인해 노면 포장과 다른 재료로 설치하는 것을 원칙으로 한다.

해 설

과속 방지시설은 도로의 노면 포장재료와 동일한 재료로서 노면과 일체가 되도록 설치함을 원칙으로 한다.

46 도로의 선형설계 시 고려할 사항으로 틀린 것은?

① 평면선형과 종단선형은 가급적 별개로 설계한다.
② 운전자의 시각 및 심리적 측면에서 보아 양호한 것이어야 한다.
③ 도로 환경 및 주위 경관과의 조화와 융합이 이루어져야 한다.
④ 자동차의 주행역학적인 측면에서 안전하고 쾌적하며, 운행 경비 측면에서 경제성을 갖추도록 한다.

해 설

평면선형과 종단선형은 그 크기가 균형을 이루도록 조화롭게 설계하여야 한다.

정답 41 ④ 42 ④ 43 ③ 44 ③ 45 ④ 46 ①

47 고속국도에 버스정류장을 설치하는 경우, 정류장의 형태 및 설계속도에 따른 버스정류장의 최소 길이 기준이 바르게 연결된 것은?

① 직접식 - 120 km/h - 470 m
② 평행식 - 120 km/h - 540 m
③ 직접식 - 100 km/h - 430 m
④ 평행식 - 100 km/h - 530 m

해설

고속국도에 설치하는 버스정류장의 길이

구분	설계속도(km/h)	120	100	80
버스정류장 길이 LT(m)	직접식	540	470	420
	평행식	600	530	430

48 평면교차로 간의 최소 간격을 결정하는데 고려하여야 하는 사항이 아닌 것은?

① 교차로 통과속도
② 차로변경에 필요한 길이
③ 회전차로의 길이에 따른 제약
④ 다음 평면교차로에 대한 인지성 확보

해설

평면교차로의 최소간격은 차로변경에 필요한 길이, 회전차로의 길이, 다음교차로에 대한 인지성을 고려한다.

49 공동구에 관한 설명이 틀린 것은?

① 도시 미관에 도움이 된다.
② 원활한 교통 소통에 기여한다.
③ 지하매설물 점용 공사에 따른 반복적인 노면 굴착을 최소화한다.
④ 점용 단면에 대한 지하매설물의 수용 용량을 축소시켜주어, 지하매설물 정비를 위한 업무량 감소 및 효율화에 기여한다.

해설

공동구란 전기·가스·수도 등의 공급설비, 통신시설, 하수도시설 등 지하매설물을 공동 수용함으로써 미관의 개선, 도로구조의 보전 및 교통의 원활한 소통을 위하여 지하에 설치하는 시설물을 말한다. 따라서 점용 단면에 대한 수용용량이 증가하는 효과가 있다.

50 도로의 계획목표연도와 관련하여 아래의 ( )에 들어갈 말로 옳은 것은?

> 도로의 계획목표연도는 공용개시 계획연도를 기준으로 ( ) 이내로 정하되, 도로의 종류, 교통량 예측의 신뢰성, 투자의 효율성 등을 고려해야 한다.

① 20년   ② 15년   ③ 10년   ④ 5년

해설

도로의 구조·시설 기준에 관한 규칙 제6조(도로의 계획목표연도) 제2항에 의거 도로의 계획목표연도는 공용개시 계획연도를 기준으로 20년 이내로 정하되, 그 기간을 설정할 때에는 도로의 구분, 교통량 예측의 신뢰성, 투자의 효율성, 단계적인 건설의 가능성, 주변 여건, 주변 지역의 사회·경제계획 및 도시계획 등을 고려하여야 한다.

51 비상주차대의 설치 기준으로 틀린 것은?

① 고속국도에서의 설치간격은 750m를 표준으로 한다.
② 도시고속국도, 주간선도로의 우측 길어깨의 폭원이 3.0m 미만일 경우에는 계획교통량이 적은 경우를 제외하고 비상주차대를 설치해야 한다.
③ 비상주차대의 설치 간격 결정 시 고장차가 그대로의 상태로 주행할 수 있을 것인가 또는 인력으로 밀어 대피시킬 것인가를 감안하여 가능한 거리를 판단해야 한다.
④ 표준형 비상주차대의 폭은 3.0m로 한다.

해설

도시고속국도, 주간선도로로서 우측 길어깨의 폭원이 2.0m 미만일 경우에는 계획교통량이 적은 경우를 제외하고 비상주차대를 설치해야 한다.

52 도로에 설치하는 중앙분리대의 최소 폭 기준으로 옳은 것은? (단, 도시지역이고, 설계속도 100km/h 이상인 경우)

① 1.5m   ② 2.0m   ③ 2.5m   ④ 3.0m

해설

도로의 구조·시설 기준에 관한 규칙 제11조(차로의 분리 등) 2항 조항에 의거 중앙분리대의 최소폭은 아래와 같다.

설계속도 (킬로미터/시간)	중앙분리대의 최소 폭(m)		
	지방지역	도시지역	소형차도로
100 이상	3.0	2.0	2.0
100 미만	1.5	1.0	1.0

정답 47 ④ 48 ① 49 ④ 50 ① 51 ② 52 ②

53 도로의 시거에 관한 설명으로 옳은 것은?

① 시거는 차로 중심선을 따라 측정한 거리다.
② 앞지르기시거는 운전자의 눈높이 1.5m, 반대편 차로의 차량 높이 1.8m를 기준으로 한다.
③ 일반적으로 피주시거가 정지시거보다 짧다.
④ 일반적으로 정지시거가 앞지르기시거보다 길다.

해 설
시거는 차로 중심선을 따라 측정한다.

54 횡단보도육교의 구조 기준이 틀린 것은?

① 난간의 높이는 1m 이상, 폭은 0.1m 이상이어야 한다.
② 계단인 경우 경사도는 30%(높이/밑변) 이하이어야 한다.
③ 보도육교의 높이가 3.0m를 초과할 경우 계단참을 설치해야 한다.
④ 단 높이와 단 너비의 표준은 각각 15cm, 30cm이다.

해 설
경사도는 계단인 경우 50%(높이/밑변) 이하여야 한다.

55 어느 시외버스 터미널의 첨두시간의 버스 출발 횟수가 100대/시, 승차대당 발차능력이 20분 당 1대일 때 필요한 승차대 수는?

① 100개소 ② 88개소 ③ 66개소 ④ 34개소

해 설
버스 출발횟수 100대/시이고 승차대당 발차능력이 20분당 1대이므로 승차대는 3대/시의 발차능력을 갖는다. 따라서 34대의 승차대가 있어야 버스를 이상없이 출발시킬 수 있게 된다.

56 회전교차로(Roundabout)에 관한 설명이 틀린 것은?

① 회전교차로의 진입차량이 회전차량 보다 통행우선권을 가진다.
② 일반적인 평면교차로에 비해 상충 횟수가 적다.
③ 교차로 중앙에 원형 교통섬을 두고 평면교차로를 통과하는 자동차가 원형 교통섬을 우회하여 교차로를 통과한다.
④ 신호교차로에 비해 유지관리의 부담이 적다.

해 설
회전교차로는 회전차량이 진입차량보다 먼저 통행우선권을 갖는다.

57 아래 그림과 같이 +3%의 경사와 −3% 경사인 두 지점 사이에 500m 길이의 종단곡선을 설치한 경우, 종단경사 변화량에 대한 종단곡선 길이의 비는?

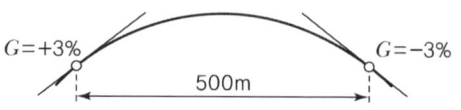

① 97.2 m/%   ② 83.3 m/%
③ 62.7 m/%   ④ 50.4 m/%

해 설
종단경사 변화량에 대한 종단곡선 길이의 비를 계산하는 문제이다.
$$\frac{L}{G_1 - G_2} = \frac{500m}{3-(-3)\%} = 83.3 m/\%$$

58 도로의 기능별 구분에 상응하는 도로법에 따른 도로의 종류가 잘못 연결된 것은?

① 주간선도로 − 고속국도
② 보조간선도로 − 일반국도
③ 집산도로 − 지방도
④ 국지도로 − 시도

해 설
주간선도로와 보조간선도로는 일반국도, 특별시도·광역시도가 해당하고, 집산도로에는 지방도와 시도, 국지도로에는 군, 구도가 해당한다.

59 입체교차로 시설 중 불완전 클로버형 입체교차로의 형식으로 옳은 것은?

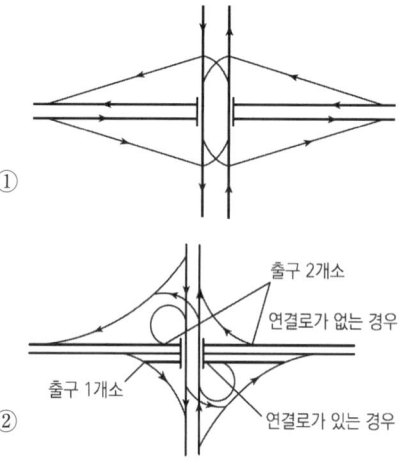

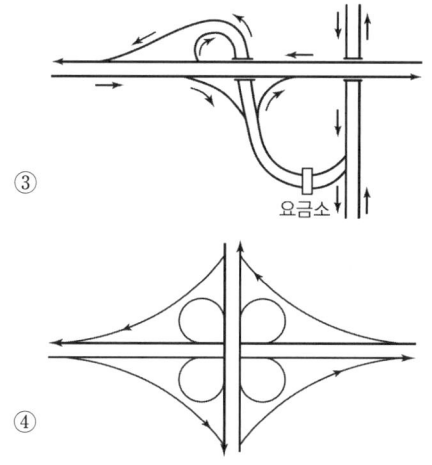

해설
① 다이아몬드 ② 불완전 클로버 ③ 트럼펫 ④ 완전 클로버

60 아래 설명 중 ( )에 들어갈 내용으로 옳은 것은?

> 좌회전차로의 대기 자동차를 위한 길이는 비신호교차로의 경우 좌회전 대기 자동차에 의한 영향을 최소화하기 위해 도착하는 좌회전 자동차 대수를 기준으로 하며, 그 값이 1대 미만의 경우에도 최소 ( )대의 자동차가 대기할 공간이 확보되어야 한다.

① 1 ② 2 ③ 3 ④ 4

해설
좌회전 차로의 대기자동차를 위한 길이는 비신호 교차로의 경우 첨두시간 평균 2분간에 도착하는 좌회전 차로의 대기 자동차를 기준으로 하며, 그 값이 1대 미만의 경우에도 최소 2대의 차량이 대기할 공간은 확보되어야 한다.

제4과목 도시계획개론

61 도시 및 지역 경제의 분석 방법 중 지역 간 투입산출법의 특징에 대한 설명이 아닌 것은?

① 최종 생산물의 외생적인 영향력을 예측하는데 이용할 수 있다.
② 가격이 일정하다고 가정하기 때문에 상대 가격의 변화로 인한 대체효과를 반영할 수 없다.
③ 분석 단위가 세분화되거나 산업이 기술 변화에 민감하여도 투입계수의 안정성 문제는 발생하지 않는다.
④ 투입계수표는 지역의 기반산업에 투입되는 중간재의 투입 정도가 적절한지의 여부를 판단할 수 있게 해준다.

해설
지역간 투입산출법의 특징은 가격이 일정하다고 가정하기 때문에 상대가격의 변화로 인한 대체효과 반영이 불가하다는 것과 최종 생산물의 외생적인 영향력을 예측하는 데 이용된다는 것, 그리고 투입계수표는 지역의 기반산업에 투입되는 중간재의 투입 정도에 대한 적절도를 판단할 수 있게 해준다는 것이다.

62 다음 중 도시·군관리계획에 포함되지 않는 것은?

① 용도지역의 지정 또는 변경에 관한 계획
② 지구단위계획구역의 지정 또는 변경에 관한 계획
③ 도시개발사업이나 정비사업에 관한 계획
④ 주택공급개발 및 촉진에 관한 계획

해설
도시·군 관리계획에는 가. 용도지역·용도지구의 지정 또는 변경에 관한 계획, 나. 개발제한구역, 도시자연공원구역, 시가화조정구역(市街化調整區域), 수산자원보호구역의 지정 또는 변경에 관한 계획, 다. 기반시설의 설치·정비 또는 개량에 관한 계획, 라. 도시개발사업이나 정비사업에 관한 계획, 마. 지구단위계획구역의 지정 또는 변경에 관한 계획과 지구단위계획, 바. 입지규제최소구역의 지정 또는 변경에 관한 계획과 입지규제최소구역계획이 포함된다. 주택공급개발 및 촉진에 관한 계획은 들어있지 않다.

63 토지이용계획의 수립 시 이용하는 정성적(定性的) 예측 변수로 가장 거리가 먼 것은?

① 산업입지의 형태
② 생활양식의 변화 추이
③ 기술 및 사회 가치관의 변화
④ 토지의 생산성 및 산업별 생산액

해설
생산성 및 생산액은 정량화가 가능한 예측변수이다.

64 토지이용계획에 있어서 샤핀이 주장한 공공의 이익 요인에 해당하지 않는 것은?

① 자유성 ② 안전성 ③ 보건성 ④ 쾌적성

해설
샤핀이 주장한 공공의 이익요인은 안전성(Safety), 건강성(보건성)(Healthy), 쾌적성(Amenity), 편리성(Convenience), 경제성(Economy), 효용성(Efficiency)이다.

65 도시개발사업 시행 방식 중 환지방식에 비해 수용 및 사용방식이 갖는 장점이 아닌 것은?

① 보상 과정에서 민원 발생이 적다.
② 기반시설의 확보가 용이하다.
③ 공사기간의 단축 및 대규모 개발이 가능하다.
④ 공공성을 확보하며 일괄 시행이 가능하다.

> **해설**
> 수용 및 사용 방식은 토지 등의 사유재산을 사들이는 보상 과정에서 민원이 다수 발생한다.

66 도로의 규모별 구분 중 광로는 최소 폭이 몇 m 이상인 도로로 정의하는가?

① 40 m ② 50 m ③ 60 m ④ 70 m

> **해설**
> 광로는 1류가 폭 70미터 이상인 도로, 2류가 폭 50미터 이상 70미터 미만인 도로, 3류가 폭 40미터 이상 50미터 미만인 도로를 말한다. 따라서 광로는 최소 40미터 이상의 폭을 확보하여야 한다.

67 다음 중 도시를 구성하는 유기적 요소를 모두 옳게 나열한 것은?

① 시민, 활동, 토지 및 시설
② 주택, 밀도, 인구 및 동선
③ 활동, 공간, 토지이용 및 교통
④ 인구, 토지이용, 밀도

> **해설**
> 도시의 구성요소는 시민, 활동, 토지 및 시설이다.

68 우리나라의 국토 및 도시계획 관련 법률 중, 제정 순서가 빠른 법률부터 옳게 나열한 것은? (단, 현행 여부는 고려하지 않는다.)

① 주택건설촉진법 - 수도권정비계획법 - 택지개발촉진법 - 도시개발법
② 주택건설촉진법 - 택지개발촉진법 - 수도권정비계획법 - 도시개발법
③ 택지개발촉진법 - 주택건설촉진법 - 수도권정비계획법 - 도시개발법
④ 택지개발촉진법 - 주택건설촉진법 - 도시개발법 - 수도권정비계획법

> **해설**
> 주택건설촉진법(1972년 12월 30일), 택지개발촉진법(1980년 12월 31일), 수도권정비계획법(1982년 12월 31일), 도시개발법(2000년 1월 28일) 순이다.

69 국토의 계획 및 이용에 관한 법령상 도시·군기본계획의 원칙적인 수립권자에 해당하는 자는?

① 중앙도시계획위원장 ② 특별시장·광역시장
③ 국토교통부장관   ④ 지방의회

> **해설**
> 국토의 계획 및 이용에 관한 법률 제18조(도시·군기본계획의 수립권자와 대상지역) 1항 조항에 의거 특별시장·광역시장·특별자치시장·특별자치도지사·시장 또는 군수는 관할구역에 대하여 도시·군기본계획을 수립하여야 한다.

70 몇 개의 대도시와 그 주변 지역의 도시들이 서로 연담화하여 공간적으로 융합된 지역으로 고트만(J. Gottmann)에 의해 제시된 개념은?

① 거대도시(megalopolis)
② 가상도시(virtual city)
③ 도시지역(urban region)
④ 위성도시(satellite city)

> **해설**
> 고트만(J. Gottmann)은 미 동해안의 연속된 도시화지대(뉴햄프셔주 남부로부터 버지니아주의 노퍽에 이르는 960km에 걸쳐 전개되는 연담도시)를 초거대도시(메갈로폴리스)라는 이름으로 명명하였다.

71 도시공간구조이론에서 제3차 산업과 관련된 입지이론으로도 불리는 것은?

① 다핵이론   ② 선형이론
③ 동심원이론 ④ 중심지이론

> **해설**
> 제3차 산업의 입지이론이라고도 불리는 도시공간구조이론은 "중심지이론"이다.

72 도시공원 및 녹지 등에 관한 법령상 기능에 따른 녹지의 세분에 해당하지 않는 것은?

① 경관녹지 ② 완충녹지 ③ 연결녹지 ④ 보존녹지

정답 65 ① 66 ① 67 ① 68 ② 69 ② 70 ① 71 ④ 72 ④

> **[해설]**
> 도시공원 및 녹지 등에 관한 법률 제35조(녹지의 세분)에 의거 녹지는 그 기능에 따라 완충녹지, 경관녹지, 연결녹지로 구분된다.

73 기능별 구분에 따른 도로의 배치간격 기준으로 옳지 않은 것은?

① 주간선도로와 주간선도로 : 2천m 내외
② 주간선도로와 보조간선도로 : 500m 내외
③ 보조간선도로와 집산도로 : 250m 내외
④ 국지도로간 : 가구의 짧은 변 사이의 배치간격은 90m 내지 150m 내외, 가구의 긴 변 사이의 배치간격은 25m 내지 60m 내외

> **[해설]**
> 주간선도로와 주간선도로는 1천미터의 배치간격을 기준으로 한다.

74 현재 도시의 인구가 50만 명이고, 매년 인구가 25,000명씩 증가할 때, 12년 후의 예상 인구는?

① 150만 명 ② 120만 명 ③ 100만 명 ④ 80만 명

> **[해설]**
> 50만인인 도시에서 25,000명씩 증가한다면 증가율은 5%가 된다. 등차급수법을 이용하여 12년 후의 인구를 예측하면 다음과 같다.
> $P_n = P_0(1+rn) = 50(1+0.05 \times 12) = 80$
> 따라서, 12년 후의 예상인구는 80만명이 된다.

75 격자형 도로망에 대한 설명으로 옳지 않은 것은?

① 도로 기능의 다양성이 결여된다.
② 지형이 평탄한 도시에 적합하다.
③ 교통 흐름의 도심 집중이 강하다.
④ 고대 및 중세 봉건도시에서 흔히 볼 수 있다.

> **[해설]**
> 교통의 흐름이 도심으로 집중하는 가로망은 방사형, 방사환상형의 경우이다.

76 넬슨과 듀칸이 제시한 도시 성장관리(growth management) 정책의 목적이 아닌 것은?

① 경제적 효율성 제고
② 도시 성장률의 단일화
③ 효율적인 도시 형태의 구축
④ 무분별한 도시의 외연적 확산 방지

> **[해설]**
> 성장관리정책의 목적은 무분별한 도시의 외연적 확산 방지, 도시 주변 자연환경의 보존, 도시 내 개발격차의 시정, 경제적 효율성 제고, 효율적인 도시 형태의 구축 등에 있다. 도시성장률의 단일화는 성장을 위한 관리라고 볼 수가 없다.

77 교통로를 따라 형성되는 선형도시(Linear City)의 제안자는?

① C. Stein   ② Abercrombie
③ Soria Y Mata   ④ Raymond Unwin

> **[해설]**
> 소리아 이 마타(Soria Y Mata)는 교통로를 따라 형성되는 선형도시(Linear City)의 제안자이다.

78 도시공원 및 녹지 등에 관한 법령의 정의에 따라 생활권공원에 해당하지 않는 것은?

① 소공원 ② 근린공원 ③ 묘지공원 ④ 어린이공원

> **[해설]**
> 생활권공원은 도시생활권의 기반이 되는 공원의 성격으로 설치·관리하는 공원으로서 소공원, 어린이공원, 근린공원이 해당한다.

79 다음의 도시계획 이론 중 허드슨(Hudson)의 분류에 해당하지 않는 것은?

① 급진적 계획   ② 옹호적 계획
③ 점진적 계획   ④ 낭만주의적 계획

> **[해설]**
> 허드슨은 종합적, 점진적, 급진적, 옹호적 계획으로 분류하였다.

80 건폐율이 65%, 용적률이 910%일 때 건물의 층수는? (단, 모든 층의 바닥 면적은 동일하다.)

① 14층   ② 16층   ③ 18층   ④ 26층

> **[해설]**
> 바닥면적 65의 총 합이 910이라는 의미이므로 910÷65=14, 14층이 된다.

정답 73 ① 74 ④ 75 ③ 76 ② 77 ③ 78 ③ 79 ④ 80 ①

제5과목 교통관계법규

81 대도시권 광역교통 관리에 관한 특별법령상 대도시권의 권역 구분 및 범위가 틀린 것은?

① 수도권 : 서울특별시, 인천광역시, 경기도
② 부산·울산권 : 부산광역시, 울산광역시
③ 대구권 : 대구광역시, 경상북도 경주시
④ 광주권 : 광주광역시, 전라남도 나주시

해 설
경상북도 경주시는 부산·울산권에 속한다.

82 도로법령상 접도구역(接道區域)을 지정할 때에는 소관 도로의 경계선에서 최대 몇 미터를 초과하지 아니하는 범위에서 지정하여야 하는가? (단, 고속국도 및 기타의 경우는 고려하지 않는다.)

① 5m   ② 10m   ③ 20m   ④ 30m

해 설
도로법 시행령 제39조(접도구역의 지정 등) 1항에 의거 도로관리청이 법 제40조제1항에 따라 접도구역(接道區域)을 지정할 때에는 소관 도로의 경계선에서 5미터(고속국도의 경우는 30미터)를 초과하지 아니하는 범위에서 지정하여야 한다. 문제에서 고속국도 및 기타의 경우는 고려하지 않는다고 했으므로 5m가 답이 된다.

83 대중교통의 육성 및 이용촉진에 관한 법률상 아래의 정의에 해당하는 것은?

> 버스전용차로, 편리한 환승시설, 교차로에서의 버스우선통행 그 밖의 국토교통부령으로 정하는 사항을 갖추어 급행으로 버스를 운행하는 교통체계를 말한다.

① 대중교통시설   ② 간선급행버스체계
③ 버스운행관리시스템   ④ 광역교통시설

해 설
대중교통의 육성 및 이용촉진에 관한 법률 제2조(정의) 5. "간선급행버스체계"라 함은 버스전용차로, 편리한 환승시설, 교차로에서의 버스우선통행 그 밖의 국토교통부령으로 정하는 사항을 갖추어 급행으로 버스를 운행하는 교통체계를 말한다.

84 국가통합교통체계효율화법상 사람 또는 화물의 운송과 관련된 활동을 효과적으로 수행하기 위하여 서로 유기적으로 연계된 교통수단, 교통시설 및 교통운영과 이와 관련된 산업 및 제도를 나타내는 명칭은?

① 물류   ② 교통체계
③ 국가기간교통망   ④ 지능형교통체계

해 설
교통안전법 제2조(정의) 3. "교통체계"라 함은 사람 또는 화물의 이동·운송과 관련된 활동을 수행하기 위하여 개별적으로 또는 서로 유기적으로 연계되어 있는 교통수단 및 교통시설의 이용·관리·운영체계 또는 이와 관련된 산업 및 제도 등을 말한다.

85 도로법에 의한 도로의 종류가 아닌 것은?

① 고속국도   ② 일반국도   ③ 유료도로   ④ 특별시도

해 설
도로법 제8조(도로의 종류와 등급) 조항에 의거 도로의 종류는 다음 각 호와 같고, 그 등급은 다음에 열거한 순위에 따른다.
- 고속국도(고속국도의 지선 포함)
- 일반국도(일반국도의 지선 포함)
- 특별시도(特別市道)·광역시도(廣域市道)
- 지방도   • 시도(市道)   • 군도(郡道)   • 구도(區道)

86 도로법령상 도로의 부속물에 해당하지 않는 것은?

① 주차장, 버스정류시설, 휴게시설
② 궤도용의 교량, 횡단도로, 가로수
③ 시선유도표지, 중앙분리대, 과속방지시설
④ 통행료 징수시설, 도로관제시설, 도로관리사업소

해 설
도로법 제2조(정의) 제2항에 의거, "도로의 부속물"이란 도로관리청이 도로의 편리한 이용과 안전 및 원활한 도로교통의 확보, 그 밖에 도로의 관리를 위하여 설치하는 다음 각 목의 어느 하나에 해당하는 시설 또는 공작물을 말한다.
가. 주차장, 버스정류시설, 휴게시설 등 도로이용 지원시설
나. 시선유도표지, 중앙분리대, 과속방지시설 등 도로안전시설
다. 통행료 징수시설, 도로관제시설, 도로관리사업소 등 도로관리시설
라. 도로표지 및 교통량 측정시설 등 교통관리시설
마. 낙석방지시설, 제설시설, 식수대 등 도로에서의 재해 예방 및 구조 활동, 도로환경의 개선·유지 등을 위한 도로부대시설
바. 그 밖에 도로의 기능 유지 등을 위한 시설로서 대통령령으로 정하는 시설

정답 81 ③   82 ①   83 ②   84 ②   85 ③   86 ②

87 대도시권 광역교통관리에 관한 특별법령상 '광역철도' 표정속도의 최저 기준은? (단, 도시철도를 연장하는 광역철도는 제외)

① 30km/h 이상　② 40km/h 이상
③ 50km/h 이상　④ 60km/h 이상

해 설

대도시권 광역교통 관리에 관한 특별법 시행령 제4조(광역철도) 1항 조항에 의거 법 제2조제2호나목에서 "대통령령으로 정하는 요건에 해당하는 도시철도 또는 철도"란 다음 각 호의 요건을 모두 갖춘 도시철도 또는 철도로서 국토교통부장관이나 특별시장·광역시장·특별자치시장 또는 도지사가 법 제8조에 따른 대도시권광역교통위원회의 심의를 거쳐 지정·고시한 도시철도 또는 철도를 말한다.
3. 표정속도(表定速度, 출발역에서 종착역까지의 거리를 중간역 정차 시간이 포함된 전 소요시간으로 나눈 속도를 말한다)가 시속 50킬로미터(도시철도를 연장하는 광역철도의 경우에는 시속 40킬로미터) 이상일 것

88 교통안전법상 교통안전에 관한 주요 정책과 국가교통안전기본계획 등을 심의하는 기관은?

① 국가교통안전정책심의회　② 중앙교통위원회
③ 국가교통위원회　　　　④ 교통안전위원회

해 설

교통안전법 제15조(국가교통안전기본계획) 4항 조항에 의거 국토교통부장관은 제3항의 규정에 의하여 제출받은 소관별 교통안전에 관한 계획안을 종합·조정하여 국가교통안전기본계획안을 작성한 후 국가교통위원회의 심의를 거쳐 이를 확정한다.

89 도로교통법상 고속도로의 정의로 옳은 것은?

① 주행속도의 제한이 없는 도로
② 통행료를 지불해야 다닐 수 있는 도로
③ 자동차의 고속 운행에만 사용하기 위하여 지정된 도로
④ 자전거 및 개인형 이동장치가 횡단할 수 있도록 구분한 도로

해 설

도로교통법 제2조(정의) 3. "고속도로"란 자동차의 고속 운행에만 사용하기 위하여 지정된 도로를 말한다.

90 주차장법령상 시설물의 부지 인근에 단독 또는 공동으로 부설주차장을 설치할 수 있는 부설주차장의 규모 기준은?

① 주차대수 50대의 규모 이하
② 주차대수 100대의 규모 이하
③ 주차대수 200대의 규모 이하
④ 주차대수 300대의 규모 이하

해 설

주차장법 시행령 제7조(부설주차장의 인근 설치) 제1항에 의거 법 제19조 제4항 전단에서 "대통령령으로 정하는 규모"란 주차대수 300대의 규모를 말한다. 다만, 다음 각 호의 어느 하나에 해당하는 경우에는 별표 1의 부설주차장 설치기준에 따라 산정한 주차대수에 상당하는 규모를 말한다.

91 주차장법령상 부설주차장의 설치의무를 면제 받으려는 자가 시장·군수 또는 구청장에게 제출하여야 하는 주차장 설치의무 면제신청서의 기재사항이 아닌 것은?

① 신청인의 성명 및 주소
② 시설물의 위치·용도 및 규모
③ 주차장 관리자의 성명 및 주소
④ 설치하여야 할 부설주차장의 규모

해 설

주차장법 시행령 제8조(부설주차장 설치의무 면제 등) ②항 조항에 의거 법 제19조제5항에 따라 부설주차장의 설치의무를 면제 받으려는 자는 다음 각 호의 사항을 적은 주차장 설치의무 면제신청서를 시장·군수 또는 구청장에게 제출하여야 한다.
1. 시설물의 위치·용도 및 규모
2. 설치하여야 할 부설주차장의 규모
3. 부설주차장의 설치에 필요한 비용 및 주차장 설치의무가 면제되는 경우의 해당 비용의 납부에 관한 사항
4. 신청인의 성명(법인인 경우에는 명칭 및 대표자의 성명) 및 주소

92 도로교통법상 도로를 횡단하는 보행자나 통행하는 차마의 안전을 위하여 안전표지나 이와 비슷한 인공구조물로 표시한 도로의 부분을 무엇이라 하는가?

① 안전지대　　② 횡단보도
③ 보행자전용도로　④ 길가장자리구역

정답　87 ③　88 ③　89 ③　90 ④　91 ③　92 ①

> **해 설**
> 도로교통법 제2조(정의) 14. "안전지대"란 도로를 횡단하는 보행자나 통행하는 차마의 안전을 위하여 안전표지나 이와 비슷한 인공구조물로 표시한 도로의 부분을 말한다.

93 도시교통정비촉진법령에 따른 교통혼잡 특별관리구역과 교통혼잡 특별관리시설물의 지정기준으로 옳지 않은 것은? (단, "혼잡시간대"란 일정한 지역이 그 지역을 통과하거나 둘러싼 도로 중 1개 이상의 도로에서 시간대별 평균 통행속도가 시속 15킬로미터 미만인 상태를 뜻한다.)

① 교통혼잡 특별관리시설물 지정기준을 적용하는 경우 주차장을 공동으로 사용하는 2개 이상의 시설물은 하나의 시설물로 본다.
② 혼잡시간대가 토·일요일과 공휴일을 포함한 주중 21회 이상 발생하는 경우 해당 지역을 교통혼잡 특별관리구역으로 지정할 수 있다.
③ 시설물을 둘러싼 도로 중 1개 이상의 도로에서 혼잡시간대가 토·일요일과 공휴일을 포함한 주중 가장 많이 발생하는 날을 기준으로 하루 3회 이상 발생할 경우 교통혼잡 특별관리시설물로 지정할 수 있다.
④ 혼잡시간대가 가장 많이 발생하는 날의 혼잡시간대 중 1회 이상의 혼잡시간대에 해당도로를 통하여 해당 시설물로 진입하거나 진출하는 교통량이 그 도로 한쪽방향 교통량의 5퍼센트 이상일 경우 교통혼잡 특별관리시설물로 지정할 수 있다.

> **해 설**
> 도시교통정비촉진법 제30조(교통혼잡 특별관리구역 등의 지정기준) 2항 2호에 의거하여 혼잡시간대가 가장 많이 발생하는 날의 혼잡시간대 중 1회 이상의 혼잡시간대에 해당 도로를 통하여 해당 시설물로 진입하거나 진출하는 교통량이 그 도로 한쪽 방향 교통량의 10퍼센트 이상인 경우가 1호의 지정기준을 동시에 만족할 경우 교통혼잡특별관리 시설물로 지정할 수 있다.

94 국가통합교통체계효율화법상 국가교통조사와 관련한 아래 설명에서 ( )에 들어갈 내용으로 옳은 것은?

> 국토교통부장관은 국가교통조사 및 개별교통조사의 중복을 방지하는 등 효율적인 교통조사의 시행과 조사 결과의 공동 활용 등을 위하여 ( )단위로 국가교통조사의 목표 및 전략, 세부 조사의 내용 및 방법 등에 관한 국가교통조사계획을 국가교통위원회의 심의를 거쳐 수립하여야 한다.

① 1년 ② 3년 ③ 5년 ④ 10년

> **해 설**
> 국가통합교통체계효율화법 제12조(국가교통조사) ②항에 의거 국토교통부장관은 국가교통조사 및 제16조 제1항에 따른 개별교통조사의 중복을 방지하는 등 효율적인 교통조사의 시행과 조사 결과의 공동 활용 등을 위하여 5년 단위로 국가교통조사의 목표 및 전략, 세부 조사의 내용 및 방법 등에 관한 국가교통조사계획을 국가교통위원회의 심의를 거쳐 수립하여야 한다.

95 도로교통법상 교차로 통행방법에 대한 설명이 옳지 않은 것은?

① 교통정리를 하고 있지 아니하는 교차로에 동시에 들어가려고 하는 차의 운전자는 우측도로의 차에 진로를 양보하여야 한다.
② 모든 차의 운전자는 교차로에서 우회전을 하려는 경우에는 미리 도로의 우측 가장자리를 서행하면서 우회전하여야 한다.
③ 폭이 넓은 도로로부터 교차로에 들어가려고 하는 다른 차가 있을 때에는 그 차에 진로를 양보하지 않고 빠른 속도로 주행하여 해당 교차로를 빠져나가야 한다.
④ 우회전이나 좌회전을 하기 위하여 손이나 방향지시기 또는 등화로써 신호를 하는 차가 있는 경우에 그 뒤차의 운전자는 신호를 한 앞차의 진행을 방해하여서는 아니 된다.

> **해 설**
> 도로교통법 제26조(교통정리가 없는 교차로에서의 양보운전) 제2항에 의거 폭이 넓은 도로로부터 교차로에 들어가려고 하는 다른 차가 있을 때에는 그 차에 진로를 양보하여야 한다.

96 국가통합교통체계효율화법령상 복합환승센터가 소재하는 특별시·광역시·특별자치시·특별자치도 또는 시·군(광역시에 있는 군 제외)의 해당 지방자치단체의 장은 복합환승센터의 건폐율, 용적률 및 높이 제한에 관하여 그 용도지역에서 적용되는 건폐율, 용적률 및 높이 제한의 얼마

를 초과하지 않는 범위에서 달리 정할 수 있는가?

① 100분의 150
② 100분의 170
③ 100분의 190
④ 100분의 200

해설

국가통합교통체계효율화법 제55조(「국토의 계획 및 이용에 관한 법률」 등의 적용 특례) 및 동법 시행령 제51조(복합환승센터의 건폐율 등) 제1항 조항에 의거 복합환승센터가 소재하는 특별시·광역시·특별자치시·특별자치도 또는 시·군에서 적용되는 건폐율, 용적률 및 높이 제한의 100분의 150을 초과하지 않는 범위에서 달리 정할 수 있다. 이 경우 「국토의 계획 및 이용에 관한 법률」 제77조제1항 및 제78조제1항, 같은 법 시행령 제84조제1항 및 제85조제1항에서 정한 건폐율 및 용적률의 최대한도를 초과해서는 아니 된다.

97 주차장법령상 부설주차장을 설치하는 자가 시설물의 건축 또는 설치에 관한 허가를 신청하거나 신고할 때 부설주차장 설치계획서에 첨부하여야 할 서류 또는 도면에 해당하지 않는 것은? (단, 시설물의 부지 인근에 부설주차장을 설치하는 경우)

① 공사설계도서
② 인근 주민 5명 이상의 서명이 적힌 동의서
③ 토지의 지번·지목 및 면적이 적힌 토지조서
④ 시설물의 부지와 주차장 설치 부지를 포함한 지역의 토지이용 상황을 판단할 수 있는 축적 1/1,200 이상의 지형도

해설

주차장법 시행령 제12조(부설주차장 설치계획서의 제출) 제1항에 의거 법 제19조의2에 따라 부설주차장 설치계획서를 제출하는 경우에는 별지 제2호서식의 부설주차장 설치계획서(부설주차장 인근설치계획서)에 다음 각 호의 서류(전자문서를 포함한다) 및 도면을 첨부하여야 한다. 다만, 제2호부터 제4호까지의 서류는 법 제19조제4항에 따라 시설물의 부지 인근에 부설주차장을 설치하는 경우만 첨부한다. 〈개정 2020. 6. 25.〉
1. 부설주차장의 배치도
2. 공사설계도서(공사가 필요한 경우만 해당한다)
3. 시설물의 부지와 주차장의 설치 부지를 포함한 지역의 토지이용 상황을 판단할 수 있는 축적 1천200분의 1 이상의 지형도
4. 토지의 지번·지목 및 면적이 적힌 토지조서(건축물식 주차장인 경우에는 건축면적·건축연면적·층수 및 높이와 주차형식이 적힌 건물조서를 포함한다)
5. 경사진 주차장을 건설하는 경우 미끄럼 방지시설 및 미끄럼 주의 안내표지 설치계획

98 도로교통법령상 신호등의 등화의 밝기는 낮에 몇 m 앞쪽에서 식별할 수 있는 성능을 가진 것이어야 하는가?

① 150m ② 100m ③ 50m ④ 30m

해설

도로교통법 시행규칙 제7조(신호등) 제3항에 의거 신호등의 등화의 밝기는 낮에 150미터 앞쪽에서 식별할 수 있도록 하여야 한다.

99 도시교통정비촉진법상 국토교통부장관이 도시교통정비지역으로 지정·고시할 수 있는 기준으로 옳은 것은?(단, 도농복합형태의 시가 아닌 경우)

① 인구 5만명 이상의 도시
② 인구 10만명 이상의 도시
③ 인구 15만명 이상의 도시
④ 인구 20만명 이상의 도시

해설

도시교통정비촉진법 제3조(도시교통정비지역의 지정·고시) 항 조항에 의거 국토교통부장관은 도시교통의 원활한 소통과 교통 편의의 증진을 위하여 다음 각 호의 지역을 도시교통정비지역으로 지정·고시할 수 있다.
1. 인구 10만 명 이상의 도시(도농복합형태의 시는 읍·면지역을 제외한 지역의 인구가 10만 명 이상인 경우를 말한다)

100 도시교통정비촉진법령상 교통유발부담금의 부과는 해당 시설물의 각 층 바닥면적을 합한 면적이 최소 얼마 이상인 것을 대상으로 하는가? (단, 주택법의 규정에 따른 주택단지에 위치한 시설물로서 도로변에 위치하지 아니한 시설물인 경우는 고려하지 않는다.)

① 1,000㎡ 이상
② 1,500㎡ 이상
③ 2,000㎡ 이상
④ 3,000㎡ 이상

해설

도시교통정비촉진법 시행령 제16조(교통유발부담금의 부과대상)에 의거 해당 시설물의 각 층 바닥면적을 합한 면적이 1천 제곱미터 이상인 시설물을 말한다.

정답 97 ② 98 ① 99 ② 100 ①

제6과목 교통안전

101 교차로에서 좌회전 교통량이 많아 발생하는 좌회전 충돌사고를 방지하기 위한 대책으로 가장 거리가 먼 것은?

① 교차로의 도류화
② 회전 유도차선 표시
③ 좌회전 신호 현시 개선
④ 교차로 내부 공간 확대

해설
교차로의 내부 공간이 확대된다고 해서 직접적으로 사고가 줄어드는 것은 아니다.

102 보행자의 안전한 차도부 횡단을 위해 보행이 빈번한 지점에 설치하는 시설물인 보행횡단보도 중 2단형 횡단보도로서 차도 중앙에 교통섬이 있는 형태로 넓은 도로에서 교통처리의 효율 제고를 위해 적용되는 횡단보도는?

① 스크램블(Scrambled) 횡단보도
② 스태거드(Staggered) 횡단보도
③ 인공지능(AI) 횡단보도
④ 투칸(Toucan) 횡단보도

해설
차도 중앙에 교통섬이 있는 형태로 넓은 도로에서 교통 처리의 효율 제고를 위해 적용되는 횡단보도는 스태거드(Staggered) 횡단보도이다.

103 교통안전법령에 따라 교통시설안전진단을 받아야 하는 대상에 해당하지 않는 것은?

① 도로   ② 철도   ③ 공항   ④ 항만

해설
교통안전법 제34조(교통시설안전진단) ①대통령령으로 정하는 일정 규모 이상의 도로·철도·공항의 교통시설을 설치하려는 자(이하 이 조에서 "교통시설설치자"라 한다)는 해당 교통시설의 설치 전에 제39조제1항에 따라 등록한 교통안전진단기관(이하 "교통안전진단기관"이라 한다)에 의뢰하여 교통시설안전진단을 받아야 한다. 〈개정 2017. 1. 17.〉

104 교통사고 조사 시 차량의 타이어가 구르면서 나타나는 자국인 스커프 마크(Scuff mark)에 해당하지 않는 것은?

① Yaw mark
② Skid mark
③ Flat tire mark
④ Acceleration scuff mark

해설
스키드마크(Skid mark)는 미끄러지면서 바퀴가 잠기며 생기는 마크이다. 스커프마크(Scuff mark)는 미끄러지되, 바퀴가 잠기지 않으면서 생기는 마크이다. 스커프마크에는 요마크, 플랫타이어 마크, 가속스커프마크가 있다.

105 교통안전도 평가 시, 어떤 특정지역의 교통사고 현황을 그 특정지점과 참조지점의 교통사고 기록과 결합하여 교통사고의 불확실성으로 인한 교통안전도 평가의 왜곡 현상을 극복하고자 사용하는 이론은?

① Empirical Bayes(EB)
② Safety Performance Function(SPF)
③ Crash Modification Factor(CMF)
④ Continuous Risk Profile(CRP)

해설
경험적 베이즈 접근방법(Empirical Bayes(EB))은 관찰된 데이터를 사용하여 파라미터를 추정하는 기법이다. 이를 교통사고에 적용하면 특정 지역의 사고 현황을 참조지점 기록과 결합함으로써 실증적 결과값이 도출될 확률을 높이는 분석기법이다. 이러한 과정에서 교통안전도평가의 왜곡을 줄이게 되는 장점을 갖게 된다.

106 충돌도(collision diagram)에 관한 설명으로 틀린 것은?

① 요구되는 예방책을 결정하기 위한 사고의 패턴을 파악하기 위하여 사용한다.
② 사고다발지점의 물리적 현황을 나타낸다.
③ 화살표와 기호로 사고에 관련된 차량이나 보행자의 경로, 사고의 유형 및 정도를 도식적으로 나타낸다.
④ 보통은 축척을 무시하고 작도된다.

정답 101 ④ 102 ② 103 ④ 104 ② 105 ① 106 ②

해 설
충돌도는 사고의 패턴을 파악하기 위해 화살표와 기호 등으로 축척을 무시하고 작도한다. 물리적 현황이란 편구배, , 종단 및 평면 경사, 마찰계수, 기후, 시거제한, 조도 등인데, 이러한 사항을 충돌도에서 확인할 수는 없다.

107 교차로에서 5년간 발생한 교통사고가 10건, 일평균 교통량이 2,000대일 경우 차량 1백만대당 사고율은?

① 2.14건 ② 2.74건 ③ 3.12건 ④ 3.90건

해 설
$$\text{사고율} = \frac{\text{교통사고건수} \times 1,000,000}{365 \times \text{연수} \times \text{일평균교통량}(ADT)}$$
$$= \frac{10 \times 1,000,000}{365 \times 5 \times 2,000} = 2.7397, \therefore \text{약 } 2.74\text{건}$$

108 교차로에서 황색신호가 켜지는 순간에 그대로 진행하더라도 교차로 통과가 가능하고, 임계감속도로 감속하더라도 정지선에 어려움없이 정지할 수 있는 구간의 명칭과 해당 구간이 발생하는 원인이 모두 옳은 것은?

① Dilemma Zone, 황색신호시간 > 적정황색신호시간
② Safety Zone, 황색신호시간 < 적정황색신호시간
③ Option Zone, 황색신호시간 > 적정황색신호시간
④ Clear Zone, 황색신호시간 < 적정황색신호시간

해 설
옵션존(Option Zone)이란 실제 황색시간이 적정 황색시간보다 길어서 발생하는 구간으로 교차로에서 황색신호가 켜지는 순간에 그대로 진행하더라도 교차로 통과가 가능하고, 임계감속도로 감속하더라도 정지선에 어려움 없이 정지할 수 있는 구간을 말한다. 옵션존이 발생하는 이유는 적용된 황색신호시간이 적정 황색신호시간보다 길기 때문이다.

109 내리막길에서 급제동을 자주 계속하면 브레이크 슈와 드럼 및 휠실린더가 열을 받아 브레이크 오일이 끓어서 브레이크 파이프 내에 기포가 발생하여 제동이 잘 안되는 현상을 무엇이라 하는가?

① 페이드   ② 하이드로 플래닝
③ 베이퍼 록   ④ 슬라이딩

해 설
베이퍼록(Vapor Lock) 현상이란 브레이크 과열로 말미암아 브레이크 오일에 기포가 생기고 이것이 브레이크의 압력을 흡수하기 때문에 브레이크가 제 기능을 발휘하지 못하게 되는 현상을 말한다. 마치 스펀지를 밟듯이 브레이크가 푹 들어가는 느낌을 받게 되며, 발생과 동시에 차량의 제동이 불가해지므로 매우 위험한 현상이다. 수막현상(Hydro Planing, 하이드로플래닝)이란 물기가 있는 도로의 주행 시 노면과 타이어 사이에 얇은 수막이 생겨 주행 시 브레이크 기능을 상실하게 되는 현상으로 통상 80km/h의 속도로 주행할 때 나타난다. 페이드(Fade) 현상은 풋 브레이크의 잦은 사용으로 브레이크 패드가 녹아 브레이크가 잘 작동하지 않는 현상이다.

110 다음 방호울타리의 종류 중 충격에너지를 흡수하는 것보다는, 충격 시 차량의 도로 밖 이탈을 억제하여 차량을 복귀시키는 것이 우선적으로 필요한 곳에 설치하면 가장 적합한 것은?

① 가드레일   ② 박스형보
③ 가드파이프   ④ 강성방호울타리

해 설
강성 방호울타리는 구조물의 변형에 의한 충격 흡수보다는 차량의 복원을 목적으로 하여 변형되지 않는 구조로 된 것을 말한다. 일반적으로 한 몸체의 콘크리트 구조물로 된 콘크리트 방호울타리를 말한다.

111 제한된 시거에 의해 발생하는 비신호 교차로에서의 직각 충돌에 대한 일반적 예방책으로 가장 거리가 먼 것은?

① 가각주차제한   ② 가로조명개선
③ 횡단보도설치   ④ 시야장애물개선

해 설
횡단보도를 설치하는 것은 제한된 시거에 의해 발생하는 차량의 직각충돌을 방지하기 위한 예방책이 될 수 없다.

112 교통사고의 노출도(exposure rate)를 설명하는 변수로 일반적으로 활용되지 않는 것은?

① 교통량   ② 신호 현시 수
③ 도로연장   ④ 인구

정답 107 ② 108 ③ 109 ③ 110 ④ 111 ③ 112 ②

> **해설**
> 교통사고의 위험에 얼마나 노출되어있는지를 나타내기 위한 추정치인 교통사고의 노출도(Exposure Rate)를 설명하는 변수로는 교통량과 도로연장, 인구를 들 수 있다.

113 원호형 과속방지턱의 제원 기준이 옳은 것은?

① 길이 3.6m, 높이 10cm
② 길이 4.0m, 높이 10cm
③ 길이 3.6m, 높이 6cm
④ 길이 4.0m, 높이 6cm

> **해설**
> 원호형 과속방지턱의 표준 설치 제원은 높이 0.1m, 길이(폭) 3.6m이다.

114 어느 지역의 교통사고 다발 지점을 개선한 경우 해당 개선 지점의 교통사고는 개선 전에 비해 감소하지만, 주변의 다른 지점에서 사고가 발생하는 경우가 있다. 이는 다음 중 어떤 요인이 가장 큰 영향을 미치기 때문인가?

① 사고이동(Accident Migration)
② 평균회귀효과(Regression-to-Mean Effect)
③ 위험 보정(Risk Compensation)
④ 위험 회피(Threaten Avoidance)

> **해설**
> 사고전이현상(사고이동, Accident Migration)이란 어느 지역의 교통사고 다발 지점을 개선한 경우 해당 개선지점의 교통사고는 개선 전에 비해 감소하지만, 주변의 다른 지점에서 사고가 발생하는 현상을 말한다.

115 교통사고 예방을 위한 3E가 아닌 것은?

① Education(교육)   ② Engineering(공학)
③ Enforcement(시행) ④ Emergency(구호)

> **해설**
> 교통안전 3E
> • Education : 교육
> • Engineering : 공학
> • Enforcement : 규제, 시행

116 도로를 주행하다가 갑자기 터널에 들어가면 눈이 적응하기 위해 약간의 시간이 소요된다. 이렇게 밝은 곳에서 어두운 곳으로 이동할 때 일어나는 현상을 무엇이라 하는가?

① 암순응 ② 명순응 ③ 인지한계 ④ 착시현상

> **해설**
> 밝은 곳에서 어두운 터널 등으로 이동할 때 눈이 적응하기 위해서 약간의 시간이 소요되는 현상을 암순응이라 한다.

117 다음 중 교통사고의 재현에 필요한 자료가 아닌 것은?

① 노면 상태
② 활주흔(skid mark)
③ 사고차량의 검사 유무
④ 사고차량의 최종 위치

> **해설**
> 교통사고의 재현에 필요한 자료로 정지 및 미끄럼 흔적(skid mark), 회전 시의 편주 흔적(yaw mark), 사고차량의 최종 위치, 노면 상태가 있다.

118 일반적인 교차로의 사고방지대책이 아닌 것은?

① 좌회전 전용 차로를 설치한다.
② 횡단보도와 정지선 간의 간격을 좁혀서 차량의 교차로 통행시간을 줄인다.
③ 입체분리시설(육교 및 지하도)을 설치한다.
④ 필요한 지점에 차량 및 보행자 신호기를 설치한다.

> **해설**
> 횡단보도와 정지선의 간격이 넓을수록 보행자 교통안전 확보에 유리하다.

119 어느 지점의 연간 교통사고 건수는 20건, 일교통량은 1,000대이다. 이 지점에 교통안전시설을 설치하는 경우, 사고감소율을 20%, 장래의 일교통량을 1,500대로 예상할 때 예측되는 사고감소 건수는?

① 1건   ② 3건   ③ 6건   ④ 10건

해설

ADT의 대수를 비율로 하여 감소율에 곱함으로써 답을 얻을 수 있다.

장래 연평균 교통사고 감소건수 $= 20 \times 0.2 \times \dfrac{1,500}{1,000} = 6$건

120 주행 중이던 차량이 급정거하면서 스키드마크가 15m 길이로 나타난 다음 3m를 지나서 다시 20m가 계속되었을 때, 이 차량의 제동 전 초기속도는 약 얼마인가? (단, 타이어와 노면의 마찰계수는 0.7이고 평탄한 구간이다.)

① 75.5 km/h ② 78.9 km/h
③ 81.5 km/h ④ 84.9 km/h

해설

$V = \sqrt{254(f+i)l} = \sqrt{254(0.7+0) \times (15+20)} = 78.89$
∴ 약 78.9km/h

정답 120 ②

1회 2022년 기출문제

제1과목 교통계획

1 도로의 배치에서 주간선도로와 보조간선도로의 배치 간격 기준은?

① 1,000m 내외
② 750m 내외
③ 500m 내외
④ 200m 내외

해설
도시·군계획시설의 결정·구조 및 설치기준에 관한 규칙 제10조(도로의 일반적 결정기준) 3항에 의거 주간선도로와 보조간선도로의 배치간격은 500m 내외로 한다.

2 TSM 기법 중 승용차의 수요와 교통시설의 공급을 동시에 감소시키는 기법과 거리가 가장 먼 것은?

① 기존 차로를 이용한 버스전용차로제
② 승용차 통행 제한 구역의 설정
③ 노상주차 시설 확대
④ 주차면적 감소

해설
노상주차시설의 확대는 교통시설의 공급을 증가시키는 기법이다.

3 선형적 효용함수의 독립변수인 통행시간(분)과 통행비용(원)에 대한 계수가 각 -0.017, -0.0005일 때 시간가치(value of time)는?

① 24원/분
② 29원/분
③ 32원/분
④ 34원/분

해설
통행시간가치는 통행시간의 계수를 통행비용의 계수로 나눈 값이다. 계수를 계수로 나누어 준 값이므로 상수의 값이다. 단위를 원/분으로 표현한 것은 효용함수의 단위가 원과 분이기 때문에 단위 시간당 비용을 표현하기 위함이다.

$$통행시간가치 = \frac{통행시간\ 계수}{통행비용\ 계수} = \frac{-0.017}{-0.0005} = 34원/분$$

4 외국의 C-ITS 도입 사례가 아닌 것은?

① 캐나다 SCC
② 일본 ITS Spot
③ 유럽 Drive C2X
④ 미국 Connected Vehicle

해설
일본 ITS-SPOT은 2020년까지 전국 주요도로 교통 정체를 2010년 대비 절반으로 줄이는 것을 목표로 진행한 프로젝트이다. 유럽 Drive C2X는 차량 대 차량(Car to Car), 차량 대 인프라통신(Car to Infra) 시스템으로 독일과 프랑스 등 유럽에서 주도, 독일에서 실주행차량 테스트 진행하였다. 미국 Connected Vehicle은 각 차량들의 소통을 통해 실시간 정보를 전달하는 시스템으로, 도로 상황에 대한 정보를 실시간으로 교환하고 악천후에 선제적으로 대응하는 기술이다.

5 아래의 설명에 해당하는 대중교통 요금구조는?

> 승객이 통행한 거리에 따라 요금이 차별적으로 부과되는 요금구조이며, 형평성의 관점에서 장거리 승객은 단거리 승객보다 많은 운행비용이 소요되므로 더 많은 요금을 지불해야 한다.

① 거리요금제
② 표본요금제
③ 균일요금제
④ 정기요금제

해설
교통요금제도
- 구역요금제 : 통행거리를 일정구역으로 구분하여 동일구역 내에서는 납부하는 요금이 같은 요금제이다.
- 구간요금제 : 통행거리를 일정구간으로 구분하여 동일구간 내에서는 납부하는 요금이 같은 요금제이다. 주로 철도같이 노선이 정해져있는 노선 대중교통에서 적용한다.
- 거리비례제 : 거리가 증가할수록 납부할 요금이 증가하는 요금체계이다. 버스준공영제가 도입되고 환승할인정책이 적용되면서 많이 활용되고 있는 요금제이다.
- 거리체감제 : 통행거리가 길어질수록 요금이 저렴해지는 요금체계이다. 장거리승객에게 유리하다.
- 균일요금제 : 통행거리의 길고 짧음과 관계없이 탑승과 동시에 동일한 요금을 지불한다. 단거리승객에게 불리하다.
- 시간거리병산제 : 탑승하고 있는 시간에 따라 요금이 올라가고, 이동하는 거리에 비례하여 추가적으로 요금이 부과되는 방식이다. 택시가 대표적이다.

6 할인율이 20%일 경우, 2년 후 발생한 수익 100만원의 순현재가치는 약 얼마인가?

① 69만원
② 92만원
③ 144만원
④ 120만원

해설

$$NPV = \sum_{t=0}^{N} \frac{B_t}{(1+r)^t} - \sum_{t=0}^{N} \frac{C_t}{(1+r)^t}$$

$$NPV = \frac{100}{(1+0.2)^2} ≒ 69.44, 약 69만원$$

7 도로교통량 조사에서 수시조사를 시행하는 요일 기준에 해당하지 않는 것은? (단, 해당 요일은 휴가철, 명절, 연휴 등 교통량에 영향을 주는 시기가 아니라고 가정한다.)

① 화요일
② 수요일
③ 목요일
④ 금요일

해설

교통량조사지침 제9조(수시조사의 시기) 조항에 의거 수시조사는 교통량 특성에 영향을 주는 시기(휴가철, 명절, 연휴 등)를 제외한 다음 각 호에 따라 실시하되, 기상악화, 교통통제 등 특별한 경우를 제외하고는 과거에 시행했던 시기(동일 주차(週次))에 실시한다.
1. 매년 3월부터 11월까지(단, 교통량 변화가 작거나 추세가 일정한 조사구간에 대하여는 격년으로 실시할 수 있다.)
2. 월·화·수·목요일
3. 당일 오전 7시부터 익일 오전 7시까지

8 수단선택(modal split) 단계에서 사용하는 모형 중 장래의 존별 통행발생량을 산출한 후 통행분포 전에 이용 가능한 교통수단별 분담률을 산정하여 각 수단별 통행수요를 도출하는 것은?

① OD pair Model
② 통행단 모형(Trip end Model)
③ 엔트로피모형(Entropy Model)
④ 전환곡선모형(Diversion Curves Model)

해설

통행단모형은 수단선택(Model Split) 단계에서 사용하는 모형 중 장래의 존별 통행발생량을 산출한 후 통행분포(배분) 전에 이용 가능한 교통수단별 분담률을 산정하여 각 수단별 통행수요를 도출하는 모형을 말한다.

9 현재 존간 통행량이 아래와 같을 때 균일성장률법에 따른 장래의 존별 통행량이 옳은 것은? (단, t_{ij} : 장래의 존 i와 j간의 통행량)

〈현재〉

$O(i)$ \ $D(j)$	1	2	계
1	3	4	7
2	7	5	12
계	10	9	19

〈장래〉

$O(i)$ \ $D(j)$	1	2	계
1			21
2			36
계	30	27	57

① t_{11} = 9, t_{12} = 12, t_{21} = 21, t_{22} = 15
② t_{11} = 10, t_{12} = 11, t_{21} = 20, t_{22} = 16
③ t_{11} = 11, t_{12} = 10, t_{21} = 19, t_{22} = 17
④ t_{11} = 12, t_{12} = 9, t_{21} = 18, t_{22} = 18

해설

균일성장인자모형(=균일성장률법)에서는 균일성장인자를 먼저 구한 후, 현재 통행량에 곱해주면 장래 통행량을 계산할 수 있다.
1) 균일성장인자 = $\frac{57}{19} = 3$
2) $t_{11} = 3 \times 3 = 9$, $t_{12} = 4 \times 3 = 12$
  $t_{21} = 7 \times 3 = 21$, $t_{22} = 5 \times 3 = 15$

10 택시요금의 변화에 따라 버스수요의 변화정도를 설명하는 개념은?

① 가격탄력성
② 공급탄력성
③ 교차탄력성
④ 소득탄력성

해설

요금과 수요가 동시에 변화하는 정도를 설명하는 것은 교차탄력성의 개념이다.

11 일반 시내 도로 상에 버스 우선 통행 기법을 도입할 때 나타나는 효과와 거리가 가장 먼 것은?

① 버스 정시성 확보
② 버스 운행 비용 감소
③ 버스 통행의 신속성 증가
④ 버스 통행을 위한 시설 비용 감소

정답 07 ④ 08 ② 09 ① 10 ③ 11 ④

> [해설]
> 버스 우선기법을 사용하면 정시성과 신속성이 확보되고 버스 운행비용은 감소시킬 수 있지만 추가적인 시설비용이 투자되는 것을 피할 수 없다.

12 교통체계운영(TSM)에 대한 설명으로 옳은 것은?

① 주로 단기적인 교통체계 운영 전략이다.
② 대중교통수단의 요금 규정 운영 전략이다.
③ 교통지구의 교통 관련 산업 경영 전략이다.
④ 장기적이고 종합적인 교통체계 운영 전략이다.

> [해설]
> 단기적 교통체계 운영전략은 TSM의 기본 개념이다.

13 장기교통계획과 단기교통계획의 특성을 비교한 내용으로 옳지 않은 것은?

	장기교통계획	단기교통계획
ⓐ	소수의 대안	다수의 대안
ⓑ	많은 교통수단 동시 고려	단일 교통수단 위주
ⓒ	시설지향적	서비스지향적
ⓓ	자본집약적	저자본비용

① ⓐ ② ⓑ ③ ⓒ ④ ⓓ

> [해설]
> 장기교통계획은 단일 교통수단 위주로 고려한다. 많은 교통수단을 동시에 고려하는 것은 단기교통계획의 특징이다.

14 통행발생(trip generation) 단계에서 사용되는 분석 방법은?

① 카테고리분석법 ② 전환곡선법
③ 프로빗모형 ④ 로짓모형

> [해설]
> 통행발생 단계에서 사용되는 분석방법에는 증감률법, 원단위법, 회귀분석법, 카테고리분석법이 있다. 이 중 카테고리분석법은 소득이나 자동차 보유 대수 등의 설명변수 범주에 따라 교차 분류시켜 가구 당 통행발생량(종속변수)을 추정하는 모형으로 단순하고 이해하기 쉽다는 특성을 가진 방법이다.

15 교통수요예측을 위한 자료 수집에서 표본의 전수화과정이 필요 없는 경우는?

① 교통정책목표달성 측정치 산출
② 통행량의 시계열적 변화 및 추세 파악
③ 교통모형의 계수값(parameter) 추정을 위한 모형정산 과정
④ 무작위 표본자료(random sample)가 아닌 표본자료를 이용한 모형 정산시 가중치 계산

> [해설]
> 전수화란 표본자료에 적정한 계수를 적용하여 전체 모집단의 특성을 가장 유사하게 나타내는 결과를 도출하는 과정을 말한다. 계수(parameter)의 값 추정단계에서는 전수화 과정이 필요하나 이를 위한 모형의 정산 과정에서는 전수화가 필요치 않다.

16 교통사업의 평가 방법 중 경제적 효율성 분석방법이 아닌 것은?

① 내부수익률 방법 ② 순현재가치 방법
③ 편익-비용비 방법 ④ 메쉬 분석방법

> [해설]
> 경제적 효율성 분석방법, 즉 경제성 분석기법에는 순현재가치법, 편익-비용비법, 내부수익률법, 초기연도수익률법, 자본회수기간법 등이 있다. 메쉬 분석방법은 경제성분석기법에 포함되지 않는다.

17 아래에서 가정기반통행(home-based trip)의 통행량은?

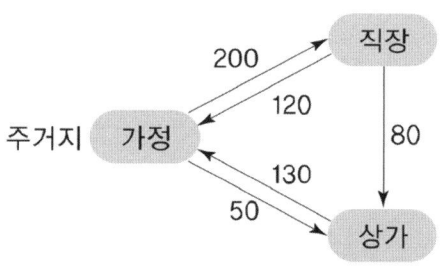

① 160 통행 ② 250 통행
③ 500 통행 ④ 580 통행

> [해설]
> 가정기반통행은 출근, 등교, 귀가통행 등 통행발생지가 가정이 되는 통행을 말한다. 출근목적통행의 경우 기점이 통행발생지인 동시에 통행의 기점이 된다. 물론 회사가 통행유인지인 동시에 통행의 종점이 된다. 그러나, 귀가목적통행의 경우 가정은 통행의 종점이기는 하나 유인지가 아니고 발생지가 된다. (집에서 나왔기 때문에 들어가는 것이지, 집에 가는 것 자체가 통행의 목적이라 볼 수 없다는 특성이 있다는 의미이다.) 따라서 회사관련 업무통

행인 80(직장-상가)을 제외하고 가정을 기점으로 하는 200과 50을 더한 250과 가정을 종점으로 하는 120과 130을 더한 250이 합쳐진 500이 가정기반통행(Home based trip)이 된다.

이 중 c는 지역주차 조정계수로 지역의 특성을 고려하는 지표이다. 이 지표를 활용하면 여러 가지 지역 특성을 포괄적으로 고려할 수 있게 된다.

18 교통조사에서 표본설계 시 사용하는 표본추출방법을 확률추출법과 비확률(유의)추출법으로 구분할 때, 다음 중 비확률추출법에 해당하는 것은?

① 계통추출법 ② 집락추출법
③ 다단추출법 ④ 응모추출법

해 설
확률표본추출에는 단순무작위, 체계적(계통), 층화(다단), 군집(집락)표본추출법이 있고, 비확률표본추출에는 편의, 판단, 할당, 응모 표본추출법 등이 있다.

19 경전철(LRT)의 일반적인 특성으로 옳지 않은 것은?

① 차량의 중량이 가볍다.
② 승객승차대가 낮아 승·하차시 편리하다.
③ 중량전철에 비해 단위 건설비가 많이 든다.
④ 시간당 수송용량이 중량전철보다 적은 편이다.

해 설
경전철은 차량의 중량이 가볍고 승객 승·하차대가 낮아 승·하차가 편리하며 도로상 운행이 가능하다는 특성이 있다. 중량전철에 비해 단위 건설비가 적게 들고, 시간당 수송용량이 중량전철보다 적다.

20 P요소법에 대한 설명으로 옳지 않은 것은?

① 차량의 평균승차인원을 고려하여 주차수요를 추정한다.
② 지구나 도심지와 같은 특정한 장소의 주차수요 예측에 적합하다.
③ 주차수요결정에 필요한 각종 요소를 얻을 수 있는 경우 적합한 방법이다.
④ 원단위법에 비하여 여러 가지 지역 특성을 포괄적으로 고려하지 못하는 단점이 있다.

해 설
P요소법(Parking Space Factor Method)은
$P = \dfrac{d \cdot s \cdot c}{o \cdot e} \times (t \cdot r \cdot p \cdot pr)$ 공식을 사용하는데,

제2과목 교통공학

21 차량의 평균 속도가 50km/h, 평균 차두간격이 25m 일 때 도로의 평균 교통량은?

① 500대/시간 ② 800대/시간
③ 1,000대/시간 ④ 2,000대/시간

해 설
25m당 1대의 밀도를 가지므로, 1km당 40대의 밀도와 같다.
$q = uk = 50\text{km/h} \times 40\text{대/km}$, 따라서 $q = 2,000$대/h

22 일반지형의 평지인 고속도로 기본 구간의 차종별 구성비와 승용차 환산계수가 아래와 같을 때, 중차량보정계수(f_{HV})는?

차종	소형	중형	대형
구성비	70%	20%	10%
승용차환산계수	1.0	1.5	2.0

① 0.36 ② 0.46 ③ 0.56 ④ 0.83

해 설
$$f_{HV} = \dfrac{1}{[1+P_{HV}(E_{HV}-1)]}$$
$$= \dfrac{1}{[1+0.7(1.0-1)+0.2(1.5-1)+0.1(2.0-1)]} = 0.83$$

23 도로의 기능에 따른 구분 중, 접근성이 가장 좋은 도로는?

① 고속도로 ② 국지도로
③ 집산도로 ④ 간선도로

해 설
도시·군계획시설의 결정·구조 및 설치기준에 관한 규칙 제9조(도로의 구분) 3. 기능별구분 조항에 따라 도로는 주간선도로, 보조간선도로, 집산도로, 국지도로의 순서로 구분되며 주간선도로에서 국지도로로 갈 수록 접근성이 좋아진다.

24 교차로 교통통제의 목적으로 가장 거리가 먼 것은?

① 사고감소 및 예방
② 주도로에 통행우선권 부여
③ 부도로 통과교통의 상충면적 확대
④ 교차로 용량 증대 및 서비스 수준 향상

해설
교차로 교통통제는 사고발생률을 낮추는데 있는 반면, 상충면적의 확대는 사고발생률을 낮추는데 도움이 되지 않는다.

25 차량 속도의 변화에 따라 미끄럼 마찰계수의 변동폭이 가장 큰 노면 및 타이어상태에 해당하는 것은?

① 습윤 - 마모된 타이어 ② 건조 - 양호한 타이어
③ 건조 - 마모된 타이어 ④ 습윤 - 양호한 타이어

해설
건조보다는 습윤이, 양호보다는 마모된 타이어가 더 미끄럽다. 따라서 습윤-마모된 타이어의 마찰계수 변동폭이 더 크다.

26 구간별 교통류의 상태가 아래와 같을 때, 그 경계면 AA에서 후방 충격파의 속도는?

```
              A
교통량 : 1,100대/시 │ 교통량 : 800대/시
밀도 : 100대/km    │ 밀도 : 20대/km
──────────────────┼──────────────── 교통류방향
              A
```

① 3.75 km/시   ② 4.00 km/시
③ 5.43 km/시   ④ 7.25 km/시

해설
$$w_{AB} = \frac{q_A - q_B}{k_A - k_B} = \frac{800 - 1100}{20 - 100} = 3.75 km/h$$

27 다음 중 도심부 신호교차로의 서비스수준을 분석할 때 고려하는 지체가 아닌 것은?

① 균일지체(uniform delay)
② 상관지체(interaction delay)
③ 증분지체(incremental delay)
④ 추가지체(initial queue delay)

해설
차량당 제어지체는 균일, 증분, 추가지체의 합으로 구성된다. 차량당 제어지체는 균일, 증분, 추가지체의 합으로 구성된다.

28 차량추종이론(Car-following)에 관한 설명으로 옳지 않은 것은?

① 반응시간은 운전자의 민감도에 의해 결정된다.
② 민감도가 지나치게 크면 교통류의 불안요소가 커지는 것이 일반적이다.
③ 추종이론은 거시적 관점에서 차량의 움직임을 설명하는 교통류 이론이다.
④ 고속도로에서 후미차량이 앞 차량과 유사한 움직임을 보이는 것을 설명하는 데 활용될 수 있다.

해설
추종이론은 대표적인 미시적 이론이다.

29 어느 도로의 한 지점에서의 차량 통행량은 12대/분이다. 그 지점에서 교통조사를 시작하고 10초 동안 한 대의 차량도 도착하지 않을 확률은?(단 포아송 분포를 따른다고 가정한다.)

① 10.2%   ② 11.3%   ③ 12.4%   ④ 13.5%

해설
평균$(m) = \frac{12}{60} = 2$대/10초, $P_{(x)} = \frac{m^x \times e^{-m}}{x!}$,

$P_{(0)} = \frac{2^0 \times e^{-2}}{0!} = 0.1353$, 약 13.5%

30 다음 중 도로상을 운행하는 차량의 구간속도 산출 시 이용되는 조사 방법이 아닌 것은?

① 번호판 판독법   ② 시험차량 운행법
③ 주행차량 이용법 ④ 노측면접법

해설
노측면접법은 한 지점에서 조사되는 방법으로 시간평균속도의 조사는 가능하나, 구간속도 산출에는 적합하지 않다.

정답 24 ③ 25 ① 26 ① 27 ② 28 ③ 29 ④ 30 ④

31 3현시로 운영되는 신호교차로에서 총 v/s의 합이 0.87, 현시당 손실시간이 3초인 경우 Webster 방법에 의한 최적신호주기는? (단, 주기는 계산 결과에 따라 소수점 이하는 버린 수치를 기준으로 한다.)

① 96초 ② 128초 ③ 142초 ④ 177초

해설

$$c = \frac{1.5l+5}{1-\sum_{i=1}^{n}x_i} = \frac{1.5(3\times3)+5}{1-(0.87)} = 142.3077$$

32 교차로 신호운영 방법 중 좌회전과 직진의 동시신호와 분리신호에 대한 설명이 옳지 않은 것은?

① 동시신호로 할 경우 차로를 공유할 수 있다.
② 원칙적으로 교차로 용량에는 큰 차이가 없다.
③ 동시신호는 좌회전 교통량이 직진에 비해 현저히 적을 때 유리하다.
④ 분리신호와 동시신호는 교차로와 교통특성에 따라 선택한다.

해설

좌회전 교통량이 직진에 비해 현저히 많을 때는 직진 후 좌회전 신호를 사용한다.

33 시간평균속도와 공간평균속도에 대한 설명 중 옳은 것은?

① 시간평균속도는 도로 구간의 길이와 관련된 속도로 교통류 분석 시 주로 이용되며, 공간평균속도는 속도 분석, 교통사고 분석시 주로 이용된다.
② 공간평균속도는 일정 시간 동안 도로의 한 지점을 통과하는 모든 차량의 평균속도이다.
③ 공간평균속도는 각 차량 속도의 산술평균값, 시간평균속도는 각 차량 속도의 조화평균값이다.
④ 교통 흐름이 전혀 변하지 않는 경우를 제외하고 공간평균속도는 항상 시간평균속도보다 작다.

해설

$\overline{u_t} = \overline{u_s} + \dfrac{\sigma_s^{\,2}}{u_s}$ 관계를 가지므로 공간평균속도는 교통의 흐름이 전혀 변화하지 않는 경우를 제외하고 항상 시간평균속도보다 낮은 값을 나타낸다.

34 그림과 같은 병목흐름에서 도착 및 출발하는 차량수를 누적시킨 시간-차량 누적 곡선에 대한 설명으로 옳지 않은 것은?

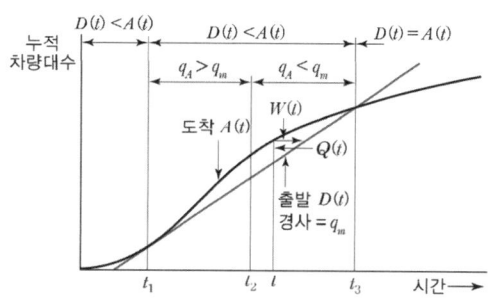

① 시각 t에서의 대기행렬의 길이는 Q(t)이다.
② 시각 t에 도착한 차량의 대기시간은 W(t)이다.
③ t_1에서 시작하여 t_3점까지 대기행렬이 존재한다.
④ 총 대기행렬의 규모는 A(t) 곡선과 D(t) 직선 사이 면적의 1/2이다.

해설

병목지점에서의 대기행렬에서 총 대기행렬의 규모는 A(t)곡선과 D(t)직선사이 면적이다.

35 주기가 90초인 신호교차로에서 어느 한 접근로의 직진교통량이 500vph, 포화교통량이 2,000vph 이었다. 이 직진 교통류의 녹색신호시간이 35초일 때 포화도는 얼마인가?(단, 황색시간은 3초, 손실시간은 3.3초이다.)

① 0.55 ② 0.65 ③ 0.95 ④ 1.15

해설

$$\text{포화도} = \frac{\text{교통량비}\left(\dfrac{V}{S}\right)}{\text{주기당 녹색시간비}\left(\dfrac{g}{C}\right)} = \frac{\dfrac{500}{2,000}}{\dfrac{35}{90}} = 0.6428$$

∴ 약 0.65

36 지점조사에서 얻은 차량 4대의 순간속도가 30, 40, 50, 60(km/h)일 경우 공간평균속도는?

① 45.0 km/h ② 42.1 km/h
③ 47.6 km/h ④ 40.8 km/h

해 설

공간평균속도 = $\dfrac{4}{\dfrac{1}{30}+\dfrac{1}{40}+\dfrac{1}{50}+\dfrac{1}{60}} = 42.11 km/h$,

약 42.1km/h

37 다음 중 용량산정에 앞지르기시거가 적용되는 도로시설은?

① 간선도로 ② 오르막차로
③ 고속도로 ④ 2차로 도로

해 설

2차로도로는 저속차량과 대항차량에 의해 추월가능여부가 결정되고, 추월가능여부의 결정 여부에 따라 총지체율이 변동되게 된다. 총지체율에 따라 2차로도로의 서비스수준이 결정되고 이는 곧 용량에 영향을 준다는 의미로 해석할 수 있다. 따라서 2차로도로는 용량 산정시에 추월시거를 적용하여 산정하여야 한다.

38 신호교차로 접근로에서 두 개의 차로를 사용하는 좌회전 차량의 포화교통류율이 1,800대/시/차로, 신호주기가 180초, 유효녹색시간이 60초일 때 해당 좌회전 차로의 총 용량은?

① 600대/시 ② 900대/시
③ 1,200대/시 ④ 1,500대/시

해 설

$c = N \times S \times \dfrac{g}{C}$

여기서, c : 직진방향 차로의 용량(pcph), N : 차로수, S : 포화교통량(pcphpl), g/C : 평균녹색시간비,

$c = 2 \times 1,800 \times \dfrac{60}{180} = 1,200 \, pcphpl$

39 설계시간계수(K)에 대한 설명으로 옳지 않은 것은?

① 일반적으로 연평균 일교통량이 큰 도로에서는 설계시간계수가 감소한다.
② 설계시간교통량(DHV)은 계획목표년도의 연평균 일교통량(AADT)과 설계시간계수(K)를 곱하여 산출한다.
③ 일반적으로 지방지역 도로가 도시지역 도로보다 높은 값을 가진다.
④ 설계시간계수가 클수록 교통 수요 변화가 작다.

해 설

설계시간계수는 작을수록 교통량의 변화가 적다.

40 지점속도조사의 목적으로 가장 거리가 먼 것은?

① 전후 조사를 통한 교통개선사업의 효과 평가
② 적절한 교통규제 및 제어시설의 결정
③ 운전자 반응시간 정산 모형 검증
④ 차종별 속도 평균 판단

해 설

지점속도조사로 운전자 반응시간을 알아내기는 어렵다.

제3과목 교통시설

41 도로의 용량에 영향을 미치는 요인으로 거리가 가장 먼 것은?

① 차로 폭
② 차량의 구성비
③ 시간대별 교통량 분포
④ 도로가 위치한 지역의 연평균 강수량

해 설

도로의 용량에 영향을 미치는 요인은 차로 폭, 차량의 구성비, 시간대별 교통량 분포 등이다. 연평균 강수량 등 기후와 관련된 사항은 특수상황 요인으로 도로의 용량에 항상 영향을 미치는 요인이라고 보기는 어렵다.

42 설계속도가 120km/h인 고속국도에 설치하는 버스정류장의 최소 길이 기준은? (단, 직접식인 경우)

① 600m 이상 ② 540m 이상
③ 470m 이상 ④ 420m 이상

해 설

버스 정류장의 제원(고속도로)은 아래와 같다.

구분 \ 설계속도(km/h)	120	100	80	비고
버스정류장 길이 LT(m)	540	470	420	직접식
	600	530	430	평행식

정답 37 ④ 38 ③ 39 ④ 40 ③ 41 ④ 42 ②

설계속도 120km/h인 경우 직접식 버스정류장의 최소 길이는 540m이다.

43 종단선형에서 일반적으로 볼록형 종단곡선의 최소길이가 결정되는 기준은?

① 도로 폭　　② 배수시설
③ 곡선반경　　④ 소요시거

[해설]
볼록형 종단곡선을 설치할 때에는 두 종단경사의 접속으로 인한 정점부를 정지시거(소요시거)가 확보될 수 있도록 설치하여야 한다.

44 접근성과 이동성에 따라 도로를 구분할 때 고려해야 하는 특성과 거리가 가장 먼 것은?

① 평균 통행거리　　② 평균 주행속도
③ 토지 면적　　④ 출입제한의 정도

[해설]
접근성과 이동성의 기능에 의해 분류할 때에는 이동거리와 속도, 이동시간이 기본적으로 고려되어야 하며, 출입관리(Access management) 정도에 따라 이동성의 보장정도가 달라지므로 출입제한 여부도 반영되어야 한다.

45 우회전 도류로의 폭을 결정하는데 필요한 요소와 거리가 가장 먼 것은?

① 노면상태　　② 설계기준자동차
③ 평면곡선 반지름　　④ 도류로의 회전각

[해설]
도류로의 폭은 설계기준자동차, 평면곡선 반지름, 도류로의 회전각에 따라 결정한다.

46 길어깨의 주요 기능으로 틀린 것은?

① 유지관리가 양호한 길어깨는 도로의 미관을 높인다.
② 유지 관리 작업 공간이나 지하 매설물의 설치 공간을 제공한다.
③ 절토부에서는 곡선부의 시거를 한정시켜 교통 통제에 탁월한 효과를 갖는다.
④ 차도, 보도, 자전거·보행자도로에 접속하여 도로의 주요 구조부를 보호한다.

[해설]
길어깨의 기능 및 필요성
• 차도, 보도, 자전거·보행자도로에 접속하여 도로의 주요 구조부를 보호
• 유지 관리 작업 공간이나 지하매설물의 설치 공간으로 제공
• 대피공간 제공으로 교통혼잡 방지
• 측방여유폭을 제공하여 안전성과 쾌적성 향상
• 보도 등이 없는 도로에서 보행자 통행장소 제공·유지관리가 양호한 길어깨는 도로의 미관을 높임

47 인터체인지의 형식 중 클로버형과 비교하여 다이아몬드형이 갖는 특징이 아닌 것은?

① 건설비가 적게 든다.
② 점유면적이 적게 든다.
③ 교통의 우회거리가 짧은 편이다.
④ 주도로부터의 분기점이 다양하여 표지 설치가 복잡하다.

[해설]
다이아몬드형 인터체인지는 네 갈래 교차 인터체인지의 대표적 형식 중 하나로 용지가 적게 들고 교통의 우회거리도 짧아 건설비가 적게 들어 경제적이지만 접속도로와의 연결로 접속부분에서 생기는 교차부의 도로교통용량이 작아지는 결점이 있는 불완전 입체교차형이다.

48 설계기준자동차의 최소 회전반지름의 정의로 옳은 것은?

① 차량의 안쪽 앞바퀴 외측선의 최소 회전 반지름
② 차량의 바깥쪽 뒷바퀴 중심선의 최소 회전 반지름
③ 차량의 안쪽 뒷바퀴 외측선의 최소 회전 반지름
④ 차량의 바깥쪽 앞바퀴 중심선의 최소 회전 반지름

[해설]
최소회전반지름이란 차량의 바깥쪽 앞바퀴의 타이어 중심선이 그리는 원의 반경을 말한다.

49 아래와 같은 교통조건을 가진 도로의 적정 황색 신호시간은?

· 차량속도 : 60 km/h　· 임계감속도 : 4m/s²
· 교차로 횡단길이 : 18m
· 차량길이 : 5m　· 운전자 반응시간 : 1초

정답　43 ④　44 ③　45 ①　46 ③　47 ④　48 ④　49 ③

① 약 2.5초　② 약 3.5초
③ 약 4.5초　④ 약 5.5초

> **해 설**
> $y = 1 + \dfrac{60/3.6}{2 \times 4} + \dfrac{18+5}{60/3.6}$,
> $y = 1 + 2.083 + 1.38$, $y = 4.463$, ∴ 4.5초

50 평면교차로 도류화의 목적으로 틀린 것은?

① 자동차의 통행속도를 안전한 정도로 통제한다.
② 평면교차로 면적을 넓혀 차량 간 상충면적을 줄인다.
③ 보행자 안전지대를 설치하기 위한 장소를 제공한다.
④ 교통제어시설을 잘 보이는 곳에 설치하기 위한 장소를 제공한다.

> **해 설**
> 교차로 면적을 최소화하여 차량 간 상충면적을 줄여야 한다.

51 피크시 건물 연면적 1,000㎡ 당 주차 발생량이 150대일 때, 연면적이 3,000㎡ 인 건물의 주차 수요는? (단, 주차이용효율은 60%이며 원단위법에 따른다.)

① 300대　② 450대　③ 750대　④ 900대

> **해 설**
> $P = \dfrac{U \cdot F}{1,000e} = \dfrac{150 \cdot 3,000}{1,000 \cdot 0.6} = 750$대

52 보도의 유효폭은 보행자의 통행량과 주변 토지이용 상황을 고려하여 결정하되, 최소 몇 m 이상으로 하여야 하는가? (단, 기타의 경우는 고려하지 않는다.)

① 1m　② 1.5m　③ 2m　④ 2.5m

> **해 설**
> 보도의 유효폭은 보행자의 통행량과 주변 토지 이용 상황을 고려하여 결정하되, 최소 2미터 이상으로 하여야 한다. 다만, 지방지역의 도로와 도시지역의 국지도로는 지형상 불가능하거나 기존도로의 증설·개설시 불가피하다고 인정되는 경우에는 1.5미터 이상으로 할 수 있다.

53 교통안전표지 중 규제표지의 모양으로 옳지 않은 것은?

① 원　② 삼각형　③ 팔각형　④ 사각형

> **해 설**
> 규제표지는 대부분이 원형이고, 역삼각형(천천히, 양보), 팔각형(정지)이 있다. 사각형은 지시표지와 보조표지에 포함된다.

54 주차장법규상 자주식주차장으로서 지하식 또는 건축물식 노외주차장의 벽면에서부터 50cm 이내를 제외한 주차장 출구 바닥면의 최소 조도(照度) 기준으로 옳은 것은?

① 10럭스　② 100럭스　③ 50럭스　④ 300럭스

> **해 설**
> 자주식주차장으로서 지하식 또는 건축물식 노외주차장에는 벽면에서부터 50센티미터 이내를 제외한 바닥면의 최소 조도(照度)와 최대 조도를 다음과 같이 한다. 주차장 출구 및 입구 : 최소 조도는 300럭스 이상, 최대 조도는 없음

55 설계속도가 100km/h 이상인 도시지역 도로 (ⓐ)와 설계속도가 100km/h 이상인 지방지역 도로 (ⓑ)에 설치하는 중앙분리대의 최소 폭 기준이 옳은 것은? (단, 자동차 전용도로의 경우는 고려하지 않는다.)

① ⓐ 1.5 m, ⓑ 1.0 m　② ⓐ 1.0 m, ⓑ 2.0 m
③ ⓐ 2.0 m, ⓑ 1.5 m　④ ⓐ 2.0 m, ⓑ 3.0 m

> **해 설**
>
> | 설계속도 (킬로미터/시간) | 중앙분리대의 최소 폭(m) | | |
> |---|---|---|---|
> | | 지방지역 | 도시지역 | 소형차도로 |
> | 100 이상 | 3.0 | 2.0 | 2.0 |
> | 100 미만 | 1.5 | 1.0 | 1.0 |
>
> 중앙분리대의 최소 폭 기준은 설계속도가 100km/h 이상인 도시지역 도로에 2.0m, 설계속도가 100km/h 이상인 지방지역도로에 3.0m 이다.

56 도로 포장에 사용되는 콘크리트 포장 형식 중, 횡방향 줄눈을 없애고 종방향 철근을 연속적으로 사용하여 콘크리트 슬래브에서 발생하는 크랙을 억제하는 것은?

① 무근 콘크리트 포장(JCP)
② 섬유보강 콘크리트 포장(FCP)
③ 연속철근 콘크리트 포장(CRCP)
④ 단경간 철근 콘크리트 포장(JRCP)

해설
연속 철근 콘크리트 포장(CRCP ; Continuously Reinforced Concrete Pavement)시멘트 콘크리트 슬래브 내에 일정량의 철근(일반적으로 단면의 0.6~0.8% 철근비)을 세로방향으로 연속적으로 설치하여 자연적으로 발생하는 가로방향 균열을 허용하며 철근이 균열폭의 벌어짐을 억제하는 역할을 하는 포장형식이다. 따라서 연속철근 콘크리트 포장에서는 줄눈 콘크리트포장에서의 가로방향 수축줄눈을 두지 않는다.

57 화물터미널 설계 시 고려해야 할 시설로 거리가 가장 먼 것은?

① 화물적하대
② 여객관제시설
③ 주유소, 정비소
④ 아프론(적하대 전면 기동공간)

해설
화물터미널 설계시 고려해야 할 시설은 화물적하대와 아프론, 주유소, 정비소 등이다. 여객 관제시설은 여객터미널에서 고려해야 할 시설이다.

58 평면곡선의 최소길이를 정할 때 고려할 사항이 아닌 것은?

① 운전자가 핸들조작에 곤란을 느끼지 않도록 한다.
② 규정된 평면곡선의 최소길이는 최소 완화구간의 길이와 같다.
③ 평면곡선의 최소길이는 약 4~6초 간 주행할 수 있는 길이 이상을 확보하는 것이 좋다.
④ 도로 교각이 작은 경우에는 평면곡선 반지름이 실제의 크기보다 작게 보이는 착각을 피할 수 있도록 한다.

해설
평면곡선의 최소길이를 정할 때 고려사항
1. 운전자가 핸들조작에 곤란을 느끼지 않을 길이로 한다.
2. 최소 평면곡선길이는 4초간 주행할 수 있는 길이 이상을 확보한다. 이 값은 최소 완화 곡선길이의 2배의 값이다.
3. 도로교각이 5° 미만인 경우에는 평면곡선의 길이가 실제보다 작게 보이므로 도로가 급하게 꺾여져 있는 착각을 일으키며 이 경향은 교각이 작을수록 현저하다. 따라서 교각이 작을수록 긴 평면곡선부를 삽입하여 도로가 완만히 돌아가고 있는 듯한 감을 갖도록 한다.

59 도로의 구조·시설 기준에 관한 규칙상 설계속도가 100km/h이고 적용 최대 편경사가 6%인 차도의 최소 평면곡선 반지름 기준으로 옳은 것은?

① 530m   ② 460m   ③ 440m   ④ 420m

해설
최소 평면곡선 반지름의 값은 다음과 같다.

설계속도 (km/h)	횡방향미끄럼 마찰계수	최소 평면곡선 반지름(m)	
		최대 편경사 6%	
		계산값	규정값
120	0.10	709	710
110	0.10	596	600
100	0.11	463	460
90	0.11	375	380
80	0.12	280	280
70	0.13	203	200
60	0.14	142	140
50	0.16	89	90
40	0.16	57	60
30	0.16	32	30
20	0.16	14	15

60 도로의 선형을 설계할 때 고려해야 할 사항으로 틀린 것은?

① 자동차 주행 시 안전성과 쾌적성을 유지하도록 설계한다.
② 선형 설계 시 최대한 지형에 맞추고 설계속도는 고려하지 않는다.
③ 공사비와 편익의 균형이 잡혀 경제적인 타당성을 갖도록 설계한다.
④ 운전자의 시각적 및 심리적 측면에서 양호하도록 설계한다.

해설
설계속도를 기본으로 고려한 후 최대한 지형에 맞추어 설계하여야 한다.

제4과목 도시계획개론

61 도시·군계획시설의 결정·구조 및 설치 기준에 관한 규칙에 따른 용도지역별 도로율 기준이 옳은 것은?(단, 기타 사항은 고려하지 않는다.)

① 녹지지역은 10% 이상 20% 미만이며, 이 경우 간선도로의 도로율은 5% 이상 10% 미만이어야 한다.
② 주거지역은 15% 이상 30% 미만이며, 이 경우 간선도로의 도로율은 8% 이상 15% 미만이어야 한다.
③ 상업지역은 20% 이상 30% 미만이며, 이 경우 간선도로의 도로율은 10% 이상 15% 미만이어야 한다.
④ 공업지역은 20% 이상 30% 미만이며, 이 경우 간선도로의 도로율은 5% 이상 10% 미만이어야 한다.

해설
녹지지역은 도로율 기준이 없다. 상업지역은 25% 이상 35% 미만이며, 이 경우 간선도로의 도로율은 10% 이상 15% 미만이어야 한다. 공업지역은 8% 이상 20% 미만이며, 이 경우 간선도로의 도로율은 4% 이상 10% 미만이어야 한다.

62 도시조사를 위해 활용하는 자료 중 토지·건축 관련 행정 자료에 포함되지 않는 것은?

① 산업총조사보고서 ② 토지이용계획확인원
③ 토지특성조사표   ④ 건축물대장

해설
토지·건축 관련 행정자료인 토지, 재산세 등과 관련 없는 것은 산업총조사 자료이다.

63 지리정보시스템(GIS)에 대한 설명으로 틀린 것은?

① 도형자료는 점, 선, 면의 형태로 이루어져 있다.
② 자료를 다양한 방법과 관점에서 통합하여 모델링할 수 있다.
③ 지리적 정보를 이용하여 데이터베이스를 구축·관리할 수 있다.
④ 속성자료는 3차원의 화상으로 이루어져 있다.

해설
속성자료는 입력에 사용되는 자료이므로 3차원 화상으로 구성되어 있지는 않다.

64 다음 중 주로 도시 내부의 공간 구조 형성을 설명하는 이론이 아닌 것은?

① 다핵 이론   ② 선형 이론
③ 동심원 이론 ④ 중심지 이론

해설
도시내부공간 구조이론으로 동심원설(버제스), 선형설(호이트), 다핵설(해리스, 울만), 삼지대론(디킨스), 다차원이론(시몬스, 벨, 윌리암스) 등이 있다. 중심지이론은 도시 간 도시구조, 즉 도시 간 정주체계를 나타내는 이론이다.

65 격자형 가로망에 대한 설명으로 틀린 것은?

① 지형이 평탄한 도시에 적합하다.
② 고대 및 중세 봉건도시에서 흔히 볼 수 있다.
③ 방사형에 비해 토지 이용 상 결함이 있다.
④ 도로 기능의 다양성이 결여되기 쉽다.

해설
격자형은 방사형에 비해 토지 이용 효율이 좋다.

66 주거단지계획에서 슈퍼블록(super block)을 구성함으로써 얻는 효과로 가장 거리가 먼 것은?

① 완전한 보차분리가 가능하다.
② 커뮤니티시설의 중심 배치에 따라 간선도로변의 활성화가 가능하다.
③ 충분한 공동의 오픈스페이스 확보가 가능하다.
④ 건물을 집약화 함으로써, 고층화·효율화가 가능하나.

해설
간선도로는 차량의 빠른 이동을 보장하는 역할을 하므로 주변 활성화를 기대하기는 어렵다.

67 다음 중 계획가와 계획 도시(안)의 연결이 틀린 것은?

① 르 꼬르뷔제 : 빛나는 도시(Radiant City)
② 테일러 : 위성도시(Satellite City)
③ 마타 : 선상도시(Linear City)
④ 페리 : 래드번(Radburn)

해설
페리는 근린주구(Neighbourhood Unit)를 주장하였다.

68 도시화를 집중적 도시화, 분산적 도시화, 역도시화의 3단계로 구분할 때, 역도시화에 대한 설명으로 가장 거리가 먼 것은?

① 도시권 전체의 인구가 감소하는 단계
② 각종 도시기능들이 도심지역을 중심으로 집중하기 시작하는 단계

③ 도시 규모가 커지게 되어 집적의 불이익이 집적의 이익보다 커지는 단계
④ 도시의 인구 이주가 U-턴 또는 J-턴 현상이 발생하는 단계

해설
각종 도시기능들이 도심지역을 중심으로 집중하는 시기는 집중적 도시화 단계이다.

69 현재 A도시의 인구가 300만명이고 연평균 증가율이 4%라면 10년 후의 추정인구는? (단, 등차급수법에 따른다.)

① 340만명　　② 400만명
③ 420만명　　④ 440만명

해설
$P_n = P_0(1+rn) = 300(1+0.04 \times 10) = 420$

70 공원·녹지체계의 유형 중 단지 내 녹지를 한 곳으로 모으는 경우로, 녹지가 대형화되어 생태적으로 안정성이 높아지나 녹지로의 도달거리가 길어져 접근성이 낮아질 수 있는 유형은?

① 격자형(格子形)　　② 대상형(帶狀形)
③ 분산형(分散形)　　④ 집중형(集中形)

해설
집중형 녹지는 공원·녹지체계의 유형 중 단지 내 녹지를 한 곳으로 모으는 경우로, 녹지가 대형화 됨으로써 생태적으로는 안정성이 높아지는 장점이 있으나 녹지로의 도달거리가 길어져 접근성이 낮아질 수 있는 단점이 있다.

71 도시를 구성하는 토지와 시설에 대한 물리적 계획의 3대 요소에 해당하지 않는 것은?

① 밀도　② 배치　③ 동선　④ 경관

해설
도시 구성의 3대 요소는 시민, 토지, 시설이고, 3대 물리적 요소는 밀도, 배치, 동선이다.

72 지리적·공간적 차원으로서 인간정주사회의 최소 단위인 하나의 인간에서 출발하여 15단계의 공간 단위로 구분한 학자는?

① 게데스(Patrick Geddes)
② 독시아디스(C. A.. Doxiadis)
③ 케빈 린치(Kevin Lynch)
④ 레이먼드 언윈(Raymond Unwin)

해설
지리적·공간적 차원으로서 인간정주사회의 최소 단위인 하나의 인간에서 출발하여 구성요소를 인간, 사회, 자연, 네트워크 구조물의 다섯 가지로 제시하고 15단계의 공간단위로 분류한 학자는 독시아디스(C.A. Doxiadis)이다.

73 다음 중 건폐율의 정의로 옳은 것은?

① 대지면적에 대한 연면적의 비율
② 대지면적에 대한 공지면적의 비율
③ 건축면적에 대한 연면적의 비율
④ 대지면적에 대한 건축면적의 비율

해설
건축법 제55조(건축물의 건폐율) 조항에 의거 대지면적에 대한 건축면적(대지에 건축물이 둘 이상 있는 경우에는 이들 건축면적의 합계로 한다)의 비율을 "건폐율"이라 한다.

74 혼잡한 주요도로의 교차지점에서 각종 차량과 보행자를 원활히 소통시키기 위하여 필요한 곳에 설치하는 교통광장은?

① 근린광장　　② 교차점광장
③ 주요시설광장　　④ 역전광장

해설
교차점광장은 혼잡한 주요도로의 교차지점에서 각종 차량과 보행자를 원활히 소통시키기 위하여 필요한 곳에 설치한다. 중심대광장은 다수인의 집회·행사·사교 등을 위하여 필요한 경우에 설치한다. 근린광장은 주민의 사교, 오락, 휴식 및 공동체 활성화 등을 위하여 근린주거구역별로 설치한다. 건축물부설광장은 건축물의 이용효과를 높이기 위하여 건축물의 내부 또는 그 주위에 설치한다.

75 특별시·광역시·특별자치시·특별자치도·시 또는 군의 관할 구역에 대하여 기본적인 공간 구조와 장기발전방향을 제시하는 종합계획으로서 도시·군관리계획 수립의 지침이 되는 계획은?

① 국가계획　　② 광역도시계획
③ 지구단위계획　　④ 도시·군기본계획

정답　69 ③　70 ④　71 ④　72 ②　73 ④　74 ②　75 ④

> **해설**
> 국토의 계획 및 이용에 관한 법률 제2조(정의) 조항에 의거 "도시·군기본계획"이란 특별시·광역시·특별자치시·특별자치도·시 또는 군의 관할구역에 대하여 기본적인 공간구조와 장기발전방향을 제시하는 종합계획으로서 도시·군관리계획 수립의 지침이 되는 계획을 말한다.

76 가도시화 현상에 대한 설명으로 옳은 것은?

① 몇 개의 대도시와 그 주변 도시들이 융합되는 도시화 현상
② 대도시 중심부의 기능이 약화되어 도시의 공간구조가 도시 주변 지역 중심으로 바뀌는 현상
③ 도시의 부양능력에 비해 지나치게 많은 인구가 도시에 집중하여 인구만 비대해진 도시화 현상
④ 낙후 지역의 효과적인 개발을 위해 잠재력이 큰 지점이나 지방 도시에 대한 집중 투자로 발생하는 도시화 현상

> **해설**
> 가도시화 현상(假都市化, Hyper-Urbanization)이란 산업기반이 부실한 개발도상국의 도시팽창현상을 의미한다. 도시의 부양능력에 비해 시나치게 많은 인구가 도시에 집중하여 인구만 비대해진 도시화 현상을 말하는 이 현상은 산업이 성장함에 따라 농촌인구가 유입되는 것이 아니라 농업의 실패로 인한 유휴인력들이 도시로 몰려드는 이농현상에 기초하여 발생되는 현상이다. ②는 연담도시(連擔都市, Conurbation)에 대한 설명이다.

77 참여형 도시계획으로서 주민참여 도시만들기의 우리나라 최근 동향이라고 볼 수 없는 것은?

① 특정한 주제를 깊이 다룬다.
② 주민참여를 의무화하고 있다.
③ 주민의 참여시기가 빨라지고 있다.
④ 주민의 참여방법이 다양화되고 있다.

> **해설**
> 주민참여 도시만들기의 최근 동향은 주민참여 의무화, 주민의 참여시기 조속화, 주민의 참여방법 다양화 등을 들 수 있으며, 다양한 주제에 관여하는 경향을 보인다.

78 E. Howard가 제안한 전원도시 계획안에 대한 설명이 틀린 것은?

① 인구 규모를 3~5만명으로 한다.
② 도시 주변으로 대규모의 공업지대를 우선 유치하고, 식량은 철도를 통해 타 도시로부터 공급받는 것을 원칙으로 한다.
③ 시가지에는 충분한 오픈스페이스를 확보한다.
④ 계획집행의 철저를 기하기 위해 토지를 공유화한다.

> **해설**
> 하워드(E. Howard)의 전원도시는 소규모 인구, 토지의 공유화, 도시 주변에 넓은 농업지대 확보를 통한 오픈 스페이스(Open Space) 조성, 인구규모 3~5만 명, 위성도시 발달의 근간, 개발이익의 사회환수가 특징이다.

79 도시지역과 그 주변지역의 무질서한 시가화를 방지하고, 계획적·단계적인 개발을 도모하기 위하여 일정 기간 동안 시가화를 유보하고자 지정하는 구역은?

① 시가화개선구역   ② 시가화정비구역
③ 시가화조정구역   ④ 시가화유도구역

> **해설**
> 시가화조정구역이란 도시지역과 그 주변지역의 무질서한 시가화를 방지하고 계획적·단계적인 개발을 도모하기 위하여 대통령령으로 정하는 기간 동안 시가화를 유보할 필요가 있다고 인정되는 구역을 말한다.

80 19세기 중반 파리 개조 계획을 전개한 사람은

① Lynch   ② Mumford
③ Haussmann ④ Hall

> **해설**
> 허쉬만(Haussmann)은 파리대개조운동(파리 개조 계획)을 전개하였다.

제5과목 교통관계법규

81 도로교통법상 교통안전시설(신호기 및 안전표지)의 원칙적인 설치·관리권자에 해당하는 자는? (단, 유료도로법에 따른 유료 도로의 경우는 고려하지 않는다.)

① 지방경찰청장
② 시설관리공단장

정답 76 ③ 77 ① 78 ② 79 ③ 80 ③ 81 ④

③ 국토교통부장관
④ 군수(광역시의 군수 제외)

해설
도로교통법 제3조(신호기 등의 설치 및 관리) 1항 조항에 의거 특별시장·광역시장·제주특별자치도지사 또는 시장·군수(광역시의 군수는 제외한다.)는 도로에서의 위험을 방지하고 교통의 안전과 원활한 소통을 확보하기 위하여 필요하다고 인정하는 경우에는 신호기 및 안전표지를 설치·관리하여야 한다. 다만, 「유료도로법」 제6조에 따른 유료도로에서는 시장등의 지시에 따라 그 도로관리자가 교통안전시설을 설치·관리하여야 한다.

82 도로교통법령상 횡단보도의 설치 기준과 관련한 아래 설명에서 ( )에 들어갈 내용으로 옳은 것은?

> 횡단보도는 육교·지하도 및 다른 횡단보도로부터 다음 각 목에 따른 거리 이내에는 설치하지 아니한다.
> 도로교통법상 정의에 따른 도로로서 도로의 구조·시설 기준에 관한 규칙 제2조제8호에 따른 일반도로 중 집산도로 및 국지도로 : ( )미터

① 50 ② 100 ③ 150 ④ 200

해설
도로교통법 시행규칙 제11조(횡단보도의 설치기준) 4항 조항에 의거 횡단보도는 육교·지하도 및 다른 횡단보도로부터 다음 각 목에 따른 거리 이내에는 설치하지 아니할 것.
가. 법 제2조제1호에 따른 도로로서 「도로의 구조·시설 기준에 관한 규칙」 제2조제8호에 따른 일반도로 중 집산도로(集散道路) 및 국지도로(局地道路): **100미터**

83 주차장법령상 노외주차장의 출입구가 1개인 경우, 차로의 너비 기준이 가장 긴 주차형식은? (단, 이륜자동차전용 노외주차장이 아닌 경우)

① 직각주차 ② 평행주차
③ 45도 대향 주차 ④ 60도 대향 주차

해설
출입구가 1개인 경우 직각주차 6미터, 평행주차 5미터, 45도 대향주차 5미터, 60도 대향주차 5.5미터가 확보되어야 한다.

84 국가통합교통체계효율화법령상 타당성 평가 결과와 예비타당성조사 결과의 비교에서 현저한 차이가 발생한 경우로 인정하는 기준이 옳은 것은? (단, 교통 수요 예측 결과 기준)

① 해당 타당성 평가 실시 결과가 예비타당성조사 실시 결과보다 100분의 5 이상 증감한 경우
② 해당 타당성 평가 실시 결과가 예비타당성조사 실시 결과보다 100분의 10 이상 증감한 경우
③ 해당 타당성 평가 실시 결과가 예비타당성조사 실시 결과보다 100분의 20 이상 증감한 경우
④ 해당 타당성 평가 실시 결과가 예비타당성조사 실시 결과보다 100분의 30 이상 증감한 경우

해설
국가통합국가통합교통체계효율화법 시행규칙 제6조(타당성 평가 결과와 예비타당성조사 결과의 현저한 차이) 1항 조항에 의거 법 제19조제3항에서 "국토교통부령으로 정하는 현저한 차이가 발생한 경우"란 다음 각 호의 어느 하나에 해당하는 경우를 말한다. 〈개정 2013. 3. 23.〉
1. 교통 수요 예측 결과: 해당 타당성 평가 실시 결과가 예비타당성조사 실시 결과보다 **100분의 30** 이상 증감한 경우

85 도로법상 비용부담의 원칙과 관련한 아래 내용 중, ⓐ와 ⓑ에 들어갈 내용이 순서대로 모두 옳은 것은?

> 도로에 관한 비용은 이 법 또는 다른 법률에 특별한 규정이 있는 경우 외에는 도로관리청이 국토교통부장관인 도로에 관한 것은 (ⓐ)가 부담하고, 그 밖의 도로에 관한 것은 해당 도로의 도로관리청이 속해 있는 (ⓑ)가 부담한다.

① ⓐ 국토교통부, ⓑ 지방자치단체
② ⓐ 국토교통부, ⓑ 지방경찰청
③ ⓐ 국가, ⓑ 지방자치단체
④ ⓐ 국가, ⓑ 지방경찰청

해설
도로법 제85조(비용부담의 원칙) 1항 조항에 의거 도로에 관한 비용은 이 법 또는 다른 법률에 특별한 규정이 있는 경우 외에는 도로관리청이 국토교통부장관인 도로에 관한 것은 **국가**가 부담하고, 그 밖의 도로에 관한 것은 해당 도로의 도로관리청이 속해 있는 **지방자치단체**가 부담한다.

86 주차장법령상 노상주차장의 구조·설비기준으로 옳지 않은 것은? (단, 지방자치단체의 조례로 따로 정하는 경우는 고려하지 않는다.)

① 고속도로 또는 고가도로에 설치하여서는 아니 된다.
② 도로의 너비 또는 교통 상황 등을 고려하여 그 도로를 이용하는 자동차의 통행에 지장이 없도록 설치하여

정답 82 ② 83 ① 84 ④ 85 ③ 86 ③

야 한다.
③ 너비 6미터 이상의 도로에 설치해서는 안된다.
④ 주차대수 규모가 20대 이상 50대 미만인 경우 장애인 전용주차구획을 1면 이상 설치하여야 한다.

해 설

주차장법 시행규칙 제4조(노상주차장의 구조 · 설비기준) 1항
3. **너비 6미터 미만의 도로에 설치하여서는 아니 된다.** 다만, 보행자의 통행이나 연도(沿道)의 이용에 지장이 없는 경우로서 해당 지방자치단체의 조례로 따로 정하는 경우에는 그러하지 아니하다.
5. 고속도로, 자동차전용도로 또는 고가도로에 설치하여서는 아니 된다.
7. 도로의 너비 또는 교통 상황 등을 고려하여 그 도로를 이용하는 자동차의 통행에 지장이 없도록 설치하여야 한다.
8. 노상주차장에는 다음 각 목의 구분에 따라 장애인 전용주차구획을 설치하여야 한다.
가. 주차대수 규모가 20대 이상 50대 미만인 경우 : 한 면 이상
나. 주차대수 규모가 50대 이상인 경우 : 주차대수의 2퍼센트부터 4퍼센트까지의 범위에서 장애인의 주차수요를 고려하여 해당 지방자치단체의 조례로 정하는 비율 이상

87 주차장법령상 평행주차형식 외의 경우에서 일반형 주차단위 구획의 너비와 길이 기준으로 옳은 것은?

① 너비 2.0미터 이상, 길이 5.0미터 이상
② 너비 2.0미터 이상, 길이 5.1미터 이상
③ 너비 2.5미터 이상, 길이 5.0미터 이상
④ 너비 2.5미터 이상, 길이 5.1미터 이상

해 설

평행주차형식 외의 경우 주차장의 주차단위 구획 기준

구분	너비	길이
경형	2.0미터 이상	3.6미터 이상
일반형	**2.5미터 이상**	**5.0미터 이상**
확장형	2.6미터 이상	5.2미터 이상
장애인전용	3.3미터 이상	5.0미터 이상
이륜자동차전용	1.0미터 이상	2.3미터 이상

88 도로교통법상 차로와 차로를 구분하기 위하여 그 경계지점을 안전표지로 표시한 선은?

① 연석선   ② 중앙선   ③ 차선   ④ 경계선

해 설

"차선"이란 차로와 차로를 구분하기 위하여 그 경계지점을 안전표지로 표시한 선을 말한다.

89 도시교통정비 촉진법상 교통유발부담금의 부과 · 징수권자는?

① 시장   ② 구청장
③ 지방경찰청장   ④ 행정안전부장관

해 설

도시교통정비촉진법 제36조(교통유발부담금의 부과 · 징수) 1항 조항에 의거 **시장**은 도시교통정비지역에서 교통혼잡의 원인이 되는 시설물의 소유자로부터 매년 교통유발부담금을 부과 · 징수할 수 있다.

90 대중교통의 육성 및 이용촉진에 관한 법률상 아래와 같은 목적으로 지정하는 것은?

> 대중교통을 체계적으로 육성하여 대중교통 이용을 촉진하고 개성있고 지속가능한 대중교통중심의 도시를 조성하기 위하여 필요한 때에는 국토교통부장관이 직접 또는 시 · 도지사의 요청에 의하여 지정할 수 있다.

① 대중교통시범도시   ② 대중교통혁신도시
③ 대중교통협력도시   ④ 대중교통행복도시

해 설

대중교통의 육성 및 이용촉진에 관한 법률 제13조(대중교통시범도시의 지정 · 지원) 1항 조항에 의거 국토교통부장관은 대중교통을 체계적으로 육성하여 대중교통이용을 촉진하고 개성있고 지속가능한 대중교통중심의 도시를 조성하기 위하여 필요한 때에는 직접 또는 시 · 도지사의 요청에 의하여 **대중교통시범도시**를 지정할 수 있다.

91 도시교통정비 촉진법상 국토교통부장관이 도시교통정비지역으로 지정 · 고시할 수 있는 대상 지역 기준은? (단, 도농복합형태의 시의 경우는 읍 · 면 지역을 제외한 지역이다.)

① 인구 10만명 이상의 도시
② 인구 20만명 이상의 도시
③ 인구 30만명 이상의 도시
④ 인구 50만명 이상의 도시

해 설

도시교통정비촉진법 제3조(도시교통정비지역의 지정 · 고시) 1항 조항에 의거 국토교통부장관은 도시교통의 원활한 소통과 교통편의의 증진 및 환경친화적 보전 · 관리를 위하여 다음 각 호의 지역을 도시교통정비지역으로 지정 · 고시할 수 있다.
1. **인구 10만 명 이상의 도시**(도농복합형태의 시는 읍 · 면지역을 제외한 지역의 인구가 10만 명 이상인 경우를 말한다)

92 도시교통정비 촉진법령상 시장 또는 군수는 도시교통정비 중기계획의 단계적 시행에 필요한 연차별 시행계획을 몇 년 단위로 수립하여야 하는가?

① 1년　　② 2년　　③ 3년　　④ 5년

> **해 설**
> 도시교통정비촉진법 시행령 제11조(연차별 시행계획의 수립 및 제출) 1항 조항에 의거 시장 또는 군수는 법 제10조제1항에 따른 연차별 시행계획을 3년 단위로 수립하여야 한다.

93 도로법상 도로의 등급이 높은 것부터 낮은 순서로 옳게 나열한 것은?

① 고속국도-특별시도-일반국도-지방도
② 고속국도-특별시도-지방도-일반국도
③ 고속국도-일반국도-특별시도-지방도
④ 고속국도-일반국도-지방도-특별시도

> **해 설**
> 도로법에서 정한 도로의 등급은 고속국도 – 일반국도 – 특별시도 · 광역시도 – 지방도 – 시도 – 군도 – 구도이다.

94 대도시권 광역교통 관리에 관한 특별법령상 대도시권의 범위 기준과 관련하여, 다음 중 부산·울산권에 해당하지 않는 것은?

① 부산광역시　　② 울산광역시
③ 경상남도 양산시　　④ 경상남도 창녕군

> **해 설**
> 대도시권 광역교통 관리에 관한 특별법 시행령 [별표 1] 대도시권의 범위(제2조관련)에 의거 부산·울산권에는 부산광역시, 울산광역시, 경상북도 경주시 및 경상남도 양산시·김해시·창원시가 해당한다. 경상남도 창녕군은 대구권에 해당한다.

95 도로법상 고속국도에 관한 설명으로 옳지 않은 것은?

① 고속국도의 도로관리청은 국토교통부장관이다.
② 고속국도는 도로교통망의 중요한 축을 이루며 주요 도시를 연결하는 도로로서 자동차 전용의 고속교통에 사용되는 도로 노선을 정하여 지정·고시한 것이다.
③ 고속국도에서는 자동차만을 사용해서 통행하거나 출입하여야 한다.
④ 고속국도와 다른 도로·철도·궤도를 교차시키려는 경우에는 특별한 사유가 없으면 평면교차시설로 하여야 한다.

> **해 설**
> 도로법 제51조(도로와 다른 시설의 교차 방법) 조항에 의거 고속국도, 자동차전용도로 또는 대통령령으로 정하는 도로와 다른 도로, 철도, 궤도, 교통용으로 사용하는 통로나 그 밖의 시설을 교차시키려는 경우에는 특별한 사유가 없으면 **입체교차시설**로 하여야 한다.

96 국가통합교통체계효율화법상 국토교통부장관이 수립하여야 하는 환승센터 및 복합환승센터 구축 기본계획의 수립 주기 기준으로 옳은 것은?

① 3년　　② 5년　　③ 10년　　④ 20년

> **해 설**
> 국가통합교통체계효율화법 제44조(환승센터 및 복합환승센터 구축 기본계획) 1항 조항에 의거 국토교통부장관은 환승센터 및 복합환승센터의 체계적인 구축을 위하여 5년 단위로 환승센터 및 복합환승센터 구축 기본계획을 국가교통위원회의 심의를 거쳐 수립하여야 한다.

97 대도시권 광역교통 관리에 관한 특별법령상 광역교통 개선대책을 수립하여야 하는 대규모 개발사업의 면적 및 수용인구(인원) 기준이 옳은 것은?

① 면적이 100만제곱미터 이상이거나 수용인구(인원) 기준이 1만명 이상인 것
② 면적이 100만제곱미터 이상이거나 수용인구(인원) 기준이 2만명 이상인 것
③ 면적이 50만제곱미터 이상이거나 수용인구(인원) 기준이 1만명 이상인 것
④ 면적이 50만제곱미터 이상이거나 수용인구(인원) 기준이 2만명 이상인 것

> **해 설**
> 대도시권광역교통관리에관한특별법 시행령 제9조(대규모개발사업의 범위 등) 1항 조항에 의거 법 제7조의2제1항에서 "대도시

정답 92 ③　93 ③　94 ④　95 ④　96 ②　97 ③

권의 광역교통에 영향을 미치는 대규모 개발사업 등 대통령령으로 정하는 사업"이란 다음 각 호의 어느 하나에 해당하는 사업으로서 그 면적이 50만제곱미터 이상이거나 수용인구 또는 수용인원이 1만명 이상인 것을 말한다.

98 교통안전법상 국가교통안전기본계획은 몇 년 단위로 수립하여야 하는가?

① 1년 ② 3년 ③ 5년 ④ 10년

해 설
교통안전법 제15조(국가교통안전기본계획) 1항에 의거 국토교통부장관은 국가의 전반적인 교통안전수준의 향상을 도모하기 위하여 교통안전에 관한 기본계획을 5년 단위로 수립하여야 한다.

99 국가통합교통체계효율화법령상 대통령령으로 정하는 규모 이상의 국가기간교통시설 개발사업 · 교통체계지능화사업 또는 교통기술 연구 · 개발사업으로서 국가교통위원회의 심의를 거쳐야 하는 사업 기준에 해당하지 않는 것은?

① 「도로법」에 따른 고속국도의 개발 사업
② 연구 · 개발사업 중 총사업비가 500억원 이상인 사업
③ 교통체계지능화사업 중 총사업비가 500억원 이상인 사업
④ 「신항만건설촉진법」에 따른 신항만 개발사업으로서 총사업비가 500억원 이상인 사업

해 설
국가통합교통체계효율화법 시행령 제103조(국가교통위원회의 심의사항) 1항 조항에 의거 법 제106조제2항제15호에서 "대통령령으로 정하는 규모 이상의 국가기간교통시설 개발사업 · 교통체계지능화사업 또는 교통기술 연구 · 개발사업(시범사업을 포함한다)"이란 다음 각 호의 어느 하나에 해당하는 사업(신규사업만 해당한다)을 말한다.

100 교통안전법령상 교통안전관리자의 직무에 해당하지 않는 것은?

① 교통사고 원인 조사 · 분석 및 기록 유지
② 교통사고 피해자에 대한 적정 손해배상의 보장 범위 판정
③ 기상조건에 따른 안전 운행에 필요한 조치
④ 교통안전관리규정의 시행 및 그 기록의 작성

해 설
교통안전법 시행령 제44조의2(교통안전담당자의 직무) 1항 조항에 의거 교통안전담당자의 직무는 다음 각 호와 같다.
1. 교통안전관리규정의 시행 및 그 기록의 작성 · 보존
2. 교통수단의 운행 · 운항 또는 항행(이하 이 조에서 "운행등"이라 한다) 또는 교통시설의 운영 · 관리와 관련된 안전점검의 지도 · 감독
3. 교통시설의 조건 및 기상조건에 따른 안전 운행등에 필요한 조치
4. 법 제24조제1항에 따른 운전자등(이하 "운전자등"이라 한다)의 운행등 중 근무상태 파악 및 교통안전 교육 · 훈련의 실시
5. 교통사고 원인 조사 · 분석 및 기록 유지
6. 운행기록장치 및 차로이탈경고장치 등의 점검 및 관리

제6과목 교통안전

101 어느 차량이 주행중 도로를 벗어나 9m 아래의 계곡으로 떨어져 도로 끝에서 수평거리 20m인 지점에 추락하였다. 이 차량이 도로를 벗어날 때의 주행속도는?(단, 중력가속도는 9.8㎧ 으로 가정한다.)

① 약 15 km/h ② 약 27 km/h
③ 약 53 km/h ④ 약 75 km/h

해 설
추락시간공식 $t = \sqrt{\dfrac{2h}{g}}$ 초

추락시간 $t = \sqrt{\dfrac{2h}{g}} = \sqrt{\dfrac{2 \times 9}{9.8}} = 1.36$ 초

추락순간속도
$(U_2) = \dfrac{d}{t} = \dfrac{20}{1.36} = 14.76 \text{m/s} = 53.13 \text{km/h}$

102 어떤 장소에서 짧은 시간 동안 수시로 충돌에 근접하는 교통현상을 관측하여 그 장소의 교통사고 위험성을 평가하는 것은?

① 실험계획조사 ② 교통상충조사
③ 회귀분석모형 ④ 안전접근속도분석

해 설
교통사고 위험도 평가방법 중 교통상충법은 과거의 사고자료를 사용하지 않고 어떤 장소에서 짧은 시간 동안 수시로 충돌에 근

접하는 교통현상을 관측하여 그 장소의 사고 위험성을 평가하는 방법이다.

103 교통사고 감소를 위한 3E에 해당하지 않는 것은?

① 공학(Engineering) ② 규제(Enforcement)
③ 교육(Education) ④ 격려(Enhearten)

해 설
교통안전 3E란 ① Education : 교육(운전자교육, 미디어 홍보), ② Engineering : 공학(사고조사 및 분석, 시설정비, 차량안전도 개선), ③ Enforcement : 규제(속도, 안전띠, 음주)를 말한다.

104 차도를 이탈한 차량이 고정 장애물에 직접 충돌하는 것을 막기 위해 차량의 충돌 시 속도가 완만하게 줄어들도록 하거나 충돌 후 방향이 전환되도록 고안된 안전시설은?

① 숏 블라스팅 ② 과속방지시설
③ 시선유도표시 ④ 충격흡수시설

해 설
충격흡수시설이란 차도를 이탈한 차량이 고정 장애물에 직접 충돌하는 것을 막기 위해 차량의 충돌 시 그 속도가 완만하게 줄어들도록 하거나 충돌 후 그 방향이 전환되도록 고안된 안전시설을 말한다.

105 다음 중 차량감속과 동과교통억제를 통해 보행환경 및 도로공간을 개선하고자 교통정온화 기법을 도입한 사례가 아닌 것은?

① 일본의 커뮤니티 도로 ② 네덜란드의 본엘프
③ 미국 커뮤니티가든 ④ 영국의 홈존

해 설
교통정온화기법을 도입한 해외사례로 네덜란드의 본엘프(Woonerf, 생활의 터), 일본의 커뮤니티 도로(보행환경개선 – 일방향통행), 독일의 보차공존구간(30~40m 간격으로 주행속도 억제시설 설치), 영국의 홈존을 들 수 있다. 미국의 커뮤니티 가든은 지역 공동체 사람들이 참여하여 꽃과 채소 등을 공동으로 재배하는 새로운 형태의 도시녹지 확보방안을 말한다.

106 길이가 10km인 도로 구간에서 3년 간 50건의 교통사고가 발생하였다. 이 도로 구간의 AADT가 12,000대일 때 백만차량·km당 사고율은?

① 0.38건 ② 3.42건 ③ 3.81건 ④ 38.1건

해 설
사고율
$= \dfrac{\text{교통사고건수} \times 100{,}000{,}000}{\text{일평균교통량}(ADT) \times \text{조사기간일수} \times \text{도로구간길이}(km)}$
$= \dfrac{50 \times 100{,}000{,}000}{12{,}000 \times (365 \times 3) \times 10} = 0.3805$, ∴ 0.38

107 교통사고 위험구간 선정 방법 중 사고율-통계적 방법(한계사고율법)에 대한 설명으로 틀린 것은?

① 사용변수로서 MEV 당 사고율 등 교통사고율을 사용한다.
② 여러 장소에서 임의로 발생하는 사고건수는 포아송 분포를 따르며, 사고건수가 커지면 포아송 분포가 정규분포에 근사화되는 특성을 이용하였다.
③ 유사한 특성을 갖는 장소의 평균사고율을 활용하여 위험구간을 선정한다.
④ 실제사고율이 임계사고율보다 작은 장소를 교통사고 위험구간으로 선정한다.

해 설
실제 사고율이 임계사고율보다 큰 장소를 교통사고 위험구간으로 선정한다.

108 교통사고 조사의 일반 원칙 사항으로 가장 거리가 먼 것은?

① 신속한 조사를 행할 것
② 주도 면밀한 조사를 행할 것
③ 확고 부동한 사실을 파악할 것
④ 가해자의 진술을 존중하고 인정할 것

해 설
교통사고 처리에서 가해자는 사고에 대한 불만이 있거나 조사 결과에도 이의를 제기하는 경우가 많다. 이러한 편향된 의견을 가진 가해자의 진술은 객관적인 시각에서 판단해야할 필요가 있다.

109 운전자의 태도와 교통사고와의 일반적인 관계가 옳은 것은?

① 사고다발자는 책임감이 강하다.
② 사고다발자는 강한 준법정신을 가지고 있다.

정답 103 ④ 104 ④ 105 ③ 106 ① 107 ④ 108 ④ 109 ④

③ 교통사고와 운전자의 책임감과는 관계가 없다.
④ 사고다발자는 일반운전자에 비하여 공격적이고 자신의 능력을 과신하는 경향이 있다.

> **해설**
> 운전자의 태도와 교통사고의 일반적인 관계
> ① 교통사고와 운전자의 책임감은 밀접한 관계가 있다.
> ② 교통사고 운전자는 책임감과 준법정신이 약하다.
> ③ 사고다발자는 일반운전자에 비하여 공격적이고 자신의 능력을 과신한다.

110 주행 중이던 차량이 40m의 거리를 미끄러져 주차한 차량과 충돌하였고, 충돌 후 두 차량이 함께 20m를 미끄러져 정지하였다. 두 차량의 무게가 동일할 때 주행차량의 초기 속도는? (단, 마찰계수는 0.4 이다.)

① 100.4 km/시 ② 105.4 km/시
③ 110.4 km/시 ④ 115.4 km/시

> **해설**
> $$v_1 = \sqrt{254f\left[s_2\left(\frac{w_A+w_B}{w_A}\right)^2 + s_1\right]}$$
> $$= \sqrt{254 \times 0.4\left[20\left(\frac{1+1}{1}\right)^2 + 40\right]} = 110.42\,\text{km/h}$$

111 가시도가 불량하여 발생하는 야간사고의 개선대책으로 옳지 않은 것은?

① 주의표지 설치
② 가로조명시설 증설
③ 버스 정차대 규모 조정
④ 교통신호와 혼동 가능한 네온사인의 제한

> **해설**
> 야간사고는 어두워 잘 보이지 않아서 발생한다. 따라서 시설 규모를 조정하는 것은 가시도의 개선과 큰 관련이 없다. 그러므로 버스정차대의 규모의 조정은 야간사고의 개선대책으로 보기 어렵다.

112 교통안전법상 용어의 정의가 옳지 않은 것은?

① "교통사고"라 함은 교통수단의 운행·항행·운항과 관련된 사람의 사상 또는 물건의 손괴를 말한다.
② "교통체계"라 함은 사람 또는 화물의 이동·운송과 관련된 활동을 수행하기 위하여 개별적으로 또는 서로 유기적으로 연계되어 있는 교통수단 및 교통시설의 이용·관리·운영체계 또는 이와 관련된 산업 및 제도 등을 말한다.
③ "교통수단안전점검"이란 교통안전과 관련된 조사·측정·평가업무를 전문적으로 수행하는 교통안전진단기관이 교통수단·교통시설 또는 교통체계에 대하여 교통안전에 관한 위험요인을 조사·측정 및 평가하는 모든 활동을 말한다.
④ "교통시설"이라 함은 교통수단의 운행·운항 또는 항행에 필요한 시설과 그 기설에 부속되어 사람의 이동 또는 교통수단의 원활하고 안전한 운행·운항 또는 항행을 보조하는 교통안전표지·교통관제시설·항행안전시설 등의 시설 또는 공작물을 말한다.

> **해설**
> "교통수단안전점검"이란 교통행정기관이 이 법 또는 관계법령에 따라 소관 교통수단에 대하여 교통안전에 관한 위험요인을 조사·점검 및 평가하는 모든 활동을 말한다.
> "교통시설안전진단"이란 육상교통·해상교통 또는 항공교통의 안전과 관련된 조사·측정·평가업무를 전문적으로 수행하는 교통안전진단기관이 교통시설에 대하여 교통안전에 관한 위험요인을 조사·측정 및 평가하는 모든 활동을 말한다.

113 교통사고의 원인과 개선방안의 연결이 틀린 것은?

① 선형불량 - 연석 시설 개선
② 시거불량 - 시선유도표지 설치
③ 보행자 횡단 - 보행자 안전지대 설치
④ 미끄러운 노면 - 노면요철 처리

> **해설**
> 선형불량이 원인이 된 사고는 도로의 재설계, 시선유도표시설치, 커브예고표지설치 등의 방법으로 개선 가능하다.

114 과속방지턱의 구조 기준으로 옳지 않은 것은?

① 형상은 원호형을 표준으로 한다.
② 충분한 시인성을 갖기 위해 비반사성 도료를 사용하여 표면 도색함을 원칙으로 한다.
③ 도로의 노면 포장 재료와 동일한 재료로써 노면과 일체가 되도록 설치함을 원칙으로 한다.
④ 제원을 설치길이 3.6m, 설치 높이 10cm로 한다.

해설
야간 시인성을 위해 반사성 도료를 사용하여야 한다.

115 교통사고의 구분 중 경상사고와 관련한 아래 내용에서 ( )에 들어갈 내용으로 옳은 것은?

> 교통사고로 인하여 다친 사람이 의사의 최초 진단 결과 ( )의 치료가 필요한 상해를 입은 사고

① 7일 미만
② 3주 이상
③ 5일 이상 3주 미만
④ 10일 이상 30일 미만

해설
교통사고로 인한 인명피해 구분 기준
① 사망 : 30일 이내
② 중상 : 3주 치료
③ 경상 : 3주 미만 5일 이상 치료
④ 부상 : 5일 미만 치료

116 세 갈래 교차로 (ⓐ)와 네 갈래 교차로 (ⓑ)의 교차상충의 수로 모두 옳은 것은?

① ⓐ 3개, ⓑ 8개
② ⓐ 3개, ⓑ 16개
③ ⓐ 4개, ⓑ 16개
④ ⓐ 9개, ⓑ 32개

해설
세갈래교차로는 교차상충 3개, 합류상충 3개, 분류상충 3개이고, 네갈래교차로는 교차상충 16개, 합류상충 8개, 분류상충 8개이다.

117 다음 중 사고를 초래하는 운전자의 행동과 가장 거리가 먼 것은?

① 법규위반(violation)
② 침착(patience)
③ 착오(lapses)
④ 실수(errors)

해설
침착한 행동은 사고를 예방하는데 도움이 된다.

118 교통안전진단의 목표로 거리가 가장 먼 것은?

① 해당 사업의 건설비를 최소화한다.
② 교통사고의 위험 및 정도를 최소화한다.
③ 건설 후의 치료적 작업의 필요성을 최소화한다.
④ 그 사업의 전공용기간의 관련 비용을 최소화한다.

해설
교통안전진단은 사고의 위험을 최소화하고, 추가적인 작업의 필요성을 최소화시켜 불필요한 비용이 추가되는 것을 방지하는 것을 목적으로 한다. 건설비의 최소화 자체를 목표로 보기는 어렵다.

119 교통사고를 유발하는 위험요소를 찾아 분석하고 제거하며, 제거하지 못할 경우 운전자에게 미리 위험요소를 알려주어 보다 안전하고 올바른 주행을 유도하는 교통안전성 향상 기법은?

① Inclusive transport
② Positive guidance
③ Social distancing
④ Advanced clean transit

해설
Positive Guidance는 운전자들에게 필요한 정보를 올바른 방법으로 제공하여 운전자들이 충돌을 피할 수 있게 해야 한다는 개념으로 교통사고를 유발하는 위험요소를 찾아 분석하고 제거하며, 제거하지 못할 경우 운전자에게 미리 위험요소를 알려주어 보다 안전하고 올바른 주행을 유도하는 교통안전성 향상 기법을 말한다.

120 어떤 차량이 평탄한 도로에서 50m의 스키드마크를 나타내며 충돌 없이 정지하였다. 이 차량의 제동 직전의 주행속도는? (단, 마찰계수는 0.5이다.)

① 60 km/h
② 70 km/h
③ 80 km/h
④ 90 km/h

해설
$V = \sqrt{254(f+i) \cdot l} = \sqrt{254(0.5+0) \cdot 50}$
$= 79.687 ≒ 80$

정답 115 ③　116 ②　117 ②　118 ①　119 ②　120 ③

2회 2022년 기출문제

제1과목 교통계획

1 버스와 지하철의 효용함수 값이 각각 −0.55, −0.88일 때, 로짓모형에 의한 각 수단별 선택확률은?

① 버스 0.64, 지하철 0.36
② 버스 0.58, 지하철 0.42
③ 버스 0.33, 지하철 0.67
④ 버스 0.22, 지하철 0.78

[해설]
로짓 모형 계산에 의한 선택확률
㉠ 버스의 효용 : $V_{버스} = -0.55$
㉡ 지하철의 효용 : $V_{지하철} = -0.88$
㉢ 버스 선택확률 : $P_{(버스)} = \dfrac{e^{-0.55}}{e^{-0.55} + e^{-0.88}} = 0.58$
㉣ 지하철 선택확률 : $P_{(지하철)} = \dfrac{e^{-0.88}}{e^{-0.55} + e^{-0.88}} = 0.42$

2 버스운영체계 중 공동배차제의 유형에 속하지 않는 것은?

① 수입금 공동관리제
② 차량 공동관리제
③ 노선 공동관리제
④ 운전자 공동관리제

[해설]
공동배차제란 특정한 노선에 대해 여러 버스회사들이 배차 순서를 분할받아 차량을 투입하여 운영하고, 차량과 수입금을 공동으로 관리하는 제도를 말한다. 노선, 수입금, 차량공동관리형으로 구분된다.

3 토지이용과 교통체계의 관계에서, 토지이용 변화에 따른 통행발생량이 증가함에 따라 ⓐ ~ ⓒ중 상승(증가, 확충 또는 확대)되는 사항을 모두 고른 것은? (단, 지가의 변화는 토지이용 변화에 다시 영향을 준다.)

```
토지이용변화 → 통행발생량 및 교통량 증가 →
ⓐ 교통시설 → ⓑ 접근성 → ⓒ 지가
```

① ⓐ   ② ⓐ, ⓑ   ③ ⓑ, ⓒ   ④ ⓐ, ⓑ, ⓒ

[해설]
토지이용의 변화에 따라 통행발생량 및 교통량이 증가하게 되고, 교통시설 역시 늘어나게 된다. 이러한 교통시설의 증가는 접근성의 증대로 이어져 결국 지가의 상승을 가져온다.

4 통행분포(Trip Distribution) 단계에 사용되는 모형 중 프라타모형의 계산과정을 보다 단순화시킨 모형은?

① 카테고리분석 모형   ② 디트로이트 모형
③ 회귀분석 모형   ④ 중력 모형

[해설]
디트로이트 모형은 균일성장인자, 평균성장인자, 프라타모형과 함께 성장인자 모형을 구성하는 모형으로 프라타모형의 계산과정을 단순화시켜 만든 모형이다.

5 교통체계관리(TSM)기법의 특성에 관한 설명으로 틀린 것은?

① 장기교통계획 과정에 해당한다.
② 기존 교통 시설의 효율적 이용을 도모한다.
③ 차량보다 사람(여객)의 효율적 움직임에 중점을 둔다.
④ 투자 및 운영 비용이 저렴한 편이다.

[해설]
교통체계관리는 단기교통계획의 대표적 기법에 해당한다.

6 개인교통수단과 비교하여 대중교통이 갖는 일반적인 특성과 거리가 가장 먼 것은?

① 불특정 다수의 수송에 용이하다.
② 수송 경로의 유동성이 크다.
③ 이용 비용이 저렴한 편이다.
④ 수송이 대량·집약적이다.

[해설]
대중교통은 수송경로가 "노선"으로 고정되어 있다.

정답 01 ② 02 ④ 03 ④ 04 ② 05 ① 06 ②

7 개인통행실태조사 시행 방법 기준이 틀린 것은?

① 조사대상은 조사시점 현재 대한민국에 상주하는 만 5세 이상의 내·외국인으로 한다.
② 개인통행실태조사는 조사내용에 따라 개인·가구속성조사와 개인통행실태조사로 구분된다.
③ 표본수가 결정되면 층화추출법으로 표본을 추출하고 본조사를 실시한다.
④ 조사방법은 학교 및 직장 매체 등을 통한 기관방문조사를 원칙으로 하고, 조사가 용이하지 않은 경우 가구방문조사를 병행한다.

해설
개인통행실태조사 방법은 조사원이 직접 가구를 방문하여 조사하는 가구방문조사를 원칙으로 한다.

8 교통계획 수립 시 통행분포(Trip Distribution) 단계에서 사용하는 분석 모형이 아닌 것은?

① 중력 모형
② 성장인자 모형
③ 간섭기회 모형
④ 교차분류분석 모형

해설
통행분포 단계에서는 성장인자모형, 중력모형, 간섭기회모형, 엔트로피 극대화 모형이 사용된다.

9 로짓모형과 프로빗모형에 대한 설명으로 옳은 것은?

① 로짓모형은 이항모형이고 프로빗모형은 다항모형이다.
② 로짓모형은 통합모형이고 프로빗모형은 개별행태모형이다.
③ 로짓모형은 오차항이 와이블분포를 따르고 프로빗모형은 오차항이 정규분포를 따른다고 가정한다.
④ 로짓모형은 비관련 대안간 독립성과 관련한 문제가 없으며, 프로빗모형은 자유로운 상관 관계를 허용하지 않는다.

해설
- 어떤 대안의 총 효용은 결정적 효용요소와 확률적 효용요소로 이루어져 있다.
- 결정적 효용은 통행시간, 통행비용, 대안선택 주체의 나이, 소득 등으로 구성되는 효용으로 직접적인 계산을 통해 수치화가 가능하다.
- 확률적 효용요소는 확률적 효용에 대한 확률분포의 구체적 가정이 있어야 모형을 적용할 수 있고, 모형이 적용되어야 선택확률의 계산이 가능하다는 특성을 갖는다.
- 이때, 확률적 효용요소가 와이블 분포(Weibull distribution)를 가진 것으로 가정하면 로짓(Logit) 모형이 되고, 정규분포(Normal distribution)를 가진 것으로 가정하면 프로빗(Probit) 모형이 된다.

10 철도 역사건설에 따른 경제성 분석 시 편익항목에 해당하지 않는 것은?

① 운영비 절감
② 교통사고 감소
③ 통행시간 감소
④ 주변지가의 상승

해설
도로·철도 부문 사업 시행에 따른 공통편익 항목에는 차량운행비용 절감편익, 통행시간 절감편익, 교통사고 감소편익, 환경비용(공해 및 소음) 절감편익이 있다.

11 교통체계관리(TSM) 기법에서 교통수요를 억제시키는 방법으로 거리가 가장 먼 것은?

① 가변차로제 실시
② 주차제한구역 확대
③ 버스전용차로 설치
④ 자동차 통행제한구역 설치

해설
가변차로제를 실시하면 승용차 통행이 원활해지므로 수요가 더 증가하게 된다.

12 선호의식(Stated Perference)데이터와 선호결과(Revealed Perference)데이터에 대한 설명으로 옳은 것은?

① SP데이터는 가상 상황에 대한 대안을 평가할 수 없다.
② SP데이터는 1인의 회답자로부터 복수데이터를 얻을 수 있다.
③ RP데이터는 현존하지 않는 대안에 대한 선호정보를 평가할 수 있다.
④ RP데이터는 대체안의 속성에 대한 다양한 형태의 자료를 얻을 수 있다.

정답 07 ④ 08 ④ 09 ③ 10 ④ 11 ① 12 ②

해설

SP데이터는 아직 시행되지 않은 사업에 대한 상황을 묻기 때문에 가상상황에 대한 대안을 평가할 수 있다. 또한 SP데이터는 사업시행에 따른 응답자의 의향을 묻기 때문에 1인의 회답자로부터 복수데이터를 얻을 수 있다.
RP데이터는 나타난 현상에 대한 질문을 하는 것이기 때문에 현존하지 않는 대안에 대한 선호정보를 평가할 수 없다. 또한 RP데이터는 대체안이 시행된 후에야 조사할 수 있는 것이므로 대체안의 속성에 대한 다양한 형태의 자료를 얻을 수 없다.

13 내부수익률법에 대한 설명으로 틀린 것은?

① 다른 대안과 비교하기 쉽다.
② 사업의 수익성을 측정할 수 있다.
③ 평가과정과 결과를 이해하기 쉽다.
④ 사업의 절대적인 규모를 고려할 수 있다.

해설

기법	장점	단점
IRR (내부수익률)	• 사업의 수익성 측정 가능 • 타 대안과 비교가 용이	• 사업의 절대적인 규모를 고려하지 못함

할인율을 찾고 이를 사회적 할인율과 비교하므로 사업의 절대적인 규모를 고려하지 못하는 것이 IRR의 결정적인 단점이다.

14 사람통행실태조사방법에 해당하지 않는 것은?

① 스크린라인조사   ② 폐쇄선조사
③ 가구방문조사   ④ 이동차량조사법

해설

스크린라인, 폐쇄선, 가구방문조사는 사람통행 실태조사방법에 해당하고, 이동차량조사법은 시험차량방법, 차량번호판 판독법, 직접관측법, 면접방법과 함께 통행시간 및 지체조사 방법에 해당한다.

15 교통대안 사업의 경제성 분석 시 고려할 요소로 거리가 가장 먼 것은?

① 할인율   ② 사업주체
③ 이용자 편익   ④ 건설비의 소요 규모

해설

경제성 분석에는 비용과 편익외에 사회적 할인율이 필수적으로 필요하다. 사업주체가 누구인지는 경제성분석시 고려할 요소로 적합하지 않다.

16 교통존을 설정하는 기준으로 틀린 것은?

① 존의 경계는 가급적 행정구역과 일치시킨다.
② 존의 모양은 원형보다는 공간적으로 길게 늘어진 형태가 되도록 한다.
③ 존 내부의 사회적·경제적 특성이 균일해야 한다.
④ 각 존의 가구 수, 인구 및 통행량이 비슷한 것이 좋다.

해설

교통존은 가급적 원형으로 한다.

17 전량배분법(All-or-Nothing)에 대한 설명으로 틀린 것은?

① 이론이 매우 단순하다.
② 변화되는 통행시간을 고려할 수 없다.
③ 통행자의 행태적 측면을 반영하기 쉽다.
④ 도로의 용량을 초과하는 배분이 발생할 수 있다.

해설

전량배분법은 하나의 경로에 모든 통행이 집중되는 기법이므로 다양한 통행자의 행태적 측면을 반영하기 어렵다. 통행자의 행태적 측면을 반영하는 기법은 개별행태모형이다.

18 주행 중인 차량이 다른 차량 또는 도로시설과 실시간으로 통신을 하며 위험요소를 서로 공유하여 사고를 예방할 수 있는 차세대 지능형 교통체계는?

① A-ITS   ② C-ITS   ③ S-ITS   ④ T-ITS

해설

차량과 차량(Vehicle to Vehicle, V2V), 차량과 인프라(Vehicle to X, V2X) 간 실시간 상호 통신을 통하여 정보를 주고받음으로써 보다 안전한 교통체계를 구축하는 ITS 기법을 C-ITS(Cooperative Intelligent Transport Systems, 협력지능형교통체계)라 한다.

19 어느 도심지의 첨두 한 시간당 주차요금이 3,000원, 주차수요는 10,000대이다. 주차요금이 25% 인상 될 때 수요 감소량이 500대라면, 주차요금에 대한 수요탄력성은 얼마인가?

① -0.1   ② -0.2   ③ -0.3   ④ -0.4

정답 13 ④　14 ④　15 ②　16 ②　17 ③　18 ②　19 ②

해설

$$e = \frac{\frac{\partial V}{V_0}}{\frac{\partial P}{P_0}} = \frac{\Delta V}{\Delta P} \cdot \frac{P}{V}, \quad e = \frac{\frac{-500}{10,000}}{\frac{750}{3,000}} = -0.2$$

20. 교통계획을 계획기간, 계획대상, 계획의 공간적 범위에 따라 구분할 때, 다음 중 계획의 공간적 범위에 따른 분류에 해당하지 않는 것은?

① 대중교통계획 ② 도시교통계획
③ 지구교통계획 ④ 지역교통계획

해설
계획의 공간적범위에 따른 분류는 지역, 도시, 지구, 교통축이다. 대중교통계획은 대상별 구분에 해당한다. 대상별 구분에는 도로망, 대중교통, 교차로, 주차시설, 보행시설, 자전거도로 등이 있다.

제2과목 교통공학

21. Greenshield의 교통류 모형에 따라 자유속도(Free Flow Speed)가 90km/h 일 때 용량상태에서의 교통류 속도는 얼마인가?

① 72 km/h ② 63 km/h
③ 45 km/h ④ 30 km/h

해설
Greenshield 모형에서 용량상태에서의 속도는 자유속도의 1/2이므로 45km/h가 된다.

22. 도착 교통량이 시간당 900대 일 때, 30초 동안 5대가 도착할 확률은?(단, 도착 교통량은 포아송 분포를 따른다.)

① 0.070 ② 0.109 ③ 0.214 ④ 0.251

해설
평균$(m) = \frac{900}{3,600} = 1$대/4초 $= 7.5$대/30초,

$P_{(x)} = \frac{m^x \times e^{-m}}{x!}$, $P_{(5)} = \frac{7.5^5 \times e^{-7.5}}{5!} = 0.109$

23. 다음과 같은 교통량 조건에서 중방향 계수(D)는?

- 도로의 양방향 교통량 : 5,000대/시
- 상행 교통량 : 2,800대/시
- 하행 교통량 : 2,200대/시

① 0.44 ② 0.56 ③ 0.60 ④ 0.79

해설
$D = \frac{2,800}{5,000} = 0.56$

24. 감응식 신호기(Traffic Actuated Signal)에 비해 정주기식 신호기(Pretimed Signal)가 갖는 장점에 해당하지 않는 것은?

① 인접한 교차로간의 연동이 용이하다.
② 구조가 간단하고 설치비용이 저렴한 편이다.
③ 교통량 변동의 예측이 불가능할 경우 적용이 용이하다.
④ 보행자 교통량이 일정하면서 많은 곳에는 감응식 신호기보다 정주기식 신호가 좋다.

해설
교통량 변동의 예측이 불가능할 경우에는 교통량의 변동에 대응할 수 있는 감응식 신호기를 사용하는 것이 좋다.

25. 고속도로의 제한속도 개선을 위한 속도 조사에서 속도의 표준편차를 10km/h, 허용오차를 2km/h로 할 때 필요한 최소 표본수는? (단, 신뢰도는 95%이다.)

① 50대 ② 70대 ③ 80대 ④ 100대

해설
$n \geq \left(\frac{Z_{\frac{\alpha}{2}} \times \sigma}{\varepsilon}\right)^2 = \left(\frac{1.96 \times 10}{2}\right)^2 = 96.04$ ∴ 약 100대

26. 소요현시율의 합이 0.85, 주기당 총 손실시간이 16초 일 때, Webster 방식에 의한 적정 주기는? (단, 계산 결과 값만으로 주기를 정한다.)

① 136초 ② 152초 ③ 174초 ④ 193초

정답 20 ① 21 ③ 22 ② 23 ② 24 ③ 25 ④ 26 ④

해 설

$$c = \frac{1.5(16)+5}{1-0.85} = \frac{29}{0.15} = 193$$

27 다차로도로의 서비스수준 평가를 위한 효과척도로 옳은 것은?

① 최고제한속도 ② 정지횟수
③ 지체시간 비율 ④ 평균 통행속도

해 설

다차로 도로는 유형 I 에서는 V/C, 유형 II 에서는 평균통행속도(km/h)를 MOE로 사용한다. 다차로 도로는 유형 I과 유형 II로 구분되는데 각각의 특징은 아래와 같다.
㉠ 유형 I : 연속류 특성이 가장 강하게 나타나는 도로로서, 설계속도는 90~100kph, 기본조건의 각 최대 통행속도는 87kph와 97kph이다. 신호교차로가 없으며 입체교차로가 되어 있고 출입 연결로와 측도가 설치된 도로를 말한다.
㉡ 유형 II : 연속류 특성이 다소 우세하게 나타나는 도로로서, 설계속도는 70~80kph, 기본조건의 최대 통행속도는 87kph와 70kph이다. 부속시설 측면에서 신호등 밀도가 0.5개/km 이하이며, 부분적으로 입체화된 상태의 도로를 말한다.

28 어떤 교차로에서 운전자 반응시간 1초, 차량의 접근 속도 30km/h, 감속도 3.0㎨, 교차로의 폭 25m, 차량 길이 5m, 전적색시간(all red time)이 1초일 때 황색신호시간은?

① 약 3.0초 ② 약 4.0초
③ 약 5.0초 ④ 약 6.0초

해 설

$$y = t + \frac{v}{2a} + \frac{w+l}{v}$$
$$= 1 + \frac{30 \div 3.6}{2 \times 3} + \frac{25+5}{30 \div 3.6} = 5.989,$$

약 6초 전적색시간(all red time)이 1초 주어져야 하므로 황색신호시간에서 빼줘야한다. 따라서 적정황색신호시간은 5.989-1 = 4.989, 약 5.0초가 된다.

29 도로의 기능을 이동성과 접근성으로 구분할 때, 다음 중 이동성이 가장 높은 도로는?

① 고속국도 ② 보조간선도로
③ 집산도로 ④ 국지도로

해 설

도로의 기능별 분류를 찾는 것이 아니고 이동성과 접근성으로만 구분할 경우를 찾는 문제이다. 가장 이동성이 높은 도로는 고속국도, 즉 고속도로이다.

30 아래의 교통량-밀도-속도 모형에 대한 설명이 옳은 것은?

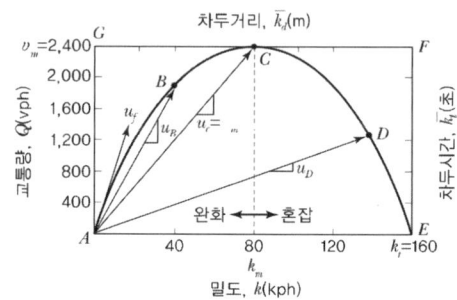

① 차두시간(초)의 최소점은 F점이다.
② 자유속도는 A점과 C점을 연결하는 기울기다.
③ A점에서의 밀도는 교통신호에 의해 정지된 상태의 밀도를 나타낸다.
④ 차두거리(m)의 최소점은 G점이나.

해 설

① 밀도가 가장 높은 지점이 차두시간이 가장 작은 지점이다.
② 자유속도는 밀도가 가장 낮은 곳에서의 기울기 u_f 이다.
③ A점의 밀도는 차가 한 대도 없어 차량이 측정되지 않아 0으로 나타나는 밀도이다.
④ 차두거리(m)의 최소점은 밀도가 가장 높은 지점인 F점이다.

31 교통류의 분석 사례에 따라 적용하는 확률분포함수의 내용이 옳지 않은 것은?

① 교통류 흐름 내 차두간격의 분포를 파악하기 위하여 얼랑(Erlang)분포를 적용하였다.
② 좌회전 차로의 포켓길이(베이길이)를 산정하기 위하여 포아송 분포를 적용하였다.
③ 우회전·직진 공유차로 교통량 중 적색우회전 교통량(RTOR) 추정에 편의된 음지수 분포를 적용하였다.
④ 비보호좌회전 용량 산정을 위한 대향 방향 차간 간격의 해석을 위하여 음지수분포를 적용하였다.

해설
편의된 음지수분포는 한 차로에서 차간시간은 0이 될 수 없으며 최소한의 안전 차두시간을 갖는다는 개념을 적용할 때 사용한다. 즉, 최소허용차두시간의 개념을 적용하는 상황에서 적용해야 한다. 우회전·직진 공유차로 교통량 중 적색우회전 교통량을 추정하고 싶다면 이항분포를 사용한다. 우회전을 적색우회전과 녹색우회전으로 구분하여 추정하는 경우라면 다항분포를 사용한다.

32 주도로 교통의 우선 처리를 중심으로 하는 교차로 교통통제의 기대효과와 가장 거리가 먼 것은?

① 중대교통사고의 감소 ② 전반적인 지체의 감소
③ 주도로 통행속도 증가 ④ 용량의 증가

해설
주도로 교통을 우선 처리하면 주도로의 통행속도가 증가하고 지체가 감소되어 용량이 증대되는 효과를 볼 수 있다. 주도로 교통의 우선처리로 사고를 감소시킬 수 있다고 기대하기는 어렵다.

33 신호 교차로에서 정지선을 통과하는 차량의 차두간격(headway)이 아래와 같을 때 출발손실시간은?

대기차량번호	1	2	3	4	5	6	7	8	9
차두간격(초)	2.7	2.8	2.2	2.0	1.9	1.8	1.8	1.8	1.8

① 1.8초 ② 2.0초 ③ 2.3초 ④ 2.6초

해설
출발손실시간 = (2.7 − 1.8) + (2.8 − 1.8) + (2.2 − 1.8) + (2.0 − 1.8) + (1.9 − 1.8) = 2.6

34 중량이 1,000kg이고 전체 단면이 3㎡인 차량이 양호한 상태의 노면을 60km/h의 일정한 속도로 달리다가 제동을 하여 감속하였다. 제동 시 타이어와 노면의 마찰계수가 0.5라고 할 때, 다음 설명 중 옳지 않은 것은?

① 주행저항이 고려된 초기 감속도는 약 −5.14㎧이다.
② 0~1초 사이의 감속도가 일정하다고 가정할 때, 감속 1초 후의 속도는 약 41.5km/h, 감속도는 −5.08㎧이다.
③ 최초 감속 후 1초 동안 주행한 거리는 약 14.1m이다.
④ 마찰계수가 0.25인 감속 시, 주행저항이 고려된 초기 감속도는 −2.57㎧이다.

해설
1) 초기 감속도
$R_r = 0.013W = 0.013 \times 1,000 = 13$kg
$R_a = 0.0011AV^2 = 0.0011 \times 3 \times 60^2 = 11.88$kg
$F = f \cdot W = 0.5 \cdot 1000 = 500$kg
$-500 = \frac{1,000a}{9.8} + 13 + 11.88 = -5.14$m/s²

2) 감속 1초 후 속도
$60 - 5.14 \times 3.6 = 41.496$km/h $= 41.5$km/h
감속 1초 후 감속도
$R_a = 0.0011 \times 3 \times 41.5^2 = 5.68$kg
$-500 = \frac{1,000a}{9.8} + 13 + 5.68$
$a = -5.083 = -5.08$m/s²

3) 최초 감속 후 1초 동안의 주행거리
$d = v_0 t + \frac{1}{2}at^2 = \frac{60}{3.6} \times 1 + \frac{1}{2}(-5.08) \times 1^2$
$= 14.12$m $= 14.1$m

4) 마찰계수가 0.25인 감속 시, 주행저항이 고려된 초기 감속도
$R_r = 0.013W = 0.013 \times 1,000 = 13$kg
$R_a = 0.0011AV^2 = 0.0011 \times 3 \times 60^2 = 11.88$kg
$F = f \cdot W = 0.25 \cdot 1000 = 250$kg
$-250 = \frac{1,000a}{9.8} + 13 + 11.88 = -2.69$m/s²

35 신호등 설치의 장점으로 옳지 않은 것은?

① 추돌사고를 감소시킬 수 있다.
② 질서있게 교통류를 이동시킨다.
③ 수동식 교차로 제어보다 경제적이다.
④ 교통량이 많은 도로를 횡단해야 하는 차량이나 보행자를 횡단시킬 수 있다.

해설
교통신호운영의 단점 중 하나는 감속 − 정지 − 출발 등의 조작에 따른 추돌사고의 증가를 들 수 있다.

36 접근지체(approach delay)의 구성요소에 해당하지 않는 것은?

① 정지지체(stopped delay)
② 가속지체(acceleration delay)
③ 감속지체(deceleration delay)
④ 대기행렬지체(queue delay)

정답 32 ① 33 ④ 34 ④ 35 ① 36 ④

> **해 설**
> 접근지체는 감속지체, 정지지체, 가속지체를 합한 것이고, 차량당 제어지체는 균일지체, 증분지체, 추가지체를 합한 것이다.

37 자유류 속도가 70km/h인 도로 구간의 차량 정지선에 있는 차량이 출발하였을 때 충격파의 속도(u_W)rk -35km/h 이었다. 출발하는 차량의 속도는?

① 25 km/h ② 30 km/h
③ 35 km/h ④ 40 km/h

> **해 설**
> 출발하는 차량의 속도가 영향을 주는 상황이므로 느린 속도에서 빠른 속도를 빼줌으로써 충격파의 속도를 구할 수 있다. 충격파의 속도가 주어져 있으므로 출발하는 차량의 속도를 계산할 수 있다.
> x km/h - 70km/h = -35km/h, ∴ x = 35km/h

38 고속도로 기본구간의 서비스 수준 중 차량들이 매우 불안정한 상태로 통행하며, 도로의 용량에 가장 근접(V/C가 1에 도달)하는 단계는?

① A ② C ③ D ④ E

> **해 설**
> 서비스수준 E는 교통류 내의 방향 조작 자유도는 매우 제한되며, 방향을 바꾸기 위해서는 차량이 길을 양보하는 강제적인 방법을 필요로 한다. 교통량이 조금 증가하거나 작은 혼란이 발생하여도 와해 상태가 발생한다. 용량상태의 불안정한 교통류이고 도로의 용량에 가장 근접(V/C가 1에 도달)하는 단계이다.

39 속도조사 지점에서의 유의사항으로 옳지 않은 것은?

① 속도조사 지점에 구경꾼이 모여들지 않도록 한다.
② 속도조사에 이용되는 장비는 접근하는 운전자에게 보이지 않도록 해야 한다.
③ 주로 속도가 높은 차량만을 조사 대상으로 한다.
④ 관찰자가 운전자의 시선을 끌지 않도록 한다.

> **해 설**
> 속도조사는 전체적인 차량이 조사되도록 해야 한다.

40 공간평균속도와 시간평균속도에 대한 설명이 틀린 것은?

① 일반적으로 공간평균속도가 시간평균속도보다 크다.
② 공간평균속도와 시간평균속도가 같은 경우는 개별 차량이 모두 동일한 속도를 보일 때이다.
③ 시간평균속도는 지점속도, 공간평균속도는 비교적 긴 도로구간의 통행속도를 나타내는데 사용된다.
④ 시간평균속도는 각 차량 속도의 산술평균이다.

> **해 설**
> 일반적으로 시간평균속도가 공간평균속도보다 크거나 같다. 시간평균속도와 공간평균속도는 $\overline{u_t} = \overline{u_s} + \dfrac{\sigma_s^2}{\overline{u_s}}$ 관계를 가지므로 공간평균속도는 교통의 흐름이 전혀 변화하지 않는 경우를 제외하고 항상 시간평균속도보다 낮은 값을 나타낸다.

제3과목 교통시설

41 설계구간의 설치 기준에 대한 설명으로 옳은 것은?

① 지형조건, 지역 조건 등이 유사한 구간이나 교통량이 거의 동일한 구간은 설계 구간의 변경점으로 설정하고, 서로 다른 설계구간으로 구분하는 것이 바람직하다.
② 인접한 설계구간과의 설계속도의 차이는 30km/h 이하가 되도록 하여야 한다.
③ 설계속도를 20km 낮출 필요가 있는 경우 10km씩 점차적으로 낮추는 것보다 한번에 20km를 낮추는 것이 좋다.
④ 설계구간의 변경점은 해당 구간의 기하구조 등의 변화에 대해 여유있는 거리를 두고 운전자의 사전 인지가 가능하도록 주의를 기울여야 한다.

> **해 설**
> ① 지형, 지역, 풍경 등이 유사한 구간이나 교통량이 거의 동일한 구간은 하나의 설계구간으로 택하도록 함이 바람직하다.
> ② 인접한 설계구간과의 설계속도의 차이는 시속 20킬로미터 이하가 되도록 하여야 한다.
> ③ 설계속도를 20km/h 감소할 필요가 있는 경우에는 10km/h씩 점차적으로 줄이도록 하며 이러한 구간에 대해서는 교통안전시설에 대한 각별한 주의가 요망된다.
> ④ 설계구간의 변경점은 지형, 지역, 주요한 교차점, 인터체인지 등 교통량이 변화하는 지점, 장대교량과 같은 구조물이 있는 지점 등으로 할 수 있으나, 해당 구간의 기하구조 등의 변화에 대한 정보를 제공하여 충분한 거리를 두고 운전자의 사전 인지가 가능하도록 주의를 기울여야 한다.

정답 37 ③ 38 ④ 39 ③ 40 ① 41 ④

42 평면교차로의 상충 유형이 모두 옳은 것은?

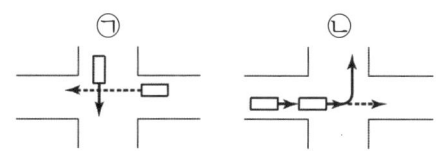

① ㉠ 교차상충, ㉡ 합류상충
② ㉠ 교차상충, ㉡ 분류상충
③ ㉠ 합류상충, ㉡ 교차상충
④ ㉠ 합류상충, ㉡ 분류상충

해설
상충의 종류에는 분류, 합류, 교차상충이 있다. 다른 진행방향에서 진행해 와서 수직으로 교차하는 상충을 교차상충이라고 하며, 같은 방향으로 진행해 오다가 다른 방향으로 분류되며 발생하는 상충을 분류상충, 다른 방향에서 진행해 와서 같은 방향으로 합류되며 발생하는 상충을 합류상충이라 한다.

43 20년 후 예측되는 교통수요(AADT)가 27,500대인 신규 고속도로를 설계속도 110km/h로 설계하고자 한다. 유사한 교통 조건의 다른 도로에서 수집한 아래 조건을 참고하여 도로를 설계할 때 필요한 최소 양방향 차로수는? (단, 서비스교통량이 1,800pcphpl 이며, 유사 도로의 K=0.28, D=0.61, PHF=0.93 이다.)

① 3차로   ② 4차로   ③ 6차로   ④ 8차로

해설
$$PDDHV = \frac{DDHV}{PHF} = \frac{AADT \times K \times D}{PHF}$$
$$= \frac{27,500 \times 0.28 \times 0.61}{0.93} = 5050.5376$$
$$\frac{PDDHV}{\text{서비스교통량}} = \frac{5050.5376}{1,800} = 2.8059 > 2$$
∴ 편도 3차로, 왕복 6차로

44 도로의 횡단면 구성 시 주요 검토사항으로 옳은 것은?

① 설계속도가 높고, 계획교통량이 많은 노선에 대해서는 낮은 규격의 횡단구성요소를 갖추도록 한다.
② 과거 5개년 간 평균 교통수요에 적응할 수 있는 교통처리 능력을 갖추도록 한다.
③ 교통상황과 상관없이 자전거 및 보행자 도로를 분리한다.
④ 도로의 횡단구성 표준화를 도모하여 도로의 유지관리, 유연한 도로기능을 확보하도록 한다.

해설
① 설계속도가 높고, 계획교통량이 많은 노선에 대해서는 "높은" 규격의 횡단구성요소를 갖추도록 한다.
② "설계목표년도"의 교통수요에 적응할 수 있는 교통처리 능력을 갖추도록 한다.
③ 교통상황을 고려하여 자전거 및 보행자 도로의 분리여부를 결정한다.

45 설계기준자동차의 종류별 폭과 길이 기준이 틀린 것은? (단, 보기의 수치는 '폭, 길이' 순서이며, 도로의 구조·시설 기준에 관한 규칙에 따른다.)

① 승용자동차 : 2.0m, 4.7m
② 소형자동차 : 2.0m, 6.0m
③ 대형자동차 : 2.5m, 13.0m
④ 세미트레일러 : 2.5m, 16.7m

해설
승용자동차는 폭 1.7m, 길이 4.7m이다.

46 농어촌 도로처럼 군내에 위치한 주거 단위에 접근하기 위해 제공하며, 통행 거리도 짧고 우리나라 도로망 중에서 도로의 기능이 가장 낮은 도로는?

① 고속도로   ② 집산도로
③ 보조간선도로   ④ 국지도로

해설
도로를 기능별로 분류하면 주간선도로, 보조간선도로, 집산도로, 국지도로 순으로 구분되며, 이 중 기능이 가장 낮은 도로는 국지도로이다.

47 어느 시외버스 터미널의 첨두 시간의 버스 출발 횟수가 100대/시, 승차대당 발차능력이 20분당 1대일 때 필요한 승차대 수는?

① 34개소   ② 66개소
③ 88개소   ④ 100개소

> **해 설**
> 버스 출발횟수 100대/시이고 승차대당 발차능력이 20분당 1대이므로 승차대는 3대/시의 발차능력을 갖는다. 따라서 34대의 승차대가 있어야 버스를 이상없이 출발시킬 수 있게 된다.

48 도로의 최소 곡선반경(R, 단위 : m)을 구하는 식으로 옳은 것은? (단, f : 마찰계수, e : 편경사, V : 설계속도(km/h))

① $R = \dfrac{1}{127(e+f)}$ ② $R = 127(e+f)$

③ $R = \dfrac{127(e \times f)}{V^2}$ ④ $R = \dfrac{V^2}{127(e+f)}$

> **해 설**
> $r = \dfrac{V^2}{127(i+f)}$, 편경사로 i혹은 e를 쓴다.

49 아래와 같은 특징을 갖는 주차단위구획의 배치 방법은?

> 차도의 진행방향으로 실계기준자동차 길이의 반(1/2) 정도만 여유가 있으면 주차할 수 있는 주차방식이다. 주차장의 길이가 매우 길어지지만 주차를 하는 자동차가 동시에 움직일 경우에는 각 자동차 간격을 줄일 수가 있으며, 소형자동차가 주차할 때에 차체 길이의 차이를 유효하게 이용할 수 있다.

① 평행주차   ② 사각주차
③ 직각주차   ④ 교차식 주차

> **해 설**
> 평행주차(Parallel Parking)는 차량의 방향이 차도와 선형으로 평행하고 인접한 교통의 흐름과 동일한 방향(평행)이 되도록 주차하는 방식을 말한다. 종열주차라고도 한다. 소형차가 주차할 때 차체 길이의 차이를 유효하게 이용할 수 있는 장점이 있는 반면, 주차장의 길이가 길어지는 단점이 있다.

50 도로의 구조·시설 기준에 관한 규칙상 2차로 도로에서 앞지르기를 허용하는 구간에서 확보해야 하는 최소 앞지르기시거 기준으로 옳은 것은? (단, 설계속도가 70km/h 인 경우)

① 350m   ② 400m   ③ 480m   ④ 540m

> **해 설**
> 2차로 도로에서 앞지르기를 허용하는 구간에서는 설계속도에 따라 다음 표의 길이 이상의 앞지르기 시거를 확보하여야 한다.
>
> | 설계속도 (킬로미터/시간) | 최소 앞지르기 시거(미터) | 설계속도 (킬로미터/시간) | 최소 앞지르기 시거(미터) |
> |---|---|---|---|
> | 80 | 540 | 40 | 280 |
> | 70 | 480 | 30 | 200 |
> | 60 | 400 | 20 | 150 |
> | 50 | 350 | | |

51 비상주차대의 설치와 관련하여 ( )에 들어갈 내용이 모두 옳은 것은?

> 길이 1천 미터 이상의 터널 또는 지하차도에서 오른쪽 길어깨의 폭을 (㉠)미터 미만으로 하는 경우에는 (㉡)미터 이내의 간격으로 비상주차대를 설치해야 한다.

① ㉠ 2, ㉡ 750   ② ㉠ 2, ㉡ 500
③ ㉠ 1.5, ㉡ 750   ④ ㉠ 1.5, ㉡ 500

> **해 설**
> 장대교, 터널 등에서는 길어깨 폭이 2m 미만이면서 구조물의 길이가 1,000m 미만일 때는 그 구조물 전후의 토공구간에 비상주차대를 설치해도 좋으나, 구조물 길이가 그 이상일 경우에는 구조물 중간에 최소 750m 간격으로 비상주차대를 설치할 필요가 있다.

52 교면포장 시 확보하여야 하는 특성으로 옳지 않은 것은?

① 미끄럼에 대한 저항능력을 보유하여야 한다.
② 표면을 평탄하게 유지하여 운전자의 승차감을 향상시키도록 한다.
③ 교량 구조체의 신축·팽창 거동에 저항하여야 한다.
④ 사하중의 과도한 증대로 인한 피로를 유발하지 않아야 한다.

> **해 설**
> 교량 구조체는 온도 등 외부요인에 의해 신축 팽창하게 되는데, 포장이 이에 순응하여 탄력적으로 반응하지 못하고 저항하게 되면 균열, 파괴 등의 결과가 나타나게 된다.

53 주차 방법을 전면주차와 후면주차로 구분할 때 다음 중 전면주차에 대한 설명과 거리가 가장 먼 것은?

정답 48 ④ 49 ① 50 ③ 51 ① 52 ③ 53 ②

① 주차가 용이하다.
② 발차가 용이하다.
③ 발차를 위해 후진할 때 후방 차로의 확인이 어렵다.
④ 주행해 온 자동차가 그대로 전진하여 주차면에 정지하는 방식이다.

> **해설**
> 전면주차(전진주차)는 주차시에는 바로 주차가 가능하나, 나올 때 바로 나오기 어렵다.

54 어느 건물 주차장의 주차이용대수가 1일 450대, 평균주차시간이 2시간이다. 주차효율이 0.9이고 주차장이 하루 20시간 개방될 때, 이 건물의 주차용량은?

① 40대 ② 45대 ③ 50대 ④ 55대

> **해설**
> $C = \dfrac{DV}{OH} = \dfrac{2 \cdot 450}{0.9 \cdot 20} = 50$

55 설계속도가 100km/h인 고속국도의 최대 종단경사 기준은? (단, 지형은 평지이며 기타의 경우는 고려하지 않는다.)

① 3% ② 4% ③ 5% ④ 6%

> **해설**
>
> | 설계속도 (km/h) | 최대 종단경사(%) | |
> |---|---|---|
> | | 주간선도로 및 보조간선도로 | |
> | | 고속국도 | |
> | | 평지 | 산지등 |
> | 100 | 3 | 5 |

56 설계속도 및 지역에 따른 중앙분리대의 최소 폭 기준(m)으로 ㉠과 ㉡에 들어갈 내용이 모두 옳은 것은? (단, 자동차 전용도로의 경우는 고려하지 않는다.)

설계속도 (킬로미터/시간)	중앙분리대의 최소 폭(m)		
	지방지역	도시지역	소형차도로
100 이상	3.0	2.0	㉠
100 미만	1.5	㉡	1.0

① ㉠ 2.0, ㉡ 1.0
② ㉠ 2.0, ㉡ 1.5
③ ㉠ 1.5, ㉡ 1.0
④ ㉠ 1.5, ㉡ 1.5

> **해설**
>
> | 설계속도 (킬로미터/시간) | 중앙분리대의 최소 폭(m) | | |
> |---|---|---|---|
> | | 지방지역 | 도시지역 | 소형차도로 |
> | 100 이상 | 3.0 | 2.0 | 2.0 |
> | 100 미만 | 1.5 | 1.0 | 1.0 |

57 평면교차로에서 도류화를 실시하는 목적으로 거리가 가장 먼 것은?

① 자동차의 통행속도를 안전한 정도로 통제한다.
② 자동차가 진행해야 할 경로를 명확히 제공한다.
③ 보행자가 안전지대를 설치하기 위한 장소를 제공한다.
④ 자동차 간의 상충면적을 넓게 늘려준다.

> **해설**
> 차량 간 상충면적은 최소화하여야 한다.

58 오르막차로의 설치 기준으로 옳지 않은 것은?

① 종단경사가 있는 구간에서 자동차의 오르막 능력 등을 검토하여 필요하다고 인정되는 경우 오르막차로를 설치하는 것이 원칙이다.
② 오르막차로의 폭은 본선의 차로폭보다 1.2배 넓게 설치하여야 한다.
③ 설계속도가 40km/h 이하인 경우에는 오르막차로를 설치하지 아니할 수 있다.
④ 일반적으로 오르막차로의 설치 시 도로용량, 경제성, 교통안전과 관련한 사항에 유의하여야 한다.

> **해설**
> 도로의 구조·시설기준에 관한 규칙 제26조(오르막차로)조항에 의거 오르막차로의 폭은 본선의 차로폭과 같게 설치하여야 한다.

59 도로와 철도가 부득이 평면교차하는 경우 그 도로의 구조 기준이 틀린 것은? (단, 기타의 경우는 고려하지 않는다.)

① 건널목의 양측에서 각각 30m 이내의 구간(건널목 부분을 포함한다)은 직선으로 한다.
② 건널목의 양측에서 각각 10m 이내의 구간(건널목 부분을 포함한다) 도로의 종단경사는 5% 이하로 한다.

정답 54 ③ 55 ① 56 ① 57 ④ 58 ② 59 ②

③ 철도와의 교차각을 45° 이상으로 한다.
④ 건널목에서 철도차량의 최고속도가 50km/h 미만인 경우 가시구간의 길이는 최소 110m 이상으로 한다.

해 설
② 건널목의 양측에서 각각 30m 이내의 구간(건널목 부분을 포함한다) 도로의 종단경사는 3% 이하로 한다.

60 도로의 구조·시설 기준에 관한 규칙상 설계속도가 120km/h 이고 도로의 교각이 5° 이상인 경우 평면곡선의 최소 길이는?

① 60 m ② 100 m ③ 120 m ④ 140 m

해 설

설계속도 (킬로미터/시간)	평면곡선의 최소 길이(미터)
	도로의 교각이 5도 이상인 경우
120	140
110	130
100	110
90	100
80	90
70	80
60	70
50	60
40	50
30	40
20	30

제4과목 도시계획개론

61 고대 로마시대에 공공 건축물에 둘러싸여 집회장이나 시장으로 사용되었던 도시 공공광장의 명칭은?

① 포럼(Forum) ② 아고라(Agora)
③ 아카데미(Academy) ④ 실체스터(Silchester)

해 설
포럼(Forum)
• 로마시대 공공광장을 말한다.
• 공공 건축물에 둘러싸여 그리스의 아고라와 같이 집회장이나 시장으로 사용되었다.
• 일반적으로 주위의 신전, 교회당, 도서관, 목욕탕 등과 함께 도시의 중심적 시설을 형성하여 광장에 면해서 주랑이 둘러지고 중앙에는 전승기념비 등이 세워졌다. 따라서 이들 시설 전체를 포럼이라 지칭하는 경우가 많으며, 가축전용, 채소전용 포럼 등 전적으로 시장으로 활용되던 포럼도 있었다.

62 관리나 이용의 부실로 시설들이 불량·노후한 상태일 때 본래의 기능을 회복하기 위하여 대부분의 기존 시설을 보존하면서 노후·불량한 요인만을 제거하는 소극적인 도시 재개발 기법은?

① 철거재개발(redevelopment)
② 수복재개발(rehabilitation)
③ 전면재개발(removing)
④ 보전재개발(conservation)

해 설
수복재개발(Rehabilitation) : 어떤 지역이 생산활동이나 생활환경적 측면에서 점차로 악화될 가능성이 잠재하고 있을 때 지역 자체의 기능이 저하해 갈 때 기존의 골격을 그대로 유지하면서 필요한 부분을 수리하고 개조하는 사업이다.

63 케빈 린치(Kevin Lynch)가 주장한 도시 이미지의 5가지 구성요소에 해당하는 것은?

① 의미(Meaning) ② 구조(Structure)
③ 정체성(Identity) ④ 상징물(Landmark)

해 설
케빈린치의 도시경관 이미지 5대 요소는 경계(Edge), 상징물(Landmark), 도로(Path), 결절점(Node), 지역(District)이다. 의미, 구조, 정체성은 환경을 구성하는 이미지 성분에 해당한다.

64 도시의 시설과 토지의 물리적 계획의 3대 요소 중 도시의 내·외부 간, 도시 내 각 지역 간 또는 도시 중요 시설 상호 간의 인구와 물자 유통 체계를 뜻하는 것은?

① 동선 ② 밀도 ③ 배치 ④ 분산

해 설
동선은 인구와 물자유통의 체계를 의미한다.

65 교차점광장의 설치 목적으로 가장 적합한 것은?

① 건축물의 이용효과를 높이기 위하여
② 다수인의 집회·행사·사교를 위하여

정답 60 ④ 61 ① 62 ② 63 ④ 64 ① 65 ④

③ 주민의 휴식·오락 및 경관을 위하여
④ 혼잡한 주요도로의 교차지점에서 차량과 보행자를 원활히 소통시키기 위하여

해 설
교차점광장은 혼잡한 주요도로의 교차지점에서 각종 차량과 보행자를 원활히 소통시키기 위하여 필요한 곳에 설치한다. 중심대광장은 다수인의 집회·행사·사교 등을 위하여 필요한 경우에 설치한다. 근린광장은 주민의 사교, 오락, 휴식 및 공동체 활성화 등을 위하여 근린주거구역별로 설치한다. 건축물부설광장은 건축물의 이용효과를 높이기 위하여 건축물의 내부 또는 그 주위에 설치한다.

66 도시·군관리계획으로 세분하여 지정하는 용도지역에 해당하지 않는 것은?

① 준공업지역　② 준상업지역
③ 근린상업지역　④ 보전녹지지역

해 설
상업지역은 중심, 일반, 근린, 유통상업지역으로 세분된다.

67 문화주의 도시론을 주장한 멈포드(L. Munford)가 제시한 도시 진화 단계 중 모든 것이 해체되는 죽음의 도시에 해당하는 것은?

① 네크로폴리스　② 메트로폴리스
③ 메갈로폴리스　④ 티라노폴리스

해 설
멈포드(L. Mumford)는 로마시대의 도시 분류 중 폐허 단계에 해당되는 도시를 네크로폴리스(Necropolis)라고 불렀다.

68 도시계획에 활용되는 자료를 자료원에 대한 접근 방법에 따라 1차 자료와 2차 자료로 구분할 때, 다음 중 구분이 다른 하나는?

① 통계자료　② 도면자료
③ 문헌자료　④ 현지조사자료

해 설
현지조사는 1차자료에 해당한다.

69 미국에서 1938년 세계무역박람회 개최를 계기로 도시미화운동을 최초로 시행한 도시는?

① 뉴욕　② 시카고　③ 시애틀　④ 워싱턴D.C

해 설
도시미화운동의 시초 도시는 시카고이다.

70 가구, 획지 및 대지에 대한 설명이 옳지 않은 것은?

① 획지(lot)는 경제적 개념으로 일단의 다른 토지와 구별되어 가격 수준이 비슷한 토지군을 말한다.
② 대지는 하나의 소유권(지번)이 부여되는 단위로, 최소 둘 이상의 필지로 구성된다.
③ 가구(block)는 외부는 도로에 의해 구획되고 내부는 단지 내 집산도로에 의해 분절된다.
④ 가구와 획지의 규모는 가로망 체계와 밀접하여 건물 배치와 경관에 큰 영향을 준다.

해 설
필지는 하나의 소유권이 부여되는 단위이다. 획지는 1개 이상의 필지로 구성된다.

71 다음의 조건을 만족하는 상업용지 수요면적은?

- 건폐율 : 70%
- 공공용지율 : 0.3
- 평균층수 : 10층
- 종사자 수 : 50,000명
- 1인당 소요 건축연면적 : 10㎡

① 8.2 ha　② 10.2 ha　③ 12.2 ha　④ 14.2 ha

해 설
$$Ca = \frac{P_0 \cdot a}{r \cdot N \cdot (1-e)}$$
$$= \frac{50,000 \cdot 10}{0.7 \cdot 10 \cdot (1-0.3)} = \frac{500,000}{4.9} = 102,040, \therefore 10.2ha$$

72 튀넨의 토지이용모델에서 도시 주변의 특정 지점에서 이루어지는 재배 작물의 유형을 결정하는 요인에 해당하지 않는 것은?

① 지대
② 시장(도시)까지의 거리와 수송비
③ 재배 작물 토지의 규모 및 형태
④ 시장에서 판매되는 당해 농산물의 판매 가격

해 설
본 튀넨의 입지론에 의해 재배작물의 유형을 결정하는 요인은 지

정답 66 ② 67 ① 68 ④ 69 ② 70 ② 71 ② 72 ③

대, 거리에 비례하는 운송비, 동일한 농산물 가격이다. 재배 작물 토지의 규모 및 형태와는 관련이 없다.

73 도시 및 지역경제 분석 방법 중 경제기반모형(economic base model)에 대한 설명으로 틀린 것은?

① 분석에 필요한 자료의 구득이 매우 어렵다.
② 단순하고 이해하기 쉬워 모형의 적용이 용이한 편이다.
③ 지역 수출 산업의 성장은 전국의 해당 산업 성장률과 동일하다고 가정하는 한계가 있다.
④ 지역의 성장이 지역에서 생산되는 재화의 외부 수요에 의해 결정된다는 것에 기초한다.

해 설
경제기반모형은 분석에 필요한 자료획득이 용이하고 단순하여 이해가 쉬운 모형이다.

74 아래의 설명과 가장 밀접한 제도는?

> 도로, 공원 등의 도시·군계획시설 예정부지는 건축 등의 행위가 제한되나 지방자치단체의 재정부족으로 장기간 미시행되어 토지 소유자로부터의 민원이 빈번하였다. 이에 사유 재산권을 보호하기 위하여 일정 기간 기준을 두고 사업이 시행되지 않는 경우, 해당 결정 내용이 자동 실효되도록 하였다.

① 도시공원일몰제 ② 에코마일리지
③ 도시재생사업 ④ 규제샌드박스

해 설
도시공원 일몰제는 정부나 지방자치단체가 공원 설립을 위해 도시계획시설로 지정한 뒤 20년이 넘도록 공원 조성을 하지 않았을 경우 도시공원에서 해제하는 제도를 말한다. 헌법재판소의 결정에 따라 2020년 7월 1일부터 해당 부지에 대해서는 공원 지정 시효가 자동 해제(일몰)되었다.

75 1620년대 E. Burgess가 생태학적 개념에서 제창한 도시패턴은?

① 선형 ② 부채꼴형 ③ 동심원형 ④ 다핵형

해 설
Burgess의 동심원이론(Concentric Theory)은 1920년대에 시카고를 사례로 발표한 논문에서 제시된 것으로 도시 내 토지이용의 생태학적 진행(Ecological Process) 과정을 설명하였다.

76 도시계획시설로서 공원 및 녹지가 도시 공간에 제공하는 역할로 거리가 가장 먼 것은?

① 미기후 조절
② 자연감, 계절감 등의 경관 조성
③ 홍수조절, 피난유도 등 재해 방지
④ 공공시설을 위한 토지의 사전 확보

해 설
녹지공간은 자연의 보호 및 보존, 미기후 조절, 자연감, 계절감 등의 경관 조성, 동식물의 생태적 균형유지, 도시개발 형태 유도, 홍수조절, 피난유도 등 재해 방지 등의 역할을 한다. 공공시설은 최초 도시계획시부터 부지가 확보되므로 사전확보를 위해 녹지공간을 배치할 필요가 없다.

77 래드번(Radburn) 계획에 대한 설명으로 틀린 것은?

① 슈퍼블록(superblock)을 채택하였다.
② 쿨데삭(Cul-de-sac)형 세가로망을 배치한다.
③ 수평적인 보행-차량 통합 보도망을 형성하였다.
④ 라이트(H. Wright)와 스타인(C. Stein)이 계획하였다.

해 설
래드번은 보도와 차도를 입체적으로 분리한 계획이다.

78 집단생잔법(cohort survival method)으로 인구를 예측할 때 고려하지 않는 변수는?

① 사망인구 ② 출생인구 ③ 한계인구 ④ 전입인구

해 설
집단생잔법에 의한 인구추정방법은 기준이 되는 연도의 인구가 시간의 경과에 따른 생잔율(Survival Rate)에 의하여 생존자를 산정하여 인구를 추정하는 방법이다. 따라서 한계인구는 고려대상이 아니다.

79 도로의 기능별 구분 상 근린주거구역의 교통을 보조간선도로에 연결하여 근린주거구역 내 교통이 모였다 흩어지도록 근린주거구역의 내부를 구획하는 도로로 정의하는 것은?

① 간선도로 ② 특수도로 ③ 집산도로 ④ 국지도로

해 설
집산도로(集散道路)는 근린주거구역의 교통을 보조간선도로에 연결하여 근린주거구역 내 교통이 모였다 흩어지도록 하는 도로로서 근린주거구역의 내부를 구획하는 도로를 말한다.

정답 73 ① 74 ① 75 ③ 76 ④ 77 ③ 78 ③ 79 ③

80 국토의 계획 및 이용에 관한 법률에서 정의하는 기반시설의 구분 중 '공동구'가 해당되는 것은?

① 방재시설
② 보건위생시설
③ 환경기초시설
④ 유통·공급시설

해 설
유통업무설비, 수도·전기·가스공급설비, 방송·통신시설, 공동구 등은 유통·공급시설에 해당한다.

제5과목 교통관계법규

81 도시교통정비지역 또는 도시교통정비지역의 교통권역에서 교통영향평가를 실시하여야 하는 대상사업은?

① 국방부장관이 군사작전의 긴급한 수행을 위하여 필요하다고 인정하여 국토교통부장관과 협의한 사업
② 국가정보원장이 국가안보를 위하여 필요하다고 인정하여 국토교통부장관과 협의한 사업
③ 「재난 및 안전 관리기본법」제37조에 따른 응급조치를 위한 사업
④ 「연구개발특구 등의 육성에 관한 특별법」제6조의2 제2항제4호에 따른 특구개발사업

해 설
도시교통정비 촉진법 제15조(교통영향평가의 실시대상 지역 및 사업) 제2항 조항에 의거 ①, ②, ③번 항목은 교통영향평가를 실시하지 아니할 수 있다.

82 대도시권 광역교통 관리에 관한 특별법령상 대도시권의 정의에 따라 수도권에 해당하지 않는 것은?

① 경기도
② 서울특별시
③ 인천광역시
④ 세종특별자치시

해 설
대도시권 광역교통 관리에 관한 특별법 시행령 [별표 1] 조항에 의거 수도권은 서울특별시, 인천광역시 및 경기도를 말한다.

83 도로교통법에 따른 안전표지의 종류가 아닌 것은?

① 주의표지 ② 위험표지 ③ 보조표지 ④ 지시표지

해 설
도로교통법 시행규칙 제8조(안전표지) 1항 조항에 의거 안전표지는 주의표지, 규제표지, 지시표지, 보조표지, 노면표시로 구분한다.

84 대중교통의 육성 및 이용촉진에 관한 법률상 국토교통부장관은 몇 년 단위의 대중교통기본계획을 수립하여야 하는가?

① 1년 ② 2년 ③ 3년 ④ 5년

해 설
대중교통의 육성 및 이용촉진에 관한 법률 제5조(대중교통기본계획의 수립) 1항 조항에 의거 국토교통부장관은 대중교통을 체계적으로 육성·지원하고 국민의 대중교통 이용을 촉진하기 위하여 관계 중앙행정기관의 장 및 특별시장·광역시장·특별자치시장·도지사·특별자치도지사의 의견을 들어 **5년** 단위의 대중교통기본계획을 수립하여야 한다.

85 교통안전관리자 자격의 종류에 해당하지 않는 자는?

① 궤도교통안전관리자
② 도로교통안전관리자
③ 삭도교통안전관리자
④ 항만교통안전관리자

해 설
교통안전법 시행령 제44조(교통안전관리자의 종류 및 직무 등)에 따라 교통안전관리자는 도로, 철도, 항공, 항만, 삭도교통안전관리자로 구분된다.

86 도시교통정비지역으로 지정된 행정구역을 관할하는 시장이나 군수는 몇 년 단위의 도시교통정비 기본계획을 수립하여야 하는가?

① 5년 ② 10년 ③ 20년 ④ 30년

해 설
도시교통정비 촉진법 제5조(도시교통정비 기본계획의 수립) ① 제3조에 따라 도시교통정비지역으로 지정된 행정구역을 관할하는 시장이나 군수는 대통령령으로 정하는 바에 따라 **20년** 단위의 도시교통정비 기본계획을 수립하여야 한다.

정답 80 ④ 81 ④ 82 ④ 83 ② 84 ④ 85 ① 86 ③

87 국가통합교통체계효율화법령상 연계교통체계 영향권의 설정 범위 기준으로 옳은 것은? (단, 기타의 경우는 고려하지 않는다.)

① 항만구역으로부터 20킬로미터 이내의 권역
② 공항구역으로부터 30킬로미터 이내의 권역
③ 물류터미널 중 복합물류터미널로부터 30킬로미터 이내의 권역
④ 산업단지로부터 40킬로미터 이내의 권역

해설
연계교통체계의 영향권은 항만구역으로부터 40킬로미터 이내의 권역, 공항구역으로부터 40킬로미터 이내의 권역, 물류터미널 중 복합물류터미널로부터 40킬로미터 이내의 권역, 산업단지로부터 40킬로미터 이내의 권역으로 설정한다.

88 도로법상 정의에 따른 '도로의 부속물'에 해당하지 않는 것은?

① 교량 ② 주차장 ③ 도로표지 ④ 중앙분리대

해설
도로법 제2조(정의)
4. "도로의 부속물"이란 도로 구조의 보전과 안전하고 원활한 도로교통의 확보, 그 밖에 도로의 관리에 필요한 시설 또는 공작물로서 다음 각 목의 어느 하나에 해당하는 것을 말한다.
가. 도로 원표(元標), 이정표, 수선 담당 구역표, 도로 경계표와 도로표지
나. 도로의 방호(防護) 울타리, 가로수 또는 가로등으로서 도로 관리청이 설치한 것
다. 도로에 연접(連接)하는 자동차 주차장 및 도로 수선용 재료 적치장과 이들 시설을 종합적으로 관리하는 도로관리사업소로서 도로 관리청이 설치한 것
라. 도로에 관한 정보 제공 장치, 기상 관측 장치 또는 긴급 연락 시설로서 도로 관리청이 설치한 것
마. 그 밖에 대통령령으로 정한 것
→ 중앙분리대도 방호울타리의 한 종류이므로 도로의 부속물에 해당한다.

89 국가통합교통체계효율화법에서 정의하는 환승센터의 종류에 해당하지 않는 것은?

① 주차장형 환승센터
② 터미널형 환승센터
③ 물류수송형 환승센터
④ 대중교통 연계수송형 환승센터

해설
국가통합교통체계효율화법 제2조(정의)에 의거 "환승센터"란 교통수단 간의 연계교통 및 환승활동을 원활하게 할 목적으로 일정 환승시설이 상호 연계성을 갖고 한 장소에 집합되어 있는 시설로서 주차장형 환승센터, 대중교통 연계수송형 환승센터, 터미널형 환승센터를 말한다.

90 도로법상 도로관리청은 소관 도로에 대하여 도로건설·관리계획을 몇 년 마다 수립하여야 하는가?

① 5년 ② 10년 ③ 15년 ④ 20년

해설
도로법 제6조(도로건설·관리계획의 수립 등) 조항에 의거 도로관리청은 도로의 원활한 건설 및 도로의 유지·관리를 위하여 5년마다 제23조의 구분에 따른 소관 도로에 대하여 도로건설·관리계획을 수립하여야 한다. 다만, 제15조 제2항에 따른 국가지원지방도에 대해서는 국토교통부장관이 건설·관리계획을 수립한다.

91 도시교통정비지역으로 지정·고시하는 기준은? (단, 국토교통부장관이 직접 또는 관계 시장·군수의 요청에 따라 도시교통을 개선하기 위하여 필요하다고 인정하는 지역의 경우는 고려하지 않는다.)

① 자동차등록대수 ② 주차장면수
③ 행정구역   ④ 인구

해설
도시교통정비촉진법 제3조(도시교통정비지역의 지정·고시) 1항에 의거 국토교통부장관은 도시교통의 원활한 소통과 교통편의의 증진을 위하여 다음 각 호의 지역을 도시교통정비지역으로 지정·고시할 수 있다.
1. 인구 10만 명 이상의 도시(도농복합형태의 시는 읍·면지역을 제외한 지역의 인구가 10만 명 이상인 경우를 말한다)

92 주차장법령상 노상주차장의 구조 및 설비기준에 대한 설명으로 옳지 않은 것은? (단, 해당 지방자치단체의 조례로 따로 정하는 사항은 고려하지 않는다.)

① 주간선도로에 설치하여서는 아니 된다. 다만 분리대나 그 밖에 도로의 부분으로서 도로교통에 크게 지장을 주지 아니하는 부분에 대해서는 그러하지 아니하다.
② 노상주차장의 주차대수 규모가 30대 이상 50대

정답 87 ④ 88 ① 89 ③ 90 ① 91 ④ 92 ②

미만인 경우 장애인 전용주차구획을 두 면 이상 설치하여야 한다.
③ 종단경사도가 4퍼센트를 초과하는 도로에 설치하여서는 아니 된다.
④ 고속도로, 자동차전용도로 또는 고가도로에 설치하여서는 아니 된다.

해 설
주차장법 시행규칙 제4조(노상주차장의 구조·설비기준) 1항 조항에 의거
8. 노상주차장에는 다음 각 목의 구분에 따라 장애인 전용주차구획을 설치하여야 한다.
가. 주차대수 규모가 20대 이상 50대 미만인 경우 : 한 면 이상
나. 주차대수 규모가 50대 이상인 경우 : 주차대수의 2퍼센트부터 4퍼센트까지의 범위에서 장애인의 주차수요를 고려하여 해당 지방자치단체의 조례로 정하는 비율 이상

93 주차장법령상 문화 및 집회시설(관람장 제외)에 대한 부설주차장 설치 기준으로 옳은 것은?

① 시설면적 50 ㎡ 당 1대
② 시설면적 100 ㎡ 당 1대
③ 시설면적 150 ㎡ 당 1대
④ 시설면적 200 ㎡ 당 1대

해 설
주차장법 시행령 [별표 1] 부설주차장의 설치대상 시설물 종류 및 설치기준 조항에 의거 문화 및 집회시설(관람장은 제외한다)의 설치 기준은 시설면적 150m²당 1대(시설면적/150m²)이다.

94 도로교통법령상 적색, 황색, 녹색화살표, 녹색의 사색 등화로 표시되는 신호등의 신호 순서가 옳게 나열된 것은?

① 녹색등화, 황색등화, 적색 및 녹색화살표등화, 적색등화, 적색 및 황색등화
② 녹색등화, 적색 및 녹색화살표등화, 적색등화, 황색등화, 적색 및 황색등화
③ 녹색등화, 적색 및 녹색화살표등화, 황색등화, 적색등화, 적색 및 황색등화
④ 녹색등화, 황색등화, 적색 및 녹색화살표등화, 적색 및 황색등화, 적색등화

해 설
신호의 순서는 등화순서와 다르다. 녹색신호 후 황색신호가 온다는 것을 알면 쉽게 답을 선택할 수 있다.
신호의 순서는 녹색, 황색, 녹색화살표, 황색, 적색 순서이다.

95 도로법령에 따른 서울특별시 도로원표의 기준 위치는?

① 숭례문 광장의 중앙   ② 시청 앞 광장의 중앙
③ 서울역 광장의 중앙   ④ 광화문 광장의 중앙

해 설
도로법 시행령 제50조(도로원표) 제2항 조항에 의거 서울특별시의 도로원표는 서울특별시장이 설치·관리하며, 그 위치는 광화문광장의 중앙으로 한다.

96 교통안전에 관한 주요 정책과 교통안전법에 따른 국가교통안전기본계획의 심의기관은? (단, 권한의 위임 및 업무의 위탁 등의 경우는 고려하지 않는다.)

① 교통안전공단   ② 국가교통위원회
③ 교통안전위원회   ④ 교통안전정책심의위원회

해 설
국가통합교통체계효율화법 제106조(국가교통위원회의 설치 및 기능 등) 제1항 조항에 의거 국가교통체계에 관한 중요 정책 등과 다른 법령에서 정한 교통 관련 정책을 심의하기 위하여 국토교통부장관 소속으로 국가교통위원회를 둔다.

97 대도시권 광역교통 관리에 관한 특별법령상 광역도로에 해당하기 위한 요건이 아닌 것은?

① 특별시도   ② 광역시도
③ 국가지원지방도   ④ 군도

해 설
대도시권 광역교통 관리에 관한 특별법 시행령 제3조(광역도로) 1항에 의거 광역도로에 지방도는 해당하나, 지방도 중 국가지원지방도를 제외한다.

98 지방자치단체가 관리청인 국가지원 연계교통사업에 필요한 재원 부담 기준 중 제1종 교통물류거점의 연계도로 및 연계도로에 접속하기 위한 시설의 경우, 해당 연계도로의 개발에 필요한 비용에서 국가가 보조 또는 부담하는 비율 기준으로 옳은 것은? (단, 다른 법령에서 다르게 규정한 경우는 고려하지 않는다.)

① 100분의 30 이내 ② 100분의 50 이내
③ 100분의 60 이내 ④ 100분의 80 이내

해설
국가통합교통체계효율화법 시행령 제35조(연계교통체계 구축 등의 재원 부담)
③ 지방자치단체가 관리청인 국가지원 연계교통사업에 필요한 비용은 다음 각 호의 기준에 따라 국가에서 그 일부를 보조하거나 부담한다. 다만, 다른 법령에서 해당 연계교통사업에 포함된 연계교통시설 개발사업 비용의 보조 또는 부담에 관하여 다르게 규정한 경우에는 그에 따른다.
1. 연계도로 및 연계도로에 접속하기 위한 시설의 경우
가. 제1종 교통물류거점의 연계도로 및 연계도로에 접속하기 위한 시설 : 해당 연계도로의 개발에 필요한 **비용의 100분의 50 이내**

99 도로교통법상 용어의 정의에 따라 아래 설명의 ( )에 들어갈 말로 옳은 것은?

"정차"란 운전자가 ( )을 초과하지 아니하고 차를 정지시키는 것으로서 주차 외의 정지 상태를 말한다.

① 1분 ② 3분 ③ 5분 ④ 10분

해설
1. 도로교통법 제2조(정의) 이 법에서 사용하는 용어의 뜻은 다음과 같다.
25. "정차"란 운전자가 5분을 초과하지 아니하고 차를 정지시키는 것으로서 주차 외의 정지 상태를 말한다.

100 주차장법령상 주차전용건축물이란 건축물의 연면적 중 주차장으로 사용되는 비율이 얼마 이상인 것을 뜻하는가? (단, 주차장 외의 용도로 사용되는 부분의 건축물 용도는 고려하지 않는다.)

① 80% ② 85% ③ 90% ④ 95%

해설
주차장법 시행령 제1조의2(주차전용건축물의 주차면적비율) 1항 조항에 의거 「주차장법」제2조 제11호에서 "대통령령으로 정하는 비율 이상이 주차장으로 사용되는 건축물"이란 건축물의 연면적 중 주차장으로 사용되는 부분의 비율이 95퍼센트 이상인 것을 말한다.

제6과목 교통안전

101 원호형 과속방지턱의 표준 설치 규격은?

① 길이 2m, 높이 5cm ② 길이 2m, 높이 10cm
③ 길이 3.6m, 높이 5cm ④ 길이 3.6m, 높이 10cm

해설
원호형 과속방지턱의 표준 설치 제원은 높이 0.1m, 길이(폭) 3.6m이다.

102 72 km/h의 속도로 달리던 자동차가 4m/s²의 감속도로 정차할 때 정지하는데 소요되는 거리는?

① 30 m ② 40 m ③ 50 m ④ 60 m

해설
$$t = \frac{(V-V_0)}{a}, \; t = \frac{(0-\frac{72}{3.6})}{-4} = 5$$
$$s = V_0 t + \frac{1}{2}at^2, \; s = \frac{72}{3.6}t + \frac{1}{2}(-4)t^2,$$
$$s = \frac{72}{3.6} \times 5 + \frac{1}{2}(-4) \times 5^2 = 50m$$

103 어느 지역의 사고다발지점에 대한 교통사고 조사 결과 사고 종류별 사고건수는 다음 표와 같았다. EPDO 지수를 사용하는 경우 가장 사고 피해가 큰 지점은? (단, EPDO 지수는 사망사고 12, 부상사고 3, 물피사고 1 이라고 가정한다.)

구분	A	B	C	D
사망사고(건)	2	4	3	2
부상사고(건)	8	6	7	10
물피사고(건)	24	14	18	20

① A 지점 ② B 지점 ③ C 지점 ④ D 지점

정답 98 ② 99 ③ 100 ④ 101 ④ 102 ③ 103 ②

해설

사고심각도법 적용 시
$EPDO = 12F + 3A + PDO$
여기서, F : 사망사고, A : 부상사고, PDO : 물적 피해사고 (Property Damage Only)

- A : $EPDO = 12F + 3A + PDO$
  $= 12 \times 2 + 3 \times 8 + 24 = 72$
- B : $EPDO = 12F + 3A + PDO$
  $= 12 \times 4 + 3 \times 6 + 14 = 80$
- C : $EPDO = 12F + 3A + PDO$
  $= 12 \times 3 + 3 \times 7 + 18 = 75$
- D : $EPDO = 12F + 3A + PDO$
  $= 12 \times 2 + 3 \times 10 + 20 = 74$

→ 사고심각도법 적용 시 B가 가장 피해가 큰 지점이다.

104 사고경험에 기초한 위험지점 선정 기법 중 백만 차량-km당 사고율 자료가 필요하지 않는 것은?

① 사고율법 ② 사고건수-율법
③ 한계사고율법 ④ 사고건수법

해설

사고건수법은 사고건수의 많고 적음으로 위험지점을 선정하므로 비율자료를 필요로 하지 않는다.

105 주행 중이던 자동차가 브레이크 작동 후 32m를 미끄러져 주차한 차량과 충돌하여 함께 16m를 미끄러져 정지하였다. 두 차량의 무게가 동일한 경우 주행자동차의 초기속도는? (단, 마찰계수는 0.7로 한다.)

① 103.1 km/h ② 125.9 km/h
③ 130.6 km/h ④ 142.3 km/h

해설

$$v_1 = \sqrt{254f\left[s_2\left(\frac{w_A + w_B}{w_A}\right)^2 + s_1\right]}$$
$$= \sqrt{254 \times 0.7\left[16\left(\frac{1+1}{1}\right)^2 + 32\right]}$$
$$= 130.6\,km/h$$

106 비신호교차로에서 많은 회전교통량으로 인해 발생하는 추돌사고를 감소시키기 위한 개선 대책으로 거리가 가장 먼 것은?

① 회전금지 ② 회전차로 설치
③ 도로반사경 설치 ④ 연석 회전반경 증대

해설

비신호교차로에서 회전교통량으로 인해 추돌사고가 발생할 경우 회전 자체를 금지하거나, 별도의 회전차로를 만들어 직진과 분리시키는 방법을 사용하여 개선한다. 연석의 회전반경을 증대시키는 것도 회전차량의 흐름을 원활하게 하므로 개선대책의 일환이 된다. 도로반사경은 시거가 제한되는 경우에 사용하는 개선 대책이다.

107 교통안전개선사업에 대한 사후 평가의 목적으로 거리가 가장 먼 것은?

① 개선사업 시행 후 사고 가능성이 높아지는 경우 이에 대해 신속한 조치를 취하기 위해 실시한다.
② 개선사업에 따라 얼마나 많은 통행 교통량의 변화를 유발할 수 있는지를 추측하기 위해 실시한다.
③ 개선사업의 효과가 시간의 변화에 따라 안정적인지의 여부를 파악하기 위해 실시한다.
④ 개선사업의 초기에 설정한 목적을 달성하고 있는지를 평가하기 위해 실시한다.

해설

교통안전개선사업의 사후평가는 사고의 가능성 감소, 사업 효과의 안정화 여부, 설정한 사고율 감소 목표의 달성 여부 등을 확인하여야 한다. 통행교통량의 변화가 얼마나 많았느냐는 안전개선사업의 목적과 거리가 있다.

108 야간에 발생하는 교통사고를 감소시키기 위한 안전대책으로 거리가 가장 먼 것은?

① 조명시설의 신설 또는 증설
② 곡선부 시선유도표지 설치
③ 차로 폭의 재조정
④ 주의표지 설치

해설

야간사고 예방을 위해 개선해야할 것은 빛의 확보를 통한 시인성과 주의력의 증대이다. 노면 재포장 또는 차로폭 재조정은 야간 사고감소를 위한 직접적인 대책으로 보기 어렵다.

정답 104 ④ 105 ③ 106 ③ 107 ② 108 ③

109 교통안전 전략으로써 노출통제에 해당하는 것은?

① 속도제한 ② 재택근무
③ 운전자 교육 ④ 가로 조명 증설

> **해 설**
> 노출통제라 함은 통행 자체를 차단하여 사고 발생 자체를 원천적으로 차단하는 기법을 말한다. 따라서 재택근무가 대표적인 노출통제 교통안전전략이라 할 수 있다.

110 교통사고예방 또는 피해를 경감시키기 위한 3E에 해당하지 않는 것은?

① 시설(Engineering) ② 규제(Enforcement)
③ 교육(Education) ④ 환경(Environment)

> **해 설**
> 교통안전 3E란 ① Education : 교육(운전자교육, 미디어 홍보), ② Engineering : 공학(사고조사 및 분석, 시설정비, 차량안전도 개선), ③ Enforcement : 규제(속도, 안전띠, 음주)를 말한다.

111 다음 중 일반적으로 교통약자에 해당하지 않는 대상은?

① 운전자 ② 장애인 ③ 고령자 ④ 임산부

> **해 설**
> 교통약자(Vulnerable Road User) : 장애인, 고령자, 임산부, 영유아를 동반한 사람, 어린이 등 일상생활에서 이동에 불편을 느끼는 사람을 말한다.

112 교통안전진단과 관련하여 교통안전법령에 따른 교통사고의 구분 및 기준이 옳은 것은?

① 부상사고 : 3일 미만의 치료를 요하는 부상을 입은 경우
② 경상사고 : 교통사고로 인하여 다친 사람이 의사의 최초 진단 결과 3일 이상 5주 미만의 치료가 필요한 상해를 입은 사고
③ 중대사고 : 교통사고로 인하여 다친 사람이 의사의 최초 진단 결과 5주 이상의 치료가 필요한 상해를 입은 사고
④ 사망사고 : 교통사고가 주된 원인이 되어 교통사고 발생 시부터 30일 이내에 사람이 사망한 사고

> **해 설**
> 사망사고 : 인명피해에 따른 교통사고의 구분 기준으로 사망자가 1명 이상인 사고를 말한다. 이때 사망이란 교통사고로 인하여 30일 이내에 사망한 경우를 말한다.

113 차량 A가 10m 높이의 언덕에서 추락하였다. 추락 후 노면에 떨어진 지점까지의 수평거리가 17m일 경우 차량 A의 초기속도는?

① 약 38 km/h ② 약 41 km/h
③ 약 43 km/h ④ 약 49 km/h

> **해 설**
> 1) 추락시간공식 $t = \sqrt{\dfrac{2h}{g}}$ 초,
> 추락시간 $t = \sqrt{\dfrac{2h}{g}} = \sqrt{\dfrac{2 \times 10}{9.8}} = 1.43$초
> 2) 추락순간속도
> $U_2 = \dfrac{d}{t} = \dfrac{17}{1.43} = 11.9$m/s $= 42.84$km/h, 약 43km/h

114 어느 교차로의 연평균일교통량은 24,000대, 이 교차로의 MEV당 사고율은 57.1건일 때, 한 해 동안 발생한 사고건수는?

① 약 5건 ② 약 50건
③ 약 500건 ④ 약 5,000건

> **해 설**
> 사고율 $= \dfrac{\text{교통사고건수} \times 1,000,000}{365 \times \text{연수} \times \text{일평균교통량}(ADT)}$
> $57.1 = \dfrac{\text{교통사고건수} \times 1,000,000}{365 \times 1 \times 24,000}$
> 교통사고건수 $= \dfrac{365 \times 1 \times 24,000 \times 57.1}{1,000,000}$
> $= 500.196$ ∴ 약 500건

115 주행 비복귀형 충격흡수시설이 갖추어야 할 요건이 아닌 것은?

① 측면에서 충돌하는 차량은 부드럽게 방향을 바꾸도록 해야한다.
② 안전벨트를 맨 탑승자가 생존할 수 있을 정도로 차량의 충격 에너지를 감소시켜야 한다.

정답 109 ② 110 ④ 111 ① 112 ④ 113 ③ 114 ③ 115 ①

③ 기본적으로 차량의 충돌이 이루어지는 동안 및 그 이후에도 흩어지지 않아야 한다.
④ 신속한 보수가 가능해야 한다.

해설
주행 비복귀형 충격흡수시설은 차량의 방향을 바꾸는 것이 아니라 추락 등 주행경로 이탈을 막기 위해 주로 사용된다.

116 선형불량이 원인이 된 사고의 개선 대책으로 거리가 가장 먼 것은?

① 도로의 재설계
② 긴급제동시설설치
③ 시선유도표시설치
④ 커브예고표지설치

해설
선형불량이 원인이 된 사고는 도로의 재설계, 시선유도표시설치, 커브예고표지설치 등의 방법으로 개선 가능하다. 긴급제동시설은 차량 정비 불량으로 인해 발생하는 베이퍼락 등의 현상에 대응하기 위해 설치하는 시설이다.

117 도로교통사고의 일반적인 발생특성과 거리가 가장 먼 것은?

① 발생 빈도가 매우 드문 사건이다.
② 다수의 복합적 요인에 의해 발생되는 경향이 높다.
③ 시·공간적인 임의성이 있어 어느 시간 또는 장소에서 발생될지 예측이 어렵다.
④ 도로교통상황은 양호하고 이상적이나 두 명 이상의 도로이용자가 이에 대처하지 못한 상황이 선행될 경우에만 발생한다.

해설
한 명 이상의 도로이용자가 도로교통상황에 대처하지 못한 상황이 선행되어 발생한다.

118 교통사고 조사의 공학적 목적으로 가장 거리가 먼 것은?

① 교통운영의 효율화
② 교통사고에 대한 책임 규명
③ 교통안전대책 수립을 위한 기초자료 활용
④ 교통사고의 정확한 원인규명으로 사고방지대책 강구

해설
공학적 교통사고 조사는 사고의 원인을 밝혀 안전도를 향상시키고자 하는 것이지 누구의 책임인지를 규명하기 위해서 하는 것은 아니다.

119 유사한 특성을 가진 지점들에 대해 미리 정해진 평균 사고율과 관련하여 특정사고율이 비정상적인지를 결정하기 위하여 통계적 검정을 적용함으로써 분석의 질적 통제가 가능한 위험지점 선정 기법은?

① 사고율법
② 사고건수법
③ 율-품질관리법
④ 사고건수-율법

해설
율-품질관리법(Rate-Quality Control Method)은 위험지점을 선정할 때 유사한 특성을 가진 지점들에 대해 미리 정해진 평균사고율과 관련하여 특정사고율이 비정상적인지를 결정하기 위해 사고 발생이 포아송의 분포를 따른다는 가정에 기초한 검정을 통하여 분석하는 방법이다.

120 영국의 스미드(R. J. Smeed)가 1938년에 발표한 국가 간 또는 지역 간 사고특성을 분석하기 위한 교통사고 예측 모형에서 교통사고 사망자 수를 나타내는데 이용한 변수로만 나열된 것은?

① 도로길이, 화물유통량
② 인구수, 국민 총 생산
③ 인구수, 자동차 보유대수
④ 자동차 보유대수, 면허소지자수

해설
스미드 모형 $\dfrac{D}{P} = 0.0003 \times \sqrt[3]{\dfrac{N}{P}}$ 에서 사용된 변수는 P : 인구 수(명), D : 연간 교통사고 사망자 수(명), N : 자동차등록대수(대)이다.

저자소개

저자 : 양재호

■ 학력
인천대학교 건설환경공학과 박사(교통공학전공)
한양대학교 도시공학과 석사(교통공학전공)
한양대학교 교통공학과 학사

■ 경력
現) 인천대학교 건설환경공학과 겸임교수
現) 트랜스에듀 대표강사

現) 대한교통학회 종신회원
現) 한국도로학회 종신회원
現) 한국ITS학회 종신회원
現) 대한국토도시계획학회 정회원

서울특별시 금천구 도시계획위원회 심의위원
인천광역시 공공디자인위원회 교통분야 심의위원
인천광역시 교통연수원 교재편찬위원회 심의위원
인천광역시 교통연수원 외래강사
인천광역시 교통영향평가 심의위원
인천광역시 주민참여예산제도 건설교통분과 예산위원
서울특별시 민방위교육 교통안전분과 심의위원
경기도 제안심사위원회 심사위원
인천도시공사 기술자문위원
한국교통안전공단 인천지사 외래교수
서울특별시교통연수원 외래강사
경기도교통연수원 외래강사

인천대학교 공학기술연구소 연구교수
한양대학교 교통물류공학과 연구교수
인천교통공사 교통연수원 전임교수
인천대학교 도시과학연구원 연구원
인천교통공사 사원

■ 저서
교통용어정보사전(골든벨, 2014)
교통기사 필기 · 실기(예문사, 2015)
서울메트로 필기시험 교통공학(서원각, 2015)
교통경찰 특별채용 구술실기(예문사, 2015)
No.1교통기사 필기(예문사, 2016)
No.1교통기사 실기(예문사, 2016)
교통경찰특채 합격비법서(트랜북스, 2016)
2017 교통경찰특채 합격비법서(트랜북스, 2016)
서울메트로 필기시험 교통공학(서원각, 2017)

No.1 양재호의교통기사필기(예문사, 2017)
No.1 양재호의교통기사실기(예문사, 2017)
No.1 양재호의도시계획기사필기(예문사, 2017)
No.1 양재호의도시계획기사필기기출해설편(예문사, 2017)
2018 양재호의 교통기사 필기(예문사, 2018)
2018 양재호의 교통기사 실기(예문사, 2018)
No.1 양재호의도시계획기사필기(예문사, 2018)
No.1 양재호의도시계획기사필기기출해설편(예문사, 2018)
대구도시철도공사 필기시험 교통공학 기출문제
복원 및 해설(14,15,16,17년도)(이클래스마켓,2018)
경기도교통시설직 기출문제 복원 및 해설
(15,16,17,18년도)(이클래스마켓,2018)
2017년도 상반기 교통안전공단 연구교수 6급 교통
필기시험 기출문제 복원 및 해설(이클래스마켓,2018)
2015 2016 2017 서울특별시 지방공무원 필기시험 7급
도시계획 기출문제 해설(이클래스마켓,2018)
2015 2017 국가공무원 공개경쟁채용 필기시험 7급 방재안전직
도시계획 기출문제 해설(이클래스마켓,2018)
양재호의 도시계획기사 필기 기출편(트랜북스, 2019)
양재호의 도시계획기사 필기 기출편(개정판)(트랜북스, 2019)
양재호의 도시계획기사 필기 이론편(트랜북스, 2019)
양재호의 교통기사 필기 기출편(트랜북스, 2019)
양재호의 교통기사 필기 이론편(트랜북스, 2019)
양재호의 교통기사 실기(트랜북스, 2019)
양재호의 도시계획기사 필기 기출편(트랜북스, 2020)
양재호의 도시계획기사 필기 이론편(트랜북스, 2020)
양재호의 교통기사 필기 기출편(트랜북스, 2020)
양재호의 교통기사 필기 이론편(트랜북스, 2020)
양재호의 교통기사 실기(트랜북스, 2020)
양재호의 도시계획기사 필기 기출편(트랜북스, 2021)
양재호의 도시계획기사 필기 이론편(트랜북스, 2021)
양재호의 교통기사 필기 기출편(트랜북스, 2021)
양재호의 교통기사 필기 이론편(트랜북스, 2021)
양재호의 교통기사 실기(트랜북스, 2021)
양재호의 도시계획기사 필기 기출편(트랜북스, 2022)
양재호의 도시계획기사 필기 이론편(트랜북스, 2022)
양재호의 교통기사 필기 기출편(트랜북스, 2022)
양재호의 교통기사 필기 이론편(트랜북스, 2022)
양재호의 교통기사 실기(트랜북스, 2022)
공무원 도시계획 기출문제 해설(트랜북스, 2022)
공무원 · 공기업 교통공학 기출문제 복원 및 해설(트랜북스, 2022)
양재호의 도시계획기사 필기 기출편(트랜북스, 2023)
양재호의 도시계획기사 필기 이론편(트랜북스, 2023)
양재호의 교통기사 필기 기출편(트랜북스, 2023)
양재호의 교통기사 필기 이론편(트랜북스, 2023)
양재호의 교통기사 실기(트랜북스, 2023)
양재호의 도시계획기사 필기 기출편(트랜북스, 2024)
양재호의 도시계획기사 필기 이론편(트랜북스, 2024)
양재호의 교통기사 필기 기출편(트랜북스, 2024)
양재호의 교통기사 필기 이론편(트랜북스, 2024)
양재호의 교통기사 실기(트랜북스, 2024)
양재호의 도시계획기사 필기 기출편(트랜북스, 2025)
양재호의 도시계획기사 필기 이론편(트랜북스, 2025)
양재호의 교통기사 필기 기출편(트랜북스, 2025)
양재호의 교통기사 필기 이론편(트랜북스, 2025)
양재호의 교통기사 실기(트랜북스, 2025)

양재호의 교통기사 필기 기출편 2026

발 행 일	|	2019년 01월 30일 1판 1쇄
		2019년 05월 30일 1판 2쇄
		2020년 01월 16일 2판 1쇄
		2021년 01월 16일 3판 1쇄
		2021년 11월 16일 4판 1쇄
		2022년 12월 16일 5판 1쇄
		2023년 11월 30일 6판 1쇄
		2024년 11월 30일 7판 1쇄
		2026년 01월 01일 8판 1쇄
저 자	|	양재호
발 행 인	|	조정연
기획/제작/마케팅	|	양재호
발 행 처	|	트랜북스
주 소	|	인천광역시 남동구 청능대로 596
홈 페 이 지	|	https://smartstore.naver.com/tranbooks
I S B N	|	979-11-93643-35-8 [13530]
값	|	44,000원

※ 이 책은 대한민국 저작권법의 보호를 받는 저작물입니다.
트랜북스의 허락 없이 이 책의 일부나 전체를 어떠한 형태로도 가공, 수정 및 재배포 할 수 없으며, 특히 교재를 활용한 동영상강의 등의 2차 가공을 엄격히 금합니다.

※ 낙장 및 파본은 구입하신 서점에서 바꿔드립니다.